Springer-Lehrbuch

Springer
Berlin
Heidelberg
New York
Barcelona
Budapest
Hongkong
London
Mailand
Paris
Santa Clara
Singapur
Tokio

Josef Dudel · Randolf Menzel
Robert F. Schmidt (Hrsg.)

Neurowissenschaft

Vom Molekül zur Kognition

Mit Beiträgen von

W. Backhaus, R. Blickhan, P. Bräunig, B. Brenner, J. A. Campus-Ortega,
J. Dudel, G. Ehret, G. Fleissner, M. Gahr, W. Hanke, H. Hatt,
W. Heiligenberg, K.-P. Hoffmann, W. Jänig, R. Keller, K. Kirschfeld,
R. Menzel, W. Rathmayer, G. Roth, R. Rüdel, K. Schäfer,
H.-G. Schaible, R. F. Schmidt, U. Thurm, C. Wehrhahn, W. Wiltschko,
M. F. Wullimann und H. Zimmermann

Mit 352 überwiegend vierfarbigen Abbildungen
und 32 Tabellen

 Springer

Herausgeber:

Professor Dr. Josef Dudel
Physiologisches Institut der TU München
Biedersteiner Str. 29
D-80802 München

Professor Dr. Randolf Menzel
Freie Universität Berlin, FB Biologie
Institut für Neurobiologie
Königin-Luise-Str. 28–30
D-14195 Berlin

Professor Dr. D.Sc. h.c. Robert F. Schmidt
Physiologisches Institut der Universität
Röntgenring 9
D-97070 Würzburg

ISBN 3-540-61328-5 Springer-Verlag Berlin Heidelberg New York

Die Deutsche Bibliothek – CIP-Einheitsaufnahme
Neurowissenschaft : vom Molekül zur Kognition : mit 23 Tabellen / Josef Dudel ... (Hrsg.). Mit Beitr. von W. Backhaus
... – Berlin ; Heidelberg ; New York ; Barcelona ; Budapest ; Hongkong ; London ; Mailand ; Paris ; Santa Clara ;
Singapur ; Tokio : Springer, 1996
    (Springer-Lehrbuch)
    ISBN 3-540-61328-5
NE: Dudel, Josef [Hrsg.]; Backhaus, Werner

Herstellung: PRO EDIT GmbH, D-69126 Heidelberg
Satz: Mitterweger Werksatz GmbH, D-68723 Plankstadt
Zeichnungen: P. Zimmerling, D-14057 Berlin

SPIN 10540191   15/3135 – 5 4 3 2 1 0 – Gedruckt auf säurefreiem Papier

Vorwort

Das Lehrbuch „Neurowissenschaft" bietet eine umfassende Darstellung aller Fachgebiete, die sich mit der Struktur und Funktion von Nervensystemen befassen. In einem interdisziplinären Ansatz werden traditionell getrennte Disziplinen wie Evolutionsbiologie, Entwicklungsbiologie, Biochemie, Molekularbiologie, Zellbiologie, Physiologie, Anatomie und Verhaltensbiologie mit dem Ziel zusammengeführt, das Nervensystem auf allen Komplexitätsebenen zu verstehen. Die besonders stürmische Entwicklung, die die Neurowissenschaft innerhalb der Biowissenschaften in dem letzten Jahrzehnt erlebt hat, beruht auf dem fruchtbaren Brückenschlag zwischen diesen vielfältigen Fachdisziplinen. Tatsächlich sind die komplexen Leistungen des Nervensystems nur verständlich, wenn die Befunde, die auf der einen Analyseebene gemacht werden, auf einer anderen interpretiert werden. So lassen sich die zellulären Vorgänge der Erregungsbildung, deren Fortleitung und Modulation auf einer niedrigen Ebene als molekulare Reaktionen und Reaktionsketten erklären und erhalten ihre Bedeutung als Elemente neuronaler Information auf der Netzwerk- und Nervensystemebene. Die stofflichen Signale der Hormone und Transmitter wirken durch Konformationsänderungen von Rezeptormolekülen auf zelluläre Signalketten und erweisen sich damit als die Vermittler zwischen den Bauelementen des Nervensystems, ja den Teilen des gesamten Organismus. Zum ersten Mal in der Geschichte der Biologie wird sichtbar, wie durch äußere Reize, die über die Sinnesorgane aufgenommen werden, Gene geschaltet werden, Strukturen der neuronalen Netze verändert werden und Verhalten auch in seinen komplexen Anpassungsweisen erzeugt wird.

Die Neurowissenschaft ist auf dem Weg, den Informationsfluß und seine Verarbeitung auch in hochentwickelten Nervensystemen zu erkennen und auf seine Elementarereignisse zurückzuführen. Damit gerät unser eigener Denk- und Wissensapparat, unser Gehirn, in die Reichweite einer naturwissenschaftlichen Disziplin. Wir beginnen zu verstehen, wie universale Mechanismen aller Nervensysteme im menschlichen Gehirn zu Bewußtsein, Denken und Erkenntnis führt. Unser Gehirn unterscheidet sich in seiner strukturellen Komplexität nicht von dem der Säugetiere in irgendeiner qualitativen Weise. Wie das Gehirn der Säugetiere arbeitet es mit molekularen, zellulären und netzwerkartigen Mechanismen, die vielen – ja bei nicht wenigen dieser Mechanismen – allen Nervensystemen der Tiere zukommen. Wir werden daher auch für das Verstehen der spezifisch menschlichen Gehirnleistungen wesentliches gewinnen, wenn wir uns in einem vergleichenden Ansatz um die Fülle der evolutiv entstandenen Nervensysteme der Tiere bemühen. Der vergleichende Zugang zum Verständnis der Struktur und Funktion der Nervensysteme, ihrer ontogenetischen Entwicklung und erfahrungsabhängigen Anpassung ist daher der durchgehende rote Faden dieses Lehrbuchs. An den jeweils informativsten Beispielen werden die Prinzipien auch in ihren Abwandlungen und Anpassungen dargestellt. Daraus erwächst ein Gesamtbild eines erstaunlich anpassungsfähigen und für die jeweiligen Anforderungen höchst leistungsfähigen Informationsorgans, das mit ubiquitären molekularen und zellulären Bausteinen ein Kontinuum von einfachsten bis höchst komplexen Wahrnehmungs- und Verhaltensleistungen erzeugt.

Die Herausgeber und die Autoren danken zuerst Frau P. Zimmerling, Berlin, die in guter Zusammenarbeit mit Autoren und Editoren die Abbildungen ideenreich und vielfarbig graphisch gestaltet hat. Herr Schwaninger (Firma Pro Edit, Heidelberg) hat mit großem Einsatz Korrektur und Druck organisiert. Frau S. Osteen hat mit den Herausgebern das Konzept dieses Lehrbuches erarbeitet und das Werk durch etliche Fährnisse gesteuert, an deren Ende das Buch Aufnahme beim Springer-Verlag fand. Wir danken insbesondere Herrn Dr. J. Wieczorek und Frau A. C. Repnow, daß dieser Übergang effizient vollzogen wurde. Schließlich müssen wir den vielen Sekretärinnen und Mitarbeitern danken, die durch Schreiben der Manuskripte und Mithilfe bei den Abbildungen zur Realisation dieses Buches beigetragen haben.

München, Berlin und Würzburg im Mai 1996

Josef Dudel, Randolf Menzel, Robert F. Schmidt

Inhalt

Autorenverzeichnis

Backhaus, Werner, Dr.
Freie Universität Berlin
FB Biologie WE 5 Neurobiologie
Thielallee 63
D-14185 Berlin

Blickhan, Reinhard, Prof. Dr.
Institut für Sportwissenschaften
Fachrichtung Biomechanik
Seidelstr. 20
D-07745 Jena

Bräunig, Peter, PD. Dr.
Institut für Zoologie der TU München
Lichtenbergstr. 4
D-85747 Garching

Brenner, Bernhard, Prof. Dr.
Medizinische Hochschule
Abtlg. f. klinische Physiologie
Konstanty-Gutschow-Str. 8
D-30625 Hannover

Campos-Ortega, J. A., Prof. Dr.
Universität Köln
Institut für Entwicklungsphysiologie
Gyrhofstraße 17
D-50931 Köln 41

Dudel, Josef, Prof. Dr.
Physiologisches Institut der TU München
Biedersteiner Str. 29
D-80802 München 40

Ehret, Günter, Prof. Dr.
Universität Ulm
Vergleichende Neurobiologie
Oberer Eselsberg M 25/5
Postfach 40 66
D-89081 Ulm

Fleissner, G., Prof. Dr.
Johann Wolfgang Goethe-Universität
Fachbereich Biologie
Siesmeyerstraße 70
D-60054 Frankfurt a.M.

Gahr, Manfred, Dr.
Max-Planck-Institut für Verhaltensphysiologie
D-82319 Seewiesen

Hanke, W., Prof. Dr.
Zoologisches Institut der Universität Karlsruhe
Kaiserstr. 12
Postfach 69 80
D-76128 Karlsruhe

Hatt, Hanns, Prof. Dr. Dr.
Fakultät für Biologie
Lehrstuhl für Zellphysiologie
Universitätsstraße 150
D-44780 Bochum

Heiligenberg, Walter, Prof. Dr.
(verstorben, Schriftverkehr an Menzel)
University of California
San Diego, A 002
California CA 92093
USA

Hoffmann, K.-P., Prof. Dr.
Institut für Zoologie und Neurobiologie
Ruhr-Universität Bochum
Postfach 10 21 48
D-44721 Bochum

Jänig, Wilfrid, Prof. Dr.
Physiologisches Institut der Universität
Olshausenstraße 40–60
D-24118 Kiel

Keller, R., Prof. Dr.
Institut für Zoophysiologie der Universität Bonn
Endenicher Allee 11–13
D-53115 Bonn

Kirschfeld, K., Prof. Dr.
Max-Planck-Institut für Biologische Kybernetik
Spemannstr. 38
D-72076 Tübingen

Menzel, Randolf, Prof. Dr.
Freie Universität Berlin
FB Biologie, Institut für Neurobiologie
Königin-Luise-Str. 28–30
D-14195 Berlin

Rathmeyer, Werner, Prof. Dr.
Fachbereich Biologie der Universität
Postfach 55 60
Universitätsstraße 10
D-78464 Konstanz

Roth, G., Prof. Dr. Dr.
Universität Bremen
Fachbereich Biologie
Abt. Verhaltensphysiologie
Postfach 33 04 40
W-28334 Bremen

Rüdel, Reinhard, Prof. Dr.
Abt. für Allgemeine Physiologie der
Universität Ulm
Albert-Einstein-Allee 11
D-89081 Ulm

Schaible, Hans-Georg, Prof. Dr.
Physiologisches Institut der Universität
Röntgenring 9
D-97070 Würzburg

Schäfer, Klaus, PD Dr.
Ulmenweg 5
D-72622 Nürtingen

Schmidt, Robert F., Prof. Dr. D.Sc. h.c.
Physiologisches Institut der Universität
Röntgenring 9
D-97070 Würzburg

Thurm, Ulrich, Prof. Dr.
Institut für Neuro- und Verhaltensbiologie
Hüfferstr. 1
D-48149 Münster

Wehrhahn, Christian, Prof. Dr.
Max-Planck-Institut für Biologische Kybernetik
Spemannstr. 38
D-72076 Tübingen

Wiltschko, W., Prof. Dr.
Zoologisches Institut der
Johann-Wolfgang-Goethe Universität
Siesmayerstr. 70
Postfach 11 19 32
D-60323 Frankfurt am Main 11

Wullimann, Mario F., Dr.
Universität Bremen
Fachbereich Biologie
Abt. Verhaltensphysiologie
Postfach 33 04 40
D-28334 Bremen

Zimmermann, Herbert, Prof. Dr.
Biozentrum der J.W. Goethe-Universität
Zoologisches Institut
AK Neurochemie
Marie-Curie-Str. 9, Gebäude N210
D-60439 Frankfurt/Main

1 Evolution der Nervensysteme und der Sinnesorgane

G. Roth und M. F. Wullimann

1.1 Evolutionstheorie und Stammesgeschichte

> **Die Evolutionstheorie beschreibt und erklärt die stammesgeschichtliche Entwicklung der Organismen**

Die von Wallace und Darwin begründete **Abstammungslehre (Deszendenz- und Selektionstheorie)** entwickelte sich im Verlauf des 20. Jahrhunderts zum sogenannten **Neodarwinismus**, der ältere Disziplinen der Biologie wie Paläontologie und Morphologie mit moderneren wie Populationsgenetik vereinigte. Kernpunkt des Neodarwinismus ist der **Gradualismus**, der voraussetzt, daß Evolution durch zufällige, kleine Veränderungen des Erbgutes (**Mutation und Rekombination**) erfolgt und kumulativ zu großen Abwandlungen bei Organismen führt, womit jede vergangene und gegenwärtige Erscheinungsform des Lebendigen erklärt wird. Richtungsgebend ist hierbei die natürliche Auslese der Umwelt (**Selektion**), deren Resultat als **Adaptation** bezeichnet wird. Dieses Paradigma stellt die bis heute allgemein akzeptierte Evolutionstheorie dar, obwohl immer schon diskutiert wurde, ob nicht große Veränderungen in der Evolution (**Makroevolution**) durch zusätzliche, nicht-adaptive Prozesse (z.B. aufgrund „interner Dynamik") herbeigeführt werden. Dieser pluralistische Ansatz in der Evolutionstheorie erlebt momentan einen großen Aufschwung. Ein Beispiel hierfür ist die Theorie des „unterbrochenen Gleichgewichts" („punctuated equilibrium") oder Punktualismus. Hiernach laufen die großen Veränderungen der Evolution in geologisch kurzen Zeiträumen ab und wechseln sich mit langen Perioden von gradueller Evolution ab. Im Rahmen einer **pluralistischen Evolutionstheorie** soll hier ein Überblick über die heute existierende Vielfalt der Nervensysteme und Sinnesorgane und deren Stammesgeschichte bei Metazoen gegeben werden. Vor allem sollen **strukturelle Merkmale** des Nervensystems, besonders des Zentralnervensystems (ZNS) der Metazoen berücksichtigt werden.

Grundlagen der phylogenetischen Analyse. Die Vorgehensweise in diesem Kapitel folgt der phylogenetischen Systematik (**Kladismus**) [4, 21, 42]. Dabei sind nicht Organismen als Ganzes, sondern einzelne Merkmale dieser Organismen **ursprünglich (plesiomorph)** oder **abgeleitet (apomorph)**. Resultat der kladistischen Analyse ist ein **Kladogramm**, also ein hierarchisches Verzweigungssystem, das nur auf gemeinsam getragenen, abgeleiteten Merkmalen, d.h. **Synapomorphien** (= Homologien) beruht. **Schwestergruppen** in einem Kladogramm sind zwei Taxa, die sich durch gewisse Synapomorphien von anderen Gruppen, den **Außengruppen**, abgrenzen. Dieses Kladogramm dient als Hypothese der Verwandtschaftsverhältnisse der heutigen Metazoengruppen und bildet die Interpretationsgrundlage der hier durchgeführten phylogenetischen Analyse neuraler Merkmale. Mit Hilfe solcher Kladogramme kann die **evolutionäre Polarität** (ursprünglich vs. abgeleitet) verschiedener Muster neuraler Organisation (Morphologie des gesamten Nervensystems, Konnektivität oder Hodologie, Histochemie) durch den **Außengruppenvergleich** bestimmt werden. Dieser wendet das Kriterium der **Parsimonie** (Prinzip der sparsamsten Erklärung) an, nach welcher die einfachste (d.h. am wenigsten evolutive Schritte erfordernde) phylogenetische Hypothese die wahrscheinlichste ist.

Abb. 1-1a gibt die Systematik der Metazoen wieder, wie sie im folgenden zugrundegelegt ist. Die Poriferen (Schwämme) und Coelenteraten (Hohltiere) bilden zwei Außengruppen der Bilateria. Diese umfassen Platyhelminthen (Plattwürmer), Nemathelminthen (Rundwürmer), Nemertinen (Schnurwürmer), Mollusken, Artikulaten (Annelida und Arthropoda), Tentakulaten und Deuterostomier. Die Arthropoden bestehen aus Protarthropoden (Onychophora) und Euarthropoden, die ihrerseits die Cheliceraten (Pantopoda, Merostomata und Arachnida) und Mandibulaten (Crustacea, Myriapoda und Insecta) umfassen. Innerhalb der Chordaten (Abb. 1-1b) bilden die Urochordaten (Tunicata) und Cephalochordaten (*Amphioxus*) die zwei Außengruppen der Craniaten (Schädeltiere). Hemichordaten und Echinodermen wiederum sind die Außengruppen der Chordaten. Schleimaale (Myxinoidea) sind keine Wirbeltiere im strengen Sinn, sondern stellen deren Schwestergruppe dar [24]. Neunaugen (Petromyzontida) hingegen weisen Synapomorphien mit kiefertragen-

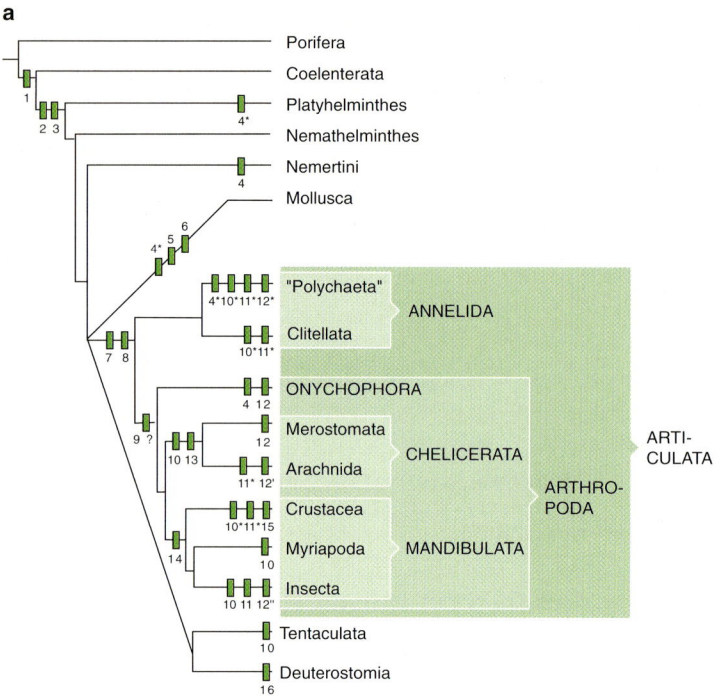

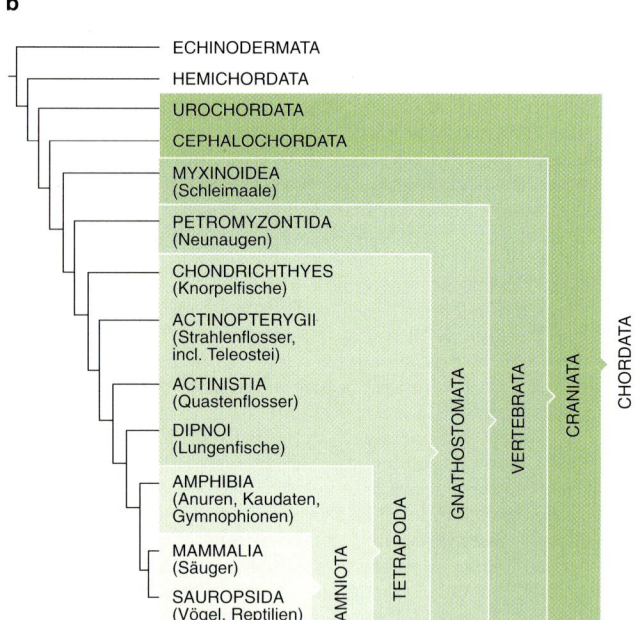

Abb. 1-1. Kladogramme für (**a**) Metazoen (nach [25]) und (**b**) für Deuterostomier (nach [24, 33]). Apomorphe neurale Merkmale: 1: Neurone, 2: paariges Gehirn (Oberschlundganglion), 3: Längsstränge, von denen mindestens einige Markstränge sind, 4: mehrteiliges Gehirn, 5: tetraneurales Nervensystem, 6: funktionell verschiedene, nicht-metamere Ganglien, 7: paarige Bauchstränge, 8: paarig-metamere Bauchganglien, 9: Gehirn aus fusionierten paarigen Ganglien von mindestens 3 Körpersegmenten (alternativ zu 13 und 14), 10: Unterschlundganglion, 11: rostrokaudale Kondensation von Bauchganglien, 12: Pilzkörper, 12' Pilzkörper visuell dominiert, 12'' Pilzkörper polysensorisch, 13: Chelicerenganglion mit Gehirn verschmolzen, 14: Ganglien des Segments der 1. und 2. Antennen mit Gehirn verschmolzen, 15: Hemiellipsoidkörper, 16: weitgehender Verlust und Neubildung des ZNS. *: Merkmal nur isoliert bei einigen Vertretern des entsprechenden Taxons. ?: Alternativ diskutiertes Merkmal

den Wirbeltieren (Gnathostomata) auf und bilden zusammen mit diesen die Gruppe der Vertebraten. Die Gnathostomen bilden sieben Großgruppen: Knorpelfische (Chondrichthyes), strahlenflossige Fische (Actinopterygii), Quastenflosser (Actinistia, *Latimeria*), Lungenfische (Dipnoi), Amphibien, Säuger (Mammalia) und Sauropsiden. Die strahlenflossigen Fische bestehen überwiegend aus Teleosteern. Zu den Amphibien gehören Frösche (Anura), Schwanzlurche (Caudata) und Blindwühlen (Gymnophiona). Die Sauropsiden umfassen Vögel, Krokodile, Schildkröten, Brückenechsen, Echsen und Schlangen. Die Mammalia umfassen die Gruppen Prototheria (Monotremata: Schnabeligel, Schnabeltier), Metatheria (Marsupialia: Beuteltiere) und Eutheria (plazentale Säuger).

Im Rahmen unserer Analyse vermeiden wir die oft verwendete Vorgehensweise, bei sogenannten „niederen" Tieren (z.B. Fischen) im Vergleich zu „höheren" Tieren (z.B. Säugern) a priori den phylogenetisch ursprünglicheren Zustand des ZNS zu suchen und zu finden.

1.2 Entstehung der Nervensysteme

Eine der ersten Theorien zur stammesgeschichtlichen Entstehung von Nervenzellen stammt von Kleinenberg (s. [36]). Eine neuromuskuläre Zelle sollte alle Komponenten des Reflexbogens, nämlich Rezeptor (Reizaufnahme), Konduktor (Erregungsleitung) und Effektor (Wirkung) umfassen. Hieraus sollten sich durch Spezialisierung „echte" Sinneszellen (Rezeption) bzw. Sinnesnervenzellen (Rezeption und Konduktion), Nervenzellen im eigentlichen Sinn sowie Muskelzellen entwickeln. Neuromuskuläre Zellen wurden jedoch nie mit Sicherheit in irgendeinem tierischen Organismus nachgewiesen.

> **Neurosekretion gilt vor den neuroelektrischen Eigenschaften als die fundamentale Eigenschaft von Nervenzellen und Nervensystemen**

Membranpotentiale und die meisten biochemischen Prozesse, Substanzen und Strukturen wie Transmitter, Neuropeptide, Rezeptoren, Ionenkanäle und Transportmoleküle, die für die neuronale Erregungsverarbeitung charakteristisch sind, finden sich auch bei Einzellern und Pflanzen sowie bei nichtneuronalen Zellen. Nervenzellen sind wahrscheinlich aus sekretorischen Zellen entstanden [19]. Interzelluläre Kommunikation unter Einschluß von Transmittersubstanzen, Neuropeptiden, Second-Messenger-Systemen, Ionenkanälen und Membranpotentialänderungen ist somit älter als Nervenzellen und Nervensysteme [35].

Spannungsabhängige K$^+$- und Ca^{2+}-Kanäle finden sich in einer Reihe von Protozoen. Sie entstanden also noch vor den Metazoen, während **spannungsabhängige Na$^+$-Kanäle**

erst bei den Coelenteraten zu finden sind [2]. „Klassische" Neurotransmitter-Moleküle (Acetylcholin, biogene Amine, Aminosäuren) sind bereits bei Einzellern vorhanden, wenn auch mit anderer Funktion. Innerhalb der Evolution der Metazoen werden sie als Transmitter ko-aptiert und zeigen eine hohe strukturelle Stabilität. Eine ubiquitäre Verbreitung (einschließlich Einzeller) und eine hohe phylogenetische Stabilität besteht ebenfalls für viele **Neuropeptide**, wenn auch die Nachweise für ihre Verbreitung im wesentlichen nur auf der Reaktion von Antikörpern gegen die jeweilige Substanz beruhen. Viele Wirbeltier-Peptide existieren aufgrund solcher Evidenzen bereits bei Protozoen [35] und mindestens fünf beim Süßwasserpolypen *Hydra* [56]. Nahezu alle bisher bei Säugetieren vorhandenen Neuropeptide rufen bei Insekten eine Immunreaktion hervor [49]. Sehr weit verbreitet im gesamten Tierreich sind FMRFa/FLRFa-Peptide, jedoch handelt es sich hier z.T. um konvergente Entwicklungen. Eine ähnlich weite Verbreitung gilt aufgrund von Immunreaktivität für Proctolin.

Protozoen besitzen per definitionem kein Nervensystem. Einige Protozoen sind zu komplexen räumlichen Orientierungen in der Lage, wie Flagellaten (Geißeltierchen, z.B. *Euglena*) oder Ciliaten (Wimpertierchen, z.B. *Paramecium*). Viele Protozoen reagieren auf chemische, taktile, Temperatur- und Lichtreize. Bei Flagellaten ist ein Lichtorganell vorhanden, wie bei *Euglena* der Paraflagellarkörper mit dem danebenliegenden orangeroten Pigmentfleck, dem Stigma (Schattenspender; wurde früher als Sehorgan angesehen). Bei Ciliaten (z.B. *Euplotes*) gibt es Faserorganellen, die von einem Motorium in Zytopharynxnähe ausgehen und zur Zelloberfläche ziehen. Inwieweit hierdurch eine zentrale Bewegungskoordination erfolgt, ist umstritten [10], [47]. Daneben gibt es ein unter der Pellicula gelegenes Netzorganell, das die Basis der Cilien und die Trichocysten (giftige, herausschleuderbare Verteidigungsorganellen) versorgt.

Schwämme (Porifera) sind die einfachsten mehrzelligen tierischen Organismen, bei denen die Existenz eines Nervensystems diskutiert wird. Sie besitzen sog. „unabhängige" Effektoren, Myozyten, die direkt auf einen Reiz antworten, aber nicht elektrisch erregbar sind. Von einigen Autoren wurden in der Vergangenheit bipolare und multipolare Nervenzellen beschrieben. Für die Existenz von Nervenzellen spricht die Anfärbarkeit bestimmter wandernder und neurosekretbildender Zellen (von Lendenfeld, s. [10]); hingegen verneinen Mackie und Singla [37] das Vorkommen von Neuronen. Es gibt auch keinen eindeutigen Hinweis auf elektrische Erregungsleitung zwischen den Körperwandzellen; vielmehr wird angenommen, daß die von einigen Autoren als „Nervenzellen" betrachteten Zellen wandern und am Zielort sekretorisch wirken.

1.3 Nervensysteme der Eumetazoen

Eumetazoen gliedern sich in Coelenteraten, Protostomier und Deuterostomier. Innerhalb der Protostomier ist die ventrale Anordnung des ZNS der

Artikulaten abgeleitet ebenso wie die dorsale Lage bei den Chordaten innerhalb der Deuterostomier.

> **Coelenteraten (Hohltiere) besitzen die einfachsten und wahrscheinlich ursprünglichsten Formen von Nervensystemen**

Coelenteraten (ca. 9000 Arten) gliedern sich in die Cnidaria (Nesseltiere) und Ctenophora (Acnidaria, Rippenquallen). Die Cnidaria bestehen aus den Hydrozoa (u.a. *Hydra*, Staatsquallen), Cubozoa (Cubomedusen), Scyphozoa (große Meeresmedusen) und Anthozoa (u.a. Seeanemonen, Korallen). Die meisten Coelenteraten kommen in zwei Hauptformen vor, dem festsitzenden Polyp und der freilebenden Meduse. Bei Anthozoen gibt es nur Polypen.

Die Nervenzellen sind meist bi- oder multipolar, selten monopolar. Ihre Fortsätze sind nicht in Axone und Dendriten unterscheidbar. Es gibt keine den Ganglien oder Gehirnen der meisten anderen Tiere vergleichbaren Koordinationszentren, jedoch findet sich bei Hydro- und Cubomedusen eine Konzentration von Nervenzellen am Schirmrand in Form von Nervenringen (s.u.).

Nervennetz bei Hydra. Polypen der Gattung *Hydra* besitzen das einfachste bekannte Nervensystem (Abb. 1-2a). Entgegen der verbreiteten Meinung stellt dies **kein** völlig diffuses Nervennetz dar, sondern zeigt eine deutliche Konzentration von Sinnes- und Nervenzellen und ihren Fortsätzen um den Mund und den Stiel. Bei manchen Hydren wie *Hydra oligactis* existiert ein hypostomaler „Nervenring". Komplexe Sinnesorgane sind nicht vorhanden, *Hydra* reagiert jedoch auf mechanische, chemische und elektrische Reize sowie Licht und Temperaturwechsel.

Ringnervensystem bei Hydromedusen. Im Vergleich zum Polypen findet sich bei der Medusenform, z.B.

den Hydromedusen (Abb. 1-2b), in Verbindung mit Sinnesorganen ein komplizierteres Nervensystem [55]. Hier sind Nervenzellen zu zwei Ringen am Rand des Velums angeordnet. Im innenliegenden, *subumbrellaren Ring* bilden große, bipolare „Schwimm-Motoneurone", die elektrisch gekoppelt sind, ein schnell leitendes System. Dieser Ring steht in Kontakt mit dem subumbrellaren und velaren Ringmuskelsystem, das für die synchrone Schirmkontraktion zuständig ist. Der außenliegende, *exumbrellare Nervenring* besteht aus kleinen, multipolaren Zellen mit sehr feinen, langsam leitenden Fortsätzen. Dieser Ring hat im wesentlichen sensorische Funktionen und steht in Verbindung mit den Ozellen, Tentakeln, dem Mundrohr und den Mundlippen. Beide Ringe sind miteinander verbunden.

Sinnesorgane an der Peripherie des Schirmes von Medusen sind: (1) Ozellen (im einfachsten Fall Pigmentflecken und Sinneszellen), bei Cubomedusen auch Becher-Ozellen oder Augen auf den Rhopalien mit bikonvexer Linse; (2) Statozysten und Lithostylen (bei Scyphomedusen) als Gleichgewichtsorgane; (3) Rhopalien („Sinneskolben" bei Scyphomedusen), kolbenförmige Gleichgewichtsorgane, die manchmal mit Augen und Chemorezeptoren besetzt sind. Rhopalien initiieren die rhythmischen Kontraktionen der Medusen und steuern deren Lage im Raum.

Das Nervensystem der Coelenteraten unterscheidet sich von den Nervensystemen anderer Eumetazoen (1) durch die Dominanz elektrischer Synapsen und die Existenz von Synzytien bei Hydrozoen; die früher bezweifelte Existenz chemischer Synapsen ist jedoch inzwischen bewiesen; (2) durch das funktionelle Fehlen von „klassischen" Transmittern; die Erregungsübertragung erfolgt wohl durch Neuropeptide; (3) durch die Dominanz peptiderger Systeme; kürzlich wurden FMRFamid und RFamid (letztere bei allen untersuchten Coelenteraten) nachgewiesen, dazu noch 13 neue Neuropeptide (mit Transmitterfunktion) allein in der See-Anemone *Anthopleura elegantissima* [18].

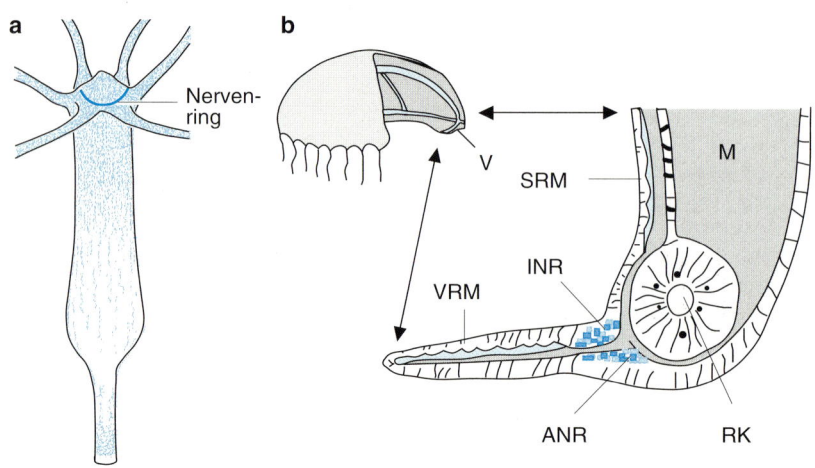

Abb. 1-2. a Das Nervensystem des Polypen von *Hydra oligactis*. Die Neurone reagieren positiv auf einen Antikörper gegen das Peptid RF-amid. Nach [17]. **b** Generalisierte Hydromeduse mit vergrößertem Radialschnitt des Schirmrandes. ANR: äußerer Nervenring, INR: innerer Nervenring, M: Mesoglea, RK: Ringkanal, SRM: subumbrellärer Ringmuskel, V: Velum, VRM: velarer Ringmuskel. Nach [55]

Sie bestehen mit ca. 16.000 Arten aus den Gruppen Turbellaria (keine monophyletische Gruppe; [4, 14]), Trematoda und Cestoda.

Turbellaria (überwiegend freilebende Platyhelminthen, u.a. Planarien) weisen viele der ursprünglichsten Merkmale der primär bilateral gebauten Tiere auf. Die Verdichtung von Nervenzellen am Kopfende in Form eines **Zerebralganglions (Oberschlundganglion, Gehirn)** stellt ein ursprüngliches Merkmal dar [31]. Das Nervensystem einiger Vertreter gewisser Turbellariengruppen (z.B. Acoela) besteht aus einem Netzwerk von Nervenzellen und ßFasern, das sich an der Basis der Epidermis oberhalb der muskulären Fortsätze der epithelialen Zellen erstreckt.

Bei den meisten Acoela und den allermeisten anderen Turbellarien ist das Nervensystem in das Mesenchym eingesunken und bildet einen submukulären Plexus, außerdem sind einige dorsale und ventrale Längsstränge und ein Zerebralganglion ausgebildet. Die **Längsstränge** sind durch Kommissuren verbunden, die rechtwinklig zu den Längssträngen verlaufen. Allgemein weisen die Hauptlängsstränge der Platyhelminthen Neurone in ihrer ganzen Länge auf (**Markstränge**), obwohl lokale Kondensationen (**Ganglien**) vorkommen, vor allem bei Trematoden und Cestoden. Das Längsstrangsystem geht in ein feines Nervengeflecht über, manchmal auch in zwei, und zwar ein äußeres Hautnervengeflecht und einen submukulären Hautnervenplexus im Mesenchym. Die komplexesten Gehirne finden sich bei *Notoplana* und *Stylochoplana*, bei denen fünf Gehirnzellmassen unterschieden werden.

Die punktuelle Abwesenheit eines Zentralnervensystems bei einigen Turbellarien bedeutet, daß die Existenz eines ZNS ein plesiomorphes Merkmal der Platyhelminthen und die Abwesenheit eines ZNS

das Resultat sekundären Verlustes ist und nicht (wie häufig angenommen) ein ursprüngliches Merkmal.

Sinneszellen und -organe: (1) verschiedenartige Sinneszellen in der Haut, meist am Vorderende des Tieres (Berührungs-, Strömungs- und Chemorezeptoren); (2) Gruppen von Chemorezeptoren, meist am Kopfende und in Gruben; (3) Statozysten als unpaare Bläschen am oder im Gehirn; (4) Augen: Pigmentbecher-Ozellen, bestehend aus bis zu mehreren hundert Photorezeptorzellen, deren Rhabdome in einen glaskörpergefüllten Pigmentzellenbecher hineinragen und ein inverses Auge darstellen (Abb. 1-3a). Häufig ist nur ein Paar von Ozellen vorhanden, bei Landplanarien sind allerdings über tausend Ozellen über den ganzen Körper verteilt. Die am weitesten entwickelten Augen, z.B. die landlebender Planarien der Tricladida (Seriata), haben bis zu 150 Rezeptorzellen mit Rhabdomen und bilden ein everses Auge (Abb. 1-3B).

Trematoda (parasitische Saugwürmer, 6000 Arten) haben ein einfaches (wahrscheinlich sekundär vereinfachtes) Nervensystem. Es besteht aus drei Längssträngen, von denen der ventrale und kräftigste durch regelmäßige Kommissuren mit den lateralen Strängen verbunden ist, sowie aus einem Paar von Zerebralganglien mit Kommissur. Die Innervierung des Mundsaugnapfes ist besonders reichlich. Die Sinnessysteme bestehen aus vereinzelten Photo- und Mechanorezeptoren; Chemorezeptoren sind nicht erkennbar.

Cestoda (Bandwürmer) besitzen als Endoparasiten ebenfalls ein stark vereinfachtes Nervensystem. Typischerweise besteht es aus einem einfach gebauten Gehirn im Kopf (Scolex) und einer unterschiedlichen Anzahl (typischerweise 1, manchmal bis 60) von paarigen Längsbahnen, die ohne Unterbrechung durch die Gliederkette laufen und Querverbindungen und Ringkommissuren aufweisen. Eine Tendenz zur Radiärsymmetrie ist vorhanden. Sinnesorgane fehlen, es gibt nur freie Nervenendigungen.

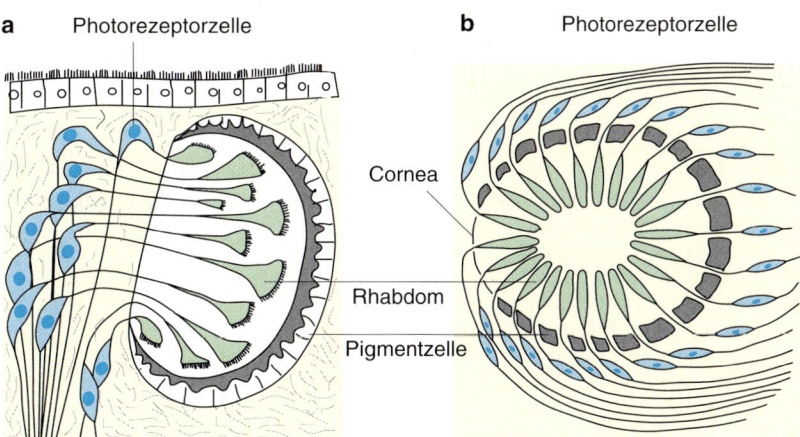

a Photorezeptorzelle   **b** Photorezeptorzelle

Cornea

Rhabdom

Pigmentzelle

Abb. 1-3. Augen von Turbellarien. **a** Inverses Pigmentbecherauge einer Süßwasserplanarie. Nach [28]. **b** Everses Auge einer Landplanarie. Nach [10]

Nematoden (parasitische Fadenwürmer, ca. 15.000 Arten). Ihr **Zentralnervensystem** (Abb. 1-4) besteht aus einer Ringkommissur um den Vorderdarm in einiger Entfernung vom Vorderende und mit ihm in Verbindung stehenden Ganglien (elf Ganglien mit insgesamt 162 Zellen bei *Ascaris*, Goldschmidt 1908, 1909, s. [10]), von denen manche nur Sinneszellen enthalten. Die lateralen und ventralen Ganglien sind größer als die anderen. Vier bis zwölf **Längsbahnen** verlaufen vom Ring kaudalwärts. Diese sind in unregelmäßigen Abständen durch halbseitige **Kommissuren** miteinander verbunden. Mehrere Nerven ziehen vom Schlundring nach vorn zu den Sinnesorganen. Lokale Ganglien und Nerven finden sich in der Analregion und dem hinteren Darmabschnitt. Der ventrale und dorsale Längsstrang enthalten neben den lokalen Kondensationen in Ganglien auch Neurone über die ganze Länge (**Markstränge**). Nahe dem Präanalganglion treten in jedem lateralen Hauptstrang mehrere Nervenzellen zu einem Kaudalganglion zusammen (Abb. 1-4).

Das Nervensystem des Nematoden *Caenorhabditis elegans* wurde durch Brenner und Mitarbeiter auf elektronenmikroskopischer Ebene vollständig beschrieben [59]. Es besteht aus 302 Neuronen, die auf der Grundlage ihrer Morphologie und synaptischen Verknüpfung in 118 Klassen eingeteilt werden, d.h. jedes zweite bis dritte Neuron von *Caenorhabditis* ist „einzigartig". Eine Unterteilung in sensorische Zellen, Interneurone und Motoneurone ist schwierig, da alle Neurone Kontakte zu anderen Neuronen und zu Muskelzellen besitzen.

Sinnesorgane sind am Vorderende konzentriert und bestehen aus Papillen oder Borsten. Dazu kommen paarige chemorezeptive Seitenorgane, Amphiden genannt, die Einsenkungen der Epidermis mit ein bis mehreren sensorischen Cilien und einer großen Drüsenzelle darstellen. Bei den Secernentea gibt es seitlich in der Nähe des Hinterendes ein weiteres Paar chemorezeptiver Organe, Phasmiden genannt. Bei einer Reihe von freilebenden Nematoden ist ein Paar von Pigmentbecher-Ozellen vorhanden, die eine Linse besitzen können.

Rotatoria (mikroskopisch kleine Rädertierchen) besitzen einen komplizierten Kau- und Greifapparat (Mastax, umgebildeter Schlund) und zeigen eine Vielfalt des Nahrungserwerbs bis hin zu komplexer räuberischer Lebensweise. Das **Gehirn** ist ein großes zweilappiges Zerebralganglion und liegt oberhalb des Vorderdarms in Höhe des Kaumagens. Von ihm gehen zahlreiche Nerven aus, von denen zwei ventrolaterale Nerven die Hauptstränge bilden. Diese sind mit Ganglienzellgruppen besetzt und ziehen bis in den Fuß, wo sie ein Ganglion bilden. An **Sinnesorganen** kommen im Bereich des Räderorgans viele Tast-

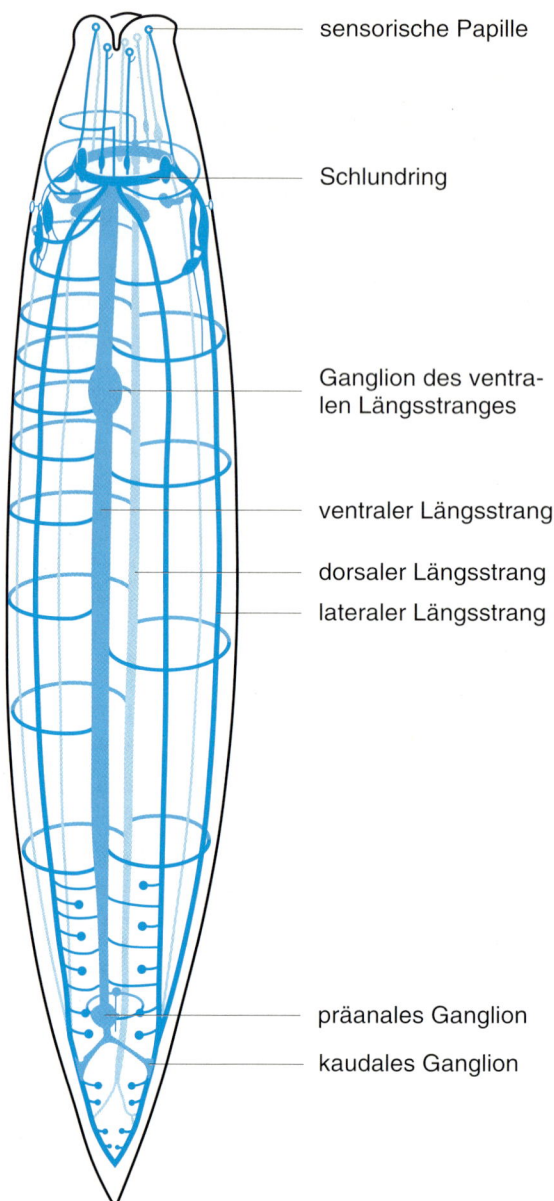

sensorische Papille

Schlundring

Ganglion des ventralen Längsstranges

ventraler Längsstrang

dorsaler Längsstrang

lateraler Längsstrang

präanales Ganglion

kaudales Ganglion

Abb. 1-4. Nervensystem des Nematoden *Ascaris*, Ventralansicht. Nach [10]

zellen und Wimperngrübchen vor. Pigmentbecheraugen mit Linse liegen ebenfalls dort oder im Gehirn. Am Rumpf sind Rückentaster vorhanden, am Fuß ein Kaudaltaster. Die Funktion dieser Organe ist unbekannt.

Es umfaßt ein deutlich ausgebildetes **Gehirn**, das aus einem Paar dorsaler und einem Paar ventraler Ganglien (Loben) besteht. Die Ganglien sind jeweils untereinander durch eine dorsale und eine ventrale Kommissur verbunden. Ganglien und Kommissuren bilden einen Ring um die Rüsselbasis anstatt um den Schlund. Das Gehirn versorgt den Rüsselplexus und das Kopfende und sendet Fasern zum Vorderdarmplexus. Die ventralen Gehirnganglien gehen in **Seitenbahnen** (Längsstränge) über, die kaudalwärts ziehen. Sie bilden **Markstränge**, d.h. die Nervenzellkörper sind über die ganze Länge verteilt und nicht in Ganglien konzentriert. Hinzu kommen ein Paar von dorsolateralen Nerven, ein unpaarer dorsomedianer und ein innerer dorsaler Nerv, selten ein dünner ventraler Nerv. Es liegt ein deutlicher **orthogonaler Bauplan** mit Betonung der lateralen Bahnen vor, wobei die Kommissuren etwas unregelmäßig angeordnet sind.

Sinneszellen und Tastborsten sind über den ganzen Körper verteilt. Komplexe Sinnesorgane finden sich besonders am Kopf: Ein unpaares Frontalorgan (vorstülpbares Wimperngrübchen mit Drüsen), Kopfspalten an den Kopfseiten, Zerebralorgane, d.h. ein Paar z.T. tiefer Einstülpungen mit zahlreichen Sinnes- und Drüsenzellen, die bis ans Gehirn reichen können. Kleinere einstülpbare Sinnesorgane („Seitenorgane") mit unbekannter Funktion sind am Rumpf vorhanden. Statozysten sind nur in einer Familie nachgewiesen (Ototyphlonemertidae). Die Augen sind inverse Pigmentbecheraugen und besitzen manchmal eine Linse.

Mollusken (Weichtiere, über 130.000 Arten) bilden zwei Hauptgruppen: **Amphineuren**, bestehend aus Placophoren (Käferschnecken) und Aplacophoren (Wurmmollusken), sowie **Conchiferen**, bestehend aus Monoplacophoren (*Neopilina*), Gastropoden (Schnecken), Bivalvier (Muscheln), Scaphopoden (Kahnfüsser) und Cephalopoden (Tintenfische oder Kopffüßler). Die Mollusken stammen von bilateralsymmetrischen, wurmförmigen Vorfahren ab.

Die Komplexität des Mollusken-ZNS reicht von relativ einfachen Nervensystemen, die denen von Platyhelminthen ähneln, bis hin zu den höchstentwickelten Gehirnen unter den Evertebraten. Sowohl die Amphineuren als auch eine Gruppe der Conchiferen (Monoplacophora; *Neopilina*) weisen ein **Vierstrangsystem (tetraneurales Nervensystem)** auf, d.h. von einem **Zerebralganglion** gehen dorsal zwei **Pleuroviszeralstränge** und ventral zwei **Pedalstränge** gegen kaudal ab. Neurone sind bei diesen Formen

nicht in diskrete Ganglien geordnet, sondern verteilen sich über die vier Stränge (**Markstränge**). Da ganz ähnliche Nervensysteme auch bei den Außengruppen der Mollusken zu finden sind, ist dies wahrscheinlich der **plesiomorphe Zustand** für Mollusken, von dem sich die komplexeren Nervensysteme der Gastropoden, Bivalvier und Cephalopoden ableiten.

Die Ansicht, daß Artikulaten und Mollusken einen gemeinsamen metameren Vorfahren besaßen, wurde durch die in den 50iger Jahren entdeckte Monoplacophore *Neopilina galathea* (Lemche, 1957) genährt. *Neopilina* besitzt einige metamere Organsysteme, **jedoch ist das Nervensystem nicht in metamere Ganglien gegliedert**, sondern ist ein Markstrangsystem mit Kommissuren. Derartige Kommissuren existieren auch bei Platyhelminthen und sind kein diagnostisches Merkmal des Strickleiternervensystems. Daher ist es wahrscheinlich, daß ein Markstrangsystem ohne metamere Ganglien, ähnlich dem von *Neopilina*, den ursprünglichen Zustand darstellt, und daß die verschiedenen Ganglien, die alle nicht metamer organisierte Organsysteme anderer Conchiferen (Gastropoden, Bivalvier, Cephalopoden) innervieren, daraus hervorgegangen sind.

Gastropoda (Schnecken) bilden mit über 100.000 Arten die vielfältigste Gruppe der Mollusken und eine der vielfältigsten Tiergruppen überhaupt. Da alle Gastropoden abgegrenzte, bestimmten Organkomplexen zugeordnete Ganglien besitzen, war der hypothetische Gastropoden-Vorfahre wahrscheinlich durch ein tetraneurales Nervensystem gekennzeichnet, das aber bereits mehrere Paare von Ganglien entlang der Pleuroviszeral- und Pedalnervenbahnen aufwies. Ursprünglich für Gastropoden ist **Chiastoneurie**, ein Überkreuzen der Pleuroviszeralstränge. Dies führt dazu, daß die linken und rechten Parietal- und Viszeralganglien stark asymmetrisch zu liegen kommen. Davon abgeleitet ist die **Euthyneurie** (bei den meisten Hinterkiemern, z.B. *Aplysia*, Abb. 1-5a; Lungenschnecken), bei der diese Überkreuzung wieder aufgehoben ist. Diese unterscheidet sich von der **Orthoneurie**, also einer ursprünglich nicht überkreuzten Situation, die bei *Neopilina* (und wahrscheinlich beim hypothetischen Vorfahr aller Gastropoden), aber bei keinem heutigen Gastropoden vorkommt.

Folgende Ganglienpaare können bei Mollusken unterschieden werden: (1) ein Paar **Zerebral- oder Oberschlundganglien** mit Kommissur; die Zerebralganglien sind mit den Bukkal-, Pleural- und Pedalganglien verbunden und innervieren die Augen, Statozysten, Kopftentakel, Haut und einige Muskeln der Lippen, des Kopfes, des Nackens und zuweilen die Penisregion; (2) ein Paar **Bukkalganglien** mit entsprechender Kommissur ventral

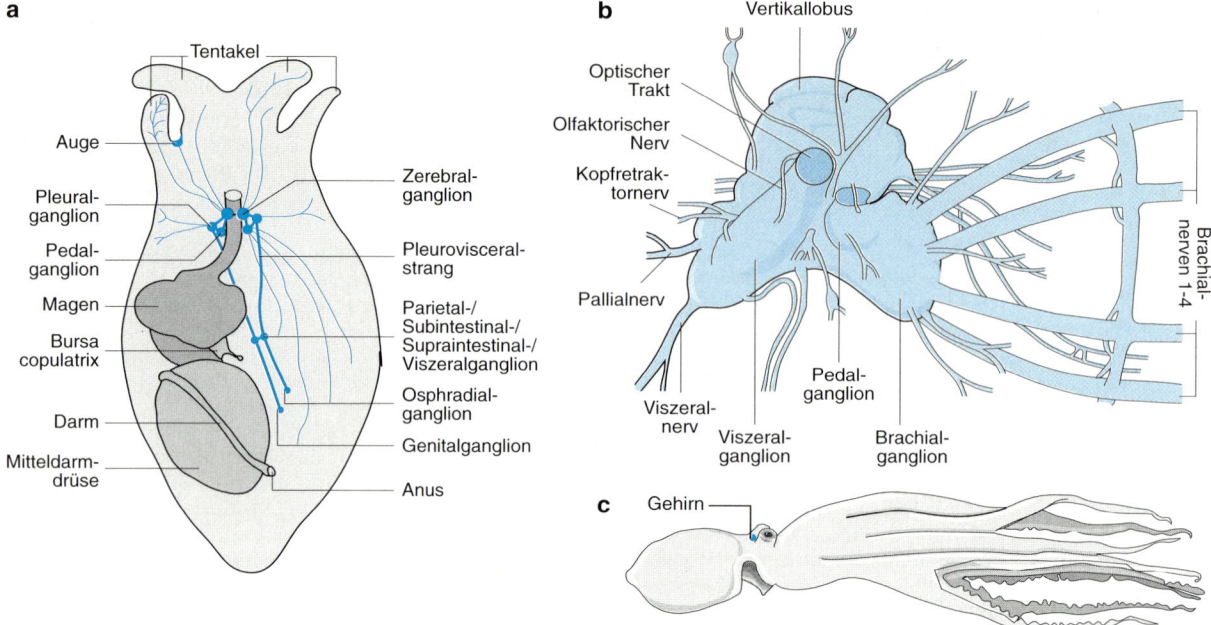

Abb. 1-5. ZNS von Mollusken **a** Nervensystem der opisthobranchen Schnecke *Aplysia*, Dorsalansicht. **b** Gehirn von *Octopus*. Die Lage des Gehirns ist im Habitusbild (*c*) (nach [28]) angegeben. Nach [10]

des Ösophagus; es innerviert den Pharynx, die Speicheldrüsen und einen Nervenplexus auf dem Schlund und dem Magen; (3) ein Paar von **Pleuralganglien** ohne Kommissur. Drei Nervenbahnen gehen davon aus: eine verbindet das Pleuralganglion mit dem rostralen Zerebralganglion, eine zweite führt zum rostroventralen Pedalganglion und eine dritte Bahn führt kaudalwärts (Pleuroviszeralstrang, Viszeralschleife, s. unten). Bei Vorderkiemern innerviert das Pleuralganglion den Mantel; (4) ein Paar **Pedalganglien**. Sie innervieren Fußmuskeln und Haut; (5) ein **Supra- und Subintestinalganglion**. Sie innervieren die Kiemen, das Osphradium und Teile des Mantels und der Haut; (6) ein Paar **Parietalganglien** (fehlt bei Vorderkiemern). Sie innervieren die seitliche Körperwand und den Mantel und verschmelzen oft mit den Intestinal- und Pleuralganglien; (7) ein meist unpaares **Viszeralganglion**. Es versorgt die kaudale Region des Darms, Anus und angrenzende Teile der Haut und der Körperwand, Geschlechtsorgane, Niere, Leber und Herz. Es vervollständigt die **Viszeralschleife**, d.h. die Kette von Ganglien und Konnektiven von den Pleural- zu den Viszeralganglien.

Eine Verschmelzung der Ganglien, besonders derjenigen der Viszeralschleife, ist häufig zu beobachten und findet sich besonders bei nudibranchen Hinterkiemern und bei Lungenschnecken. *Helix* besitzt das am höchsten entwickelte Gastropoden-Gehirn (Zerebralganglion). Dieses zeigt ein Procerebrum mit Globuli und dichtem Neuropil, ein Mesocerebrum und ein Postcerebrum mit Pleural-, Pedal- und Kommissural-Loben.

Chemorezeptive und mechanorezeptive **Sinneszellen** sind über die ganze Körperoberfläche verteilt. Komplexere **Sinnesorgane** umfassen (a) Statozysten, (b) Augen, von weit offenen Grubenaugen (*Patella*), Becheraugen mit enger Öffnung (*Trochus*) bis zu Blasen- und Linsenaugen (*Helix*), (c) Osphra-

dien, d.h. Chemorezeptoren im Epithel der Mantelhöhle neben den Kiemen.

Bivalvier (Lamellibranchiata, Muscheln, mehr als 20.000 Arten) haben ein sekundär stark vereinfachtes Nervensystem. Dieses weist nur drei Paare von Ganglien auf, mit Betonung der Viszeralganglien. Das rostralste Ganglion besteht aus verschmolzenen Zerebral-, Pleural- und Bukkalganglien (bei manchen Formen noch getrennt). Im Fuß ist ein Pedalganglion vorhanden; die Viszeralganglien am hinteren Schließmuskel sind wahrscheinlich mit den Parietalganglien verschmolzen. Am stärksten ist eine Konzentration der Ganglien bei *Lima* (Palaeobranchia, Pteriomorpha). Statozysten liegen im Fuß neben den Pedalganglien und werden von den Zerebralganglien innerviert. Gruben- und Linsenaugen sind bei manchen Muscheln am Mantelrand vorhanden und teilweise komplex aufgebaut (z.B. bei *Pecten*).

Cephalopoden zeichnen sich durch ein hochentwickeltes Nervensystem aus. Kopffüßler (rund 700 Arten) verfügen über ein gutes Lernvermögen, ihr komplexes Verhalten ist hochgradig visuell gesteuert. Das Nervensystem ist nur bedingt mit dem anderer Conchiferen vergleichbar. Es gibt periphere und zentralnervöse Ganglien; letztere werden als **Loben** bezeichnet. Hiervon gibt es mehr als 30, die zusammen das **Gehirn** bilden. Diese zentralnervösen Loben sind in einer einzigen Masse um den Schlund herum konzentriert und von einer Knorpelkapsel umschlossen.

Das **Gehirn** der Cephalopoden besteht aus Oberschlund-, Nebenschlund- und Unterschlund-Loben. Ein direkter Vergleich bestimmter Loben mit bestimmten Ganglien anderer Conchiferen ist kaum möglich. Dennoch wurden einige ähnlich benannt (Zerebral-, Bukkal-, Labial-, Subradular-, Pedal und Pleuroviszeralloben). Daneben wurden als neu für Cephalopoden optische, olfaktorische und Pedunkelganglien sowie einige periphere Ganglien (z.B. Branchialganglien, Stellarganglien) beschrieben.

Nautilus (Tetrabranchiata) besitzt innerhalb der Cephalopoden ein relativ einfach gebautes Gehirn. Es zeigt keine vorgewölbten Loben der Oberschlundmasse und keine Fusion der beiden Unterschlundloben. Chemorezeptoren überwiegen, das Auge ist ein einfaches Lochkameraauge. Die Angehörigen der Coleoidea (Dibranchiata, Tintenfische) und unter ihnen die Achtfüßler (Octopoda, Kraken) besitzen ein besonders komplexes Gehirn [64]. Allerdings liegt die Masse der Nervenzellen außerhalb des Gehirns, das bei *Octopus* etwa 42 Millionen Neurone enthält. Die acht Nervenstränge der Arme enthalten zusammen etwa 350 Millionen und die optischen Loben 128 Millionen Nervenzellen. Mit über 500 Millionen Neuronen hat *Octopus* das bei weitem neuronenreichste Nervensystem der Wirbellosen.

Das Gehirn von *Octopus* (Abb. 1-5b) besteht aus einer größeren Anzahl von Zellmassen oder Loben und wird in Oberschlund-, Nebenschlund- (magnozelluläre Loben) und Unterschlundmassen (Brachiallobus) unterteilt. Im dorsalen Bereich der Oberschlundmasse befinden sich Zentren, die optische und chemotaktile Eingänge sowie Erregungen von den Armzentren erhalten. Die chemotaktilen und visuellen Zentren sind weitgehend getrennt und bestehen jeweils aus vier Loben. Beide Systeme sind in hohem Maß an **Lernen** und **Gedächtnisbildung** beteiligt.

Der optische Lobus von *Octopus* besitzt einen Cortex („Retina profunda" von Ramon y Cajal) und einen medullären Anteil. Die Axone der Sinneszellen der Retina ziehen zum Neuropil des Cortex (fünfschichtige „plexiforme Schicht"), wo auch viele Fortsätze der Körnerzellen des Cortex enden. Der Cortex sendet Fasern in den medullären Teil, von wo aus diese zu verschiedenen Teilen des Gehirns, z.B. in die magnozellulären Loben und Loben der Oberschlundmasse, weitergeleitet werden. Auffällig ist die große Zahl zentrifugaler Fasern vom medullären Anteil und sogar vom Gehirn zur plexiformen Schicht und zur Retina. Die Oberschlundmasse ist mit der **Unterschlundmasse** durch das Zerebrobrachialkonnektiv verbunden. Von der Unterschlundmasse (Brachiallobus) gehen die acht Armnerven aus, die sowohl sensorische als auch motorische Anteile haben. **Periphere Ganglien** umfassen die Ganglien der Armnervenstränge, zwei Stellarganglien, ein gastrisches Ganglion, zwei Branchialganglien und zwei oder vier Kardialganglien. Das Stellarganglion fungiert als Umschaltstation zwischen Gehirn und den mächtigen Muskeln des Bewegungs- und Atmungsapparates des Mantels.

Bei dekapoden Cephalopoden ist ein Riesenfasersystem vorhanden, das bei *Loligo* von einem Paar multipolarer Riesenzellen (erster Ordnung) im magnozellulären Lobus des Gehirns seinen Ausgang nimmt und im hinteren Teil des Lobus auf sieben Paare von monopolaren Riesenzellen (zweiter Ordnung) umgeschaltet wird. Die Mehrzahl dieser Zellen projiziert zum Kopf und zum Trichter, zwei hingegen projizieren im Pallialnerven zum Stellar-

ganglion. Von dort ziehen Riesenfasern (dritter Ordnung) in den Stellarnerven zum Mantel.

Die **Augen** sind die wichtigsten Sinnesorgane der Cephalopoden und bilden eines der besten Beispiele für phylogenetische Konvergenz, nämlich mit dem Wirbeltierauge. Sie besitzen äußere Muskeln, Nah- und Ferneinstellung, Pupillenkontrolle, Pigmentwanderung für Licht- und Dunkeladaptation und intrinsische Augenmuskeln. Ein weiteres, zum mechanosensorischen Seitenliniensystem der Wirbeltiere konvergentes Sinnessystem der Cephalopoden stellen die epidermalen Linien dar [8]. Zudem gibt es Statozysten und olfaktorische Organe.

► Anneliden besitzen ein Strickleiter-Nervensystem

Anneliden (Ringelwürmer, rund 17.000 Arten) gliedern sich in die Hauptgruppen Polychaeta (Vielborster), Oligochaeta (Wenigborster, u.a. Lumbricidae, Regenwürmer) und Hirudinea (Egel). Die beiden ersten Gruppen sind wahrscheinlich nicht monophyletisch. Anneliden sind segmental (metamer) aufgebaut, d.h. aus repetitiven Teilstücken, die in ihrer Organisation übereinstimmen und je einen „Satz" der wichtigsten Organe enthalten. Polychaeten besitzen an den Segmenten seitliche Fortsätze, Parapodien, die als Vorläufer der Arthropoden-Extremitäten angesehen werden. Vor dem ersten Segment mit dem Mund sitzt der andersartig gebaute Kopflappen (Prostomium) mit Gehirn und wichtigen Sinnesorganen.

Das **Strickleiter-Nervensystem** besteht in seiner Grundform aus einem **Gehirn (Zerebralganglion, Oberschlundganglion)** und zwei ventralen Hauptnerven, die vom Gehirn aus einen Schlundring um den Darm bilden und sich dann zu einem im plesiomorphen Zustand paarigen **Bauchmark**, mit einem Bauchganglienpaar pro Segment, vereinigen (Abb. 1-6a). Innerhalb der Anneliden zeigen die **Polychaeten** zugleich die einfachsten und die am weitesten entwickelten Nervensysteme.

Das ZNS der **Oligochaeten** besitzt eine größere Einheitlichkeit und ist sekundär vereinfacht. Es zeigt jedoch einige spezialisierte Strukturen (z.B. Riesenfasersystem, s.u.). Das Nervensystem der **Hirudineen** ist stark vereinfacht und im Zusammenhang mit der Entwicklung der Saugnäpfe durch eine Konzentration von Ganglien an beiden Enden der Bauchmarks charakterisiert. Eine Verschmelzung von Ganglien mehrerer Segmente, wie sie für Arthropoden typisch ist, findet sich vor allem bei Polychaeten, aber auch bei einigen Oligochaeten (Regenwurm). So können die ersten Segmentalganglien zu einem **Unterschlundganglion** vereinigt sein.

Viele spezialisierte, räuberische Polychaeten (z.B. *Nereis*, *Eunice*) haben komplexe Gehirne, bei denen ein Vorder-, Mittel- und Nachhirn unterschieden wird. Das Vorderhirn enthält u.a. palpale und stomatogastrische Zentren und die vorderen Wurzeln der Schlundringkonnektive. Bei räuberischen, aber auch bei sessilen Polychae-

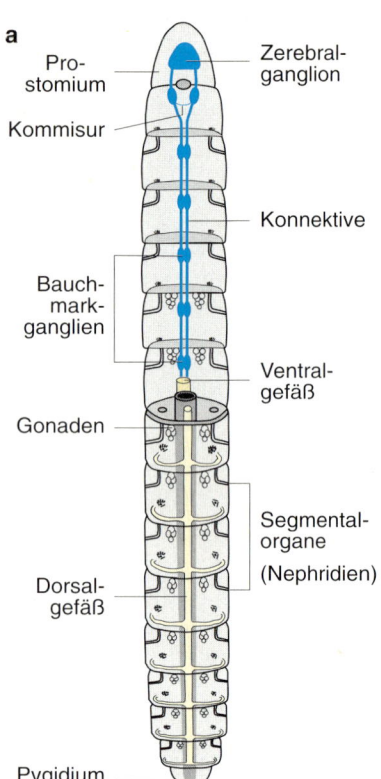

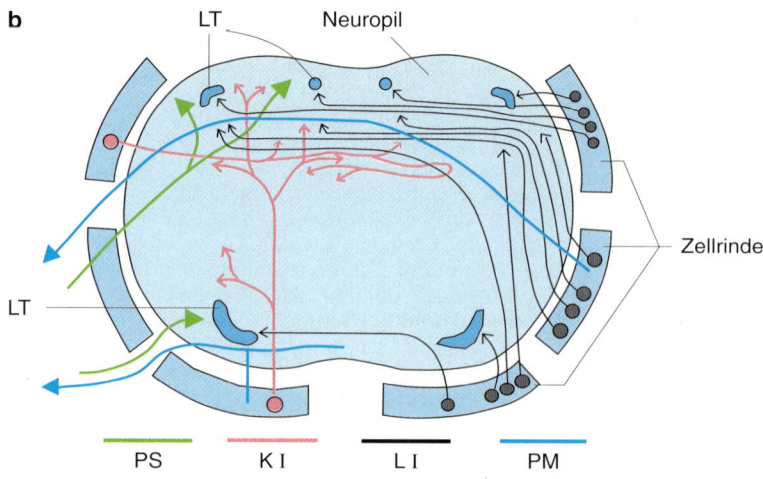

a Labels: Pro-stomium, Kommisur, Bauch-mark-ganglien, Gonaden, Dorsal-gefäß, Pygidium, Zerebral-ganglion, Konnektive, Ventral-gefäß, Segmental-organe (Nephridien)

b Labels: LT, Neuropil, Zellrinde, LT, PS, K I, L I, PM

Abb. 1-6. Strickleiter-ZNS der Anneliden. **a** Bauplan (nach [22]). **b** Querschnitt-schema eines Polychaeten-Bauchganglions. Zellkörper von Interneuronen mit kurzen Axonen sind links, solche mit langen Axonen, die in die longitudinalen Trakte gehen, rechts in der Zellrinde angegeben. Verlauf der primär sensorischen und motorischen Nerven im Ganglion. KI: Kurzdistanz-Interneurone, LI: Langdistanz-Interneurone, LT: longitudinale Trakte, PM: primär motorische Fasern, PS: primär sensorische Fasern. Nach [10]

ten (Serpulidae) gibt es Strukturen, die eine Ähnlichkeit mit den Pilzkörpern der Arthropoden aufweisen und deshalb von Holmgren (1916, s. [10]) und Hanström (1928, s. [10]) „Corpora pedunculata" genannt wurden. *Diese Strukturen sowie ein mehrteiliges Gehirn sind jedoch wahrscheinlich unabhängig von den Arthropoden entstanden.* Sie stehen in Verbindung mit den Palpenzentren des Vorderhirns sowie mit den optischen und antennalen Zentren des Mittelhirns und den Nuchalzentren (s.u.) des Nachhirns. Das Mittelhirn enthält antennale und optische Zentren und die hinteren Wurzeln der Schlundringkonnektive. Das Nachhirn enthält die Zentren für Nuchalorgane. Bei anderen Anneliden sind solche Unterteilungen des Gehirns nicht sichtbar. Bei manchen Familien (z.B. Eunicidae, Alciopidae, Phyllodocidae) gibt es zwischen Augen und Gehirn spezialisierte optische Ganglien.

Die **Bauchganglien** eines Segments der Anneliden (Abb. 1-6b) sind durch **Kommissuren** verbunden, aufeinanderfolgende Ganglien durch **Konnektive**. Das Vorhandensein zweier getrennter Bauchstränge gilt als ursprünglich und die Verschmelzung zu einem medianen Strang mit interner Kommissur, wie sie sich bei den meisten Polychaeten findet (Abb. 1-6b), als abgeleitet. Bei den Oligochaeten sind generell die Bauchstränge verschmolzen, bei den Hirudineen dagegen frühontogenetisch noch paarig. Bei Oligochaeten und vielen Polychaeten sind die Bauchstränge sekundär zu Marksträngen ausgebildet, während bei Hirudineen die Nervenzellen nur in deutlich abgegrenzten Ganglien zu finden

sind. Zu den Bauchsträngen kommt bei vielen Polychaeten und Hirudineen ein medianes Konnektiv. Es verläuft zwischen den paarigen bzw. verschmolzenen interganglionären Konnektiven oder dorsal von ihnen.

Ein System von **Riesenfasern** ist typisch für manche Polychaeten und die meisten Oligochaeten, fehlt aber bei Hirudineen. Es zeigt große Variabilität und besteht bei Polychaeten aus kürzeren Riesenfasern, die nur ein bis wenige Segmente lang sind, sowie aus langleitenden Riesenfasern. Diese Fasern sind meist einzellig, ihre Zellkörper befinden sich in der Unterschlundregion oder weiter kaudal; manchmal sind sie auch vielzellig oder synzytial mit segmentalen Septen. Bei fast allen Oligochaeten sind drei dorsale Riesenfasern vorhanden, die von einer Scheide umhüllt und durch ein transverses Bindegewebs-Septum vom Rest des Marks getrennt sind. Sie erstrecken sich über die ganze Länge des Marks und weisen eine **hohe Leitungsgeschwindigkeit** auf. Im ventrolateralen Teil verläuft ein Paar ventraler Riesenfasern, die dünner sind als die dorsalen.

Sinneszellen mit Härchen und Borsten (Tastorgane) und freie Nervenendigungen sind über die Epidermis verteilt und treten gehäuft an Palpen, Antennen und Parapodialzirren auf. Chemorezeptive Zellen sind über den ganzen Körper verteilt und auf dem Prostomium konzentriert. Am Hinterrand des Prostomiums gibt es chemorezeptive Organe in Form von „Nuchalorganen" (Wimpergruben oder Wimperwülste). **Lichtsinnesorgane** finden sich hauptsächlich am Vorderende, zuweilen aber auch am Endsegment. Sie reichen von einfachen Lichtsinnesorganen bis zu hochentwickelten Linsenaugen mit Akkommodationsmechanismus bei manchen Polychaeten (bes. bei räuberischen Gruppen; Abb. 1-7). Die meisten dieser Augen sind evers, einige sind jedoch auch invers gebaut. Statozysten sind selten und hauptsächlich bei sandbewohnenden und röhrenbauenden Polychaeten vorhanden.

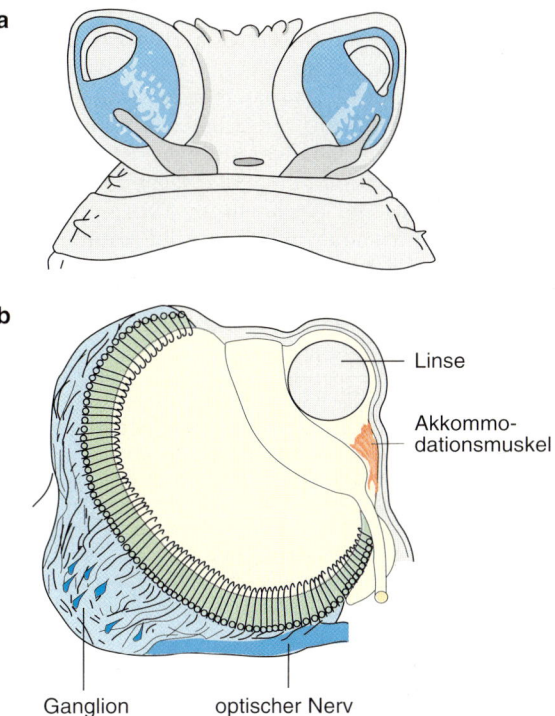

Das Nervensystem der Arthropoden besteht aus einem mehrgliedrigen Oberschlundganglion (Gehirn), einem aus mehreren segmentalen Ganglien hervorgegangenen Unterschlundganglion und einem segmentalen Bauchmark

Die Arthropoden sind mit über einer Million bekannter Arten die heute vorherrschende Tiergruppe. Man unterscheidet Protarthropoden (Onychophora) und Euarthropoden (alle anderen Gruppen) [4]. Diese gliedern sich in die Großgruppen Pan-Chelicerata und Pan-Mandibulata [34]. Die Pan-Chelicerata wiederum gliedern sich in die Gruppen Trilobita (rein fossil) und Chelicerata mit den Gruppen Pantopoda (Asselspinnen) und Eu-Chelicerata, welche wiederum die Merostomata (Xiphosuren, Pfeilschwänze) und Arachnida (Spinnentiere) umfassen. Die Pan-Mandibulata gliedern sich in die Crustacea (Krebse) und Antennata, die gewöhnlich in die Hexapoda (Insekten) und die Myriapoda (Tausendfüßer) aufgeteilt werden (von einigen Autoren werden die Myriapoda als Außengruppe zu allen anderen Arthropoden angesehen).

Das **Gehirn** der Arthropoden wird allgemein in **Proto-**, **Deuto-** und **Tritocerebrum** eingeteilt, wobei zu berücksichtigen ist, daß den Cheliceraten ein Deutocerebrum fehlt und die Homologie der drei Teile zwischen den Arthropoden-Großgruppen nicht gesichert ist. Dem Protocerebrum liegen die paarigen optischen Loben an. Das **Unterschlundganglion** ist bei Mandibulaten das erste Ganglion des Bauchmarks und zusammengesetzt aus den ersten drei Bauchganglien, welche die Mundregion und die Mandibeln sowie die ersten und zweiten Maxillen bei Crustaceen bzw. die ersten Maxillen und das Labium bei Insekten versorgen. Ein homologes Ganglion fehlt den Cheliceraten. Das **Bauchmark** der Arthropoden zeigt ein klares Segmentierungsmuster, mit einem Ganglion (bestehend aus zwei Hemiganglien) pro embryonalem Segment. Oft findet eine regionale Fusion des Bauchmarks statt, besonders in Richtung auf das Vorderende.

Kaudale Ganglien sind in Zusammenhang mit spezialisierten Abdominalstrukturen ebenfalls oft verschmolzen. Bei Onychophoren und kleineren Arthropodenarten liegen die Nervenzellen nicht nur in den Ganglien verstreut, sondern auch entlang der Konnektive, während sie sich besonders bei Krebsen, Insekten und Arachniden mit ihren Zellkör-

Abb. 1-7. Kameraauge mit Linsenakkommodationsmechanismus beim Polychaeten *Alciope*; **a** Ventralansicht, **b** Schnitt durch optische Achse. Nach [10]

pern ausschließlich in den Ganglien befinden (mit Ausnahme der Sinneszellen).

Onychophora (Stummelfüssler, ca. 90 Arten) zeigen eine Mischung von plesiomorphen Anneliden- und apomorphen Arthropoden-Merkmalen (Schürmann, in [20]). Das Gehirn der Onychophoren liegt paarig über dem Schlund und erscheint im adulten Stadium unsegmentiert. Embryonal sind jedoch drei Neuromere angelegt. Der als „Protocerebrum" bezeichnete Teil empfängt die Augennerven und enthält einen unpaaren Zentralkörper und ein Paar dreikappige Globuli. Die Homologie dieser beiden Strukturen mit dem Zentralkörper und den Pilzkörpern der Insekten ist zweifelhaft. Das Gehirn ist durch Schlundkonnektive mit einem paarigen Markstrang verbunden, der ventral bis zum After zieht. Beide Bauchstränge sind weit voneinander getrennt und in jedem Metamer durch dünne Kommissuren verbunden. Sie vereinigen sich dorsal vom Enddarm. Die Stränge sind über die ganze Länge mit Nervenzellen bedeckt und zeigen keine klare Gliederung in Ganglien und Konnektive.

Das Integument ist besetzt mit Gruppen von Sensillen: (a) Haarsensillen auf Hautpapillen, Antennen und Sohlenpolstern der Füße, die Mechanorezeptoren darstellen; (b) Kolbensensillen in den Ringfurchen der Antennen (Chemorezeptoren); (c) Sinnespapillen der Mundlippen (ebenfalls Chemorezeptoren). Zwei Blasenaugen finden sich an der Basis der Antennen. Der Aufbau der Augen der Onychophoren gleicht allgemein denen der Anneliden, jedoch ähnelt der Feinaufbau der Rhabdomere dem der anderen Arthropoden.

Das **Zentralnervensystem der Chelicerata** (ca. 80.000 Arten) ist dadurch charakterisiert, daß sich die Ganglien der Cheliceren (Mundwerkzeuge) während der Entwicklung nach vorn verlagern und mit dem Protocerebrum verschmelzen. Das sog. Tritocerebrum ist den Cheliceren zugeordnet. Antennen sind nicht vorhanden, entsprechend **fehlt ein Deutocerebrum**. Bei Xiphosuren, Skorpionen und Webspinnen (Araneae) gibt es eine **zunehmende Konzentration der Ganglien** während der Ontogenese; bei vielen Gruppen besteht die Bauchganglienkette aus einer einzigen Masse um den Mund herum, bei Webspinnen unterhalb des Gehirns.

Die **Xiphosuren** (Pfeilschwänze) zeigen mehr ursprüngliche Merkmale als die restlichen Cheliceraten. Anders als die landlebenden Arachniden besitzen sie große Komplexaugen (zusätzlich zu kleinen Medianaugen und Lateralaugen und einem aus mehreren verteilten Sehzellen bestehenden Ventralauge). Die Gattung *Limulus* besitzt (trotz ihrer „Ursprünglichkeit") das größte Gehirn aller Arthropoden, insbesondere wegen der großen Corpora pedunculata; der Zentralkörper ist vergleichsweise klein. Die Pilzkörper von *Limulus* sind keine visuellen Neuropile (die optischen Neuropile liegen dorsal von ihnen) und sind damit nicht homolog zu den Pilzkörpern der Arachniden.

Das Gehirn der **Arachniden** (Spinnentiere, Abb. 1-8) besteht aus Protocerebrum und „Tritocerebrum" (Chelicerenganglion). Im vorderen medianen Bereich des **Protocerebrum** befinden sich (bei vielen Netzspinnen nur rudimentär) **Corpora pedunculata**, wobei es sich um ein rein visuelles Neuropil handelt, das den Nebenaugen (s.u.) zugeordnet ist [58]. Die einzigen Nerven des Protocerebrum sind die optischen Nerven. Quer im posterodorsalen Teil des Protocerebrum liegt der **Zentralkörper**. Er ist ein flaches, halbmondförmiges Neuropil, das dorsal und kaudal von Zellkörpern bedeckt ist. Wie bei anderen Arthropoden ist der Zentralkörper der Arachniden geschichtet, seine Homologisierung mit dem anderer Arthropoden ist jedoch umstritten. Er scheint das höchste Integrationszentrum für den visuellen Eingang von den Hauptaugen zu sein. Zusätzlich erhält der Zentralkörper Eingänge von anderen Teilen des Protocerebrum und von den Bauchganglien.

Bei Vogelspinnen (Araneae, Theraphosidae) steht einer besonderen Differenzierung des Zentralkörpers das Fehlen von Pilzkörpern gegenüber. Klar definierbare Pilzkörper fehlen auch bei vielen Netzspinnen, die durch kleine oder reduzierte Augen gekennzeichnet sind [20]. Umgekehrt finden sich bei Geißelspinnen (Amblypygida) gut entwickelte Pilzkörper zusammen mit einem stark reduzierten Zentralkörper.

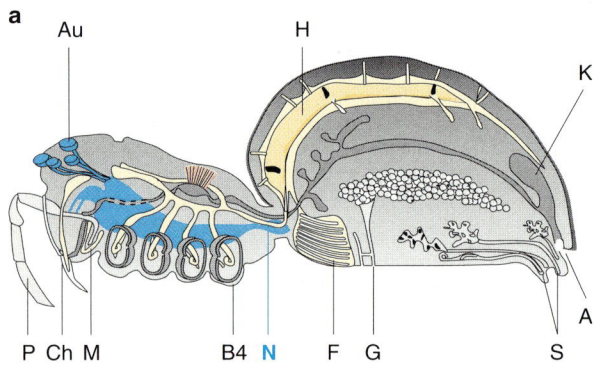

a
Au   H   K
P   Ch   M   B4   N   F   G   S   A

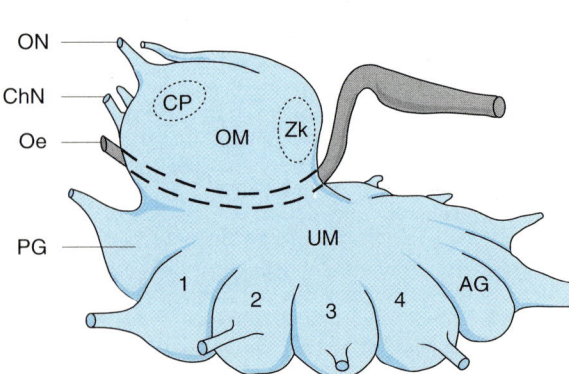

b
ON
ChN
Oe
PG
CP
OM
Zk
UM
1   2   3   4   AG

Abb. 1-8. Nervensystem der Arachniden. **a** Lage des ZNS (blau) im Körper der Hauswinkelspinne *Tegenaria* in Seitenansicht (nach [28]). **b** Aufbau des ZNS von *Tegenaria* (nach [15]). 1–4: Laufbeinganglien, A: Anus, Au: Augen, AG: Abdominalganglien, B4: Ansatz des 4. Laufbeins, Ch: Chelicere, ChN: Chelicerennerv, CP: Corpora pedunculata, F: Fächertrachee, G: Gonadenöffnung, H: Herz, K: Kloake, M: Mund, N: Nerven zu Hinterleib, Oe: Oesophagus, OM: Oberschlundmasse, ON: optische Nerven, P: Pedipalpus, PG: Pedipalpenganglion, S: Spinnwarzen, UM: Unterschlundmasse

Das **„Tritocerebrum"** entsteht aus dem vordersten Teil der Bauchganglienkette und wandert während der Embryogenese in die Oberschlundmasse. Ein Paar dicker Nerven innerviert die Cheliceren vom „Tritocerebrum" aus. Unter dem Gehirn befindet sich die **Unterschlundmasse** als vorderster Teil des Bauchmarks. Der Grad der Verschmelzung von Bauchganglien variiert stark zwischen den verschiedenen Gruppen. Bei den Scorpioniden besteht die Unterschlundmasse aus 9 Ganglien, bei den Araneae aus 16 und den Amblypygida aus 17 Ganglien.

Sinnesorgane der Arachniden: (1) Vibrationssinnesorgane: Trichobothrien und Spaltsinnesorgane. Trichobothrien (Haarsensillen) sind auf den Laufbeinen und den Pedipalpen, an der lateralen und dorsalen Extremitätenwand zu finden. Sie registrieren Luftschwingungen. Spaltsinnesorgane sind überall auf dem Körper zu finden; auf den Extremitäten kommen sie als zusammengesetzte lyraförmige Spaltsinnesorgane vor. Die tarsalen Spaltsinnesorgane können Boden- oder Netzvibrationen registrieren. Sie fungieren auch als Propriozeptoren [5]. Zudem sind vielfältige Gelenkrezeptoren (Stellungs- und Bewegungsrezeptoren) in den Beinen vorhanden. Arachniden haben **Linsenaugen**, die in zwei Typen, Haupt- und Nebenaugen, auftreten. Die Hauptaugen werden mit den Ozellen, die Nebenaugen mit den Komplexaugen der Insekten (als sog. unikorneale Facettenaugen) homologisiert [48].

Acari (Milben, mehr als 30.000 Arten) weisen innerhalb der Chelicerata das am stärksten kondensierte Nervensystem auf. Es findet sich eine Verschmelzung aller zentralen Ganglien zu einem um den Schlund gelegenen Synganglion.

Das **Zentralnervensystem der Crustaceen** (mehr als 35.000 Arten) ist in seiner Ursprungsform ein typisches Strickleitersystem, wie es bei einigen Anostraca und Cladocera zu finden ist (Abb. 1-9a und b). Das **Gehirn** liegt dorsal und ist mit dem Bauchmark über zwei Schlundkonnektive verbunden [54] (Abb. 1-9a). Das **Protocerebrum** besteht aus zwei lateralen Protozerebral-Loben (optische Loben), die bei dekapoden Krebsen in den Augenstielen enthalten sind, und dem medianen Protocerebrum.

Die Neuropile der **optischen Loben** sind sehr variabel angeordnet, jedoch ist stets eine distale Lamina ganglionaris ausgeprägt. Bei manchen Gruppen ist ein zweites, mehr proximal gelegenes Ganglion von der Lamina durch ein Chiasma getrennt. Bei den Malacostraca ist dieses Ganglion in eine externe und eine interne Medulla gegliedert. Bei Dekapoden mit Augenstielen gibt es zusätzlich zur Lamina ganglionaris zwei weitere Neuropile in den optischen Loben, und zwar eine terminale Medulla und den **Hemiellipsoidkörper**.

Die Position der Neuropile der optischen Loben zueinander und zum Gehirn variiert bei den Dekapoden sehr stark. Die terminale Medulla und der Hemiellipsoidkörper stellen komplexe, unregelmäßig gegliederte Neuropile dar, die in 13 Gebiete unterteilt werden können. Von diesen besitzt die Mehrzahl glomeruläre Strukturen. Der Hemiellipsoidkörper und zwei der Neuropilgebiete der terminalen Medulla sind durch den olfaktorischen globulären Trakt mit den akzessorischen und olfaktorischen Loben des Deutocerebrum verbunden.

Die lateralen Protozerebral-Loben sind mit dem medianen Protocerebrum durch die Protozerebraltrakte (oder optische Trakte) verbunden. Das mediane Protocerebrum enthält das vordere und hintere optische Neuropil, die Protozerebralbrücke und den Zentralkörper. Letzterer erhält keine primären Afferenzen.

Das **Deutocerebrum** enthält die medialen und lateralen Neuropile für die 1. Antennen (mit Eingängen von den Statozysten und den Mechanorezeptoren), die olfaktorischen Loben, die parolfaktorischen Loben, deren Afferenzen unbekannt sind, und die lateralen Glomeruli. Das **Tritocerebrum** enthält das Tegumentneuropil, in dem der rein sensorische Tegumentnerv aus dem dorsalen Carapax endet, und das Antennenneuropil der zweiten Antennen. Letzteres enthält sensorische und motorische Neurone sowie Interneurone zur Bewegungssteuerung der zweiten Antennen.

Die Kondensation der Ganglien der Mundgliedmaßen zu einem **Unterschlundganglion** ist nur bei einem Teil der Crustaceen zu finden (z.B. bei vielen Malacostraca). Der Grad der Verschmelzung der verbleibenden Bauchganglien ist sehr unterschiedlich (Abb. 1-9). Bei langgestreckten Dekapoden (Hummern, Flußkrebsen, Langusten) sind die Thorakal- und Abdominal-Hemiganglien eines Segments miteinander verschmolzen, longitudinal jedoch voneinander getrennt und durch paarige Konnektive verbunden. Daher sind die Ganglien der einzelnen Körpersegmente deutlich unterscheidbar. Bei Crustaceen mit kompaktem Körper (z.B. Krabben) sind die Thorakalganglien miteinander verschmolzen, diese lassen aber in den Neuromeren noch ihre segmentale Natur erkennen. Das Abdomen und das Abdominalganglion sind stark reduziert.

Sinnesorgane: Proprioceptive Mechanorezeptoren finden sich an der basalen Insertionsstelle (Körper-Coxa-Gelenk) der Gliedmaßen. Sie bestehen aus einem Chordotonalorgan und einem Muskelrezeptororgan. Zudem gibt es Streckrezeptoren an den abdominalen Extensormuskeln. Als Oberflächensinnessysteme dienen Mechano- und Chemorezep-

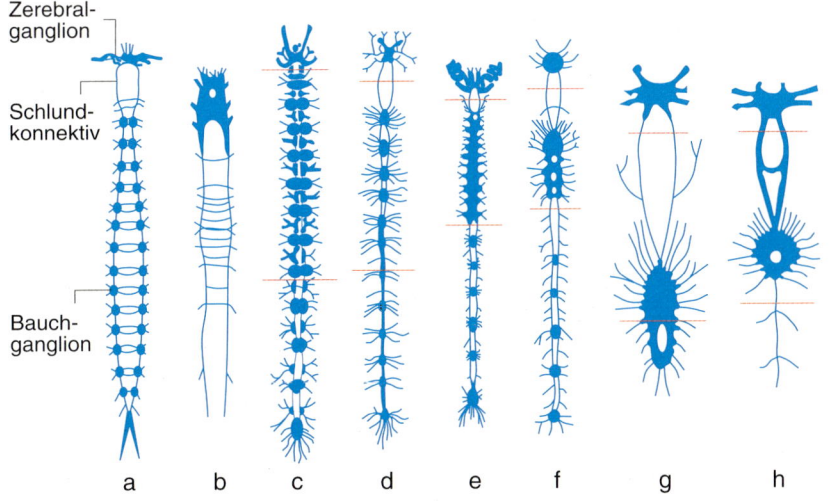

Abb. 1-9. Variabilität des Crustaceen-ZNS von einem Strickleiternervensystem (**a,b**) bis zur Kondensation aller Ganglien in einen zerebralen und thorakalen Komplex (**g,h**). Rote Linien unterteilen zerebrale, thorakale und abdominale ZNS-Region. **a** *Branchipus* (Anostraca), **b** *Simocephalus* (Cladocera, Wasserflöhe), **c** *Gammarus* (Amphipoda, Flohkrebse), **d** *Homarus* (Decapoda, Hummer), **e** *Mysis* (Mysidacea), **f** *Pagurus* (Decapoda, Einsiedlerkrebs), **g** *Palinurus* (Decapoda, Languste), **h** *Carcinus* (Decapoda, Strandkrabbe). Nach [53]

Zerebralganglion

Schlundkonnektiv

Bauchganglion

a b c d e f g h

toren mit Sensillen oder Setae, die in der Cuticula eingesenkt sind. Chemorezeptoren befinden sich auch an den distalen Beingliedern und den Antennen. Schweresinnesorgane (Stato-Organ) sind nur bei den Malacostraca vorhanden. Crustaceen besitzen **Komplexaugen**. Bei vielen Taxa sitzen die Augen unbeweglich in der Kutikula der Kopfregion, während sie sich bei anderen Krebsen am Ende eines beweglichen Augenstiels befinden, was ein abgeleitetes Merkmal darstellt. Die Komplexaugen können aus einigen wenigen bis einigen tausend Einzelaugen (Ommatidien) bestehen. Bei vielen Krebsen befindet sich im sechsten Abdominalganglion ein kaudaler Photorezeptor.

Die **Myriapoda** (Tausendfüßler, mehr als 10.000 Arten) gliedern sich in die Chilopoda (Opisthogoneata, Hundertfüßer) und Progoneata (Symphyla, Diplopoda, Pauropoda), die zusammen jedoch wahrscheinlich keine monophyletische Gruppe bilden. Das **Gehirn** der Chilopoda (Notostigmophora und Pleurostigmophora) zeigt einen den Gehirnen der meisten anderen Mandibulaten ähnelnden Aufbau, ist jedoch bei den augenlosen Geophilomorpha (Pleurostigmophora) stark vereinfacht. Strukturen, die mit Pilzkörper und Zentralkomplex homologisiert werden könnten, heben sich kaum von anderen Protozerebralteilen ab. Die optischen Massen der Myriapoden bestehen im Gegensatz zu denen der Insekten nur aus zwei Neuropilen. Sie sind am besten ausgebildet bei den Scutigeromorpha (Notostigmophora, Spinnenläufer, z.B. *Scutigera*), die auch Komplexaugen besitzen. Das **Bauchmark** bildet einen langen, durch den ganzen Körper ziehenden Strang. Er besteht bei den Pleurostigmophora aus median verschmolzenen segmentalen Ganglienpaaren, die durch paarige Konnektive voneinander getrennt sind. Bei den Notostigmophora sind auch die Konnektive mit Ganglienzellen belegt und bilden somit Markstränge.

Sinnesorgane: Arten der Notostigmophora besitzen Komplexaugen mit maximal 600 Ommatidien. Die meisten Pleurostigmophora-Arten besitzen isoliert stehende Ozellen mit Linse (z.B. *Lithobius*), einige wenige Pleurostigmophora und die Geophilomorpha-Arten sind augenlos. Weitere Sinnesorgane sind die Schläfenorgane (Tömösvarysche Organe) der Notostigmophora und Lithobiomorpha, die Hygrorezeptoren darstellen.

Das Zentralnervensystem der Insekten (Insecta, Hexapoda (Abb. 1-10a und b) besteht aus **Gehirn** (Oberschlundganglion) und **Bauchmark** (Unterschlundganglion, thorakale und abdominale Ganglien). Die segmentalen Ganglien des Bauchmarks können in unterschiedlicher Weise verschmolzen sein. Häufig sind die letzten abdominalen Ganglien zu einer Ganglienmasse verschmolzen, das dritte Thorakalganglion ist oft mit den vordersten Abdominalganglien fusioniert. Im Extremfall (einige Dipteren) sind alle Thorakal- und Abdominalganglien zu einer thorakal-abdominalen Ganglienmasse vereinigt (Nässel in [1]).

Das Gehirn (Abb. 1-10a und b) besteht aus einem großen **Protocerebrum**, einem kleineren **Deutocere-** brum und einem sehr kleinen **Tritocerebrum**, dessen Hemisphären durch eine Kommissur unterhalb des Darms verbunden sind. Vom Tritocerebrum entspringen die Konnektive, die links und rechts am Schlund vorbeigehend das Gehirn mit dem Unterschlundganglion verbinden. Das **Protocerebrum** besteht aus zwei Hemisphären, die seitlich in die optischen Loben übergehen. Die prominentesten Gehirnstrukturen im medianen Protocerebrum sind der **Zentralkomplex** in der Gehirnmitte sowie die paarigen **Pilzkörper** (Corpora pedunculata, s.u.). Die Projektionsgebiete der Ozellennerven liegen im posterioren medianen Protocerebrum (Abb. 1-10c). In der Pars intercerebralis des medianen Protocerebrum und lateral von den Bechern der Pilzkörper liegen vornehmlich neurosekretorische Zellen. Ihre Peptidhormone werden über die Neurohämalorgane (Corpora cardiaca, Corpora allata) an die Hämolymphe abgegeben. Die Becher der Pilzkörper (Calyces) und die Protozerebrallappen (aglomeruläres Protocerebrum) erhalten olfaktorische Eingänge über die Antennozerebraltrakte (ACT) aus dem Antennallobus. Visuelle Eingänge aus dem optischen Lobus erhalten das optische Tuberkel, der Zentralkörper und die Calyces. Über auf- und absteigende Bahnen sind die Protozerebrallappen mit den segmentalen Bauchganglien verbunden.

Das kleinere **Deutocerebrum** bildet mit dem Protocerebrum eine gemeinsame Oberschlundkommissur. Vom Deutocerebrum entspringen die Antennennerven, die einen sensorischen und einen motorischen Anteil haben. Der **Antennallobus** ist das Terminationsgebiet olfaktorischer Rezeptorneurone der Antenne, während mechanosensorische Fasern in den **Dorsallobus** des Deutocerebrum projizieren. Im Dorsallobus verzweigen auch die Motoneurone der Antennen. Ausgangsneurone des Antennallobus ziehen über die Antennozerebraltrakte zu den Pilzkörpern sowie den Protozerebrallappen.

Bei Dipteren haben Strausfeld und Bacon [57] eine abweichende Abgrenzung von Proto- und Deutocerebrum vorgenommen, indem sie die optischen Loben und alle mit ihnen verbundenen lateralen Zentren zum Deutocerebrum zählen. Das Protocerebrum wird entsprechend zu einem Gehirnteil ohne jeden sensorischen Input, der dann nur aus den Pilzkörpern, dem Zentralkomplex, der Pars intercerebralis und dem umgebenden Neuropil besteht.

Das kleine **Tritocerebrum** ist der Ursprungsort der Frontalkonnektive und der Labralnerven.

Die **Bauchganglienkette** besteht aus dem **Unterschlundganglion** (Abb. 1-10a), den **Thorakalganglien** und den **Abdominalganglien**. Das Unterschlundganglion ist das erste Ganglion der Bauchganglienkette. Es besteht aus drei segmentalen Neuromeren, welche die Mandibeln, Maxillen und das Labium innervieren, ebenso die Nackenmuskulatur. Das Unterschlundganglion ist an der Innervation der Speicheldrüsen, der Corpora allata und des Frontalganglions beteiligt und als höheres motori-

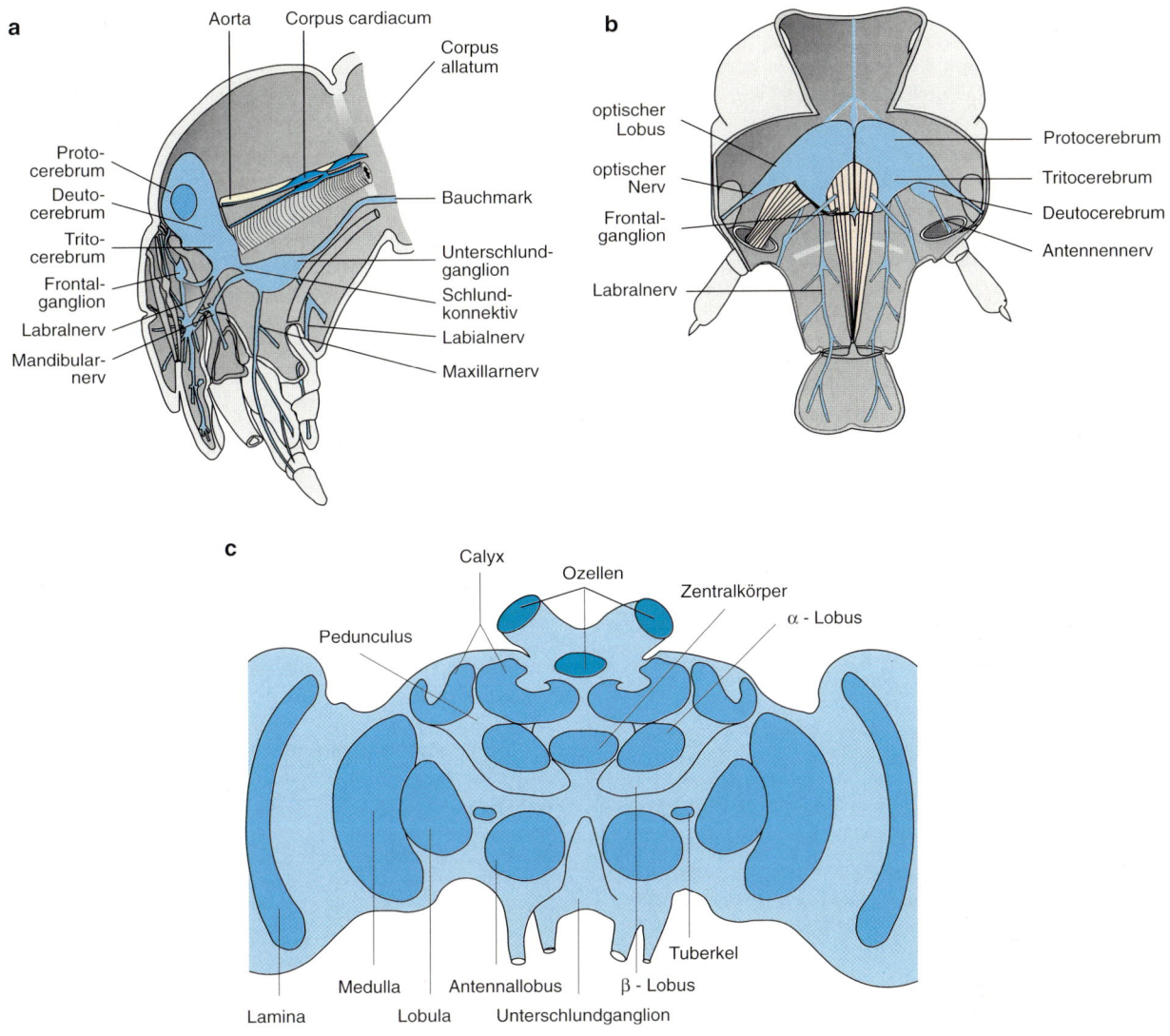

a

Aorta
Corpus cardiacum
Corpus allatum

Proto-cerebrum
Deuto-cerebrum
Trito-cerebrum
Frontal-ganglion
Labralnerv
Mandibular-nerv

Bauchmark

Unterschlund-ganglion
Schlund-konnektiv
Labialnerv
Maxillarnerv

b

optischer Lobus
optischer Nerv
Frontal-ganglion
Labralnerv

Protocerebrum
Tritocerebrum
Deutocerebrum
Antennennerv

c

Calyx
Ozellen
Zentralkörper
α - Lobus

Pedunculus

Lamina
Medulla
Lobula
Antennallobus
Unterschlundganglion
β - Lobus
Tuberkel

Abb. 1-10. Aufbau und Nerven des Insektengehirns am Beispiel der Skorpionsfliege *Panorpa*. **a** Seitenansicht, **b** Ventralansicht. Nach [10]. **c** Schema des Bienengehirns von dorsal. Nach [38]

Sensorische und integrative Systeme sind bei den Insekten weit entwickelt

sches Zentrum an der Initiierung, Aufrechterhaltung und Regulation verschiedener Verhaltensweisen (Altman und Kien, in [1]). Bei Insekten sind meist drei **Thorakalganglien** vorhanden, Pro-, Meso- und Metathorakalganglion (Bein- und Flügelinnervation), wobei ins Metathorakalganglion Abdominalganglien einbezogen sein können (Orthopteren). Embryonal werden elf Abdominalsegmente angelegt, von denen adult nur sieben bis acht Segmente persistieren. Zudem kommt es bei den meisten Insekten zu einer weiteren Verschmelzung der hinteren Abdominalganglien.

Das **visuelle System** der Insekten (Details in Kap. 17 und 18) besteht aus der **Retina** des **Komplexauges** und drei optischen Neuropilen, **Lamina**, **Medulla** und **Lobulakomplex** (Abb. 1-10c). Bei Fliegen und Schmetterlingen läßt sich der Lobulakomplex in die **Lobula** und die **Lobulaplatte** unterteilen. Über Struktur und Funktion des an die Lobula angrenzenden optischen Tuberkels ist wenig bekannt. Die meisten adulten Insekten besitzen dorsale **Ozellen** zusätzlich zu den Komplexaugen. Die Funktion des Ozellensystems ist weitgehend ungeklärt; es wird eine Beteiligung bei der Flugstabilisierung und Wendedynamik beim Laufen und Fliegen vermutet. Es ist wahrscheinlich, daß die Ozellen bei verschiedenen Insektengruppen unterschiedliche Funktionen haben.

Antennales und olfaktorisches System (Abb. 1-10C). Die **Antennen** enthalten als multisensorische Sinnesorgane mechanosensorische, olfaktorische, CO_2-sensitive, hygrorezeptive und temperatursensitive Rezeptoren (Einzelheiten über die Funktion des olfaktorischen Neuropils in Kap. 13). Das Neuropil des **Antennallobus** besteht aus einer artspezifischen Zahl von Glomeruli, in denen Kontakte zwischen Rezeptorendigungen und Interneuronen konzentriert sind. Ein besonders großer „Makroglomerulus" ist bei manchen Insekten erkennbar, vor allem bei Männchen derjenigen Arten, bei denen die Weibchen auf weite Distanzen wirksame Sexualpheromone aussenden. Die überwiegende Zahl der Ausgangsneurone (Antennozerebraltrakt, ACT) zieht in den Protozerebrallappen und die Pilzkörper.

Pilzkörper. Die komplexesten Pilzkörper finden sich bei Hymenopteren (vor allem bei sozialen Bienen und Ameisen, besonders den Arbeiterinnen). Sie bestehen bei Hymenopteren dorsal aus zwei **Bechern** (Calyces), einem medianen und einem lateralen (Abb. 1-10c), an die sich ventral ein **Stiel** (Pedunculus) anschließt. Dieser teilt sich in zwei **Loben**, den α- und β-Lobus auf. Bei Fliegen, Schmetterlingen und anderen Gruppen können weitere Loben unterschieden werden. Die Zellkörper der für die Pilzkörper charakteristischen Kenyonfasern befinden sich im Becher und entlang seines äußeren Randes. Die Faserfortsätze ziehen in das jeweilige Becherneuropil hinein und von dort aus in den Stiel, wo sie sich aufspalten und mit je einer Kollaterale in die beiden Loben ziehen. Die Struktur der Becherregion zeigt artspezifisch große Unterschiede. Bei Bienen weist sie drei vertikal untereinander angeordnete Schichten auf, Lippen-, Kragen- und Basalringregion. In der Lippenregion enden die Fasern des ACT vom Antennallobus, in der Kragenregion die Fasern von der Medulla und der Lobula des visuellen Systems, und in der Basalringregion Kollaterale beider Eingänge sowie Fasern aus dem Unterschlundganglion [38]. Ausgangsfasern der Pilzkörper ziehen aus dem α- und β-Lobus (1) zum medianen Protocerebrum, der Neuropilregion um und zwischen den α-Loben der beiden Pilzkörper; (2) zum Protozerebrallappen, d.h. der aglomerulären Neuropilregion seitlich der Pilzkörper; (3) zum kontralateralen Pilzkörper; (4) zum optischen Tuberkel; und (5) rückkoppelnd zu den Calyces des eigenen Pilzkörpers.

Bei Dipteren und vielen anderen Insekten besitzen die Pilzkörper statt zwei nur je einen Becher, der überdies kleiner ist. Es scheint allgemein bei Odonaten, Dipteren und Hemipteren ein Nebeneinander von großen und hochdifferenzierten optischen Loben und Antennalloben einerseits und kleinen bis sehr kleinen Pilzkörpern zu geben. Die Pilzkörper können zumindest bei einigen Insekten (z.B. Hymenopteren) als ein multimodales Integrationszentrum des Insektengehirns, insbesondern hinsichtlich der Koordination olfaktorischer und visueller Erregungen, angesehen werden, welche die Grundlage eines vielgestaltigen Verhaltensrepertoirs und gut ausgeprägter Lernfähigkeit bildet (siehe Kap. 23).

Zentralkomplex. Der Zentralkomplex besteht aus vier horizontal und vertikal deutlich strukturierten Neuropilregionen. Hiervon liegt die **Protozerebralbrücke** am weitesten hinten. Davor liegt der **Zentralkörper** mit einem oberen, einem unteren Teil und zwei posterioren eiförmigen Noduli. Der Zentralkomplex erhält keine direkten sensorischen Eingänge, sondern wird von Neuronen aus verschiedenen Regionen des medianen Protocerebrum innerviert, die häufig mit Fasertrakten aus den optischen Loben in

Verbindung stehen. Enge Kontakte bestehen zwischen dem Zentralkomplex und zwei seitlich benachbarten Arealen des Protocerebrum, den lateralen akzessorischen Loben (Ventralkörper). Diese stehen mit dem Bauchmark in reziproker Verbindung. Es wird daher vermutet, daß der Zentralkomplex eine Rolle bei der motorischen Kontrolle spielt, möglicherweise bei der visuellen Orientierung.

Zentralkörper und Pilzkörper sind bei den Arthropoden mehrfach unabhängig voneinander entstanden

Falls der **Zentralkörper** der Crustaceen homolog dem Zentralkörper der übrigen Arthropoden ist (Hanström 1925, s. [10]), ist der Zentralkörper ein plesiomorphes Merkmal der Arthropoden. *Jedoch lassen neuere Daten zur Neuroanatomie des Zentralkörpers der Spinnen [58] daran zweifeln, daß zumindest der Zentralkörper der Cheliceraten mit dem der anderen Arthropoden homolog ist.* Insekten haben einen relativ großen Zentralkörper, mit Ausnahme der sozialen Hymenopteren und einiger Dermapteren. Bei Crustaceen und Myriapoden scheint der Zentralkörper ursprünglich groß und abgeleiteterweise klein zu sein. Bei den Chelicerata haben bis auf die Pseudoscorpiones alle Gruppen, auch die Xiphosuren (*Limulus*) und Skorpione, kleine Zentralkörper. Einige Milben haben (sekundär) überhaupt keine Zentralkörper.

Innerhalb der Insekten sind die **Pilzkörper** sehr variabel (s. oben). Selbst innerhalb ein und derselben Ordnung können sie in ihrer Größe variieren und sind bei manchen Gruppen reduziert. Bei den übrigen Arthropoden sind sie ebenfalls sehr variabel. Sie sind bei den Myriapoden nicht beschrieben. Große Hemiellipsoidkörper innerhalb der Crustaceen sind abgeleitet. Pilzkörper sind sehr variabel bei den Chelicerata, außerordentlich groß bei den Xiphosuren, gut entwickelt bei den Opilionida, einigen Skorpionen und Araneiden, aber rudimentär bei Pseudoskorpionen und sekundär verlorengegangen bei manchen Netzspinnen und bei Milben.

Das mosaikhafte Vorkommen und der unterschiedliche Aufbau von Pilzkörpern innerhalb der Arthropoden lassen vermuten, daß diese nicht alle untereinander homolog sind.

So ist die von Hanström (1925, s. [10]) postulierte Homologie des Hemiellipsoidkörpers zum Pilzkörper der Insekten umstritten [20]. Bei den Arachniden erhalten die Pilzkörper im Gegensatz zu den Insekten im wesentlichen optische Eingänge. Der Bau des Pilz- und Zentralkörpers ist bei Insekten und Onychophoren sehr verschieden (Schürmann in [20]). Diese Tatsachen werden als Indiz dafür betrachtet, daß die Pilzkörper, ebenso wie die Zentralkörper der Cheliceraten, der Mandibulaten sowie der Onychophoren **nicht** homolog sind. Demnach hätten sich – abgesehen von den Crustaceen – derartige Strukturen der Arthropodengehirne mindestens dreimal unabhängig voneinander entwickelt [7]. Allerdings läßt das derzeitige Datenmaterial keine eindeutigen Aussagen hierüber zu.

Tentakulaten haben sehr einfache Nervensysteme

Tentaculata (Brachiopoda, Phoronidea, Bryozoa; ca. 5000 Arten) sind sessile Tiere und gekennzeichnet durch zwei tentakelbesetzte Arme (Lophophore), mit denen Nahrung in den Mundbereich getrieben wird. **Sie sind die Schwestergruppe der Deuterostomier.**

Brachiopoda (Armfüßler). Es handelt sich um muschelähnliche, meist festsitzende Tiere. Das Nervensystem ist extrem vereinfacht. Vorhanden sind ein kleines dorsales Oberschlundganglion und ein größeres Unterschlundganglion; beide sind durch einen Schlundring verbunden. Dem Unterschlundganglion entspringen die sensorischen und motorischen Lophophoren-Nerven sowie Nerven, die Mantel und Stiel versorgen. Sinnesorgane sind nicht vorhanden bis auf Statozysten und Augenflecken bei Larven und Statozysten bei einigen *Lingula*-Arten.

Phoronidea. „Wurmartige" Filtrierer, deren Nervensystem aus einem fast ausschließlich intraepithelialen Nervennetz, einem Schlundring und einem flachen Oberschlundganglion besteht. Längsbahnen sind nicht vorhanden, jedoch 1-2 lateroventrale Riesenfasern, die zu den Hauptlängsmuskeln der Tiere ziehen und schnelle Rückziehbewegung ermöglichen. Sinnesorgane fehlen; dafür sitzen in der Epidermis zahlreiche in Gruppen angeordnete Sinneszellen.

Bryozoa (Moostierchen) sind charakterisiert durch ein **stark vereinfachtes Nervensystem.** Ein oft hohles Zerebralganglion ist vorhanden, sowie ein um den Mund verlaufender Nervenring, jedoch fehlen Längsbahnen. Die Tentakel werden von 4-5 sensorischen und motorischen Nerven versorgt. Es gibt einen peripheren Nervenplexus sowie Fasern zu den Tentakeln und zum Darmkanal. Sinnesorgane fehlen; Sinneszellen sind dagegen auf den Tentakeln reichlich vorhanden.

Das Nervensystem der Echinodermata (Stachelhäuter) ist sekundär vereinfacht und stellt größtenteils ein epitheliales Nervensystem dar

Die Gruppe der Stachelhäuter (über 6000 Arten) umfaßt die Crinoidea (Seelilien), Asteroidea (Seesterne), Ophiuroidea (Schlangensterne), Echinoidea (Seeigel) und Holothuroidea (Seewalzen, Seegurken). Es handelt sich um fünfstrahlige, radiärsymmetrische Tiere, die sich aber von bilateralen Vorfahren ableiten. Die Larve ist bilateralsymmetrisch, d.h. die radiärsymmetrische Form bildet sich erst während der Ontogenese aus. Die systematische Stellung

der Echinodermen innerhalb der Deuterostomier ist ungeklärt.

Das Nervensystem besteht aus zwei Teilen, dem **ektoneuralen** und dem **hyponeuralen** Nervensystem. Das **ektoneurale System** besteht aus einem **Nervenring** um den Mund herum, radialen Nerven, die sich in die Arme erstrecken (sofern vorhanden) und einem **Nervenplexus** unter der Epidermis (basiepithelialer Plexus). Dieses System ist eng mit der Epidermis der Körperwand verbunden und umfaßt **Sinneszellen** sowie basiepitheliale **Interneurone**. Die Fortsätze der Sinneszellen laufen zu bipolaren und multipolaren Ganglienzellen, deren Fortsätze sich wiederum ausbreiten und den basiepithelialen Plexus bilden, der aus einer superfiziellen Schicht mit multipolaren Neuronen und einer tiefliegenden Schicht aus bipolaren Neuronen besteht. Die Fortsätze dieser bipolaren Neurone stehen in Verbindung mit den radialen Nervensträngen. Die radialen Nervenstränge bestehen aus komplexen, regional organisierten Ganglien und interganglionären Axonbündeln. Der zirkumorale Nervenring verbindet die radialen Nervenstränge und enthält lokale Neuropile, die mit der viszeralen Innervation, den motorischen Ausgängen und den hyponeuralen Ganglien assoziiert sind. Eine integrative Funktion ist nicht ersichtlich (Cobb, in [1]).

Das **hyponeurale System** liegt im allgemeinen im Epithel des Somatozoels und ist **rein motorisch**. In den Armen verläuft es parallel zu den Strängen des ektoneuralen Systems. Die zentralen Motoneurone sitzen meist auf den inneren Oberflächen der Radialstränge und des zirkumoralen Ringes. Ektoneurales und hyponeurales System scheinen keine Verbindung miteinander zu haben. Im Gegensatz zu dem ektoneuralen System scheint das hyponeurale Nervensystem mesodermaler Herkunft zu sein, was die Trennung der beiden Systeme erklären würde.

An **Sinneszellen** finden sich chemo-, mechano- und photorezeptive Sinneszellen, meist verstreut über den Körper und nicht in Sinnesorganen konzentriert. Manche Holothurien besitzen Statozysten im Mundbereich.

Hemichordaten, Urochordaten und Cephalochordaten haben als Außengruppen der Craniaten sehr einfach gebaute Zentralnervensysteme

Hemichordaten umfassen Enteropneusten (Eichelwürmer) und die sessilen Pterobranchier. Sie sind die Schwestergruppe der Chordata. Ein kurzes, im Kopfbereich (Eichel) liegendes **Stomochord** (mögliches Homologon der Chorda dorsalis) sowie ein dorsal davon gelegenes Zentralnervensystem (**Kragenmark**) ähneln nur entfernt den vermuteten Homologa der Chordaten. **Urochordaten** (Tunicaten, Manteltiere) umfassen Ascidien (Seescheiden), Thaliaceen (Salpen, Feuerwalzen) und Larvaceen (Appendicularien). Adult sessile Ascidien durchlaufen ein freibewegliches Larvenstadium, in welchem sie dorsal im Schwanz ein längliches Stützorgan, die Chorda dorsalis, und darüber ein Nervenrohr mit rostralen Spezialisierungen besitzen. Diese bestehen aus einem sensorischen Vesikel, der drei unpaare, asymmetrisch angeordnete Sinnesorgane (Statozyste, Ozellus, hydrostatische Druckrezeptoren) enthält. Daran schließen sich die ein „Viszeralganglion" bildenden Neurone an, von denen die cholinerge motorische Innervation der Schwanzmuskulatur ausgehen soll. Das weiterführende Nervenrohr enthält nur Ependymzellen, die lateral von absteigenden Nervenbahnen aus dem Viszeralganglion umgeben werden.

Cephalochordaten *(Amphioxus)* sind frei bewegliche, fischähnliche Tiere mit einer Chorda dorsalis und einem dorsalen Nervenrohr, das dem der larvalen Ascidien gleicht. Aufgrund dieser und anderer Merkmale (z.B. metamer angeordnete Rumpfmuskulatur) werden Uro- und Cephalochordaten (zusammen auch als Protochordaten bezeichnet) den Chordaten zugerechnet.

Im Gegensatz zu Ascidien ist das rostrale Bläschen von *Amphioxus* nur ein einschichtiges, aus prismatischen Zellen bestehendes Flimmerepithel, das Pigmentzellen und Rezeptorzellen, aber keine Neurone oder spezialisierte Sinnesorgane umfaßt. Kaudal folgt eine mehrschichtige Region, die ventrale sekretorische Zellen (Infundibularorgan) und dorsale Lichtrezeptoren, aber auch einige glykogenhaltige Neurone enthält. Das sich anschließende Nervenrohr (Rückenmark) weist im Gegensatz zu Ascidien viele Neurone auf. Sensorische Neurone liegen dorsal im Nervenrohr, ihre Fortsätze verlassen das ZNS über dorsale Wurzeln, die aber keine Spinalganglien aufweisen. Die Axone viszeromotorischer Neurone verlassen das ZNS ebenfalls über die dorsalen Wurzeln. Dorsale Wurzeln bei *Amphioxus* sind ein synapomorphes Merkmal, das diese Tiere mit Craniaten teilen. Die somatomotorische Innervation der myotomalen Rumpfmuskulatur ist außergewöhnlich. Feine Fortsätze der Muskelzellen ziehen zum Nervenrohr (Rückenmark) und bilden an dessen lateraler Oberfläche cholinerge Synapsen mit Neuriten der Motoneuronen, die im Gegensatz zu allen Craniaten das ZNS nicht verlassen. Die „ventralen Wurzeln" des Nervenrohrs von *Amphioxus* bestehen also aus zentripetalen Fortsätzen der Rumpfmuskulatur

Es gibt zwei Hauptinterpretationen zur Phylogenese der Chordaten: (1) Nach **Garstang** [16] waren die ursprünglichen Chordaten sessil und schalteten als phylogenetische Neuerung ein freibewegliches Stadium zwischen passiver Planktonlarve und sessilem Adultstadium ein. *Amphioxus* und die Craniaten seien dann durch zunehmende Verjugendlichung (Pädomorphosis) entstanden, wodurch das freibewegliche Jugendstadium der Urochordaten zum Adultstadium wurde. Rezente Urochordaten, Cephalochordaten und Craniaten repräsentieren dann eine morphologische Reihe, welche die Phylogenese grob wiedergibt. (2) Nach **Jefferies** [25] hingegen sind die ursprünglichen adulten Chordaten freilebend gewesen und sessile Stadien sekundär entstanden. Aus einer Gruppe freilebender, bisher als Echinodermen betrachteter Fossilien (**Calcichordaten**) sollen unabhängig voneinander die Tunicaten, Cephalochordaten und Craniaten entstanden sein. Einige Calcichordaten sollen bereits Hirnner-

ven mit Ganglien sowie ein mehrteiliges Gehirn besessen haben. Die Evidenz für diese Hypothese beruht auf fossilem Material. Da Abdrücke vermuteter neuraler Strukturen schwer zu interpretieren sind, und da zudem die innere Struktur des ZNS nicht untersuchbar ist, verwenden wir für unsere Analyse ein auf der traditionellen Sicht der Verwandtschaftsverhältnisse beruhendes Kladogramm (s. Abb.1-1b).

Kladistische Analyse früher ZNS-Merkmale der Chordaten. Sowohl *Amphioxus* als auch Ascidienlarven weisen eine rostrale Verdickung des Nervenrohrs („Sinnesbläschen") auf, die als primitives Craniatengehirn angesehen wurde. Die Struktur des dorsalen Nervenrohrs und des rostralen Bläschens weist aber sowohl zwischen *Amphioxus* und Ascidien als auch im Vergleich zum Rückenmark und Gehirn der Craniaten fundamentale Unterschiede auf, so daß ein Außengruppenvergleich wenig zum Verständnis der Polarität von Merkmalen des ZNS der Craniaten beitragen kann.

Trotzdem kann die Präsenz eines dorsal von der Chorda gelegenen **Nervenrohrs (Rückenmark)** als synapomorphes Merkmal der Chordaten (und wahrscheinlich auch der Hemichordaten) betrachtet werden. Ein für Chordaten synapomorphes Merkmal ist auch die Anordnung von **zentralen Neuronensomata** und **peripherem Neuropil** im Nervenrohr bzw. Rückenmark. Eine Synapomorphie, die Cephalochordaten und Craniaten von den Urochordaten abgrenzt, sind **dorsale Nervenwurzeln** (s. Medulla spinalis). Abgesehen von diesen wenigen Merkmalen weist die interne Organisation des Rückenmarks und vor allem des Gehirns der Craniaten (s. unten) kaum Ähnlichkeiten mit dem ZNS der anderen Chordaten auf. Da zudem allen rezenten Echinodermen (s. oben) ein ZNS überhaupt fehlt, ging dieses wahrscheinlich beim letzten Vorfahren der Deuterostomier verloren. Daher ist es naheliegend, die erwähnten internen Spezialisierungen des ZNS der Uro- und Cephalochordaten als abgeleiteten und nicht als plesiomorphen Zustand zu betrachten.

Neuentwicklung von Neuralleisten und Placoden. Nach Northcutt und Gans [46] wurde erst durch die Neuentwicklung von Neuralleisten und Placoden (und deren vielfältigen ontogenetischen Abkömmlinge wie sensorische Ganglien und Sinnesorgane) die für Craniaten typische Merkmalskombination von **paarigen Kopfsinnesorganen, fünfteiligem Gehirn, Rückenmark,** sowie **Hirn- und Spinalnerven mit Ganglien** möglich. Dieser evolutive Schritt könnte bereits bei (allerdings nur fossil erhaltenen) Calcichordaten erfolgt sein. Die Craniaten wären somit deren direkte Nachkommen, und Uro- und Cephalochordaten repräsentierten evolutive Seitenzweige. Falls aber der erwähnte Schritt erst bei den Craniaten stattgefunden hat, dann zeigen Uro- und Cephalochordaten tatsächlich teilweise einfachere Übergangsformen auf dem Weg zum Craniaten-ZNS.

Von rostral nach kaudal gliedert sich das Gehirn (Abb. 1-11, 1-12) in ein **Endhirn** *(Telencephalon)*, **Zwischenhirn** *(Diencephalon)*, **Mittelhirn** *(Mesencephalon)*, **Hinterhirn** *(Metencephalon)* und **Nachhirn** *(Myelencephalon)*, das in das **Rückenmark** *(Medulla spinalis)* übergeht. Das Mesencephalon weist mit dem Tectum opticum, ebenso wie das Metencephalon mit dem Kleinhirn (Cerebellum) ein dorsales Spezialorgan auf. Die ventralen Teile des Metencephalon und Myelencephalon werden auch als Medulla oblongata (Verlängertes Mark) von der Medulla spinalis (Rückenmark) abgegrenzt. Die Medulla oblongata und der ventrale Teil des Mesencephalon (Tegmentum) werden auch als **Hirnstamm** bezeichnet, bei Säugern wird dazu auch das gesamte Mesencephalon gerechnet. Der Hirnstamm ist für die motorischen Komponenten Ursprung und für die sensorischen Komponenten Zielgebiet der meisten Hirnnerven (nämlich Hirnnerven III – XII und die Seitenliniennerven). Der erste Hirnnerv (Nervus olfactorius, I) besteht aus Fortsätzen primärer Riechsinneszellen, die in den Bulbus olfactorius des Telencephalon einziehen. Der zweite Hirnnerv (Nervus opticus, II) besteht aus Axonen der retinalen Ganglienzellen und zieht ins Zwischenhirn (Thalamus, Hypothalamus) und Mittelhirn (Praetectum, akzessorische optische Kerne des Tegmentums, Tectum opticum). Ein weiterer (nullter) Hirnnerv, der Nervus terminalis, verläuft ähnlich dem Nervus olfactorius, besteht jedoch nicht aus zentrifugalen Fortsätzen von Riechsinneszellen, sondern aus Ganglienzellen, die zwischen Riechepithel und Telencephalon liegen und einen peripheren (ins Riechepithel ziehenden) sowie einen zentralen Fortsatz haben.

Myxinoiden sind ein Spezialfall. Sie entsprechen in den meisten Merkmalen des ZNS diesem Craniatenbauplan, weisen aber einige Unterschiede zu den Wirbeltieren auf. Aufgrund des **Fehlens eines Kleinhirns** kann kaum ein Metencephalon von einem Myelencephalon abgegrenzt werden (Abb. 1-12a). Da die Myxinoiden außerdem **keine externen Augenmuskeln** besitzen, fehlen ihnen die entsprechenden Hirnnerven III, IV und VI und motorischen Kerne im Hirnstamm. Möglicherweise fehlt den Myxinoiden plesiomorph ein Nervus terminalis, der bei allen übrigen Craniaten zumindest jeweils für einige Vertreter beschrieben wurde. Das Fehlen dieser und anderer Merkmale bei Myxinoiden ist entweder plesiomorph für Craniaten oder eine sekundäre Vereinfachung, die bei ursprünglichen Myxinoiden als Anpassung an das Graben erfolgte. Da Protochordaten kein vergleichbares Gehirn haben, kann die Polarität dieser Hirnmerkmale bei Myxinoiden nicht mit dem Außengruppenvergleich geklärt werden.

Die Medulla spinalis ist die kaudale Fortsetzung der Medulla oblongata. Sie weist bei allen Craniaten einen schmalen oder völlig reduzierten **Zentralkanal** (Rückenmarksventrikel) auf. Um ihn herum ist die **graue Substanz** (vorwiegend Neuronensomata) angelegt, die ihrerseits von der weißen Substanz (vorwiegend Nervenfasern) umgeben ist. Diese Anordnung der neuralen Elemente tritt auch im Nervenrohr der Cephalo- und Urochordaten auf und ist deshalb wahrscheinlich plesiomorph für Chordaten. In der **grauen Substanz** befinden sich von dorsal nach ventral somatosensorische, viszerosensorische, viszeromotorische und somatomotorische Neurone. Diese sind durch die **Spinalnerven** der Innervation des Craniatenrumpfes zugeordnet. Bei guter Ausprägung des somatosensorischen und somatomotorischen Bereichs weist die graue Substanz der meisten Gnathostomen (kiefertragenden Wirbeltiere) ein deutliches dorsales Horn (Mensch: **Hinterhorn**) und ein ventrales Horn (Mensch: **Vorderhorn**) auf. Neben diesen unmittelbar der Senso-

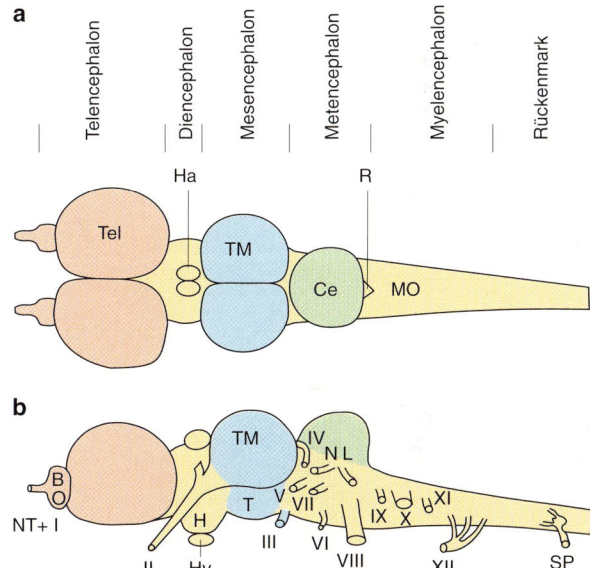

Abb. 1-11. Bauplan des Craniatengehirns. Abkürzungen (auch für Abbildungen 12 und 13): 1, bzw. 2 SP: erster, bzw. zweiter Spinalnerv, I: Nervus olfactorius, II: Nervus opticus, III: Nervus oculomotorius, IV: Nervus trochlearis, V Nervus trigeminus, VI: Nervus abducens, VII: Nervus facialis, VIII: Nervus octavus, IX: Nervus glossopharyngeus, X: Nervus vagus, XI: Nervus accessorius, XII: Nervus hypoglossus. a: anteriorer Kleinhirnlobus, al: anteriorer Lateralisnerv, Au: Aurikel, BO: Bulbus olfactorius, c: centraler Kleinhirnlobus, Ce: Cerebellum, Di: Diencephalon, ds: dorsaler Spinalnerv, EG: Eminentia granularis, H: Hypothalamus, Ha: Habenula, Hy: Hypophyse, IC: Colliculus inferior, L: Laterales Pallium (Piriformer Cortex), LI: Lobus inferior, MO: Medulla oblongata, MS: Medulla spinalis, NG: Nucleus glomerulosus, NL: Nervi laterales, NO: Nucleus nervi oculomotorii, NR: Nucleus ruber, NT: Nervus terminalis, OE: Olfaktorisches Epithelium, p: posteriorer Kleinhirnlobus, PC: Pedunculus cerebri, pl: posteriorer Lateralisnerv, SC: Colliculus superior, SN: Substantia nigra, Spocc: Spino-okzipitaler Nerv, R: Rautengrube, T: Tegmentum, Tel: Telencephalon, TM: Tectum mesencephali, TS: Torus semicircularis (Inferiorer Colliculus), TTB: Tractus tecto-bulbaris, V: Ventrikel, Va: Valvula cerebelli, vs: ventraler Spinalnerv

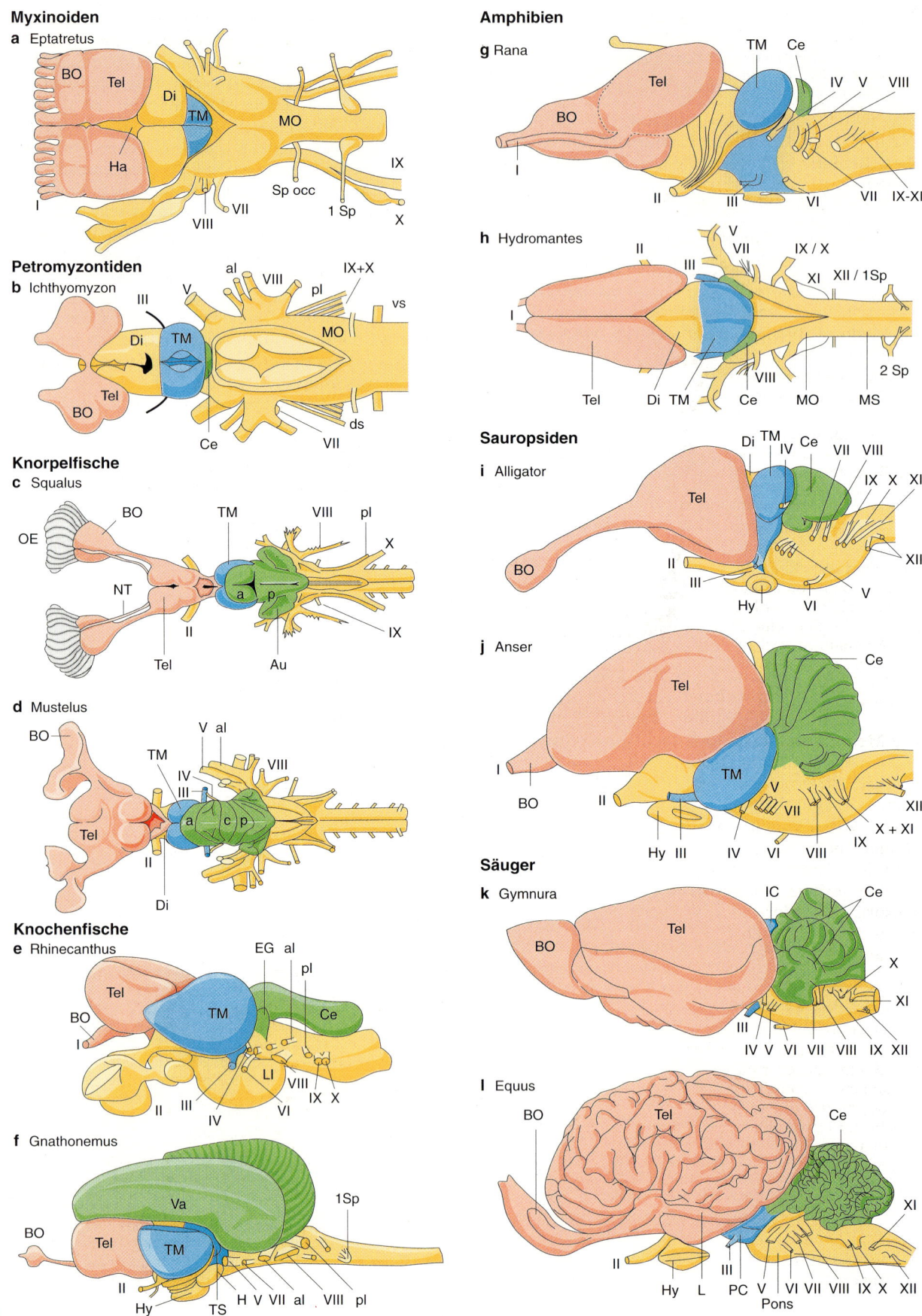

Myxinoiden

a Eptatretus

BO · Tel · Di · TM · Ha · MO · I · VIII · VII · Sp occ · 1 Sp · IX · X

Petromyzontiden

b Ichthyomyzon

al · VIII · IX+X · V · III · pl · vs · Di · TM · MO · Tel · BO · Ce · VII · ds

Knorpelfische

c Squalus

BO · TM · VIII · pl · OE · X · NT · a · p · II · IX · Tel · Au

d Mustelus

V · al · BO · TM · VIII · IV · III · a · c · p · Tel · II · Di

Knochenfische

e Rhinecanthus

EG · al · pl · Tel · BO · TM · Ce · I · LI · VIII · II · III · IX · X · IV · VI

f Gnathonemus

Va · 1Sp · BO · Tel · TM · II · Hy · TS · H V VII · al · VIII · pl

Amphibien

g Rana

TM · Ce · Tel · IV · V · VIII · BO · I · II · III · VI · VII · IX-XI

h Hydromantes

V · II · VII · IX / X · III · XI · XII / 1Sp · I · 2 Sp · Tel · Di TM · VIII · Ce · MO · MS

Sauropsiden

i Alligator

Di · TM · Ce · IV · VII · VIII · Tel · IX X XI · BO · II · III · XII · Hy · VI · V

j Anser

Ce · Tel · I · BO · II · TM · V · VII · XII · X + XI · IX · Hy III · IV · VI · VIII

Säuger

k Gymnura

IC · Ce · BO · Tel · X · XI · III · IV V VI VII VIII IX XII

l Equus

BO · Tel · Ce · II · XI · Hy · L · PC · V · VI VII VIII IX X XII · Pons · III

Abb. 1-12. Gehirne von Vertretern aller Hauptgruppen der Cra-
niaten: Abkürzungen in Legende zu Abb. 1-11.
Myxinoiden. **a** Schleimaal (*Eptatretus*), Dorsalansicht. Nach [61].
Petromyzontiden. **b** Neunauge (*Ichthyomyzon*), Dorsalansicht.
Nach [44] Knorpelfische. **c** Dornhai (*Squalus*), Dorsalansicht. **d**
Glatthai (*Mustelus*), Dorsalansicht. Nach [45] Knochenfische. **e**
Drückerfisch (*Rhinecanthus*), Lateralansicht. **f** Elefantenrüssel-
fisch (*Gnathonemus*), Lateralansicht
Amphibien. **g** Anuren: Frosch (*Rana*), Lateralansicht nach [50]. **h**
Urodelen: Salamander (*Hydromantes*), Dorsalansicht
Sauropsiden. **i** *Alligator*, Lateralansicht. **j** Gans (*Anser*), Lateral-
ansicht. Nach [50]
Säuger. **k** Insektivor (*Gymnura*), Lateralansicht. **l** Pferd (*Equus*),
Lateralansicht. Nach [50]

◀────────────────────────────

rik oder Motorik zugeordneten Neuronen enthält
die graue Substanz auch Neurone höherer Ordnung.
In der **weißen Substanz** liegen die auf- und absteigenden Bahnen des Rückenmarks.

Spinalganglien enthalten pseudounipolare (sensorische)
Nervenzellen. Sie kontaktieren peripher die Sinnesorgane
des Rumpfes und projizieren über **dorsale Wurzeln** in die
primär sensorischen Gebiete des Rückenmarks. Die sensorischen Fasern der dorsalen Wurzeln von Cephalochordaten haben ihre Somata im Nervenrohr selber. Deshalb sind
Spinalganglien eine Synapomorphie der Craniaten. **Ventrale Wurzeln**, die bei Craniaten von austretenden Fasern
viszero- und somatomotorischer Neurone des Rückenmarks gebildet werden, fehlen den Cephalochordaten
(s.o.) und stellen eine Synapomorphie der Craniaten dar.
Bei Anamnioten verlassen viele visceromotorische Fasern
das ZNS über die dorsale Wurzel, was als plesiomorphes
Merkmal interpretiert werden kann, das sie mit Cephalochordaten teilen.

Die **Medulla oblongata** enthält die primären sensorischen und motorischen Gebiete der Hirnnerven V
bis XII. Diese sind wie im Rückenmark von dorsal
nach ventral in somatosensorische, viszerosensorische, visceromotorische und somatomotorische
Gebiete oder Kerne angeordnet und zeigen innerhalb der Craniaten im Vergleich mit anderen Hirnarealen geringe Unterschiede. Zudem besitzen die
sensorischen (dorsalen) Wurzeln der Hirnnerven
wie die Spinalnerven Ganglien, welche die Somata
der sensorischen Neurone enthalten.

Der motorische Kern des **Nervus abducens** fehlt ursprünglicherweise bei Myxinoiden, nicht aber bei Petromyzontiden. Der **Nervus accessorius** (XI) und der **Nervus hypoglossus** (XII) treten erst bei den Tetrapoden auf, bei anderen Gnathostomen sind die dem Nervus accessorius der
Tetrapoden entsprechenden visceromotorischen Fasern ein
Teil des **Nervus vagus**. Als Homologon des Nervus hypoglossus der Tetrapoden existieren bei einigen anderen Gnathostomen (z.B. Teleosteer) somatomotorische ventrale
Wurzeln im spino-okzipitalen Bereich. Diese innervieren
die hypobranchiale Muskulatur, aus der sich die Zunge der
Tetrapoden ableitet.

**Ursprünglich sind bei Craniaten die sensorischen und
motorischen Kerngebiete der Hirnnerven V und VII bis X
vorhanden.** Die sensorischen Kerne erfahren bei Betonung

eines Sinnessystems eine Hypertrophierung (z.B. stark
vergrößerte primäre gustatorische Kerngebiete des **Nervus
facialis** und des **Nervus vagus** bei Goldfischen und Welsen).
Die den Seitenlinienorganen (Lateralis-System) zugeordneten Hirnnerven (LL) und ihre sensorischen Kerne in der
Medulla oblongata sind für Vertebraten, wenn nicht gar für
Craniaten, ebenfalls plesiomorph (Northcutt, in [11]).
Ursprünglich besitzen Wirbeltiere zusätzlich zu einer
mechanorezeptiven auch eine elektrorezeptive Komponente des Lateralissystems (s. Kap. 19). Seitenliniennerven
und deren Kerngebiete gehen bei Amnioten verloren.

Die **retikuläre Formation** der Medulla oblongata
gliedert sich in mehrere rostrokaudale Abschnitte
(auch einen tegmentalen) und spezielle Kerne wie
den **Locus coeruleus** oder die **Raphekerne**. Sie ist
ein wichtiges Integrationszentrum (Atmung, Kreislauf) und aufsteigendes Aktivierungszentrum (Aufmerksamkeit, Wachheit, Bewußtheit). Viele bei Säugern beschriebene Kerne der retikulären Formation
wurden auch bei Knorpelfischen identifiziert und
sogar mit derselben Terminologie belegt; diese
Kerne sind möglicherweise plesiomorph für Gnathostomen.

Die Brücke (Pons) existiert bei Vögeln und Säugern.
Sie liegt ventral in der rostralen (metenzephalen)
Medulla oblongata der Säuger (s. Abb. 1-12l) und
besteht aus kortiko-zerebellären Fasermassen und
dazwischengestreuten pontinen Kernen, in denen
diese Fasern auf ihrem Weg zu den lateralen Klein-
hirnhemisphären umgeschaltet werden. Im Gegensatz zu allen anderen Craniaten haben Vögel ebenfalls telenzephalo-pontine Bahnen und pontine
Kerne, wenn auch in geringerem Maße als Säuger.
Pons und telenzephalo-pontine Bahnen sind als
unabhängig entstandene Merkmale bei diesen beiden Wirbeltiergruppen zu interpretieren.

Palliospinale Bahnen entstanden zweimal. Kaudal
von der Brücke liegen in der (myelenzephalen)
Medulla oblongata der Säuger die Pyramiden. Sie
bestehen aus kortiko-spinalen Fasern (hauptsächlich
Axone des primären motorischen Cortex, s. Kap.
8), die sich am kaudalen Ende der Pyramiden zu
70–90 % überkreuzen und dann ins Rückenmark
eintreten. Direkte palliospinale Bahnen (Pyrami-
denbahnen) sind bei Vögeln unabhängig von den
Säugern entstanden, denn sie fehlen allen anderen
Craniaten.

**Pyramidales und extrapyramidales System sind komple-
mentär.** Bei Säugern existiert zusätzlich zum **Pyramidensy-
stem**, das die Willkürmotorik leitet, ein **extrapyramidal-
motorisches System**, das die unwillkürliche Muskelkoordi-
nation, Begleitbewegungen sowie den Ablauf gelernter
motorischer Programme kontrolliert. Bei Säugern gehören
hierzu Teile des Telencephalon (Striatum, Globus pallidus), des Diencephalon (Nucleus subthalamicus) und des
Mesencephalon (Nucleus ruber, Substantia nigra). Da aber
auch Cortex, Kleinhirn, Thalamus und die retikuläre Formation des Hirnstamms in komplexer Weise mit einigen

dieser Zentren verschaltet sind, ist es nahezu unmöglich, eine klare anatomische Grenze des extrapyramidalen Systems zu ziehen. Beide motorischen Systeme wirken in jedem Moment komplementär (s. Kap. 8). Es ist deswegen unangebracht, außerhalb der Säuger und Vögel von einem extrapyramidalen System zu sprechen oder das extrapyramidale als das phylogenetisch ältere motorische System aufzufassen.

Die untere Olive ist ursprünglich für Gnathostomen. Dorsal von der Pyramide der Säuger befindet sich die **untere (inferiore) Olive**. Sie ist Ursprungsort der Kletterfasern zum Kleinhirn. Die stark gefaltete Säuger-Olive empfängt sowohl aufsteigende, spinale Bahnen als auch absteigende kortikale Efferenzen. Letztere Projektion fehlt zwar den Nicht-Säugern, eine zum kontralateralen Cerebellum projizierende untere Olive ist aber für Gnathostomen plesiomorph, denn sie wurde bei allen untersuchten Gruppen (Knorpelfische, Strahlenflosser, Amphibien, Sauropsiden) gefunden.

Die Schichtung des Kleinhirns (Cerebellum) ist bei den Gnathostomen einheitlich. Das Kleinhirn ist eine Bildung des dorsalen Metencephalon. Außer bei Petromyzontiden (Abb. 1-12b) ist es bei allen Wirbeltieren durch einen einheitlichen, **dreischichtigen** histologischen **Aufbau** charakterisiert. Eine tiefliegende, kleinzellige **Körnerzellschicht** wird durch eine großzellige **Purkinjezellschicht** von der peripheren **Molekularschicht** abgegrenzt (s. Kap. 8). **Die Ausbildung morphologisch-funktionaler Unterteilungen des Kleinhirns ist extrem variabel bei Gnathostomen** [32]. Diese Variabilität steht im Kontrast zur großen zytoarchitektonischen Gleichförmigkeit des Kleinhirns.

Eine kladistische Analyse der Kleinhirnmerkmale ergibt, daß der **Lobus vestibulo-lateralis**, welcher primäre vestibuläre (Nervus octavus) und – wenn diese Sinnesmodalität vorliegt – mechanosensorische (Nervi laterales) Informationen empfängt, bei allen Wirbeltieren vorhanden und daher plesiomorph ist. Ein **Corpus cerebelli** tritt erst mit den Gnathostomen auf. Seine Hypertrophierung bei einigen Knorpelfischgruppen, Vögeln und Säugern und seine Reduktion bei den Amphibien sind abgeleitete Merkmale dieser Gruppen. Die Ausbildung und extreme Hypertrophierung eines neuen Kleinhirnteils (**Valvula cerebelli**) bei Actinopterygiern sind ebenso abgeleitet wie das Entstehen von lateralen Anteilen des Corpus (**Hemisphären**) bei Säugern, die ausschließlich telenzephalo-pontine Eingänge erhalten.

Das Mesencephalon besteht aus **Tectum** (Mittelhirndach), **Torus semicircularis** und **Tegmentum** (Haube). Tectum und Torus semicircularis (bei Säugern: **Colliculus superior, bzw. inferior**, zusammen **Corpora quadrigemina**) stellen die dorsal gelegenen, der Sensorik zugeordneten Anteile des Mesencephalon dar. Mit Ausnahme der Säuger ist das Tectum bei allen Craniaten das wichtigste **visuelle Zentrum**.

Der ursprüngliche Zustand des Tectum für Wirbeltiere ist durch eine **Laminierung** gekennzeichnet, d.h. die neuronalen Somata und das Neuropil sind in alternierenden Schichten vom Ventrikel zur Hirnperipherie hin angeordnet. Das Fehlen einer solchen Lamination bei einigen Wirbeltieren (Salamander, Gymnophionen, südamerikanische und afrikanische Lungenfische) kann durch den Außengruppenvergleich klar als sekundäre Vereinfachung erkannt werden [52]. Demgegenüber ist nicht zu entscheiden, ob die fehlende tektale Lamination bei Myxinoiden plesiomorph oder apomorph ist, da eine geeignete Außengruppe fehlt.

Neben den visuellen Projektionen gelangt **andere sensorische Information** (z.B. akustische, und, wenn vorhanden, mechano-und elektrosensorische Information vom Torus semicircularis) **in tiefe Schichten des Mittelhirndachs**. Ebenso erreichen telenzephale Efferenzen das Tectum bei Knorpelfischen, Knochenfischen, Amphibien, Sauropsiden und Säugern. Dadurch stellt das Tectum bei allen Gnathostomen ein wichtiges Integrationszentrum für die Sensorik dar. Die tektalen Haupteffferenzen werden von absteigenden motorischen Bahnen zum Hirnstamm (tektobulbäre/tektospinale Bahnen) gebildet.

Der **Torus semicircularis (Colliculus inferior)** ist im plesiomorphen Zustand für Gnathostomen die mesenzephale Schaltstation für aufsteigende Projektionen des auditorischen, mechanorezeptiven und elektrorezeptiven Systems (McCormick, in [11]). Er ist entweder durch Lamination (z.B. bei südamerikanischen, schwach elektrischen gymnotoiden Fischen) oder durch Nukleisierung gekennzeichnet (z.B. bei afrikanischen, schwach elektrischen mormyriden Fischen [62]), wobei verschiedene Schichten bzw. Kerne verschiedene Sinnesmodalitäten empfangen (s. Kap. 19). Die Teleosteer stellen einen Spezialfall dar, da bei ihnen die bei Wirbeltieren ursprünglich vorhandene Elektrorezeption verloren ging und mehrmals parallel neu entwickelt wurde [9]. Die Zuordnung des inferioren Colliculus zu ausschließlich **einem** aufsteigenden Sinnessystem (Akustik, s. Kap. 16) ist also eine sekundäre Vereinfachung bei Säugern, die sie als Synapomorphie mit den Sauropsiden teilen (s. Medulla oblongata).

Das Tegmentum ist weitgehend motorisch. Das Tegmentum ist der ventrale, der Motorik zugeordnete Teil des Mesencephalon und in stärkerem Maße von Spezialbildungen durchsetzt als der restliche Hirnstamm (s. Medulla oblongata). Plesiomorphe Merkmale sind die motorischen Hirnnervenkerne des Nervus oculomotorius (III) und Nervus trochlearis (IV). Diese Nerven und Kerne fehlen bei Myxinoiden, sind aber bei Petromyzontiden vorhanden. Bei Säugern verlaufen im ventralen Tegmentum massive Bahnen (Pedunculi cerebri, Abb. 1-12l, 1-13a), welche die absteigenden kortikalen Bahnen zu Hirnstamm, Pons (kortiko-pontine Bahnen, s. Metencephalon) und Rückenmark (Pyramidenbahn, s. Myelencephalon) enthalten. Weitere wichtige Strukturen im Tegmentum der Säuger (Abb. 1-13a) sind die **Substantia nigra**, die reziprok mit dem Striatum verbunden ist, sowie der **Nucleus ruber**. Dieser ist neben dem dorsalen Thalamus der Hauptempfänger

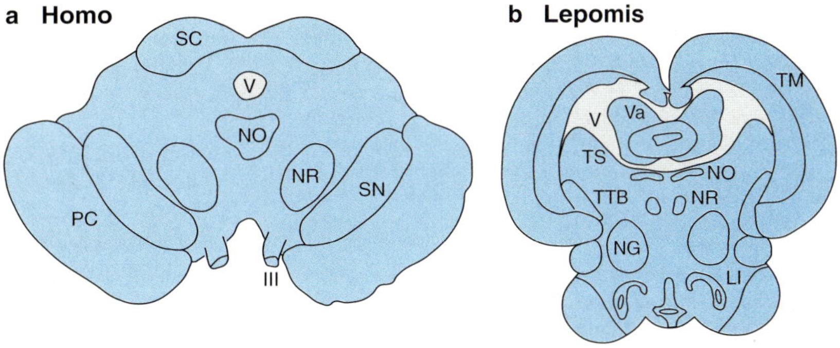

a Homo   **b Lepomis**

Abb. 1-13. Querschnitt des Mittelhirns eines Menschen (**a** *Homo*) und eines Teleosteer (**b** *Lepomis*, Sonnenbarsch). Abkürzungen in Legende zu Abb. 1-11. Beachte z.B. den relativen Unterschied in der Ausbildung des Tectum mesencephali (=superiorer Colliculus). **a** nach [39]

gekreuzter, efferenter Kleinhirnbahnen und Ursprungsort absteigender, gekreuzter motorischer Bahnen zum Rückenmark (rubrospinale Bahnen; s. Kap. 8). Beide Kerngebiete sind Teil des sogenannten extrapyramidalen motorischen Systems (s. Kap. 8).

Ein **Nucleus ruber** mit gekreuzten Afferenzen vom Kleinhirn **und** absteigenden gekreuzten oder ungekreuzten Efferenzen zum Rückenmark existiert bei verschiedenen Teleosteern. Zudem wurden gekreuzte Kleinhirnefferenzen zu einem Nucleus ruber auch bei Haien beschrieben. Eine gekreuzte rubrospinale Bahn existiert bei einer Rochenart, fehlt aber einer Haiart. Dies deutet darauf hin, daß ein Nucleus ruber mit gekreuzten Afferenzen vom Cerebellum und rubrospinalen Bahnen plesiomorph für Gnathostomen ist. Das in einer einzigen Haiart belegte Fehlen einer rubrospinalen Bahn ist wahrscheinlich ein sekundärer Verlust.

Die **Substantia nigra** weist bei allen Amnioten eine reziproke Verbindung mit dem Striatum auf (Efferenz: dopaminerg; Afferenz: GABAerg und Substanz-P-enthaltend). Eine Substantia nigra wurde mit immunhistochemischen Methoden bei Amphibien, Lungenfischen und Knorpelfischen nachgewiesen. Dies deutet zwar darauf hin, daß sie plesiomorph für Gnathostomen ist, jedoch kann im Gegensatz zum Nucleus ruber (s. oben) bei Strahlenflossern eine Substantia nigra immunhistochemisch und hodologisch (d.h. hinsichtlich charakteristischer neuronaler Verbindungen) nicht nachgewiesen werden. Falls der gemeinsame Vorfahre aller Gnathostomen keine Substantia nigra besaß, muß sich eine ähnliche Struktur bei Knorpelfischen und Tetrapoden unabhängig voneinander entwickelt haben. Andernfalls haben Strahlenflosser die Substantia nigra sekundär verloren.

Das **Diencephalon (Zwischenhirn)** wird meistens von dorsal nach ventral in vier Abschnitte geteilt: **Epithalamus**, **dorsaler Thalamus**, **ventraler Thalamus** und **Hypothalamus** [23] (Abb. 1-14). Der zwischen Epi- und Hypothalamus liegende Thalamus besteht aus dorsalem Thalamus, ventralem Thalamus und posteriorem Tuberculum [6]. Obwohl diese Grundeinteilung des Zwischenhirns zumindest für alle Gnathostomen zutrifft, sind die einzelnen Teile bei verschiedenen Gruppen unterschiedlich stark ausgebildet.

Der Hauptbestandteil des **Epithalamus**, die habenulären Kerngebiete, sind bei allen Craniaten leicht identifizierbar.

Abgesehen von den Myxinoiden haben bei allen anderen Craniaten wenigstens einige Vertreter ein oder zwei Parietalorgane (Pinealorgan = Epiphyse = Zirbeldrüse und/oder Parapinealorgan = Parietalorgan).

Der dorsale Thalamus ist bei Amnioten stark hypertrophiert und in viele Kerne aufgeteilt, in denen **spezifische sensorische** (optische, auditorische, somatosensorische) **Bahnen zum Telencephalon** umgeschaltet werden [26]. Bei Säugern besonders gut entwickelt sind das laterale Geniculatum, das primäre visuelle Information zum Cortex weiterleitet, und das mediale Geniculatum, das auditorische Information vom inferioren Colliculus zum Cortex umschaltet. Lange wurde vermutet, daß die Projektion der Retina zum **Corpus geniculatum laterale** und dessen Projektion zum visuellen Cortex spät in der Evolution im Zuge der Invasion des Neocortex durch thalamische Eingänge entstanden sei [3]. Jedoch existiert bei allen Gnathostomen eine Projektion eines retinofugalen dorsalen thalamischen Kerns in das dorsale Pallium [41]. Dasselbe gilt für die extragenikuläre visuelle Bahn zum Telencephalon. Sie ist besonders deutlich bei Sauropsiden, wo neben dem Homologon des lateralen Geniculatum ein medial davon gelegener **Nucleus rotundus** auftritt. Dieser Kern empfängt sekundäre visuelle Projektionen vom Tectum und projiziert in den „**dorsal ventricular ridge**" (**DVR**, s. Telencephalon). Eine wahrscheinlich homologe retino-tekto-thalamo-telen-

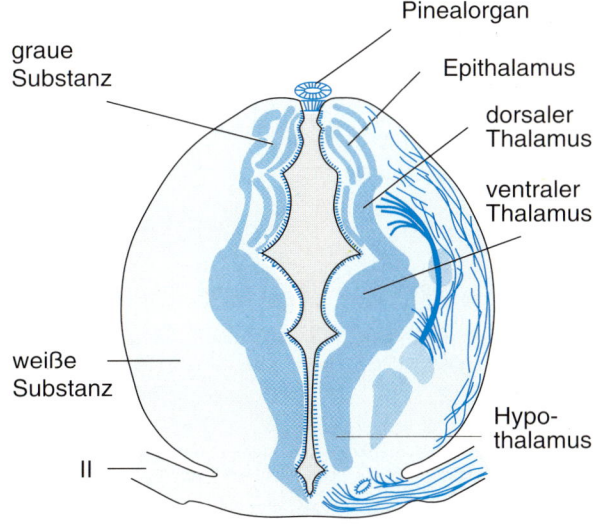

Abb. 1-14. Querschnitt des Zwischenhirns eines Salamanders. Nach [23]

graue Substanz · Pinealorgan · Epithalamus · dorsaler Thalamus · ventraler Thalamus · weiße Substanz · Hypothalamus · II

zephale Bahn wurde auch bei Amphibien, Strahlenflossern und Knorpelfischen nachgewiesen. Allerdings endet sie bei Amphibien (und vielleicht allgemein bei Anamniern) im Striatum und nicht im Pallium. Die Existenz zweier paralleler visueller Bahnen über den dorsalen Thalamus zum Telencephalon ist wahrscheinlich das Grundmuster für Gnathostomen. Myxinoiden und Petromyzontiden weisen eine retinofugale Projektion in den dorsalen Thalamus auf, die aufsteigenden Verbindungen zum Telencephalon sind aber unbekannt.

Der dorsale Thalamus ist keineswegs ausschließlich für dienzephale Projektionen ins Telencephalon zuständig. Sowohl **ventraler Thalamus (Zona incerta)** als auch **posteriores Tuberculum (Subthalamus)** projizieren bei Säugern ins Subpallium des Telencephalon (Globus pallidus, Caudatum, Putamen), die Zona incerta zusätzlich zum Pallium (Hippocampus). Verglichen mit dem dorsalen Thalamus sind diese Kerngebiete und ihre aufsteigenden Projektionen bei Säugern aber quantitativ unbedeutend. Umgekehrt ist die Situation bei **Actinopterygiern:** Die telencephalen Projektionen des dorsalen Thalamus sind schwach oder fehlen ganz, der ventrale Thalamus und vor allem das posteriore Tuberculum hingegen projizieren massiv (Mechanorezeption, Elektrorezeption, Akustik) ins Telencephalon [62]. Bei **Knorpelfischen** sind die dienzephalo-telenzephalen Projektionssysteme des dorsalen Thalamus **und** des posterioren Tuberculum vorhanden (Boord und

Montgomery, in [11]), was wahrscheinlich den plesiomorphen Zustand darstellt. Die starke Betonung des dorsalen Thalamus bei Amnioten oder des posterioren Tuberculum bei Actinopterygiern sind autapomorphe Entwicklungen.

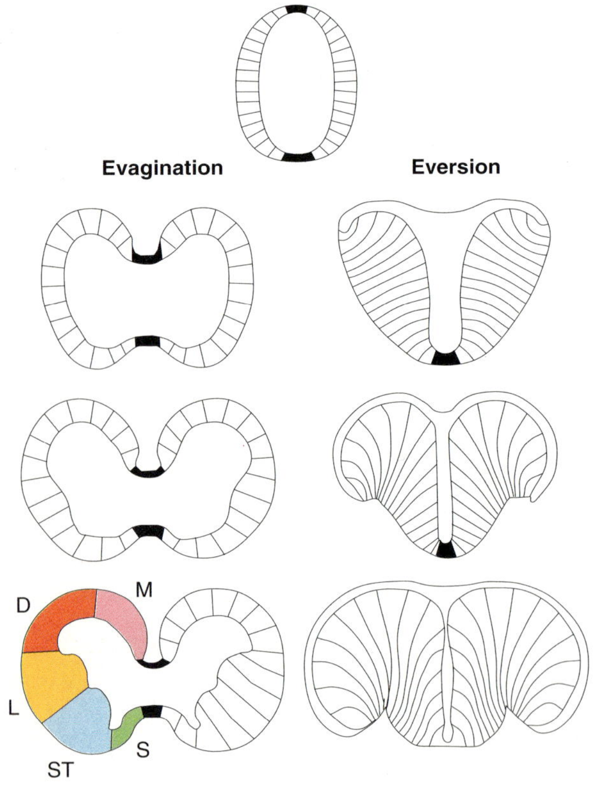

Über den **Hypothalamus** und die ihm ventral anhängende Hypophyse wird das hormonelle System (s. Kap. 11) zentralnervös gesteuert. Dieses System hat eine **basale homöostatische Funktion** und weist eine geringere phylogenetische Variabilität auf als die den sensorischen Systemen zugeordneten Teile des Diencephalon.

Eine auffällige Hypertrophie des Hypothalamus existiert sowohl bei Knorpelfischen als auch bei Teleosteern, bei denen sich große laterale Auswölbungen (**Lobus inferior hypothalami**, Abb. 1-12e, 1-13b) entwickeln, deren Funktion weitgehend unbekannt ist. Ein weiteres Beispiel für Spezialisierungen des Hypothalamus sind aufsteigende, auditorische Bahnen zum Telencephalon, die im Hypothalamus umgeschaltet werden. Diese existieren nur bei raniden Fröschen und einigen Welsen – beides auditorische Spezialisten – und sind unabhängig voneinander entstanden.

Das **Telencephalon** aller Craniaten umfaßt ein dorsal gelegenes Pallium und ein ventral gelegenes Subpallium. Bei den Gnathostomen ist das Subpallium in das **Septum** und das **Striatum** unterteilt und das Pallium in das **laterale**, **dorsale** und **mediale Pallium**. Die fünf erwähnten telenzephalen Areale sind im Bauplan von ventromedial nach dorsalmedial im Uhrzeigersinn angeordnet (Abb. 1-15). Bei Sauropsiden (außer Vögeln: s. unten) werden die pallialen Anteile **lateraler**, **dorsaler** und **medialer Cortex** genannt, obwohl die Laminierung nicht mit derjenigen des Säugercortex vergleichbar ist. Bei Säugern entspricht der mediale Cortex dem **Hippocampus** und der laterale Cortex dem **piriformen (primär olfaktorischen) Cortex**. Diese beiden Teile des Säugercortex besitzen eine dreifache Schichtung in Gegensatz zum typischerweise sechsschichtigen **Neocortex**. Eine fünfschichtige Laminierung des Pallium tritt erstaunlicherweise auch bei Myxinoiden auf, jedoch ist dies zweifellos eine Autapomorphie.

Das Pallium der Sauropsiden hat einen dorsalen ventrikulären Kamm. Bei allen heutigen Sauropsiden liegt im Bereich des lateralen Palliums eine große Struktur, der **dorsale ventrikuläre Kamm (dorsal ventricular ridge = DVR**; [60], Abb. 1-16). Er ragt von ventral in den telenzephalen Hirnventrikel hinein und wurde deshalb früher als Teil des Striatum betrachtet [3], was sich in der Bezeichnung für die vielen Unterteilungen des DVR bei Vögeln ausdrückt („Ectostriatum", „Neostriatum", „Hyperstriatum"). Heute geht man allgemein davon aus, daß der DVR ein Teil des Pallium ist und dem Neocortex der Säuger entspricht.

Das Telencephalon der Vögel hat viele Ähnlichkeiten mit dem der Säuger. Hinsichtlich des **visuellen**

Abb. 1-15. Unterschiedliche Ontogenese des Telencephalon bei Actinopterygiern (rechts) und allen anderen Craniaten (links). Nach Nieuwenhuys und Meek in [27]
Abkürzungen für diese und nächste Abbildung: D: Dorsales Pallium, L: Laterales Pallium (Pyriformer Cortex), M: Mediales Pallium (Hippocampus), S: Septum, St: Corpus striatum

Systems ist bei Vögeln eine klar abgegrenzte Region („Ectostriatum") des DVR Empfangsstation der retino-tekto-thalamo-telenzephalen Bahn. Der als Wulst (dorsales Pallium) bezeichnete dorsale Teil des Telencephalon der Vögel empfängt dagegen visuelle Information über eine retino-thalamo-telenzephale Bahn. Diese beiden Bahnen werden als Homologa der retino-genikulo-telenzephalen Bahn, bzw. der extragenikulären visuellen Bahn der Säuger interpretiert. Der visuelle Wulst ist demnach der Area 17 der Säuger homolog und der DVR dem Rest des Neocortex, der dadurch eine duale Zusammensetzung erhält [30].

Auch die aufsteigenden **auditorischen Bahnen** der Vögel entsprechen denjenigen der Säuger, indem sie von den primären sensorischen Kernen der Medulla oblongata über den Torus semicircularis (Vögel: Nucleus mesencephalicus lateralis; Säuger: Colliculus inferior), den dorsalen Thalamus (Vögel: Nucleus ovoidalis; Säuger: Geniculatum mediale) und von dort aus zum Telencephalon (Vögel: Feld L des DVR; Säuger: primärer auditorischer Cortex) verlaufen.

Bei Vögeln sind nur einige ventral vom DVR liegende, als **Palaeostriatum** bezeichnete Areale dem **Striatum** der Säuger homolog. Der dorsale Teil (**Palaeostriatum augmentatum**) wird wegen seiner Acetylcholinesterase-Aktivität, seinem Dopamingehalt und seiner Verbindungen (Afferenzen vom DVR, Efferenzen zu Palaeostriatum primitivum) dem Caudatoputamen gleichgesetzt und das ventral davon gelegene **Palaeostriatum primitivum** dem Globus pallidus.

Sind telenzephale Ähnlichkeiten zwischen Vögeln und Säugern homolog? Vergleichbare hodologische und histochemische Merkmale wurden auch bei anderen Sauropsiden als Vögeln beschrieben [60]. Die erstaunliche Fülle von Ähnlichkeiten zwischen Neocortex der Säuger einerseits und DVR der Sauropsiden andererseits führte zur Auffassung, daß nur die ventral vom DVR liegende Gebiete dem Striatum der Säuger entsprechen und daß der DVR der Sauropsiden und der Neocortex der Säuger (außer der Area 17) trotz unterschiedlicher Lage (Sauropsiden: intraventrikulär; Säuger: superfiziell) und histologischer Differenzierung (Säuger: Schichtenbildung; Sauropsiden: Nukleisierung) homolog sind. Der visuelle Wulst wäre dem visuellen Cortex (Area 17) homolog. Da Sauropsiden und Mammalier Schwesterngruppen sind, ist es wahrscheinlich, daß der letzte gemeinsame Vorfahr der Amnioten eine Struktur mit vielen Eigenschaften des DVR/Neocortex besaß, da diese sonst zweimal entstanden sein müßten. Bei allen Außengruppen der Amnioten, inklusive Amphibien, existiert aber weder ein DVR noch ein Neocortex. Es ist daher kladistisch nicht entscheidbar, welche der beiden Organisationsformen dieses Teils des Pallium die plesiomorphe Situation ist. Eine alternative Möglichkeit ist, daß Neocortex und DVR eine Homoplasie (Parallelismus) und keine Homologie des Pallium der Säuger und Sauropsiden sind.

In beiden evolutiven Szenarien aber können die außergewöhnliche **Hypertrophierung des DVR bei Vögeln** (im Vergleich zu anderen Sauropsiden) und des **Neocortex,** z.B. bei Walen und Primaten, sowie das Auftreten langer absteigender **pallialer Efferenzen** zu Pons und Rückenmark (s. Medulla oblongata) als unabhängig entstandene Merkmale für Vögel und Säuger angesehen werden, da diese Merkmale anderen Sauropsiden als Vögeln fehlen.

Über die **Evolution** des Telencephalon gibt es widerstreitende Meinungen. Oft wird angenommen, das

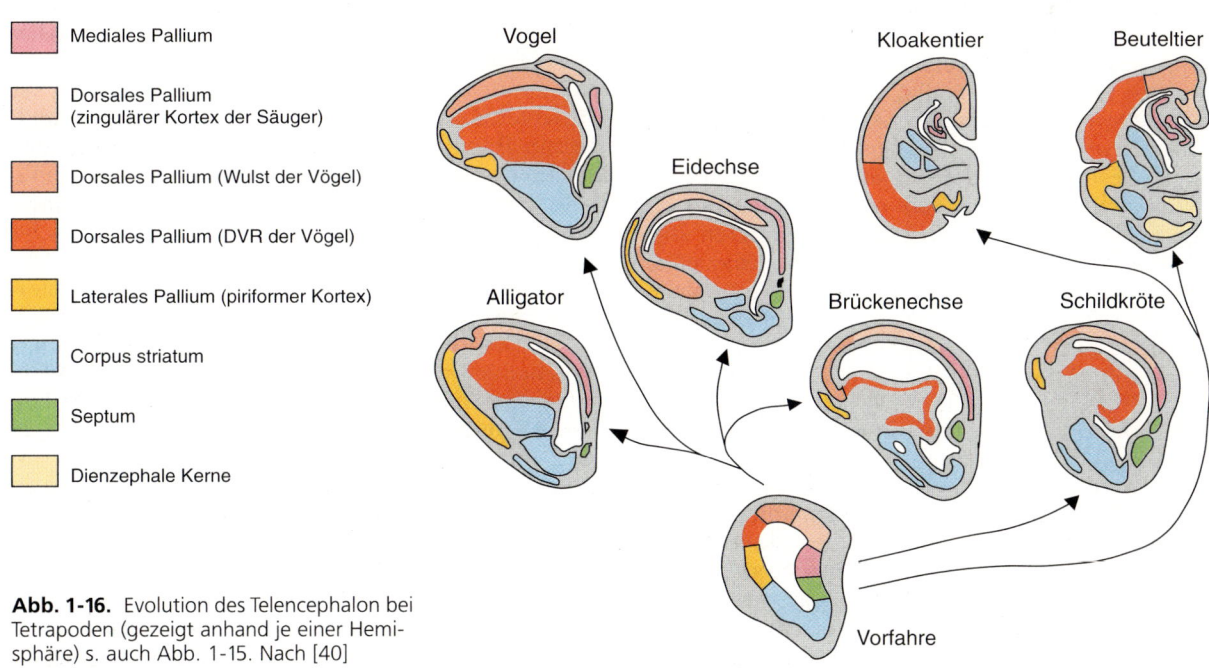

Mediales Pallium

Dorsales Pallium (zingulärer Kortex der Säuger)

Dorsales Pallium (Wulst der Vögel)

Dorsales Pallium (DVR der Vögel)

Laterales Pallium (piriformer Kortex)

Corpus striatum

Septum

Dienzephale Kerne

Vogel

Eidechse

Alligator

Kloakentier

Beuteltier

Brückenechse

Schildkröte

Vorfahre

Abb. 1-16. Evolution des Telencephalon bei Tetrapoden (gezeigt anhand je einer Hemisphäre) s. auch Abb. 1-15. Nach [40]

Telencephalon sei bei Fischen fast rein olfaktorisch und erhielte keine anderen sensorischen Projektionen aus dem dorsalen Thalamus. Gemäß dieser **Riechhirntheorie** sollen aufsteigende thalamische Projektionen von den Amphibien über die Sauropsiden und Mammalier langsam zunehmen und dabei immer neue Teile des Telencephalon aubilden, und zwar zuerst Teile des Striatum und dann, im großen Ausmaß erst bei Säugern, des Pallium. Dies ist der Inhalt der **Invasionstheorie**, die wir jedoch für **falsch** halten.

In jüngerer Zeit wurde nachgewiesen, daß das **Telencephalon** aller Gnathostomen einschließlich der Knorpelfische und Strahlenflosser, nur sehr begrenzt olfaktorische Projektionen vom Bulbus olfactorius empfängt, die nur ins laterale Pallium ziehen. Zudem existieren bei Gnathostomen nicht-olfaktorische Teile des Telencephalon, die sensorische Projektionen vom dorsalen Thalamus empfangen. Myxinoiden [61] und in geringerem Maße Petromyzontiden weisen ausgedehntere sekundäre olfaktorische Projektionen ins Telencephalon auf als Gnathostomen. Es ist unbekannt, ob bei diesen Craniaten zusätzliche, nicht-olfaktorische sensorische Bahnen ins Telencephalon ziehen und, wenn ja, welche telenzephalen Areale das Zielgebiet solcher Bahnen sind. Daher kann zur Zeit nicht entschieden werden, ob bei diesen Tieren im Gegensatz zu Gnathostomen das Telencephalon vornehmlich ein Riechhirn ist.

Zwei unterschiedliche Ontogenesen des Telencephalon führen zu einer verschiedenen Topologie der adulten Endhirnareale bei Strahlenflossern einerseits und allen anderen Craniaten andererseits. Bei den letzteren dehnt sich das unpaare, embryonale Telencephalon (Prosencephalon) nach lateral aus und bildet durch Evagination zwei Hemisphären (Abb. 1-15). Im Gegensatz dazu wird die dorsale Verbindung des Prosencephalon bei Actinopterygiern gelöst, und die Hemisphären bilden sich durch Eversion aus (Abb. 1-15). Dadurch gelangen diejenigen telenzephalen Areale, die im Evaginationsmodus der Ontogenese medial und dorsal liegen, auf die ventrolaterale Seite der Hemisphäre, ein Prozeß, der unter den Strahlenflossern bei Teleosteern am weitesten fortgeschritten ist. Dadurch wird der topologische Vergleich von telenzephalen Arealen der Teleosteer mit denen anderer Craniaten stark erschwert, was sich bis heute in unterschiedlichen Interpretationen der verschiedenen telenzephalen Areale von Teleosteern ausdrückt (Nieuwenhuys und Meek, in [27]). Die phylogenetische Analyse ergibt, daß Evagination für Craniaten ursprünglich ist und daß es sich beim Eversionmodus um eine Synapomorphie aller Actinopterygier handelt.

Die Evolution des Neocortex ist nicht, wie häufig dargestellt, von einer linearen Zunahme gekennzeichnet. Vielmehr ist innerhalb der Monotremata, Marsupialia und Eutheria eine Variationsbreite zu beobachten, die mit der jeweils „höheren" Gruppe überlappt. Dies bedeutet, daß eine Zunahme des Neocortex unabhängig in allen drei Säuger-Haupt-

gruppen stattgefunden hat (Rowe, in [27]). Auch ist die Auffassung, Insektivoren repräsentierten den Primitivzustand des Neocortex, in letzter Zeit angezweifelt worden. Die Dominanz des Riechcortex kann in dieser Gruppe als eine sekundäre Anpassung angesehen werden [12].

Das **Telencephalon** unterliegt auch **außerhalb der Tetrapoden** großer Variabilität in Größe und Morphologie (s. Abb. 1-12a-f). Es ist keinesfalls eine lineare Vergrößerung von Myxinoiden zu Knochenfischen zu beobachten. Vielmehr hat sich das Telencephalon sowohl bei Myxinoiden (Abb. 1-12a) als auch innerhalb der Knorpelfische (Abb. 1-12d) und der Knochenfische (Abb. 1-12e) massiv vergrößert und differenziert.

1.4 Die Evolution der Nervensysteme: eine Synthese

> **Es gibt fünf Grundtypen oder Baupläne von Nervensystemen bei Metazoen**

Ein **erster Bauplan** besteht aus einem **Nervennetz** ohne zentralnervöse Organe (z.B. Ganglien, Oberschlundganglion bzw. Gehirn). Er existiert ursprünglicherweise bei Coelenteraten, wobei sich hier schon lokale Kondensationen finden. Das Nervensystem der Echinodermen, das ebenfalls nicht zentralisiert erscheint, stellt in jedem Fall einen abgeleiteten, sekundär vereinfachten Zustand dar.

Demgegenüber gibt es **vier Grundtypen von Nervensystemen** mit **zentralnervösen Organen**. Der erste Bauplan umfaßt ein **Gehirn (Oberschlundganglion, Zerebralganglion)** mit davon abgehenden und durch mehr oder weniger regelmäßige Kommissuren miteinander verbundenen Längssträngen von variabler Zahl, die als Markstränge organisiert sind. Dieser Bauplan ist bei Platyhelminthen, Nemathelminthen und Nemertinen verwirklicht. Ein ähnliches Nervensystem findet sich bei Onychophoren und Tentakulaten. Falls dieser Bauplan nicht mehrfach unabhängig voneinander entwickelt wurde, muß man davon ausgehen, daß er den **plesiomorphen Zustand** für bilaterale Tiere darstellt.

Der **zweite ZNS-Bauplan** umfaßt ein **Gehirn** mit abgehenden paarigen **ventralen Längssträngen**, die **metamere Ganglien** aufweisen. Er entspricht dem **Strickleiternervensystem** der Artikulaten (Anneliden und Arthropoden). Dieser Bauplan wurde im Laufe der Stammesgeschichte in vielfältiger Weise abgewandelt, und es findet sich mehrfach unabhängig voneinander eine Zunahme an morphologischer Komplexität ebenso wie eine Vereinfachung.

Der **dritte ZNS-Bauplan** ist durch ein **Gehirn** mit vier abgehenden Längssträngen (**Tetraneurie**) charakterisiert. Dieser bei Mollusken verwirklichte

Bauplan ist ursprünglich ein Markstrangsystem, das im abgeleiteten Zustand in nicht-metamere (funktionell unterschiedliche) Ganglien differenziert wird.

Der **vierte ZNS-Bauplan** umfaßt ein **dorsales Nervenrohr** mit einem **rostral** direkt **anschließenden zentralnervösen Spezialorgan** (Gehirn). Er kennzeichnet Hemichordaten und Chordaten (einschließlich der Wirbeltiere).

Ein wichtiger Punkt bei der Betrachtung der Evolution der Nervensysteme ist die Tatsache, daß wesentliche **Komponenten der neuronalen Erregungsübertragung und -verarbeitung**, nämlich Transmitter, Neuropeptide, Rezeptoren, Ionenkanäle, Transportmoleküle usw. **älter sind als Nervenzellen und Nervensysteme**. Während der Evolution von Nervensystemen wurden diese Komponenten interzellulärer Kommunikation mit der Ausbildung von Nervenzellen und dadurch mit der Möglichkeit gezielter und schneller Erregungsfortleitung und -verarbeitung zellulär differenziert und zu einem vielzelligen System verbunden.

Eine lineare Zunahme der ZNS-Komplexität ist nicht zu beobachten

Die Ansicht, die Stammesgeschichte des Zentralnervensystems sei durch eine lineare Zunahme der Komplexität (**Enzephalisation**) gekennzeichnet, ist unhaltbar. Vielmehr läßt sich in verschiedenen Gruppen von Metazoen eine **unabhängige, parallele Zunahme der Komplexität** ganzer Gehirne sowie einzelner Hirnteile belegen. Die phylogenetische Analyse legt nahe, daß ein Gehirn/Oberschlundganglion zweimal entstanden ist, und zwar zuerst an der Basis der Bilateria und – nach Verlust eines Gehirns bei den Vorfahren der Deuterostomier – zum zweitenmal bei den Chordaten. Innerhalb der Evertebraten wurden ganz offenbar mehrfach unabhängig voneinander komplexe Hirnstrukturen entwickelt (z.B. **Dreilappigkeit des Oberschlundganglions** unabhängig bei manchen Polychaeten, den Onychophoren und den Mandibulaten; **Entwicklung von Pilzkörpern** parallel bei Polychaeten, Onychophoren, Arachniden, Crustaceen und Insekten; **Unterschlundganglion** unabhängig bei Polychaeten, Arachniden, Crustaceen, Insekten und Tentakulaten). Innerhalb der verschiedenen Wirbeltiergruppen läßt sich ebenfalls eine **parallele Hypertrophierung** und **Komplizierung** verschiedener Hirnteile feststellen. Diese betrifft das **Cerebellum** der Knorpelfische, Knochenfische, Sauropsiden und Säuger, den **Thalamus** der Knochenfische und Amnioten, den **Hypothalamus** der Knorpelfische und Knochenfische, das **Telencephalon** der Knorpelfische, Knochenfische, Sauropsiden und Säuger sowie den **Neocortex** der Cetaceen (Wale, Delphine) und Primaten.

Vereinfachungen sind ein wesentlicher Vorgang in der ZNS-Evolution. Neben einer Zunahme existiert auch eine **Abnahme von Komplexität** im ZNS während der Phylogenese. Eine solche **sekundäre Vereinfachung** ist außerordentlich weit verbreitet. Bei Wirbellosen tritt sie unabhängig voneinander bei parasitierenden Platyhelminthen (Trematoden und Cestoden), Nemathelminthen (Acanthozephala) und Anneliden (Hirudineen) auf. Ebenso weisen Tentakulaten, sessile Krebse und Mollusken (z.B. Muscheln) hochgradig vereinfachte Zentralnervensysteme auf. Bei Echinodermen findet sich ein Extremfall: hier geht jede zentralnervöse Struktur inklusive eines Gehirns sekundär verloren. Innerhalb der Craniaten wird das gesamte Gehirn bei Amphibien, insbesondere das der Salamander und der Gymnophionen, und bei afrikanischen und amerikanischen Lungenfischen vereinfacht. Bei anderen Wirbeltieren können einzelne Hirnteile selektiv vereinfacht sein, z.B. der **Colliculus superior** der Säuger verglichen mit dem Tectum anderer Gnathostomen oder der **Colliculus inferior** der Amnioten verglichen mit dem Torus anderer Gnathostomen. Bei Teleosteern sind die zerebellären Efferenzmuster sekundär vereinfacht im Vergleich mit denen aller anderen Gnathostomen.

Eindeutige Korrelationen in der Ausbildung von Nervensystemen mit Lebensbedingungen, Verhaltenskomplexität oder kognitiven Leistungen sind selten

Es wird immer wieder nach einer Korrelation zwischen **Gehirngröße** und anatomischer **Gehirnkomplexität** einerseits und **Lebensbedingungen**, **Verhaltenskomplexität** und **kognitiven Leistungen** andererseits gesucht. Ein deutlicher Zusammenhang zwischen der Größe und Differenzierung des Zentralnervensystems und den Lebensbedingungen existiert bei parasitisch oder sessil lebenden Vertretern bestimmter Metazoengruppen, die verglichen mit räuberisch oder freilebenden Vertretern derselben Gruppe oft ein sekundär vereinfachtes ZNS aufweisen. Darüberhinaus sind eindeutige Korrelationen schwer nachzuweisen, was unter anderem daran liegt, daß es kein eindeutiges Maß für Komplexität des Nervensystems, des Verhaltens und der kognitiven Leistungen gibt, und daß entsprechende Daten für die meisten Tiere nicht hinreichend vorliegen.

Bei den Arthropoden wurden verschiedentlich Korrelationen zwischen der Größe der **Pilzkörper** und des **Zentralkörpers** mit den Lebensbedingungen, der Verhaltenskomplexität bzw. kognitiven Leistungen vermutet. Dabei muß beachtet werden, daß die Pilzkörper der verschiedenen Arthropodengruppen zum Teil verschiedene Funktionen haben und wahrscheinlich nicht homolog sind, und daß dies wohl auch für den Zentralkörper der Cheliceraten einerseits und der Mandibulaten andererseits zutrifft. Nach Gupta (in [20]) gibt es weder innerhalb der Arthropoden insgesamt noch innerhalb der Insekten eine Korrelation zwischen der Größe des Zentralkörpers und der Lebensweise bzw. Verhaltenskomplexität. Unklar ist auch, warum der Zentralkörper bei vielen Arthropoden mit komplexem Verhalten (z.B. den sozialen Hymenopteren) klein wurde. Bei den Crustaceen scheint der Zentralkörper phylogenetisch zunehmend kleiner zu werden, während bei den Cheliceraten kein systematischer Zusammenhang festzustellen ist. Hinsichtlich der Pilzkörper ist diese Situation ähnlich unklar. Bei Insekten sehen Bullock und Horridge [10] einen Zusammenhang zwischen der Größe der Pilzkörper und der sozialen Verhaltenskomplexität; einer solchen Annahme scheinen aber die Verhältnisse bei Ameisenarbeiterinnen entgegenzustehen. Bei den Crustaceen und den Cheliceraten ist weder eine Korrelation der Größe der Hemiellipsoid- bzw. Pilzkörper mit der systematischen Stellung einzelner Gruppen noch mit Lebensweise oder Verhaltenskomplexität nachzuweisen.

Auch bei **Wirbeltieren** liegen trotz umfangreicher Untersuchungen keine eindeutigen Korrelationen der genannten Art vor. Eine teilweise starke Zunahme der relativen Gehirngröße sowie eine Zunahme an morphologischer Komplexität des Gehirns finden sich – wie dargestellt – bei verschiedenen Wirbeltiergruppen, ohne daß bei den bisher untersuchten Gruppen ein eindeutiger Zusammenhang mit Lebensweise, Verhaltenskomplexität oder kognitiven Leistungen nachzuweisen wäre, wenn man aus „Befangenheitsgründen" die Art *Homo sapiens* einmal ausnimmt. Dieser Mangel an allgemeiner Evidenz für die funktionale Rolle eines großen bzw. komplex gebauten Gehirns für das Überleben und die kognitiven Leistungen widerspricht der **intuitiven** Überzeugung, daß ein Insekt ein komplexeres Verhalten aufweist als eine Planarie, und ein Affe höhere kognitive Leistungen vollbringt als ein Frosch, wobei die so verglichenen Arten unterschiedlich komplexe Gehirne besitzen. Hier liegt ein schwerwiegendes begriffliches und methodisches Problem der Verhaltensforschung, der vergleichenden Neurobiologie und der Neuroethologie vor (s. Kap. 25).

Bei den Korrelationen zwischen der anatomischen und der physiologischen Komplexität des Gehirns sowie der Komplexität des Verhaltens stellt sich die Frage: Folgt das Gehirn der somatischen Evolution oder geht es ihr voraus? Es ist z.B. unklar, ob eine sekundäre Vereinfachung des Nervensystems einer sessilen Lebensweise oder einem Parasitismus vorherging und diese sozusagen erzwang, oder ob sie eine Konsequenz der Abwandlung der Lebensweise war. In manchen Fällen muß ein eindeutig **nicht-adaptiver** Vorgang akzeptiert werden (z.B. Genomvergrößerung), der zur Vereinfachung des gesamten Organismus und damit auch des Gehirns führte (z.B. bei Salamandern und lepidosireniden Lungenfischen [43], [51]).

Die Evolution des Nervensystems ist teils gradualistisch und teils punktualistisch verlaufen

Die Existenz einer kleinen Zahl von klar zu fassenden Grundtypen oder Bauplänen der Nervensysteme aller Metazoen legt nahe, daß die Evolution dieser Organe nicht allein durch **allmähliche Abwandlung** (**Gradualismus**) gekennzeichnet war, sondern durch schnelle und beträchtliche Veränderungen, zwischen denen lange Perioden der Bauplankonstanz herrschten (**Punktualismus**). In zwei eindrucksvollen Bereichen kann jedoch auf eine Evolution des Nervensystems im Sinne des Gradualismus geschlossen werden, nämlich die vielfältige Abwandlung des Strickleiternervensystems der Artikulaten und des Craniatengehirns. In beiden Fällen kann jede existierende Variation leicht auf den Bauplan zurückgeführt werden. Die weite Radiation der Artikulaten kann in Zusammenhang mit der „Erfindung" des Strickleiternervensystems gebracht werden, da es viele Möglichkeiten der Abwandlung anbietet, die bei einem einfacheren und ursprünglicheren Metazoen-Bauplan des Zentralnervensystems ohne metamere Ganglien nicht möglich sind (z.B. Kondensierung von Ganglien und Einbezug eines Tritocerebrum ins Gehirn). Die systematische Verteilung der Baupläne (Abb. 1-1a und b) zeigt, daß das Strickleiternervensystem der Artikulaten und das fünfteilige Gehirn der Craniaten unabhängig voneinander erfolgreich waren und sind. Die Tatsache, daß keine graduellen Übergangsformen zwischen diesen beiden (und anderen) Bauplänen existieren, spricht für eine **punktualistische Evolution**.

Der ursprüngliche Zustand des Zentralnervensystems für Deuterostomier besteht aus einem Gehirn plus Marksträngen, wie ihn z.B. Platyhelminthen haben. Bei Tentakulaten und bei Echinodermen ist eine sekundäre Reduktion von zentralnervösen Strukturen zu erkennen. Der vollständige Verlust zentralnervöser Organe bei Echinodermen ist vielleicht für Deuterostomier ursprünglich. Dies hat möglicherweise den Weg frei gemacht für eine grundsätzlich neue Organisationsform des Zentralnervensystems, die Entwicklung eines dorsalen Nervenrohrs mit einem rostralen Gehirn, dessen großes Potential erst bei Craniaten verwirklicht wurde. Im Fall des Craniatenbauplans läge dann der außerordentlich interessante Fall vor, daß eine extreme Vereinfachung des Nervensystems (Verlust aller zentralnervösen Strukturen) die Basis und vielleicht die notwendige Voraussetzung einer ganz neuen evolutiven Entwicklung war.

Die Schwäche beider Theorien ist ihr Anspruch auf Allgemeingültigkeit. Obwohl die Invasionstheorie historisch auf unrichtigen Annahmen beruht (s. Telencephalon), ist der Prozeß einer **Invasion von Gehirnarealen durch neue neuronale Verbindungen** und damit eine **Komplexitätszunahme des Gehirns** durch einige Beispiele gut belegt, z.B. palliospinale Bahn bei Säugern und Vögeln oder zerebello-telenzephale Projektion bei Mormyriden [63]. Wie bereits betont, gibt es jedoch keine generelle Komplexitätszunahme innerhalb des Gehirns während der Phylogenese im Sinne der Invasionstheorie (s. Telencephalon). Es existiert bei Gnathostomen keine zunehmende Invasion des **Telencephalon** von sensorischen Eingängen aus dem Thalamus und damit ein Funktionswechsel des Telencephalon von einem olfaktorischen Organ zu einem übergeordnetem Integrationszentrum. Vielmehr sind die aufsteigenden sensorischen Verschaltungen spätestens bei Gnathostomen vorhanden und werden in verschiedenen phylogenetischen Linien aus- und eventuell umgebaut. Mit den ganz wenigen erwähnten Ausnahmen hat sich immer wieder bestätigt, daß Verbindungen, die früher als phylogenetisch neu betrachtet wurden, zumindest für Gnathostomen, wenn nicht gar für alle Craniaten plesiomorph sind (z.B. rubrospinale Bahnen, s. Tegmentum). Dies macht es unwahrscheinlich, daß Invasion der hauptsächliche Mechanismus neuraler Differenzierung ist.

In entsprechender Weise versagt die **Parzellationstheorie** als allgemeingültige Erklärungsgrundlage neuraler Differenzierung in der Phylogenese. Ein hypothetischer Primitivzustand hoher **Diffusität** (Überlappung) von neuronalen Verbindungen soll nach dieser Hypothese durch **selektiven Verlust** von Verbindungen zu höherer Konnektionsspezifität neuronaler Systeme geführt haben und damit zunehmend komplexer geworden sein [13]. Vergleichende Daten stützen diese Hypothese nicht. Bei allen rezenten Formen existiert bereits ein starker Grad der Spezifität bzw. eine Nichtüberlappung neuronaler Systeme. So gibt es zwei getrennte aufsteigende visuelle Bahnen bei allen Gnathostomen und nicht, wie von der Parzellationstheorie vorgeschlagen, eine ursprünglich diffuse, einheitliche Projektion bei Gnathostomen und eine spätere Parzellierung des visuellen Systems in zwei getrennte Bahnen bei Tetrapoden. Es ist allerdings nicht auszuschließen, daß Parzellierung im Einzelfall vorkommt. Einen aussichtsreichen Kandidaten hierfür stellen die im Vergleich zu allen anderen Craniaten ausgedehnten sekundären olfaktorischen Projektionen zum Pallium der Myxinoiden dar (s. Telencephalon). Falls

diese mit anderen sensorischen Projektionen überlappen (was unbekannt ist), muß geklärt werden, ob dieser diffuse Zustand ursprünglich oder abgeleitet ist. Nur im ersten Fall wäre er ein Beispiel für Parzellation.

Hier zeigt sich die Stärke des von uns angewandten **phylogenetischen Ansatzes**, denn sowohl Invasion als auch Parzellation können dadurch grundsätzlich nachgewiesen werden. Darüber hinaus aber liefert dieser Ansatz durch die Bestimmung der evolutiven Polarität der Merkmalsveränderung die Möglichkeit, zusätzliche, bisher nicht erkannte phylogenetische Trends zu entdecken. Konvergente Entwicklungen können von Homologien unterschieden werden. Sie sind offenbar sehr viel häufiger als bisher angenommen.

Das hier entworfene Konzept der Gehirnevolution fügt sich gut in das neue Bild der allgemeinen Evolution. *Organismische Evolution geht von einem frühen einfachen Zustand aus, der sich schnell in mehrere Baupläne kompliziert.* Die weitere Evolution ist dann durch Radiation und Konstanz (mit minimaler Abwandlung) ebenso gekennzeichnet wie durch Komplexitätszunahme und Vereinfachung. Die Gründe und Mechanismen hierfür liegen im Dunkeln, und ihre Aufklärung ist ein faszinierendes Ziel zukünftiger Neurobiologie.

Danksagung: Folgende Kolleginnen und Kollegen haben uns mit Hinweisen und kritischer Lektüre wesentlich unterstützt: O. Breidbach (Bonn), D. Brückner (Bremen), B. Budelmann (Galveston), M. Duncker (†, Bremen), E. Florey (Konstanz), C. Grimmelikhuijzen (Hamburg), U. Homberg (Regensburg), F. Huber (Seewiesen), R. Menzel (Berlin), H. Penzlin (Jena), W. Rathmayer (Konstanz), J. Rybak (Berlin), W. Schürmann (Göttingen), E.A. Seyfarth (Frankfurt), W. Sudhaus (Berlin), K. Wiese (Hamburg), H. Wicht (Frankfurt), H.G. Wolff (Braunschweig). Ihnen sei sehr herzlich gedankt. Für alle in unserem Artikel enthaltenen Unrichtigkeiten sind allein wir verantwortlich.

1.5 Literatur

1. Ali MA (1987) Nervous systems in invertebrates. Plenum, New York (NATO ASI Series, series A: Life sciences, vol 141)
2. Arbas EA, Meinertzhagen IA, Shaw SR (1991) Evolution in nervous systems. Annu Rev Neurosci 14:9–38
3. Ariens Kappers CU, Huber GC, Crosby EC (1936) The comparative anatomy of the nervous system of vertebrates, including man. Hafner, New York
4. Ax P (1984) Das phylogenetische System. Fischer, Stuttgart
5. Barth FG (1985) Slit sensilla and the measurement of cuticular strains. In: Barth FG (ed) Neurobiology of arachnids. Springer, New York
6. Braford MR, Northcutt RG (1983) Organization of the diencephalon and pretectum of the ray-finned fishes. In: Davis RE, Northcutt RG (eds) Higher brain areas and functions. University of Michigan Press, Ann Arbor (Fish neurobiology, vol 2)

7. Breidbach O (1992) Ist das Arthropoden-Hirn zweimal entstanden? Natur Museum 122:301–310
8. Budelmann B, Bleckmann H (1988) A lateral line analogue in cephalopods: water waves generate microphonic potentials in the epidermal head lines of Sepia and Lolliguncula. J Comp Physiol [A] 164:1–5
9. Bullock TH, Heiligenberg W (1986) Electroreception. Wiley, New York
10. Bullock TH, Horridge GA (1965) Structure and function in the nervous systems of invertebrates. Freeman, San Francisco
11. Coombs S, Görner P, Münz H (eds) (1989) The mechanosensory lateral line: neurobiology and evolution. Springer, New York
12. Deacon TW (1990) Rethinking mammalian brain evolution. Am Zool 30:629–705
13. Ebbesson SOE (1980) The parcellation theory and its relation to interspecific variability in brain organization, evolutionary and ontogenetic development, and neuronal plasticity. Cell Tissue Res 213:179–212
14. Ehlers U (1985) Das phylogenetische System der Plathelminthes. Fischer, Stuttgart
15. Foelix RF (1992) Biologie der Spinnen. Thieme, Stuttgart
16. Garstang W (1928) The morphology of the Tunicata and its bearing on the phylogeny of the Chordata. Q J Microsc Sci 72:51–187
17. Grimmelikhuijzen CJP (1985) Antisera to the sequence Arg-Phe-amide visualize neuronal centralization in hydroid polyps. Cell Tissue Res 241:171–182
18. Grimmelikhuijzen CJP, Carstensen K, Darmer D, McFarlane I, Moosler A, Nothacker H-P, Reinscheid RK, Rinehart KL, Schmutzler C, Vollert H (1992) Coelenterate neuropeptides: structure, action and biosynthesis. Am Zool 32:1–12
19. Grundfest H (1959) Evolution of conduction in the nervous system. In: Bass AD (ed) Evolution of nervous control. American Association for the Advancement of Science, Washington
20. Gupta AP (1987) Arthropod brain. Its evolution, development, structure, and functions. Wiley, New York
21. Hennig W (1966/1979) Phylogenetic systematics. University of Illinois Press, Urbana
22. Hennig W (1972) Wirbellose II. Deutsch, Frankfurt (Taschenbuch der speziellen Zoologie, Teil 2)
23. Herrick CJ (1948) The brain of the tiger salamander. University of Chicago Press, Chicago
24. Janvier P (1981) The phylogeny of the Craniata, with particular reference to the significance of fossil „agnathans". J Vert Paleont 1:121–159
25. Jefferies RPS (1986) The ancestry of the vertebrates. Dorset, Dorchester (British Museum, Natural History)
26. Jones EG (1985) The thalamus. Plenum, New York
27. Jones EG, Peters A (eds) (1990) Comparative structure and evolution of cerbral cortex, part I. Plenum, New York (Cerebral cortex, vol 8A)
28. Kästner A (1969) Wirbellose, 1. Teil. Fischer, Stuttgart (Lehrbuch der speziellen Zoologie, Bd 1)
29. Kandel ER, Schwartz JH, Jessell TM (1991) Principles of neural science. Elsevier, New York
30. Karten HJ (1969) The organization of the avian telencephalon and some speculations on the phylogeny of the amniote telencephalon. Ann N Y Acad Sci 167:161–185
31. Koopowitz H (1986) On the evolution of central nervous systems: implications from polyclad turbellarian neurobiology. Hydrobiologia 132:79–87
32. Larsell O (1967) The comparative anatomy and histology of the cerebellum from myxinoids through birds. University of Minnesota Press, Minneapolis
33. Lauder GV, Liem KF (1983) The evolution and interrelationships of the actinopterygian fishes. Bull Mus Comp Zool 150
34. Lauterbach KE (1989) Das Pan-Monophylum – Ein Hilfmittel für die Praxis der phylogenetischen Systematik. Zool Anz 223:139–156
35. Le Roith D, Roth J (1984) Vertebrate hormones and neuropeptides in microbes: evolutionary origin of intercellular communication. In: Martini L, Ganong WF (eds) Frontiers in neuroendocrinology, vol 8. Raven, New York
36. Lentz TL (1968) Primitive nervous systems. Yale University Press, New Haven
37. Mackie GO, Singla CL (1983) Studies on hexactinellid sponges. I. Histology of Rhabdocalyptus dawsoni (Lambe, 1873). Philos Trans R Soc Lond [Biol] 301:365–400
38. Mobbs PG (1984) Neural networks in the mushroom bodies of the honeybee. J Insect Physiol 30:43–58
39. Nieuwenhuys R, Voogd J, van Huijzen C (1988) The human central nervous system. Springer, New York
40. Northcutt RG (1979) The comparative anatomy of the nervous system and the sense organs. In: Wake MH (ed) Hyman's comparative vertebrate anatomy. University of Chicago Press, Chicago
41. Northcutt RG (1981) Evolution of the telencephalon in nonmammals. Annu Rev Neurosci 4:301–350
42. Northcutt RG (1984) Evolution of the vertebrate central nervous system: patterns and processes. Am Zool 24:701–716
43. Northcutt RG (1987) Lungfish neural characters and their bearing on sarcopterygian phylogeny. In: Bemis WE, Burggren WW, Kemp N (eds) The biology and evolution of lungfishes. Liss, New York
44. Northcutt RG (1987) Brain and sense organs of the earliest vertebrates: reconstruction of a morphotype. In: Foreman RE, Gorbman A, Dodd JM, Olsson R (eds) Evolutionary biology of primitive fishes. Plenum, New York (NATO ASI Series, series A: Life sciences, vol 103)
45. Northcutt RG (1989) Brain variation and phylogenetic trends in elasmobranch fishes. J Exp Zool Suppl 2:83–100
46. Northcutt RG, Gans C (1983) The genesis of neural crest and epidermal placodes: a reinterpretation of vertebrate origins. Q Rev Biol 58:1–28
47. Okajima A (1953) Studies on the metachronal wave in Opalina. I. Electrical stimulation with the microelectrode. Jpn J Zool 11:87–100
48. Paulus HF (1979) Eye structure and the monophyly of the arthropoda. In: Gupta AP (ed) Arthropod phylogeny. Van Nostrand/Reinhold, New York
49. Penzlin H (1989) Neuropeptides – occurrence and functions in insects. Naturwissenschaften 76:243–252
50. Romer AS, Parson TS (1986) The vertebrate body. Saunders, Philadelphia
51. Roth G, Dicke U, Nishikawa K (1992) How do ontogeny, morphology, and physiology of sensory systems constrain and direct the evolution of amphibians? Am Nat 139:105–124

52. Roth G, Nishikawa KC, Naujoks-Manteuffel C, Schmidt Λ, Wake DB (1993) Paedomorphosis and simplification in the nervous system of salamanders. Brain Behav Evol 42:137–170

53. Sandeman DC (1982) Organization of the central nervous system. In: Atwood HL, Sandemann DC (eds) The biology of Crustacea, vol 3. Academic, New York

54. Sandeman DC (1990) Structural and functional levels in the organization of decapod crustacean brains. In: Wiese K et al. (eds) Frontiers in crustacean neurobiology. Birkhäuser, Basel

55. Satterlie RA, Spencer AN (1983) Neuronal control of locomotion in hydrozoan medusae. J Comp Physiol 150:195–206

56. Spencer AN (1989) Chemical and electrical synaptic transmission in the Cnidaria. In: Anderson PAV (ed) Evolution of the first nervous systems. Plenum, New York (NATO ASI Series, series A: Life sciences, vol 188)

57. Strausfeld NJ, Bacon JP (1983) Multimodal convergence in the central nervous system of dipterous insects. In: Horn E (ed) Multimodal convergence in sensory system. Fischer, Stuttgart (Fortschritte der Zoologie, Bd 28)

58. Strausfeld NJ, Barth FG (1993) Two visual systems in one brain: neuropils serving the secondary eyes of the spider Cupiennius salei. J Comp Neurol 328:43–62

59. Sulston JE, Horvitz HR (1977) Post-embryonic cell lineages of the nematode Caenorhabditis elegans. Dev Biol 56:110–156

60. Ulinski PS (1983) Dorsal ventricular ridge. Wiley, New York

61. Wicht H, Northcutt RG (1992) The forebrain of the pacific hagfish: a cladistic reconstruction of the ancestral craniate forebrain. Brain Behav Evol 40:25–64

62. Wullimann MF, Northcutt RG (1990) Visual and electrosensory circuits of the diencephalon in mormyrids: an evolutionary perspective. J Comp Neurol 297:537–552

63. Wullimann MF, Rooney DJ (1990) A direct cerebello-telencephalic projection in an electrosensory mormyrid fish. Brain Res 520:354–357

64. Young JZ (1971) The anatomy of the nervous system of Octopus vulgaris. Clarendon, Oxford

2 Molekulare Funktionsträger der Nervenzelle

H. Zimmermann

2.1 Die Zellmembran

> **Die neuronale Zellmembran trennt und verbindet**

Ohne die Ausbildung einer Membran, die in der Lage ist, einen Reaktionsraum gegen das umgebende Medium abzutrennen, hätte es keine Evolution höheren Lebens gegeben. Nervenzellen sind, wie die Zellen anderer Gewebe, von einer ca. 5 nm dicken Lipiddoppelschicht umgeben, die für die meisten wasserlöslichen Moleküle undurchlässig ist. Diese Membran trennt das extra- vom intrazellulären Milieu, einschließlich der Separierung von Stoffwechselprodukten und Ladungsträgern. Nur unpolare oder kleine, wenig polare Substanzen, wie O_2, CO_2 oder Harnstoff und auch Wasser, können ungehindert durch Zellmembranen diffundieren. Entsprechende Membranen grenzen auch Reaktionsräume innerhalb der Zelle ab. Sie ermöglichen eine Subkompartimentierung des Stoffwechselgeschehens innerhalb der übergeordneten Funktionseinheit Zelle. Solche umschlossenen Reaktionsräume sind z.B. der Zellkern, die Mitochondrien, der Golgi-Apparat, Lysosomen oder sekretorische Vesikel.

Der für das lebendige Zusammenwirken der isolierten Kompartimente erforderliche Austausch wird von membranständigen Proteinen als Funktionsträgern bewerkstelligt. Sie erlauben den kontrollierten Membrantransport von Ionen ebenso wie von Aminosäuren und Zuckern. Sie sind wesentlich beteiligt an der Weiterleitung von Signalen aus dem umgebenden Medium in das Innere der Zelle. Membranständige Proteine dienen sowohl der Interaktion von Membrankompartimenten innerhalb der Zelle wie auch der Erkennung von Zellen untereinander. Eine der hervorragendsten Eigenschaften von Sinneszellen und Nervenzellen ist die rasche Ausbildung und Weiterleitung elektrischer Signale. Sie ist das Ergebnis des Zusammenspiels der ladungstrennenden Eigenschaften der Lipidmembran und bestimmter Membranproteine mit der Fähigkeit zur kontrollierten Leitfähigkeitsänderung.

> **Das Lipid-Grundgerüst der Membran besteht aus amphiphatischen Molekülen, die sich zu einer Doppelschicht zusammenlagern**

Die Form der aus zwei Lipidschichten bestehenden Einheitsmembran ergibt sich zwangsläufig aus der chemischen Natur der Lipidbausteine (Abb. 2-1) [2, 3, 6]. Diese sind amphiphatisch, das heißt, sie bestehen aus einer hydrophilen Kopfgruppe und einem hydrophoben Molekülende. Die wichtigsten Strukturelemente der Lipiddoppelschicht sind die **Phospholipide**. Sie leiten sich von dem dreiwertigen Alkohol Glyzerin ab. Zwei seiner benachbarten Hydroxylgruppen sind mit Fettsäuren verestert, die den hydrophoben Schwanzteil bilden. An die noch freie Hydroxylgruppe des Glyzerins sind über eine Phosphosäurediester-Bindung geladene Gruppen wie z.B. ein Aminoalkohol, das Cholin oder eine Aminosäure verknüpft. Diese bilden die hydrophile Kopfgruppe, die sich dem wässrigen Milieu zuwendet. Die aus dem Aminodialkohol Sphingosin abgeleiteten zuckerhaltigen Lipide (**Glykolipide**) weisen einen vergleichbaren Grundbauplan auf. Selbst der dritte Lipidbaustein der Zellmembranen, das **Cholesterin**, besitzt mit seiner einzigen an ein aromatisches Ringsystem gekoppelten Hydroxylgruppe ein Merkmal für eine gerichtete Membranverankerung. In der Zellmembran lagern sich die Schwanzgruppen der Lipidmoleküle mittels hydrophober Wechselwirkungen spontan in Form von zwei Membranblättchen zusammen. Auf diese Weise ermöglichen sie den hydrophilen Kopfgruppen auf jeder Seite der Membranoberfläche den Kontakt mit dem wässrigen Medium.

Die Lipiddoppelmembran verhält sich wie eine zweidimensionale Flüssigkeit, in der die einzelnen

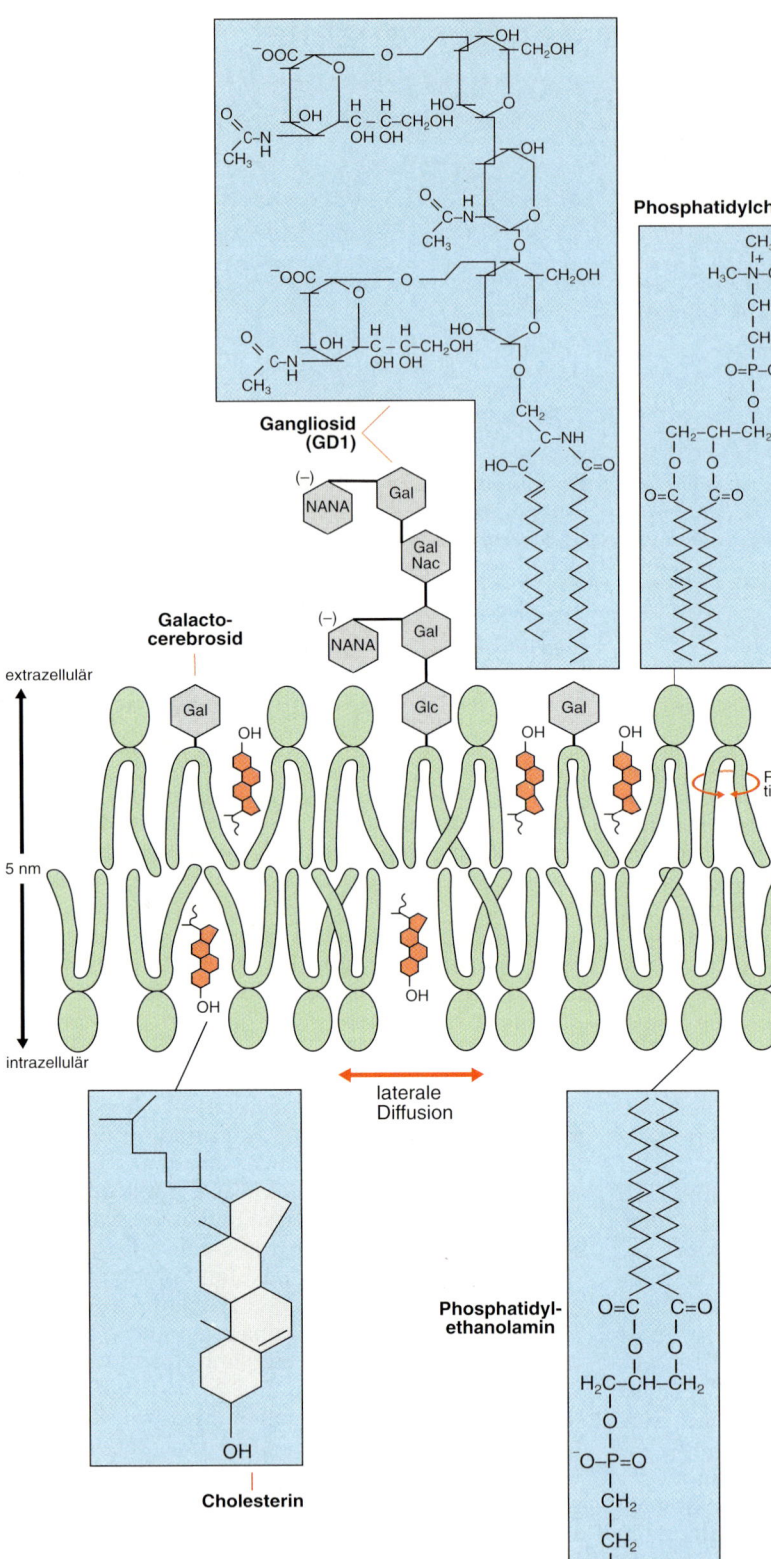

Abb. 2-1. Allgemeines Schema des Lipidaufbaus der Plasmamembran. Die Proteinbausteine sind der Übersichtlichkeit halber weggelassen. Glykolipide sind ausschließlich dem extrazellulären Raum zugewandt. Es ist nur eine der zahlreichen möglichen Formen von Gangliosiden (GD1) dargestellt. Die einzelnen Lipibausteine sind in der Membran frei diffusibel und können auch Rotationen um die eigene Achse vollführen. Gal, Galaktose; GalNac, *N*-Acetylgalaktosamin; Glc, Glukose; NANA, *N*-Acetylneuraminsäure (Sialinsäure)

Lipide frei diffundieren können. Die Fluidität der Membran hängt dabei von der Lipidzusammensetzung ab. Sie steigt mit dem Anteil an ungesättigten Fettsäuren. Sie nimmt ab mit dem Anteil an Cholesterinmolekülen, die durch ihr plattenartiges aromatisches Ringsystem versteifend wirken. In den Membranstapeln des Myelins ist der Anteil an Cholesterin besonders hoch.

Trotz der augenscheinlichen Symmetrie im Aufbau der Lipidmembran sind die Lipidbausteine über die innere und äußere Membranhälfte ungleich verteilt. Vermutlich wird diese Ungleichverteilung über spezifische Enzymmechanismen aktiv aufrechterhalten. Besonders augenfällig ist die unsymmetrische Verteilung bei den Glykolipiden. Glykolipide finden sich ausschließlich in der äußeren Lipidschicht der Plasmamembran. Die Lipidzusammensetzung variiert zwischen den Membranen unterschiedlicher Zellkompartimente.

> ## Proteine zeigen eine erstaunliche Variabilität der Interaktion mit der Lipidmembran

Proteine nutzen die physikalisch-chemischen Eigenschaften der Lipidmembran sowohl zu hydrophiler wie zu hydrophober Interaktion (Abb. 2-2). Dabei können die funktionellen Eigenschaften von Membranproteinen durch ihre Lipidumgebung mit beeinflußt werden.

Periphere Membranproteine binden durch ionische oder andere nicht-kovalente Wechselwirkungen an Proteine oder auch Lipide der Membranoberfläche. Oft sind sie durch Erhöhung der Ionenkonzentration von der Membran abzulösen.

Integrale Membranproteine können nur mit Hilfe von Detergentien aus der Membran herausgelöst werden. Sie lassen sich in zwei prinzipielle Gruppen einteilen. Die einen enthalten entweder längere α-helikale Abschnitte oder bilden eine β-Faltblattstruktur mit einer hydrophoben Oberfläche, die ein Einsinken in die Lipidmembran mit direkten hydrophoben Interaktionen erlaubt. Eine Polypeptidkette vermag die Membran mehrfach zu durchspannen. Zusätzlich können im hydrophilen Bereich des Proteins ionische Wechselwirkungen mit der Membranoberfläche auftreten. Die andere Gruppe von Proteinen ist über einen kovalent gebundenen Lipidanker und nicht durch direkte Interaktion ihrer Aminosäuren mit der Plasmamembran verbunden. Eine erhebliche Anzahl derartiger Membranproteine besitzt einen sog. Glykosylphosphatidylinosit-Anker (GPI-Anker). In diesem Falle wird das Protein kovalent über ein Glykan an das Phosphatidylinosit gebunden. Dieses wirkt über die beiden Fettsäuren als Membrananker. Einige der GPI-verankerten Oberflächenproteine wirken als Ecto-enzyme im

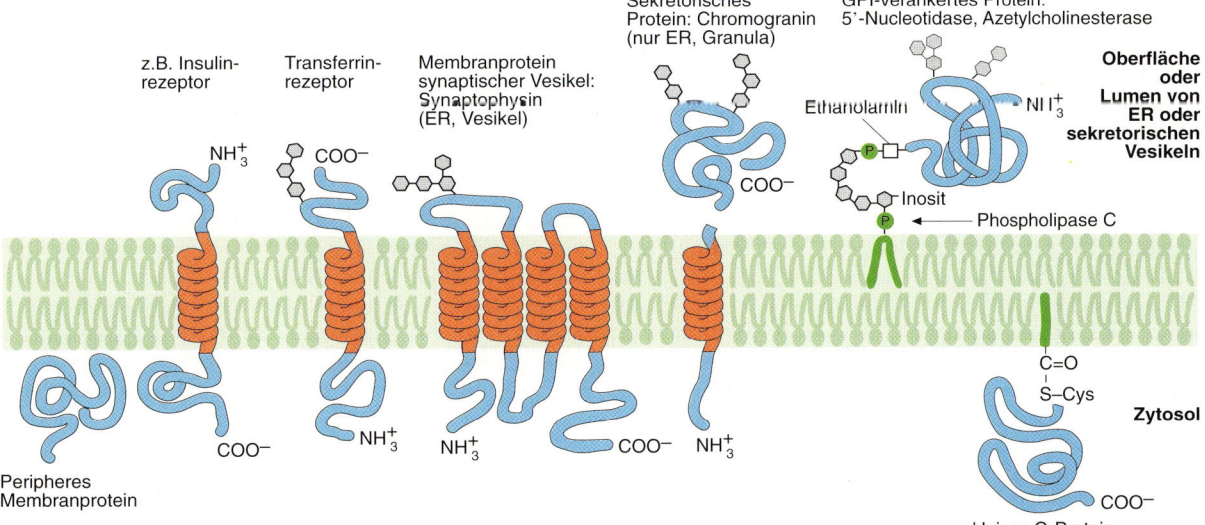

Abb. 2-2. Interaktion von Proteinen mit der Lipidmembran. Dargestellt sind mögliche Formen der Membrantopographie am Beispiel des endoplasmatischen Retikulums (ER), in das Membranproteine und sekretorische Proteine zunächst inseriert werden, sowie der Plasmamembran, der Membran synaptischer Vesikel oder des Lumens sekretorischer Granula. Glykoproteine sind asymmetrisch verteilt und weisen entweder in das Lumen intrazellulärer Membrankompartimente (ER, sekretorische Vesikel) oder in den extrazellulären Raum (Plasmamembran). In den Modellen wurde für die transmembranären Abschnitte eine α-helikale Struktur angenommen, bestehend aus etwa 20 Aminosäuren. Sekretorische Proteine werden unmittelbar nach der Synthese vom Signalpeptid getrennt (vgl. Abb. 2-5a). Einige Proteine sind über Lipidanker mit der Membran verbunden. Hydrolyse des Ankers GPI-verankerter Proteine durch Phospholipase C führt zur Freisetzung des Proteins in den extrazellulären Raum. Periphere Membranproteine können an ein integrales Membranprotein gebunden sein

extrazellulären Raum oder dienen der Zelladhäsion. Zu ihnen gehören z.B. Formen der Acetylcholinesterase, die 5'-Nucleotidase (eine AMPase) oder Formen des neuronalen Zelladhäsionsproteins (N-CAM). Sie können durch spezifische Phospholipasen aus ihrer Membranverankerung gelöst und in den extrazellulären Raum freigesetzt werden. Andere Proteine werden über ein einfaches kovalent gebundenes Lipid, z.B. die Myristinsäure oder Isoprenderivate, hydrophob an die Plasmamembran gebunden.

Die Proteinzusammensetzung variiert nicht nur erheblich zwischen den einzelnen Membrankompartimenten der Zelle. Proteine weisen wie die Lipide eine asymmetrische Verteilung über der Membran auf. Auflagerungen peripherer Membranproteine überwiegen auf der Innenseite der Zellmembran. Dagegen sind Glykoproteine und auch GPI-verankerte Proteine generell der Zelloberfläche (bzw. der entsprechenden inneren Oberfläche intrazellulärer Organellen) zugewandt. Membrandurchspannende Proteine sind in ihrer Richtung stets polarisiert. Sie spielen beim Ionenfluß durch die Zellmembran oder beim Stofftransport eine wichtige Rolle.

Glykolipide und Glykoproteine sind funktionelle Komponenten der Zelloberfläche

Die Oberflächenlage glykosylierter Lipide und Proteine läßt auf einen direkten Zusammenhang mit oberflächenspezifischen Funktionen schließen: etwa bei der Bindung spezifischer Liganden oder der Zell/Zellinteraktion. Glykolipide können auffällige gewebespezifische Verteilungsmuster aufweisen. **Galaktozerebroside** finden sich z.B. besonders angereichert in der Myelinmembran. Die negativ geladenen **Ganglioside** tragen eine unterschiedliche Anzahl an Sialinsäuren (N-Acetylneuraminsäure) (Abb. 2-1). Durch Variation der Anordnung und Anzahl der Sialinsäuren kann eine Vielfalt von Molekülstrukturen erzeugt werden, die an die Variabilität der Proteinstruktur durch Kombination von Aminosäuren erinnert. Neuronale, besonders synaptische Membranen, sind reich an Gangliosiden. Das Gangliosidmuster verändert sich im Laufe der Ontogenese des Nervensystems. Dennoch können den Gangliosiden bisher nur in wenigen Fällen spezifische Funktionen zugeschrieben werden. Ganglioside wirken als Oberflächenrezeptoren für die Bindung bestimmter Bakterientoxine (Choleratoxin, Tetanustoxin).

Für die fast ubiquitäre Glykosylierung membranständiger Oberflächenproteine gibt es noch keine allgemeine Hypothese. Die Glykosylierung mag beim intrazellulären Sortieren der Proteine ebenso eine Rolle spielen, wie für die Erhaltung einer stabilen Konformation oder die Bindung von Wasser und

Metallionen. In einigen Fällen gibt es gute Hinweise für eine Beteiligung glykosylierter Membranproteine an der Zell/Zell- oder auch Zell/Matrix-Interaktion. Beispielsweise ist das neuronale Zelladhäsionsmolekül (N-CAM) ein Sialoglykoprotein. Für die Kontrolle der homophilen Interaktion von N-CAM-Molekülen wird das Ausmaß ihrer Sialylierung verantwortlich gemacht. Polysialylierung tritt vor allem im embryonalen Stadium auf. Infolge der hohen negativen Ladungsdichte setzt sie die Affinität für eine homophile Molekülinteraktion herab. Damit ist die Zelladhäsion in diesem frühen Stadium eingeschränkt.

2.2 Vom Gen zum funktionellen Protein

Die Transkription wird reguliert

Der sequentielle Aufbau der Proteine aus prinzipiell 20 verschiedenen Aminosäuren ist in der sequentiellen Anordnung von Kodons der doppelsträngigen DNA festgeschrieben. Jedes Kodon besteht aus drei Nukleotiden und kodiert jeweils eine Aminosäure. Die Basenfolge Guanin-Guanin-Cytosin bestimmt z.B. Glycin oder die Basenfolge Thymin-Thymin-Cytosin das Phenylalanin. Meist werden die Basen in der Kurzform geschrieben (A = Adenin, C = Cytosin, T = Thymin, G = Guanin). In der mRNA tritt an die Stelle des Thymins das Uracil (U).

Der erste Schritt auf dem Wege zur Synthese eines Proteins ist die **Transkription**, die Übersetzung der Basensequenz der DNA in die der transportablen **mRNA** (Abb. 2-3). Die Umsetzung der genetischen Information in die mRNA wird mit Hilfe der RNA-Polymerase II bewerkstelligt. Sie lagert sich an den kodierenden DNA-Strang an und katalysiert die Umschreibung des DNA-Codes in den komplementären RNA-Code. Nur jeweils einer der beiden DNA-Stränge fungiert hierbei als kodierender Strang. Die Mehrheit der Gene ist auf der Ebene der Transkription reguliert. Die Anlagerung der RNA-Polymerase an die DNA und das Ablesen des DNA-Stranges unterliegen einer strengen Kontrolle. Entsprechend besteht ein Gen aus zwei funktionellen Einheiten: einer kodierenden Region, die von der RNA-Polymerase transkribiert wird, und einer regulatorischen Region, die die Transkription steuert (Abb. 2-4). Da die DNA-Basen in 3'-5'-Richtung abgelesen werden, liegt die regulatorische Region in 3'-Richtung oberhalb der kodierenden Sequenz. Die regulatorische Region besteht wiederum aus zwei Anteilen, einem proximal zum Startpunkt gelegenen **Promotor** und einem in der Regel weiter stromaufwärts gelegenen **Enhancer**. Die Promotorregion enthält in vielen Fällen einen

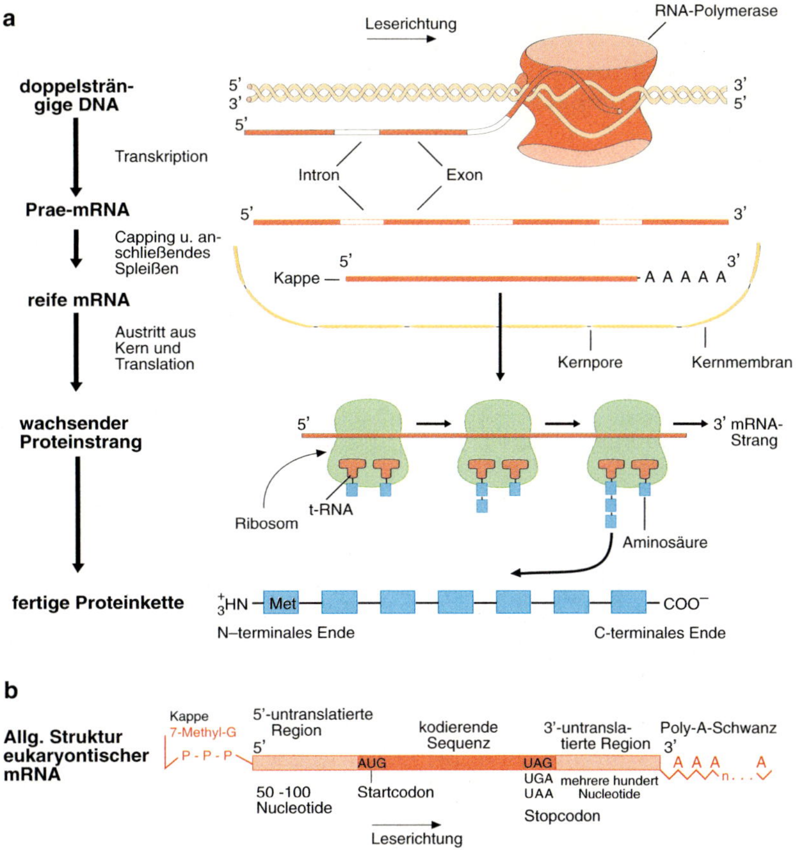

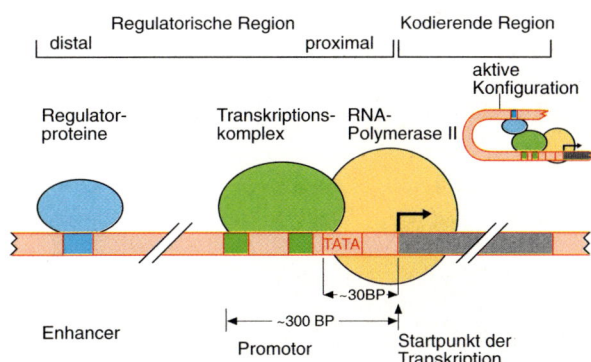

a

doppelsträn-gige DNA

Leserichtung

RNA-Polymerase

5' 3'
3' 5'
5'

Transkription

Intron — Exon

Prae-mRNA

Capping u. anschließendes Spleißen

5' 3'

Kappe — AAAAA 3'

5'

Kernpore — Kernmembran

reife mRNA

Austritt aus Kern und Translation

5' 3' mRNA-Strang

t-RNA

Ribosom

Aminosäure

wachsender Proteinstrang

fertige Proteinkette

$^{+}_3$HN — Met — COO^{-}

N–terminales Ende   C-terminales Ende

b

Allg. Struktur eukaryontischer mRNA

Kappe 7-Methyl-G

5'-untranslatierte Region

kodierende Sequenz

3'-untranslatierte Region

Poly-A-Schwanz

P - P - P 5'

AUG

UAG

3'

AAA   A
n...

50 -100 Nucleotide

Startcodon

UGA mehrere hundert
UAA Nucleotide

Stopcodon

Leserichtung

Abb. 2-3. a Der Weg vom Gen zum Protein in einer eukaryontischen Zelle. Es sind nur für das allgemeine Verständnis essentielle Schritte dargestellt. **b** Allgemeine Struktur eukaryontischer mRNA und Bezeichnug wichtiger funktioneller Bausteine. Nach der Transkription und dem Spleißen enthält die mRNA sowohl am 5'-, als auch 3'-Ende noch erhebliche Anteile an Nukleotiden, die nicht translatiert werden. Die Translation des richtigen Abschnittes am Ribosom wird durch Start- und Stopkodons gewährleistet. Schon am wachsenden Transkript wird am 5'-Ende die Kappe enzymatisch angefügt. Sie besteht typischerweise aus einem 7-Methylguanosinrest, der über eine Triphosphatbrücke am ersten Nukleotid des 5'-Endes angeheftet ist. Nach dem Abtrennen des Transkripts wird der aus ca. 100 bis 200 Adeninnukleotiden bestehende Poly-A-Schwanz mittels der Poly-A-Polymerase schrittweise angefügt

AT-reichen Abschnitt **(TATA-Box).** Im Breich der TATA-Box und daran anschließender DNA-Abschnitte sorgen spezifische Proteine für die genaue Positionierung der RNA-Polymerase. Die Enhancerregion enthält Bindesequenzen für zellspezifische Regulatorproteine, die die Aktivierung der RNA-Polymerase und den Beginn der Transkription kontrollieren. Nicht immer sind jedoch Enhancer- und Promotorfunktionen einfach voneinander abzugrenzen. Je nach Art der gebundenen Regulatorproteine kann die Transkription gar nicht, auf Dauer oder intermittierend induziert werden. In ähnlicher Weise stellen die Beendigung der mRNA-Synthese und die Ablösung der mRNA einen komplexen Vorgang dar, der ebenfalls auf der Abfolge bestimmter Nukleotidsequenzen beruht.

Das neu entstandene primäre Transkriptionsprodukt (Prae-mRNA) wird modifiziert. Am 5'-Ende wird die sog. Kappe angefügt, und das 3'-Ende wird um die Poly-A-Sequenz verlängert (Abb. 2-3). Die Kappe spielt eine Rolle bei der Positionierung der mRNA am Ribosom für den Tranlationsbeginn. Die Poly-A-Sequenz am 3'-Ende ist für den Export der mRNA aus dem Kern von Bedeutung. In einem als **Spleißen** bezeichneten Vorgang werden anschließend die stummen **Introns** enzymatisch herausgeschnitten und die kodierenden **Exons** zur reifen mRNA zusammengefügt. Nicht selten werden aus einer mehrere Exons enthaltenden Prae-mRNA

durch alternatives Spleißen unterschiedliche mRNAs und entsprechend unterschiedliche Proteine gebildet. Die fertige mRNA verläßt den Zellkern.

Regulatorische Region

distal   proximal

Kodierende Region

aktive Konfiguration

Regulatorproteine

Transkriptionskomplex

RNA-Polymerase II

TATA

~30BP

~300 BP

Enhancer   Promotor   Startpunkt der Transkription

Abb. 2-4. Vereinfachtes Schema der Transkriptionskontrolle bei Vertebraten. Der Transkriptionskomplex am Promotor besteht aus DNA-bindenden und nicht-DNA-bindenden Proteinen. Die RNA-Polymerase erkennt diesen Komplex und beginnt die Transkription. Weiter stromaufwärts finden sich zusätzliche Gensegmente (Enhancer), die Proteinfaktoren (Transkritpionsfaktoren) binden, welche die Transkription über die Bindung an ihren Promotor verstärken können. Da die Enhancer teilweise sehr weit von ihrem Promotor entfernt liegen, dürfte für die Interaktion mit dem Promotor die Ausbildung einer Schleife erforderlich sein (inset) [30]

Bei der Translation wird die in der Reihenfolge der Nukleotide der mRNA gespeicherte Information in die Aminosäuresequenz des Proteins umgesetzt. An diesem Prozeß ist eine Vielzahl molekularer Bausteine beteiligt, z.B. die Ribosomen (Polysomen) und die tranfer-RNA **(tRNA)** (Abb. 2-3). Auf der Ebene der Translation kann die Expression eines Proteins durch **Translationsfaktoren** weiter kontrolliert werden. Eine tRNA trägt ein Antikodon mit jeweils drei Basen, welches an ein komplementäres mRNA-Codon binden kann. Am 3'-Ende besitzt sie eine kodonspezifische Aminosäure. Das Ablesen der mRNA beginnt stets mit dem Startkodon AUG (ATG im DNA-Code), welches für Methionin kodiert. Zumindest unmittelbar nach der Translation enthalten daher alle Proteine Methionin als erste Aminosäure. Die Translation verläuft vom 5'- zum 3'-Ende der mRNA und beginnt enstprechend mit der N-terminalen Sequenz des Proteins. Die Kontrolle der Startreaktion, die enzymatische Verknüpfung der Aminosäuren der tRNA-Moleküle sowie die Beendigung der Translation an einem

Stopkodon (UAG, UGA oder UAA, entprechend den DNA-Sequenzen TAG, TGA oder TAA) werden durch mehrere Proteinfaktoren kontrolliert. Im vorliegenden Zusammenhang ist besonders wichtig, daß Proteine mit einer zytosolischen Bestimmung (z.B. lösliche Enzyme oder Proteine des Zytoskeletts) an freien Ribosomen translatiert werden. Proteine mit einer Membranverankerung sowie sekretorische Proteine werden dagegen an Ribosomen translatiert, die sich an das endoplasmatische Retikulum anlagern. Für die Anlagerung der mRNA-beladenen Ribosomen an das endoplasmatische Retikulum sind eine Signalsequenz des entstehenden Proteins wie auch Rezeptoren auf Seiten des endoplasmatischen Retikulums verantwortlich.

Zytosolische Proteine werden nach der Translation vom Ribosom entlassen. Sie können schon während der Translation modifiziert werden, z.B. durch enzymatische Anheftung einer Acylgruppe am N-terminalen Ende (Abb. 2-2). Die Synthese von Membranproteinen und sekretorischen Proteinen beinhaltet dagegen die direkte Einschleusung des Polypeptidfadens in das Lumen des endoplasmatischen Retikulums.

Das Einwachsen der Polypetidkette. Nach dem Andocken des Polysoms und der Einlagerung der hydrophoben Signalsequenz in die Lipidmembran beginnt die Polypeptidkette in das Lumen des endoplasmatische Retikulums einzuwachsen (Abb. 2-5). Dieser Vorgang ist energieabhängig. Das Wachstum der Polypeptidkette wird beim Erreichen eines Stopcodons der mRNA abgebrochen. Das Polysom löst sich ab. Proteininterne Sequenzsignale bestimmen über die endgültige Form der Einlagerung des Proteins in die Lipidmembran oder über dessen Freisetzung in das Lumen des endoplasmatischen Retikulums.

Sekretorische Proteine. Im Zuge der Herstellung sekretorischer Proteine wird die Polypeptidkette in das endoplasmatische Retikulum transferiert. Es entsteht zunächst das **Präprotein** (Abb. 2-5a). Die in der Membran verbliebene hydrophobe N-terminale Signalsequenz wird anschließend durch eine im Lumen des endoplasmatischen Retikulums vorliegenden Signalpeptidase abgetrennt. Das Protein liegt nunmehr frei im Lumen des endoplasmatischen Retikulums vor und kann schließlich über den Golgi Apparat an das Lumen sekretorischer Vesikel weitergegeben werden. Noch innerhalb des Golgi-

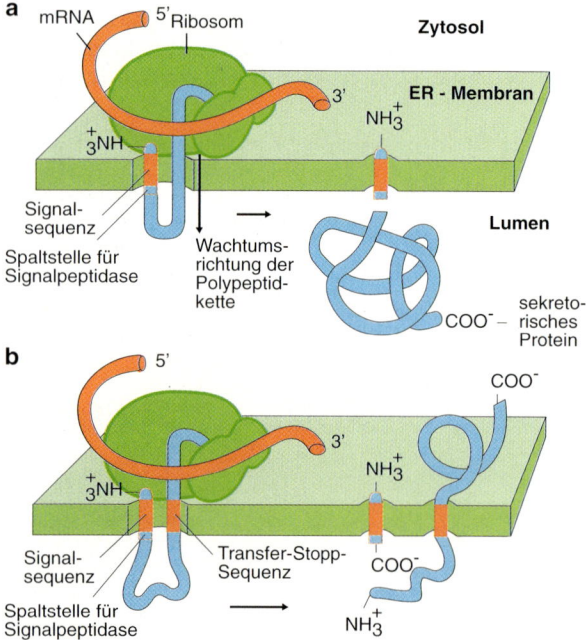

Abb. 2-5. Beispiele für die Einschleusung der wachsenden Polypeptidkette in das Lumen des endoplasmatischen Retikulums über eine Signalsequenz. **a** Nach Abspaltung der Signalsequenz ensteht ein lösliches Protein. Für die spätere Sekretion wird es auf dem Wege über den Golgi-Apparat in sekretorische Vesikel verpackt. **b** Ausbildung eines transmembranären Proteins unter Beteiligung einer Transfer-Stop-Sequenz

Apparates und der sekretorischen Granula können höhermolekulare Proteine durch Proteasen in physiologisch aktive kleinere Proteine oder Peptide zerschnitten werden (Abb. 2-17). Man spricht von **Proproteinen** oder **Polyproteinen,** wenn durch spezifisches Schneiden ein bzw. mehrere physiologisch aktive Proteine (bzw. Peptide) erzeugt werden. Die am Ribosom synthetisierte und noch die Signalsequenz enthaltende Ausgangspolypeptidkette stellt dann das **Präproprotein** dar.

Membrandurchspannende Proteine. Bei den integralen Membranproteinen gibt es mehrere Wege der Bearbeitung der wachsenden Polypetidkette, die zu unterschiedlichen Formen der Insertion in die Membran führen (vgl. Abb. 2-2). Ein erstes Beispiel sind integrale Membranproteine mit dem C-terminalen Ende auf der zytosolischen Seite und dem N-terminalen Ende auf der luminalen Seite des endoplasmatischen Retikulums. Sie entstehen, wenn einerseits das Signalpeptid luminal abgetrennt wird, und andererseits eine Transfer-Stop-Sequenz die weitere Membraninsertion des C-terminalen Polypeptidfadens abbricht (Abb. 2-5b). Umgekehrt gibt es Membranproteine mit dem C-terminalen Ende auf der luminalen und dem N-terminalen Ende auf der zytoplasmatischen Seite. In diesem Falle tritt die Signalsequenz vermutlich nicht in die Lipidmembran ein. Vielmehr dient eine hydrophobe Transfer-Stop-Sequenz der Proteinverankerung in der Lipidmembran und das C-terminale Ende der Kette wächst wie bei sekretorischen Proteinen ganz in das Lumen des endoplasmatischen Retikulums ein. Die komplexeste Form der Insertion in die Lipidmembran liegt schließlich bei Proteinen vor, die die Lipidmembran mehrfach durchspannen. So weist die Hauptuntereinheit des spannungsabhängigen Na^+-Kanals insgesamt 24 membrandurchspannende Abschnitte auf (Abb. 2-9). In diesen Fällen geht man davon aus, daß der erste Membranabschnitt der (ungeschnittenen) Signalsequenz entspricht, die die Insertion des Polypeptidfadens in die Membran einleitet. Der zweite Membranabschnitt stellt dann wie oben eine Transfer-Stop-Sequenz dar. Die dritte Membransequenz besteht aus einer sich wiederholenden Signalsequenz, die vierte wiederum aus einer Transfer-Stop-Sequenz und so weiter. Man geht häufig davon aus, daß die membrandurchspannenden Sequenzen eine α-helikale Struktur besitzen. Sie bestehen dann aus einer Abfolge von ca. 20 Aminosäuren. Die hydrophilen Molekülabschnitte kommen beim Membrandurchtritt im Inneren der Helix zu liegen. Neuerdings gibt es auch Beispiele für porenbildende Proteine, in denen die transmembranären Anteile des Polypeptidfadens eine β-Faltblattstruktur besitzen. Die transmembranären Abschnitte sind durch Proteinabschnitte unterschiedlicher Länge verbunden, die jeweils auf der einen oder anderen Seite der Lipidmembran liegen.

GPI-verankerte Proteine. Die Verankerung von Membranprotcincn über Glykosylphosphatidylinosit erfolgt ebenfalls in unmittelbarem Zusammenhang mit der Synthese am endoplasmatischen Retikulum. Diese Proteine tragen am C-terminalen Ende einen Abschnitt aus hydrophoben Aminosäuren, der als Signal für seine enzmyatische Abspaltung und die anschließende Verknüpfung des Restproteins mit einem Glykolipid dient. Das so der luminalen Seite des endoplasmatischen Retikulums zugewandte Protein liegt später auf der Zelloberfläche.

Weitere Schritte zur Herstellung des funktionellen Proteins laufen ebenfalls im endoplasmatischen Retikulum ab oder werden zumindest dort eingeleitet. Dies betrifft die richtige Faltung der Proteine, die Ausbildung von Disulfidbrücken und schließlich auch die Glykosylierung, die aber erst im Golgi-Apparat abgeschlossen wird.

2.3 Allgemeine Methoden der molekularen Neurobiologie

Die molekulare Biologie nutzt die Universalität des genetischen Codes für Erarbeitung von Werkzeugen zum Studium von Struktur und Funktion von Proteinen [7, 9]. Sie bedient sich dabei in der Regel in der molekularen Genetik bereits gut bekannter Enzymbausteine und der Kenntnis der Regulation der Genexpression bei Prokaryonten und Eukaryonten. Zu den in der molekularen Biologie eingesetzten Enzymen gehören etwa aus Bakterien isolierte Restriktionsendonukleasen, mit denen diese die Fremd-DNA eingedrungener Bakteriophagen zerkleinern können. Man kennt heute mehrere hundert solcher **Restriktionsenzyme**, die DNA-Moleküle an unterschiedlichen Stellen kontrolliert schneiden. Entsprechend können mit Hilfe von **Ligasen** beliebige DNA-Fragmente wieder zu einem neuen DNA-Molekül zusammengebaut werden. Die **DNA-Polymerase I** kann auch im Reagensglas aus einzelsträngigen DNA-Molekülen die doppelsträngige Form hergestellt werden – wie dies normalerweise bei der Verdoppelung der DNA im Verlaufe der Zellteilung geschieht. Mittels der **reversen Transkriptase**, einer RNA-abhängigen DNA-Polymerase der Retroviren, ist es schließlich möglich, reife, aus Eukaryontenzellen isolierte mRNA in ein DNA-Molekül umschreiben. Diese Kopie (**cDNA**) ist frei von den Intron-Sequenzanteilen der ursprünglichen DNA (vgl. Abb. 2-3).

Von besonderer experimenteller Bedeutung ist die Möglichkeit, genetisches Material, welches für ein bestimmtes Protein kodiert, in andere Zellen einzuschleusen. Man benötigt dafür Transportmoleküle, sog. **Vektoren.** Die Art der verwendeten Vektoren hängt vom Versuchsvorhaben ab. Häufig als Vektoren verwendet werden z.B Bakterienplasmide oder die DNA des Bakteriophagen Lambda. Setzt man einen Bakteriophagen ein, wird ein Teil der viralen DNA durch **Passagier-DNA** ersetzt. Die neukombinierte DNA wird anschließend in Phagenköpfe verpackt und kann dann nach Infektion in Kulturen von *Escherichia coli* vermehrt werden. Ein Vektor enthält nicht nur die zu vervielfachende Nukleotidsequenz (Passagier-DNA) sondern auch Sequenzabschnitte, die gewährleisten, daß das eingebaute DNA-Fragment im Bakterium vervielfältigt wird, oder daß im Bakterium das entsprechende Protein synthetisiert wird. Damit ergibt sich ein Spektrum unterschiedlicher experimenteller An-

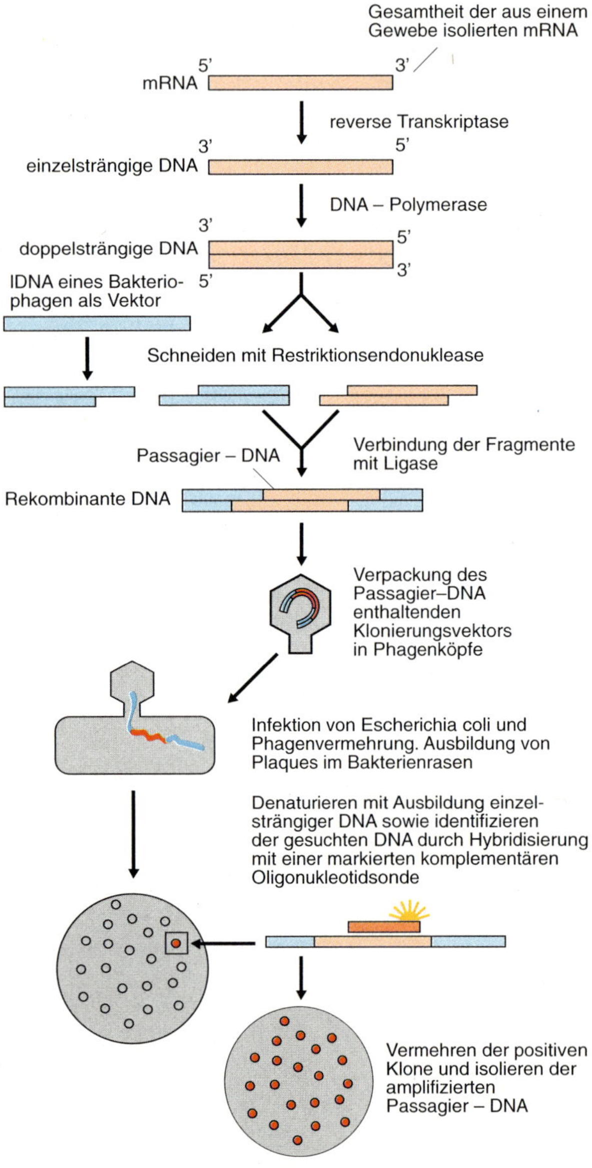

Abb. 2-6. Vereinfachtes Schema zur Anlage einer cDNA-Bank in einem Bakteriophagen. Die Gesamt-cDNA wird zunächst in Bakterien vermehrt. Die gesuchte DNA wird durch Hybridisierung mit einer komplementären Oligonukleotidsonde identifiziert und anschließend weiter vermehrt

sätze, das ständig erweitert wird. Nur einige Methoden seien hier kurz charakterisiert.

DNA-Klonierung. Für die Isolierung der für ein bestimmtes Protein kodierenden DNA werden verschiedene Ausgangswege bestritten. Als „Einstiegsinformation" kann man eine Teilsequenz des Proteins oder einen monospezifischen, gegen das Protein gerichteten Antikörper nutzen. Weiterhin benötigt man Sammlungen klonierter DNA-Fragmente (**Genbanken**), die unter anderem die gesuchte DNA enthalten. Diese werden entweder aus der genomischen DNA (**genomische Bank**) oder auf dem Umwege über die isolierte mRNA gewonnen (**cDNA-Bank**). Während die genomische DNA noch das gesamte Gen mit Introns und Exons enthält, finden sich in der über die mRNA gewonnene cDNA nur die translatierenden Exons.

Soll eine cDNA-Bank erstellt werden, wird zunächst die in einem Gewebe vorhandene mRNA isoliert (Abb. 2-6). Die reverse Transkriptase schreibt die mRNA in die einzelsträngige DNA um. Darauf folgt die Strangverdoppelung durch die DNA-Polymerase. Die cDNA wird nun in einen geeigneten Vektor eingebaut, z.B. in die DNA des Bakteriophagen Lambda. Nun kann die Infektion der Bakterien mit der Phagen-DNA erfolgen. Durch die Replikation in den Bakterien wird das Phagengenom zusammen mit seiner Passagier-DNA amplifiziert. Anschließend müssen nun diejenigen Bakterienklone identifiziert werden, die die gewünschte cDNA enthalten. Die Erkennung der „positiven" Klone kann je nach der experimentellen Ausgangssituation auf mehreren Wegen erfolgen. Ist ein monospezifischer Antikörper gegen das Protein vorhanden, können die positiven Bakterien über das exprimierte Protein identifiziert werden (Expressionsklonierung). Ist bereits eine bestimmte Aminosäuresequenz des zu untersuchenden Proteins bekannt, kann man aus Kenntnis des genetischen Codes einen Oligonukleotidabschnitt der mRNA synthetisieren, der zu dem gesuchten DNA-Abschnitt komplementär ist. Diese „Sonde" ist in der Lage, mit dem gesuchten DNA-Abschnitt zu hybridisieren. Sie wird markiert und dient der Erkennung der positiven Bakterien. Nach Vereinzelung kann die gesuchte cDNA in den positiven Klonen vermehrt und anschließend sequenziert werden.

Eine erhebliche Beschleunigung des Verfahrens zur Gewinnung größerer Mengen einer gesuchten DNA ermöglicht die **Polymerase-Kettenreaktion** (PCR). Voraussetzung dafür sind lediglich die Kenntnis einer Teilsequenz am Anfang und am Ende des zu amplifizierenden DNA-Abschnitts sowie eine DNA-Fraktion, die die gesuchte DNA enthält. Dann kann die doppelsträngige DNA ohne den Umweg über einen Vektor im zellfreien System mit großer Geschwindigkeit vermehrt werden. Dies geschieht durch Zugabe von sog. Primern, Oligonukleotiden, die die DNA-Synthese von beiden Enden der DNA her starten, der zu amplifizierenden DNA als Matrix und entsprechender Enzyme (DNA-Polymerase). Multiple Zyklen des Prozesses amplifizieren die DNA exponentiell.

Diese Methode erlaubt nicht nur die rasche Vermehrung von DNA, auch wenn diese in einer Genbank nur in sehr geringer Menge vorhanden ist. Sie eröffnet auch die Möglichkeit, verwandte DNAs zu isolieren. PCR-Primer mit eingeschränkter Paßgenauigkeit, die jedoch stark konservierte Aminosäuren enthalten, können in günstigen Fällen mit der DNA verwandter Proteine hybridisieren. Diese DNA ist dann einfach zu amplifizieren. Auf diese Weise wurden viele der untereinander verwandten Untertypen von Rezeptoren für Neurotransmitter oder Geruchsmoleküle erstmals identifiziert, ohne daß die entsprechenden Proteine zuvor isoliert waren.

Gerichtete Mutagenese. Kennt man die Primärstruktur der DNA, so ist es möglich, mittels der gerichteten Mutagenese jede beliebige Aminosäure austauschen. Voraussetzung dafür ist die chemische Synthese eines zu dem betreffenden Abschnitt der DNA komplementären Oligonukleotids, welches an der gewünschten Stelle das Codon für eine falsche Aminosäure enthält. Das synthetisch veränderte Nukleotid läßt sich mit der Ausgangs-DNA hybridisieren, auch wenn es nicht völlig paßgenau ist. Die nunmehr partiell doppelsträngige DNA wird enzymatisch zum kompletten Doppelstrang ergänzt. Durch Replikation erhält man Phagen mit Wildtyp-DNA und Phagen, die die DNA für das mutierte Protein enthalten. Die mutierte DNA dient als Ausgangsmaterial für die Herstellung des mutierten Proteins. **Proteinchimären** kann man herstellen, indem man ein Segment eines Proteins durch das eines anderen Proteins ersetzt. Es ergibt sich so die Möglichkeit zum Design von Proteinen beliebig abgewandelter Struktur. In geeigneten Zellsytemen exprimiert, erlauben sie Aussagen über die Bedeutung einer einzelnen Aminosäure für die Funktion des Proteins oder über die funktionelle Bedeutung ganzer Proteindomänen.

Translation von Fremd-RNA in *Xenopus*-Oocyten. DNA kann mittels RNA-Polymerase wieder in RNA umgeschrieben werden. Wird die künstlich hergestellte mRNA anschließend mit einer Mikropipette in eine Zelle injiziert, so exprimiert diese das Protein und baut es gegebenenfalls auch in die Membran ein. Auf diesem Wege ist es möglich, an Oozyten des Krallenfrosches *(Xenopus laevis)* Funktionsstudien über neuronale Membranproteine durchzuführen.

***In situ*-Hybridisierung.** Die *in situ*-Hybridisierung wird eingesetzt, um die Exprimierung definierter Proteine mit einem histologischen Verfahren nachzuweisen. Sie stellt im Prinzip den Nachweis der Existenz der in Frage stehenden mRNA in der betreffenden Zelle dar. Als Sonde dienen Abschnitte einzelsträngiger DNA, oder auch RNA, die den entsprechenden Abschnitten der gesuchten mRNA komplementär sind. Sie hybridisieren mit der mRNA unter Bildung von Duplexen aus DNA-RNA oder RNA-RNA. Die Sonden werden entweder radioaktiv markiert oder über eine Enzymreaktion sichtbar gemacht. Diese Bindung ist ähnlich spezifisch wie eine Antikörperbindung bei der Immuncytochemie, nur daß sie die mRNA detektiert.

Antisense-RNA und -DNA. Es kann experimentell wünschenswert sein, die Synthese eines bestimmten Proteins spezifisch zu unterdrücken. Daraus läßt sich z.B. der Beitrag abschätzen, den dieses Protein zu einem komplexen Zellgeschehen liefert. Dazu wird eine einzelsträngige RNA oder DNA in die lebende Zelle eingeschleust, die zu der mRNA des Zielgens komplementär ist. Die antisense-Moleküle gehen mit der entsprechenden mRNA Basenpaarungen ein und blockieren so die Synthese des betreffenden Proteins. Folgende Prinzipien werden dabei angewandt: In eukaryontischen Zellen wird immer derselbe der beiden DNA-Stränge eines Gens in RNA transkribiert. Mit Hilfe der rekombinanten DNA-Technologie kann man einen RNA-Strang herstellen, der genau zu dem nicht-transkribierten DNA-Strang komplementär ist, die antisense-RNA. Im Überschuß appliziert geht diese praktisch mit der Gesamtheit der gewünschten mRNA der Zelle eine Basenpaarung ein. Ähnlich wie bei der *in situ*-Hybridisierung können auch einsträngige DNA-Oligonukleotide in die Zellen gebracht und für die Hybridisierung eingesetzt werden. Ist die Sequenz der DNA-Oligonukleotide der am Translationsstartpunkt der mRNA komplementär, wird die Translation verhindert, die mRNA wieder abgebaut.

Gentransfer. Das methodische Repertoire der molekularen Genetik reicht bis zum Gentransfer in einzelne Zellen (**transfizierte Zellen**) und der Erzeugung **transgener Tiere**, die fremde Gene besitzen. Es wird inzwischen in verschiedenen Varianten auch zum Studium der Nervenfunktion eingesetzt.

Injektion von DNA in einen der beiden Vorkerne der gerade befruchteten Eizelle eines Säugers führt zur stabilen (wenn auch zufälligen) DNA-Insertion in Chromosomen. Unter geeigneten Bedingungen läßt sich die fremde DNA (Transgen) gezielt in bestimmten Geweben exprimieren. Bei Weitergabe der inserierten DNA an Nachkommen entstehen transgene Tiere. Es gibt inzwischen eine Vielzahl von Mauslinien, in denen jedes Tier das gleiche Transgen in der identischen Position des Genoms trägt. Auch die umgekehrte Methode, die gezielte **Inaktivierung von Genen**, ist technisch durchführbar. Ähnlich wie bei der Applikation von antisense-

Nukleotiden ergeben sich Rückschlüsse auf die Bedeutung einzelner Proteinkomponenten im zellulären oder organismischen Gefügesystem.

Besonders günstig sind die Voraussetzungen zum Gentransfer bei *Drosophila*. *Drosophila* besitzt eine Gruppe mobiler genetischer Elemente, die sog. **P-Faktoren**. Diese können unter bestimmten Bedingungen an zahlreiche neue Stellen im *Drosophila*-Genom springen. Sie schneiden dort die Empfänger-DNA auf und fügen sich selbst in die DNA ein. Diese P-Elemente werden zusamnmen mit der zu inserierenden DNA und einem vorgeschalteten Promotor in ein Bakterien-Plasmid eingebaut. Die Plasmide werden in *Drosophila*-Embryonen im Bereich der Polzellen, den Vorläufern der späteren Keimzellen, injiziert. Da die Zellwände noch nicht vollständig ausgebildet sind, gelangen sie in den Kern. Die sich in der nächsten Generation entwickelnden transgenen Fliegen tragen die zusätzliche Erbinformation. Die Expression des gewünschten Gens kann leicht überprüft werden. Man schaltet hinter den Promotor zusätzlich das β-Galaktosidase-Gen von *Escherichia coli* als sog. **Reportergen**. Macht man die β-Galaktosidase über eine Sekundärreaktion mit Blaufärbung sichtbar, werden alle diejenigen Gewebeabschnitte erkennbar, in denen das übertragene Gen exprimiert wird. Besonders bei Mutanten erlaubt die **Rückführung** einzelner Proteine über Gentransfer wesentliche Aufschlüsse über deren zelluläre Funktion und physiologische Bedeutung. Durch Veränderungen sowohl im Bereich des Promotors wie auch im Bereich des Strukturgens können Fragen der Expressionskontrolle aber auch von Struktur-Funktionsbeziehungen eines Proteins analysiert werden.

2.4 Membrantransport

Der Stofftransport durch die Membran erfolgt durch Diffusion und proteingebundenen Transport

Nur sehr kleine und wenig polare Moleküle können rasch durch eine Zellmembran diffundieren. Ihre Verteilung folgt der Richtung des Konzentrationsgradienten über die Membran. Alle anderen Moleküle gelangen nur über Hilfsmechanismen hinreichend schnell in die Zelle. Dafür gibt es zwei prinzipielle Mechanismen: die direkte Membranpassage unter Mitwirkung von Membranproteinen oder die Endozytose. Bei der Endozytose erfolgt die zelluläre Aufnahme durch Einschnürung eines Vesikels von der Membranoberfläche. Auf diesem Wege gelangen vor allem Proteine in das Zellinnere.

Der Membrantransport kann passiv oder aktiv erfolgen

Transporter. Proteine als Hilfsstrukturen des raschen Transportes durch die Zellmembran weisen unterschiedliche Funktionsprinzipien auf. Sie können ein Molekül aktiv binden und durch die Membran hindurchtransportieren. Solche Proteine nennt man *Transporter* oder auch *Carrier*. Die Transportrichtung folgt dem Konzentrationsgradienten (bzw. bei geladenen Substanzen dem elektrochemischen Gradienten). Je nach Verteilung des Konzentrationsgleichgewichtes kann eine Substanz in ein membranumschlossenes Kompartiment (in die Zelle oder ein Zellorganell) hinein oder aus ihm heraus transportiert werden. Man spricht von passivem Transport oder auch von erleichterter Diffusion. Gegen einen Konzentrationsgradienten kann eine Substanz nur unter Energieverbrauch transportiert werden. Diese Energie stammt entweder unmittelbar aus der Hydrolyse von ATP oder mittelbar aus einem elektrochemischen Gradienten, der unter ATP-Verbrauch aufgebaut wurde (Abb. 2-7). Na^+-Ionen werden unter direktem ATP-Verbrauch gegen ihren elektrochemischen Gradienten durch die Na^+-Pumpe (Na^+/K^+-ATPase) aus der Zelle befördert. Man spricht von aktivem Transport. Dieser aktive Na^+-Transport ist von grundsätzlicher Bedeutung für die Aufrechterhaltung des Membranpotentials. Der elektrochemische Na^+-Gradient wird aber auch für den Transporter-getragenen Eintransport von Substanzen ausgenutzt. Dazu gehören z.B. die Transporter für die Wiederaufnahme in die Nervenendigung der Transmitter Glutamat, GABA oder Noradrenalin, oder der Transmittervorstufe Cholin [10, 25, 28]. Diese Substanzen können unter dem gleichzeitigen Eintransport (**Cotransport**) von Na^+-Ionen (die ihrem elektrochemischen Gradienten folgen) gegen einen beachtlichen Konzentrationsgradienten aus dem extrazellulären Milieu aufgenommen werden. In ähnlicher Weise erfolgt über eine ATPase, die Protonen in das Vesikelinnere transportiert (Protonenpumpe, H^+-ATPase), eine Ansäuerung des Lumens synaptischer Vesikel (Abb. 2-7). Der entstandene Protonengradient wird für die Aufnahme der Überträgerstoffe Acetylcholin oder Noradrenalin in die Vesikel genutzt. Die Aufnahme von Acetylcholin oder von Katecholaminen in synaptische Vesikel erfolgt über einen Transporter im Austausch (**Gegentransport**) gegen die im Lumen im Überschuß vorliegenden Protonen.

Der Carrier-getragene Transport von Substanzen durch eine Membran trägt Charakteristika der enzymatischen Katalyse (Abb. 2-8). Der Carrier weist Bindespezifität für das zu transportierende Molekül auf. Er wird beim Transport nicht verändert. Die Transportrate nimmt mit steigender Konzentration des zu transportierenden Moleküls zu und ist sättigbar. Entsprechend dem K_m-Wert eines Enzyms gibt der Wert für die halbmaximale Transportrate die Bindungskonstante des Carriers für sein „Substrat" an. Die Transporter für die Wiederaufnahme von freigesetzten Überträgerstoffen oder die Einschleusung von Cholin besitzen eine hohe Affinität (K_T ca. 1 µM). Dies erlaubt eine effektive zelluläre Aufnahme auch bei niedrigen extrazellulären Konzentrationen.

Ionenkanäle. Der raschen und ungehinderten Membranpassage von Ionen dienen dagegen Ionenkanäle. Ionenkanäle besitzen eine Porenstruktur mit hydrophiler innerer Oberfläche, die die Diffusion von Ionen entsprechend ihrem elektrochemischen Gradienten ermöglicht (Abb. 2-9). Sie teilen mit den Transportern ihre weitgehende Spezifität für das zu transportierende Ion. Es gibt Ionenkanäle für Na^+, K^+, Ca^{2+} oder Cl^-, aber auch solche, die generell für kleine Metallkationen durchlässig sind [14,26]. Die Spezifität wird durch den Durchmesser des Kanals und die Ladungseigenschaften seiner inneren Oberfläche bestimmt. Zahlreiche Ionenkanäle sind nur kurzzeitig (transient) geöffnet. Unterschiedliche Signale können zur Öffnung eines Ionenkanals führen. Dazu gehören Änderungen im Membranpotential, die Bindung von Neurotransmittern oder intrazelluläre Mechanismen, wie die Einwirkung von Ionen oder eine Phosphorylierung. Man spricht daher von spannungsabhängigen, ligandenabhängigen, nukleotidabhängigen etc. Ionenkanälen. Auch Ionenkanäle, die sich bei mechanischer Verformung der Zelle öffnen, wurden beschrieben. Sie spielen eine wichtige Rolle beim Transduktionsgeschehen in Haarsinneszellen (Kap. 15).

Alle Transporter und Ionenkanäle sind integrale Membranproteine, deren Polypetidkette die Membran mehrfach durchspannt (Abb. 2-8 und 2-9). Die Bedeutung der Ionenkanäle für die Erregungsbildung und Erregungsleitung wird in Kap. 4 und 5 dargestellt.

2.5 Einwirkung chemischer Signale: Hormone und Transmitter

Allgemeine Prinzipien

Nur Zellen in unmittelbarer Nachbarschaft können durch **direkten Zellkontakt** miteinander in Verbindung treten. Die Kommunikation innerhalb eines Gewebes und zwischen Geweben erfolgt durch sezernierte **extrazelluläre Botenstoffe**. Von besonderer Bedeutung im Nervensystem sind die Wirkungen synaptisch freigesetzter Überträgerstoffe, von Hormonen, aber auch von Wachstumsfaktoren. Zu den Überträgerstoffen gehören niedermolekulare Substanzen wie Acetylcholin, Noradrenalin und ver-

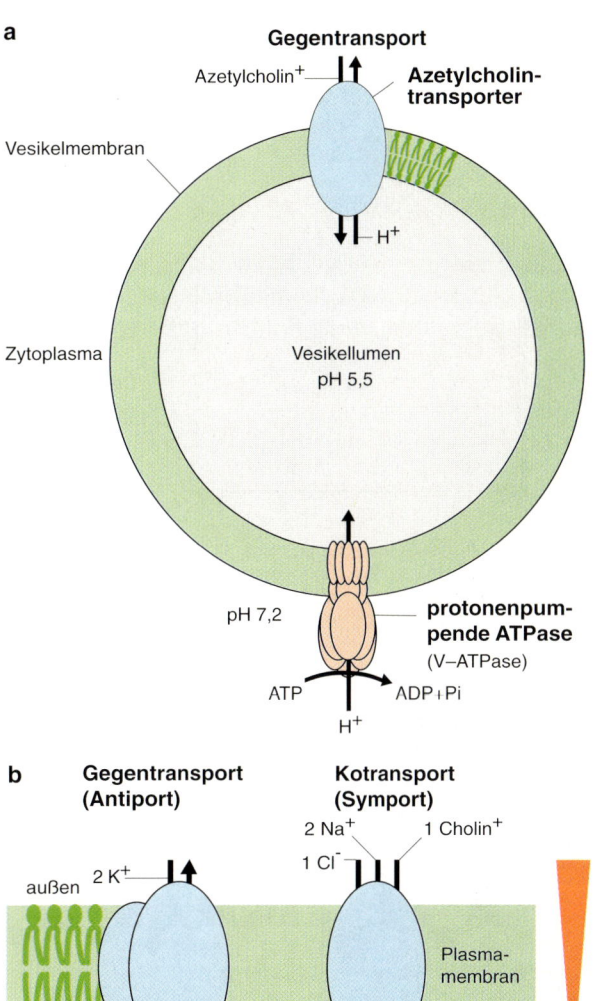

Abb. 2-7. Beispiele für die Erzeugung der Triebkraft für die Aufnahme einer Substanz gegen ihren Konzentrationsgradienten. **a** Im Lumen cholinerger synaptischer Vesikel wird über eine protonenpumpende ATPase (vakuoläre ATPase, V-ATPase) ein Protonenüberschuß erzeugt, der die Triebkraft für die Aufnahme von Acetylcholin liefert. Im Vesikellumen liegt das Acetylcholin schließlich etwa 100 mal konzentrierter (ca. 200 mM) vor als im umgebenden Cytoplasma. **b** Der durch die Na^+K^+-ATPase erzeugte elektrochemische Gradient über der Plasmamembran stellt die Triebkraft für den Eintransport der Transmittervorstufe Cholin über den hochaffinen Transporter (K_m ca. 1 µM) der Nervenendigung dar. Zusätzlich zu zwei Na^+-Ionen fließt pro Aufnahme eines Cholin-Moleküls ein Cl^--Ion in die Nervenendigung [12, 22, 31]

schiedene Aminosäuren sowie eine große Anzahl an Peptiden (Neuropeptide). Neuerdings wird eine synaptische Wirkung gasförmiger, in der Zellflüssigkeit gelöster Substanzen diskutiert, dem Stickoxid (NO) und dem Kohlenmonoxid (CO) (vgl. Kap. 5). Wäh-

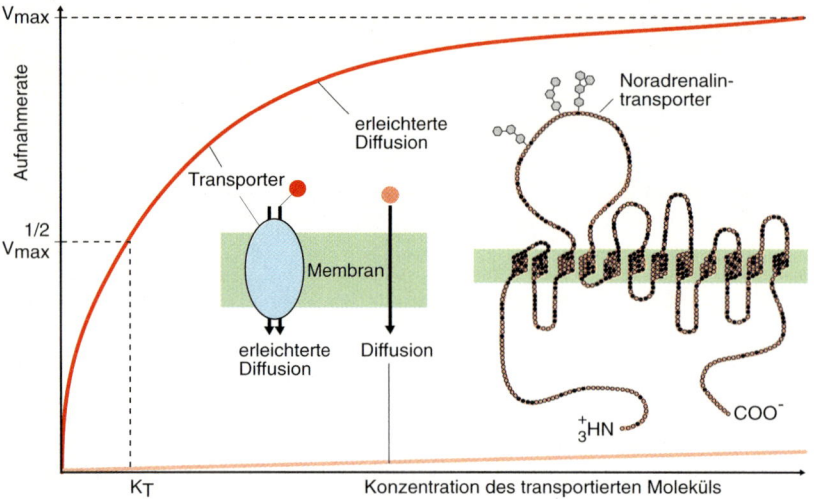

Abb. 2-8. Abhängigkeit der Aufnahmerate eines Moleküls von seiner Konzentration. Bei der Aufnahme über einen Transporter steigt die Rate zunächst steil an und erreicht dann eine Sättigung. Der K_T-Wert gibt die Konzentration des Moleküls bei halbmaximaler Aufnahmerate an. Im Vergleich dazu ist die Aufnahmerate für das gleiche Molekul linear und sehr gering, wenn es durch reine Diffusion in die Zelle eintritt. Transporter sind komplexe Membranproteine. Der Transporter für die Wiederaufnahme des ausgeschütteten Noradrenalins in die Nervenendigung weist 12 Transmembransegmente auf (inset) [25, 28]

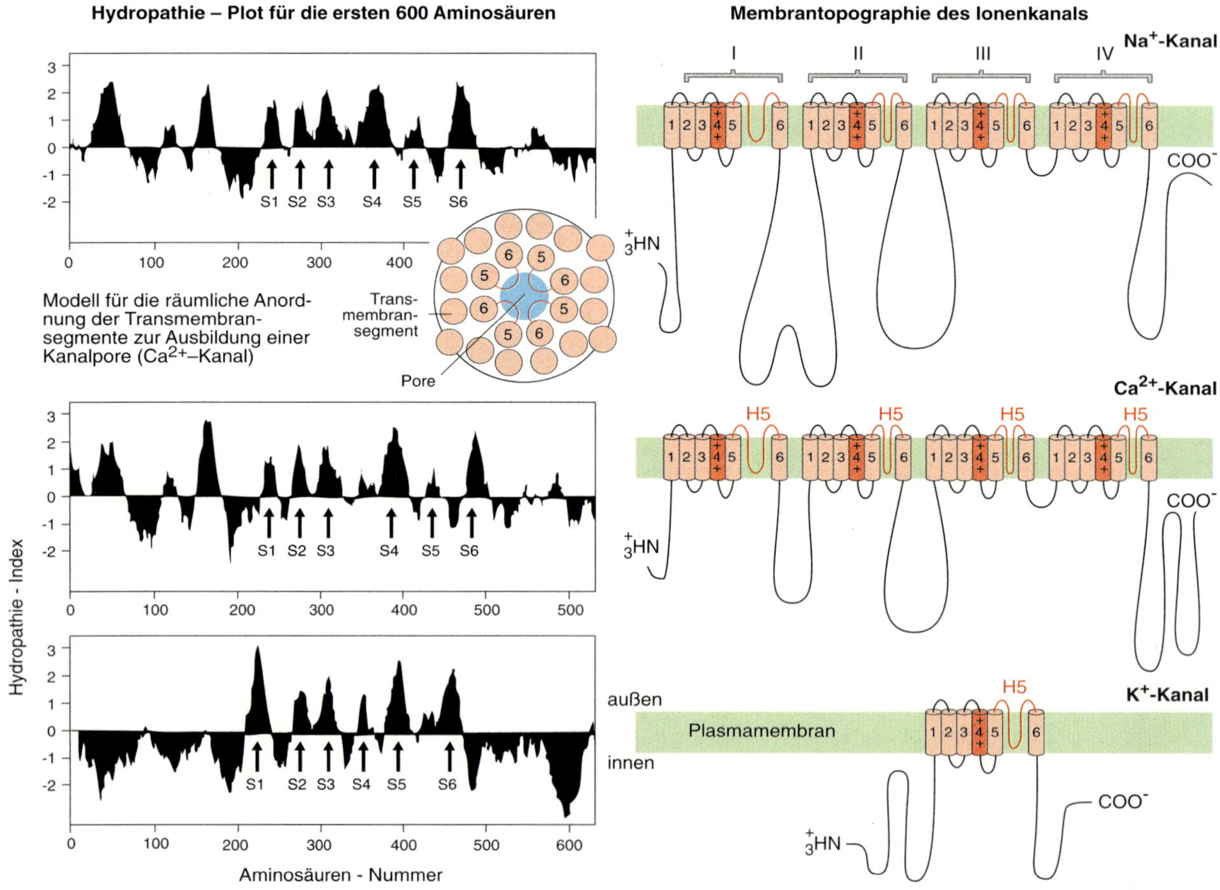

Hydropathie – Plot für die ersten 600 Aminosäuren

Membrantopographie des Ionenkanals

Modell für die räumliche Anordnung der Transmembransegmente zur Ausbildung einer Kanalpore (Ca²⁺–Kanal)

Transmembransegment

Pore

Hydropathie - Index

Aminosäuren - Nummer

Na⁺-Kanal

Ca²⁺-Kanal

K⁺-Kanal

außen

Plasmamembran

innen

Abb. 2-9 (Legende s. nächste Seite)

rend die chemische Natur der Signalstoffe ein erstaunlich breites Spektrum bildet, haben sich für die zelluläre Wirkung dieser Signalstoffe nur einige wenige Grundprinzipien herausgebildet. Wasserlösliche Signalstoffe interagieren mit Rezeptoren auf der Zelloberfläche. Lipophile Signalstoffe durchdringen dagegen die Plasmamembran und binden an zytosolische Rezeptoren [4, 5, 8, 10].

Membranständige Rezeptoren überbrücken die Lipidmembran. Die Bindung eines Liganden (Transmitter, Hormon) bewirkt eine Konformationsänderung, die in ein zelluläres Signal umgesetzt wird. Für die Übersetzung eines extrazellulären in ein intrazelluläres Signal haben sich mehrere Mechanismen herausgebildet (Abb. 2-10). 1) Der Rezeptor stellt einen ligandenabhängigen Ionenkanal dar. Als Folge der Bindung des Transmitters wird der Ionenkanal geöffnet. 2) Der Rezeptor ist ein ligandenabhängiges Enzym (katalytischer Rezeptor). Die Bindungsstelle für den Liganden liegt auf der Zelloberfläche. Die Enzymwirkung erfolgt über den intrazellulären Anteil der Polypetidkette. 3) Der Rezeptor hat eine extrazelluläre Ligandenbindungstelle und eine intrazelluläre Bindungsstelle für ein Transducerprotein (trimeres G-Protein). Die durch den Liganden aktivierte Bindung des trimeren G-Proteins an den Rezeptor leitet dann eine Reihe von weiteren intrazellulären Reaktionen ein.

Abb. 2-9. Postulierte Membrantopographie der Hauptuntereinheiten spannungsabhängiger Kationenkanäle, die zu einer Proteinfamilie zusammengefaßt werden können. Der Na$^+$-Kanal (Rattenhirn) und der Ca^{2+}-Kanal (Skelettmuskel des Kaninchens) enthalten vier sich wiederholende Sequenzen von sechs membrandurchspannenden Domänen. Der K$^+$-Kanal *(Drosophila)* besitzt dagegen nur sechs transmembranäre Abschnitte. Vermutlich lagern sich in diesem Falle vier der kürzeren Einzelproteine zusammen, um einen funktionsfähigen Kanal zu bilden. Aus der sequentiellen Anordnung und Art der Aminosäuren wird mittels spezieller Computerprogramme das Ausmaß des hydrophoben bzw. hydrophilen Charakters eines Proteinabschnittes ermittelt (Hydropathie-Index). Ein positiver Hydropathie-Index zeigt einen hydrophoben Abschnitt an. Man erkennt die starke Ähnlichkeit der Hydropathie-Blots für die drei unterschiedlichen Ionenkanäle. Besonders auffällig ist die Übereinstimmung in den postulierten transmembranären Segmenten S1 – S6. Das transmembranäre Segment 4 jeder Domäne fungiert als Spannungssensor, ist also für die spannungsabhängige Öffnung des Kanals verantwortlich. Es trägt mehrere positive Ladungen. Die Schleife H5 zwischen den Transmembransegmenten S5 und S6 dürfte als β-Faltblatt in die Membran eintauchen. Man geht davon aus, daß die vier H5-Schleifen die Innenwand der Kanalpore auskleiden. Obwohl die Hauptuntereinheit allein in der Lage ist, als Ionenkanal zu fungieren, enthalten die Ionenkanäle *in situ* weitere Proteinbausteine [14, 21, 26]

Schnelle Signalübertragung über Ionenkanäle. Die Klasse der ligandenabhängigen Ionenkanäle verbindet den Vorteil der schnellen Ausbildung eines Signals (Ionenfluß und folglich Potentialänderung) mit dem der spezifischen Aktivierung durch eine Signalsubstanz. Sie findet sich auschließlich an Synapsen des zentralen und peripheren Nervensystems. Nur Neurotransmitter, nicht aber Hormone treten als Aktivatoren der ligandenabhängigen Ionenkanäle auf.

Neurotransmittersubstanzen, die diesen schnellen Signalweg benutzen, sind Acetylcholin, GABA, Glycin, Glutamat, Serotonin und ATP. Die zugehörigen Rezeptoren bestehen aus mehreren Untereinheiten, die sich in der Membran zu einem Ionenkanal zusammenlagern. Art oder Anzahl der am Aufbau des Rezeptorkomplexes für einen bestimmten Transmitter beteiligten Untereinheiten kann zwischen einzelnen Geweben (z.B. Muskel und Gehirn) aber auch entwicklungsabhängig variieren. Der prinzipiell gleiche Molekülaufbau und auffallende Übereinstimmungen in der Primärstruktur der Untereinheiten lassen auf die Entstehung aus einem gemeinsamen Vorläufer-Rezeptor schließen. Als erster membrangebundener Rezeptor überhaupt wurde der nikotinische Acetylcholinrezeptor isoliert und molekular charakterisiert. Der Einsatz molekulargenetischer Methoden hat zu einem eingehenden Verständnis des molekularen Aufbaus und auch des molekularen Funktionsprinzips geführt. Der Rezeptor besteht aus vier durch unterschiedliche Gene kodierten Proteinbausteinen mit molaren Massen im Breich von 40 bis 65 kDa. Da die die α-Untereinheit doppelt vorliegt, hat der Gesamtkomplex die Zusammensetzung α2,β,δ,γ (Abb. 2-10). Jede Untereinheit weist vier typische membrandurchspannende Domänen auf. Der Ionenkanal des nikotinischen Acetylcholinrezeptors erlaubt die Passage kleiner Metallkationen: $K^+ > Cs^+ > Na^+ > Li^+$. Dies führt unter den Bedingungen des Ruhepotentials zu einem massiven depolarisierenden Einstrom von Na$^+$-Ionen und zu nur einem geringen gleichrichtenden Ausstrom von K$^+$-Ionen.

Funktionstests in Oocyten. Ist die Primärstruktur eines Membranproteins bekannt, sind erste hypothetische Aussagen über seine Sekundär- und Tertiärstruktur und über molekulare Funktionsprinzipien möglich. Als besonders erfolgreich für die Überprüfung derartiger Hypothesen hat sich der Einbau von Membranproteinen in die Plasmamembran der *Xenopus*-Oocyte erwiesen. In diesem künstlichen Expressionssystem kann man die physikalischen und chemischen Eigenschaften mutierter Proteinkom-

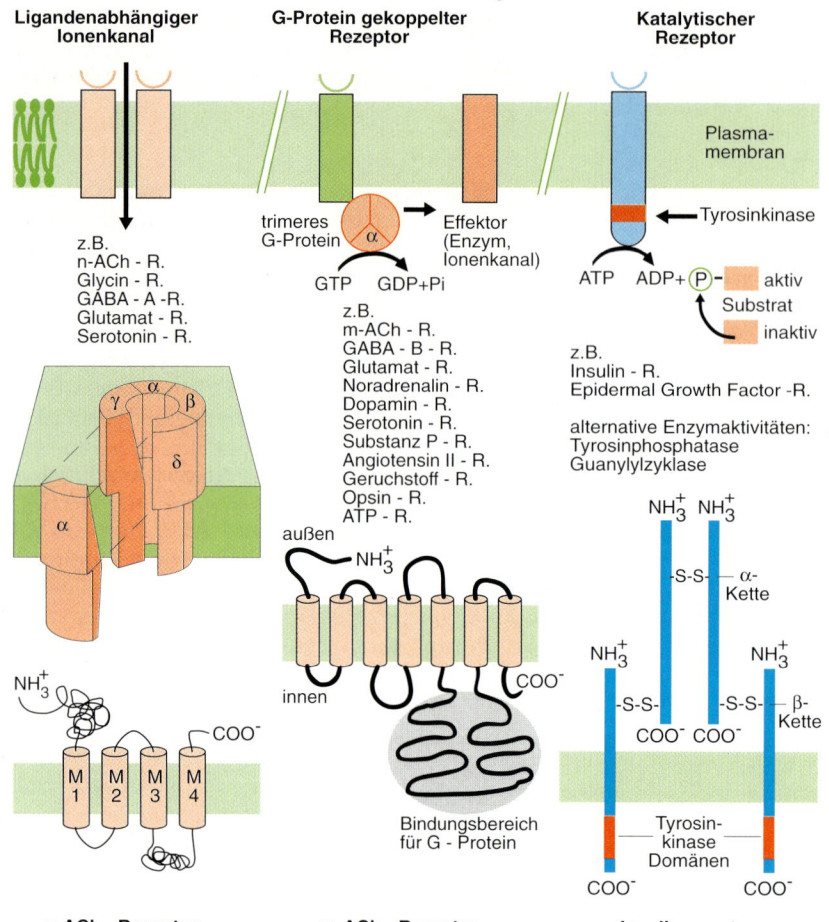

Ligandenabhängiger Ionenkanal

z.B.
n-ACh - R.
Glycin - R.
GABA - A -R.
Glutamat - R.
Serotonin - R.

NH_3^+ — COO⁻

M1 M2 M3 M4

n-ACh - Rezeptor

G-Protein gekoppelter Rezeptor

trimeres G-Protein α → Effektor (Enzym, Ionenkanal)

GTP → GDP+Pi

z.B.
m-ACh - R.
GABA - B - R.
Glutamat - R.
Noradrenalin - R.
Dopamin - R.
Serotonin - R.
Substanz P - R.
Angiotensin II - R.
Geruchstoff - R.
Opsin - R.
ATP - R.

außen

NH_3^+

innen

COO⁻

Bindungsbereich für G - Protein

m-ACh - Rezeptor

Katalytischer Rezeptor

Plasma-membran

← Tyrosinkinase

ATP → ADP+ Ⓟ - aktiv
Substrat
inaktiv

z.B.
Insulin - R.
Epidermal Growth Factor -R.

alternative Enzymaktivitäten:
Tyrosinphosphatase
Guanylylzyklase

NH_3^+ NH_3^+

-S-S- α-Kette

NH_3^+ NH_3^+

-S-S- -S-S- β-Kette

COO⁻ COO⁻

Tyrosin-kinase Domänen

COO⁻ COO⁻

Insulinrezeptor

Abb. 2-10. Prinzipielle Typen membranständiger Rezeptoren und ihrer Membrantopographie. Beim Zitterrochen und beim Säugerembryo beträgt die Zusammensetzung der Untereinheiten des nikotinischen Acetylcholinrezeptors (n-ACh-R.) α2,β,γ,δ. Beim adulten Säuger ist die γ-Untereinheit dagegen durch eine funktionell leicht unterschiedliche ε-Untereinheit ersetzt: α2,β,ε,δ. Die katalytische Aktivität der katalytischen Rezeptoren liegt auf der cytoplasmatischen Dömäne. Sie wird durch Bindung des Liganden aktiviert. Je nach Rezeptor kann es sich um eine Tyrosinkinase, Tyrosinphosphatase oder eine Guanylylzyklase handeln

plexe und von Proteinchimären analysieren [15, 24].

Die *Xenopus*-Oocyte bildet selbst keine nikotinischen Acetylcholinrezeptoren. Man kann sie jedoch durch Injektion der mRNAs für die Untereinheiten zur Translation der Proteine veranlassen. Werden die mRNAs für alle vier Untereinheiten des nikotinischen Acetylcholinrezeptors injiziert, erfolgt nicht nur die Synthese jeder einzelnen Untereinheit. Die Einzelproteine werden in der Zellmembran zu funktionsfähigen Rezeptoren zusammengebaut. Dort können sie elektrophysiologisch untersucht werden.

Struktur-Funktionsbeziehungen. Die Möglichkeit zur Herstellung von mRNA für die einzelnen Untereinheiten des Rezeptors erlaubt ihre experimentelle Kombination im Oocytensystem. Es können einerseits Rezeptoren hergestellt werden, die aus anderen Untereinheiten bestehen als der natürliche Rezeptor. Darüber hinaus ist es möglich, Hybridrezeptoren zu erzeugen, die Untereinheiten aus Rezeptoren verschiedener Spezies enthalten. Derartige Experimente erlauben wesentliche Aufschlüsse über die funktionelle Bedeutung der einzelnen Untereinheiten. So gelang es der δ-Untereinheit eine wesentliche Rolle für die Offenzeit des Rezeptors zuzuweisen. Die Offenzeit für den Rezeptor aus dem elektrischen Organ des Zitterrochens beträgt mit ca. 0,6 msec nur etwa ein Zehntel der Offenzeit des Rezeptors aus dem Muskel des Kalbes. Durch Kombinationen der mRNAs von Untereinheiten der Rochen- und des Kalbsrezeptors lassen sich in der Oocytenmembran funktionelle Hybridkanäle erzeugen. Eine Mischung aus den α-, β-, und γ-Untereinheiten des Zitterrochens mit der δ-Untereinheit des Kalbes ergibt das Öffnungsverhalten des Kalbrezeptors. In ähnlicher Weise können die Anteile des Rezeptors bestimmt werden, die die Leitfähigkeit des Kanals bestimmen. Der Rezeptorkanal des Zitterrochens weist unter gegebenen experimentellen Bedingungen eine höhere Leitfähigkeit auf als der des Kalbes. Auch hier läßt sich die δ-Untereinheit als der funktionell entscheidende Baustein identifizieren.

Die Frage nach den einzelnen Molekülabschnitten, die innerhalb der δ-Untereinheit die Leitfähigkeit beeinflussen, wurde mittels DNA-Hybridklonen ermittelt. Dazu wurden mit Hilfe von Restriktionsendonukleasen Teile aus der für die δ-Untereinheit des Rochens kodierenden DNA herausgeschnitten und durch die entsprechenden Teile der Kalb-DNA ersetzt. In der Oocyte wurden danach die chimären Proteine synthetisiert. Durch eine systematische Analyse des Austausches unterschiedlicher Teilabschnitte konnte nun der Abschnitt der Proteinsequenz ermittelt werden, der die Leitfähigkeit bestimmt. Es ist das transmembranäre Segment M2 (vgl. Abb. 2-10).

Punktmutationen und die Struktur der Kanalpore. Einen noch genaueren Einblick in die Molekülfunktion erhält man durch die Einführung gezielter Punktmutationen (Abb. 2-11). Die Kanalpore dürfte durch die Zusammenlagerung der M2-α-Helices aller fünf Untereinheiten gebildet werden. Der Molekülkomplex ragt an der Zelloberfläche ungefähr 6 nm weit aus der Membran heraus und formt eine trichterförmige Öffnung. Er verengt sich nach innen und dürfte an seiner engsten Stelle nahe der inneren Oberfläche der Membran nur 0,6 bis 0,8 nm weit sein. Eine räumliche Gegenüberstellung der membrandurchspannenden M2-Regionen legt nahe, daß sich in der Kanalpore drei Ringe negativer Ladungen befinden. Sie liegen jeweils am Eingang und Ausgang sowie an der engsten Stelle des Kanals. Durch gezielte Punktmutationen und den Austausch einzelner negativer Aminosäuren gegen neutrale oder positive Aminosäuren ließ sich die Bedeutung dieser Ringe für die Ionenselektivität und Leitfähigkeit des Kanals direkt nachweisen. Der Austausch negativ geladener Aminosäuren gegen neutrale Aminosäuren in den beiden äußeren Ringen schränkt die Leitfähigkeit des Kanals ein. Der Effekt wird verstärkt durch den Einbau positiv geladener Aminosäuren. Besonders dramatisch wirkt sich der Verlust negativer Ladungen an dem kleinen mittleren Ring aus. Offensichtlich spielen die negativen Ladungen an den beiden Eingängen des Kanals eine Rolle bei der Bindung von Kationen. Durch Punktmutationen im mittleren Ring läßt sich zusätzlich die Ionenselektivität des Kanals verändern. Man geht daher davon aus, daß diese Struktur ganz oder teilweise den Selektivitätsfilter des nikotinischen Acetylcholinrezeptors ausmacht.

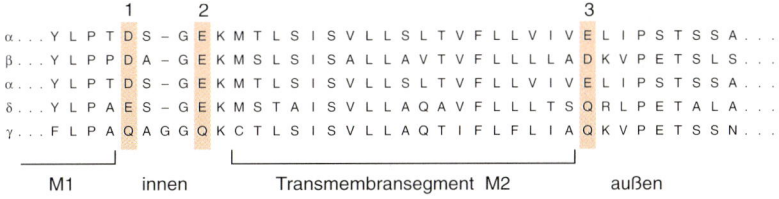

α ...Y L P T D S – G E K M T L S I S V L L S L T V F L L V I V E L I P S T S S A...
β ...Y L P P D A – G E K M S L S I S A L L A V T V F L L L L A D K V P E T S L S...
α ...Y L P T D S – G E K M T L S I S V L L S L T V F L L V I V E L I P S T S S A...
δ ...Y L P A E S – G E K M S T A I S V L L A Q A V F L L L T S Q R L P E T A L A...
γ ...F L P A Q A G G Q K C T L S I S V L L A Q T I F L F L I A Q K V P E T S S N...

M1   innen   Transmembransegment M2   außen

Abb. 2-11. Sich entsprechende Sequenzausschnitte aus den vier homologen Untereinheiten des nikotinischen Acetylcholinrezeptors des elektrischen Organs des Zitterroches *Torpedo marmorata* (Bereich des membrandurchspannenden Segments M2, vgl. Abb. 2-10). Zusätzlich ist die allgemeine Membrantopographie des Rezeptors (eine α-Untereinheit ist der Übersichtlichkeit halber weggelassen) mit der relativen Lage der die Kanalpore auskleidenden helikalen M2-Segmente dargestellt. Im membrandurchspannenden Bereich bilden die fünf sich gegenüberliegenden M2-Abschnitte drei Ringe negativer Ladungen. Für die M2-Segmente der β- und der γ-Untereinheit ist dies im Detail gezeigt [15, 16]

Zuckerreste   ACh - Bindungsstelle   **M2 - α Helices der β - und γ - Untereinheiten**

2,5nm

6nm

γ   δ   α   β

M2 α–Helix

3nm

3

2nm

2nm

Zytoskelettprotein

Mögliche Anordnung der 20 Transmembrandomänen der fünf Untereinheiten des Rezeptors

äußerer geladener Ring

mittlerer geladener Ring

innerer geladener Ring

D = Asparaginsäure
E = Glutaminsäure
Q = Glutamin

Pore

M2 – Helix

In diesem Zusammenhang ist von besonderem Interesse, daß die zu der gleiche Rezeptorklasse gehörenden GABA- und Glyzinrezeptoren Chloridkanäle darstellen. Diese Rezeptoren besitzen im Bereich der M2-Region einen Überschuß an positiv geladenen Aminosäuren.

G-Protein-gekoppelte Rezeptoren aktivieren second messenger

Eine Familie von Rezeptoren interagiert mit einer Familie von trimeren G-Proteinen. G-Proteine binden und hydrolysieren GTP. Trimere G-Proteine stellen Heterotrimere aus den Untereinheiten α, β und γ dar. Eine weitere Klasse von G-Proteinen, die der monomeren niedermolekularen G-Proteine, wird im Zusammenhang mit Membrantransportvorgängen innerhalb der Nervenzelle behandelt.

G-Protein gekoppelte Rezeptoren gehören zu einer Familie von Transmembranproteinen, die sieben transmembranäre Domänen aufweisen (Abb. 2-10). Sie stehen untereinander in einem entwicklungsgeschichtlichen Zusammenhang und sind vermutlich aus einem gemeinsamen Vorläufer hervorgegangen. Zu dieser Gruppe von Molekülen gehören Rezeptoren für Neurotransmitter, Peptidhormone, Geruchsmoleküle und auch die Proteinkomponente des Sehfarbstoffes, das Opsin (siehe dazu Kap. 5, 10, 11, 13, 17). Im Gegensatz zu den ligandenabhängigen Ionenkanälen bestehen sie aus einer einzigen Polypeptikette mit einer molaren Masse von ca. 40 kDa. Gemeinsames Merkmal dieser Rezeptorenklasse ist eine Bindungsstelle für trimere G-Proteine an der zytosolischen Domäne zwischen dem fünften und sechsten membrandurchspannenden Segment.

Analog zur Diversität der ligandenabhängigen Ionenkanäle mit unterschiedlichen Kanaleigenschaften können an G-Proteine gekoppelte Rezeptoren unterschiedliche zelluläre Wirkungen erzielen. Trimere G-Proteine stellen selbst eine große Familie miteinander verwandter Proteine dar, die nach ihrer molekularen Struktur und ihrer Wirkung klassifiziert werden. Zu den von trimeren G-Proteinen vermittelten Wirkungen gehören z.B. die Stimulation oder Inhibierung der Adenylylzyklase, die Aktivierung der Phospholipase C und der Phospholipase A2, die Inhibierung der cGMP-abhängigen Phosphodiesterase der Sehsinneszellen sowie die Modulation von K^+- und Ca^{2+}-Kanälen.

Das trimere G-Protein hat die Funktion eines Shuttles zwischen zwei Membranproteinen. Der aktivierte Rezeptor bindet und aktiviert das G-Protein. Sowohl die α- wie die γ-Untereinheit sind über ein Lipid in der Membran verankert. Der α-Komponente kommt eine zentrale Rolle zu. Sie weist eine molekulare Masse von ca. 40 kDa auf und trägt die katalytische Aktivität zur Hydrolyse von GTP. Bei Aktivierung löst sie sich aus dem trimeren Komplex. Anschließend bindet und aktiviert oder inhibiert sie einen Effektor (ein membranständiges Enzym oder einen Ionenkanal). Löst sich die α-Komponente wieder vom Effektor ab, ist ein Funktionszyklus abgeschlossen. Er verläuft unter Hydrolyse von GTP. Die zellulären Wirkungen ergeben sich aus den Eigenschaften des beeinflußten Ionenkanals oder aus der Enzymwirkung. Der Weg über eine Enzymaktivierung führt zur Erzeugung von intrazellulären Signalsubstanzen, **second messengers**, und somit zu einer enzymatischen Verstärkung des Signals der Ligandenbindung. Da eine Reihe von extrazellulären Signalstoffen Rezeptoren mit identischen G-Proteinen benutzen, sind die zellulären Wirkungen entsprechend gleich. Umgekehrt können die mit der Membran assoziierten G-Proteine von all den Rezeptoren aktiviert werden, die die entsprechende Bindungsstelle aufweisen.

Interessant ist, daß die Neurotransmitter Acetylcholin, GABA, Glycin, Glutamat, Serotonin und ATP sich für die Signaltransduktion sowohl des Typs der ligandenabhängigen Ionenkanäle wie auch der G-Protein gekoppelten Rezeptoren bedienen. Die beiden Rezeptorfamilien haben allerdings keine erkennbaren gemeinsamen Wurzeln.

Adenylylzyklase und Phospholipase C erzeugen second Messenger. Zu den gut untersuchten Wirkungen von G-Protein gekoppelten Rezeptoren gehören die Aktivierung oder Inhibierung der Adenylylzyklase (Abb. 2-12). Die infolge der Stimulierung der Adenylylzyklase auftretende Bildung von **cAMP** und Aktivierung der cAMP-abhängigen Proteinkinase hat vielfältige Wirkungen. Zu den kurzzeitigen Wirkungen gehören die Phosphorylierung zytosolischer Proteine oder die Phosphorylierung von Ionenkanälen. Letzteres führt zu Veränderungen der Kanaleigenschaften, z.B. zu einer Verringerung der Leitfähigkeit. Vermittelt die cAMP-abhängige Proteinkinase die Phosphorylierung von Transkriptionsfaktoren, nimmt der Ligand direkten Einfluß auf das Expressionsmuster der Proteine der Zielzelle.

Komplexer ist der Weg über die Aktivierung der Phospholipase C (Abb. 2-13). Infolge der Hydrolyse des Phosphatidylinosit-4,5-bisphosphats entstehen zwei sekundäre Botenstoffe: das hydrophile und frei diffusible **Inosittrisphosphat** (**IP3**) und das membrangebundene Lipid **Diacylglyzerin**. IP3 aktiviert einen spezifischen Rezeptor in der Membran des endoplasmatischen Retikulums (Abb. 2-13 a). Dieser Rezeptor ist ein Ca^{2+}-Kanal, er stellt also einen intrazellulären ligandenabhängigen Ionenkanal dar. Es kommt zum Ausstrom des im endoplasmatischen Retikulum gespeicherten Ca^{2+}. **Ca^{2+}** stellt somit einen dritten Boten dar. Es lagert sich an spezifische Kalziumbindeproteine an, wie z.B. das Kalmodulin. Kalmodulin ist dann der Träger der Kalziumwirkung

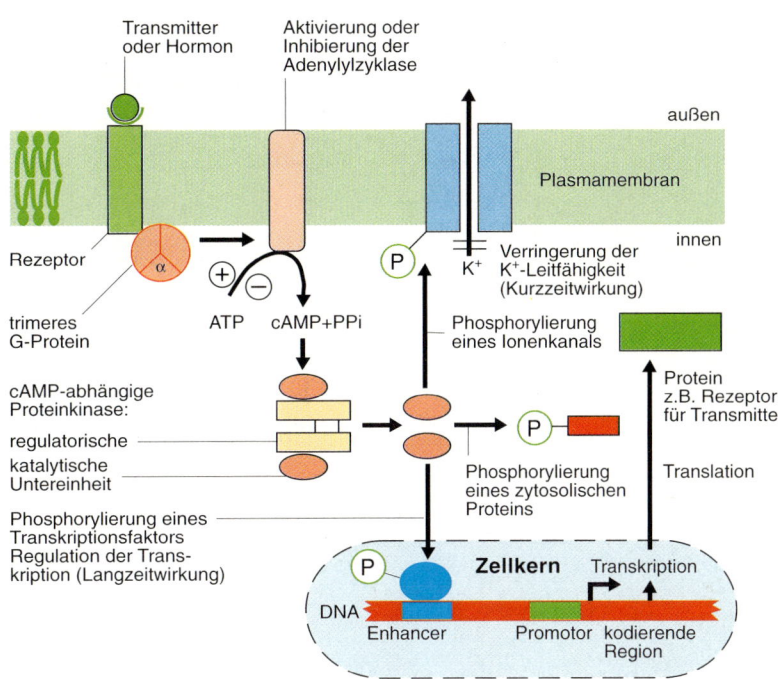

Abb. 2-12. Schema der Kontrolle intrazellulärer Prozesse über einen G-Protein-gekoppelten Rezeptor, der die Adenylylzyklase beeinflußt. Je nach Typ des Rezeptors und des gebundenen G-Proteins kann die Adenylylzyklase aktiviert oder inhibiert werden. Sie wird aktiviert z.B. durch den β-adrenergen Rezeptor, die Rezeptoren für Vasopresin, Glukagon, ACTH und Histamin oder den A1-Rezeptor für Adenosin. Inhibiert wird sie dagegen bei Aktivierung des α-adrenergen Rezeptors, des muskarinischen Acetylcholinrezeptors, der Rezeptoren für Substanz P, Angiotensin, des gonadotropinfreisetzenden Hormons oder des A2-Rezeptors für Adenosin. Zu der Kurzzeitwirkung über eine Phosphorylierung von zytosolischen Proteinen und Ionenkanälen kommt die Langzeitwirkung mit der Regulation der Transkription hinzu [5]

und kann unterschiedliche zelluläre Funktionen beeinflussen. Ein Weg ist die Aktivierung der Ca^{2+}/Kalmodulin-abhängigen Proteinkinase. In der Nervenendigung ist z.B. das vesikelassoziierte Protein Synapsin I ein wichtiges Substrat dieser Kinase. Ein weiteres kalmodulinabhängiges Protein ist die cAMP-Phosphodiesterase, die die Umwandlung von cAMP in AMP katalysiert und damit dessen Wirkung beendet. Die verschiedenen Rezeptorsysteme vermögen also innerhalb der Zelle über ihre sekundären Boten zu interagieren.

Das Diacylglyzerin aktiviert die **Proteinkinase C** (Abb. 2-13b). Die Aktivierung eines Teiles der zahlreichen Subspezies von Proteinkinase C erfordert zusätzlich Ca^{2+}. Ebenso wie die übrigen Proteinkinasen erzeugt die Proteinkinase C vielfältige zelluläre Wirkungen. Auffällig ist eine Potenzierung der exozytotischen Freisetzung von Hormonen oder Transmittern aus Drüsen oder Nervenzellen bei Aktivierung der Proteinkinase C (Kap. 5).

Steroidhormone fungieren als Regulatoren der Transkription

Zu den Steroidhormonen gehören die Sexualhormone, die Hormone der Nebennierenrinde oder das Häutungshormon (Ecdyson) der Insekten. Die Rezeptoren für Steroidhormone werden mit den Rezeptoren für die ebenfalls lipophilen Schilddrüsenhormone zu einer Protein-Superfamilie zusammengefaßt. Diese Rezeptoren weisen ebenso wie

die Zelloberflächenrezeptoren eine reversible Ligandenbindung, Ligandenspezifität und eine sehr niedrige Bindungskonstante auf (ca. 10^{-9} M). Sie besitzen also eine hohe Affinität für das Hormon. Die Superfamilie der im Zytoplasma befindlichen Steroidhormon-Rezeptoren weist drei typische funktionelle Domänen auf. Eine Bindungsstelle für das Hormon, eine Bindungsstelle für DNA und schließlich eine am N-terminalen Ende befindliche Domäne, die die Transkription reguliert.

Die Rezeptor-Hormonkomplexe binden mit hoher Affinität an einige wenige Bindungsstellen auf der DNA, die sog. Response-Elemente. Diese weisen für die Bindung der einzelnen Untertypen von Rezeptoren spezifische Sequenzbereiche auf. Die Bindung des Hormonproteinkomplexes hat Enhancer- oder Repressorfunktion. Im Falle der Aktivierung eines abwärts gelegenen Promotors wird die Transkription eines spezifischen Proteins verstärkt. Interessanterweise können Produkte der hormoninduzierten Proteinexpression ihrerseits die Expression weiterer Proteine induzieren.

Stickoxid und Kohlenmonoxid aktivieren eine lösliche Guanylylzyklase

Die Botenstoffe NO und CO passieren leicht die Lipidmembran und wirken auf die im Zytoplasma lösliche Guanylylzyklase. Dieses Enzym besitzt Häm als prosthetische Gruppe und ist deshalb (wie das Hämoglobin) in der Lage, die beiden Moleküle

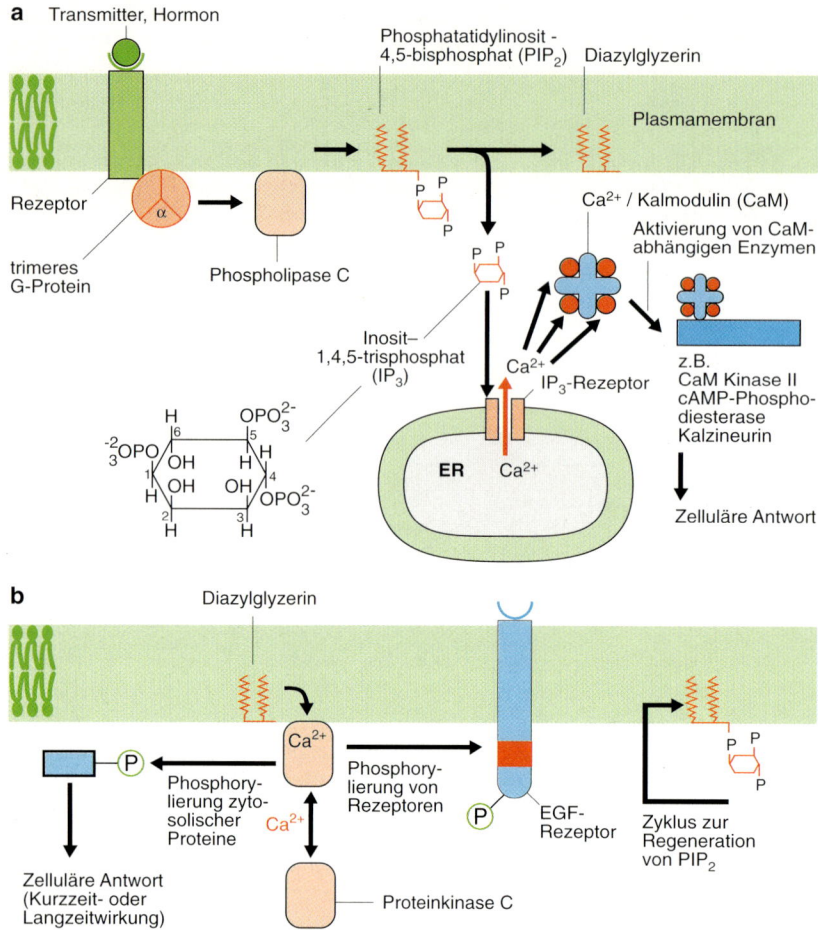

a Transmitter, Hormon

Phosphatatidylinosit-4,5-bisphosphat (PIP$_2$)   Diazylglyzerin

Plasmamembran

Rezeptor

Ca^{2+} / Kalmodulin (CaM)

trimeres G-Protein

Phospholipase C

Aktivierung von CaM-abhängigen Enzymen

Inosit-1,4,5-trisphosphat (IP$_3$)

Ca^{2+}

IP$_3$-Rezeptor

z.B. CaM Kinase II cAMP-Phospho-diesterase Kalzineurin

ER   Ca^{2+}

Zelluläre Antwort

b   Diazylglyzerin

Ca^{2+}

Phosphory-lierung zyto-solischer Proteine

Ca^{2+}

Phosphory-lierung von Rezeptoren

EGF-Rezeptor

Zyklus zur Regeneration von PIP$_2$

Zelluläre Antwort (Kurzzeit- oder Langzeitwirkung)

Proteinkinase C

Abb. 2-13. Aktivierung der Phospholipase C führt infolge der Hydrolyse von Phosphatidylinosit-4,5-bisphosphat zur Produktion zweier intrazellulärer Signalstoffe. **a** Inosit-1,4,5-trisphosphat mobilisiert über einen Rezeptor im Membransystem des endoplasmatischen Retikulums (ER) intrazelluläres Ca^{2+}. **b** Diacylglyzerin aktiviert die Proteinkinase C. Ca^{2+} führt zu Bindung der Proteinkinase C an die Plasmamembran, wo sie mit dem Diacylglyzerin interagieren kann. Substrate der Proteinkinase C sind zytosolische Proteine oder auch Membranproteine, wie der Rezeptor für den epidermalen Wachstumsfaktor (EGF, epidermal growth factor)

zu binden. Die Bindung führt zur Aktivierung des Enzyms und zur Bildung von cGMP als weiterem Botenstoff. cGMP kann die Leitfähigkeit von Ionenkanälen verändern. Möglicherweise hat es noch weitere Wirkungen.

2.6 Filamentöse Zellproteine

Zu den filamentösen Zellproteinen gehören **Aktinfilamente** (Mikrofilamente), **intermediäre Filamente** und **Mikrotubuli** [1]. Sie haben unterschiedliche, jedoch miteinander vernetzte zelluläre Funktionen. Alle drei Typen von Filamenten stellen Polymere aus molekularen Einzelbausteinen dar (Abb. 2-14). Sie interagieren mit einem Spektrum weiterer Proteine und treten auch gegenseitig in Wechselwirkung. Dabei entsteht innerhalb der Zelle ein netzartiges Proteingerüst. Dieses ist an der Zellmembran verankert. Generell haben die einzelnen Filamentproteine unterschiedliche Aufgaben. Eine wesentliche Funktion der intermediären Filamente besteht in der Aufrechterhaltung der Zellstruktur und im Zusammenhalt von Zellverbänden über spezifische Kontaktstellen wie die Desmosomen. Mikrotubuli und Aktinfilamente sind an einer Vielzahl zellulärer Funktionen beteiligt. Aktinfilamente spielen bei Bewegungsvorgängen eine zentrale Rolle. Dies betrifft die Muskelkontraktion und auch die Zellbewegung (Kap. 6). Mikrotubuli besitzen dagegen eine zentrale Funktion bei der Bewegung von Zellorganellen.

Mikrotubuli und Aktinfilamente enstehen unter Energieverbrauch durch Polymerisation aus globulären Untereinheiten. Interessanterweise gibt es eine Reihe gewebespezifischer, jedoch strukturell nahe verwandter Aktin- und Tubulingene.

Aktin liegt in der Zelle weitgehend in polymerisierter Form vor

Die 7 nm dicken Aktinfilamente (F-Aktin) enstehen durch Polymerisation von 4 nm großen globulären Einheiten, dem G-Aktin (42 kDa). Die Zusammenlagerung erfolgt unter Hydrolyse von ATP, und das Filament besteht schließlich aus zwei sich helikal umwindenden Proteinfäden. Polymerisation und Depolymerisation von Aktin in nicht muskulären

Zellen sind reguliert und erfolgen unter dem Einfluß einer großen Zahl regulatorischer Proteine. So verhindert z.B. die Bindung von **Kaldesmon** an die Enden des Filaments weiteres Wachstum und auch Zerfall. **Gelsolin** bewirkt in Gegenwart mikromolarer Kalziumkonzentrationen den Zerfall des Filaments. **α-Aktinin** trägt zur Bündelung von Aktinfilamenten bei und bewerkstelligt über das Protein **Vinculin** die Bindung von Aktinfilamenten an Membranen. Das dimere **Filamin** schließlich vernetzt Aktinfilamente zu einem Maschenwerk und erhöht damit die Viskosität des Zytoplasmas. Neuronale Aktinfilamente finden sich konzentriert in Assoziation mit der Plasmamembran oder in dendritischen Spines. Filamentöses Aktin interagiert auf der inneren Oberfläche der Zelle über die membrandurchspannenden Integrine auch mit extrazellulären Matrixproteinen, wie Laminin oder Fibronektin. Auf diese Weise spielt das Zellskelett auch bei den Vorgängen der Zellwanderung und Zellanheftung eine Rolle.

Mikrotubuli sind polarisiert

Mikrotubuli bilden sich in Gegenwart von GTP aus Tubulin-Dimeren, die jeweils aus einer globulären α- und einer globulären β-Einheit bestehen. Die beiden

Tubuline werden von verschiedenen, aber nahe verwandten Genen kodiert und besitzen beide eine molekulare Masse von 50 kDa. Unter Ausbildung kurzkettiger sog. Protofilamente ensteht schließlich die Wandung des röhrenförmigen Proteinpolymers. Die Tubulusstruktur ist polar, wobei in der intakten Zelle Anlagerung (Wachstum) und auch Abgabe (Verkürzung) von Tubulindimeren am sog. Plusende erfolgen. Im allgemeinen stellen Mikrotubuli labilere Filamentstrukturen dar als Aktinfilamente. Wie beim Aktin sind sog. Mikrotubulus-assozierte Proteine (**MAPs**) von entscheidender funktioneller Bedeutung für die Regulation der Stabiliät des Filaments und für die Interaktion mit anderen Proteinen.

Das Neurofilament gehört zur Familie der intermediären Filamente

Intermediäre Filamente unterscheiden sich in ihrer molekularen Dynamik grundlegend von den beiden anderen Filamenten. Die Bausteine der intermediären Filamente bestehen aus weitgehend langgestreckten α-helikalen Proteinmonomeren, die sich ohne Energieverbrauch zu größeren strukturellen Einheiten zusammenlagern: die Monomere zu einem (coiled-coil) Dimer, die aus den Dimeren entstande-

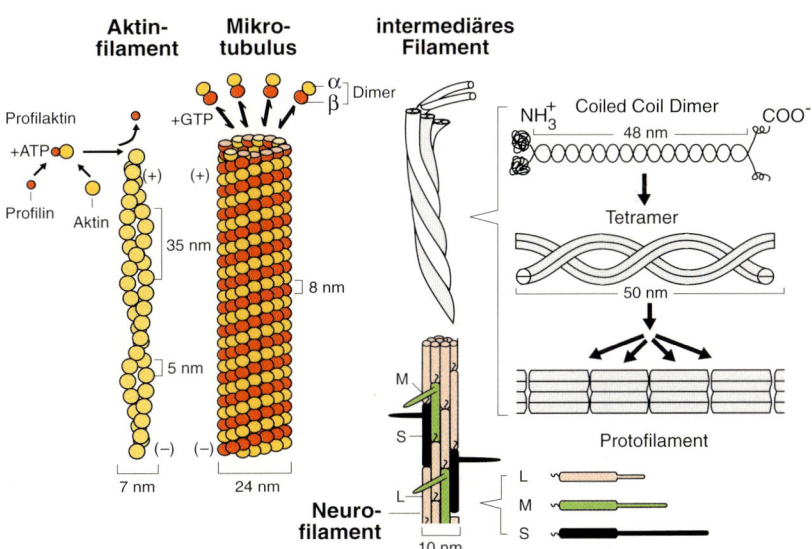

Abb. 2-14. Die drei Typen von zellulären Filamenten. Aktinfilamente in anderen als Muskelzellen sind in der Regel instabil, und die Monomere können an den Enden rasch ausgetauscht werden. Profilin fördert den ausschließlichen Einbau von Monomeren am (+)-Ende. Mikrotubuli entstehen durch Zusammenlagerung von α,β-Dimeren zu Protofilamenten, von denen 13 in helikaler Anordnung den Tubulus ausbilden. Ähnlich wie die Aktinfilamente stellen Mikrotubuli dynamische Strukturen dar. Einbau von Dimeren und Zerfall finden in intakten Zellen vor allem am (+)-Ende statt. Beim Polymerisationsvorgang sowie bei der Ausbildung von Querbrüchen zwischen Mikrotubuli spielen zelltyp-

und teilweise auch zelldomänenspezifische MAPs eine wichtige Rolle. Die stabilen intermediären Filamente entstehen durch spontane zunächst parallele Zusammenlagerung von monomeren helikalen Proteinen zu Dimeren (coiled coil) und Tetrameren, die sich dann hintereinander zu Protofilamenten aneinanderlagern. Insgesamt acht solcher Protofilamente umwinden sich helikal und bilden das Filament. Das Neurofilament unterscheidet sich von anderen intermediären Filamenten dadurch, daß es aus leichten (L) mittleren (M) und schweren (S) Untereinheiten zusammengesetzt ist, die phosphorylierungsabhängig Konformationsänderungen durchführen können (Seitenarme) [23]

nen Tetramere zu Protofilamenten. Schließlich bilden acht Protofilamente durch parallele Zusammenlagerung das zylindrische Filament. Intermediäre Filamente sind sehr stabile Strukturen. Sie weisen eine auffällige Gewebespezifität auf. Für das Studium des Nervensystems von besonderem Interesse sind die intermediären Filamente der Nervenzellen, die **Neurofilamente**, sowie das in Astrozyten exprimierte **GFAP** (Glial fibrillary acidic protein). Neurofilamente sind vor allem in den Axonen angereichert. Sie liegen in größer Anzahl vor als Mikrotubuli und sind mit diesen durch Querbrücken vernetzt. Neurofilamente aus reifen Axonen bestehen aus drei ähnlichen Filamentbausteinen unterschiedlicher molekularer Masse (NF-L, NF-M und NF-H mit 70, 150 und 210 kDa). Dagegen besteht das GFAP aus einem einzigen Baustein von 50 kDa. Intersssanterweise weist das Neurofilament in unreifen Axone nur die beiden kleineren Untereinheiten auf. Erst später tritt die schwere Komponente (NF-H) hinzu. Neurofilamente können an ihren N- und C-terminalen Enden phosphoryliert werden [23]. Möglicherweise führt dies zu einer Konformationsänderung, die ein Herausklappen von Teilen der Untereinheiten zur Folge hat. Dies würde den Umfang des Filaments vergrößern und könnte eine Rolle bei der Ausbildung von Querbrücken zu den Mikrotubuli spielen.

2.7 Molekulare Motoren und axonaler Transport

Neuronen enthalten drei Klassen von molekularen Motoren: Myosin, Kinesin und Dynein

Molekulare Motoren unterliegen infolge der ATP-Hydrolyse einer Konformationsänderung, die sie in Verbindung mit weiteren Molekülstrukturen in eine Relativbewegung umsetzen können (Abb. 2-15). Dieses Grundprinzip wurde zuerst am Muskelmyosin in seiner Interaktion mit dem Aktin aufgeklärt. Heute weiß man, daß **Myosin** nicht auf Muskelzellen beschränkt ist. Zusätzlich zu dem lange bekannten zweiköpfigen Myosin (Myosin II) wurden weitere Klassen von Myosinen beschrieben. Dazu gehört das einköpfige Myosin (Myosin I). Myosin II und Myosin I kommen auch in nicht-muskulären Zellen, einschließlich Nervenzellen, vor [18]. Einköpfiges Myosin ist im Gegensatz zum zweiköpfigen Myosin monomer und kann mit seiner erheblich verkürzten Schwanzregion das Kalziumbindeprotein Kalmodulin, Aktinfilamente und auch Membranen binden. Möglicherweise kommt dem einköpfigen

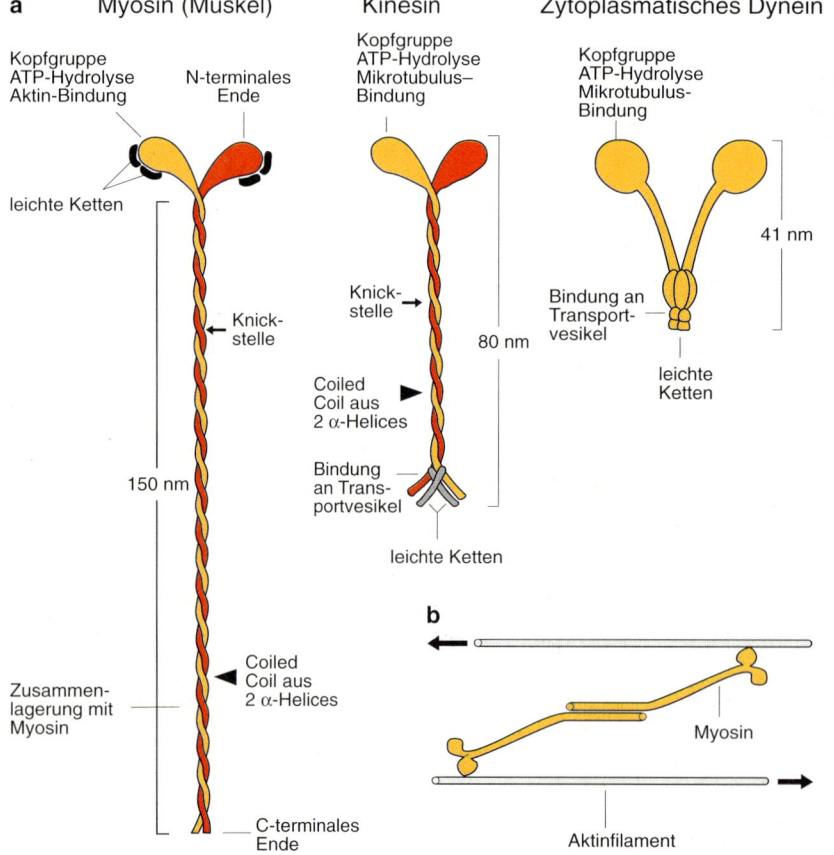

a Myosin (Muskel)   Kinesin   Zytoplasmatisches Dynein

Kopfgruppe ATP-Hydrolyse Aktin-Bindung

N-terminales Ende

leichte Ketten

Knickstelle

150 nm

Zusammenlagerung mit Myosin

Coiled Coil aus 2 α-Helices

C-terminales Ende

Kopfgruppe ATP-Hydrolyse Mikrotubulus–Bindung

Knickstelle

80 nm

Coiled Coil aus 2 α-Helices

Bindung an Transportvesikel

leichte Ketten

Kopfgruppe ATP-Hydrolyse Mikrotubulus-Bindung

41 nm

Bindung an Transportvesikel

leichte Ketten

b

Myosin

Aktinfilament

Abb. 2-15. Die zelluläre Motoren Myosin, Kinesin und cytoplasmatisches Dynein. **a** Die drei Motoren weisen Ähnlichkeiten im polaren Molekülaufbau auf, stellen aber keine miteinander verwandten Proteine dar. Die Abbildung zeigt nur das doppelköpfige Myosin II und gibt die Molekültypen weitgehend größenproportional wieder [12, 18]. Die Schwanzlängen sowohl des Myosin II wie auch des Kinesins können spezies- und gewebespezifisch variieren. b) Auch nicht-muskuläres Myosin kann sich zu einfachen oder komplexeren Filamenten zusammenlagern. Bei Interaktion mit filamentösem Aktin ergibt sich die Möglichkeit zu Relativbewegungen. Dies kann zu Bewegungen des Cytoplasmas oder (bei Anheftung der Aktinfilamente an die Zellmembran) zu Veränderungen der Zellform führen

Myosin eine Rolle beim Organelltransport entlang von Aktinfilamenten zu. **Dynein** gilt als Motor für die Bewegung der Zilien und Flagellen. In den Zilien bilden die Dyneinarme Brücken zwischen den Mikrotubuli und verursachen ihr Gegeneinandergleiten. Dies führt zum Zilienschlag. Inzwischen wurden weitere dem Dynein verwandte Proteine beschrieben. Sie alle gehören zur Gruppe der MAPs. Dem **zytoplasmatischen Dynein** oder MAP1C-Dynein wird eine wesentliche Rolle beim axonalen Rücktransport von Organellen zum Soma der Nervenzelle zugeschrieben. Jedoch ist zytoplasmatisches Dynein nicht auf Nervenzellen beschränkt. Die dritte Klasse von Motoren stellen die **Kinesine** dar. Vertreter der Kinesine finden sich bereits in Hefezellen. In den bisher untersuchten Fällen spielen sie eine Rolle bei der Bewegung von Zellorganellen, wie z.B. der des Zellkerns, und auch bei der Zellteilung. Zu den zentralen Funktionen gehört sicherlich die Translokation membranumhüllter Organellen entlang zytoplasmatischer Mikrotubuli – wie etwa beim axonalen Transport.

Bei aller Unterschiedlichkeit besitzen die drei Klassen von Motorproteinen eine Reihe von Gemeinsamkeiten, die als Anpassungen an ihre Funktion zu betrachten sind. Es handelt sich um polare, längliche Molekülstrukturen, die aus Untereinheiten zusammengesetzt sind. Sie haben Enzymeigenschaft und binden und hydrolysieren ATP. Sie besitzen zwei Bindungsstellen für Proteine. Damit können sie als Brückenproteine mit sich selbst und Filamenten (Myosin) oder zwischen Filamenten und der Membran von Organellen (Kinesin, Dynein) interagieren (Abb. 2-15). Das neuronale Kinesin ist ein tetrameres stabförmiges Protein von 80 nm Länge. Es besteht aus zwei schweren und zwei leichten Proteinketten. Ähnlich wie beim Myosin II sind die zwei schweren Ketten im α-helikalen Bereich parallel angeordnet, bilden globuläre Kopfgruppen aus und tragen eine Knickstelle. Die Kopfgruppen besitzen die ATPase-Aktivität und Bindungstellen für Tubulin. Im Gegensatz zum Myosin liegen die beiden leichten Ketten jedoch am Schwanzende des Moleküls. Dieses Ende bewerkstelligt die Bindung an die zu transportierenden Zellorganellen. Das zytoplasmatische Dynein weist eine komplexe Polypetidzusammensetzung auf, mit zwei schweren Ketten und einer Reihe von leichten Ketten. Wie das Kinesin besitzt es am globulären Kopfende die Bindungsstelle für Mikrotubuli und ATPase-Aktivität. Über das Schwanzende bindet es an Transportvesikel.

Neuronale Polarität und Transport

Die polare Struktur des Neurons erfordert effiziente Mechanismen für die Versorgung der Dendriten und besonders des langen Axons und der Axonendigun-

gen mit Bau- und Energiestoffen, Rezeptormolekülen oder den Organellen der Sekretion. Dazu gehören die synaptischen Vesikel oder Granula ebenso wie Enzyme des Transmitterstoffwechsel oder Mitochondrien. Umgekehrt müssen Substanzen aus dem Axon wieder in das Soma zurücktransportiert werden. Darüber hinaus erhält die Nervenzelle, vermutlich durch Endozytose und Rücktransport von Vesikeln, Informationen über den chemischen Status im Bereich der Nervenendigung. Auch Toxine und Viren können auf diesem Wege als Trittbrettfahrer über Nervenendigung und Axon zum Zellkörper gelangen.

Schon 1948 wurde von Weiß und Hiscoe durch Ligation eines peripheren Nerven nachgewiesen, daß axoplasmatische Bestandteile vom Zellkörper in Richtung Axonende transportiert werden. Heute unterscheiden wir zwischen einem schnellen und einem langsamen axonalen Transport. Über den **schnellen axonalen Transport** werden membranumhüllte Organellen in **anterograde** (vom Soma zum Axonende) und **retrograde** (vom Axonende zum Soma) Richtung transportiert (Tabelle 2-1). Elemente des Zytoskeletts und zytosolische Proteine rücken über den **langsamen axonalen Transport** in

Tabelle 2-1. Übersicht über die Raten des axonalen Transports

Art des Transports	Geschwindigkeit (mm/Tag)	Transportierte Elemente
Schneller Transport		membranumhüllte Organellen
schnell anterograd	200–400	synaptische Vesikel, vesikulo-tubuläre Strukturen, Inhaltsstoffe dieser Organellen sowie mit ihnen assoziierte Proteine und Lipide
schnell Mitochondrien	50–100	Mitochondrien und assozierte Proteine und Lipide
schnell retrograd	100–200	Praelysosomale Vesikel, multivesikuläre Körper, multilamelläre Körper, Inhaltsstoffe endocytotischer Membrankompartimente und rezirkulierte Proteine des schnellen anterograden Transports
Langsamer Transport		
Langsame Komponente a	2–6	Aktin, Clathrin und assoziierte Proteine, Spektrin, Enzyme der Glykolyse, Calmodulin
Langsame Komponente b	0,1–1	Neurofilamente, Mikrotubuli und assoziierte Proteine

nach Brady, 1991

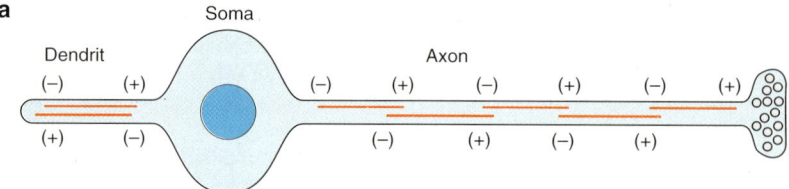

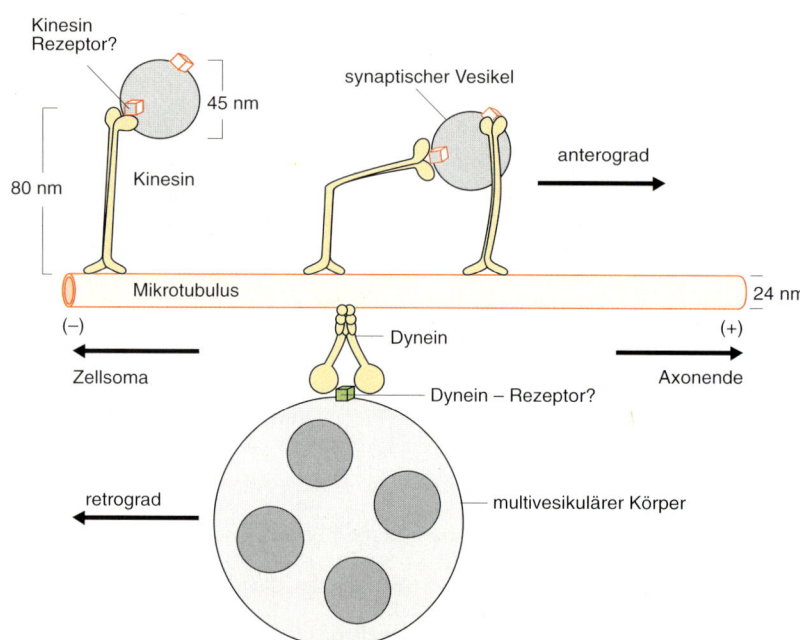

Abb. 2-16. Modell zum molekularen Mechanismus des axonalen Transports mit den Motoren Kinesin und Dynein. **a** Im Gegensatz zu den Dendriten sind im Axon alle Mikrotubuli gleich polarisiert. **b** Vermutlich ist die Fähigkeit der Motoren zur Konformationsänderung für den Mechanismus des axonalen Transports von grundlegender Bedeutung. Art des transportierten Organells und Transportrichtung dürften von der Existenz spezifischer Bindeproteine für den Motor abhängen. Die Darstellung ist weitgehend größenproportional [12]1

Richtung Axonende vor. Sowohl die Geschwindigkeiten der beiden Mechanismen als auch ihre biochemischen Charakteristika sprechen für unterschiedliche molekulare Funktionsprinzipien des schnellen und langsamen Transports. Maximale Transportgeschwindigkeiten betragen beim schnellen axonalen Transport 400 mm pro Tag und beim langsamen Transport 6 mm pro Tag. Substanzen, die die Tubulusstruktur stören, unterbrechen selektiv den schnellen axonalen Transport. Dazu gehört Kolchizin, das Gift der Herbstzeitlose *(Colchicum autumnale)*, das durch seine Anlagerung an die Tubulindimere die Polymerisation unterbindet.

Von besonderer Bedeutung für den neuronalen Organelltransport sind die parallele Ausrichtung und die unidirektionale Orientierung der axonalen Mikrotubuli (Abb. 2-16a). Sie weisen stets mit dem Minusende zum Zellsoma und dem wachsenden Plusende in Richtung Axonende. Damit liefern die Mikrotubuli die Voraussetzung für die Ausbildung zweier entgegengesetzter und gerichteter Transportmechanismen [12,29]. In Soma und Dendriten dagegen liegen Mikrotubuli in beiden Orientierungen vor. Auch Dendriten werden über Transportmechanismen versorgt, die allerdings funktionell noch wenig aufgeklärt sind.

Es ist anzunehmen, daß der axonale Transport über die bekannten zellulären Motoren betrieben wird. Die Modelle zum molekularen Mechanismus des Transports werden im Folgenden kurz beschrieben.

Kinesin treibt den anterograden Transport

Kinesin gilt als molekularer Motor für den schnellen anterograden Transport. Es bindet selektiv an eine Reihe membranöser Zellorganellen, deren schneller axonaler Transport nachgewiesen ist. Dazu gehören synaptische Vesikel oder sekretorische Granula ebenso wie Mitochondrien. Golgi-Apparat oder Zellkern binden dagegen kein Kinesin. Interessanterweise kann man die Grundphänomene des axonalen Transports *in vitro* nachvollziehen. Dazu bedient man sich der isolierten Molekülstrukturen und einer computergestützten Kontrastverstärkungsmethode für die Lichtmikroskopie. Isolierte Mikrotubuli können auf Objektträgern adsorbiert werden. Latexkügelchen werden entlang dieser

Mikrotubuli nur nach Zugabe von Kinesin energie-abhängig transportiert. Beschichtet man dagegen einen Objektträger mit Kinesin und gibt Mikrotubuli dazu, so beginnen diese auf der Glasoberfläche entlangzuwandern, wenn ATP zugefügt wird. Verhindert man *in vivo* die Synthese von Kinesin durch Applikation von antisense Oligonukleotiden (vgl. Kap. 2.3), wird der schnelle anterograde axonale Transport inhibiert. Gegenwärtig ungeklärt sind die Details der molekularen Interaktion von Kinesin, Tubulin und dem transportierten Zellorganell. Vermutlich besitzen die transportierten Zellorganellen spezifische Erkennungs- und Bindemoleküle für Kinesin (Abb. 2-16b).

Möglicherweise werden unterschiedliche Klassen von Organellen von verschiedenen Formen des Kinesins getrieben. Im zentralen Nervensystem der Säuger kennt man mehrere Analoga der schweren Kette des Kinesins, die in ihrem molekularen Aufbau Unterschiede aufweisen. Zumindest teilweise werden sie in den gleichen Nervenzellen exprimiert. Dazu kommen mehrere Analoga der leichten Ketten, die zu dem komplexen Spektrum der Kinesin-Organell-Interaktion weiter beitragen können. Auch der molekulare Ablauf des Transportvorganges bedarf weiterer Klärung. Man sollte dabei die molekularen Dimesionen im Auge haben. Der Durchmesser eine synaptischen Vesikels entspricht mit ca. 45 nm nur wenig mehr als der Hälfte der Länge des Kinesin-Moleküls (80 nm).

Zytoplasmatisches Dynein, ein Motor für den retrograden Transport

Für den schnellen retrograden Transport existiert ein separater Motor, das zytoplasmatische Dynein. In Versuchen *in vitro* wurde beobachtet, daß die Polarität des vom zytoplasmatischen Dynein getragenen Transports dem des Kinesins entgegengesetzt ist. Zytoplasmatisches Dynein kann ebenfalls an die Membran von Zellorganellen binden. Auch die geringere maximale Rate des retrograden Transports von 200 mm pro Tag spricht für einen Transportmechanismus, der von dem des anterograden Transports verschieden ist. Dies wirft die Frage nach der Natur spezifischer Erkennungsstrukturen auf Seiten der transportierten Organellen auf. Für den Rücktransport müssen die Erkennungsstrukturen vermutlich so verändert werden, daß nur noch der retrograde aber nicht mehr der anterograde Motor binden oder aktiviert werden kann. Möglicherweise spielen hier proteolytische Veränderungen der Organelloberfläche im Bereich der Nervenendigung oder spezifische Phosphorylierungen der Motorproteine eine Rolle. Untersuchungen *in vitro* mit ausgepreßtem axonalen Zytoplasma zeigten deutlich, daß auf einem einzelnen Mikrotubulus Organellen zur

gleichen Zeit in entgegengesetzte Richtungen transportiert werden können. Sie können sich bei der Begegnung ungehindert passieren.

Aktin- und myosinabhängiger Organelltransport

Myosin I aus Säugergewebe bedingt den Transport von Plastikkügelchen und auch von isolierten Membranfragmenten entlang von Aktinfilamenten. Aktinfilamente gleiten auf einer mit Myosin bedeckten Oberfläche ähnlich wie dies für die Interaktion von Mikrotubuli und Kinesin beschrieben wurde. Aus Riesenaxonen des Kalmars ausgepreßtes Axoplasma enthält unter anderem Aktinfilamente. Entlang dieser axonalen Aktinfilamente läßt sich ein ATP-abhängiger Transport von zytoplasmatischen Organellen nachweisen. Vermutlich spielen sowohl von Mikrotubuli wie auch von Aktinfilamenten getragene Mechanismen eine Rolle bei der Bewegung von Organellen im Axon [20]. Möglicherweise ist Myosin I der zugehörige Motor.

Der Mechanismus des langsamen axonalen Transports ist noch wenig verstanden

Die Geschwindigkeit des langsamen axonalen Transports entspricht etwa der des Wiederauswachsens durchtrennter Axone. Ob den unterschiedlichen Transportraten von Aktin einerseits und Neurofilamenten und Mikrotubuli mit ihren assoziierten Proteinen andererseits (Tabelle 2-1) auch unterschiedliche Transportmechanismen zugrunde liegen, ist unklar. Weiterhin ungeklärt ist der Weg des Rücktransportes axonal langsam transportierter Moleküle.

Prinzipiell könnten die polymeren Filamente über einen separaten Motor transportiert werden. Die jeweiligen Polymere würden dann geschlossen in Richtung Axonende vorrücken. Alternativ könnten einzelne Filamentbestandteile als Oligomere oder auch als diskrete Untereinheiten rasch in das Axon transportiert und dann im Verlaufe des Axons in die stationären Polymere eingebaut werden – die auf diese Weise verlängert werden. Es gibt eine Reihe von Hinweisen dafür, daß nicht nur die axonalen Mikrotubuli, sondern auch die Neurofilamente keine völlig stabilen Strukturen darstellen. Zumindest in auswachsenden Axonen können Untereinheiten des Tubulins und der intermediären Filamente in das Axon transportiert werden. Dort werden sie in die polymeren Filamente eingebaut, die Tubulineinheiten jeweils an dem der Nervenendigung zugewandten Plusende der Mikrotubuli.

Abb. 2-17. Die Wege der konstitutiven und regulierten Sekretion trennen sich am Trans-Golgi-Netzwerk (TGN). Im einen Falle wird die Rate der Exozytose durch die Rate der Nachlieferung bestimmt, im anderen Falle sind für die Sekretion spezifische zelluläre Signale (wie z.B. ein Ca^{2+}-Einstrom in die Zelle) erforderlich. Ein dritter Weg von Vesikeln, die am Trans-Golgi-Netzwerk gebildet werden, führt zur Ausbildung der Lysosomen. Für die selektive Verpackung des Inhaltes und für die Zusammenstellung des Membrankompartiments sind spezifische Sortierungssignale erforderlich, die nur teilweise verstanden sind (wie etwa der Mannose-6-Phosphatrezeptor, der Mannose-6-phosphat enthaltende Glykoproteine in Richtung des lysosomalen Weges sortiert). Noch im sekretorischen Vesikel können die Proproteine über spezifische Proteasen in die physiologisch aktiven Endprodukte zerlegt werden. Bei der Exozytose wird dann der gesamte Inhalt freigesetzt

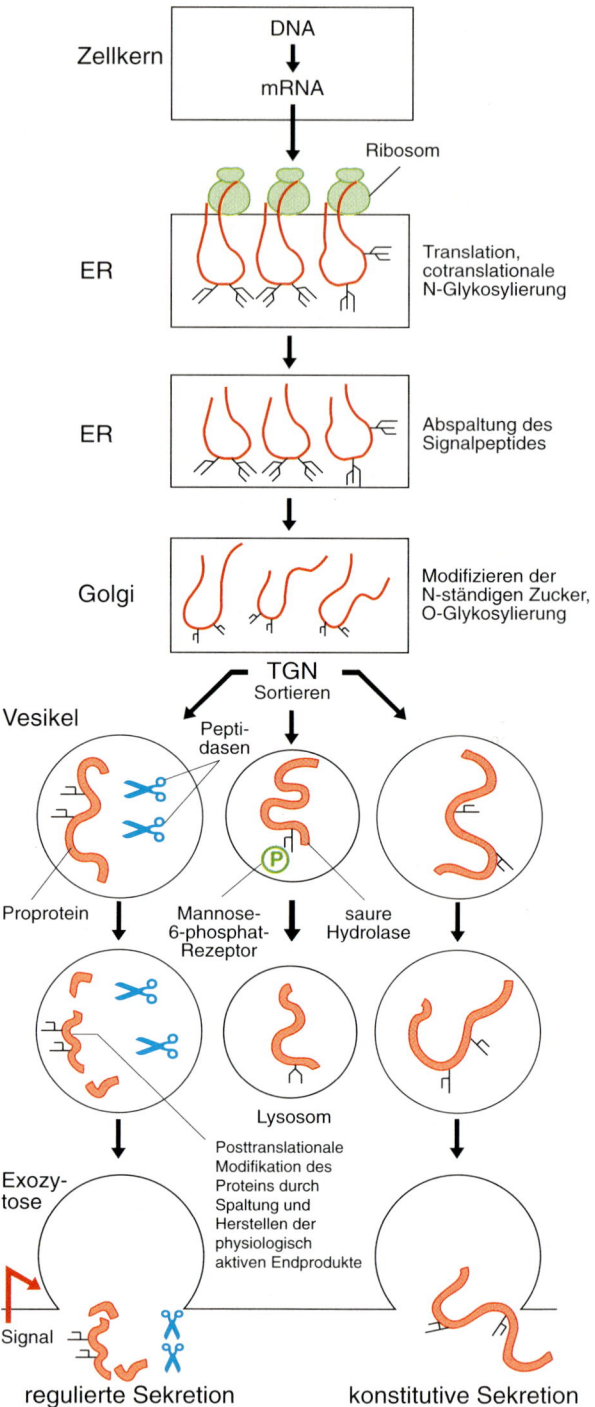

2.8 Membranfluß, Exozytose und Endozytose

Neuronale Sekretion erfolgt durch Exozytose

Die Sekretion von Signalstoffen ist eine der Hauptfunktionen von Nervenzellen [10]. Sie erfolgt über Speicherorganellen an strukturell spezialisierten Bereichen der Plasmamembran. Wie andere Zellen auch verfügen Nervenzellen über zwei prinzipielle Wege der Exozytose (Abb. 2-17). Die **konstitutive Exozytose** dient der regelmäßigen Abgabe von sekretorischen Substanzen oder dem Einbau von Membranbausteinen. Die **regulierte Exozytose** findet dagegen nur dann statt, wenn die Zelle durch ein Signal aktiviert wird, z.B. durch Einstrom von Ca^{2+}-Ionen in die Nervenendigung. Bei der Exozytose müssen die Lipidmembranen des sektretorischen Kompartiments und der Plasmamembran miteinander verschmelzen. Vermutlich erfolgt dieser Vorgang unter Vermittlung von Proteinen. Ein ganz anderer Mechanismus liegt der Abgabe der Signalstoffe NO und CO zugrunde. Diese Substanzen werden bei Bedarf synthetisiert und verlassen die Zelle durch Diffusion ohne weitergehende Kontrolle.

Die Endozytose dient dem Rezirkulieren von Membranbestandteilen und der Aufnahme von Substanzen

Der Exozytose entgegengesetzt wirkt die Endozytose. Dabei wird ein kleiner Abschnitt der Plasmamembran in die Zelle zurückgezogen. Es bildet sich ein coated pit. Dieser löst sich schließlich als selbständiger Vesikel ab. Eine wichtige Rolle bei diesem Vorgang spielen das **Clathrin** und mit ihm assoziierte Proteine. Sie dienen sowohl der Identifikation des

zurückzuziehenden Membranabschnittes wie auch der Ausbildung des endozytotischen Vesikels. Der Clathrin-coat löst sich nach der Endozytose rasch von der Vesikeloberfläche. Man hat allerdings auch Clathrin-unabhängige Endozytose nachgewiesen.

Ebenso wie die Exozytose kann die Endozytose konstitutiv erfolgen oder durch ein extrazelluläres

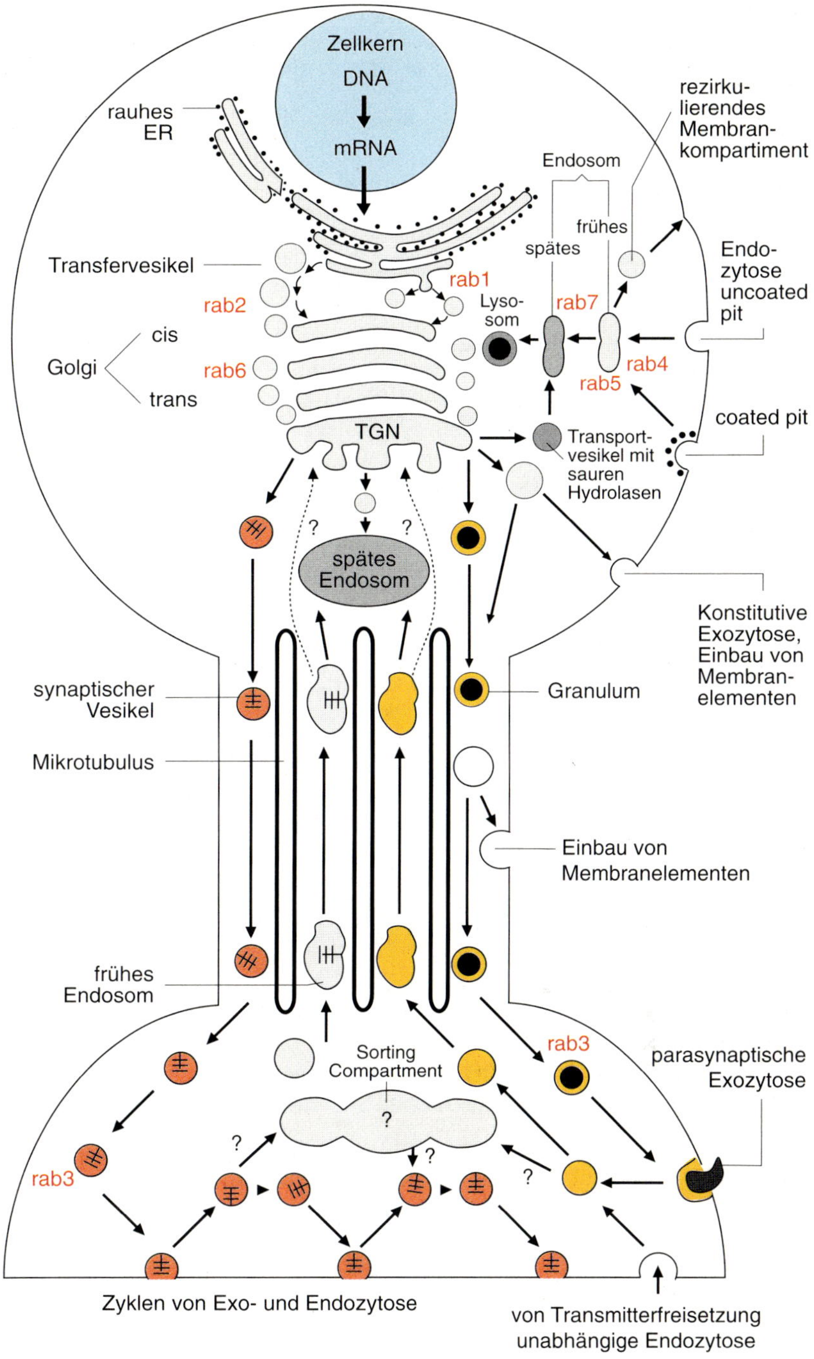

Abb. 2-18. Die Gesamtheit der Membranwege in einer Nervenzelle ist komplex. Der Übersichtlichkeit halber wurde das dendritische Kompartiment in das somatische integriert. Nervenzellen besitzen für die regulierte Exozytose zwei sekretorische Kompartimente, die niedermolekulare Signalstoffe enthaltenden synaptischen Vesikel und die größere Peptide und Proteine enthaltenden Granula. Vermutlich gelangen beide Membrankompartimente über den schnellen axonalen Transport in die Nervenendigung. Das Membrankompartiment der kleinen synaptischen Vesikel dürfte in der Nervenendigung mehrfach rezirkuliert und wiederbeladen werden. Möglicherweise bedarf es zur Wiederherstellung funktionsfähiger Vesikel eines zusätzlichen Sorting-Kompartiments. Von großer funktioneller Bedeutung ist auch der selektive Einbau von spezifischen Funktionsmolekülen, wie etwa von Transmitterrezetoren, in Membrankompartimente von Axon, Soma und Dendriten. Es ist nicht bekannt, wie die die jeweiligen Rezeptoren enthaltenden Transportvesikel zu den Abschnitten der neuronalen Plasmamembran gelenkt werden, für die sie bestimmt sind. Eine wichtige Rolle bei der vektoriellen Membraninteraktion spielen vermutlich die niedermolekularen G-Proteine aus der rab-Familie, die eine weitgehend spezifische Zuordnung zu Membrankompartimenten aufweisen. Einige davon sind in die Übersicht eingetragen [11]

Signal ausgelöst werden. So wirkt z.B. die Bindung des Nervenwachstumsfaktors an seinen Rezeptor auf der Zelloberfläche als Signal für die pinozytotische Aufnahme dieses Membranabschnittes. Das endozytotische Membrankompartiment und seine Inhaltstoffe können innerhalb der Zelle unterschiedliche Wege einschlagen (Abb. 2-18). Im einfachsten Falle werden sie lysosomal abgebaut. Jedoch gibt es eine Reihe noch nicht ganz verstandener intrazellulärer Membrankompartimente (sog.

sorting-Vesikel), die einerseits die Weiterverwendung des Membrankompartiments und andererseits die intrazelluläre Abgabe der transportierten Inhaltsstoffe gewährleisten. Beispielsweise werden Rezeptormoleküle der Zelloberfläche für lipidtragene Proteine (LDL-Rezeptoren) nach der Endozytose und der intrazellulären Abgabe des Lipids unverändert zur Membranoberfläche zurücktransportiert.

Niedermolekulare G-Proteine stehen im Dienste des vektoriellen Membrantransports

Membrankompartimente, die im Dienste der Proteinsynthese und Exozytose oder auch der Endozytose und des zellulären Abbaus stehen, müssen an den richtigen Ort transportiert werden und mit den richtigen Membrankompartimenten interagieren. Dies setzt nicht nur die Existenz gerichteter Transportmechanismen voraus, sondern auch spezifische Erkennungsmechanismen. Die neu entdeckte Gruppe der niedermolekularen G-Proteine spielt in diesem Zusammenhang eine wichtige Rolle [11]. Im Gegensatz zu den trimeren G-Proteinen, die Zelloberflächenrezeptoren an ihre Effektoren koppeln, sind die niedermolekularen G-Proteine Monomere mit einer molekularen Masse von 20–28 kDa. Die große Zahl der niedermolekularen G-Proteine läßt sich in Proteinfamilien zusammenfassen, zu denen die **rab-Familie** gehört. Angehörige dieser Proteinfamilie sind für die Regulation des Membranflusses vom endoplasmatischen Retikulum über den Golgi-Apparat bis zur Sekretion einerseits und von der Endozytose bis zum Rezirkulieren von Membranvesikeln bzw. zu deren lysosomalem Abbau andererseits verantwortlich (Abb. 2-18). Die einzelnen Membrankompartimente dürften eine spezifische Bindungsstelle für das betreffende G-Protein tragen. Die Vermittlung des im Detail noch wenig verstandenen Transports von einem Membrankompartiment zum anderen erfolgt unter Hydrolyse von GTP.

Regulierte Exozytose im Neuron erfolgt über zwei Typen sekretorischer Vesikel

Granula. Nervenzellen können Sekrete auf dem Wege der regulierten Exozytose über zwei voneinander verschiedene Typen von sekretorischen Vesikeln abgeben (Abb. 2-18). Neuronen enthalten zum einen, wie andere sekretorische Zellen auch, Granula. Diese speichern Proteine, Peptide und möglicherweise auch niedermolekulare Inhaltsstoffe. Die Proteine und Peptide gelangen auf dem Wege über rauhes endoplasmatisches Retikulum und Golgi-Apparat in die sekretorischen Granula (vgl. Abb. 2-17).

Von großer funktioneller Bedeutung sind spezifische Proteasen, die in den Speichergranula einen Teil der Proteine in kleinere Proteine oder Peptide teilweise unterschiedlicher Funktionsspezifität zerlegen können (Abb. 2-17). So synthetisieren z.B. Zellen des Hypophysenvorderlappens das Proopiomelanokortin. Daraus werden durch spezifische Proteolyse innerhalb des sekretorischen Granulums eine Reihe von physiologisch aktiven Peptidfragmenten hergestellt. Dazu gehören β-Endorphin (ein analgetisch wirkendes Opioid), das Melanozyten-stimulierende Hormon (MSH) und das adrenokortikotrope Hormon (ACTH). Die Inhaltstoffe des Granulums werden gemeinsam ausgeschüttet.

Synaptische Vesikel. Die kleineren sog. synaptischen Vesikel stellen ein zweites Kompartiment der regulierten Exozytose dar. Dieser Vesikeltyp findet sich sowohl in Neuronen, als auch in neuroendokrinen Zellen. Im Neuron dient er der raschen synaptischen Freisetzung niedermolekularer Signalstoffe, der klassischen Transmitter Acetylcholin, GABA, Glycin oder Glutamat [31]. Diese Transmittersubstanzen werden in der Nervenendigung synthetisiert und erst dort über spezifische Transporter in die Vesikel aufgenommen (vgl. Abb. 2-7). Die synaptischen Vesikel tragen einen dichten Besatz an Membranproteinen (Abb. 2-19). Diese Proteine bewerkstelligen nicht nur die Aufnahme der Inhaltsstoffe synaptischer Vesikel. Sie spielen auch eine wichtige Rolle bei der kontrollierten Interaktion mit den Mikrotubuli während des axonalen Transports oder mit Aktinfilamenten innerhalb der Nervenendigung (Synapsin I). Auch an der Einleitung und Regulation der Exozytose sind einige dieser Proteine (Synaptotagmin, Synaptobrevin, rab3) wesentlich beteiligt [17].

Infolge der ausgeprägten Polarität der Nervenzelle ist das sekretorische Zellkompartiment in der Regel weit entfernt vom Zellsoma mit seiner Kapazität zur Synthese und zum Rezirkulieren von Membrankompartimenten. Dies erfordert nicht nur spezielle Mechanismen zum raschen axonalen Transport von Membrankompartimenten. Da der Weg über das Axon viel zu langsam für den Nachtransport synaptischer Vesikel wäre, weist die Nervenendigung Mechanismen zur Ausbildung rascher Zyklen von Exo- und Endozytose auf. Dabei kann das Membrankompartiment der kleinen synaptischen Vesikel mehrfach wiederbeladen und für die Exozytose wiederverwendet werden. Vermutlich spielen bei der Regulation dieser Prozesse niedermolekulare G-Proteine eine wichtige Rolle. Die Granula können dagegen in der Nervenendigung nicht mit ihren hochmolekularen proteinären Inhaltsstoffen wiederbeladen werden. Für ihre Beladung bleibt nur der Weg über den Golgi-Apparat.

Der Mechanismus der Exozytose

Die synaptischen Vesikel sind in der Nervenendigung angehäuft. Im Ruhezustand werden sie über ein oberflächenassoziiertes Protein, das **Synapsin I,** in das Aktinskelett der Nervenendigung eingebunden. Voraussetzung für die Transmitterfreisetzung ist

Abb. 2-19. Funktionsschema der Exozytose und Angriffspunkte bakterieller Neurotoxine. **a** Bevor der synaptische Vesikel mit der Plasmamembran der Nervenendigung verschmilzt, ist er über einen Proteinkomplex an die Plasmamembran angedockt. Zu diesem Komplex gehören die Vesikelproteine Synaptotagmin, Synaptobrevin und rab3, die Proteine der präsynaptischen Plasmamembran Syntaxin und Neurexin sowie Proteine, die den Dockingkomplex weiter stabilisieren oder bei der Einleitung der Exozytose eine Rolle spielen (NSF, SNAP). Werden nahegelegene Kalziumkanäle geöffnet, interagieren die Proteine in dem Komplex auf bisher nicht bekannte Weise. Möglicherweise lagern sich porenenbildende Proteine der Vesikelmembran (Synaptophysin) und der präsynaptischen Membran zusammen und bilden eine die Exozytose einleitende Fusionspore aus. **b** Das von Bakterien der Art *Chlostridium botulinum* abgegebene Neurotoxin blockiert die Transmitterfreisetzung an der neuromuskulären Synapse und führt zu schlaffen Lähmungen. Intaktes Botulinumtoxin wird über die Plasmamembran in die Nervenendigung aufgenommen. Dort wird es in zwei Schritten in eine leichte und eine schwere Kette gespalten. Die leichte Kette ist eine Zink (Zn)-bindende Protease. Es gibt mehrere Formen dieser Neurotoxine, die zum Teil unterschiedliche Komponenten des Fusionskomplexes spalten. Die Neurotoxine B, D und F spalten das Vesikelprotein Synaptobrevin. Die Vesikel sind zur Exozytose nicht mehr fähig, die synaptische Übertragung ist blockiert

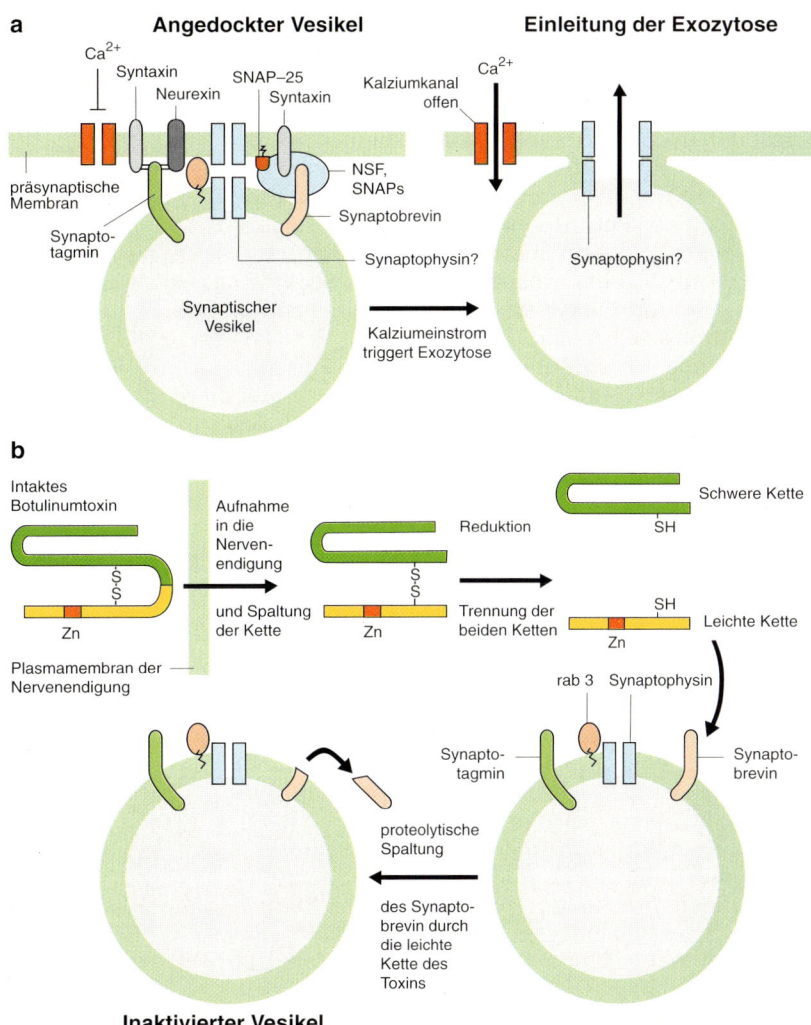

die Öffnung **spannungsabhängiger Kalziumkanäle** und der damit verbundene rasche Einstrom von Kalziumionen in die Nervenendigung (siehe Kap. 5). Die molekularen Schritte, die schließlich zur Exozytose, zur Fusion des Membrankompartiments der synaptischen Vesikel mit dem der praesynaptischen Plasmamembran führen, schließen mehrere Schritte ein. Dazu gehören der Transport der Vesikel an die Orte, die für die Membranfusion spezialisisert sind, das Andocken an die Plasmamembran, die Membranfusion und schließlich die Wiederherstellung der Ausgangssituation. Vom Einstrom der Kalziumionen bis zur Fusion der Vesikel vergehen weniger als 500 µs. Man geht daher davon aus, daß nur diejenigen synaptischen Vesikel zur Exocytose kommen, die bereits an der praesynatischen Membran angedockt sind.

Der Einstrom von Kalziumionen führt zur kalmodulinabhängiggen Phosphorylierung des **Synapsins**. Dadurch ändert sich dessen Konformation. Es löst sich von der Vesikeloberfläche und entläßt die Vesikel aus ihrer Verankerung im Zellskelett. Es gibt

Hinweise dafür, daß der Transport der Vesikel zur Plasmamembran innerhalb der Nervenendigung über einen molekularen Motor erfolgt, der das Aktin als Schiene benutzt. Das zu den niedermolekularen G- Proteinen gehörende **rab3** Protein dürfte für das gezielte Auffinden der Dockingstelle mit verantwortlich sein. Für das Andocken der synaptischen Vesikel spielen eine Reihe von Membranproteinen der synaptischen Vesikel eine wichtige Rolle (Abb. 2-19). Die Funktion des **Synaptotagmins** wird ebenfalls kalziumabhängig gesteuert. Es bindet an eine neue Klasse von Proteinen der praesynaptischen Plasmamembran, die **Neurexine**. Weiterhin interagiert es mit **Syntaxin**, einem praesynaptischen Membranprotein, welches seinerseits eine enge Anbindung des gedockten Vesikels an die spannungsabhängigen Kalziumkanäle gewährleistet. Das Vesikelprotein **Synaptobrevin** dürfte bei der Exozytose ebenfalls eine Schlüsselposition einnehmen. Die durch Tetanustoxin (Auslöser des Wundstarrkrampfs) und bestimmte Formen von Botulinumtoxin (Auslöser der Fleischvergiftung) verursachte

Blockade der Transmitterfreisetzung beruht auf einer spezifischen Spaltung des Synaptobrevins. Sowohl das Botulinum-Neurotoxin B, als auch die Botulinum-Neurotoxine D und F sind dazu in der Lage. Über einen Komplex von Proteinen dürfte das Synaptobrevin seinerseits mit dem **Syntaxin** der Plasmamembran verbunden sein. Interessanterweise spalten andere Botulinum-Neurotoxine spezifisch weitere Komponenten des Fusionskomplexes: das Neurotoxin A das synaptische Protein SNAP-25 und das Neurotoxin C1 das Syntaxin (vgl. Abb. 2-19A). Offensichtlich sind die Neurotoxine der Bakteriengattung *Clostridium* auf den synaptischen Fusionskomplex gemünzt, wenn auch jeweils unterschiedliche Komponenten betroffen werden. Vieles spricht dafür, daß die grundlegenden Mechanismen der Zellfusion phylogenetisch sehr alt sind, und daß ähnliche Fusionkomplexe auch bei anderen Membranfusionen innerhalb der Zelle zum Tragen kommen (z.B. innerhalb des Golgi-Apparates oder bei der Sekretion in nicht-neuronalen Zellen) [27].

Die Mechanismen, die letztlich zur Ausbildung einer Fusionspore und der exozytotischen Freisetzung der vesikulären Inhaltsstoffe führen, sind wenig bekannt [19]. Man geht davon aus, daß der erste Schritt zur Einleitung der Fusion der Lipidmembranen über kanalbildende Proteinstrukturen eingeleitet wird. Möglicherweise kommt dem **Synaptophysin**, einem Vesikelprotein, welches homooligomere Komplexe und Membranporen bilden kann, dabei eine Rolle zu. Es müßte sich mit einem entsprechenden Protein der präsynaptischen Plasmamembran zusammenlagern und könnte dann eine sich rasch weitendende Pore ausbilden. Vielleicht genügt bereits eine kurzzeitige Öffnung einer solchen Pore, um die gesamten löslichen Inhaltsstoffe synaptischer Vesikel auszuschütten.

Die Freisetzung der Inhaltsstoffe der Granula dürfte einem ähnlichen Mechanismus unterliegen. Allerdings gibt es Hinweise dafür, daß Ort und Kalziumabhängigkeit der Fusion sich von dem synaptischer Vesikel unterscheiden. Granula fusionieren nicht unmittelbar im Bereich der präsynaptischen Plasmamembran, sondern lateral dazu oder sogar im Bereich des Axons (parasynaptische Exozytose, vgl. Abb. 2-17). Die Freisetzung der in den Granula enthaltenen Matrix von Proteinen und Peptiden ist ein langsamerer Prozeß als die phasische Freisetzung der schnellen Transmitter.

2.9 Literatur

Weiterführende Lehrbücher

1. Amos LA, Amos WB (1991) Molecules of the cytoskelton. Macmillan, London
2. Alberts B, Bray D, Lewis J, Raff M, Roberts K, Watson JD (1995) Molekulare Biologie der Zelle. VCh, Weinheim
3. Lodish H, Baltimore D, Berk A, Zipursky SL, Matsudaira P, Darnell J (1995) Molecular cell biology. Scientific American Books/Freeman, New York
4. Hall ZW (1992) An introduction to molecular neurobiology. Sinauer, Sunderland
5. Kandel ER, Schwartz JH, Jessel TM (1995) Neurowissenschaften. Spektrum, Heidelberg
6. Kleinig H, Sitte P (1992) Zellbiologie. Fischer, Stuttgart
7. Knippers R, Philippsen P, Schäfer KP, Fanning E (1995) Molekulare Genetik. Thieme, Stuttgart
8. Siegel G, Agranoff B, Bernard W, Albers RW, Molinoff P (1994) Basic neurochemistry. Raven, New York
9. Watson JD, Gilman M, Wikowski J, Zoller M (1993) Rekombinierte DNA. Spektrum, Heidelberg
10. Zimmermann H (1993) Synaptic transmission. Cellular and molecular basis. Thieme, Stuttgart/Oxford University Press, New York

Einzelarbeiten

11. Balch WE (1990) Small GTP-binding proteins in vesicular transport. TIBS 15:473–477
12. Brady ST (1991) Molecular motors in the nervous system. Neuron 7:521–533
13. Breer H (1990) Molekulare Aspekte cholinerger Synapsen im Nervensystem von Insekten. Verh Dtsch Zool Ges 83:385–395
14. Catterall WA (1988) Structure and function of voltage-sensitive ion channels. Science 242:50–61
15. Changeux J-P (1990) The nicotinic acetylcholine receptor: an allosteric protein prototype of lignand-gated ion channels. TIPS 11:485–491
16. Dani JA (1989) Site-directed mutagenesis and single-channel currents define the ionic channel of the nicotinic acetylcholine receptor. TINS 12:125–128
17. Greengard P, Valtorta F, Czernik AJ, Benfenati F (1993) Synaptic vesicle phosphoproteins and regulation of synaptic function. Science 259:780–785
18. Hammer JA III (1991) Novel myosins. Trends Cell Biol 1:50–56
19. Lindau M, Gomperts BD (1991) Techniques and concepts in exocytosis: focus on mast cells. Biochim Biophys Acta 1071:429–471
20. Kuznetsov SA, Langford GM, Weiss DG (1992) Actin-dependent organelle movement in squid axoplasm. Nature 356:722–725
21. Maelicke A (1988) Structural similarities between ion channel proteins. TIBS 13:199–202
22. Nelson N (1991) Structure and pharmacology of the proton-ATPases. TIPS 12:71–75
23. Nixon RA, Sihag RK (1991) Neurofilament phosphorylation: a new look at regulation and function. TINS 14:501–506
24. Numberger M, Draguhn A (1991) Der nikotinische Azetylcholinrezeptor. BIUZ 21:148–155
25. Pacholczyk T, Blakely RD, Amara SG (1991) Expression cloning of a cocaine- and antidepressant-sensitive human noradrenaline transporter. Nature 350:350–354
26. Pongs O (1993) Structure-function studies and the pore of potassium channels. J Membr Biol 136: 1–8
27. Söllner T, Whitehart SW, Brunner H, Erdjumet-Bromage H, Germanos S, Tempst P, Rothman JE (1993) SNAP receptors implicated in vesicle targeting and fusion. Nature 362:318–324

28. Uhland GH, Hartig PR (1992) Transporter explosion: update on uptake. TIPS 13:421–425
29. Vale RD (1992) Microtubule motors: many new models off the assembly line. TIBS 16:300–304
30. Wolffe AP (1991) Xenopus transcription factors: key molecules in the developmental regulation of differential gene expression. Biochem J 278:313–324
31. Zimmermann H (1990) Das Membrankompartiment Transmitter-speichernder Vesikel: molekularer Aufbau, Ursprung, axonale Verteilung und synaptische Dynamik. Verh Dtsch Zool Ges 83:371–389

3 Ontogenie des Nervensystems und der Sinnesorgane

J. A. Campos-Ortega

Die Entwicklungsbiologie beschäftigt sich mit zwei Hauptfragen: die **Entstehung von Zelldiversität**, d.h., wie sich die verschiedenen, in einem multizellulären Organismus vorkommenden Zelltypen entwickeln; und **Musterbildung**, d.h., wie Zellen sich gruppieren, um Gewebe und Organe zu bilden. Zwar können diese Fragen auf Grund ihrer Komplexität erst in Ansätzen beantwortet werden, Entwicklungsbiologen haben aber einige der beteiligten Grundelemente und Mechanismen weitgehend aufgeklärt.

Auch dem Entwicklungsneurobiologen stellen sich diese grundlegenden Fragen. Denn zum einen ist die Zelldiversität eine der markantesten Eigenschaften des zentralen und peripheren Nervensystems (ZNS und PNS), in denen, als unabdingbare Voraussetzung für die normalen neuralen Funktionen, eine Vielzahl von neuronalen und glialen Zelltypen vorkommen; zum anderen sind neurale Verbände von größter funktioneller Bedeutung, und Kenntnisse über die Entwicklung ihres Aufbaus können zur Klärung ihrer Funktionen beitragen. Nervenzellen unterscheiden sich von anderen Zelltypen im Organismus dadurch, daß sie mittels Axonen und Dendriten miteinander verbunden sind; diese Verbindungen weisen in den meisten Fälle eine erstaunliche Spezifität und Präzision auf. Dementsprechend sieht sich der Entwicklungsneurobiologe, außer mit der Analyse von Zelldiversität und Musterbildung, mit dem Problem konfrontiert, wie Axone ihre Ziele erreichen, um dort spezifische synaptische Kontakte zu knüpfen.

3.1 Die Entstehung der neuralen Anlage

Das Nervengewebe entsteht aus Zellen, die sich zur Bildung einer zentralneuralen Anlage vom äußeren Keimblatt, dem Ektoderm, frühzeitig in der Entwicklung trennen. Die frühen Vorgänge, die zur Entstehung der neuralen Anlage führen, spielen sich bei Arthropoden und Vertebraten auf grundsätzlich ähnliche Art ab: In beiden ist das Nervensystem ein Derivat des Ektoderms, und in beiden entsteht die neurale Anlage als Ergebnis eines Induktionsvorganges.

Frühe Neurogenese bei den Vertebraten: Zellen beeinflussen sich gegenseitig in ihrer Entwicklungskapazität

Bei den Vertebraten entsteht die neurale Anlage aus der dorsal gelegenen **Neuralplatte**. Bei vielen Vertebraten, zum Beispiel bei Amphibien und Säugern, senkt sich diese zur Bildung einer **neuralen Furche** ein, die sich anschließend durch morphogenetische Bewegungen zu einem **Neuralrohr** schließt; bei anderen, zum Beispiel bei vielen Fischen und Vögeln, wird die massive neurale Platte von epidermalen Zellen umwachsen und anschließend durch Abtrennung der innersten Zellen zur Bildung des Neuralrohres ausgehöhlt (Abb. 3-1). Der Vorgang der Bildung des Neuralrohres wird **Neurulation** genannt, der Embryo selbst heißt in diesem Stadium **Neurula**. Die Neuralplatte läßt am Rande die sogenannten **neuralen Falten** erkennen, die zueinander wachsen bis sie dann an der Mittellinie miteinander fusionieren. Bei Amphibien, Reptilien und Säugern entsteht aus der Fusionsstelle die **Neuralleiste**, aus der sich eine Vielzahl von Zelltypen, darunter die Zellen des PNS, entwickeln werden. Bei Fischen und Vögeln entwickelt sich die Neuralleiste auch aus dorsal zum Neuralrohr gelegenen Zellen; der genaue Modus der Absonderung dieser Zellen ist jedoch nicht bekannt.

Der Hauptmechanismus, der zur Ausbildung von Zelldiversität führt, beruht auf zeitlich gestaffelter differentieller Genaktivierung; diese wird entweder zellautonom oder als Folge von Wechselwirkungen der Zellen miteinander reguliert. Im Eiplasma vorhandene Moleküle ermöglichen eine zellautonome Steuerung während der frühen Phasen der Embryogenese; solche autonomen, die Entwicklung steu-

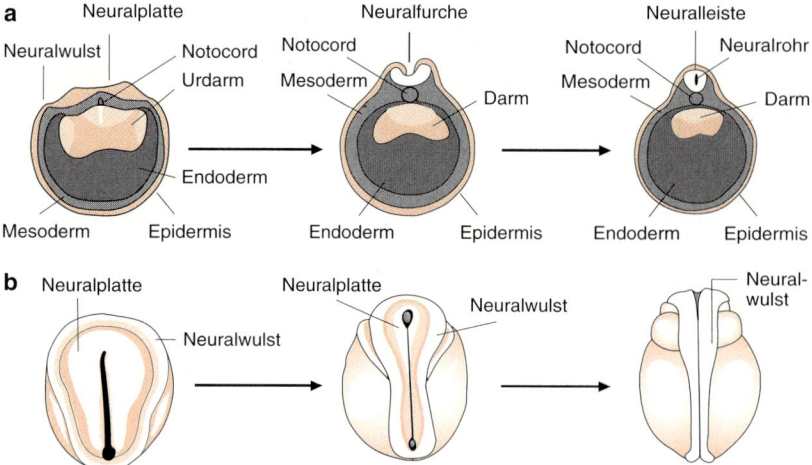

Abb. 3-1. Neurulation beim Frosch, stellvertretend für alle Vertebraten. **a** Querschnitte von drei Embryonen zu verschiedenen Stadien der Neurulation. **b** Aufsicht auf Embryonen in den gleichen Stadien [1]

ernden Elemente werden jedoch bald durch induktive Wechselwirkungen der Zellen ergänzt und größtenteils ersetzt.

Der Begriff **Induktion** bezeichnet Wechselwirkungen zwischen zwei Zellgruppen, die dazu führen, daß der Differenzierungsweg einer der beiden Zellgruppen durch den Einfluß der anderen festgelegt wird. Induktive Wechselwirkungen implizieren die Unterdrückung einer Entwicklungsbahn, damit die induzierten Zellen eine andere Bahn durchlaufen können; so wird beispielsweise während der neuralen Induktion die epidermale zugunsten der neuralen Differenzierung unterdrückt.

Das Mesoderm wird von vegetativen Zellen induziert

Bei den Amphibien legt der Eintrittspunkt des Spermiums bei der Befruchtung die dorsoventrale Körperachse fest; dieser Vorgang geht mit Bewegungen des Eiplasmas einher, von denen angenommen wird, daß sie zur Verschiebung von morphogenetisch relevanten Molekülen führen, die die Entwicklung der Zellen beeinflussen (Abb. 3-2). Die Furchung, d.h. die Teilung der befruchteten Eizelle, setzt ein und führt zur Bildung der **Blastula,** einer hohlen Zellmasse, die einen Hohlraum, das **Blastozoel,** umschließt. Das Blastozoel trennt die animale von der vegetativen Eihälfte, mit Ausnahme der peripheren Eiregionen, wo beide in Kontakt zueinander kommen. Die ersten Induktionen während der embryonalen Entwicklung, die zur Bildung der

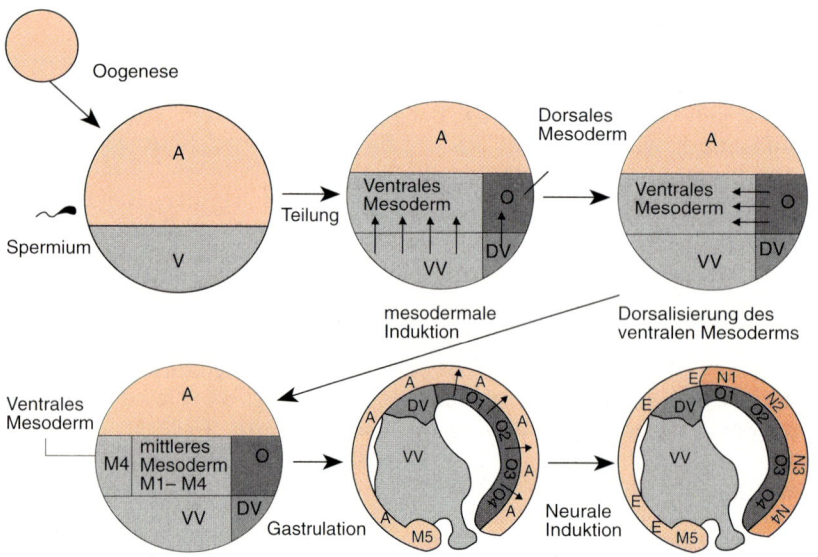

Abb. 3-2. Eine Abfolge induktiver Ereignisse führt zur Bildung der Neuralplatte bei *Xenopus*. Die animalvegetative Achse (A-V) entsteht während der Oogenese, und die durch die Befruchtung verursachten zytoplasmatischen Bewegungen bewirken die Unterteilung der vegetativen Region in einen dorsalen (DV) und einen ventralen (VV) Abschnitt. Die während der Blastula stattfindende mesodermale Induktion führt zur Entstehung des dorsalen (O, embryonaler Organisator), mittleren (M1-M3) und ventralen (M4) mesodermalen Abschnitts. Das dorsale Mesoderm schließlich induziert während der Gastrulation die Neuralplatte (N1-N4 deuten auf die verschiedenen Bereiche der Neuralplatte) [1]

endomesodermalen Anlage führen, gehen von dieser peripheren Region aus. Die animale Eihälfte stellt die Zellen zur Verfügung, die durch dotterhaltige Zellen der vegetativen Eihälfte zur Bildung einer zunächst gemeinsamen Anlage des Endoderms und Mesoderms induziert werden. Die endomesodermale Induktion ist unerläßliche Voraussetzung für die neurale Induktion (Abb. 3-2).

Die neurale Anlage wird von mesodermalen Zellen induziert

Die Gastrulation beginnt unmittelbar nach der endomesodermalen Induktion und führt zur Transformation der Blastula in einen dreischichtigen Embryo, in dem die Keimblätter erkennbar sind. Obwohl die grundlegenden Mechanismen der Gastrulation im Tierreich erstaunlich vielfältig sind, so hat dieser Vorgang bei allen Tieren eines gemeinsam: Zellen werden durch vielfältige Bewegungen von der embryonalen Oberfläche in das Innere des Embryos verlagert. Bei den Amphibien beginnt die Gastrulation mit der Einstülpung der sogenannten Flaschenzellen, die am Rande der vegetativen Dottermasse, bedingt durch die Induktion der endomesodermalen Zellen, entstanden sind. Diese Einstülpung mesodermaler Zellen erlaubt ihre Interaktion mit dem benachbarten Ektoderm und die Induktion ektodermaler Zellen zur Bildung der Neuralplatte.

Die Bildung der Neuralplatte ist Folge von zwei induktiven Vorgängen: einem **neuralisierenden Einfluß**, der vom primitiven prächordalen Mesoderm stammt und neurale Entwicklung im Ektoderm initiiert; und einem **regionalisierenden Einfluß**, der dem spezialisierten Chordamesoderm obliegt und auf das bereits neuralisierte Ektoderm ausgeübt wird. Die Wechselwirkungen zwischen Ektoderm und Mesoderm sind auf die medialen Zellen des prächordalen Endomesoderms bzw. Chordamesoderms, die in sehr engen Kontakt zu den ektodermalen Zellen kommen, beschränkt; dennoch erlangt ein recht breites ektodermales Gebiet neurogene Fähigkei-

ten. Dies wird auf den neuralisierenden Einfluß der unmittelbar induzierten ektodermalen Zellen auf benachbarte ektodermale Zellen zurückgeführt und als **homeogenetische Induktion** bezeichnet. Eine Abfolge induktiver Ereignisse ist bei späten neurogenetischen Vorgängen, wie z.B. bei der Bildung von Motoneuronen beteiligt (Abb. 3-3).

Wachstumsfaktoren sind an der mesodermalen Induktion beteiligt

Mehrere Wachstumsfaktoren aus den Familien des „fibroblast growth factor" (FGF) und „transforming growth factor" (TGF-β), sowie Mitglieder der sogenannten *wingless/int-1* Familie wurden unter verschiedenen experimentellen Bedingungen als hervorragende Mesoderm-Induktoren identifiziert [20]. Rinder-FGF kann ventrales Mesoderm und Aktivin A („erythroid differentiation factor", ein Mitglied der TGF-β Familie) dorsales Mesoderm in animalen Zellen induzieren. Die FGF-vermittelte Induktion kann mit Heparin unterdrückt werden, welches auch FGF *in vivo* bindet, und wird von daher als spezifisch angesehen. Eine hohe Dosis von FGF ruft Muskel-, eine niedrigere Dosis Blutentwicklung hervor. Induktion von verschiedenen Gewebesorten könnte also entweder durch graduierte Unterschiede in der Konzentration eines induzierenden Wachstumsfaktors oder einer Mischung aus verschiedenen Induktoren zustande kommen. TGF-β kann die Wirkung von FGF enorm stimulieren, obwohl TGF-β allein keine induktiven Fähigkeiten besitzt; eine Mischung aus TGF-β2 und TGF-β3 kann jedoch besonders gut induzieren.

Die molekularen Grundlagen der neuralen Induktion sind unbekannt

Bisher wurden keine endogenen neuralen Induktoren gefunden. Auch der Mechanismus der Induktion, ob z.B. der Induktor diffundiert oder durch

Abb. 3-3. Eine Abfolge induktiver Ereignisse führt zur Bildung der Motoneurone. **a** Das Notochord induziert die Bodenplatte und diese die Motoneurone im ventralen Rückenmark. **b** Die Transplantation des Notochords seitlich induziert die ektopische Bildung einer Bodenplatte; **c** die ektopische Transplantation der Bodenplatte bewirkt die Entstehung von Motoneuronen [19]

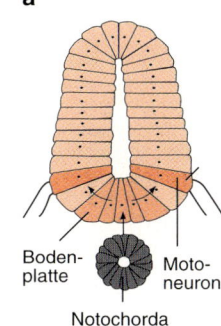

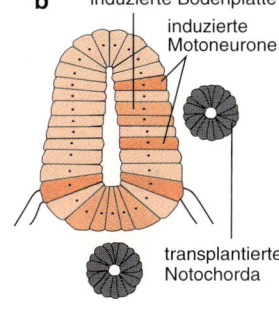

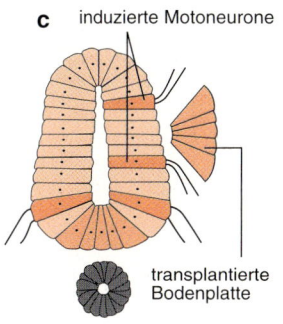

Kontakt wirkt, ist noch unbekannt. Es wird angenommen, daß die Proteine der extrazellulären Matrix für eine enge Nachbarschaft zwischen Mesoderm und Ektoderm sorgen, so daß der neurale Induktor entweder durch den direkten Kontakt wirkt oder lediglich über sehr kurze Distanzen zu diffundieren braucht.

Die Neurogenese bei den Insekten beruht auch auf Induktion

Das ZNS von Insekten entsteht aus Vorläuferzellen, Neuroblasten, die aus einer bestimmten neurogenen Region des Ektoderms stammen. Die neurogene Region der Insekten wird nicht vom Mesoderm induziert, sondern entsteht durch die Einwirkung maternaler, aus der Eizelle stammender Genprodukte [8].

Sie besteht aus zwei Abschnitten, einem procephalen und einem ventralen Abschnitt. Die procephale neurogene Region enthält bei *Drosophila* ca. 100 Neuroblasten, aus denen sich die Hirnhemisphären der Larve (das Oberschlundganglion) entwickeln; die ventrale neurogene Region enthält ca. 2000 Zellen, und aus ihr entstehen außer ca. 500 Neuroblasten auch ca. 1500 epidermale Vorläuferzellen (Epidermoblasten). Die Neuroblasten der ventralen neurogenen Region bilden den segmentierten Teil des ZNS, d.h., die im Unterschlundganglion fusionierten Ganglien der drei Kiefersegmente, Mandibel, Maxilla und Labium, und die Neuromere von drei thorakalen bzw. neun abdominalen Segmenten; die Epidermoblasten bilden den ventrolateralen Teil der epidermalen Hülle.

Die Segregation der Neuroblasten bei Insekten führt zur Bildung von zwei Zellpopulationen

Zu Beginn der neurogenetischen Periode, und zwar vermittelt durch maternale Produkte, erhalten alle neuroektodermalen Zellen die Befähigung, sich als Neuroblasten zu entwickeln. Diese Fähigkeit wird in 1500 der Zellen der ventralen Region unterdrückt, während die restlichen 500, wie auch die gesamte Zellpopulation der procephalen neurogenen Region, sich als Neuroblasten entwickeln (Abb. 3-4). **Epidermalisierende Signale** induzieren den Beginn der epidermalen Entwicklung und garantieren die weitere Entwicklung der Epidermoblasten. Die restlichen Zellen der neurogenen Region entgehen der Wirkung der epidermalisierenden Signale und verlassen die äußere ektodermale Schicht als Neuroblasten, um in das Innere des Embryos zur Bildung der neuralen Anlage zu wandern (Abb. 3-5). Wir erkennen also zwei auffällige Unterschiede zu der Neurogenese bei den Vertebraten, nämlich, 1. daß sich die induktiven Vorgänge bei den Insekten zwischen den neuroektodermalen Zellen selbst abspielen und nicht der Beteiligung mesodermaler Zellen bedürfen; und 2. daß sich Zellen des Neuroektoderms zur Bildung der neuralen Anlage einzeln, und nicht im zusammenhängenden Zellverband, wie die Neuralplatte, abtrennen.

Regulatorische Signale werden von mehreren Genprodukten vermittelt

Die Produkte einer relativ hohen Anzahl von Genen bilden ein komplexes Netzwerk, welches die erwähnten regulatorischen Wechselwirkungen bei

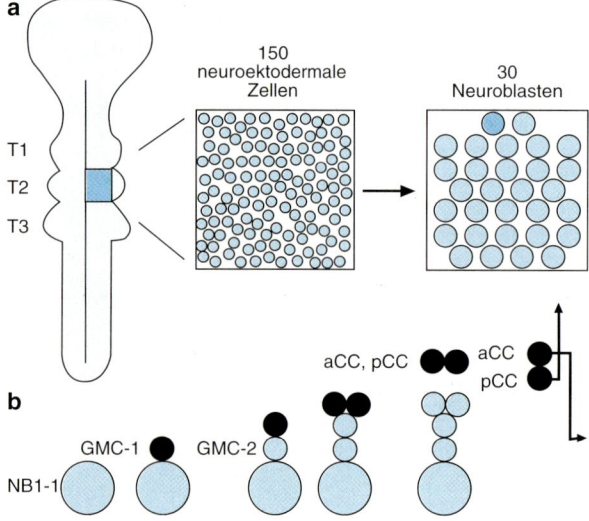

Abb. 3-4. Neurogenese bei Insekten. **a** Abschnitt des Neuroektoderm im Bereich des zweiten thorakalen Segments (T2). Wechselwirkungen zwischen den ca. 150 neuroektodermalen Zellen dieses Abschnittes (sowie in den anderen Bereichen des Neuroektoderms) führen zur Segregation von 30 Neuroblasten und 120 Epidermoblasten. **b** Neuroblasten teilen sich wiederholt inäqual in einen Neuroblasten (NB) und eine Ganglienmutterzelle (GMC) und bilden spezifische Stammbäume. aCC und pCC sind zwei bestimmte Nervenzellen in der Heuschrecke, deren Axone nach caudal bzw. rostral auswachsen [10]

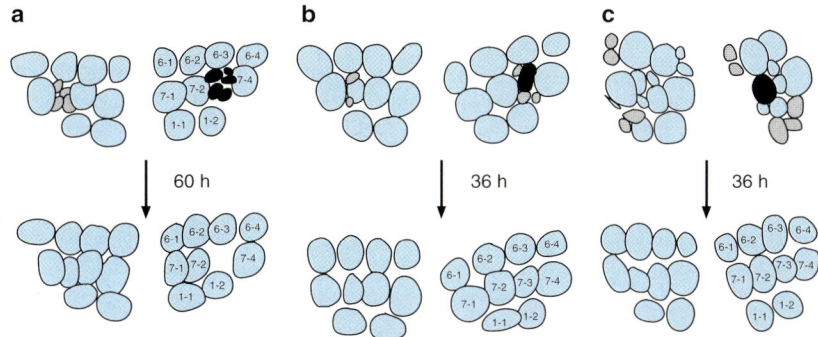

Abb. 3-5. a Neuroektodermale Zellen sind nicht darauf festgelegt, einen bestimmten Neuroblasten zu bilden: Wenn bei der Heuschrecke vor der Segregation des Neuroblasten NB 7−3 alle benachbarten neuroektodermalen Zellen getötet werden (schwarz), entsteht kein NB 7−3. **b** Die Abtötung einzelner neuroektodermaler Zellen dieser Region zum gleichen Zeitpunkt (schwarz) führt zu keinem Defekt. **c** Signale aus dem Neuro- blasten verhindern die Entstehung von neuen Neuroblasten aus dem Neuroektoderm: Die Abtötung von NB 7−3 (schwarz) wird durch die benachbarten Zellen reguliert, und ein neuer NB 7−3 trennt sich aus dem Neuroektoderm. Gezeigt werden jeweils Gruppen von Zellen auf beiden Seiten der Mittellinie, von denen die linke der Kontrolle dient [10]

den Insekten vermittelt. Diese Gene, wie sie bei *Drosophila* charakterisiert wurden, wurden wegen der Phänotypen ihrer Mutationen in zwei Gruppen eingeteilt. Die Gene der ersten Gruppe werden aus historischen Gründen als **neurogene Gene** bezeichnet, weil ihre Ausfallmutationen zum Verlust der Signale für Epidermogenese und dementsprechend zur Festlegung der neuralen Entwicklung aller neuroektodermalen Zellen führt. Als Folge davon weisen die Mutanten ein stark hyperplastisches Nervensystem auf, während die ventrolaterale Epidermis fehlt. Die Gene der zweiten Gruppe werden als **proneural** bezeichnet, weil ihre Funktionen zur Durchführung der neuralen Entwicklungsbahn notwendig sind. Ihr Ausfall führt zur Unfähigkeit der neuroektodermalen Zellen, sich als Neuroblasten zu entwickeln, und dementsprechend zu einem verkleinerten Nervensystem.

Die Zusammensetzung des regulatorischen Netzwerkes, das diese Produkte bilden, wird noch nicht vollständig verstanden. Hauptelemente desselben sind jedoch: 1. regulatorische Proteine für die Steuerung der neuralen Entwicklungsbahn; 2. regulatorische Proteine für die Steuerung der epidermalen Entwicklungsbahn; und 3. Transmembranproteine für die Übertragung der Signale zwischen den Zellen.

> **Die Sinnesorgane der Insekten sind epidermale Strukturen**

Mit Vollzug der Abtrennung von Neuroblasten und Epidermoblasten werden die neurogenen Fähigkeiten der neuroektodermalen Zellen von Insekten noch nicht erschöpft: Bestimmte Zellen unter den Nachkommen der Epidermoblasten werden etwas

später als Vorläuferzellen von Sinnesorganen oder als Sensillen determiniert. Diese Zellen durchlaufen anschließend stereotype Teilungsprogramme und bilden Klone, in der Regel aus vier Zellen bestehend, die sich zur Bildung eines Sensillums zusammengruppieren (s.u.). Es ist unbekannt, inwiefern ähnliche Zellinteraktionen, wie wir sie bei der Neuroblastenentwicklung diskutiert haben, auch bei der Absonderung der Sensillenvorläuferzellen beteiligt sind. Vermutlich ist dies aber der Fall. Die Analyse der oben genannten Mutanten zeigt nämlich, daß für die Festlegung der Sinnesorganmutterzellen die gleichen molekularen Elemente und die gleichen genetischen Netzwerke wie für die Neuroblasten benutzt werden.

3.2 Zelldetermination und Zellstammbäume; Neurone und Gliazellen

Aus den Vorläuferzellen der neuralen Anlagen müssen sich nunmehr die verschiedenen Typen von Neuronen differenzieren, die die erstaunliche Zelldiversität des Nervensystems kennzeichnen. Die diversen neuronalen Typen können im Prinzip durch einen von zwei grundlegenden Mechanismen zustande kommen: 1. durch präzise festgelegte Zellstammbäume, die keine oder nur geringe Variabilität erlauben; das heißt, homologe Vorläuferzellen in verschiedenen Individuen derselben Art bringen immer die gleichen Nachkommen hervor, 2. durch sekundäre Ereignisse, die zur Spezifizierung von zunächst gleichwertigen Zellen führen.

Ob sich verschiedene Zellen nach dem ersten oder dem zweiten Modus entwickeln, ist von grundlegender Bedeutung für die Entwicklung. Zum Beispiel können durch inaequale Teilungen determinie-

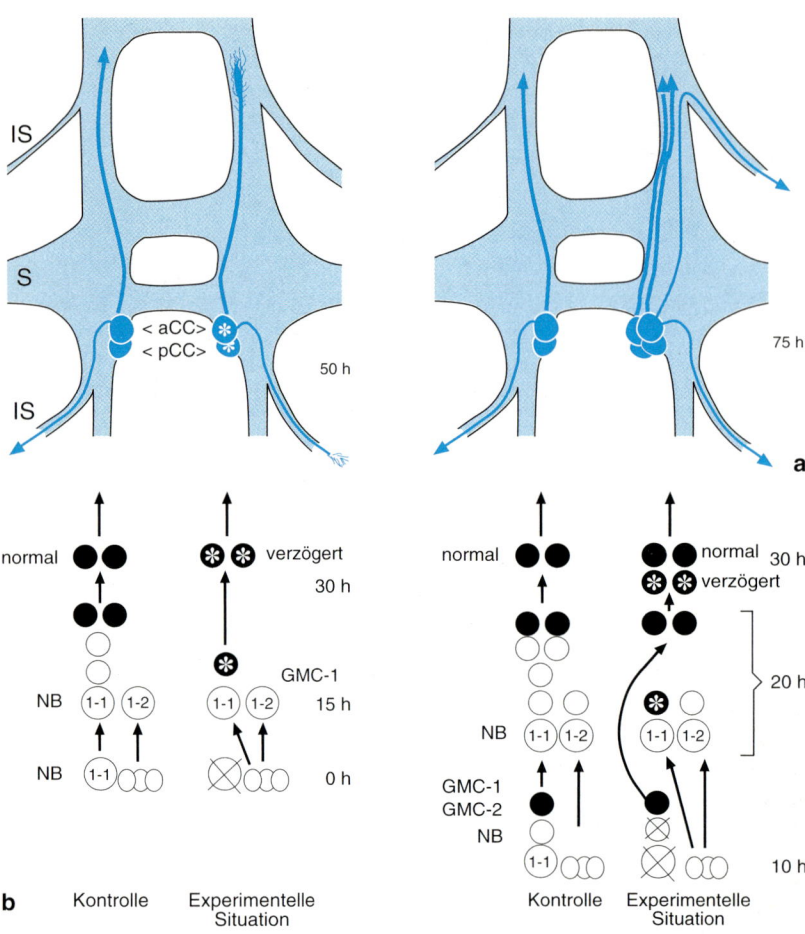

IS

S

IS

< aCC >
< pCC >

50 h

75 h

a

normal ●● ❋❋ verzögert
30 h

●● ❋ GMC-1
NB (1-1)(1-2) (1-1)(1-2) 15 h

NB (1-1)○○ ⊗○○ 0 h

b Kontrolle Experimentelle
Situation

normal ●● ●● normal 30 h
❋ verzögert

●● ●●
○○ ○○

NB (1-1)(1-2) ❋○ 20 h
(1-1)(1-2)

GMC-1
GMC-2 ● ⊗
NB ○ ○

(1-1)○○ ⊗○○ 10 h

Kontrolle Experimentelle
Situation

Abb. 3-6. Festlegung der Neuroblasten-Identität bei der Heuschrecke. **a** Die identifizierten Neurone aCC und pCC entstehen aus der ersten Ganglienmutterzelle (GMC-1) vom NB 1−1. Die Abtötung von NB 1−1 nach Entstehung der ersten Ganglienmutterzelle wird reguliert; ein neuer NB 1−1 entsteht, der eine neue Ganglienmutterzelle bildet, aus der neue aCC und pCC entstehen. **b** Die Abtötung von NB 1−1 und GMC-2 nach der Teilung von GMC-1 führt zur Entstehung eines neuen NB 1−1, aus dem zusätzliche aCC und pCC hervorgehen werden. IS: intersegmentaler Nerv; S: segmentaler Nerv [10]

rende Stoffe, die in der Vorläuferzelle vorhanden sind, differentiell auf die Tochterzellen aufgeteilt werden. In anderen Fällen können Zeitpunkt der Entstehung und räumliche Position der Zellen bedingen, daß sie bestimmte, zu ihrer weiteren Entwicklung wohl essentielle Interaktionen mit benachbarten Zellen durchführen können. Leider ist die Untersuchung der Zusammensetzung von Zellstammbäumen ein recht schwieriges Unterfangen, und nur in den wenigsten Fällen gelingt es herauszufinden, welche Nachkommen sich aus einer bestimmten Vorläuferzelle entwickeln.

1923 führte Hans Spemann auf der Grundlage von Transplantationsversuchen mit embryonalen Geweben den Begriff der **Determination**, oder **Festlegung auf ein bestimmtes zelluläres Schicksal** ein. Dieser Begriff besagt, daß Zellen, bevor sie ihre proliferative Tätigkeit unterbrechen, durch nicht näher verstandene Ereignisse auf die Durchführung bestimmter Leistungen festgelegt werden. Diese Befähigung stellt einen stabilen Zustand dar, der auf die Tochterzellen über mehrere Generationen übertragen werden kann.

Ein Fall konstanter Zellstammbäume: Zellen mit klonaler Herkunft

Der Nematode *Caenorhabditis elegans* ist ein sehr günstiges Forschungsobjekt zur Untersuchung von Fragen der Zelldiversität. Die Stammbäume aller somatischen Zellen sind bekannt, und sie sind, bis auf sehr wenige Ausnahmen, konstant, d.h.von Tier zu Tier reproduzierbar, es sei denn, daß eine Mutation einen Verzweigungspunkt des Stammbaumes verändert [16].

Trotz Konstanz der zellulären Stammbäume, sind auch bei *C. elegans* die Vorläuferzellen zur Durchführung ihrer Entwicklungsleistungen auf Interaktionen mit benachbarten Zellen angewiesen. Zellabtragungsversuche haben gezeigt, daß die erstaunliche Konstanz der zellulären Stammbäume von *C. elegans* sowohl von autonomen Eigenschaften der Vorläuferzellen als auch von interaktiven Beziehungen mit anderen Zellen abhängt. Dadurch erfahren die Vorläuferzellen wichtige Informationen, die ihr weiteres Verhalten regeln.

Bei *Drosophila* kennt man die Stammbäume der sensorischen Neurone einiger Sinnesorgane, sowohl im Embryo als auch in der Imago. Für die Entwicklung von isoliert vorkommenden Sinnesorganen, wie einiger mechano- bzw. chemorezeptiver Borsten, konnte ein klonaler Mechanismus nachgewiesen werden [14]: Nachkommen von einzelnen Vorläuferzellen gruppieren sich zur Bildung eines Sensillums.

Bei nicht isoliert vorkommenden Sinnesorganen jedoch, z.B. solchen, die aufgereiht nebeneinander liegen, ist das anders: Am vorderen Flügelrand gibt es drei Reihen von Chemo- bzw. Mechanorezeptoren, deren Entwicklung nicht klonal abläuft, d.h., einzelne Sensillen sind keine Zellklone. Hier können Mitglieder verschiedener Klone, die offenbar als gleichwertige Zellen postmitotisch werden, zur Bildung derselben Sinnesorgane beitragen.

Die Zellen isolierter Sinnesorgane sind zwar Zellklone, aber auch sie müssen nicht in jedem Fall aus demselben Klon stammen. Wenn die Mitosen, aus denen die Zellen eines bestimmten Sensillums hervorgehen, blockiert werden, können nicht klonal verwandte Zellen zur Bildung desselben Sinnesorgans beitragen; unter diesen Bedingungen finden sich Zellen zusammen, die sich unter normalen Bedingungen als nicht-sensorische epidermale Zellen entwickelt hätten. Dies deutet darauf hin, daß die einzelnen Zellen eines Sensillums ihre Determination bei der Gruppierung erfahren.

Die Identität der Neuroblasten

Vieles spricht dafür, daß bei den Insekten jeder Neuroblast eine eigene Identität besitzt, die ihn zur Bildung spezifischer Nachkommen befähigt. Es besteht jedoch noch keine Gewißheit über diese Frage: Bedingt durch den Mangel an brauchbaren Markern, konnte bis jetzt sehr wenig über die Zusammensetzung der Neuroblasten-Stammbäume in Erfahrung gebracht werden. Zu den wenigen in diesem Zusammenhang bekannten Daten zählen Arbeiten an der Heuschrecke [10]. Zwei, an ihrer Position und an der Polarität ihrer Axone identifizierbare Nervenzellen, aCC und pCC, sind Nachkommen der ersten, vom Neuroblasten NB1–1 produzierten Ganglienmutterzelle. Wenn NB1–1, nachdem er sich einmal geteilt hat und die erste Ganglienmutterzelle entstanden ist, mit Laser-Strahlen abgetötet wird, kann das benachbarte Neuroektoderm diesen Defekt mit einem neuen Neuroblasten kompensieren, der sich wie NB1–1 verhält und aCC- und pCC- Zellen bildet (Abb. 3-6). Wird die

erste Ganglienmutterzelle an Stelle von NB1–1 koaguliert, so kann diese nicht ersetzt werden; in so behandelten Tieren fehlen aCC und pCC. Offenbar entstehen diese zwei Zellen als die ersten Nachkommen von einem, nach seiner Position als NB1–1 definierten Neuroblasten. Neuroblast NB1–1 kann also einer bestimmten Position im Neuroektoderm zugeordnet werden. Ferner, stammen zwei pro Hemisegment vorkommende dopaminerge Zellen vom Neuroblasten NB7–1. Auch in diesem Fall kann der Defekt, der durch Koagulation des Neuroblasten entsteht, vom Neuroektoderm reguliert werden; auch NB7–1 ist einer neuroektodermalen Region zuzuordnen.

Die Spezifizierung der Zellen im Komplexauge von *Drosophila* findet durch Interaktionen statt

Im Komplexauge von *Drosophila* wird die Spezifizierung der verschiedenen Zelltypen der Ommatidien ausschließlich durch Interaktionen der beteiligten Zellen bewerkstelligt: Die postmitotischen Zellen befinden sich in einem zunächst indifferenten Zustand, in dem alle Zellen gleichwertig zu sein scheinen. Ihre Spezifizierung erfolgt anschließend durch Wechselwirkungen der Zellen bei ihrer Gruppierung zur Bildung des Ommatidiums [3, 26]. Das Auge besteht aus ca. 600 gleich strukturierten Ommatidien, und jedes Ommatidium aus 20, zu vier verschiedenen Zelltypen zuzuordnenden Zellen: Photorezeptorzellen, Semper- oder Corneagenzellen, und Haupt- bzw. Nebenpigmentzellen (Abb. 3-7a). Diese 20 Zellen sind im Ommatidium nach einem präzisen, wohl definierten Muster angeordnet, das die Identifizierung einzelner Zellen erlaubt.

Studien mit genetischen Mosaiken, bei denen Mutationen zur Markierung der sich entwickelnden Zellen benutzt wurden, erlaubten den Nachweis, daß die Zellen eines Ommatidiums keine klonale Herkunft haben. Vielmehr erlangen die Zellen ihre Identität durch die Interaktionen, die sie im sich entwickelnden Ommatidium erfahren, also entsprechend der Position, die sie einnehmen.

Das Komplexauge entwickelt sich während der larvalen und pupalen Periode aus der Augenimaginalscheibe, einem aus einer embryonalen Anlage entstandenen einschichtigen Epithel. Die Ommatidien entwickeln sich durch die Gruppierung von Zellen der Imaginalscheibe entlang einer sogenannten morphogenetischen Furche (MF). Die mutmaßliche R8 stellt eine Art Kern dar, um den sich die anderen Ommatidienzellen gruppieren, und zwar zunächst R2 und R5, dann R3 und R4, und dann R1, R6 und R7. Gruppierung der mutmaßlichen Semperzellen und der Pigmentzellen zu den gebildeten Gruppen von Photorezeptorzellen folgt

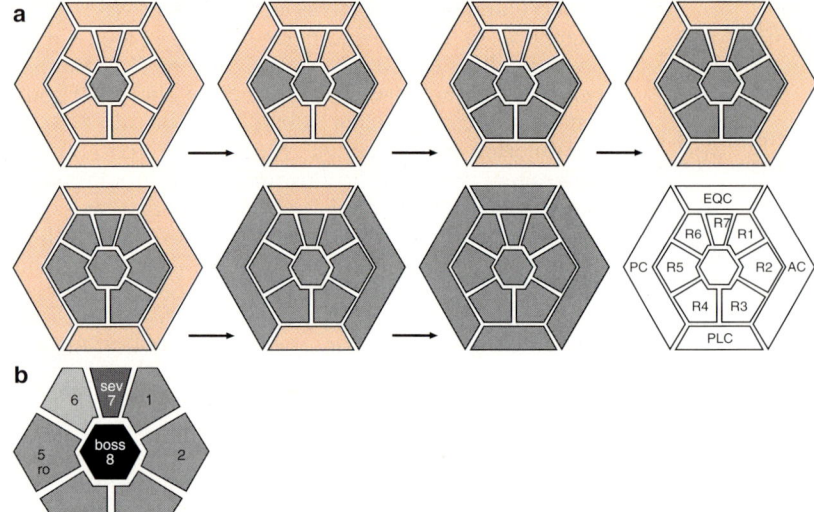

Abb. 3-7. a Die Entwicklung eines Ommatidiums erfolgt durch gestaffelte Gruppierung und Determination seiner Zellen. R8 ist die erste differenzierte Zelle, die von R2–R5, R3–R4, R1-R6 und R7 gefolgt wird. **b** Verschiedene, für die Determination der Ommatidienzellen notwendige Gene wurden identifiziert. Das von *bride of sevenless (boss)* kodierte Protein vermittelt ein Signal von der Zelle R8 zu der Zelle R7, das vom *sevenless (sev)*-Rezeptor empfangen wird und zur Entwicklung von R7 notwendig ist. Das Protein von *rough (ro)* muß in den Zellen R2 und R5 exprimiert werden, damit die Entwicklung von R3 und R4 erfolgt. PC: hintere Semperzelle; AC: vordere Semperzelle; EQC: äquatoriale Semperzelle; PLC: polare Semperzelle [3, 26]

anschließend; die Differenzierung von allen diesen Zellen findet während der pupalen Periode statt.

Eine Kaskade von Signalen bewirkt die Zellspezifizierung im Komplexauge

Obgleich sie vor ihrer Gruppierung gleichwertig sind, setzt die Differenzierung der verschiedenen Klassen von Zellen unmittelbar nach ihrer Gruppierung ein. Daraus folgt, daß die Zellen auf ein bestimmtes Entwicklungsschicksal durch Signale festgelegt werden, die von den sich gruppierenden Zellen selbst abgegeben werden. Ist eine Zelle einmal auf ein bestimmtes Schicksal festgelegt, kann sie weitere Signale senden, die zur Festlegung der benachbarten Zellen führen. Daraus folgt, daß durch die sukzessive Gruppierung eine Kaskade von regulatorischen Signalen eingeleitet wird, die die Festlegung aller Zelltypen des Ommatidiums bewirkt. Die Analyse von Mutanten mit gestörter Determination half solche Signalvorgänge zu identifizieren und ihre Regulation zu untersuchen.

Eine molekulare Signalkette determiniert die Entwicklung von R7

Die phänotypische und molekulare Analyse solcher Mutanten hat erlaubt, die für die Determination der R7-Zellen benötigte Signalkette in groben Zügen zu verstehen. Wichtigste Elemente dieser Kette sind ein Rezeptormolekül, eine vom Gen *sevenless (sev)* kodierte Tyrosinkinase, und ein entsprechender Ligand, ein vom Gen *bride of sevenless (boss)*

kodiertes Transmembranprotein (Abb. 3-7b). Der Funktionsausfall dieser zwei Gene führt zu Ommatidien ohne R7, weil die in jedem Ommatidium an dieser Position gruppierte Zelle ihre Lage verändert und sich wie eine Semperzelle weiterentwickelt; das heißt, das Schicksal der R7-Zellen wird wegen Störung des zur Durchführung der R7-Bahn notwendigen Signals durch das Schicksal der Semperzellen ersetzt. In der normalen Entwicklung führt die Expression des boss-Proteins zur Aktivierung der sevenless-Tyrosinkinase, und diese zur Aktivierung des Ras-GTPase-Zyklus und zur Realisierung der R7-Entwicklung. Die Zusammensetzung dieses genetischen Netzwerkes, dessen Funktion zur Determination der R7-Zellen führt, ist bekannt. Seine Elemente wurden durch Mutationen, die den *sevenless* Phänotyp modifizieren, gefunden.

Die Entwicklung des Nervensystems von Vertebraten wird von variablen Zellstammbäumen bestimmt

Die Bedeutung von zellulären Stammbäumen bei der Entwicklung des Nervensystems von Vertebraten ist viel unklarer, und viele der grundlegenden Fragen sind heute noch nicht beantwortet. Gibt es, beispielsweise getrennte Stammbäume für Neurone und für Gliazellen? Diese Frage wurde bereits vor über 100 Jahren von His gestellt, der das Vorhandensein von unabhängigen Vorläuferzellen postulierte, die er Germinalzellen (Vorläufer der Neurone) und Spongioblasten (Vorläufer der Gliazellen) nannte. Diese Aufteilung stimmt nicht in jedem Fall, da es Beispiele für getrennte und Beispiele für gemeinsame Vorläuferzellen von Gliazellen und Neuronen gibt.

Nerven- und Gliazellen der Netzhaut haben gemeinsame Vorfahren

In den letzten Jahren hat man Methoden zur Untersuchung von Zellstammbäumen im ZNS von Vertebraten entwickelt, die eine genauere Einsicht in diese Problematik erlauben. Zum einen konnte die Technik der intrazellulären Injektion von Farbstoffen weitgehend verbessert werden, so daß das Schicksal von einzelnen markierten Zellen der neuralen Anlage im Embryo verfolgt werden konnte. Zum anderen wurde eine viel bessere Methode zur Markierung von Zellen entwickelt, und zwar auf der Grundlage von modifizierten Retroviren, die durch die Expression des Markergens lacZ von E. coli eine klonale Analyse bei hoher Auflösung erlaubt [7, 30].

Nerven- und Gliazellen besitzen in der Retina gemeinsame Vorläufer. Man hat Klone gefunden, die sowohl Neurone als auch Müllersche (Glia-) Zellen enthielten. Auch kleine Klone (mindestens fünf Zellen) konnten alle Zelltypen der Retina enthalten. Das bedeutet, daß verschiedene Zelltypen aus derselben Vorläuferzelle entstehen können. Die zellulären Stammbäume der Glia- und Nervenzellen müssen sich also sehr spät, vielleicht nach der letzten Teilung, voneinander trennen.

Nerven- und Gliazellen der Hirnrinde haben getrennte Vorfahren

Im Gegensatz zur Netzhaut scheinen Glia- und Nervenzellen der Hirnrinde von getrennten Vorläuferzellen abzustammen, deren Stammbäume sich relativ früh trennen. Nach Markierungen am 16. Tag der embryonalen Entwicklung (E16) bestehen die meisten Klone aus Gliazellen. Diese Befunde bestätigen ältere Beobachtungen über die Verteilung des sogenannten „Glial fibrillary acidic protein" (GFAP), das bereits sehr früh in der Ontogenie von Schwannschen Zellen und Astrozyten exprimiert wird und in sich teilenden Zellen der Germinalzone zu finden ist. Auch diese Beobachtung spricht für eine sehr frühe Auftrennung beider Stammbäume in der Hirnrinde. Die Teilungsprodukte der germinativen Zellen bleiben nicht zusammen, sondern wandern weit voneinander weg.

Bei dieser Analyse der Hirnrinde wurde eine erstaunliche Dispersion der Zellklone festgestellt, deren Mitglieder über funktionell verschiedene kortikale Gebiete verteilt sind, wie zum Beispiel sensomotorische und visuelle. Die Schlußfolgerung daraus ist, daß die funktionellen Areale der Hirnrinde aus ursprünglich gleichwertigen Zellen bestehen, und daß ihre Herkunft keinen Einfluß auf ihre Festlegung auf eine bestimmte Funktion hat. Diese Festlegung ist vielmehr die Folge von Regulationsvorgängen unter dem Einfluß von afferenten Verbindungen.

Zelldiversität im optischen Nerv der Ratte

Der Sehnerv der Ratte ist einfach strukturiert, denn er enthält neben den Axonen der retinalen Zellen nur zwei Klassen von Gliazellen, nämlich Astrozyten und Oligodendrozyten. Zwei Typen von Astrozyten, Typ I und Typ II, können unterschieden werden. Die drei Typen von Gliazellen gehören zwei verschiedenen Stammbäumen an: Die Oligodendrozyten und die Typ II-Astrozyten stammen aus gemeinsamen, aus dem Gehirn in den optischen Stiel wandernden Vorläuferzellen, genannt O-2A-Zellen, während die Typ I-Astrozyten aus intrinsischen Zellen im Neuroepithel des optischen Stiels stammen [24].

Warum differenzieren sich einige O-2A-Zellen als Oligodendrozyten und andere als Typ II-Astrozyten? Äußere Faktoren beeinflussen die Differenzierung der O-2A-Zellen und induzieren die Entwicklung der Typ II-Astrozyten. Wenn eine einzige O-2A-Zelle isoliert kultiviert wird, teilt sie sich nicht mehr, sondern differenziert sich als Oligodendrozyt. Das heißt, die Typ II-Astrozyten werden durch äußere Faktoren induziert, während die Entwicklungsbahn der Oligodendrozyten konstitutiv ist und dann eingeleitet wird, wenn kein weiteres Signal vorkommt, das die Umleitung der O-2A- Zelle in Richtung der Astrozytenbahn bewirkt.

Wachstumsfaktoren bewirken die Differenzierung der O-2A-Zellen

Die entscheidenden Signale zur Differenzierung der O-2A-Zellen stammen aus den Typ I-Astrozyten (Abb. 3-8): Sie scheiden den Wachstumsfaktor „Platelet derived growth factor" (PDGF) aus, der die O-2A-Zellen teilungsaktiv und undifferenziert halten kann. Die Differenzierung der Oligodendrozyten hängt mit einem intrinsischen Zählsystem zusammen, das die Anzahl der von den O-2A-Zellen durchgeführten Mitosen feststellt, und dann verhindert, daß die O-2A-Zellen weiterhin auf PDGF reagieren.

„Ciliary neurotrophic factor" (CNTF), oder ein ähnliches Protein, scheint aus mehreren Gründen der den Typ II-Astrozyten induzierende Faktor zu sein. Anscheinend synthetisieren die Typ I-Astrozyten auch den CNTF. Somit kommt diesen Zellen eine sehr wichtige Funktion zu, und zwar sowohl bei der Differenzierung der Oligodendrozyten durch die Synthese von PDGF als auch bei der Differenzie-

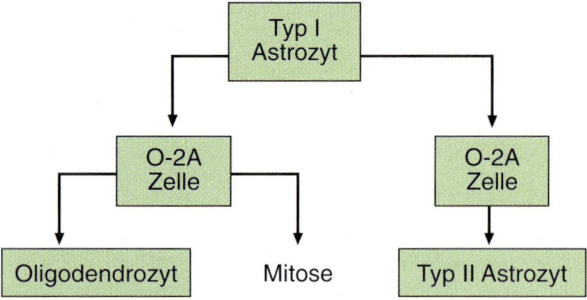

```
          ┌─────────────┐
          │   Typ I     │
          │  Astrozyt   │
          └─────────────┘
         ┌────────┴────────┐
         ▼                 ▼
   ┌───────────┐     ┌───────────┐
   │   O-2A    │     │   O-2A    │
   │   Zelle   │     │   Zelle   │
   └───────────┘     └───────────┘
    ┌────┴────┐            │
    ▼         ▼            ▼
┌─────────────┐       ┌─────────────┐
│Oligodendrozyt│ Mitose│Typ II Astrozyt│
└─────────────┘       └─────────────┘
```

Abb. 3-8. Zelldiversität im optischen Nerv der Ratte wird durch Wachstumsfaktoren und Zellteilungen reguliert. Typ I-Astrozyten scheiden sowohl PDGF als auch CNTF aus, die auf die O-2A-Zellen wirken. Eine hohe CNTF-Konzentration führt zur Differenzierung der Zellen als Typ II-Astrozyten. Wenn die PDGF Konzentration hoch ist und die O-2A-Zelle mehr als acht Teilungen durchgeführt hat, entwickelt sie sich als Oligodendrozyt. Wenn die Anzahl der Teilungen oder die PDGF-Konzentration niedriger ist, teilt sich die O-2A- Zelle weiter [24]

rung von Typ II-Astrozyten durch die Synthese von CNTF.

Wir sehen also, daß eine Abfolge induktiver Vorgänge für die Entstehung von Zelldiversität im optischen Nerv der Ratte verantwortlich ist. Diese Vorgänge werden durch Wachstumsfaktoren vermittelt, die von den beteiligten Zellen selbst abgeschieden werden und auf kompetente Zellen wirken. Es ist anzunehmen, daß dieses Grundschema auf die Entwicklung vieler Organe anwendbar ist.

3.3 Zellwanderung im Nervensystem

Viele der sich entwickelnden Zellen im ZNS wandern über relativ lange Strecken. Einige dieser Bewegungen sind passiv, durch das Wachstum der einzelnen Zellen selbst bedingt; bei anderen Zellen jedoch handelt es sich um aktive Bewegungen unter Bildung von Pseudo- bzw. Filopodien, zum Beispiel entlang eines Gerüstes aus radialen Gliazellen oder anderen Strukturen des Substrats. Beispiele für die letztgenannte Modalität sind im Großhirn oder im Kleinhirn zu finden [25]. Die Zellen der Hirnrinde teilen sich an der Ventrikelseite und wandern von dort, um ihre endgültigen Plätze zu erreichen: Die früh entstandenen Zellen befinden sich in tiefen Schichten der Rinde, während die später entstandenen oberflächlich liegen; da alle Zellen der Hirnrinde am ventrikulären Lumen produziert werden, müssen junge Zellen an alten vorbeiwandern. Als Leitschienen für ihre Wanderung benutzen die postmitotisch gewordenen kortikalen Zellen radial angeordnete Gliozyten, die die ganze Tiefe der Rinde durchspannen (Abb. 3-9). Ein ähnlicher Sachverhalt ist auch im Kleinhirn zu beobachten. Dort entstehen die Körnerzellen aus einer außen liegenden Matrix und wandern dann durch die Molekularschicht in ihre endgültigen Positionen in der Granularschicht hinein. Dabei orientieren sie sich an den ebenfalls radial angeordneten Bergmannschen Gliazellen. Obwohl die Zellen der Rinde oder die Kleinhirnzellen regelrecht entlang der Gliazellen kriechen, ist nicht bekannt, ob es eine kausale Beziehung zwischen Glia und Wanderung gibt, d.h., ob die Gliazellen durch bestimmte Moleküle die Wanderung

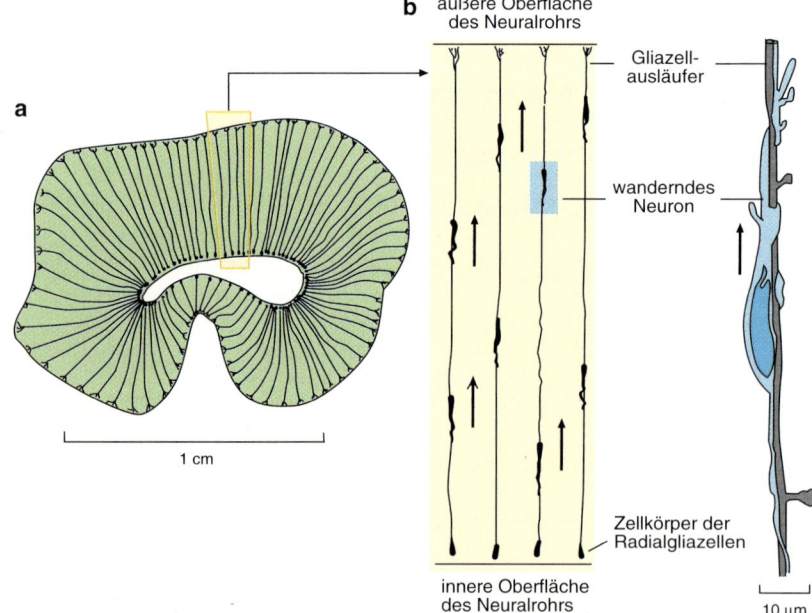

Abb. 3-9. Sich entwickelnde Nervenzellen kriechen entlang radial angeordneter Gliazellen. **a** Die embryonale Hirnrinde der Säugetiere besitzt ein Gerüst aus radialen Gliazellen, die die ganze Tiefe der Rinde durchspannen. **b** zeigt die Beziehungen zwischen einem wandernden Neuron und einer Gliazelle [25]

veranlassen, oder ob es sich um eine zufällige Assoziation handelt.

Wanderung und Wachstum der Nervenzellen werden vom sogenannten Wachstumskegel ausgeführt, einer Spezialisierung der neuralen Ausläufer, die mit vielen Filo- bzw. Lamellipodien ausgestattet ist. Sowohl Axone als auch Dendriten wachsen mittels solcher Strukturen. Die axonalen Wachstumskegel stellen die Verbindungen der Neurone mit ihren postsynaptischen Partnern her und haben aus diesem Grunde besondere Aufmerksamkeit erhalten. Der axonale Wachstumskegel ist gefüllt mit im Zellkörper gebildeten und in den Wachstumskegel transportierten Organellen, die für das axonale Spitzenwachstum notwendig sind.

Die Neuralleiste: ein ideales Objekt zur Untersuchung von Zellwanderung und Zelldetermination im Nervensystem

Unsere Unkenntnis über die Mechanismen der Wanderung der kortikalen oder zerebellaren Neurone beruht zum Teil auf den Schwierigkeiten, die die experimentelle Analyse dieses Zellverhaltens von zentralen Neuronen bietet. Experimentelle Eingriffe sind viel einfacher im peripheren Nervensystem, und aus diesem Grunde besitzen wir ein wesentlich besseres Bild dieses Problems bzw. einen viel besseren Zugang zu seiner Lösung im Falle der Neuralleiste (NL) [21]. Nach der Bildung des Neuralrohrs spalten sich Zellen entlang der dorsalen Region des gesamten Neuralrohrs zur Bildung einer Leiste ab, der NL. Ihre Zellen verteilen sich kurz darauf über den gesamten Körper und differenzieren sich in eine große Anzahl verschiedener Zelltypen: im Rumpf zu Nerven- und Satellitenzellen der Spinal- und vegetativen Ganglien, zu Schwannschen Zellen, Adrenomedullarzellen und Melanozyten (Pigmentzellen); im Kopf zu allen Derivaten des craniofacialen Mesenchyms. Erstaunlich ist nicht nur die Vielzahl der Zelltypen, in die sich die Zellen der NL differenzieren können, sondern auch ihre Fähigkeit zur Wanderung.

Die Zellen der Neuralleiste, NL, wandern durch zellfreie Räume

Die Tatsache, daß sich die Zellen der NL nach ihrer Ankunft in den Zielorganen in diverse Zelltypen differenzieren, legt die Vermutung nahe, daß die Wanderung, oder der Wanderweg, kausal an der Diversifizierung der Zellen beteiligt ist. Die Wanderung beginnt, wenn das Neuralrohr vollkommen strukturiert ist und wird wahrscheinlich durch den Verschluß des Neuralrohrs ausgelöst. Das häufigste Substrat der wandernden Zellen sind zellfreie Räume, die von der Basalmembran der sie umgebenden Epithelien abgegrenzt werden und mit einer komplexen extrazellulären Matrix ausgefüllt sind. Die Matrix ist ein dichtes Netzwerk, u.a. bestehend aus Hyaluronsäure, Proteoglykanen, Kollagen I und III, Vitronektin und Fibronektin, zu deren Bildung die Zellen der NL selbst durch die Sekretion von Kollagen und Glykosaminoglykan beitragen.

Obwohl die Zellen der NL selbst nicht die einzige Bildungsstätte von Fibronektin sind, korreliert das Auftreten wandernder Zellen in vivo eindeutig mit der Anwesenheit von Fibronektin. Die Unterbrechung der Wanderung steht häufig auch mit dem Verschwinden des Fibronektins in Beziehung. Auch in vitro wandern die Zellen der NL sehr gut auf Fibronektin und sehr schlecht oder überhaupt nicht auf anderen Bestandteilen der extrazellulären Matrix, wie Kollagen, Laminin, Glykosaminglykan etc. Fibronektin interagiert mit der Zellmembran über eine zellbindende Proteindomäne, die aus den Aminosäuren Arginin-Glyzin-Asparagin-Serin besteht. Diese Sequenz kommt ein einziges Mal im Fibronektinmolekül vor und ist essentiell für die Haftung der Zellen an das Substrat, denn die Wanderung von Zellen der NL kann sowohl in vitro als auch in vivo durch Antikörper gegen dieses Tetrapeptid blockiert werden. Es ist angenommen, daß das Tetrapeptid mit Fibronektin-Rezeptoren (sogenannten Integrinen) interagiert. Antikörper gegen diese mutmaßlichen Rezeptoren blockieren in vitro die Wanderung der Zellen der NL.

Das Wanderverhalten wird zum Teil durch die Zellen selbst bestimmt

Die Fähigkeit zur Wanderung und somit auch die Richtung und endgültige Lokalisation der Zellen aus der NL werden, außer durch ein geeignetes Substrat und spezifische Wanderrouten, auch durch sehr spezifische Eigenschaften der Zellen selbst bestimmt. Das Zytoskelett der wandernden Zellen ist nur unvollständig in Bündeln organisiert, Vinculin und Talin sowie die Fibronektin-Rezeptoren sind diffus verteilt. Im Gegensatz dazu besitzen stationäre Zellen zahlreiche Fibronektin-Rezeptoren und Vinculin an den Kontaktstellen zum Substrat, und ihr Zytoskelett ist in Bündeln organisiert, die in Beziehung zur Kontaktstelle stehen. Es ist also durchaus möglich, daß die Fähigkeit der Zellen der NL zu wandern mit ihrer Unfähigkeit zusammenhängt, das Zytoskelett in Bündeln zu organisieren bzw. die Fibronektin-Rezeptoren an einem bestimmten Punkt zu konzentrieren. Die diffuse Verteilung der Fibronektin-Rezeptoren würde keine starken Interaktionen der Plasmamembran mit dem Substrat erlauben, die zu einer Verankerung der Zellen der NL führen würden, und wird entsprechend als ein mögliches kausales Agens der Wanderung in Betracht gezogen.

Wachtel/Huhn-Chimären: eine Anlagekarte der NL

Wachtel- und Hühnerzellen können leicht voneinander unterschieden werden, so daß Chimären zwischen Wachtel und Huhn extensiv benutzt worden sind, um das Schicksal der Zellen der NL zu untersuchen und eine Anlagekarte aufzustellen (Abb. 3-10). Bezogen auf die antero-posteriore Achse wandern die Zellen zu den ihnen zugewandten, nächstliegenden Zielorganen hin. Die Kette der sympathischen Ganglien entwickelt sich aus der NL vom sakralen Wirbel S5 bis zum kaudalen Ende. Die adrenomedullaren Zellen entstehen aus S18-S24. Die parasympathischen enterischen Ganglien entwickeln sich aus S1–7 und das Remaksche Ganglion aus dem lumbosakralen Raum. Die Ganglien der Kopfnerven schließlich entwickeln sich aus den Zellen der NL im Kopfbereich.

Mechanismen der Diversifizierung der Zellen der NL: Ist die NL homogen oder heterogen zusammengesetzt?

Nach heterotoper Transplantation entlang der antero-posterioren Achse, also von einer bestimmten Position in eine andere, verhalten sich die Zellen der NL entsprechend ihrer neuen Position. Die Anlagekarte läßt zwar deutlich voneinander getrennte parasympathische, sympathische, enterische und gemischte Bereiche erkennen, dennoch findet man nach heterotoper Transplantation, daß die Zellen irgendeiner Region der NL imstande sind, sämtliche Zelltypen hervorzubringen. Ein Beispiel sind Zellen aus dem mutmaßlich sympathischen Bereich, die sich nach ihrer Transplantation in die entsprechenden Gebiete als Zellen des Parasympathicus differenzieren können.

Um zu erklären, wie die erstaunliche Differenzierung der Zellen der NL zustandekommt, sind zwei extreme Möglichkeiten denkbar: 1. Alle Zellen der NL besitzen vergleichbare Fähigkeiten, allein die Umgebung, mit der sie bei der Wanderung in Kontakt kommen, bestimmt ihre Differenzierung. 2. Die NL besteht aus einem Mosaik von verschiedenen, prädeterminierten Vorläuferzellen, die insgesamt alle Fähigkeiten besitzen. Durch die Interaktion der wandernden Zellen mit ihrer Umgebung wird differentielle Proliferation und/oder Degeneration der prädeterminierten Vorläuferzellen ausgelöst, welche die Entwicklung zu den verschiedenen Zelltypen

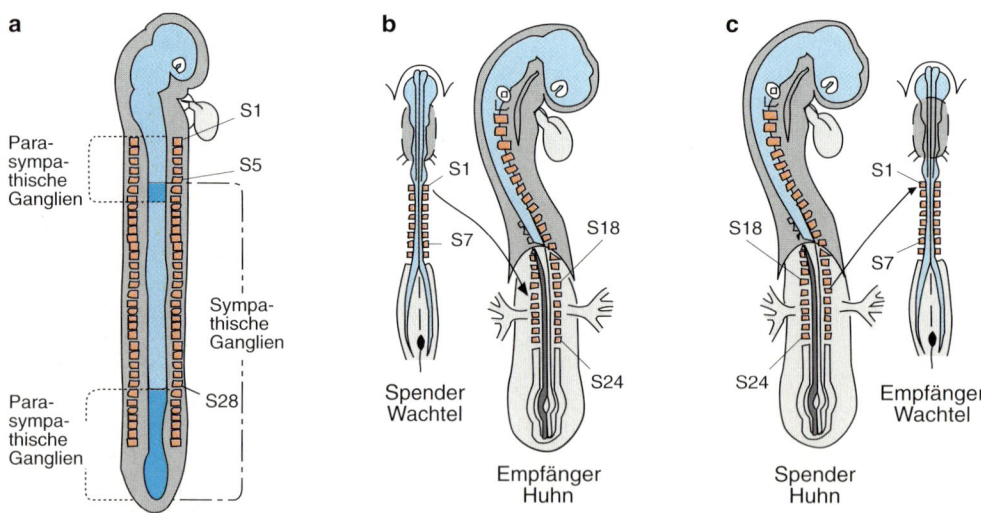

Abb. 3-10. Transplantationen von Zellen der NL zwischen Wachtel- und Hühnerembryonen ermöglichen, eine Anlagenkarte aufzustellen. **a** zeigt die Herkunft von sympathischen bzw. parasympathischen Zellen aus der NL. Unter normalen Bedingungen bilden obere Bereiche (Somiten S1-S5) ausschließlich parasympathische Zellen, intermediäre Bereiche (S8-S28) nur sympathische Zellen. Die restlichen (dunkelblauen) Bereiche bilden sowohl sympathische als auch parasympatische Zellen.

b Nach heterotoper Transplantation der Zellen aus S1-S7 in die sympathische, adrenerge Region (S18-S24) entwickeln sich die transplantierten Zellen entsprechend ihrer Position und bilden adrenerge Zellen. **c** Die reziproke Transplantation, d.h. von Zellen aus der adrenergen Anlage bei S18-S24 zu den oberen Bereichen S1-S7, führt im Prinzip zum gleichen Ergebnis: Die Zellen entwickeln sich, entsprechend ihrer neuen Position, als cholinerge Zellen [21]

ermöglicht. Die Ergebnisse von verschiedenen Experimenten *in vitro* und *in vivo* deuten auf Heterogenität im Aufbau der NL hin und stehen mit der Hypothese im Einklang, daß es sowohl Vorläufer von verschiedenen Zelltypen mit eingeschränkten Fähigkeiten als auch multipotente Zellen gibt.

Faktoren, die Teilung und Differenzierung der Zellen der NL beeinflussen

Angesichts der hohen Diversität der Differenzierungsprodukte der Zellen der NL ist anzunehmen, daß für ihre Spezifizierung auch eine entsprechend hohe Anzahl von Molekülen benötigt wird. Einige dieser Faktoren sind bekannt [2]. Der „stem cell factor" (SCF), der vom *steel*-Locus der Maus kodiert wird, ist ein Ligand für einen Tyrosinkinase-Rezeptor, der vom Locus *white spotting* kodiert wird. Mutationen in beiden Loci bewirken identische Phänotypen, mit Defekten sowohl in der Melanozytenzellinie als auch in der myeloiden Linie im Blutsystem. Ein weiterer Faktor mit gemeinsamen Funktionen in der Hämatopoese und bei der Entwicklung der Derivate der NL ist der „leukemia inhibitory factor" (LIF). Neben der Anregung der Proliferation der hämatopoetischen Zellen und der Differenzierung von Leukämiezellen bewirkt LIF *in vitro* die Ausbildung von cholinergen Eigenschaften bei sympathischen Zellen. LIF kann außerdem Zellen der NL stimulieren, sich zu sensorischen Zellen zu differenzieren. CNTF begünstigt das Überleben von sympathischen Zellen des Ciliarganglions, und darüber hinaus, neben LIF, bewirkt CNTF auch cholinerge Differenzierung von sympathischen Zellen.

Außerdem brauchen verschiedene NL-Derivate, wie die sympathischen und sensorischen Zellen, den „nerve growth factor" NGF sowohl zur Reifung als auch zum Überleben; außerdem stimuliert er die adrenomedullaren Zellen zur Teilung. Auch der „insulin-like growth factor" (IGF-l) stimuliert die Mitosen der sympathischen Zellen, während CNTF benötigt wird, um die Teilung zu unterdrücken. Schwannsche Zellen, die normalerweise teilungsunfähig sind, können durch den „glial growth factor" (GGF) zur Teilung angeregt werden. Weitere mitogene Faktoren werden an der axoplasmatischen Membran vermutet mit der die sich entwickelnden Schwannschen Zellen sofort assoziieren.

Der cholinerge Faktor (ChF) stimuliert die Umschaltung von adrenerger zu cholinerger Bahn der sympathischen Zellen *in vitro*. Er wird von den Organen produziert, die cholinerge Innervation brauchen, wodurch die Differenzierung der Nervenzellen in diese Richtung stimuliert wird. Der „brain derived neurotrophic factor" (BDNF) schließlich ist sowohl ein trophischer als auch ein Differenzierungsfaktor für bestimmte sensorische Zellen *in vitro*.

3.4 Morphogenese

Die Form eines Neurons wird durch die Form seiner Bestandteile, dendritischer Baum, Zellkörper und Axon, definiert und ist in der Regel von höchster Komplexität. Nervenzellen sind mit anderen Nervenzellen zu Verbänden assoziiert, in denen sie sich offensichtlich in ihrer Form und Verschaltung aneinander anpassen müssen. Die endgültige Form eines Neurons ist Folge der Anpassung an die anderen Neurone bzw. der notwendigen Verbindungen und dementsprechend durch Wechselwirkungen mit seiner Umgebung bedingt.

Zur Herkunft der neuronalen Form

Aus den Teilungen der neuronalen Vorläufer entstehen runde Zellen, aus denen im Laufe der Entwicklung Dendriten und Axone nach einem für jeden betrachteten Neuronentyp charakteristischen Muster auswachsen werden. Obwohl die nicht differenzierten Nervenzellen rund sind, erlangen sie offensichtlich durch Wechselwirkungen mit der Umgebung eine bestimmte *Polarisierung*, die die weitere Differenzierung der zwei Typen von Ausläufern, Axon und Dendriten, zum größten Teil bedingt. Diese Polarisierung wird manifest, wenn Nervenzellen isoliert kultiviert werden, so daß sie keine Wechselwirkungen mit anderen Neuronen unterhalten können: Unter solchen Umständen bilden Nervenzellen deutlich unterscheidbare Dendriten und Axone, deren grobe morphologische Merkmale, z. B. die Polarität des Hauptstammes und die Anzahl der dendritischen Äste erster und zweiter Ordnung, ebenfalls Konsequenz der Zellpolarität ist, die durch das Genom bestimmt wird.

Zwei Beispiele zeigen, daß Nervenzellen bereits polarisiert sind, bevor sie mit ihrer Zytodifferenzierung beginnen. In einem normalen Gehirn findet man eine hohe Anzahl von Pyramidenzellen, die offensichtlich invertiert sind. Diese Zellen sind den normalen Pyramidenzellen in allem vergleichbar und besitzen einen relativ normal aussehenden apikalen dendritischen Baum, der aber zur weißen Substanz gerichtet ist und nicht zur Hirnhaut, wie im normalen Fall. Entsprechend dieser umgekehrten Polarität wächst das Axon aus dem nunmehr invertierten basalen Teil in Richtung der Hirnhaut, und nicht der weißen Substanz. Die Ursache der umgekehrten Polarität dieser Zellen ist unbekannt; wahrscheinlich drehen sie sich, bevor sie sich differenzieren, behalten jedoch trotz Inversion die für Pyramidenzellen normale Polarität bei. Obwohl das Axon bezogen auf den normalen Fall in umgekehrte Richtung wächst, so dreht es auffälligerweise nach einer kurzen Strecke um und zieht in die richtige Richtung. Offenbar wird das Axon, das entsprechend der intrinsischen Polarität des Neurons gewachsen ist, auf seinem Weg von substratabhängigen Strukturen gelenkt, deren Verteilung normal zu sein scheint.

Bei Fischen und Amphibien gibt es im Mittelhirn zwei sehr große Neurone, die *Mauthner-Zellen*, die nach ihrem Entdecker benannt werden. Das Axon jeder dieser Zellen, die an der Kontrolle von reflektorischen Schwimmbewegungen beteiligt sind, wächst caudalwärts und überquert die Mittellinie, um weiter in das Rückenmark zu wachsen. Man kann bei einer Frosch-Larve das Gebiet im Mittelhirn, das die Mauthner-Zellen enthält, um 1800 umdrehen und wieder in eine andere Larve desselben Alters implantieren [5] (Abb. 3-11). Die Operation wird zu einem Zeitpunkt durchgeführt, zu dem noch keine Ausläufer aus den postmitotischen Zellen gewachsen sind. Die Neurone haben jedoch ihre Polarisierung erlangt, denn dieser entsprechend wachsen die Axone der Mauthner-Zellen zunächst kranialwärts, also in die umgekehrte Richtung, und überqueren die Mittellinie, dann aber, ähnlich wie die Axone der invertierten Pyramidenzellen, drehen sie um und ziehen kaudalwärts, wie im Normalfall.

Die räumliche Polarität ist eine intrinsische Eigenschaft des Zellkörpers der Neurone, die wahrscheinlich mittels Interaktionen der postmitotischen, aber noch nicht differenzierten Nervenzelle mit anderen Zellen erlangt worden ist. Sie bestimmt, daß dendritische und axonale Ausläufer auf eine vorbestimmte Art wachsen. Wir haben gesehen, daß sie eine stabile Eigenschaft ist, die im Experiment beibehalten wird. Das Axon jedoch, das aus einer polarisierten Nervenzelle entstanden ist, kann sich unter dem Einfluß der umgebenden Zellen umorientieren.

Die *Lamina ganglionaris* ist das erste visuelle Neuropil der Arthropoden. Die Axone der Photorezeptoren projizieren in Untereinheiten, den optischen Cartridges, wo sie mit verschiedenen nachgeschalteten Neuronen zweiter Ordnung synaptische Verbindungen ausbilden. Diese Elemente, die Photorezeptoraxone und die restlichen Zellen der Cartridges, bilden zusammen ein komplexes Verschaltungsmuster, dessen Entwicklung von den afferenten Photorezeptorzellaxonen gesteuert wird. Bei *Drosophila* kann man mit Hilfe genetischer Mosaike zeigen, daß dieses komplexe Muster weitgehend von einer normalen Innervation durch die Photorezeptoraxone abhängt, und daß Unregelmäßigkeiten im Aufbau des Komplexauges sich auf die Musterbildung in der Lamina stark auswirken.

3.5 Die Entwicklung spezifischer Nervenverbindungen

Neurale Verbindungen sind sehr spezifisch, d.h., sie werden nach einem präzisen und reproduzierbaren Muster gebildet. Man findet beispielsweise, daß bestimmte Neurone in jedem Tier einer Art immer miteinander verbunden sind. Die Spezifität wird sogar bei der Regeneration nach einer Operation gewährleistet: Die alten synaptischen Stellen werden von den regenerierenden Axonen wiedergefunden und ähnlich geartete synaptische Beziehungen

a Normale Orientierung

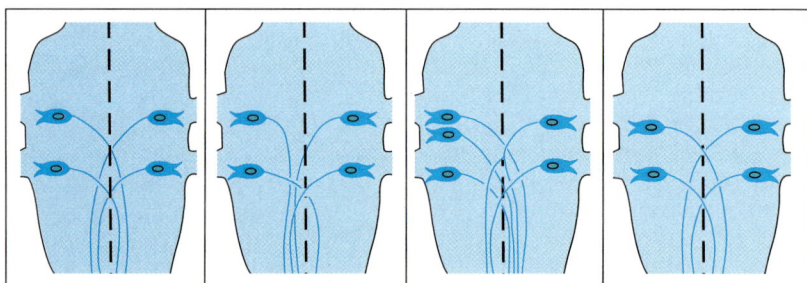

b Umgekehrte Orientierung

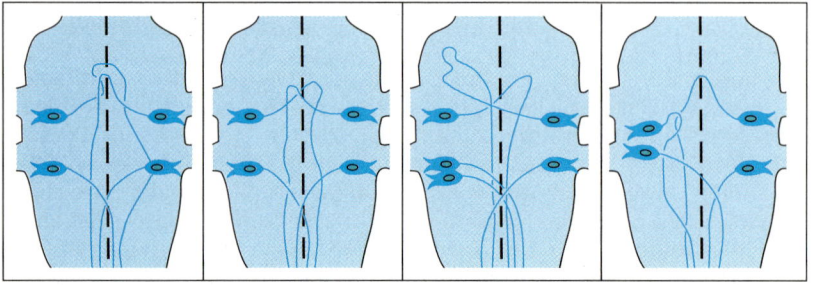

Abb. 3-11. Axonale Polarität bei den Mauthner-Zellen eines Molches. Im normalen Fall wachsen die Axone der Mauthner-Zellen kaudalwärts, überqueren die Mittellinie und ziehen weiter entlang des Rückenmarks. Wenn die mesenzephale Anlage vor Auswachsen der Axone der Mauthner-Zellen in ein anderes Tier in der gleichen Orientierung transplantiert wird, so wachsen die Axone mit der gleichen Polarität wie im normalen Fall. **a** Die axonale Polarität wird beibehalten, wenn die mesenzephale Anlage vor der Reimplantation umgedreht wird. **b** Die Axone wachsen cranialwärts. Jedoch werden sie, nachdem sie kurze Strecken auf dem falschen Weg gewachsen sind, von Strukturen des Substrats geleitet, wechseln ihren Kurs und ziehen nach kaudal [15]

wie zuvor werden wieder hergestellt. Da sich also die regenerierenden Axone wie solche verhalten, die sich normal entwickeln, kann man an ihnen Fragen studieren, die am Embryo nur schwer zugänglich sind.

Das Problem der Bildung spezifischer Nervenverbindungen läßt verschiedene Aspekte erkennen. Axone von Neuronen aus einem bestimmten Zellverband müssen Verbindungen aufnehmen mit einem bestimmten Teil (dem Perikaryon, den Dendriten oder dem Axon) von anderen, sich in einem anderen Zellverband befindenden Neuronen. Um an den Zielort zu gelangen, der zuweilen sehr weit vom Herkunftsganglion der Axone entfernt ist, müssen sie oft einem sehr komplizierten Weg folgen. Auf ihrem Weg dorthin begegnen sie vielen Neuronen, mit denen sie auch Verbindungen hätten aufnehmen können, bis sie schließlich das Ziel erreichen. Wie kommt die Präzision bei all diesen Leistungen zustande?

Die neuronale Erkennung beruht auf zwei Hauptvorgängen, die von einer Vielzahl von Mechanismen gesteuert werden

Zwei Hauptvorgänge müssen also bei der Bildung neuraler Verbindungen unterschieden werden: Zum einen müssen die Axone ihren Weg zum Zielort finden und ihm auf der gesamten Strecke folgen können. Zum anderen müssen sie am Zielort die richtigen Partner erkennen und mit diesen synaptische Verbindungen aufnehmen. Diese Vorgänge schließen eine Vielzahl von Mechanismen ein, die wir im folgenden betrachten möchten.

Eine wichtige Eigenschaft der neuralen Verbindungen ist die Ordnung der beteiligten Elemente, die sich auf den verschiedenen funktionellen Ebenen der somatotopischen Organisation, d.h. in der kartographischen Abbildung der sensorischen Felder und an der Organisation der motorischen Felder, manifestiert. Schon auf den ersten Blick suggeriert diese Ordnung eine **raum-zeitliche Abstimmung** in der Entwicklung der miteinander verbundenen Zellen. Es wäre durchaus vorstellbar, daß die Ordnung lediglich durch eine bestimmte Reihenfolge in der Entwicklung der beteiligten Elemente zustande kommt. So könnten Synapsen zwischen zwei verschiedenen Zellen deswegen gebildet worden sein, weil sich gerade diese zwei Zellen zum richtigen Zeitpunkt mit ihren Ausläufern begegneten. Ferner suggeriert der Aufbau der verschiedenen Hirnteile aus ähnlich strukturierten Untereinheiten die **Reiteration** eines Grundmechanismus: Die gleichen Bauprinzipien könnten für jedes der Grundelemente wiederholt benutzt werden, um ein komplexeres Gebilde entstehen zu lassen. Es geschieht schließlich oft, daß die miteinander verbundenen Kerne oder Ganglien in

früheren Phasen ihrer Entwicklung in enger **räumlicher Beziehung** zueinander gestanden haben; die von den Axonen bei ihrem Wachstum tatsächlich beschrittenen Wege waren nicht so groß, wie sie im fertigen Tier zu sein scheinen.

Obwohl die betrachteten zeitlichen und räumlichen Aspekte grundlegende Mechanismen bei der Entstehung neuraler Verbindungen sind, können sie jedoch das Problem nicht vollständig erklären. Die Wahl des postsynaptischen Neurons aus einer Gruppe von möglichen Kandidaten beispielsweise ist nicht durch zeitliche oder räumliche Aspekte allein erklärbar. In manchen Fällen konnte gezeigt werden, daß es nicht genügt, wenn ein Axon zu einem günstigen Zeitpunkt in ein benachbartes Ganglion einwächst. Voraussetzung für die Synapsenbildung ist außerdem eine **chemische Affinität** zwischen Axon und postsynaptischer Zelle.

Axone orientieren sich an Strukturen des Substrats

Sinneszellen in Insekten entstehen in der Epidermis und projizieren ihre Axone in die zentralen Ganglien. Die Entwicklung des Antennennervs von Heuschrecken, der in der Imago aus vielen Hunderten von Axonen besteht, beginnt durch zwei aus einem Chordotonalorgan an der Spitze der Antenne wachsende Axone. Diese Axone werden **Pionieraxone** genannt, weil sie als erste den Weg finden und von den anderen Axonen gefolgt werden.

Besitzen diese Pionieraxone besondere Eigenschaften, die sie von den anderen Axonen unterscheiden, oder sind sie lediglich die ersten, die heranwachsen? Die Entfernung der Pionieraxone führt tatsächlich nur zu geringen Defekten, weil andere Axone die Aufgabe der Pioniere übernehmen. Offenbar ist jedes Axon imstande, den Weg ins Ziel zu finden, vorausgesetzt, es kann sich an geeigneten Strukturen orientieren. Die Axone orientieren sich auf ihrem Weg an Zellen und anderen Strukturen der Umgebung, eine Art Wegweiser, die „stepping stones", oder „guideposts" genannt werden. Diese Strukturen sind essentiell bei der Bahnfindung, und ihre Abtragung führt zum Umherirren der Axone [15]. Das heißt, Eigenschaften des Substrats, auf dem die Axone wachsen, helfen diesen dabei, ihren Weg zu finden (Abb. 3-12).

Wechselwirkungen zwischen Wachstumskolben und Substrat bewirken die axonale Bahnfindung

Das gezielte Wachstum und die eindeutige Präferenz der Axone für bestimmte Wege deuten auf einen

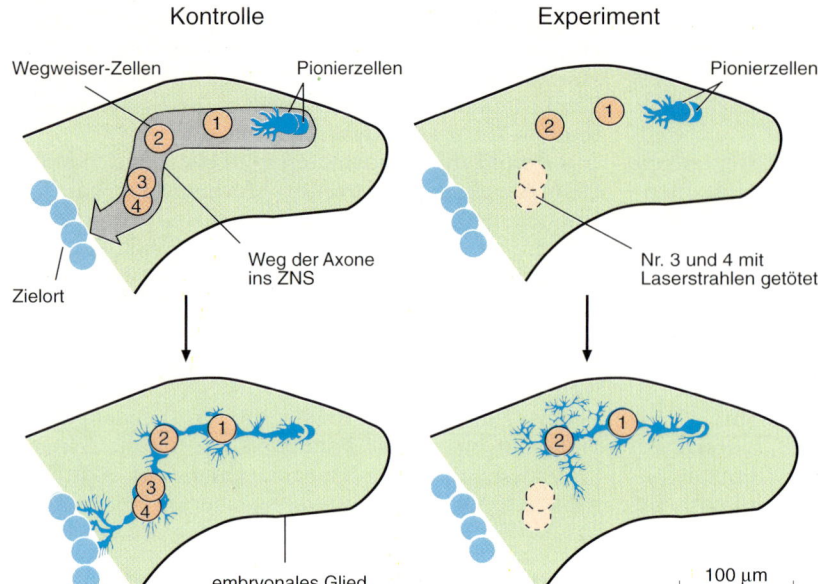

Kontrolle　　　　　Experiment

Wegweiser-Zellen　Pionierzellen　　　　　Pionierzellen

Weg der Axone
ins ZNS

Zielort

Nr. 3 und 4 mit
Laserstrahlen getötet

embryonales Glied

100 µm

Abb. 3-12. Auswachsen von Axonen entlang von Wegweisern im peripheren Nervensystem von Insekten. Im normalen Fall (links) führen Wegweiser („stepping stones" 1–4) die sensorischen Axone in einer Extremität der Heuschrecke zu ihren Zielorten im ZNS. Die Entfernung der Wegweiser 3 und 4 (rechts) führt zu einem abnormen Wachstum der Axone jenseits vom Wegweiser 2 [5]

Erkennungsprozess hin, der sich zwischen wachsendem Axon und Substrat abspielt und die Selektivität der Bahnfindung gewährleistet. Ein besonders gut untersuchtes Beispiel für axonale Bahnfindung innerhalb des ZNS stellen die Axone dar, die die Entwicklung von Konnektiven und Kommissuren bei Heuschrecken einleiten [4]. Axonale Bahnfindung erweist sich als Folge der Wechselwirkung wachsender Axone mit dem Substrat. Die Hypothese der **markierten Bahnen** („labelled pathways") beruht auf spezifischen Beziehungen zwischen Wachstumskegel und komplementären Molekülen des Substrats (Abb. 3-13 u. 3–14). Nach dieser Hypothese finden axonale Wachstumskolben ihren Weg, weil sie von spezifischen, auf präzise Weise zeitlich und räumlich regulierten Substratmolekülen gelenkt werden. Die Wachstumskolben der Pionierzellen von Konnektiven und Kommissuren bei Insekten wachsen, wie auch an vielen anderen Beispielen gezeigt wurde, gezielt zu ihren Endorganen und orientieren sich dabei an Substratstrukturen. Die nachfolgenden Axone erkennen dann Marker an der Oberfläche der Pionieraxone und wählen spezifische Wege unter vielen anderen möglichen.

Die Hypothese stützt sich auf Beobachtungen über das Verhalten der ersten drei, während der Embryogenese feststellbaren Axonenbündel im Bauchmark der Heuschrecke. Diese Bündel enthalten die Axone von sieben, aufgrund verschiedener Kriterien einzeln identifizierbarer Zellen: MP1, dMP2, vMP2, U1, U2, aCC und pCC. Bis die drei Axonenbündel gebildet sind, müssen die sieben Axone in ihrem Wachstum eine Vielzahl verschiedener Strukturen erkennen und sieben richtige Entscheidungen treffen. Dieses merkwürdige Verhalten der wachsenden Axone deutet daraufhin, daß sie bestimmte Zelloberflächen bevorzugen. Die Hypo-

these der *markierten Bahnen* besagt, daß die ersten drei Axonbündel spezifisch markiert sind, und daß ihre Axone spezifische Marker der Umgebung erkennen, mit denen sie Bündel zum Zwecke des weiteren Wachstums bilden können. Die Ergebnisse von Ablationsexperimenten sprechen für eine absolute Bevorzugung von Axonen für andere Axone. Das Axon von aCC ist zum Beispiel imstande, die Axone von U1 und U2 sogar nach dem Wachstum anderer Bündel zu unterscheiden. Wie wir bereits gesehen haben, sind aCC und pCC die ersten neuronalen Nachkommen des Neuroblasten NB1–1. Wenn dieser Neuroblast nach seiner Segregation entfernt wird, so trennt sich ein neuer NB1–1 vom Neuroektoderm ab, der entsprechend seiner Determination aCC und pCC als die ersten beiden Nachkommen produziert. Dies geschieht jedoch mit einer Verzögerung von ca. 10 Stunden, so daß deren Wachstumskolben später ihren Partner treffen. Ihre Entscheidungen sind jedoch dieselben wie im normalen Tier, obwohl viele andere Möglichkeiten offenstehen.

Die zeitliche Abstimmung ist ein Grundmechanismus in der Entwicklung der neuralen Verbindungen

Die Mechanismen der Bahnfindung scheinen also durch einen Hauptfaktor dominiert zu sein: eine molekulare Komplementarität zwischen Axonen und Substrat. Darüber hinaus spielt auch die neuronale Polarität eine wichtige Rolle. Die Polarität bedingt, daß das Axon in einem bestimmten Bereich des Zellkörpers entsteht, wodurch das gezielte Auswachsen an einer zum Auffinden des Zielortes gün-

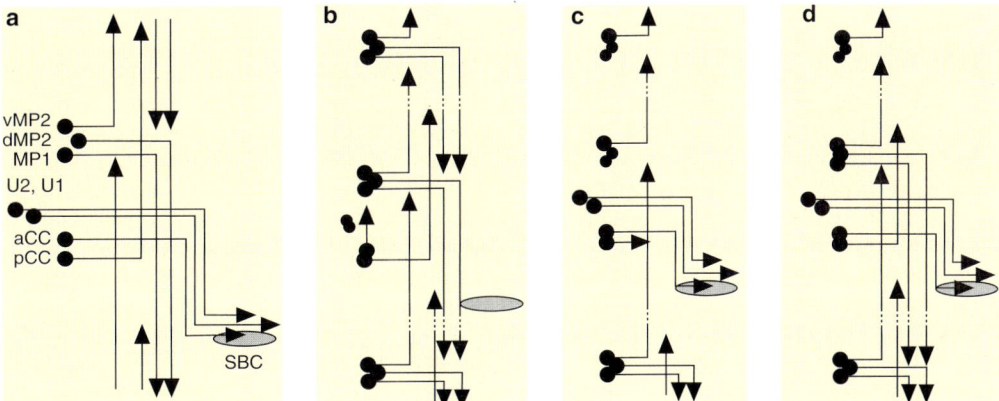

Abb. 3-13. Axone bevorzugen bei ihrem Wachstum bestimmte Wege. **a** Die Axone von vMP2, dMP2, MP1, U2, U1, aCC und pCC, identifizierbare Neurone der Heuschrecke, müssen auf ihrem Weg eine Vielzahl verschiedener Strukturen erkennen, um richtige Entscheidungen treffen zu können. (1) Die Axone von MP1, dMP2 und vMP2 wachsen zunächst nach dorsal, in einen zellfreien Raum unterhalb der Basalmembran des Neuroektoderms. (2) Der Wachstumskegel von vMP2 zieht vorwärts, der von dMP2 und MP1 rückwärts. (3) Der Wachstumskegel der vMP2 eines Segments kommt in die Nähe der Wachstumskolben von dMP2 und MP1 des vorderen Segments. Trotz ihrer Nachbarschaft vereinigen sie sich jedoch nicht zu einem gemeinsamen Bündel, sondern wachsen getrennt weiter. (4) Die Axone von U1 und U2 wachsen sehr nahe an denen von MP1 und dMP2, bilden aber kein gemeinsames Bündel mit diesen. (5) aCC und pCC entstehen am vorderen Rand eines Segments und enden im unmittelbar davorstehenden Segment. Dafür wandern sie ca. 100 µm. Der Wachstumskolben von pCC zieht vorwärts an dem von aCC vorbei, in Richtung der nach hinten ziehenden

Wachstumskolben von dMP2 und MP1, mit denen er dann ein Axonenbündel bildet. (6) Währenddessen bleibt der Wachstumskolben von aCC für ungefähr 10 Stunden in einem stationären Zustand. Nach dieser Zeit erreichen die Wachstumskolben von U1 und U2 die Nachbarschaft von aCC und wachsen mit ihm weiter. (7) Wenn die nach hinten wachsenden Axone von U1, U2 und aCC die Segmentgrenze erreichen, treffen sie eine epidermale Zelle und ziehen aus dem Bauchmark heraus. Die Beziehung zu U1 und U2 ist essentiell für das weitere Wachstum von aCC, denn die Abtötung von U1 und U2 mittels Laser-Strahlen führt dazu, daß aCC nicht weiter wächst (**b**). Auch die Beziehung von pCC mit den nach hinten ziehenden Wachstumskolben von dMP2 und MP1 ist notwendig für das Wachstum von pCC: Die Abtötung von MP1 und dMP2 im selben Segment (**c**) oder im unmittelbar anterior gelegenen Segment (**d**) führt dazu, daß pCC das Wachstum an der Stelle unterbricht, an der es die Axone von MP1 und dMP2 hätte treffen sollen. SBC: Segmentgrenzzelle [4]

stigen Stelle ermöglicht wird. Wie uns jedoch die Experimente mit den Mauthner-Zellen gezeigt haben (s.o.), ist die molekulare Komplementarität zwischen Axon und Substrat bei der axonalen Bahnfindung wesentlich.

Wir wollen uns im folgenden mit einem weiteren Mechanismus dieses Prozesses, der zeitlichen Abstimmung, befassen [22]. Die Projektionen zwischen Komplexauge und Lamina bei *Daphnia* (Was-

serfloh) sind ähnlich gebaut wie im bereits bekannten *Drosophila*-System. Das Sehsystem von Fliegen unterscheidet sich von dem des Wasserflohs darin, daß die Axone eines Ommatidiums bei den Fliegen aufgrund der verschiedenen optischen Achsen der entsprechenden Rhabdomere in sieben benachbarten Cartridges enden, während sie beim Wasserfloh – wie bei allen Krebsen und vielen Insekten – alle in dieselbe Cartridge projizieren. Das Komplexauge

Abb. 3-14. Die Abtötung des Neuroblasten NB1−1 (Vorläuferzelle von aCC und pCC) nach seiner Segregation, aber vor seiner ersten Teilung, führt zur Entstehung eines neuen NB1−1, aus dem aCC und pCC, allerdings verzögert mit Bezug auf den normalen Fall, entstehen werden **b**). Die Entfernung von NB1−1 und seiner ersten Ganglienmutterzelle nach der ersten Teilung führt zu einer noch stärkeren Verzögerung in der Entstehung von aCC und pCC (**c**). Die axonalen Partner von aCC und pCC sind jedoch die gleichen wie im normalen Tier. **a**) zeigt den normalen Fall [4]

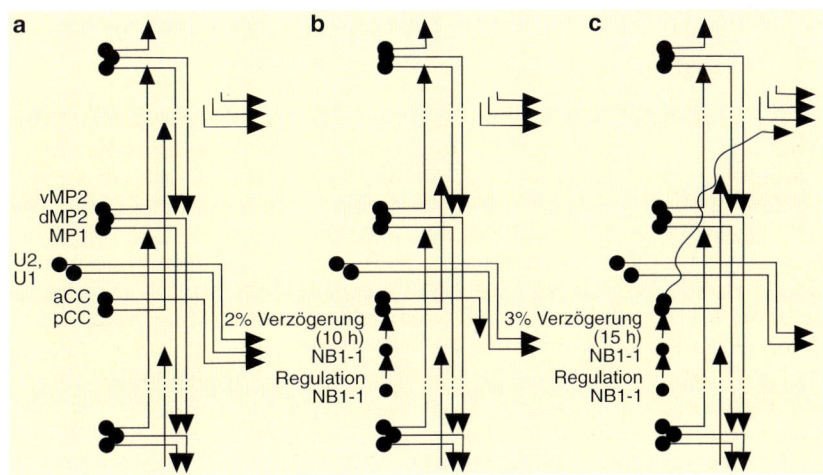

von *Daphnia* besteht aus nur 22 Ommatidien, 11 auf jeder Seite, und dementsprechend enthält die Lamina 22 Cartridges. Die Ommatidien im Auge entwickeln sich in einer bestimmten Reihenfolge, von lateral nach medial, so daß die mehr lateral gelegenen sich als erste, und die medialen als letzte entwickeln (Abb. 3-15). Dabei wächst zunächst aus der Gruppe der entstehenden acht Zellen eines Ommatidiums ein einziges Axon, das in die Mittellinie zieht und von dort in die benachbarte, sich entwickelnde Lamina. Das erste herauswachsende Axon der Photorezeptorzellen nimmt Kontakt mit fünf sich entwickelnden Nervenzellen der Lamina-Anlage auf, und zwar mit denjenigen, die jeweils medial zur Verfügung stehen. Danach wachsen die anderen sieben Axone des betrachteten Ommatidiums und bilden ähnliche Verbindungen mit den bereits vom ersten Axon kontaktierten Zellen. Die benachbarten Ommatidien entwickeln sich indes weiter, und zum selben Zeitpunkt wie das erste Axon des einen Ommatidiums Verbindungen in der Lamina aufgenommen hat, wächst das erste Axon des nächsten Ommatidiums heraus, und so weiter.

Der eigentliche Mechanismus, der den Verbindungen zwischen Auge und Lamina bei *Daphnia* zugrunde liegt, ist die zeitliche Abstimmung im Wachstum beider Organe. Wird eines der sich entwickelnden Ommatidien zerstört, so daß die von dessen Axonen normalerweise besetzte Cartridge in der Lamina nunmehr frei bleibt, so übernehmen die benachbarten den Platz der abgetragenen Axone und bilden Synapsen mit den entsprechenden Laminazellen, mit dem Ergebnis, daß die zuletzt entstandenen Zellen der Lamina keine retinalen Axone

mehr bekommen und als Folge davon absterben. Die Projektion der retinalen Axone in die Lamina wird wahrscheinlich denselben Regeln der molekularen Komplementarität mit dem Substrat gehorchen, alle Axone die gleichen Substratspezifität aufweisen. Der Mechanismus zur Bildung von synaptischen Verbindungen beruht jedoch eindeutig auf zeitlicher Abstimmung der sich entwickelnden Zellen: Die retinalen Axone unterscheiden nicht zwischen den Zellen verschiedener Cartridges.

Viele Experimente zeigen, daß die Entwicklung der retino-tektalen Verbindungen von niederen Vertebraten eine spezifische chemische Grundlage besitzt.

Schneidet man bei Fischen oder Amphibien den optischen Nerv in der Augenhöhle durch, so regenerieren seine Axone vollständig, und das Tier wird wieder sehtüchtig. Wird ein Auge von einer Augenhöhle in eine andere transplantiert, so ist das Ergebnis das gleiche; die Sehtüchtigkeit wird wieder hergestellt. Wenn aber das Auge bei der Transplantation um 180° gedreht wird, so ist die Sehtüchtigkeit des Tieres gestört: Es verhält sich so, als ob das Sehfeld um 180° gedreht worden wäre. Nach Abtragung eines großen Abschnittes der Retina wachsen die Axone der übrigen Neurone an die richtigen Stellen im Tektum zurück und ignorieren dabei andere Regionen. Viele ähnlich geartete Experimente wurden durchgeführt, die die Annahme erlaubten, daß die Axone ihre alten synaptischen Plätze aufgrund einer chemischen Affinität zwischen prä- und postsynaptischen Elementen erkennen (Abb. 3-16).

Roger Sperry schloß aus diesen Befunden, daß Nervenzellen früh in ihrer Entwicklung eine positionsabhängige, **chemische Kodierung** erhalten, die sie voneinander unterscheidet. Prä- und postsynaptische Zellen mit zueinander passenden Markern stellen Verbindungen her. Bei engster Auslegung dieser Hypothese müßten die Axone ein starres Verhalten aufweisen und Verbindungen nur mit bestimmten postsynaptischen Zellen bilden können. Diese Auslegung trifft sicherlich nicht zu, weil eine solche strikte Spezifität nicht existiert.

Dies wird insbesondere durch zwei Serien von Experimenten bewiesen, bei denen Retinae und Tekta verschiedener Größe zur Bildung von Verbindungen induziert werden. Nach kürzeren Regenerationszeiten projizieren zwar die Axone einer halben Retina in das entsprechende halbe Tektum. Nach längerer Regenerationszeit jedoch erstrecken sich die Axone über das ganze Tektum und reinnervieren es vollständig. Ferner führt die Innervation eines

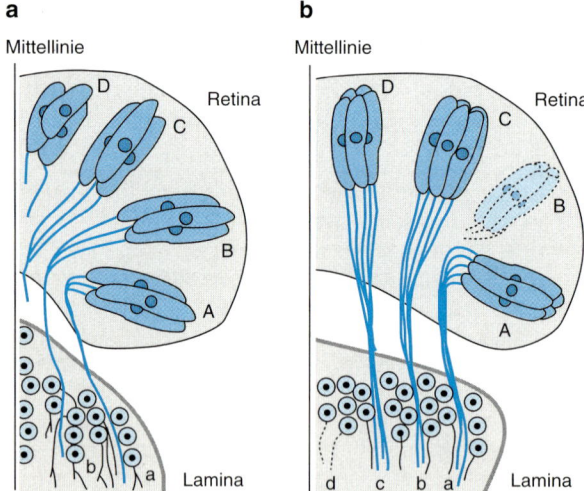

a
Mittellinie

b
Mittellinie

Retina

Retina

Lamina

Lamina

Abb. 3-15. a Das Komplexauge von *Daphnia* wächst zeitlich gestaffelt von lateral nach medial (A-D), und die Axone eines jeden Ommatidiums verbinden sich mit fünf Neuronen der Lamina (a, b, usw.). **b** Nach Abtötung der Zellen eines Ommatidiums vor dem Auswachsen der Axone mit Laser-Strahlen, wird der von den Axonen in der Lamina im normalen Fall eingenommener Platz von den Axonen übernommen, die aus dem unmittelbar folgenden Ommatidium gewachsen sind [22]

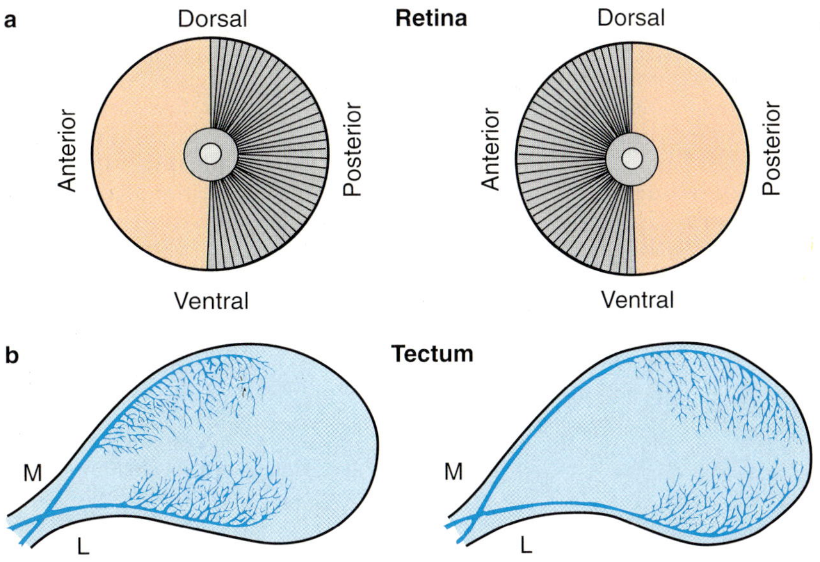

Abb. 3-16. Zwei der Experimente von Roger Sperry: Nach Zerstörung der hinteren (**a**) bzw. vorderen (**b**) Hälfte der Netzhaut beim Goldfisch und Durchschneidung des Nervus opticus, regenerieren die Axone aus der übriggebliebenen retinalen Hälfte und projizieren dabei zunächst zu den gleichen Orten, mit denen sie vor der Operation verbunden waren. Eine längere Regenerationszeit führt jedoch zur Ausdehnung der Projektionsgebiete auf die gesamte Fläche des Tektums [28]

halben Tektums durch eine ganze Retina nicht zur Aussparung der Axone, deren tektalen Partner entfernt wurden, sondern zur Kompression aller retinalen Fasern in einem halben Tektum.

Zusammengesetzte Augen zwischen zwei nasalen oder temporalen Augenhälften können experimentell hergestellt werden. Die Axone innervieren das Tektum zunächst so, als ob es sich bei jeder Hälfte um ein ganzes Auge gehandelt hätte, d.h., die terminalen Bereiche der Axone aus jeder Augenhälfte überlappen einander. Nach der Metamorphose jedoch trennen sich die Axone aus beiden halben Augen in tektalen Streifen voneinander. Ein ähnliches Verhalten kann bei experimentell erzeugten dreiäugigen Fröschen beobachtet werden, wenn eine Seite des Tektums von Axonen aus zwei Augen innerviert wird. Ähnlich wie im dreiäugigen Frosch ist dieser Vorgang von der neuralen Aktivität abhängig und mit Tetrodotoxin (TTX) zu blockieren. TTX blockiert die für die aufsteigende Phase der Aktionspotentiale verantwortlichen stromabhängigen Na$^+$-kanäle und wird oft zur Blockierung der neuralen Aktivität benutzt (siehe Kap. 4).

Außerdem verhalten sich die Axone während ihrer Entwicklung anders als bei einer rigiden Chemoaffinität zu erwarten wäre, denn die synaptischen Beziehungen werden ständig umorganisiert: Die Axone wechseln die postsynaptischen Partner, die mit bestimmten Neuronen gebildeten Synapsen werden aufgegeben und andere gebildet. Der Grund für dieses Verhalten ist das Wachstumsmuster der Retina, die ringförmig wächst, und des Tektums, das halbmondartig wächst. Außerdem ist die retinale Projektion ins Tektum stets retinotop geordnet und um das Zentrum organisiert. Um diese Organisation beim Wachstum von neuen Zellen beizubehalten, müssen die Axone ihre Positionen ändern. Diese Versuche schließen deutlich aus, daß Axone durch rigide, selektive chemische Übereinstimmung mit

den postsynaptischen Zellen verbunden werden. Die Notwendigkeit einer Chemoaffinität zwischen beiden synaptischen Partnern bleibt jedoch unverändert erhalten.

Auch die Mechanismen der Synaptogenese sind vielfältig

Die Betrachtung der Präzision, mit der zwei Neurone synaptische Verbindungen bilden, führt unmittelbar zu der Frage: Warum werden bestimmte Regionen dieser Zellen für die Synapsenbildung bevorzugt, zuweilen mit ausschließlichem Charakter? Sind diese Regionen bereits vor der Innervation als postsynaptische Stellen spezialisiert? Oder werden vielleicht die postsynaptischen Zellen von den präsynaptischen Elementen induziert? Dies sind technisch schwierig zu beantwortende Fragen, insbesondere wenn man sie am ZNS untersucht. Die Analyse der Synapsenentwicklung am PNS oder an Zellkulturen hat sich auf Grund der Zugänglichkeit für Experimente als viel geeigneter als das ZNS erwiesen, und so sind die derzeit besten Daten über Primärvorgänge der Synaptogenese insbesondere durch Untersuchungen zur Synaptogenese der muskulären Endplatte gewonnen worden.

Die **neuromuskulären Endplatten,** wie andere Synapsen auch, werden nicht überall auf der postsynaptischen Zelle gebildet, sondern nur an ganz bestimmten Positionen. Sie sind auf eine schmale Region in der Mitte der sehr langen Muskelfasern beschränkt, so als ob die postsynaptische Zelle die Stelle festlegt, an der die Synapse gebildet wird. Diesem Eindruck zum Trotz wird die Stelle der Synapsenbildung tatsächlich mehr oder weniger durch den Zufall bestimmt, und zwar bedingt durch den

Zeitpunkt der Synapsenbildung. Diese findet statt, wenn die Muskelfasern sehr klein sind: Die Axone nehmen Kontakt mit noch sehr unvollständig entwickelten Muskelfasern auf, deren Länge sich anschließend durch Spitzenwachstum verändert.

Obwohl die meisten Muskelfasern von Säugern nur eine einzige Endplatte besitzen, haben einige sehr große Fasern zwei, in einem bestimmten Abstand von einander liegende Endplatten. Muskelfasern von Amphibien, Reptilien und Vögeln haben mehrere Endplatten, und auch sie zeigen eine charakteristische räumliche Trennung. Man gewinnt den Eindruck, daß eine Endplatte andere in der Nachbarschaft hemmt. Offenbar besteht eine Beziehung zwischen räumlicher Entfernung zweier Endplatten und neuraler Aktivität, denn als die Paralyse der Nervenfasern mit Curare oder anderen Faktoren, die die Aktivität reduzieren, verringert den Abstand zwischen den Endplatten.

In frühen Stadien der Entwicklung ist die Muskelfaser über ihre gesamte Länge gegenüber Acetylcholin (ACh) empfindlich. Dies beruht auf einer diffusen Verteilung der ACh-Rezeptormoleküle. Später jedoch konzentrieren sich die Rezeptoren vor allem an den synaptischen Stellen, und obwohl noch für längere Zeit eine erhöhte ACh-Empfindlichkeit außerhalb der Synapsen festgestellt werden kann, verschwinden diese extrasynaptischen Rezeptoren schließlich. Gleichzeitig vergrößert sich die Stabilität der Rezeptoren, so daß z.B. bei der Hühnermuskulatur die Halbwertszeit der Rezeptoren nach dem Schlüpfen ca. 30 Stunden beträgt, aber nur wenige Wochen später schon 5 Tage. Auch andere Aspekte ändern sich im Laufe der Entwicklung, wie die Öffnungszeit der Ionenkanäle, die Antwort auf Curare, oder bestimmte immunologische Eigenschaften der Rezeptoren.

Sind die postsynaptischen Membranen bereits vor der Innervation spezialisiert?

Eine Vielzahl von Strukturen, die für die Funktion der Synapsen notwendig sind (z.B. die postsynaptischen Rezeptoren, Acetylcholinesterase, die sogenannten Endplattenfalten und andere charakteristische Strukturen der Endplatte) kommen in der fertigen Synapse in räumlicher Nachbarschaft mit den präsynaptischen Endigungen vor. Dies suggeriert, daß die verschiedenen Spezialisierungen auf der postsynaptischen Membran bereits vor der Synapsenbildung existieren, und daß die Axone dorthin wachsen. Dennoch ist in der neuromuskulären Synapse das präsynaptische Axon das zur Festlegung der Lokalisation der postsynaptischen Spezialisierungen entscheidende Element.

In Kulturen isolierter Muskelfasern werden Anhäufungen von ACh-Rezeptoren festgestellt; werden diese jedoch zusammen mit Nervenzellen kultiviert, bilden die Axone keine Synapsen mit diesen Anhäufungen. Die Axone berühren die Muskelfaser an irgendeiner Stelle und bewirken eine Umorganisation der Rezeptoren, die an den Synapsen akkummulieren und von anderen Orten verschwinden. Auch andere postsynaptische Spezialisierungen werden von den Axonen induziert. So können die Membranfalten der normalen subsynaptischen Region durch implantierte Nerven an ektopischen Stellen induziert werden; auch die Anhäufung an Acetylcholinesterase in der Nähe der Synapse ist innervationsabhängig.

Der neuronale Aktivität übt einen Einfluß auf die Bildung von Synapsen aus

Die neuronale Aktivität kann viele Aspekte der Synaptogenese beeinflussen, darunter einige, die mit den Membranspezialisierungen zusammenhängen [12, 17]. Zum Beispiel bilden in paralysierten Muskelfasern die ACh-Rezeptoren zwar ähnliche Aggregate aus wie unter normalen Bedingungen, aber die Acetylcholinesterase akkummuliert nicht an der Synapse. In Übereinstimmung damit induziert die direkte Stimulation der Muskeln die Anhäufung von Acetylcholinesterase an den Endplatten.

Der Einfluß der Aktivität ist besonders deutlich bei den der während der Entwicklung stattfindenden Umgestaltungsvorgängen, die zu den endgültigen synaptischen Beziehungen führen. Zahlreiche Beispiele belegen, daß bei der normalen Innervation eines Organs zunächst eine Überzahl an Synapsen entsteht, die bei der späteren Entwicklung reduziert wird. Es findet eine regelrechte Modellierung der synaptischen Innervation statt, und dabei spielt die neurale Aktivität eine entscheidende Rolle (siehe Kap. 23).

Mittlerweile klassisch gewordene Versuche zu der Frage der postnatalen Synapsenorganisation wurden von Hubel und Wiesel an der Sehrinde von Katzen und Affen durchgeführt. Die Sehfasern enden auf säulenartig organisierten Nervenzellen der Sehrinde, die entweder von einem Auge oder bilateral innerviert werden. Diese sogenannten Augendominanzsäulen lassen sich sowohl elektrophysiologisch als auch anatomisch nachweisen (Abb. 3-17). Eine solche säulenartige Anordnung kommt im Laufe der postnatalen Entwicklung zustande: Bei der Geburt überlappen die Innervationsdomänen beider Augen beträchtlich. Während der postnatalen Periode findet eine teilweise Abtrennung der Augeninnervation statt. Diese Abtrennung wird offenbar von der neuralen Aktivität getrieben, wie Versuche an heranwachsenden Katzen oder Affen zeigen, bei denen die binokulare

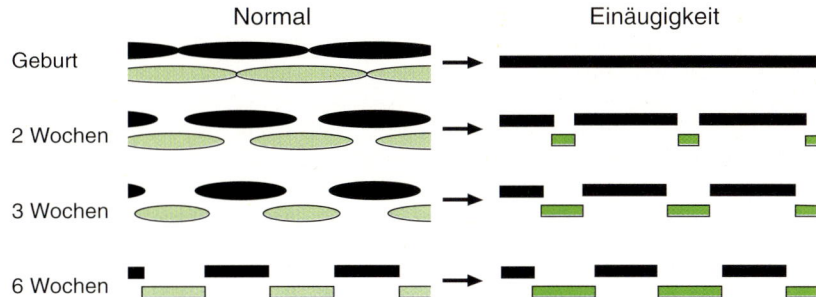

Abb. 3-17. Die terminalen Gebiete der Fasern aus dem Zwischenhirn (Corpus geniculatum laterale, CGL) in der Schicht IVC überlappen stark bei der Geburt. Während der ersten sechs Wochen trennen sich die Fasern allmählich voneinander (weiße und schwarze Linien deuten auf die Fasern eines jeden Auges, die Dicke der Linien auf die Innervationsdichte). Es wird angenommen, daß ein Wettbewerb zwischen den Augen die axonale Segregation bedingt, so daß die Fasern in Regionen mit schwächerer Innervation zurückgenommen und in Regionen mit stärkerer Innervation noch weiter verstärkt werden. Eine ungleichmäßige Trennung der Fasern findet statt, wenn durch den Verschluß eines Auges der Wettbewerb zugunsten eines Auges beeinflußt wird. Die Ausdehnung der Innervation hängt vom Zeitpunkt der Sehbehinderung ab [17]

Innervation, sei es durch chirurgisch bedingtes Schielen, oder durch einseitiges Verschließen eines Augenlids, unterbrochen wird. In diesen Fällen wird die Trennung beider Innervationsgebiete gestört und die Säulen werden vorwiegend oder ausschließlich binokular innerviert, je nach dem Zeitpunkt der Operation (siehe Kap. 18 und 23).

Werden Veränderungen der präsynaptischen Axone postsynaptisch induziert?

Veränderungen der präsynaptischen Axone, die postsynaptisch induziert werden, können aus der Tatsache hergeleitet werden, daß retrograd wirkende trophische Faktoren, wie „nerve growth factor" NGF, einen wichtigen Einfluß auf axonale Endigungen haben [7, 23]. Informativ in diesem Zusammenhang sind andere Untersuchungen, die zeigen, daß regenerierende Motoraxone ihre alten Positionen auf den Muskeln wieder einnehmen. Bei der Regeneration von motorischen Nerven wachsen Axone entlang von Schwann Zellen in die Muskeln zurück. Dabei spielt Laminin in der Basallamina, die die Schwann Zellen einwickelt, eine wichtige Rolle. Die Präzision der Reinnervation der alten postsynaptischen Stellen durch die regenerierenden Motoraxone ist erstaunlich hoch (> 95 %), obwohl die synaptischen Stellen höchstens 0,1 % der gesamten Muskelfläche im adulten Tier beanspruchen.

Die Ursache dieser Bevorzugung der Motoraxone für die postsynaptischen Stellen scheint in einer Komplementarität zwischen Molekülen zu liegen, die in der Basallamina und auf der Oberfläche des Axons vorkommen. Schneidet man einen Muskel durch, so degenerieren die Fasern vollständig, ihre Basallamina bleibt jedoch intakt (Abb. 3-18). Das gleichzeitige Durchschneiden der Axone erlaubt ihre Regeneration und Wachstum zu den alten Stellen, wo sie postsynaptische Spezialisierungen bilden: Die Basallamina enthält also Moleküle, die die Axone zur Bildung von synaptischen Endigungen induzieren. Wie lange solche Pseudosynapsen von Axonen auf der Basallamina persistieren, ist unbekannt.

Molekulare Grundlagen der axonalen Bahnfindung und synaptischen Spezifität

Entsprechend der strukturellen Komplexität neuronaler Konnektivität ist auch mit einer hohen Komplexität des für die Bildung spezifischer Nervenverbindungen notwendigen molekularen Gerüsts zu rechnen. Einige dieser Moleküle werden von den Axonen benötigt, um ihren Weg zu den postsynaptischen Zielorten zu finden; andere, um die Erken-

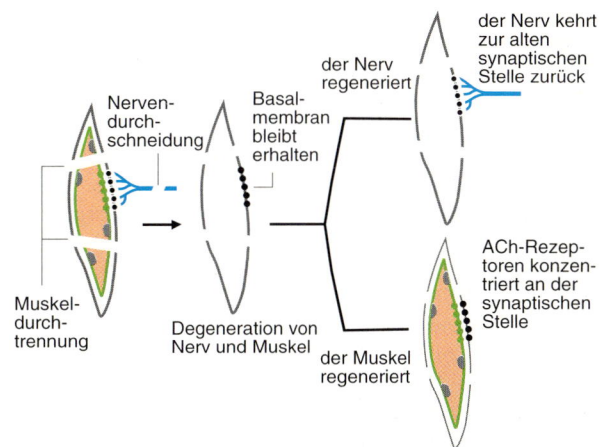

Abb. 3-18. Die nach Durchtrennung von Nerv und Muskel bei Wirbeltieren erfolgte Regeneration der Synapse weist eine erstaunliche Spezifität auf, welche von Molekülen der Basalmembran kontrolliert wird [7, 23]

nung der geeigneten synaptischen Partner zu gewährleisten. Die erwartete Komplexität muß jedoch nicht unbedingt mit einer hohen molekularen Heterogenität einhergehen. Um die Spezifizierung von prä- und postsynaptischen Zellen zu gewährleisten, genügen im Prinzip wenige Moleküle, wie die Zelladhäsionsmoleküle (CAMs), die aber während der verschiedenen Entwicklungsphasen entsprechend modifiziert werden. Ob viele verschiedene oder wenige, wohl aber stadienspezifisch modifizierte Moleküle die neuralen Verbindungen ermöglichen, ist eine noch offene Frage. Die erforderlichen kontextabhängigen Veränderungen dieser Moleküle wurden lokale **Zelloberflächenmodulierung** genannt; sie schließen Veränderungen der Anzahl, Verteilung oder chemischen Struktur der CAMs ein [6, 11, 18].

Axonale Bündelbildung wird von Adhäsionsmolekülen vermittelt

CAMs spielen ohne Zweifel eine besonders wichtige Rolle sowohl bei der Wanderung von Vorläuferzellen, wie im Falle der Neuralleiste, als auch beim Wachstum von Wachstumskegeln. Es liegen Hinweise für die Beteiligung von vier verschiedenen Klassen von CAMs an der neuralen Entwicklung vor: allgemeine CAMs, Moleküle der extrazellulären Matrix und ihrer Rezeptoren, Moleküle der Wachstumskolben für die Bündelung von Axonen und Moleküle für die gegenseitige Erkennung.

Die bis jetzt bekannten allgemeinen CMAs sind die Ca^{++}-abhängigen Cadherine und die Ca^{++}-unabhängigen N-CAM und CAM 105. Mehrere Cadherine sind bekannt, von denen vier, E-Cadherin (epitheliale Form, auch Ovomorulin genannt), N-Cadherin (neurale Form), P-Cadherin (placentale Form) und L-Cadherin (Leber-Zelladhäsionsmolekül) besonders gut untersucht worden sind. Es handelt sich um Transmembranproteine, die insbesondere an den interzellulären Kontaktstellen, wie den *Zonulae adherentes*, gehäuft vorkommen. Durch ihre intrazelluläre Domäne sind Cadherine mit anderen Proteinen assoziiert, den sogenannten Cateninen (a, b und g), die eine weitere Verbindung zum Zytoskelett zu vermitteln scheinen. Da embryonale Zellen präferentiell an anderen Zellen haften, die dieselben Cadherine exprimieren (homophile Adhäsion), nimmt man an, daß diese Moleküle Selektivität bei der Zelladhäsion gewährleisten. Daher wird der von den Cadherinen vermittelten homophilen Bindung eine große Bedeutung bei vielen morphogenetischen Prozessen zugemessen. Tatsächlich sortieren sich Zellen, die verschiedene Formen von Cadherinen exprimieren, zur spezifischen Aggregation aus. Daß die Cadherine für spezifische Zell-Zell-Bindung verantwortlich sind, konnte vor kur-

zem, nach der molekularen Klonierung der entsprechenden Gene, nachgewiesen werden. Durch Transfektion von Fibroblasten mit cDNA-Klonen, die für verschiedene Cadherin-Formen kodieren, wird den Fibroblasten die Fähigkeit zur Bindung zu anderen Fibroblasten, die dieselbe Form exprimieren, verliehen N-Cadherin wird von wachsenden Axonen, zum Beispiel in Zellkulturen aus Hühner-Retina, exprimiert, und es gibt Hinweise dafür, daß es an der Führung von Axonen beteiligt ist. So wird axonales Wachstum aus Retinafragmenten stark gefördert von Zellen, die dieselbe N-Cadherin-Form exprimieren, und nahezu unterdrückt von Zellen, die N-Cadherin nicht exprimieren. Obwohl unter diesen Bedingungen das Wachstum von Neuriten durch N-Cadherin modifiziert wurde, bleibt die Bildung von Axonenbündeln (Faszikulation) durch die Behandlung mit anti-N-Cadherin-Antikörpern unbeeinflußt.

Die Ca^{++}-unabhängigen Adhäsionsmoleküle N-CAM und CAM 105 fördern auch homophile Zell-Zell-Bindung, so wird die Haftung von N-CAM-vesikeln an Retinazellen gehemmt, wenn man die Zellen mit anti-N-CAM behandelt hat. Jedoch ist die homophile Beziehung der Ca^{++}-unabhängigen CAMs nicht so strikt wie im Falle der Cadherine, da sie auch heterophile Bindungen vermitteln können. N-CAM kommt in verschiedenen Formen vor, die insbesondere auf alternatives Spleißen von RNA-Molekülen zurückzuführen sind. Es kommt aber auch posttranslationale Modifikation durch Syalinsäure und Verbindung zu Proteoglykanen als Mechanismen der Diversifizierung der N-CAM-Isoformen in Frage. Die Bildung einiger dieser Formen korreliert mit verschiedenen Stadien der Entwicklung und, obwohl ihre Funktion im Einzelnen nicht bekannt ist, wird angenommen, daß sie ein großes Potential für Spezifizierung besitzen.

Mit Hilfe von monoklonalen Antikörpern wurden drei Moleküle (Fasciclin I, II und III) identifiziert, deren Verhalten und Struktur sie als gute Kandidaten für den Erkennungsvorgang der richtigen Bahn bzw. für Faszikulation erscheinen lassen. Fasciclin I wird in wenigen kommissuralen Fasern sowie in den Axonen der U-Zellen gebildet. Dies korreliert gut mit der Bildung von axonalen Bündeln, denn letztere beginnt im Axon von aCC, wenn dieses die U-Axone, die Fasciclin I ausscheiden, trifft. Fasciclin I von *Locusta* und *Drosophila* ist ein von den U-Zellen abgegebenes Protein mit einem Signalpeptid, aber ohne erkennbare Transmembrandomäne. Fasciclin II wird in longitudinalen Axonen gebildet, und ist ein Mitglied der Immunglobulinfamilie, in Beziehung mit einer Serie von Adhäsionsmolekülen, die eine ähnliche Primärstruktur aufweisen. Fasciclin III wird in kommissuralen Fasern exprimiert, und seine Sequenz ähnelt keinem anderen bekannten Protein.

3.6 Zelltod: Morphogenetische Auswirkungen

Im Leben eines jeden multizellulären Organismus ist Zelltod ein normales Ereignis, das häufig stattfindet, denn mit Ausnahme der meisten Nervenzellen müssen alle Zellen eines Organismus mehrmals durch neue ersetzt werden. Auch im sich entwickelnden Organismus spielt der Zelltod eine sehr wichtige Rolle. Er kann zum Beispiel beachtliche morphogenetische Auswirkungen auf die Gestaltung eines Gewebes oder Organs haben.

Beim sich normal entwickelnden Nervensystem sterben Zellen in großen Zahlen, in einigen Teilen die Hälfte aller entstandenen Zellen. Zellen sterben entweder, weil sie durch eigene Instruktionen zum Tode programmiert sind, oder auf Grund von Wechselwirkungen mit anderen Zellen der Umgebung. Man spricht von einem **programmierten Zelltod,** wenn immer die gleichen Zellen in verschiedenen Individuen derselben Spezies unter normalen Bedingungen sterben. Programmierter Zelltod ist besonders bei den Nematoden *Caenorhabditis elegans* untersucht worden, in dem 131 der 1090 bei der Ontogenie erzeugten somatischen Kerne pyknotische Veränderungen erleiden, die zum Absterben der entsprechenden Zellen führen [16]. Diese Zellen sterben in jedem untersuchten Wildtyp-Tier, und eine solche Konstanz deutet auf eine genetische Kontrolle hin.

Unterschiede in den Neuromeren von Insekten beruhen teilweise auf Zelltod

Das Bauchmark von Insekten besteht aus Neuromeren, deren zelluläre Zusammensetzung regionale Unterschiede aufweist: Die thorakalen Neuromere enthalten 3000 Neurone und die abdominalen nur 53. Unterschiede in den Neuronenpopulationen der verschiedenen Neuromere können nicht durch Unterschiede im Neuroblastensatz von thorakalen und abdominalen Neuromeren im frühen Embryo erklärt werden, denn diese sind in der Tat recht ähnlich. Zellen, die in bestimmten Neuromeren nicht benötigt werden, werden demnach durch Zelltod eliminiert [13]. Daß diese sterbenden Zellen dennoch entstehen, kann damit zusammenhängen, daß der Zweig des Stammbaumes, aus dem sie entstehen, andere Zellen hervorbringt, die unentbehrlich sind. Programmierter Zelltod stellt also eine recht kostspielige Methode dar, regionale Unterschiede in bestimmten Zellsippen einzuführen, in denen nicht alle Zellen benötigt werden.

Der neurale Zelltod wird retrograd reguliert

Mit sehr wenigen Ausnahmen findet man histogenetischen Zelltod in allen Bereichen des NS von Vertebraten [9]. Während der normalen Entwicklung wird eine starke Reduktion der Zellzahl sowohl von Motoneuronen als auch von Spinalganglienzellen beobachtet, die 30–75 % aller Zellen betragen kann. Programmierter Zelltod in der Entwicklung der Vertebraten ist wegen der variablen Stammbäume dieser Tiere unwahrscheinlich. Die höheren Zellzahlen erlauben außerdem eine auf funktionelle Redundanz begründete Entwicklungsstrategie, die im Falle von *Caenorhabditis elegans* oder bei anderen Invertebraten wegen der geringeren Zellzahlen nicht benutzt werden kann. Die vorhandenen Daten sind vielfältig und lassen eine Reihe von möglichen Ursachen erkennen.

Eine der Hauptursachen im Tode der Vertebratenneurone scheint in einem am Zielort abgehaltenen Wettbewerb mit anderen Zellen zu liegen, denn die Entfernung des Zielorgans führt zu Zelltod in präsynaptischen Bereichen. Solche ursächlichen Beziehungen zwischen der Größe des Zielortes und der Anzahl überlebender Nervenzellen sind seit langem bekannt: Die Entfernung einer Gliedknospe bei einem jungen Hühnerembryo führt zu einer starken Reduktion, das Einpflanzen einer zusätzlichen Knospe zu einer starken Vermehrung der Zahl der Motoneurone. Auch ist die Anzahl von sensorischen Spinalganglienzellen nach Exstirpation der Gliedknospe stark reduziert. Diese Schwankungen in der Zellzahl sind mit Sicherheit auf Zellen zurückzuführen, die sonst gestorben wären, und kann nicht durch modifizierte Teilungsaktivität der Nervenzellen erklärt werden.

Das Überleben der Nervenzellen scheint also vom Vorhandensein eines vom Zielort in kleinen Mengen zur Verfügung gestellten Faktors abzuhängen, der im Falle der Motoneurone von der Muskulatur, im Falle der Spinalganglienzellen von der sensorischen Peripherie gebildet wird. Ursache des Zelltodes ist nicht, daß die Axone der sterbenden Zellen ihre Zielorte nicht erreichen konnten: Retrograde Markierungsversuche mit HRP zeigen, daß alle innervierenden Axone die Zielorte bereits vor Eintritt des Zelltodes erreicht haben. Folgende zwei Beobachtungen lassen einen Wettbewerb am Zielort ursächlich erscheinen: zum einen führt die Vergrößerung des Zielortes (z.B. durch die Implantation einer Gliedknospe) zur Rettung vieler der sonst sterbenden Zellen. Zum anderen führt die Reduktion der Anzahl innervierender Neurone bei gleichzeitiger Beibehaltung der Größe des Zielorgans vor Eintritt des Zelltodes zu demselben Effekt, d.h. zur Verringerung der Anzahl sterbender Zellen. Einiges spricht dafür, daß der neuronale Wachstumsfaktor,

NGF, einer der Faktoren ist, um den die Nervenzellen konkurrieren. NGF wird von den entsprechenden Zielorten produziert, und die innervierenden Axone, welche NGF-Rezeptoren besitzen, könnten den NGF aufnehmen, zum Zellkörper transportieren und sich somit retten.

Auf der anderen Seite lassen sich einige Beobachtungen nicht durch Konkurrenz um zielortabhängige Faktoren erklären. Zum Beispiel entspricht die (experimentell erzeugte) Innervation eines Gliedes beim Frosch mit Axonen aus beiden Seiten des Rückenmarks für jede Rückenmarkshälfte tatsächlich einer Verringerung der Innervationsfläche. Es sterben jedoch auf jeder Seite weniger Zellen ab, als sie es hätten tun sollen, wenn man die Reduktion auf die Hälfte der zu innervierenden Fläche berücksichtigt. Der gefundene Zelltod war in der gleichen Größenordnung, wie unter normalen Bedingungen. Ferner zeigen andere Experimente beim Frosch, bei denen die Zelldichte vor dem Eintritt des Zelltodes reduziert wird, daß sich das Verhältnis der sterbenden Zellen unter diesen Bedingungen nicht änderte: Es war das gleiche wie ohne Reduktion der Zellzahl.

Eine andere Ursache des Zelltodes kann in der Verfeinerung der Spezifität neuronaler Projektionen zu finden sein. Beim Frosch beispielsweise werden die Kniebeuger zunächst aus vielen Bereichen des Rückenmarkes innerviert. Im erwachsenen Tier sind jedoch nur die vordersten übrig geblieben. Das heißt, der Zelltod ist selektiv und betrifft nur die falsch-innervierenden Zellen.

3.7 Literatur

1. Gilbert SF (1994) Developmental Biology. 4th Edition. Sinauer Assoc. Publ. Sunderland, Massachusetts
2. Anderson DJ (1989) The neural crest cell lineage problem: neuropoiesis? Neuron 3:1–12
3. Basler K, Hafen E (1991) Specification of cell fate in the developing eye of Drosophila. BioEssays 13:621–631
4. Bastiani MJ, Doe CQ, Helfand SL, Goodman CS (1985) Neuronal specificity and growth cone guidance in grasshopper and Drosophila embryos. TINS 8:257–266
5. Bentley D, Caudy M (1983) Navigational substrates for peripheral pioneer growth cones: limb-axis polarity cues, limb segment boundaries and guideposts neurons. Cold Spring Harbor Symp Quant Biol 48:573–585
6. Bonhoeffer F, Gierer A (1984) How do retinal axons find their targets on the tectum? TINS 7: 378–381
7. Burden SJ, Sargent PB, McMahan UJ (1979) Acetylcholine receptors in regenerating muscle accumulate at original synaptic sites in the absence of the nerve. J Cell Biol 82:412–425
8. Campos-Ortega JA (1988) Cellular interactions during early neurogenesis of Drosophila melanogaster. TINS 11:400–405
9. Clarke PGH (1985) Neuronal death in the development of the vertebrate nervous system. TINS 8:345–349
10. Doe CQ, Goodman CS (1985) Early events in insect neurogenesis. II. The role of cell interactions and cell lineages in the determination of neuronal precursor cells. Dev Biol 111:206–219
11. Edelman GM (1984) Cell surface modulation and marker multiplicity in neural patterning. TINS 7: 78–84
12. Frank E (1987) The influence of neuronal activity on patterns of synaptic connections. TINS 10:188–190
13. Goodman CS, Bate CM (1981) Neuronal development in the grasshopper. TINS 4:163–169
14. Hartenstein V, Posakony JW (1989) Development of adult sensillum on the wing and notum of Drosophila melanogaster. Development 107:389–405
15. Hibbard E (1965) Orientation and directed growth of Mauthner's cell axons from duplicated vestibular nerve roots. Exp Neurol 13:289–301
16. Horvitz HB (1988) Genetics of cell lineage. The nematode Caenorhabditis elegans. Cold Spring Harbor Lab Monogr 17:157–190
17. Hubel DH, Wiesel TN, LeVay S (1977) Plasticity of ocular dominance columns in the monkey striate cortex. Philos Trans R Soc Lond [Biol] 278:377–409
18. Jessell TM (1988) Adhesion molecules and the hierarchy of neural development. Neuron 1:3–13
19. Jessell TM, Bovolenta P, Placzek M, Tessier-Lavigne M, Jessell T, Dodd J (1989) Polarity and patterning in the neural tube: the origin and function of the floor plate. In: The cellular basis of morphogenesis. Wiley, Chichester, pp 255–276 (Ciba Foundation symposium)
20. Jessell TM, Melton DA (1992) Diffusible factors in vertebrate embryonic induction. Cell 68:257–270
21. Le Douarin N (1986) Cell line segregation during peripheral nervous system ontogeny. Science 231:1515–1522
22. Macagno ER (1978) Mechanism for the formation of synaptic projections in the arthropod visual system. Nature 275:318–320
23. Marshall LM, Sanes JR, McMahan UJ (1977) Reinnervation of original synaptic sites on muscle fiber basement membrane after disruption of the muscle fiber. Proc Natl Acad Sci USA 74:3073–3077
24. Raff MA (1989) Glial cell diversification in the rat optic nerve. Science 243:1450–1456
25. Rakic P (1972) Mode of cell migration to the superficial layers of fetal monkey neocortex. J Comp Neurol 145:61–84
26. Rubin GM (1989) Development of the Drosophila retina: inductive events studied at single cell resolution. Cell 57:519–520
27. Sanes JR (1989) Analysing cell lineage with a recombinant retrovirus. TINS 12:21–28
28. Schmidt JT (1984) Natural history of optic arbors in the tectum of fish and frog. TINS 7: 358–360
29. Takeichi M (1991) Cadherin cell adhesion receptors as a morphogenetic regulator. Science 251:1451–1455
30. Walsh C, Cepko CL (1992) Widespread dispersion of neuronal clones across functional regions of the cerebral cortex. Science 255:434–440

4 Erregungsbildung und -leitung im Nervensystem

J. Dudel

Das Nervensystem verarbeitet und verteilt im Körper Informationen. Diese Informationen werden innerhalb der Neurone als Änderungen des Membranpotentials kodiert und weitergegeben. Grundlegend für das Verständnis der Funktion des Nervensystems sind folglich eine Diskussion des Membranpotentials und der Bedingungen seiner Änderungen.

4.1 Ruhepotential

Eine für Ionen impermeable Lipidmembran, in die selektiv permeable Ionenkanäle eingelagert sind, sowie ungleiche Ionenkonzentrationen im Intra- und Extrazellularraum, sind Vorbedingungen für das Ruhepotential

Plasmamembran und Membranpotential. In Kapitel 2, in Abb. 2-1 und 2-2, wurde der Aufbau der Zellmembran aus einer Lipidmembran, in die Eiweißmoleküle eingelagert sind, ausführlich beschrieben. Diese Membran grenzt den Reaktionsraum „Zelle" ein und reguliert den Stoffaustausch zwischen der Zelle und dem Extrazellularraum. An dieser Membran bildet sich auch eine elektrische Potentialdifferenz aus, ein **Membranpotential**.

Das Zellplasma und die die Zelle umgebende extrazelluläre Flüssigkeit sind gute elektrische Leiter, da beide wäßrige Lösungen mit 150 – 500 mmol/l Salzgehalt sind, in denen die Salze weitgehend in *Anionen und Kationen* dissoziiert sind (Tabelle 4-1). Diese positiv oder negativ geladenen Ionen diffundieren frei im Intra- und Extrazellularraum und können elektrische Ströme tragen. Die Zellmembran ist in ihrer Lipidphase für Ionen impermeabel; für elektrische Ströme ist die Lipidphase ein isolierendes Dielektrikum, das mit den angrenzenden leitenden Medien einen Kondensator bildet. Ionen können die Membran nur über *Kanalproteine* (s. Abb. 2-9

und 2-10), die in die Lipidmembran eingelagert sind, durchqueren. Die Kanalmoleküle enthalten eine wassergefüllte Pore, durch die die Ionen diffundieren können. Die Ladungsverhältnisse in der Porenwand und häufige Änderungen in der Konformation der Kanalmoleküle beschränken allerdings den Durchtritt der Ionen durch die Kanäle.

Die meisten *Membrankanäle* sind *selektiv permeabel*. Sie sind keine starren, wassergefüllten Röhren, wie die Schemata es andeuten (Abb. 4-1), sondern Labyrinthe von sich schnell gegeneinander verschiebenden Molekülgruppen der Kanalwand mit einer wässrigen Phase. Einige Stellen der Kanalwand sind relativ stark positiv oder negativ geladen, und die Ionen im Kanal interagieren mit diesen Bindungsstellen. Ein K^+-Kanal (Abb. 4-1a) hat vier negative solche Bindungsstellen, an die die K^+-Ionen sich anlagern können. Während der einige ms dauernden Kanalöffnungen fließen jeweils einige 10 000 K^+ durch den Kanal, und die Bindungsdauern können somit nur im Bereich von Nanosekunden liegen. Die Kanalstruktur kann als eine Energieverteilung der durchtretenden K^+ entlang dem Kanal dargestellt werden, in der die Bindungsstellen Energieminima sind. Zwischen den Minima liegen Diffusionshindernisse, Energiemaxima. Man nimmt an, daß diese Diffusionshindernisse bei den

Tabelle 4-1. Intra- und extrazelluläre Ionenkonzentrationen

Ion	Innenkonzentration	Außenkonzentration	Gleichgewichtspotential
A Tintenfisch-Riesenaxon			
K^+	400 mmol/l	2 mmol/l	−75 mV
Na^+	50 mmol/l	440 mmol/l	+55 mV
Ca^{2+}	10^{-7} mol/l	14 mmol/l	+149 mV
Cl^-	52 mmol/l	560 mmol/l	−60 mV
B Warmblütler-Skelettmuskel			
K^+	155 mmol/l	4 mmol/l	−98 mV
Na^+	12 mmol/l	145 mmol/l	+67 mV
Ca^{2+}	10^{-7} mol/l	1,5 mmol/l	+129 mV
Cl^-	4 mmol/l	123 mmol/l	−90 mV
A^-	155 mmol/l		

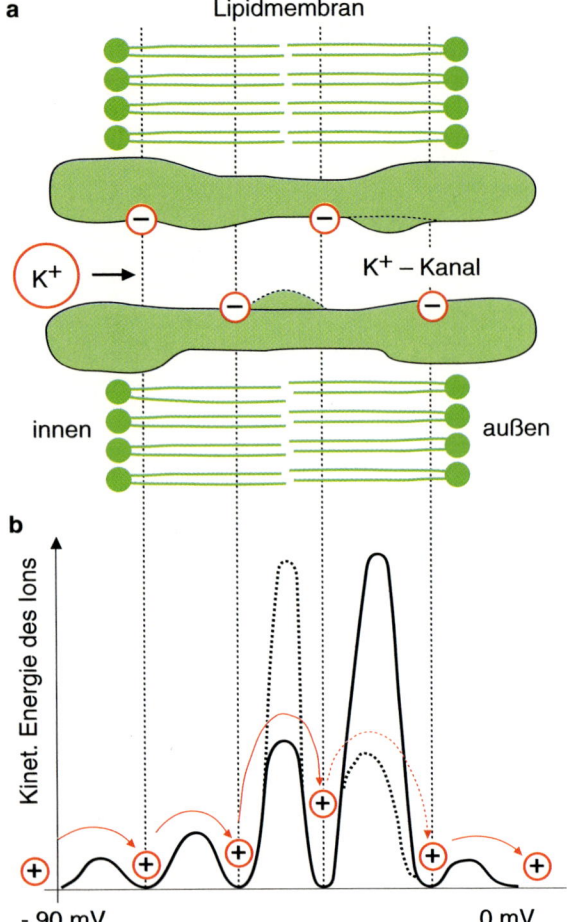

a

Lipidmembran

K^+

K^+ – Kanal

innen

außen

b

Kinet. Energie des Ions

- 90 mV

0 mV

Abb. 4-1. a Schema eines in die Lipidmembran eingelagerten K^+-Kanal-Moleküls. In der Wand des Kanals sind vier negative Ladungen angeordnet. Die gestrichelten Wandstücke sollen periodisch sich ändernde Engstellen andeuten. **b** Energieprofil eines durch den Kanal permierenden K^+-Ions, Abszisse Länge des (darüberliegenden) Kanals. Die Energieminima entsprechen den negativen Wandladungen, die Maxima Engstellen des Kanals. Letztere oszillieren spontan (gestrichelt) und erleichtern damit den Durchtritt der K^+. [Nach 22]

Oszillationen der Kanalstruktur wechselnde Positionen einnehmen, so daß die Energieminima zu günstigen Zeitpunkten übersprungen werden können (Abb. 4-1b). Die negativen Ladungen in der Kanalwand stoßen Anionen ab, und machen den Kanal selektiv durchlässig für Kationen.

Auch die Bindungsstellen tragen zur selektiven K^+-Permeabilität bei – sie binden z.B. Na^+ weniger gut als K^+. Ähnlich können auch die Energiemaxima günstiger für K^+ als für Na^+ zu überspringen sein, so daß der Kanal hoch selektiv für K^+-Ionen wird. Es gibt selektive Kanäle für K^+, Na^+, Ca^{2+} und Cl^-, um die wichtigsten zu nennen. Der Öffnungszustand dieser Kanäle kann durch die umgebenden Ionenkonzentrationen, das Membranpotential oder spezifische Liganden gesteuert werden.

Intra- und extrazelluläre Ionenkonzentrationen. Die *extrazellulären Konzentrationen* der verschiedenen Ionen leiten sich von den entsprechenden Konzentrationen im Meerwasser her, wie sie z.B. beim Tintenfischriesenaxon vorliegen (Tabelle 4-1A). Bei nicht im Meer lebenden Tieren sind die extrazellulären Konzentrationen meist niedriger als im Meerwasser, die Konzentrationsverhältnisse sind jedoch ähnlich (Tabelle 4-1B). Intra- und extrazellulär ist jeweils die Summe der Ionenladungen 0, und die Konzentration der gelösten Teilchen, d.h. die Osmolarität, ist intra- und extrazellulär gleich.

Die *intrazellulären Ionenkonzentrationen* unterscheiden sich bei allen Zellen von den extrazellulären. Während extrazellulär die Na^+-Konzentration hoch ist, ist sie intrazellulär mehr als 10mal niedriger. Umgekehrt verhalten sich die K^+-Konzentrationen. Cl^--Konzentrationen verhalten sich ähnlich wie die Na^+-Konzentrationen. Die freie Ca^{2+}-Konzentration liegt extrazellulär bei 2–15 mmol/l, und intrazellulär unter 1 µmol/l (Tabelle 4-1).

Das Membranruhepotential ist vornehmlich ein Diffusionspotential für die K^+-Ionen

In *ruhenden Nervenzellenmembranen* sind weitgehend nur *K^+-Kanäle geöffnet*. An der Innenseite des Kanals ist die Dichte der K^+ etwa 40mal höher als auf der Außenseite (Abb. 4-2). Die K^+ bewegen sich, entsprechend der Temperatur, mit einer mittleren Geschwindigkeit und ungerichtet. Wenn ein K^+ auf die Kanalöffnung trifft, so kann es hindurchtreten. Die Wahrscheinlichkeit, daß ein K^+ die Kanalöffnung trifft, ist aufgrund der Konzentrationsverhältnisse auf der Innenseite 40mal höher als auf der Außenseite. Das von innen nach außen strömende K^+ entfernt eine positive Ladung aus der Zelle, und relativ zum Extrazellularraum wird damit das Zellinnere negativ aufgeladen. Da elektrische Ladungen in Flüssigkeiten nicht getrennt werden können, lagert sich die ausgeströmte positive Ladung der Zellmembran außen an, und eine negative Ladung an die Innenseite der Membran; es bildet sich eine elektrische Doppelschicht (Abb. 4-2). Die negative Aufladung der Zellinnenseite behindert nun den Ausstrom von weiterem K^+. Dieser wird nur solange den K^+-Einstrom überwiegen, bis die negative Aufladung der Zellmembran die höhere Austrittswahrscheinlichkeit aufgrund der höheren K^+-Ionenkonzentration kompensiert. Das elektrische Gleichgewichtspotential E_K für den Ein- und Ausstrom von K^+ wird durch die Nernst-Gleichung für Diffusionspotentiale gegeben:

$$E_K = \frac{R \cdot T}{F} \ln \left(\frac{K^+_a}{K^+_i} \right) \qquad (4.1)$$

Dabei ist R die Gaskonstante, T die absolute Temperatur, F die Faradaykonstante, K^+_a die Kaliumaußenkonzentration und K^+_i die Innenkonzentration. Für 37 °C und unter Verwendung von dekadischen Logarithmen wird aus Gleichung (4–1):

$$E_K = -61 \text{ mV} \quad \log \left(\frac{K^+_i}{K^+_a} \right) \qquad (4.2)$$

Für $K^+_i/K^+_a = 40$ hat E_K einen Wert von -98 mV.

> **Ruhemembranpotentiale von Nervenzellen sind weniger negativ als die K^+-Gleichgewichtspotentiale, E_K, und solche von Gliazellen liegen nahe den E_K; bei Nervenzellen fließen in Ruhe neben K^+- auch Na^+-Ionen durch die Membran**

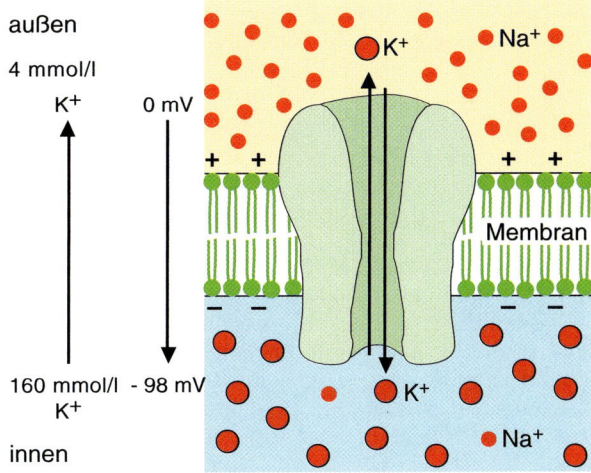

Abb. 4-2. Ionenverteilung über der Membran und Ruhepotential, Schema. Auf der Außenseite überwiegen die Na^+, innen die K^+. Im Gleichgewicht des Einstromes und Ausstroms von K^+ durch einen K^+-Kanal stehen der Konzentrationsgradient für K^+ und das Membranpotential nach Gleichung (4.1) im Gleichgewicht

Messung von Membranpotentialen. Membranpotentiale können an vielen Zellen durch Einstich einer mit elektrisch leitender Lösung gefüllten Glaskapillare, einer „intrazellulären Elektrode", in die Zelle gemessen werden (Abb. 4-3a). Alternativ kann modern eine Ganzzell-Fleckklemme (patch-clamp) benutzt werden, bei der eine hochohmige Dichtung (seal) zwischen der Öffnung einer Glaskapillare und der Zellmembran erzielt wird (Abb. 4-3b). Es gibt auch Fluoreszensfarbstoffe, die sich der Zellmembran anlagern und ihre Farbe entsprechend dem Membranpotential ändern. Über diese Farbänderungen können Membranpotentiale und ihre Änderungen gemessen werden.

Abhängigkeit des Ruhepotentials von der K^+-Außenkonzentration. Gleichung (4.2) sagt voraus, daß E_K bei konstanter K^+_i proportional dem Logarithmus der K^+_a ist. Wenn das Ruhepotential ein K^+-Diffusionspotential ist, müßte sich dieses Potential auch entsprechend der K^+_a ändern. Dies trifft für Gliazellen weitgehend zu, bei Nervenzellen ist jedoch für $K^+_a < 30$ mmol/l das Potential weniger negativ als es die Nernst-Gleichung voraussagt (Abb. 4-4). Bei der Gliazelle ist damit gezeigt, daß offene K^+-Kanäle das Membranpotential bestimmen. Bei Nervenzellen (und auch z.B. bei Muskelzellen) müssen zusätzlich zu den K^+-Ionen noch andere durch die ruhende Membran strömen.

Ersetzt man im Experiment der Abb. 4-4 an Nerven- oder Muskelzellen das extrazelluläre Na^+ durch ein impermeables großes Kation, z.B. Cholin$^+$, so

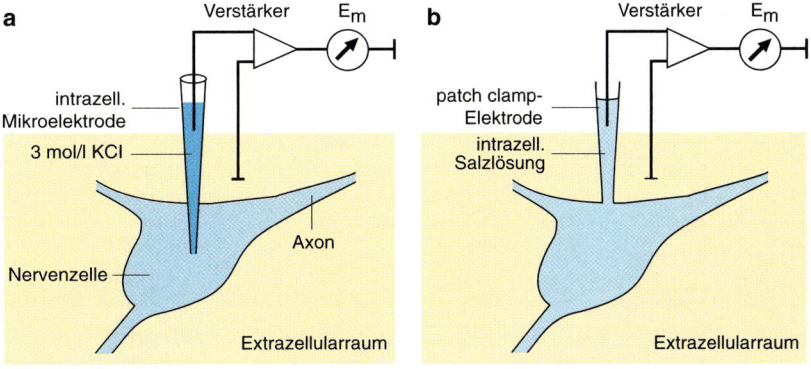

Abb. 4-3. Messung des intrazellulären Potentials. **a** Eine in den Intrazellularraum mit Hilfe eines Mikromanipulators eingestochene Mikroelektrode stellt eine leitende Verbindung zwischen dem Zellinneren und einem Differenzverstärker her, der den Unterschied des intra- und extrazellulären Potentials mißt. Die Mikroelektrode ist eine zu einem Spitzendurchmesser < 1 µm ausgezogene Glaskapillare, die mit 3 mol/l KCl gefüllt ist, was eine potentialfreie Verbindung zur intrazellulären Lösung herstellt. **b** Eine Fleck-Klemm (patch clamp) -Elektrode wird mit ihrer etwa 1 µm großen Öffnung auf die Zellmembran gesetzt, so daß eine GΩ-Dichtung entsteht. Durch einen Sogpuls oder angelegte hohe elektrische Spannung wird an der Spitze der Elektrode die Membran durchbrochen. Die Elektrode wird mit „intrazellulärer" Ionenlösung gefüllt und diese wie in **a** mit einem Meßverstärker verbunden

nähern sich die gemessenen Ruhepotentiale dem errechneten E_K an. An der Nervenzellen leisten somit auch Na^+-Ströme einen Beitrag zum Ruhepotential, d.h. *es sind in Ruhe auch Na^+-Kanäle geöffnet*. Die Nernst-Gleichung für Na^+ ist:

$$E_{Na} = -61 \text{ mV} \quad \log \left(\frac{Na^+_i}{Na^+_a} \right) \tag{4.3}$$

und dies ergibt für $Na^+_i / Na^+_a = 0{,}1$ ein $E_{Na} = +61$ mV. Na^+ sind in der Zelle weit weniger konzentriert als in der Außenlösung. Sie strömen folglich bevorzugt in die Zelle ein und machen das intrazelluläre Potential positiver. Bei gleichzeitiger Öffnung von K^+- und Na^+-Kanälen stellt sich ein Mischpotential ein, das zwischen E_K und E_{Na} liegt (s. unten Gleichung 4.5).

In Ruhe sind in Nervenzellen kaum *Cl-Kanäle* geöffnet. E_{Cl} liegt bei den meisten Zellen in der Nähe des Ruhepotentials, d.h. die Cl^-_i stellt sich entsprechend dem Ruhepotential ein.

Das *Membranpotential* wird somit *bestimmt durch die Gleichgewichtspotentiale* der durch die Membrankanäle fließenden Ionen, und durch den *Anteil des betreffenden Ionenflusses am Gesamtionenfluß*. Dieser Anteil wird durch die Permeabilität, P_{ion}, gefaßt, definiert durch

$$P_{ion} = \frac{\mu_{ion}}{d} \cdot \frac{RT}{F} \tag{4.4}$$

Darin sind μ_{ion} die Membranbeweglichkeit des betreffenden Ions, d die Dicke der Membran sowie R, T, F die Konstanten aus Gleichung (4.1). Für Gleichgewichtsbedingungen und konstante Feldstärke in der Membran stellt sich dann bei Fluß von K^+, Na^+ und Cl^- das Membranpotential E_m ein (Goldmann-Gleichung):

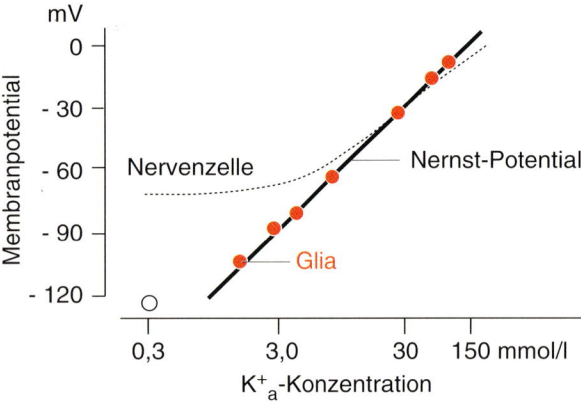

Abb. 4-4. Membranruhepotential einer Nerven- und einer Gliazelle in Abhängigkeit von der extrazellulären K^+-Konzentration. Wegen der logarithmischen Einteilung der Abszisse wird E_K als Funktion von K^+_e eine Gerade (Gleichung 4.1). Die Ruhepotentiale der Gliazelle liegen für $K^+_e > 1$ mmol/l auf dieser Geraden, während die Ruhepotentiale der Nervenzelle für $K^+_e < 25$ mmol/l weniger negativ sind als E_K [Nach 23]

$$E_m = \frac{R \cdot T}{F} \ln \frac{P_K \cdot K^+_a + P_{Na} \cdot Na^+_a + P_{Cl} \cdot Cl^-_i}{P_K \cdot K^+_i + P_{Na} \cdot Na^+_i + P_{Cl} \cdot Cl^-_a} \tag{4.5}$$

Für eine Nervenzelle (Tabelle 4-1) wäre z.B. $P_{Na} : P_K : P_{Cl}$ von $1 : 20 : 0{,}1$ typisch, und es würde sich daraus $E_m = -70$ mV ergeben. Die Meßgröße „Ionenpermeabilität" ist vor allem nützlich, weil man für einfache Membranmodelle die Abhängigkeiten der Permeabilitäten von Membranpotential und den intra- und extrazellulären Konzentrationen des betreffenden Ions formulieren kann.

Einfacher als die Permeabilität ist die Membranleitfähigkeit aus der Strom/Spannungs-Beziehung des betroffenen Ionenkanals zu bestimmen:

$$i_{ion} = g_{ion} (E_m - E_{ion}), \tag{4.6}$$

d.h. der betreffende Ionenstrom (i_{ion}) geteilt durch die ihn treibende Potentialdifferenz ergibt die **Leitfähigkeit** (g_{ion}), (Leitfähigkeiten sind Kehrwerte der Ohmschen Widerstände).

Wenn nun als **Ersatzschaltbild der Membran** Gleichung (4.6) jeweils durch eine Batterie E_{ion} mit dem Leitwert g_{ion} beschrieben wird und diese Batterien für Na^+, K^+ und Cl^- parallel gelegt werden (Abb. 4-5a), so ergibt sich im Stromgleichgewicht [4, S. 90]:

$$E_m = \frac{g_K \cdot E_K + g_{Na} \cdot E_{Na} + g_{Cl} \cdot E_{Cl}}{g_K + g_{Na} + g_{Cl}} \tag{4.7}$$

Aus dieser Beziehung ist leicht ersichtlich, daß sich das *Membranpotential nahe dem Gleichgewichtspotential des Ions mit der überwiegenden Leitfähigkeit* einstellt; z.B. für $g_K \gg g_{Na}$ und $g_{Cl} \ll g_K$ liegt E_m nahe E_K (für $g_K = 10\, g_{Na}$, $g_K = 10\, g_{Cl}$, $E_K = -100$ mV, $E_{Na} +60$ mV und $E_{Cl} = -80$ mV wird $E_m = -85$ mV).

> **Die von den extrazellulären abweichenden intrazellulären Ionenkonzentrationen werden durch aktiven Transport von Ionen über die Zellmembran erreicht**

Der Ionenfluß über die Zellmembran wäre im Gleichgewicht, wenn das Membranpotential E_m bei einem Gleichgewichtspotential, z.B. bei E_K, liegen würde und nur Kanäle für das betreffende Ion, im Beispiel für K^+, geöffnet wären, Gleichung (4.1). Da jedoch E_m in Ruhe zumindest von E_K und E_{Na} abweicht, strömen durch die betreffenden Ionenkanäle K^+ aus der Zelle aus und Na^+ in die Zelle ein, womit die Konzentrationsunterschiede der betreffenden Ionen über der Zellmembran sich ausgleichen würden. Die Zellmembran enthält jedoch neben den Ionenkanälen auch **Ionenpumpen** (Abb. 2-10), die Ionen gegen Konzentrations- und Potentialdifferenzen transportieren können. Sie verbrauchen dazu Stoffwechselenergie, dieser **Transport** wird deshalb **aktiv** genannt, zum Unterschied zu den passiven Transporten durch Diffusion.

Die wichtigste Ionenpumpe ist die **Na$^+$-/K$^+$-Pumpe**, die in einem Pumpzyklus 3 Na$^+$ aus der Zelle und 2 K$^+$ in die Zelle transportiert (Abb. 2-7). Sie wird auch *Na$^+$-/K$^+$-ATPase* genannt, weil sie bei jedem Pumpzyklus ein ATP- (Adenosintriphosphat)-Molekül in ein ADP (Adenosindiphosphat) plus 1 Phosphat spaltet und die dabei frei werdende Energie für den Transport von Na$^+$ und K$^+$ gegen die jeweiligen Konzentrations- und Potentialgradienten einsetzt. Der Pumpvorgang ist elektrisch nicht neutral: Bei jedem Pumpzyklus wird eine positive Ladung aus der Zelle transportiert. Die Pumpe ist somit **elektrogen**, sie macht das Membranpotential um etwa 10 mV negativer, als es sich aufgrund der passiven Ionenflüsse (Gleichung 4.5 u. 4.7) einstellen würde.

Die Na$^+$-/K$^+$-Pumpmoleküle liegen in der Membran in hoher Dichte vor. Ein Molekül transportiert

150–500 Na$^+$/s; dies ist um Größenordnungen weniger als die Flußrate durch passive Ionenkanäle, und die Pumpmoleküle sind deshalb in der Membran weit häufiger als die Ionenkanäle. Als chemische Reaktion hängt die Pumprate von der intrazellulären Na$^+$- und der extrazellulären K$^+$-Konzentration ab (s. Abb. 2-8 u. [8]). Die Pumpe senkt die Na^+_i, bis sie ineffektiv wird, und stellt damit die Ruhe-Na^+_i von etwa 10 mmol/l ein. Die Pumpleistung wird ferner beschränkt durch eventuellen Mangel an ATP. ATP wird vorwiegend in Mitochondrien aus der Oxidation von Glukose hergestellt. Die *Na$^+$-/K$^+$-Pumpe* und damit das *Ruhepotential hängen* somit von einer *ausreichenden Sauerstoff- und Glukoseversorgung der Zelle ab* (Abb. 4-5).

Neben der Na$^+$-/K$^+$-Pumpe gibt es ähnliche ATP getriebene *Pumpen für Protonen* (Abb. 2-7) und *Ca^{2+}*. Andere aktive Transportmoleküle nutzen den bestehenden Na$^+$- oder H$^+$-Gradienten aus, um den Transport anderer Stoffe anzutreiben. So treibt z.B. in einem **Symport** der Einstrom von 2 Na$^+$ entlang ihres Potential- und Konzentrationsgradienten die *Aufnahme von Cholin* in Nervenendigungen (Abb. 2-7). In einem **Antiport** liefert der *Einstrom von*

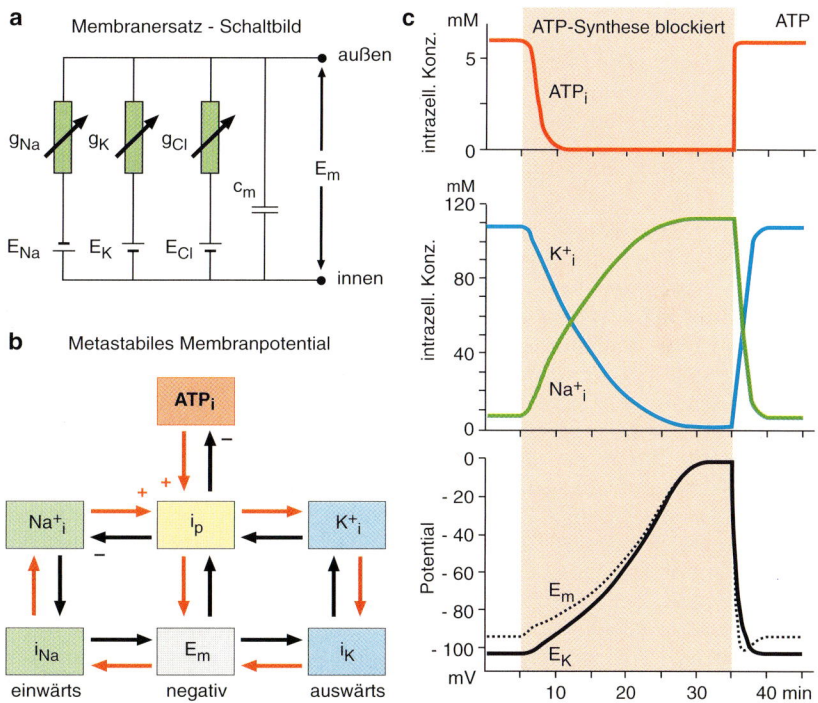

Abb. 4-5. a Elektrisches Ersatzschaltbild der Membran. Die Gleichgewichtspotentiale E$_{Na}$, E$_K$ und E$_{Cl}$ sind als Batterien gezeichnet, die die Leitwerte g$_{Na}$, g$_K$ und g$_{Cl}$ haben. Im Gleichgewicht stellt sich das Potential E$_m$ ein. Parallel zu den Leitfähigkeiten liegt der Membrankondensator c$_m$. **b** Schema der das Membranpotential bestimmenden Faktoren, die ein metastabiles System bilden. ATP$_i$: intrazelluläre ATP- Konzentration; Na^+_i: intrazelluläre Na$^+$-Konzentration; i$_p$: Pumpstrom der Na$^+$-/K$^+$-Pumpe; K^+_i: intrazelluläre K$^+$-Konzentration; i$_{Na}$: Natriumstrom durch die Zellmembran; E$_m$: Ruhepotential; i$_K$: Kaliumstrom durch die Zellmembran. Die roten, positiven Pfeile bedeuten

Beeinflussung im Sinne einer Steigerung, die schwarzen, negativen Pfeile im Sinne einer Minderung. **c** Verhalten eines Computermodells des Schemas in **a**, das quantitativ die gegenseitigen Abhängigkeiten der Bestimmungsgrößen berücksichtigt, bei Blockade der ATP-Synthese (entspricht zellulärem Sauerstoffmangel oder z.B. Kohlenmonoxydvergiftung) von Minute 5 bis Minute 35. Wie auch an lebenden Zellen zu beobachten, fällt E$_m$ auf Null, und die intrazellulären Konzentrationen gleichen sich den extrazellulären an. Nach Wiederherstellung von ATP$_i$ regenerieren die anderen Größen selbsttätig. [Nach 8]

3 Na⁺ *die Energie für den Ausstrom von einem* Ca^{2+}, gegen einen Potentialgradienten von etwa 200 mV und einem Konzentrationsgradienten von etwa 10 000-fach (s. auch Kap. 2.3).

Die gegenseitigen Abhängigkeiten zwischen passiven und aktiven Ionentransporten, dem Membranpotential und der ATP-Versorgung der Pumpen machen die Zelle zu einem metastabilen System, das selbstorganisierend ein stabiles Ruhepotential erreicht

Wir haben, weitgehend in qualitativer Form, die Mechanismen besprochen, mit denen über der Zellmembran Potentiale aufgebaut werden und von den extrazellulären Ionenkonzentrationen abweichende intrazelluläre Ionenkonzentrationen entstehen können. Es ist jedoch nicht ohne weiteres klar, warum in den meisten Nerven- und Muskelzellen das Ruhepotential und die Ionenkonzentrationen ähnliche Werte haben, und warum bei einem bestimmten Zelltyp, z.B. einem Motoneuron des Rückenmarks, praktisch alle Zellen dasselbe Ruhepotential haben.

Das Schema Abb. 4-5b faßt die gegenseitige Verknüpfung der Parameter zusammen, die das Membranpotential bestimmen. Für alle den Pfeilen entsprechenden Prozesse lassen sich quantitative physikalisch-chemische Beziehungen angeben, z.B. für die Abhängigkeit der Pumpaktivität vom Membranpotential. Das Schema enthält vielfach Rückkopplungen; so steigt der Pumpstrom i_p, wenn Na^+_i steigt, die Erhöhung von i_p senkt andererseits Na^+_i. Das System wird dadurch *metastabil*. Dies soll heißen, daß bei bestimmten Randbedingungen E_m einen konstanten Wert einnimmt, und daß auch nach aufgeprägten Störungen des Systems der „Eigenwert" von E_m wieder erreicht wird.

Dies soll durch das Gedankenexperiment der Abb. 4-5c verdeutlicht werden, das am Modell einer Herzmuskelzelle simuliert wurde [8] und ganz ähnlich auch für Nervenzellen zutreffen würde. In den ersten 5 min herrschen die Ausgangsbedingungen der ruhenden Zelle. Danach wird für 30 min die ATP-Synthese blockiert. Die ATP-Konzentration nimmt schnell ab, und danach nähern sich K^+_i und Na^+_i langsam den entsprechenden Außenkonzentrationen, und E_m verschwindet. Die Zelle ist damit „tot"? Nein, denn wenn die ATP-Synthese wieder angestellt wird, normalisieren sich innerhalb von etwa 5 min alle Parameter, wobei E_m für kurze Zeit negativer wird als das Ruhepotential, d.h., die Membran hyperpolarisiert (wegen der temporär erhöhten Aktivität der Na^+-/K^+-Pumpe).

Das Gedankenexperiment entspricht qualitativ dem realen Zellverhalten in und nach einer Periode radikalen *Sauerstoffmangels*, z.B. wird nach Wieder-

anschalten des Sauerstoffs auch die transiente Hyperpolarisation beobachtet. Die meisten Zelltypen überstünden allerdings einen 30minütigen vollen Sauerstoffmangel nicht; es träten sekundäre Prozesse wie Ca^{2+}-Ausstrom aus intrazellulären Speichern und die Aktivierung proteolytischer Enzyme ein, die die Zelle irreversibel schädigen würden.

Die Randbedingungen des Systems der Abb. 4-5b, die dem Verhalten der Abb. 4c zugrunde liegen, sind konstitutive Charakteristika der Zelle, nämlich das Verhältnis von Zellvolumen und -oberfläche, ebenso wie die Dichte der Na^+- und K^+-Kanäle und der Na^+-/K^+-Pumpmoleküle in der Membran sowie der ATP-liefernden Mitochondrien in der Zelle. Im weiteren Sinne gehören zu den „Randbedingungen" die Eigenschaften der aufgezählten Moleküle, z.B. die Abhängigkeit der K^+-Kanalleitfähigkeit von der K^+_i-Konzentration, oder K^+_a, oder der Pumpzyklus, der unter Verbrauch von einem ATP 3 Na^+ hinaus- und 2 K^+ hineintransportiert. Alle diese „konstitutiven Zellcharakteristika" kann man als genetisch kontrolliert ansehen. Eine Zelle mit diesen konstitutiven Merkmalen stellt sich „selbst", sozusagen „automatisch", stabile intrazelluläre Ionenkonzentrationen und ein stabiles Ruhepotential ein.

4.2 Erregung, Aktionspotential

An Nerven- und Muskelzellen treten während der „Aktivität", d.h. als informationsvermittelndes Signal, wenige ms dauernde Potentialänderungen zu positiven Werten, Aktionspotentiale, auf

Zelltypischer Zeitverlauf der Aktionspotentiale. Mißt man das intrazelluläre Membranpotential mit einer der im vorhergehenden Abschnitt (Abb. 4-3) besprochenen Methoden, z.B. an einer Muskelfaser der Ratte, so erscheint jedes Mal, bevor die Faser zuckt, das in Abb. 4-6 gezeigte Aktionspotential. Ausgehend vom Ruhepotential von etwa −80 mV ändert sich das Potential innerhalb von 0,2 – 0,5 ms zu positiven Werten und erreicht ein Spitzenpotential von etwa 20 mV. Danach kehrt es etwas langsamer, nämlich innerhalb von etwa 1 ms, fast bis zum Ruhepotential zurück, das es mit einer noch langsameren Potentialänderung schließlich nach 5–10 ms erreicht. An einer solchen Muskelfaser kann man Tausende von Aktionspotentialen registrieren, und jedes davon wird genau den gleichen Zeitverlauf haben.

Die anfängliche schnelle Positivierung des Potentials, seinen „Aufstrich", nennt man „Depolarisationsphase". Die ersten Registrierungen von Aktionspotentialen mit unzulänglichen Meßgeräten

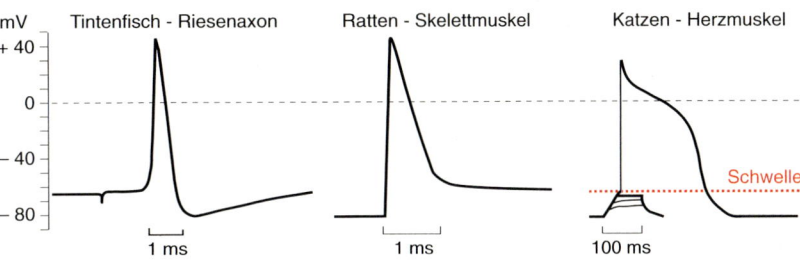

Abb. 4-6. Intrazellulär gemessene Aktionspotentiale vom Tintenfischriesenaxon (nach [15], 20 °C), Rattenskelettmuskel ([27], 36 °C) und von Katzenherzmuskel (36 °C). Bei letzerem wird die Auslösung des Aktionspotentials durch Stromstöße steigender Stärke, von denen der letzte eine überschwellige Depolarisation auslöst, gezeigt

sahen nur, daß die Membran ihre „Polarisation", das Ruhepotential, verliert, der Aufstrich des Aktionspotentials war also eine **Depolarisation**. Nach der Spitze erfolgt die **Repolarisation** zum Ruhepotential. Der langsame Anteil der Repolarisation wird auch ein *depolarisierendes Nachpotential* genannt.

An anderen Zelltypen haben Aktionspotentiale ähnliche, aber im einzelnen durchaus unterschiedliche Zeitverläufe. Abb. 4-6 zeigt noch Beispiele von Nerven- und Herzmuskelzellen. Beide haben sehr ähnliche Zeitverläufe der Depolarisationsphase – die Spitze des Aktionspotentials ist in etwa 0,5 ms erreicht. Die *Nervenzelle* repolarisiert sehr schnell, ihr Aktionspotential ist in etwa 1 ms abgelaufen. Die *Herzmuskelzelle* hat dagegen eine stark verzögerte Repolarisation. Das Potential nimmt nach der Spitze vorerst nur wenig ab und verharrt für etwa 100 ms auf einem „Plateau". Die danach einsetzende Repolarisation vollendet das Herzaktionspotential nach mehr als 200 ms Dauer. Die Beispiele in Abb. 4-6 geben nur Grundmuster an. Verschiedene Typen von Nervenzellen können leicht unterschiedliche Aktionspotentiale haben, und ähnliches gilt für verschiedene Muskelfasertypen. In Säugetierherzen haben verschiedene Herzabschnitte etwas unterschiedliche Aktionspotentialformen. Es gibt noch andere Grundtypen, z.B. an glatter Muskulatur oder an embryonalem Gewebe. Auch an manchen Drüsenzellen, z.B. den Inselzellen des Pankreas, gibt es typische Aktionspotentiale. Allen ist die relativ schnelle Depolarisationsphase und die anschließende Repolarisation gemeinsam. Gemeinsames Merkmal ist auch Stereotypie der Aktionspotentialform an einem bestimmten Zelltyp.

> **Aktionspotentiale werden durch Depolarisation der Zellmembran, die ein „Schwellenpotential" überschreitet, ausgelöst; nach der Auslösung erfolgt selbsttätig eine Depolarisation zum Spitzenpotential und die Repolarisation zum Ruhepotential**

Das Ruhepotential ist ein stabiler oder metastabiler Zustand der Zelle. Dieser Zustand muß gestört werden, damit ein Aktionspotential ablaufen kann.

Aktionspotentiale entstehen in manchen Zellen „spontan" und rhythmisch, in Sinneszellen ausgelöst durch depolarisierende „Rezeptor-" oder „Sensorpotentiale" (Kap. 12.21), an Synapsen durch depolarisierende synaptische Potentiale (Kap. 5) und in Nervenfasern durch Fortleitung. In allen diesen Fällen wird die Membran um 20–30 mV depolarisiert (s. Abb. 4-6, Herzmuskel), und darauf läuft autonom, ohne einen weiteren Eingriff, das Potential zum positiven Spitzenpotential, wonach die Membran zum Ruhepotential repolarisiert. Das Potential, zu dem die Membran depolarisiert werden muß, damit ein Aktionspotential ausgelöst wird, heißt **„Schwelle"**. Der Zustand, der bei Überschreiten der Schwelle eintritt, wird auch **„Erregung"** genannt.

Die Erregung führt immer zu einem voll ausgebildeten Aktionspotential, es gilt ein *„Alles oder Nichts- Gesetz der Erregung"*. Der Erregungszustand ist ferner *regenerativ*, er kehrt selbstständig zum Ruhezustand, dem Ruhepotential, zurück.

> **Die nach einer überschwelligen Depolarisation fließenden Membranströme können mit einer Spannungsklemme gemessen und in eine Na⁺- und eine K⁺-Stromkomponente aufgetrennt werden**

Beim Aktionspotential beeinflußt das jeweilige Membranpotential die durch die Membran fließenden Ströme, wie dies besonders an der Schwelle deutlich wird. Ein solches System mit gegenseitigen Abhängigkeiten von Strom und Spannung kann man analysieren, indem man die Membranspannung durch zugeführten Strom sprunghaft auf einen bestimmten überschwelligen Wert bringt und dann die Ströme mißt, die nach dem Spannungssprung fließen.

Ein solches Experiment kann mit einer **Spannungsklemm-Schaltung** (voltage clamp) gemacht werden (Abb. 4-7a). Das Membranpotential wird über eine intrazelluläre Elektrode gemessen. Außerdem wird eine zweite intrazelluläre Elektrode als Stromgeber eingesetzt, die einen elektrischen Strom über die Membran treiben kann. Dieser Strom erzeugt an dem elektrischen Widerstand der Membran eine Spannungsdifferenz, die sich zum Membranpotential addiert. Stellt man nun in einem Differenzverstärker die Differenz zwischen der gemessenen Membranspannung und einem Sollwert fest und treibt einen der Sollwertabweichung proportionalen Strom über die Membran, so kann man die Membranspannung auf einen beliebigen Sollwert „klemmen". Gibt man als Sollwert einen Spannungsprung ein, z.B. vom Ruhepotential von −60 mV auf 0 mV, so muß der Membrankondensator mit einer kurzen positiven Stromspitze umgeladen werden. Danach wird der Membranstrom negativ und erreicht in weniger als 1 ms ein Minimum, wonach er schnell einem positivem Endwert zustrebt.

Dieses komplexe Verhalten des Membranstroms wird verständlich, wenn der Gesamtstrom in seine Komponenten, im wesentlichen den Na^+-Strom, i_{Na}, und den K^+-Strom, i_K, aufgetrennt wird. Diese Auftrennung wurde ursprünglich dadurch erreicht, daß man in der Außenlösung die Na^+ durch ein impermeables Kation, z.B. Cholin ersetzte (Abb. 4-8a). Der dann zu messende Strom enthält keinen i_{Na}, und er kann als i_K angesehen werden. Die Differenz zwischen i_K und dem Gesamtstrom wäre dann i_{Na}. Heute kennt man spezifische *Blocker* für Na^+- und K^+-Ströme. Am gebräuchlichsten sind Tetrodotoxin (TTX) als i_{Na}-Blocker und Tetraäthylammmonium und 3,4-Amino-Pyridin als i_K-Blocker.

i_{Na} erreicht nach dem überschwelligen Depolarisationssprung schnell einen negativen Maximalwert (ein Einwärtsstrom von Kationen wird als negativer Strom angesehen, ein Auswärtsstrom als positiver). Danach fällt i_{Na} innerhalb von etwa 2 ms wieder auf den Nullwert zurück. Die i_{Na}-Stromkomponente wird also durch Depolarisation schnell aktiviert, hat aber nur eine kurze Lebensdauer; nach dem Maximum setzt eine schnelle **Inaktivierung** ein.

i_K wird nach der Depolarisation langsamer aktiviert als i_{Na}. Erst wenn i_{Na} schon inaktiviert wird, steigt i_K auf einen positiven Endwert. Dieser positive Strom fließt, solange die Depolarisation anhält; *i_K inaktiviert nicht*.

Die Amplitude und der Zeitverlauf von i_{Na} und i_K hängen von der Größe des Depolarisationsschrittes ab. Abb. 4-8b zeigt die Maxima der i_{Na} und i_K bei verschiedenen Membranpotentialen. $i_{Na,max}$ nimmt oberhalb der Schwelle schnell zu, erreicht den größten Wert um 0 mV und nimmt dann etwa proportional zur Änderung des Potentials wieder ab. Bei etwa +50 mV wird i_{Na} Null und mit weiterer Depolarisation zunehmend positiver – der Einwärtsstrom kehrt sich in einen Auswärtsstrom um. Das Membranpotential von +55 mV entspricht beim Tintenfischaxon dem Na^+-Gleichgewichtspotential E_{Na} (Gleichung 4.1). Dieses Gleichgewichtspotential identifiziert diese Stromkomponente nochmals als i_{Na}. $i_{K,max}$ nimmt dagegen mit steigender Depolarisation zu. Das Umkehrpotential für i_K liegt bei -75 mV, entsprechend E_K = −75 mV beim Tintenfisch (Tabelle 4-1, S. 87).

Es wurden hier als Beispiel die Aktionspotentiale und Membranströme des *Tintenfisch-Riesenaxons* angegeben, weil diese Axone mit bis zu 1 mm Durchmesser der Untersuchung besonders gut zugänglich sind und die Erregungsphysiologie der Nervenfasern weitgehend an diesem Präparat entwickelt wurde. Bei *höheren Wirbeltieren* haben i_{Na} und E_K höhere absolute Werte, entsprechend den höheren Konzentrationsgradienten der Ionen (Tabelle 4-1). Abb. 4-8 würde für ein Wirbeltieraxon ganz ähnliche Potentialabhängigkeiten und Zeitverläufe von i_{Na} und i_K zeigen, nur die Potentialskala wäre etwas gestreckter.

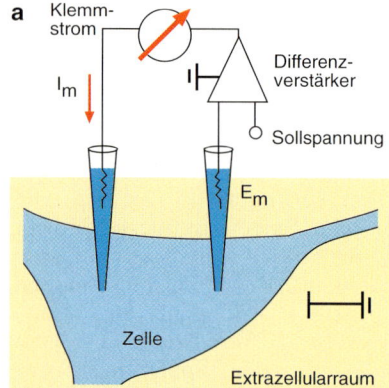 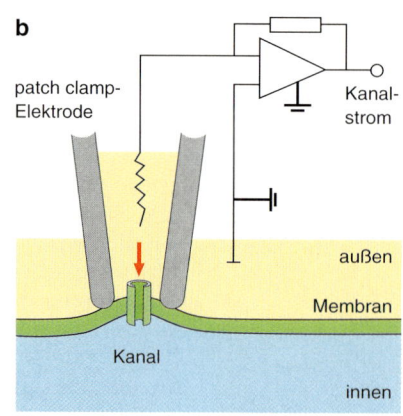

Abb. 4-7. Messung des Membranstroms mit Spannungsklemmen. **a** Spannungsklemme mit zwei intrazellulären Elektroden. Mit der Spannungselektrode wird wie in Abb. 4-3a E_m bestimmt, hier aber mit einer Sollspannung verglichen. Der Differenzverstärker speist die Abweichung von E_m von der Sollspannung mit negativem Vorzeichen über die Stromelektrode zurück und gleicht dadurch die Abweichung der Potentiale aus. Der dabei fließende Strom i_m kompensiert genau den Membranstrom, der bei der Sollspannung fließt. **b** In der patch clamp-Schaltung treibt der Verstärker genau so viel Strom über den Rückkopplungswiderstand in die Elektrode, daß das Potential in der Elektrode Null bleibt. Dieser Strom ist gleich dem durch die Zellmembran in die Elektrode fließenden Strom. Alternativ zum Nullpotential in der Abbildung kann auch eine andere Sollspannung (wie in **a**) oder ein Spannungssprung vorgegeben werden, und der Strom durch die Membran unter diesen Bedingungen gemessen werden

Nicht nur die Amplituden, sondern auch die *Zeitverläufe von i_{Na} und i_K hängen vom Membranpotential ab*. Beide ändern sich nach kleinen Depolarisationen relativ langsam und werden mit zunehmender Depolarisation schneller.

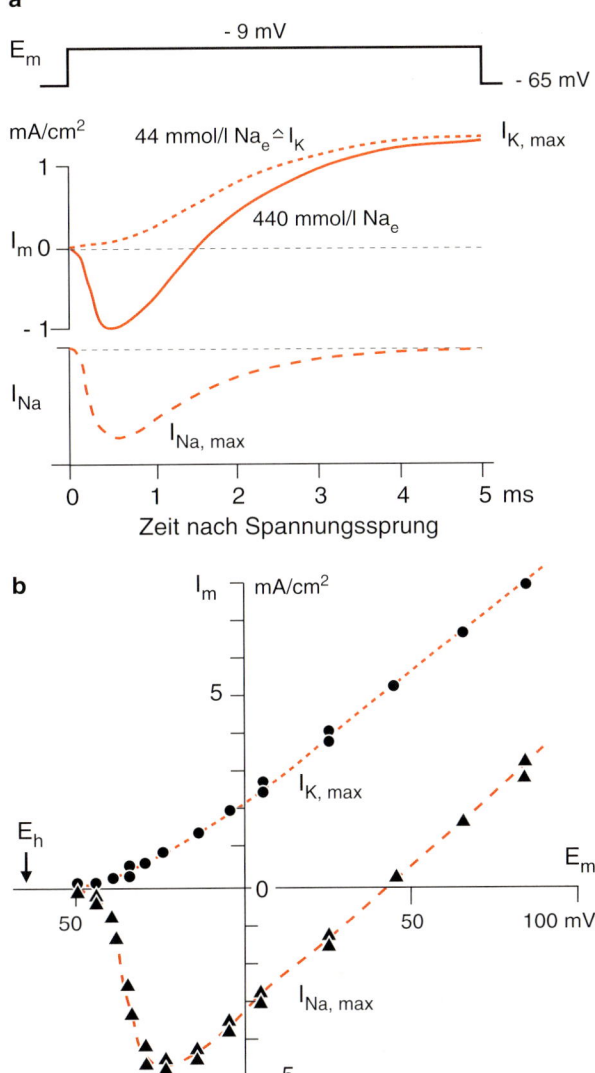

> **Aus den nach Depolarisationsschritten bei konstant gehaltenen Potentialen fließenden i_{Na} und i_K können die Stromflüsse bzw. Leitfähigkeitsänderungen während eines Aktionspotentials berechnet werden**

Die Potential- und Zeitabhängigkeiten von i_{Na} und i_K können in ein Modell gefaßt werden. Dies geschah zuerst 1952 in dem unten dargestellten mathematischen Modell von Hodgkin und Huxley, und aus diesem Modell konnten dann die Zeitverläufe von Potential, i_{Na} und i_K nach einer überschwelligen Depolarisation errechnet werden. Es ergab sich ein Zeitverlauf des Potentials, der genau dem gemessenen Aktionspotential entsprach. Die *Zeitverläufe von i_{Na} und von i_K können folglich die Entstehung und den Zeitverlauf des Aktionspotentials voll erklären*.

Die synthetisierten Zeitverläufe von Potential, g_{Na} und g_K zeigen zu Beginn des Aktionspotentials einen steilen Anstieg von i_{Na} (vergl. Abb. 4-18). Der Anstieg von g_{Na} bei Depolarisation *verursacht* die selbsttätige Depolarisation im *Aufstrich des Aktionspotentials*, wenn die Schwelle überschritten wird. Die potentielle Energie des großen Na^+-Konzentrationgradienten wird frei, wenn die g_{Na} anwächst und den Na^+-Einstrom erlaubt. Das Membranpotential läuft dann auf das Na^+-Gleichgewichtspotential E_{Na} bei etwa +60 mV zu. Die Depolarisation erreicht jedoch E_{Na} nicht ganz. Bei positiven Potentialen dauert die Erhöhung von g_{Na} nur etwa 0,5 ms und wird dann *inaktiviert*. Außerdem ist inzwischen g_K angestiegen, und der durch die große Potentialdifferenz angetriebene *K^+-Ausstrom repolarisiert* das Membranpotential. Dem Aktionspotential liegt somit eine Folge von durch die Schwellendepolarisation ausgelösten Na^+- und K^+-Leitfähigkeitserhöhungen zugrunde, von denen erstere den Aufstrich, und letztere die Repolarisation des Aktionspotentials bewirken.

Die Zeitverläufe von i_{Na} und i_K am Tintenfischriesenaxon sind von *Hodgkin und Huxley (1952)* durch ein *Gleichungssystem* beschrieben worden, dem Vorstellungen über Enzymkinetiken zugrunde lagen. Im Detail sind die Grundlagen dieses Gleichungssystems durch das unten beschriebene Konzept der Kanalkinetik überholt. Die Parameter der Hodgkin-Huxley-Gleichungen werden jedoch noch dazu benutzt, die Verläufe der Änderungen von g_{Na} und g_K an verschiedenen Zellen quantitativ zu

Abb. 4-8. Membranströme am Tintenfischriesenaxon, gemessen mit einer Spannungsklemme. **a** Zeitverlauf der Membranströme i_m nach einem Spannungssprung von −65 mV (Ruhepotential) auf -9 mV. In Normallösung (440 mmol/l Na^+_e) fließt zuerst ein Einwärts-, dann ein Auswärtsstrom. Wird Na^+_e auf 44 mmol/l, etwa die Na^+_i-Konzentration, herabgesetzt, so fällt die Na^+-Stromkomponente fort, und es fließt ein reiner Auswärtsstrom, der i_K entspricht. Die Differenz dieser beiden Stromverläufe ist der unten eingezeichnete i_{Na}. **b** Die Ströme am Maximum der jeweiligen Stromkomponente, $i_{Na\ max}$ und $i_{K\ max}$, bei Klemmpotentialen zwischen −50 und +90 mV. E_h ist das Haltepotential, von dem die Stromsprünge ausgehen. Nach [3, 15]

beschreiben. Die grundlegenden Gleichungen sollen deshalb hier kurz besprochen werden [3].

$$g_{Na} = m^3 \, h \, \bar{g}_{Na} \tag{4.8}$$

$$g_K = n^4 \, \bar{g}_k \tag{4.9}$$

$$i_m = C_m \cdot \frac{dE}{dt} + g_{Na} (E-E_{Na})$$

$$+ g_K (E-E_k) + g_l (E-E_l) \qquad (4.10)$$

m, h, und n sind durch Gleichungen der Form $dm/dt = \alpha_m \cdot (1-m) - \beta_m$ definiert, in der α_m und β_m potentialabhängige Ratenkonstanten einer Reaktion in und aus dem Zustand m sind. m und n beschreiben die Aktivierung von g_{Na} bzw. g_K, sie wachsen zwischen -100 und $+20$ mV an. h steht für die Inaktivierung der g_{Na}; diese Funktion fällt zwischen -100 und 0 mV. g_{Na} und g_K sind jeweils die Sättigungswerte der Leitfähigkeiten. Der Gesamtstrom im (Gleichung 4.10) enthält neben i_{Na} und i_K eine kapazitive Komponente, $C_m \cdot dE/dt$. Als geladene Doppelschicht geringer Dicke (s. S. 87 u. Kap. 2) hat jede Zellmembran eine Kapazität von etwa 1 µF/cm². Da während des Aufstrichs dE/dt Werte von 100 V/s erreicht werden, und dies einen kapazitiven Strom von etwa 1 mA/cm² Membran ergibt, fließt der i_{Na} während des Aufstrichs fast vollständig in die Membrankapazität. Gleichung (4.10) enthält ferner

a

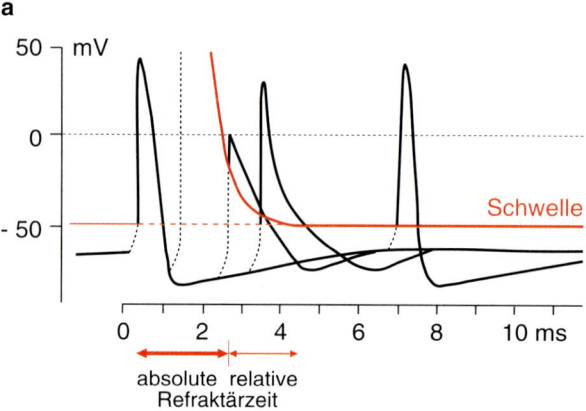

b

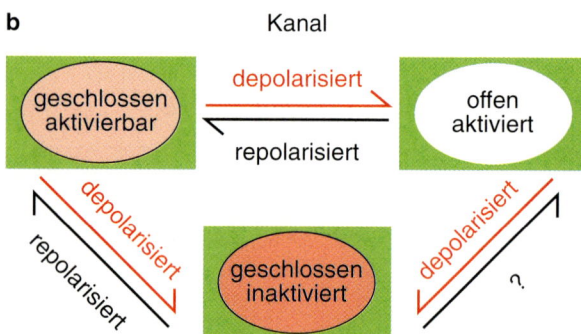

Abb. 4-9. Inaktivierung des Natriumstroms und Refraktrität. **a** Aktionspotential, nach dem durch Stromstöße (passive Depolarisationen, gestrichelte Kurven) weitere Aktionspotentiale ausgelöst werden sollen. Für mehr als 2 ms ist die Auslösung unmöglich, die Schwelle ist unendlich hoch – absolute Refraktärzeit. Danach sind, mit höherer Schwelle als normal, verkleinerte Aktionspotentiale auszulösen – relative Refraktärzeit. **b** Zustände des Na⁺-Kanals, die durch Depolarisation oder Repolarisation (Pfeile) ineinander übergeführt werden können

noch eine Leckleitfähigkeit, g_l, in der eine Reihe weiterer, geringer Membranleitfähigkeiten, die in etwa dem Potential proportional sind, zusammengefaßt sind.

Der wissenschaftliche Wert der Hodgkin-Huxley-Gleichungen, deren Aufstellung durch einen Nobelpreis gewürdigt wurde, liegt nicht so sehr in der quantitativen Beschreibung der Membranstromkomponenten, wie in dem Nachweis, daß das Aktionspotential und auch seine Fortleitung (s. Abschnitt 4.4) allein durch potentialabhängige Leitfähigkeiten der Membran, d.h. ohne die Einschaltung energieverbrauchender chemischer Reaktionen, erklärt werden kann. Das Aktionspotential wird angetrieben durch die Diffusion von Na⁺ und K⁺ entlang ihrer Konzentrations- und Potentialgradienten. Bei Unterbrechung der Energiezufuhr im Experiment lassen sich Tausende von Aktionspotentialen auslösen, bis schließlich die intrazellulären Ionenkonzentrationen sich zu weit von den Normwerten entfernen.

Erregung mit Erhöhung der Ca²⁺-Leitfähigkeit. Der Ca²⁺-Konzentrationsgradient ist ähnlich dem des Na⁺, und E_{Ca} liegt bei etwa $+120$ mV. Erhöhung von g_{Ca} führt ebenso wie die Erhöhung von g_{Na} zu einer Depolarisation. Dies tritt bei jedem Aktionspotential in geringem Ausmaß ein; auch für Ca²⁺ wächst die Leitfähigkeit mit der Depolarisation. An manchen Zelltypen oder Zellanteilen, wie den Dendriten und den Nervenendigungen von Nervenzellen, ist g_{Na} relativ klein und g_{Ca} relativ groß, und dies gilt auch für embryonales erregbares Gewebe. In diesen Fällen kann g_{Ca} die g_{Na} vertreten, und der Aufstrich von Aktionspotentialen kann vorwiegend durch i_{Ca} bewirkt werden. „Ca²⁺-Aktionspotentiale" haben zur Folge, daß die intrazelluläre Ca²⁺-Konzentration ansteigt. Ca²⁺ᵢ hat wichtige intrazelluläre Steuerfunktionen, die Erhöhung von Ca²⁺ᵢ kann intrazelluläre Enzyme aktivieren oder die Ausschüttung von Vesikeln aus der Zelle (s. Abb. 2-18) fördern.

> **Die Inaktivierung der Na⁺-Leitfähigkeit führt nach einem Aktionspotential zu einer Phase der Unerregbarkeit, der „Refraktärität"**

Es ist nicht möglich, unmittelbar nach einem abgelaufenen Aktionspotential ein neues auszulösen (Abb. 4-9a). Selbst wenn das Potential weit positiver gemacht wird als die Schwelle der Auslösung des ersten Aktionspotentials, läßt sich erst etwa 1 ms nach dem ersten Aktionspotential ein neues auslösen. Man nennt den Zeitraum vom Beginn des ersten Aktionspotentials bis zur Auslösbarkeit eines folgenden Aktionspotentials die **absolute Refraktärzeit**. Auf diese folgt eine *relative Refraktärzeit*, in der zwar ein Aktionspotential ausgelöst werden kann, die Schwelle liegt jedoch höher als in Ruhe, und die Anstiegsgeschwindigkeit und die Amplitude des Aktionspotentials in der relativen Refraktärzeit sind kleiner als normal.

Den Zuständen der Auslösbarkeit von Aktionspotentialen und der Refraktärität entsprechen *Zustände der g_{Na}*, die in Abb. 4-9b als *aktivierbar, aktiviert und inaktiviert* bezeichnet werden. Der inaktivierte Zustand wird hauptsächlich über den aktivierten erreicht, d.h. nach Depolarisation. Aus dem inaktivierten Zustand geht es zurück nur nach ausreichender Polarisation, und schneller noch nach Hyperpolarisation. Während der langen Plateauphase des Herzaktionspotentials (Abb. 4-6) bei Potentialen nahe Null bleibt g_{Na} inaktiviert. Demzufolge dauert die absolute Refraktärphase des Herzmuskels mehr als 100 ms. Dies ist funktionell wichtig, denn schnelle Wiedererregung des Herzmuskels würde den Herzschlag, die Pumpfunktion des Herzens stören.

Die *Refraktärität* des Nervens *beschränkt die maximale Frequenz* von Aktionspotentialen. Sie können nur frühestens nach der absoluten Refraktärphase wiederholt werden, d.h., die maximale Frequenz von Aktionspotentialen liegt für verschiedene Zelltypen bei 100–1000 Hz. Die Information wird im Nervensystem in der Regel durch Serien von Aktionspotentialen vermittelt. Wie die Maximalfrequenz eines digitalen Datenkanals, beschränkt auch die Maximalfrequenz der Aktionspotentiale in einer Nervenfaser die Menge der übermittelbaren Information. Die Bedingungen für die Erzeugung hochfrequenter Aktionspotentialserien sind in Abb. 4-13 dargestellt.

4.3 An der Erregung beteiligte, spannungsabhängige Na$^+$- und Ca^{2+}-Kanäle

> **Die schnelle Depolarisationsphase des Aktionspotentials wird durch die potentialabhängige Öffnung von Na$^+$-oder Ca^{2+}-Kanälen vermittelt, deren Öffnungswahrscheinlichkeit zeit- und potentialabhängig abnimmt (Inaktivierung)**

Mit der *patch-clamp Methode* (Abb. 4-7 [14]) können Membranströme an etwa 1 μm^2 großen Membranstücken mit hoher Amplituden- und Zeitauflösung gemessen werden. Das Membranpotential dieser Membranflecken kann durch eine Spannungsklemme auf beliebigen Werten gehalten oder auch sprunghaft verändert werden. Hält man eine Nerven- oder Muskelzellmembran z.B. bei −90 mV, was dem Ruhepotential entspricht, und depolarisiert dann den Membranfleck sprunghaft auf 0 mV, so

werden durch die Depolarisation kurze Stromstöße im pA (10^{-12} A)-Bereich ausgelöst, unter denen sich positive und negative, lange und kurze unterscheiden lassen. Ein klares Bild ergibt sich, wenn bestimmte Stromkomponenten durch Blocker, die der Lösung um den Membranfleck zugegeben wurden, ausgeschaltet werden.

Na$^+$-Kanäle. Werden in einem Membranfleck aus Nerv oder Muskel alle Kanaltypen außer den Na$^+$-Kanälen durch geeignete Pharmaka blockiert, so werden nach Depolarisation Öffnungen von Na$^+$-Kanälen gemessen (Abb. 4-10a). Die Stromregistrierung zeigt nach der Depolarisation kurze Einwärtsströme, die bei einem bestimmten Potential alle die gleiche Amplitude haben. Werden viele solche Ergebnisse einzelner Depolarisationen addiert, so ergibt sich ein mittlerer Strom. Dieser entspricht genau dem Klemmstrom von Abb. 4-8a.

Der durch eine kleine Depolarisation ausgelöste Strom setzt sich aus vielen, durchschnittlich nur etwa 0,4 ms dauernden rechteckigen Stromspitzen zusammen, deren Frequenz zu einem Maximum ansteigt und danach relativ langsam abfällt. Dieser Abfall entspricht der Inaktivierung (Abb. 4-9b). Nach einer großen Depolarisation werden im Durchschnitt sehr schnell ansteigende und abfallende Na$^+$-Ströme gemessen. Sie setzen sich aus längeren Einzelöffnungen als bei negativeren Potentialen zusammen; der Kanal öffnet sich jedoch nach jeder Depolarisation meist nur einmal, er inaktiviert sehr schnell.

Die Na$^+$-Kanäle sind die bestuntersuchten spannungsgesteuerten Membrankanäle, und ihr Verhalten soll deshalb als ein Beispiel des unmittelbar meßbaren *Funktionsablaufes in einem Einzelmolekül* näher besprochen werden. Das Molekül reagiert bei jeder Depolarisation verschieden, das Zeitmuster der Kanalöffnungen ist in keiner der Registrierungen der Abb. 4-10a gleich. Trotzdem ist das durchschnittliche Verhalten der Kanäle genau festgelegt: Die durchschnittlichen Ströme sind bei gleichen Bedingungen immer gleich, und auch die durchschnittliche Dauer der Kanalöffnungen ist bei einem bestimmten Membranpotential immer gleich. Der Zeitverlauf der Kanalöffnungen nach einer Depolarisation ist also nicht festgelegt, wohl aber die *Wahrscheinlichkeiten*, mit denen sich *zu einem bestimmten Zeitpunkt nach der Depolarisation ein Kanal öffnet*, und ebenso die Wahrscheinlichkeit, mit der sich ein Kanal *bei einem bestimmten Potential wieder schließt*.

Torströme. An Membranen, die Na$^+$-Kanäle sehr hoher Dichte enthalten, läßt sich eine weitere Stromkomponente messen, der **Torstrom (gating current)**. Dieser Strom ist nur sichtbar, wenn der Ionenfluß durch alle Kanäle einschließlich des Na$^+$-Kanals pharmakologisch blockiert wird. Nach Depolarisation erscheint dann, noch bevor der Na$^+$-

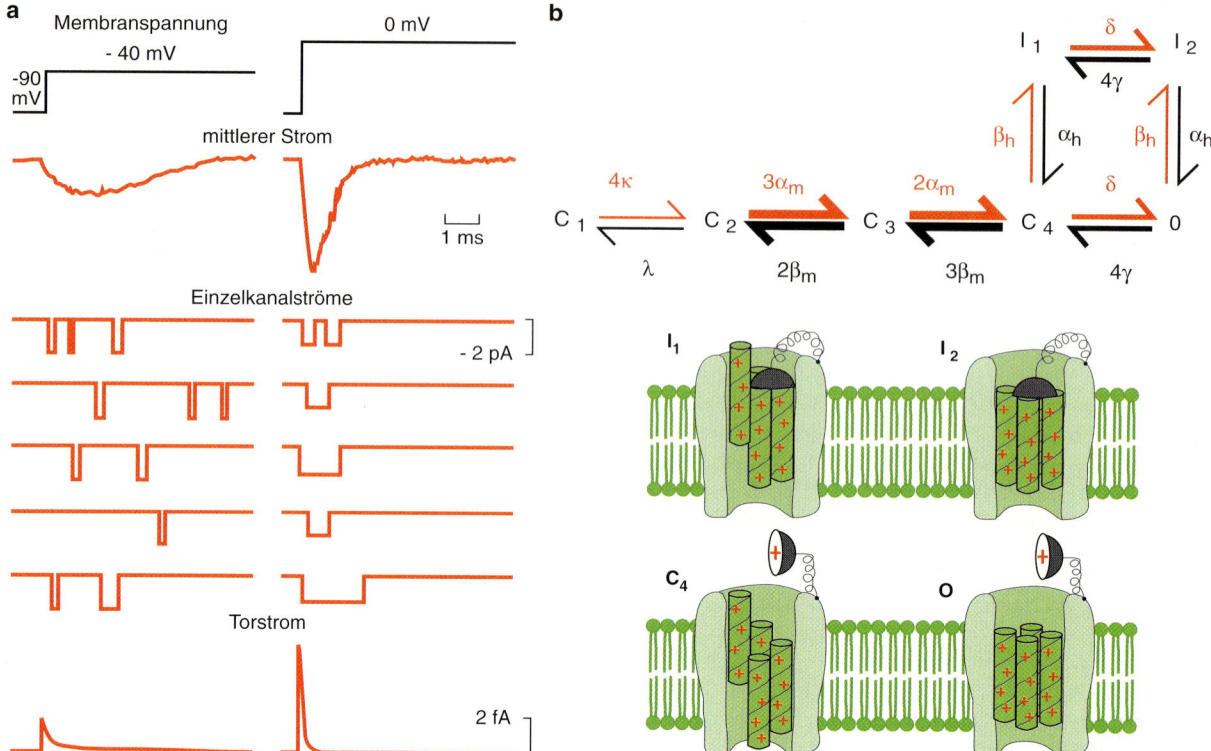

Abb. 4-10. Kinetik der Na$^+$-Kanalströme. **a** Messungen von Na$^+$-Kanalströmen und Torströmen mit der patch clamp (schematisch). Links wird die Membranspannung von −90 auf −40 mV, rechts auf 0 mV geklemmt. In je fünf Strommessungen werden Reaktionen eines Einzelkanals gezeigt, die Kanalöffnungen sind bei −40 mV kürzer, aber häufiger als bei 0 mV. Die Summe solcher Einzelkanalmessungen ergibt mittlere Ströme. Synchron gemessene Torströme liegen bei den Spannungssprüngen und sind sehr kurz. **b** Reaktionsmodell eines Na$^+$-Kanalmoleküls. C_1 − C_4 sind geschlossen-aktivierbar-Zustände, O der Offenzustand und I_1 und I_2 inaktivierte Geschlossenzustände. Die durch

Depolarisation geförderten Reaktionsraten sind rot eingezeichnet, die durch sie verlangsamten schwarz; die Dicke der Pfeile deutet den Grad der Potentialabhängigkeit an. Unter dem Reaktionsschema hypothetische „Bilder" des Na$^+$-Kanals in vier seiner Zustände. Vier potentialabhängige S4 Segmente der Kanalwand sind als „Schließzylinder" gezeichnet, die von C_1 bis O sich in wachsender Zahl von der oberen Position in die untere, schließlich die Öffnung freigebende Position verschieben. Die Inaktivierungsfunktion ist als beweglicher „Deckel" angedeutet. Nach [12, 18] und vor allem [25]

Strom ansteigen würde, eine kurze, kleine Stromkomponente (Abb. 4-10a). Sie entspricht in ihrem Hauptanteil der Verschiebung von vier positiven elektrischen Elementarladungen innerhalb der Membran, oder genauer innerhalb des Na$^+$-Kanals. Diese Ladungen sind keine Na$^+$-Ionen, denn der Fluß durch den Kanal ist ja blockiert. Der Torstrom entspricht Konformationsänderungen des Kanalmoleküls, die durch die Depolarisation ausgelöst werden und den Kanal schließlich öffnen. Aus den Torströmen ist ableitbar, daß mehrere solche Öffnungsreaktionen dem Beginn des Ionenflusses durch den Kanal vorausgehen. Ferner werden die Torströme durch Inaktivierung des Na$^+$-Kanals unterdrückt: Eine Depolarisation im Zustand der partiellen Inaktivierung nach einer vorhergehenden Erregung (Abb. 4-9) löst nur einen Teil der gewöhnlichen Torströme aus.

Reaktionsmodell des Na$^+$-Kanals. Aus den Informationen über das zeitliche Öffnungsmuster der einzel-

nen Na$^+$-Kanäle, die Torströme und die Potentialabhängigkeit beider dieser Meßgrößen, die in den vorhergehenden Abschnitten angedeutet wurden, läßt sich ein **kinetisches Modell des Schaltverhaltes des Na$^+$-Kanals** ableiten, dessen modernste Form (leicht vereinfacht) in Abb. 4-10b wiedergegeben ist [25]. Dieses Modell ist im Grunde eine quantitative Fassung des Aktivierungs/Inaktivierungsschemas in Abb. 4-9b. Das Modell enthält vier „geschlossen, aber aktivierbar"-Zustände C_1 − C_4 („C" steht für „closed"), an die sich der Offenzustand des Kanals, O, anschließt. Von C_4 und O geht eine Inaktivierungsschleife zu den „geschlossen, nicht aktivierbar"-Zuständen I_1 und I_2. Die Doppelpfeile zwischen den Kanalzuständen stehen für chemische Reaktionsraten, die sämtlich, aber in verschiedenem Ausmaß, potentialabhängig sind. Die durch Depolarisation vergrößerten Reaktionsraten sind in Abb. 4-10b rot gezeichnet, die durch Depolarisation verminderten Raten sind schwarz. Diese Potentialabhängigkeiten können durch die Aktivierungsenergie W der Reaktion und einen potentialabhängigen Energieanteil beschrieben werden. Letzterer wird bestimmt durch die Ladung z des „Tores" und den Anteil d des Membranpotentials E, über den die Torladungen sich bewegnen.

Die Gleichungen für die Reaktionsraten α_m und β_m lauten z.B.:

$$\alpha_m = \frac{kT}{h} \; e^{W_\alpha \; + \; \frac{z\varepsilon dE}{kT}}$$

$$\beta_m = \frac{kT}{h} \; e^{W_\beta \; - \; \frac{z\varepsilon d(1-d)E}{kT}}$$

(4.11)

Dabei ist k die Boltzmankonstante, T die absolute Temperatur, h das Plancksche Wirkungsquantum und ε die elektrische Elementarladung. Für die anderen Ratenkonstanten im Schema Abb. 4-10b gelten entsprechende Gleichungen (Typ α_m für die roten, Typ β_m für die schwarzen Raten). Die Endreaktionen der Aktivierungskette haben relativ zu α_m und β_m verringerte Reaktionsraten; die Raten ϰ, λ, δ und γ sind durch erhöhte (negative) Aktivierungsenergien W der entsprechenden Reaktionen vermindert. Dementsprechend sind die Pfeile für diese Reaktion dünner als die für α_m und β_m. Die Inaktivierungsraten α_h und β_h haben eine noch geringere Potentialabhängigkeit als die anderen Raten; die Ladung z des „Inaktivierungstores" ist etwa 10mal kleiner als bei den anderen Raten (dünne Pfeile in Abb. 4-10b).

Das Reaktionsschema für den Na$^+$-Kanal und die Gleichungen 4.11 wurden hier dargestellt, um deutlich zu machen, daß die Biophysik der Membrankanäle in den letzten 10 Jahren zu *physikalisch-chemischen Beschreibungen* des Verhaltens *einzelner Membrankanalmoleküle fortgeschritten ist*. Das kinetische Verhalten eines komplexen Schemas wie dem der Abb. 4-10b ist ohne Computersimulation schwer zu durchschauen. Qualitativ bewirkt z.B. die Kette der geschlossen-Zustände $C_1 - C_4$, die vor der Öffnung O durchlaufen werden, das verzögerte Ansteigen der Kanalöffnungswahrscheinlichkeit nach der Depolarisation sowie den darauffolgenden sehr schnellen, stark potentialabhängigen Anstieg (Abb. 4-8a, 4-10a und b), d.h. das Schwellenverhalten des i_{Na}. Die Rückrate λ bestimmt weitgehend die Lebensdauer von O; $1/(4\,\gamma)$ ist etwa die mittlere Dauer einer einzelnen Kanalöffnung (genauer $1/(4\,\gamma + \beta_h)$, aber $\beta_h < \gamma$). Weil γ mit der Depolarisation abnimmt, wächst die Dauer der Einzelöffnungen mit der Größe der Depolarisation (s. Abb. 4-10a und b).

Die hier gegebene Beschreibung der Kinetik der spannungsabhängigen Membrankanäle hat sich historisch aus den *Hodgkin-Huxley-Gleichungen* (4.8) entwickelt, und aus diesen stammen die Suffices m für die Aktivierung und h für die Inaktivierung. Der wesentliche Fortschritt gegenüber Gleichung (4.8) wurde durch Einbeziehung der neuen Informationen über Einzelkanalverhalten und Torströme erzielt. Das Schema in Abb. 4-10b und die Gleichungen 4.11 unterscheiden sich von den Hodgkin-Huxley-Formulierungen hauptsächlich in zwei Punkten. Einmal ist die neue Formulierung ein physikalisch-chemisches Modell, während die von Hodgkin und Huxley gegebenen Gleichungen eher empirische, analoge Beschreibungen der Meßergebnisse waren. Ferner sind in Gleichung (4.8) Aktivierung und Inaktivierung, m und h, voneinander unabhängige Faktoren. Im Schema Abb. 4-10b kann dagegen Inaktivierung nur nach einigen Aktivierungsschritten stattfinden, und die Inaktivierung erhält ihre Potentialabhängigkeit weitgehend mittelbar von der der Aktivierungsschritte.

Verhalten des Na$^+$-Kanals und Kanalstruktur. Im molekularbiologischen Kapitel 2 sind in Abb. 2-9 die recht ähnlichen Strukturen der potentialabhängigen Na$^+$-, Ca^{2+}- und K$^+$-Kanäle dargestellt. In diesen Kanälen trägt das transmembrane Segment vier regelmäßig angeordnete, positiv geladene Gruppen, von denen man annimmt, daß Änderungen des Membranpotentials durch eine Einwirkung auf diese Ladungen eine Torsion der die Gruppen tragenden α-Helix hervorruft, die schließlich den Kanal öffnet (s. Abb. 4-10b). Die *S4 Segmente* werden folglich als Träger der *Torfunktion* angesehen, was auch durch die Auswirkungen von Punktmutationen in diesem Molekülbereich gestützt wird. Der Na$^+$-Kanal (wie auch der Ca^{2+}-Kanal) hat vier S4 Segmente, und dem entsprechen die 4 Aktivierungsschritte im Schema der Abb. 4-10b. Im Kanalschema sind diese S4 Segmente als vier zylindrische, positiv geladene „Schließungen" gezeichnet, die sich bei Aktivierung nach unten bewegen und, sobald alle vier unten liegen, den Kanal freigeben. Die Inaktivierung des Kanals kann durch intrazelluläre Proteasen oder intrazelluläres Jod verhindert werden. Da Mutationen in der intrazellulären Proteinschleife zwischen Segment 3 und 4 (Abb. 2-9) die Inaktivierung verändern, ist dieser Abschnitt wahrscheinlich Sitz der Inaktivierungsreaktion. Im Schema der Abb. 4-10b legt sich eine bewegliche, intrazelluläre Molekülschleife wie ein Deckel auf die Kanalpore, wenn alle „Schließungen" unten liegen. Dies entspricht der Reaktion $O \rightarrow I_2$ im Schema der Abb. 4-10b. Weniger stabil gelagert ist der „Inaktivierungsdeckel" im kurzlebigeren Zustand I_1, wenn eine der Schließungen in der oberen Position ist [6].

> **Ca^{2+}-Kanäle kommen in verschiedenen Aktivierungs- und Inaktivierungstypen vor; der Ca^{2+}-Einstrom durch solche Kanäle erhöht die Ca^{2+}-Konzentration in der Zelle, was direkt Zellfunktionen steuern kann**

Spannungsabhängige Ca^{2+}-Kanäle haben ganz ähnliche Strukturen wie die Na$^+$-Kanäle (Abb. 2-9); sie sind die nächsten Verwandten innerhalb der Familie der spannungsabhängigen Kationenkanäle. Die Ca^{2+}-Kanäle verhalten sich funktionell sehr ähnlich wie die Na^+-Kanäle. In den meisten Nerven- und Muskelmembranen sind die Ca^{2+}-Kanäle seltener als die Na^+-Kanäle, deshalb läßt sich bei Blockade der Na^+-Kanäle meist kein durch Ca^{2+}-Kanäle getragenes Aktionspotential auslösen. In Muskeln von Invertebraten und in manchen Typen glatter Muskulatur von Vertebraten, in Dendriten und Endigungen von Nervenzellen können Ca^{2+}-Kanäle eine relativ hohe Dichte erreichen und dort auch die depolarisierenden Ströme der Aufstrichphase von Aktionspotentiale tragen oder dazu beitragen. In embryonalen neuralen Geweben werden Ca^{2+}-Kanäle häufig früher beobachtet als Na^+-Kanäle, und man spekuliert, daß Ca^{2+}-Kanäle in der Evolution den Na^+-Kanälen vorausgingen.

Während Na^+-Kanäle im Tierreich und in verschiedenen Zellen ein relativ homogenes Verhalten zeigen, gibt es *mindestens zwei Typen von Ca^{2+}-Kanälen*. Die **niederschwelligen Kanäle** (LVA, low voltage activated) können schon bei Depolarisation vom Ruhepotential auf -50 mV aktiviert werden (Abb. 4-11a). Nach größeren Depolarisationen inaktivieren sie mit Zeitkonstanten von 10–40 ms, d.h. fast so schnell wie Na^+-Kanäle. Die Einzelkanalleitfähigkeit liegt bei 5–8 pS. **Hochschwellige Ca^{2+}-Kanäle** (HVA, high voltage activated) werden erst bei Depolarisation auf etwa -20 mV aktiviert (Abb. 4-11b). Sie inaktivieren viel langsamer als die LVA-Kanäle, und die *Inaktivierung der HVA-Kanäle* hängt stark von der *intrazellulären Ca^{2+}-Konzentration ab*. Wenn während einer langen Depolarisation durch HVA-Kanäle relativ viel Ca^{2+} in die Zelle einströmt und die Ca^{2+}-Konzentration an der Innenseite der Kanäle erhöht, so bewirkt dies eine Inaktivierung der Kanäle. Die HVA-Kanäle haben Einzelkanalleitfähigkeiten von 12–15 pS.

Neben diesen beiden Grundtypen wird ein neuronaler N-Ca-Kanal, der funktionell zwischen den Charakteristika der LVA- und der HVA-Kanäle liegt, diskutiert. Ca^{2+}-Kanäle zeigen viele Variationen ihres Aktivierungs- und Inaktivierungsverhaltens. Es ist unklar, ob dem genetisch verschiedene Kanalmoleküle oder sekundäre, „posttranslationale" Modifikationen der Kanäle, wie z.B. intrazelluläre Phosphorylierungen, zugrunde liegen. Die Mannigfaltigkeit der Ca^{2+}-Kanaltypen und ihre relative Dichten in den Membranen verschiedener Zellen und Zellanteile bestimmen häufig die spezifische Reaktionsweise auf Depolarisationen.

Die verschiedenen Kanaltypen lassen sich auch durch die *Wirkung von Blockern* unterscheiden. Die meisten niedrigschwelligen Ca^{2+}-Kanäle sind relativ empfindlich gegen mikromolare extrazelluläre Ni-Konzentrationen oder gegen Amilorid. Hochschwellige Ca^{2+}-Kanäle sind relativ empfindlich gegen extrazelluläres Cd^{2+}. Vor allem in peripheren Neuronen ist ω-Conotoxin (ω–CgTx, das Gift einer Kegelschnecke) ein effektiver Blocker dieser Kanäle. Dihydropyridine blocken an manchen Zelltypen (z.B. beim Herzmuskel), an anderen aktivieren sie die HVA-Ca^{2+}-Kanäle.

Steuerfunktion von Ca^{2+}_i. Während die bei einer Erregung in oder aus der Zelle fließenden Na^+-, K^+- und Cl^--Ionen außer ihrer Rolle als Ladungsträger kaum spezifische Wirkungen haben, kann der Ca^{2+}-Einstrom über eine Erhöhung der intrazellulären Ca^{2+}-Konzentration wichtige Folgen haben. Die intrazelluläre Ca^{2+}-Konzentration hat Steuerfunktionen für viele Systeme. Am bekanntesten ist die Kontrolle kontraktiler Eiweiße wie Myosin-Aktomyosin (s. Kap. 6). Auch die Freisetzung von überträgerstoffgefüllten Vesikeln an der Nervenendigung hängt von der intrazellulären Ca^{2+}-Konzentration ab. Viele intrazelluläre Enzymsysteme, darunter Proteasen, werden durch Erhöhung der Ca^{2+}_i aktiviert, und länger dauernde starke Erhöhung von Ca^{2+}_i führt deshalb zum Zelltod. Die Zelle verfügt über Puffereiweiße und Organellen, die Ca^{2+} sequestrieren, und auch Ca^{2+}-Pumpen (s. 4.1) halten Ca^{2+}_i niedrig. Deshalb wird bei größeren Zellen die Ca^{2+}-Erhöhung nach einem Ca^{2+}-Einstrom auf membrannahe Bereiche und kurze Zeiten beschränkt bleiben.

Wahrscheinlich wegen der Wichtigkeit der Ca^{2+}_i für die Zellfunktionen unterliegt die Aktivierung von Ca^{2+}-Kanälen einer Kontrolle durch Überträgerstoffe und Stoffwechselprodukte (s. u.). Es wird auch spekuliert, daß wegen der

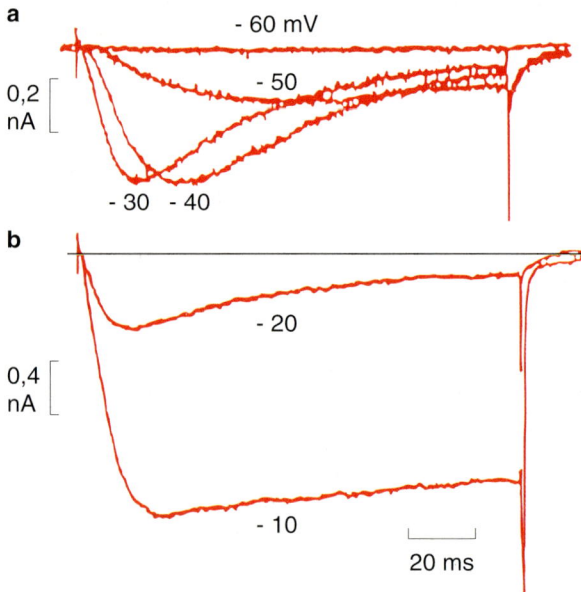

Abb. 4-11. Zwei Typen von Kalziumkanälen an einem sensorischen embryonalen Rattenneuron. **a** Niederschwellige Ca^{2+}-Kanäle (LVA-Kanäle). Durch Potentialsprünge vom Zellpotential -80 mV auf die Potentialwerte bei den Kurven ausgelöste Membranströme. Schon bei -50 mV wird ein Ca^{2+}-Einstrom ausgelöst, der bei größeren Depolarisationen relativ schnell inaktiviert. **b** Hochschwellige Ca^{2+}-Kanäle (HVA-Kanäle). Erst Depolarisation auf -20 mV löst Ca^{2+}-Einstrom aus, der auch bei größeren Depolarisationen kaum inaktiviert. Nach [28]

zusätzlichen Rolle des Ca^{2+} als intrazellulärer Botenstoff im Laufe der Evolution die Erregung durch Öffnung von Ca^{2+}-Kanälen (Ca^{2+}-Aktionspotentiale) auf Spezialfälle zurückgedrängt wurde und Na^{2+}-Kanäle diese Aufgabe übernahmen. Wahrscheinlich haben sich die Na^{2+}-Kanäle aus Ca^{2+}-Kanälen entwickelt [3].

4.4 Spannungsabhängige und stoffwechselabhängige K^+- und Cl^--Kanäle

> **Während der Repolarisationsphase des Aktionspotentials öffnen sich K^+-Kanäle, und i_K-Ausstrom durch diese Kanäle führt das Potential schnell zum Ruhepotential zurück (K^+_{dr}-Kanäle)**

Der Zeitverlauf des i_K nach einem Depolarisationsschritt wurde in Abb. 4-8a gezeigt. Die Kanäle, die K^+-Ströme mit diesem Zeitverlauf tragen, werden „*verzögerte Gleichrichter*" (delayed rectifiers, K^+_{dr}) genannt. Diese Bezeichnung deutet an, daß sich diese Kanäle nach Depolarisation mit Verzögerung öffnen. Sie werden „Gleichrichter" genannt, weil beim Ruhepotential diese Kanäle fast immer geschlossen sind und sich nach einer Depolarisation auf Potentiale positiver als -50 mV mit einem *steilen Schwellenverhalten öffnen*. Wenn die Kanäle geöffnet sind, bleibt ihre Offenwahrscheinlichkeit bei einem bestimmten Potential fast konstant. Die *verzögerten-Gleichrichter-K^+-Kanäle inaktivieren fast nicht*.

In Abb. 4-12 wird das Öffnungsverhalten von drei K^+-Kanaltypen gezeigt, die aus cDNA von Kortexzellen der Ratte gewonnen wurden, und die nach Klonierung und Expression in einer *Xenopus*-Oozyte jeweils eine molekular homogene Kanalpopulation bilden (Verfahren s. Kap. 2). Die Kanaltypen RCK1 und RCK3 sind „verzögerte Gleichrichter". RCK1 zeigt, auch wenn das Potential für Sekunden auf 0mV gehalten wird, keine Inaktivierung, während RCK3 unter diesen Bedingungen partiell inaktiviert. Im Bereich von 10 ms, in dem Aktionspotentiale ablaufen, inaktivieren sowohl RCK1 wie RCK3 nicht. Der Anstieg der Kanalleitfähigkeit ist „verzögert", er dauert bei beiden Kanaltypen nach einer Depolarisation auf 0 mV etwa 15 ms. Die Einzelkanäle öffnen mit Verzögerung, und die Öffnungswahrscheinlichkeit nimmt mit der Zeit nach der Depolarisation kaum ab. Die Einzelkanalleitfähigkeit liegt um 10 pS.

Abb. 4-12 zeigt die RCK1- und RCK3-K^+_{dr}-Kanäle. Sie sind nahe verwandt; ihre Aminosäuresequenz ist für 84% der Aminosäuren identisch. Sie sind Repräsentanten einer **Genfamilie von homolo-**

gen K^+-Kanälen. Alle bekannten K^+-Kanäle haben angenähert die in Abb. 2-9 dargestellte Struktur. Im Gesamttierreich ist die Struktur der K^+-Kanäle sehr ähnlich, so ist z.B. der durch das *Shab*-Gen von *Drosophila* kodierte K^+-Kanal ein K^+_{dr} mit großer Homologie zu den Säugetierkanälen [26]. Die verschiedenen Repräsentanten der verzögerten Gleichrichter K^+-Kanäle zeigen Unterschiede in ihren Reaktionen mit Pharmaka, z.B. in der Konzentrationsabhängigkeit ihrer Blockade durch Tetraäthylammonium oder 3,4-Dihydropyridin. Genetisch und im Verhalten leicht unterschiedliche K^+_{dr}-Kanäle kommen auch im selben Tier, manchmal in derselben Zelle mit verschiedener Dichteverteilung in gewissen Zellabschnitten vor [3].

> **Der K^+_A-Kanal wird durch geringe Depolarisationen aktiviert und inaktiviert schnell; er wirkt mit an der Bildung von Serien von repetitiven Aktionspotentialen, die durch langdauernde Depolarisationen ausgelöst werden**

Der Kanaltyp RCK4 in Abb. 4-12 ist ein Vertreter einer weiteren wichtigen Familie der K^+-Kanäle, der **K^+_A-Kanäle**. Augenscheinlichstes Merkmal ist, daß der Kanal nach Depolarisation schnell aktiviert wird, aber auch schnell inaktiviert. Die durchschnittliche Anstiegszeit des Kanalstroms beträgt nur 3 ms, und die Zeitkonstante der schnellen Inaktivierung liegt bei 20 ms. Die Einzelkanalleitfähigkeit ist mit 5 pS ziemlich klein. Auch dieser Kanaltyp ist in der Entwicklung des Tierreiches konserviert worden, homolog zum RCK4 Molekül sind beispielsweise die von den *shaker*- und *shal*-Genen von Drosophila kodierten Kanäle [26].

Der K^+_A-Kanal spielt bei vielen Zelltypen eine wichtige Rolle bei der Bildung **rhythmischer Impulsserien**. Viele Nervenzellen haben die Eigenschaft, auf eine überschwellige, langdauernde Depolarisation mit einer Serie von Aktionspotentialen zu reagieren (Abb. 4-13a). Die *Frequenz der repetitiven Aktionspotentiale steigt dabei mit der Höhe der Depolarisation*. Die Bildung solcher Impulsserien stellt eine Umkodierung oder Signalwandlung dar. Die durch synaptische Potentiale (Kap. 5) oder Rezeptorpotentiale in Sinneszellen (Kap. 12) depolarisierten Neurone geben die Information über den Grad ihrer Depolarisation als Frequenz der Aktionspotentiale an Folgeneurone weiter. So wird z.B. die Stärke der Dehnung einer Muskelspindel kodiert als Frequenz der Aktionspotentiale im sensorischen Axon dieser Zelle zu den Motoneuronen des Rückenmarkes weitergeleitet.

Bei der Besprechung der Stromflüsse und Leitfähigkeitsänderungen des Aktionspotentials wurde eine Kaliumleitfähigkeit g_K eingeführt (Gleichung

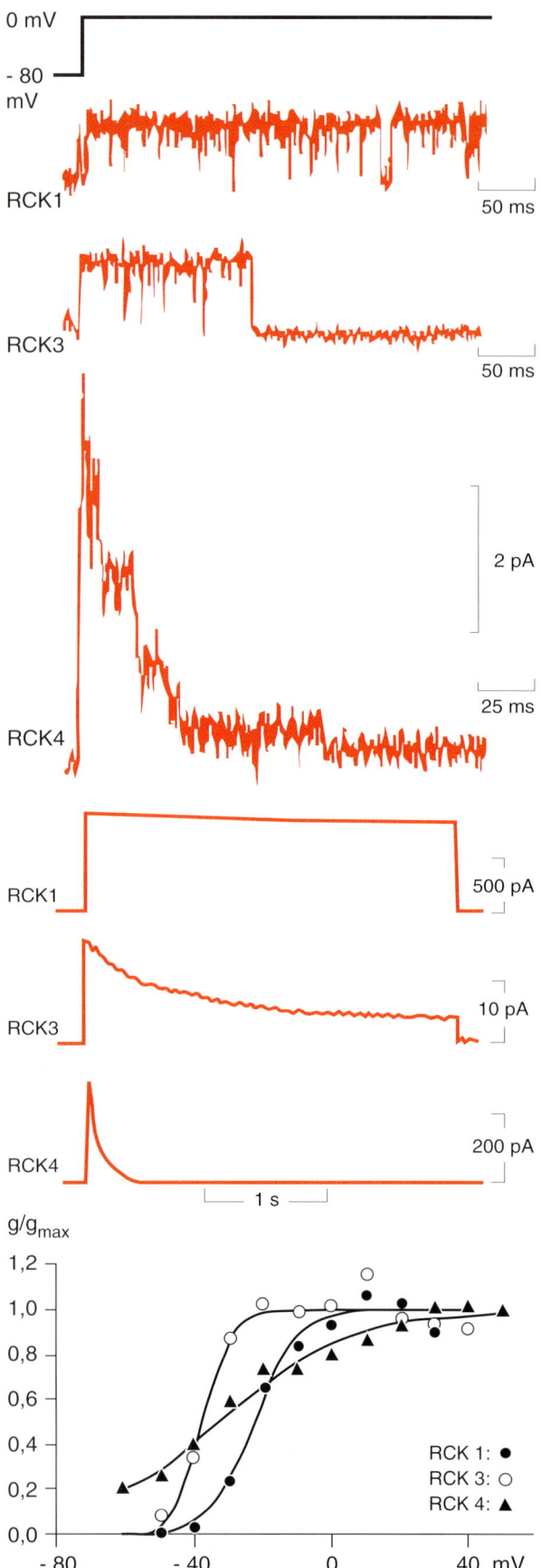

Abb. 4-12. K$^+$-Kanaltypen, Kanalströme gemessen an homogenen Kanalpopulationen die mit cDNA aus Rattengehirn in Froschoozyten gebildet wurden. Die Kanalströme werden ausgelöst durch Spannungssprünge der patch von -80 auf 0 mV. Die ersten drei Registrierungen sind Einzelkanalantworten von patches, die einen RCK1-, einen RCK3- oder wenige RCK4-Kanäle enthielten. Die entsprechenden drei Stromantworten darunter wurden von Makropatches von 6 µm Durchmesser gemessen, sie enthalten jeweils viele Einzelkanalöffnungen. Beachte die verschiedenen Zeit- und Amplitudeneichungen (die 2 pA-Eichung gilt für alle Einzelkanalströme). Das Diagramm zeigt die Potentialabhängigkeit der maximalen Ströme der verschiedenen K$^+$-Kanaltypen. Nach [29]

4.9, 4.10). Dieser klassischen g_K, die wohl an allen erregbaren Zellen vorkommt, entspricht der verzögerte Gleichrichterkanal, K$^+_{dr}$. Mit diesem Kanaltyp können durch lange Depolarisationen Aktionspotentialserien gebildet werden, und auch das Hodgkin-Huxley-Modell (Gleichungen 4.8–4.10) generiert repetitive Aktionspotentiale. Die repetitiven Erregungen kommen zustande, weil der verzögerte Anstieg von $i_{K(dr)}$ während des Aktionspotentials dieses schnell repolarisiert, die K$^+_{dr}$-Kanäle jedoch nach der Repolarisation auf das Ruhepotential verzögert schließen (Abb. 4-8 u. 4.13b). Die deshalb nach der Repolarisation noch erhöhte g_K treibt das Potential zum Kaliumgleichgewichtspotential bei etwa -100 mV, es erzeugt eine transiente Hyperpolarisation. Während sich die K$^+_{dr}$-Kanäle schließen, kommt das Potential in einer langsamen Depolarisationsphase zum Ruhepotential zurück. Wird nun andauernd das Neuron durch einen zusätzlichen Stromfluß depolarisiert, so kann die auf das Aktionspotential folgende Depolarisationsphase überschwellig werden und ein nächstes Aktionspotential auslösen.

Die Frequenz der durch Abklingen von $i_{(dr)}$ erzeugten repetitiven Erregungen ist nur wenig abhängig von der Größe der Dauerdepolarisation, und mit dieser Stromkomponente allein ist keine feingraduierte Umsetzung der Größe der Depolarisation in eine Impulsfrequenz möglich. Besitzt die Zelle jedoch *K^+_A-Kanäle*, so wird in diesen Kanälen durch die Repolarisation die Inaktivierung aufgehoben. Sie öffnen sich nach dem Maximum der Repolarisation und verzögern dadurch die langsame Depolarisationsphase (Abb. 4-13b). Damit wird eine *der Größe des depolarisierenden Einflusses entsprechende Steilheit dieser Depolarisation* und entsprechend eine in einem weiten Bereich graduierbare *Aktionspotentialfrequenz* erzielt.

Abb. 4-13. Durch langdauernde Depolarisation ausgelöste rhythmische Impulsserien. **a** Ein 1 nA-Strompuls depolarisiert zur Schwelle und löst eine niederfrequente Serie von Aktionspotentialen aus. Der größere, 4 nA-Strompuls würde weit überschwellig depolarisieren (gestrichelte Kurve), löst jedoch eine hochfrequente Impulsserie aus. **b** Kaliumstromkomponenten, die während der Impulsintervalle die Depolarisation zur Schwelle ermöglichen, sowie der depolarisierende Einwärtsstrom i_{Na} des Aufstrichs. Am Ende des Aktionspotentials nimmt der durch Depolarisation ausgelöste $i_{K(dr)}$ verzögert ab, andererseits hebt die Repolarisation die Inaktivierung von $i_{K(A)}$ auf. Nach [5, 7]. **c** An einem Vagus-Motoneuron löst Depolarisation eine Serie von Aktionspotentialen aus, die nach Abnahme der Frequenz abbricht. Die gestrichelte Linie gibt das Ruhepotential vor dem Depolarisationspuls an; am Ende der Depolarisation liegt das Potential weit negativer (Nachhyperpolarisation). Frequenzabnahme und Nachhyperpolarisation werden durch Cd^{2+} blockiert (nicht illustriert), sie werden also durch Ca^{2+}-Einstrom vermittelt. Nach [31]

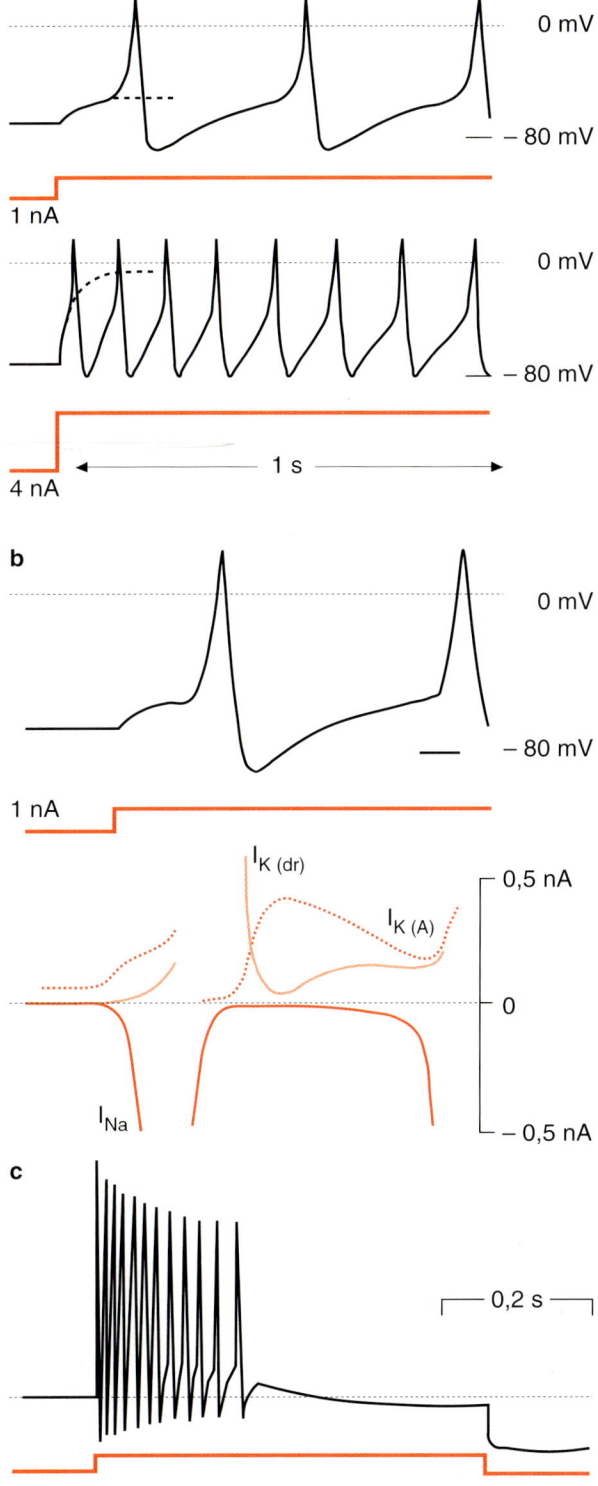

Eine Reihe weiterer K^+-Kanaltypen sind die Basis für individuelles Erregungsverhalten verschiedener Zelltypen und Zellanteile

Ca^{2+}_i-abhängige K^+-Kanäle. Dieser Kanaltyp läßt nur K^+-Ionen passieren, seine Öffnung hängt jedoch von der intrazellulären freien Ca^{2+}_i-Konzentration ab. Es gibt verschiedene Untertypen. Einer braucht zur Öffnung hohe Ca^{2+}_i-Konzentrationen von 1–10 µmol/l, und seine Öffnungswahrscheinlichkeit steigt stark mit der Depolarisation. Wegen seiner hohen Einzelkanalleitfähigkeit von etwa 100 pS wird er auch der *Maxi-$K^+_{(Ca)}$-Kanal* genannt. Andere $K^+_{(Ca)}$-Kanäle sind kaum potentialabhängig, öffnen jedoch im Bereich der „Ruhe-Ca^{2+}_i-Konzentration" von 10–100 nmol/l in Abhängigkeit von Ca^{2+}_i.

Funktionell verknüpfen die $K^+_{(Ca)}$-Kanäle die Botenstofffunktion von Ca^{2+}_i mit den Membranströmen und -spannungen. Ca^{2+}_i wird durch intrazelluläre Botenstoffe moduliert (s. Abb. 2-13), die Ca^{2+}-Ionen aus intrazellulären Speichern freisetzen können. Ca^{2+}_i wird jedoch auch durch Einstrom von Ca^{2+}-Ionen durch Ca^{2+}-Kanäle bei Depolarisation erhöht, wobei Aktionspotentiale, Rezeptorpotentiale und auch erregende synaptische Potentiale auslösende Ursache sein können. Die sinnfälligste Funktion der $K^+_{(Ca)}$-Kanäle ist die Beendigung von Serien von Aktionspotentialen. Abb. 4-13a und c zeigen, daß in einer durch eine Depolarisation ausgelösten Serie von repetitiven Aktionspotentialen die Frequenz mit der Zeit abnimmt, die *Impulsfrequenz adaptiert*. Diese Adaptation kann bis zur Beendigung der Pulsserie vor Beendigung der Depolarisation führen (Abb. 4-13c). Man sieht dann nach Abschalten des depolarisierenden Stromes ein *hyperpolarisierendes Nachpotential*. Die Hyperpolarisation wird durch Öffnen von $K^+_{(Ca)}$-Kanälen bewirkt. Während der Aktionspotentialserie fließt Ca^{2+} in das Neuron, und wenn Ca^{2+}_i ausreichend erhöht ist, öffnen sich die $K^+_{(Ca)}$-Kanäle, K^+-Ionen fließen aus der Zelle und hyperpolarisieren sie. Der hyperpolarisierende Strom hebt schließlich den applizierten depolarisierenden Strom soweit auf, daß die Schwelle nicht mehr erreicht wird und die Serie von Aktionspotentialen abbricht. Danach werden die Ca^{2+}-Ionen aus der Zelle gepumpt, Ca^{2+}_i normalisiert sich wieder, und eine neue Serie von Aktionspotentialen kann ausgelöst werden. Dies führt in vielen Neuronen zu regelmäßig aufeinander folgenden Serien von Aktionspotentialen, zur **„burst-Aktivität"** (s. Abb. 4-13).

Einwärtsgleichrichtende K⁺-Kanäle. Der lange bekannte, verzögert-gleichrichtende K⁺-Kanal, der die schnelle Repolarisation des Aktionspotentials bewirkt (K^+_{dr}-Kanal), richtet „auswärts" gleich, d.h. er erlaubt bei Depolarisation den Ausstrom von K⁺-Ionen, während er beim Ruhepotential fast durchweg geschlossen ist. Der jetzt zu besprechende „einwärts-gleichrichtende K⁺-Kanal", K^+_{ir}, ist beim Ruhepotential häufig geöffnet und öffnet noch mehr bei Hyperpolarisation. Wird jedoch die Membran depolarisiert, so schließt dieser Kanal. Als Strom-Spannungsbeziehung ergibt sich eine deutliche Gleichrichterkurve mit Stromfluß im Bereich unter 50 mV (Abb. 4-14). Funktionell *stabilisiert dieser Kanal das Ruhepotential*, und hält die g_K im Bereich des K⁺-Gleichgewichtspotentials hoch. Wenn die Membran jedoch überschwellig depolarisiert wird, so schließt dieser Kanal und wirkt somit dem repolarisierenden Einfluß von $i_{(dr)}$ entgegen. Der K^+_{ir}-Kanal unterstützt somit die *Ausbildung langer Depolarisationsphasen*, wie sie für das Herzmuskelaktionspotential (Abb. 4-14b, s. auch unten) typisch sind.

ATP-abhängige K⁺-Kanäle. Ein kaum spannungsabhängiger K⁺-Kanaltyp wird geschlossen, wenn die *intrazelluläre ATP-Konzentration Werte über 1 mmol/l hat*. Da die freie intrazelluläre ATP-Konzentration im Bereich von 10 mmol/l liegt, ist dieser *Kanal gewöhnlich geschlossen*. Die ATP-Konzentration sinkt nur bei bedrohlichem Energiemangel deutlich unter 1 mmol/l. Wenn unter solchen Bedingungen der $K^+_{(ATP)}$-Kanal öffnet, so kann er dazu beitragen, das Membranpotential auf einem Ruhewert nahe dem K⁺-Gleichgewichtspotential zu halten, was möglicherweise energiesparend wirken könnte.

Eine spezifische Funktion hat der $K^+_{(ATP)}$-Kanal in den *β-Zellen des Pankreas*. Diese schütten während Serien von Aktionspotentialen Insulin aus, ein Hormon, das die Glukosekonzentration im Blut senkt. Wird diese Glukosekonzentration zu niedrig, so sinkt die ATP-Konzentration in den β-Zellen und $K^+_{(ATP)}$-Kanäle öffnen. Damit wird die Bildung von Aktionspotentialserien unterdrückt, und die Insulinfreisetzung hört auf. Erst wenn der Blutzuckerspiegel wieder soweit angestiegen ist, daß die ATP-Konzentration in der Zelle Normalniveau erreicht, schließt der $K^+_{(ATP)}$-Kanal wieder, und neue Erregungen können wiederum die Insulinfreisetzung auslösen.

Weitere K⁺-Kanäle. Zu den dargestellten K⁺-Kanaltypen gibt es viele Varianten, die teils genetisch, teils durch posttranslationale Modifikationen verschieden sind. Es sind auch noch andere Typen von K⁺-Kanälen bekannt als die hier beschriebenen; diesen lassen sich jedoch nur sehr beschränkt Funktionen zuschreiben. Das Öffnungsverhalten von verschiedenen K⁺-Kanälen ist durch synaptische Überträgerstoffe, Modulatoren oder Hormone steuerbar; diese sollen in Kapitel 5 besprochen werden.

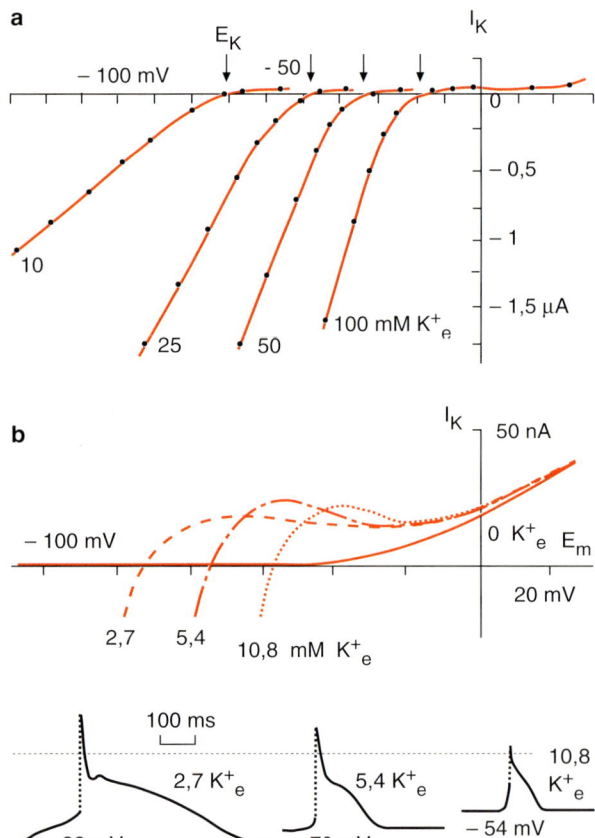

Abb. 4-14. Einwärts gleichrichtende K^+_{ir}-Kanalströme. **a** Kanalströme eines Seesterns (Mediaster)-Eies, bei verschiedenen extrazellulären K⁺-Konzentrationen, K^+_e, in Abhängigkeit vom Membranpotential. Nach [13]. **b** Wie in **a**, aber von einer Purkinjefaser (Reizleitungssystem) des Schafsherzens. Unten Aktionspotentiale bei verschiedenen K^+_e. Bei 0 K^+_e wird das Ruhepotential unstabil bei etwa -40 mV, und es sind keine Aktionspotentiale auszulösen. Nach [9]

> **Vor allem Membranen von Vertebraten-skelettmuskeln sind reich an Chloridkanälen, von denen es viele Typen gibt**

Chloridkanäle sind in Membranen von Nervenzellen relativ selten, in Skelettmuskeln von Wirbeltieren sind sie jedoch mehr als dreimal häufiger als die K^+-Kanäle; sie tragen dort zur Repolarisation des Aktionspotentials bei. In der *Muskelmembran* gibt es verschiedene Typen. Einer ist vor allem bei *Ruhe geöffnet*, mit schnellen Schließungen und Öffnungen im 1 ms-Bereich, ähnlich wie bei einem K^+-Kanal (s. Abb. 4-1). Es gibt auch (in Photorezeptoren) einen steil von der intrazellulären Ca^{2+}_i-Konzentration *abhängigen Cl^--Kanal. Maxi Cl^--Kanäle* haben die höchsten bekannten Kanalleitfähigkeiten von 400–450 pS. Von diesen sind einige häufig um 0 mV geöffnet. Sie zeigen multiple Leitfähigkeitsniveaus, ähnlich wie die in Kap. 5.3 beschriebenen ligandengesteuerten Chloridkanäle.

Das Aktionspotential des Wirbeltierherzmuskels kommt unter Beteiligung zahlreicher Membrankanaltypen zustande

Neben dem Aktionspotential des Tintenfischriesenaxons ist wegen der Wichtigkeit für die Humanmedizin das **Herzmuskelaktionspotential der Säugetiere** am besten untersucht (Abb. 4-6). An ihm wirken alle besprochenen Kanalströme mit, dazu wahrscheinlich noch einige zusätzliche Komponenten. Die während des Herzmuskelaktionspotentials fließenden Stromkomponenten sollen zum Abschluß dieses Kapitels besprochen werden, weil diese Aktionspotential der Prototyp eines relativ lang dauernden, in seinem Verlauf stark modulierbaren Aktionspotentials ist, der auch für die Erregungen glatter Muskulatur der Wirbeltiere oder von verschiedenen Drüsenzellen relevant ist.

Das Aktionspotential eines der Untersuchung gut zugänglichen Anteils des Herzmuskels, einer Purkinjefaser des Reizleitungssystems der Herzkammer, zeigt Abb. 4-15a, darunter die wichtigsten Stromkomponenten. Die Purkinjefasern können rhythmisch Aktionspotentialserien bilden, und entsprechend schließt sich an die Repolarisation des Aktionspotentials eine langsame Depolarisationsphase, das **Schrittmacherpotential,** an. Daher können die Purkinjefasern bei Ausfall des normalen Schrittmachers im Sinusknoten des Herzens sowie des sekundären Schrittmachers im Atrio-Ventrikular-Knoten die Schrittmacherfunktion, die Erzeugung eines Eigenrhythmus der Kammererregung übernehmen. Der normale Schrittmacher des Herzens liegt im Sinusknoten (Abb. 4-15b), der ein steileres Schrittmacherpotential als die Purkinjefasern ausbildet.

Die **Depolarisationsphase** des **Herzmuskelaktionspotentials** wird bewirkt durch den schnellen Natriumeinwärtsstrom, der durch praktisch den gleichen Na^+-Kanal wie bei einer Nervenfaser fließt. Eine zweite depolarisierende Stromkomponente ist der Ca^{2+}-Strom, i_{Ca}. Dieser fließt durch Ca^{2+}-Kanäle

hauptsächlich des HVA-Typs. Der Ca^{2+}-Einstrom erhöht unter der Zellmembran die Ca^{2+}-Konzentration. Dies führt einerseits, wie bei der Besprechung der Ca^{2+}-Kanäle ausgeführt, zur Inaktivierung des HVA-Ca^{2+}-Kanals. Andererseits löst die lokal erhöhte Ca^{2+}_i-Konzentration eine Ca^{2+}-Freisetzung aus intrazellulären Speichern aus, und die daraus folgende allgemeine *Erhöhung der Ca^{2+}_i-Konzentration steuert die Kontraktion der Myofibrillen* (s. Kap. 6). Der Ca^{2+}-Einwärtsstrom fließt während der ganzen Plateauphase des Aktionspotentials und ist eine der Ursachen für das Verbleiben des Potentials im Bereich von etwa 0 mV. Wegen der Kopplungsfunktion von i_{Ca} für die Kontraktion ist die Plateauphase des Aktionspotentials auch mitbestimmend für die Kontraktion; wird die Plateauphase durch einen applizierten repolarisierenden Strom abgekürzt, so wird auch die Kontraktion verkürzt.

Die erste **repolarisierende Stromkomponente** des **Herzmuskelaktionspotentials** ist ein kurzer K^+-Ausstrom, der am Ende der Depolarisationsphase fließt und den Abfall des Aktionspotentials vor dem Plateau verursacht (Abb. 4-15). Diese $i_{(to)}$-Stromkomponente ist abhängig von der extrazellulären Cl^--Konzentration und wurde deshalb lange für einen Chloridstrom gehalten; sie fließt durch einen schnell aktivierbaren und inaktivierenden K^+_A-Kanal. Nach der $i_{K(to)}$-Spitze nimmt i_K während des Plateaus des Aktionspotentials ab (Abb. 4-15a). Der größte Teil des K^+-Stromes fließt durch K^+_{ir}-Kanäle, die beim Ruhepotential geöffnet sind und den K^+-Strom tragen, der schon vor Beginn des Aktionspotentials gemessen wird. Diese Kanäle schließen nach Depolarisation, während des Plateaus, sie sind ja „Einwärts-Gleichrichter". Das *Plateau des Herzmuskelaktionspotentials*, das Anhalten der Repolarisation für mehr als 100 ms, hat also *zwei Ursachen*: Einmal fließt durch *HVA-Ca^{2+}-Kanäle ein langer Einwärtsstrom*, der mit der sich erhöhenden Ca^{2+}_i-Konzentration langsam inaktiviert, und *komplementär nimmt der durch K^+_{ir}-Kanäle fließende Auswärtsstrom auf Grund der Depolarisation ab*. Insgesamt stellt das Plateau ein für 100 ms gehaltenes Potentialgleichgewicht bei relativ geringen Stromflüssen dar. Am Ende des Plateaus sind die Ca^{2+}-Kanäle inaktiviert, ein Typ von verzögertem-Gleichrichter-K^+_{dr}-Kanäle öffnet und bewirkt die Repolarisation. Die Rolle der K^+-Ströme für das Plateau verdeutlichen auch die Aktionspotentiale bei verschiedenen K^+_e-Konzentrationen in Abb. 4-14b. Depolarisation durch hohe K^+_e (oder hohe Frequenz der Aktionspotentiale) erhöht Ca^{2+}_i und verkürzt folglich die Plateauphase.

Das *Plateau* des Herzmuskelaktionspotentials hat *zwei wichtige Funktionen*. Wie oben besprochen, kontrolliert die Plateaudauer den Ca^{2+}-Einstrom und damit die *Kontraktion*. Das Plateau verhindert aber auch die Aufhebung der Inaktivierung der Na^+-Kanäle (Abb. 4-9 u. 4-10), und Herzmuskelfasern haben folglich eine absolute Refraktärzeit von mehr

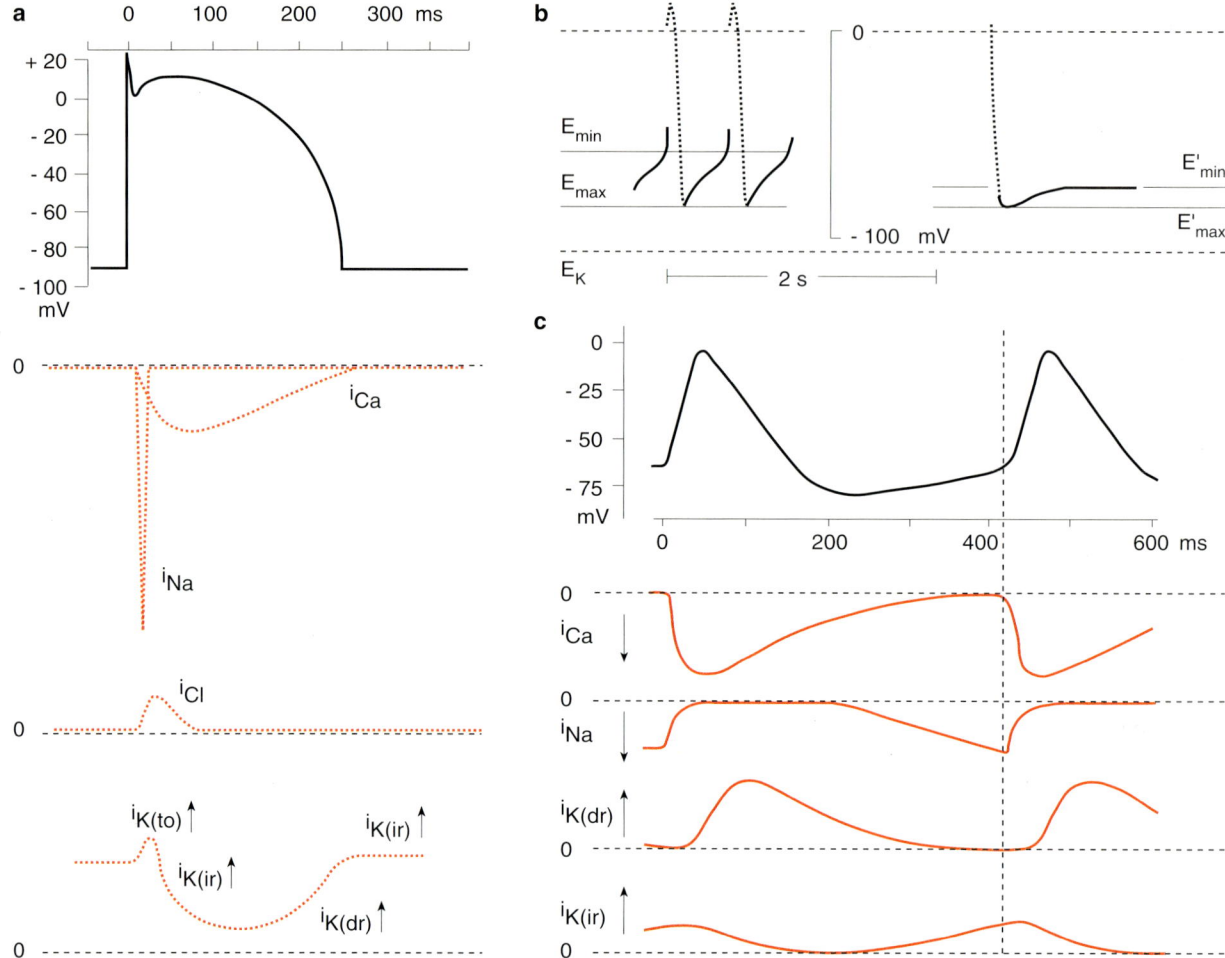

Abb. 4-15. Stromflüsse während des Herzmuskelaktions-potentials, schematisch. **a** Aktionspotential einer Purkinjefaser. Darunter Zeitverlauf der Einwärtsströme i_{Na} und i_{Ca}, des kurzen Anionenstroms i_{Cl} während der ersten schnellen Repolarisations-phase und des dauernd positiven i_K, mit einer ersten kurzen Komponente $i_{K(to)}$ während der ersten Repolarisationsphase, der Abnahme von $i_{K(ir)}$ aufgrund der Depolarisation während des Pla-teaus des Aktionspotentials sowie schließlich der Zunahme von $i_{K(dr)}$ und $i_{K(ir)}$, die das Plateau beenden. **b** Schrittmacherpotentiale vom Sinusknoten des Kaninchenherzens (Originaloszillo-gramme), rechts nach Gabe von etwa 5 μmol/l Acetylcholin, das über muskarinische Synapsen (s. Abb. 5-14) K⁺-Kanäle öffnet. Die Reaktion auf ACh entspricht dem Vaguseffekt der Verlangsa-mung bis zur Blockade des Herzschrittmachers. **c** Schema des Aktionspotentials und der Stromkomponenten an einer Schritt-macherzelle. Im Unterschied zu **a** steigt in der Schrittmacherzelle i_{Na} schon während des Intervalls zwischen den Aktionspotentia-len, $i_{K(dr)}$ fällt nach der Repolarisation sehr langsam ab, und $i_{K(ir)}$ nimmt in dieser Phase nur langsam zu. Diese abweichenden Stromkomponenten erzeugen das Schrittmacherpotential. **a** und **c** nach [19], **b** nach [10]

als 100 ms. Diese *lange Refraktärzeit* verhindert, daß der Herzmuskel wieder erregt werden kann, ehe ein Kontraktionsvorgang abgeschlossen ist; sie sichert damit die zyklische Pumpleistung des Herzens.

Schrittmacherpotential. Neben dem Plateau charak-terisiert das Schrittmacherpotential die Erregung der Wirbeltierherzmuskeln. Man nennt es auch die *spontane diastolische Depolarisation* (in der Systole kontrahiert sich das Herz und pumpt Blut in die Aorta, in der Diastole erschlafft es und füllt sich aus den großen Venen wieder). Dieses Schrittmacherpo-tential ist am stärksten in Muskelfasern des Sinus-knotens ausgebildet. Die wichtigsten Stromkompo-

nenten sind in Abb. 4-15b eingetragen. Es fließt in diesen Fasern ständig ein wenig potentialabhängiger Na⁺-Strom, *Na⁺-Kanäle sind auch bei maximaler Repolarisation geöffnet*, und entsprechend liegt das maximale diastolische Potential bei relativ positiven Werten, bei etwa −65 mV. Beim maximalen diastoli-schen Potential sind die K⁺$_{dr}$-Kanäle, die den repola-risierenden Auswärtsstrom getragen haben, noch maximal geöffnet; sie schließen sich jedoch im Laufe der nächsten etwa 100 ms. Durch die Abnahme die-ses repolarisierenden Stromes setzt sich der Einfluß des dauernden Na⁺-Einstroms durch, und die Mem-bran depolarisiert langsam. Erreicht das Potential den Bereich von −50 mV, so werden *niedrigschwel-*

lige Ca²⁺ $_{(LVA)}$-Kanäle geöffnet, dazu auch spannungsabhängige Na⁺-Kanäle, und im weiteren Verlauf des Schrittmacherpotentials depolarisiert diese vergrößerte Einwärtsstromkomponente zur Schwelle und löst ein neues Aktionspotential aus.

Es sind hier nur die wichtigsten der vielen Kanaltypen, die am Herzmuskelaktionspotential und der spontanen rhythmischen Erregungsbildung mitwirken, besprochen worden. Die durch die Na⁺-/K⁺-Pumpe (Abb. 2-7) und den Na⁺-/Ca²⁺-Austauscher erzeugten Ströme tragen gewöhnlich nur wenig zum Ruhe- und Aktionspotential bei, können aber bei Störungen der normalen Ionenkonzentrationen wichtig werden. Die Aktions- und die Schrittmacherpotentiale werden moduliert durch überträgerstoffabhängige K⁺- und Ca²⁺-Kanäle (s. Kap. 5).

4.5 Elektrotonische Ausbreitung von Potentialänderungen

Im Verlaufe der Diskussion des Aktionspotentials und des Verhaltens spannungsabhängiger Membrankanäle wurden oft Änderungen des Membranpotentials angesprochen, die das Fließen einer Stromkomponente oder das Öffnen von Kanälen auslösen. Solche Spannungsänderungen können lokal entstehen; das Öffnen eines bestimmten Kanaltyps ändert das Membranpotential, und dies löst wiederum das Öffnen oder Schließen von anderen Kanaltypen aus. Schulbeispiel für derartige Verknüpfungen ist das an einer Stelle ausgelöste Aktionspotential. Das Aktionspotential beginnt jedoch erst, wenn eine Depolarisation die Schwelle überschreitet. Die Depolarisation bis zur Schwelle wird meist durch einen Stromfluß bewirkt, der von einem benachbarten Zellabschnitt ausgeht. Das Verhalten solcher „unterschwelliger" oder passiver Stromflüsse innerhalb einer Zelle behandelt dieser Abschnitt.

Wird ein Stromstoß in eine kugelförmige Zelle injiziert, so ändert sich das Membranpotential überall gleichförmig; im so erzeugten „elektrotonischen Potential" ändert sich das Membranpotential zunächst schnell, dann langsamer und erreicht einen Sättigungswert

Membrankapazität. Wie schon in 4.1 angesprochen, bildet die Zellmembran als eine isolierende, dünne Lipidschicht, die zwischen gut elektrisch leitenden Räumen liegt, einen elektrischen Kondensator (s. auch Abb. 4-5a). Wegen des durchweg gleichförmigen Aufbaus der Lipiddoppelschichten in den verschiedensten Zelltypen hat dieser Kondensator regelmäßig eine Kapazität von etwa 1 µF/cm². Ein Stromstoß in eine kugelige Zelle (Abb. 4-16) lädt zunächst die Membrankapazität um, wobei die Änderungsgeschwindigkeit des Potentials, dE_m/dt, proportional der Stromstärke i_m und umgekehrt proportional zur Kapazität, c_m, ist:

$$dE_m/dt = i_m/c_m \qquad (4.12)$$

Membranwiderstand. Wird das Membranpotential gegenüber seinem Ruhewert verschoben, so wird das „Ruhegleichgewicht" der verschiedenen Kanalströme gestört, und es fließen Ströme, die der Potentialverschiebung entgegenwirken. Bei einer kleinen Depolarisation, die vom Ruhepotential ausgeht, wird die treibende Kraft für K⁺-Ionen erhöht, diese werden vermehrt aus der Zelle ausfließen und damit den depolarisierenden Strom teilweise kompensieren. Die Gegenreaktion der Kanalströme kann man formal als einen Widerstand, r_m, auffassen, der dem Kondensator parallel liegt (Abb. 4-5a). Wegen der Gegenströme nimmt die Änderungsgeschwindigkeit des Potentials nach dem Stromstoß kontinuierlich ab, und das „elektrotonische Potential" erreicht schließlich einen Endwert, der dem Produkt aus Strom und Widerstand (Ohmsche Gleichung) entspricht. Die exponentielle Anstiegsphase

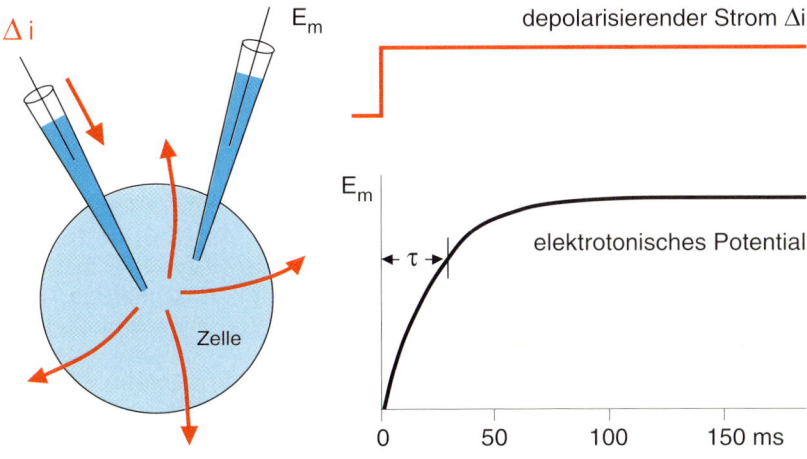

Abb. 4-16. Elektrotonus in einer kugeligen Zelle. Der Stromstoß Δi in die Zelle fließt gleichmäßig über die ganze Zellmembran ab, die Zelle hat überall das gleiche Potential. Δi erzeugt nach Gleichung 4.13 ein elektrotonisches Potential mit der Membranzeitkonstante τ

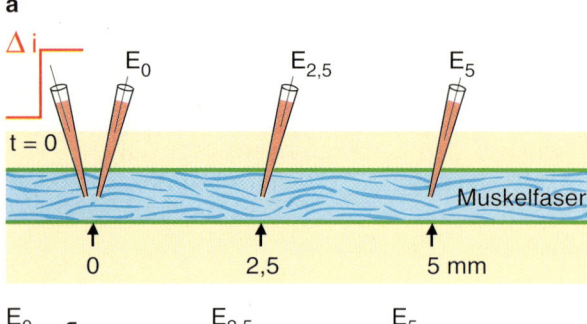

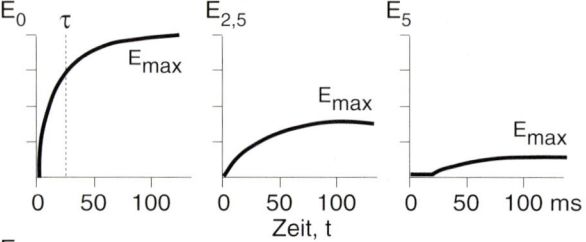

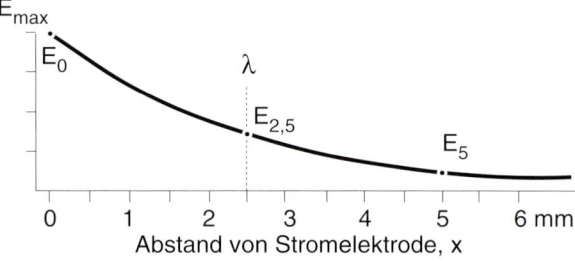

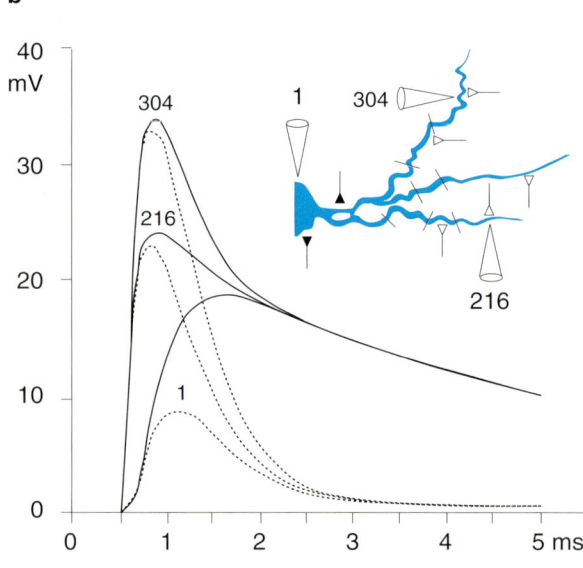

Abb. 4-17. a Elektrotonus in einer langgestreckten Muskelfaser. Ein Stromstoß Δi am Ort O appliziert erzeugt dort das elektrotonische Potential E_0, das relativ zum elektrotonischen Potential der kugeligen Zelle schneller ansteigt. In 2,5 bzw. 5 mm Entfernung von der Stromapplikation werden die Potentialverläufe $E_{2,5}$ und E_5 gemessen. Die Endströme E_{max} werden mit dem Abstand x exponentiell kleiner, was durch die Membranlängskonstante λ ausgedrückt wird (Gleichung 4.14). Nach [5]. **b** Einsatzfigur: Rekonstruktion eines Motoneurons mit Dendriten, die zur Analyse der elektrotonischen Potentialausbreitung in Kompartimente unterteilt wurden (Querstriche). Die offenen Dreiecke bezeichnen identifizierte erregende, die geschlossenen Dreiecke hemmende Synapsen. Die ausgezogenen Kurven sind an den Meßstellen 304, 212 und 1 errechnete erregende postsynaptische Potentiale, die durch Aktivierung der erregenden Synapsen erzeugt wurden. Bei den gestrichelten Kurven wurden zusätzlich die hemmenden Synapsen aktiviert. Nach [21]

des elektrotonischen Potentials folgt der Gleichung:

$$\Delta E_m(t) = \Delta i_m \cdot r_m \cdot (1 - e^{-t/\tau}). \qquad (4.13)$$

t ist die Zeit nach Beginn des Stromstoßes, und τ die **Membranzeitkonstante**. Zum Zeitpunkt τ ist das elektrotonische Potential $\Delta E_m(t)$ auf $(1-e^{-1})$, d.h. 63 % des Endwertes angestiegen. Man kann für den Widerstand mit paralleler Kapazität leicht ausrechnen, daß $\tau = c_m \cdot r_m$ ist. Aus dem Zeitverlauf und der Amplitude des elektrotonischen Potentials einer kugeligen Zelle kann also r_m und c_m bestimmt werden. Bei den elektrotonischen Potentialen kommt es im übrigen nicht auf die Polarität des Stromstoßes an, die erzeugten de- oder hyperpolarisierenden Potentialverläufe sind zum Ausgangspotential symmetrisch.

> **Ein Stromstoß in eine langgestreckte Zelle erzeugt ein elektrotonisches Potential, das am Ort der Strominjektion am größten ist, und dessen Amplitude mit wachsender Entfernung vom Ort der Strominjektion abnimmt**

Viele Anteile von Nervenzellen, vor allem Axone und Dendriten, sind in etwa langgestreckte Zylinder, und an einer Stelle x_0 in einen solchen Membranzylinder eingeführter Strom verteilt sich keineswegs homogen (Abb. 4-17). Der Strom fließt in relativ größter Dichte in der Nähe der Injektionsstelle aus, und abnehmende Anteile des Stromes durchqueren die Membran in wachsender Entfernung x. Entsprechend sind die elektrotonischen Potentiale am größten bei x_0, sie steigen hier auch relativ schnell an, weil ein relativ kleiner Kapazitätsanteil umgeladen werden muß. Mit wachsender Entfernung x werden die elektrotonischen Potentiale kleiner, und die Potentialänderungen werden immer langsamer, entsprechend der größeren umzuladenden Membranfläche. Die Amplituden der Endwerte der elektrotonischen Potentiale, $\Delta E_{max}(x)$, fallen mit der Entfernung vom Strominjektionsort exponentiell ab:

$$\Delta E_{max}(x) = E_{max, x=0} \cdot e^{-x/\lambda} \qquad (4.14)$$

λ ist die **Membranlängskonstante**; in der Entfernung λ fällt die Amplitude des elektrotonischen Potentials auf 1/e, d.h. 37%. λ liegt meist im Bereich von 1–10 mm, elektrotonische Potentiale breiten sich somit nur über relativ geringe Entfernungen aus.

Für einen Membranzylinder gilt, daß $\lambda = r_m/r_i$ ist; r_i ist dabei der Innenlängswiderstand des Membranzylinders. Der Zeitverlauf des elektrotonischen Potentials hängt von der Entfernung x ab, und er ist nicht exponentiell wie bei einer kugeligen Zelle, sondern wird durch Gaußsche Fehlerfunktionen beschrieben [17]. Für die elektrotonischen Potentiale von zylindrischen Zellanteilen gelten die gleichen Gesetze wie für elektrische Kabel, die von einer Isolierung umgeben in einem leitenden Medium, z.B. im Meer, liegen. Sie werden deshalb *Kabelgleichungen* genannt.

Mit Hilfe der Kabelgleichungen kann man auch kompliziertere Strukturen als zylindrische Axone beschreiben, z.B. auch Verzweigungen (Rall in [21]). Für sehr komplexe Strukturen, wie einem Zellkörper eines zentralen Neurons mit einem sich verzweigenden Axon und einem Dendritenbaum, und einer variierenden Dichte verschiedener spannungs- und überträgerstoffabhängiger Kanäle in verschiedenen Zellabschnitten ist eine *Kompartiment-analyse* möglich. Man teilt die Zelle auf in kleine, möglichst gleichförmige Abschnitte, deren Membranen ganz verschiedene Charakteristika haben können. In und aus diesen Abschnitten fließen Ströme entsprechend den Potentialdifferenzen. Wenn Strom an einer Stelle in dieses System einfließt, so lassen sich die Abläufe von Potentialänderungen in allen Kompartimenten eines solchen Systems beschreiben.

> **Im Kompartimentmodell kann die Ausbreitung von synaptischen Potentialen in Dendritenbäumen und Soma von komplexen Neuronen beschrieben werden**

Obgleich bisher synaptische Potentiale noch nicht besprochen wurden (s. Kap. 5), soll die Ausbreitung von depolarisierenden synaptischen Potentialen (EPSP) in einem Dendritenbaum eines Neurons diskutiert werden. In solchen Dendritenbäumen können an tausenden von Synapsen *lokale EPSP* erzeugt werden, die sich *elektrotonisch zum Zellsoma fortpflanzen* und sich dort zu einer Potentialsumme addieren, die am Axonhügel, dem Ausgangsort des Axons, überschwellig werden und

Aktionspotentiale auslösen können. Eine solche Zelle mit ihrem Dendritenbaum wird in Abb. 4-17b dargestellt. Der Dendritenbaum wurde in 12 Segmente oder Kompartimente mit jeweils etwa homogenen Eigenschaften aufgeteilt, ein weiteres Segment (Nr. 1) steht für das Zellsoma. Dann werden an fünf Stellen (offene Dreiecke) durch Öffnen von synaptischen Kanälen synaptische Ströme injiziert, die zu den EPSP führen, die beispielsweise an den Stellen 216 und 304 gemessen wurden. Diese EPSP breiten sich elektrotonisch im Dendritenbaum aus, und ihre Summe erzeugt im Zellsoma das mit 1 bezeichnete EPSP. Dieses Summen-EPSP erreicht im Beispiel der Abb. 4-17b immerhin eine Amplitude von 18 mV, während die lokalen EPSP in den Dendriten 34 bzw. 24 mV groß sind. Die Entfernung der synaptischen Eingänge vom Soma beträgt 70 bis 136 μm, und im Soma wird noch mehr als die halbe Amplitude der Ausgangs-EPSP erreicht. In dünnen Dendriten ist die Längskonstante λ kurz. Für den nur 0,4 μm dicken Dendriten an der Stelle 304 in Abb. 4-17b errechnet sich eine Längskonstante von etwa 300 μm.

Der ebenfalls in Abb. 4-17b dargestellte Einfluß zusätzlicher hemmender Synapsen soll erst in Kap. 5 besprochen werden.

4.6 Fortleitung des Aktionspotentials

Nach der Ausbreitung von elektrotonischen Strömen, der elektrischen Kopplung benachbarter Membranabschnitte einer Zelle, kann jetzt die Fortleitung des Aktionspotentials besprochen werden. Elektrotonische Potentiale sind lokale Ereignisse: Innerhalb von 3 Längskonstanten λ fällt ihre Amplitude auf 5% des Ausgangswertes. *Aktionspotentiale* dagegen werden längs der Axone in der Regel *ohne Dekrement fortgeleitet*, sie haben überall etwa die gleiche Amplitude.

> **Ein an einer Stelle einer Nervenzelle ausgelöstes Aktionspotential depolarisiert elektrotonisch eine benachbarte, unerregte Membranstelle; das elektrotonische Potential erreicht die Schwelle und löst ein weiteres Aktionspotential aus**

Eine Momentaufnahme eines Aktionspotentials, das kontinuierlich längs eines zylindrischen Axons geleitet wird, zeigt Abb. 4-18. Da die Fortleitung unter diesen Bedingungen gleichmäßig ist, d.h. überall die gleiche Geschwindigkeit hat, kann Abb. 4-18 sowohl als Zeitablauf des Potentials und der Ströme an einer Stelle als auch als „Momentaufnahme", d.h. räumliche Verteilung des Potentials

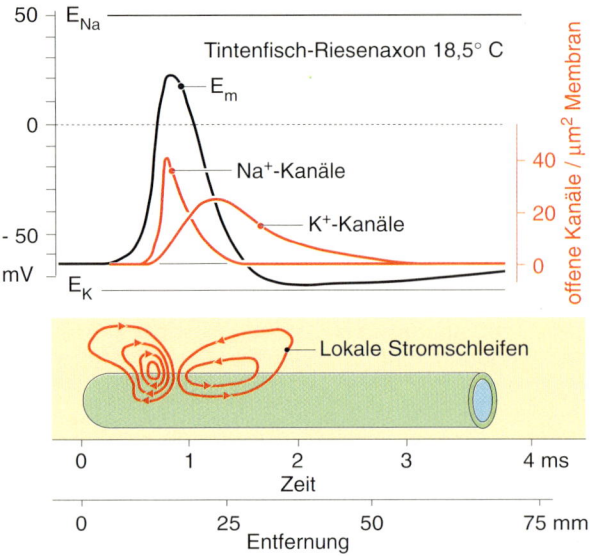

Abb. 4-18. Fortgeleitetes Aktionspotential. Die Abbildung kann als „Momentaufnahme" des Aktionspotentials, d.h. als Potentialausbreitung über die Faser, oder als Zeitablauf an einem Ort gesehen werden (untere bzw. obere Abszisse). Die Fortleitungsrichtung ist von rechts nach links. Die Zeitverläufe der Kanalöffnungen sowie die lokalen Stromschleifen wurden mit dem Hodgkin-Huxley-Modell errechnet. Links, am Fuß des Aktionspotentials, greift der während des Anstiegs des Aktionspotentials einfließende Strom in das noch nicht erregte Gebiet aus und depolarisiert es schließlich zur Schwelle, wodurch das Aktionspotential fortgeleitet wird. Nach [16], adaptiert von [3]

und der Ströme entlang des Axons zu einem bestimmten Zeitpunkt (s. die beiden Abszissen), gesehen werden. Bei der relativ hohen Leitungsgeschwindigkeit von 18 m/s dieses Riesenaxons hat das *Aktionspotential eine Ausdehnung von mehr als 5 cm*, und ein nur 1 ms dauerndes Aktionspotential einer myelinisierten Säugetiernervenfaser (s. Tabelle 4-2), das mit 100 m/s geleitet wird, hat eine

Tabelle 4-2. Leitungsgeschwindigkeiten von Nervenfasern

Typ	Funktionsbeispiel	Mittlerer Faserdurchmesser	Leitungsgeschwindigkeit
Aα myelin.	motor. Axon	13 μm	70 − 120 m/s
β	taktile Afferenz	8 μm	30 − 70 m/s
λ	motor., Muskelspindel	5 μm	15 − 30 m/s
δ	Temperatur-Afferenz	<3 μm	12 − 30 m/s
B myelin.	sympathisch, präganglionär	3 μm	3 − 15 m/s
C nicht myelin.	langsame Schmerzafferenz	<1 μm	0,5 − 2 m/s
Evertebraten, 20 °C, (nicht myelinisiert)			
Tintenfisch Riesenaxon [16]		<1000 μm	20 m/s
Krebs, motor. Axon [24]		50 μm	3 m/s

„Länge" von 10 cm. Entsprechend ist ein mit nur einer Geschwindigkeit von 1 m/s geleitetes Aktionspotential einer C-Faser (Tabelle 4-2) nur Millimeter lang.

Das Aktionspotential in Abb. 4-18 wird von rechts nach links geleitet. Kurz vor dem Maximum des Na^+-Stroms hat die Summe aus Na^+- und K^+-Strömen den größten negativen Wert. Zu diesem Zeitpunkt (oder an dieser Stelle) fließt maximaler Strom in die Faser, und der Aufstrich des Aktionspotentials hat die größte Steilheit (dichteste Stromschleifen in Abb. 4-18 unten). Vor dem Aktionspotential liegt unerregte Membran, das Potential hat dort den Wert des Ruhepotentials. Es fließt deshalb im Inneren des Axons Strom von der maximal erregten, depolarisierten Stelle nach links in den unerregten Bereich. Dieser Strom fließt als elektrotonischer Strom (Abb. 4-17a) mit hoher Dichte nahe der erregten Stelle, mit abnehmender Dichte weiter entfernt aus dem Axon aus, und depolarisiert das Axon elektrotonisch. Die Depolarisation erreicht nahe der erregten Stelle zuerst die Schwelle, eine neue Erregung beginnt, und der Verlauf der Stromlinien und des Potentials verschiebt sich nach links. *Während des fortgeleiteten Aktionspotentials fließt somit Strom im wesentlichen quer zur Fortleitungsrichtung* über die Membran, durch geöffnete Membrankanäle und getrieben durch die Potential- und Konzentrationsgradienten für die betreffenden Ionen.

Den in Abb. 4-18 eingezeichneten Kanalöffnungen entsprechen i_{Na} und i_K, die sich zu Gesamtströmen durch die Membran addieren. Diese Ströme sind während der elektrotonischen Ausbreitung positiv, werden während der steilen Phase der Depolarisation negativ und klingen während der Repolarisation mit einer längeren positiven Phase aus. Dieser **triphasische Stromverlauf** wird auch mit **extrazellulären Elektroden**, die außen nahe der Membran liegen, gemessen.

Weil das Aktionspotential langsamer repolarisiert als es ansteigt, greifen die Ströme, die zwischen der maximal erregten Stelle und dem wieder repolarisierten Membranabschnitt „hinter" dem Aktionspotential fließen, weiter aus. Die elektrotonischen Ströme in der Repolarisationsphase sind wegen des weniger steilen Potentialgradienten längs des Axons auch kleiner als die in Richtung der Fortleitung fließenden. Die vor und hinter der maximal erregten Stelle abfließenden elektrotonischen Ströme belasten den Erregungsvorgang. Ein in einem abgegrenzten Membranabschnitt oder einer kugeligen Zelle ablaufendes Aktionspotential braucht nur die lokale Membrankapazität umzuladen, und der gesamte Strom fließt quer zur Membran. Das fortgeleitete Aktionspotential dagegen gibt Strom an die vor und hinter ihm liegenden unerregten Membranbereiche ab. Das nicht fortgeleitete Aktionspotential an einer Stelle hat deshalb bei gleicher Kanaldichte einen steileren Aufstrich als das fortgeleitete. Erweitert sich an einer Stelle das Axon, z.B. durch eine Verzweigung, so muß bei der Fortleitung des Aktionspotentials in die Verzweigung entsprechend mehr Strom zur Depolarisation aufgewendet werden. Der Aufstrich des Aktionspotentials und die Fortleitung werden an einer solchen Stelle *verzögert*. Im Extremfall einer sehr großen Querschnittsaufweitung, oder wenn die Amplitude des lokalen maximalen Na$^+$-Einstroms relativ klein ist, kann an einer *Verzweigung* die *Fortleitung* des Aktionspotentials *blockiert* werden.

Einwärtsstrom. Wie im letzten Abschnitt besprochen, liefert der Einwärtsstrom an der maximal erregten Stelle (Abb. 4-18) den für die elektrotonische Depolarisation des benachbarten, noch nicht erregten Axonbereiches notwendigen Strom. *Je größer der Einwärtsstrom ist*, desto schneller steigt das elektrotonische Potential (Gleichung 4.12), *und desto schneller ist die Fortleitung*. Der maximale Einwärtsstrom fließt durch die nach Depolarisation geöffneten potentialabhängigen Na$^+$- oder Ca^{2+}-Kanäle. Die Leitungsgeschwindigkeit hängt also von der Dichte und Art dieser Kanäle ab. Na$^+$-Kanäle verhalten sich ziemlich gleichartig in den verschiedensten Geweben, und deshalb haben durch Na$^+$-Einstrom bewirkte Aktionspotentiale sehr ähnliche Anstiegsphasen. Potentialabhängige Ca^{2+}-Kanäle können in ihrem Schwellenverhalten (LVA- und HVA-Ca^{2+}-Kanäle, s. S. 100) und ihrer Membrandichte sehr verschieden sein, und vom Ca^{2+}-Einstrom wesentlich mitbewirkte Aktionspotentiale können deshalb in Anstiegssteilheit und Leitungsgeschwindigkeit variieren.

Einflüsse, die den Einwärtsstrom verringern, verlangsamen die Fortleitung. Der praktisch wichtigste solche Einfluß ist das Ruhepotential. Nur wenn das Ruhepotential nahe beim K$^+$-Gleichgewichtspotential bei etwa -100 mV liegt, sind die Na$^+$-Kanäle voll aktivierbar (Abb. 4-9), bei positiveren Potentialen sind sie zum Teil inaktiviert. Entsprechend verringert sich der maximale Einwärtsstrom bei schneller Depolarisation. *Abnahme des (absoluten) Ruhepotentials mindert somit die Aktionspotentialleitungsgeschwindigkeit*, und bei Potentialen positiver als etwa -50 mV kann Block der Fortleitung eintreten. Solche Blocks werden z.B. bei erniedrigtem Ruhepotential bei *Sauerstoffmangel* (Abb. 4-5) oder *hoher extrazellulärer K$^+$-Konzentration* (Abb. 4-4) beobachtet.

Bei normalen Ruhepotentialen hängt der *Einstrom* durch die geöffneten Na$^+$- oder Ca^{2+}-Kanäle von den *extra- und intrazellulären Ionenkonzentrationen* ab. Abnahme der extrazellulären Konzentrationen und Zunahme der entsprechenden intrazellulären Konzentrationen mindern den Einstrom und damit die Leitungsgeschwindigkeit. Erhöhungen der intrazellulären Na$^+$- und Ca^{2+}-Konzentrationen können z.B. wiederum bei Sauerstoffmangel eintreten (Abb. 4-5). Die hohe extrazelluläre Na^+_e-Konzentration kann sich *in vivo* kaum wesentlich ändern, die Ca$^{2+}_e$-Konzentration kann jedoch lokal herabgesetzt werden.

Verlangsamte Fortleitung oder Block wird auch durch **Lokalanästhetika** wie Novocain bewirkt. Diese Substanzen werden zur Verhinderung von lokalen Schmerzempfindungen in die Nähe von Nervenbündeln eingespritzt; sie erzeugen einen Block der Leitung von Aktionspotentialen. Angriffspunkt dieser Substanzen ist hauptsächlich der potentialabhängige Na$^+$-Kanal. Sie diffundieren in den geöffneten Kanal, binden an eine Bindungsstelle im Kanal und lösen diese Bindung wieder. Die Bindungsdauer liegt meist unter 1 ms. Während der Bindung können Na$^+$ den Kanal nicht passieren. Unter der Wirkung der Lokalanästhetika werden deshalb Kanalöffnungen durch kurze intermittierende Schließungen unterdrückt; wenn die Konzentration des Lokalanästhetikums ausreichend hoch ist, sind die intermittierenden Schließungen so häufig, daß kaum noch Strom durch den geöffneten Kanal fließen kann; diese Substanzen sind also **Kanalblocker**. Charakteristisch für diese Blocker (B) ist, daß sie nur an geöffnete Kanäle binden, und wenn sie ionisiert sind, hängt die Wirkung vom Membranpotential ab. Da sich an den Offenzustand des Kanals (O in Schema der Abb. 4-10) ein weiterer, geblockter Zustand OB anschließt, ist die durchschnittliche Offenzeit der Kanäle (einschließlich der OB-Unterbrechungen) gegenüber dem Regelwert $1/4\gamma$ (Abb. 4-10) verlängert.

Faserdurchmesser. *Dicke Axone leiten schneller als dünne.* Dies liegt an der verbesserten Ausbreitung elektrotonischer Ströme. Vergleicht man einen dünnen und einen dicken Axonzylinder, so wird seine Oberfläche und damit die *Membrankapazität proportional zum Durchmesser* größer. Der Zylinderquerschnitt vergrößert sich jedoch proportional zum Quadrat des Durchmessers, und entsprechend *nimmt der Innenwiderstand längs des Axons proportional zum Quadrat des Durchmessers ab*. Damit wird bei dicken Axonen der Fluß des elektrotonischen Stromes längs der Faser relativ zum die Membran umladenden Querstrom begünstigt. Entsprechend wird die Längskonstante λ (s. Abb. 4-17a), die das Ausgreifen der elektrotonischen Ströme längs der Faser beschreibt, proportional zur Wurzel des Faserdurchmessers größer. Bei einem *einfachen Axonzylinder* (einem nicht myelinisierten Axon, s. nächster Abschnitt) ist auch die Leitungsgeschwindigkeit etwa proportional zur Wurzel des Faserdurchmessers (Abb. 4-19b).

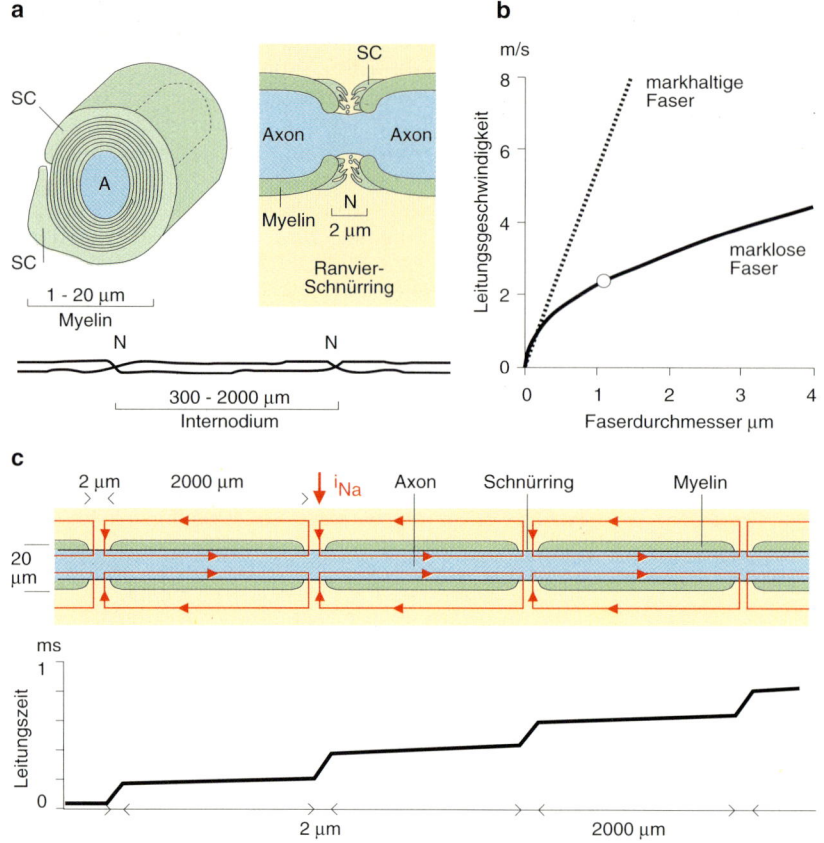

Abb. 4-19. Leitung im myelinisierten Axon. **a** Myelinisierung des Axons (A) durch Umwicklung mit Schwannzell (SC)-Membranen. Der Bereich des Schnürringes (N) ist ebenfalls durch eine komplex gestaltete Schwannzelle fast bedeckt. Nach [3]. **b** Leitungsgeschwindigkeit einer markhaltigen und einer marklosen Faser in Abhängigkeit vom Faserdurchmesser. Nach [30]. **c** Schema einer markhaltigen Nervenfaser (Faser relativ zur Länge 20 × zu dick). i_{Na} fließt bei Erregung nur an den Schnürringen ein, die Depolarisation pflanzt sich elektrotonisch zwischen den Schnürringen fort. Fast die ganze Leitungszeit wird an den kurzen Schnürringen verbraucht

> **Bei myelinisierten Axonen der Vertebraten erfolgt die Fortleitung des Aktionspotentials saltatorisch, das Aktionspotential „springt" fast ohne Zeitverlust von Ranvier-Schnürring zu Schnürring; diese Art der Fortleitung ist weit schneller als die eines gleich dicken, unmyelinisierten Axons**

Bei Wirbeltieren sind nur sehr dünne Axone (im Bereich von wenigen µm Durchmesser) einfache Membranzylinder, denen einige Gliazellen, Schwann-Zellen, aufliegen. Die dicken Axone sind *myelinisiert* oder „markhaltig". Bei diesen Axonen sind Abschnitte des Zylinders („Internodien") von vielfachen Lagen von Zellmembranen umgeben, die aus Ausfaltungen von Schwannzellmembranen, die sich um das Axon wickeln, entstehen (Abb. 4-19A). Diese vielfachen Membranlagen werden „**Myelin**" genannt. Funktionell erhöhen diese Zusatzmembranen den Membranwiderstand und erniedrigen die Membrankapazität. Elektrotonische Ströme breiten sich in den myelinbeschichteten Internodien fast verlustlos aus; die Membranlängskonstante ist weit größer als bei einem gleich dicken marklosen Axon.

Die Internodien sind um 1 mm lang, und die

Myelinisierung wird durch wenige µm lange Strecken freier Axonmembranen unterbrochen, die **Ranvier-Schnürringe** genannt werden (Abb. 4-19a). Die Membran der Schnürringe enthält Na$^+$-Kanäle in hoher Dichte, während die Axonmembran der Internodien relativ wenige Na$^+$-Kanäle aufweist. Die perinodale Axonmembran enthält dagegen viele K$^+$-Kanäle, während diese im Ranvier-Schnürring und dem Rest des Internodiums relativ selten sind. Ein Aktionspotential kann deshalb nur im Ranvier-Schnürring ausgelöst werden. Dieses breitet sich elektrotonisch, schnell und fast verlustlos über das Internodium zum nächsten, unerregten Schnürring aus, die Depolarisation erreicht dort die Schwelle, und ein neues Aktionspotential entsteht. Zeitverluste treten bei dieser Form der Fortleitung fast nur bei der Auslösung des Aktionspotentials an den Schnürringen auf, die Internodien werden ohne Zeitverlust übersprungen (Abb. 4-19c). Die Aktionspotentialfortleitung in den markhaltigen Axonen wird deshalb *saltatorisch* genannt.

In Abb. 4-19b werden die **Abhängigkeit der Leitungsgeschwindigkeit** vom **Faserdurchmesser** für marklose und markhaltige Axone verglichen. Beide Systeme sind gleichwertig nur bei ganz dünnen Fasern mit weniger als 0,3 µm Durchmesser. Bei den *marklosen Fasern steigt die Leitungsgeschwindigkeit proportional zur Wurzel des Durchmessers*, bei den

markhaltigen Fasern proportional zum Durchmesser.
Schon bei einer 1 μm dicken Faser verdoppelt die Myelinisierung die Leitungsgeschwindigkeit, und eine 10 μm dicke marklose Faser würde mit 7 m/s (bei 37 °C) leiten, während eine markhaltige 60 m/s erreicht. Die marklosen Tintenfischriesenaxone sind fast 1 mm dick, aber sie leiten Aktionspotentiale nur mit 20 m/s Geschwindigkeit.

Mit den markhaltigen Axonen können Wirbeltiere Aktionspotentialleitungsgeschwindigkeiten über 100 m/s erreichen (Tabelle 4.2). Dies erlaubt selbst bei 2 m großen Säugetieren zentral verschaltete Antworten auf Reize, die an Extremitäten aufgenommen wurden innerhalb von weniger als 30 ms. Ähnlich schnelle Reaktionen können nur sehr viel kleinere Wirbellose erreichen. Hinzu kommt, daß marklose Axone eine große Dicke haben müssen, um einigermaßen schnell zu leiten. Entsprechend werden z.B. die einzelnen Muskeln von Arthropoden nur von wenigen Nervenfasern, oft nur von einer erregenden und einer hemmenden Faser gesteuert, die häufig mehr als 20 μm dick sind. Wirbeltiere können tausende von motorischen Axonen für die Steuerung eines Muskels einsetzen und damit eine sehr fein graduierte Steuerung erreichen. In die Extremitäten eines größeren Wirbeltieres laufen größenordnungsmäßig 10000 motorische Nervenfasern, die in einem weniger als 2 mm dicken Bündel Platz hätten; vergleichbar schnell leitende marklose Fasern müßten etwa 1 mm dick sein, und das Bündel von 10000 solcher Fasern wäre mehr als 110 mm dick.

Axone gleicher Funktion haben charakteristische Leitungsgeschwindigkeiten; die Messung der Leitungsgeschwindigkeit wird deshalb zur Charakterisierung von Axonen eingesetzt

Messung der Leitungsgeschwindigkeit. Die durchschnittliche Leitungsgeschwindigkeit eines Axons kann gemessen werden, indem man an zwei verschiedenen Stellen des Axons, mit möglichst großem Abstand, Aktionspotentiale registriert. Der Elektro-denabstand geteilt durch die zeitliche Latenz der Aktionspotentiale ergibt die Leitungsgeschwindigkeit. Diese einfache Messung ist oft dadurch erschwert, daß man bei weit auseinanderliegenden Ableiteorten eine eindeutige Zuordnung der Fasern und der Aktionspotentiale nur schwer erzielen kann. Diese Zuordnung ist häufig nur dadurch möglich, daß einzelne Axone gereizt und nur die reizgekoppelten Aktionspotentiale ausgewertet werden. Häufig wird auch nur die Latenz zwischen dem Reizpuls und dem in einem bestimmten Abstand vom Reizort aufgenommenen Aktionspotential gemessen. Bei diesem Verfahren wird die Leitungsgeschwindigkeit unterschätzt, denn die Auslösung der Erregung am Reizort braucht eine gewisse Zeit, die fälschlich als Leitungszeit interpretiert wird.

Summenaktionspotential eines Nerven. Reizt man einen längeren Nerven *in vivo* oder *in vitro* an einer Stelle, so kann man in einiger Entfernung vom Reizort extrazellulär die in diesem Nerven fortgeleiteten Aktionspotentiale registrieren (Abb. 4-20b). Der Nerv enthält in der Regel verschiedene funktionelle Gruppen von Axonen, die jeweils ähnliche Leitungsgeschwindigkeiten haben. Deshalb kommen diese Gruppen von Aktionspotentialen mit verschiedenen Reizlatenzen bei der Meßelektrode an und ergeben im Summenaktionspotential verschiedene Gipfel. Im gemischten Wirbeltiernerven erscheint als erstes eine Gipfelgruppe der Aα-,β-,γ- und δ-Fasern, die mit 120–15 m/s leiten, und sehr viel später ein Gipfel, den die Aktionspotentiale der langsam leitenden C-Fasern erzeugen (Abb. 4-20).

Leitungsgeschwindigkeit verschiedener Axontypen. Leitungsgeschwindigkeiten von verschiedenen Typen von Axonen sind beispielhaft in Tabelle 4-2 enthalten. Für Säugetiere gibt es mehrere umfassende Klassifikationen von Axontypen gemäß ihrer Leitungsgeschwindigkeit, hier ist nur die gebräuchlichste A – C Klassifizierung angeführt. Für Invertebraten gibt es nur verstreute Daten, von denen einige aufgeführt sind.

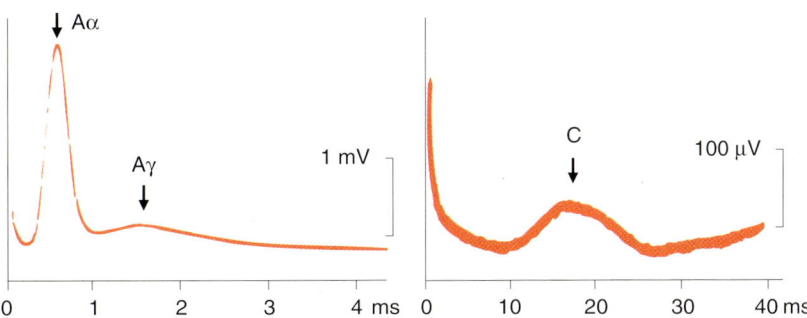

Abb. 4-20. Summenaktionspotentiale. Ein gemischter peripherer Nerv (Mensch) wurde elektrisch gereizt und etwa 40 mm vom Reizort extrazellulär der Potentialverlauf im Nerven gemessen. In den Diagrammen ist bei der Zeit 0 ein Reizartefakt, nach etwa 0,5 ms ein Gipfel, der vom Reizort geleiteten Aktionspotentialen in Aα-Fasern entspricht, nach etwa 1,5 ms ein Gipfel, der Aktionspotentialen in Aγ-Fasern entspricht, und nach 20 ms ein Gipfel, der Aktionspotentialen in C-Fasern entspricht. Nach [20]

4.7 Literatur

Weiterführende Lehrbücher

1. Alberts B, Bray D, Lewis J, Raff M, Roberts K, Watson JD (1990) Molekularbiologie der Zelle, 2. Aufl. VCh, Weinheim
2. Cooke I, Lipkin M (1972) Cellular neurophysiology, a source book. Holt, Rinehart and Winston, New York
3. Hille B (1992) Ionic channels of excitable membranes, 2nd edn. Sinauer, Sunderland
4. Kandel ER, Schwartz JH, Jessel TM (1991) Principles of neural science, 3rd edn. Elsevier, Amsterdam
5. Schmidt RF, Thews G (Hrsg) (1995) Physiologie des Menschen, 26. Aufl. Springer, Berlin

Einzelarbeiten

6. Cole KS, Moore JW (1960) Ionic current measurements in the squid giant axon membrane. J Gen Physiol 44:123–167
7. Connor JA, Stevens CF (1971) Inward and delayed outward membrane currents in isolated neural somata under voltage clamp. J Physiol (Lond) 213:1–19
8. Daut J (1987) The living cell as an energy-transducing machine. A minimal model of myocardial metabolism. Biochim Biophys Acta 895:41–62
9. Dudel J, Peper K, Rüdel R, Trautwein W (1967) The potassium component of membrane current in Purkinje fibers. Pflügers Arch 296:308–327
10. Dudel J, Trautwein W (1958) Der Mechanismus der automatischen rhythmischen Impulsbildung der Herzmuskelfaser. Pflügers Arch 267:553–565
11. Florey E (1970) Lehrbuch der Tierphysiologie. Thieme, Stuttgart, S 364
12. Franke C, Hatt H (1990) Characteristics of single Na^+ channels of adult human skeletal muscle. Pflügers Arch 415:399–406 (1990)
13. Hagiwara S, Miyazaki S, Rosenthal NP (1976) Potassium current and the effect of cesium on this current during anomalous rectification of the egg-cell membrane of a starfish. J Gen Physiol 67:621–638
14. Hamill OP, Marty A, Neher E, Sakmann B, Sigworth EJ (1981) Improved patch-clamp techniques for high resolution current recording from cells and cell-free membrane patches. Pflügers Arch 391:85–100
15. Hodgkin AL, Huxley AF (1952) Currents carried by sodium and potassium ions through the membrane of the giant axon of Loligo. J Physiol (Lond) 116:449–472
16. Hodgkin AL, Huxley AF (1952) A quantitative description of membrane current and its application to conduction and excitation in nerve. J Physiol (Lond) 117:500–544
17. Hodgkin AL, Rushton WAH (1946) The electrical constants of a crustacean nerve fiber. Proc R Soc Lond [Biol] 133:444–479
18. Horn R, Vandenburg CA (1984) Statistical properties of single sodium channels. J Gen Physiol 84:505–534
19. Katz A (1992) Physiology of the heart, 2nd edn. Raven, New York
20. Kimura J (1989) Electrodiagnosis in diseases of nerve and muscle: principles and practice, 2nd edn. Davis, Philadelphia
21. Koch C, Segev I (1989) Methods in neuronal modeling from synapses to networks. MIT Press, Cambridge/Mass
22. Läuger P (1984) Ionic channels with conformational substates. Biophys J 47:581–590
23. Orkand RK (1977) Glial cells. In: Kandel ER (ed) Cellular biology of neurons, part 2. American Physiological Society, Bethesda (Handbook of physiology, sect 1: The nervous system, vol 1)
24. Parnas I, Dudel J, Atwood HL (1991) Synaptic transmission in decentralized axons of rock lobster. J Neurosci 11:1309–1315
25. Patlak J (1991) Molecular kinetics of voltage dependent Na^+ channels. Physiol Rev 71:1047–1080
26. Salkoff L, Baker K, Butler A, Covarrubas M, Pak MD, Wei A (1992) An essential set of K^+ channels conserved in flies, mice and humans. TINS 15:161–166
27. Senges J, Rüdel R, Kuhn E (1973) Effects of quinidine, procaine amide, and n-propylachmaline on skeletal muscle. Naunyn Schmiedebergs Arch Pharmacol 276:25–33
28. Swandulla D, Carbone E, Lux D (1991) Do calcium channel classifications account for neuronal calcium channel diversity? TINS 14:46–51
29. Stühmer W, Ruppersberg JP, Pongs O (1989) Molecular basis of voltage gated potassium channels in mammalian brain. EMBO J 11:3235–3244
30. Waxman SG (1980) Determinants of conduction velocity in myelinated nerve fibers. Muscle Nerve 3:141–150
31. Yarom Y, Sugimori M, Llinás R (1985) Ionic currents and firing patterns of mammalian vagal motoneurons in vitro. Neuroscience 16:719–737

5 Synaptische Erregung und Hemmung

J. Dudel

Elektrotonische Potentiale und Aktionspotentiale breiten sich zunächst nur innerhalb einer Zelle und ihrer Ausläufer aus; Information über Erregungen in einer Zelle erreicht andere Zellen über spezialisierte Zell-Zell-Kontakte, die Synapsen

Die Zellmembran und der von ihr abgegrenzte Innenraum der Zelle sind die Träger der Aktions- und elektrotonischen Potentiale. Die außerhalb der Zelle während dieser Potentialänderungen fließenden Ströme haben geringe Dichte (Abb. 4-18), und außerhalb der Zelle, nahe der Membran gemessene Potentialänderungen während eines Aktionspotentials erreichen kaum 100 µV Amplitude. Diese geringen Potentialänderungen oder Ströme können benachbarte Zellen in der Regel nicht beeinflussen. Das Nervensystem ist jedoch ein Netzwerk von Neuronen, deren Hauptaufgabe der Austausch von Informationen ist. Der Informationsträger ist das Aktionspotential, und für kurze Entfernungen sind es auch elektrotonische Potentialänderungen. Diese Potentialänderungen können an spezialisierten Membrankontakten von zwei Zellen, **elektrischen Synapsen**, mit einer gewissen Schwächung von Zelle zu Zelle weitergegeben werden. An einem zweiten Typ von Zell-Zell-Kontakten, den **chemischen Synapsen**, wird die Potentialänderung der *präsynaptischen Zelle* in die Ausschüttung eines chemischen Signalstoffes, eines **Überträgerstoffes** oder Transmitters umgesetzt. Dieser diffundiert zur Membran der *postsynaptischen Zelle*, reagiert mit Molekülen dieser Membran und erzeugt in ihr ein *postsynaptisches Potential*.

5.1 Die neuromuskuläre Endplatte als Prototyp einer schnellen chemischen Synapse

An der neuromuskulären Endplatte löst ein Aktionspotential, das die motorische Nervenendigung erreicht, die Ausschüttung von Azetylcholin aus; dieses diffundiert zur Muskelmembran und bindet an Rezeptormoleküle, wodurch ein postsynaptisches Potential, ein Endplattenpotential erzeugt wird

Die motorische Endplatte der Wirbeltiere war als Kontaktstelle zwischen einem motorischen Axon und einer Muskelfaser leicht zu identifizieren; sichtbar geht von ihr nach Reizung des motorischen Nerven die Muskelzuckung aus. Die Membranpotentiale von Muskelfasern können relativ leicht mit intrazellulären Elektroden gemessen werden (s. Abb. 4-3). Verhindert man die Auslösung von Aktionspotentialen durch Blockade mit Hilfe von Tetrodotoxin (s. S. 94), so mißt man in der Muskelzelle an der Endplatte nach kurzer Depolarisation der Nervenendigung eine innerhalb einer ms zu einem Maximum bei etwa −30 mV ansteigende Depolarisation, die mit einer Zeitkonstante von etwa 5 ms wieder zum Ruhepotential zurückkehrt (Abb. 5-1). Dieses Endplattenpotential ist allgemeiner ein „erregendes postsynaptisches Potential", ein EPSP. Das EPSP wird erregend genannt, weil es die Membran zur Schwelle depolarisieren kann und dann ein Aktionspotential auslöst. Wenn die Na^+-Kanäle der Muskelmembran nicht durch TTX blockiert sind (Abb. 5-1), dann löst jedes Endplattenpotential ein Aktionspotential aus, das über die Muskelfaser geleitet wird und diese zur Kontraktion bringt (Kap. 6).

Im Endplattenbereich der Muskelfaser fließt während des EPSP ein kurzer Einwärtsstrom, der

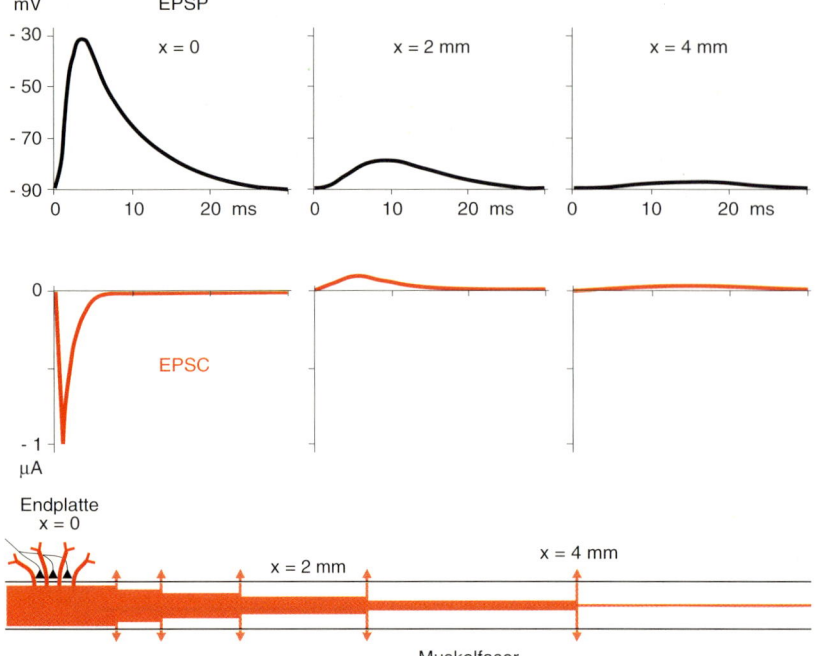

Abb. 5-1. Erregende postsynaptische Potentiale (EPSP) und Ströme (EPSC), gemessen an drei Stellen in einer Muskelfaser, in den Entfernungen x = 0, x = 2 mm und x = 4 mm von der Endplatte. Der Abfall der EPSP mit der Entfernung von der Endplatte und das positive (Auswärtsstrom) EPSC außerhalb des Endplattenbereiches zeigen einen lokalen Einstrom an der Endplatte an, der sich über die Faser elektrotonisch ausbreitet (Schema unten)

Endplattenstrom (Abb. 5-1), allgemeiner ein EPSC (C steht für „current"). Durch Substitution der verschiedenen extrazellulären Ionenspezies kann man zeigen, daß das EPSC von einem Gemisch von Kationen, nämlich Na^+, K^+ und Ca^{2+}, getragen wird. Entsprechend kehrt sich bei Depolarisation der Membran durch aufgeprägten Strom die Polarität des EPSP und des EPSC bei etwa –10 mV um.

Das Endplattenpotential ist ein lokales Ereignis. Eine in 2 mm Entfernung von der Endplatte eingestochene Elektrode mißt nur noch ein stark verkleinertes, langsam ansteigendes und abfallendes EPSP (Abb. 5-1). In 4 mm Entfernung von der Endplatte ist das EPSP kaum noch sichtbar. Die entfernt von der Endplatte fließenden Ströme sind Auswärtsströme; sie zeigen, daß das *Endplattenpotential* sich *um den Endplattenbereich nur elektrotonisch ausbreitet.*

Überträgerstoff Acetylcholin. Wie kann ein in die motorische Nervenendigung geleitetes Aktionspotential ein Endplattenpotential in der Muskelfaser erzeugen? Die Nervenendigung ist höchstens 1 μm dick, und eine Muskelfaser hat oft mehr als 50 μm Durchmesser. Nach Kap. 4.4 und 4.5 erscheint es unmöglich, daß elektrotonische Fortleitung des Aktionspotentials der Nervenendigung bei diesem Mißverhältnis der Durchmesser ein großes Endplattenpotential in der Muskelfaser erzeugen kann. Außerdem zeigen elektronenmikroskopische Bilder der Endplatte (s. Abb. 5-2) zwischen Nervenendigung und Muskel einen Spalt von etwa 30 nm Breite, und dieser mit extrazellulärer Lösung gefüllte synap-

tische Spalt würde für den Stromfluß von Nervenendigung zu Muskelfaser große Verluste erzeugen. Der *synaptische Spalt muß durch einen diffundierenden Signalstoff, einen Überträgerstoff, überbrückt* werden.

Ein **Überträgerstoff** muß folgende Eigenschaften haben:

1. Er ist in der präsynaptischen Nervenendigung vorhanden.
2. Depolarisation der Nervenendigung führt zur Freisetzung des Überträgerstoffes aus der Nervenendigung.
3. Er kann durch den synaptischen Spalt diffundieren und erreicht die postsynaptische Membran.
4. Die postsynaptische Membran enthält **Rezeptormoleküle**, an die der Überträgerstoff bindet, und die daraufhin postsynaptischen Strom fließen lassen.

Im Falle des Acetylcholins (ACh) sind diese vier Kriterien erfüllt. Histochemisch nachgewiesen enthalten die motorischen Nervenendigungen ACh in hoher Konzentration. Nach Serien von Aktionspotentialen erscheint aus den präsynaptischen Nervenendigungen stammendes ACh in ausreichenden Mengen im Extrazellularraum. ACh ist ein kleines, schnell diffundierendes Molekül, das allerdings im synaptischen Spalt durch ein dort in hoher Konzentration anwesendes Enzym, die ACh-Esterase, schnell gespalten wird (s. unten). An die postsynaptische Membran appliziertes ACh löst in der Muskelmembran Ströme und Potentialänderungen aus, die dem EPSC bzw. EPSP entsprechen. *Damit ist nachgewiesen, daß ACh der Überträgerstoff an der chemischen Synapse „motorische Endplatte" ist.*

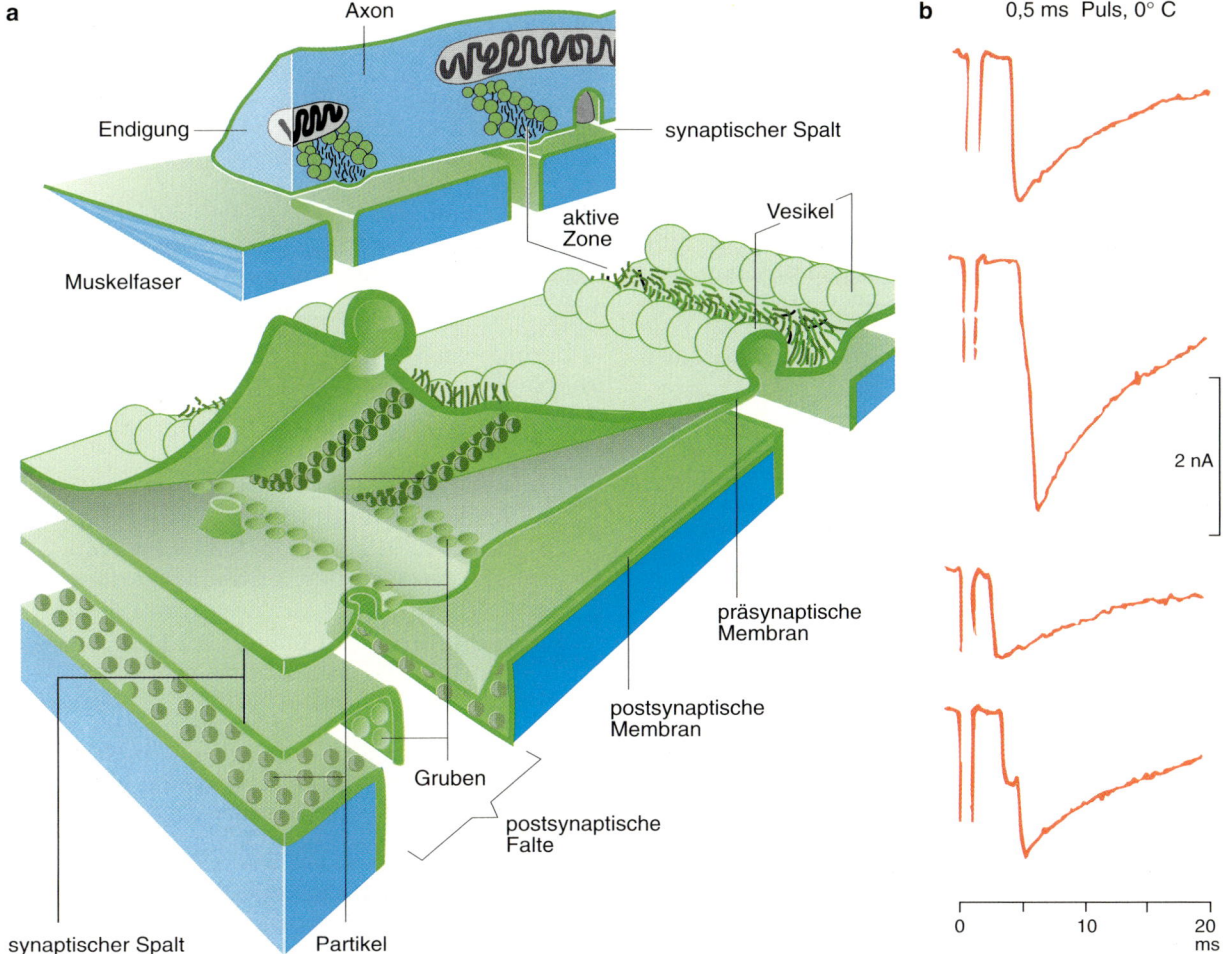

a Axon

Endigung

Muskelfaser

synaptischer Spalt

aktive Zone

Vesikel

präsynaptische Membran

postsynaptische Membran

Gruben

postsynaptische Falte

synaptischer Spalt

Partikel

b 0,5 ms Puls, 0° C

2 nA

0 10 20 ms

Abb. 5-2. a Feinstrunktur der neuromuskulären Synapse (End-platte). Oben links die Endigung des Axons (mit Mitochondrien und Vesikeln) auf der Muskelfaser. Darunter der synaptische Kontakt vergrößert, die Lipidmembranen sind links aufgespalten gezeichnet [5]. **b** 4 mit 1 s Abstand aufeinanderfolgende EPSC, die jeweils durch einen 0,5 ms langen Depolarisationspuls in einer aktiven Zone einer Froschmuskel-Endplatte ausgelöst wurden. Extrazelluläre lokale Strommessung [13]. Die EPSP ent-halten nacheinander ein, drei, ein und zwei Quantenströme, denen jeweils die Freisetzung der gleichen Anzahl von ACh-Vesi-keln entspricht

---

ACh wird in den motorischen Nerven-endigungen in hoher Konzentration in „synaptischen Vesikeln" bereitgehalten. Eine Depolarisation der Nervenendigung führt zur Exozytose solcher Vesikel, deren Inhalt jeweils an der postsynaptischen Membran einen Quantenstrom bzw. ein Quanten-EPSP auslöst

Chemische Synapsen wie die Endplatte zeigen im elektronenmikroskopischen Bild **synaptische Vesikel** in der präsynaptischen Nervenendigung. Diese Vesi-kel *enthalten ACh* in hoher Konzentration. Ein Teil der Vesikel ist in „aktiven Zonen" in präsynapti-schen Doppelreihen angeordnet (Abb. 5-2). In den aktiven Zonen liegt der präsynaptischen Spezialisie-rung eine „postsynaptische Falte" der Muskelmem-bran gegenüber, die an ihren Rändern in hoher Dichte *ACh-Rezeptormoleküle* enthält. Wird die präsynaptische Membran depolarisiert, so ver-schmelzen eine Anzahl der in den aktiven Zonen bereitstehenden Vesikel mit der Zellmembran und setzen ihren Inhalt in den synaptischen Spalt frei. Dies ist eine typische Exozytose (s. Abb. 2-18).

Quantelung der EPSP bzw. EPSC. Etwa gleichzeitig mit der im letzten Paragraphen geschilderten Ultra-struktur der Endplatte wurde entdeckt, daß sich Endplattenpotentiale und -ströme aus kleinsten Ein-heiten, *Quanten*, zusammensetzen. Ein Endplatten-potential enthält etwa 500 solche Quanten, und die Einzelereignisse sind in dieser großen Summe nicht auflösbar. Die einzelnen Quanten werden sichtbar, wenn nur ein kleiner Teil der Endplatte schwach depolarisiert wird, oder wenn durch Änderung der extrazellulären Ionenkonzentrationen (Erniedrigung der Ca^{2+}-Konzentration, Erhöhung der Mg^{2+}-Konzentration) die Exozytose gebremst wird. Es erscheint dann nach jeder präsynaptischen Depolarisation postsynaptisch eine kleine Zahl von kurzen Stromspitzen, die sich unter günstigen Bedingungen (z.B. niedriger Temperatur) gut von einander trennen lassen (Abb. 5-2b). Die Anzahl der nach den Depolarisationen gemessenen Quantenströme schwankt statistisch, im Beispiel der Abb. 5-2b kommen Antworten mit 0–3 Quanten vor. Das statisti-

sche Gesetz der Quantenfreisetzung ist eine binomiale Verteilung: Eine beschränkte Anzahl von Freisetzungsstellen setzt jeweils mit einer gewissen Wahrscheinlichkeit Quanten frei [38]. Selten erscheinen auch ohne präsynaptische Depolarisation, „spontan" einzelne Quanten, sog. *Miniaturendplattenpotentiale*.

Ein Vesikel enthält einige **Tausend ACh-Moleküle**, von denen nach Freisetzung etwa die Hälfte die postsynaptischen Rezeptoren erreicht. Ein Endplattenpotential setzt sich aus etwa 500 Quanten zusammen, so daß größenordnungsmäßig die Ausschüttung von 1 Million ACh-Molekülen die Erregungsübertragung an der motorischen Endplatte bewerkstelligt.

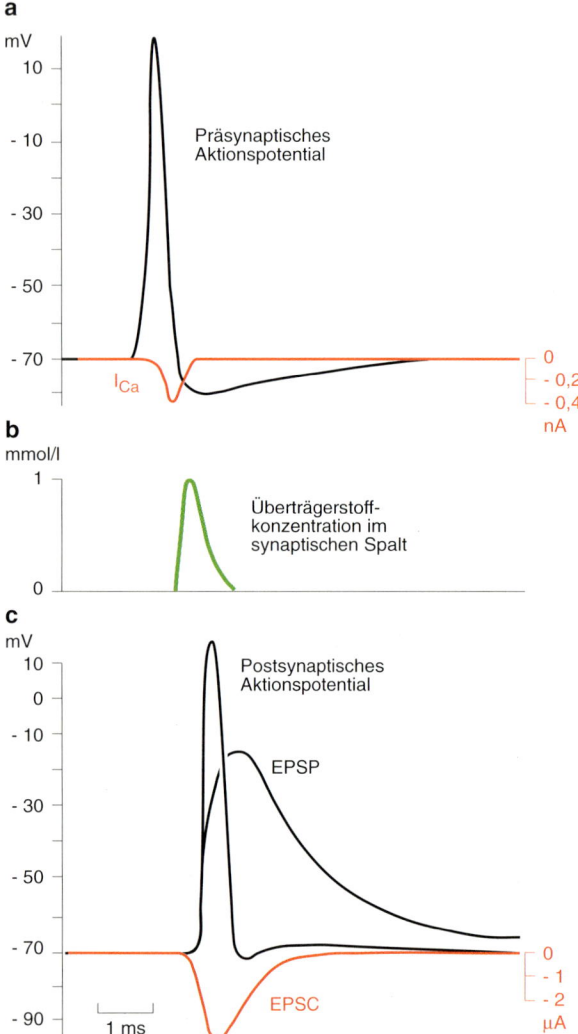

Abb. 5-3. a Präsynaptisches Aktionspotential mit dem ausgelösten Ca^{2+}-Einstrom (I_{Ca}), der die präsynaptische Ca^{2+}-Innenkonzentration erhöht. **b** Die ausgelöste Freisetzung von Überträgerstoff erzeugt kurz eine hohe Überträgerstoffkonzentration im synaptischen Spalt. **c** Die Reaktion des Überträgerstoffes mit postsynaptischen Rezeptoren löst ein EPSC aus, das die Membran im EPSP depolarisiert und seinerseits ein postsynaptisches Aktionspotential auslöst. Schematisch, angelehnt an [29] und [33]

> **Die Vesikelfreisetzung aus der Nervenendigung wird von zwei Faktoren kontrolliert, der Depolarisation der Endigung und der Ca^{2+}-Konzentration in der Endigung; letztere wird durch Ca^{2+}-Einstrom während der Depolarisation erhöht**

Während der Depolarisation der motorischen Nervenendigung durch ein Aktionspotential im motorischen Axon öffnen sich spannungsabhängige Ca^{2+}-Kanäle (s. Abb. 2-13; 4-11), *Ca^{2+}-Ströme fließen in die Endigung* und erhöhen die intrazelluläre Ca^{2+}-Konzentration vom Ruhewert von $< 0{,}1$ µmol/l auf etwa 1 µmol/l (Abb. 5-3). Die Erhöhung der Ca^{2+}_i fördert stark die Exozytose von Vesikeln. *Gleichzeitig muß auch die präsynaptische Membran depolarisiert sein*, und dann steigt mit etwa 1 ms Verzögerung die Wahrscheinlichkeit zur Ausschüttung von Vesikeln, bzw. der Erzeugung von Quantenströmen innerhalb von 1 ms auf ein Maximum, fällt aber bei der kurzen Depolarisation durch ein Aktionspotential fast ebenso schnell auf einen sehr niedrigen Wert zurück (Abb. 5-3) [34]. Weil eine ausreichend hohe Ca^{2+}_i für die Exozytose unbedingt notwendig ist, wird die *Quantenausschüttung* bei Reduktion der extrazellulären Ca^{2+}_e vermindert, und bei *$Ca^{2+}_e < 10$ µmol/l praktisch blockiert*. In der Nervenendigung kommen eine Reihe von Ca^{2+}-bindenden Proteinen vor (s. Abb. 2-15 bis 2-17), die zum Teil zu den kontraktilen Proteinen gehören. Solche Proteine sind wahrscheinlich an der Vesikelfreisetzung beteiligt, der molekulare Mechanismus der schnellen Exozytose nach Depolarisation und Ca^{2+}-Erhöhung ist jedoch noch unklar.

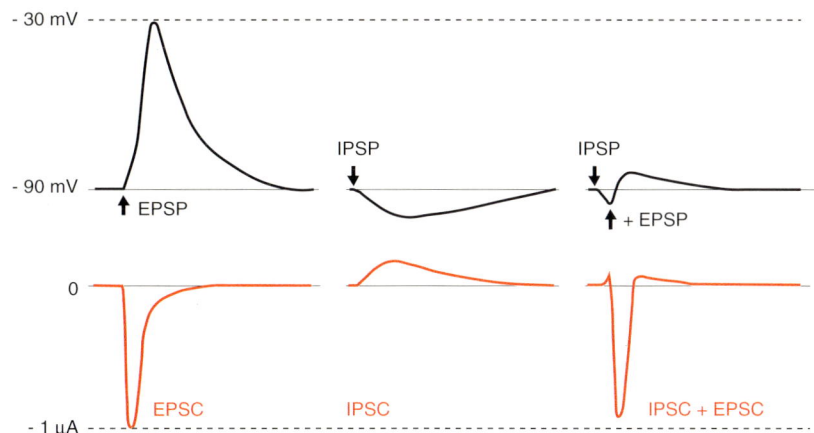

Abb. 5-4. Zeitverläufe erregender und hemmender postsynaptischer Ströme (EPSC bzw. IPSC) und Potentiale (EPSP bzw. IPSP), und rechts deren Überlagerung. EPSC und IPSC addieren sich alge-braisch, während EPSP + IPSP weniger depolari-sieren, als ihrer alge-braischen Summe entspricht

> **Das ausgeschüttete ACh erreicht an den postsynaptischen Rezeptoren innerhalb von etwa 10 μs eine Konzentration von etwa 10 mmol/l; die jedoch innerhalb von wenigen 100 μs auf Null zurückfällt, weil die ACh-Esterase ACh schnell spaltet**

Aus den Zahlen der aus einem Vesikel freigesetzten ACh-Moleküle und den Dimensionen des synaptischen Spaltes kann man errechnen, daß die zur postsynaptischen Membran diffundierenden ACh-Moleküle dort innerhalb von 10 μs eine Konzentration von etwa 10 mmol/l erreichen. Diese Konzentration würde durch Diffusion mit Zeitkonstanten von zuerst etwa 0,5 ms, dann von einigen ms abfallen. Im synaptischen Spalt befindet sich jedoch, z.T. an die postsynaptische Membran gebunden, in hoher Konzentration das Enzym ACh-Esterase, das ACh in Cholin und Acetyl spaltet. Diese Spaltung bewirkt einen Abfall der ACh-Konzentration auf Null innerhalb von etwa 100 μs. Die Wirkung der ACh-Esterase beschränkt auch die maximale ACh-Konzentration. Diese kurze Anwesenheit des ACh an den postsynaptischen Rezeptoren hat zur Folge, daß ein Rezeptor während einer synaptischen Übertragung in der Regel nur einmal mit ACh reagieren kann (s. 5.3).

Das bei der Spaltung von ACh anfallende *Cholin* wird *von einem spezifischen Pumpmolekül in die Nervenendigung zurücktransportiert* und kann zur Resynthese von ACh zur Verfügung stehen. Die „Cholinpumpe" wird von der Energie in die Zelle einströmender Na^+ angetrieben, ist also ein Na^+-Cholin-Kotransporter [37] (s. auch Abb. 2-8).

ACh-Esterase-Hemmer. Die ACh-Esterase kann durch eine Vielzahl von Substanzen gehemmt werden. Es gibt *reversible Hemmstoffe* wie **Eserin** oder **Physostogmin**. Diese lassen die ACh-Esterase nach dem Auswaschen sofort wieder wirksam werden. *Irreversible Hemmer* sind z.B. Organophosphate wie Diisopropylfluorphosphat (DFP). Hemmung

der ACh-Esterase führt zur Erhöhung der maximalen ACh-Konzentration im synaptischen Spalt und vor allem zur Verlängerung seiner Anwesenheit. Dadurch werden *Endplattenpotentiale verlängert und vergrößert.*

ACh-Esterase-Hemmer haben vor allem **toxikologische Bedeung.** ACh ist nicht nur Überträgerstoff an den motorischen Endplatten der Wirbeltiere, sondern auch an vielen anderen peripheren und zentralen Synapsen der Vertebraten und Invertebraten (s. 5.2 und 5.3). An all diesen Synapsen wird durch ACh-Esterase-Hemmer die Wirkung von ACh verstärkt, was die entsprechenden Regulationen bis zur Letalität hin stören kann. So sind verschiedene *chemische Kampfstoffe* (z.B. Soman), die unser Nervensystem angreifen, ACh-Esterase-Hemmer, aber auch verschiedene Klassen von *Insektiziden.*

Es gibt jedoch auch eine **therapeutische Anwendung** von ACh-Esterase-Hemmern. Wenn an Synapsen mit ACh als Überträgerstoff ein relativer ACh-Mangel herrscht, kann dieser durch Blockade der ACh-Esterase kompensiert werden. Bei der häufigen *Myasthenia gravis* („schwerer Muskelschwäche") sind die postsynaptischen ACh-Rezeptoren geschädigt, und überschwellige Endplattenpotentiale können nur durch erhöhte ACh-Konzentrationen erzielt werden. Die Lähmungen und Muskelschwächen von Myasthenia-gravis-Patienten werden deshalb durch Injektionen einer noch nicht toxischen Menge eines ACh-Esterase-Blockers minutenschnell gebessert. Eine andere Anwendung ist die Aufhebung der Lähmung bei während einer Narkose durch Curare-ähnliche ACh-Rezeptor-Blokker (s. 5.4) herbeigeführten *Muskelrelaxation.*

Die Reaktion von ACh mit seinem Membranrezeptor, die zum Endplattenstrom führt, wird im Kontext der ligandengesteuerten Membrankanäle in Abschnitt 5.3 eingehender behandelt. Den funktionellen Ablauf faßt Abb. 5-3 zusammen.

5.2 Andere schnelle chemische Synapsen, synaptische Hemmung

Bevor wir auf andere schnelle erregende Synapsen eingehen, soll der Grundmechanismus der synaptischen Hemmung besprochen werden, die im Nervensystem mindestens so häufig vorkommt wie die erregende synaptische Übertragung.

Bei einer hemmenden chemischen Synapse vermindert der ausgeschüttete Überträgerstoff die Möglichkeit postsynaptischer Erregung, indem er die postsynaptische Membranleitfähigkeit für K⁺ oder Cl- erhöht und damit das Ruhepotential stabilisiert

Hemmende Synapsen am Flußkrebsmuskel. Dieses Präparat ist ein Prototyp für synaptische Hemmung, ähnlich, wie wir ihn mit der Wirbeltier-Endplatte für synaptische Erregung besprochen haben. Wie viele Muskeln von Arthropoden und anderen Invertebraten werden periphere Muskeln von Krebsen durch erregende und hemmende Nervenfasern innerviert. Oft gibt es nur ein erregendes und ein hemmendes Axon für einen ganzen Muskel, und die Kontraktionskraft und -geschwindigkeit wird durch Koaktivierung der Erreger und Hemmer, mit wechselnden Frequenzverhältnissen, erreicht. Die erregenden Axone depolarisieren die Muskelfasern durch EPSP und bringen sie zur Kontraktion, während die Aktivierung der hemmenden Axone die Amplitude der EPSP herabsetzen und damit die Kontraktion abschwächen (s. Kap. 7).

Abb. 5-4 vergleicht erregende und hemmende synaptische Potentiale und Ströme. Die hemmenden heißen **IPSP** bzw. **IPSC**, wobei I für „Inhibition" steht. Das IPSP hyperpolarisiert leicht, dies ist jedoch kein wesentliches Merkmal, denn IPSP können auch leicht depolarisieren; jedenfalls depolarisieren sie unter physiologischen Bedingungen nicht stark genug, um die Schwelle für Erregungsauslösung zu erreichen. Die Funktion des IPSP erschließt sich erst, wenn Erregung (oder Depolarisation) und Hemmung zusammentreffen. Die Ströme, EPSC und IPSC, addieren sich. Die Kombination von EPSP und IPSP dagegen hat eine weit geringere Amplitude als die algebraische Summe der Potentiale; die Hemmung verkleinert das EPSP unverhältnismäßig stark.

Die Situation ist durchsichtiger, wenn ein durch einen Strompuls in die Muskelfaser erzeugtes depolarisierendes elektrotonisches Potential mit hemmenden Potentialen zusammentrifft (Abb. 5-5b). Die Hemmung wird in diesem Fall durch eine hochfrequente Pulsserie im hemmenden Axon erzeugt, wie sie auch *in vivo* vorkommt. Während der Hemmung wird die Amplitude des elektrotonischen Potentials auf etwa 1/10 der Kontrollamplitude herabgesetzt. Die Amplitude des elektrotonischen Potentials ist ein Maß des Membranwiderstandes (Kap. 4.4). *Während der Hemmung wird* also, bei kleiner Potentialänderung, *der Membranwiderstand stark vermindert.*

Dies zeigt auch die *Strom-Spannungs-Beziehung* der Muskelfaser *ohne und mit Hemmung* (Abb.

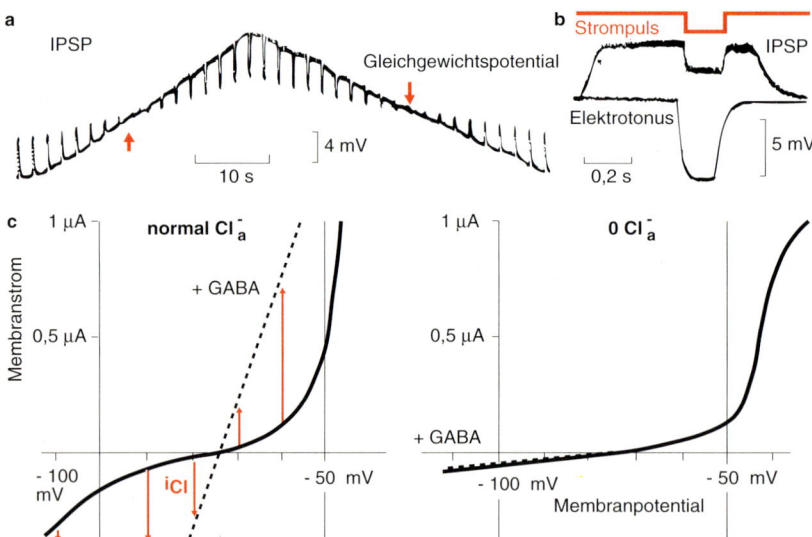

Abb. 5-5. Postsynaptische Hemmung an einem Krebsmuskel. **a** Mit 2 s Abstand ausgelöste IPSP, wobei die Zellmembran über 30 s bis um etwa 20 mV de-polarisiert und danach repolarisiert wird. Die Polarität der IPSP kehrt sich am Gleichgewichtspotential (Pfeile) jeweils um. **b** Ein Strompuls (*oben*) erzeugt in der ruhenden Membran ein hyperpolarisierendes elektrotonisches Potential (*unten*). Während einer Serie von IPSP (Mitte) ist das durch den gleichen Strompuls erzeugte elektrotonische Potential stark verkleinert, was die Abnahme des Membranwiderstandes während der Hemmung anzeigt. **c** Strom-Spannungskurven der Membran in Abwesenheit (ausgezogene Linie) und in Gegenwart (durchbrochene Linie) des hemmenden Überträgerstoffes GABA. Die Differenz der Stromkurven ist der durch GABA ausgelöste Chloridstrom, i_{Cl}. Links bei normaler Chloridaußenkonzentration, Cl^-_a, rechts in langfristig chloridfreier Lösung – in dieser Situation hat GABA keinen Effekt. Aus [16, 17]

5-5c). Die Kurve mit Hemmung schneidet die Abszisse bei einem wenig negativeren Potential als dem Ruhepotential E_r; das IPSP hyperpolarisiert nur leicht. Die *Strom-Spannungs-Beziehung bei Hemmung* ist jedoch *viel steiler als die ohne Hemmung*; während der Hemmung muß sehr viel mehr Strom aufgewendet werden, um die gleiche Potentialänderung zu erzielen. Die Steilheit der Kurve entspricht der Membranleitfähigkeit, $g_m = \Delta i_m / \Delta E_m$.

Aus dem Verhalten der Strom-Spannungs-Beziehung bei Änderung der extrazellulären Ionenkonzentrationen kann man erkennen, welche Ionenspezies bei Hemmung vermehrt fließt. Änderungen der K_e^+- oder Na_e^+-Konzentrationen würden die Kurve nur unwesentlich verschieben. Wird jedoch die extrazelluläre Cl_e^--Konzentration halbiert, so verschiebt sich die Strom-Spannungs-Beziehung bei Hemmung um etwa 18 mV zu positiveren Potentialen (Abb. 5-5c). Diese Verschiebung entspricht genau der von der Nernst-Gleichung (S. 88) vorhergesagten Verschiebung von E_{Cl} bei Halbierung von Cl_e^-. Damit ist gezeigt, daß während der Hemmung am Krebsmuskel die Membranleitfähigkeit für Cl^--Ionen steigt

Der wesentliche Unterschied zwischen synaptischer Erregung und Hemmung am Krebsmuskel ist somit, daß Erregung Membrankanäle für ein Gemisch von Kationen mit einem Gleichgewichtspotential nahe 0 mV öffnet, während **Hemmung Cl^--Kanäle** mit einem Gleichgewichtspotential nahe dem Ruhepotential (Abb. 5-5a) **öffnet**. Die übrigen Charakteristika der hemmenden Synapsen sind ganz ähnlich denen der erregenden. Der hemmende Überträgerstoff, hier γ-amino-Buttersäure (GABA), wird in Vesikeln in der hemmenden Nervenendigung gespeichert, die mit denselben Mechanismen freigesetzt werden wie die mit erregenden Überträgerstoffen gefüllten.

Andere schnelle hemmende Synapsen. Alle bekannten schnellen *hemmenden Synapsen erhöhen die Leitfähigkeit der Membran entweder für Cl^- oder für K^+-Ionen*. Auch eine erhöhte K^+-Leitfähigkeit senkt den Membranwiderstand, ohne das Potential wesentlich vom Ruhepotential zu entfernen, da dieses nahe am K^+-Gleichgewichtspotential liegt. Das vermehrte Fließen von K^+ wie von Cl^- hält das Membranpotential nahe beim Ruhepotential, auch wenn depolarisierende Stromkomponenten es verschieben wollen. Zentrale Neurone von Wirbeltieren werden meist unter Erhöhung der Cl^--Leitfähigkeit gehemmt. Das bekannteste Beispiel einer Erhöhung der K^+-Leitfähigkeit ist die Hemmung des Herzmuskels durch den Nervus vagus.

Die für die motorische Endplatte und die Hemmung am Krebsmuskel dargestellten Mechanismen gelten ähnlich für alle schnellen erregenden oder hemmenden Synapsen; dabei werden eine Reihe verschiedener Überträgerstoffe eingesetzt

Die **schnellen chemischen Synapsen** sind **ausgezeichnet durch** innerhalb von **wenigen ms** nach der präsynaptischen Depolarisation zu einem **Maximum ansteigende EPSP oder IPSP**. Ihre *Ultrastruktur* ist ähnlich wie die der Endplatte (Abb. 5-2a), sie zeigen präsynaptische *Vesikel*, die den Überträgerstoff enthalten, präsynaptische Membranverdichtungen, die den Vesikel-tragenden Leisten entsprechen, einen synaptischen Spalt und gegenüber den Freisetzungsstellen in der postsynaptischen Membran in hoher Dichte angeordnete *Überträgerstoffrezeptoren*. Entsprechend sind auch an allen eingehend untersuchten schnellen chemischen Synapsen die synaptischen Ströme und Potentiale gequantelt, aus „**Miniaturpotentialen** bzw. -strömen" aufgebaut. Nicht an allen solchen Synapsen gibt es ein der ACh-Esterase entsprechendes Enzymsystem, das die Wirksamkeit des Überträgerstoffes durch Spaltung beendet. An fast allen solchen Synapsentypen sind jedoch *Pumpen* nachgewiesen, die *den Überträgerstoff aus dem synaptischen Spalt* in die prä- oder postsynaptische Strukturen, oder auch in anliegende Gliazellen pumpen (s. Abb. 2-8).

Überträgerstoffe an schnellen chemischen Synapsen. An diesen Synapsen sind ACh, Glutamat, GABA und Glycin als Überträgerstoff identifiziert, dazu kommen Serotonin (5-HT$_3$), ATP (P$_2$) und Histamin mit jeweils einem kleinen Anteil ihrer synaptischen Funktionen. Jedoch sind alle diese Stoffe (bisher mit Ausnahme von Glycin) auch Überträgerstoffe an langsamen, G-Protein-gekoppelten Synapsen (Abschnitt 5.4). Die Transmitter sind sämtlich relativ kleine Moleküle, die im Stoffwechsel häufig anzutreffenden Substanzen nahe verwandt sind. Glycin ist sogar die einfachste Aminosäure. *Ihre Funktion ist hinsichtlich erregender oder hemmender Übertragung nicht unbedingt festgelegt.* ACh ist erregender Überträgerstoff an der Wirbeltier-Endplatte, aber auch an vielen zentralen Neuronen von Invertebraten und Vertebraten; am Wirbeltierherzen ist ACh ein hemmender Überträgerstoff. *Überträgerstoffe* wirken durch *Bindung an **Rezeptoren**, die im Falle schneller chemischer Synapsen Teile von **Kanalmolekülen** sind*. Die Bindung veranlaßt Öffnung des Kanals. Der Kanal kann für den Fluß von K^+ oder Cl^- spezifisch sein, dann erfolgt Hemmung, oder der Kanal kann Na^+, K^+ und Ca^{2+} durchlassen, dann erfolgt Erregung. Die Überträgerstoffe sind Schlüssel, die ein Türschloß öffnen können, sie bestimmen jedoch nicht, was durch die Tür geht.

5.3 Direkt ligandengesteuerte Membrankanäle

Der nikotinische, embryonale ACh-Rezeptor-Kanal ist Prototyp für ligandengesteuerte schnelle Membrankanäle: er öffnet nach Bindung von 2 ACh-Molekülen

Der Membran-Rezeptor-Kanal, der die postsynaptischen Ströme und Potentiale an der motorischen Endplatte erzeugt, wird nikotinischer ACh-Rezeptor genannt. Nikotin ist an diesem Rezeptor ein spezifischer *Agonist* (s. unten); Nikotin kann ebenso wie ACh binden und hat etwa gleiche Wirkung. Von diesem Rezeptor-Kanalmolekül gibt es zwei Haupttypen, den *embryonalen* und den *adulten Kanal*. Der embryonale Kanal kommt nicht nur an embryonalen Muskeln vor, sondern wird auch an adulten Muskeln exprimiert, wenn sie denerviert werden; die „embryonalen"-Kanäle ersetzen dann den adulten. Auch in nervenzellfreien Zellkulturen von Muskelzellen wird der embryonale Kanaltyp exprimiert; offenbar wird das Umschalten auf die Exprimierung des adulten Typs durch Kontakt zwischen Nerven- und Muskelzellen gesteuert.

ACh-Rezeptor-Kanäle sind Mitglieder einer großen Familie von Liganden-gesteuerten Kanalmolekülen (s. Abb. 2-10). Sie bestehen jeweils aus fünf Untereinheiten, wobei der embryonale Kanal die Zusammensetzung $\alpha_2\beta\gamma\delta$ und der adulte $\alpha_2\beta\gamma\varepsilon$ hat. Die Untereinheiten sind in ihren Aminosäuresequenzen stark homolog (Abb. 2-11). Wir wollen hier den embryonalen Kanaltyp näher besprechen, da seine Reaktionen besonders gut bekannt sind.

Die Ströme durch ACh-gesteuerte Kanäle können mit der Membran-Fleck-Klemme (patch clamp) (Abb. 4-8) gemessen werden, und in der Konfiguration Außenseite – außen kann auch die ACh-Konzentration an den Rezeptoren beliebig vorgegeben werden. In Anwesenheit einer niedrigen ACh-Konzentration (1 µmol/l) öffnen die Kanäle in einer charakteristischen zeitlichen Gruppierung (Abb. 5-6). Der Kanal ist die meiste Zeit geschlossen; wenn er sich öffnet, dann für durchschnittlich 1,4 ms, woran sich mit Pausen von durchschnittlich 30 µs meist einige weitere Öffnungen anschließen. Diese Pulsserien werden „bursts" genannt. Für die Aktivierung der Kanäle wird folgendes **Reaktionsschema** angenommen [1–0]:

$$R \underset{k_{-1}}{\overset{A \quad 2k_1}{\rightleftharpoons}} AR \underset{2k_{-2}}{\overset{A \quad k_2}{\rightleftharpoons}} A_2R \underset{\alpha}{\overset{\beta}{\rightleftharpoons}} A_2O \qquad (5.1)$$

R ist der Rezeptor-Kanal, und A ist der „Agonist", hier ACh, der an den Rezeptor an zwei Stellen binden kann. Der doppelt ligierte Kanal, A_2R, kann sich spontan zu der offenen Konformation A_2O öffnen (alle andern Kanalzustände sind geschlossen). An den Reaktionspfeilen stehen die *Ratenkonstanten* der Reaktionen. Die Bindungsraten k_1 und k_2 haben den hohen Wert von $1{,}5 \cdot 10^8$ mol^{-1} l s^{-1}, der nahe an der oberen physikalischen Grenze diffusionsbegrenzter Bindungsraten liegt. 10 µmol/l ACh bindet also mit der Rate k_1 = 1.500/s. Wird der Zustand A_2R erreicht, schlägt dieser spontan und sehr schnell, mit der Rate β = 30 000/s, in den offenen Zustand um. Die Lebensdauer von A_2O ist jedoch durch die Rückrate α = 700/s auf durchschnittlich 1,4 ms begrenzt, der Kanal schließt wieder zum geschlossenen Zustand A_2R, und der Zyklus der Konformationsänderungen kann sich wiederholen. Vom Zustand A_2R kann sich jedoch eine ACh-Bindung auch lösen, mit der Rate k_{-2} = 8.000/s. Durchschnittlich nach zwei Öffnungen bricht deshalb ein burst von Öffnungen ab (Abb. 5-6). Dieses Bindungs- und Öffnungsverhalten des

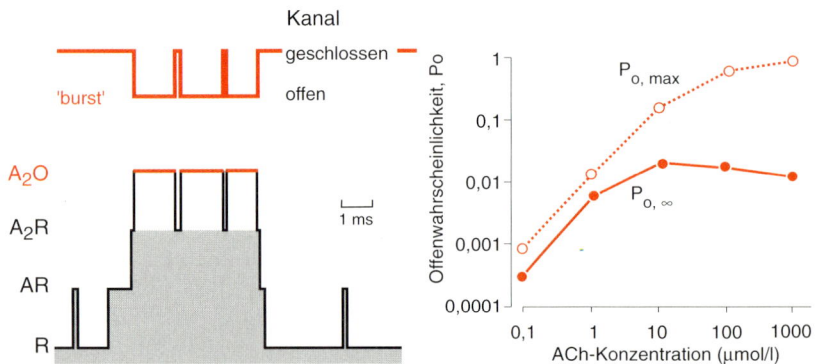

Abb. 5-6. *Links:* Zeitverhalten eines Rezeptor-Kanals nach Reaktionsschema (5.1). In Anwesenheit einer niedrigen Überträgerstoffkonzentration (A) nimmt der Rezeptor R stochastisch die Zustände R, AR, A_2R und A_2O an. Nur der Zustand A_2O entspricht einem geöffneten Kanal, und nur in diesem Zustand fließt Kanalstrom (rot). *Rechts:* Dosis-Wirkungskurve der Reaktion des nikotinischen Kanals im embryonalen Mausmuskel mit ACh. Abszisse: ACh-Konzentration (logarithmische Skala), Ordinate: Offenwahrscheinlichkeit, p_o, eines Kanals (logarithmische Skala). $p_{o,max}$ ist der Maximalwert nach schnellem Anstieg der ACh-Konzentration auf den Abszissenwert, $p_{o,\infty}$ der Endwert nach Desensitisierung in Anwesenheit von ACh. Aus [19]

Kanals wurde ausführlich geschildert, weil es für alle „schnellen" Ionenkanäle sehr typisch ist (s. auch Na^+- und K^+-Kanäle in Kap. 4).

Abb. 5-6 zeigt auch eine **Dosis-Wirkungskurve**, die Abhängigkeit der Offenwahrscheinlichkeit des Rezeptors, p_o, von der ACh-Konzentration. p_o steigt von 0,001 bei 0,1 µmol/l ACh bis fast 1 bei 1 mmol/l ACh, wobei dieser Sättigungswert schon bei 100 µmol/l ACh beinahe erreicht ist. Die Steilheit dieser doppellogarithmisch aufgetragenen Dosis-Wirkungskurve ist bei niedrigen Konzentrationen größer als 1, d.h., die Öffnungen werden mehr als proportional zur Konzentration wahrscheinlicher. Dies kann nach dem Massenwirkungsgesetz nur durch zwei aufeinanderfolgende Bindungsreaktionen erreicht werden, und deshalb enthält Schema (5.1) zwei Bindungsschritte.

Der nikotinische ACh-Rezeptor-Kanal desensitisiert in Gegenwart konstanter ACh-Konzentrationen fast vollständig schon ab 1 µmol/l ACh

Desensitisierung. Wird auf einen Membranfleck, der embryonale ACh-Rezeptoren enthält, ein Puls von 100 µmol/l ACh gegeben, so öffnen sich innerhalb von 1 ms fast alle vorhandenen Kanäle (Abb. 5-7a). Danach schließen sich die Kanäle jedoch wieder, die Offenwahrscheinlichkeit nimmt mit einer Zeitkonstante von 20–50 ms wieder ab, obgleich immer

noch 100 µmol/l ACh einwirkt. Die Abnahme der Reaktion in Anwesenheit des Liganden wird *Desensitisierung* genannt [25]; diese Desensitisierung ist ein Analog der Inaktivierung der spannungsabhängigen Kanäle (s. Abb. 4-9). Wird der ACh-Puls beendet, so ergibt ein innerhalb von wenigen ms wiederholter ACh-Puls keine Reaktion, wird jedoch der Pulsabstand vergrößert, so normalisiert sich die ACh-Reaktion mit einer Zeitkonstante von etwa 300 ms (Abb. 5-7b). Bei kleinen ACh-Konzentrationen erfolgt die Desensitisierung langsamer als bei 100 µmol/l ACh, aber schon 1 µmol/l ACh erzeugt innerhalb von Sekunden eine fast vollständige Desensitisierung.

Reaktionsschema des desensitisierenden Rezeptors. Der embryonale nikotinische ACh-Rezeptor ist der einzige (schnelle) Rezeptortyp, für den ein komplettes Reaktionsschema abgeleitet werden konnte:

$$
\begin{array}{c}
R \xrightleftharpoons[8\cdot10^3]{A\,3\cdot10^8} AR \xrightleftharpoons[1,6\cdot10^4]{A\,1,5\cdot10^8} A_2R \xrightleftharpoons[700]{3\cdot10^4} A_2O \\
20 \Big\updownarrow 0.214 \qquad\qquad\qquad\qquad 0.02 \diagup 20 \\
D \xrightleftharpoons[4]{A\,3\cdot10^8} AD \xrightleftharpoons[8]{A\,1,5\cdot10^8} A_2D
\end{array} \qquad (5.2)
$$

Die Dimension der Reaktionsraten ist s^{-1}, der Bindungsraten (mit A als Reaktionsteilnehmer) $s^{-1}\,mol^{-1}\,l$ [20].

Der obere Zweig dieses *zyklischen Reaktionsschemas* ist identisch mit Schema (5.1). Der Kanal desensitisiert hauptsächlich aus dem Offenzustand A_2O mit der Rate 20 s^{-1},

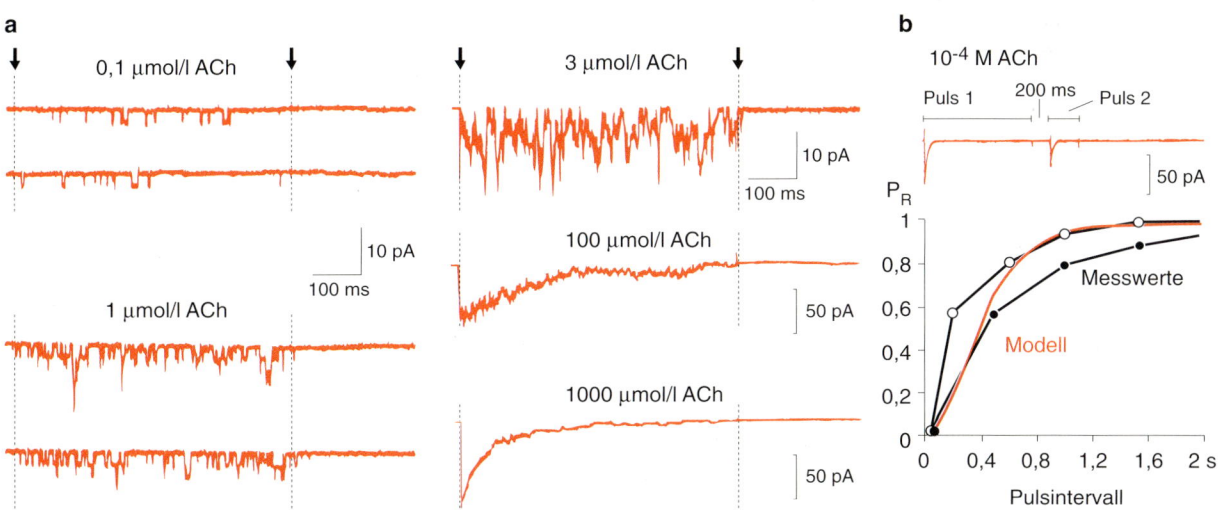

a

0,1 µmol/l ACh

10 pA
100 ms

1 µmol/l ACh

b

10^{-4} M ACh

Puls 1 200 ms Puls 2

50 pA

3 µmol/l ACh

10 pA
100 ms

100 µmol/l ACh

50 pA

1000 µmol/l ACh

50 pA

P_R
1
0,8
0,6
0,4
0,2
0

Messwerte
Modell

0   0,4   0,8   1,2   1,6   2 s
Pulsintervall

Abb. 5-7. a Patchclamp-Membranströme bei einem embryonalen Mausmuskel, nach jeweils 600 ms langen Pulsen von ACh (zwischen den Pfeilen). Jeweils zwei Registrierungen bei 0,1 bzw. 1 µmol/l ACh und eine Registrierung bei 3, 100 und 1000 µmol/l ACh. Die Abnahme der Stromantwort mit der Pulsdauer heißt Desensitisierung. **b** Rückbildung der Desensitisierung nach Auswaschen von ACh, getestet durch Doppelpulse von ACh mit variablem Pulsintervall; im Beispiel oben mit Intervall 200 ms, wobei der zweite Puls etwa die Hälfte der Kanäle aktivieren kann, d.h. etwa die Hälfte der Kanäle ist innerhalb von 200 ms aus einem D-Zustand nach R zurückgekehrt. Die Grafik zeigt die relative Offenwahrscheinlichkeit der Kanäle, P_R, in Abhängigkeit vom Pulsintervall. Die Symbole geben Meßwerte von zwei verschiedenen Patches, die gestrichelte Linie das berechnete Verhalten vom Modell Schema (5.2). **a** aus [19], **b** aus [20]

d.h. mit einer Zeitkonstante von 50 ms; er geht von A_2O durch eine reversible Konformationsänderung in den desensitisierten Zustand A_2D über. Die Rückreaktion $A_2D \rightarrow A_2O$ erfolgt 1000mal langsamer als die Hinreaktion, und deshalb ist im Gleichgewicht der desensitisierte Zustand A_2D 1000mal wahrscheinlicher als der Offenzustand A_2O – der Kanal ist fast vollständig desensitisiert. Es gibt noch einen zweiten Weg der Densitisierung: Aus dem unligierten Zustand R ändert sich die Konformation spontan in den desensitisierten Zustand D. Die Rückreaktion $D \rightarrow R$ ist jedoch viel schneller als die Hirnreaktion, und deshalb gibt es in Abwesenheit von ACh nur etwa 1% „schlafende", nicht aktivierbare D-Zustände des Kanals.

Auch der desensitisierte Kanal bindet ACh, zu AD und A_2D. Diese Bindungen sind sehr stabil: die „mikroskopische" (d.h. molekulare) Halbsättigungskonzentration für eine Bindung, K_D, ist die Rückrate geteilt durch die Hinrate. Für $D \rightarrow AD$ ist dieser $K_D = 13$ nmol/l ACh, während die aktivierende $R \rightarrow AR$ Reaktion ein $K_D = 27$ μmol/l hat. Der desensitisierte Zustand hat folglich eine 2000mal höhere Affinität für Ach als der nichtdesentisierte Kanalzustand. Dies wurde nicht nur in elektrophysiologischen Messungen der Kanalkinetik, sondern auch in chemischen Bindungsstudien gefunden. Wird nach der Desensitisierung ACh ausgewaschen, so fallen alle Bindungsreaktionen für ACh fort, und der desensitisierte Zustand A_2D entleert sich über AD und D nach R, mit der begrenzenden Rate $AD \rightarrow D$ von 4/s.

Das **kinetische Verhalten eines komplexen Modells** wie das des desensitisierenden ACh-Rezeptors (5.2) läßt sich nur voll verstehen, wenn man die Kinetik mit einem Rechner simuliert (Abb. 5-8). Oben rechts wird die Öffnungsreaktion während eines Pulses von 1 μmol/l ACh nachgebildet. Bei dieser Konzentration öffnen maximal nur 1,2 von 100 der Kanäle, worauf eine Desensitisierung mit einer Zeitkonstante von etwa 2 s folgt. Links oben in Abb. 5-8 sind dazu noch die Zeitverläufe der Besetzung von A_2D und R gezeigt: Mit einer Zeitkonstante von etw 2 s füllt sich während des ACh Pulses der desensitisierte Zustand A_2D und entleert sich nach Pulsende mit einer Zeitkonstante von etwa 400 ms. In der unteren Zeile von Abb. 5-8 wird die Reaktion auf 100 μmol/l ACh gezeigt. Schon nach 400 μs sind die Kanäle fast vollständig geöffnet, darauf folgt jedoch eine Desensitisierung mit 50 ms Zeitkonstante. Mit gleicher Geschwindigkeit füllt sich der desensitisierte Zustand A_2D. Nach Beendigung des ACh-Pulses kehren die Kanäle wiederum mit einer Zeitkonstante von etwa 400 ms in den aktivierbaren, unligierten Zustand R zurück.

Die Entwicklung von quantitativen Modellen von Reaktionsmechanismen wird ein wesentlicher Zweig der Neurobiologie. Das Modell (5.2) wurde hier ausführlicher besprochen, um die fruchtbare Interaktion zwischen experimentellen Resultaten und Modellrechnungen zu demonstrieren. Die Modelle dienen vor allem auch dazu, möglichst aussagefähige experimentelle Ansätze zu formulieren.

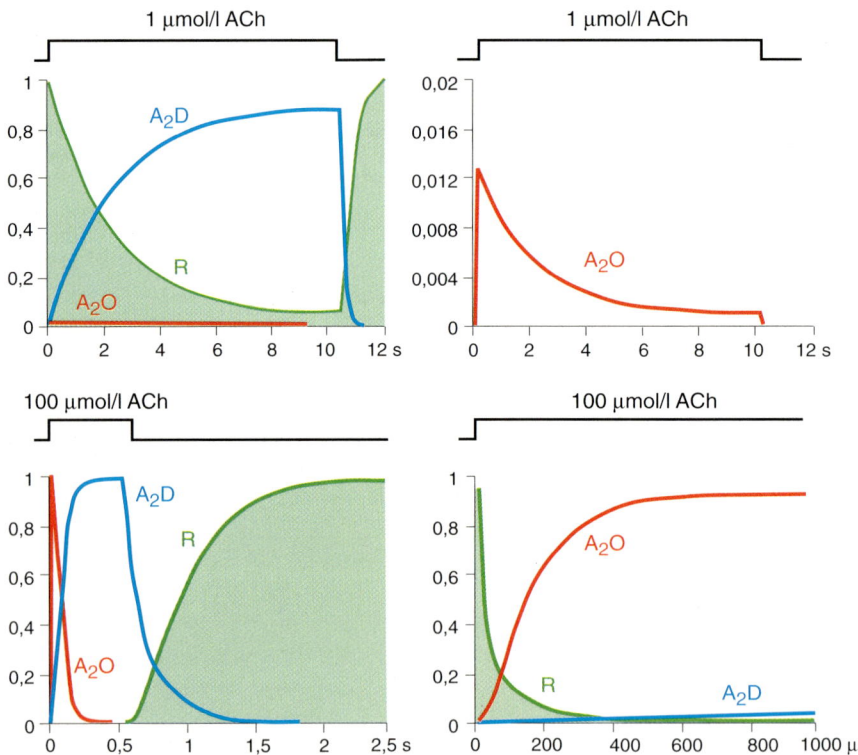

Abb. 5-8. Zeitverläufe der Besetzung der Zustände R, A_2O (*rot, offen*) und A_2D des Reaktionsschemas (5.2), *oben* während eines ACh-Pulses mit der Konzentration 1 μmol/l, unten 100 μmol/l. *Oben* erfolgen die Reaktionen im 10 s-Maßstab, und die Offenwahrscheinlichkeit wird maximal $p_{o\,max} = 0,013$. *Unten*, bei der höheren ACh-Konzentration, überschreitet $p_{o,max}$ den Wert 0,9 schon nach etwa 0,5 ms *(rechts)*, während nach 300 ms fast alle Kanäle desensitisiert im Zustand A_2D sind *(links)*. Nach dem ACh-Puls dauert es etwa 1 s, bis die meisten Kanäle aus der Desensitisierung in den aktivierbaren R-Zustand zurückkehren. Aus [20]

Der adulte nikotinische Rezeptor-Kanal der Wirbeltierendplatte hat eine sehr ähnliche Kinetik wie der embryonale, zeigt jedoch eine steilere Dosiswirkungskurve, für die die Öffnungsreaktion Bindung von 3 ACh erfordert

Der adulte nikotinische Rezeptor unterscheidet sich molekular vom embryonalen durch den Austausch einer der fünf Untereinheiten (s. S. 122). Das Aktivierungs- und Desensitisierungsverhalten dieser beiden Kanaltypen ist sehr ähnlich. Im makroskopischen Kanalverhalten ist die Dosiswirkungskurve unterschiedlich; im Vergleich zum embryonalen Kanal (Abb. 5-6) erreicht der adulte erst bei 1 µmol/l ACh eine maximale Offenwahrscheinlichkeit von 0,001, ist aber bei 100 µmol/l voll geöffnet. Diese steilere Dosiswirkungskurve kann nur durch drei ACh-Bindungsschritte erreicht werden. Das Schema (5.2) entsprechende Reaktionsschema des adulten Kanals müßte folglich sowohl für den aktivierbaren wie den desensitisierten Rezeptor einen dritten Bindungsschritt zu A_3R bzw. A_3D enthalten. Ein wichtiger *Unterschied zwischen dem embryonalen und dem adulten Kanal* ist ferner die **Kanalleitfähigkeit**, sie beträgt 40 bzw. 64 pS.

Agonisten der nikotinischen ACh-Rezeptoren sind z.B. Carbamylcholin (Carbachol) und Suberyldicholin. Sie reagieren mit denselben Bindungsstellen wie ACh, wonach der Kanal sich öffnen kann

Eine Reihe von molekularen dem ACh ähnlichen Substanzen sind **Agonisten** an den nikotinischen Rezeptoren: Sie reagieren ebenfalls mit den Bindungsstellen für ACh und ermöglichen die Konformationsänderungen, die zur Kanalöffnung und zur Desensitisierung führen. Quantitativ unterscheidet sich jedoch die Kanalkinetik. So ist die Dosis-Wirkungskurve für Suberyldicholin etwa um eine Größenordnung zu geringeren Konzentrationen verschoben, die *Affinität* des Rezeptors für Suberyldicholin ist etwa 10fach höher als für ACh. Auch das Öffnungs-Schließungsmuster der Kanäle, das durch die Ratenkonstanten α und β beschrieben wird, zeigt nach Reaktionen mit den Agonisten quantitative Unterschiede im Vergleich zur ACh-Wirkung, und dasselbe gilt für das Desensitisierungsverhalten. Die *Leitfähigkeiten der offenen Kanäle sind bei den verschiedenen Agonisten gleich*, sie werden offenbar durch die Eigenschaften des Rezeptor-Kanal-Moleküls und nicht durch die Liganden bestimmt.

Eine wichtige Eigenschaft von Agonisten ist, daß sie sich bei den Begleitreaktionen der synaptischen Übertragung, bei der Spaltung des Überträgerstoffs im synaptischen Spalt oder dem Transport in die umgebenden Zellen anders verhalten können als der natürliche Überträgerstoff. So ist z.B. **Carbachol** nicht Substrat der ACh-Esterase und kann auch *in vivo* nach Injektionen in den Blutkreislauf unzerstört an den Rezeptoren wirken.

ATP ein Kotransmitter. Wahrscheinlich ist auch ATP (Adenosintriphosphat) ein Agonist am nikotinischen Rezeptor/Kanal. Es öffnet an Endplattenmembranen Kanäle mit der gleichen Leitfähigkeit, wie sie der nikotinische Kanal sowohl des adulten als auch des embryonalen Typs aufweist. ATP ist neben ACh in hoher Konzentration in den Vesikeln der motorischen Nervenendigungen enthalten. Es wird also zusammen mit ACh ausgeschüttet und dürfte als **Kotransmitter**, als Mitüberträgerstoff, die Zahl der durch ein Vesikel geöffneten Kanäle erhöhen [30]. Die Rolle von ATP an anderen, schnellen Liganden-gesteuerten Synapsen ist noch unklar.

Antagonisten verhindern die Reaktion des Rezeptor-Kanals auf den Überträgerstoff, wobei der Antagonist entweder die Bindungsstelle des Rezeptors für ACh besetzt oder mit anderen Bindungsstellen des Moleküls reagiert

Kompetitive Antagonisten. Der Funktionsweise der Überträgerstoffe am nächsten liegt der Wirkungsmechanismus der kompetitiven Antagonisten. An den nikotinischen ACh-Rezeptoren ist d-Tubocurarin, kurz **Curare**, der bekannteste Antagonist dieses Typs. Die Substanz wurde von südamerikanischen Indianern als Pfeilgift verwendet. Curare bindet wie ACh selbst reversibel, d.h. mit einer beträchtlichen Rückrate der Bindungsreaktion, an die ACh-Bindungsstelle; der Curare-Rezeptor-Kanalkomplex läßt aber die Konformationsänderung $A_2R \rightarrow A_2O$ nicht zu. Damit verhindert Curare die Reaktion des Rezeptors mit ACh. Da jedoch die Curare-Bindung sich nach einiger Frist wieder löst, kann ACh das Curare aus seiner Bindung „verdrängen", wenn die ACh-Konzentration hoch ist. *ACh und Curare stehen im Wettbewerb um die Bindungsstelle.* Am anschaulichsten drückt sich diese **kompetitive Hemmung** in den *Dosis-Wirkungskurven* aus (Abb. 5-9): Curare verschiebt die ACh-Dosis-Wirkungskurve *parallel zu höheren ACh-Konzentrationen*. Die Möglichkeit zur Verdrängung des Antagonisten durch Erhöhung der Überträgerstoffkonzentration erlaubt eine gute Steuerung der Wirkung der kompetitiven Antagonisten.

Eine Spezialform der kompetitiven Hemmung bewirken **partielle Agonisten**. Diese sind Agonisten, der Kanal öffnet sich jedoch nach ihrer Bindung so

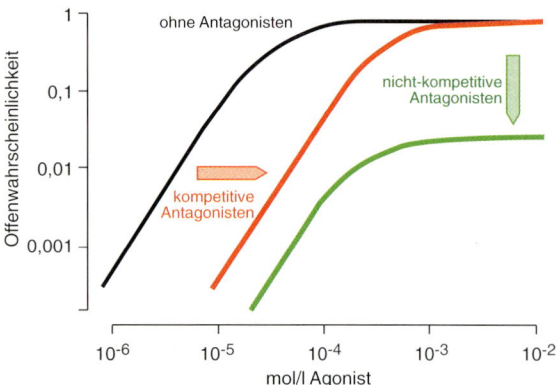

Abb. 5-9. Schematische Dosis-Wirkungskurven: Die Offenwahrscheinlichkeit eines Kanals in der Ordinate in Abhängigkeit von der Konzentration des Agonisten in der Abszisse – logarithmische Maßstäbe. Parallelverschiebung der Dosiswirkungskurve in Richtung höherer Agonistenkonzentration in Anwesenheit einer konstanten Konzentration eines kompetitiven Antagonisten; Depression des Maximalwertes der Offenwahrscheinlichkeit in Anwesenheit einer konstanten Konzentration eines nichtkompetitiven Antagonisten

selten und so kurz, daß ihre „Wirkung" unwesentlich ist. Im Effekt blockieren sie als kompetitive Hemmer den Rezeptor für die Bindung von ACh.

Unter den **nichtkompetitiven Antagonisten** gibt es verschiedene Wirkungsmechanismen. Sie können irreversibel an die ACh-Bindungsstelle binden oder durch Bindung an eine andere Bindungsstelle die Öffnung des Kanals verhindern, wobei sie auch als Kanalblocker den Kanal selbst verschließen können.

Irreversible Antagonisten. Diese Antagonisten des ACh-Rezeptors binden „irreversibel", mit hoher Lebensdauer, an die ACh-Bindungsstelle und verhindern damit die Bindung von ACh oder eines Agonisten. Ein Vertreter dieser Gruppe ist das Schlangengift α-**Bungarotoxin**. Wenn die Konzentration und Wirkungsdauer dieser Stoffe nicht ausreichend war, um alle ACh-Rezeptoren zu blockieren, so wird noch eine ACh-Dosis-Wirkungskurve gemessen (Abb. 5-9). Diese erreicht nicht mehr die maximale Wirkung der Öffnung aller vorhandenen Kanäle, die Affinität der nicht blockierten Kanäle für ACh ist jedoch unverändert.

In vivo wird die Wirkung eines irreversiblen Antagonisten funktionell nur durch Ersatz des Rezeptor-Kanals durch neu synthetisierte Moleküle aufgehoben. Ein nikotinischer ACh-Rezeptor-Kanal hat in der Membran eine Lebensdauer von etwa 30 Tagen. Irreversible Antagonisten wie α-Bungarotoxin werden auch in der Biochemie zur *Darstellung der Kanalmoleküle* eingesetzt. Eine mit α-Bungarotoxin beschichtete Affinitätssäule bindet passierende Kanalmoleküle mit hoher Spezifität. Radioaktives oder mit fluoreszierenden Gruppen markiertes Bungarotoxin kann auch zum *Nachweis der Lokalisation von nikotinischen ACh-Rezeptoren* dienen.

Allosterischer Block. Ein Antagonist des ACh-Rezeptors muß nicht an der Stelle binden, an der normalerweise ACh bindet. Er kann auch an irgendeiner anderen Stelle des Kanalmoleküls reversibel oder irreversibel binden, und durch diese Bindung den Kanal im geschlossen-Zustand stabilisieren. Der Nachweis des Mechanismus des allosterischen Blocks ist nicht immer leicht. Man wird ihn annehmen, wenn der Blocker keinerlei Strukturähnlichkeit mit dem Agonisten hat und eine Bindung an den Rezeptor damit unwahrscheinlich ist.

Kanalblocker. In den nikotinischen ACh-Rezeptor-Kanälen befinden sich negative Bindungsstellen, die die permeierenden Kationen kurzfristig binden und damit die selektive Permeabilität des Kanals bewirken (vergleiche Abb. 4-1). Kanalblocker können sich an diese Bindungsstellen anlagern und damit den Kanal verschließen. Blocker für den nikotinischen ACh-Rezeptor-Kanal sind z.B. *Kokain* oder *Novocain*. Dieses sind positiv geladene Moleküle, und ihr Eindringen in den Kanal ist deshalb potentialabhängig: Es wird durch ein stärker negatives Membranpotential gefördert. Außerdem können diese Blocker nur eindringen, wenn der Kanal offen ist: Sie wirken erst, wenn der Kanal durch einen Agonisten geöffnet wird. Die Wirkung dieser *Kanalblocker* ist folglich *potential- und öffnungsabhängig* (use dependent).

Ein effektiver Blocker des nikotinischen ACh-Rezeptor-Kanals ist das negativ geladene ACh selbst, in Konzentrationen > 1 mmol/l, wenn das Membranpotential negativer als –70 mV ist. Weil bei der synaptischen Übertragung, während des Endplattenpotentials, das Membranpotential positiver ist als -70 mV, hat dieser Kanalblock durch ACh kaum funktionelle Bedeutung.

> **Direkt Glutamat-gesteuerte Kanäle kommen in drei Typen vor, die nach ihren selektiven Antagonisten als Quisqualat- oder AMPA-, Kainat- und NMDA-Typ bezeichnet werden**

Alle direkt Glutamat-gesteuerten Rezeptor-Kanäle sind relativ unspezifisch permeabel für Kationen und vermitteln somit Erregung. Ein indirekt Glutamat-gesteuerter, metabolischer Glutamat-Kanal wird in Abschnitt 5.4 behandelt.

Quisqualat- oder AMPA-Typ. Quisqualat aktiviert diese Kanäle mit geringeren Konzentrationen als Glutamat. Bei Vertebraten ist α-amino-hydroxy-5-methyl-4-isoxazol-Propionsäure (AMPA) ein selektiverer Agonist als Quisqualat, AMPA wirkt jedoch kaum bei Invertebraten. Am genauesten untersucht sind die Kanäle von *Arthropodenmuskeln*, insbesondere von Krebsen und Heuschrecken. Diese Kanäle haben hohe Leitfähigkeiten von 100–150 pS, sehr steile Dosis-Wirkungskurven und *desensitisieren schnell* (Abb. 5-10). Es gibt auch innerhalb desselben Tieres viele Untertypen dieser Kanäle, die sich hauptsächlich durch die Zeitkonstante und das Ausmaß der Desensitisierung unterscheiden. Für die Mannigfaltigkeit der Desensitisierungseigenschaften sind verschiedene Zusammensetzungen der Kanäle aus jeweils fünf Untereinheiten (Abb. 2-11) verantwortlich. Die Kanäle in Abb. 5-10 desensitisieren bei hohen Glutamatkonzentrationen mit Zeitkonstanten von 1–2 ms. Ein Kanaltyp des Heuschreckenmuskels hat eine Desensitisierungszeitkonstante von nur 50 µs. Nach einem 10 ms Glutamatpuls fast vollständig desensitisiert, hält dieser Zustand nach Beendigung des Pulses nur etwa 1 ms an (Abb. 5-10). Danach erholt sich der Kanal sehr schnell, mit einer Zeitkonstante von etwa 1 ms. Der Zeitverlauf der Erholung ist ebenso wie der der Desensitisierung bei den Untertypen der Kanäle sehr variabel.

Das **Reaktionsschema** *dieser Glutamat-gesteuerten Kanäle ist noch nicht im Detail analysiert.* Wahrscheinlich ist das Schema ähnlich dem für den nikotinischen ACh-Rezeptor (5.2), mit mindestens jeweils drei Bindungsschritten für den aktivierbaren und den desensitisierten Rezeptor. Während die Bindungsraten für Glutamat an den aktivierbaren Rezeptor im Schema (5.2) an der oberen physikalischen Grenze liegen, müssen die verschiedenen Desensitisierungs- und Erholungsraten weit größer sein als in Schema (5.2).

Obwohl das Bild der Kanalöffnungen in Abb. 5-10 ähnlich aussieht wie bei den ACh-gesteuerten Kanälen (Abb. 5-6), gibt es qualitative Unterschiede. ACh öffnet auch bei niedrigen Konzentrationen die Kanäle in „bursts", in Serien von durchschnittlich drei kurzen Öffnungen (Abb. 5-6). Niedrige Glutamatkonzentrationen bewirken fast nur Einzelöffnungen, und Mehrfachöffnungen in bursts kommen nur bei hohen Glutamatkonzentrationen vor. Diese „bursts" werden nicht durch die Rückreaktion $A_nR \rightarrow A_{n-1}R$ abgebrochen wie in Abb. 5-6, sondern durch Desensitisierung $A_nO \rightarrow A_nD$. Im Gegensatz zu den ACh-gesteuerten Kanälen wird am Quisqualat-Typ der Glutamatgesteuerten Kanäle die synaptische Übertragung durch Desensitisierung begrenzt, und hohe Gluatamkonzentrationen müssen an den synaptischen Rezeptoren für einige ms anwesend sein.

Die Kanäle vom *Quisqualat- oder AMPA-Typ sind auch bei Wirbeltieren in Neurone*n des *Zentralnervensystems* weit verbreitet. Sie haben geringere Kanalleitfähigkeiten von 20–30 pS als die Arthropodenkanäle, ihre kinetischen Eigenschaften, insbesondere die schnelle Desensitisierung, sind jedoch bei Arthropoden und Wirbeltieren sehr ähnlich.

Kainat-Typ. Diese Kanäle sind hauptsächlich in zentralen Neuronen der Wirbeltiere gefunden worden. Sie desensitisieren in der Regel langsamer als der AMPA-Typ, und es gibt nicht-desensitisierende Untertypen.

NMDA-Typ. Auch dieser Kanaltyp mit dem spezifischen Agonisten N-methyl-D-Aspartat ist nur für zentrale Neurone von Wirbeltieren eingehender bekannt, er kommt jedoch auch bei Invertebraten vor. *Die Kanäle öffnen in Anwesenheit von Glutamat nur bei relativ positiven Potentialen,* was auf einem konstitutiven Block des Kanals durch Mg^{2+}-Ionen beruht, die bei positiveren Potentialen aus dem Kanal getrieben werden. Diese Charakteristik der NMDA-Kanäle wird im Zusammenhang mit der Langzeit-Potenzierung in Abschnitt 5.5 besprochen. Die Kanäle werden relativ langsam aktiviert und desensitisieren langsam oder gar nicht.

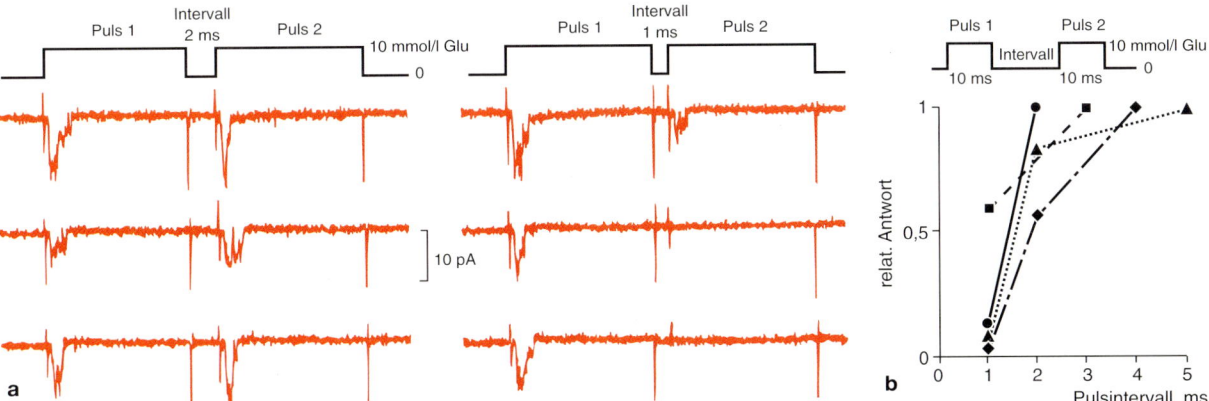

Abb. 5-10. Schnell und vollständig desensitisierende glutamaterge Kanäle des Krebsmuskels. **a** 10 ms lange Pulse von 10 mmol/l Glutamat (Glu) öffnen sehr schnell einige Kanäle, p_o nimmt jedoch mit einer Zeitkonstante von 1–2 ms schnell auf unmeßbar kleine Werte ab – vollständige Desensitisierung. Zwei Glu-Pulse mit 2 ms Intervall *(links)* lösen fast gleich große Antworten aus; die Desensitisierung hat sich nach Abschalten von Glu innerhalb von 2 ms fast vollständig erholt. Bei 1 ms Pulsintervall gibt es dagegen nur selten Kanal-Öffnungen nach dem 2. Puls *(rechts);* die Desensitisierung ist noch fast vollständig. **b** Relative Größe der Antwort auf den 2. Glu-Puls *(Ordinate)* in Abhängigkeit vom Pulsintervall, in drei Experimenten wie in **a**. Aus [15]

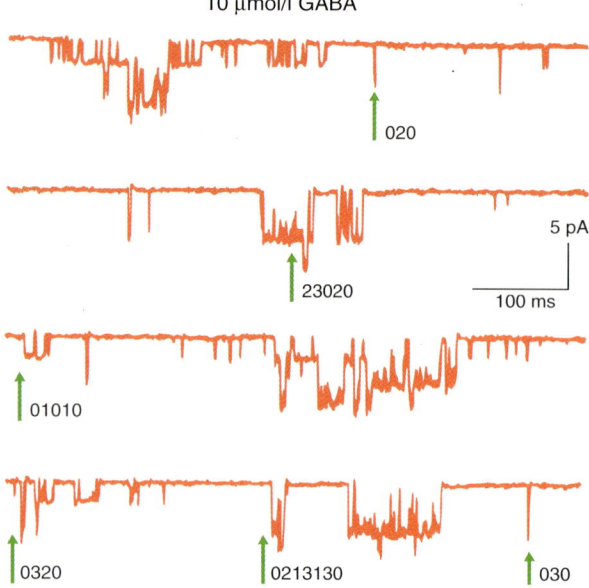

10 µmol/l GABA

020

5 pA

23020

100 ms

01010

0320   0213130   030

Abb. 5-11. Fortlaufende Registrierung der durch 10 µmol/l GABA ausgelösten Öffnungen *eines* Kanals des Krebsmuskels. Der Kanal kann Niveaus von 22, 44 oder 66 pS annehmen, die hier an einigen Stellen mit 1, 2 bzw. 3 bezeichnet werden – der Geschlossenzustand heißt 0. Es handelt sich nicht um überlagerte Öffnungen mehrerer Kanäle, weil schnelle Sprünge z.B. direkt von 0 nach 2 (1. Zeile), 3 nach 0 (2. Zeile) oder 0 nach 3 (4. Zeile) vorkommen. Aus [18]

Funktion der schnellen Desensitisierung. Die besonders bei den Quisqualat-AMPA-Typen der Glutamatrezeptoren verbreitete schnelle Desensitisierung beschränkt, wie schon oben erwähnt, die Dauer der synaptischen Ströme. Im Falle der nikotinischen ACh-Rezeptoren wird eine ähnliche Beschränkung durch zwei Faktoren erreicht: (1) die nur etwa 100 µs dauernde Anwesenheit von ACh an den Rezeptoren, die von der ACh-Esterase beendet wird, und (2) die aus den Reaktionsraten in Schema (5.1) erklärbare burst-Struktur der Kanalöffnungen, wobei ein voller burst von 2–3 ms Dauer durch eine sehr viel kürzere ACh-Spitze hervorgerufen werden kann. Glutamat muß fast so lange in hoher Konzentration bei den Rezeptoren anwesend sein, wie sie sich öffnen sollen, und dies ergibt eine gewisse Steuerungsmöglichkeit für die Dauer der synaptischen Ströme. Die schnelle Desensitisierung der Glutamatrezeptoren verhindert jedoch übermäßig lange erregende synaptische Ströme. Diese können für die Zelle, besonders für kleine Neurone, gefährlich werden, weil dabei auch Ca^{2+} einströmen und die *Innenkonzentration* Ca^{2+}_i *erhöhen*. Ca^{2+}_i hat vielfältige intrazelluläre Botenstoffunktionen (Abschnitte 2.4 u. 5.4) und kann intrazelluläre Proteinasen aktivieren, die die Zelle zerstören. So werden z.B. „excitotoxische" Folgen des Sauerstoffmangels im Wirbeltiergehirn durch Aktivierung Glutamat-gesteuerter Synapsen, die Ca^{2+}-Einstrom

bewirken, sehr verstärkt, und Blockade solcher Synapsen hat protektive Wirkungen nach Durchblutungsstörungen im Gehirn.

Antagonisten der Glutamat-gesteuerten Kanäle. Trotz intensiver Forschung sind noch keine hochspezifischen Antagonisten für die Glutamat-gesteuerten Rezeptorkanäle von Quisqualat- und Kainat-Typ gefunden worden. Effektiv sind eine Gruppe von Spinnengiften, *Argiotoxine*, die an Kanälen von Invertebraten und Vertebraten einen allosterischen Block verursachen. Für den NMDA-Kanaltyp gibt es verschiedene Antagonisten, z.B. Kyenurat und D-AP7 (D-2-amino-7-phosphono-heptanoic acid).

> **γ-amino-Buttersäure (GABA) und Glycin öffnen direkt gesteuerte Chloridkanäle, die Hemmung vermitteln; die Kanäle werden relativ langsam aktiviert und desensitisiert**

GABA-gesteuerte Kanäle des Krebsmuskels. Wie alle GABA-ergen Kanäle sind sie permeabel für Chloridionen; sie tragen offenbar im Kanal positive Ladungen. Die Kanalöffnungen sind relativ lang (Abb. 5-12), charakteristisch für diese Kanaltypen sind jedoch die multiplen Kanalleitfähigkeiten. Der Kanalstrom kann drei Niveaus einnehmen, die dem 1, 2 oder 3fachen von etwa 22 pS entsprechen. Höhere GABA-Konzentrationen aktivieren mit größerer Wahrscheinlichkeit die höheren Leitfähigkeitsniveaus. Solche multiplen Niveaus werden auch bei den Potential-gesteuerten Cl^--Kanälen (s. S. 105) beobachtet. Der GABA-erge Kanal besteht aus mindestens drei Untereinheiten, die alle GABA binden, und es wird spekuliert, daß die höheren Niveaus der Kanalleitfähigkeit durch Mehrfachbindung von GABA aktiviert werden.

Agonisten für diesen Kanaltyp sind auch Glycin, β-guanidino-Propionsäure und andere Strukturverwandte von GABA. *Pikrotoxin ist ein allosterischer Antagonist.*

Pulse von GABA erzeugen eine relativ langsam ansteigende Kanalöffnung, und die folgende Desensitisierung ist langsam und unvollkommen. Die Kinetik der GABA-ergen Kanäle ist komplex, vor allem wegen der verschiedenen Aktivierungsniveaus, die jeweils verschiedene durchschnittliche Öffnungszeiten haben.

GABA-erge Kanäle von Wirbeltierneuronen. Diese haben recht ähnliche Charakteristika wie die entsprechenden Kanäle der Krebse. Sie sind molekularbiologisch relativ eingehend untersucht (s. Abschnitt 2.4, [8]). Besonders wichtig ist der GABA$_A$-Rezeptor. Pharmaka aus der Gruppe der *Benzodiazepine (Valium, Librium)* und *Barbiturate* binden an verschiedene der drei Untereinheiten dieses Rezeptors

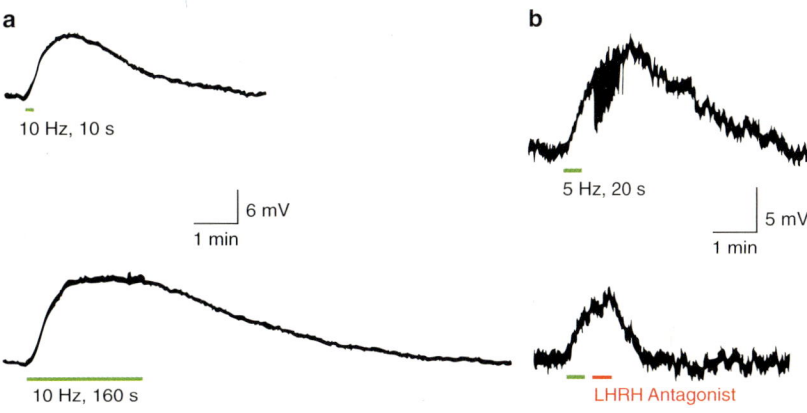

Abb. 5-12. Langsame erregende postsynaptische Potentiale, EPSP, an einer sympathischen Ganglienzelle des Frosches. **a** Eine Serie von 100 Reizen bei 10 Hz löst ein EPSP aus, das nach Reizende noch fast eine Minute weiter ansteigt und insgesamt etwa 5 Minuten dauert. 1600 Reize bei 10 Hz lösen ein etwa 10 Minuten langes EPSP aus. **b** An einer anderen Synapse gleichen Typs erzeugen 100 Reize mit 5 Hz ein 13 mV großes EPSP, wird nach der Reizserie ein LHRH-Antagonist appliziert, so wird das EPSP auf weniger als die Hälfte verkleinert. Nach [24]

und *verstärken die Wirkung von GABA*. Der molekulare Mechanismus dieser pharmakologisch wichtigen Wirkungen ist allerdings noch nicht geklärt.

Neben *Pikrotoxin* ist auch *Bicucullin* ein guter *Antagonist an den GABA-ergen Kanälen* der Wirbeltiere.

Glycinerge Kanäle. Bei den Wirbeltierneuronen gibt es neben den GABA-ergen auch spezifische Glycinerge Kanäle, deren Struktur molekularbiologisch geklärt ist. Funktionell verhalten sie sich sehr ähnlich wie die GABA-ergen Kanäle. Ein spezifischer Antagonist ist das Krampfgift *Strychnin*.

> **Die schnellen, direkt ligandengesteuerten Kanäle benötigen zur maximalen Öffnung innerhalb von 1 ms Überträgerstoffkonzentrationen > 100 µmol/l**

Alle direkt ligandengesteuerten Kanäle werden offenbar ähnlich wie in Schema (5.1) durch einige Bindungsschritte aktiviert. Die Anstiegszeit der Kanalöffnungswahrscheinlichkeit nach einem Überträgerstoffpuls bis zum Maximum hängt vor allem ab vom Produkt $k_1 [A]$, der Hinrate der Überträgerstoffbindung und der Überträgerstoffkonzentration. k_1 kann aus physikalischen Gründen (Diffusionszeit an eine Bindungungsstelle) nicht größer sein als $2 \cdot 10^8$ mol^{-1} l s^{-1} [3]. Die meisten von den hier besprochenen Überträgerstoff-vermittelten *synaptischen Ströme haben Anstiegszeiten unter 1 ms* (Abb. 5-1), und an diesen Synapsen muß *die Überträgerstoffkonzentration > 100 µmol/l* sein. Für die Endplatte wurden Spitzenkonzentrationen an ACh von 10 mmol/l errechnet [33]. Wegen der notwendigen hohen Überträgerstoffkonzentration kann die Affinität der Bindungsreaktion relativ gering sein (z.B. K_d = 27 µmol/l für ACh in Schema 5.2).

5.4 Langsame Synapsen, G-Protein-vermittelt gesteuerte Kanäle und Modulationen

> **Langsame synaptische Übertragung kann ohne spezialisierten synaptischen Apparat und mit relativ niedrigen Transmitter-Konzentrationen an den Rezeptoren stattfinden; langsame synaptische Potentiale können viele Minuten dauern**

Nicht jede synaptische Übertragung läuft über spezialisierte Komplexe aus prä- und postsynaptischen Strukturen, wie wir sie für die Wirbeltierendplatte kennengelernt haben. So enden periphere Nerven des vegetativen Systems der Wirbeltiere zwischen den glatten Muskelfasern oder zwischen Zellen der Leber in feinen Verästelungen, die stellenweise zu **Varikositäten** aufgetrieben sind und in höherer Dichte Vesikel mit Überträgerstoff enthalten. Die postsynaptischen Rezeptoren-Kanäle können über die ganze Zellmembran verteilt liegen. Die Überträgerstoffe werden in den interstitiellen Raum abgegeben und diffundieren über Entfernungen von oft mehr als einigen µm zu den Rezeptoren. Entsprechend werden die Rezeptoren nur von relativ niedrigen Überträgerstoffkonzentrationen und mit wenigstens einigen ms Verzögerung erreicht. Es gibt allerdings auch an den vegetativen motorischen Nervenendigungen gute präsynaptisch-postsynaptische Kopplungen mit gequantelten EPSP ähnlich denen der Endplatte [23] (s. auch Kap. 9).

Langsame synaptische Potentiale. Einen typischen Potentialverlauf an einer langsamen Synapse zeigt Abb. 5-12a. An einer sympathischen Ganglienzelle des Frosches wurde eine Gruppe von Nervenendigungen durch verschieden lange Serien von Pulsen gereizt. Dies erzeugte ein EPSP, das nach der Reizserie weiter anstieg, eine Amplitude von etwa 15 mV erreichte und dann noch langsamer abfiel. Als Überträgerstoff wurde durch Applikation eines spezifischen Antagonisten ein Peptid, LHRH, identifiziert. „Luteinisierendes Hormon Releasing Hormon" wurde ursprünglich im Hypothalamus als Steuerhormon entdeckt, ist aber auch einer der Peptidüberträgerstoffe (Abb. 5-16b).

Bei vielen Formen der langsamen synaptischen Übertragung bewirkt die Bindung des Überträgerstoffes an den Rezeptor die Aktivierung eines G-Proteins an der Innenseite der Membran, das seinerseits die Öffnung eines Ionenkanals auslöst oder ein Membran-ständiges Enzym aktiviert

Bei einer großen Zahl von langsamen synaptischen Übertragungen und ähnlichen Prozessen (z.B. Hormonwirkungen) folgt der Reaktion des Überträger- oder Signalstoffes mit seinem extrazellulären Membranrezeptor die Aktivierung eines **G-Proteins**, eines Guanosin-Nukleotid-bindenden Proteins an der Innenseite der Membran (s. Abb. 2-10, 2-12 und 2-13 [28]). Das G-Protein besteht aus den drei Untereinheiten G_α, G_β und G_γ. G_α hat in Ruhe GDP (Guanosindiphosphat) gebunden. Wird das G-Protein während der Bindung des Überträgerstoffes an den Rezeptor aktiviert (Abb. 5-13a), so wird an G_α das gebundene GDP gegen im Intrazellularraum vorhandene GTP (Guanosintriphosphat, ein ähnlich wie ATP vom Stoffwechsel bereitgestelltes energiereiches Phosphat) ausgetauscht. G_α-GTP dissoziiert aus dem G-Proteinkomplex und diffundiert in der Lipidphase der Membraninnenseite, bis es mit einem *sekundären Effektor* reagieren kann. Es gibt eine Reihe solcher sekundärer Effektoren, die im folgenden angesprochen werden sollen. Nach einigen Sekunden löst sich die Bindung zwischen G_α-GTP und dem sekundären Rezeptor unter Abgabe eines Phosphats, und das so entstandene G_α-GDP kann sich wieder an den G_β/G_γ-Komplex anlagern.

Die meisten G-Protein-vermittelten Prozesse kann man daran erkennen, daß intrazellulär angebotene GTP-ähnliche Liganden den Prozeß stören. Die Schwefelsubstituierten GTP-γS und GTP-βS binden an G_α nahezu irreversibel, wobei sie den *sekundären Effektor dauernd aktivieren bzw. nicht aktivieren*, d.h. blockieren. Die Bakterientoxine **Cholera-toxin** und **Pertussis** (Keuchhusten)-**toxin** blockieren ebenfalls die Umwandlung von G_α-GTP in G_α-GDP und führen zur Daueraktivierung des sekundären Effektors.

Es gibt eine Reihe verwandter G-Proteine (s. Abb. 5-16), die sich auch durch ihre Affinitäten zu Blockern charakterisieren lassen. Die wichtigsten Gruppen sind **G_s- und G_i-Proteine,** die den sekundären Effektor stimulieren bzw. hemmen.

Bei der muskarinischen Wirkung von ACh auf Herzmuskelzellen wird ein G-Protein aktiviert, das direkt die Öffnung eines K^+-Kanals auslöst

Muskarinische ACh-Rezeptoren. In Abschnitt 5.3 wurden nikotinische ACh-Rezeptoren behandelt, benannt nach dem spezifischen Agonisten Nikotin. Muskarinische ACh-Rezeptoren werden charakterisiert durch den spezifischen Agonisten Muskarin, ein Pilzgift (z.B. des Fliegenpilzes, der auch „Fliegentod" heißt), und kommen vor allem im vegetativen Nervensystem der Wirbeltiere, aber auch bei Invertebraten vor. Ein altbekannter Antagonist an diesen Rezeptoren ist **Atropin**, das Gift der Tollkirsche.

Vaguswirkung am Wirbeltier-Herzmuskel. Das Wirbeltierherz wird durch zwei, im wesentlichen komplementär wirkende Effektoren kontrolliert, von Ästen des Nervus vagus und von sympathischen Efferenzen. Stimulation des Vagus bewirkt über die Ausschüttung von ACh eine *Herabsetzung der Herzfrequenz* durch Verlangsamung des Zeitverlaufs und Minderung der Amplitude der Schrittmacherpotentiale (Abb. 4-15) an primären Schrittmachern des Sinusknotens und am sekundären Schrittmacher des Atrioventrikularknotens. Diese synaptische Hemmung vom muskarinischen Typ wird durch Öffnung von K(ACh)-Kanälen erzeugt.

Die Aktivierung der K(ACh)-Kanäle durch ACh erfolgt innerhalb von 30–100 ms, was für einen G-Protein-vermittelten Effekt relativ schnell ist. Im Ganzzell-Patch clamp-Experiment (Abb. 5-14a) werden auch in Abwesenheit von ACh Öffnungen von K^+-Kanälen (z.B. $K^+_{i_r}$, s. S. 104) gesehen. Diese Kanalöffnungen nehmen bei Applikation von ACh an die Zelle (aber nicht in der Elektrode) nicht zu, was für einen G-Protein-vermittelten Effekt ungewöhnlich ist. ACh in der Elektrode aktiviert dagegen die K^+(ACh)-kanäle. Dieser Effekt kann nicht durch die unten zu besprechenden intrazellulären sekundären Botenstoffe (secondary messengers, z.B. cAMP, IP3) nachgeahmt werden, wohl aber durch an die Innenseite der Membran appliziertes aktiviertes G-Protein, d.h. durch $G_{i,\alpha}$-GTP (Abb. 5-14b). Die muskarinische *ACh Wirkung* wird also *durch Reaktion von $G_{i\alpha}$ mit dem K^+(ACh)-Kanal ausgelöst,* nach der der K^+(ACh)-Kanal Serien von Öffnungen produziert.

Diese **direkte Wirkung des aktivierten G-Proteins auf den Ionenkanal** ist ein relativ lokaler Effekt, weil $G_{i\alpha}$-GTP innerhalb der Membran nicht weit diffundiert. Weil im Vergleich zum direkt Liganden-gesteuerten Ionenkanal nur ein zusätzlicher Reaktionspartner, das G-Protein mitwirkt, ist dies auch ein relativ schneller Übertragungsmechanismus.

Es gibt noch weitere direkt G-Protein-vermittelte Kanalaktivierungen. Ein wichtiges Beispiel ist eine *schnelle Komponente des β-adrenergen Effekts* (Abb. 5-16a), der Ca^{2+}-Kanäle öffnet.

> **Aktivierte G-Proteine können Adenylatzyklase stimulieren oder hemmen, was zur Bildung (oder Hemmung der Bildung) von cAMP führt; cAMP diffundiert als sekundärer Botenstoff innerhalb der Zelle und kann dort z.B. Proteinkinasen aktivieren**

Die schon beschriebene Aktivierung eines G-Proteins nach Bindung eines Überträgerstoffes, z.B. Noradrenalin, an einen Rezeptor kann zur Bindung des $G_{s,\alpha}$-GTP an eine Membranständige Adenylatzyklase führen. Während der Lebensdauer dieser Bindung synthetisiert die Zyklase aus ATP des Intrazellularraumes **cAMP**, zyklisches Adenosinmonophosphat (Abb. 2-12, 5-13a). Dieses diffundiert im Intrazellularraum und vermittelt die primär durch Bindung des Überträgerstoffes an den Rezeptor empfangene Information als **sekundärer Botenstoff** oder „second messenger" weiter.

Der Adressat von cAMP ist die intrazelluläre *cAMP-abhängige Proteinkinase* oder **Proteinkinase A** (PKA). Wenn 4 cAMP an die regulatorische Untereinheit der PKA binden, werden die aktiven katalytischen Untereinheiten freigesetzt, die an den verschiedensten **Proteinen** deren **Phosphorylierung** katalysieren, was sie funktionell meist aktiviert (Abb. 5-13b, 2-12). Im Beispiel der Abb. 2-12 wird nach Phosphorylierung ein K^+-Kanal geschlossen oder als langfristigere Wirkung ein Transkriptions-

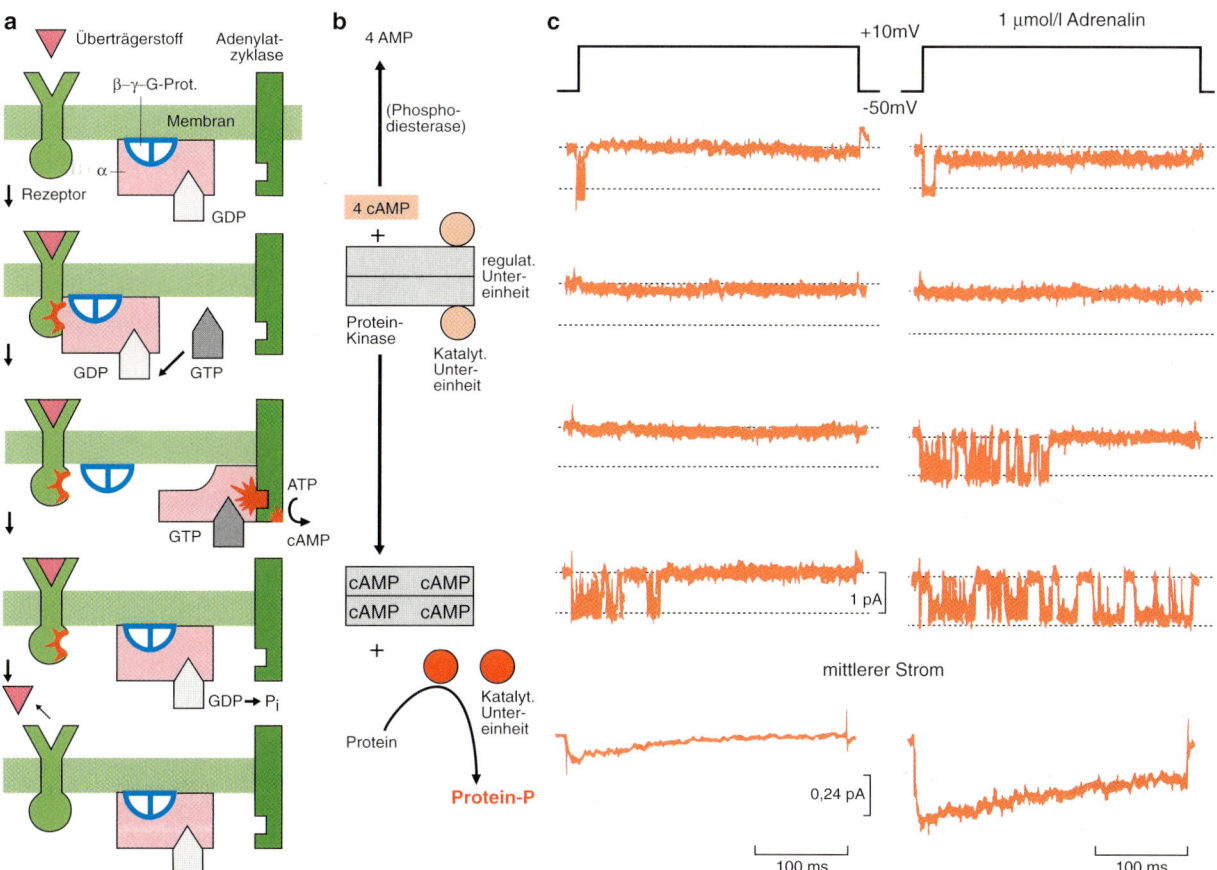

Abb. 5-13. G-Proteingekoppelter Rezeptor mit cAMP als sekundärem Botenstoff. **a** fünf aufeinanderfolgende Reaktionsstufen: Binden eines Überträgerstoffes an den Rezeptor, dies aktiviert ein intrazelluläres, membranständiges G-Protein, das nach Austausch von GDP in GTP in die β,γ-Untereinheiten und die aktivierte α-Untereinheit zerfällt. Letztere bindet an und aktiviert eine membranständige Adenylatzyklase, die ATP zu zyklischem cAMP konvertiert. Danach restituiert sich das G-Protein, und die Bindung des Überträgerstoffes an den Rezeptor wird gelöst. **b** In der Zelle binden 4 cAMP an eine Protein-Kinase, aktivieren ihre katalytischen Untereinheiten, und letztere katalysieren die Phosphorylierung von Proteinen. **c** Herzmuskelmembran, links durch einen Spannungssprung von −50 mV auf −10 mV Membranpotential ausgelöste Öffnungen eines Ca^{2+}-Kanals des Herzmuskels, bei der zweiten und dritten Registrierung keine Kanalöffnungen. Darunter der Zeitverlauf des mittleren Ca^{2+}-Stromes. Rechts löst der gleiche Strompuls in Anwesenheit von 10 μmol/l Adrenalin weit häufiger Ca^2-Kanalöffnungen aus, was unten einen gegenüber der Kontrolle vielfachen mittleren Strom ergibt. Adrenalin wirkt mit dem Mechanismus von **a** und **b**. Nach [36]

faktor im Zellkern phosphoryliert, der die Expression z.B. eines Überträgerstoff-Rezeptors steigert. Schließung von K⁺-Kanälen wird die Größe der Depolarisation durch ein EPSC oder einen Sensorstrom steigern. Durch PKA gesteuerte Phosphorylierung eines Ca^{2+}-Kanals vom L-Typ erhöht stark dessen Öffnungswahrscheinlichkeit (Abb. 5-13c).

Die komplexe Kaskade von der Überträgerstoffbindung am Rezeptor, über die Aktivierung des G-Proteins, der Adenylatzyklase, der cAMP-Synthese, der Proteinkinase A und schließlich die Proteinphosphorylierung hat einen enormen **Verstärkereffekt** [26]. So kann die *Bindung von wenigen Überträgerstoffmolekülen Funktionen der Gesamtzelle steuern.* Außerdem können *multiple Wirkungen* der Überträgerstoffbindung herbeigeführt werden, die z.B. kurzfristige und langfristige Aspekte haben, und die auch bei gleichartigen Aktivierungen des cAMP-Systems an verschiedenen Zellen oder von Zellen in verschiedenen Funktionenzuständen unterschiedliche vorherrschende Wirkungen erzeugen.

> **Aktivierte G-Proteine können membran-
> ständige Phospholipase C aktivieren, die
> aus Phospho-lipiden der Zellmembran die
> Bildung von Inosit-1,4,5-triphosphat (IP3)
> sowie Diacyl-glycerin (DAG) katalysiert.
> Beide wirken als sekundäre Botenstoffe
> durch Freisetzung von Ca²⁺ aus intrazellu-
> lären Speichern bzw. Aktivierung von
> Proteinkinase C**

Analog zur Reaktion mit der Adenylatzyklase und der darauf folgenden cAMP-Bildung können durch Überträgerstoffbindung aktivierte G-Proteine auch an der Innenseite der Membran liegende **Phospholipase C** (PLC) aktivieren. Diese katalysiert, mit Zwischenstufen, die Aufspaltung von Phospholipiden der Membran in **IP₃** und **DAG** (Abb. 2-13a). (Neben IP₃ entsteht auch IP₄ und IP₅ mit im Detail noch unklaren besonderen Funktionen). IP₃ ist ein dem ATP analoges energiereiches Phosphat. Es diffundiert als freier sekundärer Botenstoff im Zellinnenraum und löst an *IP₃ -Rezeptoren der Membran des endoplasmatischen Retikulums* den *Ausstrom von Ca^{2+}* aus, das im Retikulum in hoher Konzentration gespeichert vorliegt. Die daraus folgende Erhöhung von Ca^{2+}_i kann Ca^{2+}-abhängige Enzyme aktivieren, zum Teil über Ca²⁺-Calmodulin (Abb. 2-13a).

Der zweite durch Phospholipidspaltung erzeugte Botenstoff, **DAG**, ist lipidlöslich und diffundiert innerhalb der Zellmembran. *DAG aktiviert* an die Membran angelagerte *Proteinkinase C* (PKC), die mit inaktiver PKC im Zytosol im Gleichgewicht steht (Abb. 2-12B). Diese Proteinkinase kann wiederum Rezeptoren, Kanäle und andere Funktionsproteine phosphorylieren und dadurch ihre Aktivität steuern. Bei manchen dieser Phosphorylierungen wirken die über IP₃ erhöhte Ca^{2+}_i und PLC zusammen. Von letzterer gibt es viele Isoenzyme mit unterschiedlichen Proteinspezifitäten.

Arachidonsäure als sekundärer Botenstoff. *Aktivierte G-Proteine* können schließlich auch membranständige **Phospholipase A₂** aktivieren, die aus Phospholipiden der Mem-

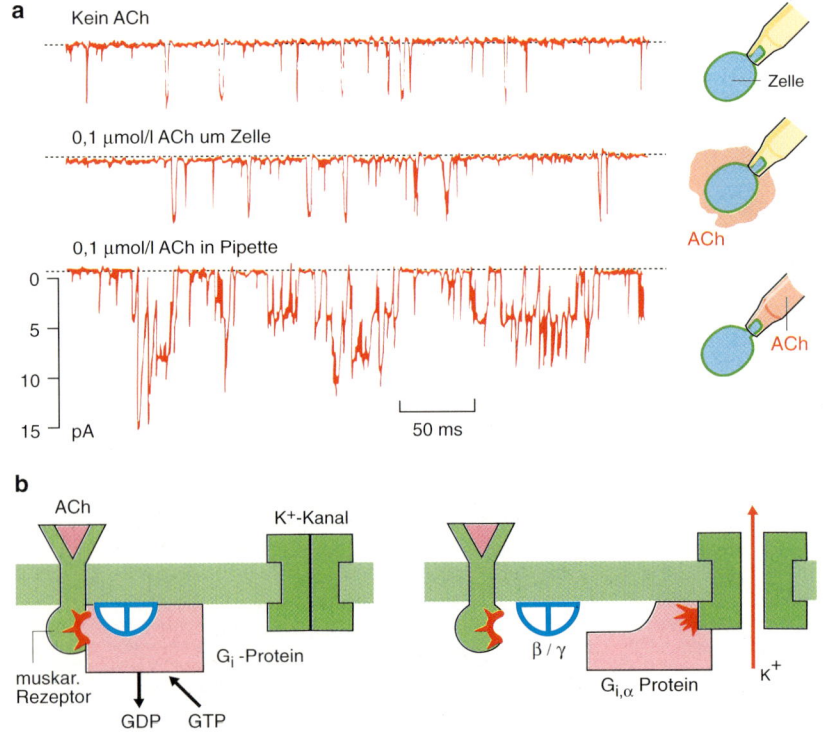

Abb. 5-14. Muskarinische ACh-Wirkung am Herzen. **a** *Oben* Kontrollregistrierung von K⁺-Strömen an einer Vorhofzelle mit der Ganzzell-Patchclamp. Die Ströme werden vom Membranstück in der Pipette gemessen. Wird ACh außerhalb der Pipette appliziert, so hat dies keinen Effekt auf die gemessenen Ströme. Wird ACh in der Pipette an die Membran gebracht, so erhöht sich drastisch die Zahl der K⁺-Kanalöffnungen. **b** Wirkungsschema des ACh an diesem Rezeptor. Der aktivierte muskarinische Rezeptor aktiviert ein Gᵢ-Protein, dessen Gᵢ,α an der Membraninnenseite zu einem K⁺-Kanal diffundiert und dessen Öffnung auslöst. Nach [3, 35]

bran **Arachidonsäure** abspaltet. Aus Arachidonsäure entstehen durch Oxidation eine Reihe von Wirkstoffgruppen, von denen **Leukotriene, Prostaglandine** und **Thromboxane** die bekanntesten sind. Diese Stoffe haben sehr viele Wirkungen als „lokale Hormone", sie sind u.a. an Entzündungs- und Gerinnungsvorgängen beteiligt. Da sie kaum „synaptische" Wirkungen haben, sollen sie hier nicht weiter besprochen werden.

> **Ein neuartiger synaptischer Steuerungsmechanismus verwendet Stickoxid, NO, als durch Zellmembranen diffundierenden Botenstoff; in der Zielzelle erhöht NO die Konzentration an zyklischem Guanosinmonophosphat, cGMP, das seinerseits als „tertiärer Botenstoff" dient**

NO als Endothelium-derivierter Relaxations-faktor der Gefäßmuskulatur (EDRF). ACh, das Peptid Bradykinin und andere Wirkstoffe relaxieren die glatte Muskulatur der Gefäße bei Wirbeltieren und nehmen damit an der Regulation der lokalen Organdurchblutung teil. Die Wirkung geht nicht direkt auf die glatten Muskelzellen, sondern auf das Gefäßendothel, in dem nach Aktivierung des Rezeptors ein Relaxationsfaktor (EDRF) gebildet wird, der zu den anliegenden glatten Muskelzellen diffundiert. Überraschenderweise erwies sich gelöstes Stickoxid, NO, als dieser Relaxationsfaktor. NO stimuliert in der glatten Muskelzelle Guanylatzyklase, worauf sich aus den zellulären GTP zyklisches Monophosphat, **cGMP,** bildet, das die Relaxation der Myofibrillen verursacht. Dieser NO-Effekt ist auch Grundlage der bekannten Nitroglyzerin-Behandlung von spastischen Kontraktionen der Herzkranzgefäße (Angina pectoris).

NO als „Überträgerstoff" im Nervensystem. Nachdem die Rolle von NO als Relaxationsfaktor der Gefäßmuskulatur bekannt wurde, wurde seine mögliche Beteiligung an der Signalübertragung von Zelle zu Zelle im Nervensystem untersucht. NO entsteht aus *Arginin* mit Hilfe der **NO-Synthase.** Für letztere gibt es empfindliche histochemische Nachweise, die zeigen, daß NO-Synthase selektiv z.B. in Korb- und Körnerzellen des Zerebellums sowie in Interneuronen des Striatums, des Hippokampus und des Kortex von Wirbeltieren vorhanden ist. NO-Synthase ist auch in Neuronen des vegetativen Nervensystems in den verschiedensten Organen zu finden, von denen der Überträgerstoff bisher nicht bekannt war. NO-Synthase ist ein Ca^{2+}-Calmodulin-reguliertes Enzym, und man nimmt an, daß die *NO-Synthese anläuft, wenn die Ca^{2+}_i auf hohe Werte nahe 1 µmol/l steigt.* Eine solche Ca^{2+}-Erhöhung kann durch Aktionspotentiale, aber auch durch Aktivierung von erregenden Synapsen bewirkt werden. Im Beispiel

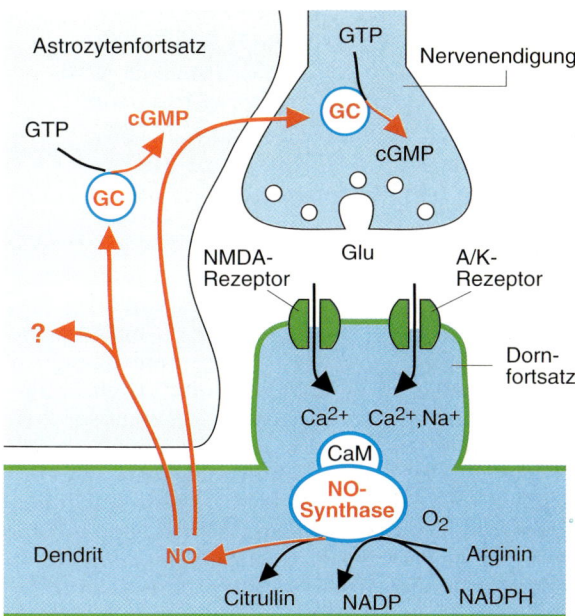

Abb. 5-15. Stickoxid, NO, als Überträgerstoff. Aus einer Nervenendigung ausgeschüttetes Glutamat (glu) reagiert mit postsynaptischen NMDA- und A/K-Rezeptoren. Ca^{2+}-Einstrom erhöht die intrazelluläre Ca^{2+}-Konzentration, was die NO-Synthase aktiviert. Diese katalysiert die Bildung von NO aus Arginin. NO diffundiert frei auch durch Zellmembranen und erreicht z.B. Astrozytenfortsätze und Nervenendigungen der Umgebung. Dort kann es Guanylatzyklase, G-C, aktivieren, die die Bildung des sekundären Botenstoffes cGMP katalysiert. Nach [22]

der Abb. 5-15 wurde eine Glutamat-erge Synapse mit Kanälen vom NMDA- und vom AMPA-Typ angenommen; besonders durch den NMDA-Typ der Kanäle fließt relativ viel Ca^{2+} in die postsynaptische Zelle. NO wird also in diesen Zellen als „tertiärer Botenstoff" nach Erhöhung des „sekundären Botenstoffes" Ca^{2+} gebildet. An einigen Zelltypen scheint die Aktivierung von Proteinkinase C (PKC, s. Abb. 2-13b) die Bildung von NO durch die Synthase zu fördern.

Das in der Zelle gebildete NO hat die für einen „Überträgerstoff" ungewöhnliche Eigenschaft, sowohl in der wässrigen wie in der Lipidphase gut zu diffundieren. **NO diffundiert also ungehindert zu benachbarten Zellen.** Dort stimuliert es die im Zellplasma vorhandene **Guanylatzyklase,** die aus GTP das **cGMP** synthetisiert. *cGMP* ist wiederum e*in Botenstoff,* der Kationenkanäle öffnen bzw. schließen kann, der aber auch cGMP-abhängige Proteinkinasen und Phosphodiesterasen steuern kann (Abb. 5-15). Guanylatzyklase wird nahe den NO bildenden Interneuronen des Zentralnervensystems in Gliazellen (Astrozyten und Bergman-Glia), aber auch in den Purkinjezellen des Kleinhirns und Pyramidenzellen des Kortex gefunden. Diese sind offenbar die Zielzellen der NO-Freisetzung.

Wie wir bei der Besprechung der verschiedenen Kaskaden G-Protein-vermittelter, sekundärer Botenstoffe, von Ca^{2+}, cAMP, IP_3, DAG und Arachidonsäure, aber auch des NO-Systems gesehen haben, veranlassen diese Botenstoffe selten unmittelbar Öffnungen eines Kanals, der einen postsynaptischen Strom fließen läßt. Die Erzeugung großer EPSP und kurzfristig hemmender IPSP ist die Domäne der direkt Überträgerstoff-bindenden Rezeptoren/Kanäle. Die hier besprochenen *Botenstoffkaskaden beeinflussen Membrankanäle* meist als **Modulatoren:** Sie erhöhen oder vermindern die Wahrscheinlichkeit der Kanalöffnungen, die durch eine Potentialänderung oder durch einen direkt an den Kanal bindenden Überträgerstoff ausgelöst werden; sie ändern die Inaktivations- oder die Desensitierungscharakteristika der Kanäle; oder sie ändern längerfristig die Kanalexpression und damit ihre Dichte in der Membran. Vermittelt werden diese Modulierungen meist durch die Ca^{2+}_i oder durch Phosphorylierung der Kanalproteine. Neben den Wirkungen auf die Membranströme und -potentiale greifen die Botenstoffe in viele andere Aspekte der Regulation der Zelle ein: Sie modulieren die Funktion von Ionenpumpen, ändern die Aktivitäten in Enzymsystemen, beeinflussen Umbauvorgänge und kontraktile Prozesse im Zytoskelett bis hin zur Muskelkontraktion, und sie greifen regulatorisch in die Transkription von genetischer Information im Zellkern sowie in die Expression von Proteinen ein.

Die Überträgerstoffe des peripheren sympathischen Nervensystems der Wirbeltiere sind die Amine **Adrenalin** und **Noradrenalin**. Sie reagieren mit α- oder β-Rezeptoren, die häufig entgegengesetzte Wirkungen vermitteln. Die Rezeptoren sind durch optimale Agonisten und Antagonisten definiert (s. Kap. 9). Am Herzmuskel vermittelt die Reaktion von vorwiegend *Noradrenalin mit β-Rezeptoren* eine *Zunahme der Herzfrequenz und der Kontraktionskraft* – die wichtigste Regulation, um die Leistung des Blutkreislaufes zu erhöhen.

Die an der Zellmembran unmittelbar meßbare Folge der Aktivierung β-**adrenerger Rezeptoren** *des Herzmuskels* ist eine *erhöhte Wahrscheinlichkeit der Öffnung von Ca^{2+}-Kanälen* nach einem Depolarisationssprung (Abb. 5-16a). Der erhöhte **Ca^{2+}-Einstrom** versteilert das Schrittmacherpotential (s. Abb. 4-15) und erhöht damit die Herzfrequenz. Zusätzlich erhöht sich auch Ca^{2+}_i, was die Kontraktion der Myofibrillen fördert (s. Kap. 6). Die Effekte auf die Ca^{2+}-Kanäle und auf Ca^{2+}_i werden über Aktivierung eines G-Proteins G_s, den sekundären Botenstoff **cAMP** und die Aktivierung der Proteinkinase A vermittelt (Abb. 5-16a).

Neben dem (roten) Hauptweg der cAMP-Kaskade zeigt Abb. 5-16b noch eine große Zahl von anderen möglichen Reaktionsteilnehmern. Das G_s-Protein kann auch durch das *Amin Histamin* sowie durch die Peptide *Glukagon* und *CGRP (*Calcitoningene related peptide) aktiviert werden. Durch die Aktivierung der PKA werden neben den niedrigschwelligen Ca^{2+}-Kanälen der Abb. 5-16a auch hochschwellige Ca^{2+}-Kanäle, Na^+-, K^+- und Cl^--Kanäle moduliert. Ferner wirkt die Aktivierung von PKA durch Phosphorylierung anderer Enzyme, von Pumpmolekülen und Molekülen des Zytoskeletts.

Das „Menü" der Abb. 5-16b soll nicht nur die β-adrenerge Reaktionskaskade zeigen, sondern auch auf die vielen anderen, möglicherweise parallel ablaufenden Prozesse hinweisen. Durch dieses Überlappen, zumindest auf der Ebene der Zielmoleküle, aber auch auf den Ebenen der Enzyme, gibt es wechselseitige Beeinflussung.

Sensorische Rezeptoren. Im Menü der Abb. 5-16b sind auch zwei G-Proteine enthalten, die an sensorischen Rezeptionsprozessen beteiligt sind. G_{olf} wird zumindest bei einem Teil der Riechrezeptoren aktiviert und gibt die Information mit Hilfe der cAMP-Kaskade weiter. G_T wird in den Fotorezeptoren der Wirbeltiernetzhaut aktiviert, stimuliert die Phosphodiesterase (PE), die cGMP zu GMP wandelt. Näheres wird in Kap. 15 und 17 ausgeführt.

Peptidüberträgerstoffe. In der obersten Spalte von Abb. 5-16b sind unter den Rezeptoren eine Reihe von Peptidrezeptoren aufgezählt. Diese Liste ließe sich vervielfachen, und sie ist in schnellem Wachstum begriffen. Zusätzlich zu nennen sind die verschiedenen Gruppen der Enkephaline, die als Liganden der Morphin-Rezeptoren gefunden wurden sowie bei Invertebraten das *Amin Octopamin*, und die Peptide *Proktolin und FMRF-amid* (H-Phe-Met-Arg-Phe-NH_2). Viele der Peptidüberträgerstoffe der Nervenzellen sind zuerst aus der *Regulation des Magendarmkanals* oder als *Kontrollfaktoren für Hormonausschüttung* bekannt geworden [2]; (Kap. 9-11).

a Klassische β-adrenerge Wirkungen

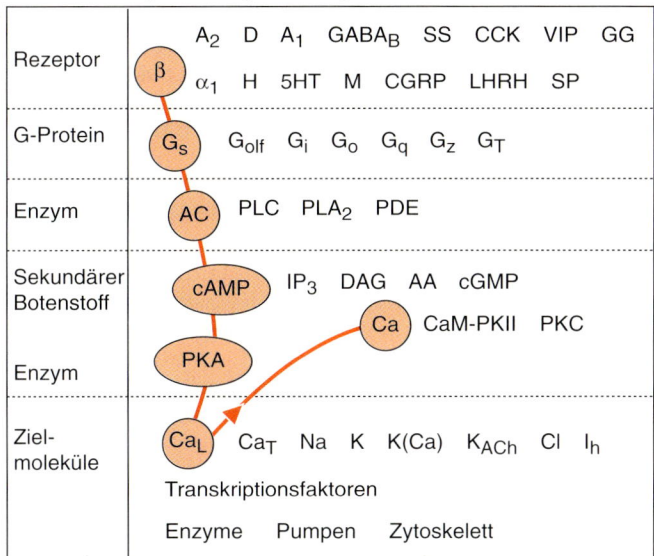

b Zusätzliche Wirkungen

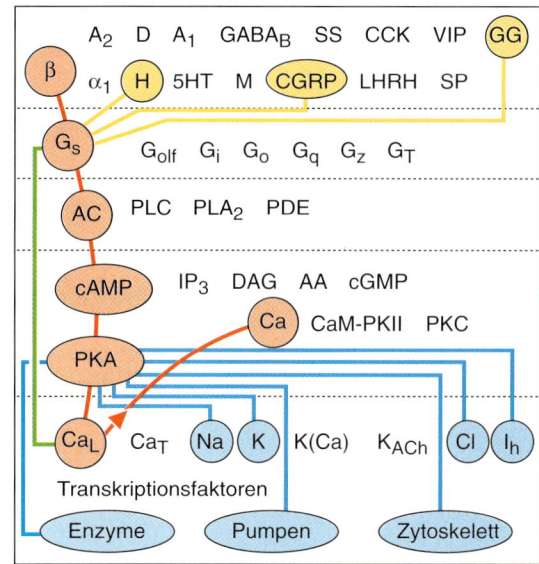

Abb. 5-16. Menü G-Protein-gekoppelter Reaktionen, beispielhaft darin Reaktionswege der β-adrenergen Wirkungen. **a** Die klassischen Wirkungen auf dem β-Rezeptor über ein G_s-Protein, Adenylatzyklase (AC), cAMP, Proteinkinase A (PKA) und Öffnung eines niedrigschwelligen Ca^{2+}-Kanals (Ca_L) und daraus folgend Erhöhung der intrazellulären Ca^{2+}-Konzentration (Ca). **b** Gs

kann auch über den Histaminrezeptor (H) den CGRP- oder den Glukagon (GG)-Rezeptor aktiviert werden. G_s kann direkt den Ca_L-Kanal öffnen. PKA kann neben dem Ca_L-Kanal auch Na^+-, K^+-, Cl^-- und den Schrittmacherstrom des Herzens beeinflussende (I_h)-Kanäle, wie auch andere Enzyme, Pumpen und das Zytoskelett beeinflussen. Nach [3]

5.5 Informationsverarbeitung an chemischen Synapsen

Bisher wurden in diesem Kapitel die einzelnen Synapsentypen besprochen und gezeigt, wie ein Aktionspotential, das die präsynaptische Nervenendigung depolarisiert, postsynaptisch ein EPSP, IPSP oder eine andere Funktionsänderung auslösen kann. Die Synapsen zwischen den Zellen sind jedoch in der Regel nicht Übermittlungsstellen im Verhältnis 1 : 1 für die Information, wie dies an der motorischen Endplatte der Wirbeltiere geschieht. Es werden präsynaptische Pulsserien verarbeitet, viele hemmende und erregende Synapsen werden an einer Zelle gleichzeitig aktiviert, und die Effektivität von Synapsen kann langfristig verstellt werden. Diese verschiedenen Formen der Informationsaufbereitung an den Synapsen einer Zelle sollen in diesem Abschnitt besprochen werden.

> **Wird eine Nervenendigung innerhalb von 2–100 ms zweimal depolarisiert, so werden nach der zweiten Depolarisation mehr Überträgerstoffquanten ausgeschüttet als nach der ersten; diese Doppelpulsbahnung wird hauptsächlich durch „Restkalzium" der ersten Depolarisation erzeugt**

Doppelpulsbahnung. Synaptische Ströme, die durch zwei kurz aufeinander folgende präsynaptische Depolarisationen hervorgerufen wurden, zeigt Abb. 5-17a. Bei sehr kurzen Pulsintervallen von 2 – 3 ms kann der zweite Strom z.B. 10 mal so groß sein wie der erste, im Bereich von 5–10 ms Pulsintervall ist er noch um einen Faktor 2 gebahnt, und diese Bahnung nimmt mit wechselndem Pulsintervall ab. Das Beispiel zeigt eine relativ gut bahnende Synapse – verschiedene Synapsen zeigen große Unterschiede im Ausmaß und in der Intervall-Abhängigkeit der Doppelpulsbahnung. Dies gilt sowohl für EPSC wie IPSC. Analysiert man die Stromquanten, die in den synaptischen Strömen enthalten sind, so ist ihre Größe mit und ohne Bahnung gleich; die gebahnten synaptischen Ströme enthalten jedoch eine größere Zahl von Quanten. *Die Bahnung besteht in einer Erhöhung der Wahrscheinlichkeit, mit der die Nervenendigung Quanten ausschüttet.*

„Rest-Kalzium" als Ursache der Bahnung. Die Doppelpulsbahnung hängt davon ab, wieviel Ca^{2+} während der ersten Depolarisation in die Nervenendigung geflossen ist. Daraus wurde gefolgert, daß die nach der ersten Depolarisation erhöhte intrazelluläre Ca^{2+}-Konzentration (Abb. 5-3) sich langsam normalisiert, und daß bis zum Erreichen des Normalwertes von Ca^{2+}_i eine weitere Depolarisation ihren Ca^{2+}-Einstrom zur Rest-Ca^{2+}_i-Erhöhung addiert, womit eine höhere Ca^{2+}_i-Konzentration erreicht wird, als dies nach dem ersten Puls der Fall war. Der zweite Puls hat folglich eine höhere Quantenfreisetzungswahrscheinlichkeit als der erste.

Diese „Rest-Kalzium-Theorie" der Bahnung ist weitgehend akzeptiert. Es ist jedoch nicht auszuschließen, daß auch weitere durch die erste Depolarisation in der Nervenendigung ausgelöste Prozesse an der Doppelpulsbahnung beteiligt sind.

> **Folgt eine Test-Depolarisation einer Nervenendigung einer hochfrequenten Serie von Depolarisationen, so ist die Antwort auf den Testpuls für Sekunden gebahnt; diese posttetanische Potenzierung kann auf „Rest-Ca$^{2+}_i$", aber auch auf Änderungen anderer präsynaptischer Bedingungen zurückgeführt werden**

Posttetanische Potenzierung (PTP). Während einer hochfrequenten Serie von Depolarisationspulsen nimmt von Puls zu Puls die Größe der postsynaptischen Ströme zu. Der Mechanismus der Doppelpulsbahnung wiederholt sich, und es mögen auch noch zusätzliche Mechanismen eintreten. Die Antwort auf einen der Pulsserie nachgesetzten Einzelpuls kann bei kurzen Intervallen hundertmal höher

sein als in Abwesenheit einer potenzierenden Pulsserie (Abb. 5-17b). Die Pulsserie wird in Anlehnung an hochfrequente Aktionspotentiale, die eine „krampfhafte Muskelkontraktion", einen Tetanus auslösen, „tetanisch" genannt. Das Phänomen der relativ langfristigen Bahnung der Überträgerstoffausschüttung nach einer Pulsserie heißt entsprechend *posttetanische Potenzierung*. Auch diese Form der Bahnung ist an verschiedenen Synapsen in Ausmaß und Zeitverlauf sehr verschieden.

Als **Mechanismus der posttetanischen Potenzierung** ist zunächst das „*Rest-Kalzium*" zu nennen. Dieses wird sicher zur Potenzierung beitragen. Es ist aber unwahrscheinlich, daß Ca^{2+}_i posttetanisch sich mit wesentlich größeren Zeitkonstanten normalisiert als bei der Doppelpulsbahnung. Spätere Phasen der posttetanischen Potenzierung werden mit Erhöhung der Na^{2+}_i in Zusammenhang gebracht [32]. Eine große und langanhaltende Erhöhung von Ca^{2+}_i kann auch *Enzyme aktivieren*, die z.B. durch Phosphorylierung von Komponenten des Exozytose-Apparates die Freisetzungswahrscheinlichkeit für längere Zeit erhöhen. Ferner sind Rückwirkungen des ausgeschütteten Überträgerstoffes auf die Nervenendigung möglich. Nervenendigungen haben vielfach Rezeptoren für den eigenen Überträgerstoff, sog. **Autorezeptoren**; im Falle einer cholinergen Synapse kann die Nervenendigung muskarini-

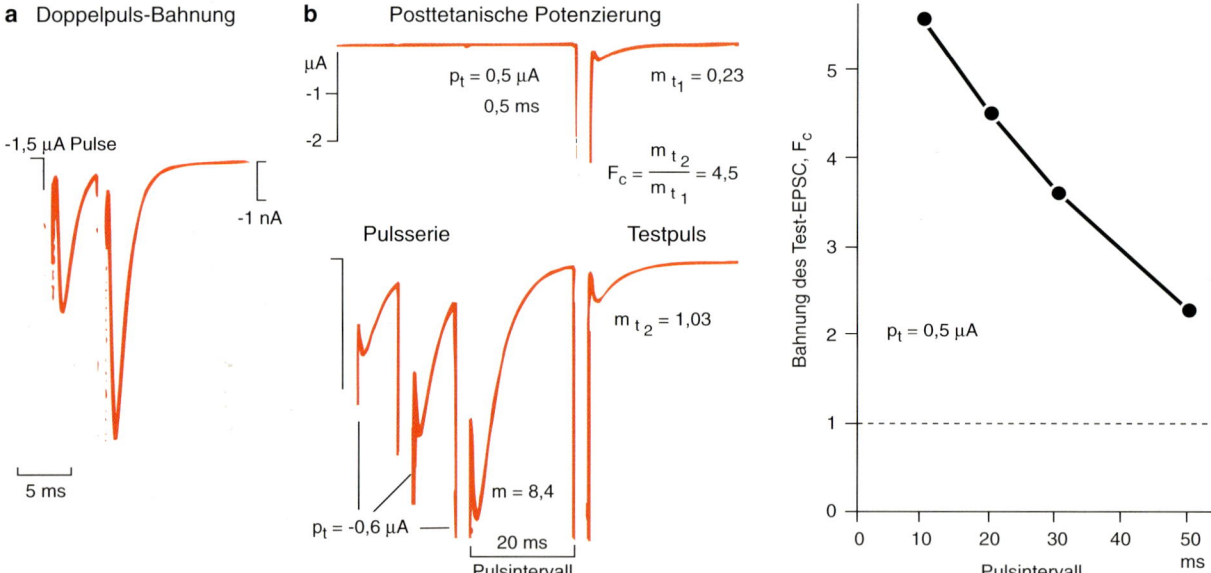

Abb. 5-17. Synaptische Bahnung. **a** Doppelpulsbahnung. Ein erster Depolarisationspuls an der Nervenendigung (Endplatte des Frosches) löst ein EPSC von etwa −3,5 nA Amplitude aus; 5 ms nach dem ersten Puls löst ein zweiter gleicher Größe ein 1,92 mal größeres EPSC aus. **b** Posttetanische Potenzierung. Oben: ein Strompuls $P_t = -0,5$ μA löst ein Test-EPSC mit durchschnittlich $m_{t1} = 0,23$ Quant/Puls aus. Wird dem Test-EPSC eine

Pulsserie von drei Pulsen vorausgeschickt, so löst der Test-Puls, der hier dem letzten Puls der Serie mit 20 ms Abstand nachfolgt, ein Test-EPSC mit $p_{t2} = 1,03$ Quantengehalt aus. Das Verhältnis $F_c = p_{t2}/p_{t1} = 4,5$ ist die posttetanische Potenzierung der Quantenfreisetzung. Rechts Abhängigkeit von F_c vom Pulsintervall. Aus (14) (A) und [12] (B)

sche ACh-Rezeptoren tragen, die z.B. über IP_3 als Botenstoff die Ca^{2+}_i erhöhen und damit die Quantenfreisetzung fördern. Im Einklang mit den hier diskutierten multiplen Ursachen der posttetanischen Potenzierung nimmt diese mit der Zeit in mehreren exponentiellen Phasen ab, und pharmakologische Interventionen können verschiedene Phasen unterschiedlich stark beeinflussen [7].

An manchen Synapsen tritt nach einem Vorpuls oder einer Pulsserie das Gegenteil einer Bahnung, nämlich eine Phase der Depression der Quantenausschüttung ein

Synaptische Depressionen. Nach einem Vorpuls, und noch mehr nach einer Serie von Depolarisationspulsen wird an manchen Synapsen der durch einen Testpuls ausgelöste synaptische Strom für gewisse Zeit verkleinert, es tritt **Depression** ein. Diese Depressionsphasen sind manchmal sehr kurz und können in posttetanische Potenzierung übergehen, manchmal dauert die Depression nach einer Pulsserie jedoch auch hunderte von Millisekunden. Die Ursachen einer synaptischen Depression werden oft in einer unzureichenden Zahl der zur Freisetzung zur Verfügung stehenden Überträgerstoffvesikel gesehen. Dies dürfte nur in wenigen Fällen zutreffen; in den meisten Nervenendigungen übersteigt die Zahl der Vesikel die Ausschüttung durch einen Puls vieltausendfach. Die Ursache für die meisten Formen der synaptischen Depression dürften in der Steuerung der Freisetzung liegen. Diese Prozesse sind im einzelnen nicht bekannt, und die Ursachen der Depression können deshalb nicht angegeben werden. Ähnliche Prozesse wie bei der posttetanischen Potenzierung, jedoch mit hemmendem Charakter, werden diskutiert.

Funktion der synaptischen Bahnung, Potenzierung und Depression. Alle diese Prozesse haben gemeinsam, daß die Reaktion auf eine Depolarisation der Nervenendigung von der „Vorgeschichte" abhängt, von Größe und Abstand vorhergehender Depolarisationen. Sie repräsentieren eine gewisse Form von **Kurzzeitgedächtnis** (s. Kap. 23). Ferner verleihen sie Serien von Depolarisationen einer andere Funktion als den Einzelpulsen. Die *Bahnung* ist zunächst ein *Verstärkermechanismus*. In steiler Abhängigkeit vom Pulsabstand vervielfacht sich die Reaktion auf den zweiten Puls. An vielen Synapsen sind einzelne synaptische Potentiale kleiner als 1 mV. Erst durch Bahnung können sie 10–50 mV groß werden und damit die Schwelle zur Auslösung von Aktionspotentialen, oder z.B. an Arthropodenmuskeln den Potentialbereich der graduierten Auslösung von Kontraktionen erreichen. *Depression* kann ein

Schutzmechanismus sein, der eine zu starke postsynaptische Aktivierung verhindert. Bahnung und Depression wirken zusammen als *Frequenzbandfilter*. Sie wählen bestimmte Zeitmuster von Pulsen aus, die besonders geeignet sind, bestimmte Funktionen auszulösen.

Eine ähnliche begrenzende Rolle wie die synaptische Depression spielt Block der *Aktionspotentialfortleitung bei hohen Frequenzen,* der besonders an Axonverzweigungen auftritt (s. S. 111). Dieser Fortleitungsblock, bei dem häufig nur jedes zweite Aktionspotential über die Verzweigung geleitet wird, tritt auch an Verzweigungen feiner präsynaptischer Axone auf und ist dann kaum von einer synaptischen Depression zu unterscheiden.

Bei der „heterosynaptischen Bahnung" und der „präsynaptischen Hemmung" bahnen bzw. hemmen Synapsen mit einer Nervenendigung deren Überträgerstoffausschüttung

Heterosynaptische Bahnung der Überträgerstoffausschüttung. Im peripheren und zentralen Nervensystem gibt es nicht nur axosomatische, axodendritische oder axomuskuläre, sondern auch viele axoaxonische chemische Synapsen. Letztere liegen meist an Nervenendigungen. Eine erregende Synapse an einer Nervenendigung fördert die Ausschüttung von Überträgerstoff, wenn sie „gleichzeitig" mit in die Nervenendigung einlaufenden Aktionspotentialen aktiviert wird. Ein Beispiel einer solchen *heterosynaptischen Bahnung* gibt es bei der *Sensitisierung* des Kiemen-Retraktions-Reflexes der Schnecke *Aplysia* (Abb. 5-18a). An sensorischen Nervenendigungen dieser Reflexbahn liegen Endigungen eines Interneurons, die Serotonin (5-hydroxy-Tryptamin, 5-HT, s. Abb. 5-16) ausschütten. Serotonin bindet an Rezeptoren der sensorischen Endigungen, und steigert die Wahrscheinlichkeit der Überträgerstoff-Freisetzung durch ein Aktionspotential. Der Serotonineffekt wird durch Aktivierung eines G-Proteins und der cAMP-Kaskade (Abb. 5-14 u. 5–16) vermittelt. cAMP schließt über PKA K^+-Kanäle und verlängert dadurch das Aktionspotential, und es erhöht die Ca^{2+}_i, was beides die Wahrscheinlichkeit der Überträgerstofffreisetzung durch ein Aktionspotential der Reflexbahn erhöht und damit den Reflex *sensitisiert*.

Im Beispiel der Abb. 5-18a wurde die heterosynaptische Bahnung durch eine direkte axoaxonale Synapse mit einem langsamen Übertragungssystem vermittelt. Es gibt auch solche *Bahnungen über fernliegende variköse Nervenendigungen* (Abb. 5-12a), die modulierende Überträgerstoffe wie Serotonin, Oktopamin oder Proktolin freisetzen und auf eine große Zahl von Nervenendigungen einwirken lassen.

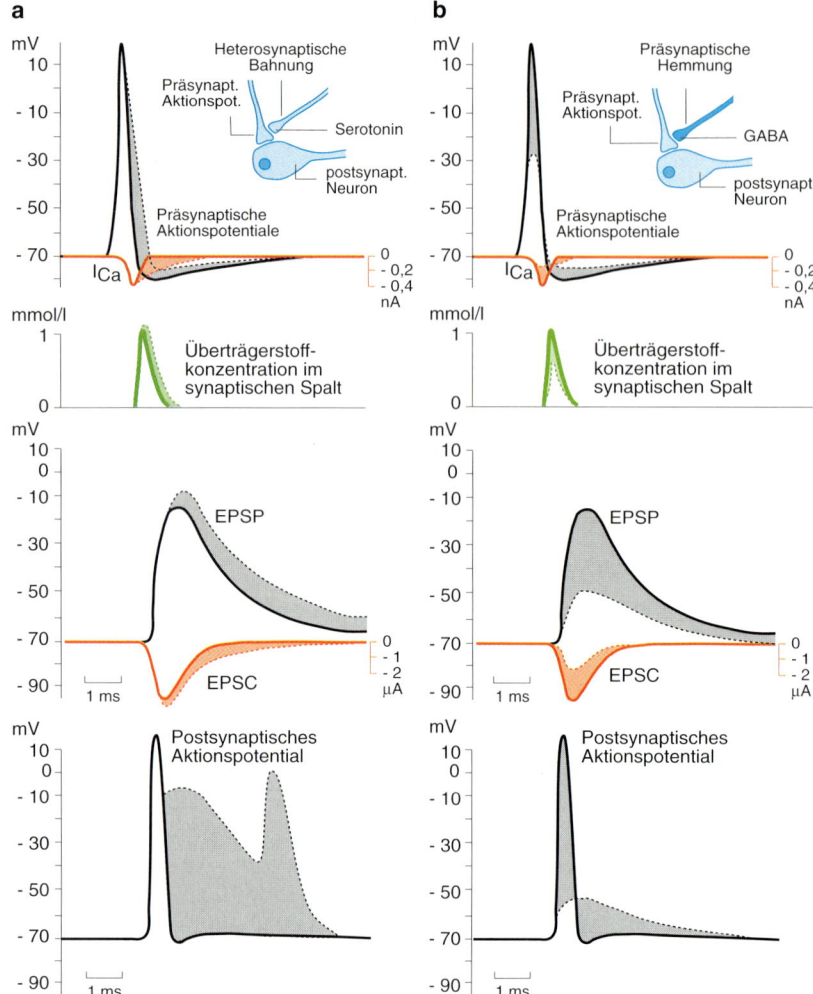

Abb. 5-18. a Heterosynaptische Bahnung. Die Kontrollsituation entspricht Abb. 5-3 und ist ausgezogen gezeichnet. Das präsynaptische Aktionspotential ist in der im Schema von oben links kommenden Nervenendigung gemessen, die postsynaptischen Ströme und Potentiale im postsynaptischen Neuron. Bei der heterosynaptischen Bahnung setzt die von rechts kommende Nervenendigung Serotonin frei, dies blockiert in der präsynaptischen Nervenendigung K⁺-Kanäle und verlängert, gestrichelt gezeichnet, das präsynaptische Aktionspotential, vergrößert i_{Ca} und ebenso die Überträgerstoffkonzentration, das postsynaptische EPSC und EPSP. **b** Präsynaptische Hemmung. Kontrolle wie in **a**. Das *dunkelblau* gezeichnete hemmende Axon setzt GABA frei, dies öffnet Cl⁻-Kanäle in der Membran der präsynaptischen Nervenendigung. Dadurch wird, *gestrichelt* gezeichnet, das präsynaptische Aktionspotential, i_{Ca}, die Überträgerstoffkonzentration, das postsynaptische EPSC und das EPSP verkleinert. Das EPSP erreicht dann die Schwelle nicht, und das postsynaptische Aktionspotential fällt aus. **a** Nach (4), **b** nach [11]

Präsynaptische Hemmung. Hemmende Synapsen gibt es häufig an motorischen Nervenendigungen von Arthropoden (Abb. 5-18b). Die hemmenden Axone schütten den Überträgerstoff GABA aus, der direkt Chloridkanäle öffnet (Abb. 5-11). Dadurch wird die Depolarisation der motorischen Nervenendigung durch ein Aktionspotential vermindert und verkürzt, und die Freisetzung von Glutamat durch die motorische Nervenendigung herabgesetzt. Mit demselben Überträgerstoffsystem wird auch postsynaptisch die Depolarisation der Muskelfaser gehemmt, an vielen Muskeln ist jedoch die präsynaptische Hemmung effektiver als die postsynaptische (Kap. 7).

Präsynaptische Hemmung gibt es auch im *Zentralnervensystem der Wirbeltiere.* Am bekanntesten ist die präsynaptische Hemmung von Endigungen sensorischer Neurone an Motoneuronen des Rückenmarkes. Diese Hemmung scheint mit einer Depolarisation der Nervenendigungen einherzugehen, die durch GABA-Freisetzung und Aktivierung von GABA(A)-Rezeptoren und Erhöhung der Cl⁻-Leitfähigkeit bewirkt wird. Auch diese Hemmung ist sehr effektiv und kann einige 100 ms anhalten.

Heterosynaptische Bahnung und präsynaptische Hemmung wirken selektiv. Viele Zellen des Zentralnervensystems tragen tausende von synaptischen Kontakten, die sie mit den verschiedensten Gruppen von Zellen koppeln. Die besprochenen präsynaptischen Mechanismen der Bahnung und Hemmung können selektiv an Funktionsgruppen von Endigungen angreifen und damit verschiedene funktionelle „Eingänge" in die Zelle bahnen oder hemmen. Diese Mechanismen *vervielfachen* somit die *Steuerungsmöglichkeiten* einer Zelle (Kap. 23).

> **An verschiedenen Stellen eines Neurons erzeugte EPSP oder IPSP summieren sich, dies wird „räumliche Summation" im Neuron genannt**

Nachdem wir bisher in diesem Abschnitt präsynaptische Verarbeitungsmechanismen der Information besprochen haben, wollen wir uns jetzt postsynaptischen zuwenden. EPSC und IPSC sind lokale Ereignisse: An den Synapsen fließt durch geöffnete Kanäle Strom in die oder aus der Zelle, und das erzeugte EPSP oder IPSP breitet sich elektrotonisch in der Zelle aus (Abb. 5-19a). Die an verschiedenen Orten einer Zelle durch aktivierte Synapsen entstandenen synaptischen Potentiale müssen sich folglich summieren. Die Summation gleichzeitiger, aber in verschiedenen Zellabschnitten erzeugter synaptischer Potentiale wird **räumliche Summation** genannt.

Eine realistischere Darstellung einer Nervenzelle mit ihrem Dendritenbaum als das Schema in Abb. 5-19a zeigt Abb. 4-17B, in der die Ausbreitung elektrotonischer Ströme berechnet wurde, die von EPSC an bestimmten Stellen des Dendriten ausgehen. Trotz relativ großer Entfernungen zwischen den Dendriten und dem Soma erscheinen dort große EPSC, die allerdings nur halb so schnell ansteigen wie die EPSP in den Dendriten, da eine große Kapazität umgeladen werden muß.

Hemmende Synapsen liegen vorwiegend *am Soma* zentraler Wirbeltierneurone. Wie schon bei Abb. 5-4 diskutiert, summieren sich gleichzeitige EPSP und IPSP nicht algebraisch, sondern die IPSC schließen die Membran durch Widerstandsabnahme kurz und stabilisieren das Ruhepotential. Entsprechend *vermindert die Aktivierung einer somatischen, hemmenden Synapse das EPSP im Zellsoma unverhältnismäßig stark.* Abb. 4-17B zeigt das Ergebnis einer Modellrechnung an einer realistischen Zelle. Die hemmenden Synapsen am Zellsoma verkleinern das Summen-EPSP im Zellsoma auf weniger als die Hälfte, und sie verkürzen wegen der Abnahme des Membranwiderstandes den Zeitverlauf des gehemmten EPSP. (Wie in Kap. 4, S. 108 besprochen, ist die Membranzeitkonstante, die den Verlauf elektrotonischer Potentialänderungen beschreibt, das Produkt von Membranwiderstand und Membrankapazität, $\tau_m = r_m \cdot c_m \cdot$ Reduktion des Widerstandes auf die Hälfte verkürzt auch τ_m auf die Hälfte).

Die *Hemmung* liegt also in den Nervenzellen mit der Lokalisation im Zellsoma an einer *strategisch wichtigen Stelle.* Auch wenn sich über viele synaptischen Eingänge in den Dendriten große EPSP aufsummieren, kann diese Summe durch Hemmung im Soma stark reduziert werden. Damit kann die Hemmung verhindern, daß die EPSP im Soma die Schwelle zur Auslösung eines Aktionspotentials

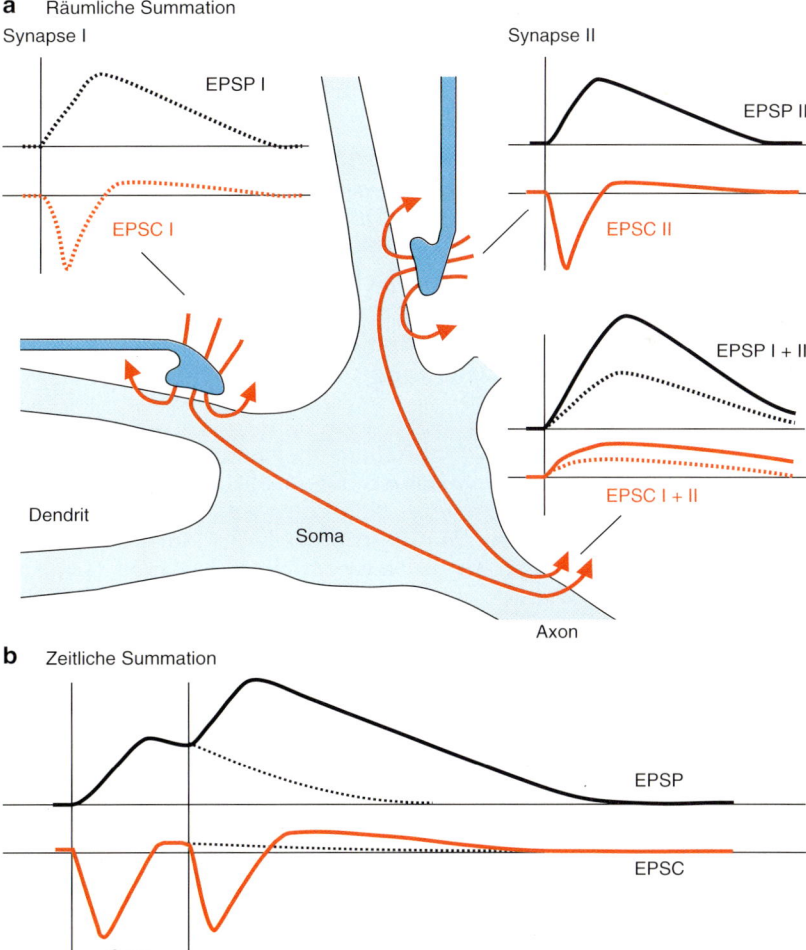

a Räumliche Summation

Synapse I
EPSP I
EPSC I

Synapse II
EPSP II
EPSC II

EPSP I + II
EPSC I + II

Dendrit
Soma
Axon

b Zeitliche Summation

EPSP
EPSC

2 ms

Abb. 5-19. a Räumliche Summation an einem Neuron. An zwei Dendriten liegen die Synapsen I und II, die jeweils EPSC und EPSP erzeugen. Die jeweiligen Ströme (rot) fließen durch die Membran des Neurons aus. Bei gleichzeitiger Aktivierung von Synapse I und Synapse II summieren sie sich, z.B. am Axonhügel, zu „Summen-EPSC I + II" und „Summen-EPSP I + II". **b** Zeitliche Summation. Ein erstes EPSC bzw. EPSP würde sich wie gestrichelt gezeichnet fortsetzen. Ein mit 1 ms Verzögerung ausgelöstes zweites EPSC und EPSP an der gleichen Stelle addiert sich zum ersten, und beide EPSP zusammen erreichen eine fast doppelt so große Depolarisation wie das erste EPSP allein. Nach [6]

erreichen und das Resultat der Informationsverarbeitung an andere Zellen weitergegeben wird.

In einer Zelle ausgelöste EPSP summieren sich auch dann, wenn sie nicht gleichzeitig, sondern während des Ablaufs eines EPSP zusammentreffen: Dies wird „zeitliche Summation" genannt

Von benachbarten Kanälen getragene, gleichzeitige synaptische Ströme summieren sich zu einem Gesamtstrom. Sie dauern meist jedoch nur wenige Millisekunden. Die erzeugten EPSP dauern dagegen viel länger (Abb. 5-19b). Wird während des Ablaufs eines EPSP eine zweites ausgelöst, so startet die vom zweiten synaptischen Strom verursachte Depolarisation vom aktuellen Depolarisationsniveau des ersten EPSP, und es tritt eine **zeitliche Summation** ein (Abb. 5-19b). Durch solche zeitlichen Summationen können Serien von EPSP das Mehrfache ihrer Einzelamplitude erreichen. Diese zeitliche Summation ist ein postsynaptischer Vorgang. Er ist unbedingt zu unterscheiden von der präsynaptischen Bahnung, die ebenfalls bei kurz aufeinander folgenden EPSP oder IPSP eintritt. Bei letzterer wird jedoch die Zahl der Stromquanten im zweiten EPSP oder IPSP erhöht.

An gewissen zentralnervösen Synapsen können kurze Serien von präsynaptischen Aktionspotentialen die synaptische Übertragung für Tage verbessern. Diese Langzeit-Potenzierung (LTP) kann ein Mechanismus von Gedächtnisleistungen sein

Die *Langzeitpotenzierung* wurde vor allem in einem Wirbeltierhirnanteil, dem *Hippokampus* untersucht, dessen Funktion für Aspekte des Gedächtnisses wichtig zu sein scheint (Kap. 23). Substrat der LTP sind glutamaterge Synapsen jeweils an einem *Dornfortsatz* auf einem Dendriten einer Pyramidenzelle. Diese Dornfortsätze (spines) sind postsynaptische Spezialisierungen der Dendriten. Sie grenzen für die Synapse einen postsynaptischen chemischen Reaktionsraum ab. Für die Ausbreitung der synaptischen Ströme bieten die engen, aber kurzen Halsstücke der Dornfortsätze kein wesentliches Hindernis. Der Dornfortsatz hat Rezeptoren für Glutamat vom AMPA-, Kainat- und NMDA-Typ (s. S. 16ff.). In Abb. 5-20 u. 5-21 sind die AMPA- und die Kainat-Rezeptoren zu A/K-Rezeptoren zusammengefaßt.

Ein einzelnes Aktionspotential in der Nervendigung wird soviel Glutamat ausschütten, daß ein Teil der A/K-Kanäle geöffnet und in dem Dornfort-

satz ein mäßiges EPSP von etwa 20 mV Amplitude erzeugt wird (Abb. 5-20). Die NMDA-Kanäle öffnen nicht, weil sie bei negativen Potentialen durch Mg^{2+}-Ionen im Kanallumen blockiert sind (s. auch S. 127). Wenn jedoch eine Serie von Aktionspotentialen über Öffnung der A/K-Kanäle ein EPSP aufbaut (Bahnung und Summation), das dem positiven Potentialbereich nahekommt, dann öffnet Glutamat auch die NMDA-Kanäle, weil in diesem Potentialbereich das Mg^{2+} aus dem Kanal ausgetrieben wird. Es entsteht ein z.B. 100 mV großes EPSP (Abb. 5-20). Nach einem solchen, NMDA-Kanäle beteiligenden EPSP tritt Langzeit-Potenzierung (LTP) ein: einzelne präsynaptische Aktionspotentiale wie in Abb. 20a lösen EPSP aus, die für viele Stunden bis Tage relativ zu den Kontrollen vergrößert, potenziert sind.

Der *postsynaptische Mittler für die LTP* ist die *Erhöhung der Ca^{2+}_i-Konzentration im Dornfortsatz*. Wie schon bei den glutamatergen Kanaltypen besprochen (s. S. 127), fließt durch NMDA-Kanäle relativ viel Ca^{2+} in den Dornfortsatz und erhöht Ca^{2+}_i relativ stark. Ca^{2+}_i ist ein intrazellulärer Botenstoff, der viele Ca^{2+}-abhängige Enzyme aktivieren kann; Ca^{2+}_i-Erhöhung kann sich selbst verstärkend auch aus dem endoplasmatischen Retikulum weiteres Ca^{2+} freisetzen. Die Enzymaktivierungen scheinen langfristige postsynaptische Änderungen herbeizuführen, die die Effektivität der Synapse verbessern. Möglich ist z.B. eine *Erhöhung der Kanaldichte* oder der Zahl der Dornfortsätze. Die LTP scheint aber kein allein postsynaptischer Prozeß zu sein; es wurde gezeigt, daß zumindest in frühen Phasen der LTP die Quantenausschüttungswahrscheinlichkeit an den potenzierten Synapsen erhöht ist. Es muß also einen *retrograden Mittler für die Bahnung der Nervenendigungen* geben.

Ein retrograder Mittler ist Stickoxyd, **NO** (s. Abb. 5-15). Die im Langzeit-potenzierten Dornfortsatz erhöhte Ca^{2+}_i aktiviert dort **NO-Synthase**, die aus Arginin NO bildet. *NO diffundiert* durch die Zellmembran und den Interzellularraum, *erreicht die glutamatergen Nervenendigungen und erhöht dort die Freisetzungswahrscheinlichkeit* für Glutamat-enthaltende Vesikel [31]. Die Mittlerfunktion von NO bei der LTP wurde verifiziert durch Hemmung der LTP nach Applikation von Blockern der NO-Synthase und auch nach der Gabe von extrazellulären, NO-aufnehmenden Substanzen wie Hämoglobin.

Der Mechanismus der LTP im Hippokampus ist physiologisch besonders interessant, weil er zumindest für glutamaterge Synapsen eine synaptische Übertragung durch „Hinzufügen" einer Serie von Aktionspotentialen so auszeichnet, daß sie für längere Zeit verstärkt wird, diese synaptische Verschaltung bevorzugt wird. *Dieser zelluläre Mechanismus enthält wesentliche Elemente eines Lernvorganges* (Kap. 23).

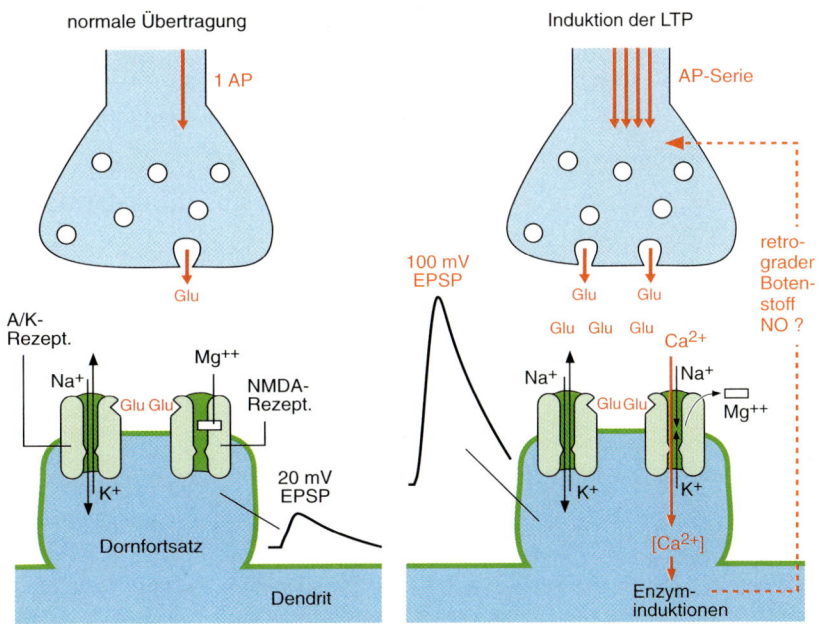

Abb. 5-20. Langzeitpotenzierung (LTP), schematisch an Dornfortsatz-Synapsen des Säugetierhippokampus. *Links* eine gewöhnliche erregende synaptische Übertragung: Ein Aktionspotential (AP) in der Nervenendigung setzt Glutamat *(Glu)* frei, das an postsynaptische Rezeptoren binden kann. Die Ampa/Kainat (A/K)-Kanäle öffnen nach Glu-Bindung, Na$^+$, K$^+$ und Ca^{2+} fließen durch den Kanal und erzeugen ein EPSP von z.B. 20 mV Amplitude. Die Bindung von *Glu* an N-methyl-D-aspartat (NMDA)-Kanäle bleibt ohne Effekt, weil bei negativen Potentialen diese Kanäle durch Mg^{2+}, die im Kanal gebunden sind, blockiert sind. *Rechts* wird durch eine Serie von Aktionspotentialen, die zu starker Glu-Freisetzung führt, LTP ausgelöst. Die *Glu* bin-

den wie links an die A/K-Kanäle, sie erzeugen bei höherer Konzentration jedoch mehr Kanalöffnungen und ein größeres EPSP. Die stärkere Depolarisation treibt Mg^{2+} aus den NMDA-Kanälen, und diese öffnen ebenfalls, wobei ein relativ starker Ca^{2+}-Einstrom eintritt. Dadurch wird die Ca^{2+}-Innenkonzentration erhöht, dies führt zur Induktion spezifischer Enzymsysteme, deren Wirkungen im Dornfortsatz die Reaktion auf Glu langfristig erhöhen. Wahrscheinlich wird auch die Bildung von NO katalysiert, das als retrograder Botenstoff zu den Nervenendigungen zurückdiffundieren kann, dort die Ausschüttung von Überträgerstoffquanten fördert und damit zur LTP beiträgt

Abb. 5-21. Langzeit-Depression (LTD), im Schema ähnlich wie Abb. 5-20. Der Hauptübertragungsweg ist die Wirkung von Glu auf die A/K-Rezeptoren, deren Öffnung ein EPSP erzeugt (linker Dornfortsatz). Eine AP-Serie erreicht (am rechten Dornfortsatz) eine höhere Glu-Konzentration, diese aktiviert nicht nur den A/K-Kanal, sondern auch „metabolische Glu-Rezeptoren". Diese lösen G-Proteingekoppelt IP$_3$-Freisetzung aus der Lipidmembran aus, und IP$_3$ die Ca^{2+}-Freisetzung aus intrazellulären Speichern. Die dadurch erhöhte Ca^{2+}-Konzentration aktiviert NO-Synthase, und NO eine Guanylatzyklase (GC); cGMP entsteht als weiterer intrazellulärer Botenstoff und dieses aktiviert eine G-Kinase, die den A/K-Kanal phosphoryliert. Letzterer desensitisiert daraufhin. In der Folge wird der durch Glu ausgelöste Strom durch die A/K-Kanäle vermindert: Es tritt langfristig eine Depression des EPSP ein

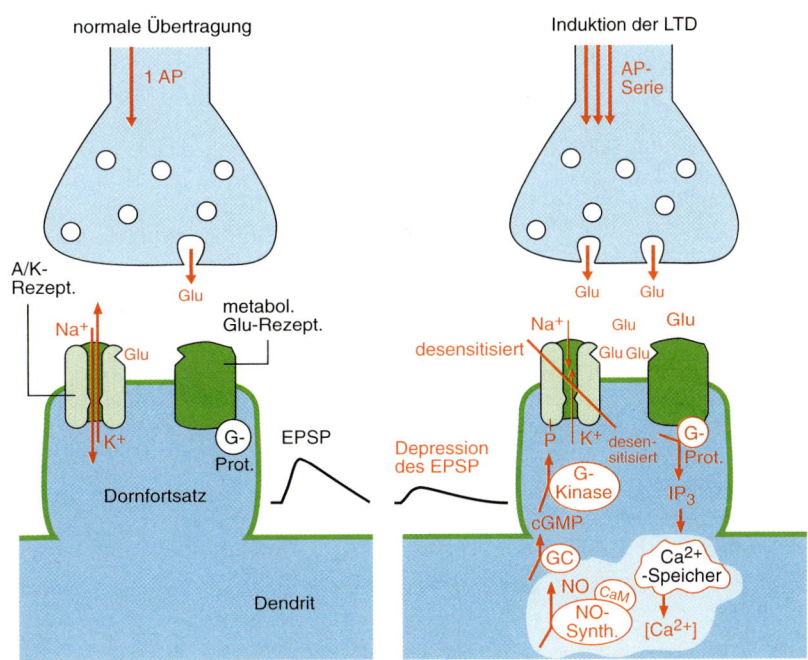

LTP kommt auch in vielen anderen Synapsensystemen vor, und wahrscheinlich gibt es Varianten des geschilderten Mechanismus der LTP.

> **An zentralen Synapsen können Serien von Aktionspotentialen auch Langzeit-Depression von synaptischen Übertragungen, LTD, hervorrufen**

Langzeit-Depression, LTD, wurde an den Purkinjezellen des *Kleinhirnes* entdeckt. Diese Ausgangszellen der Kleinhirnrinde werden durch wenige, wohlbekannte Fasersysteme angesteuert (s. S. 209): Wenn zwei Eingänge zu den Purkinjezellen, Kletterfasern und Parallelfasern, gleichzeitig wiederholt erregt werden, so wird die Übertragung an den Synapsen zwischen Parallelfasern und Purkinjezellen für mehrere Stunden herabgesetzt, es tritt LTD ein [27]. Analoge Langzeit-Depression gibt es auch an vielen anderen synaptischen Systemen. In vielen Fällen kann an den gleichen Synapsen LTP und LTD ausgelöst werden, wobei in der Regel schwächere Pulsserien LTD, und stärkere Pulsserien LTP hervorrufen.

Für die *LTD* an Purkinjezellen der Kleinhirnrinde gibt es eine *Modellvorstellung*, die alle bekannten Befunde abdeckt (Abb. 5-21). LTD wird durch gleichzeitige Aktivierung von zwei Kanaltypen ausgelöst, die beide vom Quisqualat-Typ der glutamatergen Kanäle sind. Rezeptortyp 1 ist der klassische direkt gekoppelte Quisqualat-Typ (s. Abb. 5-10), der von den Parallelfaserendigungen angesteuert wird. Dieser erzeugt mit freigesetztem Glutamat schnell desensitisierende EPSP mit kurzen Erholungszeiten nach Auswaschen des Glutamats. Bei Aktivierung auch der Kletterfasern bzw. hohen Glutamatkonzentrationen wird Rezeptortyp 2 ebenfalls aktiviert, ein G-Protein-gekoppelter, metabolischer Glutamat-Rezeptor (Abb. 5-21). Dieser aktiviert die IP_3-Kaskade (s. Abb. 2-12), was zur Freisetzung von Ca^{2+} aus intrazellulären Speichern führt. Ebenso wie bei der LTP stimuliert die Ca^{2+}_i-Erhöhung die NO-Synthase, NO entsteht, dies steuert eine *Guanylatzyklase* an, und das *produzierte cGMP desensitisiert langfristig den Glutamatrezeptor 1.* Damit wäre die Depression der Übertragung an den Parallelfasern – Purkinjezellsynapsen erklärt.

Auch die *LTD* ist ein *Prototyp für Lernvorgänge.* Langfristige Ausschaltung eines „zu stark" angesteuerten Synapsentyps kann ähnlich wie die LTP die Übertragungseigenschaften in einem Nervensystem in funktionell sinnvoller Weise verstellen (s. Kap. 23).

5.6. Elektrische Synapsen

Neben den in diesem Kapitel bisher ausführlich behandelten chemischen Synapsen gibt es zwischen Zellen auch elektrische Synapsen, deren Zahl wahrscheinlich in der gleichen Größenordnung liegt wie die der chemischen Synapsen.

> **Elektrischen Synapsen sind Zell-Zellkontakte mit so geringem elektrischem Widerstand, daß bei Potentialdifferenzen zwischen Zellen beträchtliche Ströme zwischen ihnen fließen und die Potentialdifferenz teilweise ausgleichen**

Wird bei zwei durch eine elektrische Synapse verbundenen Zellen in der präsynaptischen Zelle durch einen Depolarisationspuls ein Aktionspotential ausgelöst, so erscheint in der „postsynaptischen Zelle" ein elektrotonisches Potential, das z.B. etwa ein Zehntel der Amplitude der präsynaptischen Potentialänderung hat (Abb. 5-22a). „Prä-" und „postsynaptische Zelle" wurden in Anführungszeichen gesetzt, denn die meisten elektrischen Synapsen leiten in gleichem Maße in beide Richtungen (Abb. 5-22b); es gibt aber auch polarisierte elektrische Synapsen, die Strom nur in einer Richtung durchlassen (Abb. 5-22c). Kennzeichen elektrischer Synapsen ist, daß die Stromquelle des postsynaptischen Stroms vom elektrochemischen Potential der präsynaptischen Zellmembran gestellt wird. (Bei chemischen Synapsen ist die Stromquelle des postsynaptischen Potentials postsynaptisch).

Elektrische Synapsen kommen an Nervenzellen des ganzen Tierreiches häufig vor. Meist sind Gruppen von Neuronen mit angenähert gleicher Funktion elektrisch miteinander verbunden, wohl um gemeinsame, synchronisierte Aktivität zu sichern. Aber auch bei Invertebraten mit Nervensystemen geringer Zellzahl gibt es in spezifischen Verschaltungen der Neurone neben chemischen auch elektrische Synapsen.

> **Substrat elektrischer Synapsen sind die Nexus, auch „Gap junctions" genannt; sie bestehen aus engen Appositionen der Membranen beider Zellen, in denen sich eine Vielzahl von Halbkanälen so gegenübersteht, daß ihre Lumina ineinander übergehen**

Gap junctions. Sie erscheinen im elektronenmikroskopischen Bild als Verengung des Spalts zwischen den Zellmembranen auf etwa 3,5 nm, wobei die

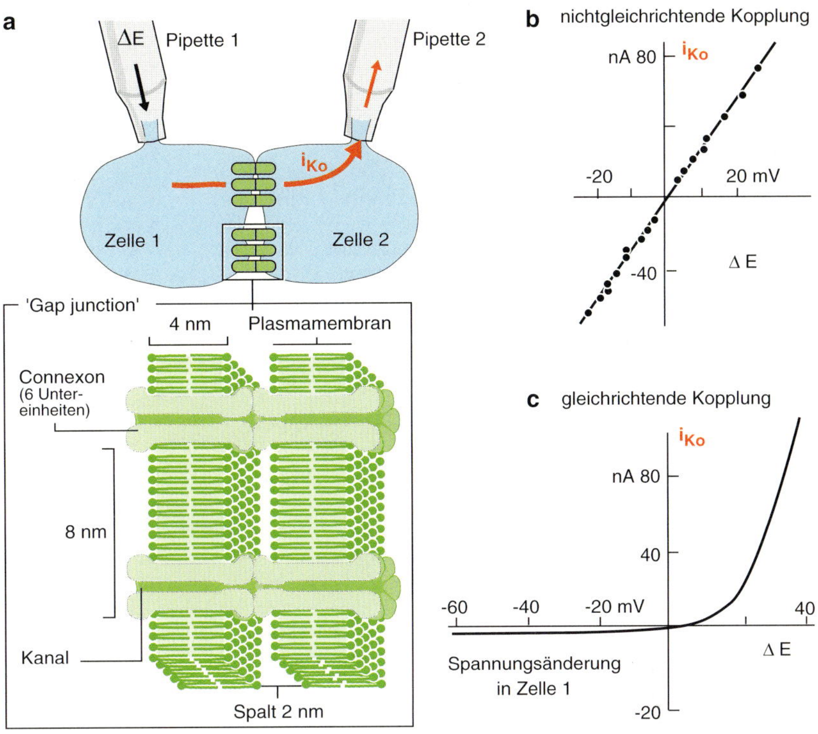

Abb. 5-22. Elektrische Synapsen. **a** Elektrische Synapse zwischen zwei Zellen; eine über eine Pipette 1 der Zelle 1 aufgeprägte Spannungsänderung ΔE führt über „gap junctions" *(rot)* zum Stromfluß i_{ko} zwischen Zelle 1 und 2, der in Zelle 2 mit einer weiteren Pipette 2 gemessen werden kann. *Unten* die gap junction in hoher Vergrößerung (nach Makowski et al. 1977). **b** und **c** Stromspannungskurven für den Kopplungsstrom i_{ko} in Abhängigkeit von der präsynaptischen Spannungsänderung DE, für eine nichtgleichrichtende und eine gleichrichtende elektrische Synapse. Nach [6]

gegenüberliegenden Zellmembranen und der Interzellulärspalt verdichtet sind. Die Ultrastruktur der gap junction zeigt eine wohlgeordnete Anordnung von Kanälen, die die beiden Zellen verbinden (Abb. 5-22a). Die Kanäle bestehen aus zwei Halbkanälen, die jeweils in eine der Zellmembranen eingebaut und deren Lumina genau aufeinander ausgerichtet sind. Die Halbkanäle werden auch *Connexone* genannt, sie bestehen aus jeweils sechs Untereinheiten, *Connexinen*, deren Struktur bekannt ist. Die gap junction-Kanäle haben Leitfähigkeiten von etwa 100 pS und leiten Kationen und Anionen. sie können sich „spontan" oder gesteuert öffnen und schließen.

Gap junctions gibt es keineswegs nur zwischen Nervenzellen. Herzmuskelzellen und glatte Muskelzellen von Wirbeltieren sind so stark durch gap junctions miteinander verbunden, da sie als elektrische multizelluläre Einheiten, als **Synzytien** funktionieren. So breitet sich z.B. in Wirbeltierherzen bei jedem Herzschlag die Erregung vom Sinusknoten über das ganze Herz aus und löst die synchronisierte Kontraktion des Herzens aus. Auch nicht erregbare Zellverbände sind häufig durch gap junctions verbunden. Das gilt für Gliazellen des Gehirns, aber auch Epithelien oder Leberzellen. In der frühen Embryonalzeit sind die meisten Zellen durch gap junctions miteinander verbunden. Durch gap junctions fließen nicht nur Ionenströme, sondern auch kleine Moleküle (bis zu 1000–1500 Dalton), z.B. Signalstoffe.

An verschiedenen Organen kann das *Öffnen und Schließen der gap junction-Kanäle durch sekundäre Botenstoffe gesteuert werden*. Generell reagieren gap junctions auf Erhöhung der Ca^{2+}_i-*Konzentration* oder Senkung des pH. Diese Steuerung ist bei Verletzung einer Zelle des Zellverbandes wichtig. Die Ca^{2+}_i einer verletzten Zelle steigt an, und die sie mit den Nachbarzellen verbindende gap junctions schließen sich. Dies verhindert ein „Auslaufen" oder eine Depolarisation des ganzen Zellverbandes (z.B. bei einem Herzinfarkt).

5.7 Literatur

Weiterführende Lehrbücher

1. Alberts B, Bray D, Lewis J, Raff M, Roberts K, Watson JD (1990) Molekularbiologie der Zelle, 2. Aufl. VCh, Weinheim
2. Cooke I, Lipkin M (1972) Cellular neurophysiology, a source book. Holt, Rinehart and Winston, New York
3. Hille B (1992) Ionic channels of excitable membranes, 2nd edn. Sinauer, Sunderland
4. Kandel ER, Schwartz JH, Jessel TM (1991) Principles of neural science, 3rd edn. Elsevier, Amsterdam
5. Nicholls J, Martin AR, Wallace BG (1992) From neuron to brain, 3rd edn. Sinauer, Sunderland
6. Schmidt RF, Thews G (Hrsg) (1995) Physiologie des Menschen, 26. Aufl. Springer, Berlin

Einzel- und Übersichtsarbeiten

7. Atwood HL, Govind CK (1990) Activity-dependent and age-dependent recruitment and regulation of synapses in identified crustacean neurons. J Exp Biol 153:105–127

8. Bormann J (1988) Electrophysiology of GABA_A and GABA_B receptor subtypes: TINS 11:112–116

9. Colquhoun D, Ogden DC (1988) Activation of ion channels in the frog end-plate by high concentrations of acetylcholine. J Physiol (Lond) 395:131–159

10. Colquhoun D, Sakmann B (1985) Fast events in single-channel currents activated by acetylcholine and its analysis at the frog neuromuscular end-plate. J Physiol (Lond) 369:501–557

11. Dudel J (1965) The mechanism of presynaptic inhibition at the crayfish neuromuscular junction. Pflügers Arch 248:66–80

12. Dudel J (1983) Transmitter release triggered by a local depolarisation in motor nerve terminals of the frog: role of calcium entry and of depolarisation. Neurosci Lett 41:133–138

13. Dudel J (1984) Control of quantal transmitter release at frogs motor nerve terminals. I. Dependence on amplitude and duration of depolarisation. Pflügers Arch 402:225–234

14. Dudel J (1986) Dependence of double-pulse facilitation on amplitude and duration of the depolarisation pulses at frog's motor nerve terminals. Pflügers Arch 406:449–457

15. Dudel J, Franke C, Hatt H (1990) Rapid activation, desensitization and resensitization of synaptic channels of crayfish muscle after glutamate pulses. Biophys J 57:533–545

16. Dudel J, Kuffler SW (1961) Presynaptic inhibition at the crayfish neuromuscular junction. J Physiol (Lond) 155:543–562

17. Dudel J, Rüdel R (1969) Voltage controlled contractions and current-voltage relations of crayfish muscle fibers in chloride-free solutions. Pflügers Arch 308:291–314

18. Franke C, Hatt H, Dudel J (1986) The inhibitory chloride channel activated by glutamate as well as γ-aminobutyric acid (GABA). Single channel recordings from crayfish muscle. J Comp Physiol [A] 159:591–609

19. Franke C, Költgen D, Hatt H, Dudel J (1992) Activation and desensitization of embryonic-like receptor channels in mouse muscle by acetylcholine concentration steps. J Physiol (Lond) 451:145–158

20. Franke C, Parnas H, Hovav G, Dudel J (1993) A molecular scheme for the reaction between acetylcholine and nicotonic channels. Biophys J 64:339–356

21. Furness JB, Bornstein JC, Murphy R, Pompolo S (1992) Roles of peptides in transmission in the enteric nervous system. TINS 15:66–71

22. Garthwaite J (1991) Glutamate, nitric oxide and cell-cell signaling in the nervous system. TINS 14:60–67

23. Hirst GDS, Bramich NJ, Edwards FR, Klemm M (1992) Transmission at autonomic neuroeffector junctions. TINS 15:40–46

24. Jan LY, Jan YN (1982) Peptidergic transmission in sympathetic ganglia of the frog. J Physiol (Lond) 327:219–246

25. Katz B, Thesleff S (1957) A study of the 'desensitization' produced by acetylcholine at the motor end-plate. J Physiol (Lond) 138:63–80

26. Lamb TD, Pugh EN (1992) G-protein cascades: gain and kinetics. TINS 15:291–298

27. Linden DJ, Connor JA (1991) Participation of synaptic PKC in cerebellar longterm depression in culture. Science 245:1556–1559

28. Linder NE, Gilman AG (1992) G-proteins. Sci Am 267:36–43

29. Llinás RR (1982) Calcium in synaptic transmission. Sci Am 10:38–48

30. Lu Z, Smith DO (1991) Adenosin 5'-triphosphat increases acetylcholine channel opening frequency in rats sceletal muscle. J Physiol (Lond) 436:45–56

31. O'Dell T, Howkins RD, Kandel ER, Arancio O (1991) Tests of the roles of two diffusible substances in longterm potentiation: evidence for nitric oxide as a possible early retrograde messenger. Proc Natl Acad Sci USA 88:11285–11289

32. Papahill PA, Lnenicka GA, Atwood HL (1987) Longterm facilitation and low-frequency depression in a crayfish phasic motor neuron. J Comp Physiol [A] 161:367–375

33. Parnas H, Flashner M, Spira ME (1989) Sequential model to describe the nicotinic synaptic current. Biophys J 55:875–884

34. Parnas H, Parnas I, Segel LA (1990) On the contribution of mathematical models to the understanding of neurotransmitter release. Int Rev Neurobiol 32:1–50

35. Soejima M, Noma A (1984) Mode of regulation of the ACh-sensitive K-channel by the muscarinic receptor in rabbit atrial cells. Pflügers Arch 400:424–431

36. Trautwein W, Cavalié A (1985) Cardiac calcium channels and their control by neurotransmitters and drugs. J Am Coll Cardiol 6:1409–1416

37. Uhl G (1992) Neurotransmitter transporters (plus), a promising new gene family. TINS 15:265–268

38. Wernig A (1972) Changes in statistical parameters during facilitation at the crayfish neuromuscular junction. J Physiol (Lond) 226:751–759

6 Muskeln und Motilität

R. Rüdel und B. Brenner

Motilität ist eine an nahezu allen Zellen beobachtbare Funktion. Der Begriff umfaßt sämtliche zellulären Bewegungsformen, angefangen bei der intrazellulären Zytoplasmaströmung, die durch Transport von Organellen an **Aktinfilamenten** oder an **Mikrotubuli** entsteht, über die Fortbewegung von Einzellern durch Formänderungen der ganzen Zelle (amöboide Bewegung) oder von Zellfortsätzen (Zilien und Flagellen) bis hin zur Fortbewegung vielzelliger Organismen mit Hilfe von Muskeln, die am Skelettsystem angreifen. Auch Volumen- und Formänderungen von Hohlorganen gehören dazu.

Alle Formen der Zellmotilität resultieren aus der Wechselwirkung von **Motorproteinen** mit Strukturen des **Zytoskeletts**. Die wichtigsten Motorproteine sind die Moleküle der **Myosin**familie, deren Wechselwirkung mit Aktinfilamenten die Muskelkontraktion und manche Formen intrazellulären Transportes bewirkt. Die Motorproteine **Kinesin** und **Dynein** sind mit den Mikrotubuli des Zytoskeletts am zytoplasmatischen Transport und an der Bewegung von Zilien und Flagellen beteiligt. Die wichtigsten an der Motilität beteiligten Strukturen des Zytoskeletts sind die Eiweiße **Aktin** und **Tubulin**, die filamentäre bzw. tubuläre Polymere bilden.

Die Motorproteine haben Enzymcharakter, da sie zur Bereitstellung der für die Bewegung benötigten Energie Adenosintriphosphat (ATP) hydrolysieren.

Das Myosin-Aktin- und das Kinesin/Dynein-Tubulin-System enthalten als dritte Komponente Regulatorproteine, die eine Kontrolle ihrer Aktivität erlauben (z.B. Troponin/Tropomyosin oder leichte Myosinketten und deren Kinasen/Phosphatasen).

In höheren Organismen gibt es alle Formen der Zellmotilität. So findet man bei Warmblütern Zellen mit amöboider Bewegung (Leukozyten), Bewegung durch Geißeln oder Zilien (Samenzellen, Flimmerepithel der Bronchien) sowie Motilität durch spezialisierte Zellen (Muskelzellen). Für Muskelgewebe lassen sich zwei Organisationsgrade unterscheiden: die glatte Muskulatur der Gefäße und inneren Organe (Darm, Blase etc.) und die quergestreifte Herz- und Skelettmuskulatur.

6.1 Steuerung der Muskelfunktion im Körper

> **Die Funktion der Muskeln ist die Erzeugung von Kraft und Bewegung**

Muskeln können nur ziehen, nicht schieben. Für die Bewegung eines Körperteils in verschiedene Richtungen müssen daher mehrere Muskeln vorhanden sein. Diese wirken teils miteinander **(Synergisten)**, teils gegeneinander **(Antagonisten)**. Synergisten können auch zu Antagonisten werden, wenn die Muskeln über mehrere Gelenke an dem Hebelsystem des Skeletts angeheftet sind. Die Koordination der Bewegung trifft das Zentralnervensystem (ZNS), indem es die Agonisten und Antagonisten in ihrer Intensität zeitlich richtig aktiviert.

Für die Regelung der Muskelkontraktion erhält das Zentralnervensystem ständig Rückmeldungen aus allen Skelettmuskeln über die als Längenfühler spezialisierten **Muskelspindelorgane** (s. Kap. 8) und die als Kraftfühler spezialisierten **Sehnenspindelorgane** (s. Kap. 8).

Die Steuerung der Kontraktion erfolgt über die **motorischen Nerven**, die, ausgehend vom ZNS, zu allen Skelettmuskeln ziehen. Jedes Motoaxon verzweigt sich in seinem Muskel und innerviert eine Vielzahl von Muskelfasern. Man nennt eine motorische Nervenzelle mit allen Muskelfasern, die sie innerviert, eine **motorische Einheit** (s. Abb. 8-3).

Bei den Vertebraten wird jede Muskelfaser von nur einem Motoaxon versorgt. Die Übertragung der Erregung vom terminalen Motoaxonzweig auf die Muskelfaser erfolgt über eine Synapse, die man ihrer anatomischen Gestalt wegen motorische **Endplatte** genannt hat (s. Kap. 5.1).

Die Regelung der Kontraktionskraft geht über zwei Mechanismen vonstatten, die in abgestimmter Weise vom ZNS eingesetzt werden (s. auch Kap. 8). Der weitaus wichtigere und effizientere Mechanismus ist die zunehmende **Rekrutierung** motorischer Einheiten, d.h., für wenig Kraft werden wenige, für viel Kraft viele Einheiten aktiviert. Die zweite Form der Kraftregelung ist dem ZNS über eine **Steigerung der Erregungsrate** der Motoneurone gegeben. Frequenzsteigerung von 8 auf 30 s^{-1} entspricht dem Übergang vom unvollkommenen zum vollkommenen Tetanus (s.u.), wobei die Kraft auf das 3- bis 10-fache ansteigt.

Bei den Arthropoden [5] besteht das Nervensystem aus einer relativ kleinen Anzahl von Nervenfasern, daher ist auch die Zahl der Motoneurone klein. Für die Kraftabstufung gilt: Die Muskelfasermembran bildet normalerweise kein Aktionspotential, sondern je höher die Reizfrequenz im Nerven, desto größer ist die synaptische Depolarisation der Muskelfasermembran und dementsprechend die erzeugte Kraft. Damit die koordinierte Kontraktion einer ganzen Faser gewährleistet ist, erstreckt sich das Motoaxon über die gesamte Faserlänge und bildet dabei eine Vielzahl von Synapsen. Die Graduierung der Kraft ist dabei so fein einstellbar, daß ein ganzer Muskel mit wenigen motorischen Einheiten, im Extremfall sogar mit einem einzigen Motoneuron auskommt.

Bei den Crustaceen und anderen Arthropoden wird die Graduierbarkeit der Kraft noch dadurch verbessert, daß die Muskeln – wie bei den Vertebraten (s. 6.5) – Fasern unterschiedlicher Kontraktionsgeschwindigkeit besitzen. Im Unterschied zu der Vertebratenskelettmuskulatur finden sich dort auch **inhibitorische Motoneurone**, die parallel mit den **exzitatorischen** zu den Muskelfasern ziehen und wie diese **multiple Synapsen** bilden. Die aus aktivierenden und hemmenden Einflüssen resultierende Depolarisation der Muskelfasern bestimmt die Größe der entwickelten Kraft.

Eine bemerkenswerte Ausnahme von der Regel einer strengen Korrelation von Nervenimpulsen und Muskelkraft bilden die **asynchronen** Insektenflugmuskeln, die Flügelschlagfrequenzen von über 1000 Hz erzeugen können. Derartig hohe Aktionspotentialfrequenzen könnte das Nervensystem gar nicht erzeugen. Die Flügel bilden in diesem Fall mit dem Thorax ein Resonanzsystem mit zwei stabilen Zuständen „auf" und „ab", an dem zwei antagonistische Muskelpaare, die Elevatoren und Depressoren, ansetzen. Das Besondere dieser Muskeln ist, daß sie durch Zug aktiviert werden, durch Entlastung deaktiviert werden. Das Resonanzsystem ist nun derart ausgebildet, daß Kontraktion der Elevatoren (1.) die Flügel hebt, (2.) die Depressoren dehnt und damit aktiviert, und (3.) durch Veränderung der Thoraxgestalt plötzlich die Elevatoren entlastet und dadurch deaktiviert. Entsprechend bewirkt Kontraktion der Depressoren das Umgekehrte. Das System ist so lange angeschaltet und arbeitet dann mit seiner Resonanzfrequenz, wie durch gelegentliche (asynchrone) Aktionspotentiale in den Motoneuronen die Fasermembranen der Elevatoren und Depressoren depolarisiert werden [5].

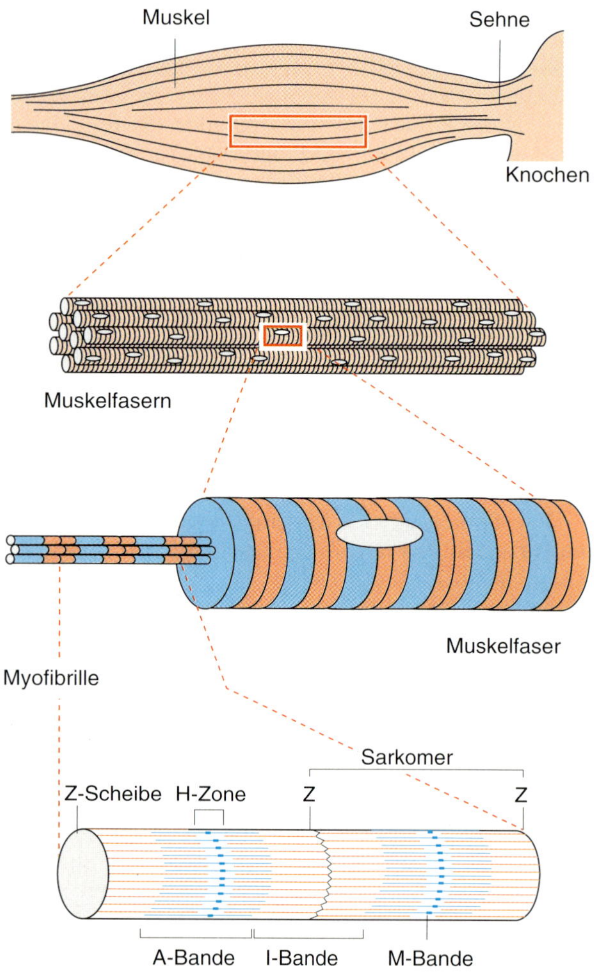

6.2 Strukturelle Grundlagen und stoffliche Zusammensetzung der Vertebratenskelettmuskeln

Diese sind aufgebaut aus zylindrischen **Muskelfasern** von 5–100 µm Durchmesser und einer Länge bis zu mehreren Zentimetern, die an beiden Enden über Bindegewebsstrukturen (Sehnen, Faszien) am Skelett verankert sind (Abb. 6-1). Die große Länge der Fasern kommt durch ihren synzytialen Charakter zustande. Im Embryonalstadium fusionieren die einkernigen Myoblasten zu vielkernigen Myotuben, die zu Muskelfasern ausdifferenzieren. Einige wenige einkernige Zellen bleiben als **Satellitenzellen** für spätere Reparaturzwecke bei Verletzungen erhalten.

> **Das Innere der Skelettmuskelfasern ist dicht gepackt mit Myofibrillen, welche eine regelmäßige Längsstruktur aufweisen**

Die im Querschnitt polygonalen Myofibrillen mit einem Durchmesser von ca. 1 µm erstrecken sich über die ganze Faserlänge. Sie sind durch Mitochondrien und Teile des sarkoplasmatischen Retikulums, einer Sonderform des endoplasmatischen Retikulums, gegeneinander abgegrenzt (Abb. 6-2).

Jede Myofibrille ist eine lange Kette von identischen Gliedern, den **Sarkomeren**, die durch die **Z-Scheiben** gegeneinander abgegrenzt sind (Abb. 6-1; 6-2a). Zu beiden Seiten der Z-Scheiben sind zahlrei-

Abb. 6-1. Organisation des Skelettmuskels. Modifiziert nach [2]

a

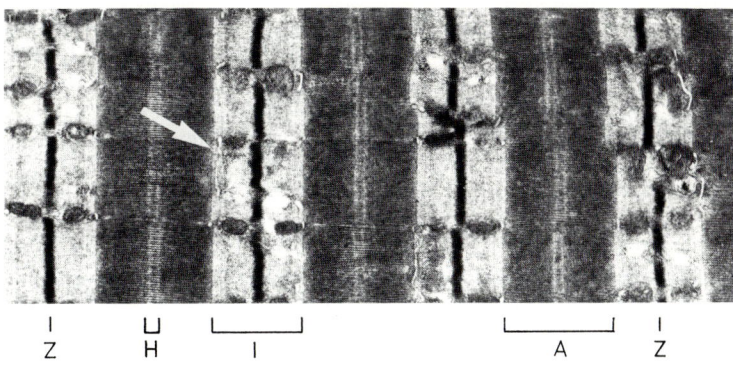

I Ս Γ̄̄̄̄̄̄̄̄̄̄̄̄̄̄̄̄̄̄̄̄̄̄̄̄̄̄̄̄̄̄̄̄̄ ̄̄̄̄̄ ̄̄ Γ̄̄̄̄̄ ̄̄̄̄̄̄ I
Z H I   A Z

b

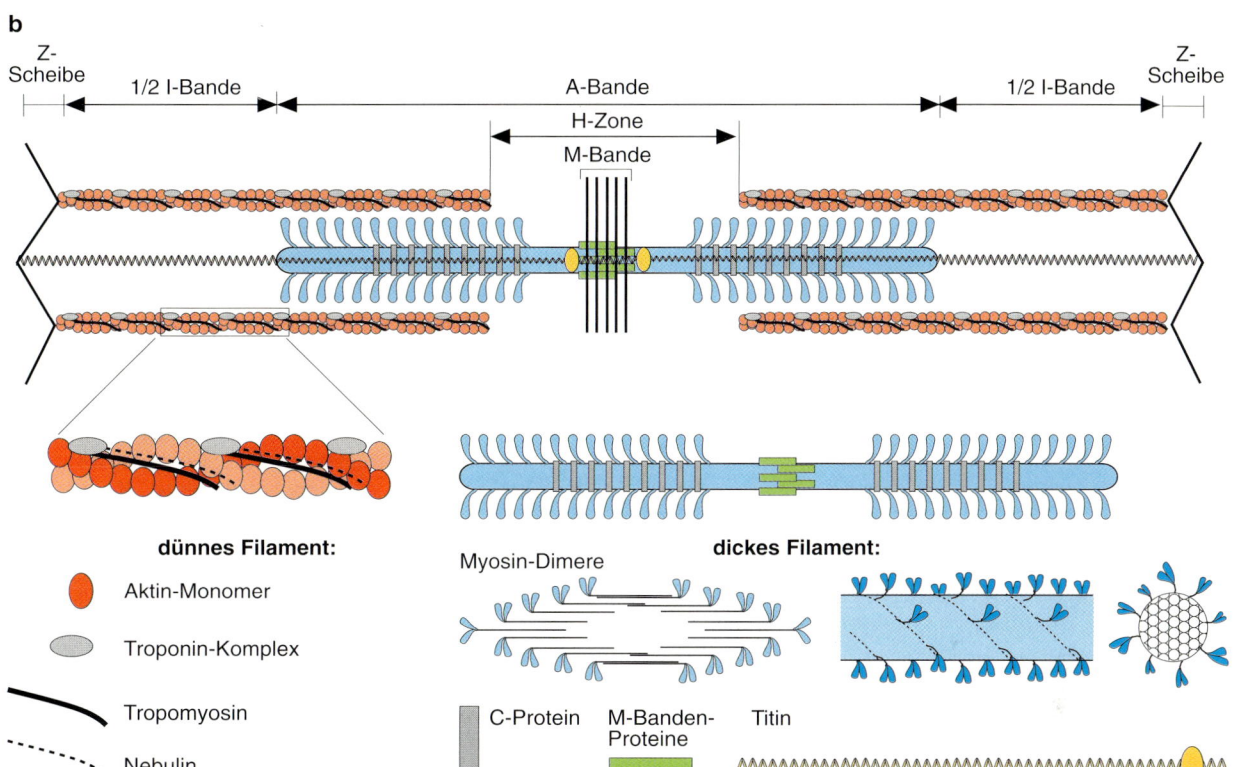

dünnes Filament:

🔴 Aktin-Monomer

⬭ Troponin-Komplex

—— Tropomyosin

----- Nebulin

Myosin-Dimere

dickes Filament:

▮ C-Protein   ▮ M-Banden-Proteine   Titin

Abb. 6-2. a Elektronenmikroskopische Aufnahme eines Längsschnittpräparates aus einem Warmblüterskelettmuskel (Längsachse horizontal). Für die unten angegebenen Bezeichnungen der Banden s. Text. Die membranösen Strukturen sind Anteile des sarkoplasmatischen Retikulums. Der Pfeil zeigt den Kontakt mit dem tubulären System, die sog. Triade (mit frdl. Genehmigung des Thieme-Verlags); **b** Aufbau eines Sarkomers im Längsschnitt (schematisch) und Bausteine und Aufbau der dicken und dünnen Filamente (überlassen von D. Fürst, Göttingen)

che **dünne Filamente** (Durchmesser ca. 9 nm) wie Borsten einer Bürste verankert (Abb. 6-2b), die sich zwischen die im Zentrum der Sarkomere angeordneten **dicken Filamente** (Durchmesser ca. 12 nm) schieben. Diese sind in ihrer Mitte über die **M-Bandenproteine** miteinander verkoppelt und über **Titinfilamente** elastisch mit den Z-Scheiben verbunden, wodurch ihre Lage in der Sarkomermitte gewährleistet ist. Jedes Sarkomer enthält ca. 1000 Myosinfilamente und zu beiden Seiten je ca. 2000 Aktinfilamente. Die regelmäßige Anordnung der Myosinfilamente führt zu einer starken Doppelbrechung des Lichtes, die die bei lichtmikroskopischer Beobachtung sichtbaren **A-Banden** verursacht (A für anisotrop). Die Abschnitte ohne Myosinfilamente zu beiden Seiten der Z-Scheiben sind weniger doppelbrechend und werden daher als **I-Banden** (I für isotrop) bezeichnet. Im Zentrum der A-Banden läßt sich ein Bereich abgrenzen, der frei von Aktinfilamenten ist und deshalb lichtmikroskopisch heller erscheint, die **H-Zone**.

Liegen die Sarkomere aller Myofibrillen einer Muskelfaser auf gleicher Höhe, verleiht dies den Muskelfasern im Polarisationsmikroskop ein gestreiftes Aussehen, so z.B. bei der Skelett- und Herzmuskulatur, die deshalb auch als **quergestreifte Muskulatur** bezeichnet und der **glatten Muskulatur** gegenübergestellt werden, welche lichtmikroskopisch keine solche Streifung aufweist (s. S. 160).

Als Sonderform der quergestreiften Muskulatur ist die **schräggestreifte Muskulatur** bei Anneliden, Nematoden und Mollusken aufzufassen. Hier liegen die Z-Scheiben nicht exakt senkrecht, sondern schräg zur Faserachse, wodurch benachbarte Aktin- und auch Myosinfilamente systematisch in axialer Richtung gegeneinander verschoben sind [9].

Dicke und dünne Filamente bilden räumlich gesehen ein hexagonales Gitter

Im Überlappungsbereich der Filamentgruppen ist bei Vertebraten jedes dicke Filament von sechs dünnen Filamenten umgeben, und jedes dünne Filament liegt im Zentrum des von drei dicken Filamenten gebildeten Dreiecks, d.h., im Überlappungsbereich sind auch die dünnen Filamente hexagonal angeordnet. Bei den Invertebraten finden sich innerhalb des hexagonalen Myosingitters andere Lokalisationen für die dünnen Filamente, so daß die Relation Aktinfilamente zu Myosinfilamenten weit größer sein kann als 2:1 (bei Insekten beispielsweise 3:1 bis 6:1).

Bei **Änderungen der Faserlänge**, sei es durch **Dehnung** oder **aktive Verkürzung**, bleiben lichtmikroskopisch die Breite der A-Banden und die Distanz zwischen Z-Scheibe und Grenze der H-Zone konstant, d.h., die Länge der dicken und dünnen Filamente bleibt unverändert. Nach der **Gleitfilamenttheorie** ist eine Längenänderung der Sarkomere und somit der Muskelfaser auf ein teleskopartiges Gegeneinandergleiten der dicken und dünnen Filamente zurückzuführen. Es ändert sich also nur das Ausmaß der Überlappung zwischen beiden Filamentgruppen, nicht jedoch die Länge der einzelnen Filamente [21, 25].

Die dünnen Filamente enthalten vier verschiedene Sorten von Eiweißen

Die globulären Aktinmonomere (MW 42 kDa; Abb. 6-2b) können zu filamentärem (F-)Aktin polymerisieren. Die dünnen Filamente können in ihrer Grundstruktur als zwei umeinander gewundene Ketten aus F-Aktin aufgefaßt werden. In den Gruben zwischen den beiden Ketten liegen die fadenförmigen Moleküle des **Tropomyosins**, deren Enden untereinander Kontakt aufnehmen. Nach jeweils sieben Aktinmonomeren ist an jedem der beiden Aktinstränge ein **Troponinmolekül** an Aktin und Tropomyosin angelagert. Das Troponinmolekül besteht aus drei Untereinheiten, **Troponin C** (Ca^{2+}-bindend), **Troponin I** (*i*nhibierend) und **Troponin T** (*T*ropomyosin-bindend). Tropomyosin und Troponin werden auch als **Regulatorproteine** bezeichnet, da sie für die Aktivierung/Inaktivierung des Kontraktionsapparates verantwortlich sind. Als vierte Komponente sind am Aktinfilament (vermutlich parallel zu den beiden Tropomyosinsträngen) zwei Nebulinmoleküle angelagert, deren Funktion noch ungewiß ist.

Nicht bei allen Muskeln wird die Aktivierung über die dünnen Filamente reguliert, wie es generell beim Vertebratenskelettmuskel der Fall ist; als zweiter Mechanismus existiert auch eine Regulation über die leichten Ketten (s.u.) des Myosins, also über die dicken Filamente. So findet sich in den dünnen Filamenten der quergestreiften Molluskenmuskulatur nur wenig Troponin. Dieses ist hier für die Regulation nicht notwendig, da die Ca^{2+}-Bindung an die leichten Ketten des Myosins erfolgt. Insektenmuskeln werden sowohl über Troponin/Tropomyosin als auch über Myosin (Ca^{2+}-Bindung an leichte Ketten) reguliert. Bei der glatten Muskulatur

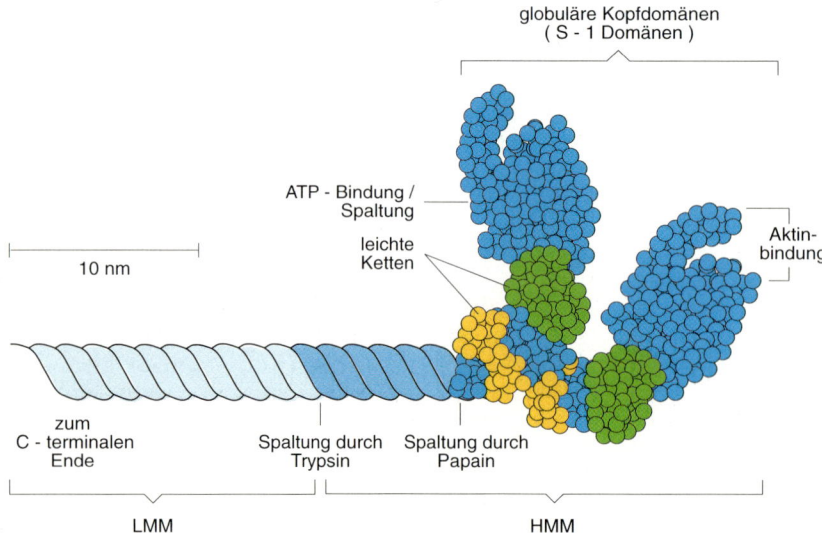

Abb. 6-3. Aufbau des Myosinmoleküls. Die C-terminalen Enden zweier Monomere umwinden sich zum Schwanz, die N-terminalen Enden bilden die beiden Köpfchen des Moleküls. Proteolytische Spaltung mit Trypsin resultiert in LMM = Leichtem Meromyosin und HMM = Schwerem Meromyosin. Spaltung mit Papain trennt die Kopfteile (Subfragment-1 oder kurz S-1 genannt) ab. Orange: essentielle leichte Ketten, grün: phosphorylierbare leichte Ketten. Struktur von S-1 mit leichten Ketten nach [36]

globuläre Kopfdomänen
(S - 1 Domänen)

ATP - Bindung / Spaltung

leichte Ketten

Aktinbindung

10 nm

zum C - terminalen Ende

Spaltung durch Trypsin

Spaltung durch Papain

LMM

HMM

der Vertebraten schließlich erfolgt ebenfalls eine wesentliche Komponente der Regulation über die leichten Ketten des Myosins, hier jedoch über eine Ca^{2+}-abhängige Phosphorylierung einer der beiden leichten Ketten (s.u.).

Die dicken Filamente der Vertebraten enthalten nur Myosinmoleküle

Jedes **Myosinmolekül** (MW 500 kDa) besteht aus zwei **schweren Ketten** mit jeweils einem **fadenförmigen Schwanzteil** und einem **globulären Kopfteil** (Abb. 6-3). Die beiden Schwanzteile sind umeinander gewunden und haben die Tendenz, bei physiologischen Ionenstärken zu den erwähnten dicken Filamenten zu aggregieren, wobei die Kopfteile seitlich aus den Aggregaten herausragen (Abb. 6-2). Jedem Kopfteil sind zwei **leichte Ketten** angelagert, eine **essentielle** und eine **regulatorische**.

Bei der quergestreiften Vertebratenmuskulatur geschieht die Aggregation der Myosinmoleküle so, daß **bipolare** Filamente entstehen. Dazu lagern sich zunächst zwei Triplets von Myosinmolekülen mit ihren Enden zusammen. Durch Anlagerung weiterer Myosinmoleküle „wachsen" diese Aggregate nach beiden Richtungen zu einem dicken Filament. Durch die initiale End-zu-End-Anlagerung entsteht in der Mitte der Filamente ein **kopffreier Abschnitt**, daran anschließend ragen alle 14,3 nm die Kopfpaare von drei Myosinmolekülen in einem Winkelabstand von 120° seitlich aus dem Filament. Die in einer Ebene angeordneten drei Myosinkopfpaare werden auch als **Krone** bezeichnet. Jede Krone ist gegen die vorangehende um 40° verdreht, so daß sich alle 3 × 14,3 nm wieder dieselbe räumliche Orientierung der Myosinköpfe ergibt.

Bei Insekten und Mollusken findet sich in den dicken Filamenten neben Myosin ein weiteres Protein, das **Paramyosin**. Dieses ist dem Schwanzteil des Myosins ähnlich und bildet den Kern der dicken Filamente. Myosinmoleküle mit ihren globulären Köpfen finden sich nur an der Oberfläche der paramyosinhaltigen dicken Filamente [10].

Zusätzlich zum kontraktilen Apparat enthält die Muskulatur Bestandteile, die denen der meisten übrigen Gewebe entsprechen

Etwa 80% des Muskelgewichts stellt Wasser dar, von dem sich ein Viertel in den Zwischenräumen zwischen den Muskelfasern befindet. Hauptbestandteile der festen Materie sind Eiweiße. Diese werden in schwer lösliche Strukturproteine (80%) und gelöste Proteine (20%) eingeteilt. Etwa 1/5 der schwer löslichen Strukturproteine bilden ein **Stroma** genanntes inertes Strukturelement. Ein Teil befindet sich extrazellulär als Kollagen und Elastin, welches die Fasern zusammenhält; ein Teil ist intrazellulär (z.B. Titin und Nebulin) und bildet dort ein Zytoskelett, in dem die kontraktilen Filamente verankert sind. Die kontraktilen Eiweiße stellen etwa die Hälfte des Gesamteiweißes dar, und zwar 30% **Myosin**, 12–15% **Aktin** und 7–10% **Tropomyosin-Troponin**.

Ein großer Teil der **gelösten Proteine** sind Enzyme, die in den Muskelzellen die gleichen Aufgaben übernehmen wie in anderen Zellen auch: Bereitstellung von Energie durch den Abbau von Fettsäuren und Glykogen. Muskelspezifisch ist das **Myoglobin**, ein dem Hämoglobin verwandtes Protein, das der Sauerstoffaufnahme in die Zellen dient.

6.3 Die elektromechanische Kopplung

Die Prozesse, die zwischen Erregung der Fasermembran und Kontraktion geschaltet sind, sowie die Prozesse, die das Ende der Kontraktion, die Relaxation, verursachen, faßt man unter dem Begriff der elektromechanischen Kopplung zusammen

Bei den Vertebratenskelettmuskelfasern beträgt das Ruhepotential rund –80 mV. Die **Erregung** erfolgt nach den gleichen Prinzipien wie bei den Nervenzellen (s. Kap. 4). Das Muskelaktionspotential hat eine Dauer von etwa 1 ms. Es ist von einer Nachdepolarisation gefolgt, im Gegensatz zum Nervenaktionspotential, dem gewöhnlich eine Hyperpolarisation folgt (s. Abb. 4-6). Das Aktionspotential breitet sich mit einer Geschwindigkeit von etwa 6 m/s entlang der Faser aus. Die Membrandepolarisation ist das Auslösesignal für die Kontraktion.

Kontraktur. Nicht nur das Aktionspotential, jede Form der Membrandepolarisation bewirkt Kontraktion, wenn sie einen Schwellenwert übersteigt. Eine nicht durch Aktionspotentiale ausgelöste Kontraktion nennt man oft Kontraktur. Kontrakturen können durch Verletzung, Stromfluß, Erhöhung der extrazellulären Kaliumkonzentration, Säure- oder Baseneinwirkung u.a. hervorgerufen werden. In allen Fällen muß das Membranpotential weniger negativ werden als –45 mV **(mechanische Schwelle)**.

Zur Verkürzung der Diffusionsstrecken für Ca^{2+} besitzt die Skelettmuskelfaser ein intrazelluläres Ca^+-Speichersystem (SR, s.u.), das mit der Zelloberfläche über ein Informationsleitungssystem verbunden ist: In regelmäßigen Abständen entlang der Faser stülpen sich auf ihrem gesamten Umfang vom Sarkolemma ausgehende feine Röhren in das Faserinnere ein, deren Lumina zum Extrazellulärraum offen sind (Abb. 6-4). Diese senkrecht zur Faserachse verlaufenden Röhren bilden in regelmäßigem Abstand im Faserquerschnitt gelegene Netzwerke, die auch longitudinal miteinander kommunizieren. Dieses Netzwerk wird **transversales tubuläres System (TTS)** genannt. Über das TTS wird die Depolarisation ins Faserinnere geleitet.

Das eigentliche Ca^{2+}-Speichersystem wird von einem intrazellulären Netzwerk, dem **sarkoplasmatischen Retikulum (SR)**, gebildet, welches die einzelnen Myofibrillen auf ihrer ganzen Länge einhüllt und in jedem Sarkomer mit den Röhren des TTS enge Kontakte eingeht, ohne daß dabei die Lumina direkt kommunizieren (Abb. 6-4). Wird über das TTS ein Aktionspotential zum SR geleitet, so wird aus dem Speicher Ca^{2+} freigesetzt.

Das Auslösesignal ist dabei die Depolarisation, die eine noch nicht voll aufgeklärte Signalübertragung zum SR bewirkt. Wahrscheinlich wirken spannungsabhängige Ca^+-Kanäle in der Membran des TTS (**Dihydropyridinrezeptoren**, so genannt, weil sie Pharmaka aus der Klasse der Dihydropyridine binden) als Sensoren für die Membrandepolarisation. In der SR-Membran befinden sich im Bereich der Kontaktstellen mit den T-Tubuli Ca^{2+}-Freisetzungskanäle (**Ryanodinrezeptoren**, so genannt, weil sie das Pflanzenalkaloid Ryanodin binden), die im Elektronenmikroskop als „junctional feet" erkennbare Fühler über den Spalt zwischen SR und TTS ausstrecken. Ob es dort zum Kontakt mit den Spannungssensoren kommt, ist nicht bekannt.

Die SR-Membran besitzt **Ca^{2+}-Pumpen**, welche unter ATP-Verbrauch Ca^{2+} aus dem Sarkoplasma ins Innere des Retikulums pumpen. Das intrazelluläre Ca^{2+} wird durch diese Pumpen kompartimentiert, d.h. in einem kleinen Zellbereich hoch angereichert, wobei der Rest der Zelle verarmt, z.B. auf eine Ca^{2+}-Innenkonzentration, $[Ca^{2+}]_i$, von ca. 10^{-7} M bei Muskelruhe. Mit jedem Aktionspotential steigt die $[Ca^{2+}]_i$ an (bei repetitiver Reizung bis auf 10^{-5} M) und fällt aufgrund vorübergehender Ca^{2+}-Bindung (vermutlich an das Protein Parvalbumin) und der Ca^{2+}-Pumpwirkung der SR-Membran schnell wieder auf ihren Ruhewert ab. Dieser transiente Anstieg der $[Ca^{2+}]_i$ kann über Ca^{2+}-bindende Indikatorfarbstoffe verfolgt werden [41]. Er reguliert die Aktivität der Muskelfaser über Bindung von Ca^{2+} an die Regulatorproteine in den dünnen Filamenten (Weiteres s. 6.6).

6.4 Die Muskelkontraktion

Wird eine Einzelfaser gereizt, so ist für überschwellige Reize die Größe der Kontraktion konstant, unabhängig von der Reizstärke. Der natürliche Reiz, das Endplattenpotential, ist physiologischerweise stark überschwellig.

Das Aktionspotential ist viel kürzer als die mechanische Antwort, so daß schon während der Zuckung ein zweites Aktionspotential auftreten kann. Es kommt dann durch Überlagerung **(Summation)** zu einer vergrößerten mechanischen Antwort (Abb. 6-5). **Repetitive Aktivierung** führt zu einer großen mechanischen Antwort, die je nach Reizfrequenz noch Schwankungen im Reiztakt zeigt (unvollkommener **Tetanus**) oder einen Plateauwert annimmt (vollkommener, glatter Tetanus). Die

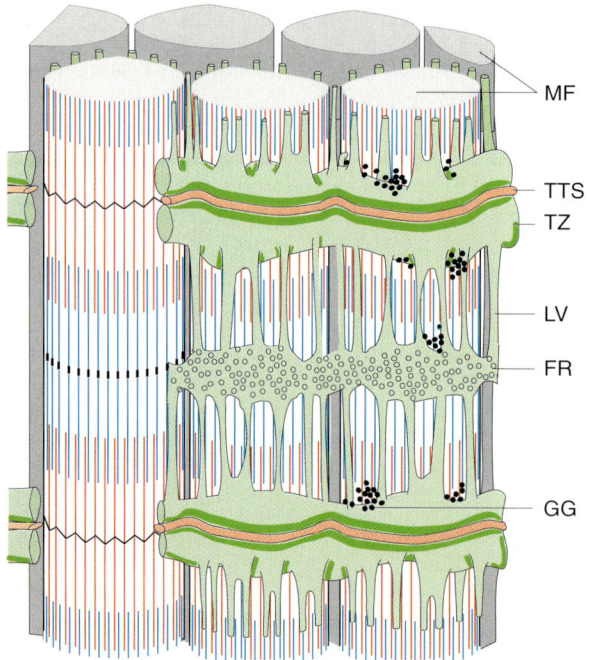

Abb. 6-4. Schematische Schnittzeichnung einer Skelettmuskelfaser beim Frosch mit Myofibrillen und Anordnung des sarkoplasmatischen Retikulums. MF = Myofibrillen; TTS = Transversales tubuläres System; TC = Terminale Zisternen; LV = Longitudinale Vesikel; FR = Fenestrierter Ring; GG = Glykogengranula. Nach [31]

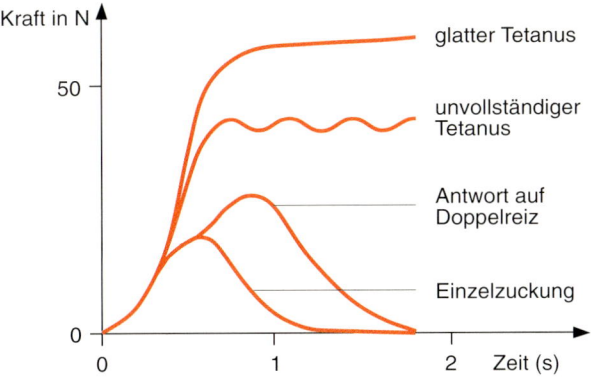

Abb. 6-5. Die Steigerung der Kraft eines Muskels (oder auch einer Einzelfaser) durch Erhöhung der Reizfrequenz. Antworten auf Einzelreiz und Doppelreiz, sowie unvollständiger und glatter Tetanus

Kraft im vollkommenen Tetanus kann je nach Muskeltyp die 3- bis 10-fache Kraft der Einzelzuckung erreichen. Die physiologische Kontraktionsform der motorischen Einheit ist der unvollkommene Tetanus. Da jedoch die motorischen Einheiten asynchron aktiviert werden, kommt es zu glatten Bewegungen.

Die verschiedenen Muskeln eines Lebewesens haben unterschiedliche Kontraktionsgeschwindigkeit

Einzelzuckungen verschiedener Muskeln dauern von wenigen Millisekunden bis zu mehreren Minuten (glatter Muskel). Bei der Skelettmuskulatur der Vertebraten gibt es zwei Haupttypen (und mehrere Untertypen) von Fasern: schnelle und langsame [32]. Langsame Muskeln haben vornehmlich Haltefunktion (z.B. am Rumpf), während schnelle Muskeln ballistische Bewegungen bewirken (z.B. der Gliedmaßen). Die beiden Fasertypen unterscheiden sich außer in ihrer Zuckungsdauer in der Geschwindigkeit nahezu aller Prozesse (Ca^+-Transienten, Kinetik des Querbrückenzyklus [9, 29]) und in zahlreichen biochemischen Eigenschaften: Die langsamen Fasern enthalten meist viel Myoglobin und sind deshalb dunkelrot, die schnellen enthalten wenig Myoglobin und sind deshalb blaßrot: „rote" und „weiße" Fasern. Die langsamen Fasern enthalten in großer Menge die Enzyme für den oxidativen Nährstoffabbau, während schnelle Fasern in der Regel Enzyme für die anaerobe Glykolyse enthalten. Der aerobe Abbau ist weit ökonomischer als der anaerobe. Langsame Fasern finden sich in Haltemuskeln, die dauernd gebraucht werden. Sie nutzen die Nährstoffe besser aus und ermüden deshalb kaum, aber diese Vorteile werden mit langsamem Arbeitstempo erkauft. Schnelle Fasern in Muskeln für schnelle Bewegungen ermüden so schnell, daß sie für kontinuierliche Arbeit nicht eingesetzt werden können (siehe 6.5).

Die Differenzierung der Fasertypen bildet sich erst im Lauf des Lebens unter dem Einfluß der Aktivierung durch die motorischen Nerven. Dementsprechend sind alle Fasern einer motorischen Einheit vom gleichen Typ. Stimuliert man eine motorische Einheit schneller Muskelfasern mit einem Impulsmuster, das für langsame motorische Einheiten typisch ist, können sich die schnellen Muskelfasern innerhalb einiger Wochen in Richtung langsame Muskelfasern umbilden und umgekehrt. Der Fasertyp ist also nicht endgültig determiniert, sondern kann durch Änderung der Erregungsmuster zumindest teilweise transformiert werden [32].

Dehnungswiderstand und aktive Kraft eines Muskels hängen stark von der Vordehnung ab

Das passive Verhalten eines Muskels wird durch die **Ruhe-Dehnungs-Kurve** beschrieben (Abb. 6-6). Ausgehend von ihrer Ruhelänge l_0 lassen sich manche Muskeln zunächst sehr leicht dehnen. Erst bei hoher Dehnung ist merklich Kraft für weitere Dehnung aufzuwenden. Andere Muskeln setzen schon kleinen Dehnungen einen spürbaren Widerstand entgegen. Der Dehnungswiderstand ist vor allem auf elastische und kollagene Fasern des Muskels zurückzuführen, denn bei einer Einzelfaser ist der Quotient aus Dehnungswiderstand und maximaler aktiver Kraft deutlich kleiner. Dehnungen auf das 1,6-fache der Ruhelänge übersteht der Muskel ohne Faserrisse, allerdings kehrt er nach Entlastung passiv nicht mehr ganz auf seine ursprüngliche Länge zurück (sog. **Hysterese**); diese wird erst wieder durch eine aktive Verkürzung erreicht.

Der Verlauf einer Muskelkontraktion hängt von den äußeren Bedingungen ab

Wird eine Verkürzung verhindert, etwa durch eine Last, die der Muskel nicht zu heben imstande ist, erzeugt der Muskel nur eine vorübergehende Kraft. Man nennt diese Antwort eine **isometrische Kontraktion** (Abb. 6-6). Ist der Muskel mit einem Gewicht belastet, das er heben kann, verkürzt er sich. Man nennt die Antwort eine **isotonische Kontraktion**, wenn während der Verkürzung die Last gleich bleibt (Abb. 6-6). *In vivo* gibt es praktisch keine isotonischen Kontraktionen, da sich bei der Verkürzung des Muskels die Gelenkstellung und damit die Hebelarme verändern. Häufige natürliche Zuckungsformen sind die **Unterstützungszuckung** und die **Anschlagszuckung** (Abb. 6-6).

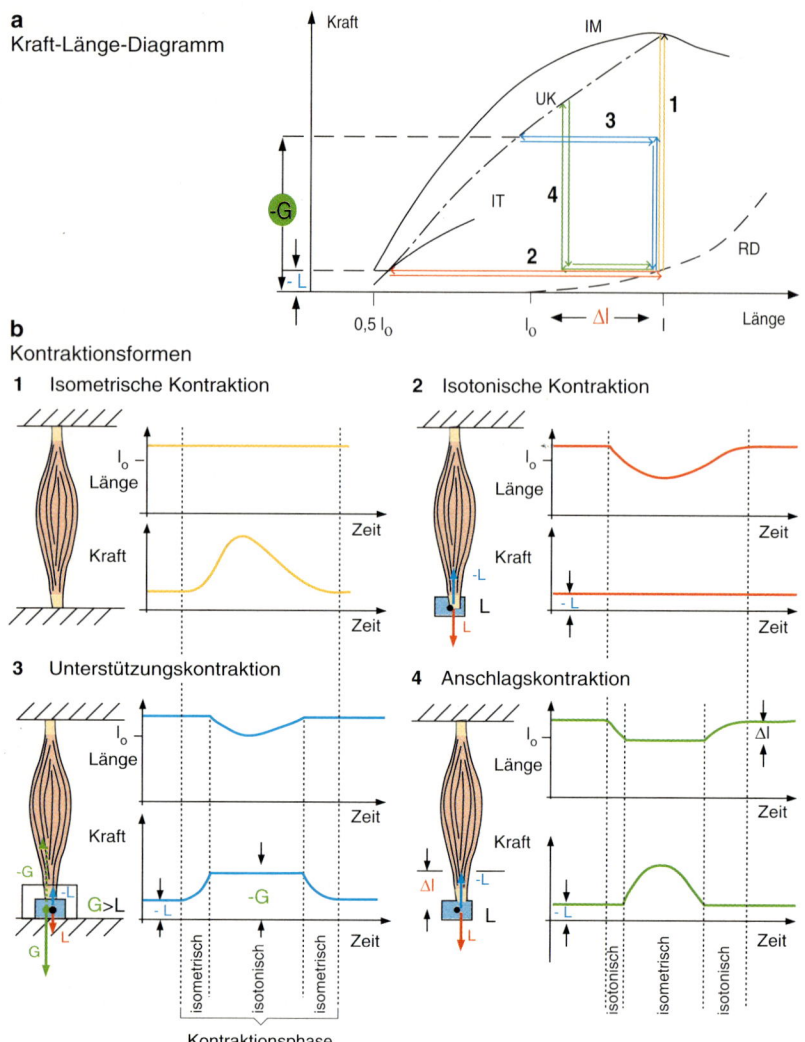

a
Kraft-Länge-Diagramm

b
Kontraktionsformen

1 Isometrische Kontraktion

2 Isotonische Kontraktion

3 Unterstützungskontraktion

4 Anschlagskontraktion

Kontraktionsphase

Abb. 6-6. Kraft-Länge-Diagramm und unterschiedliche Kontraktionsformen des tetanisch gereizten Skelettmuskels. Die vier in **a** eingezeichneten Formen der Kontraktion sind in **b** im zeitlichen Verlauf von Muskellänge (obere Spuren) und -kraft (untere Spuren) genauer illustriert: (1) isometrische Kontraktion (konstante Muskellänge); (2) isotonische Kontraktion (konstante Last); (3) Unterstützungskontraktion bei Anheben des Gewichtes G (zuerst wird bei konstanter Länge Kraft bis zur Größe G entwickelt, dann wird das Gewicht angehoben); (4) Anschlagskontraktion (z.B. Kieferschluß; zuerst erfolgt isotonische Verkürzung bis zum Anschlag, dann die isometrische Phase). Die in **a** mit RD bezeichnete (gestrichelte) Ruhe-Dehnungs-Kurve beschreibt die Kraft, die aufgewendet werden muß, um den Muskel passiv auf die jeweilige Länge zu dehnen. Für alle vier Kontraktionsformen wurde der inaktive Muskel von seiner Ruhelänge l_0 durch eine Kraft (Last L) auf dieselbe Ausgangslänge l vorgedehnt; die ausgezogene, mit IM bezeichnete Kurve verbindet die Maxima der bei verschiedenen Längen isometrisch entwickelten Kräfte; sie gibt die maximale (aktive + passive) Kraft an, die der Muskel bei der jeweiligen Länge erreicht (isometrische Maxima). Die mit IT bezeichnete Kurve verbindet die bei verschiedenen Vordehnungen erreichte maximale Verkürzung (isotonische Maxima). Die mit UK bezeichnete Kurve $(- \cdot - \cdot)$ gibt die Endpunkte wieder, die bei Unterstützungskontraktionen, ausgehend von der Vordehnung l, für verschiedene Lasten erreicht werden

Die Abhängigkeit der isometrisch gemessenen maximalen tetanischen Kraft von der Muskellänge wird durch die sog. **Kurve der isometrischen Maxima** wiedergegeben (Abb. 6-6). Diese Kurve beschreibt die für jede Muskellänge im vollkommenen Tetanus erreichbare maximale isometrische Kraft. Die Differenz zwischen Ruhe-Dehnungs-Kurve und Kurve der isometrischen Maxima beschreibt die Längenabhängigkeit der aktiv entwickelten Maximalkraft: Die aktiv im Tetanus erzeug-bare Kraft ist 0 bei ca. $0,6\, l_0$. Mit zunehmender Muskellänge steigt sie auf einen Maximalwert P_0 nahe der Ruhelänge l_0. Bei weiterer Vordehnung fällt sie wieder, um bei einer Länge von etwa $1,6\, l_0$ auf 0 abzunehmen. Diese Längenabhängigkeit der aktiv entwickelten isometrischen Maximalkraft war eine der zentralen Beobachtungen für die Entwicklung der Vorstellung von den molekularen Prozessen, die der Muskelkontraktion zugrunde liegen (s.u.).

Die maximale Verkürzungsgeschwindigkeit eines Muskels hängt in charakteristischer Weise von der zu hebenden Last ab

Trägt man die unter isotonischen Bedingungen beobachtete Verkürzungsgeschwindigkeit gegen die jeweilige Last auf, erhält man die **Geschwindigkeits-Last-Beziehung**, die sich durch eine Hyperbelgleichung (Hill-Gleichung) beschreiben läßt (Abb. 6-7). Der hyperbolische Verlauf beruht darauf, daß die Kinetik der molekularen Prozesse von der Filamentverschiebung beeinflußt wird. Übersteigt die Last die maximale isometrische Kraft P_o, wird die Verkürzungsgeschwindigkeit negativ, d.h. der aktivierte Muskel wird gedehnt. Dieser Funktionsbereich ist von großer Bedeutung, da Muskeln nicht nur dazu benutzt werden, um Bewegungen zu erzeugen, sondern auch, um Bewegungen abzubremsen. Das Diagramm zeigt, daß schon bei kleinen Dehnungsgeschwindigkeiten ein Muskel das Doppelte seiner isometrischen Maximalkraft entwickeln kann.

Aus der Geschwindigkeits-Last-Relation kann man die mechanische Leistung ersehen, die ein Muskel abzugeben imstande ist. Die Leistung ist das Produkt aus Geschwindigkeit und Kraft. Da ein Produkt Null wird, wenn einer seiner Faktoren Null ist, gibt ein Muskel weder bei isometrischer Kontraktion, noch bei seiner höchsten Verkürzungsgeschwindigkeit im physikalischen Sinne Leistung ab. Das Maximum der Leistungsabgabe liegt zwischen diesen beiden Extremen, etwa bei einem Drittel der maximalen Last und einem Drittel der maximalen Verkürzungsgeschwindigkeit. Aus Abb. 6-7 läßt sich schließlich auch ableiten, daß Muskeln bereits bei relativ geringer Dehnungsgeschwindigkeit eine erhebliche Leistung absorbieren können.

6.5 Energieumsatz und Ermüdung

Sowohl in Ruhe als auch bei stationärer Arbeit wird der Energiebedarf des Vertebratenskelettmuskels zu etwa 75 % aus Fettsäuren gedeckt, der Rest aus Kohlenhydraten. Bei kurzdauernden Hoch- und Höchstleistungen dreht sich das Verhältnis um. Eiweiß und andere Brennstoffe spielen keine nennenswerte Rolle [8].

Die unmittelbare Energie wird durch Hydrolyse von **Adenosintriphosphat (ATP)** gewonnen, welches die Mitochondrien der Muskelfasern aus den angelieferten Energieträgern erzeugen. Die ATP-Konzentration beträgt dabei stets nur ca. 5 mM. Bei Muskelarbeit muß es daher schnell nachgeliefert werden. Dies geschieht zunächst aus dem im Plasma gelösten Kreatinphosphat (CrP), einem Speicher, der Energie für etwa 100 Zuckungen enthält, gemäß der „Lohmann"-Reaktion

$$ADP + CrP \leftrightharpoons ATP + Cr,$$

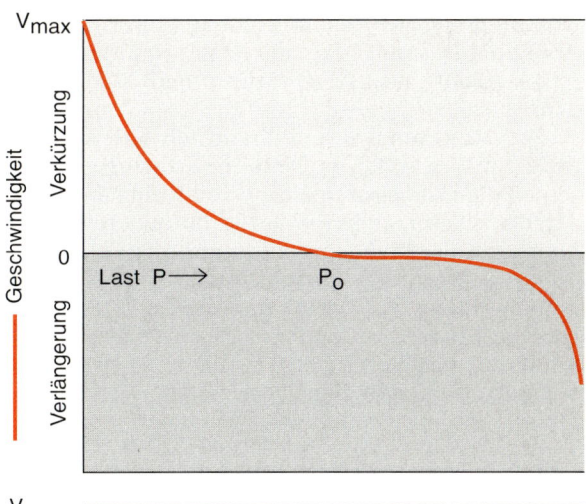

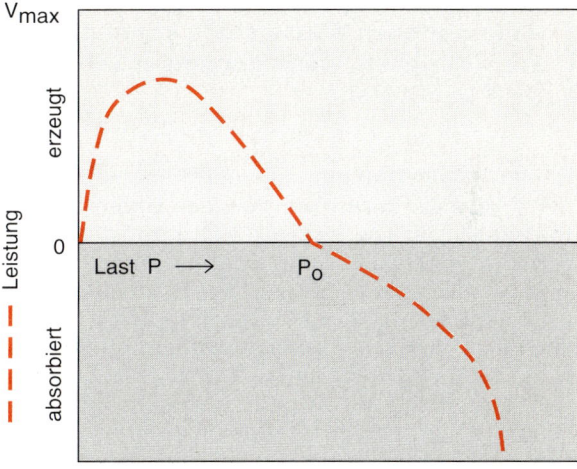

Abb. 6-7. Abhängigkeit der Verkürzungsgeschwindigkeit von der Last. Bei Last 0 wird die maximale endliche Verkürzungsgeschwindigkeit V_{max} erreicht; die Last, bei der der Muskel sich nicht mehr verkürzen kann (V = 0), entspricht der maximalen isometrischen Kraft P_o. Zwischen diesen beiden Extremen verläuft die Geschwindigkeits-Last-Beziehung näherungsweise in Form einer Hyperbel. Übersteigt die Last P_o, so verlängert sich der aktive Muskel, zunächst nur langsam, bei großer Überlast dann sehr schnell. Die gestrichelten Kurven zeigen an, wieviel physikalische Leistung ein Muskel bei verschiedener Belastung abgeben kann (durch aktive Verkürzung) bzw. aufnimmt (bei Verlängerung während der Aktivierung). Nach [3]

wobei das Enzym **Kreatinkinase (CK)** die Reaktion nach beiden Richtungen katalysiert. Die Gleichgewichtskonstante dieser Reaktion ist so groß (K = 20), daß ADP weit mehr in phosphorylierter Form (ATP) vorliegt als Kreatin (Cr). Bei Muskelarbeit sinkt die CrP-Konzentration im Muskel sehr weit ab, bevor die ATP-Konzentration merklich abnimmt. Ein Absinken der ATP-Konzentration auf Null würde zur Totenstarre (*Rigor mortis*) führen. Um jedoch selbst geringfügiges Absinken zu verhindern, gibt es im Muskel einen weiteren Weg, der an der schnellen ATP-Restitution beteiligt ist:

$$2\,ADP \leftrightharpoons ATP + AMP \text{ und } AMP \rightarrow IMP + NH_3,$$

wobei die zweite Reaktion durch Entfernung von AMP dafür sorgt, daß die erste Reaktion nach rechts abläuft, also ADP entfernt und ATP erzeugt wird.

Zur Restitution des verbrauchten CrP muß auf anderem Wege ATP im Überschuß erzeugt werden, so daß die Lohmann-Reaktion von rechts nach links abläuft. Dieser andere Weg ist normalerweise die Oxidation der Abbauprodukte von Fettsäuren und Glukose über den Zitronensäurezyklus und die Atmungskette. Dafür wird ein weiterer Energiespeicher des Muskels entleert: Glykogen, polymerisierte Glukose, wird aerob, oder bei sehr starker Belastung auch anaerob abgebaut.

> **Zitronensäurezyklus und Oxidation des abgespaltenen Wasserstoffs können nur vor sich gehen, wenn genügend Sauerstoff bereit steht**

Bei O_2-Mangel kommt es zur Milchsäureproduktion. Auf dem anaeroben Weg des Glukoseabbaus wird zwar sehr viel weniger ATP erzeugt als beim oxidativen Abbau, bei Spitzenbelastung ist dieser Weg der ATP-Erzeugung jedoch sehr wichtig, weil er ganz ohne O_2-Verbrauch beschritten wird. Er kann allerdings nicht lange genutzt werden, da der Muskel die Milchsäure nicht weiter verarbeiten kann und Ansäuerung die weitere Energiebereitstellung hemmt. Die Milchsäure wird vom Blut abtransportiert.

Der **Wirkungsgrad** (A/E · 100%), mit dem die chemische Energie (E) in mechanische Arbeit (A) umgewandelt wird, liegt bei 20–25%. Allerdings sind in dem Verlustanteil von 75–80% nicht nur die Verluste beim eigentlichen Kontraktionsvorgang enthalten, sondern auch die, die bei den chemischen Vorgängen der Erholung auftreten.

> **Betätigung der Muskulatur erzeugt Wärme; diese ist zwar ein Abfallprodukt bei der Umwandlung von chemischer in mechanische Energie, aber auch ein wichtiger Faktor im Wärmehaushalt eines Lebewesens**

Wie alle Gewebe hat auch der Muskel einen Ruheumsatz. Die Ruhewärme wird ausschließlich in oxidativen Prozessen erzeugt; sie kommt völlig zum Erliegen, wenn die O_2-Zufuhr unterbunden wird. Bei Muskelaktivierung unterscheidet man zwei Prozesse der zusätzlichen Wärmeproduktion: 1. Die Erzeugung von Initialwärme, die während der Muskelkontraktion geschieht, und 2. die Erzeugung von Erholungswärme, die auf jede Kontraktion folgt und bei kräftiger Muskelarbeit viele Minuten andauert.

> **Muskeln ermüden selbst dann, wenn sie nur Haltearbeit leisten, also keine Arbeit im physikalischen Sinne**

Muß der Muskel repetitiv physikalische Arbeit leisten, wird die Hubhöhe mit der Zeit immer kleiner. Die Ermüdung setzt um so früher ein, je größer die zu hebende Last ist, und je schneller die Hübe ausgeführt werden.

6.6 Molekulare Mechanismen von Kontraktion und Regulation

Das teleskopartige Gegeneinandergleiten der Aktin- und Myosinfilamente (6.2) und der Verlauf des aktiven Anteils der Kraft-Länge-Kurve waren die Basis der Hypothese der **voneinander unabhängigen Kraftgeneratoren**, derzufolge im Bereich der Filamentüberlappung in regelmäßigem Abstand „Generatoren" angeordnet sind, von denen jeder eine ähnliche Kraft in Verkürzungsrichtung erzeugt [7].

> **Morphologisches Korrelat der Kraftgeneratoren sind die im Elektronenmikroskop sichtbaren, seitlichen Fortsätze der dicken Filamente**

Mit dieser Hypothese läßt sich die aktive Kraft-Länge-Beziehung einleuchtend erklären, wenn man auf der Abszisse statt der Muskellänge die Sarkomerlänge (SL) abträgt (die ja der Muskellänge proportional ist), und die Kurvengestalt mit den Lagebeziehungen der dicken und dünnen Filamente in Relation bringt (Abb. 6-8).

Unter dem Kraft-Länge-Diagramm sind die Lagebeziehungen der Filamente bei sechs verschiedenen Sarkomerlängen dargestellt. Für jede Situation läßt sich die aktive isometrische Maximalkraft aus dem Ausmaß der Filamentüberlappung und somit aus der Zahl möglicher Wechselwirkungen zwischen Aktin- und Myosinfilamenten ableiten. Wird der Muskel über SL = 2,20 μm gedehnt, so nimmt die Kraft linear ab, da immer weniger Generatoren durch Wechselwirkung mit dem Aktinfilament aktive Kraft entwickeln können. Bei 3,65 μm (1) hört die Überlappung der dicken und dünnen Filamente ganz auf, daher auch die Kraft. Bei Sarkomerlängen zwischen 2,20 und 2,05 μm (2) ist die aktive Kraft konstant, da sich im Zentrum der Myosinfilamente eine Zone ohne seitliche Fortsätze findet. Verkürzt sich der Muskel unter SL = 2,05 μm (3), wird die aktive Kraft zunehmend geringer, da nun die dünnen Filamente beginnen, sich gegenseitig zu behindern. Bei SL = 1,85 μm (4) stoßen sie auf falsch polarisierte Querbrücken des benachbarten Halbsarkomers, bei SL = 1,65 μm (5) stoßen die dicken Filamente an den Z-Scheiben an und schließlich würden bei SL = 1,05 μm (6) auch die dünnen Filamente an den Z-Scheiben anstoßen. Der Muskel entwickelt aber schon bei SL = 1,3 μm keine aktive Kraft mehr.

Das Konzept der unabhängigen Kraftgeneratoren erklärt auch die Beobachtung, daß zwischen 2,2 und 3,6 μm Sarkomerlänge, also trotz sich ändernder Filamentüberlappung, die maximale (lastfreie) Verkürzungsgeschwindigkeit praktisch immer gleich bleibt [18]: Jeder der parallel angeordneten Kraftgeneratoren soll die Filamente mit gleicher Geschwindigkeit gegeneinander treiben; folglich ist bei fehlender äußerer Last die Geschwindigkeit der Filamentverschiebung von der Zahl der aktiven Generatoren unabhängig.

Die Querbrückentheorie der Muskelkontraktion versucht, die molekularen Details des Krafterzeugungsprozesses zu beschreiben

Die von den dicken Filamenten abstehenden **Myosinköpfe** (Abb. 6.2b) können mit den Aktinfilamenten Querverbindungen (**„Querbrücken"**) eingehen. Andererseits sind sie auch für die ATPase-Aktivität des kontraktilen Apparates verantwortlich.

Zur Erklärung des molekularen Krafterzeugungsprozesses stützt sich die „klassische" Theorie von A.F. Huxley wesentlich auf die Ergebnisse des folgenden Experiments: Wird ein sich isometrisch kontrahierender Muskel im Bruchteil einer Millisekunde entdehnt, so bricht die entwickelte Kraft, je nach Größe der Entdehnung, mehr oder weniger vollständig zusammen, erholt sich aber in wenigen Millisekunden fast vollständig [22]. Es wurde nun postuliert, daß diese schnelle Krafterholung den elementaren Prozeß widerspiegelt, der generell jeder Kraftentwicklung oder Filamentverschiebung zugrunde liegt.

In der klassischen Querbrückentheorie wird eine zyklische, ruderschlagähnliche Strukturveränderung der Querbrücken angenommen [22, 23, 35]

Aufgrund elektronenmikroskopischer und röntgenstrukturanalytischer Untersuchungen sind die vom Aktin abgelösten Myosinköpfe im relaxierten Muskel überwiegend senkrecht zur Faserachse angeordnet, während die in Abwesenheit von ATP *(Rigor mortis)* an das Aktin gebundenen Myosinköpfe eher einen Winkel von 45° bilden. Nach der **Querbrückentheorie** durchlaufen die Köpfchen

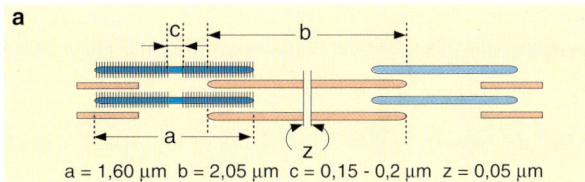

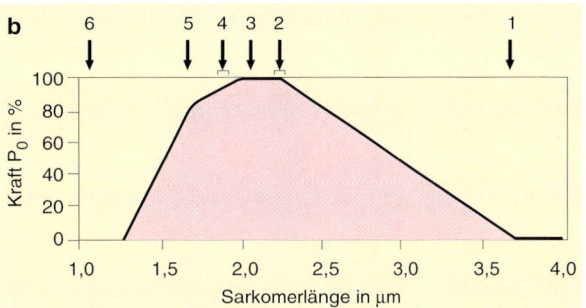

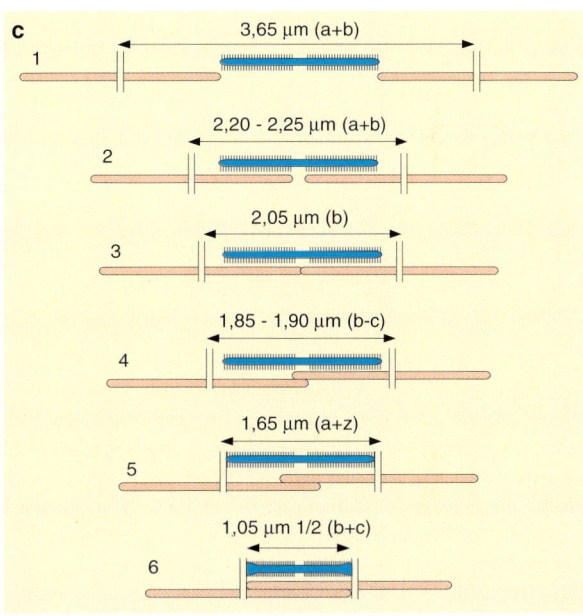

Abb. 6-8. a Längenangaben der Bausteine eines Sarkomers (Froschmuskel). **b** Kraft-Länge-Diagramm einer Einzelfaser (nur aktiver Anteil). **c** Darstellung von sechs ausgezeichneten Filamentkonfigurationen bei Sarkomerlängen, die in *b* durch Pfeile markiert sind. Für den Zusammenhang zwischen diesen Konfigurationen und der erzeugten Kraft s. Text. Nach [18]

einen Zyklus (Abb. 6-9): Nach **Anheftung an Aktin** (90°-Orientierung) soll eine **Strukturänderung der Querbrücke** (von 90° zu 45°) entweder Kraftentwicklung (isometrische Bedingungen) bzw. schnelle Krafterholung (nach plötzlicher Entdehnung) oder, bei isotonischer Kontraktion, eine Verschiebung der Filamente um maximal 10–15 nm verursachen. Nach dieser Konfigurationsänderung und nach Abdissoziation der ATP-Spaltprodukte P_i und ADP soll die Querbrücke wieder ATP binden und **sich vom Aktin ablösen**. Infolge Hydrolyse des ATP soll die Querbrücke eine umgekehrte Strukturänderung (von 45° zurück zu 90°) erfahren, die sie wieder in ihre **Ausgangskonfiguration**

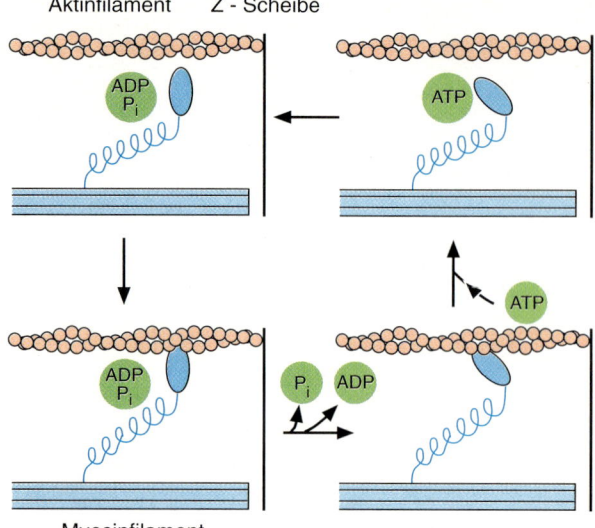

Aktinfilament   Z - Scheibe

ADP
P$_i$

ATP

ATP

ADP
P$_i$

P$_i$ ADP

Myosinfilament

Abb. 6-9. Querbrückenzyklus nach [27]. P$_i$ = anorganisches Phosphat. Das Schema illustriert die Hypothese einer ruderähnlichen Querbrückentätigkeit. Abdissoziation der Hydrolyseprodukte (P$_i$ und ADP) führt zu einer Strukturänderung, die nach Huxley und Simmons für isometrische Kraftentwicklung und Verkürzung verantwortlich sein soll

zurückführt. In diesem Konzept wird in jedem Zyklus 1 Molekül ATP hydrolysiert, und unter isotonischen Bedingungen beträgt die maximale Filamentverschiebung 10–15 nm.

Der **Querbrückenzyklus**, bestehend aus Anheftung, Strukturänderung, Ablösung und Rückführung der Querbrücke in ihren Ausgangszustand wurde gelegentlich mit einem **Ruderschlag** verglichen. Die Spaltung von ATP am Myosinkopf soll dabei nur nach Ablösung des Myosinkopfes vom Aktin möglich sein und zwei grundlegende Veränderungen des Myosinkopfes induzieren: 1. die Rückführung des Myosinkopfes zur Ausgangsstellung und 2. eine massive Steigerung der Affinität für Aktin. Diese soll zur Wiederanheftung des Myosinkopfes an Aktin führen und somit den Start eines neuen Zyklus initiieren. In diesem Konzept besteht eine strenge zeitliche Abfolge aus Anheftung und Ablösung und den beiden gegenläufigen Strukturänderungen.

Viele zentrale Annahmen der klassischen Querbrückentheorie wurden durch neuere Experimente nicht bestätigt

Zahlreiche Untersuchungen zeigten, daß die Querbrückentätigkeit weit komplexer sein muß. Selbst das einfache Prinzip der Kippbewegung der Querbrücke als Mechanismus von Kraftentwicklung und

Filamentverschiebung mußte in Frage gestellt werden [16]. Stattdessen ist vermutlich davon auszugehen, daß zwei unterschiedliche Prozesse zu Kraftentwicklung und Verkürzung beitragen: einerseits eine Umlagerung der Myosinköpfe am Aktinfilament, wenn mit Abdissoziation des P$_i$ die Bindung zwischen Myosinkopf und Aktin fester wird und eine definierte Geometrie erreicht (2 → 3 in Abb. 6-10, [13]), andererseits eine Formänderung des Myosinkopfes während nachfolgender Reaktionsschritte (3 → 4 in Abb. 6-10, [43]).

Das neue Konzept für den Mechanismus der Kraftentwicklung und Filamentbewegung hebt auf Affinitätsunterschiede der Bindungszustände und Formänderungen des Myosinkopfes ab

Gemäß biochemischer, mechanischer und röntgenstrukturanalytischer Untersuchungen lassen sich die Querbrückenzustände aufgrund ihres Aktinbindungsverhaltens in zwei Klassen einteilen, Zustände mit sehr niedriger Aktinaffinität, in denen ATP oder ADP + P$_i$ am Myosinkopf gebunden sind, und Zustände mit hoher Aktinaffinität, nur mit ADP oder völlig ohne Nukleotid am Myosinkopf [1, 13].

In niederaffinen Zuständen ist die Verbindung der Querbrücke mit Aktin trotz spezifischer Bindungsstelle strukturell wenig definiert, d.h., die Orientierung des Myosinkopfes zum dünnen Filament kann offensichtlich über weite Bereiche variieren (ist nicht „stereospezifisch"). Im Gegensatz dazu ist die Verbindung in hochaffinen Zuständen nicht nur fester, sondern offensichtlich strukturell exakter definiert („stereospezifisch"). Zur Krafterzeugung muß ein Myosinkopf offensichtlich erst in einem Zustand niedriger Aktinaffinität an das dünne Filament anheften. Wird die Anheftung verhindert, ist Kraftentwicklung oder aktive Filamentverschiebung nicht mehr möglich [14].

Lichtstreuungsexperimente an enzymatisch abgetrennten und damit frei beweglichen Myosinköpfen deuten darauf hin, daß die Gestalt des Myosinkopfes, abhängig vom gebundenen Nukleotid (ATP oder ADP), zumindest zwei verschiedene Formen annehmen kann [43].

Als Konsequenz der neuen Befunde wurde postuliert, daß isometrische Kraftentwicklung und Filamentverschiebung zuerst aus einer Änderung der Querbrückenorientierung zum dünnen Filament resultieren, die sich aus dem Übergang von nichtstereospezifischer zu stereospezifischer Bindung ergibt (Abb. 6-10a). Anschließend soll eine Formänderung des angehefteten Myosinkopfes, ähnlich der oben beschriebenen, zu weiterer Filamentverschiebung und Aufrechterhaltung der aktiven Kraft unter Verkürzung beitragen [13]. Erst dieser zweite, nur unter Verkürzung relevante Schritt entspricht dem von Huxley und Simmons [22] postulierten Mechanismus (Krafterholung nach Entdehnung). Versu-

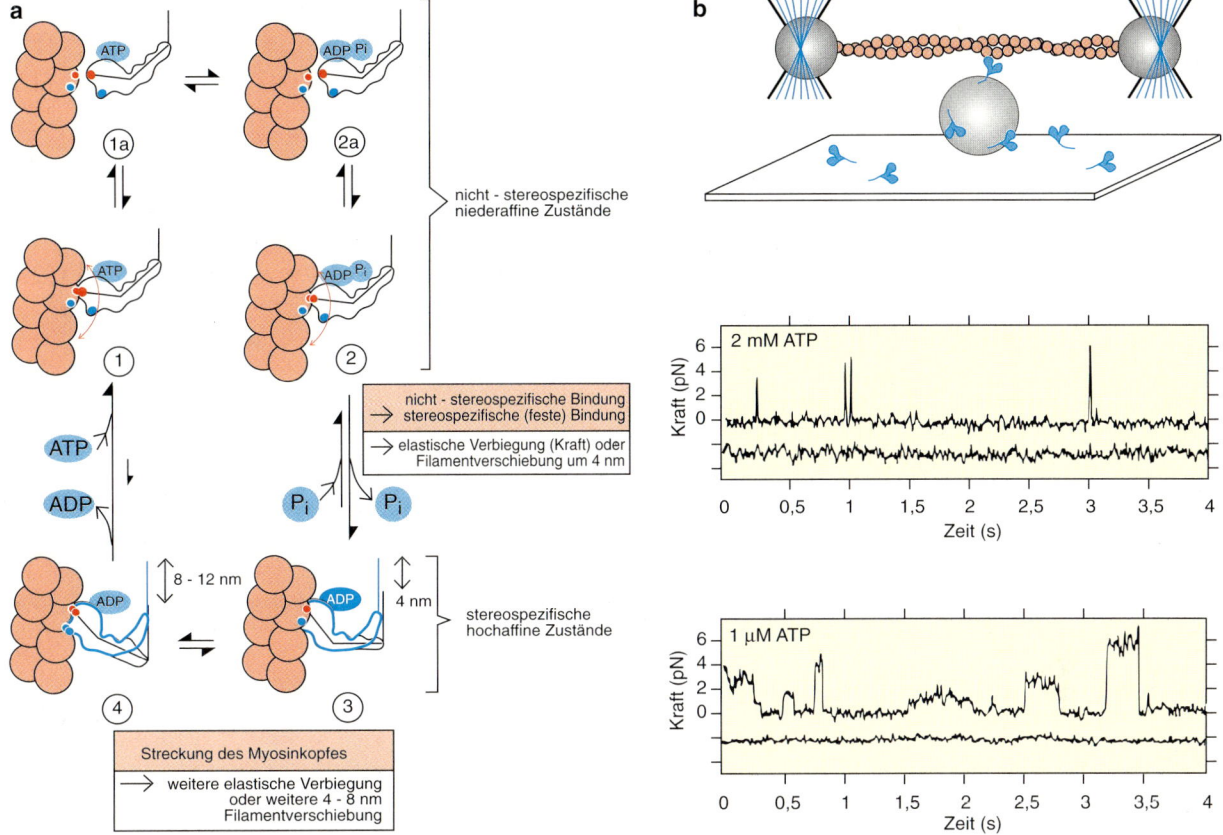

Abb. 6-10. a Hypothetischer Querbrückenzyklus (schematisch) mit zwei Reaktionsschritten (2 → 3 und 3 → 4), die bei konstanter Filamentposition (isometrische Kontraktion) zu elastischer Verformung (Kraftentwicklung) der angehefteten Querbrücke bzw. bei isotonischer Kontraktion zu Filamentverschiebung führen. Die Zustände 1 und 1a bzw. 2 und 2a zeichnen sich durch niedrige Aktinaffinität aus. Die Orientierung des Myosinkopfes zur Achse des Aktinfilaments ist variabel. Mit der Phosphatabgabe erfolgt eine Umorientierung, so daß der Myosinkopf jetzt eine wohldefinierte Lage zur Achse des Aktinfilaments einnimmt. Damit verbunden ist entweder eine Filamentverschiebung um ca. 4 nm oder, unter isometrischen Bedingungen, eine elastische Verformung des Myosinkopfes (blau illustriert). Der Übergang von Zustand 3 nach Zustand 4 ist von einer Formänderung des Myosinkopfes begleitet („Streckung"). Diese führt entweder zu weiterer Verschiebung des Filaments oder zu weiterer elastischer Verformung (blaue Kontur). Ohne Filamentverschiebung (isometrische Bedingungen) ist überwiegend Zustand 3 besetzt, da die zusätzliche Verformung beim Übergang in Zustand 4 diesen Schritt energetisch sehr ungünstig macht. Erst

unter Verkürzung oder nach Entdehnung wird der Übergang in Zustand 4 erleichtert, so daß dann auch Zustand 4 vermehrt besetzt wird. Modifiziert und erweitert nach [37]. **b** Experimenteller Ansatz, Kräfte und Bewegungen von Wechselwirkungen einzelner Myosinmoleküle mit isolierten Aktinfilamenten zu messen. Das Schema zeigt ein isoliertes Aktinfilament, an dessen Ende (über chemisch modifizierte Myosinmoleküle) je eine Mikroperle befestigt ist. Jede dieser Perlen wird in einer Laserpinzette (Focus eines Laserstrahls) festgehalten. Durch Verschieben der Pinzetten wird das Aktinfilament zwischen beiden Pinzetten aufgespannt und kann nun mit einzelnen Myosinmolekülen Wechselwirkungen eingehen. Kräfte und Bewegungen werden durch Abbildung der Mikroperlen auf Quadrantendetektoren gemessen. Die Originalregistrierungen zeigen Kraftimpulse einzelner Myosinmoleküle bei Wechselwirkung mit einem solchen aufgespannten Aktinfilament. ATP-Konzentration 2 mM und 1 µM. Bei der niedrigeren ATP-Konzentration verstreicht mehr Zeit, bevor sich ein ATP-Molekül wieder an den Aktin-Myosinkomplex anlagert und diesen löst. Daher die längere Dauer der Kraftimpulse [17]

che, in Computersimulationen den seit kurzem in seiner atomaren Struktur bekannten Myosinkopf an das dünne Filament anzulagern [37, 38], scheinen diese Hypothese zu bestätigen.

Die kürzlich gelungene Beobachtung der Wechselwirkung eines einzelnen Myosinmoleküls mit einem Aktinfilament, das zwischen zwei „Laserpinzetten" aufgespannt war, erlaubt nun, Kräfte und Filamentverschiebungen direkt zu beobachten, die durch ein einzelnes Myosinmolekül wäh-

rend seiner Interaktion mit Aktin erzeugt werden. (Abb. 6-10b). Damit können zentrale Größen wie Kraft und Filamentverschiebung sowie der zeitliche Verlauf der Wechselwirkung einer einzelnen Querbrücke mit Aktin direkt gemessen werden. Mit dieser Methode sollte es gelingen, den Querbrückenzyklus weiter aufzuklären.

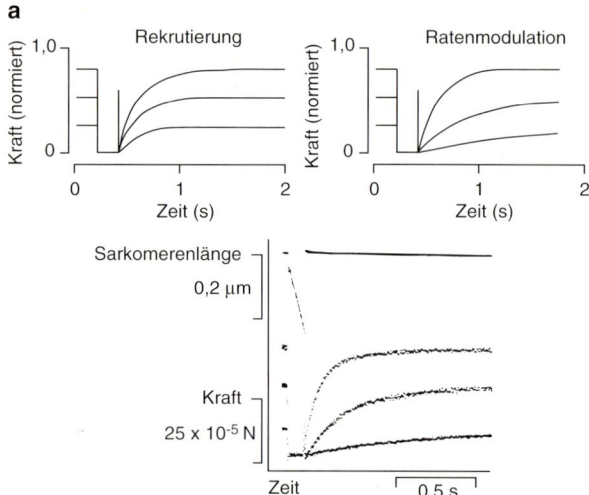

a

Rekrutierung — Kraft (normiert), 1,0 / 0, Zeit (s) 0 1 2

Ratenmodulation — Kraft (normiert), 1,0 / 0, Zeit (s) 0 1 2

Sarkomerenlänge, 0,2 µm

Kraft, 25 x 10⁻⁵ N

Zeit, 0,5 s

b

stereospezifische Orientierung

hochaffine Bindung

nicht - stereospezifische Orientierung

niederaffine Bindung

+ Ca²⁺

Aktin-monomer

niederaffine Bindung

- Ca²⁺

Myosinkopf

Tropomyosin

Abb. 6-11. Regulation der Muskelkontraktion. **a** Demonstration des Ca²⁺-Effekts auf die Kinetik des Querbrückenzyklus. Gezeigt ist unten der Verlauf des Kraftwiederanstiegs nach einer kurzen Phase isotonischer Verkürzung (mit Rückdehnung zur Ausgangslänge vor Verkürzung zur Wiederherstellung normaler Filamentüberlappung). Je niedriger die [Ca²⁺], um so langsamer ist der Kraftwiederanstieg. Bei Regulation über Rekrutierung müßte der Kraftwiederanstieg immer gleich schnell sein (vgl. oben Schema „Rekrutierung"), während bei Ratenmodulation der Kraftwiederanstieg mit steigender [Ca²⁺] schneller werden sollte (vgl. Schema „Ratenmodulation"). Nach [12]. **b** Schema der Veränderungen am Aktinfilament (Querschnitt). Bei Erhöhung von [Ca²⁺] soll sich das Tropomyosin aus dem zweiten Interaktionsbereich zwischen Aktin und Myosin herausbewegen und dadurch die hochaffine Interaktion mit fest vorgegebener Orientierung erlauben. Bei niederer [Ca²⁺] ist im wesentlichen nur die niederaffine erste Wechselwirkung mit variabler Orientierung möglich. Auf dieser Basis ergibt sich eine Modulation der Zykluskinetik mit [Ca²⁺], wenn die Positionsänderung des Tropomyosins als dynamischer (reversibler) Prozeß mit schneller (Ca²⁺-abhängiger) Kinetik angenommen wird

---

Die Regulation auf Querbrückenebene wird jetzt über eine Beschleunigung/ Verlangsamung des Übergangs zwischen hoch- und niederaffinen Bindungszuständen erklärt

Das An- und Abstellen der Muskelkontraktion geschieht gemäß der klassischen Theorie über ein An/Abschalten der Querbrückeninteraktionen mit Aktin ohne Änderung der Querbrückenkinetik ("**Rekrutierung** aktiver Querbrücken" [33]). Demnach sollte das Anschalten dadurch erfolgen, daß das Tropomyosinmolekül, das bei niedriger [Ca²⁺]ᵢ (relaxierter Muskel) die Bindungsstellen für die Querbrücken an den Aktinmonomeren verdeckt, bei Ca²⁺-Erhöhung wegrollt und somit die Bindungsstellen zugänglich macht (sterische Blockierung der Querbrückenanheftung [19, 24, 30], vgl. Abb. 6-9). Dieses Konzept wurde durch die Beobachtung widerlegt, daß Myosinköpfe auch im relaxierten Muskel an Aktinfilamente binden können [13, 14].

Das neue Konzept der **„Ratenmodulation"** [12] geht von dem Befund aus, daß Ca²⁺ über die Umlagerung von Tropomyosin den Übergang von der niederaffinen Bindung zur hochaffinen, krafterzeugenden Bindung beschleunigt (Abb. 6-11a). Dadurch wird der prozentuale Anteil der Querbrücken in einer krafterzeugenden Konfiguration regelbar. Es nehmen also immer alle Querbrücken am Zyklusgeschehen teil, und bei höherer [Ca²⁺]ᵢ gehen mehr von ihnen in den krafterzeugenden Zustand. Die Wirkung von Ca²⁺ über die Bindung an Troponin C auf die Position von Tropomyosin am Aktinfilament (Abb. 6-11b) hat eine gewisse Analogie zur Adrenalinwirkung auf den Ca⁺-Kanal (Abb. 5-13c).

6.7 Die Herzmuskulatur

Der Säugetierherzmuskel ähnelt in Aufbau und Funktion im wesentlichen dem beschriebenen Skelettmuskel, unterscheidet sich jedoch in einigen Punkten (s. Tabelle 6-1).

Die Herzmuskelzellen sind einkernig; sie bilden mit ihren Nachbarzellen enge Verbindungsstellen

Beim Skelettmuskel verschmelzen im Embryonalstadium die einkernigen Myoblasten zu vielkernigen Myotuben, die dann zu Muskelfasern ausdifferenzieren. Elektrophysiologisch und histologisch sind diese vielkernigen Zellen die kleinsten Einheiten. Beim Herzmuskel dagegen kommt es nicht zu dieser Verschmelzung. Histologisch gesehen ist die einkernige Herzmuskelzelle die kleinste Einheit; einzelne

Tabelle 6-1. Gemeinsamkeiten und Unterschiede der verschiedenen Muskeltypen

Anatomische Einteilung	Skelettmuskel	Glatter Muskel	Herzmuskel
Brennstoff	ATP	ATP	ATP
kontraktile Eiweiße	Aktomyosin	Aktomyosin	Aktomyosin
Struktur	streng geordnet in Sarkomeren	ungeordnet	geordnet in Sarkomeren
Kraft als Funktion der Länge	A. F. Huxley-Kurve Abb. 6-8b	nicht genau definiert	Starling-Gesetz
Verkürzungsgeschwindigkeit (Einzelzuckungsdauer)	schnell 15–60 ms	langsam 2–20 s	mittel 200–300 ms
Elektromechanische Kopplung	innere Speicher	Ca^{2+} von außen, kein T-System	innere Speicher und äußere Ca^{2+} kompliziert verdoppelt

Physiologische Einteilung	Multi-unit-Typ		Single-unit-Typ	
Beispiele	Skelettmuskel	innere Augenmuskulator Pilomotoren Vas deferens	Darm Uterus Ureter Gefäße	Herz
Aufbau	viele motorische Einheiten Zellen separat		eine funktionelle Einheit enger Kontakt („gap junctions")	
Erregung	neurogen nur vom ZNS gesteuert		myogen (Nerven modulieren)	
			viele Schrittmacher begrenzte Fortleitung	ein Hauptschrittmacher, Fortleitungssystem
Kraft	abstufbar über Rekrutierung und Frequenz		Alles-oder-nicht-Gesetz	
Nervenversorgung	nur erregend		erregend und hemmend	
Transmitter	Acetylcholin		Darm: erregend Acetylcholin hemmend Noradrenalin	Herz: erregend Noradrenalin hemmend Acetylcholin
Synapsen	enger Kontakt, hoher Sicherheitsfaktor		loser Kontakt	

Myozyten lassen sich durch Behandlung von Herzmuskelgewebe mit Trypsin isolieren.

An den **Glanzstreifen** genannten Zellgrenzen ist der elektrische Widerstand zwischen den Zellen aufgrund von **„gap junctions"** so klein, daß diese elektrophysiologisch miteinander verkoppelt sind (Kap. 5, Abb. 5-22). Da es zwischen allen Zellen Glanzstreifen gibt, bildet das gesamte Herz eine elektrische Einheit, ein funktionelles Synzytium. Man sagt, das Herz sei funktionell ein Muskel vom **single-unit** Typ, d.h., eine Erregung breitet sich physiologisch über das ganze Herz aus. Das Herz kontrahiert sich daher nach dem **Alles-oder-Nichts-Gesetz**.

> **Die Erregung des Vertebratenherzens entsteht in den Muskelzellen selbst; ihre Frequenz wird durch Fasern des vegetativen Nervensystems moduliert**

Das bedeutet, daß das Herz für seine Tätigkeit keine motorischen Nerven braucht. Bestimmte Herzmuskelzellen haben die Eigenschaft, sich rhythmisch selbst zu erregen. Von diesen **Schrittmacherzellen** ausgehend breitet sich die Erregung über das ganze Herz aus. Die Schrittmacher am **Sinusknoten** des rechten Vorhofs (an der Einmündungsstelle der *Vena cava*) haben die höchste Frequenz, sie zwingen daher dem Herzen die Schlagfrequenz auf. Um die Ausbreitung der Erregung geordnet zu gestalten, besitzt das Herz ein **Erregungsleitungssystem** aus spezialisierten Muskelzellen. Innerhalb dieses Systems befinden sich weitere, jedoch langsamere Schrittmacher, z.B. im **Atrioventrikularknoten** am Übergang von den Vorhöfen zu den Kammern, die bei Ausfall des Sinusknotens die Schrittmacherfunktion für das Herz übernehmen können.

Die Gegenspieler dieses Systems (Sympathikus und Parasympathikus, Kap. 9) greifen insbesondere an den Schrittmacherzentren an und regulieren die Schlagfrequenz durch Freisetzung ihrer Überträgerstoffe: Noradrenalin aus dem **Sympathikus** wirkt frequenzsteigernd, Azetylcholin aus dem **Vagus** frequenzmindernd. An den Ventrikeln kann der Sympathikus durch vermehrte Ca^{2+}-Freisetzung aus dem SR auch die entwickelte Muskelkraft erhöhen (s.u.)

Wie beim Skelettmuskel spielt bei der elektromechanischen Kopplung Ca^{2+} eine Hauptrolle als Regulator

Das Herzaktionspotential dauert mehrere 100 ms (Kap. 4, Abb. 4-6). Während der Plateauphase strömt Ca^{2+} durch Ca^+-Kanäle der Zellmembranen aus dem Extrazellularraum ins Sarkoplasma. Das von außen kommende Ca^{2+} ist nicht nur nötig für die ordnungsgemäße Ca^{2+}-Freisetzung aus dem sarkoplasmatischen Retikulum (**„Ca^{2+}-induced Ca^{2+} release"**), es dient auch der Wiederauffüllung der intrazellulären Speicher und ist dabei so wichtig, daß – im Gegensatz zum Skelettmuskel – der Herzmuskel in Ca^{2+}-freier Lösung keine Kraft entwickeln kann.

6.8 Die glatte Muskulatur der Wirbeltiere

Der kontraktile Apparat der glatten Muskelzelle besitzt keinen geordneten Aufbau wie die Skelettmuskelfaser. Deshalb fehlt bei Betrachtung im Mikroskop die Querstreifung, worauf sich die Bezeichnung „glatt" bezieht

Glatte Muskulatur finden wir bei Vertebraten in den inneren Organen (Darm, Blase, Uterus) und dem Gefäßsystem. Auch Invertebraten haben glatte Muskeln. So sind die Schließmuskeln bei Mollusken wegen ihrer Fähigkeit zum „Sperrtonus" von besonderem Interesse (s. 6.9).

Morphologie. Glatte Muskelzellen sind klein (50–400 µm, im schwangeren Uterus bis 500 µm lang) und spindelförmig (größter Durchmesser 5–10 µm). Sie besitzen *nur einen* elliptischen, zentralen *Kern.* Sie liegen dicht und mit geringer elektrischer Isolierung aneinander. Die Membran weist dem T-System des quergestreiften Muskels analoge Invaginationen auf. Strukturproteine haben einen mengenmäßig geringeren Anteil als beim Skelettmuskel. Der kontraktile Apparat besteht aus dicken Myosinfilamenten und aus dünnen Aktinfilamenten, die an Verdichtungen an der Membran und im Zellinnern, den sog. **dichten Körpern** („dense bodies") fixiert sind. Letztere entsprechen den Z-Scheiben der quergestreiften Muskulatur. Trotz Fehlens eines systematischen Aufbaus ist auch hier das Prinzip der Verkürzung ein Aneinandergleiten von Aktin- und Myosinfilamenten. Dabei wird der Abstand zwischen den dichten Körpern verkleinert (Abb. 6-12).

Besondere mechanische Eigenschaften des glatten Muskels sind seine hohe Viskoelastizität (Fließwiderstand) und seine Plastizität

Je rascher die Dehnung, desto größer die zur Dehnung notwendigen Kräfte. Nach Abschluß der Dehnung sinken die Rückstellkräfte innerhalb von Sekunden bis Minuten ab (**stress relaxation**). Klingen die Rückstellkräfte praktisch vollständig ab, so kann der Muskel nach Ende der Dehnung aufgrund passiver Kräfte nicht mehr seine Ausgangslänge erreichen (Plastizität). Erst durch eine aktive Kontraktion werden die ursprünglichen Längenverhältnisse wieder hergestellt. Umgekehrt kann ein verkürzter glatter Muskel seine Länge ohne weitere

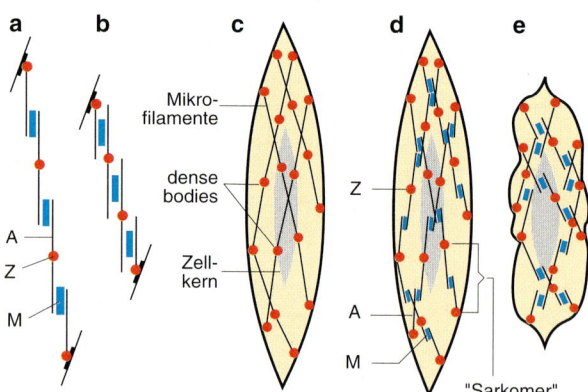

Abb. 6-12. Schematische Darstellung einer glatten Muskelzelle bei verschiedenen Kontraktionszuständen. **a** Sarkomerenorganisation relaxiert, **b** im kontrahierten Zustand. **c** Anordnung der dense bodies und **d** der Sarkomere innerhalb einer Zelle. **e** Verkürzte Zelle durch Annäherung der dense bodies bei Kontraktion. A = Aktinfilament; M = Myosinfilament; Z = Z-Scheiben/dense bodies. Nach [10]

aktive Tätigkeit beibehalten. Die gegenüber dem Skelettmuskel sehr viel stärker in Erscheinung tretenden plastischen und viskös-elastischen Eigenschaften sind für das funktionelle Verhalten des glatten Muskels von großer Bedeutung: Infolge der plastischen Dehnbarkeit zeigen Hohlmuskeln, wie die Blase, bei langsamer Füllung erst spät eine Drucksteigerung. Stark variierende Volumina können so gespeichert und unter Beseitigung der plastischen Verlängerung entleert werden. Das Fehlen einer exakten Beziehung zwischen Länge und Spannung ist ein Charakteristikum der glatten Muskulatur.

Die elektrische Aktivität der Zellmembranen ist durch langsame Schwankungen und schnelle Aktionspotentialfolgen gekennzeichnet

Das Membranpotential beträgt im Mittel ca. −60 mV, ist also kleiner als das der quergestreiften Muskelfaser. Wahrscheinlich hat die Zellmembran eine größere Permeabilität für Na^+-Ionen, und somit sollte auch die intrazelluläre Na^+-Konzentration höher sein. Charakteristisch ist die Instabilität des Membranpotentials: Es fluktuiert rhythmisch um einen Mittelwert. Die schnellsten Fluktuationsphänomene erfolgen etwa im Sekundenrhythmus, häufig gibt es Minutenperiodik; man bezeichnet sie als **basale organeigene Rhythmik** der verschiedenen Organe. Auch Stundenrhythmik und Tagesschwankungen werden beobachtet. Erreicht die spontane Depolarisation einen charakteristischen Schwellenwert, so wird ein **Spike** ausgelöst, ein Aktionspotential von rund 50 mV Amplitude, das manchmal sogar einen geringen **Overshoot** besitzt. Die Dauer der Spikes variiert in den verschiedenen glatten Muskeln und beträgt 10 bis 100 ms.

Funktionell lassen sich glatte Muskeln in den *Single-unit-Typ* und den *Multi-unit-Typ* einteilen (Tabelle 6-1)

Im **Single-unit-Typ** bestehen zwischen benachbarten Zellen Brücken (**Nexus** oder **gap junctions**, Abb. 5-22). Diese synzytialen Brücken sind der Weg, über den die Erregung von einer Zelle zur nächsten fortgeleitet wird. Die Fortleitung erfolgt nicht mit großer Sicherheit über das ganze Organ, oft ersterbe die Erregungen schon nach einer kurzen Strecke. Dies hängt von lokalen Bedingungen ab, die die Erregbarkeit fördern oder hemmen, also z.B. von der Beschaffenheit des extrazellulären Milieus (Ionen, Transmitter, Hormone, Stoffwechselprodukte u.a.). Wichtig ist dabei der Dehnungszustand

des Muskels. Darm und Gefäße sind besonders dehnungsempfindlich, vor allem auf rasche Dehnung. Dehnung depolarisiert die Zellmembran und bewirkt so eine hohe Spike-Frequenz. Einer Zunahme der elektrischen Aktivität entspricht eine Verstärkung der mechanischen Aktivität. Diese dehnungsinduzierte Steigerung der mechanischen Aktivität ist für die Darmmotorik von Bedeutung, ferner liegt er der vasalen Autoregulation der Organdurchblutung zugrunde, die besonders bei der Niere ausgeprägt ist.

Der **Multi-unit-Typ** der glatten Muskulatur zeigt gewöhnlich keine Spontanaktivität und reagiert auch auf Dehnung nicht sehr empfindlich. Bezüglich der Erregungsausbreitung verhält er sich nicht wie ein typisches Synzytium. Die Muskelzellen werden über ihre reichlich vorhandenen vegetativen Nervenfasern in kleineren Einheiten lokal erregt, die Nervenendverzweigungen erreichen dabei fast jede Zelle. Die Kontraktion des ganzen Muskels ist daher fein abstufbar, wie dies die Aufgabe solcher Muskeln (z.B. Iris) erfordert. Die neuromuskuläre Kontaktstelle ist jedoch nicht so kompakt lokalisiert wie bei der Skelettmuskulatur. Die vegetativen Axone laufen hier zwischen den Muskelzellen mit mehr oder weniger Berührung hindurch; ihr Überträgerstoff gelangt durch Diffusion an die benachbarten Zellen, wobei offenbar die ganze Zelloberfläche empfindlich ist. Auch auf dem Blutweg herangebrachte Substanzen können die Aktivität der Multi-unit-Muskeln beträchtlich (fördernd oder hemmend) beeinflussen. Die größeren Diffusionswege der Transmitter tragen mit dazu bei, daß die Latenzzeit und die Verkürzungsdauer vergrößert sind. Für die längere Kontraktionsdauer (10- bis mehrere 100-mal länger als beim Skelettmuskel) ist auch die langsame Beseitigung der Transmitter durch Abbau oder Bindung verantwortlich. Daher ähnelt die Kontraktion solcher glatter Muskeln im allgemeinen mehr einem unvollkommenen Tetanus als einer Einzelzuckung.

Das Grundprinzip der Regulation ist beim glatten Muskel ähnlich wie beim Skelettmuskel: Erhöhung der freien $[Ca^{2+}]_i$ bewirkt Kontraktion

Die glatte Muskulatur besitzt eine doppelte Innervierung: eine sympathische (adrenerge) und eine parasympathische (cholinerge). Die Innervierung dient nicht so sehr der Auslösung, als vielmehr der Modifikation einer bestehenden (automatischen) Aktivität. Adrenalin kann auch als Nebennierenmarkhormon auf dem Blutwege auf die glatte Muskulatur direkt einwirken (s. Kap. 9).

Anders als bei den relativ großen Skelettmuskelfasern kann bei den dünnen glatten Muskelzellen extrazelluläres Ca^{2+} genügend schnell durch Diffusion ins Zellzentrum dringen. In der Membran befinden sich Ca^{2+}-Kanäle, die bei Depolarisation oder in Anwesenheit von Überträgerstoffen Ca^{2+} passieren lassen. Auch gibt es membrannahe Ca^{2+}-Speicher, die pharmakologisch aktivierbar sind. Die Regulation der Aktin-Myosin-Interaktion hat beim glatten Muskel einige Besonderheiten. Bei Herz- und Skelettmuskel wird sie durch Bindung von Ca^{2+} an das auf den dünnen Filamenten befindliche Troponin C bewirkt. Beim glatten Muskel wird dagegen Ca^{2+} an einen im Sarkoplasma gelösten Ca^{2+}-Rezeptor, das **Calmodulin**, gebunden; der Ca^{2+}-Calmodulin-Komplex aktiviert wiederum eine Proteinkinase, die ihrerseits die leichten Ketten am Myosinköpfchen phosphoryliert, wodurch schließlich die Aktin-Myosin-Interaktion ermöglicht wird [9].

Diese **Myosin-leichte-Ketten-Kinase** wird von einer cAMP-gesteuerten Proteinkinase aktiviert. Es ist dies der Weg, auf dem die Katecholamine die Kontraktionskraft des glatten Muskels modulieren. Die Relaxation wird durch Dephosphorylierung der leichten Ketten bewirkt, welche durch eine Phosphatase zustande kommt. Intrazelluläres Ca^{2+} wird schließlich durch eine membrangebundene Ca^{2+}-ATPase wieder nach außen oder in intrazelluläre Speicherorganellen befördert. Neben dieser myosinvermittelten Regulation existiert im glatten Muskel der Vertebraten vermutlich auch eine Regulation über die Aktinfilamente. Neben Tropomyosin sind noch andere Regulatorproteine wie Caldesmon und Calponin mit dem Aktinfilament assoziiert. Mechanismus und Bedeutung der aktinvermittelten Regulation sind jedoch noch unklar.

6.9 Die glatte Muskulatur der Mollusken

Bei der glatten Muskulatur der **Mollusken** erfolgt die Regulation auch über Myosin, jedoch nicht über Phosphorylierung, sondern direkt über die Bindung von Ca^{2+} an eine der zwei leichten Ketten des Myosins [9].

Neben dieser regulatorischen Sonderstellung zeichnet sich der glatte Muskel der Mollusken auch durch seine Fähigkeit zum **Sperrtonus** („catch") aus [9], in dem über Stunden bei geringstem ATP-Umsatz eine hohe Kraft aufrechterhalten werden kann. Langanhaltende Kontraktion bei geringem Energieverbrauch kann mitunter auch bei der glatten Vertebratenmuskulatur beobachtet werden. Wegen der Ähnlichkeit wird dieser Zustand „latch" genannt. Es wird vermutet, daß bei „catch" und „latch" die Aufenthaltsdauer der Myosinköpfe in den krafterzeugenden Zuständen extrem verlängert ist. Molekulare Grundlage und Kontrolle dieser besonderen Kontraktionsformen sind noch unklar.

6.10 Andere Myosine

Neben dem im kontraktilen Apparat der Muskelzellen befindlichen doppelköpfigen Myosin mit langem Schwanzteil (dem sog. **Myosin II**) gibt es auch einköpfige Myosinmoleküle mit sehr kurzem Schwanz, die sich in praktisch allen Eukaryonten nachweisen lassen [34] (Abb. 6-13a).

Das gemeinsame Merkmal dieser ganzen Gruppe von sog. **Myosin-I-Molekülen** ist der aus einer schweren Kette aufgebaute globuläre Kopf, der nukleotidabhängig Aktin bindet, ATPase-Aktivität besitzt und somit dem Kopf des Myosins II ähnelt. Die Schwanzteile sind in ihrer Länge variabel und haben offensichtlich immer die Fähigkeit, Lipide zu binden. Myosin-I-Moleküle haben außerdem eine dem Kopfbereich assoziierte leichte Kette. Beim Myosin I des Bürstensaums ist dies Calmodulin.

Die Regulation der Myosin-I-Moleküle erfolgt entweder über Phosphorylierung der schweren Kette (z.B. bei Akanthamoeben und *Dictyostelium*) oder über Ca^{2+}-Bindung an die leichte Kette (z.B. beim Bürstensaum-Myosin an Calmodulin).

Myosin I findet sich an Membranen assoziiert, z.B. in differenzierten Bereichen der Plasmamembran von Einzellern (Pseudopodien von Akanthamoeben und *Dictyostelium*) oder von Epithelzellen bei Vertebraten (Mikrovilli) als Bindeglied zwischen zentralem Aktinfilamentbündel und umgebender

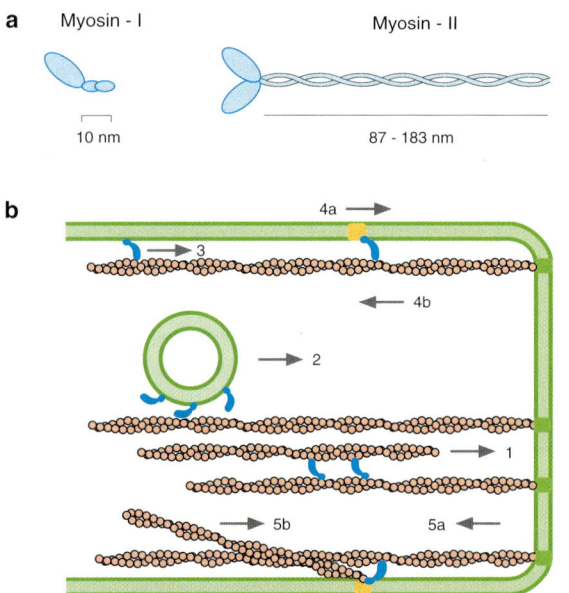

Abb. 6-13. a Myosin I im Vergleich zu Myosin II (muskuläres Myosin). **b** Schema angenommener Funktionen von Myosin I. Verschiebung von Aktinfilamenten (1), Vesikeltransport (2), Bewegung von Aktinfilamenten relativ zur Zellmembran (3), Bewegung von membranständigen Proteinen gegen Aktinfilamente (4a,b), Bewegung membranverankerter Aktinfilamente (5a,b). Nach [34]

Oberflächenmembran. Die postulierten Funktionen von Myosin I, wie Vesikeltransport, Verschiebung von Membranbestandteilen, oder Bewegung von Mikrovilli, sind in Abb. 6-13b zusammengefaßt.

6.11 Mechanismen intrazellulären Stofftransports

Bei vielen **intrazellulären** Prozessen werden Makromoleküle transportiert, etwa bei der Chromosomentrennung während der Mitose oder beim Transport von Membrankomponenten (Vesikeln). Diese energieverbrauchende Bewegung geschieht entlang den Mikrotubuli, welche die Wege vorzeichnen, über die größere Partikel an vorgegebene Stellen transportiert werden. Dieser Transport kann über lange Distanzen gehen, und zwar viel schneller, als dies bei Diffusion möglich ist. Bisher hat man zwei mit den Mikrotubuli assoziierte Motorproteine identifiziert, **Kinesin** und **zytoplasmatisches Dynein** (zu Flagellen/Zilien-assoziiertem Dynein s.u.).

Mikrotubuli bestehen aus polymerisiertem Tubulin und sind in vielen Zellen in charakteristischer Weise angeordnet (Abb. 6-14). Jeder Mikrotubulus ist aus asymmetrischen Untereinheiten (je ein α- und ein β-Baustein) aufgebaut; dadurch besitzt er definierte Polarität. Das Ende, an dem die Monomeranlagerung (das Mikrotubuluswachstum) schneller erfolgt, wird als (+)-Ende bezeichnet.

Die Polymerisation der Untereinheiten wird an definierten Stellen des Zytoplasmas initiiert, den *mikrotubuli-organisierenden Zentren* (MTOZ). Deren Zahl und Lage bestimmen die Anordnung der Mikrotubuli innerhalb verschiedener Zellen und somit die Routen des intrazellulären Transports (Abb. 6-14).

> **Die Transportrichtung der Motorproteine Kinesin und zytoplasmatisches Dynein ist durch die Polarität der Mikrotubuli bestimmt**

Diese definiert deshalb Richtung und Routen des aktiven intrazellulären Transports innerhalb einer Zelle. Die beiden Motorproteine sind ubiquitär und finden sich in hohen Konzentrationen im Zytoplasma. Beide sind Mikrotubulus-aktivierbare ATPasen. Kinesin wandert dabei zu den (+)-Enden der Mikrotubuli, zytoplasmatisches Dynein zu den (–)-Enden.

Kinesin ist ein Heterotetramer (MW ca. 350.000; Abb. 6-15a) mit zwei α- und zwei β-Ketten. Die α-Kette hat drei Domänen, eine Kopfdomäne mit ATPase-Aktivität und der Fähigkeit, an Mikrotubuli zu binden, eine filamentäre Mitteldomäne und eine

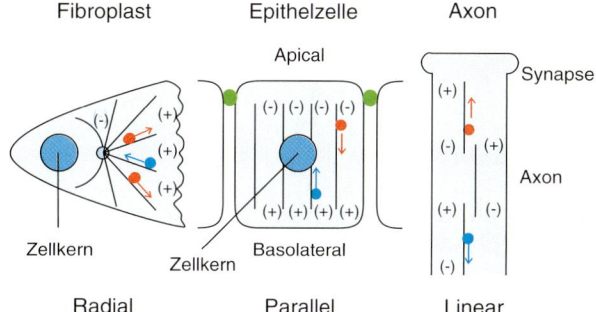

Abb. 6-14. Anordnung von Mikrotubuli in verschiedenen Zellen. + und – kennzeichnen die Polarität der Mikrotubuli. Pfeile illustrieren Transportrichtung, die vom Motorprotein (Kinesin oder zytoplasmatischen Dynein) abhängt. MTOZ = Mikrotubuli-organisierendes Zentrum. Nach [39]

variable Schwanzdomäne, die für die Bindung von Vesikeln und anderen Strukturen verantwortlich sein soll. Zytoplasmatisches Dynein (MW ca. 1.200.000; Abb. 6-15b) besteht aus zwei schweren und mehreren leichten und intermediären Ketten.

Während Kinesin und zytoplasmatisches Dynein *in vitro* an Mikrotubuli entlangwandern oder diese verschieben, erfordert der intrazelluläre Transport von Vesikeln zusätzliche Komponenten, teils membranständige Proteine, die **Motorrezeptoren**, teils **zytoplasmatische Proteine**, die vermutlich regulatorische Funktionen erfüllen und den geregelten Transport im Mikrotubulussystem sicherstellen. Motorprotein plus membranständige Motorrezeptoren plus zytoplasmatische Komponenten werden als **Organellen-Motorkomplex** bezeichnet.

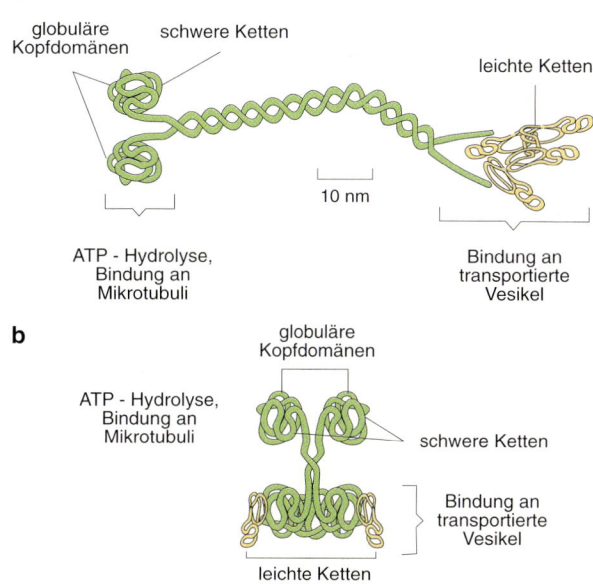

Abb. 6-15. Mikrotubulus-assoziierte Motorproteine: **a** Kinesin und **b** zytoplasmatisches Dynein. (Nach [4])

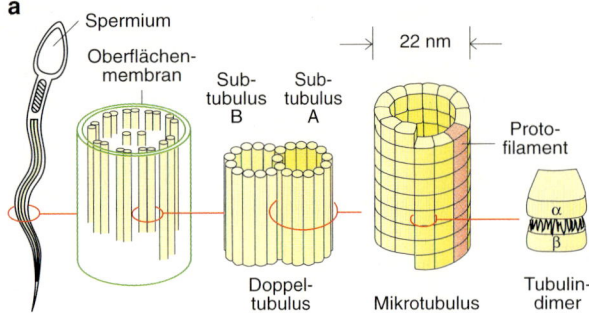

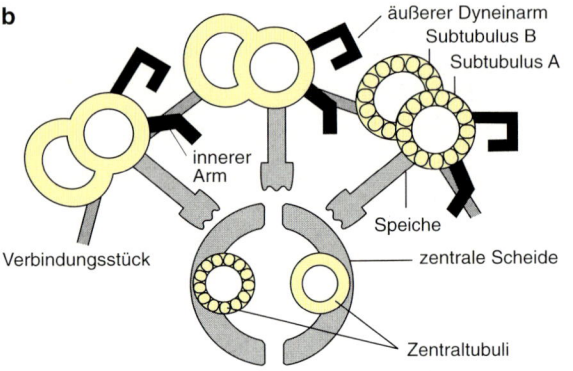

Abb. 6-16. Organisation von Flagellen/Zilien. **a** Aufbau der Mikrotubuli aus dem α/β-Heterodimer Tubulin. Nach [45]. **b** Tubulin/Dynein-Organisation in Flagellen und Zilien. Nach [44]

Die wichtigsten Formen des Vesikeltransports an Mikrotubuli sind der schnelle axonale Transport, die Organisation (tubulärer) Membransysteme (endoplasmatisches Retikulum, Golgi-Apparat u.a.) und

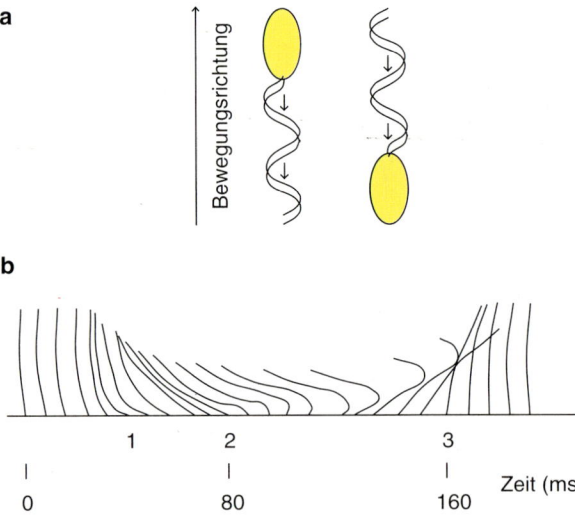

Abb. 6-17. Bewegungsablauf bei **a** Flagellen (nach [6, 26]) und **b** Zilien. Die Zilienbewegung in **b** wurde durch Hochgeschwindigkeitsfilmaufnahmen (450 Bilder/s) registriert. Jedes achte Bild ist dargestellt. Der aktive Zilienschlag erstreckt sich von 1 bis 2, die Erholung von 2 bis 3. Nach [11]. Die kurzen Pfeile in *a* deuten die Ausbreitung der wellenförmigen Flagellenbewegung an

der Transport im Rahmen des Vesikelaustauschs zwischen verschiedenen Membransystemen (endoplasmatisches Retikulum, Golgi-Komplex, sekretorische Vesikel, endozytotische Vesikel, Lysosomen usw.).

Der schnelle axonale Transport ist der Prototyp aktiven zytoplasmatischen Transports. Axonale Mikrotubuli zeigen ausschließlich mit ihrem (+)-Ende zur Peripherie. Entsprechend ist für Transport zur Peripherie das Kinesin, für retrograden Transport das zytoplasmatische Dynein verantwortlich. Axonaler Transport dient dem Stoffaustausch zwischen perinukleärem Bereich (z.B. der dort synthetisierten Enzyme) und den Synapsen am Ende der Neuriten und Dendriten. Bei den längsten Neuriten kann die Distanz über 1 m betragen. Disaggregation von Mikrotubuli durch Gifte kann diesen Transport erheblich beeinträchtigen.

Auch die Bewegung von Zilien und Flagellen wird durch Mikrotubuli vermittelt

Die Flagellen und Zilien der Eukaryonten entspringen an Basalkörpern, die den Zentriolen entsprechen. Sie haben eine sog. 9 + 2-Organisation der Tubuli (Abb. 6-16): 2 Zentraltubuli sind von 9 Doppeltubuli umgeben, die jeweils aus einem „A"- und einem „B"-Tubulus bestehen. Wie die bereits beschriebenen Mikrotubuli entstehen die Tubuli der Zilien und Flagellen durch Polymerisation von Tubulindimeren (Abb. 6-16a). Die neun Doppeltubuli tragen entlang dem A-Tubulus in regelmäßigen Abständen Arme, die zum B-Tubulus des benachbarten Doppeltubulus zeigen (Abb. 6-16b). Diese Arme bestehen aus Dynein, das an der ATP-betriebenen Gleitbewegung zwischen benachbarten Doppeltubuli beteiligt ist. Die Bewegung der Flagellen und Zilien wird dabei auf einen dem Filamentgleitmechanismus der Muskulatur ähnlichen Tubulusgleitmechanismus zurückgeführt, weil bei Biegebewegungen am freien Ende der Flagellen und Zilien immer die Doppeltubuli der Krümmungsinnenseite die der Krümmungsaußenseite überragen.

Bei den wellenförmigen Bewegungen der Flagellen (Abb. 6-17a) wechseln gebogene mit geraden Abschnitten. Die Krümmungen wandern bei gleichbleibender Amplitude bis zum Ende der Geißel. Man nimmt an, daß sich die Krümmungen über eine Gegenkopplung ausbreiten, indem das Aneinandergleiten der Tubuli in einem aktiven Abschnitt benachbarte inaktive Abschnitte durch Dehnung aktiviert und sich somit das Gegeneinandergleiten der Tubuli weiter ausbreitet.

Der Ablauf der Zilienbewegung ist in Abb. 6-17b dargestellt. Die Schlagfrequenz der Zilien wird von den zytoplasmatischen Konzentrationen von ATP und Ca^{2+} gesteuert (z.B. Epithelzellen der Vertebraten). Diese hängen ihrerseits vom Neurotransmitter-regulierten Membranpotential ab.

Während einzelne Zilien Eigenrhythmik haben, kann man in großen Zilienpopulationen koordinierte Bewegungswellen beobachten. An der Zellmembran sind dabei keine diesen Bewegungswellen entsprechenden elektrischen Phänomene zu registrieren. Stattdessen scheint die Koordination benachbarter Zilien ein hydrodynamisches Phänomen zu sein. Die Viskosität der umgebenden Flüssigkeit soll „kohärente" aktive Verbiegung ganzer Gruppen von Zilien verursachen.

6.12 Literatur

Weiterführende Lehr- und Handbücher

1. Bagshaw C (1993) Muscle contraction, 2nd edn. Chapman and Hall, London
2. Bloom W, Fawcett DW (1968) A textbook of histology, 11th edn. Saunders, Philadelphia
3. Carlson FD, Wilkie DR (1974) Muscle physiology. Prentice-Hall, Englewood Cliffs
4. Darnell J, Lodish H, Baltimore D (1990) Molecular cell biology. Scientific American Books, New York
5. Eckert R, Randall D, Augustine G (1993) Tierphysiologie. Thieme, Stuttgart
6. Grell KG (1973) Protozoology. Springer, Berlin
7. Huxley AF (1980) Reflections on muscle. Liverpool University Press, Liverpool
8. Jerusalem F, Zierz S (1991) Muskelerkrankungen. Thieme, Stuttgart
9. Rüegg JC (1992) Calcium in muscle contraction. Springer, Berlin
10. Squire JM (1981) The structural basis of muscular contraction. Plenum, New York

Einzel- und Übersichtsarbeiten

11. Baba SA, Hiramoto Y (1970) A quantitative analysis of ciliary movement by means of high speed microcinematography. J Exp Biol 52:645–690
12. Brenner B (1988) Effects of Ca^{2+} on cross-bridge turnover kinetics in skinned single rabbit psoas fibers: implications for regulation of muscle contraction. Proc Natl Acad Sci USA 85:3265–3269
13. Brenner B (1990) Muscle mechanics and biochemical kinetics. In: Squire JM (ed) Molecular mechanisms of muscular contraction. Macmillan, London, pp 77–149
14. Brenner B, Yu LC, Chalovich JM (1991) Parallel inhibition of active force and relaxed fiber stiffness in skeletal muscle by caldesmon: implications for the pathway to force generation. Proc Natl Acad Sci USA 88:5739–5743
15. Brenner B, Yu LC (1993) Structural changes in the actomyosin cross-bridges associated with force generation. Proc Natl Acad Sci USA 90:5252–5256
16. Cooke R (1986) The mechanism of muscle contraction. CRC Crit Rev Biochem 21:53–118
17. Finer JT, Simmons RM, Spudich JA (1994) Single myosin molecule mechanics: piconewton forces and nanometer steps. Nature 368:113–118
18. Gordon AM, Huxley AF, Julian FJ (1966) The variation in isometric tension with sarcomere length in vertebrate muscle fibres. J Physiol (Lond) 184:170–192
19. Haselgrove JC (1973) X-ray evidence for the conformational changes in the actin-containing filaments of vertebrate striated muscle. Cold Spring Harb Symp Quant Biol 37:341–352
20. Hirokawa N, Pfister KK, Yorifuji H, Wagner MC, Brady ST, Bloom GS (1989) Submolecular domains of bovine brain kinesin identified by electron microscopy and monoclonal antibody decoration. Cell 56:867–878
21. Huxley AF, Niedergerke R (1954) Interference microscopy of living muscle fibres. Nature 173:971–973
22. Huxley AF, Simmons RM (1971) Proposed mechanism for force generation in striated muscle. Nature 233:533–538
23. Huxley HE (1969) The mechanism of muscular contraction. Science 164:1356–1366
24. Huxley HE (1973) Structural changes in the actin- and myosin-containing filaments during contraction. Cold Spring Harb Symp Quant Biol 37:361–376
25. Huxley HE, Hanson J (1954) Changes in the cross-striations of muscle during contraction and stretch and their structural interpretation. Nature 173:973–976
26. Jahn TL, Votta JJ (1972) Locomotion of protozoa. Annu Rev Fluid Mech 4:93–116
27. Lymn RW, Taylor EW (1971) Mechanism of adenosine triphosphate hydrolysis by actomyosin. Biochemistry 10:4617–4624
28. Melzer W, Herrmann-Frank A, Lüttgau HC (1995) The role of Ca^{2+} ions in excitation-contraction coupling of skeletal muscle fibres. Biochim Biophys Acta 1241:59–116
29. Metzger JM, Moss RL (1990) Calcium-sensitive cross-bridge transmission in mammalian fast and slow muscle fibers. Science 247:1088–1090
30. Parry DAD, Squire JM (1973) Structural role of tropomyosin in muscle regulation: analysis of the x-ray diffraction patterns from relaxed and contracting muscles. J Mol Biol 75:33–55
31. Peachey LD (1965) The sarcoplasmic reticulum and transverse tubules of the frog's sartorius. J Cell Biol 25:209–231
32. Pette D, Vrbová G (1992) Adaptation of mammalian skeletal muscle fibers to chronic electrical stimulation. Rev Physiol Biochem Pharmacol 120:115–202
33. Podolsky RJ, Teicholz LE (1970) The relation between calcium and contraction kinetics in skinned muscle fibres. J Physiol (Lond) 211:19–35
34. Pollard TD, Doberstein SK, Zot HG (1991) Myosin-1. Annu Rev Physiol 53:653–681
35. Pringle JWS (1967) The contractile mechanism of insect fibrillar muscle. Prog Biophys 17:1–60
36. Rayment I, Holden HM, Whittaker M, Yohn CB, Lorenz M, Holmes KC, Milligan RA (1993) Structure of the actin-myosin complex and its implications for muscle contraction. Science 261:58–65
37. Rayment I, Rypniewski WR, Schmidt-Bläse K, Smith R, Tomchick DR, Benning MM, Winkelman DA, Wesenberg G, Holden HM (1993) Three-dimensional structure of myosin subfragment-1: a molecular motor. Science 261:50–58
38. Schröder RR, Manstein DJ, Jahn W, Holden H, Rayment I, Holmes KC, Spudich JA (1993) Three-dimensional atomic model of F-actin decorated with Dictyostelium myosin S1. Nature 364:171–174
39. Shroer TA, Sheetz MP (1991) Functions of microtubule-based motors. Annu Rev Physiol 53:629–652

40. Tamm SL, Horridge GA (1970) The relation between the orientation of the central fibrils and the direction of beat in cilia of Opalina. Proc R Soc Lond [Biol] 175:219–233
41. Tsien RY (1989) Fluorescent probes of cell signalling. Annu Rev Neurosci 12:227–253
42. Vallee RB, Wall JS, Paschal BM, Sheptner HS (1988) Microtubule-associated protein 1C from brain is a two-headed cytosolic dynein. Nature 332:561–563
43. Wakabayashi K, Tokunaga M, Kohno I, Sugimoto Y, Hamanaka T, Takezawa Y, Wakabayashi T, Amemiya Y (1992) Small-angle synchrotron X-ray scattering reveals distinct shape changes of the myosin head during hydrolysis of ATP. Science 258:443–447
44. Warner FD, Satir P (1974) The structural basis of ciliary bend formation. J Cell Biol 63:35–63
45. Wessells NK (1971) How living cells change shape. Sci Am 225:76–82

7 Motorische Steuerung bei Invertebraten

W. Rathmayer

Invertebraten, insbesondere Gliederfüßler (Arthropoden) dienen häufig als
„Modellorganismen" für neurobiologische Grundlagenforschung

Auf der Erde existieren 10 bis 35, vielleicht sogar
50 Millionen verschiedene Tierarten. Nur etwa 0,2
bis 1% (je nach Schätzung) davon sind Wirbeltiere,
der Rest Wirbellose (Invertebraten), darunter insbesondere Gliederfüßler (Arthropoden). Ihr großer
evolutiver Erfolg beruht auf strukturellen und physiologischen Anpassungen, welche höchst adaptives
Verhalten ermöglichen. Von herausragender Bedeutung sind hierbei Leistungen des Nervensystems auf
allen Ebenen des zentralen, sensorischen und motorischen Bereichs.

Wirbellose Tiere, vor allem Insekten und Krebstiere (Arthropoden) bieten häufig besonders günstige Voraussetzungen für neurobiologische Grundlagenforschung. Viele
werden deswegen als „**Modellorganismen**" verwendet.
Zahlreiche allgemeine Erkenntnisse der Neurowissenschaften wurden zuerst aus Untersuchungen an Invertebraten gewonnen [z.B. über Entstehung und Fortleitung von
Nervenimpulsen am Riesenaxon des Kalmars (Tintenfisch)
oder über Prinzipien der synaptischen Hemmung an neuromuskulären Systemen von Krebstieren]. Gerade bei Arthropoden können Neurone individuell identifiziert und
ihre Rolle in bestimmten Verhaltenssituationen analysiert
werden. Deshalb sind hier in vielen Fällen die neuronalen
Grundlagen motorischer Steuervorgänge und Verhaltensleistungen bis auf die Ebene einzelner Neurone oder kleiner Neuronenensembles bekannt.

Grundlage aller tierischen Verhaltensleistungen sind
motorische Reaktionen auf äußere Einflüße oder
innere Bedingungen, von einfachen Bewegungen bis
zu komplexen Handlungsabläufen. Für ihre Ausführung sind neuronale Steuerprogramme verantwortlich, die im Zentralnervensystem (ZNS) durch komplexe Wechselwirkungen von **Neuronenensembles**
erzeugt werden. Hierbei spielen sowohl Meldungen
von Sinnesorganen der Peripherie eines Tieres, aber
auch innere Zustände (z.B. über Neuromodulatoren

oder Hormone gesteuert) eine wichtige Rolle. Die
motorischen Programme werden in Form von neuronalen Impulsmustern zu den peripheren Erfolgsorganen, der Muskulatur, geleitet und dort in Muskelaktivität umgesetzt. Sie erst ermöglicht die komplexen Verhaltensabläufe der Tiere.

7.1 Die neuromuskulären Grundlagen

Bevor wir auf die Entstehung zentraler motorischer
Muster und ihre Rolle bei der Steuerung von Bewegungsverhalten eingehen, sollen die peripheren Voraussetzungen für die Umsetzung der Muster an den
neuromuskulären Endigungen und der Muskulatur
selbst besprochen werden. Obwohl die Grundprinzipien der neuromuskulären Signalübertragung, wie
z.B. die Freisetzung von Transmitter oder seine Wirkung an den muskulären Rezeptoren und deren
Ionenkanälen ähnlich wie bei Wirbeltiermuskeln
sind, existieren doch Unterschiede, die von weitrei-
chender funktioneller Bedeutung sind. Da innerhalb
der Invertebraten die neuronale Muskelansteuerung
besonders gut bei **Insekten** und **Krebstieren** untersucht ist, stehen diese Tiergruppen in der folgenden
Darstellung im Vordergrund.

**Vergleich von Skelettmuskeln bei Wirbeltieren und
Wirbellosen.** Der Vergleich z.B. eines Laufbeinmus-
kels von einem Krebs oder einer Heuschrecke mit
einem Skelettmuskel eines Säugetieres zeigt einerseits strukturelle und funktionelle Gemeinsamkeiten, wie z.B. die Querstreifung oder die biochemische Maschinerie zur Kraftentwicklung, aber auch
organisatorische Unterschiede (Abb. 7-1). Ein typischer Skelettmuskel bei Wirbeltieren besteht aus
sehr vielen Muskelfasern und wird von zahlreichen
Motoneuronen innerviert. So zählt der *Extensor
digitorum longus* (EDL) der Ratte ca. 3000 Fasern,
die von etwa 100 Motoneuronen versorgt werden.
Der *Tibialis anterior* ist bei der Katze aus 56000
Fasern, beim Menschen aus etwa 270000 Fasern
zusammengesetzt, die von ca. 250 bzw. 445 Moto-

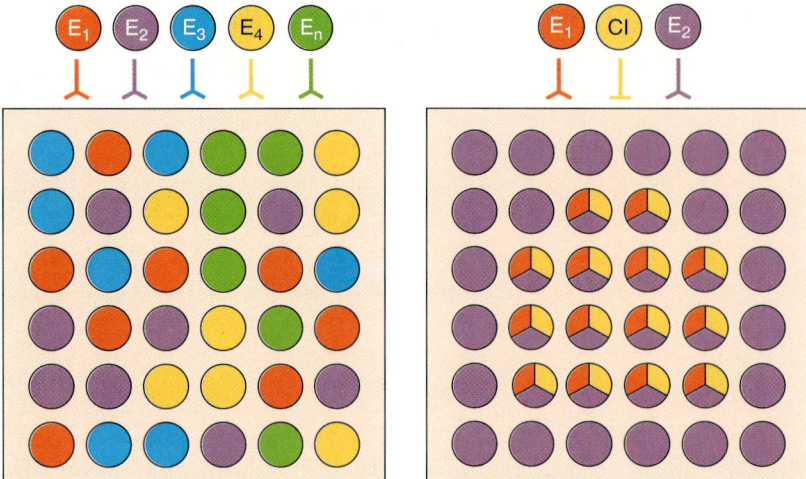

Abb. 7-1. Zusammensetzung von Skelettmuskeln aus motorischen Einheiten, links Säugermuskel, rechts Crustaceenmuskel als Beispiel eines polyneuronal innervierten Invertebratenmuskels. Der Säugermuskel wird von vielen, ausschließlich erregenden Motoneuronen (E) innerviert und besteht aus ebenso vielen motorischen Einheiten (gleiche Farben kennzeichnen Motoneurone und die jeweils von ihnen innervierten Muskelfasern). Motorische Einheiten überlappen nicht, ihre Fasern sind über den Muskelquerschnitt unregelmäßig verteilt. Die Fasern inner- halb einer motorischen Einheit sind in ihren Eigenschaften ähnlich. Der typische Skelettmuskel bei Crustaceen ist dreifach innerviert (zwei erregende Motoneurone, E, und CI als Hemmneuron). Einzelne Fasern werden von allen drei oder nur von einem Motoneuron versorgt. Motorische Einheiten (z.B. die von E1 und E2 gebildeten) überlappen, Fasern mit gleicher Innervation sind häufig in Gruppen angeordnet. Die Fasern innerhalb einer motorischen Einheit können heterogen sein. Original Rathmayer

neuronen innerviert werden. Die Zahl **motorischer Einheiten** (darunter versteht man alle Muskelfasern, die vom gleichen Motoneuron innerviert werden) ist im typischen Skelettmuskel der Säugetiere *groß*. Die einzelne Muskelfaser wird aber jeweils nur von *einem Neuron* innerviert. Ein einzelnes Neuron kann jedoch oft mehrere hundert, beim Menschen sogar bis weit über tausend Muskelfasern innervieren. Die Situation bei Arthropoden ist dagegen völlig anders.

> **Invertebratenmuskeln werden nur von wenigen Motoneuronen innerviert. Trotzdem sind die mechanischen Leistungen mit denen der Wirbeltiermuskeln durchaus vergleichbar**

In der Regel innervieren nur zwei bis vier Motoneurone einen Muskel, in Ausnahmefällen sind wenig mehr als ein Dutzend für einen Muskel zuständig. Es gibt aber auch Muskeln, die nur von einem einzigen Motoneuron angesteuert werden. Die *Zahl motorischer Einheiten* ist deshalb bei Muskeln von Wirbellosen immer *gering* (Abb. 7-1). *Trotz dieser spärlichen Innervation ist die Palette mechanischer Leistungen keineswegs schmaler als die von Wirbeltiermuskeln.*

> **Die Innervation der Muskelfasern ist meist polyneuronal und multiterminal; vielfach erhalten Muskeln neben erregender zusätzlich hemmende Innervation**

In der Regel erhält bei Invertebraten eine einzelne Muskelfaser von *mehreren verschiedenen Neuronen synaptische Kontakte* (**polyneuronale Innervation**, Abb. 7-2 a). Dies ist besonders ausgeprägt bei Muskeln von Arthropoden, z.T. aber auch von Nematoden, Anneliden und Mollusken. Ein weiterer Unterschied zur Situation bei den Skelettmuskeln der Wirbeltiere liegt darin, daß die synaptischen Kontakte zwischen den motorischen Axonen und den Muskelfasern nicht wie bei Wirbeltieren meist auf eine oder wenige, eng begrenzte Stellen auf der Muskelfaser beschränkt sind (**motorische Endplatte**, s. Kap. 5). Vielmehr bilden die motorischen Axone von Invertebraten (besonders Arthropoden) häufig eine *Vielzahl synaptischer Kontaktstellen mit einer Muskelfaser* aus (**multiterminale Innervation**, Abb. 7-2 a). Die neuromuskulären Synapsen sind nur 10–20 μm voneinander entfernt und über die gesamte Länge der Muskelfaser verteilt. Eine einzige Krebsmuskelfaser kann viele hundert Synapsen aufweisen. Die Muskelfaser wird dadurch über ihre gesamte Länge durch lokale synaptische Potentiale depolarisiert, die gleichzeitig an sehr vielen Stellen entstehen. Für die Aktivierung der gesamten Faser sind deshalb in der Regel aktiv fortgeleitete Aktionspotentiale nicht notwendig. (Dies ist bei den Skelettmuskeln der Wirbeltiere allerdings der Fall).

Hemmende Innervation. Bei Wirbeltieren sind die efferenten neuronalen Impulsmuster zur Skelettmuskulatur nur erregend. Sie sind das Ergebnis komplexer erregender und hemmender synaptischer Prozesse, *die ausschließlich im ZNS ablaufen*. Bei vielen Invertebraten (nahezu bei allen Arthropoden, aber auch bei Nematoden, Anneliden und Mollusken) existiert zusätzlich zu den in ihrer Funktion bei Wirbeltieren vergleichbaren Hemmprozessen im ZNS eine weitere, funktionell bedeutsame *synaptische Hemmung, die peripher an der Muskulatur ansetzt*.

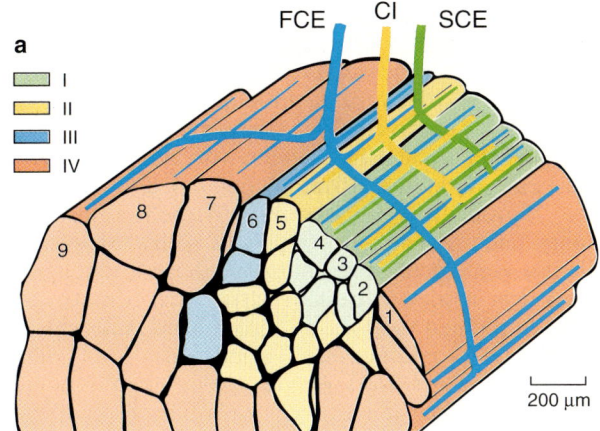

> **Invertebratenmuskeln sind in der Regel heterogen aus unterschiedlichen Fasertypen zusammengesetzt; dies ermöglicht die Vielfalt mechanischer Leistungen trotz spärlicher Innervation durch wenige Motoneurone**

Bei Säugetieren sind die meisten Skelettmuskeln aus physiologisch ähnlichen Zuckungsfasern aufgebaut. Die Fasern einer motorischen Einheit sind in ihren elektrophysiologischen, mechanischen und biochemischen Eigenschaften weitgehend homogen. Invertebratenmuskeln, insbesondere von Arthropoden, sind dagegen meist aus **funktionell unterschiedlichen Fasertypen** zusammengesetzt. Dies gilt auch für Muskeln, deren Fasern vom gleichen Motoneuron innerviert werden, d.h. die Fasern einer motorischen Einheit sind hier meistens heterogen.

Als Beispiel für die heterogene Zusammensetzung eines Arthropodenmuskels soll der Schließermuskel im Laufbein einer Krabbe betrachtet werden (Abb. 7-2). Dieser Muskel ist aus vier verschiedenen Fasertypen (Typ I – IV) zusammengesetzt. Nahezu identisch sind der Beuger- und Extensormuskel, ähnlich die restlichen Beinmuskeln organisiert.

Alle 300–400 Fasern des Schließers werden vom sog. schnellen (s.u.) erregenden Neuron innerviert. Sie bilden in Bezug auf dieses Neuron eine einzige motorische Einheit. Etwa die Hälfte der Muskelfasern erhält zusätzlich Innervation von einem zweiten erregenden, dem sog. langsamen und von einem hemmenden Motoneuron [34]. Trotz gleicher Innervation unterscheiden sich die Fasern durch den Quantengehalt und die Bahnungseigenschaften ihrer synaptischen Potentiale sowie durch die Fähigkeit, Aktionspotentiale (Typ II – IV) oder nur passive Membranantworten ausbilden (Typ I) zu können. Sie unterscheiden sich auch in den Isoformen der myofibrillären ATPase und deren Gesamtaktivität [35]. Deswegen verkürzen sich Typ I-Fasern langsam (**tonische Fasern**), Fasern vom Typ II, III und IV jeweils unterschiedlich schnell (ver-

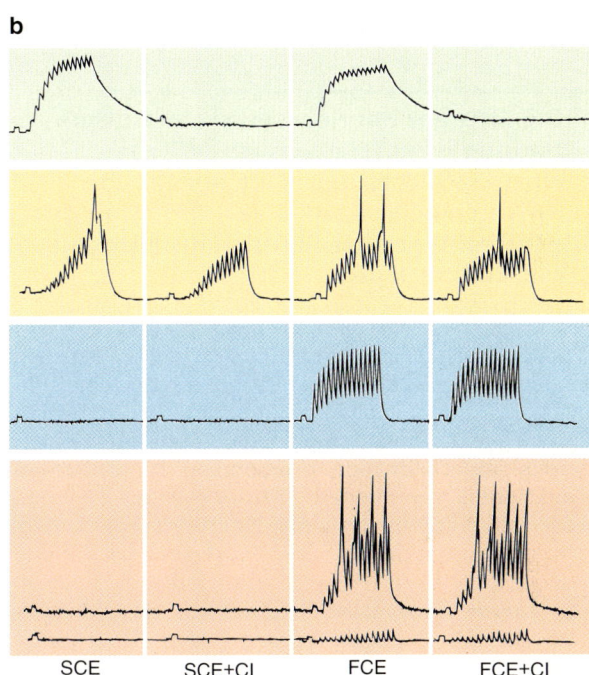

Abb. 7-2. a Ausschnitt aus einem typischen Krabbenmuskel (proximaler Teil des Schließers im Laufbein) mit dreifacher Innervation und vier verschiedenen Muskelfasertypen (I – IV). **b** Unterschiede in den postsynaptischen Antworten (EPSP) an den verschiedenen Fasertypen auf identische Reizung des langsamen (SCE) und des schnellen (FCE) Axons sowie jeweils gleichzeitig des CI-Neurons. Die Hemmwirkung ist komplett an Typ I-Fasern, schwach an Typ II-Fasern und fehlt an Typ III und IV (keine CI-Innervierung). Typ I-Fasern können keine Aktionspotentiale ausbilden. Die EPSP der Typ IV-Fasern sind klein. Erst bei hohen Entladungsfrequenzen des FCE werden über Bahnung der EPSP Aktionspotentiale ausgelöst, welche dann diesen Fasertyp für die Kontraktion rekrutieren. Der Eichpuls zu Beginn jeder Spur beträgt 2 mV, 10 ms. Original Rathmayer

schiedene **phasische Fasern**). Eine ähnliche heterogene Zusammensetzung aus Fasern unterschiedlichen physiologischen Typs wurde bei einer Vielzahl von Muskeln bei Crustaceen und Insekten, aber auch bei anderen Invertebraten gefunden.

Die heterogene Zusammensetzung motorischer Einheiten aus verschiedenen Muskelfasertypen kann als *funktionelle Kompensation für die spärliche Innervation durch wenige Motoneurone angesehen werden*. Sie ist eine wesentliche Voraussetzung für die vielfältigen mechanischen Leistungen von Invertebratenmuskeln, die in ihrer Breite denen der über zahlreiche Motoneurone gesteuerten Wirbeltiermuskeln kaum nachstehen. Sie ermöglicht selbst Muskeln, die nur von einem einzigen erregenden Motoneuron innerviert werden (z.B. dem Öffner oder Strecker in den Laufbeinen von Crustaceen) sowohl Aufrechterhaltung und kontinuierliche Variation des Tonus, um die Position des Tiers entgegen der angreifenden Schwerkraft zu halten, wie auch unterschiedlich schnelle transiente Kontraktionen während verschiedener Formen der Lokomotion [35].

Die Effizienz der neuromuskulären Übertragung ist unterschiedlich zwischen einzelnen Motoneuronen, aber auch zwischen neuromuskulären Synapsen des gleichen Motoneurons mit verschiedenen Muskelfasertypen

Bei den doppelt erregend innervierten Fasern, wie sie für die meisten Muskeln der Crustaceen und Insekten, aber auch bei anderen Invertebraten typisch sind, findet man eine **Funktionsteilung** bereits innerhalb der erregenden Motoneurone (**funktionell verschiedene Motoneurone**). Niederfrequente Aktivität des einen Neurons führt zu langsamen Kontraktionen des Muskels; das zweite Motoneuron kann dagegen schon mit einem einzigen Impuls eine schnelle Zuckung des Muskels erzeugen. Die Neurone werden wegen dieser unterschiedlichen mechanischen Antworten, die sie am Muskel auslösen, als **langsam** bzw. **schnell** bezeichnet (nicht weil sie Signale langsam oder schnell leiten).

Ein wesentlicher Grund für die unterschiedlichen Kontraktionsgeschwindigkeiten liegt in der unterschiedlichen Menge an Transmitter, welche die beiden Neurone an ihren Endigungen mit den Muskelfasern freisetzen. Langsame Motoneurone setzen pro Aktionspotential in der Regel nur wenige Transmitterquanten frei, so daß die von ihnen ausgelösten Depolarisationen in Form **erregender postsynaptischer Potentiale (EPSP)** klein sind. Erst höhere Frequenzen führen über Bahnung und Summation der EPSP zu einem Überschreiten der Depolarisationsschwelle, ab der dann Kontraktionen ausgelöst werden. An den neuromuskulären Endigungen der schnellen Motoneurone werden durch ein einlaufendes Aktionspotential meist sehr viel mehr Transmitterquanten freigesetzt. Die resultierenden EPSP sind deutlich größer. Häufig depolarisiert sogar ein

einziges oder das erste EPSP einer Folge die Muskelfasern bereits bis zur Kontraktionsschwelle bzw. löst sogar eine aktive elektrische Antwort (Aktionspotential) an der Muskelfaser aus. Das Ergebnis ist eine Einzelzuckung der Fasern bzw. bei höherer Entladungsfrequenz des Neurons eine schnelle Kontraktion.

Je nach Einsatz und Aktivität verschiedener Motoneurone werden unterschiedliche Populationen von Muskelfasern und unterschiedliche Fasertypen in einem Muskel aktiviert

Zu der **Arbeitsteilung auf der Basis funktionell verschiedener erregender Motoneurone** kommt eine weitere Funktionsteilung über die **verschiedenen Fasertypen** hinzu, welche einen Muskel aufbauen. Dies ist von besonderer Bedeutung für die Arbeitsteilung in Muskeln, deren Fasern identische Innervation besitzen und deshalb die gleichen, im ZNS erzeugten motorischen Impulsmuster erhalten. Hierüber wissen wir vor allem aus Untersuchungen an Beinmuskeln von Crustaceen gut Bescheid [35]. Wie Insekten, so benutzen auch Crustaceen bei der Lokomotion vorwiegend langsame erregende Motoneurone. Schnelle Motoneurone werden nur gelegentlich zu Beginn einer Muskelaktivierung zugeschaltet und scheinen als Reserve für sehr schnelle Bewegungen, z.B. Fluchtläufe, zu dienen.

Die Aktivierung tonischer Muskelfasern. Langsame Motoneurone innervieren sowohl tonische wie phasische Muskelfasern (Abb. 7-2). Einzelne EPSP langsamer Motoneurone, obwohl generell meist deutlich kleiner als die schneller Motoneurone, sind an den tonischen Muskelfasern häufig größer als an den phasischen Fasern. Wegen des höheren Membranwiderstands tonischer Fasern ist auch die Abfallzeitkonstante ihrer EPSP 5–30mal länger als an den phasischen Fasern (Abb. 7-2 b vergl. Typ I mit Typ II). Dies fördert die Summation der EPSP und damit die Gesamtdepolarisation der tonischen Fasern beträchtlich. Sie werden bereits bei geringen Entladungsfrequenzen des langsamen Neurons ausreichend depolarisiert und kontrahieren deshalb. Ihre Kontraktionsgeschwindigkeit ist vor allem *wegen ihrer geringen myofibrillären ATPase-Aktivität langsam*. Bei höherer Entladungsfrequenz der langsamen Motoneurone wird die Depolarisation der tonischen Fasern nicht wesentlich erhöht, weil prä- und postsynaptische Effekte dies verhindern [34]: Einmal ist die Bahnung der EPSP an diesem Fasertyp kaum ausgeprägt, zum anderen verhindert das passive elektrische Verhalten der Muskelmembran (Einwärtsgleichrichtung) eine weitere Zunahme der Depolarisation ab einer gewissen

Amplitude sowie die Ausbildung von aktiven elektrischen Antworten an der Muskelfaser (Abb. 7-2 b).

Die Aktivierung phasischer Muskelfasern. An den phasischen Muskelfasern sind die EPSP der langsamen Motoneurone meist klein und wegen der kurzen Membranzeitkonstante dieser Fasern bei niederfrequenter Entladungsaktivität kaum summierend. Bei geringen Entladungsfrequenzen des langsamen Neurons werden deshalb diese Fasern – im Gegensatz zu den tonischen Fasern – noch nicht kontrahieren. Erst höhere Entladungsfrequenzen führen über starke Bahnung und Summation der EPSP zu einer Zunahme der Depolarisationsamplitude der Muskelfasern und dadurch zu einer Rekrutierung dieses Fasertyps für die Kontraktion. Jede weitere Frequenzzunahme der neuronalen Aktivität führt zu vermehrter Depolarisation dieser Muskelfasern, oft auch zur Ausbildung von Aktionspotentialen (Abb. 7-2 b), was die Depolarisation zusätzlich vergrößert. Da zudem die Kontraktionsgeschwindigkeit dieses Fasertyps *wegen der hohen myofibrillären ATPase-Aktivität schnell ist*, resultiert aus seiner Aktivierung bei hochfrequenten Impulsmustern auch der langsamen Neurone eine schnelle Kontraktion des Muskels.

Rekrutiert ein Tier zusätzlich zu den langsamen noch schnelle Motoneurone, so trägt dies beträchtlich zur Depolarisation der doppelt innervierten Muskelfasern und damit zur Erhöhung ihrer Kontraktionskraft und -geschwindigkeit bei. Oft werden dabei auch weitere Populationen phasischer Muskelfasern ins Spiel gebracht, welche nur von den schnellen Motoneuronen innerviert werden (z.B. Typ III und IV in Abb. 7-2 b). Dadurch werden Kraft und Geschwindigkeit der Kontraktion eines Muskels nochmals erhöht.

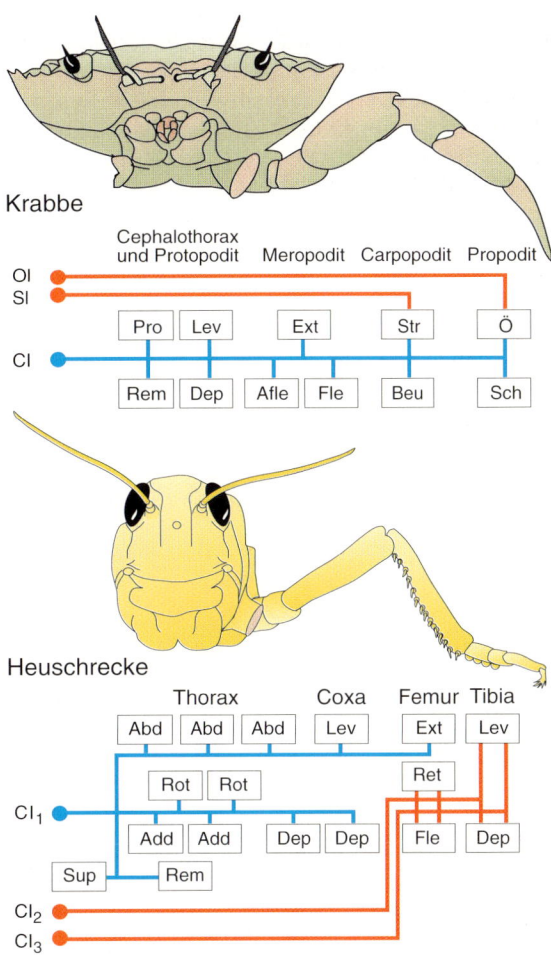

Abb. 7-3. CI-Neurone bei einer Krabbe und einer Heuschrecke und die von diesen Neuronen innervierten Zielmuskeln im Bein- und Thoraxbereich. Die Abkürzungen bezeichnen die einzelnen Muskeln, die zum Teil in Abb. 7-10 dargestellt sind. Ol und Sl bei der Krabbe sind zwei spezifische Hemmneurone. Original Rathmayer

Aktivität bestimmter Hemmneurone (CI-Neurone) ist essentiell für die Durchführung schneller Muskelkontraktionen, da vorwiegend tonische Muskelfasern von der Beteiligung an schnellen Bewegungen ausgeschaltet werden

Gemeinsame und spezifische Hemmneurone. Die oben beschriebene Arbeitsteilung innerhalb von Arthropodenmuskeln für langsame und schnelle Kontraktionen wird über die genannten Mechanismen hinaus wesentlich durch die Tätigkeit von **hemmenden Motoneuronen** unterstützt. Bei Krabben und Heuschrecken ist ihre Aktivität für die funktionsrichtige Arbeit der Muskeln während schneller Lokomotion essentiell [33, 46]. Diese Hemmneurone sind **gemeinsame Inhibitoren (common inhibitors, CI-Neurone)**, so bezeichnet, weil sie mehrere bis viele Muskeln gemeinsam innervieren (Abb.

7-3). Daneben sind noch **spezifische Hemmneurone** bekannt, die selektiv nur einen einzigen Muskel innervieren. Sie sind jedoch selten (z.B. vorhanden beim Öffner- und Streckermuskel von Crustaceen. Sie dienen hier der Entkopplung beider Muskeln von gemeinsamem erregendem Eingang). Bei Insekten scheinen spezifische Hemmneurone weitgehend zu fehlen.

Post- und präsynaptische Hemmung. Die Wirkung hemmender Motoneurone auf die Muskelantwort beruht meist auf dem Zusammenwirken von post- und präsynaptischen Mechanismen: Auf der **postsynaptischen Seite** wird die Depolarisation über die EPSP durch eine GABA-vermittelte Leitfähigkeitserhöhung der Muskelmembran für Chlorid reduziert (s. Kap. 5.2). Der erniedrigte Eingangswiderstand der Muskelfaser verkürzt die Membranzeitkonstante. Dies verschlechtert die Summationsbedingungen der EPSP und führt zu einer geringeren

Depolarisation. Bei der **präsynaptischen Hemmung** wird die Amplitude der EPSP durch Reduktion der Anzahl der Transmitterquanten, die ein Aktionspotential an den neuromuskulären Endigungen des erregenden Axons freisetzt, verkleinert, manchmal sogar auf Null reduziert (Abb. 7-2 b, obere Spur).

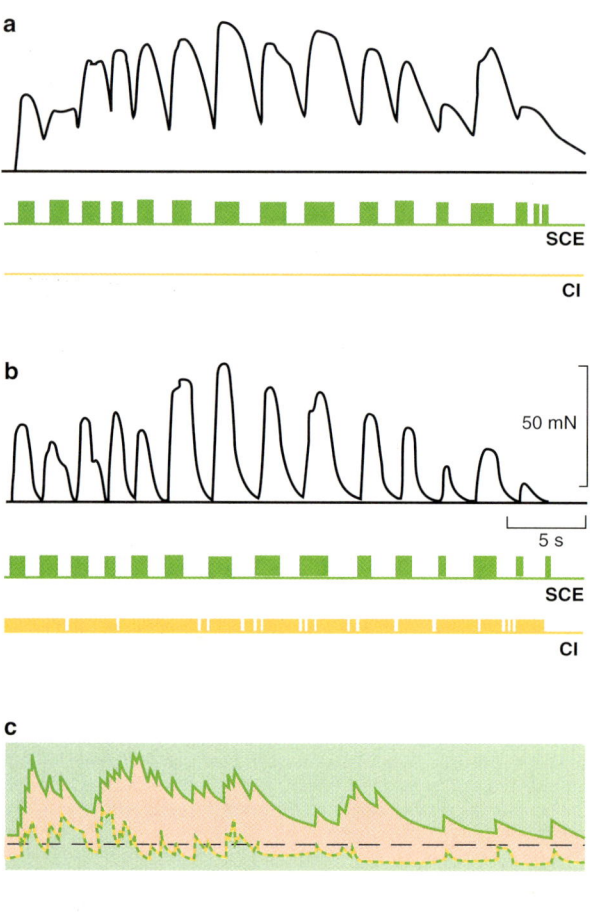

Abb. 7-4. Kraftentwicklung eines Schließermuskels im Laufbein einer Krabbe bei Reizung des langsamen erregenden (SCE) und des CI-Axons mit natürlichen, von einer anderen Krabbe während des Laufens (14 Schritte) erzeugten neuronalen Mustern; **a** ohne, **b** mit Beteiligung des CI-Neurons. Ohne Hemmung zeigt der Muskel starke Hysterese bei der Erschlaffung nach jeder Kontraktion, was Grundspannung aufbaut und die Rückkehr des Daktylus in die Ausgangsposition (durchgezogene Linie) vor jedem Schritt behindert. **c, d** Superposition jeweils zweier EPSP-Ableitungen während eines Schrittes ohne grün und mit CI-Aktivität (gelb/grün punktiert) von einer tonischen (oben) und einer phasischen (unten) Muskelfaser. Der Hemmeffekt (rot) an der tonischen Faser ist besonders ausgeprägt. Gestrichelt: Membranruhepotential. Nach [33]

Hemmung tonischer Muskelfasern. Die Wirkung der Hemmneurone ist an verschiedenen Muskelfasertypen unterschiedlich stark ausgeprägt. *Besonders effektiv ist die CI-Hemmung an tonischen Muskelfasern* (Abb. 7-2 b, 7–4 c). Dies hat eine funktionelle Bedeutung. Da die tonischen und phasischen Fasern in einem Muskel häufig wegen identischer Innervation koaktiviert werden, bedingt die volle Beteiligung der tonischen Fasern an der Kontraktion des Muskels eine langsamere Kontraktionsentwicklung und vor allem eine langsamere Erschlaffung. Dies behindert die schnelle Abfolge von Kontraktionen, wie sie bei schnellen alternierenden Extremitätenbewegungen, z.B. während des Laufens, notwendig ist. *Die Aktivität von CI-Neuronen bewirkt, daß die tonischen Fasern fast vollständig gehemmt werden und sich nicht an der Kontraktion beteiligen* [8]. Dadurch werden die Antworten des Gesamtmuskels schneller. Die Kraft wird jedoch wegen des geringen Anteils tonischer Fasern am Gesamtquerschnitt des Muskels kaum verringert (Abb. 7-4 b). Unter diesem Gesichtspunkt erscheint es verständlich und sinnvoll, daß z.B. bei den Krebstieren ein einziges CI-Neuron alle Beinmuskeln versorgt (Fig. 7–3). Damit wird eine gleichsinnige Wirkung in allen Beinmuskeln zur Durchführung schneller Kontraktionszyklen während des schnellen Laufens erzielt.

Der Einsatz von CI-Neuronen im intakten Tier. Ableitungen von frei beweglichen Krabben bzw. Heuschrecken haben den Einsatz von CI-Neuronen beim Laufen und die Notwendigkeit ihrer Aktivität für schnell aufeinanderfolgende Muskelkontraktionen und -erschlaffungen belegt (7-4 b). Ein Tier schaltet die CI-Neurone zu Beginn seiner Lokomotionsphase an. Im Gegensatz zu den rhythmisch alternierenden Entladungsmustern der erregenden Motoneurone zu den Beinmuskeln zeigen CI-Neurone eine tonische Grundentladung für die Dauer der Lokomotion (Abb. 7-4 b). Erniedrigt man die Entladungsfrequenz eines CI-Neurons z.B. bei einer laufenden Heuschrecke experimentell durch hyperpolarisierende Strominjektion in das Soma dieses Neurons, so wird die Geschwindigkeit der Schwingphase des Beins beim Laufen verlangsamt (Abb. 7-5 c). Dies beruht auf einer verringerten Hemmung der tonischen Muskelfasern und damit einem erhöhten Beitrag dieses Fasertyps an der Muskelantwort [46].

7.2 Die Entstehung motorischer Muster

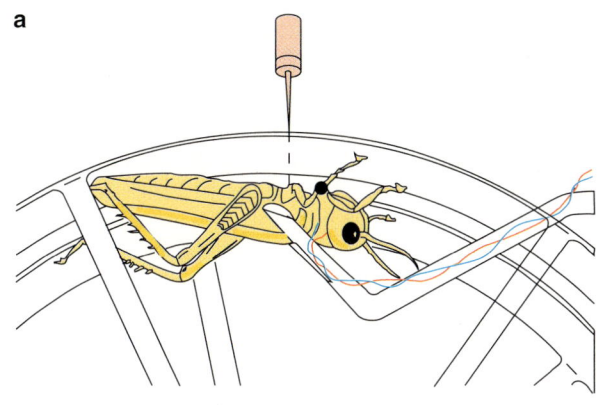

Nervensysteme produzieren auch ohne Eingangssignale regelmäßige Ausgänge in Form rhythmischer motorischer Entladungsmuster; sie werden von zentralen Mustergeneratoren erzeugt

Die Arbeitsweise zentraler Mustergeneratoren. Häufig weisen Bewegungsabläufe bei Invertebraten einen hohen Anteil von rhythmischen, wenig variierten Komponenten (Stereotypien) auf, wie z.B. Beinbewegungen beim Laufen, Schwimmen oder Singen (Stridulieren), Atmungs-, Kopulations- und Eiablagebewegungen, der Flügelschlag bei fliegenden Insekten, oder Freß- und Schwimmbewegungen, z.B. bei Meeresschnecken. Für die stereotype Ausführung sind motorische Entladungsmuster verantwortlich, die ebenfalls einen hohen Grad von Stereotypien aufweisen. Die Muster werden von **prämotorischen Neuronenensembles** im ZNS erzeugt und an die nachgeschalteten Motoneurone weitergeben. Neuronenensembles mit der intrinsischen Fähigkeit zu rhythmischer Entladungsaktivität werden deswegen als **zentrale Mustergeneratoren (ZMG)** bezeichnet. *ZMG stellen neuronale Schaltkreise dar, die lokal in einem Ganglion oder segmental in mehreren Ganglien angesiedelt sind. Ihre rhythmischen Ausgänge beruhen auf intrinsischen Netzwerkeigenschaften der Neurone; die rhythmische Aktivität bleibt auch ohne Eingänge, z.B. in Form afferenter Meldungen von Sinnesorganen, erhalten, wenn sie auch u.U. verlangsamt ist.*

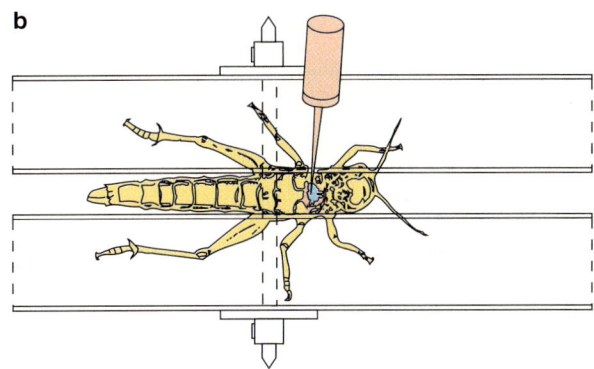

Zentrale Mustergeneratoren sind an vielfältigen Bewegungsabläufen beteiligt; allein verantwortlich sind sie aber nur für die Ausführung einfacher motorischer Komponenten; komplexe Bewegungen erfordern das Zusammenspiel von ZMG mit sensorischen Kontrollinstanzen

Die Existenz von ZMG konnte bei einer Vielzahl von Organismen nachgewiesen werden. ZMG sind an der Steuerung der unterschiedlichsten Bewegungsabläufe beteiligt. Ihr Beitrag zur Entstehung des aktuellen motorischen Programms ist jedoch unterschiedlich. *Nur für wenige motorische Vorgänge (z.B. Herzschlagrhythmen oder Schwimmen beim Blutegel) existiert eine feste zentralnervöse Programmierung, die unabhängig von sensorischen Rückmeldungen abläuft. Die motorischen Programme für komplexe Bewegungsabläufe, wie sie in natürlichen*

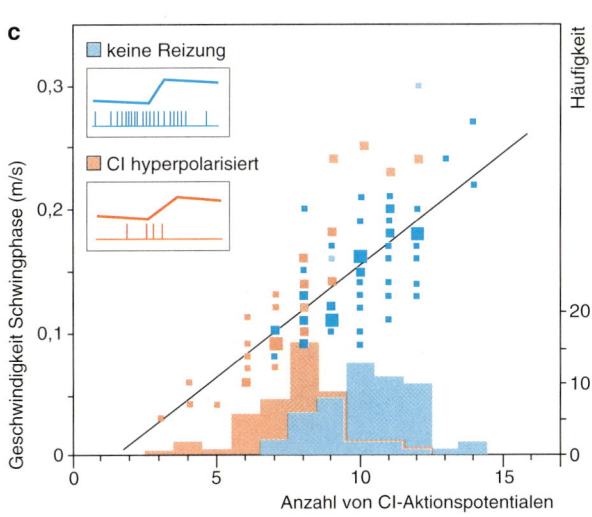

Abb. 7-5. a, b Die Aktivität des CI_1-Neurons einer Heuschrecke, die auf einem Rad läuft, wird intrazellulär abgeleitet und über Strominjektionen in den Zellkörper von CI manipuliert. Die Beinbewegungen werden optisch registriert. **c** Histogramm der CI-Entladungen in Beziehung zur Geschwindigkeit der Protraktion (Schwingphase) des Beins. Hyperpolarisation von CI reduziert die Zahl seiner Aktionspotentiale (Verschiebung des Histogramms nach links) und verlangsamt die Schwingphase des Beins. Einsätze: Registrierungen der Beinbewegung und CI-Aktivität. Rot: Effekte nach CI-Manipulation. Nach [46]

Verhaltenssituationen die Regel sind, entstehen jedoch durch die **Interaktion von ZMG und sensorischen Rückmeldungen**. Hierbei können zentralnervöse Schaltmodule zwar bestimmte Aspekte des motorischen Programms – oft zusammengehörige Phasen wiederholter Bewegungsabläufe – allein und autonom generieren, aber andere Teile des Programms werden durch Afferenzen kontrolliert und modifiziert. Afferente Signale melden z.B. Fortschritt und Erfolg eines Bewegungsabschnitts (siehe Heuschreckenflug). Schließlich benötigen viele Bewegungsabläufe Sinnesrückmeldungen über den erfolgreichen Abschluß einer Bewegungsphase als Voraussetzung für den Beginn der nächsten Phase und damit für den rhythmischen Ablauf der Gesamtbewegung [1].

> **Schwimmen beim Blutegel als einfacher Bewegungsablauf wird überwiegend von zentralen Mustergeneratoren gesteuert**

Die neuronalen Muster, welche Schwimmen beim Egel steuern, können auch in semiintakten isolierten Präparaten, die aus dem Nervensystem und einigen Körpersegmenten mit zugehöriger Muskulatur bestehen, durch künstliche Reizung ausgelöst werden. Die Muster verursachen rhythmische Kontraktionen in den antagonistischen Muskeln der Körpersegmente, die weitgehend der Kontraktionswelle beim Schwimmen intakter Tiere gleichen [16]. Die Muster werden von Motoneuronen erzeugt, die von ZMG angesteuert werden, selbst aber nicht Bestandteil der ZMG sind [25].

Blutegel schwimmen, indem sie sich zuerst durch Kontraktion der Dorsoventralmuskeln flach machen und anschließend ihren Körper rhythmisch nach dorsal und ventral krümmen. Dies geschieht über alternierende Kontraktionen der dorsalen und ventralen Längsmuskeln. Die Krümmungswelle beginnt an den vorderen Körpersegmenten und läuft nach hinten. Der auf das umgebende Wasser ausgeübte Kraftvektor treibt den Egel nach vorne.

Linearer Informationsfluß von Sinneszellen der Peripherie über Kommandoneurone im ZNS zu Mustergeneratoren, welche die Motoneurone treiben. Schwimmen beim Egel wird durch Aktivität sensorischer Zellen (sog. T- oder P-Zellen in jedem Ganglion) oder Mechanorezeptoren in der Haut, die auf Wasserbewegungen ansprechen, ausgelöst. Die sensorischen Meldungen schalten Kommandoneurone an, die ihrerseits ZMG aktivieren. Sie befinden sich in jedem der 21 segmentalen Ganglien des Zentralnervensystems. Jeder ZMG besteht aus mindestens fünf Paaren individuell bekannter Interneurone (Zellen 27, 28, 33, 123, 208, rot in Abb. 7-6 c). *Jeder ZMG ist als neuronales Netzwerk organisiert und erzeugt das rhythmische Anregungsmuster*

für die Aktivität der Motoneurone, zunächst nur in dem ihnen zugehörigen Ganglion. Ist ein segmentaler ZMG einmal angeschaltet, scheint er für die Aufrechterhaltung des Musters keine afferenten Rückmeldungen mehr zu benötigen. Schwimmen beginnt mit der Aktivierung der dorsalen Längsmuskeln in einem vorderen Körpersegment durch synchrone Entladungen der vier erregenden Motoneurone, gefolgt von der Hemmung dieser Muskeln durch die zwei hemmenden Motoneurone in dem zugehörigen Ganglion. Daran schließt sich die Aktivierung der ventralen Längsmuskeln durch synchrone Aktivität ihrer drei erregenden und, verzögert, zwei hemmenden Motoneurone an (Abb. 7-6 e). Diese Sequenz der Erregung/Hemmung der dorsalen Längsmuskeln, gefolgt von Erregung/Hemmung der ventralen Längsmuskeln, läuft nun in jedem Ganglion, von vorne nach hinten mit kurzer Verzögerung fortschreitend, gleichartig ab [25]. Für den Rhythmus in jedem ZMG ist der Depolarisationsverlauf der Zelle 208 während eines Schwimmzyklus von besonderer Bedeutung. Wird der Depolarisationsbeginn dieser Zelle z.B. durch Hyperpolarisation verzögert (Abb. 7-6 d), so setzt das Erregungsmuster der Motoneurone nicht zum erwarteten Zeitpunkt (Balken in Abb. 7-6 d), sondern verzögert ein. Könnten im Experiment die Zellen 208 in allen Ganglien hyperpolarisiert werden, würde das Schwimmen wahrscheinlich ganz gestoppt.

Vernetzung segmentaler ZMG. Die Neurone des ZMG sind mit ihren Axonen nicht auf ein Ganglion beschränkt, sondern sie erstrecken sich über mehrere benachbarte Ganglien und beeinflußen so den zeitlichen Einsatz des Rhythmus in jedem Ganglion. Dadurch kommt es zu der Kontraktionswelle, die über den Körper des Egels hinwegläuft. Die ZMG werden von Interneuronen (**Kommandoneuronen**) angesteuert (Zellen 61, 204, 205). Wird im Experiment z.B. nur die Zelle 204 eines einzigen Ganglions gereizt, so kann ein neuronales Schwimmuster in der ganzen Ganglienkette auftreten. Es ist jedoch für die verschiedenen Segmente nicht synchronisiert. Serotonin, das von mehreren Neuronen in jedem Ganglion (besonders von den großen Retzius-Zellen) produziert und ins Blut freigesetzt wird, hat eine Modulatorfunktion (s.S. 181) und bestimmt die Bereitschaft eines Egels zu schwimmen [16, 25].

Kommandoneurone. Für das Ein- bzw. Ausschalten von ZMG wurden vielfach besondere Neurone oder Neuronengruppen postuliert, die wegen dieser Funktion Kommandoneurone genannt wurden (Abb. 7-7 a). Ihre Aktivität sei notwendig und hinreichend für die Auslösung einer Verhaltenskomponente [3, 26]. Für die motorische Steuerung komplexer Bewegungsabläufe, wie sie die Regel in natürlichen Verhaltenssituationen sind, ist ein so einfaches neuronales Schalterprinzip höchstwahrscheinlich nicht verwirklicht. Obwohl Reizung von kleinen

Abb. 7-6. Schwimmen beim medizinischen Blutegel. **a** Tier mit Ganglienkette und abzweigenden Segmentalnerven. **b** Ausschnitt eines Körpersegments mit Hautmuskelschlauch. **c** Dorsalsicht eines Ganglions mit identifizierten Neuronen (numeriert, 1–8: Zellkörper der Motoneurone; rot: vier paarige Interneurone des ZMG). **d** Aktivität von Zelle 208 des ZMG und Motoneuronen, abgeleitet von Segmentalnerven (SN) des 8. und 13. Ganglions. Artefakt in der Mitte der oberen Spur: Hyperpolarisation der Zelle 208 durch Strominjektion. Sie führt zu einer Rhythmusänderung (Verzögerung) der Entladung der Motoneurone (Beachte die Verschiebung der Balken über der SN-Ableitung). **e** Schema der motorischen Steuerung des Schwimmens. Zahlen bedeuten identifizierte Neurone (siehe **c**). DV, DE, VE, DI und VI Motoneurone für Dorsoventralmuskel (DVM), Erreger und Hemmer für dorsalen (DLM) und ventralen Längsmuskel (VLM). R Retzius-Zelle, die über Serotonin-Ausschüttung die ZMG moduliert. Verändert nach [25, 40]

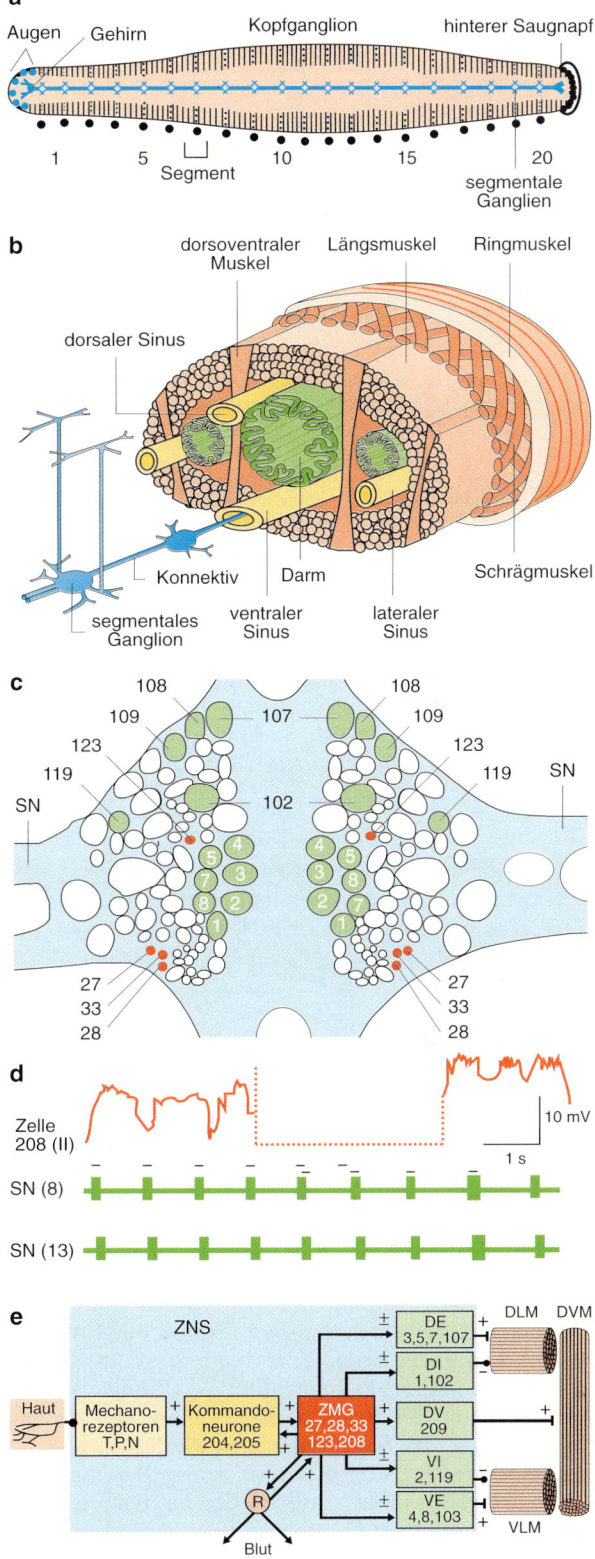

lokalen Neuronenbereichen oder sogar einzelnen identifizierten Neuronen im Experiment motorisches Verhalten im Sinne von Kommandoneuronen auslösen kann (z.B. Singen bei Grillen, Schwimmen bei Meeresschnecken oder Fluchtverhalten bei Schaben), ist es fraglich, ob unter natürlichen Verhaltensbedingungen ausschließlich diese gleichen Neurone eine derartige auslösende Kommandofunktion besitzen. Dies wurde bislang nicht einmal für das Schwimmen beim Egel (s.o.) nachgewiesen. Kommandoneurone existieren allerdings wohl für die Auslösung sehr spezifischer schneller Verhaltensreaktionen, wie z.B. Fluchtbewegungen. Der Schwanzschlagreflex beim Fluchtschwimmen der Krebse ist hierfür ein Beispiel.

> **Der Schwanzschlag-Reflex (*tail flip*) bei Flußkrebsen wird durch Zusammenwirken von Kommandoneuronen mit zentralen Mustergeneratoren gesteuert**

Flußkrebse können einer bedrohlichen Situation durch wiederholte schnelle Flexionen und Extensionen des Abdomens (Schwanzschläge) entfliehen. Sie bringen das Tier schnell aus dem Gefahrenbereich (Fluchtschwimmen). Daran sind **vier Riesenfasern** (zwei mediane, mRF, und zwei laterale, lRF) als **Kommandoneurone** beteiligt. Sie durchziehen das Bauchmark in ganzer Länge. Die mRF erhalten Eingänge *von vorne*, z.B. den Augen und Mechanorezeptoren auf dem Zephalothorax, die lRF *von hinten* von Mechanorezeptoren des Abdomens. Jede Faser in jedem der beiden Paare ist durch reziproke elektrische Synapsen mit dem Partner auf der anderen Körperseite verbunden. Dadurch arbeiten sie als funktionelle Einheit. Die Stärke der synaptischen Übertragung von den RF zu den nachgeschalteten großen Flexormotoneuronen der Schwanzmuskulatur ist für die beiden RF-Systeme verschieden. Die

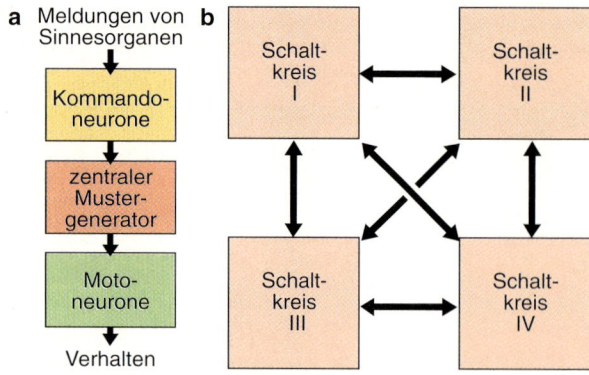

a Meldungen von Sinnesorganen

Kommando-neurone

zentraler Muster-generator

Moto-neurone

Verhalten

b

Schalt-kreis I

Schalt-kreis II

Schalt-kreis III

Schalt-kreis IV

Abb. 7-7. a Vereinfachtes Blockschaltbild der motorischen Steuerung einer Verhaltenskomponente am Beispiel *Tritonia*. **b** Wechselwirkung verschiedener neuronaler Schaltkreise in einem polymorphen Netzwerk. Jeder Schaltkreis kann sein eigenes Muster produzieren. Schaltkreise können aber auch in verschiedenen Verhaltenskontexten unterschiedlich miteinander gekoppelt sein. Nach [20]

mRF sind über wirkungsvolle, stets überschwellig übertragende Synapsen mit den Flexormotoneuronen in jedem Abdominalsegment verbunden. Die lRF bilden die überschwelligen Synapsen nur in den ersten drei Abdominalsegmenten aus, in den restlichen sind sie unterschwellig. Dies hat Konsequenzen für die Richtung des Fluchtschwimmens (s.u.).

Neuronale Steuerung des ersten Schwanzschlages.
Fluchtschwimmen eines Krebses beginnt mit einer sehr kurzen Latenz von ca. 20 ms auf einen auslösenden Reiz. Bei einem über die mRF ausgelösten Schwanzschlag werden die Flexormotoneurone aller Abdominalsegmente überschwellig erregt, was zur Krümmung des ganzen Abdomens führt. *Dadurch schießt der Krebs von der Gefahrenquelle weg nach hinten.* Aktivierung der lRF durch Reize am Hinterende des Tieres erregt nur die Flexoren der vorderen drei Abdominalsegmente maximal. Deshalb werden nur diese drei gekrümmt, die restlichen bleiben gestreckt und *der Krebs schnellt in einer Art halbem Salto nach vorne*, wodurch er sich wiederum von der Gefahrenquelle entfernt. Zeitlich parallel zur Erregung der Flexormotoneurone üben die Riesenfasern eine kurzfristige Hemmung auf die Extensormotoneurone aus. Noch bevor die Flexion der Muskeln beendet ist, werden auch die Flexormotoneurone gehemmt und die Extensormotoneurone aktiviert. Letzteres geschieht allerdings nicht unter Beteiligung der RF, sondern reflektorisch über sensorische Rückkopplung der Meldungen von Mechanorezeptoren, die bei der Flexion stimuliert wurden, auf die Extensormotoneurone. Das Abdomen wird nun wieder gestreckt. Für diese Zeit bleibt die Hemmung der Flexoren bestehen [37].

Neuronale Kontrolle repetitiver Schwanzschläge.
Bei der schnellen Fluchtreaktion eines Krebses folgen dem ersten Schwanzschlag in der Regel eine Reihe weiterer repetitiver Schwanzschläge mit einer Frequenz von 10–20 Hz. Daran sind die RF jedoch nicht mehr beteiligt; sie sind nach dem ersten Einsatz gehemmt (**rekurrente Selbsthemmung**). Ihre Rolle übernehmen nun ZMG, die in den abdominalen Ganglien lokalisiert sind.

Die repetitiven Schwanzschläge des Fluchtschwimmens zeigen einen anderen Ablauf als der erste tail flip: Die Phasenrelation zwischen Flexion und Extension ist umgekehrt, die Extensions- geht der Flexionsphase des Abdomens voraus. Die Extension dauert kurz, die Flexion länger, der Krebs hält sein Abdomen lange gebeugt (Gleitphase) und streckt es dann nur kurz aus, um es erneut zu beugen (Schlagphase). Die Reextension während dieses Schwimmens wird nicht über sensorische Rückkopplung reflektorisch gesteuert, sondern ebenfalls über den ZMG [24, 44]. *Der gleiche Auslöser für Flucht steuert also eine motorische Reaktion über zwei Wege: einmal über die Riesenfasern als Kommandoneurone, zum anderen über parallele Verschaltung als Befehl für die segmentalen ZMG.* Die Unterschiede in Bezug auf den Beginn der Muskelantworten sind beträchtlich: Unter Beteiligung der RF treten Muskelaktionspotentiale bereits 5–10 ms, andernfalls erst 50–500 ms nach einem Auslösereiz auf.

An der Ausführung verschiedener motorischer Aufgaben sind unterschiedliche ZMG beteiligt. *Die gleichen Neurone können in verschiedenen Verhaltenssituationen in verschiedene ZMG integriert sein.* Das dynamische Zusammenwirken von Neuronen in ZMG kann durch Meldungen von Sinnesorganen, durch zentrale Kommandosignale und durch Neuromodulatoren oder hormonelle Einflüße modifiziert werden.

Für die Erzeugung motorischer Muster unter natürlichen Verhaltensbedingungen sind in der Regel nicht einzelne Neurone bzw. anatomisch definierte Neuronennetze verantwortlich, wie es das Beispiel des Schwimmens beim Egel vermuten läßt (Abb. 7-6 a), sondern eine Vielzahl verschiedener, *je nach Verhaltenskontext variabel zusammengesetzter Populationen prämotorischer Interneurone* (**Neuronenensembles**, s. Abschnitt 7.3). Dies ermöglicht das **dyna-**

mische **Zusammenspiel** verschiedener Neuronengruppen, die das für den jeweiligen Verhaltensablauf richtige Entladungsmuster der Motoneurone bewirken (Abb. 7-7 b). *ZMG sind demnach in der Regel nicht starr organisiert, sondern werden je nach Aufgabe neu geformt* (**Systemeigenschaften neuronaler Netze**). Weil z.B. die gleichen Beinmuskeln eines Tieres bei verschiedenen Bewegungsformen des Laufens, Springens oder Schwimmens unterschiedlich eingesetzt werden, müssen die motorischen Muster ihrer Aktivierung ebenfalls unterschiedlich sein.

> **Die gleichen Neurone können je nach Verhaltenssituationen in verschiedene neuronale Schaltkreise integriert sein; in einem Verhaltenskontext können sie Kommandoneurone, in einem anderen aber Bestandteil eines ZMG sein**

Jeder neuronale Schaltkreis erzeugt sein eigenes, für eine bestimmte Bewegung typisches Impulsmuster und fungiert für die Motoneurone, welche diese Bewegungskomponente steuern als ZMG. Die Schaltkreise sind jedoch nicht starr und für sich isoliert organisiert, sondern sie interagieren je nach Verhaltenskontext dynamisch in unterschiedlicher Kombination und erzeugen dabei verschiedene neuronale Programme. Diese können auch verschiedene Populationen von Motoneuronen ansteuern. Meist werden die ZMG auch über Afferenzen (s.o.) oder Modulatorneurone (s.u.) beeinflußt.

Die gleichen Neurone können sogar Mitglieder verschiedener ZMG sein, die für die Steuerung verschiedener Verhaltenskomponenten zuständig sind (**multifunktionelle Schaltkreise**). Sie können somit jeweils verschiedene Muster für verschiedene motorische Aufgaben generieren. Untersuchungen zur motorischen Steuerung z.B. der Ventilationsbewegungen für den Austausch des Atemwassers bei Krabben oder des Freßverhaltens bei Schnecken haben gezeigt, daß zentrale Kommandosignale die ZMG für diese Bewegungsabläufe jeweils neu organisieren können. Dabei kommt es – im ersten Fall – zu einer Umkehr der Bewegungsrichtung bzw. – im zweiten Beispiel – von Nahrungsaufnahme zu Nahrungserbrechen.

> **Die neuronale Kontrolle des Schwimmens bei Meeresschnecken ist ein Beispiel für dynamisch interagierende multifunktionelle ZMG**

Will die Meeresschnecke *Tritonia* einem Freßfeind entfliehen, so führt sie eine Reihe alternierender Krümmungen des Körpers nach dorsal und ventral aus, die als Schwimmen bezeichnet werden. Die für diese Bewegungen verantwortlichen Muskeln werden von Motoneuronen im Pedalganglion innerviert, die alternierend rhythmisch entladen und so diese einfache Lokomotion steuern (Abb. 7-8 a). Die Motoneurone werden von mindestens fünf Gruppen prämotorischer Interneurone des Zerebralganglions kontrolliert. Sie sind monosynaptisch mit den Motoneuronen verschaltet. Die Interneurone produzieren als ZMG den Grundrhythmus der Schwimmbewegung [23]. Die frühen Vorstellungen über die motorische Steuerung dieses Verhaltens beinhalteten einen linearen Informationsfluß (Abb. 7-7 a) der Meldungen von Sinnesorganen auf Kommandoneurone, welche die ZMG für Schwimmen anschalten, die ihrerseits dann die entsprechenden Motoneurone treiben. Sie glichen damit weitgehend den Vorstellungen über die Steuerung des Schwimmens beim Blutegel (s.o.). Die scheinbar starre Rolle von Kommandoneuronenen und ZMG sind gerade für das Schwimmen bei *Tritonia* durch neuere Arbeiten modifiziert und korrigiert worden [19, 20].

Bei *Tritonia* besitzt z.B. das identifizierte Interneuron C 2 im Zerebralganglion eine Schlüsselfunktion in Bezug auf das Entladungsmuster des ZMG (Abb. 7-8 b): Nur wenn dieses Neuron andauernd depolarisiert ist (beim Schwimmen), antworten es selbst und der ZMG rhythmisch, d.h., die Entladungen von Schwimminterneuronen für dorsale und ventrale Kontraktionen erfolgen alternierend. Andernfalls erzeugt der ZMG ein tonisches Muster, die zwei Gruppen von Interneuronen sind koaktiviert und führen synergistisch zur Flexion der Muskeln, die typisch für eine Ausweichbewegung der Schnecke ist [18].

7.3 Die Rolle sensorischer Signale (Afferenzen) für die motorische Steuerung

Der stereotype Ablauf vieler einfacher motorischer Vorgänge bei Invertebraten hat über lange Zeit zu der Vorstellung geführt, daß ZMG, einmal durch Meldungen von Sinnesorganen über Kommandoneurone angeschaltet, im wesentlichen autonom, d.h. ohne afferente Rückmeldungen von Sinnesorganen für die Rhythmogenese der Efferenzen sorgen. Die Rolle afferenter Kontrolle wurde als gering angesehen. Heute wissen wir, daß diese Vorstellung nicht generell stimmt.

Wenn sich ein Tier in natürlicher Umwelt bewegt, so werden die Extremitäten mit sehr verschiedenen und häufig wechselnden Situationen konfrontiert. Um situationsrichtige, d.h. sinnvolle Bewegungen durchzuführen, müssen die afferenten Signale der Rezeptoren, welche aus dem Kontakt mit der Umwelt entstehen (z.B. ob ein Bein Bodenkontakt hat oder ein Hindernis berührt), in die Erzeugung der motorischen Programme integriert werden.

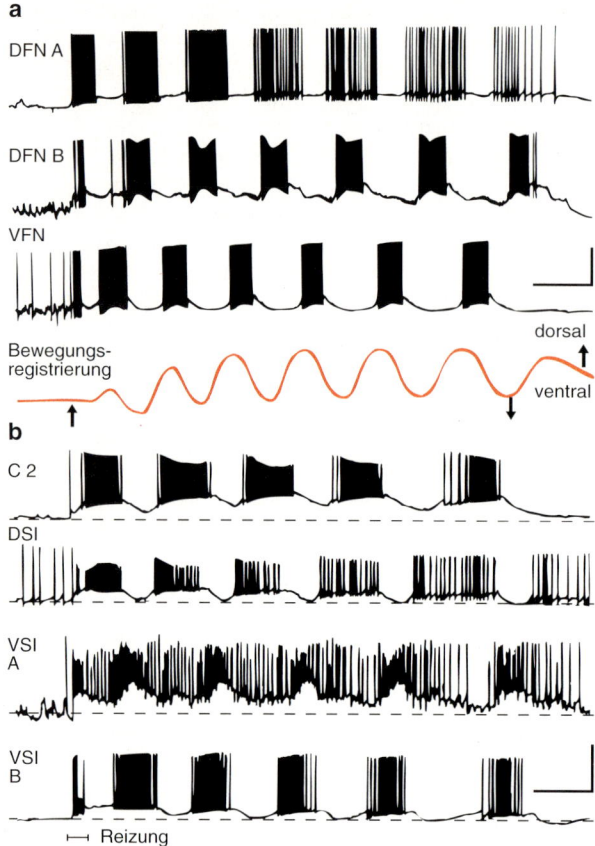

a

DFN A

DFN B

VFN

Bewegungs-
registrierung

dorsal

ventral

b

C 2

DSI

VSI
A

VSI
B

⊢—⊣ Reizung

Abb. 7-8. Schwimmen bei *Tritonia*. **a** Rhythmische Entladungen von Motoneuronen für dorsale (DFN A, DFN B) und ventrale (VFN) Flexion verursachen die Schwimmbewegungen (rote Spur in A, Beginn beim Pfeil). Eichmarke 40 mV, 5 s. **b** Ableitungen von prämotorischen Interneuronen des ZMG im Zerebralganglion. Der Rhythmus wird durch elektrische Reizung eines peripheren Nerven (Balken in unterster Spur) eingeschaltet. DSI, VSI A, VSI B: dorsales und zwei Klassen verschiedener ventraler „Schwimm"-Interneuronen; C2 identifiziertes Interneuron. Seine Dauerdepolarisation (gepunktete Abweichung von der gestrichelten Linie des Membranpotentials) garantiert die rhythmischen Entladungen der anderen Neurone des ZMG. Eichmarke 50 bzw. 25 mV (für VSI A), 5 s. Nach [18]

Auch die verschiedenen Parameter der Bewegung selbst, wie Position, Geschwindigkeit und Beschleunigung einer Extremität werden von Rezeptoren der Peripherie registriert [1].

> **Die Meldungen von Extero- und Proprio-
> rezeptoren steuern die Bewegungsaus-
> führung**

Man unterscheidet zwei Funktionstypen von Mechanorezeptoren: **Exterorezeptoren** (z. B. Sinneshaare) vermitteln Außenreize, **Propriorezeptoren** (z. B.

Muskelrezeptoren, Gelenkrezeptoren) reagieren auf Reize, die während und als Folge einer Bewegung im Tier selbst entstehen. Die Projektionswege der Extero- und Propriorezeptoren sind verschieden; gemeinsam ist beiden eine weitgehende Somatotopie und hohe Konvergenz vieler Eingänge auf wenige Ausgangsneurone. Die Prinzipien der Projektionen sowie die Rolle mechanosensorischer Meldungen für die Steuerung motorischer Vorgänge sind besonders ausgiebig für die Beinbewegungen bei Arthropoden, vor allem Heuschrecken, untersucht. Letztere stehen daher im Mittelpunkt der folgenden Betrachtung.

Verschaltungswege für Meldungen von Exterorezeptoren. Die afferenten Axone der Exterorezeptoren besitzen in der Regel kaum direkte synaptische Kontakte mit den Motoneuronen, sondern sie sind mit **prämotorischen Interneuronen (IN)** synaptisch verschaltet (Abb. 7-9). Dabei werden die Meldungen der Exterorezeptoren auf viele IN verteilt. In der Projektion bleibt die Topologie eines Beines in Form einer Karte im ZNS bewahrt. Bei der synaptischen Projektion findet eine enorme Konvergenz statt: Den mehr als 10 000 Sendern in Form der Exterorezeptoren eines Beines stehen weniger als 100 Motoneurone als Endadressaten gegenüber, die für die Steuerung der Muskeln in diesem Bein vorhanden sind [11, 12].

> **Die Verarbeitung sensorischer Meldungen
> erfolgt durch Interneurone mit verschie-
> denen Übertragungsverhalten mittels
> Aktionspotentialen oder graduierten
> Änderungen des Membranpotentials**

Die prämotorischen IN eines Heuschreckenganglions senden ihre Axone entweder in benachbarte Ganglien und erstrecken sich somit über mehrere Körpersegmente (**intersegmentale IN**), oder ihre Verzweigungen bleiben auf das Ganglion beschränkt (**lokale IN**). Unter den lokalen Interneuronen finden sich zwei Antworttypen: Neurone, die Aktionspotentiale ausbilden können und diese zur Signalübermittlung an nachgeschaltete Neurone verwenden (**„spikende" lokale IN**, SLIN in Abb. 7-9), und solche, die keine Aktionspotentiale bilden (**„nicht-spikende" lokale IN**, NSLIN in Abb. 7-9). Letztere antworten nur mit graduierten und anhaltenden Veränderungen ihres Membranpotentials, weil ihnen die Fähigkeit zur Bildung von Aktionspotentialen fehlt. Dies bedeutet im Falle von Depolarisationen eine graduierte, von der Höhe und Dauer der Depolarisation abhängige, kontinuierliche Freisetzung von Transmitter an den postsynaptischen Zielzellen [39].

Interneurone mit Aktionspotentialen sind erregend oder hemmend mit Motoneuronen und anderen Interneuronen verschaltet; sie sind an der Erzeugung der Aktivitätsmuster für antagonistische Muskeln beteiligt

Bei Heuschrecken stellt die Verschaltung auf SLIN im ZNS den Hauptweg der Verarbeitung sensorischer Signale von Exterorezeptoren dar. Nur ein geringer Teil dieser Afferenzen wird auf NSLIN übermittelt. Innerhalb der Adressaten vom Typ der SLIN sind zwei Populationen zu unterscheiden. Sie liegen in verschiedenen Bereichen eines Ganglions, und ihre synaptischen Ausgänge zu den nachgeschalteten Neuronen weisen entgegengesetzte Polaritäten, *erregend bzw. hemmend*, auf. Bei der Heuschrecke liegt die eine Population nahe der Mittellinie ventral im Ganglion (VML in Abb. 7-9). Die Ausgänge zu den nachgeschalteten Motoneuronen, aber auch zu anderen SLIN und NSLIN, sind stets *hemmend*. Die zweite Population liegt im vorderen Ganglienbereich (AM in Abb. 7-9). Diese Neurone sind erregend mit Motoneuronen verschaltet. Afferenzen von Exterorezeptoren können somit an einigen Motoneuronen (z.B. Extensoren der Beinmuskeln) Hemmung, an anderen (den antagonistischen Flexoren) aber Erregung auslösen [12].

Interneurone, die keine Aktionspotentiale erzeugen, bestimmen über graduierte Potentialantworten u.a. die Empfindlichkeitsschwellen der Motoneurone oder Zeitverlauf und Intensität von Reflexen

Die NSLIN besitzen *hemmende* synaptische Kontakte zu ihren Zielneuronen. Diese können andere Gruppen von NSLIN, aber auch Motoneurone sein. Ein bestimmtes NSLIN hat meist synaptische Kontakte mit vielen Motoneuronen, aber auch ein bestimmtes Motoneuron erhält Eingänge von vielen NSLIN. Dehalb können NSLIN Gruppen von Motoneuronen beeinflußen, welche verschiedene Muskeln innervieren, die aber zusammen als Ensemble für die Ausführung einer koordinierten Bewegung aktiviert werden müssen. Wegen der graduierten, vom jeweiligen Membranpotential abhängigen Transmitterfreisetzung verändern die NSLIN die Empfindlichkeitsschwellen der von ihnen innervierten Motoneurone für andere synaptische Eingänge über die Einstellung unterschiedlicher Membranpotentiale. Sie können somit die Entladungsfrequenz dieser Motoneurone und damit Kraft und Geschwindigkeit der Muskelantwort modulieren.

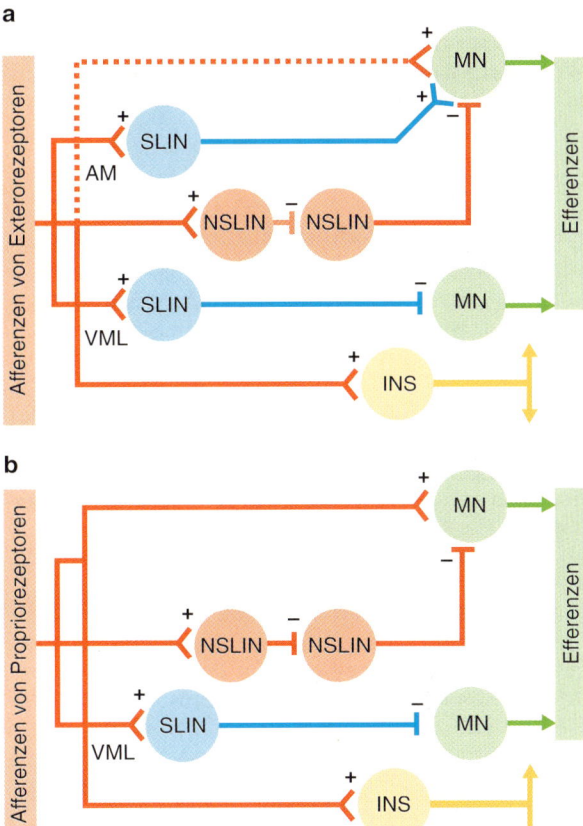

Abb. 7-9. Schema lokaler synaptischer Verknüpfungen im Metathorakalganglion einer Heuschrecke bei der Verarbeitung afferenter Signale von Extero- (**a**) und Propriorezeptoren (**b**) im Bein. Nur die Hauptverbindungswege zwischen Neuronenklassen sind dargestellt. Die Stärke der Verbindungslinien symbolisiert den vorherrschenden Verarbeitungsweg. Die gestrichelte direkte Aufschaltung von exterorezeptiven Afferenzen auf Motoneurone in A ist bisher noch nicht schlüssig nachgewiesen. + erregende, − hemmende synaptische Verbindungen. AM: Neurone der anterior-medianen Gruppe, MN: zwei Gruppen von Motoneuronen, die z.B. ein antagonistisches Beinmuskelpaar (Flexor, Extensor) innervieren. INS: intersegmentale Interneurone, die zum benachbarten Ganglion ziehen, VML: Neurone der ventralen Mittellinien-Gruppe; andere Abkürzungen wie im Text. Nach [12]

Verschaltungswege für Meldungen von Propriorezeptoren. Die Adressaten der Meldungen von Propriorezeptoren sind einmal Motoneurone über direkte *erregende* (monosynaptische) Verschaltungen. Daneben projezieren Propriorezeptoren aber auch noch auf NSLIN und SLIN. Diese beiden Neuronenpopulationen wirken auf die nachgeschalteten Neuronen (inklusive die Motoneuronen) ausschließlich *hemmend* (Abb. 7-9). Werden bei einer Heuschrecke z.B. Rezeptoren des Chordotonalorgans im Femur durch Strecken des Beins erregt, so sorgt ihre monosynaptische Verschaltung für Erregung der Flexormotoneurone des Femurs und über die indirekte Verschaltung über die SLIN für Hemmung der antagonistischen Extensormotoneurone. Dies führt zu einer dem Reiz entgegengesetzten Ausgleichsbewegung (Beugen) des Beins. Derartige **Widerstandsreflexe** sind bei der Kontrolle der Bein- oder Körperstellung weit verbreitet.

In aktiv sich bewegenden Tieren spielen sensorische Meldungen der Peripherie eine tragende, Widerstandsreflexe und lokale Reflexe dagegen eine untergeordnete Rolle

Berührt man ein Bein einer Heuschrecke auf der Unterseite der Tibia, so wird es angehoben. Werden jedoch mechanosensitive Haare auf der Oberseite der Tibia gereizt, wird das Bein gebeugt. Diese **lokalen Reflexe** sind sinnvoll, denn sie führen das Bein im Sinne einer Vermeidereaktion von der Reizquelle weg [4, 7].
  Die Antworten der Motoneurone werden aber nicht nur von den afferenten Signalen aus dem zuständigen Körpersegment, in dem die Bewegung erfolgt, sondern von Meldungen aus anderen Segmenten und von dem jeweiligen Verhaltenskontext beeinflußt. Besonders komplex sind die afferenten Meldungen bei aktiv sich bewegenden Tieren. Welche Rolle hierbei den Meldungen von Extero- und Propriorezeptoren für die Genese der motorischen Rhythmen zukommt, ist experimentell schwer zu untersuchen. Es steht außer Zweifel, daß *ZMG nur einfache efferente Grundmuster erzeugen können (s.o.). Afferente Rückmeldungen aus der Peripherie spielen in natürlichen Verhaltenssituationen, gerade bei aktiven Bewegungen eine wichtige Rolle*. Sie verändern die efferenten Muster in Anpassung an externe Bedingungen im Sinne einer Feinkontrolle des Bewegungsablaufs, sie sind aber auch für die Aufrechterhaltung motorischer Aktivität notwendig. Ihnen kommt vor allem für die Übergänge zwischen verschiedenen Bewegungsphasen und für die Kontrolle des zeitlich richtigen Einsatzes der efferenten neuronalen Muster große Bedeutung zu [32].

Myogramme erlauben Rückschlüsse auf neuronale motorische Muster bei frei beweglichen Tieren

Die motorischen Impulsmuster, mit denen Invertebraten den konzertierten Einsatz verschiedener Beinmuskeln während aktiver Lokomotion steuern, sind vor allem aus Muskelableitungen (**Myogrammen**) analysierbar. Hieraus kann die Entladungsaktivität individueller Motoneurone erkannt und quantifiziert werden. Zudem können der zeitliche Einsatz der verschiedenen Muskeln, ihre Koaktivie-

rung im gleichen Bein sowie die zeitliche Koordination der Aktivierung homologer Muskeln bei verschiedenen Beinen in unterschiedlichen Laufsituationen bestimmt werden.

Stellvertretend für viele derartige Untersuchungen soll die motorische Steuerung der Lokomotion einer Krabbe unter möglichst natürlichen Bedingungen des freien Laufs dargestellt werden (Abb. 7-10). Krabben laufen seitwärts, wobei die Beine auf der Seite in der Bewegungsrichtung (ziehend) und auf der Gegenseite (schiebend) unterschiedliche Aufgaben übernehmen. Die für einen bestimmten Muskel zuständigen Motoneurone werden je nach Laufrichtung von unterschiedlichen ZMG gesteuert. Die Kraft für die Fortbewegung wird hauptsächlich von den schiebenden Beinen während des Bodenkontakts in der Stemmphase produziert.

Beinmuskeln erhalten je nach Bewegungsform unterschiedliche motorische Programme

Wie Myogramme zeigen, sind die Motoneurone zu bestimmten Phasen eines Schrittes rhythmisch aktiv (Abb. 7-10 b, c). Daraus ist der Einsatz der verschiedenen Muskeln während des Schrittes ersichtlich. In einem schiebenden Bein werden in der Stemmphase der Depressor, Extensor und Öffner aktiviert, während für die Schwingphase hauptsächlich Levator, Flexor und Schließer aktiv sind (Abb. 7-10 d). Die Muskeln eines ziehenden Beines erhalten ein anderes Aktivierungsmuster: In der Stemmphase werden Flexor und Schließer, in der Schwingphase Extensor und Öffner aktiviert. Die Entladungsfrequenz einzelner Motoneurone während eines Schritts kann hohe Werte erreichen (Abb. 7-10 e).
  Für den Übergang von der Stemm- in die Schwingphase eines Beins sind afferente Meldungen von Sinnesorganen (Propriorezeptoren) im Bein essentiell [27]. Dies sind einmal die Afferenzen von Spannungsrezeptoren im Basi-Ischiopodit-Gelenk, zum anderen Meldungen von Mechanorezeptoren in der Daktylus-Spitze, welche die Belastung des Beins während der Stemmphase registrieren. Rückmeldungen von diesen Sinnesorganen dienen dem Vermeiden von gefährlichen mechanischen Belastungsspitzen an exponierten Extremitätenteilen, zum anderen liefern sie Signale, die für den Übergang von der Stemm- in die Schwingphase, und umgekehrt essentiell sind. So wird ein Bein meist nur dann vom Boden abgehoben, wenn es keine nennenswerte Belastung mehr trägt, wenn also im Ablauf der Bewegung andere Beine die Stützung des Körpers übernommen haben und das Tier durch das Anheben eines Beins nicht aus dem Gleichgewicht kommt.

7.4 Modulation motorischer Steuerung

In den letzten Jahren wurden viele Beispiele dafür bekannt, daß motorische Steuervorgänge durch endogene Modulatorsubstanzen beeinflußt werden [38]. Eine ausführliche Darstellung findet sich in

Abb. 7-10. a, b Strandkrabbe und Aktivität der an einer Beinbewegung beteiligten Muskeln. **c** Gleichzeitige Myogramm-Ableitungen von vier Muskeln (Extensor E, Flexor F, Öffner Ö, Schließer S) während drei schiebenden Schritten im freien Lauf. **d** Phasenbeziehung und Dauer der Myogramm-Aktivität von Beinmuskeln während schiebenden Schritten. Der Balken bezeichnet die Stemmphase; L Levator, D Depressor, andere Abkürzungen wie oben. **e** Mittlere Entladungsfrequenz (Ordinate) für vier Motoneurone (langsamer und schneller Erreger zum Extensor, sE, fE; langsamer Erreger zum Schließer (S) und Öffner (Ö) während schiebenden Schritten. In der Stemmphase ist die Aktivität der Extensor-Motoneurone sowie die des Erregers zum Öffner zu Beginn eines Schrittes hoch und sinkt dann auf niedrigere Werte. Ein entgegengesetztes Verhalten zeigt die Entladungsrate des langsamen Erregers zum Schließer. Die Entladungen der homologen Neurone für die Muskeln des ziehenden Beins auf der Gegenseite sind dagegen anders: Sie entladen für die Dauer der Muskelaktivierung mit konstanter Frequenz. Nach [13]

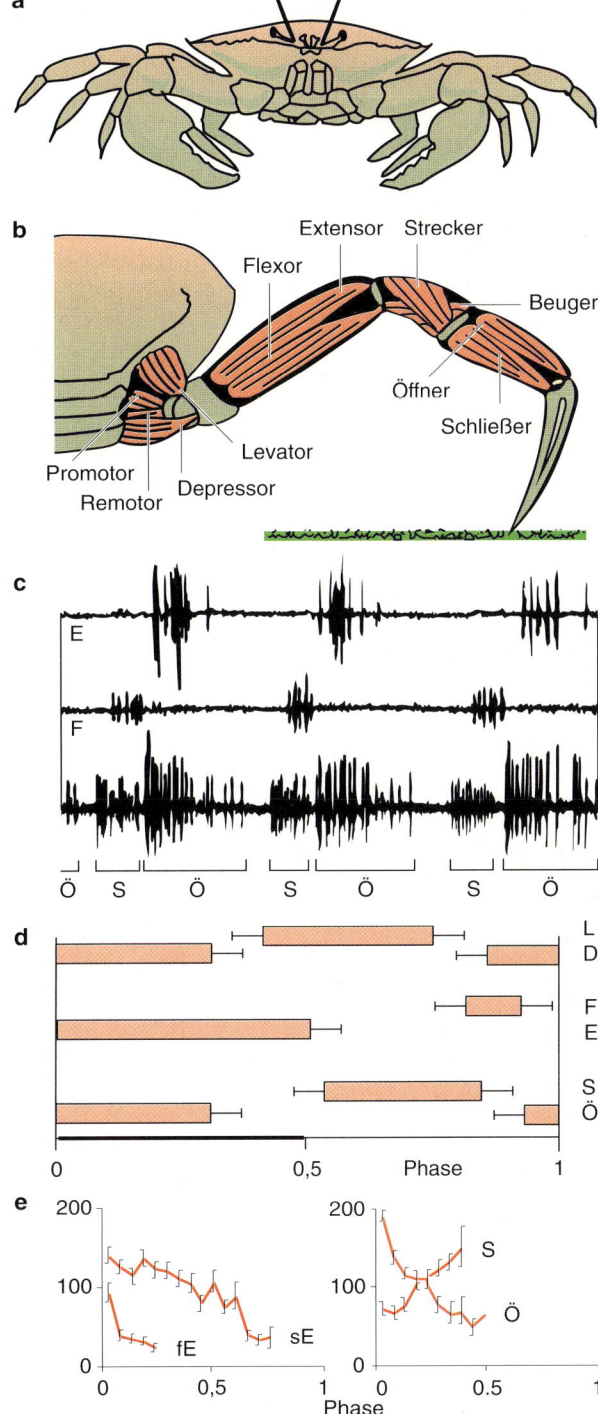

Kapitel 23. Beteiligt sind vor allem biogene Amine wie Serotonin (5-Hydroxytryptamin), Dopamin und Octopamin neben kleinen Peptiden, wie FMRFamid oder Proctolin. Zahlreiche Neurone, die Neuromodulatoren synthetisieren, sind im ZNS z.B. von Insekten, Crustaceen und Mollusken immunzytochemisch mit Hilfe spezifischer Antikörper gegen diese Substanzen individuell identifizierbar. Modulatorsubstanzen werden entweder im ZNS selbst oder in die Hämolymphe als Botenstoffe bzw. auch direkt an der Muskulatur aus Axonendigungen freigesetzt. Im Gegensatz zu konventionellen Neurotransmittern, deren Aktion in der Regel schnell und an lokal begrenzten Rezeptoren und deren Ionenkanälen an den postsynaptischen Zellen erfolgt, beeinflussen Neuromodulatoren über ihre postsynaptischen Rezeptoren häufig langfristig intrazelluläre Signalwege in den Zielzellen.

> **Neuromodulatoren haben zentrale und periphere Wirkorte; ihre Effekte werden über sekundäre Botenstoffe vermittelt**

Zentrale Effekte von Neuromodulatoren. Im ZNS beeinflußen Neuromodulatoren die Neurone und ihre synaptischen Kontaktstellen. Die damit verbundene Veränderung in Wirkung und/oder Freisetzung von Transmittern hat oft auch Auswirkungen auf die Aktivität von Mustergeneratoren. So wird z.B. bei Crustaceen die Rhythmik im stomatogastrischen Ganglion durch eine Vielzahl verschiedener endogener Peptide verändert. Bei Krebsen werden die ZMG für die Bewegungen der Lauf- und Schwimmbeine durch Proctolin beschleunigt, durch Octopamin aber gebremst. Beim Hummer sorgt Serotonin für die zentrale Empfindlichkeitseinstellung prämotorischer Interneurone, welche die Flexor- und Extensormotoneurone kontrollieren. Octopamin

kann bei Heuschrecken den ZMG für Flug anschalten, Serotonin moduliert die ZMG für das Schwimmen des Blutegels. In vielen dieser Fälle beruhen die Effekte der Modulatorsubstanzen auf einer Kaskade intrazellulärer biochemischer Reaktionen in den Zielzellen, die schließlich zu einer Veränderung von elektrischen Membraneigenschaften (z.B. über

Aktivierung von Proteinkinasen und Phosphorylierung von Ionenkanälen) und damit von Schalt- und Signalisiereigenschaften der Neurone führen.

Periphere Wirkungen von Neuromodulatoren. An der Peripherie beeinflußen Neuromodulatoren zum Teil die neuromuskulären Endigungen, oft aber direkt die Muskulatur. Häufig verstärken sie durch prä- und postsynaptische Effekte die Effizienz motorischer Programme. An vielen Muskeln erhöhen Octopamin und Proctolin die Kontraktionskraft erheblich. Daran ist eine Veränderung des cAMP-Spiegels in den Muskelfasern über Aktivierung von G-Proteinen verantwortlich. Bei Crustaceenmuskeln werden durch Modulatoren spannungsabhängige Kalium- und Kalzium- Kanäle der Muskelmembran verändert, so daß z.B. Änderungen des Membranwiderstandes und damit größere synaptische Antworten bzw. größere Kalziumströme in die Muskelfasern auftreten.

> **Das Eiablageverhalten bei Schnecken ist ein Beispiel für konzertiertes Zusammenwirken verschiedener Peptide bei der Modulation motorischer Muster**

Die Eiablage bei der Meeresschnecke *Aplysia* und der Süßwasserschnecke *Lymnaea* wird durch Neuropeptide ausgelöst [17, 28].

Aplysia stellt zu Beginn der Ovulation Fortbewegung und Fressen ein. Die befruchteten Eier treten als Eistrang aus der Geschlechtsöffnung aus, werden über den Mund geführt, in Schleim verpackt und durch rhythmische Kopfbewegungen am Untergrund verteilt und befestigt (Abb. 7-11 a). Die Entladungsmuster, die von den Motoneuronen zu den Muskeln laufen, sind rhythmisch und weitgehend stereotyp. Sie werden durch ein Peptid („egg laying" Hormon, ELH) ausgelöst, das von neurosekretorischen Neuronen („bag cells", BC), in der Nähe des Abdominalganglions gelegen, synthetisiert wird (Abb. 7-11 c).

Die „bag cells" sind normalerweise nicht elektrisch aktiv. Erst bei der Eiablage erzeugen sie eine lang andauernde Folge von Aktionspotentialen. Zunächst stellen sie als primäres Genprodukt ein Vorläuferprotein (Präpro-ELH) her, durch proteolytische Spaltung entstehen ELH und mehrere andere Peptide (u.a. α, β, γ, δ-BC Peptid). Sie bleiben bis zur Freisetzung in neurosekretorischen Granula in den Zellen gespeichert. Alle werden simultan über absteigende Kommandos vom Zerebral- und Pleuralganglion (Abb. 7-11 b) im Verlauf langer Folgen von Aktionspotentialen der BC (Abb. 7-11 d) in die Hämolymphe freigesetzt.

ELH und die anderen Peptide beeinflußen konzertiert unterschiedliche Ebenen des Organismus: ELH stimuliert den Ovotestis und führt über direkte Aktivierung der Follikelmuskeln zur Ovulation. Auf der neuronalen Seite wirkt ELH an Inter- und Motoneuronen des Buccal- und Abdominalganglions (Abb. 7-11 b): Im Buccalganglion werden Neurone, die sonst bei der Nahrungsaufnahme aktiv sind, in ihrer Aktivität gehemmt. Im Abdominalganglion werden unterschiedliche Neuronenpopulation unterschiedlich beeinflußt (Abb. 7-11 d). Das δ-BC-Peptid schließlich stimuliert die Eiweißdrüse und sorgt somit für das Verpackungsmaterial des Eistrangs. Für die Aufrechterhaltung

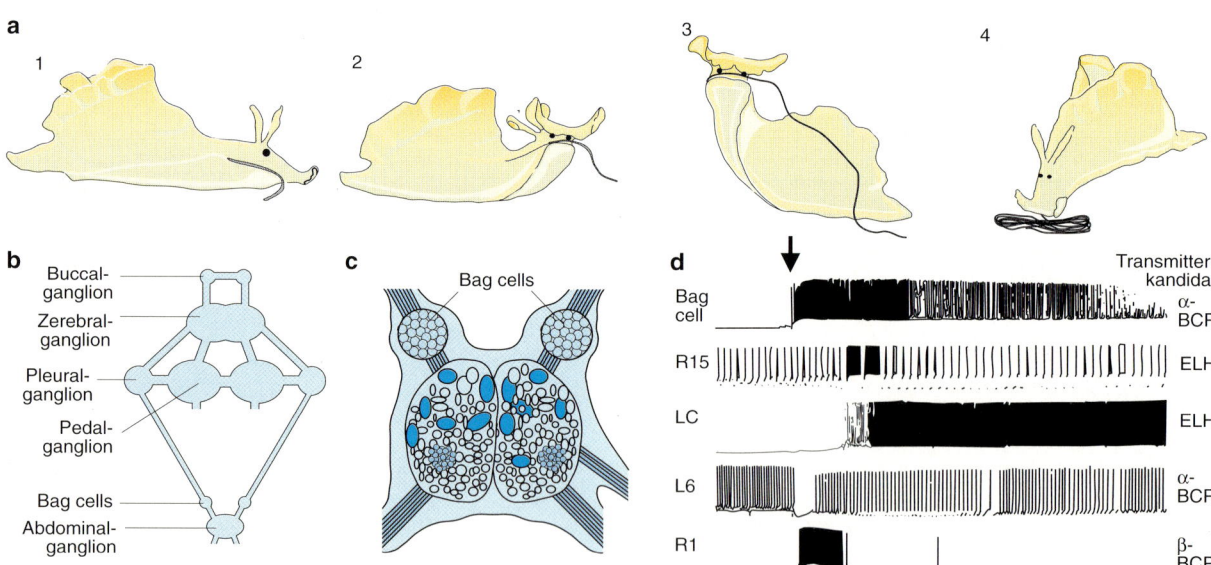

Abb. 7-11. Eiablage bei *Aplysia*. **a** Ablauf des Verhaltens: (1) Austreten des Eistranges aus der Geschlechtsöffnung, (2) und (3) Erfassen des Eistranges mit dem Mund und Herausziehen des Stranges durch Kopfbewegungen, (4) Befestigen durch Bewegen des Kopfes. **b** Schema des Nervensystems von *Aplysia*. **c** Abdominalganglion von der Ventralseite mit den bag cells (BC) und (in blau) einer Reihe identifizierter Neurone, die auf BC-Peptid ansprechen. **d** Kurze elektrische Reizung (Pfeil) der BC führt zu lang anhaltender Aktivität. Sie löst in Zelle R 15 verstärkte Salvenentladungen aus, erregt die Zellen LC (Motoneuron) und R 1 und hemmt die Zelle L 6. Die vermuteten Peptidtransmitter für die gezeigten Zellen sind rechts aufgeführt. Nach [17], verändert

des Eilegeverhaltens sind sensorische Rückmeldungen aus dem Genitaltrakt oder von den ovulierten Eiern nötig.

7.5 Die Rolle von Riesenfasern für schnelle Bewegungsabläufe

Leitungsgeschwindigkeiten von Invertebratenaxonen. Die Axone von Invertebratenneuronen sind in der Regel nicht myelinisiert. Sie besitzen deswegen nicht die bei Wirbeltieraxonen verbreitete schnelle Signalfortleitung durch saltatorische Erregungsausbreitung. Die axonalen Leitungsgeschwindigkeiten bei wirbellosen Tieren sind gering (0,05 -16 m/s). Eine Ausnahme bilden lediglich **Riesenfasern**, die wegen ihrer größeren Durchmesser Aktionspotentiale schnell leiten (7–45 m/s). Man findet sie vorwiegend als Interneurone in neuronalen Schaltkreisen, bei denen es auf *schnelle Signalfortleitung, kurze Latenzen und synchrone Aktivierung von Motoneuronen* in Ganglien mehrerer Körpersegmente ankommt (z.B. Rückzugsreflexe oder Fluchtbewegungen). Riesenfasern verlaufen häufig unverzweigt über die gesamte Länge der Bauchganglienkette eines Tieres. Die Bezeichnung Riesenfaser ist allerdings häufig relativ und wird (so bei einigen Medusen, Insekten und auch Krebsen) auf Fasern angewandt, die zwar deutlich größere Durchmesser als andere auf- und absteigende Axone besitzen, aber bei weitem nicht die Durchmesser echter Riesenfasern aufweisen, wie sie z.B. bei Anneliden oder Cephalopoden existieren. Echte Riesenfasern erreichen bei Anneliden Durchmesser bis 200 μm, beim Meereswurm *Myxicola* sogar 1,7 mm. Die bekanntesten Riesenaxone finden sich bei einigen Cephalopoden (Kalmare, s.u.).

Die Rolle von Riesenfasern beim Regenwurm. Die Bauchganglienkette der Regenwürmer wird in ganzer Länge von drei Riesenfasern (einer medianen, zwei lateralen) mit Durchmessern von 30–75 μm und Leitungsgeschwindigkeiten von 15–45 m/s durchzogen. In jedem Ganglion bauen jeweils drei Neurone die segmentalen Teilstücke der drei Riesenfasern. Die Teilstücke werden „portionsweise" zu drei langen Leitungskabeln zusammengeschlossen. An den Segmentgrenzen können Septen die Riesenfasern queren. Sie stellen keine nennenswerten elektrischen Widerstände oder Gleichrichter für die Impulsausbreitung dar, weil sie niederohmige Kopplungsstellen besitzen, welche die einzelnen Axonabschnitte funktionell verbinden. Es ist wahrscheinlich, daß die Poren in der die Riesenfasern umgebenden Hülle als Äquivalent für die Ranvier-Knoten myelinisierter Fasern von Wirbeltieren angesehen werden können und eine Art saltatorischer schneller Erregungsleitung ermöglichen.

Die Riesenfasern bewirken das schnelle *reflektorische Zusammenziehen* des Wurmes auf plötzliche mechanische Reize hin. Dabei verkürzen sich die Längsmuskeln benachbarter Körpersegmente synchron. Die **mediane** Riesenfaser besitzt eine geringere Schwelle für Reize am Vorderende des Wurmes und vermittelt vorzugsweise Zurückziehen der Kopfregion. Die beiden **lateralen** Fasern sprechen auf Reize am Hinterende an und bewirken dessen Verkürzung. Starke mechanische Reize aktivieren alle drei Fasern und führen zu einem Zusammenschnurren des Wurmes [14].

> **Rückstoßschwimmen beim Kalmar wird reflektorisch durch Riesenaxone ausgelöst; in natürlichen Verhaltenssituationen läuft dieser Reflex modifiziert ab**

Einige Cephalopoden können durch synchrone Kontraktion der Mantelmuskulatur den Wasserinhalt der Mantelhöhle durch den trichterförmigen Fuß (Siphon) unter großem Druck ausstossen. Dies läßt das Tier je nach Stellung des Trichters schnell vorwärts, z.B. beim Beutegreifen, oder rückwärts schießen (Flucht). Dabei sind Riesenaxone, die bis zu 0,8 mm dick sein können, beteiligt (Abb. 7-12 a). Sie entspringen im Stellarganglion und innervieren über die Stellarnerven einen Großteil der Mantelmuskulatur. Die großen Durchmesser befähigen sie zu schneller Signalleitung (bis 25 m/s). Jedes Riesenaxon entsteht aus der Verschmelzung von 300–1500 dünnen Axonen. Der Eingang auf die Riesenaxone erfolgt über drei Stationen (Abb. 7-12 a): Signale von den Augen konvergieren auf ein Paar elektrisch gekoppelter großer Interneurone im Zerebralganglion (Riesenneurone 1. Ordnung), die mit paarigen Riesenneuronen 2. Ordnung verschaltet sind. Diese ziehen zu dem Stellarganglion auf jeder Körperseite und verzweigen sich dort fingerförmig, um mit jedem der sieben bis acht ipsilateralen Riesenaxone 3. Ordnung jeweils eine große glutamaterge Synapse zu bilden (**Riesensynapse**). Über diese drei Schaltstationen existiert ein sehr schneller Leitungsweg vom Gehirn zum Effektor, der Mantelmuskulatur.

Zusammenspiel von Motoneuronen und Riesenfasern: Im Tierexperiment kann ein Lichtblitz über die beschriebenen Stationen zu einem Aktionspotential in den Riesenaxonen führen (Abb. 7-12 b). Mit einer Gesamtlatenz von nur 50–75 ms löst dieses den Rückstoß aus. Dieser sehr schnelle Verhaltensreflex wurde lange als stereotyp ablaufend und für nicht modifizierbar gehalten. Neue Untersuchungen an schwimmenden Kalmaren zeigten jedoch, daß bei Beachtung möglichst verhaltensnaher Untersuchungsbedingungen doch ein variables Zusammenspiel zwischen der Aktivität der Riesenaxone und der anderer Motoneurone mit dünnen Axonen (1 μm Dicke) existiert. Letztere innervieren andere

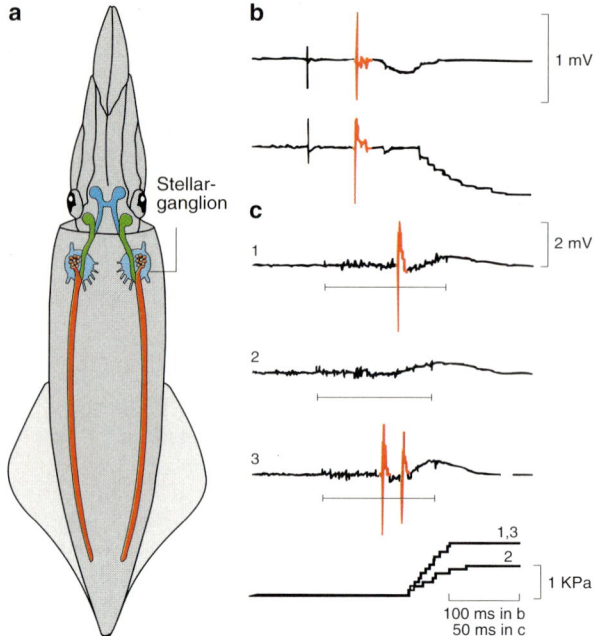

Abb. 7-12. Riesenfasersystem beim Kalmar *Loligo*. **a** Lage der Riesenneurone 1.–3. Ordnung. Riesenaxone ziehen von den Stellarganglien in alle Stellarnerven (nur für zwei dargestellt). **b, c** Aktivität von Riesenfasern beim Rückstoß-Schwimmen von *Loligo*. **b** Extrazelluläre Ableitungen von einem linken und rechten Stellarnerv auf Reizung eines Tiers mit einem Lichtblitz (Pfeil). In beiden Riesenaxonen tritt ein einziges Aktionspotential auf (rot), das den Rückstoß auslöst. **c** Ableitung während dreier Jet-Zyklen, die über repetitive Entladungen anderer Motoneurone (kleine Aktivitäten, Balken) ausgelöst werden. Bei zwei Zyklen (1, 3) sind die Riesenaxone zugeschaltet (rot), der Druckverlauf in der Mantelhöhle (unterste Spur) ist dann deutlich höher. Die Abweichungen am Ende der Ableitungs-Spuren sind Bewegungsartefakte. Zeitmarken: 100 ms für a, 50 ms für b. Nach [31]

Bezirke der Mantelmuskulatur und steuern normalerweise graduierte Kontraktionen der Mantelmuskeln, wie sie für die Bewegung des Atemwassers in der Mantelhöhle und das langsame Schwimmen benötigt werden. *Entladen diese kleinen Motoneurone hochfrequent, können auch sie Rückstoßschwimmen bewirken.* Die Latenz auf einen Auslösereiz beträgt dann allerdings ca. 200 ms. Die Riesenaxone können vom Tier je nach Bedarf zugeschaltet werden (Abb. 7-12 c). Wenn dies der Fall ist, geschieht es zum richtigen Zeitpunkt in Bezug zur Aktivität der anderen Motoneurone, um den Wasserausstoß zu optimieren. Die Variabilität im Zusammenspiel der beiden Steuersysteme zeigt, daß auch ein bislang als starr angesehener Fluchtreflex unter natürlichen Verhaltensbedingungen vom Tier flexibel gesteuert werden kann [31].

7.6 Die motorische Steuerung des Fliegens bei Insekten

> **Direkte und indirekte Flugmuskeln sind die Kraftgeneratoren für den Flug; dieser kann neurogen oder myogen gesteuert sein**

Die Fähigkeit der meisten Insekten, aktiv zu fliegen, hat mit zu dem großen evolutiven Erfolg dieser Tiergruppe beigetragen. Schon vor 300 bis 70 Millionen Jahren existierten Fluginsekten (z.B. im Karbon und aus Bernsteineinschlüssen bekannt) mit Flügel- und Thoraxstrukturen, die denen rezenter Arten sehr ähnlich waren.

Die Flugmuskeln: Die Kraft für den Flügelschlag wird durch antagonistisch tätige Muskeln im Thorax generiert (Flugmotor). *Drei Bautypen sind verwirklicht:* Ein antagonistisches Muskelpaar (Heber und Senker) setzt direkt an der Basis jedes Flügels an (Abb. 7-13 a, **direkte Flugmuskeln**, typisch für Insekten mit geringer Flügelschlagfrequenz, wie z.B. Libellen). Im zweiten Fall inserieren die krafterzeugenden antagonistischen Muskeln (Dorsaler Längsmuskel, DLM, als Flügelsenker, Dorsoventralmuskel, DVM, als Flügelheber) nicht am Flügel selbst, sondern an der Innenseite der Thoraxwand (Abb. 7-13 b und 7–15 a, **indirekte Flugmuskeln**, typisch für schnelle Flieger wie Käfer, Hautflügler, Fliegen).

Viele ebenfalls langsam fliegende Insekten (z.B. Heuschrecken, Schmetterlinge) erzeugen die Kraft für den Flügelschlag sowohl mittels direkter wie indirekter Flugmuskeln (dritter Bautyp). Bei allen flugfähigen Insekten sind neben den kraftgenerierenden Flugmuskeln stets noch Steuermuskeln vorhanden, welche die Feineinstellung der Flügel (z.B. Pro- und Supination) während der Auf- und Abschlagphase regulieren.

Neurogener und myogener Flug: Den verschiedenen Bautypen entsprechen unterschiedliche Arbeitsweisen des Flugmotors: 1. *Die Flugmuskeln kontrahieren synchron mit den Aktionspotentialen*, welche die sie ansteuernden Motoneurone auslösen. Die Frequenz der neuronalen Impulse bestimmt also die Flügelschlagfrequenz (**synchrone Flugmuskeln, neurogener Flug,** fremdgesteuerter Motor). Dies ist der Fall bei direkten Flugmuskeln, gilt aber auch für die indirekten Flugmuskeln der langsamen Flieger. 2. Die indirekten Flugmuskeln der schnellen Flieger gehorchen einem anderen Aktivierungsprinzip. *Sie entwickeln Kraftspitzen mit wesentlich höherer Frequenz, als die Entladungsfrequenz der sie innervierenden Motoneurone beträgt* (**asynchrone Muskeln, myogener Flug,** eigengesteuerter Motor). Dadurch

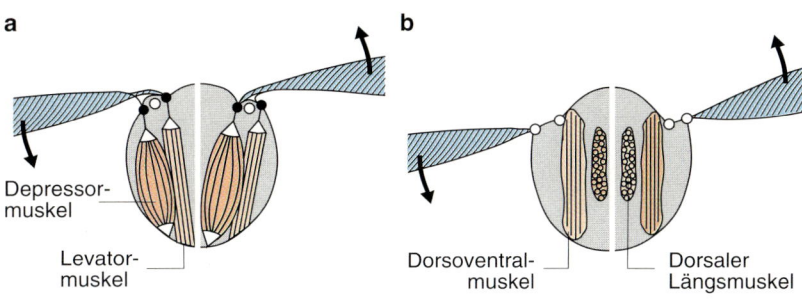

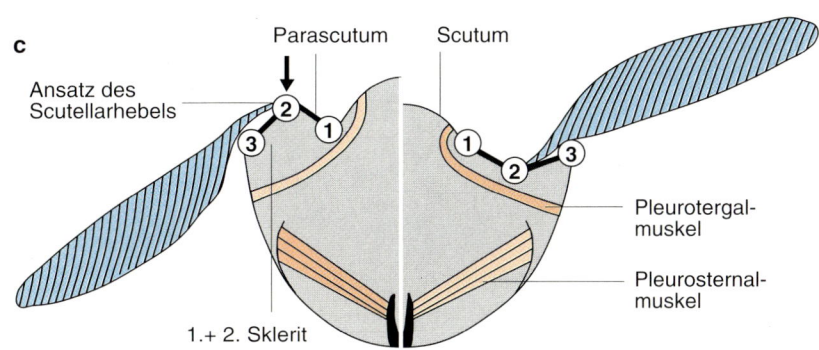

Abb. 7-13. Flugmotoren. In jeder Darstellung sind die Verhältnisse bei Auf- und Abschlag des Flügels (Pfeile) dargestellt. Dunkelrot: Aktive Muskeln. Direkte (**a**) und indirekte Flugmuskeln (**b**). **c** Klick-Mechanismus bei Fliegen. (DLM und DVM nicht gezeichnet.) Spannmuskeln setzen das intermediäre Gelenk in den Punkten 1-2-3 unter seitliche Spannung und lassen den Punkt 2 über den Scutellarhebel (Thoraxstruktur), der senkrecht zur Bildebene hier ansetzt und als Überträger der Thoraxspannung wirkt, bistabil kippen. Nach [30]

werden die hohen Flügelschlagfrequenzen von mehreren hundert bis weit über 1000 Hz möglich.

Die Aktivität der Motoneurone versetzt die asynchronen Muskeln nur in den aktiven Zustand, um auf Dehnung (verursacht durch eine lokale Bewegung der Thoraxwandung, s.u.) mit einer vorwiegend isometrischen Kraftspitze antworten zu können (**Dehnungsaktivierung**). Die Kraft wirkt auf die elastische Thoraxwand zurück und bewegt sie an anderer Stelle, was eine Dehnung des Antagonisten bewirkt und für ihn das Signal zur Erzeugung einer Kraftspitze darstellt. Diese wiederum wirkt als Signal auf den Gegenspieler, seine Antwort aktiviert den Antagonisten. Die reziproke Dehnungsaktivierung wiederholt sich, solange die Motoneurone aktiv sind. Die Bewegung von Elementen des Thorax wird auf beiden Seiten mit großer Hebelübersetzung auf die Flügel übertragen [21]. *Die Schwingungseigenschaften des mechanischen Systems, bestehend aus Thorax und Flügeln, bestimmen also die Flügelschlagfrequenz, nicht die Entladungsfrequenz der Flugmotoneurone* (Abb. 7-15 d). Erst auf jeden 5. bis 40. Flügelschlag kommt ein Aktionspotential in einem indirekten Flugmuskel.

Langsam und schnell fliegende Insekten benutzen unterschiedliche Mechanismen für den Flügelschlag

Langsame Flieger: Als Beispiel wollen wir eine Heuschrecke betrachten. Der Flug beginnt meist mit

einem Sprung. Wenn das Tier in der Luft ist, lösen sensorische Signale, wie fehlender Tarsenkontakt oder Reizung windsensitiver Haare am Kopf, die motorischen Flugmuster im Meso- und Metathorakalganglion aus. Sie ermöglichen ein Öffnen der Flügel und steuern dann den Flug. An der Bewegung der vier Flügel sind ca. 40 Muskelgruppen direkter und indirekter Flugmuskeln beteiligt, die von nur etwa 100 Motoneuronen gesteuert werden. Das Flugmuster besteht aus rhythmisch alternierenden Entladungen der Elevator- und Depressormotoneurone mit etwa 20 Hz. Die Aktiviät homologer Motoneurone für den Hinterflügel führt meist mit 5–10 ms. In einem Flügelschlagzyklus entlädt ein Motoneuron nur mit 1–2 Aktionspotentialen (Abb. 7-14 b, 1. und 2. Spur).

Dieses Grundmuster der Aktivität bleibt auch erhalten, wenn alle sensorischen Eingänge in das meso- oder metathorakale Ganglion unterbunden werden (Deafferentierung). Allerdings wird der Rhythmus langsamer (Abb. 7-14 b, 3. und 4. Spur) und die Motoneurone erzeugen mehr Aktionspotentiale pro Zyklus (Abb. 7-14 b, 3. Spur). Das Entladungsmuster der Motoneurone wird von prämotorischen Interneuronen bestimmt. Diese werden von anderen Interneuronenpopulationen angesteuert, deren *Netzwerkeigenschaften im Sinne eines zentralen Mustergenerators für den Grundrhythmus der alternierenden Erregung und Hemmung der prämotorischen Interneurone sorgen* [47].

Schnelle Flieger und der Start des Fluges: Bei schnell fliegenden Insekten, z.B. der Stubenfliege, beginnt der Flug mit einem **Katapultstart**. Zwei schnell leitende, vom Gehirn absteigende Riesenfasern (Kommandofasern), auf die vielfältige sensori-

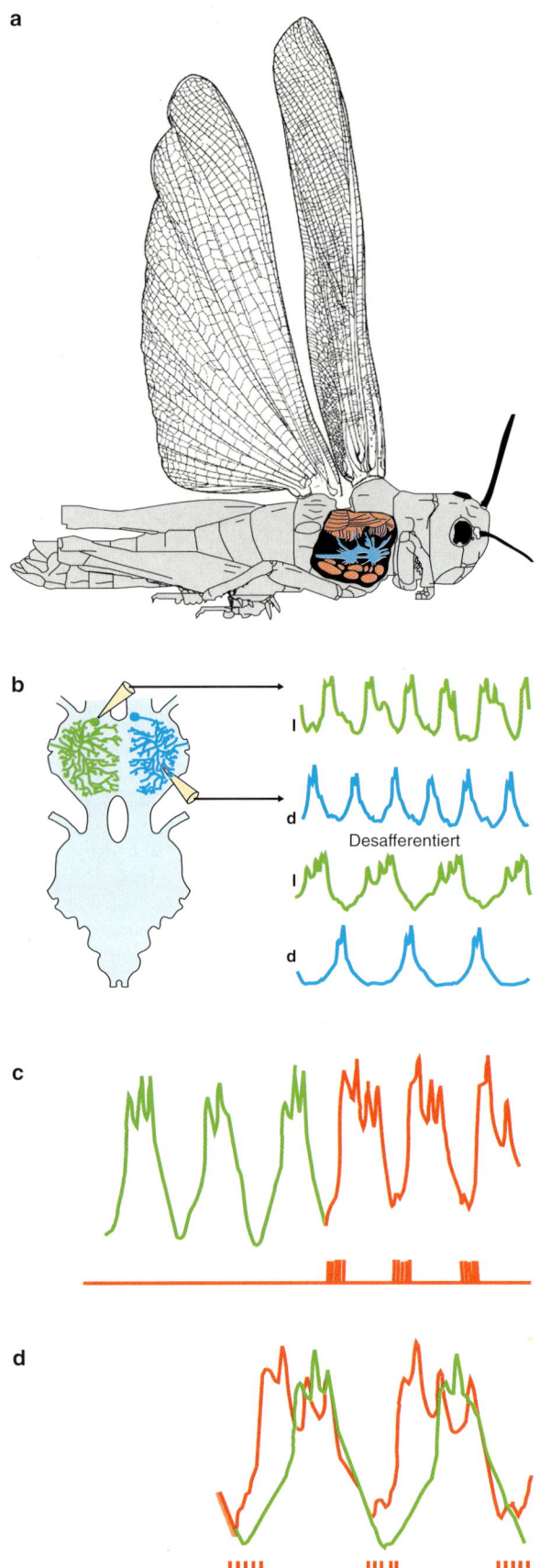

a

b

l

d

Desafferentiert

l

d

c

d

Abb. 7-14. Neuronale Kontrolle des Heuschreckenfluges. **a** Heuschrecke, rechtes Flügelpaar entfernt für Einblick in den Thorax auf das Meso- und Metathorakalganglion und die Ansätze der direkten Flugmuskeln (Senker äußere, Heber innere Reihe). **b** Intrazelluläre Ableitung von je einem mesothorakalen identifizierten (links) Levator- (Spuren 1 und 3, l) und Depressormotoneuron (Spuren 2 und 4, d) im stationären Flug unter Normalbedingungen (Spuren 1 und 2) und nach Desafferentierung (Spuren 3 und 4). **c, d** Aktivität eines Levatorneurons in einem Tier mit entfernten Tegulae und nach Stimulation (untere Reizmarken) der Tegulanerven (rot). Das Levatorneuron wird früher aktiviert. **d** Ausschnitt mit superponierten Registrierungen. Nach [47]

sche Meldungen von windsensitiven Haaren des Körpers, von den Augen etc. konvergieren, sind im Mesothorakalganglion über ein Interneuron mit den Motoneuronen zum DLM und monosynaptisch mit den Motoneuronen eines paarigen tergotrochanteralen Muskels (TTM, Abb. 7-15 b) verschaltet. (Bei *Drosophila* geschieht dies sogar über elektrische Synapsen, die chemischen Synapsen zwischen Interneuron und den Axonen der DLM-Motoneurone befinden sich außerhalb des Ganglions im peripheren Nerven zur Flugmuskulatur). Die Latenzen zwischen einem Auslösereiz und den Muskelantworten sind außerordentlich kurz: Bei *Drosophila* betragen sie zum TTM 0,8, zum DLM 1,25 und zu den DVM zwischen 1,9 und 3,3 ms [48]. Eine attraktive Hypothese besagt, daß Kontraktion des TTM an seiner dorsalen Ansatzstelle das Tergum eindellt. Dies führt zu einer Thoraxverformung, die den DLM vordehnt. Da dieser gleichzeitig durch die Aktivität der absteigenden Riesenfaser in den aktiven Zustand versetzt wird, ist damit der Start für das Oszillatorsystem gegeben. Andererseits drückt der „Startermuskel" TTM über seine zweite Ansatzstelle, den Trochanter, das Mittelbein nach unten und katapultiert dabei die Fliege in die Luft. *Beginnt der Flugmotor zu arbeiten, befindet sich die Fliege bereits in der Luft – eine wesentliche Voraussetzung für ihren bekannt schnellen Start* [30]. Die Aktivität eines derartigen Startermuskels ist allerdings nicht immer notwendig. Bei verschiedenen Dipteren sowie Hymenopteren fehlt er sogar.

Aufrechterhaltung des Fluges: Ist der Flugmotor durch Dehnungsaktivierung des dorsalen Längsmuskels gestartet, so führt seine Kraftspitze zur Dehnungsaktivierung des antagonistischen Dorsoventralmuskels, diese wiederum zu einer Kraftspitze des dorsalen Längsmuskels usw. (Oszillatorprinzip). Wie oben beschrieben, ist für die Frequenz der gegenseitigen Aktivierung die Versteifung der Thoraxwandung maßgeblich: Die durch die Kraftspitzen der indirekten Flugmuskeln erzeugten Bewegungen des Thorax werden über den Scutellarhebel auf ein intermediäres Gelenk, bestehend aus Parascutum sowie 1. und 2. Sklerit (Abb. 7-14 c, 1–2–3) übertragen. Dieses Gelenk steht durch die Aktivität von zwei Muskelpaaren, den Pleurosternal- und Pleurotergalmuskeln, unter seitlicher Spannung. Sie bewirken, daß das Gelenk (Punkt 2 in Abb. 7-13 c) im Sinne eines bistabilen Klickmechanismus (Schnappdeckelprinzip) arbeitet und, je nach Stellung des Scutellarhebels, nach oben (Flügelabschlag) bzw. nach unten (Flügelaufschlag) kippen kann [45]. In jüngster Zeit gibt es allerdings auch wieder Zweifel an der funktionellen Bedeutung dieses Klickmechanismus.

Beendigung des Fluges. Das Abstoppen des Flugmotors geschieht durch Abschalten der Aktivität der Motoneurone (dadurch sind die Flugmuskeln nicht mehr dehnungs-aktivierbar), durch Zusammenlegen der Flügel auf dem Thorax und durch Verändern der mechanischen Schwingungseigenschaften der Thoraxelemente mittels Stellmuskeln.

Das motorische Grundprogramm für den Flug wird von zentralen Mustergeneratoren erzeugt

Der vermeintlich stereotype Ablauf der motorischen Programme beim Insektenflug hat lange Zeit die Diskussion über die Bedeutung sensorischer Rückmeldungen aus der Peripherie für die Erzeugung motorischer Muster im ZNS einseitig geprägt. Zentrale Mustergeneratoren wurden als alleinige Quelle der Rhythmen angesehen. Heute ist aus zahlreichen Untersuchungen, vor allem an Heuschrecken, belegt, daß ein **ZMG für den Flug** existiert. Er erzeugt die motorischen Programme für Vorder- und Hinterflügelmuskulatur gemeinsam. Er produziert allerdings nur einige basale Aspekte des Flugmusters.

Die Rolle zentraler Flugmustergeneratoren wurde vor allem aus Untersuchungen an Insekten postuliert, die sich unter künstlichen Bedingungen, meist fixiert, im stationären Flug befanden. Unter Verwendung von Flugmustern, wie sie unter solchen Versuchsbedingungen auftreten, könnte eine Heuschrecke allerdings wohl nicht frei fliegen. Die Bedeutung sensorischer Meldungen für die Steuerung von ZMG wird um so klarer, wenn motorische Muster unter verhaltensrelevanten Bedingungen abgeleitet und analysiert werden.

Der zentrale Flugmustergenerator erreicht erst durch Afferenzen seine volle Funktionsfähigkeit

Die Rolle der Tegularezeptoren. Sensorische Rückmeldungen steuern vor allem den genauen zeitlichen Einsatz der Motoneurone sowie zahlreiche Aktivitätsparameter prämotorischer Interneurone. Entfernt man beispielsweise bei einer Heuschrecke die vier Tegulae an der Basis der Flügel und sorgt so für

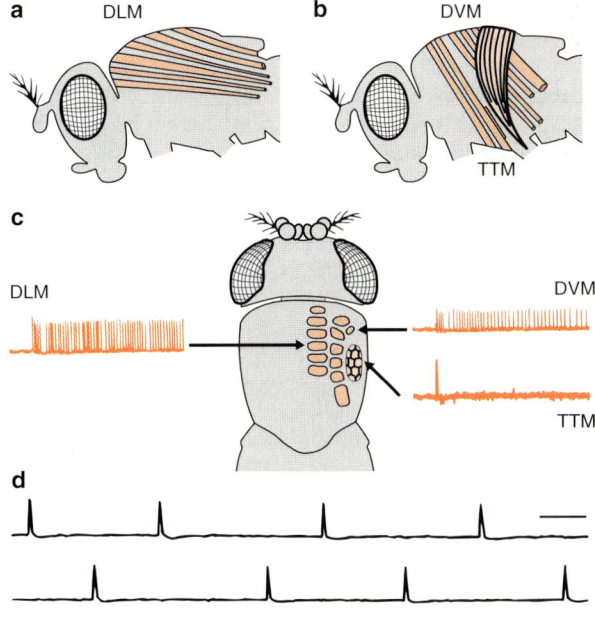

Abb. 7-15. Myogener Flug bei Fliegen. **a, b** Lage der indirekten, kraftgenerierenden Flugmuskeln (dorsaler Längsmuskel DLM) und Dorsoventralmuskel (DVM) sowie des Startermuskels TTM (Tergo-trochanteraler Muskel) bei *Drosophila*. **c** Intrazelluläre Ableitungen aus Muskelfasern des TTM, DLM und DVM beim Start eines fiktiven Fluges. Im TTM tritt nur ein einziges Aktionspotential zu Beginn des Fluges auf, DLM und DVM produzieren Aktionspotentiale während des gesamten Fluges. **d** Obere Spuren: Aktionspotentiale der Dorsoventral-Muskeln der rechten und linken Seite. Darunter: Flügelschlag über eine Photodiode registriert. Jedes Impulspaar entspricht einem Auf- und Abschlag des Flügels. Die Flügelschlagfrequenz ist um ein Vielfaches höher als die Frequenz der Aktionspotentiale an den Flugmuskeln. Nach [21, 48]

eine teilweise Deafferentierung, so ist das Entladungsmuster der Levatormotoneurone verzögert. Die resultierende Änderung in der Flügelbewegung beeinträchtigt die aerodynamische Wirkung des Flügelschlags. Reizt man in einer derartig behandelten Heuschrecke im stationären Flug die Stümpfe der Tegulanerven künstlich in der richtigen Phase des Flügelschlags, so führt dies zur weitgehenden Wiederherstellung des normalen Entladungsmusters des intakten Tieres (Abb. 7-14 c). Auf diese Weise kann man zeigen, daß die *Aktivierung dieser afferenten Bahnen die Depolarisation der Elevatormotoneurone beschleunigt* und damit zu einem früheren Beginn der Aufschlagbewegung des Flügels führt [47].

Die Tegularezeptoren registrieren wichtige Parameter der Abschlagbewegung des Flügels. Ihre Meldungen dienen offensichtlich dazu, den Aufschlag einzuleiten und ein längeres Verweilen der Flügel am unteren Umkehrpunkt der Schlagbewegung zu vermeiden. Dies ist aus aerodynamischen Gesichtspunkten sinnvoll, da der Umkehrpunkt schnell duchlaufen werden muß, um die Erzeugung negativer Hubkräfte zu vermeiden [47].

Kurskorrekturen. *Fehlermeldungen im Flug*, z.B. bei Abweichung vom Geradeaus-Kurs bei Seitenwind oder Turbulenzen, können durch Änderungen im motorischen Muster, die zur Veränderung der Flügelstellung bzw. der Phase und Amplitude des Flügelschlags führen, korrigiert werden [36]. Kursabweichungen werden über Exterorezeptoren wie Komplexaugen, aber auch durch die Stirnaugen (Ozellen) und windsensitive Haare am Kopf registriert. Die Meldungen gelangen über absteigende Interneurone auf segmentale prämotorische Interneurone in den Thorakalganglien und parallel dazu auch direkt auf Motoneurone. Auf die Interneurone konvergiert auch der rhythmische Ausgang des Flugmustergenerators. Damit wird erreicht, daß die phasenunabhängige Fehlermeldung über die Interneurone an die richtige Phase des Flugprogramms, d.h. an die jeweils aktiven Motoneurone angekoppelt und ihre Aktivität für die benötigte Kurskorrektur verändert wird.

7.7 Die genetische Kontrolle motorischen Verhaltens

Neurogenese sowie Ausbildung spezifischer synaptischer Verknüpfungen innerhalb des Zentralnervensystems während der Entwicklung eines Tieres stehen unter der Kontrolle zahlreicher Gene. Dies trifft auch für die Entstehung und Reifung neuronaler Netzwerke zu. In den letzten Jahren wurden bei der Identifizierung verantwortlicher Gene und ihrer Genprodukte große Fortschritte erzielt [9]. Dies gilt vor allem für die Fruchtfliege *Drosophila* und den Rundwurm *Caenorhabditis elegans* (Nematoden). Bei beiden stehen zahlreiche genetische Mangelmutanten zur Verfügung, die bestimmte Gendefekte in Neuronen aufweisen, welche auch zu Verhaltensdefiziten führen. Der Vergleich mit den Wildtypen läßt Rückschlüsse auf die Funktion spezifischer Gene bei der Steuerung motorischer Leistungen zu.

> **Mutation eines einzigen Genes verändert den synaptischen Eingang von Motoneuronen: Nematoden können dann zwar normal vorwärts, aber nicht mehr rückwärts schwimmen**

Störungen bei der neuronalen Kontrolle des Schwimmens bei Nematoden sind ein gutes Beispiel für die Bedeutung bestimmter Gene bei der Weg- und Zielfindung von Axonen während der Entwicklung des Nervensystems, aber auch für die Ausbil-

dung der spezifischen synaptischen Verschaltungen mit den richtigen Zielzellen. Die Nervensysteme der Nematoden sind durch Zellkonstanz charakterisiert. So besteht das gesamte Zentralnervensystem des etwa 1 mm großen Nematoden *C. elegans* nur aus 302 Neuronen. Sie alle sind individuell bekannt.

Die für die Ausführung von Bewegungen zuständigen Körperwandmuskeln sind erregend und hemmend innerviert. Nematoden bewegen sich über koordiniert ablaufende alternierende Kontraktionswellen der dorsalen bzw. ventralen Längsmuskulatur schlängelnd fort. Sie können auf diese Weise auch schwimmen. Dabei sind für die Aktivierung der gleichen Muskeln bei einer Rückwärtsbewegung andere Gruppen von Motoneuronen zuständig als bei einer Vorwärtsbewegung: beim Rückwärtsschwimmen erhalten z.B. die ventralen Längsmuskeln motorische Befehle von den sog. VA-Motoneuronen, beim Vorwärtsschwimmen aber von den VB-Motoneuronen. Beide Gruppen werden wohl von unterschiedlichen Mustergeneratoren (prämotorische Interneurone) getrieben.

Die Rolle des unc-4-Gens für die Ausbildung richtiger synaptischer Kontakte. Die Spezifität der synaptischen Verbindungen und damit der Konnektivität zwischen Motoneuronen und den prämotorischen Interneuronen sind genetisch festgelegt. Dafür sind eine Reihe von Genen verantwortlich, die unter der Kontrolle eines übergeordneten Gens, des sog. *unc-4*-Gens stehen. Dieses reguliert die Transkription der Zielgene und bestimmt, ob die spezifischen Synapsen zwischen Inter- und Motoneuronen gebaut werden oder nicht. *Unc-4*-Mutanten zeigen ein gestörtes Bewegungsverhalten: Der Wurm kann nicht mehr rückwärts schwimmen, er krümmt sich vielmehr einseitig nach dorsal und formt ein O, weil nur die dorsalen Längsmuskeln aktiviert werden können. Die für die Aktivierung der ventralen Längsmuskeln beim Rückwärtsschwimmen verantwortlichen VA-Motoneurone erhalten nicht mehr die für sie typischen synaptischen Eingänge. Vielmehr sind sie an den Mustergenerator für die VB-Motoneurone angekoppelt und erhalten somit das für diese Neurone typische Aktivierungsmuster. Dieses tritt aber nur beim Vorwärtsschwimmen auf. Deshalb können die ventralen Längsmuskeln beim Rückwärtsschwimmen nicht rekrutiert werden. Das Vorwärtsschwimmen funktioniert einwandfrei, weil dabei die ventralen Längsmuskeln von dem durch die *unc-4*-Mutation nicht beeinflußten Muster der VB-Neurone angesteuert werden [43].

Die Kenntnisse über die genetische Steuerung neuronaler Entwicklungs- und Differenzierungsprozesse, aber auch vieler anderer neuronaler Funktionen sind in den letzten Jahren rasch angewachsen. Wiederum haben Untersuchungen an wirbellosen Tieren eine Vorreiterrolle gespielt, weil dort die notwendigen molekulargenetischen, biochemischen und elektrophysiologischen Arbeiten einfacher durchzuführen sind und ein Arsenal von Mutanten zur Verfügung steht. Dabei zeigt sich erneut, daß viele grundlegende Probleme der Neurowissenschaften am besten an Invertebraten untersucht werden und oft direkte Parallelen zu den Verhältnissen bei Wirbeltieren gezogen werden können.

7.8 Literatur

Weiterführende Lehr- und Handbücher

1. Bässler U (1983) Neural basis of elementary behavior in stick insects. Springer, Heidelberg (Studies in brain function, vol 10)
2. Barnes WJP, Gladden MH (eds) (1985) Feedback and motor control in invertebrates and vertebrates. Croom Helm, London
3. Eaton RC (ed) (1984) Neural mechanisms of startle behavior. Plenum, New York
4. Gewecke M, Wendler G (eds) (1985) Insect locomotion. Parey, Hamburg
5. Roberts A, Roberts BL (eds) (1983) Neural origin of rhythmic movements. Cambridge University Press, Cambridge
6. Selverston AI (ed) (1985) Model neural networks and behavior. Plenum, New York

Einzel- und Übersichtsarbeiten

7. Bässler U, Büschges A (1990) Interneurones participating in the „active reaction" in stick insects. Biol Cybern 62:529–538
8. Ballantyne D, Rathmayer W (1981) On the function of the common inhibitory neurone in the walking legs of the crab, Eriphia spinifrons. J Comp Physiol 143:111–122
9. Bargmann CI (1993) Genetic and cellular analysis of behavior in C. elegans. Annu Rev Neurosci 16:47–71
10. Benjamin PR, Elliott C (1989) Snail feeding oscillator: the central pattern generator and its control by modulatory interneurons. In: Jacklet JW (ed) Neural and cellular oscillators. Dekker, New York, pp 173–214
11. Burrows M (1992) Local circuits for the control of leg movements in an insect. TINS 15:226–232
12. Burrows M (1994) The influence of mechanosensory signals on the control of leg movements in an insect. Fortschr Zool 39:145–165
13. Clarac F, Libersat F, Pflüger HJ, Rathmayer W (1987) Motor pattern analysis in the shore crab (Carcinus maenas) walking freely in water and on land. J Exp Biol 133:395–414
14. Drewes CD (1984) Escape reflexes in earthworms and other annelids. In: Eaton RC (ed) Neural mechanisms of startle behavior. Plenum, New York, pp 43–91
15. Evoy WH, Ayers J (1982) Locomotion and control of limb movements. In: Bliss DE (ed) The biology of crustacea, vol 4. Academic, New York, pp 61–105
16. Friesen WO (1989) Neuronal control of leech swimming movements. In: Jacklet JW (ed) Neuronal and cellular oscillators. Dekker, New York, pp 269–316
17. Geraerts WPM, ter Maat A, Vreugdenhill E (1988) The peptidergic neuroendocrine control of egg-laying behavior in Aplysia and Lymnaea. In: Laufer H, Downer R (eds) Endocrinology of selected invertebrate types. Liss, New York, pp 141–231
18. Getting PA (1983) Neural control of swimming in Tritonia. Symp Soc Exp Biol 37:89–128
19. Getting PA (1989) Emerging principles governing the operation of neural networks. Annu Rev Neurosci 12:185–204
20. Getting PA, Dekin MS (1985) Tritonia swimming. A model system for integration within rhythmic motor systems. In: Selverston AI (ed) Model neural networks and behavior. Plenum, New York, pp 3–20
21. Heide G (1983) Neural mechanisms of flight control in Diptera. In: Nachtigall W (ed) Biona report 2. Fischer, Stuttgart, pp 35–52
22. Heitler WJ (1984) The control of rhythmic limb movements in Crustacea. Symp Soc Exp Biol 37:350–382
23. Hume RI, Getting PA (1982) Motor organization of Tritonia swimming, II, III. J Neurophysiol 47:75–102
24. Krasne FB, Wine JJ (1984) The production of crayfish tailflip escape responses. In: Eaton RC (ed) Neural mechanisms of startle behavior. Plenum, New York, pp 179–211
25. Kristan WB (1983) The neurobiology of swimming in the leech. TINS 6:84–88
26. Kupfermann I, Weiss KR (1978) The command neuron concept. Behav Brain Sci 1:3–39
27. Libersat F, Clarac F, Zill S (1987) Force-sensitive mechanoreceptors of the dactyl of the crab: single-unit responses during walking and evaluation of function. J Neurophysiol 57:1618–1647
28. Mayeri E, Rothman BS (1985) Neuropeptides and the control of egg-laying behavior in Aplysia. In: Selverston AI (ed) Model neural networks and behavior. Plenum, New York, pp 285–301
29. McPherson DR, Blankenship JE (1991) Neural control of swimming in Aplysia brasiliana, I-III. J Neurophysiol 66:1338–1379
30. Nachtigall W (1989) Mechanics and aerodynamics of flight. In: Goldsworthy GH, Wheeler CH (eds) Insect flight. CRC Press, Boca Raton, pp 1–29
31. Otis TS, Gilly WF (1990) Jet-propelled escape in the squid Loligo opalescens: concerted control by giant and non-giant motor axon pathways. Proc Natl Acad Sci USA 87:2911–2915
32. Pearson KG (1993) Common principles of motor control in vertebrates and invertebrates. Annu Rev Neurosci 16:265–297
33. Rathmayer W (1990) Inhibition through neurons of the common inhibitory type (CI-neurons) in crab muscles. In: Wiese K et al. (eds) Frontiers in crustacean neurobiology. Birkhäuser, Basel, pp 271–278 (Advances in life sciences)
34. Rathmayer W, Erxleben C (1983) Identified muscle fibers in a crab. I. Characteristics of excitatory and inhibitory neuromuscular transmission. J Comp Physiol 152:411–420
35. Rathmayer W, Maier L (1987) Muscle fiber types in crabs: studies on single identified fibers. Am Zool 27:1067–1077
36. Reichert H, Rowell CHF (1986) Neuronal circuits controlling flight in the locust: how sensory information is processed for motor control. TINS 9:281–283
37. Reichert H, Wine JJ, Hagiwara S (1981) Crayfish escape behavior: neurobehavioral analysis of phasic extension reveals dual systems for motor control. J Comp Physiol 142:281–294

38. Selverston AI (1993) Neuromodulatory control of rhythmic behaviors in invertebrates. Int Rev Cytol 147:1–24
39. Siegler MV, Burrows M (1983) Spiking local interneurons as primary integrators of mechanosensory information in the locust. J Neurophysiol 50:1281–1295
40. Stent GS, Kristan WB (1981) Neural circuits generating rhythmic movements. In: Muller KJ, Nicholls JG, Stent GS (eds) Neurobiology of the leech. Cold Spring Harbor Laboratory Press, Cold Spring Harbor, pp 113–146
41. Susswein AJ, Byrne JH (1988) Identification and characterization of neurons initiating patterned neural activity in the buccal ganglion of Aplysia. J Neurosci 8:2049–2061
42. Tanouye MA, Wyman RJ (1980) Motor outputs of the giant nerve fiber in Drosophila. J Neurophysiol 44:405–421
43. White JG, Southgate E, Thomson JN (1992) Mutations in the Caenorhabditis elegans unc-4 gene alter the synaptic input to ventral cord motor neurons. Nature 355:838–84
44. Wine JJ, Krasne FB (1982) The cellular organization of crayfish escape behavior. In: Biss DE (ed) The biology of Crustacea, vol 4. Academic, New York, pp 241–292
45. Wisser A, Nachtigall W (1991) Biomechanical aspects of the wing joints in flies, especially in Calliphora erythrocephala. In: Schmidt-Kittler N, Vogel K (eds) Constructional morphology and evolution. Springer, Berlin, pp 193–207
46. Wolf H (1990) Activity patterns of inhibitory motoneurones and their impact on leg movement in tethered walking locusts. J Exp Biol 152:281–304
47. Wolf H, Pearson K (1988) Proprioceptive input patterns elevator activity in the locust flight system. J Neurophysiol 59:1831–1853
48. Wyman RJ, Thomas JB, Salkoff L, King DG (1984) The Drosophila giant fiber system. In: Eaton RC (ed) Neural mechanisms of startle behavior. Plenum, New York, pp 133–161

8 Motorische Systeme bei Vertebraten

R. Blickhan

Das motorische System ermöglicht die Planung, Durchführung und Kontrolle von Bewegungen

Die Bewegungskontrolle durch das Nervensystem erfolgt sowohl parallel, d.h. durch kooperatives Einwirken verschiedener Instanzen, als auch in einer **hierarchischen** Folge von Verarbeitungsschritten (Abb. 8-1). Diesen Schritten lassen sich neuronale Zentren zuordnen. Auf der untersten Ebene bestimmen Neurone des spinalen Systems (Rückenmark) die Muskelaktivität. Spinale Reflexbögen und Mustergeneratoren bilden bereits komplexere Grundbausteine, welche bei Bedarf von übergeordneten Zentren abgerufen, bzw. modifiziert werden können. Kerne des Hirnstammes werden auf der mittleren Ebene angesiedelt. Sie regulieren die Arbeit der spinalen Schaltkreise, beispielsweise bei der Haltungskontrolle. Die Richtung einer komplexen Greifbewegungen wird bei Primaten durch das Zusammenwirken zahlreicher Neurone der motorischen Areale der Großhirnrinde (motorischer Kortex) vorgegeben. In anderen kortikalen Arealen (supplementärer Kortex) ist bereits bei der gedanklichen Planung von Bewegungen eine erhöhte Aktivität von Neuronen zu beobachten. Die Einordnung einer geplanten Bewegung in das Umfeld, z.B. beim Ergreifen eines bestimmten Objektes, erfordert eine kortikokortikale Verarbeitung (assoziativer Kortex).

Im weitesten Sinne dem motorischen System zuzurechnen sind die Zentren des limbischen Systems (s. Kap. 22). Dort ist die Bewertung von Handlungen anzusiedeln, und es erfolgt die Auswahl geeigneter Verhaltensweisen (z.B. Entscheidung zwischen Körperpflege oder Flucht).

In parallel zu diesem hierarchischen Grundgerüst wirkenden Schleifen werden über das Zerebellum (Kleinhirn) Bewegungs- und Haltungsprogramme angepaßt und miteinander koordiniert, bzw. über die Basalganglien (Stammganglien) beispielsweise die zeitliche Abfolge der motorischen Aktion eingestellt. Über mesenzephale lokomotorische Zentren können die Basalganglien aber auch direkt komplexe Lokomotion auslösen.

Rückkopplungsschleifen sind charakteristisch für die zentrale Organisation und auf allen Ebenen anzutreffen. Schleifen vom Rückenmark über Muskulatur und Sensor zurück zum Rückenmark (Reflexbogen, Abschnitt 8.2) erleichtern die automatisierte Durchführung von Bewegungselementen. Zentrale Schleifen, wie vom Zerebellum über Thalamus und zerebralem Kortex zurück zum Zerebellum, unterstützen das gedankliche Durchspielen von Bewegungen mit direktem Einfluß auf die Qualität der anschließend tatsächlich ausgeführten Bewegung [23].

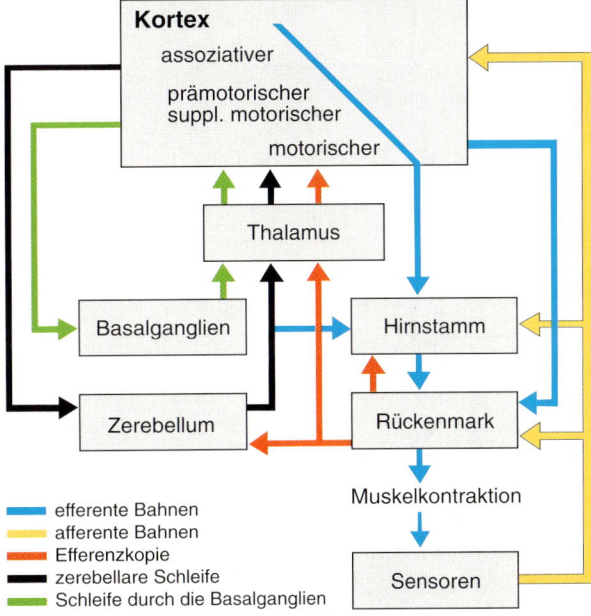

Abb. 8-1. Komponenten und Projektionen des zentralen sensomotorischen Systems von Säugern. Die zentrifugalen (efferenten) Bahnen durchlaufen eine hierarchische Anordnung neuronaler Zentren. Parallele Projektionen überspringen zwischengeschaltete Instanzen. Zentripetale (afferente) Bahnen informieren über den Bewegungserfolg. Weitere zentripetale Bahnen informieren übergeordnete Schaltstellen über die efferenten Signale (Efferenzkopie; nach [6])

8.1 Von der Muskelerregung zur Bewegung

> **Der mechanische Kontext bestimmt die für die jeweilige Aufgabe geeigneten Erregungsmuster**

Bausteine des Muskelskelettsystems von Vertebraten. Bewegungssysteme von Vertebraten bestehen aus biegsamen oder drehbar gelagerten, steifen *Stützelementen* und der direkt oder über Bindegewebe angreifenden, lediglich Zugkräfte ausübenden *Muskulatur* (Abb. 8-2 unten). Bewegungen und Haltungsänderungen werden durch eine *Verdrehung oder Verbiegung* einzelner Körperabschnitte erreicht (Drehmoment = Kraft × Hebelarm). Um den Körperteil nach Auslenkung in seine alte Lage zurückbringen zu können, wird die Muskulatur in der Regel in entgegengesetzt wirkenden Gruppen (**Antagonisten**) angeordnet. **Synergisten** erzeugen gleichgerichtete Drehmomente um ein Gelenk oder einen Drehpunkt.

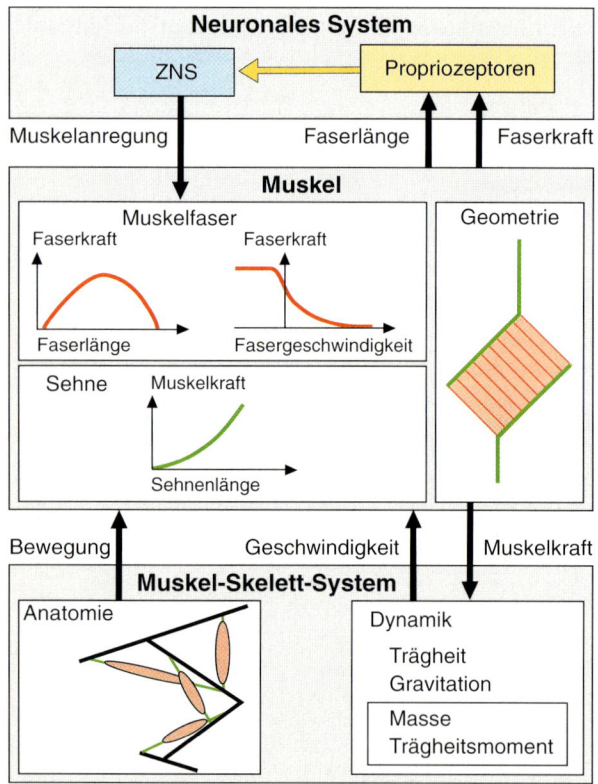

Abb. 8-2. Wechselwirkung der Einflüsse von neuronalem System (*oben*), der Eigenschaften von Muskel und Sehne (*Mitte*) und der Anatomie und Dynamik des Muskelskelettsystems (*unten*). Die Pfeile markieren die Einflußrichtungen. Die Eigenschaften von Muskel (rot) und Sehne (grün) sind als Diagramme (Kraft(Länge), Kraft(Geschwindigkeit)) skizziert

Dynamik. Den durch die Muskulatur erzeugten Drehmomenten stehen Drehmomente gegenüber, welche durch weitere **innere Kräfte** und durch **äußere Kräfte** erzeugt werden (Abb. 8-2 unten). Zu den äußeren Kräften gehören: Bodenreaktionskräfte, durch die Zähigkeit des Mediums erzeugte Reibungskräfte, Trägheitskräfte durch Beschleunigung des umgebenden Mediums und die Schwerkraft. Innere Kräfte sind Reibungskräfte, welche in den Gelenken auftreten, bzw. bei der Verformung von Körperabschnitten entstehen, sowie Trägheitskräfte, induziert durch Beschleunigung (Translation und Rotation) von Körperteilen. Die Berechnung der durch gegebene Muskelkräfte erzeugten Bewegung (**Vorwärtsdynamik**) erfordert die Berücksichtigung aller Kräfte. Gleiches gilt bei der Berechnung der Muskelaktivierung, durch die eine beispielsweise vom ZNS vorgegebene Bewegung erzeugt werden soll (**inverse Dynamik**). Die komplexe Berechnung der Dynamik in einer für die Reaktion des Tieres ausreichenden Zeit und unter Berücksichtigung der im folgenden beschriebenen anatomischen und muskulären Faktoren repräsentiert eine herausragende Leistung des motorischen Systems.

Der Arbeitspunkt der Muskelfasern. Die Skelettmuskulatur von Vertebraten ist quergestreift (vgl. Kap. 6). Bei vorgegebener Erregung hängen die von einer Muskelfaser erzeugten Kräfte und Wege (Abb. 8-2 Mitte) von drei Parametern ab:
1. *Faserlänge.* Die erreichbare Kraft hängt von der Überlappung der Aktin-Myosinfilamente ab.
2. *Kontraktionsgeschwindigkeit:* Die maximale Spannung wird bei niedriger *Dehnungs*geschwindigkeit erreicht. Bei der maximalen Kontraktionsgeschwindigkeit (v_{max}) sinkt sie auf Null.
3. *Vorgeschichte.* Eine unmittelbar vorangegangene Dehnung der Muskelfaser kann zur Krafterhöhung führen, eine länger andauernde Beanspruchung reduziert die erzeugbare Spannung (Ermüdung).

Bindegewebe. Werden die Muskelfasern zu einem Muskel oder einem Muskelpaket zusammengefaßt, so gewinnen zunehmend die viskoelastischen Eigenschaften des umgebenden, die Fasern bündelnden und Kräfte übertragenden Bindegewebes an Bedeutung (Abb. 8-2 Mitte). Ein in Serie mit einer Sehne befindlicher Muskel kann sich kontrahieren, ohne daß an dem untersuchten Gelenk eine Bewegung zu beobachten ist. Der Muskel dehnt lediglich die Sehne.

Geometrie. Welche Kräfte und Bewegungen durch die Kontraktion von Muskelfasern erzeugt werden, hängt wesentlich auch von ihrer Anordnung innerhalb des Muskels ab (Abb. 8-2 Mitte). *Durch parallele Anordnung addieren sich die Kräfte der einzelnen Fasern.* Dadurch kann also pro Muskelvolumen eine große Kraft erzeugt werden. *Bei serieller*

Anordnung addieren sich die Verkürzungen. Hierdurch wird die Verkürzungsgeschwindigkeit an den Enden des Gesamtmuskels erhöht. Die Geometrie liefert also zusätzlich zum Fasertyp eine wichtige Möglichkeit, Kontraktionsgeschwindigkeit und Kräfte auf spezielle Aufgaben hin zu optimieren.

Anatomische Ansatzpunkte. Die Anordnung der Muskeln bezüglich des Skeletts bestimmt die Größe der Hebelarme und damit das Drehmoment und den maximalen Drehwinkel (Abb. 8-2 unten). Wird ein Muskel nahe am Drehpunkt angebracht, so kann er zwar bei gleichem Muskelquerschnitt lediglich ein geringes Drehmoment, aber hohe Drehgeschwindigkeiten generieren und umgekehrt. In der Regel überspannen mehrere Muskeln mit unterschiedlichen Eigenschaften parallel die Gelenke. Je nach Aufgabe werden dann optimal arbeitende Gruppierungen aktiviert.

Wechselwirkung der Eigenschaften des Bewegungsapparates und der neuronalen Kontrolle. Die Erregung der Muskulatur durch das neuronale Netzwerk bewirkt in Abhängigkeit von der Muskellänge und der Kontraktionsgeschwindigkeit eine Kraft in der Muskelfaser (Abb. 8-2). Die resultierende Kraft des Muskelpaketes ist eine Funktion der Muskelgeometrie. Die Muskelkräfte bestimmen zusammen mit äußeren Kräften, Trägheitskräften und der Anatomie (Anordnung) die Dynamik des Bewegungsapparates und damit die Bewegungsamplituden und -geschwindigkeiten. Diese legt zusammen mit der Nachgiebigkeit von Sehne und Bindegewebe die momentan wirksame Länge der Muskelfaser fest. Letztere ist es, die zusammen mit den Kräften einzelner Muskelbündel von Propriorezeptoren (s.u.) registriert wird und dem ZNS als lokale Rückmeldung zur Verfügung steht.

Die Motoneurone bestimmen die Möglichkeiten der Muskelaktivierung

Muskelaktivierung durch Motoneurone. Bei Vertebraten sind die die Muskulatur innervierenden Neurone, die **Motoneurone**, multipolare Neurone. Sie sind über ihr myelinisiertes Axon und seine Kollateralen mit der Muskulatur verbunden. Die Zellkörper und Dendriten der Motoneurone liegen im Vorderhorn des Rückenmarks. Sie erhalten bei Säugern typischerweise 10.000 synaptische Kontakte (ca. 2.000 am Zellkörper und 8.000 an den Dendriten). In der Regel wird die Faser eines Skelettmuskels über *eine* Synapse, die *motorische Endplatte*, aktiviert (Kap. 5, 6). Umgekehrt kann jeder Endplatte ein bestimmtes Motoneuron zugeordnet werden. Das sich in der Muskelmembran ausbildende, postsynaptische Potential führt zu einer alles oder nichts-Antwort, dem sich schnell über die gesamte Muskelfaser ausbreitenden **Aktionspotential** und dieses über die *elektromechanische Kopplung* zur *Muskelzuckung* (Kap. 4, 6). Die kleinste in einem Muskel aktivierbare Einheit, die **motorische Einheit**, wird durch die Gesamtheit der Muskelfasern definiert, die durch ein *einziges* Motoneuron innerviert und aktiviert wird (Abb. 8-3). Der Umfang der Einheit reicht von wenigen Fasern (im Augenabduktor des Menschen, Rectus oculi lateralis: 13) bis hin zu hunderten (im Ellbogenbeuger des Menschen, Biceps brachii: 750).

In der zur Einstellung der Körperhaltung dienenden tonischen Muskulatur und in der intrafusalen Muskulatur der Muskelspindeln entstehen in der Muskelmembran lediglich *lokale* synaptische Potentiale („junction potential"). Diese lokalen Potentiale werden passiv (*elektrotonisch*, Kap. 4) weitergeleitet. Die Aktivierung der gesamten Faser wird durch zahlreiche Endplatten gewährleistet, wobei diese Endplatten vom gleichen aber auch von anderen Motoneuronen kommen können (*polyneural*; z.B. axiale rote Muskulatur von Fischen; vgl. Kap. 7). Hier ist eine graduierte Aktivierung der Muskelfaser über die Aufsummierung der lokalen Potentiale möglich.

Geordnete Muskelrekrutierung. Mit zunehmender Geschwindigkeit der Fortbewegung steigen die notwendigen Muskelkräfte. Die Kraft, welche durch eine einzelne motorische Einheit ausgeübt wird, kann zunächst durch Erhöhung der *Erregungsfrequenz* des Motoneurons gesteigert werden. Hierbei summieren sich die Muskelzuckungen zunehmend

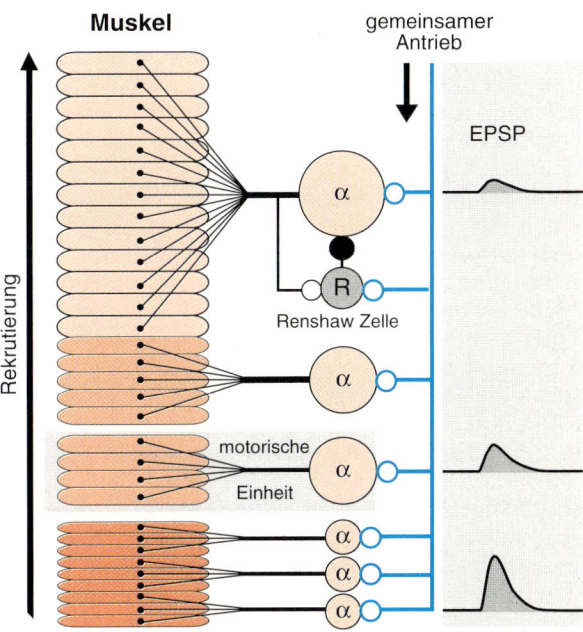

Abb. 8-3. Motorische Einheit, Größenprinzip und gemeinsamer Antrieb. *Dunkelrot:* oxidative Fasern; *hellrot:* glykolytische Fasern; kleine offene Kreise: erregende Synapsen; kleine ausgefüllte Kreise: hemmende Synapsen

auf (Fusionierung; Kap. 6). Tetanische Kontraktionen werden allerdings nur in den Anfangsphasen schneller Bewegungen beobachtet. Ein glatter Kraftverlauf wird dann dadurch gewährleistet, daß in der Regel mehrere Einheiten zeitlich versetzt (asynchron) aktiviert werden (*Rekrutierung*). Kraftanstiege um das Hundertfache werden durch eine weitgehend geordnete Rekrutierung sehr vieler bis aller motorischer Einheiten erreicht. *Hierbei wächst sowohl die Zahl der jeweils hinzugefügten Muskelfasern als auch deren individueller Querschnitt* (Größenprinzip; „**Henneman's size principle**"; Abb. 8-3). Die zunächst bei der langsamen Lokomotion rekrutierten Fasern mit niedriger Kontraktionsgeschwindigkeit besitzen einen kleinen Axonquerschnitt. Sie sind in der Regel ausdauernd (oxidativ; Kap. 6). Bei der schnellen Lokomotion werden schnelle Fasern großen Querschnittes aktiviert. Diese Fasern ermüden meist leicht (glykolytisch).

Dieses Rekrutierungsmuster gilt beispielsweise für die gesamte axiale Muskulatur von Fischen. Bei *Säugern* kann es nur innerhalb kleiner **Subpopulationen** von Muskelfasern beobachtet werden. Vor allem bei Muskelgruppen, die für die Feineinstellung vielfältiger Bewegungsmuster verantwortlich sind (Arm, Hand), wird eine variable, *aufgabenabhängige* Rekrutierung abgrenzbarer Fasergruppen gefunden.

Anordnung und Erregung der Motoneurone. Sowohl die zu einem Muskel oder Gelenk gehörenden Motoneurone als auch die diese innervierenden Interneurone sind im Rückenmark in eng benachbarten Gruppen angeordnet. Innerviert ein übergeordnetes Neuron alle Motoneurone einer Gruppe (**gemeinsamer Antrieb**) so kann die größenabhängige Rekrutierung (Abb. 8-3) durch amplitudenabgestufte erregende postsynaptische Potentiale (EPSP; Kap. 4) in den Motoneuronen erreicht werden [12]. Motoneurone, die zahlreiche Muskelfasern innervieren, sind in der Regel größer, besitzen damit einen geringeren Eingangswiderstand und benötigen entsprechend höhere synaptische Ströme zur Erzeugung der EPSP. Bei gleicher synaptischer Erregung entstehen also in den Neuronen größeren Querschnitts kleinere Potentiale. Mit zunehmender Erregung wächst die Größe der rekrutierten Einheiten. Eine gemeinsame Erregung drückt sich auf der Muskelebene in einer stärkeren Synchronisierung der Aktionspotentiale und in synchronen Schwankungen der Muskelkraft aus. Bei Muskelfasern, die seriell hintereinandergeschaltet sind, ist zur Krafterzeugung eine *hohe Synchronisation der Erregung* notwendig. Sie wird dann auch in Muskeln gefunden, die über Motoneurone aus mehreren spinalen Segmenten erregt werden, so z.B. in den dorsalen Nackenmuskeln der Katze.

Abstimmung der Empfindlichkeit der Motoneurone. Motoneurone werden durch zahlreiche synaptische Ein-

gänge beeinflußt. Eine wichtige Rolle bei der Abstimmung ihrer Empfindlichkeit spielen spinale Neurone, die **Renshaw-Zellen**. Diese Interneurone werden durch proximal zum Axonhügel (Kap. 5) der Motoneurone entspringende, feine *Kollaterale* des Axons innerviert und bilden wiederum hemmende Synapsen auf den gleichen oder benachbarten Motoneuronen (rückwartsgerichtete oder **rekurrente Hemmung**). Die Renshaw-Zellen hemmen also die Motoneurone proportional zur eigenen Aktivität (Abb. 8-3). Die Stärke dieser Hemmung kann durch supraspinale Eingänge der Renshaw-Zellen beeinflußt werden. Auf dem Umweg über die Renshaw-Zelle ist es somit Motoneuronen möglich, ihre Empfindlichkeit selbst einzustellen. Solche aufwendigen Regelungen werden vor allem in der Muskulatur komplexer, variabel eingesetzter Gelenke wie dem Handgelenk gefunden [21]. Darüber hinaus ist die Empfindlichkeit des Motoneurons auch aufgrund von Membraneigenschaften (Kap. 4, 23) variabel: kurzzeitige synaptische Signale können zur Ausbildung von Plateaupotentialen und *langfristigen Empfindlichkeitsänderungen* führen [22]. Hierdurch reicht vermutlich bei der Stabilisierung der Körperhaltung eine geringe synaptische Erregung aus. Durch kurzzeitige Hyperpolarisation kann das Plateaupotential abgeschaltet und auf diesem Wege beispielsweise Lokomotion unterbunden werden.

Konstruktion und Anordnung bestimmen den Aufgabenbereich der Propriozeptoren

Muskelspindeln (Abb. 8-4; Kap. 15) enthalten in einer spindelartigen Kapsel *intrafusale Muskelfasern*, um die jeweils spiralförmig eine Nervenendigung (*primär* sensible Endigung) gewunden ist. Die Enden der intrafusalen Fasern sind über Bindegewebe mit dem Bindegewebe (Perimysium) der parallel angeordneten kräftigeren und längeren extrafusalen Fasern verknüpft, welche die Spindel umgeben. Eine Dehnung der extrafusalen Muskelfasern führt zur **Dehnung** der intrafusalen Fasern und damit zur Reizung der Nervenendigungen. Ein Teil der in der Spindel gebündelten Fasern ist elastisch (**statische** Fasern). In *einer* intrafusalen Faser, der **dynamischen** Faser, ist dem zentralen elastischen Bereich polar ein visköser Bereich zugeordnet. Hierdurch ist die Dehnung des zentralen Bereiches proportional zur *Dehnungsrate*, wobei die Nervenendigung zusätzlich kleine Dehnungen besonders empfindlich beantwortet. Jede intrafusale Muskelfasern ist von einer primär-sensiblen Endigung innerviert. Den primären sensiblen Endigungen wird für jede Muskelspindel *eine* primäre afferente Nervenfaser zugeordnet (**Ia-Fasern**). *Die Antwort der Ia-Afferenzen wird also duch die kombinierten Eigenschaften der statischen und dynamischen Fasern bestimmt*. Neben den primären Endigungen winden sich weitere, *sekundäre* Endigungen um die statischen Muskelfasern. Die dazugehörigen afferenten Nervenfasern sind die **Gruppe-II-Fasern**.

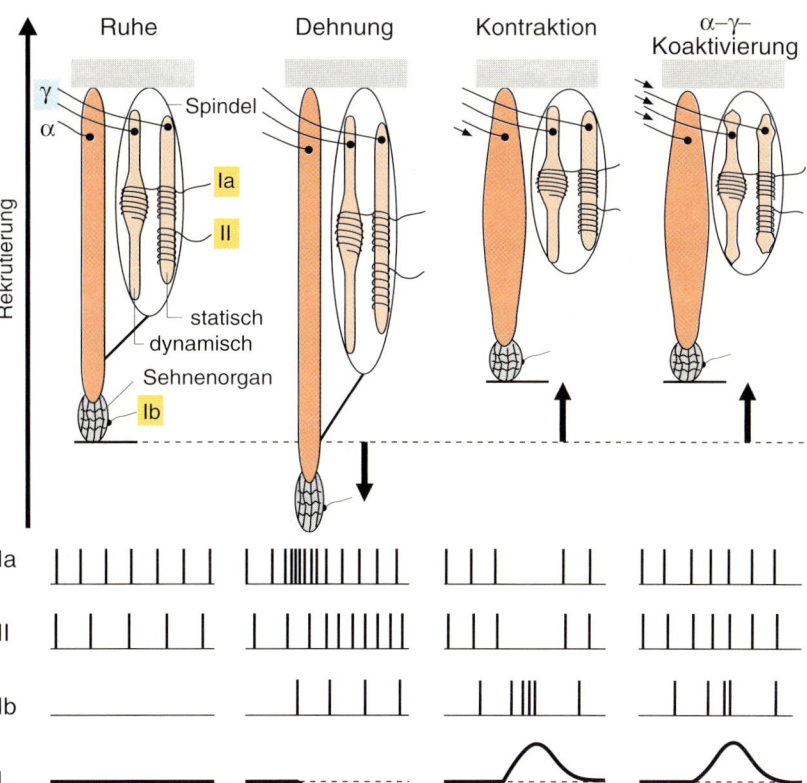

Abb. 8-4. Anordnung (schematisch, *oben*) und Aktivität (*unten*) von Muskelspindeln (Ia, II) und Sehnenorganen (Ib) bei unterschiedlichen Auslenkungen und Aktivierungsmustern. Von links nach rechts: Ruhe, Dehnungsrampe, Zuckung der extrafusalen Muskulatur ohne Aktivierung der intrafusalen Muskelfasern, Zuckung der extrafusalen Fasern (α) und Koaktivierung der intrafusalen Fasern (γ). L, Muskellänge

Im Laufe der Evolution der Wirbeltiere treten Muskelspindeln erstmals in der Kopfmuskulatur von Teleosteern auf (Adductor mandibulae von *Oncorhynchus* sp.). In der übrigen Muskulatur finden sich freie Nervenendigungen. *Auch bei Säugern fehlen Spindeln in wenigen Muskeln völlig.* In Muskeln, die der Feinmotorik dienen, werden bis zu 130 Spindeln/g erreicht, so z. B. im Musculus rectus inferior bulbi des Menschen, einem Augenmuskel. Unklar ist warum bei manchen Säugern (z. B. Katze) in den Augenmuskeln Muskelspindeln völlig fehlen.

Die intrafusalen Fasern der Muskelspindeln können über polwärts innervierende Motoneurone erregt werden (*fusimotorische Aktivierung*). Bei niederen Vertebraten (Fröschen) erfolgt dies durch Kollaterale der Motoneurone der extrafusalen Muskulatur (α-*Motoneurone*) bei Säugern durch eigene **γ-Motoneurone**. Sie besitzen im Vergleich zu den α-Motoneuronen kleine Zellkörper und Axondurchmesser. Die polar ausgelöste Kontraktion der intrafusalen Faser führt zur Dehnung der Zentralregion. Spindeln ohne fusimotorische Aktivierung zeigen unter isometrischen Bedingungen so gut wie keine Aktivität. Bei Stauchung der Spindel durch Verkürzung der extrafusalen Fasern liefert der Sensor ebenfalls keine Antwort. Durch gleichzeitige Erregung der α- und γ-Motoneurone werden jedoch die intrafusalen Fasern aufgrund der unterschiedlichen Leitungsgeschwindigkeit (Kap. 4) leicht verzögert ebenfalls aktiviert (α-γ-**Koaktivierung**). Hierduch bleibt die Muskelspindel (Ia-Afferenzen) auch bei der Kontraktion des Muskelpaketes auf kleine Längenschwankungen empfindlich.

Das **Golgi-Sehnenorgan** besteht aus einer bis zwei weit verzweigten Nervenendigungen, die sich um die faszellen Ausläufer einiger Muskelfasern (5–20) winden (Kap. 15). Diese Ausläufer wiederum sind fest in Sehnen bzw. Aponeurosen eingewirkt, deren Dehnung sie registrieren. Als steife, in Serie zu den Muskelfasern liegende Sensoren senden sie **spannungsproportionale Signale** (afferente Nervenfasern: **Ib**; Abb. 8-4).

Sowohl Muskelspindeln als auch Sehnenorgane messen mechanische Kenngrößen nur lokal im Bereich weniger Muskelfasern und nicht für ein gesamtes Muskelpaket oder gar für ein Gelenk. Hier liefern die **Gelenksensoren** (Kap. 15) unterstützende Informationen. In den Bändern, den Wänden der Gelenkkapsel und im Bereich des Gelenkknorpels finden sich Sensoren unterschiedlicher Struktur: von freien Nervenendigungen bis hin zu Organen, die den Pacini-Körperchen ähneln.

8.2 Schaltkreise des Rückenmarkes

Als Schnittstelle zwischen der Muskulatur und übergeordneten zentralnervösen Strukturen ist das spinale System flexibel programmierbar und verfügt bereits über einen umfangreichen Satz abrufbarer Grundfunktionen.

Die spinalen Reflexbögen sind Teil eines selbstkompensierenden, die Durchführung der zentral vorgegebenen Aufgaben sichernden Systems. Ein **Reflexbogen** besteht aus fünf Anteilen:

1. dem *Sensor* (z.B. Muskelspindel),
2. der *Afferenz* (z.B. die Ia-Fasern),
3. den zwischengeschalteten zentralen Neuronen (*Interneurone*; fehlen beim Dehnungsreflex, s.u.),
4. der *Efferenz* (z.B. Motoaxone),
5. dem *Effektor* (z.B. die Skelettmuskulatur).

Spinale Reflexbögen helfen bei der Kontrolle von Länge und Spannung einzelner Muskeln, aber auch bei der Kontrolle der Bewegung ganzer Gliedmaßen.

– **Muskellänge** (Längenservo, Dehnungsreflex): Nur die primären Afferenzen der *Muskelspindeln* besitzen verzweigte Axone (Kollaterale), die **monosynaptisch** an den Motoneuronen enden (Abb. 8-5a). Eine Dehnung des Muskels führt zur Aktivierung der Spindeln; deren Afferenzen erhöhen die Aktivität der zum gleichen Muskel gehörenden (*homonymen*) Motoneurone; die Kontraktion der extrafusalen Fasern führt zu einer Entlastung der Spindeln (*negative Rückkopplung, Regelung*). Mit Hilfe der α-γ-Koaktivierung (s.o.) wird eine Verbesserung der Haltefunktion erreicht.

– **Gelenkstellung:** Hierzu kann zusätzlich über hemmende Interneurone die Aktivität von Antagonisten unterdrückt werden (Abb. 8-5c; *disynaptischer Reflexbogen*). Der Reflex betrifft damit nicht nur einen Muskel, sondern die Bewegung in einem Gelenk. Kollaterale bereits aktivierter primärer Fasern *hemmen präsynaptisch* (Kap. 4) die Ia-Rückkopplung der nicht aktivierten Einheiten (*Kontrasterhöhung*; nicht in Abb. 8-5c [21]).

– **Muskelspannung, Drehmomente am Gelenk:** Der Reflexbogen der *Sehnenorgane* ist spiegelbildlich zu dem der primären Spindelafferenzen organisiert (Abb. 8-5d). Die Sehnenorgane hemmen über eine di- oder trisynaptische Verbindung die homonymen Motoneurone und die der Synergisten und erregen disynaptisch die Motoneurone der Antagonisten. Damit verhindert der Reflex übermäßige, für das Bindegewebe gefährliche Muskelspannungen.

– **Muskelsteifigkeit:** Die auf das *gleiche* Motoneuron aufgeschalteten Ia- und Ib-Afferenzen bewirken, daß beim gedehnten Muskel das Verhältnis aus Spannung und Dehnung, *die Steifigkeit,* konstant bleibt. Die Ia- und Ib-Afferenzen können, allerdings mit entgegengesetzten Vorzeichen, präsynaptisch über zentrale Efferenzen kontrolliert werden. Hierdurch wird ein federartiges Verhalten des Muskels erreicht (Abb. 8-5b).

– **Gelenksteifigkeit:** Unter dem Einfluß der *Renshaw-Zellen* (s.o.), die sowohl das homonyme Motoneuron als auch das den Antagonisten inhibierende Interneuron hemmen, führt der beiderseits aktivierte Dehnungsreflex zu einer *Koaktivierung des Antagonisten* und damit zur Einstellung einer bestimmten Gelenksteifigkeit (Abb. 8-5c). Das federartige Verhalten von Muskeln und Gliedmaßen wird durch die mechanischen Eigenschaften des Bindegewebes unterstützt. Bei der schnellen terrestrischen Lokomotion verhalten sich Beine wie **pas-**

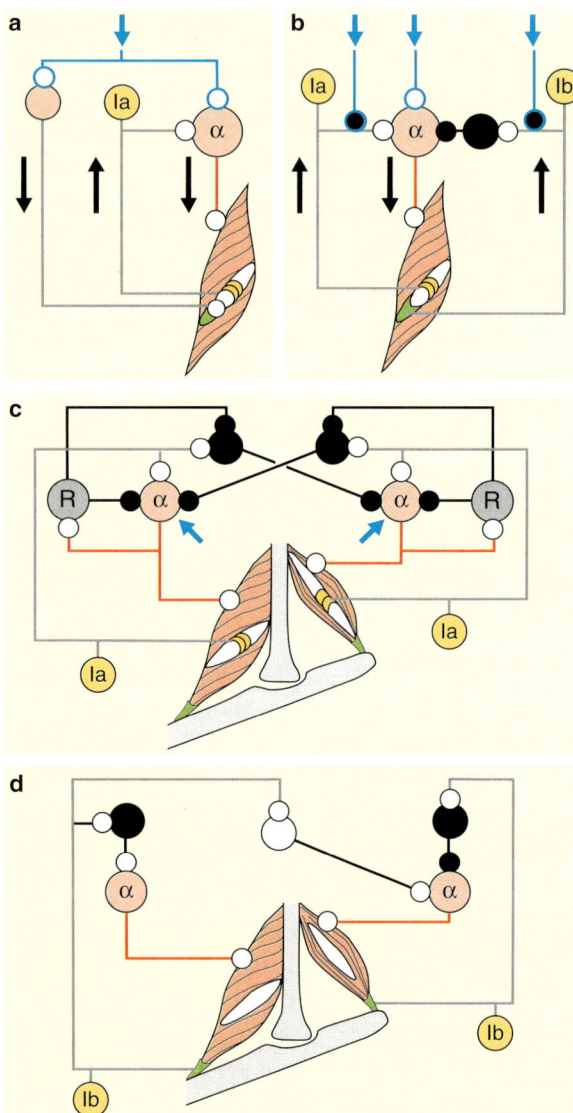

Abb. 8-5. Reflexe und Servomechanismen. **a** Regelung der Muskellänge. **b** Steifigkeitsservo. **c** Dehnungsreflex, Gelenksteifigkeitsservo. **d** Sehnenreflex, Spannungs- und Drehmomentservo. (Offene Kreise: exzitatorisch; gefüllte Kreise: inhibitorisch; α: Motoneuron; γ: γ-Motoneuron; Ia: Ia-Fasern; (Muskelspindel); Ib: Ib-Fasern (Sehnenorgan); R: Renshaw-Zellen; blaue Pfeile: zentrale Efferenzen; schwarze Pfeile: Richtung des Informationsflusses; Beschreibung siehe Text

sive Federn. Ähnliches gilt für positionierte Arme und ihre Antwort auf Störungen. Jede Feder besitzt eine Ruhelage. Kräfte werden erst bei Auslenkung von der Ruhelage erzeugt. Möglicherweise wird die Bewegungsbahn eines Armes dadurch erzeugt, daß zentral kontinuierlich oder schrittweise diese Ruhelage für die Gelenke verschoben wird [9].

– **Flexorreflex** (Schutzreflex): *Nozizeptoren* sowie *sekundäre Spindelafferenzen* erreichen die Motoneurone über di- bis polysynaptische Reflexbögen. Es werden die Flexoren der betroffenen Extremität stark erregt und die Antagonisten gehemmt. Der Flexorreflex (Abb. 8-6) führt also zum Rückzug der Extremität. Simultan wird im kontralateralen Bein der Extensor stimuliert und der Flexor gehemmt (**gekreuzter Extensorreflex**). Es wird dafür gesorgt, daß das kontralaterale Bein das plötzlich übertragene Gewicht auffangen kann.

> **Reflexe werden abhängig von der jeweiligen Aufgabe der Muskulatur modifiziert**

Propriozeptoren. In den Beinen einer gehenden Katze werden während eines Schrittzyklus einige *aktivierte* Muskeln gedehnt, während andere sich verkürzen. Sie erfüllen unterschiedliche Aufgaben. In den beteiligten, notwendigerweise unterschiedlich wirkenden Reflexbögen werden die Muskelspindeln *aufgabenabhängig* eingesetzt: die sekundären, statischen Afferenzen unterstützen die Regelung der sich verkürzenden Muskulatur, während die primären, dynamischen Afferenzen bei der Regelung der sich dehnenden Muskulatur verwandt werden [26].

Muß ein bestimmter Muskel während seiner Aktivierung zwei unterschiedliche Aufgaben erfüllen, z.B. sowohl Dehnung als auch Verkürzung während eines Bewegungszyklus, so werden jeweils unterschiedliche Gruppen von Motoneuronen eingesetzt, zu denen wiederum spezielle Muskelspindeln gehören. Den Aufgaben können also Muskelabschnitte zugeordnet werden (**Partitionierung**; [21, 35]). Ist eine solche Partitionierung vorhanden, so können die Dehnungen zum Erlernen geeigneter Kontrollstrategien herangezogen werden [24].

Rückkopplung. Da sich die Aufgabe des Muskels mit der gesamten Bewegungssituation ändert, ändert sich auch jeweils der Anteil der fusimotorischen Aktivität. In **ballistischen Situationen** (Flucht- oder Flexorreflex) bleiben die γ-Efferenzen ruhig. Eine Regelung (negative Rückkopplung) ist in der kurzen zur Verfügung stehenden Zeit nicht möglich. Bei den meisten Bewegungen wird, um Regelschwingungen zu vermeiden, auf eine hohe Verstärkung im Rückkopplungskreis verzichtet, d.h. das Signal der Motoneurone wird bei ungestörten Bewegungen hauptsächlich durch Mustergeneratoren (s.u.) und supraspinale Einflüsse festgelegt.

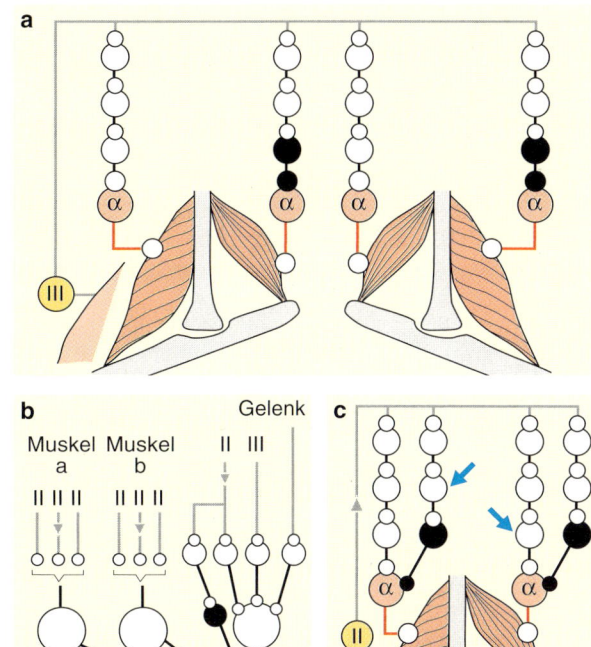

Abb. 8-6. Das FRA-System. **a** Klassischer Flexorreflex, (*links*: Flexion; *rechts*: Extension) **b** Vielfalt der Verschaltung im FRA-System (siehe Text). **c** Auswahl eines Reflexpfades durch zentrale Einflüsse. (offene Kreise: exzitatorisch; gefüllte Kreise: inhibitorisch; α: Motoneuron; Ext: Extensormotoneuron; Fl: Flexormotoneuron; Ib: Ib-Fasern (Sehnenorgan); II: II-Fasern (Muskelspindel); III: somatosensorische Sensoren; blaue Pfeile: zentrale Einflüsse (nach [34])

Das FRA-System. Der Flexorreflex (s.o.) kann nicht nur von den Gruppe III- u. IV-Afferenzen der Nozizeptoren, sondern am spinalisierten Tier auch von sekundären Spindelafferenzen (Gruppe II) ausgelöst werden. Hierzu muß durch langsame Bewegungsrampen der Dehnungsreflex vermieden werden. Diese Afferenzen werden unter dem Begriff Flexorreflex-Afferenzen (FRA) zusammengefaßt; sie sind zusammen mit den beteiligten Inter- und Motoneuronen Teil eines verzweigten Netzes von Neuronen (FRA-System). Die Verschaltung dieser Neurone ist vielfältig (Abb. 8-6b):

– Die Flexor-Reflex Afferenz ist *sowohl über exzitatorische als auch inhibitorische* Interneurone auf ein Motoneuron geschaltet. Je nach supraspinaler Einwirkung (s.u.) kann die gleiche Afferenz also die Erregung eines Motoneurons erhöhen oder senken.

– Die Flexor-Reflex Afferenzen innervieren *divergent* über Interneurone Motoneurone unterschiedlicher Muskeln.

– *Konvergent* erreichen zahlreiche Afferenzen auch verschiedener Muskeln über Interneurone das gleiche Motoneuron. Darüber hinaus konvergieren Afferenzen unterschiedlicher Modalität.

Über supraspinale Einwirkungen können nun aus diesem Netzwerk funktionelle Reflexbögen (**Pfade**) mit gleichsinnig wirkenden Interneuronen herausgegriffen werden (Abb. 8-6c). Ein bestimmtes Neuron kann damit je nach Bedarf unterschiedlichen Reflexbögen angehören. Die nicht benötigten Pfade werden durch den aktivierten Pfad inhibiert [13, 34].

Die wechselseitige Inhibition funktioneller Pfade liefert die *Grundlage für autorhythmische Systeme*. Unter der Einwirkung von Pharmaka (L-DOPA) kann das FRA-System eine alternierende, oszillatorische Aktivität aufnehmen [21]. Die beteiligten Interneurone sind also wahrscheinlich Bestandteil des für höhere Vertebraten noch nicht identifizierten zentralen Mustergenerators (s.u.).

Der Wischreflex. Beim Wischreflex eines Frosches mit durchtrenntem Rückenmark (spinalisiert) löst ein Stück schwach säurehaltiges Löschpapier auf der Haut des Vorderbeines eine zielgerichtete Bewegung des ipsilateralen Hinterbeines aus. Wird die

Lage des Vorderbeines verändert, so ändert sich auch die Bahn des wischenden Beines, wird das ipsilaterale Bein behindert, so wird das kontralaterale Bein zur Reizstelle geführt. Die spinalen Neurone genügen also zur Generierung eines motorischen Programms, welches die koordinierte Bewegung des Beines zur berührten Stelle gewährleistet [8].

Erregt durch elektrische Stimulation oder durch Pharmaka kann ein *spinalisierter Fisch schwimmen und eine spinalisierte Katze auf dem Laufband laufen. Dabei stimmen die Bewegung und das Grundmuster der Muskelrekrutierung mit der normalen Situation überein.* Allerdings kann das Tier nicht die Balance aufrechterhalten und keine zielgerichteten Bewegungen durchführen (s.u.). Sensorische Afferenzen sind zur Erzeugung des Grundmusters nicht notwendig. Ein „**fiktives Bewegungsmuster**", das dem von intakten Tieren weitgehend entspricht, kann in den Motoneuronen von isolierten, aus wenigen Segmenten bestehenden Rückenmarksabschnitten nachgewiesen werden (Neunauge: *Ichthyomyzon unicuspis* [19]). Die Gruppen von Neuronen, die autogen das sich rhythmisch wiederholende Grundmuster erzeugen, bilden einen **zentralen Mustergenerator (ZMG)**.

Der spinale Mustergenerator von Neunaugen (Abb. 8-7; [19]). Die segmentalen *Motoneurone* (MN) werden zyklisch erregt und gehemmt. Ihre Erregung ist auf *exzitatorische Interneurone* (EIN, Glutamat) zurückzuführen, ihre Hemmung auf das *laterale Interneuron* (LIN) und das *kontralaterale Interneuron* (CCIN, Glyzin), das auch alle Zellen auf der kontralateralen Seite inhibiert (reziprok inhibitorische Verschaltung). *Diese reziprok inhibitorische Verschaltung der Interneurone ist das Grundelement der bisher bei Vertebraten auf zellulärer Ebene identifizierten Mustergeneratoren (Neunauge, Krallenfroschlarven, Goldfisch).*

Ein **Zyklus des oszillierenden Netzwerkes** kann wie folgt beschrieben werden: Wenn durch die Erregung der absteigenden retikulospinalen Neurone die Membranpotentiale der Interneurone angehoben werden, so werden aufgrund geringfügiger Verschiebungen der Membranpotentiale und durch die Wirkung der kontralateralen Hemmung zunächst die EIN, LIN und CCIN auf einer Seite feuern. Sowie LIN aktiviert wird, werden die CCIN auf der ipsilateralen Seite gehemmt, damit sinkt die Hemmung der kontralateralen Seite, und es werden dort Aktionspotentiale erzeugt. Die aktivierten kontralateralen CCIN hemmen wiederum die Interneurone auf der ipsilateralen Seite.

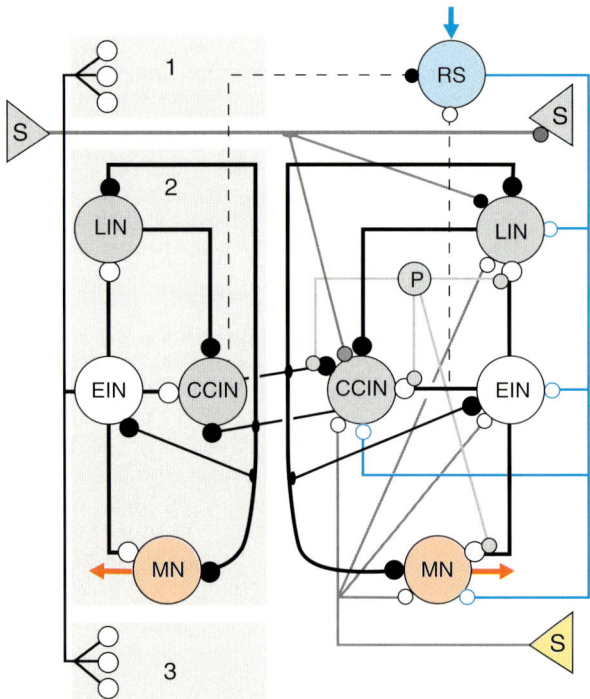

Abb. 8-7. Mustergenerator von Neunaugen. Dicke Linien (*links* und *rechts*): Die wichtigsten Neurone und ihre Verschaltung. MN: Motoneuron; EIN: exzitatorisches Interneuron; LIN: laterales, ipsilaterales Interneuron; CCIN: kontralaterales Interneuron; MN: Motoneuron. Funktionsbeschreibung im Text. *Rechts*: Mit Neuronen und Axonen, die sensorische und zentrale Einflüsse übermitteln. S: Dehnungssensoren; RS: Retikulospinale Neurone; P: präsynaptisch wirkende, inhibitorische Interneurone; 1, 2, 3: spinale Segmente; offene Kreise: exzitatorisch; gefüllte Kreise: inhibitorisch (nach [19])

Festlegung der Oszillationsfrequenz. Im *niederfrequenten* Bereich (niedrige Schwimmgeschwindigkeit) wird der Takt des Generators durch oszillierende Interneurone, sog. **Schrittmacherneurone**, bestimmt. Die rhythmischen Veränderungen des Membranpotentials dieser Neurone sind auf die nichtlinearen Eigenschaften spezieller Ionenkanäle mit exzitatorischen Rezeptoren zurückzuführen. Selektiver Agonist dieser Glutamatrezeptoren ist **N-Methyl-D-A**spartat. Neurone mit NMDA-Rezeptoren wurden im spinalen Mustergenerator von Neunaugen, Krallenfroschembryonen und jungen Ratten nachgewiesen. Die Schwingungsperiode dieser Neurone kann leicht durch synaptische Signale beeinflußt werden. Entsprechend wird ihnen bei höheren Frequenzen (hohe Schwimmgeschwindigkeit) der *schnellere Rhythmus des Netzwerkes aufgezwungen* (Versklavung). Jedoch auch innerhalb des Netzwerkes liefern die NMDA-Neurone ein für den Aufbau eines *regelmäßig* aktivierten Rhythmusgenerators wesentliches Element, nämlich die Aufrechterhaltung einer verlängerten Depolarisations- bzw. Hyperpolarisationsphase [19, vgl. 22].

Lokomotion erfordert das geordnete Zusammenwirken zahlreicher Mustergeneratoren

Die Erzeugung der Undulation. Bei Neunaugen erfolgt die Fortbewegung durch eine caudat wandernde Bewegungswelle (Undulation). Diese wird durch eine *caudat wandernde Erregungswelle* der Muskulatur mit gleichem Takt und schnellerer Phasengeschwindigkeit erzeugt. Die von Segment zu Segment gemessene *Phasenverschiebung* in der Aktivierung der Motoneurone beträgt unabhängig von der Dauer des Zyklus ca. 1% der Periode. Dies wird der Kopplung benachbarter Segmente über Kollaterale der exzitatorischen Neurone (EIN) zugeschrieben [19].

Bewegungen von Rumpf und Körperanhängen. Bei Salamandern wurde bei der *aquatischen Lokomotion* eine caudat laufende undulatorische Welle, bei der *terrestrischen Lokomotion* eine stehende Körperwelle beobachtet sowie eine strikt alternierende Bewegung der kontralateralen Beine [16]. Die stehende Welle ist hierbei ein mit neuer Funktion bedachtes ursprüngliches Merkmal (Präadaptation). *Alternierende Bewegung* von Körperanhängen findet man bereits bei Fischen (Quastenflosser *Latimeria chalumnae*). Die Verhaltensstudien belegen dort allerdings, daß *situationsabhängig nahezu alle Phasenbeziehungen möglich sind*. Abweichungen vom alternierenden Grundmuster führen zu einer geringen Drehung des Rumpfes und haben für das Tier keine schwerwiegenden Folgen. Die Oszillatoren

(ZMGs) für die einzelnen Flossen sind also untereinander nur leicht gekoppelt. Stammesgeschichtlich wurden die zu diesen Körperanhängen gehörenden Motoneurone und damit ein Teil der für die Koordination der individuellen Gliedmaßen notwendigen Mustergeneratoren den bereits vorhandenen Motoneuronen der Rumpfmuskulatur hinzugefügt. Die strengere Kopplung der Beinbewegung bei der terrestrischen Lokomotion (Salamander) wird *durch die dort notwendige Stützung des Körpers erzwungen*.

Laufen von Säugern. In der **Stemmphase**, in welcher das Bein den Körper trägt und nach vorn treibt, werden vor allem die *Extensoren* aktiviert; in der **Schwungphase** wird das Bein durch *Flexoren* nach vorn geführt und verkürzt. Insgesamt müssen bei festgelegter Periode für die Muskulatur jedes Beines eine Vielzahl von fein aufeinander abgestimmten Phasenbeziehungen und Aktivierungs-amplituden festgelegt werden (Abb. 8-8). Dies erfolgt in dem zum Bein gehörenden Mustergenerator, an welchem die Interneurone der Reflexbögen (FRA, s.o.) beteiligt sind. Dieser Mustergenerator kann unabhängig von den übrigen operieren: Wird beim Gehen das rechte Bein festgehalten, läuft das linke weiter. Koordinierte terrestrische Lokomotion setzt eine Abstimmung des Taktes und der Phasenbeziehungen der Mustergeneratoren des Rumpfes und aller Beine voraus. Bei Erhöhung der Geschwindig-

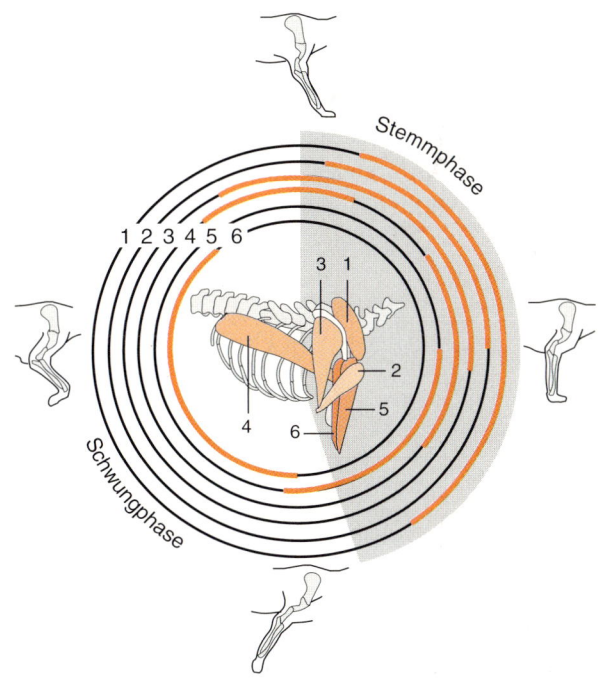

Abb. 8-8. Aktivitätsperioden (rote Linien) einiger Muskeln in der Schulter eines Hundes beim Trab. Muskeln: 1. M. supraspinatus; 2. M. triceps brachii, caput lateralis; 3. M. triceps brachii, caput longus; 4. M. latissimus dorsi; 5. M. biceps brachii; 6. M. brachialis (Daten aus [18])

keiten erfolgt eine sprunghafte Änderung der Phasenbeziehung zwischen den einzelnen Beinen (**Gangartwechsel**). Für diesen Wechsel ist es nicht notwendig, daß übergeordnete Systeme gezielt einzelne Neurone im Mustergenerator aktivieren oder auf einen neuen Mustergenerator umschalten. Die Umprogrammierung kann *infolge der* **nichtlinearen Kopplung der Oszillatoren** *allein durch eine unspezifische Erhöhung des Antriebsniveaus durch übergeordnete lokomotorische Zentren (s.u.) oder über chemische Stimulation dieser Bahnen (L-DOPA) erreicht werden*. Das neuronale Netzwerk stellt ein sich selbst ordnendes, **kooperatives System** dar.

Fliegen. Im Vergleich zur terrestrischen Lokomotion stellt das Fliegen keine erhöhten Anforderungen an die Arbeit der Mustergeneratoren. Soweit den homologen Muskeln auch eine ähnliche Funktion zukommt, werden die im Rahmen der terrestrischen Lokomotion entwickelten Erregungsmuster beim Flug beibehalten. Mechanische Bedingungen erzwingen beim Flug eine strikte Synchronisation der kontralateralen Muskelgeneratoren. Eine kontralaterale Inhibition hätte hier verheerende Folgen, Verschiebungen werden lediglich zur Flugsteuerung (s.u.) zugelassen (zum Fliegen bei Invertebraten s. Kap. 7)

> **Sensoren koppeln die Aktivität der Mustergeneratoren an die Bewegung des Tieres**

Beim *Neunauge* sind am Rande des Rückenmarks angeordnete *Dehnungssensoren* (S in Abb. 8-7) *Bestandteile des Mustergenerators*. Einige Sensoren besitzen Axone, die die ipsilateralen Motor- und Interneurone erregen, andere inhibieren die entsprechenden kontralateralen Neurone. Stimuliert man diese Sensoren durch rhythmisches Biegen des Rumpfes, so schwingt der Mustergenerator **syn-**chron zur Bewegung. Bei *Katzen* reichen ebenfalls kleine Bewegungen eines Beines zur Synchronisation der Oszillatoren aus. Wenn bei spinalisierten Katzen ein Bein in der Mitte der Stemmphase angehalten wird, unterbleibt die Flexion, obgleich die anderen Beine weiter bewegt werden: Der zu dem Bein gehörige Mustergenerator wird gebremst. Die Flexion wird erst dann eingeleitet, wenn das Bein seine *extreme Auslenkung* erreicht hat [35]. Möglicherweise sind es *Gelenksensoren des Hüftgelenkes, die durch bahnende Einflüße („gating")* auf Interneurone des ZMGs das Ende der Stemmphase und den Beginn der Schwungphase signalisieren. Katzen versuchen störende Gegenstände an den Beinen durch eine Schüttelbewegung abzustreifen. Dieser von einem unabhängigen Mustergenerator versorgte *Schüttelreflex* wird ebenfalls während der Stemmphase unterdrückt. Durch die Ankopplung an periphere Signale wird allgemein erreicht, daß

1. **mechanische Grundschwingungen** des Bewegungsapparates, z.B. die Pendelperiode des Schwungbeines beim Gehen, den Rhythmus der Mustergeneratoren bestimmen können,

2. **gefährliche Situationen** unterdrückt werden, z.B. das Bein der Katze nicht in der Mitte der Stemmphase vom Boden gelöst wird,

3. eine **situationsgebundene Modifikation** spezifischer im Mustergenerator festgelegter Amplituden und Phasen reflexartig eingestellt wird.

8.3 Motorische Funktionen des Hirnstammes

Die motorischen Kerne des Hirnstammes (Abb. 8-9) erhalten Zuflüsse von peripher gelegenen kutanen Sensoren und Propriozeptoren sowie von den zur Orientierung im Raum wesentlichen Kopforganen

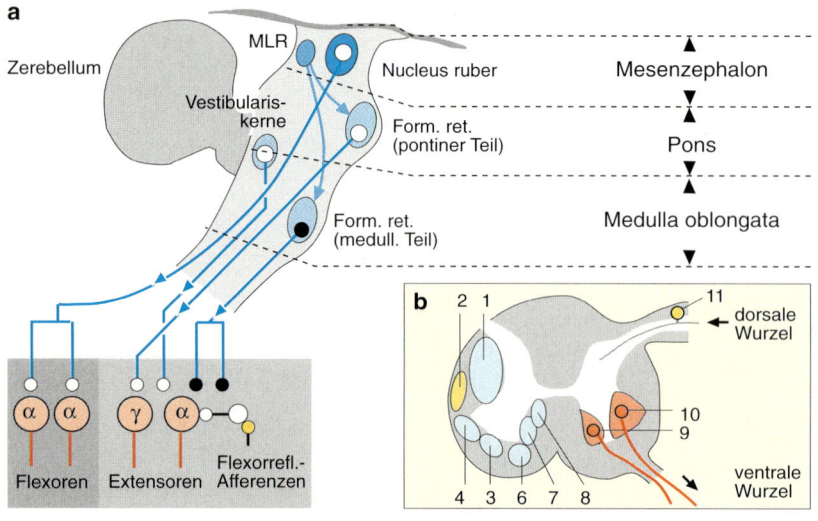

Abb. 8-9. a Motorische Kerne im Hirnstamm sowie der Einfluß der dort entspringenden Neurone auf die α- und γ-Motoneurone von Flexoren und Extensoren. Ergänzend ist die mesenzephalische lokomotorische Region (MLR) und deren Projektionen zu retikulären Kernen dargestellt. **b** Absteigende Bahnen im Rückenmarksquerschnitt. 1: lateraler kortikospinaler Trakt; 2: rubrospinaler Trakt; 3: spinozerebellärer Trakt; 4: lateraler vestibulospinaler Trakt; 5: lateraler vestibulospinaler Trakt; 6: ventraler kortikospinaler Trakt; 7: medialer vestibulospinaler Trakt; 8: medialer vestibulospinaler Trakt; 9: Zellkörper der Motoneurone der axialen Muskulatur; 10: Zellkörper der Motoneurone der Beinmuskulatur; 11: Zellkörper der Afferenzen

(Kap. 16, 18). Die absteigenden Bahnen koordinieren das spinale System zur Erzeugung der Körperhaltung, zur Stabilisierung des Körpers, zur Durchführung von Orientierungsbewegungen und zur Lokomotion.

Die axiale und distale Muskulatur wird über topographisch getrennte absteigende Bahnen kontrolliert

Im Bereich des Rückenmarkes embryonaler Amnioten und adulter Säuger findet man medial die phylogenetisch älteren Motoneurone der axialen Muskulatur und lateral die phylogenetisch jüngeren Motoneurone der distalen Muskulatur. *Diese Aufteilung spiegelt sich in den absteigenden Bahnen wider* (Abb. 8-9).

1. Phylogenetisch ältere **mediale Bahnen** kontrollieren die *axiale und proximale Muskulatur*:

– Der mediale und laterale **vestibulospinale Trakt** mit Ursprung in den **vestibulären Kernen** des Hirnstammes unterstützt die Haltungskontrolle.

– Der **mediale retikulospinale Trakt** mit Ursprung in Kernen der **Retikularformation** im Pons regt spinale Reflexe sowie direkt die Motoneurone der axialen Muskulatur und der Extensoren an, der **laterale** Trakt mit Ursprung in der magnozellulären Medulla inhibiert monosynaptisch Hals und Rückenmuskulatur. Polysynaptisch werden Extensoren inhibiert und die Erregung von Flexoren erleichtert.

– Der **tektospinale Trakt** mit Ursprung im **Colliculus superior** verläuft ebenfalls über die Formatio reticularis des Hirnstammes und projiziert lediglich kontralateral bis in den Bereich der zervikalen Rückenmarksegmente (kortiko-tektospinale Bahn) und unterstützt die Augen und Kopfbewegung.

2. Phylogenetisch jüngere **laterale Bahnen** innervieren die Motoneurone der *distalen Muskulatur*:

– Der **rubrospinale Trakt** mit Ursprung im magnozellulären Bereich des **Nucleus ruber** unterstützt die Bewegung der Gliedmaßen und die Feinmotorik. Er fehlt bei Knochenfischen und reicht beim Menschen nur bis in den Bereich der zervikalen Segmente.

3. Zuerst bei Säugern und besonders deutlich bei Primaten tritt der **kortikospinale** Trakt (**Pyramidenbahn**) mit Ursprung in motorischen Zentren des **zerebralen Kortex** in den Vordergrund. Die zugehörigen Axone ziehen in feinen Bündeln durch den Pons, wonach sie sich neu gruppieren (medulläre **Pyramide**). Etwa 75% bis 90% der Fasern kreuzen auf die kontralaterale Seite und folgen im Rückenmark im wesentlichen den bereits beschriebenen lateralen und medialen Bahnen (Abschnitt 8.5).

4. **Aminerge Bahnen** (Kap. 11) projizieren über das gesamte Rückenmark und modulieren die Empfindlichkeit der spinalen Neurone.

Die Haltung wird reflektorisch stabilisiert

Haltungsreaktionen beinhalten die Kontrolle der *Stellung des Körpers im Raum* sowie der *relativen Position von Körper und Gliedmaßen* untereinander [4].

Statokinetische Reflexe. Bei diesen bei Amnioten zu beobachtenden Reflexen bewirken statische Änderungen im Bereich des vestibulären Systems und im Bereich der Halsmuskulatur Änderungen der Stellung der Extremitäten (Abb. 8-10):

1. **Vestibulozervikale Reflexe** kompensieren Kopfbewegungen bezogen auf die Schwerkraft. (Wenn der Körper nach vorn gekippt wird, kontrahieren die Nackenmuskeln.)

2. **Vestibulospinale Reflexe** bereiten den Körper auf das Fallen vor. (Wird der Kopf nach vorn geneigt, so erfolgt eine Extension der Vorderbeine.)

3. **Zervikozervikale Reflexe** bewegen den Kopf relativ zum Rumpf in die Ausgangsposition zurück, führen also zur Kontraktion der gedehnten Muskel und wirken *synergistisch* mit dem vestibulozervikalen Reflex zusammen.

4. **Zervikospinale Reflexe** wirken *antagonistisch* zum vestibulospinalen Reflex. (Wird der Kopf nach vorn geneigt, so erfolgt eine Flexion der Vorderbeine).

Statokinetische Reflexe spielen auch bei der **Flugkontrolle** von Vögeln eine wichtige Rolle. Vereinfacht fliegen die Tiere unter bestimmten Flugbedingungen „ihrem Kopf nach". Will der Vogel nach rechts fliegen, so wird zunächst der Kopf in diese Richtung gedreht. Die Dehnung der linken Halsmuskulatur führt zu einer Extension des linken und einer Flexion des rechten Flügels sowie zu einer Spreizung der rechten Schwanzfedern und zu einer Aduktion der linken Schwanzfedern (zervikospinaler Reflex). Hierdurch schwenkt der Vogel in eine Rechtskurve ein.

Weitere Reflexe lassen sich für *axiale Drehungen* des Kopfes und des Körpers nachweisen. Die für die statokinetischen Reflexe maßgeblichen Eingänge sind Afferenzen der *Muskelspindeln* und *Gelenksensoren* der Halsregion sowie der *Otolithenorgane*. Sie konvergieren im Bereich der **medialen und inferioren vestibulären Kerne** und projizieren dort meist monosynaptisch über den medialen vestibulären Trakt in den Bereich der *Hals- und Rückenmuskulatur* (teilweise inhibitorisch, glyzinerg). Auch die Sensoren des *Labyrinthes* projizieren konvergent und disynaptisch auf einzelne Motoneurone der *Halsregion*. Neurone des **lateralen vestibulären Kerns (Deiters)** innervieren über den lateralen vestibulären Trakt Motoneurone des *Halses* sowie disynaptisch *Beinextensoren*.

Reaktionen auf Gleichgewichtsstörungen. Stört man man beim Menschen das Gleichgewicht dadurch, daß man den Boden auf dem er steht bewegt, so erfolgt eine stereotype, von *distal nach proximal fortschreitende Aktivierung* der stabilisierenden Muskulatur (Abb. 8-10c). Zieht man den Boden unerwartet nach hinten, so werden nacheinander Gastrocnemius, Gluteus und die paraspinale

a

Dezerebriertes Tier, Labyrinthe entfernt

	Kopf hoch	Kopf normal	Kopf tief
Hals			
Dorsalflexion			
normal			
Ventralflexion			

b

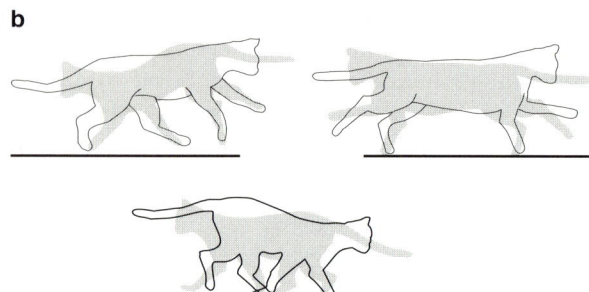

c

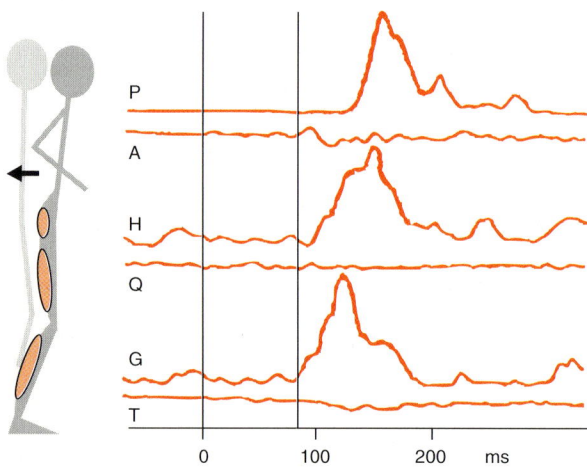

Abb. 8-10. Haltung und Lokomotion. **a** Statokinetische Reflexe als Funktion der Kopfstellung im Raum und relativ zum Körper (nach [5]). **b** Drei Bewegungsphasen einer galoppierenden Katze. Die gegenläufig ineinandergezeichneten Bewegungsphasen belegen die Symmetrie des Bewegungsprogramms und die Ähnlichkeit mit statokinetisch erzeugten Körperhaltungen (nach [31]). **c** Muskelaktivität (EMG) bei rückwärtsgerichteter horizontaler Bewegung (Pfeil) einer Plattform. 0 ms: Bewegungsbeginn; A: Rectus abdominis; P: lumbare paraspinale Muskeln; H: adduktor; Q: Rectus femoris; G: medialer Gastrocnemius; T: Tibialis anterior (nach [28])

Muskulatur aktiviert. Hierdurch wird der Schwerpunkt des Körpers bezogen auf die Position der Füße in seine Ausgangsposition zurückgebracht. Zu diesem Reflex tragen modifiziert durch supraspinale Einflüsse der Dehnungsreflex, das FRA-System und vestibuläre Reflexe bei [13]. Kippt man den Boden nach hinten, so werden zunächst wiederum reflektorisch die Fußextensoren aktiviert. Dies führt allerdings jetzt zu einer Vergrößerung der Instabilität (positive Rückkopplung). Wird der Versuch jedoch wiederholt, so verbessert sich nach und nach die Antwort, die aktivierten Muskeln wirken wieder stabilisierend. Offensichtlich werden die reflektorischen Korrekturen *der Erfahrung entsprechend suchraspinal modifiziert*, es wird der Regelung antizipatorisch eine **Führungsgröße** vorgegeben. Ähnliches ist bei **Greifbewegungen** notwendig. Die komplexen posturalen Korrekturen zur Sicherung der statischen Stabilität (Verschiebung des Schwerpunktes) erfolgen antizipatorisch, also *vor* der Greifbewegung selbst. Hierbei werden die Reflexe der jeweiligen Haltungssituationen angepaßt. Blockiert man cholinozeptive Neurone der Retikularformation, so bleiben die antizipatorischen posturalen Synergien aus (s. Abschnitt 8.4 zur Rolle kortikaler Regionen).

> ## Gerichtete Bewegungen sind im Hirnstamm als kartesische Richtungskomponenten kodiert

Vestibuläre, visuelle und propriozeptive Eingänge signalisieren die Lage des Körpers und des Kopfes bezogen auf die Umgebung. Die Repräsentation dieser Umwelt ist in den einzelnen Sensoren höchst unterschiedlich, muß aber in den Kernen des Hirnstammes unterstützt durch zerebrale Zentren aufeinander abgestimmt werden. Mehr noch, *Richtungszuweisungen müssen in geeignete Erregungsmuster für alle an der Bewegung beteiligten Muskeln umgesetzt werden* (vgl. Abschnitt 8.2). Die vom Auge auf das kontralaterale Tektum projizierte Richtungsinformation ist *topographisch (retinotopisch; Kap. 18) organisiert*: Im Tectum opticum (Colliculus superior) erfolgt durch Vergleich mit der Kopfposition die Berechnung der Differenz zwischen der gegenwärtigen Blickrichtung und dem Objekt. In den Projektionen vom Tektum in das Tegmentum geht allerdings die topographische Organisation verloren. Mikrostimulation bestimmter Neurone im Tegmentum von Eulen (*Tyto alba*) lösen Orientierungsbewegungen des Kopfes aus. Diese Bewegungen erfolgen horizontal, vertikal oder als reine Rollbewegung, also in Richtung der kartesischen Komponenten eines körperfesten Koordinatensystems (Abb. 8-11; [27]). Im tegmentalen Bereich wird also zwischen Sinnesorgan und Muskulatur eine einfache kartesische Repräsentation der Bewegungsrichtung geschaltet. Diese ist weder topographisch entsprechend der sensorischen Ebene, noch ein Befehlssatz, welcher die Aktivierungsmuster der Muskulatur widerspiegelt (vgl. Abschnitt 8.4).

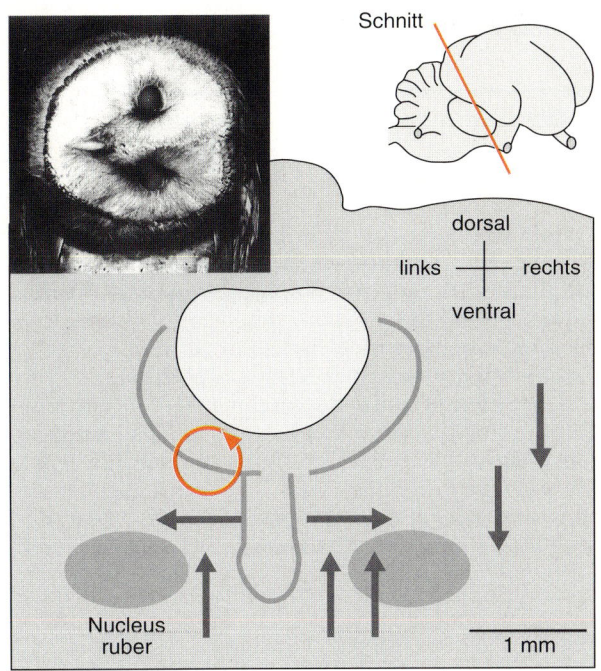

Abb. 8-11. Richtungskodierung tegmentaler Neurone einer Eule. Die Lage einiger Neurone im rostralen mesenzephalischen Tegmentum (Schnitt) und die Richtungen (Pfeile) der dort auslösbaren Kopfbewegungen. *Inset oben links:* Rollbewegung des Eulenkopfes. (nach [27])

> **Neurone des Hirnstammes lösen Lokomotion aus und modifizieren lokomotorische Bewegungsmuster**

Fluchtreaktion. Bei starken visuellen, hydrodynamischen oder taktilen Reizen reagieren Knochenfische und Amphibien mit einer heftigen Krümmung vom Reizort weg (C-Start). Sie wird über große, *schnell leitende retikulospinale Neurone* (**Mauthner-Zellen**) ausgelöst (Durchmesser bis zu 100 µm). Diese erregen auf der kontralateralen Seite die großen primären Motoneurone und die exzitatorischen Interneurone, und zwar jeweils deren Axone im Bereich des Axonhügels, dem Ort, wo das Aktionspotential entsteht (s. Kap. 4). Darüber hinaus wird über elektrische Synapsen das kommissurale inhibierende Interneuron aktiviert (vgl. Abschnitt 8.2; [14]). Durch diese Organisation ist gewährleistet, daß *unabhängig vom augenblicklichen Zustand aller Neurone eine schlagartige Erregung aller kontralateralen Motoneurone und eine ebenso wirksame Hemmung der ipsilateralen Neurone* erreicht werden kann.

Lokomotion. Die **mesenzephale lokomotorische Region (MLR)** ist inzwischen für viele Vertebraten nachgewiesen (Neunauge, Haie, Knochenfische, Säuger). Sie ist am Kleinhirnstiel, im posterioren Teil des **Tegmentums** angesiedelt und zeigt starke Projektionen zur *ponto-medullären Retikularformation*. Nach der Durchtrennung des Hirnstammes rostral zu diesem Kerngebiet kann bei Stimulation desselben in allen Tieren Lokomotion initiiert werden (s. Abschnitt 8.3, Abb. 8-9; Kap. 23.1). Eine Katze fängt dann also an zu laufen. Zur Erregung der Vorderbeine ist eine höhere Amplitude notwendig als zur Erregung der Hinterbeine. Bis zu Pulsfrequenzen von 10 Hz erfolgt die Bewegung synchron mit bezogen auf die einzelnen Impulse *fester Phasenbeziehung*. Aber auch höhere Reizfrequenzen lösen Lokomotion aus. *Bei fester Frequenz wird mit Zunahme der Reizintensität die Bewegung heftiger und schneller und wechselt vom Gehen, über Traben zum Galoppieren (s. Abschnitt 8.2).* In intakten Tieren zeigen zahlreiche Neurone im retikulo-, vestibulo- und rubrospinalen Trakt bei der Lokomotion *rhythmische, bewegungsbezogene* Aktivität. Umgekehrt wird deren Aktivitätsmuster durch exzitatorische und inhibitorische Kollaterale der Interneurone der spinalen ZMG moduliert. Die evtl. taktbestimmenden Oszillationen dieser Kerne ent-

stehen nur bei intakten Eingängen aus dem Zerebellum (s.u.).

Modifikation des Bewegungsmusters. Um eine Anpassung an unterschiedliche Verhaltenssituationen zu gewährleisten, müssen supraspinale Systeme in der Lage sein, den Mustergenerator *abschnittsweise* zu beeinflussen. Beim Neunauge sind Eingriffe in den Mustergenerator über präsynaptisch wirkende inhibierende Interneurone (P) möglich (Abb. 8-7). Beim Gehen von Katzen beeinflussen die vestibulospinalen Neurone (Kap. 1, 16) nicht den Takt des Schrittzyklus, sondern erhöhen die Aktivität der Extensoren während der Stemmphase. Während der Schwungphase bleibt die Stimulation unwirksam. Im Gegensatz zu den in der Stemmphase wirksamen vestibulospinalen Neuronen unterstützen die rubrospinalen die Aktivierung der Flexoren in der Schwungphase. *Die Funktion dieser Bahnen bei Haltereaktionen und Lokomotion stimmt also überein.*

8.4 Der motorische Kortex

Der motorische Kortex verarbeitet Signale aus verschiedenen Ebenen des ZNS

Die Areale des motorischen Kortex höherer Primaten umfassen den **primären motorischen Kortex** (Motokortex, MK, Gyrus praecentralis, Area 4), das **supplementäre motorische Areal** (SMA, Area 6) und den **prämotorischen Kortex** (PMK; Abb. 8-12). Die Areale sind **somatotop** organisiert. Gleiche Körperteile sind in jedem Areal, insgesamt also **multipel repräsentiert**. Areale des motorischen Kortex erhalten *afferente Zuflüsse* (Abb. 8-13) aus den Basalganglien (teilweise über den Thalamus), dem Zerebellum (über den Thalamus), aus der Sensorik (über pontine Kerne) sowie aus anderen kortikalen Bereichen. Die *Hauptefferenz* des Motokortex bildet der Tractus corticospinalis (**Pyramidenbahn**; Abb. 8-13) mit Kollateralen zu nahezu allen supraspinalen motorischen Zentren. Die spinalen Projektionen erfolgen monosynaptisch auf Motoneurone oder auf Interneurone. Darüber hinaus projizieren kortikale Efferenzen extrapyramidal über Zentren des Hirnstammes in den spinalen Bereich.

Phylogenetische Aspekte. Bei Fischen und Amphibien ziehen die meisten efferenten Fasern des Telenzephalons in Bereiche des Thalamus, des Tektums und in die Formatio reticularis. Ein motorischer Kortex und das pyramidale System sind erst bei Säugern nennenswert vertreten, wobei die Ausdehnung von Kortex und Bahn mit der wachsenden Entwicklung zunimmt. Bei Ungulaten erstreckt sich die pyramidale Bahn lediglich bis zum Halsmark, während sie bei Karnivoren und Primaten bis zum Lendenmark reicht. Bei niederen Säugetieren bilden der sensorische (Area 3) und motorische Kortex noch ein einheitliches Areal (**sensomotorischer Kortex**). Auch bei der Katze überschneiden sich beide Bezirke noch stark. Von Makaken bis zum Menschen, also innerhalb von Primaten, vergrößert sich bezogen auf das Körpergewicht das prämotorische Gebiet um das Sechsfache.

Der motorische Kortex unterstützt die Feinmotorik durch feingegliederte, rückgekoppelte Ansteuerung der Muskulatur

Nach Entfernung des zerebralen Kortex (**Dekortifizierung**), also bei intakten Basalganglien und intaktem Dienzephalon (Abb. 8-13), sind die Halte- und Stellreflexe gut ausgeprägt und das generelle Bewegungsrepertoir ist *automatenhaft* vorhanden. Hierzu sind kortikale Bereiche also nicht notwendig. Durchtrennt man bei Primaten lediglich die Pyramidenbahn und läßt die Projektionen zum Hirnstamm intakt, so schränkt dies lediglich die *unabhängige Fingerbewegungen* deutlich ein.

Organisation und Struktur des Motokortex. Die unterschiedliche Repräsentation der einzelnen Körperteile im primären motorischen Kortex ist ein **Spiegelbild der Feinheit** der Kontrolle in den jeweiligen Abschnitten. Hände und Gesicht sind also überproportional repräsentiert (Abb. 8-12; vgl. Kap. 8.5). Auf der Grundlage von elektrischen Stimulationen lassen sich kleine *Kolonien kortikospinaler Neurone abgrenzen, die zu bestimmten Muskeln projizieren*. Diese Kolonien sind in radialen Säulen angeordnet (**kortikale Säulen**; Durchmesser ca. 0,3 mm, pro Kolonie etwa 10^4 Neuronen), wobei sich jede Säule mit einer *inhibierenden Schale* umgeben kann: Kollaterale der kortikospinalen Zellen enden auf inhibierenden Interneuronen. Jeder spinale Pool von Motoneuronen erhält Eingänge von mehreren Kolonien oder Säulen, die ihrerseits meh-

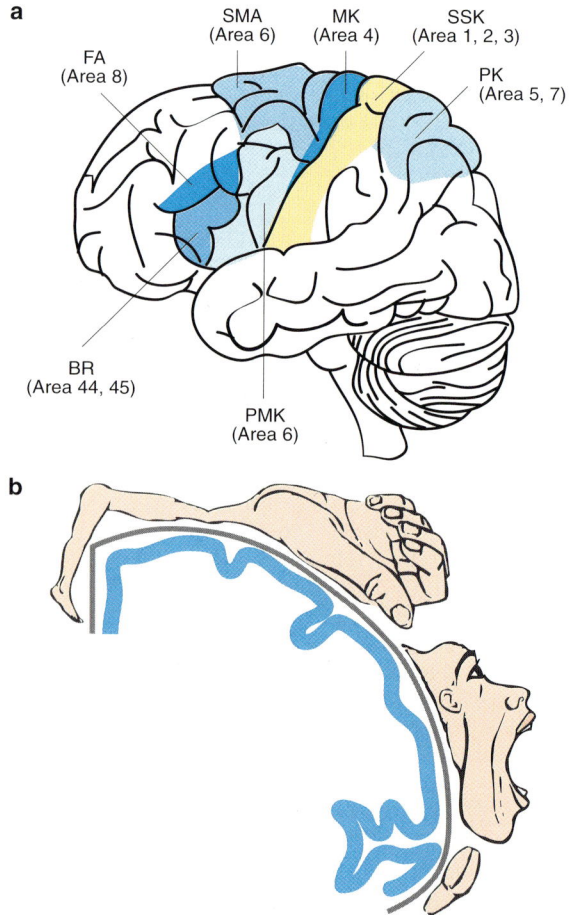

a

SMA (Area 6) MK (Area 4) SSK (Area 1, 2, 3)

FA (Area 8)

PK (Area 5, 7)

BR (Area 44, 45)

PMK (Area 6)

b

Abb. 8-12. a Lage der zum motorischen System gehörenden Areale des menschlichen Zerebrums. Abkürzungen: PMK: Prämotorischer-; SMA: Supplementär motorischer Kortex; MK: Motokortex; SSK: Somatosensorischer Kortex; PK: Parietaler Kortex; FA: Frontales Augenfeld; BROCA'sches Sprachzentrum. **b** Somatotope Repräsentation des Motokortex

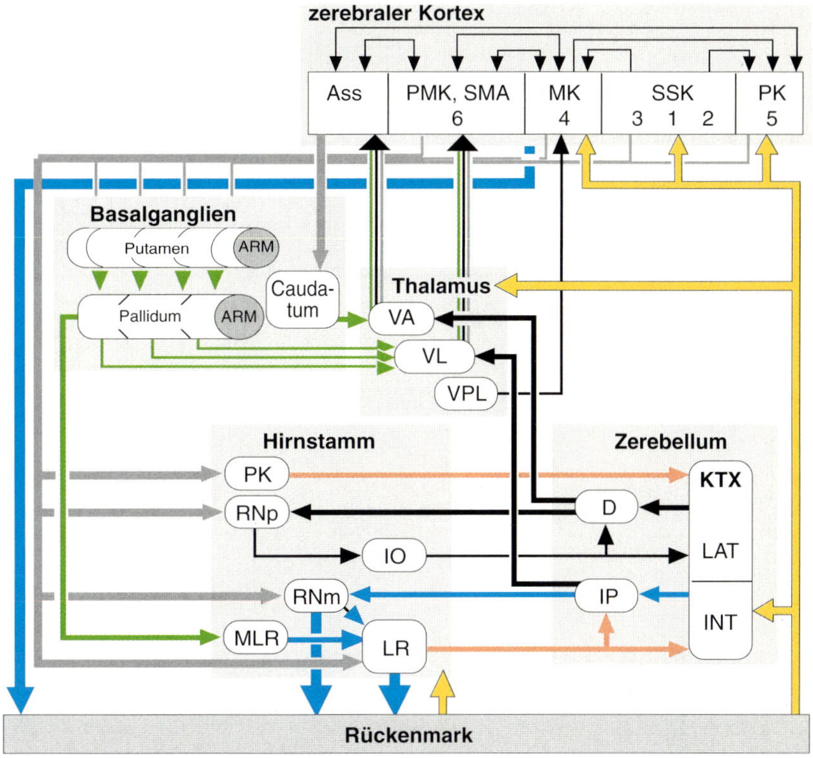

Abb. 8-13. Motorisch wichtige Bahnen und Projektionen (schematisierter Auszug, vgl. Abb. 8-1). gelb: sensorische Afferenzen; blau: spinale Projektionen aus den Hirnstammkernen und kortikospinale Bahn (Pyramidenbahn); grau: kortikale Projektionen zu den Basalganglien und Hirnstammkernen (extrapyramidale Bahn). Abkürzungen: *Kortex* (Abb. 8-12), Ass: assoziativer kortex; *Thalamus:* VL: Nucl. ventralis lateralis; VA: Nucl. ventralis anterior; VPL: Nucl. ventralis posterior, lateraler Abschnitt; *Zerebellum:* D: Nucl. dentatus; IP: Nucl. interpositus; LAT: lateraler Abschnitt; INT: intermediärer Abschnitt. *Hirnstamm:* PK: pontine Kerne; RN: Nucl. ruber, p: parvocel., m: magnocel.; IO: Untere Olive; MLR: Mesenzephales lokomotorisches Zentrum; LR: Formatio reticularis, lateraler Abschnitt. (Zusammengefaßt nach [1] und [20])

rere Millimeter voneinander entfernt liegen können. Mehrere Kolonien projizieren zu einem Motoneuron (multible Repräsentation), und umgekehrt werden zahlreiche Motoneurone von einem kortikospinalen Neuron innerviert.

Die Größe der kortikalen Säulen ist erheblicher *Plastizität* unterworfen. Wenn sich benachbarte Glieder nicht mehr getrennt bewegen können, so vereinigen sich ihre Areale, und die Mikrostimulation ruft im gesamten Areal Zuckungen in der Muskulatur beider Glieder hervor (s. Abb. 23-11, S. 499). Passive Bewegung betroffener Körperteile oder elektrische Stimulation der dazugehörigen Muskulatur führt zu einer Expansion der Säulen um bis zu einem Millimeter, die mehrere Stunden erhalten bleibt. Es werden also mehr kortikale Neurone zur Kontrolle rekrutiert.

Die lange Reflexschleife. Der **rostrale Motokortex** enthält kortikospinale Neurone mit *zentralen und propriozeptiven* Eingängen. Mikrostimulation der kortikalen Areale induziert eine Kontraktion der Muskeln, die die Signale der jeweils wirksamen propriozeptiven Afferenzen herabsetzen (negative Rückkopplung); es handelt sich um einen über den Kortex geschalteten Reflexbogen (**lange Reflexschleife, „long loop reflex", funktioneller Dehnungsreflex, M2**; Abb. 8-13, 8-14a). Wird bei einem aufmerksam nach einem Stab greifenden Primaten dieser Stab unerwartet geringfügig um seine Längsachse gedreht (Dehnung der Handgelenkextensoren), so verursacht diese Störung zunächst einen spinalen Dehnungsreflex (M1), dem ein kortikaler

Reflex folgt (M2; Abb. 8-14)). Kehrt man die Drehrichtung des Stabes um (Verkürzung der Handgelenksextensoren), so unterbleibt für die Extensoren der spinale Dehnungsreflex (Abschnitt 8.3), der kortikale Reflex bleibt jedoch erhalten. Im Gegensatz zum spinalen Dehnungsreflex ist der funktionelle Dehnungsreflex häufig *bidirektional*, führt also zur Versteifung der Gliedmaßen (Abb. 8-14b). Darüber hinaus ist die Reaktion *genauer* als beim spinalen Reflex der störenden Kraft entgegengerichtet. Der reflektorischen Antwort folgen Signale, die mit der ursprünglich anvisierten Handlung (längerfristige Bewegungsplanung) in Verbindung zu bringen sind.

Somatosensorisch-motorische Integration. Die Durchführung zielgerichteter Bewegung wird durch die über assoziative Bahnen angekoppelten, unmittelbar benachbarten somatosensorischen Areale unterstützt. Säulen des **kaudalen Motokortex** enthalten Neurone, die bei Hautberührung aktiviert werden. Die elektrische Stimulation dieser Areale ruft bei Katzen *Zuckungen genau in den Muskeln hervor, die das Bein zur berührten Stelle führen würden.* (vgl. Abschnitt 8.2, *Wischreflex*). Bei Primaten erfordert sowohl das *vorsichtige Ergreifen von Gegenständen* als auch das *exploratorische Betasten* eine Kontrolle durch kutane Sensoren. Die besondere Bedeutung der kortikospinalen Neurone hierbei wird dadurch unterstrichen, daß sie *bei geringen Kräften eine höhere Aktivität aufweisen als die ange-*

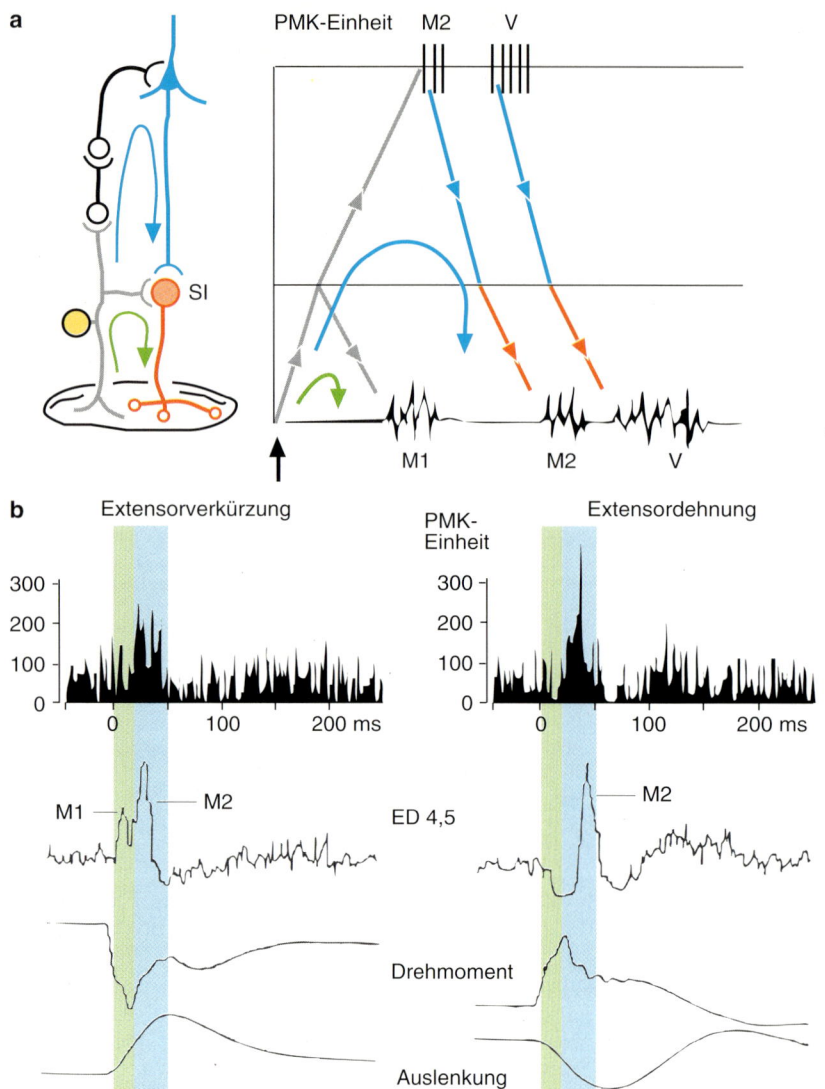

b

Extensorverkürzung

PMK-Einheit

Extensordehnung

M1 — M2

ED 4,5

M2

Drehmoment

Auslenkung

Abb. 8-14. Lange Schleife („Long loop"; funktioneller Dehnungsreflex, M2). **a** Reflexpfade und schematische Aktivierungsmuster des Muskels (*unten*) und einer Einheit des motorischen Kortex (PMK, oben). Pfeil: Störung; grün: spinaler Reflex (M1); blau: lange Reflexschleife (M2); V: willkürliche Aktivität. **b** Entladung kortikaler Zellen (oben), Aktivität des Extensor digitorum (ED; *Mitte*) sowie Drehmoment und Auslenkung (*unten*) bei der Bewegung des Handgelenkes eines Affen. (Nach [15])

steuerten Motoneurone, bei heftigen Bewegungen gilt das Gegenteil. Eine *enge Kopplung zwischen Ein- und Ausgang* ist nur beim entspannten Tier zu finden und verliert sich bei willkürlichen Aktionen. Auch während der Lokomotion modulieren kutane Afferenzen die diesen Bereich innervierenden kortikospinalen Ausgänge, allerdings in Abhängigkeit von der Bewegungsphase. Die Aktivität der kortikalen Neurone ist *aufgabenempfindlich*.

> **Populationen von Neuronen des motorischen Kortex kodieren die Bewegungsrichtung**

Das Gehen auf einer Leiter oder auf einem Balken verlangt eine zielgerichtete, optisch kontrollierte **Plazierung von Beinen**. Wie Ausschaltexperimente

an Katzen belegen, sind hierzu Bereiche des primären motorischen Kortex unabdingbar [7].

Greifbewegungen. Das gezielte Plazieren der Beine bei der Lokomotion ist eng verwandt mit Greifbewegungen. Letztere verlaufen unter gleichen Bedingungen nach einem stereotypen Muster und setzen eine genaue Abstimmung visueller und propriorezeptiver Eingänge voraus. Da die Genauigkeit des Greifens nach einem visuell vorgegebenen Zielpunkt sich in mehreren Versuchen selbst dann verbessert, wenn die Hand nicht gesehen wird (offene Regelschleife), kann auf einen direkten Rückgriff auf eine *interne Repräsentation des Raumes* geschlossen werden. Die Bahn der Hand wird wiederum durch die Transformation zwischen momentaner Handposition und Zielpunkt bestimmt, wobei zunächst globale Parameter wie Geschwindigkeitsverlauf und Steifigkeit festgelegt werden. Greifen Affen nach einem visuell vorgegebenen Ziel, so hängen die Antworten aller aufgabenbezogenen Neurone im primären Motokortex, im parietalen Kortex (s.u.) und im prämotorischen Kortex (s.u.) von der **Greifrichtung** ab (Abb. 8-15, [17]). Jedes Neuron liefert dabei ein Signal proportional zum Kosinus zwischen der Greifrichtung und einer für das Neuron typischen Richtung maximaler Empfindlichkeit.

Für jede Greifrichtung liefert also jedes einzelne Neuron aufgrund seiner Aktivität und seiner Vorzugsrichtung eine ungenaue und mehrdeutige Richtungsweisung. *Mittelt man aber alle Richtungsweisungen für eine Population von Neuronen (Minimum ca. 100 Zellen), so zeigt das resultierende mittlere Richtungssignal genau in die Bewegungsrichtung.* Ändert das Ziel seine Richtung, so bleibt das **Populationssignal** korrekt, wobei im Motokortex die Richtungsänderung bereits *vor* der Bewegungsänderung zu beobachten ist (160–180 ms). Die Richtungskodierung erfolgt also bereits im Stadium der **Bewegungsplanung** (Kap. 25). Hat der Primat gelernt, in eine Richtung zu greifen, die von der Richtung des optischen Signales abweicht, so dreht sich während der Handlung der Richtungsvektor der Population von der Ziel- in die Bewegungsrichtung (Abb. 8-15). Die Richtungsweisung ist von der Stellung des Schultergelenkes abhängig [25]. *Die Länge des Populationsvektors enthält Informationen über die Höhe der Bewegungsgeschwindigkeit.* Einige Zellen sind belastungsempfindlich. Die Kodierung der **Kraftrichtung** erfolgt hierbei additiv zu der der Bewegungsrichtung.

Komplexe Greifhandlungen. Bei komplexen Greifhandlungen sind es jeweils *unterschiedliche Populationen* im kortikospinalen Trakt, die auf Bewegung des Armes, Bewegung der Hand, kräftiges Zupacken bzw. vorsichtiges Fühlen spezialisiert sind. Die

jeweils nicht benötigten Steuerneurone werden aktiv unterdrückt [15]. Entsprechend werden bei schnellen, ballistischen Bewegungen des Armes die zum Präzisionsgriff notwendigen Neurone inhibiert [33].

Prämotorische Felder unterstützen die Vorbereitung motorischer Aktivität

Das supplementäre motorische Areal (SMA, Area 6). Die dort angesiedelten Neurone übertragen und filtern die Ausgänge der *Putamenschleife* von den *Basalganglien* (s.u., Abb. 8-13) zum motorischen Kortex. Vor allem bei Bewegungen, welche die distale Muskulatur einschließen, projizieren die Efferenzen über den primären Motokortex. Von diesem Areal werden, allerdings nicht bei Routinebewegungen [36], *vorbereitende Aktivitäten ausgelöst,* die bis zu einer Sekunde vor Handlungsbeginn in den Arealen 2, 5 und 4 registriert werden können. Messungen des Bereitschaftspotentials (vgl. Abschnitt 8.1), der Durchblutungsänderung und des Stoffwechsels zeigen eine hohe Aktivität dieser Region, wenn Bewegungen nur **gedanklich durchgespielt** werden. Wie Ausschaltversuche zeigen, spielt das SMA eine wichtige Rolle bei komplexen, koordinativen Bewegungen. Dies betrifft vor allem die Koordination der Bewegung mehrerer Finger, mehrerer Gliedmaßen und die Haltungskontrolle bei Greifbewegungen: Die bei der Beschreibung der Haltungsreaktionen (Abschnitt 8.3) erwähnte *antizipatorische Muskelaktivierung* hängt von einem intakten SMA ab.

Der prämotorische Kortex. Dieser Hirnrindenabschnitt erhält seine Eingänge vor allem vom poste-

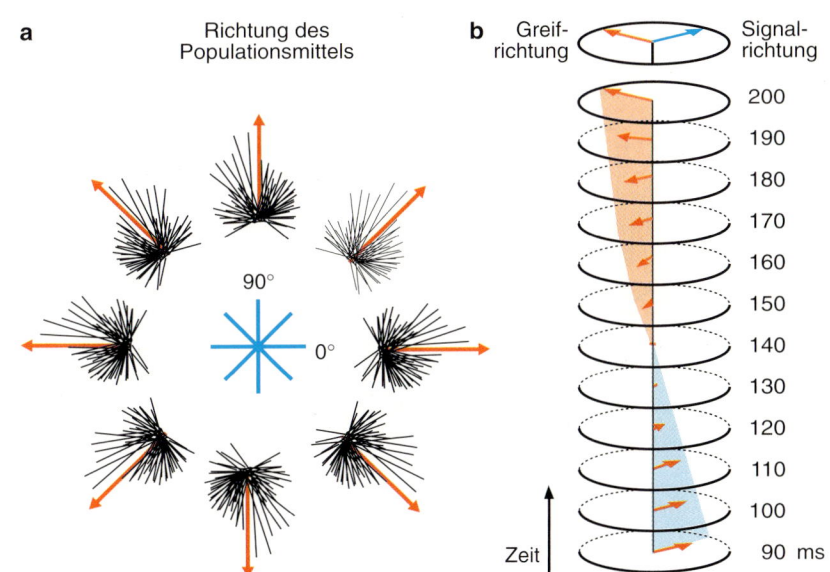

Abb. 8-15. Richtungskodierung durch Neurone des motorischen Kortex bei Greifbewegungen von Primaten.
a Richtungsantwort einer Population von Neuronen. *Innen*: Richtung des vorgegebenen Ziels. *Außen*: Antwort von Neuronen (n = 245) aus dem für die Armbewegung zuständigen Areal des motorischen Kortex. Schwarze Strahlen: Signale einzelner Neurone, abgetragen in Richtung ihrer maximalen Empfindlichkeit; rote Pfeile: Richtung des Vektors der Population.
b Zeitliche Änderung der Richtung des Populationsvektors (rot) während der Greifbewegung, wenn der Affe darauf trainiert ist, systematisch in eine von der optisch signalisierten Zielrichtung (oben, blauer Pfeil) abweichenden Richtung (oben, roter Pfeil) zu greifen. (Nach [17])

rioren parietalen Kortex (s.u.). Die efferenten Neurone schalten hauptsächlich auf Hirnstammregionen (Abb. 8-13), welche die proximale und axiale Muskulatur kontrollieren. Ihre Antwort bezieht sich ebenfalls nicht auf die Bewegung einzelner Gliedmaßen und hängt vor allem davon ab, *welche Art von Bewegung geplant wird.* Läsionen führen beispielsweise zu fehlerhaften posturalen Korrekturen bei Armbewegungen (vgl. Abschnitt 8.3), und komplexe Bewegungsakte können nicht mehr in korrekter zeitlicher Reihenfolge durchgeführt werden.

Der posteriore parietale Bereich (Area 5). Dieser Abschnitt erhält Eingänge vom somatosensorischen Kortex, dem vestibulären System (Orientierung im Raum), dem prämotorischen Areal (motorische Pläne) und dem Gyrus cingulatus (Teil des limbischen Assoziationskortex). Er projiziert in das prämotorische Gebiet und nach posterior in die Area 7. In der Area 7 werden visuelle, auditorische und, aus der Area 5, somatosensorische Eingänge integriert. Area 7 steuert wiederum Bewegungsvorgänge über Projektionen in prämotorische Gebiete und zum Zerebellum. Der posteriore parietale Kortex ist stark lateralisiert, links wird sprachliche Information verarbeitet, rechts räumliche. Nach Läsionen können beispielsweise räumlich zusammengestellte Objekte nicht mehr korrekt zugeordnet werden. Neurone, die aktiv sind, wenn nach bestimmten Gegenständen gegriffen wird, feuern nicht, wenn die gleiche Bewegung durchgeführt wird und das Objekt fehlt.

Einige Neurone werden erst dann aktiv, wenn ein bestimmtes Objekt befühlt und manipuliert wird. Im parietalen Kortex wird also der Kontext für eine Greifbewegung festgelegt.

8.5 Das Zerebellum

> **Gleiche kortikale Grundelemente werden in unterschiedlichen Funktionsschleifen eingesetzt**

Das Zerebellum von Säugern zeigt eine *gefaltete Struktur.* Funktionell von Bedeutung ist jedoch vor allem die *laterale Aufteilung* des Zerebellums in drei Abschnitte (Abb. 8-16a), die durch unterschiedliche Ein- und Ausgänge und die dazugehörigen zerebellaren Kerne festgelegt wird:

1. Der **flokkulonodale Lobulus** ist der phylogenetisch älteste Teil (Vestibulozerebellum) und erhält seine Eingänge ohne Zwischenstationen aus den **vestibulären Kernen** der Medulla, zu welchen er auch direkt zurückprojiziert. Der **Vermis** erhält Zuflüsse aus den somatosensorischen, vestibulären und visuellen Systemen. Die Efferenzen ziehen über den

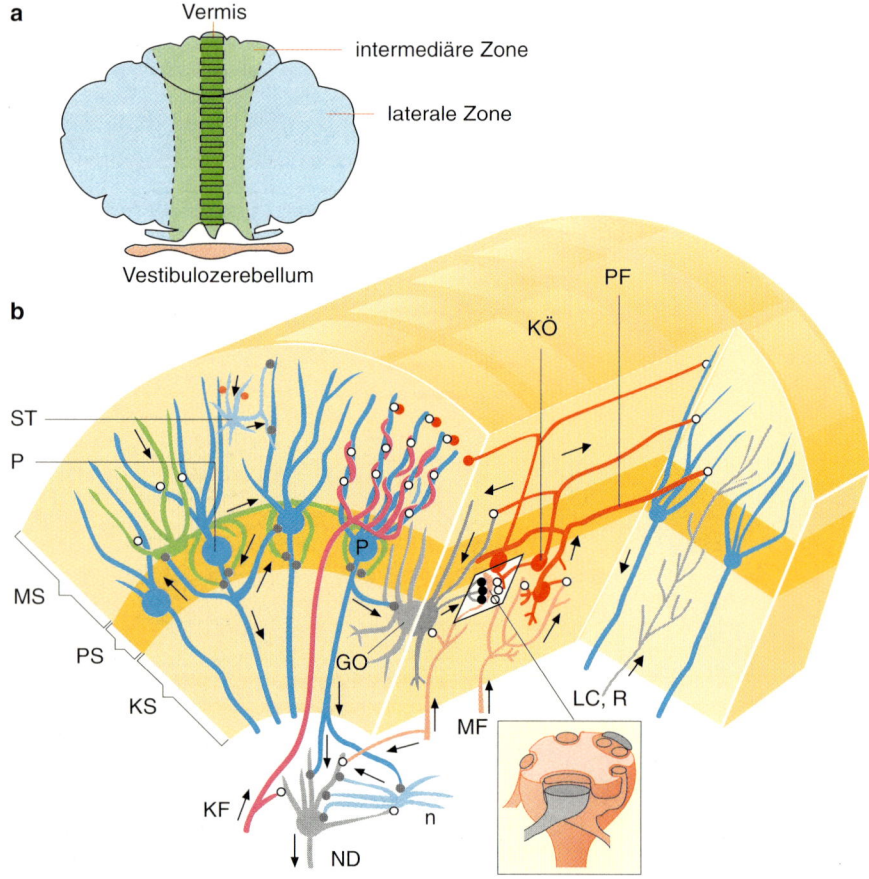

Abb. 8-16. a Sagittale Gliederung des Kleinhirns. **b** Anordnung und Verschaltung der zerebellaren Neurone (Links: sagittaler Schnitt). MS: Molekularschicht; PS: Purkinje-Schicht; KS: Körnerschicht; P: Purkinje-Zellen; KO: Korbzellen; GO: Golgi-Zellen, ST: Sternzellen; KF: Kletterfasern; KÖ: Körnerzellen; PF: Parallelfasern; MF: Moosfasern; ND: Neuron eines zerebellaren Kernes; n: Interneuron; LC, R: modulatorische Berieselung aus dem Locus coeruleus und den Raphekernen. Offene Kreise: exzitatorische Synapsen; gefüllte Kreise: inhibitorische Synapsen; Pfeile: Richtung des Signalflusses. (Nach [29])

Nucleus fastigius zu kortikalen und Hirnstammregionen, welche Ursprung des medialen absteigenden Systems sind (Abschnitt 8.3).

2. Die **intermediäre Zone** erhält vor allem spinale Eingänge und projiziert in einer durchweg somatotop organisierten Schleife über den **Nucleus interpositus** zu den Regionen des Kortex und des Hirnstamms (magnozellularer roter Kern), aus welchen das laterale absteigende System hervorgeht (Abschnitt 8.3; Abb. 8-13).

3. Die **laterale Zone** erhält über Hirnstammkerne Zuflüsse aus dem sensomotorischen assoziativen Kortex. Die Efferenzen werden über den **Nucleus dentatus** und den motorischen Thalamus (VA) zum Motokortex geschaltet (Abb. 8-13).

Feinstruktur und Verschaltung (Abb. 8-16b; [2]). Eine Grundeinheit der regelmäßigen Anordnung von Neuronen wird durch je *eine Purkinje-Zelle* definiert, deren Dendriten parallel ausgerichtet sind und sich nicht überlagern. Die Axone der Purkinje-Zellen projizieren auf zerebellare Kerne und bilden die *einzigen Efferenzen* (inhibitorisch, Transmitter GABA, Taurin). **Kletterfasern** *und* **Moosfasern** *sind die wichtigsten Eingänge* in den zerebellaren Kortex mit Kollateralen in den Bereich der zerebellaren Kerne (exzitatorische Transmitter: Aspartat und Glutamat). Modulierende Eingänge mit Projektionen in die Molekular- und Körnerschicht haben ihren Ursprung im Locus coeruleus (noradrenerg) und in den Raphekernen (serotonerg). Die Moosfasern *übertragen Informationen aus den vestibularen und retikularen Kerngebieten, über den Pons aus dem zerebralen Kortex sowie direkt von sensorischen Afferenzen.* Sie bilden in der Kleinhirnrinde ausschließlich Synapsen mit Körnerzellen. Zahlreiche von den Körnerzellen gebildete **Parallelfasern** kontaktieren die Purkinje-Zellen. Die Kletterfasern haben ihren Ursprung in der unteren Olive und kontaktieren *genau eine Purkinje-Zelle über zahlreiche Synapsen im proximalen Abschnitt ihres Dendriten.* Zu diesem Grundgerüst kommen inhibierende *Interneurone*, die **Sternzellen** (Enkephalin, Taurin), die **Golgi-Zellen** (GABA) und die **Korbzellen** (GABA). Letztere inhibieren Purkinje-Zellen außerhalb des durch die Parallelfasern definierten Erregungsstreifens.

Phylogenetische Aspekte. Die dreischichtige Anordnung von Neuronen und der kristalline Aufbau wurden bisher für alle untersuchten Tetrapoden nachgewiesen. Das Zerebellum von Reptilien und Vögel besitzt die gleiche parasagittale (laterale) Organisation. Dagegen ist das *Zerebellum von Teleosteern nicht zoniert.* Es ist eine schmale tubuläre Struktur mit einer rostralen Ausstülpung, der Valvula cerebelli. Letztere besitzt Eingänge aus dem Seitenliniensystem, während das kaudale Zerebellum wahrscheinlich dem Vestibulozerebellum der Tetrapoden entspricht. Die *Ausgänge werden nicht über spezielle zerebellare Kerne geschaltet,* sondern die entsprechenden Zellen befinden sich in unmittelbarer Nachbarschaft zu den Purkinje-Zellen (Ganglionschicht). Dagegen existiert ein *spezieller Ein-*

gangskern im Bereich des Tektums. Die Dendriten der Purkinje-Zellen sind sagittal ausgerichtet und zeigen speziesabhängig unterschiedliche Muster. *Korbzellen treten erstmals bei Vögeln auf.* Neben dem Zerebellum gibt es bei Teleosteern Strukturen in unmittelbarer Umgebung mit leicht unterschiedlicher zellulärer Organisation.

Kletterfasern modulieren die Empfindlichkeit der Purkinje-Zellen

Nur durch die räumliche und zeitliche Aufsummierung zahlreicher durch die Synapsen der Parallelfasern erzeugten postsynaptischen Potentiale wird in den Purkinje-Zellen ein Aktionspotential erzeugt („simple spike"). Kletterfasern erzeugen sehr große postsynaptische Potentiale, die wiederum ein großes Aktionspotential gefolgt von einer Salve von Entladungen auslösen („complex spike"). Die Körnerzellen feuern spontan bei hoher Rate (50–100 Impulse s^{-1}) und modulieren ständig in Abhängigkeit von afferenten Signalen die Aktivität der Purkinje-Zellen. Deren komplexe Aktionspotentiale sind selten (ca. 1 Impuls s^{-1}). Sie bewirken eine *kurzfristige Erhöhung* der Empfindlichkeit der Purkinje-Zellen bezüglich der von den Parallelfasern übertragenen Signale, falls letztere innerhalb von 7 bis 20 ms eintreffen. Aber *langfristig* führen heterosynaptische Effekte (Abb. 5-22, S. 143; Abb. 23-13, S. 506) zu einer *Erniedrigung* der postsynaptischen Empfindlichkeit (**Adaptation, Konditionierung**).

Das Zerebellum unterstützt die Organisation fein angepaßter Bewegungen

Flokkulonodaler Lobus. Neurone dieses Bereiches unterstützen Gleichgewichtsreaktionen (Stütz- und Haltungsreflexe; Kap. 8.3) und Augenbewegungen. Bei der Lokomotion führen Läsionen zu Oszillationen des Kopfes und des Rumpfes.

Spinozerebellum. Neurone des **Vermis** übernehmen die Korrektur der *stützmotorischen Anteile* von Haltung und Bewegung (Haltung, Tonus, Körpergleichgewicht). Die **Pars intermedia** unterstützt eine Kurskorrektur langsamer, *zielmotorischer Bewegungen* und ihre *Koordination mit der Stützmotorik*. Bei plötzlichen Abweichungen vom geplanten Bewegungsmuster (**Störung**), wie z.B. bei einem plötzlich nachgebenden Untergrund oder einer passiven Bewegung von Gliedmaßen, ändern die Purkinje-Zellen die relativ gleichmäßige Hintergrundaktivität im Interpositus [7].

Laterale Hemisphären. Das laterale Zerebellum ist in die **willkürliche Bewegungsplanung** eingebunden.

Neurone des Nucleus dentatus antworten bereits *vor Bewegungsbeginn und auch beim rein imaginären Üben von Handlungen*. Die Abschnitte helfen beim Erlernen und der Durchführung *schneller, rückmeldefreier (ballistischer) zielmotorischer Bewegungen* (z.B. Sprechen, sakkadische Augenbewegungen, Musikausübung, Sport). Das laterale Zerebellum ist über den Kortex an der *langen Reflexschleife* (Abb. 8-13, 8-14; Abschnitt 8.4) beteiligt: Bei **Störungen** von Extremitäten markieren die Aktivitäten des Nucleus dentatus die zweite Antwort (M2). Die Antwort ist proportional zur Störungsamplitude und adaptiert nach wenigen Versuchen. Parallel zu dieser Adaptation verbessert und beschleunigt sich die Reaktion der Extremität auf die Störung. Die *Verletzung* der Hemisphären führen zu Störungen in der Koordination und der Skalierung von Bewegungen und zu einer Verminderung des Muskeltonus.

Funktionsmodelle: Das Zerebellum als ein durch Übung modifizierbares neuronales Netzwerk

Das Zerebellum erhält Informationen über die Aktivität sensorischer Afferenzen (**Afferenzkopie**; mit Ausnahme der olfaktorischen), spinaler Interneurone, Neurone des Hirnstammes sowie über die Aktivität übergeordneter kortikaler Neurone (**Efferenzkopie**). Dies ermöglicht eine Rolle des Zerebellums in **drei** grundsätzlich **unterschiedlichen Funktionsschleifen** (Abb. 8-13):

1. Das Zerebellum kann den *Kortex* bei der Durchführung von Bewegungen *ersetzen*. Kortikale Bereiche wären dann bei der Durchführung von Routineaufgaben entlastet.

2. Bei kortikal kontrollierten Bewegungen kann das Zerebellum grundsätzlich durch die kortikalen Projektionen die *Rolle der Afferenzen übernehmen*. Dies ist möglicherweise vor allem bei ballistischen Bewegungen von Bedeutung.

3. Das Zerebellum *ersetzt die Signale der Peripherie* beim gedanklichen Nachvollziehen geplanter Bewegungen.

Berechnung zeitlicher Korrelation mit Hilfe von Verzögerungsleitung. Typisch für die Zerebelli aller bisher untersuchten Vertebraten ist die regelmäßige Anordnung von Parallelfasern und Purkinje-Zellen. Durch diese Anordnung erhalten benachbarte Purkinje-Zellen mit zeitlicher Verzögerung (ca. 0,1 ms) die Signale der gleichen oder anderer Körnerzellen (Leitungsgeschwindigkeit der Parallelfasern ca. 0,2 m/s). Damit kann über das aufsummierte Produkt der Eingänge die *zeitliche Korrelation von Signalen* errechnet werden. Wahrscheinlich ist die Fähigkeit, den zeitlichen Verlauf afferenter Signale im Millisekundenbereich zu analysieren, eine ursprüngliche Funktion des Zerebellums (vgl. Kap. 19). Bei Läsionen treten entsprechend häufig Schwierigkeiten in der präzisen Sequentierung der Muskelaktivierung auf.

Das Zerebellum als Übertragungsnetzwerk. Das Zerebellum ist vermutlich Teil eines Übertragungsnetzwerkes, welches für sensorische und zentrale Eingänge adäquate Ausgänge für motorische Korrekturen zuordnet. Im stark vereinfachten Modell werden jeder Eingangsgröße (z.B. Kraft an einem Muskel) *vektorähnlich* alle Ausgangsgrößen (die notwendige Aktivierung aller an dem Gelenk beteiligten Muskeln) zugeordnet. Es wäre beispielsweise vorstellbar, daß das afferente Neuron Synapsen auf je einem dem jeweiligen Muskel zugeordneten Interneuron bildet, das wiederum je nach Bedeutung (Abschnitt 8.2) die Motoneurone der beteiligten Muskeln erregt. Die Vielzahl der beteiligten Sensoren erfordert die simultane Erstellung zahlreicher Vektoren für den gleichen Muskelsatz, und erst die gewichtete Berücksichtigung des Eingangs aller Modalitäten ergibt das Gesamtsignal zur Muskelaktivierung. Es ist also der Aufbau eines vielzelligen *zweidimensionalen Netzwerkes (Matrix)* notwendig. Sollen bei der Übertragung auch übergeordnete Aspekte berücksichtigt werden, wie zum Bespiel die Einordnung der Bewegung in eine optisch definierte räumliche Repräsentation, so ist eine *Transformation* in ein geeignetes internes Bezugssytem vorteilhaft (Abschnitt 8-3). Daher muß eine weitere Matrix (Zellschicht) zwischengeschaltet werden, die diese Transformation übernimmt. Möglicherweise bilden die Neurone in den zerebellaren Kernen ein solches Transformationsnetzwerk [24, 30].

Motorisches Lernen (s. Abb. 23-13, S. 505f. Bei Ausfall des Zerebellums ist die Fähigkeit zur *Anpassung an neue motorische Aufgaben* eingeschränkt. Ein Beispiel: Der vestibulo-okulare Reflex sorgt dafür, daß die Augen bei Kopfdrehung ein Ziel fixieren können. Trägt die Versuchsperson eine prismatische Brille, welche links und rechts vertauscht, ist eine Fokussierung erst nach einer Lernphase möglich. Der Reflex kehrt seine Richtung um. *Zerstörung des Vestibulozerebellums verhindert diese Anpassung*. Störungen von Bewegungen verursachen Abweichungen vom beabsichtigten oder eingeübten Verhalten. Diese Abweichungen werden von den Kletterfasern gemeldet, sie antworten verstärkt (**Komparator-Hypothese**). Damit erhöht sich die Häufigkeit komplexer Potentiale in den Purkinje-Zellen und es sinkt, nach kurzzeitiger Erhöhung, deren Empfindlichkeit (s.o.). Wird nun die gleiche Situation wiederholt, so sinkt allmählich die Antwort der Kletterfasern, die verminderte Empfindlichkeit der Purkinje-Zellen auf Signale der Parallelfasern aber bleibt erhalten.

8.6 Die Basalganglien

Die Basalganglien sind in einer parallel zu den kortikalen Bahnen wirkenden Schleife angeordnet

Anordnung und Projektionsgebiete. Die Basalganglien bestehen aus fünf eng vermaschten subkortikalen Kernen: Die *Eingangskerne* **Nucleus caudatum**

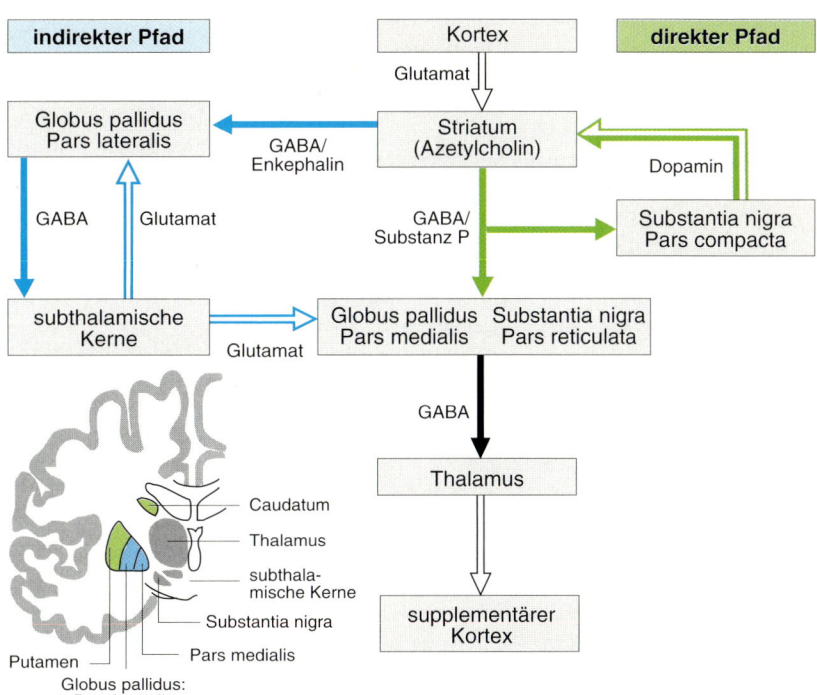

Abb. 8-17. Modell der Verschaltung der Basalganglien unter Berücksichtigung der Transmitter. Offene Pfeile: exzitatorisch; gefüllte Pfeile: hemmend. *Links unten*: Lage der Basalganglien im menschlichen Gehirn. (Nach [3])

Diagram labels:
- indirekter Pfad
- Kortex
- direkter Pfad
- Glutamat
- Globus pallidus Pars lateralis
- GABA/ Enkephalin
- Striatum (Azetylcholin)
- Dopamin
- GABA
- Glutamat
- GABA/ Substanz P
- Substantia nigra Pars compacta
- subthalamische Kerne
- Globus pallidus Pars medialis Substantia nigra Pars reticulata
- Glutamat
- GABA
- Thalamus
- supplementärer Kortex
- Caudatum
- Thalamus
- subthalamische Kerne
- Substantia nigra
- Pars medialis
- Putamen
- Globus pallidus: Pars lateralis

und **Putamen** (Abb. 8-17), bilden als Teile des Telenzephalons zusammen das **Neostriatum**. **Globus pallidum**, der **subthalamische Kern** und die **Substantia nigra** gehen aus dem Dienzephalon hervor. Sie erhalten *exzitatorische Afferenzen* (Transmitter: Glutamat) aus dem **gesamten Kortex** (frontales Augenfeld, motorische, sensorische und limbische Felder; Abb. 8-13). Der Globus pallidum und der zytologisch ähnliche retikulare Anteil der Substantia nigra stellen die *Ausgangskerne* dar. Die *Efferenzen* projizieren in geringem Umfang direkt in Hirnstammregionen. Größtenteils ziehen sie (hemmend: GABA) über den Thalamus in den **prämotorischen Kortex, den Motokortex, sowie den präfrontalen Assoziationskortex** (exzitatorisch: Glutamat).

Schleifen. Drei Schleifen liefern Muster für zeitlich-räumliche Sequenzen und deren Skalierung:

– **Die skeletomotorische Schleife.** Der *Nucleus putamen* ist mit dem *sensomotorischen Kortex* verknüpft und projiziert über den ventralen Globus pallidum oder kaudal-laterale Anteile der Substantia nigra weiter über die motorischen Kerne des Thalamus zurück zum supplementären Motokortex. Hierbei findet eine *somatotope Abbildung mit zunehmender Konvergenz* statt: Eingänge aus verschiedenen kortikalen (PMK, SMA, MK, SSK, PK) aber gleichen somatotopen Regionen (z.B. Arm) werden in Säulen zusammengefaßt (Abb. 8-13). Die Schleife ist für die Korrektur und *Skalierung* einfacher Aktionen zuständig. Sie paßt die Ausführung der Muster der anvisierten motorischen Aktionen an das jeweilige allgemeine Ziel an, wobei die

Beziehungen zwischen den Teilen des Musters erhalten bleiben.

– **Die okulomotorische Schleife.** Der Nucleus caudatum erhält Eingänge vom frontalen Augenfeld (Area 8) und den kaudalen Anteilen der Area 7 im parietalen Kortex. Er projiziert über caudal-dorsomediale Anteile des Globus pallidum oder ventrolaterale Anteile der Substantia nigra, weiter über den Thalamus zurück zum frontalen Augenfeld. Die Schleife unterstützt die sakkadische Augenbewegung (Abschnitt 18.2, S. 407).

– **Die komplexe Schleife.** Der Nucleus caudatum erhält weiterhin Afferenzen aus dem frontalen Assoziationskortex, auf den er über den dorsomedialen Globus pallidum oder rostrale Abschnitte der Substantia nigra über den Thalamus auf den Assoziationskortex zurückprojiziert. Patienten mit Läsionen im Bereich dieser Schleife können sequenzielle oder simultane Aktionen nicht koordinieren, obgleich sie individuelle Bewegungen korrekt ausführen können. Teile des Bewegungsprogramms können also nicht mehr vernünftig zusammengeführt werden. Dies betrifft auch die Koordinierung komplexer Handlungen (Brutpflege, Fortpflanzung, s.u.).

Direkte Einwirkung auf Hirnstammregionen. Neurone des Pallidums und der Substantia nigra inhibieren tonisch das *mesenzephale Lokomotionszentrum. Neurone des Putamens sind somit in der Lage, durch Disinhibition Lokomotion auszulösen.*

Die Balance antagonistischer Systeme. Aufgrund der Projektionen und der nachgewiesenen Transmitter können in den Basalkernen *zwei Pfade* unterschieden werden (Abb. 8-17): Ein **direkter Pfad** vom Striatum zum internen Segment des Globus pallidum und zur Pars reticulata der Substantia nigra (hemmend: GABA und Substanz P). Von dort werden die Efferenzen zunächst hemmend (GABA) auf thalamische Kerne geschaltet, welche wiederum zum supplementären Kortex projizieren exzitatorisch: Glutamat). Der **indirekte Pfad** führt vom Striatum zum externen Segment des Globus pallidus (inhibitorisch: GABA und Enkephalin). Dieser inhibiert Neurone im subthalamischen Kern, welcher exzitatorische Projektionen (Glutamat) in das gesamte Pallidum besitzt. *Der direkte Pfad führt bei Erregung zu einer Erhöhung der Erregung des Neurone im SMA, der indirekte zu einer Erniedrigung.* Der direkte Pfad enthält eine *weitere Schleife*: Eine inhibitorische Bahn führt vom Striatum zur **Pars compacta** der Substantia nigra, die wiederum weit verzweigte **dopaminerge** Projektionen zurück auf das Striatum ausbildet (**Modulationssystem**). *Dopamin regt den direkten Pfad (GABA und Substanz P) an und inhibiert den indirekten (GABA und Enkephalin). Dopamin führt daher über beide Pfade zu einer Erhöhung der Aktivität der betroffenen kortikalen Neurone.*

Normale Motorik setzt eine exakte Balance der Dopamin-, Azetylcholin- und GABA-Systeme voraus. Bei der **Parkinson-Krankheit** führt eine *Degeneration pigmentierter Nervenzellen in der Substantia nigra* zu einer mangelnden dopaminergen Berieselung des Striatums (siehe direkter und indirekter Pfad) und dies wiederum zu massiven Störungen der Motorik (z.B. Ruhetremor). Der *genetisch bedingte Verlust bestimmter cholinergischer und GABAerger Neurone im Striatum* (**Chorea Huntington**) führt dagegen zu einem Ausfall des indirekten Pfades (GABA und Enkephalin) und dadurch zu kurzen irregulären Bewegungen und zu einem Hypotonus.

Das dopaminerge System und Verhalten. Die Substantia nigra ist eine von mehreren dopaminergen Zellgruppen des ZNS (Kap.11). Die Blockierung von Dopaminrezeptoren an Ratten zeigt, daß *jeweils unterschiedliche Gruppen*
– die in komplexen Bewegungen meist vorangehenden *axialen* Bewegungen,
– die folgenden *schulterzentrierten* Bewegungen sowie
– die *hüftzentrierten* Bewegungen erleichtern.

Durch Erregung aller Gruppen sind komplexe Bewegungen möglich (Körperdrehung, Aufrichten auf den Hinterbeinen etc.). Durch Verschiebung der Erregungsverteilung erfolgt eine Einschränkung von Bewegungsmustern: Wird durch Blockade der entsprechenden dopaminergen Neurone die Bewegung im Hüftgelenk eingeschränkt, so richtet sich das Tier nicht mehr auf den Hinterbeinen auf und zeigt nicht mehr das diesem Bewegungsmuster entsprechende dominante Verhalten.

8.7 Literatur

Weiterführende Lehr- und Handbücher

1. Brooks VB (1986) The neural basis of motor control. Oxford University Press, New York
2. Eggermont JJ (1990) The correlative brain. Springer, New York
3. Kandel ER, Schwartz JH, Jessel TM (1991) Principles of neural science. Elsevier, New York
4. Paillard J (ed) (1991) Brain and space. Oxford University Press, New York
5. Schmidt RF, Thews G (Hrsg) (1993) Physiologie des Menschen, 25. Aufl. Springer, Berlin
6. Sheperd GM (1993) Neurobiologie. Springer, Berlin

Einzel- und Übersichtsarbeiten

7. Armstrong MD (1988) The supraspinal control of mammalian locomotion. J Physiol (Lond) 405:1–37
8. Berkinblit MB, Feldman AG, Fukson OI (1986) Adaptability of innate motor patterns and motor control mechanisms. Behav Brain Sci 9:585–638
9. Bizzi E, Hogan N, Mussa-Ivaldi FA, Giszter S (1992) Does the nervous system use equilibrium-point control to guide single and mutible joint movements? Behav Brain Sci 15:603–613
10. Burke RE (1981) Motor units: anatomy, physiology and functional organization. In: Brooks VB (ed) Motor systems. American Physiological Society, Bethesda, pp 345–422 (Handbook of physiology, sect 1: The nervous system, vol 2)
11. Conrad B, Wiesendanger M (1991) Motorische Systeme. In: Hierholzer K, Schmidt RF (Hrsg) Pathophysiologie des Menschen. VCh, Weinheim, S 37.1–37.37
12. DeLuca CJ (1985) Control properties of motor units. J Exp Biol 115:125–136
13. Dietz V (1992) Human neural control of automatic functional movements: interaction between central programs and afferent input. Physiol Rev 72:33–69
14. Fetcho JR (1991) Spinal network of the Mauthner cell. Brain Behav Evol 37:298–316
15. Fetz EE, Cheney PD (1990) Functional properties of primate corticomotoneural cells: comparisons with spindle afferents and motor units. In: Binder MD, Mendell LM (eds) The segmental motor system. Oxford University Press, Oxford, pp 381–392
16. Frölich LM, Biewener AA (1992) Kinematic and electromyographic analysis of the functional role of the body axis during terrestrial and aquatic locomotion in the salamander Ambystoma tigrinum. J Exp Biol 162:107–130
17. Georgopoulos AP (1990) Neural coding of the direction of reaching and a comparison with saccadic eye movements. Cold Spring Harbor Symp Quant Biol 55:849–860

18. Goslow GE, Seeherman HJ, Taylor CR, McCutchin MN, Heglund NC (1981) Electrical activity and relative length changes of dog limb muscles as a function of speed and gait. J Exp Biol 94:15–42
19. Grillner S, Matsushima T (1991) The neural network underlying locomotion in lamprey – synaptic and cellular mechanisms. Neuron 7:1–15
20. Houk JC (1991) Red nucleus: role in motor control. Curr Opin Neurobiol 1:610–615
21. Hultborn H, Illert M (1991) How is motorbehavior reflected in spinal system organization? In: Humphrey DR, Freund H-J (eds) Motor control: concepts and issues. Wiley, Chichester, pp 49–73
22. Hultborn H, Kien O (1992) Neuromodulation of vertebrate motor neuron membrane properties. Curr Opin Neurobiol 2:770–775
23. Jeannerod M (1990) A hierarchical model for voluntary goal-directed actions. In: Eccles JC, Creutzfeld O (eds) The principles of design and operation of the brain. Springer, Berlin, pp 257–280
24. Jongen HAH, van der Gon JJD, Gielen CCAM (1989) Activation of human arm muscles during flexion/extension and supination/pronation tasks: a theory of muscle coordination. Biol Cybern 61:1–9
25. Kalaska JF, Grammond DJ (1992) Cerebral cortical mechanisms of reaching movements. Science 255:1517–1523
26. Loeb GE, Levine WS (1990) Linking muscle mechanics to sensorimotor neurophysiology. In: Winters JM, Woo SL-Y (eds) Multiple muscle systems. Springer, New York, pp 165–181
27. Masino T, Knudsen EI (1993) Orienting head movements resulting from electrical microstimulation of the brainstem tegmentum in the barn owl. J Neurosci 13:351–370
28. Nashner LM, McCollum G (1985) The organization of human postural movements: a formal basis and experimental synthesis. Behav Brain Sci 8:135–172
29. Palay SL, Chan-Palay V (1974) Cerebellar cortex: cytology and organization. Springer, Berlin
30. Pellionisz AJ (1989) Tensor network model of the cerebellum and olivary system quantitatively elaborated for the optokinetic reflex. In: Strata P (ed) The olivo-cerebellar system in motor control. Springer, Berlin, pp 401–424
31. Rossignol S, Drew T (1986) Phasic modulation of reflexes during rhythmic activity. In: Grillner S, Stein PSG, Stuart DG, Forssberg H, Herman RM (eds) Neurobiology of vertebrate locomotion. Macmillan, London, pp 517–534
32. Raibert M (1986) Legged robots that balance. MIT Press, Cambridge/Mass
33. Rudomin P (1990) Presynaptic control of synaptic effectiveness of muscle spindle and tendon organ afferents in the mammalian spinal cord. In: Binder MD, Mendell LM (eds) The segmental motor system. Oxford University Press, Oxford, pp 349–392
34. Schomburg ED (1990) Spinal sensorimotor systems and their supraspinal control. Neurosci Res 7:265–340
35. Windhorst U, Hamm TM, Stuart DG (1989) On the function of muscle and reflex partitioning. Behav Brain Sci 12:629–681
36. Wise SP, Alexander GE, Altmann JS, Brooks VB, Freund H-J, Fromm CJ, Humphrey DR, Sasaki K, Strick PL, Tanji J, Vogel S, Wiesendanger M (1991) What are the specific functions of the different motor areas? In: Humphrey DR, Freund H-J (eds) Motor control: concepts and issues. Wiley, Chichester, pp 463–486

9 Vegetatives Nervensystem bei Vertebraten und Invertebraten

W. Jänig und P. Bräunig

Alle Organismen agieren in der Umwelt mit ihrer Skelettmuskulatur, die vom somatosensorischen und motorischen System gesteuert wird. Programme und Strategien für diese Steuerung sind bei Wirbeltieren in Rückenmark, Hirnstamm, Hypothalamus und Großhirn repräsentiert. Meldungen aus der Umwelt erhält das ZNS über die verschiedenen sensorischen Systeme. Diese motorischen Aktivitäten sind nur möglich, wenn die inneren Bedingungen im Körper, das sog. innere Milieu, in engen Grenzen konstant bleiben und die Versorgung der Organe mit Sauerstoff und Nährstoffen in jedem Moment gewährleistet ist. Der Gleichgewichtszustand, der bei der Konstanthaltung des inneren Milieus eintritt, wird als Homöostase bezeichnet. Die Prozesse der Anpassung der Organe sind integrative Funktionen der vegetativen und neuroendokrinen Systeme und werden vom ZNS aktiv ausgelöst. Die peripheren Korrelate der präzisen vegetativen Regulationen sind bei Wirbeltieren die funktionell verschiedenen vegetativen motorischen Endstrecken des Sympathikus und Parasympathikus und das Darmnervensystem. Die zentralen Korrelate befinden sich vor allem im *Rückenmark*, im *Hirnstamm* und im *Hypothalamus*. Diese Hirnbereiche erhalten fortlaufend afferente Meldungen aus dem Körperinneren und aus der Umwelt und stehen unter der Kontrolle des Großhirns. Bei den Invertebraten sind die meisten inneren Organe durch Neurone des viszeralen Nervensystems innerviert. Die zentralen Korrelate der neuronalen Regulation dieser Organe befinden sich in den Ganglien. Bei diesen Tieren hat die Natur ähnliche Stategien in der neuronalen Anpassung innerer Organe an das Verhalten benutzt wie bei den Wirbeltieren.

9.1 Organisation und allgemeine Funktionen des vegetativen Nervensystems bei Vertebraten

Innerhalb der *Vertebraten* sind die Kenntnisse über die Funktion des vegetativen Nervensystems von Säugern bei weitem am größten. Für **Amphibien, Reptilien, Vögel** und **Beuteltiere** können die an Säugern gewonnenen Daten vermutlich verallgemeinert werden. Ob das auch für andere Vertebraten, wie z.B. **Fische** (Cyclostomen, Knorpelfische und Knochenfische), gilt, ist unbekannt, wird aber vermutet [13, 14]:

1) Die Kenntnisse über das vegetative Nervensystem in vielen Säugetierarten und den meisten Arten unterhalb der Säuger beschränkt sich auf die Makroanatomie und die Mikroanatomie (einschließlich der Histochemie und Pharmakologie der peripheren vegetativen Neurone). Über die zentrale Organisation des vegetativen Nervensystems ist bei Arten unterhalb der Säugetiere nur wenig bekannt.

2) Viele Regulationen des inneren Milieus (z.B. Kreilaufregulation, Thermoregulation, Regulation der Ausführungsorgane) sind bei Vertebraten unterhalb der Säuger einfacher als bei Säugern oder finden über die Regulation des Verhaltens statt. Deshalb ist die Organisation des peripheren und zentralen vegetativen Nervensystems bei niederen Vertebraten einfacher als bei Säugern und in der Entwicklung der Vertebraten immer komplexer geworden. Dieses findet seinen Ausdruck in einer immer **größeren Differenzierung** der neuronalen Regulation vegetativer Effektororgane und in einer immer **größeren Dominanz des Gehirns** in dieser Regulation.

> **Das periphere vegetative Nervensystem besteht aus Sympathikus, Parasympathikus und Darmnervensystem**

Der Sympathikus entspringt aus dem Thorakalmark und dem oberen Lumbalmark und wird deshalb auch als **thorakolumbales System** bezeichnet (Abb. 9-1). Der Parasympathikus entspringt aus dem Hirnstamm (Medulla oblongata, Mesenzephalon) und dem Sakralmark und wird deshalb auch als **kraniosakrales System** bezeichnet (Abb. 9-1). Beide Systeme sind **efferent**. Afferenzen, die innere

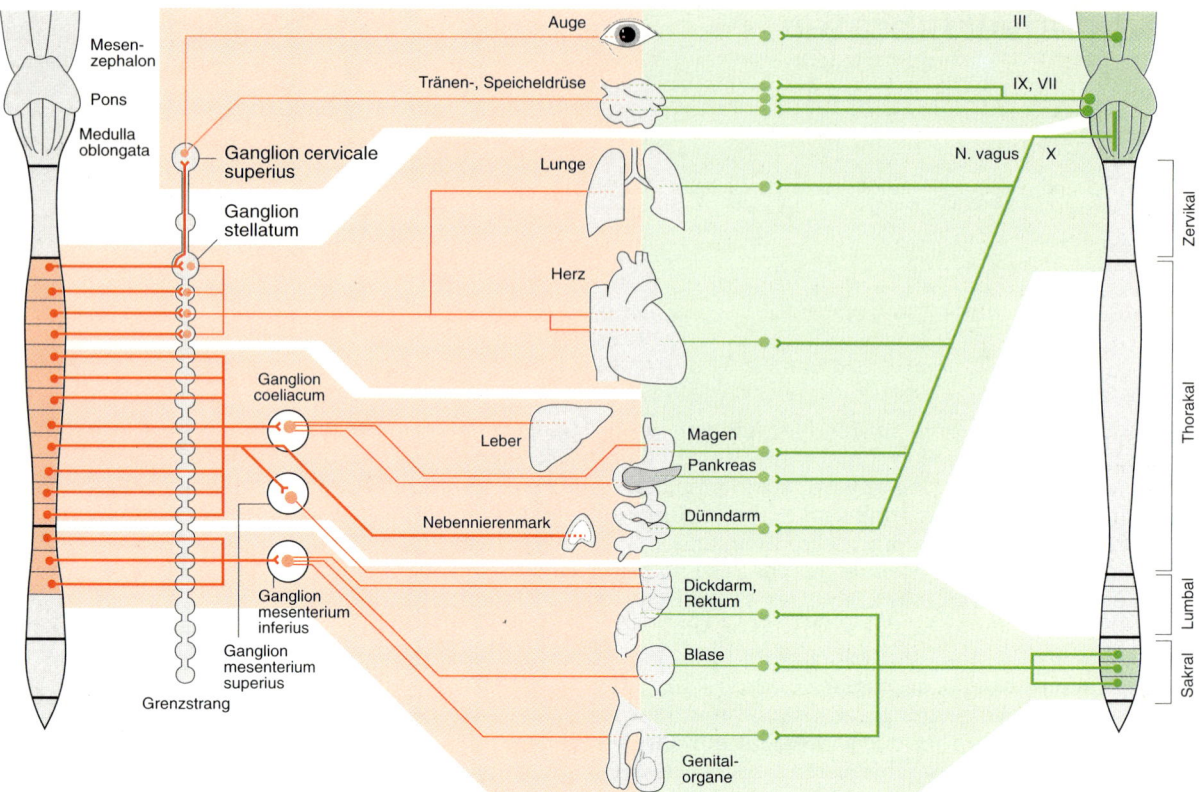

Abb. 9-1. Aufbau des peripheren Sympathikus und Parasympathikus. Fette rote und grüne Linien: präganglionäre Axone. Schwache rote und grüne Linien: postganglionäre Axone. Die

sympathische Innervation von Blutgefäßen, Schweißdrüsen und Haarbalgmuskulatur ist nicht aufgeführt. Nach [26]

Organe innervieren, werden als *viszerale Afferenzen* bezeichnet, jedoch nicht „sympathische" oder „parasympathische Afferenzen" (s. S. 219). Die Unterteilung in Sympathikus und Parasympathikus ist historisch bedingt [9]. Aus funktionellen und entwicklungsbiologischen Gründen wäre es vermutlich besser, von **spinalen vegetativen Systemen** und **bulbären vegetativen Systemen** zu sprechen [13]. Das Darmnervensystem funktioniert auch unabhängig vom ZNS und wird weiter unten getrennt abgehandelt.

Das Grundelement der Organisation von Sympathikus und Parasympathikus in der Peripherie ist eine Kette von zwei Neuronen, die synaptisch verschaltet sind und die die Aktivität von der Neuraxis zu den Effektororganen übertragen (Abb. 9-2). Die terminalen Neurone haben ihre Zellkörper in den vegetativen Ganglien und werden deshalb **postganglionäre Neurone** genannt. Neurone, die mit ihren Axonen auf den Dendriten und Somata der postganglionären Neurone synaptisch endigen und ihre Zellkörper in der Neuraxis haben, werden **präganglionäre Neurone** genannt. Diese Neuronenkette ist die **vegetative motorische Endstrecke**. Sie entspricht im großen und ganzen für viele vegetative Systeme

funktionell den Motoneuronen des somatomotorischen Systems. Jedes Effektororgan wird von postganglionären Neuronen einer oder zweier vegetativen motorischen Endstrecken innerviert [23, 24, 28].

> **Die anatomische Organisation von peripherem Sympathikus und Parasympathikus ist in der Lage der Ganglien und der Projektionen prä- und postganglionärer Neurone sichtbar; einige Effektororgane werden von beiden Systemen beeinflußt**

Peripherer Aufbau, Effektororgane und Transmitter (Abb. 9-1). Die Zellkörper aller präganglionären **sympathischen** Neurone liegen in der intermediären Zone von Brustmark und oberem Lendenmark. Die präganglionären Axone projizieren durch die Vorderwurzeln und die weißen Rami zu den **sympathischen Ganglien**, die relativ weit von den Erfolgsorganen entfernt liegen. Sie sind im Bereich der Brust-, Lenden- und Kreuzwirbelsäule rechts und links in den **Grenzsträngen** als *paravertebrale Ganglien* segmental angeordnet und von rostral nach kaudal durch Nervenstränge miteinander verbunden. Ferner projizieren die prä-ganglionären Neurone zu den postganglionären Neuronen in den unpaaren Bauch- und Beckenganglien (*prävertebrale Ganglien*). Die postganglionären Neurone in den Grenzsträngen innervieren vegetative Effektororgane in der Haut, in den tiefen somatischen Geweben, in der Schädelkapsel und das Herz. Die postganglionären Neurone in den prävertebralen Ganglien innervieren Effektororgane im Bauch- und Beckenraum (Magen-Darm-Trakt, Milz, Urogenitaltrakt und Blutgefäßen). Alle sympathischen präganglionären Neurone benutzen **Azetylcholin** als Transmitter. Die meisten sympathischen postganglionären Neurone sind bei höheren Vertebraten (außer Vögeln) noradrenerg und benutzen als Überträgerstoff hauptsächlich **Noradrenalin**. Die meisten sympathischen Neurone bei Vögeln, Amphibien, Knochen- und Knorpelfischen sind adrenerg und benutzen **Adrenalin** als Überträgerstoff [13]. Einige sympathische postganglionäre Neurone benutzen Azetylcholin als Überträgerstoff (s. Tabelle 9-1 und Abschnitt 9.2).

Die präganglionären **parasympathischen** Neurone in Hirnstamm und in Kreuzmark projizieren zu den parasympathischen Ganglien, die in der Nähe der Erfolgsorgane oder verstreut in den Wänden der Erfolgsorgane liegen (Abb. 9-1). Die postganglionären parasympathischen Fasern sind deshalb sehr kurz. Alle parasympathisch innervierten Organe, wie z.B. Harnblase, Enddarm (Beckenraum), Magen-Darm-Trakt (Bauchraum), Herz, Lunge (Brustraum) und Speicheldrüsen (Kopfbereich), werden auch von sympathischen Fasern innerviert. Dagegen werden nicht alle sympathisch innervierten Organe durch den Parasympathikus innerviert. Das gilt besonders für das Gefäßsystem (Arterien, Venen). Alle parasympathischen prä- und postganglionären Neurone benutzen **Azetylcholin** als Überträgerstoff.

Reaktion vegetativer Effektorgewebe auf Aktivierung vegetativer Neurone.
In Tabelle 9-1 sind die Reaktionen der Effektorgewebe bei Aktivierung vegetativer Neurone aufgeführt. Die Reaktionen zeigen folgende Merkmale:

■ Die meisten Gewebe werden nur von einem vegetativen System beeinflußt.

■ Wenige Gewebe werden von beiden Systemen beeinflußt.

■ Wenige Gewebe werden antagonistisch durch sympathische und parasympathische Neurone beeinflußt.

■ Inhibitorische Reaktionen sind selten.

■ Unter physiologischen Bedingungen ist die neuronale Regulation der *Effektororgane* näherungsweise immer die Summe der Effekte von Sympathikus und Parasympathikus.

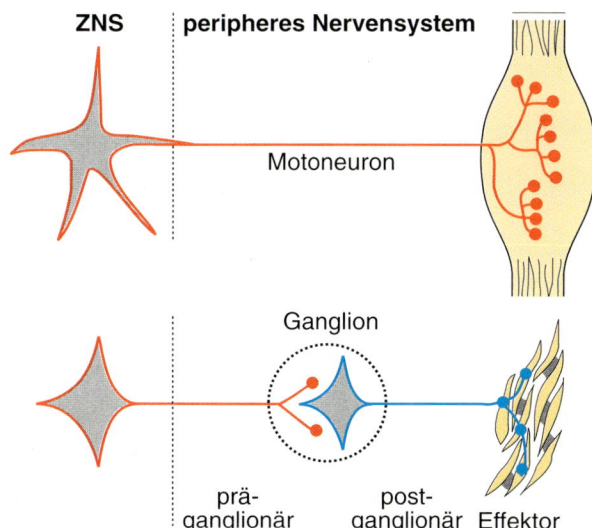

Abb. 9-2. Vegetative motorische Endstrecke von Sympathikus und Parasympathikus im Vergleich zum somatischen Motoneuron

> **Sympathikus und Parasympathikus bestehen aus funktionell verschiedenen vegetativen motorischen Endstrecken, die die zentrale Erregung funktionsspezifisch auf die vegetativen Effektororgane übertragen**

In Abb. 9-3 sind zwei vegetative Endstrecken vom Rückenmark zu zwei verschiedenen Effektororganen dargestellt. Die *präganglionären* Neurone integrieren die Aktivität in spinalen Afferenzen, in spinalen Interneuronen und in neuronalen Systemen, die vom Hirnstamm und Hypothalamus über deszendierende Systeme projizieren. Die resultierende Aktivität wird synaptisch auf die *postganglionären Neurone* übertragen, die ihre Aktivität über neuroeffektorische Synapsen an die Effektororgane weitergeben.

Prä- und postganglionäre Neurone sind funktionsspezifisch und zeigen typische **Reflexmuster** auf natürliche Reizung von Afferenzen von der Körperoberfläche und aus dem Körperinneren, die charakteristisch für die Funktion der Neurone und ihre Zielorgane sind. Diese Reflexmuster sind **Ausdruck der zentralen Organisation** des jeweiligen Systems. Sympathikus und Parasympathikus bestehen damit aus einer Vielzahl getrennter motorischer Endstrecken zu den Effektororganen [24,25,28].

In den prä- und postganglionären Neuronen sind *Neuropeptide* mit den „klassischen" Transmittern Noradrenalin und Azetylcholin kolokalisiert. Man konnte zeigen, daß die Neurone funktionell verschiedener vegetativer Endstrecken auch histochemisch unterschiedlich nach ihrem

Tabelle 9-1. Effekte der Aktivierung von Sympathikus und Parasympathikus auf die einzelnen Organe. Die Adrenozeptoren, welche die Wirkungen von Noradrenalin und Adrenalin auf die vegetativen Effektororgane bei Säugern vermitteln, sind rechts aufgeführt. Nach [26]

Organ oder Organsystem	Reizung des Parasympathikus	Reizung des Sympathikus	Adrenozeptoren
Herzmuskel	Abnahme der Herzfrequenz	Zunahme der Herzfrequenz	β_1
	Abnahme der Kontraktionskraft (nur Vorhöfe)	Zunahme der Kontraktionskraft (Vorhöfe, Ventrikel)	β_1
Blutgefäße:			
Arterien in Haut und Mukosa	0	Vasokonstriktion	α_1
… im Abdominalbereich	0	Vasokonstriktion	α_1
… im Skelettmuskel	0	Vasokonstriktion	α_1
		Vasodilatation (nur durch Adrenalin)	β_2
		Vasodilatation (cholinerg)	
… im Herzen (Koronarien)		Vasokonstriktion	α_1
		Vasodilatation (nur durch Adrenalin)	β
… im Penis/Klitoris	Vasodilatation	Vasokonstriktion	α_1
Venen	0	Vasokonstriktion	α_1
Gehirn	Vasodilatation (?)	Vasokonstriktion	α_1
Gastrointestinaltrakt:			
Longitudinale und zirkuläre Muskulatur	Zunahme der Motilität	Abnahme der Motilität	α_2 und β_1
Sphinkteren	Erschlaffung	Kontraktion	α_1
Milzkapsel	0	Kontraktion	
Harnblase:			
Detrusor vesicae	Kontraktion	Erschlaffung (gering)	β_2
Trigonum vesicae (Sphincter internus)	0	Kontraktion	α_1
Genitalorgane:			
Vesica seminalis, Prostata	0	Kontraktion	α_1
Ductus deferens	0	Kontraktion	α_1
Uterus	0	Kontraktion	α_1
		Erschlaffung (abhängig von Spezies und hormonalem Status)	β_2
Auge			
M. dilatator pupillae	0	Kontraktion (Mydriasis)	α_1
M. sphincter pupillae	Kontraktion (Miosis)	0	
M. ciliaris	Kontraktion Nahakkomodation		
M. tarsalis	0	Kontraktion (Lidstraffung)	
M. orbitalis	0	Kontraktion (Bulbusprotrusion)	
Tracheal-/Bronchialmuskulatur	Kontraktion	Erschlaffung (vorwiegend durch Adrenalin)	β_2
Mm. arrectores pilorum	0	Kontraktion	α_1
Exokrine Drüsen			
Speicheldrüsen	Starke seriöse Sekretion	Schwache muköse Sekretion (Glandula submandibularis)	α_1
Tränendrüsen	Sekretion	0	
Drüsen im Nasen-Rachen-Raum	Sekretion	0	
Bronchialdrüsen	Sekretion	?	
Schweißdrüsen	0	Sekretion (cholinerg)	
Verdauungsdrüsen (Magen, Pankreas)	Sekretion	Abnahme der Sekretion oder 0	
Mukosa (Dünn-, Dickdarm)	Sekretion	Flüssigkeitstransport aus Lumen	
Glandula pinealis (Zirbeldrüse)	0	Anstieg der Synthese von Melatonin	β_2
Braunes Fettgewebe	0	Wärmeproduktion	β_2
Stoffwechsel:			
Leber	0	Glykogenolyse, Gluconeogenese	β_2
Fettzellen	0	Lipolysis (freie Fettsäuren im Blut erhöht)	β_1
Insulinsekretion (aus β-Zellen der Langerhans-Inseln)	Sekretion	Abnahme der Sekretion	α_2

Gehalt an Neuropeptiden sind, wenn auch einschränkend gesagt werden muß, daß es Unterschiede zwischen verschiedenen Spezies und Überlappungen zwischen Neuronen verschiedener vegetativer motorischer Endstrecken gibt [28]. Postganglionäre cholinerge Sudomotorneurone enthalten z.B. das Peptid „vasoactive intestinal peptide" (VIP) und postganglionäre (noradrenerge) Vasokonstriktorneurone zu den Widerstandsgefäßen das Neuropeptid Y (NPY) usw. (s. S. 34 zur möglichen Transmitterfunktion der Neuropeptide).

Informationen über mechanische und chemische Ereignisse im Eingeweidebereich erhält das ZNS über viszerale Afferenzen, die im Nervus vagus zum unteren Hirnstamm und in den Nervi splanchnici zum Rückenmark projizieren

Etwa 80% aller Axone im N. vagus und etwa 50% aller Axone in den Nn. splanchnici pelvini, lumbales, minores und majores sind afferent. Diese Afferenzen kommen von Sensoren innerer Organe und werden deshalb viszerale Afferenzen genannt. Ihre Zellkörper liegen im Ganglion nodosum und Ganglion jugulare (N. vagus) und in den Spinalganglien (spinale Afferenzen). Afferenzen von den arteriellen Presso- und Chemorezeptoren in der Karotisgabel laufen im N. glossopharyngeus (Zellkörper im Ganglion petrosum). Die *viszeralen Afferenzen zum Hirnstamm* und *zum Sakralmark* sind in neuronale Regulationen innerer Organe eingebunden (Lunge, Herz, Kreislaufsystem, Magen-Darm-Trakt, Entleerungsorgane, Genitalorgane). Die meisten dieser Afferenzen sind mechanosensibel und messen bei Dehnung der Wände der Hohlorgane entweder die intraluminalen Drücke (z.B. die arteriellen Pressosoren vom arteriellen System (s. Abschnitt 9.4) und die sakralen Afferenzen von Harnblase und Enddarm) oder die Volumina in den Organen (z.B. die Afferenzen aus der Wand des Magen-Darm-Trakts, vom rechten Vorhof und von der Lunge). Andere mechanosensible Afferenzen von der Mukosa des Darms werden durch Scherreize adäquat erregt. Einige Afferenzen sind chemosensibel (z.B. arterielle Chemorezeptoren in der Aorten- und Karotiswand, Osmorezeptoren in der Leber, Glukorezeptoren in der Mukosa des Darms). Reize, die *viszerale Schmerzempfindungen* auslösen können (z.B starke Dehnung und Kontraktion des Magen-Darm-Trakts und der Harnblase, Mesenterialzug, ischämische Reize), werden durch die Impulsaktivität in *spinalen viszeralen Afferenzen*, aber nicht in vagalen Afferenzen kodiert. Die Sensoren dieser spinalen Afferenzen liegen in der Serosa, am Mesenterialansatz und möglicherweise auch in den Organwänden [5, 16].

9.2 Überträgerstoffe im peripheren Sympathikus und Parasympathikus

Die Axone postganglionärer Neurone verzweigen sich in oder auf den Effektororganen und bilden eine Vielzahl von kleinen Auftreibungen aus. In diesen *Varikositäten* sind die Überträgerstoffe in Vesi-

keln gespeichert. Ein postganglionäres Vasokonstriktorneuron hat z.B. bis zu 10000 oder mehr solcher Varikositäten in den Endverzweigungen seines Axons (Abb. 9-3). Bei Aktivierung des postganglionären Neurons wird der Überträgerstoff aus den Varikositäten ausgeschüttet, diffundiert zu den Effektorzellen und löst hier über molekulare Rezeptoren die Effektorantworten aus.

Noradrenalin wird in den Varikositäten synthetisiert und gespeichert; es verschwindet vom Ort seiner Wirkung durch Wiederaufnahme, Diffusion und enzymatischen Abbau

Synthese, Freisetzung und Inaktivierung von Noradrenalin und Adrenalin. Die Katecholamine Noradrenalin und Adrenalin werden im Zytoplasma der Varikositäten aus der Aminosäure **Tyrosin** gebildet. Tyrosin wird zuerst im Zytoplasma durch Hydroxylierung in **DOPA** (Dihydroxy-Phenylalanin) umgewandelt. DOPA wird durch Decarboxylierung in **Dopamin** umgewandelt und Dopamin durch Hydroxylierung in **Noradrenalin**. Die drei Enzyme, die

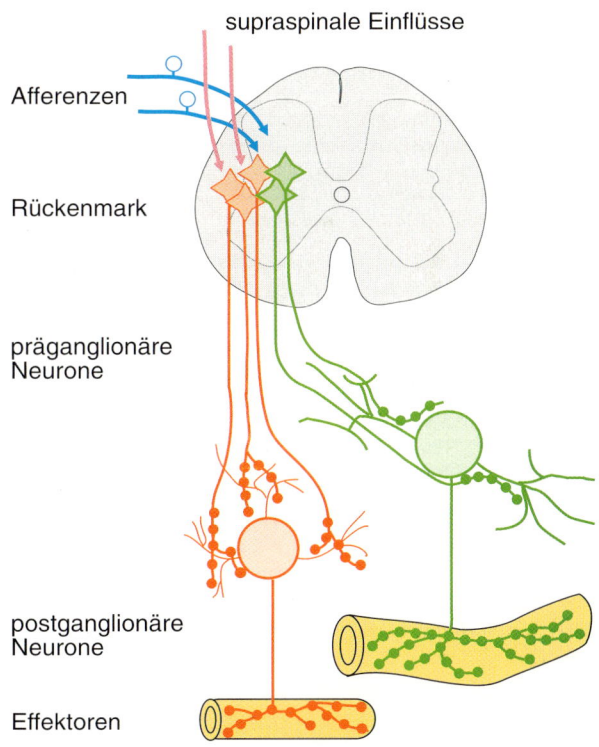

Abb. 9-3. Vegetative motorische Endstrecken übertragen die Aktivität vom Rückenmark und Hirnstamm zu den Zielorganen. Integration zentraler Aktivität durch präganglionäre Neurone. Übertragung, Verteilung und Integration in vegetativen Ganglien. Übertragung der Aktivität auf die Zielorgane durch neuroeffektorische Synapsen. Zwei Endstrecken stehen repräsensativ für eine Vielzahl (s. Tabelle 9-1). Nach [28]

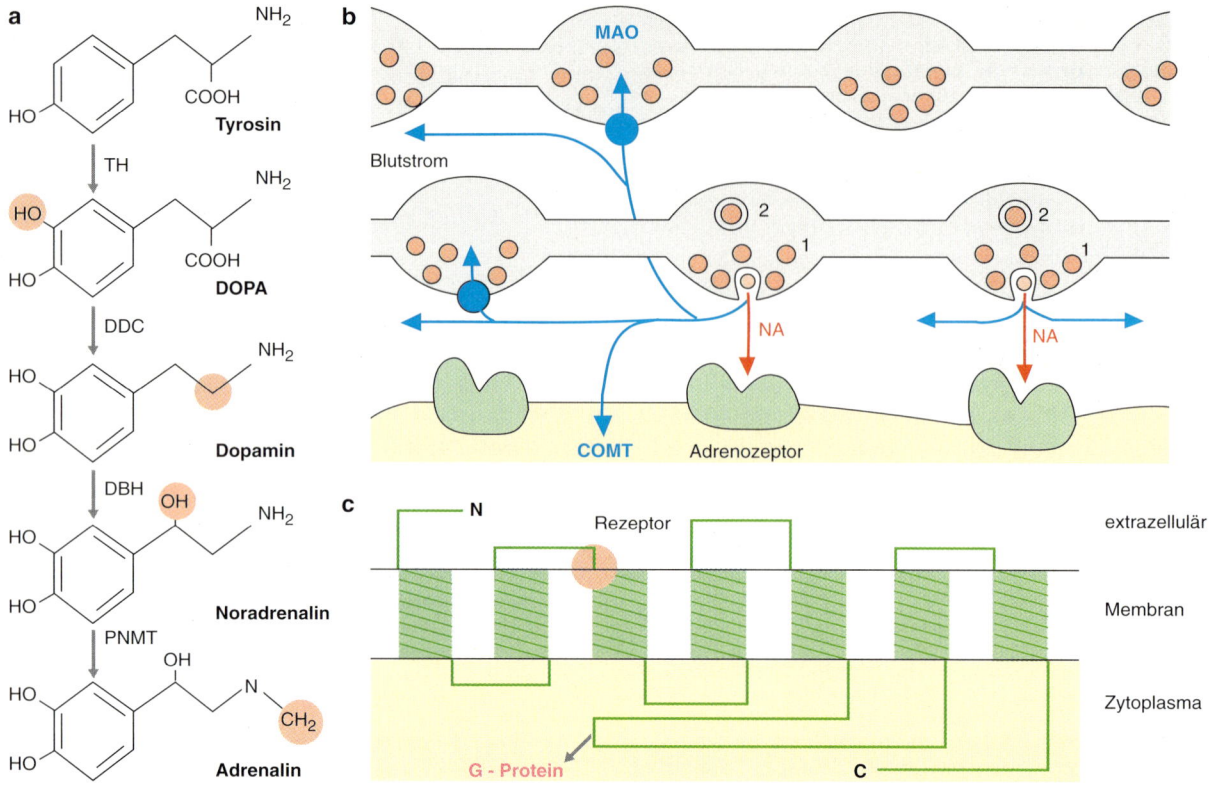

Abb. 9-4. Die Katecholamine Adrenalin und Noradrenalin: Synthese, Inaktivierung und Adrenozeptor. **a** Synthese aus Tyrosin. TH, Tyrosin-Hydroxylase; DDC, Dopa-Decarboxylase; DBH, Dopamin-beta-Hydroxylase; PNMT, Phenyl-N-methyl-Transferase; DOPA, Deoxy-Phenylalanin. **b** Freisetzung und Inaktivierung von Noradrenalin. Kleine granuläre Vesikel (1) enthalten Noradrenalin und andere Stoffe (z.B. ATP). Große granuläre Vesikel (2) enthalten zusätzlich Neuropeptide. „Inaktivierung" von Noradrenalin durch Diffusion vom Ort der Freisetzung in den Blutstrom, aktive Wiederaufnahme in die Varikositäten und Aufnahme in die Effektorzellen. Enzymatischer Abbau durch die Enzyme Monoaminoxidase (MAO) und Catechol-O-Methyl-Transferase (COMT). **c** Sieben-Helix-Struktur des β-Adrenozeptors. Die Orte der Kopplung zum Agonisten und zum G-Protein sind angezeigt [39]

diese Reaktionen katalysieren, sind Tyrosinhydroxylase (TH), DOPA-Decarboxylase (DDC) und Dopamin-beta-Hydroxylase (DBH; Abb. 9-4a, b). Noradrenalin wird durch Methylierung am Stickstoff in **Adrenalin** umgewandelt. Dieser Schritt findet im Nebennierenmark statt (s.u.), bei niederen Vertebraten und Vögeln auch in postganglionären Neuronen. Das Enzym ist Phenyl-N-Methyl-Transferase (PNMT). Die katalytischen Schritte finden entweder im Zytoplasma statt (TH, DDC) oder sind mit den synaptischen Bläschen (DBH, PNMT) assoziiert. Die Aktivitäten der TH und der DBH sind geschwindigkeitsbestimmend für die Synthese der Katecholamine und hängen von der neuronalen Aktivität der postganglionären Neurone ab (neuronale Induktion der Enzymaktivität)[3].

Noradrenalin ist in den **Varikositäten** in **kleinen granulären Vesikeln** und einigen großen granulären Vesikeln gespeichert (Abb. 9-4b). Aktivierung der postganglionären Neurone führt zur Verschmelzung der Vesikel mit der Membran und Ausschüttung ihres Inhaltes in den Extrazellularraum. Dieser Vorgang erfordert Kalzium und läuft ähnlich ab wie an anderen Synapsen (s. Kap. 5). Bei Erregung eines postganglionären Neurons wird aus einer Varikosität der Inhalt **eines** Vesikels entleert, und die Wahrscheinlichkeit, daß ein Vesikel freigesetzt wird, ist etwa p = 0,01. Von den 10.000 Varikositäten, die ein Vasokonstriktoraxon in der Peripherie ausbilden kann, entladen also nur 100 Varikositäten je ein Vesikel bei einem Aktionspotential [22].

Das freigesetzte Noradrenalin diffundiert von den Varikositäten zu den Effektorzellen und reagiert mit den Adrenozeptoren (Abb. 9-4c). Das Noradrenalin verschwindet folgendermaßen vom Ort seiner Freisetzung (Abb. 9-4b): 1. Ein grosser Teil wird in die Varikositäten durch aktiven Transport **wiederaufgenommen** und wiederverwendet. 2. Ein kleiner Teil diffundiert zur venösen Seite und gelangt über den Blutstrom zur Leber. 3. Ein kleiner Teil wird von den Effektorzellen aufgenommen.

Die Katecholamine werden vor allem in der Leber, aber auch in den Varikositäten und in den Effektorzellen metabolisiert (Abb. 9-4b): sie werden deaminiert durch **Monoaminoxidase (MAO)** und methyliert durch die **Catechol-O-Methyl-Transferase (COMT)**. Deaminierte und/oder methylierte Katecholamine sind biologisch unwirksam.

Die molekularen Strukturen der Adrenozeptoren sind zum Teil aufgeklärt (Abb. 9-4c). Es handelt sich um **transmembranale Proteine mit sieben Helixstrukturen** in den Membranen sowie Schleifen und je einer Endkette auf der extrazellulären Seite (Rezeptor) und auf der intrazellulären Seite (für die Kopplung an die intrazellulären Signalwege). Man unterteilt die Adrenozeptoren nach pharmakologischen und strukturellen Kriterien in α- und β-Adrenozeptoren und unterscheidet danach α- und β-adrenerge Wirkungen von Noradrenalin und Adrenalin. Diese Wirkungen können durch **Blocker (Antagonisten)**, die α- und β-Adrenozeptorblocker genannt werden, weitgehend selektiv verhindert werden. Es gibt inzwischen mindestens je drei α- und β-Adrenozeptoren [3, 10].

Die meisten Gewebe, die durch Adrenalin und Noradrenalin beeinflußt werden können, enthalten sowohl α- als auch β- Adrenozeptoren, wobei beide Rezeptortypen meist **entgegengesetzte** Wirkungen vermitteln. Unter physiologischen Bedingungen hängt die Antwort eines Organs davon ab, ob die eine oder andere adrenozeptor-vermittelte Wirkung überwiegt. Die rechte Spalte in Tabelle 9-1 zeigt, welcher Adrenozeptor diese Wirkungen an den wichtigsten Organen vermittelt. Die **biologische Bedeutung** der Unterteilung der Adrenozeptoren ist nur für die β_1- und β_2-Adrenozeptoren und für α_1- und α_2-Adrenozeptoren einigermaßen klar. Deshalb wurde diese Unterteilung in der Tabelle vorgenommen. Welche biologische Bedeutung die anderen Adrenozeptoren haben, ist unbekannt [3].

Eine besondere Rolle für den Organismus spielen die chromaffinen Gewebe. Sie bestehen aus Zellen, die den adrenergen sympathischen Neuronen **homolog** sind und mit diesen **gemeinsame Vorläuferzellen** haben. Sie synthetisieren die Katecholamine Noradrenalin oder Adrenalin und werden deshalb nach ihrer histologischen Anfärbbarkeit auch chromaffine Zellen genannt. Sie sind bei höheren Vertebraten im Nebennierenmark konzentriert und befinden sich bei niederen Vertebraten verstreut entlang der Gefäße in der Bauchhöhle und in der Nähe des Herzens. Diese Zellen werden von **sympathischen präganglionären Axonen synaptisch innerviert**. Bei Erregung der präganglionären Neurone schütten chromaffine Zellen *entweder* Adrenalin *oder* Noradrenalin in den Kreislauf aus. Der relative Anteil von Adrenalin und Nordrenalin ist zwischen den Spezies sehr variabel; er beträgt z.B. beim Menschen **80 %** **Adrenalin** und **20 % Noradrenalin**, beim Kaninchen 100 % Adrenalin und beim Walfisch 100 % Noradrenalin. Niedere Vertebraten setzen vermutlich nur Adrenalin aus den chromaffinen Geweben frei.

Bei niederen Vertebraten scheinen die kardiovaskulären Effektororgane (Herz, Blutgefäße) bevorzugt unter der Kontrolle zirkulierender Katecholamine zu stehen, z.B. bei Anpassung des kardiovaskulären Systems unter Belastung. Bei höheren Vertebraten tritt diese hormonelle Wirkung der Katecholamine zugunsten einer direkten neuronalen Kontrolle der Effektororgane vermutlich in den Hintergrund. Hier sind die zirkulierenden Katecholamine aber v.a. als **Stoffwechselhormone** zu betrachten. Ihre Freisetzung führt zur Mobilisation von oxidablen Substanzen wie Glukose und freien Fettsäuren aus den Glykogen- und Fettdepots (s. Tabellen 9-1). Damit sorgen die adrenergen Substanzen aus dem Nebennierenmark bei einer Aktivierung des sympathischen Nervensystems für eine **schnelle Bereitstellung von Brennstoffen**. Dieser Prozeß hat besondere Bedeutung, wenn der Organismus unter Belastung steht, z.B. bei extremer körperlicher Anstrengung, Erschöpfung oder psychischer Überlastung.

Azetylcholin-Synthese. Azetylcholin wird in den Varikositäten der postganglionären und präganglionären cholinergen Axone aus Cholin und Azetyl-CoA synthetisiert und in Vesikeln gespeichert. Das Enzym ist *Cholinazetyltransferase (ChAT)*. Freisetzung und Inaktivierung von Azetylcholin geschieht wie an der neuromuskulären Endplatte. Bei Depolarisation der Nervenmembran verschmelzen die Vesikel mit der Zellmembran und entleeren ihren Inhalt. Azetylcholin reagiert mit cholinergen Rezeptoren in den postsynaptischen Membranen oder wird schnell durch Azetycholinesterase in Cholin und Azetat gespalten. Cholin wird präsynaptisch aktiv aufgenommen und wiederverwendet.

Azetylcholin-Rezeptoren. Die Membranen der postganglionären Neurone und der Effektorzellen enthalten Rezeptoren, mit denen Azetylcholin reagiert und die seine Wirkungen vermitteln. Die molekularen Strukturen dieser **cholinergen Rezeptoren** sind z.T. bekannt (Kap. 2). Zwei große Gruppen von cholinergen Rezeptoren werden unterschieden (s. auch Kap. 5):

■ Die Übertragung der Impulsaktivität in vegetativen Ganglien wird durch **nikotinische cholinerge Rezeptoren** vermittelt. Diese Wirkung wird (wie an der neuromuskulären Endplatte) durch *Nikotin* simuliert und durch Curare geblockt. Ansonsten sind aber die muskulären und die neuronalen nikotinischen cholinergen Rezeptoren in Struktur und pharmakologischem Verhalten verschieden.

■ Die zweite Gruppe besteht aus **muskarinischen cholinergen Rezeptoren**. Alle parasympathischen Effektorantworten und einige (cholinerge) sympathische Effektorantworten (s. Tabelle 9-1) werden durch diese Rezeptoren vermittelt. Die cholinergen muskarinischen Wirkungen können durch *Muskarin*, ein Gift des Fliegenpilzes, simuliert werden und durch **Atropin**, ein Gift der Tollkirsche, selektiv geblockt werden. Muskarinergische Rezeptoren kommen nicht nur in den Membranen der vegetativen Effektorzellen vor, sondern auch in postganglionären Neuronen. Die molekulare Grundstruktur dieser cholinergen Rezeptoren besteht (wie diejenige der Adrenozeptoren) aus einem transmembranalen Protein mit sieben Helixstrukturen (Kap. 2). Mindestens vier muskarinische Rezeptortypen können unterschieden werden [3, 10].

Die Wirkungen von Katecholaminen und Azetylcholin im peripheren vegetativen Nervensystem werden durch verschiedene intrazelluläre Signalwege vermittelt

Im folgenden wird für das periphere vegetative Nervensystem dargestellt, über welche intrazellulären Signalwege die Wirkungen von Azetylcholin, Noradrenalin und Adrenalin, die in Tabelle 9-1 aufgeführt sind, vermittelt werden. Einzelheiten dieser Signalwege und ihrer zellulären Effektoren sind in 5.3 und 5.4 besprochen worden. In Abb. 9-5 sind die möglichen Signalwege zwischen den Membranrezeptoren und den Effektoren mit einigen Beispielen aufgeführt [3]:

1. **Schnelle synaptische Übertragungen** geschehen über Ionenkanäle, die direkt von den Rezeptoren gesteuert werden. 2. Weitere **relativ schnelle synaptische Übertragungen** geschehen über Ionenkanäle, die direkt an G-Proteine angekoppelt sind. 3. **Langsame synaptische Übertragungen** in vegetativen Ganglien und auf Effektororgane geschehen über intrazelluläre sekundäre Botenstoffe, die dazugehörigen Enzyme (Adenylzyklase, Proteinkinasen, Phospholipasen) und intrazelluläre Kalziumfreisetzung. 4. Weiterhin werden über intrazelluläre Signalketten und die sekundären Botenstoffe **Kontraktionen**, metabolische Veränderungen (Adrenozeptor-vermittelte **Glykogenolyse** und **Lipolyse**) und Langzeitveränderungen durch die **Transkription genetischer Information** ausgelöst. Zum Letzteren

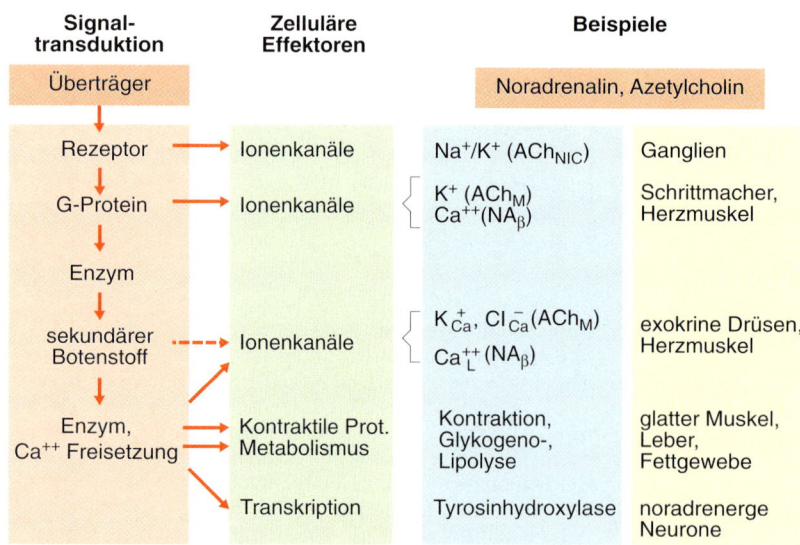

Abb. 9-5. Beispiele für intrazelluläre Signalwege, zelluläre Effektoren und Effektorwirkungen im peripheren vegetativen Nervensystem, die durch Noradrenalin und Azetylcholin ausgelöst werden. Die Ionenkanäle können direkt an den Rezeptor, an das G-Protein, an den sekundären Botenstoff oder an die nachfolgenden Enzyme (z.B. Proteinkinase, Phosphokinase) angekoppelt sein. *Rechts:* Kanäle für Na^+-, K^+-, Cl^-- und Ca^{++}-Ionen, die durch nikotinergische (NIC) oder muskarinergische (M) Wirkung von Azetylcholin und durch β-adrenerge Wirkung von Noradrenalin (NA_β) geöffnet werden. K^+_{Ca}, Cl^-_{Ca}: Ionenkanalöffnung ausgelöst durch Anstieg der intrazellulären Kalziumkonzentration (z.B. in exokrinen Drüsenzellen). Erhöhung der Tyroxinhydroxylaseaktivität durch neuronale Aktivität (neuronal erzeugte Enzyminduktion)

gehören die Erhöhung der Thyroxinhydroxylaseaktivität in der Synthese der Katecholamine in noradrenergen Neuronen (s. Abb. 9-4) und die Langzeitveränderung von Ionenkanälen.

Adenosintriphosphat (ATP) wird als Transmitter im peripheren vegetativen Nervensystem benutzt

In einigen autonomen Systemen kommt ATP als ein mit Noradrenalin oder Azetylcholin in denselben Vesikeln kolokalisierter Überträgerstoff vor. ATP wird bei Depolarisation der präsynaptischen Endigung freigesetzt und reagiert mit Purinozeptoren in den Effektormembranen. Diese **purinerge Übertragung** kann pharmakologisch durch relativ spezifische Blocker verhindert werden. Die bestbekannten Beispiele sind die synaptische Übertragung von postganglionären noradrenergen Neuronen auf die glatte Muskulatur von **Arteriolen** (s.u.) und des **Samenleiters** [3].

Neuropeptide sind mit den klassischen Transmittern Azetylcholin und Noradrenalin in den Varikositäten vieler vegetativer Neurone kolokalisiert; sie verstärken die Wirkung der klassischen Transmitter

In vielen prä- und postganglionären vegetativen Neuronen und in Neuronen des Darmnervensystems sind bis zu vier und mehr Neuropeptide mit oder ohne einen „klassischen" Transmitter (z.B. Azetylcholin oder Noradrenalin) kolokalisiert (Tabelle 9-2, S. 228). Peptide und klassische Transmitter befinden sich in den großen granulären Vesikeln (Abb. 9-4b). Folgende Befunde sprechen dafür, daß die **Peptide als Transmitter** wirken können [7, 27, 28]:

1. Sie werden aus den Varikositäten bei Nervenreizung freigesetzt, besonders bei *höheren Frequenzen* und bei *gruppierten Entladungen* der Neurone.

2. In manchen Systemen haben sie die gleichen Effekte auf die Effektororgane wie die kolokalisierten klassischen Transmitter. In den Speicheldrüsen und um die Schweißdrüsen sollen sie eine Vasodilatation erzeugen und die Wirkung von Azetylcholin auf die Sekretion der Drüsenzellen verstärken.

3. Pharmakologische Blockade der klassischen Transmitterwirkung beeinträchtigt die Wirkung der Peptide nicht.

Die Neuropeptide verstärken vermutlich die Wirkungen der klassischen Transmitter und sind besonders für die **Aufrechterhaltung tonischer Effektorantworten** bei langanhaltender neuronaler Aktivierung der Neurone verantwortlich (z.B. langanhaltende Vasokonstriktionen von Widerstandsgefäßen, Vasodilatationen der Arterien im erektilen Gewebe der Genitalorgane, Vasodilatationen um die Azini von Speichel- und Schweißdrüsen). Ob diese Wirkungen der Peptide unter biologischen Bedingungen tatsächlich wichtig sind, ist unklar.

Stickoxid ist ein unkonventioneller Transmitter im peripheren vegetativen Nervensystem

Stickoxid (NO) ist vermutlich der erste Vertreter einer Klasse von synaptischen Überträgerstoffen im ZNS und im peripheren vegetativen Nervensystem, der präsynaptisch nicht in Vesikeln gespeichert ist und seine Wirkung nicht über Rezeptoren in den Membranen der Effektorzellen ausübt (s. Kap. 5). Es ist sehr wahrscheinlich, daß NO als Transmitter aus postganglionären parasympathischen Neuronen zum **erektilen Gewebe des Penis** [19] und aus **Motoneuronen des Darmnervensystems** (Tabelle 9-2), die die Ringmuskulatur innervieren (s. Abschnitt 9.4), und vermutlich auch aus anderen vegetativen Neuronen bei Erregung freigesetzt wird und eine Erschlaffung der glatten Muskular erzeugt.

Diesem Prozeß liegt folgender Mechanismus zugrunde (Abb. 9-6, s. auch Abschnitt 5.3): Erregung der Neurone führt zum Ca^{++}-Einstrom und damit zur Synthese von NO aus L-Arginin durch das Enzym NO-Synthase. NO **diffundiert** durch die Zellmembranen der präsynaptischen Endigungen und der Effektorzellen und erhöht in den Effektorzellen durch die Aktivierung der Guanylatzyklase die Konzentration des intrazellulären Botenstoffes zyklisches Guanosinmonophosphat (cGMP). cGMP erzeugt durch Erniedrigung der intrazellulären Kalziumkonzentration und durch andere Prozesse eine **Erschlaffung der glatten Muskulatur**.

Alle Neurone, die NO synthetisieren und freisetzen, benutzen vermutlich auch andere Transmitter. So setzen die vasodilatatorisch wirkenden parasympathischen Neurone zum erektilen Gewebe des Penis und die relaxierenden Motoneurone zur Ringmuskulatur des Darmes (s. Abb. 9-13) bei Erregung auch Azetylcholin oder das Neuropeptid VIP (vasoactive intestinal peptide) frei. Alle drei

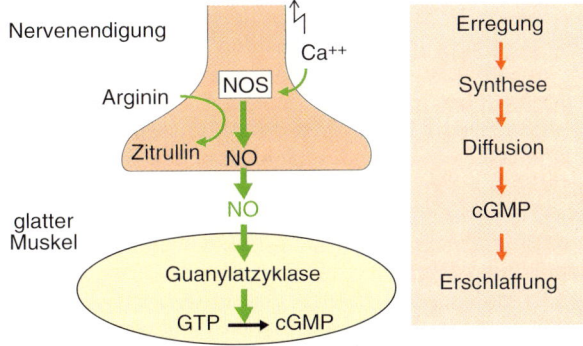

Abb. 9-6. Synthese und Freisetzung von Stickoxid (NO) als Transmitter im peripheren vegetativen Nervensystem bei Erregung der Neurone. NO wirkt nur auf benachbarte Zellen, sein Halbwertszeit ist < 8s. NOS, NO-Synthase; GTP, Guanosintriphosphat; cGMP, zyklisches Guanosinmonophosphat

Überträgersubstanzen erschlaffen die glatte Muskulatur, sie unterscheiden sich aber in Eintritt und Dauer der Wirkungen: Die Wirkung von NO tritt vermutlich am schnellsten ein, und VIP wirkt am langsamsten und längsten.

9.3 Neuroeffektorische Übertragung im peripheren vegetativen Nervensystem

Im folgenden werden die Mechanismen der synaptischen Übertragung von postganglionären Neuronen auf autonome Effektororgane an zwei Beispielen beschrieben. Diese neuroeffektorische Übertragung ähnelt funktionell in vieler Hinsicht der neuromuskulären Übertragung im Skelettmuskel. Sie ist die Grundlage für eine zeitlich und räumlich geordnete neuronale Regulation vegetativer Effektorgane.

> **Postganglionäre Vasokonstriktorneurone übertragen ihre Aktivität auf kleine Arterien über spezialisierte neurovaskuläre Synapsen**

Die glatten Muskelzellen kleiner Arterien werden von postganglionären noradrenergen Vasokonstriktorneuronen innerviert (Abb. 9-7a) und zwar nur die äußeren Muskelzellen, die an die Adventitia grenzen. Praktisch **jede** Varikosität, die nicht vom Schwannzellzytoplasma vollständig umgeben ist, bildet einen **engen synaptischen Kontakt** mit einer glatten Muskelzelle. Die Basallaminae verschmelzen am Orte des Kontaktes (Abb. 9-7b). Die synaptischen Bläschen, die den oder die Transmitter enthalten, sind in der Nähe dieser synaptischen Kontakte konzentriert (Abb. 9-7b). Erregung des postganglionären Neurons führt zur Freisetzung des Inhaltes **eines Vesikels (eines Quantums)** aus einer Varikosität mit einer Wahrscheinlichkeit von $p = 0,01$ (s. Kap. 5). Dieses erzeugt kurzzeitig eine *hohe Konzentration des Transmitters im synaptischen Spalt*, einen kurzen synaptischen Strom durch die postsynaptische Membran und ein postsynaptisches Potential, das in seiner Länge von den passiven elektrischen Eigenschaften des elektrisch gekoppelten Muskelzellverbandes (**funktionelles Synzytium**, Abb. 9-7a) abhängt. Das resultierende postsynaptische Potential wird durch räumliche Summation der postsynaptischen Potentiale unter vielen Varikositäten erzeugt. Repetitive Aktivierung der postganglionären Axone führt zur zeitlichen Summation erregender postsynaptischer Ereignisse und eventuell zu einem Aktionspotential (Abb. 9-8b, mittlere und rechte Ableitung) [29, 30].

So ausgelöste Aktionspotentiale werden über den glatten Muskelzellverband fortgeleitet und erzeugen über intrazelluläre Kalziummobilisierung eine Kon-

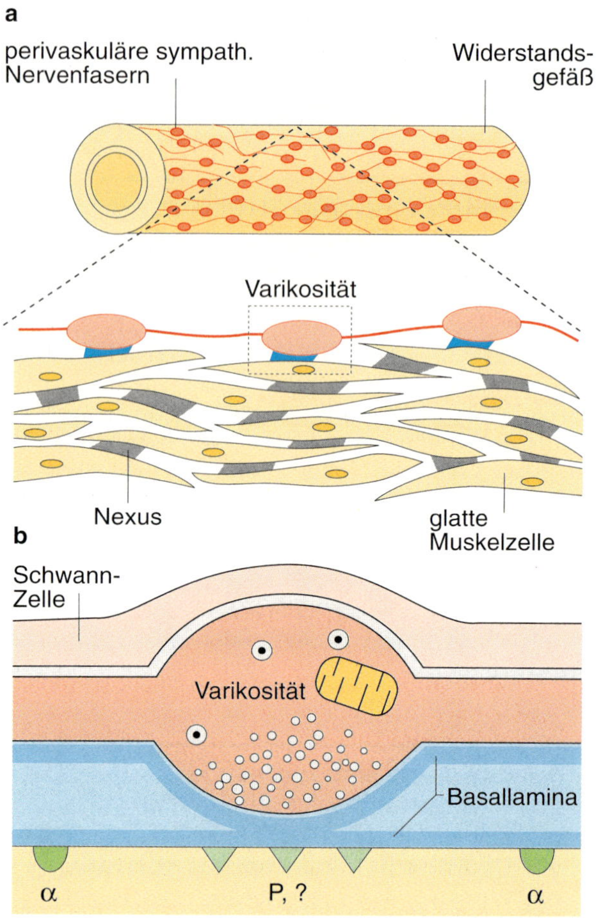

Abb. 9-7. Die neurovaskuläre Übertragung an kleinen Arterien. **a** Perivaskulärer noradrenerger Plexus, der von postganglionären Vasokonstriktoraxonen gebildet wird. Glatte Gefäßmuskelzellen bilden ein funktionelles Synzytium über Nexus (Kontakte geringen elektrischen Widerstandes, s. Konnexone in Kap. 5) aus. Die Varikositäten bilden enge Kontakte mit den adventitialen glatten Muskelzellen aus. **b** Neurovaskuläre Synapse. Varikosität mit engem synaptischen Kontakt (Verschmelzen der Basallaminae), präsynaptischer Spezialisierung und Ansammlung synaptischer Bläschen, die Noradrenalin und ATP enthalten. Einige große Vesikel enthalten auch Neuropeptide. Die postsynaptischen Rezeptoren sind entweder Purinorezeptoren (P, für ATP) und/oder eine unbekannte Art von Adrenozeptor (für Noradrenalin). Extrasynaptisch liegen α-Adrenozeptoren. Nach Jobling (unpubliziert)

traktion. Diese postsynaptischen Ereignisse können durch α- oder β-Adrenozeptorantagonisten *nicht* blockiert werden. Dies bedeutet, daß entweder die Wirkung von Noradrenalin durch *andere* Adrenozeptoren in der postsynaptischen Membran vermittelt wird, oder – was allgemein angenommen wird – daß Noradrenalin *nicht* der Transmitter ist, sondern eine andere Substanz, die mit dem Noradrenalin in den Vesikeln der Varikositäten kolokalisiert ist. **Adenosintriphosphat (ATP)** ist vermutlich dieser Transmitter (s. Abschnitt 9.2), und die subsynaptischen Rezeptoren sind Purinozeptoren (ATP ist ein Purinderivat!; P in Abb. 9-7b). Dieser subsynaptische Rezeptor steuert direkt Kationenkanäle, durch die vor allem Natrium strömt. Öffnung dieser Kanäle erzeugt eine Membrandepolarisation; diese führt zur Öffnung spannungsabhängiger Kalziumkanäle und so zu einem intrazellulären Anstieg von Kalzium (s. Kapitel 6) [3].

Die **α-Adrenozeptoren** sind **extrasynaptisch** in der Membran der glatten Muskelzellen lokalisiert. Sie reagieren mit Noradrenalin, das aus dem synaptischen Spalt diffundiert. Dieses Signal wird vermutlich über ein G-Protein (Abb. 9-6) in das Zellinnere vermittelt und führt dort zur Mobilisation von Kalzium aus intrazellulären Speichern.

Die meisten adventitianahen Varikositäten bilden morphologisch und physiologisch **Synapsen mit subsynaptischen Rezeptoren aus**, über die die neuronale Aktivität auf die glatte Gefäßmuskulatur übertragen wird. *Extrasynaptisch lokalisierte Adrenozeptoren* und subsynaptische Rezeptoren sind (mit Ausnahme der Venen) verschieden. Ähnliche Verhältnisse wurden auch an anderen Effektorganen, die von noradrenergen postganglionären Neuronen innerviert werden, gefunden, wie z.B. am Samenleiter und am Herzen [21, 22].

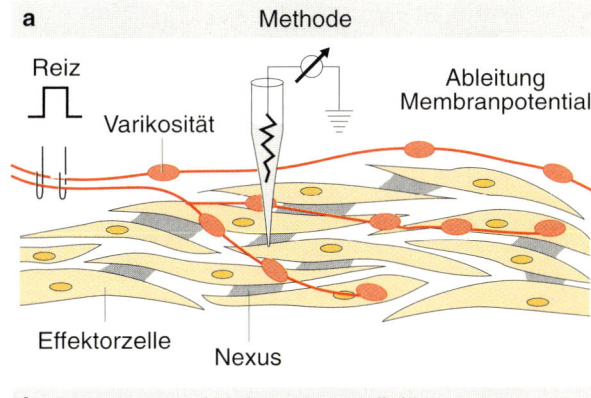

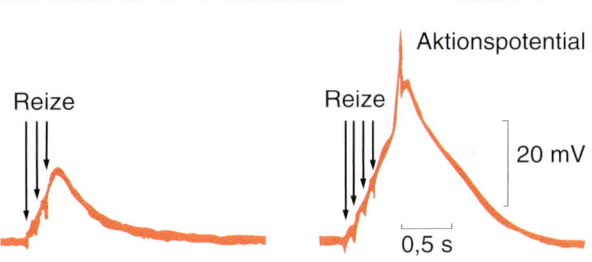

Abb. 9-8. Die neurovaskuläre Übertragung. **a** Schema zum Messen des Membranpotentials in glatten Gefäßmuskelzellen bei perivaskulärer Reizung von Vasokonstriktoraxonen. **b** Intrazelluläre Ableitung postsynaptischer Potentiale auf elektrische Reizung der Innervation mit 3 Reizen (10 Hz; Summation der postsynaptischen Potentiale ohne überschwellig zu werden) und 4 Reizen (10 Hz; Summation der postsynaptischen Potentiale und Entstehen eines Aktionspotentials). Nach G.D.S. Hirst, J. Physiol. 273, 263–274 (1977)

> **Die Herzschrittmacherzellen stehen unter inhibitorischer neuronaler Kontrolle von parasympathischen Kardiomotoneuronen**

Erregung der präganglionären Kardiomotoaxone im N. vagus wird auf postganglionäre parasympathische Neurone synaptisch übertragen. Diese Neurone setzen aus ihren synaptischen Endigungen Azetylcholin frei und hemmen die spontane Aktivität der **Schrittmacherzellen** im **Sinus venosus** des Herzens. Superfusion der Schrittmacherzellen mit einer Azetylcholinlösung erzeugt ebenfalls eine Hemmung der Schrittmacherzellen und damit eine Abnahme der Herzfrequenz.

Wie bei der neurovaskulären Übertragung bilden praktisch alle Varikositäten der cholinergen parasympathischen Neurone **Synapsen mit den Herzschrittmacherzellen** aus (Abb. 9-9a). Superfundiertes Azetylcholin hyperpolarisiert die Schrittmacherzellen durch Erhöhung der Kaliumleitfähigkeit und verkürzt die Aktionspotentiale (Abb. 9-9b). Elektrische Reizung des *N. vagus* reduziert die Frequenz der Aktionspotentiale der Schrittmacherzellen durch Abnahme der Steilheit der Depolarisation der Schrittmacherpotentiale oder hemmt sie vollständig (so daß ein Herzstillstand erzeugt wird), *ohne* das Membranpotential zu hyperpolarisieren und *ohne* die Aktionspotentiale zu verändern (vermutlich durch Abnahme der Natriumleitfähigkeit; Abb. 9-9c). Analog zu der neurovaskulären Übertragung **sind die synaptischen und extrasynaptischen Me-**

chanismen der Azetylcholinwirkung verschieden**, obwohl beide Wirkungen durch muskarinische cholinerge Rezeptoren vermittelt werden und durch Atropin geblockt werden können. Subsynaptische und extrasynaptische Azetylcholinrezeptoren beeinflussen über **verschiedene intrazelluläre Signalwege** verschiedene Ionenkanäle [21].

Die Befunde an den kleinen Arterien und am Herzen können verallgemeinert werden. Aus den postganglionären Neuronen freigesetzte Überträgerstoffe wirken primär über **subsynaptische Rezeptoren** auf die Effektoren und exogen applizierte Überträgerstoffe über **extrasynaptische Rezeptoren**. Bei vielen Effektoren sind beide Rezeptoren entweder verschieden, und/oder sie vermitteln ihre Wirkungen über verschiedene intrazelluläre Signalwege. Welche Rolle die extrasynaptischen Rezeptoren unter biologischen Bedingungen in dicht innervierten vegetativen Effektororganen wie den Arteriolen und den Herzschrittmachenzellen spielen, ist unbekannt. An der Regulation der größeren Blutgefäße sind sie wahrscheinlich beteiligt.

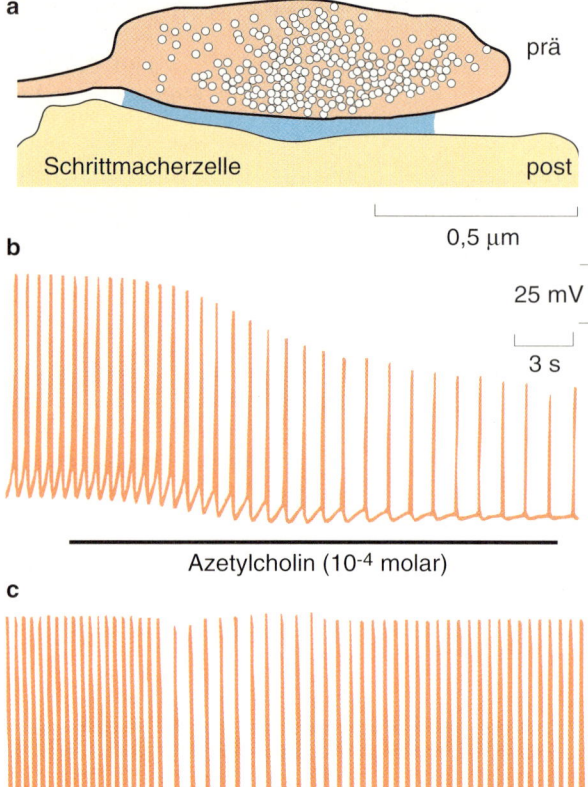

a prä

Schrittmacherzelle post

0,5 µm

b 25 mV

3 s

Azetylcholin (10⁻⁴ molar)

c

Reiz N. vagus 5 Hz

Abb. 9-9. Neuroeffektorische Übertragung von postganglionären parasympathischen (vagalen) Kardiomotoaxonen auf Schrittmacherzellen des Herzens. **a** Morphologie der Synapse. Zwischen präsynaptischer Endigung (Varikosität) und Schrittmacherzellen bestehen enge Spalte von < 90nm. In den synaptischen Bläschen befindet sich Azetylcholin. **b, c** Intrazelluläre Ableitung von einer Herzschrittmacherzelle an einem Präparat *in vitro*. **b** Superfusion des Präparates mit einer Azetylcholinlösung. Abnahme der Frequenz der Entladung mit Hyperpolarisation und Abnahme von Größe und Dauer der Aktionspotentiale. **c** Repetitive elektrische Reizung des N. vagus mit Pulsen von 5 Hz. Abnahme der Entladungsfrequenz (infolge Abnahme der Steilheit der Depolarisation der Schrittmacherpotentiale) ohne Abnahme der Größe der Aktionspotentiale und ohne Hyperpolarisation. Nach Klemm et al J. Auton. Nerv. Syst. (1992) und Campbell et al, J. Physiol. 415, 57–68 (1989)

vikalen Grenzstrang zum Ganglion projizieren. Die **Konvergenz** präganglionärer Axone auf postganglionäre Neurone gewährleistet einen **hohen Sicherheitsgrad der synaptischen Übertragung** von den prä- auf die postganglionären Neurone.

Es bestehen große Unterschiede zwischen funktionell verschiedenen postganglionären Neuronen im *Grad der Konvergenz*: So konvergieren auf postganglionäre Neurone, die die Weite der Pupille regulieren, nur wenige präganglionäre Neurone und auf postganglionäre sympathische Neurone, die die Weite von Blutgefäßen regulieren, sehr viele. Weiterhin sind die Grade von Konvergenz und Divergenz bei kleinen Vertebraten geringer als bei großen Vertebraten und korrelieren mit der Größe der Effektororgane, die die Neurone innervieren.

Dominante Synapsen in vegetativen Ganglien. In den *paravertebralen sympathischen Grenzstrangganglien*, in den *parasympathischen Ganglien* und in einigen sympathischen Systemen, die durch die prävertebralen Ganglien projizieren, werden die Impulse nach Art einer **Relaisstation** übertragen, ohne modifiziert zu werden. Auf diese Weise hat das ZNS die volle Kontrolle über die vegetativen Effektororgane. Dieses gilt für die sympathische Innervation z.B. der **kardiovaskulären Effektoren** (kleine Arterien, Herz), der **Schweißdrüsen** und der **Haarbalgmuskulatur**. Es ist wahrscheinlich, daß eines oder zwei der konvergierenden präganglionären Axone Synapsen mit den postganglionären Neuronen in diesen Ganglien bilden, die bei Aktivierungen immer **überschwellige** erregende postsynaptische Potentiale von mehreren 10 mV Größe erzeugen (ähnlich wie bei der neuromuskulären Endplatte) und auf diese Weise die Entladungen der postganglionären Neurone bestimmen (Abb. 9-10b). Die übrigen konvergierenden präganglionären Axone erzeugen nur kleine unterschwellige postsynaptische Potentiale in den postganglionären Neuronen. Diese präganglionären Axone können die postganglionären Neurone nur durch **Summation** der unterschwelligen postsynaptischen Potentiale synaptisch aktivieren. Es ist unklar, unter welchen funktionellen Bedingungen dies geschieht [12].

9.4 Impulsübertragung und Integration in vegetativen Ganglien

> **In den meisten vegetativen Ganglien divergiert ein präganglionäres Axon auf viele postganglionäre Neurone und konvergieren viele präganglionäre Axone auf ein postganglionäres Neuron**

Divergenz und Konvergenz in vegetativen Ganglien. (Abb. 9-10a). Divergenz und Konvergenz finden wahrscheinlich nur zwischen Neuronen gleicher Funktion statt. Die **Divergenz** präganglionärer Axone auf postganglionäre Neurone gewährleistet, daß die Aktivität in einer relativ kleinen Zahl von präganglionären Neuronen auf eine große Zahl postganglionärer Neurone verteilt wird *(Verteilungs- und Verstärkungsfunktion vegetativer Ganglien)*. So enthält das *Ganglion cervicale superius* des Menschen z.B. etwa 200mal mehr postganglionäre Neurone als präganglionäre Neurone, die durch den zer-

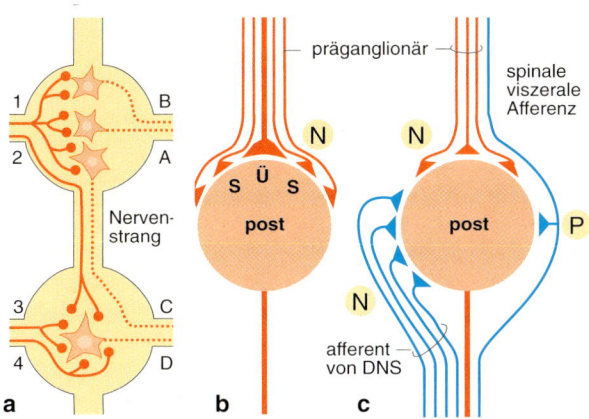

Abb. 9-10. Impulsübertragung in sympathischen Ganglien. **a** Divergenz (Axon *1* auf Neurone *a*, *b* und *c*) und Konvergenz (Axone *2*, *3* und *4* auf Neuron *d*) präganglionärer Axone auf postganglionäre Neurone in Grenzstrangganglien. **b** Relaisfunktion in paravertebralen (Grenzstrang)-Ganglien und einigen prävertebrale postganglionären Neuronen (z.B. zu Blutgefäßen). S, schwache Synapsen mit unterschwelligen postsynaptischen Potentialen; Ü, „starke" (dominante) Synapse mit überschwelligen postsynaptischen Potentialen. **c** Integration von synaptischen Eingängen zu vielen postganglionären Neuronen in prävertebralen Ganglien: von präganglionären Neuronen; von afferenten Neuronen mit Zellkörpern im Darmnervensystem [DNS]; von Kollateralen spinaler viszeraler Afferenzen. N, cholinerg nikotinerg; P, peptiderg. Nach Jänig in [12]

Viele postganglionäre sympathische Neurone, die mit dem Gastrointestinaltrakt assoziiert sind, erhalten nicht nur synaptische Eingänge von präganglionären Neuronen, sondern auch von peripheren afferenten Neuronen, die ihre Zellkörper im Darmnervensystem haben (s. 9.5), und z.T. von Kollateralen spinaler viszeraler afferenter Neurone (Abb. 9-10c). Die synaptischen Eingänge von afferenten Neuronen des Darmnervensystems sind cholinerg nikotinisch. Diejenigen von spinalen viszeralen Afferenzen sind **peptiderg**; der Transmitter ist **Substanz P**, ein Neuropeptid. Postganglionäre Neurone mit solchen synaptischen Eingängen projizieren zum Plexus myentericus und zum Plexus submucosus des Darmnervensystems. Sie sind an der **Regulation von Motilität und Sekretion** des Magen-Darm-Traktes beteiligt, vermutlich jedoch nicht an der Regulation der Durchblutung. Aktivierung dieser sympathischen postganglionären Neurone hemmt Neurone des Darmnervensystems (s.u.).

Alle synaptischen Eingänge dieser Neurone sind vorwiegend oder ausschließlich unterschwellig, so daß sie, im Gegensatz zu den postganglionären Neu-

ronen in den paravertebralen Ganglien, durch **Summation** der verschiedenen unterschwelligen synaptischen Potentiale erregt werden (**integrative Funktion** der Neurone). Aktivierung des peptidergen synaptischen Einganges von den spinalen Afferenzen führt meistens zur **Zunahme des Membranwiderstandes** des postganglionären Neurons durch *Schließen von Kaliumkanälen*, ohne daß sich das Membranpotential wesentlich ändert. Die Erhöhung des Membranwiderstandes hat zur Folge, daß unterschwellige cholinerge postsynaptische Potentiale überschwellig werden und das postganglionäre Neuron erregen (s. rechts in Abb. 9-11). Diese synaptischen Vorgänge haben folgende Funktionen in der Regulation von Motilität und Sekretion des Magen-Darm-Traktes: 1. *Vermittlung peripherer intestinointestinaler Reflexe* zwischen benachbarten Bereichen des Magen-Darm-Traktes. 2. *Integration spinaler und peripherer intestino-intestinaler Reflexe.* Bei Entleerung des distalen Dünndarms in den Dickdarm wird die Dickdarmmuskulatur über den extraspinalen Reflexweg gehemmt. Auf diese Weise wird die Speicherkapazität des Enddarmes erhöht [12].

9.5 Darmnervensystem

Neurone des Darmnervensystem und ihre Effektoren. Der Magen-Darm-Trakt dient der Aufnahme, Verdauung, Resorption und Ausscheidung von Stoffen. An diesen Funktionen sind eine ganze Reihe von Effektororganen beteiligt: *glatte Darmmuskulatur, sekretorische und resorptive Epithelien, endokrine Zellen und Blutgefäße.* Das Darmnervensystems reguliert und koordiniert diese Effektorsysteme. Die meisten Zellkörper des Darmnervensystems liegen im *Plexus myentericus* (Auerbach Plexus) zwischen der Längs- und der Ringmuskulatur des Darmes und im *Plexus submucosus* (Meissner Plexus) innerhalb der Ringmuskulatur (Abb. 9-12a). Das Darmnervensystem enthält etwa so viele Neurone wie das Rückenmark. Diese Neurone bestehen funktionell aus drei Typen: 1. **Afferente Neurone**, deren Dendriten rezeptive Eigenschaften haben und in der Wand oder der Mucosa enden. Sie werden durch mechanische Reize (Dehnung, Scherreize auf der Mucosa) oder intraluminale chemische Reize adäquat erregt. 2. **Motoneurone**, die Ringmuskulatur, Längsmuskulatur, Drüsenzellen und endokrinen Zellen in der Mukosa innervieren. 3. **Interneurone**,

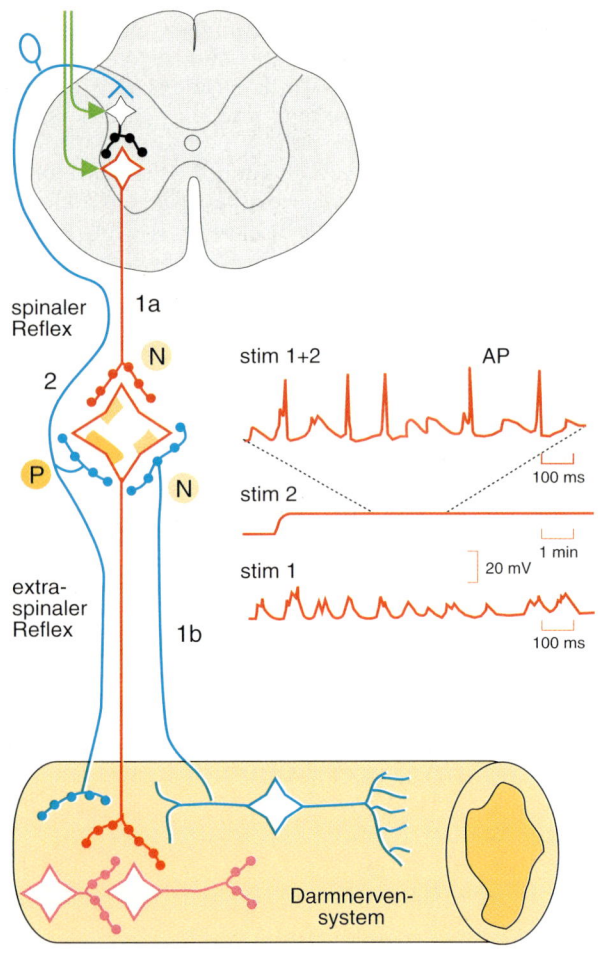

spinaler
Reflex

1a

2

N

P

N

stim 1+2   AP

100 ms

stim 2

1 min

20 mV

stim 1

100 ms

extra-
spinaler
Reflex

1b

Darmnerven-
system

Abb. 9-11. Extrazentraler viszero-viszeraler Reflexweg und Integration synaptischer Eingänge durch prävertebrale sympathische Neurone zum Darm, die an der Regulation von Motilität und Sekretion des Magen-Darm-Traktes beteiligt sind. Integration cholinerger nikotinischer (N) synaptischer Eingänge von präganglionären sympathischen Neuronen (1a) und afferenten Neuronen des Darmnervensystems (1b) und peptiderger (P) synaptischer Eingänge von Kollateralen spinaler viszeraler primär afferenter Neurone (2). *Einsatzbild rechts:* Nikotinische cholinerge postsynaptische Potentiale summieren sich und können je nach Aktivität in den konvergierenden Neuronen entweder unterschwellig (s. untere Spur) oder überschwellig sein. Aktivierung der peptidergen Synapse erzeugt eine langanhaltende Erhöhung des Membranwiderstandes (durch Schließen von K^+-Kanälen) und kleine Depolarisationen, ohne das Neuron zu erregen (mittlere Ableitung). Infolge der Erhöhung des Membranwiderstandes werden die nikotinischen cholinergen Potentiale jetzt größer, länger und z.T. überschwellig (s. obere Ableitung)

◄─────────────────────────────

Eigenschaften, nach seinen Effektoren, nach den Projektionen seiner Axone und Lokalisation seiner Zellkörper, nach seinen Transmittern und nach den kolokalisierten Neuropeptiden. In Tabelle 9-2 sind diese Eigenschaften für die Motoneurone des Darmnervensystems zur glatten Darmmuskulatur, zu den Drüsenzellen und zu submukösen Arteriolen aufgeführt.

Funktionen des Darmnervensystems; Modulation durch das ZNS. Das Darmnervensystem (Abb. 9-12b) enthält **sensomotorische Programme** zur Regulation und Koordination der Effektorsysteme. Diese Programme regeln **Transport, Vermischung, Sekretion** und **Resorption**. Das ZNS greift in diese lokalen Regulationen über die extrinsische, parasympathische und sympathische, Innervation ein. Es ist unklar, auf welche Weise das parasympathische Nervensystem am Darmnervensystem angreift: die präganglionären parasympathischen Neurone erregen die Motoneurone des Darmnervensystems entweder direkt oder greifen über postganglionäre

die zwischen die afferenten Neuronen und die Motoneurone geschaltet sind.

Jeder dieser Typen von Neuronen kann wiederum unterteilt werden nach seinen rezeptiven

Tabelle 9-2. Transmitter, kolokalisierte Neuropeptide, Effektoren und Funktionen von Motoneuronen des Darmnervensystems

Überträgerstoff	Neuropeptid	Effektor	Funktion
1) Motoneurone zur glatten Muskulatur (Plexus myentericus)			
ACH	SP	Ringmusk.	Kontraktion (desz., asz.)
ACH	SP	Längsmusk.	Kontraktion (desz.)
NO, VIP	ENK/DYN/NPY, GRP/DYN	Ringmusk.	Erschlaffung (desz.)
2) Motoneurone zu sekretorische Epithelien (Plexus submucosus)			
ACH	NPY/CCK/CGRP/SOM/GAL/DYN	Mukosa	Sekretion
VIP	DYN	Mukosa	Sekretion
3) Motoneurone zu Blutgefäßen (Plexus submucosus)			
ACH	?	Arteriole	Vasodilatation
VIP	GAL	Arteriole (in Submukosa)	Vasodilatation

Transmitter: ACH, Azetylcholin; NO, Stickstoffmonoxid; VIP, vasoaktives intestinales Peptid. Kolokalisierte Peptide: CCK, Cholozystokinin; CGRP, calcitonin gene related peptide; ENK, Enkephalin; DYN, Dynorphin; GAL, Galanin; GRP, gastrin-releasing peptide; NPY, Neuropeptid Y; SOM, Somatostatin; SP, Substanz P

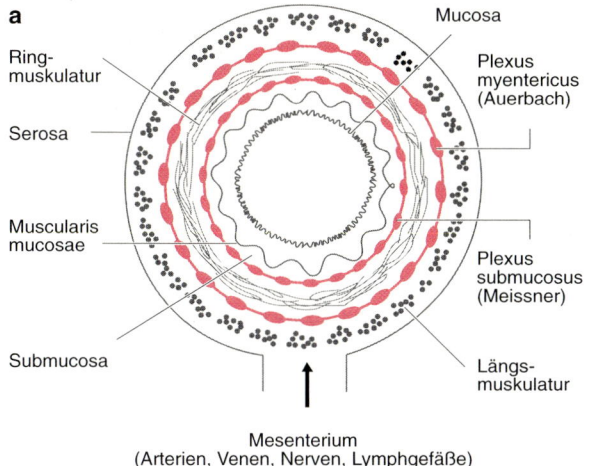

a

Ring-
muskulatur

Serosa

Muscularis
mucosae

Submucosa

Mucosa

Plexus
myentericus
(Auerbach)

Plexus
submucosus
(Meissner)

Längs-
muskulatur

Mesenterium
(Arterien, Venen, Nerven, Lymphgefäße)

b

ZNS

Afferent

Sy

Parasy

Kontrolle
durch
das ZNS

Effektor

Effektor

Darm-
nerven-
system

Sensorische
Neurone

Inter-
neurone

Moto-
neurone

Integration

Abb. 9-12. Das Darmnervensystem. **a** Morphologie, schematisiert. **b** Heuristisches Modell zur Organisation des Darmnervensystems und der Anpassung seiner Funktionen durch das ZNS. Sympathikus und Parasympathikus haben nur am Anfang und

am Ende des Magendarmtraktes eine direkte Kontrolle über die Effektoren. Der Sympathikus hat eine direkte Kontrolle über die Blutgefäße. **a** [26]; **b** nach Wood Am. J. Physiol. 247, G585-G598 (1984)

parasympathische Neurone in das Darmnervensystem ein. Sympathische postganglionäre Neurone in den prävertebralen Ganglien, die keine Vasokonstriktorfunktion haben, innervieren (prä- und postsynaptisch) Neurone des Darmnervensystems und hemmen sie.

Das ZNS greift in die Regulation der Darmfunktionen nur **modulatorisch** ein, behält aber über Anfang (Nahrungsaufnahme) und Ausgang (Ausscheidung) des Darmes und über die Blutgefäße die volle Kontrolle durch die direkte Innervation der Effektororgane. Rückmeldungen über die Prozesse im Darm (mechanische und chemische Ereignisse) erhält das ZNS über **viszerale Afferenzen**, die zur Medulla oblongata (N. vagus) und zum Rückenmark projizieren. Eine **extrazentrale afferente Rückmeldung** geschieht zu den prävertebralen Ganglien über Afferenzen, deren Zellkörper im Darmnervensystem liegen (s. Abb. 9-11). Das ZNS spielt damit eine mehr **strategische Rolle**: es hat weniger Zugriff auf individuelle Gruppen von

Motoneuronen oder einzelne Effektororgane, sondern steuert und koordiniert die Programme.

> **Darminhalt wird durch die propulsive Peristaltik von oral nach aboral (anal) befördert; dieser Transport wird durch die Neurone des Darmnervensystems koordiniert**

Der oral-aborale Transport des Darminhaltes erfolgt durch die **propulsive Peristaltik** des Darmes (Einsatzbild unten links in Abb. 9-13). Dieser aktive Vorgang wird bei Wanddehnung und mechanischer Scherreizung der Mukosa durch den Darminhalt ausgelöst und läuft unabhängig vom ZNS ab. Er besteht oral aus einer Kontraktion der Ringmusku-

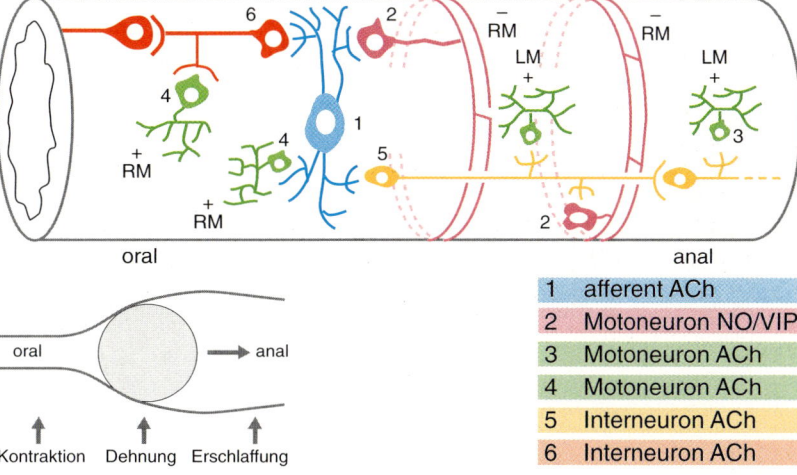

Abb. 9-13. Neuronale Grundlage des peristaltischen Reflexes. *Einsatzbild unten links*: Propulsiver oral-aboraler Transport durch Kontraktion der Ringmuskulatur (RM) oral und Erschlaffung der Ringmuskulatur aboral bei Kontraktion der Längsmuskulatur (LM) aboral. Alle Neurone liegen im Plexus myentericus. Für Abkürzungen s. Tabelle 9-2. Nach [7] und Furness (unpubliziert)

oral

Kontraktion Dehnung Erschlaffung

anal

1	afferent ACh
2	Motoneuron NO/VIP
3	Motoneuron ACh
4	Motoneuron ACh
5	Interneuron ACh
6	Interneuron ACh

latur, aboral aus einer Erschlaffung der Ringmuskulatur und einer Kontraktion der Längsmuskulatur. Er wird vom Darmnervensystem organisiert und setzt sich aus **mehreren Reflexen** zusammen. Abb. 9-13 zeigt, auf welche Weise afferente Neurone, Interneurone und Motoneurone zur Darmmuskulatur miteinander verschaltet sind und welche Überträgerstoffe beteiligt sind.

Erregung der afferenten Neurone erzeugt reflektorisch eine koordinierte Aktivierung von drei Typen von Motoneuronen: 1. Aktivierung **hemmender Motoneurone**, die aboral zur Ringmuskulatur projizieren. Diese Aktivierung kann monosynaptisch, di- oder polysynaptisch über cholinerge *Interneurone mit deszendierenden Axonen* geschehen. Die hemmenden synaptischen Überträgerstoffe auf die Ringmuskulatur sind Stickoxid (NO, s. Abb. 9-6) und VIP. 2. Aktivierung cholinerger **erregender Motoneurone**,

die anal zur Längsmuskulatur projizieren und diese erregen. Diese Aktivierung geschieht über die gleichen deszendierenden Intereurone. 3. Aktivierung cholinerger **erregender Motoneurone**, die oral zur Ringmuskulatur projizieren und sie erregen. Diese Aktivierung kann monosynaptisch und di- oder polysynaptisch über cholinerge *Interneurone mit aszendierenden Axonen* geschehen [7].

9.6 Zentrale Organisation des vegetativen Nervensystems in Rückenmark, Hirnstamm und Hypothalamus

> **Die zentralen neuronalen Substrate der Regulationen vegetativer Effektororgane und ihrer Integration mit der Somatomotorik zu Verhaltensweisen befinden sind im Rückenmark, Hirnstamm und Hypothalamus (Tabelle 9-3)**

Tabelle 9-3. Integration vegetativer Funktionen in Rückenmark, Hirnstamm und Hypothalamus und Organfunktionen

A. Rückenmark und Hirnstamm

Regulation ...	Funktion kontrolliert von	
	Parasympathikus	Sympathikus
... von Augenfunktionen	Sehschärfe Akkomodation Sekretion	?
... des phasischen art. Blutdrucks	Herzfrequenz	periph. Widerstand Kontraktilität
... der Atemwege[a]	Widerstand Sekretion	?
... des Magendarmtraktes	Motilität Sekretion	Motilität Sekretion
... der Harnblase	Miktion	Kontinenz
... des Enddarmes	Defäkation	Kontinenz
... der Sexualorgane, männlich weiblich	Erektion Kongestion, Sekretion	Ejakulation ?

B. Hypothalamus

Regulation ...	und elementarer Verhaltensweisen
... der Körpertemperatur	Thermoregul. Verhalten
... des Flüssigkeitshaushaltes (Volumen-, Osmoregulation)	Durstverhalten
... des Metabolismus	Nutritives Verhalten (Hunger)
... der Sexualdrüsen	Sexualverhalten
... der zirkadianen (endogenen) Rhythmik	Schlaf- und Wachverhalten
... des Körperinneren bei Bedrohung (z.B. bei Schmerz und Streß)	Abwehrverhalten
... von Herz, Kreislauf und Atmung	körperliche Arbeit

[a] Die Regulation der Atmung ist nur in einer Teilfunktion (Regulation der Weite der zuführenden Atemwege über die Bronchomotoneurone) eine vegetative Funktion, jedoch eng verknüpft mit der Regulation des Kreislaufes

Das **Rückenmark** enthält die Reflexkreise für die sakralen (parasympathische) und lumbalen (sympathische) Regulationen der Beckenorgane (Harnblase, Enddarm, Sexualorgane) und einige andere weniger gut definierte organspezifische Regulationen durch das sympathische Nervensystem (renorenal, kardiokardial, intestino-intestinal). Die vegetativen spinalen Reflexkreise stehen unter der Kontrolle von Hirnstamm und Hypothalamus. Die übergeordneten Zentren für die Regulation der Beckenorgane liegen in der Brücke des Hirnstammes.

Die neuronalen Regulationen des arteriellen Blutdruckes, der Atmung und des Magendarmtraktes (mit Ausnahme der Regulation des Enddarmes) bestehen aus multiplen Einzelreflexen und sind im **unteren Hirnstamm** organisiert. Über das **kardiovaskuläre System** werden Atemgase, Nahrungsstoffe, Abfallprodukte und andere Stoffe transportiert. Über die **Atmung** werden Atemgase zwischen Kreislauf und Umwelt ausgetauscht. Über den **Magendarmtrakt** werden Aufnahme, Verdauung und Resorption von Nahrungsstoffen reguliert.

Die Funktionen des **Hypothalamus** schließen vegetative, endokrine und somatische Funktionen ein. Sie setzen die einfacheren Reflexe und Regulationen, die spinal und im unteren Hirnstamm organisiert sind, voraus. Hypothalamische Regulationen sind eng mit den Regulationen elementarer Verhaltensweisen assoziiert [31, 32](s. Kap. 22).

Präganglionäre Neurone sind topographisch nach ihren Funktionen im Rückenmark und Hirnstamm angeordnet

Topographische Lage der vegetativen präganglionären Neurone. Die präganglionären sympathischen und parasympathischen Neurone verbinden ZNS und peripheres vegetatives Nervensystem (Abb. 9-14):

1. Spinale **parasympathische präganglionäre Neurone** liegen im kaudalen Teil des Rückenmarkes (**Sakralmark**). Neurone zu den drei Effektorsystemen im Beckenbereich (Harnblase, Enddarm und Genitalorgane) befinden sich in drei verschiedenen Kerngebieten (Abb. 9-14b). Alle drei Effektorsysteme haben global Speicher- und Entleerungsfunktion und stehen unter direkter Kontrolle des ZNS [11].

2. **Sympathische präganglionäre Neurone** liegen in der **intermediären Zone** des Thorakalmarkes und des oberen Lumbalmarkes. Die größte Dichte haben die präganglionären Neurone im Nucleus intermedio-lateralis (IML in Abb. 9-14c). Im Lumbalmark sind diese präganglionären Neurone ebenfalls nach ihrer Funktion topographisch medio-lateral angeordnet (Abb. 9-14c): Neurone, die Blutgefäße (Vasokonstriktor-), die Schweißdrüsen (Sudomoto-) und die Haarbalgmuskulatur (Pilomotoneurone) liegen lateral im Nucleus intermediolateralis und viszerale Neurone, die zu den Beckenorganen projizieren, medial davon [24, 27].

3. Bulbäre parasympathische präganglionäre Neurone liegen im **Nucleus dorsalis nervi vagi** (NDNV; Neurone zum Magendarmtrakt), im **Nucleus ambiguus** (NA; Neurone zum Herzen und zur Trachealmuskulatur: Kardiomotoneurone, Bronchomotoneurone) der Medulla oblongata und in einigen anderen Kerngebieten (Nucleus salivatorius: Speicheldrüsen und Tränendrüse; Nucleus Edinger-Westphahl: Musculus sphincter pupillae, Irismuskulatur, Abb. 9-14a) [10].

Der spinale vegetative Reflexbogen zwischen Afferenzen und präganglionären Neuronen ist mindestens disynaptisch; er ist die Basis für die Organisation vegetativer Reflexe und Regulationen

Segmentale Organisation vegetativer Reflexe. Selbst der einfachste vegetative spinale Reflexbogen ist mindestens disynaptisch. Er hat demnach mindestens **drei Synapsen** zwischen dem (viszeralen oder somatischen) afferenten und dem postganglionären

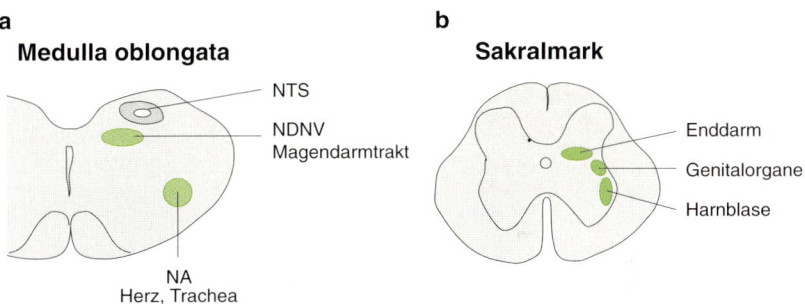

a Medulla oblongata

NTS
NDNV Magendarmtrakt
NA Herz, Trachea

b Sakralmark

Enddarm
Genitalorgane
Harnblase

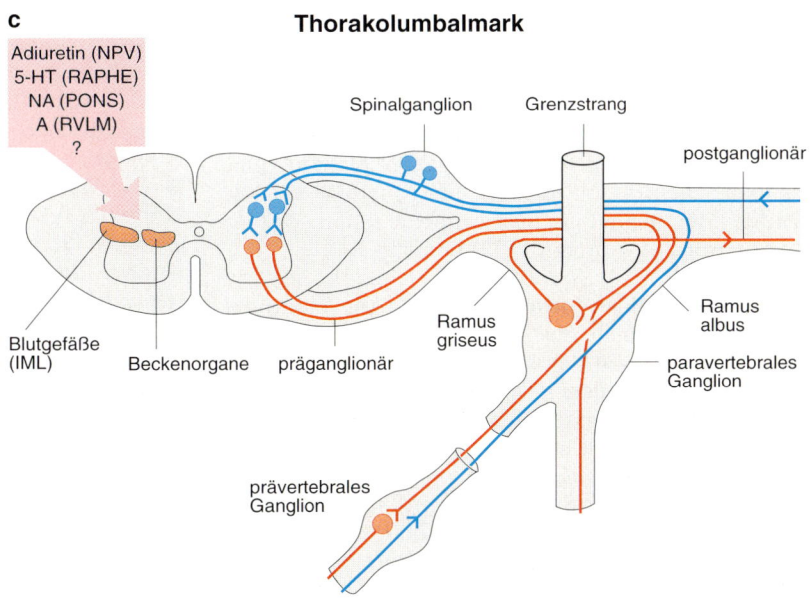

c Thorakolumbalmark

Adiuretin (NPV)
5-HT (RAPHE)
NA (PONS)
A (RVLM)
?

Blutgefäße (IML)
Beckenorgane
präganglionär
Spinalganglion
Grenzstrang
postganglionär
Ramus griseus
Ramus albus
paravertebrales Ganglion
prävertebrales Ganglion

Abb. 9-14. Topographie präganglionärer Neurone in Rückenmark und Hirnstamm und ihre Funktionen. **a** Unterer Hirnstamm. Die Lage der präganglionären parasympathischen Neurone, die die exokrinen Drüsen des Kopfes (Speicheldrüsen, Tränendrüse) und die inneren Augenmuskeln regulieren, sind nicht aufgeführt. NA, Nucleus ambiguus; NDNV, Nucleus dorsalis nervi vagi; NTS, Nucleus tractus solitarii.
b Sakrales Rückenmark: parasympathische präganglionäre Neurone.
c Thorakolumbales Rückenmark. *Linke Seite:* Lage der sympathischen präganglionären Neurone und einiger deszendierender Systeme vom Hirnstamm und Hypthalamus. IML, Nucleus intermediolateralis; RVLM, rostrale ventrolaterale Medulla (s. Abb. 9-15c); NPH, Nucleus paraventricularis hypothalami (s. Abb. 9-16); ADH, Adiuretin; 5-HT, Serotonin; A, Adrenalin; NA, Noradrenalin. *Rechte Seite:* spinaler vegetativer Reflexbogen

Neuron (Abb. 9-14c rechts). Die spinalen vegetativen Reflexe sind die Grundelemente für die neuronalen Regulationen verschiedener innerer Organe (s. Tabelle 9-3a). Ähnliche vegetative Reflexbögen bestehen zwischen parasympathischen präganglionären Neuronen im Hirnstamm und vagalen Afferenzen [16,24].

Kontrolle der spinalen vegetativen Reflexmotorik durch Hirnstamm und Hypothalamus. Die spinalen vegetativen Reflexwege stehen unter einer vielfältigen Kontrolle von Hirnstamm und Hypothalamus. An Hand anatomischer Untersuchungen können Herkunft und Histochemie dieser deszendierenden Systeme beschrieben werden. Verschiedene Substanzen werden als Transmitter für die Übertragung der Aktivität von Hirnstamm und Hypothalamus auf die spinalen Neurone benutzt. In Abb. 9-14c sind links einige deszendierende Systeme eingezeichnet. Mit der Ausnahme der Neurone in der rostralen ventrolateralen Medulla oblongata (RVLM), die monosynaptisch mit den präganglionären Vasokonstriktorneuronen verknüpft sind (s. Abb. 9-15c) und über die der Barorezeptorreflex vermittelt wird, ist über die Funktionen dieser deszendierenden Systeme wenig bekannt.

> **Schnelle Änderungen des arteriellen Blutdruckes werden über den Barorezeptorreflex, der aus verschiedenen Teilreflexen besteht, gedämpft**

Abb. 9-15 zeigt schematisch die wichtigsten neuronalen Komponenten der phasischen Regulation des arteriellen Blutdruckes und seine Effektoren. Jede Änderung der Lage des Körpers im Schwerefeld der Erde, ferner physische, thermische und psychische Belastungen verändern den arteriellen Blutdruck. Seine Anstiege und Abfälle werden über den Barorezeptorreflex gegenreguliert. Diese Regulation ist schnell und setzt die Organisation der kardiovaskulären Endstrecken (s. Abschnitt 9.1) und eine schnelle neuroeffektorische Übertragung auf die Blutgefäße und auf die Schrittmacherzellen des Herzens voraus (s. Abschnitt 9.3) [10, 15]:

Barorezeptoren. Informationen über die Höhe des Blutdruckes erhält das Kreislaufzentrum über die Barorezeptoren in der arteriellen Ausflußbahn des Herzens (Aortenbogen, Karotissinus; Abb. 9-15c). Diese Sensoren messen über den Dehnungszustand der Blutgefäßwände sowohl die momentane *mittlere Höhe* als auch die *pulsatilen Schwankungen des Blutdruckes*. Bei Erhöhungen des mittleren arteriellen Druckes wie auch der Pulsamplitude nehmen die Impulse in den Afferenzen der Barorezeptoren zu, bei ihrer Erniedrigung nimmt die Impulsrate ab

(Abb. 9-15b). Die Afferenzen der Barorezeptoren gehören zu den viszeralen Afferenzen und projizieren in den **Nucleus tractus solitarii** (NTS) in der Medulla oblongata.

Vegetative motorische Endstrecken. Die präganglionären Neurone der motorischen Endstrecken der Barorezeptorregulation sind 1) **vagale Kardiomotoneurone** im **Nucleus ambiguus**, die zu den postganglionären Neuronen am Herzen projizieren; 2) **sympathische präganglionäre Vasokonstriktorneurone** im Nucleus intermediolateralis (IML in Abb. 9-14c), die zu den postganglionären Vasokonstriktorneuronen projizieren, die Widerstandsgefäße in der Skelettmuskulatur und im Viszeralbereich innervieren; 3) **sympathische präganglionäre Kardiomotoneurone** im oberen Thorakalmark, die zu den postganglionären Neuronen zum Herzen im Ganglion stellatum projizieren.

Aktivität in vegetativen kardiovaskulären Neuronen und Effektorantworten. Die efferenten Neurone senden fortlaufend Impulse zu ihren Erfolgsorganen, sie sind **tonisch aktiv**:

■ Die Spontanaktivität in den sympathischen Kardiomotoneuronen zum Herzen und Vasokonstriktorneuronen zu den Widerstandsgefäßen wird in Neuronen der **rostralen ventrolateralen Medulla oblongata** (RVLM in Abb. 9-15C) oder speziellen assoziierten Neuronen erzeugt. Diese Neurone projizieren durch den dorsolateralen Trakt des Rückenmarkes zu den sympathischen kardiovaskulären präganglionären Neuronen. Durchtrennung der deszendierenden Axone der Neurone in der RVLM beseitigt die Spontanaktivität in den sympathischen Vasomotoneuronen; der arterielle Blutdruck fällt daraufhin ab infolge Dilatation der Widerstandsgefäße.
■ *Schlagfrequenz* und *Kontraktionskraft* des Herzens werden durch die Aktivität in den **sympathischen Kardiomotoneuronen** erhöht.
■ **Parasympathische Kardiomotoneurone**, die zum Herzen durch den N. vagus projizieren, beeinflussen nur die *Schlagfrequenz* und die *Überleitung im Atrioventrikularknoten* (s. Tabelle 9-1, Abb. 9-9). Beide werden schneller, wenn die Aktivität in den parasympathischen Kardiomotoneuronen abnimmt, und nehmen ab, wenn die Aktivität ansteigt.
■ Die **Weite der kleinen Blutgefäße** wird über die Höhe der Aktivität in den **Vasokonstriktorneuronen** geregelt: Erhöhung der sympathischen Aktivität verengt die Gefäße; Erniedrigung der sympathischen Aktivität erweitert die Gefäße.
■ Die vegetativen Motoneurone zeigen typische Veränderungen in ihrer Aktivität auf Reizung der **arteriellen Barorezeptoren** (Abb. 9-15b). Das führt zu den entsprechenden Effektorantworten und damit zur Gegenregulation des arteriellen Blutdruckes.

Reflexwege in der Medulla oblongata. Der Reflexweg zwischen den Barorezeptorafferenzen und den präganglionären Kardiomotoneuronen im Nucleus

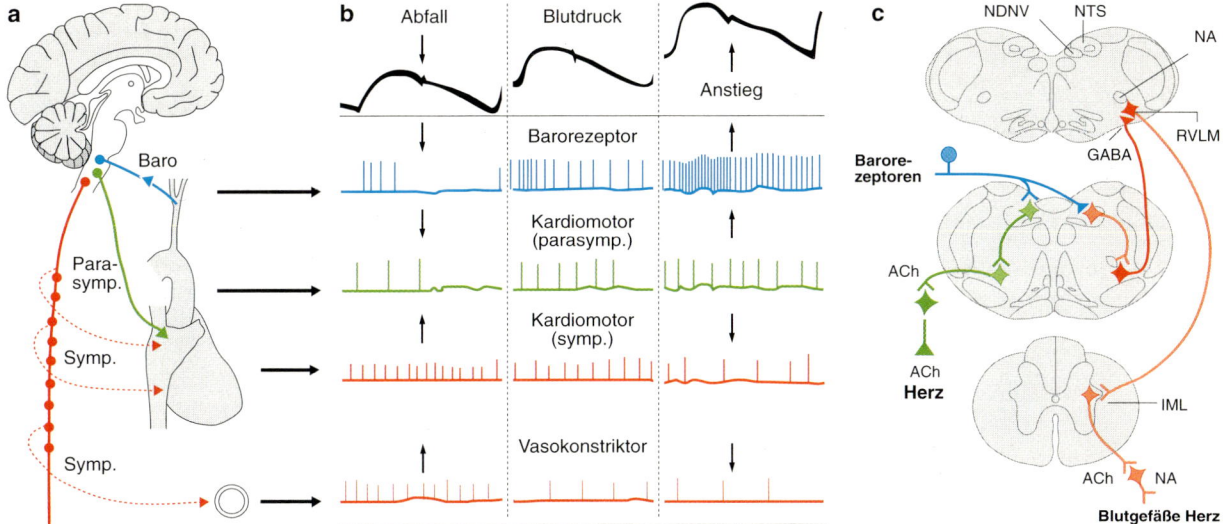

Abb. 9-15. Die Barorezeptorreflexe: Integration verschiedener vegetativer Endstrecken zu Widerstandsgefäßen und zum Herzen. **a** Die kardiovaskulären Effektororgane. **b** Verhalten von arteriellen Barorezeptoren, vagalen und sympathischen Kardiomotoneuronen und sympathischen Vasokonstriktorneuronen bei Erhöhung und Erniedrigung des pulsatilen arteriellen Blut-

druckes; ↑, ↓, Anstieg/Abfall der Aktivität. Nach Rushmer, aus Busse in Schmidt & Thews (1995). **c** Reflexwege. IML, Nucleus intermediolateralis; NA, Nucleus ambiguus; NDNV, Nucleus dorsalis nervi vagi; NTS, Nucleus tractus solitarii; RVLM, rostrale ventrolaterale Medulla. Nach Guyenet in [10]

ambiguus ist *disynaptisch* und läuft über ein Interneuron. Der Transmitter ist an beiden Synapsen vermutlich **L-Glutamat** (Abb. 9-15c).

Der Reflexbogen zwischen den Pressosensorafferenzen und den sympathischen präganglionären kardiovaskulären Neuronen hat *vier Synapsen* (Abb. 9-15c): Die Aktivität in den NTS-Neuronen wird auf ein **hemmendes Interneuron** in der caudalen ventrolateralen Medulla oblongata (CVLM) synaptisch übertragen. Dieses Interneuron projiziert zu den Neuronen in der RVLM und hemmt deren Aktivität durch Freisetzung des Überträgerstoffes γ-**Amino-Buttersäure (GABA)**. Der Überträgerstoff an den anderen Synapsen ist vermutlich **L-Glutamat**. Die Barorezeptorregulation der Aktivität in Vasonkonstriktorneuronen zu den Widerstandsgefäßen und in den sympathischen Kardiomotoneuronen ist hemmend. Die Hemmung findet in der Medulla oblongata statt.

Die neuronale Kreislaufregulation besteht nicht nur aus der Regulation des arteriellen Blutdrucks, sondern aus einer Vielzahl miteinander verknüpfter Regelvorgänge, wie z.B. der Volumenregulation oder der Regelung der Blutflüsse durch die Organe. Diese Regelungen stehen im Dienste verschiedener vegetativer Funktionen, z.B. der Regelung des *extrazellulären Flüssigkeitsvolumens*, der *Körpertemperatur* und der *Verdauung*. Deshalb spielen andere Afferenzen (z.B. von Volumensensoren, Thermosensoren, arterielle Chemosensoren und Sensoren aus dem Magendarmtrakt), andere Effektoren (z.B. das Venensystem und die Niere) und andere Hirnbereiche (z.B. der obere Hirnstamm und der Hypothalamus) in diesen Regelungen eine Rolle.

Der Hypothalamus organisiert vegetative Regulationen höherer Ordnung, neuroendokrine Regulationen und elementare Verhaltensweisen

Die wichtigste Hirnregion für die Erhaltung der Homöostase bei Vertebraten ist der **Hypothalamus**. Er integriert neuroendokrine Regulationen, vegetative Regulationen und die Somatomotorik. Spinale Reflexe und vegetative Regulationen, die vom Hirnstamm ausgehen, sind Bestandteile dieser hypothalamischen Funktionen (s. Tabelle 9-3b) [31, 33] (s. Kap. 11, 22).

Anatomie des Hypothalamus. Der Hypothalamus liegt etwa in der Mitte des Gehirns (Einsatz in Abb. 9-16a). Er bildet zusammen mit dem Thalamus das Zwischenhirn zwischen Großhirn und Mittelhirn und ist um den III. Ventrikel organisiert (Abb. 9-16a). Eine besondere Beziehung hat der Hypothalamus zur **Hypophyse** (*Hirnanhangdrüse*), die aus dem *Hypophysenvorlappen* (**Adenohypophyse**) und dem *Hypophysenhinterlappen* (**Neurohypophyse**) besteht. Diese Drüse produziert Hormone, über die u.a. hormonproduzierende Drüsen in der Peripherie des Körpers (Schilddrüse, Nebennierenrinde und Sexualdrüsen) geregelt werden (glandotrope Hormone aus der Adenohypophyse) oder über die Effektorzellen direkt beeinflußt werden (z.B. Hormone aus der Neurohypophyse). Im periventrikulären Teil des Hypothalamus liegen die neuroendokrinen Motoneurone, die zur Eminentia mediana und zur Neurohypophyse projizieren. Dieser hypothalamische Bereich ist das **„Interface" zwischen neuronalen und humoralen Regulationen**. Der Hypothalamus ist mit allen

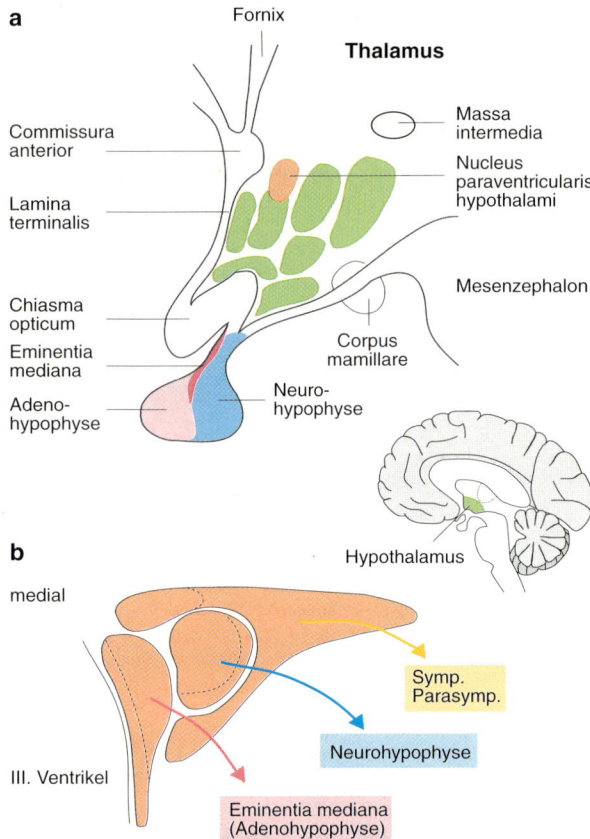

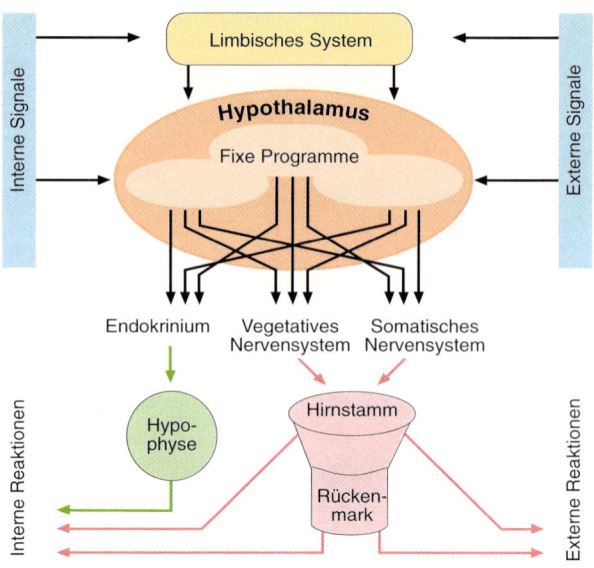

Abb. 9-17. Funktionelle Organisation des Hypothalamus. Aus [26]

Abb. 9-16. Der Hypothalamus und seine integrativen Funktionen. **a** Anatomie, Parasagittalschnitt. *Einsatzbild*: Lage des Hypothalamus im Sagittalschnitt durch das Gehirn. **b** Integration von Funktionen durch den Nucleus paraventricularis hypothalami, die mit dem Hypophysenvorderlappen über die Eminentia mediana (Adenohypophyse), mit dem Hypophysenhinterlappen, dem bulbären parasympathischen Nervensystem und dem sympathischen Nervensystem assoziiert sind. Nach [33]

übergeordneten und untergeordneten Bereichen des ZNS efferent und afferent nervös verschaltet. Wichtige afferente Informationen erhält der Hypothalamus aus allen Bereichen der *Umwelt* und des Körperinneren.

Der Nucleus paraventricularis hypothalami als Modell hypothalamischer Integrationen. Dieses Kerngebiet enthält praktisch nur Neurone, die zur Neurohypophyse, zur Eminentia mediana oder zu parasympathischen und sympathischen Kerngebieten projizieren (Abb. 9-16b). Diese Neurone bekommen afferente synaptische Eingänge von vielen Kerngebieten außerhalb des Hypothalamus. Obwohl die neuronalen Mechanismen keiner der integrativen Funktionen dieses Kerngebietes genau beschrieben sind, wird es als Paradebeispiel für die koordinativen Funktionen des Hypothalamus angesehen. So ist es z.B. an der Regulation des Flüssigkeitshaushaltes (Volumen-, Osmoregulation) und der Sexualdrüsen (Sexualverhalten) beteiligt (Tabelle 9-3b).

Prinzip hypothalamischer Organisation. Topische elektrische oder chemische Reizung kleiner Bereiche im Hypothalamus löst beim Tier charakteristische Verhaltensweisen aus, die den natürlich ausgelösten Verhaltensweisen ähneln und aus endokrinen, vegetativen und somatomotorischen Komponenten bestehen (Tabelle 9-3b). Tiere mit intaktem Hypothalamus, bei denen jedoch das Telenzephalon entfernt worden ist, zeigen im Prinzip die gleichen Verhaltensweisen, ihnen fehlen aber meistens der Bezug zur Umwelt und vermutlich intern die Allgemeinempfindungen und Affekte. Die Regionen, von denen verschiedenen Verhaltensweisen ausgelöst werden können, überlappen sehr stark, und es ist nicht möglich, die neuronalen Substrate der verschiedenen Verhaltenweisen in die einzelnen anatomisch definierten Kerngebiete zu lokalisieren. Es muß vielmehr angenommen werden, daß die gleiche Neuronpopulation je nach funktionellem Kontext, der sich in den afferenten neuronalen, endokrinen und humoralen Signalen aus der Peripherie des Körpers und von anderen Hirnbereichen widerspiegelt, in verschiedenen Verhaltensweisen aktiv ist. Die Mechanismen im Hypothalamus, welche die Regulationen ermöglichen, sind unbekannt. Man stellt sich vor, daß der Hypothalamus viele **motorische Programme** enthält, deren Aktivierung durch übergeordnete (telenzephale) Hirnstrukturen und durch afferente und hormonelle Signale aus der Peripherie das breite Spektrum von neurohumoralen Regulationen und Verhaltensweisen, welches für das Überleben von Individuum und Art sichert, erzeugt. Dabei hängt die Wertigkeit neuronaler Signale, die diese Programme ansteuern, von den afferenten Rückmeldungen aus der Peripherie ab (Abb. 9-17).

Die elementaren homöostatischen Verhaltensweisen und Regulationen, die im Hypothalamus organisiert sind, laufen automatisch ab. Sie werden durch das limbische System an die Bedingungen in der Umwelt angepaßt (s. Abb. 9-1). Dieses System reguliert die Stimmungen und Handlungsbereitschaften sowie Lern- und Gedächtnisprozesse bei Vertebraten (s. Kapitel 22, 23, 25).

9.7 Das viszerale Nervensystem von Invertebraten

Die meisten inneren Organe von Invertebraten sind efferent innerviert; diese Innervation wird wird unter dem Begriff viszerales Nervensystem zusammengefaßt

Im Vergleich zu Wirbeltieren ist über die Biologie der neuronalen Regulation innerer Organe bei Invertebraten und über vegetative Nervensysteme bei Wirbellosen wenig bekannt [6,17]. Am besten ist die vegetative Regulation der kardiovaskulären Systeme einiger Gastropoden (z.B. Aplysia, Seehase; Helix pomatia, Weinbergschnecke) und Cephalopoden (Tintenfische), der Herzschläuche einiger Anneliden (z.B. Blutegel) und des Herzens bei einigen Krustazeen (Krebsen) untersucht worden [39,42–44, 47,57]. Darüber hinaus existiert entsprechendes Wissen fast ausschließlich für die Vertreter, die sich in der neurobiologischen Forschung als Versuchstiere etabliert haben (in der Hauptsache *Anneliden*, *Mollusken* und *Arthropoden*). Auch bei diesen Repräsentanten der Invertebraten konzentrieren sich die Studien auf die Anatomie und weniger auf die Physiologie der neuronalen Kontrolle innerer Organe.

Ein vegetatives Nervensystem, welches morphologisch klar vom ZNS abgegrenzt ist, scheint es bei den meisten Invertebratengruppen nicht zu geben. Lediglich bei Arthropoden und Mollusken sind periphere Ganglien beschrieben, die mit dem Vorderdarm, dem Herz oder mit den Kiemen assoziiert sind. Die Ganglien, die den Vorderdarm innervieren, werden oft als **stomatogastrisches** oder – vor allem im angelsächsischen Sprachraum – **enterisches Nervensystem** bezeichnet. Die Verwendung des Begriffes vegetatives Nervensystem ist bei Wirbellosen eher unüblich. Das enterische Nervensystem, aber auch nervöse Elemente, die andere innere Organe innervieren, werden unter dem Begriff **viszerales Nervensystem** zusammengefaßt.

Erschwerend für die Untersuchung vegetativer Funktionen bei Wirbellosen ist, daß Neurone, die ein bestimmtes inneres Organ innervieren, nicht notwendigerweise auf dieses

Organ wirken. So sind z.B. die Nervenstränge, die das Herz der Insekten begleiten (laterale Herznerven), auch *Neurohämalorgane* [47]. Hier werden Neurohormone in unmittelbarer Nähe des Herzens freigesetzt, wobei das Herz selbst nicht Zielorgan ist, aber für eine rasche Verteilung der Wirkstoffe in der Hämolymphe sorgt.

Soweit untersucht, sind bei Anneliden, Mollusken und Arthropoden Darm, Drüsen, Zirkulationsorgane, Exkretionsorgane und Gonaden innerviert. Diese Innervation besteht aus Neuronen und neurosekretorischen Nervenzellen des ZNS. Darüberhinaus gibt es vereinzelte, im jeweiligen Gewebe verteilte Neurone und endokrine Zellen, deren Funktionen unklar sind [50,63].

Viele viszerale Organe führen **rhythmisch organisierte, repetitive Bewegungen** aus (z.B. *Herzschlag, Darmperistaltik*). Das viszerale Nervensystem ist an der Genese und Kontrolle dieser Rhythmen beteiligt. Invertebraten-Nervensysteme sind oft durch relativ wenige und große Nervenzellen gekennzeichnet, die leicht von Tier zu Tier wiederauffindbar und individuell identifizierbar sind. Das hat dazu geführt, daß einige viszerale Effektorsysteme von Invertebraten zu *intensiv studierten Modellsystemen für die Untersuchung von Rhythmogenese in neuronalen Netzwerken* (zentrale Mustergeneratoren) geworden sind (s. Kap. 7). Allen voran ist hierbei das stomatogastrische Ganglion von Krebsen zu nennen, aber auch die Koordination des Herzschlags wurde bei Anneliden (Blutegel), Mollusken (mehrere Arten) und Krustazeen (Hummer und Krabben) intensiv erforscht.

Die Versorgung der Organe mit Sauerstoff und energiereichen Stoffen geschieht bei vielen Invertebraten über ein kardiovaskuläres System; die Rhythmogenese dieses Systems ist myogen und/oder neuronal und wird vom ZNS moduliert

Die kardiovaskulären Systeme Wirbelloser sind innerviert und in ihrer Leistungsfähigkeit mit denen der Wirbeltiere durchaus vergleichbar. Diese Kreislaufsysteme können offen oder geschlossen sein. Das Spektrum reicht dabei vom relativ einfach organisierten Blutegel, *Hirudo medicinalis*, bei dem etwa 50 Nervenzellen an der Kontrolle des Herzschlags beteiligt sind (Abb. 9-18), bis zu Cephalopoden wie dem *Octopus*, bei dem die Kreislauforgane unter der Kontrolle von schätzungsweise 1 Million Nervenzellen stehen [38,43].

Die beiderseits lateral im Körper gelegenen Herzen des **Blutegels** stellen langgestreckte, kontraktile Blutgefäße dar. Der *myogen* erzeugte Rhythmus dieser Herzen wird durch einen zentralnervös

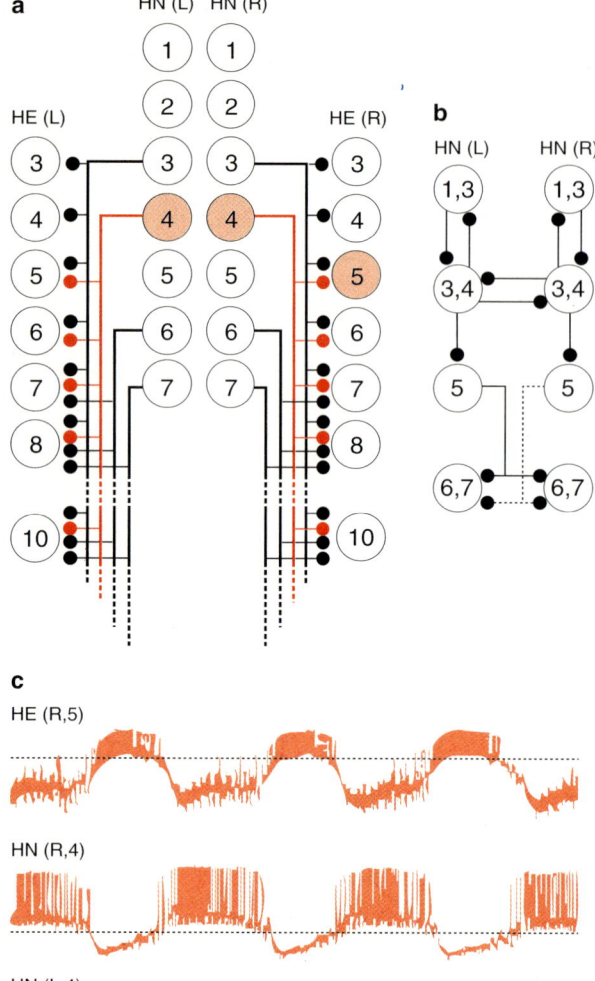

a HN (L) HN (R)

HE (L)   HE (R)   **b**

HN (L)   HN (R)

c

HE (R,5)

HN (R,4)

HN (L,4)

15 mV

3 s

Abb. 9-18. Nervöse Herzregulation beim Medizinischen Blutegel. **a** Schematische Darstellung der segmental angeordneten HE-Motoneurone und der ihnen vorgeschalteten HN-Interneurone in den ersten 10 Ganglien des Bauchmarks. L, R, linke bzw. rechte Körperseite. **b** Schema der inhibitorischen Verschaltung der HN-Interneurone untereinander. **c** Simultane Registrierung der Membranpotentiale (mit Aktionspotentialen) im Ganglion 5 (HE(R,5)) und in beiden Herz-Interneuronen im Ganglion 4 (HN(R,4) und HN(L,4)). Nach Arbas & Calabrese, J. Neurosci. 7, 3945–3952 (1987)

erzeugten Rhythmus überlagert. Von fast allen segmentalen Ganglien des ZNS senden je ein Paar Motoneurone (HE-Zellen) Axone zu den Herzmuskelzellen und bilden mit diesen erregende cholinerge Synapsen aus. Diese Motoneurone sind tonisch aktiv und werden von einem vorgeschalteten Netzwerk von Interneuronen (HN-Zellen) rhythmisch gehemmt (Abb. 9-18 a-c). Die HN-Zellen gibt es nur in den vordersten sieben der 21 Ganglien des

ZNS. Die HN-Zellen sind untereinander wechselseitig inhibitorisch verschaltet. Bei der Genese des Aktivitätsrhythmus des gesamten Systems übernehmen die HN-Zellen der ersten vier Segmente die Funktion des Schrittmachers (*Herz-Oszillator*) [38,39].

Neben dem stomatogastrischen Ganglion (s.u.) ist auch das Herzganglion der **Krustazeen** ein bekanntes Modellsystem für Rhythmogenese. Möglicherweise handelt es sich um das kleinste Netzwerk dieser Art, denn das Ganglion besteht aus lediglich neun intrinsischen Neuronen, die das *neurogene Herz* antreiben. Die intrinsischen Neurone werden sowohl erregend als auch hemmend von Zellen des ZNS innerviert. Darüber hinaus wird ihre Aktivität durch humorale Faktoren (biogene Amine, Peptide) beeinflußt [61].

> **Krustazeen und Insekten haben periphere Ganglien (stomatogastrisches Nervensystem), die vom ZNS abgegrenzt sind und deren Neurone den Vorderdarm innervieren**

Bei **Krustazeen** nimmt das stomatogastrische Nervensystem seinen Ursprung von den paarigen *Kommissuralganglien* an den Schlundkonnektiven, die mit dem unpaaren *Ösophagealganglien* verbunden sind. Dieses steht mit dem ebenfalls unpaaren stomatogastrischen Ganglion in Verbindung (Abb. 9-19a, vergl. Abb. 23-1, 23-2).

Das *stomatogastrische Ganglion* von decapoden Krebsen enthält lediglich 30 große Nervenzellen, die die Bewegungen von Teilen des Vorderdarmes koordinieren. Die Zellen sind zum größten Teil motorische Neurone, die zusammen mit wenigen Interneuronen zweierlei Rhythmen generieren: Einen *gastrischen Rhythmus*, der die Bewegungen von drei am caudalen Ende des Kaumagens (Cardia) gelegenen Zähnen koordiniert, die die aufgenommene Nahrung weiter zerkleinern. Zusätzlich wird ein Rhythmus erzeugt, der die *Peristaltik des Pylorus* kontrolliert. Der Pylorus ist ein Filterapparat, der zwischen Kaumagen und Mitteldarm geschaltet ist.

Alle synaptischen Verbindungen – sowohl chemische als auch elektrische – zwischen den Neuronen des Ganglions sind vollständig aufgeklärt. Viele für die *Rhythmogenese* prinzipiell wichtige Arten der wechselseitigen Verschaltung zwischen Neuronen wurden an den Zellen dieses Ganglions erforscht. So enthält das Ganglion sogenannte *Schrittmacherzellen*, die autonom rhythmisch aktiv sind. Diese treiben nachgeschaltete Zellen, die oft reziprok inhibitorisch miteinander verschaltet sind, so daß sie stets nur alternierend aktiv werden können. Vorgeschaltete Neurone aus anderen stomatogastrischen Ganglien sowie Neurohormone wirken auf den gastrischem und den pylorischem Rhythmus modulierend ein. Auf diese Weise werden wahrscheinlich die Bewegungsmuster der einzelnen Vorderdarmabschnitte dem jeweiligen Bedarf angepaßt [58].

Bei **Insekten** besteht das stomatogastrische Nervensystem aus dem unpaaren *Frontalganglion*, das beiderseits durch Frontalkonnektive mit dem Oberschlundganglion verbunden ist, dem unpaaren *Hypozerebralganglion* und den paarigen *Paraventrikularganglien* (auch Ingluvialganglien genannt) am posterioren Ende des Stomodäums (Abb. 9-19 b). An den Mandibelnerven des Unterschlundganglions liegen die ebenfalls paarig angelegten *Mandibularganglien* [35]. Im Unterschied zu den Krustazeen sind bei Insekten Teile des stomatogastrischen Nervensystems, insbesondere das Hypozerebralganglion, sehr eng mit den wichtigsten Hormondrüsen (Corpora cardiaca, Corpora allata) assoziiert. Ob dies eine funktionelle Bedeutung hat, ist unbekannt.

Sowohl bei Krustazeen als auch bei Insekten wird der Enddarm vom am weitesten kaudal gelegenen Ganglion des ZNS, dem Terminalganglion, über die Proktodealnerven versorgt. Periphere Ganglien gibt es nicht. Die efferenten Nervenzellen liegen in den abdominalen Ganglien des ZNS. In allen Darmabschnitten finden sich einzelne im Epithel verteilte Neurone, die afferente und endokrine Funktionen haben [34, 53, 54, 63].

Sekretion von Drüsen und Ausscheidung durch die „Nieren" werden bei vielen Invertebraten neuronal geregelt

Nervöse Kontrolle von Drüsen. Über die Physiologie der nervösen Kontrolle dieser Organe ist nur wenig bekannt. Die Speicheldrüsen blutsaugender Egelarten enthalten gerinnungshemmende Wirkstoffe, von denen der bekannteste Wirkstoff das *Hirudin* aus den Speicheldrüsen des medizinischen Blutegels ist. Die Speicheldrüsen dieser Tiere sind daher besser untersucht als diejenigen anderer Invertebraten, auch hinsichtlich ihrer Neurobiologie. Im Unterschlundganglion des Blutegels gibt es vier Paare großer, efferenter, serotonerger Zellen, die Axone in die Speicheldrüsen entsenden (s. Abb. 9-21). Sowohl Perfusion der Drüsen mit Serotonin als auch die neuronale Aktivierung der Zellen führt zur Speichelsekretion [52].

Die **Speicheldrüsenzellen des Blutegels** und anderer Egelarten sind selbst elektrisch erregbar. Die Sekretion wird von Aktionspotentialen in den Drüsenzellen selbst begleitet. Diese Aktionspotentiale sind Ca^{++}-abhängig und ähneln den aktiven Antworten der Soma-Membranen neurosekretorischer Zellen (siehe Kapitel 10). Elektrische Erregbarkeit der Drüsenzellen wurde auch in den Speicheldrüsen von Schnecken beobachtet [48].

Die **Tintendrüse der Meeresschnecke** *Aplysia* („Seehase") wird von drei Sekretomotoneuronen im Abdominalganglion innerviert. Diese Neurone sind elektrisch gekoppelt. Sie haben eine hohe Erregungsschwelle und reagieren erst auf Depolarisationen von >30 mV mit Aktionspoten

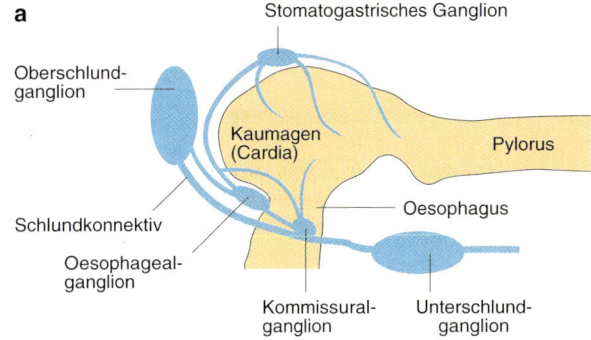

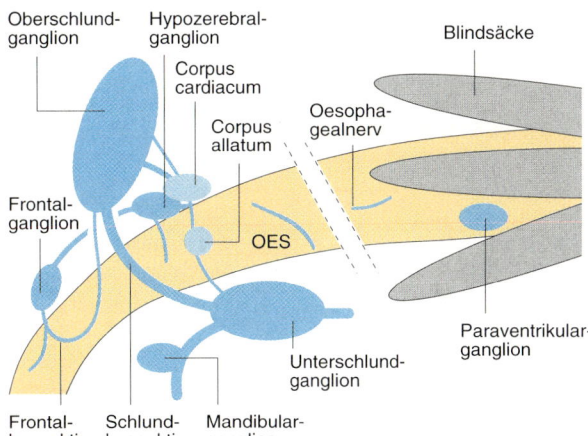

Abb. 9-19. Schematische Darstellung der Lage der peripheren Ganglien des stomatogastrischen Nervensystems in bezug zum Vorderdarm (ockergelb) sowie Ober- und Unterschlundganglion. **a** Dekapoder Krebs. **b** Insekt. BS, Blindsack; OES, Oesophagus. Nach Bräunig

tialen. Derartige Depolarisationen können nur durch sehr starke sensorische Reize erzeugt werden und gewährleisten, daß die Drüsen ihre Tinte nur in Extremsituationen, wenn das Tier in Gefahr ist, freisetzen [40].

Auch die Innervation der **Speicheldrüsen von Insekten** ist gut untersucht. Wie beim Egel liegen die efferenten Neurone im Unterschlundganglion und benutzen biogene Amine als Überträgersubstanzen. Bei der Wanderheuschrecken ist die Speicheldrüse von zwei Neuronen innerviert; das eine Neuron ist vermutlich dopaminerg, das andere serotonerg. Beide Amine regen den Speichelfluß an. Dieses gilt vermutlich auch für andere Insektenarten. Es sind aber auch Fälle bekannt, in denen die Drüsen nicht innerviert sind und offenbar ausschließlich humoral gesteuert werden [41,46].

Innervation von Nephridien. Medizinische Blutegel können bei einer Mahlzeit das Acht- bis Neunfache des eigenen Körpergewichts an Blut aufnehmen. Die Blutnahrung ist reich an Flüssigkeit und Salzen, und bereits während des Saugens beginnen Egel mit der Diurese. Auf diese Weise reduzieren sie innerhalb weniger Tage das Volumen der Blutmahlzeit auf etwa ein Drittel des ursprünglichen Wer

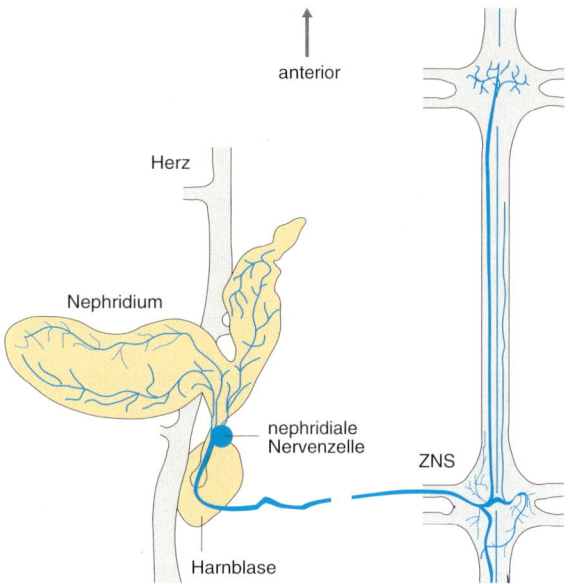

anterior

Herz

Nephridium

nephridiale
Nervenzelle

ZNS

Harnblase

Abb. 9-20. Morphologie der nephridialen Nervenzelle des Medizinischen Blutegels (mit freundlicher Genehmigung von Dr. Angela Wenning)

tes [62]. Die nervöse Regulation spielt bei diesen Vorgängen möglicherweise eine Rolle. Die Nephridien des Egels werden von Nervenzellen innerviert (Abb. 9-20), die zweierlei Funktion haben: (1) Sie messen als Sinneszellen die Chloridkonzentration im extrazellulären Medium, die während einer Blutmahlzeit um mehr als das Doppelte ansteigt. (2) Sie setzen als neurosekretorische Zellen das Peptid FMRFamid (Phe-Met-Arg-Phe-NH$_2$) frei. Der Wirkort des Peptids konnte zwar noch nicht eindeutig bestimmt werden, die dichte Innervation der Nephridien durch variköse Endverzweigungen dieser Zellen legt jedoch eine regulierende oder modulierende Rolle bei der Harnbildung nahe [60].

9.8 Integration von viszeralen Funktionen und Verhalten bei Wirbellosen

Die neuronalen Regulationen viszeraler Organe von Invertebraten werden an das Verhalten der Tiere angepaßt. Diese Anpassungsprozesse werden aktiv vom ZNS gesteuert und sind im Prinzip mit den neuronalen Anpassungsprozessen vegetativer Funktionen bei Vertebraten vergleichbar. In einigen Fällen kann man bei Invertebraten zeigen, wie viszerale Funktionen im Rahmen bestimmter Verhaltensweisen von Einzelneuronen oder von Gruppen spezialisierter Neurone koordiniert werden. Dieses wird in diesem Kapitel für Verhaltensweisen beim Blutegel und bei dem Gastropoden *Aplysia* exemplarisch beschrieben.

Die in Abschnitt 9.7 erwähnten, paarig angeordneten serotonergen Zellen gibt es nicht nur im Unterschlundganglion, sondern auch in allen anderen Bauchmarkganglien des Blutegels. Sie sind dort die größten Nervenzellen (Erstbeschreibung durch Retzius, 1891). Die Axone dieser Retzius-Zellen projizieren in den Hautmuskelschlauch des Egels und bewirken dort bei Aktivierung (1) eine Erschlaffung der Muskulatur und (2) eine Sekretion durch Schleimdrüsen im Integument. Alle serotonergen Neurone zusammen stellen ein System dar, welches bei der Nahrungsaufnahme vermutlich folgende Funktionen hat (Abb. 9-21): 1. Aktivierung der Kiefermuskulatur zur Nahrungsaufnahme und Nahrungszerkleinerung. 2. Aktivierung der Speicheldrüsen zur Vermischung der Blutnahrung mit gerinnungshemmenden Stoffen, um ein Verklumpen der Nahrung im Verdauungstrakt zu verhindern. 3. Relaxation der Körperwand, um die Aufnahme der großen Nahrungsmengen zu ermöglichen. 4. Produktion von Schleim auf der Körperoberfläche, der den Egel vor Austrocknen schützt, falls er während des Saugens von seinem Opfer an Land verschleppt wird.

Voraussetzung für eine solche Funktion ist natürlich eine gemeinsame Aktivierung aller efferenten serotonergen Neurone im Verhaltenkontext Fressen. Dieses geschieht durch intersegmentale Interneurone, die vermutlich durch Thermorezeptoren der Mundscheibe synaptisch aktiviert werden (Abb. 9-21). Die Thermorezeptoren selbst werden bei Kontakt mit der Warmblüterhaut aktiviert [36, 51].

Die Integration des Freßverhaltens durch serotonerge Neurone geht bei Blutegeln noch weiter. Aktivität in den deszendierenden Interneuronen löst auch Lokomotion aus, möglicherweise durch die Erregung weiterer serotonerger Neurone, die Elemente der segmentalen neuronalen Netzwerke für die Generation von Schwimmbewegungen sind (Abb. 9-21). Diese neuronalen Netzwerke wirken auch auf den Herzoszillator und erhöhen die Herzfrequenz. Darüber hinaus sind serotonerge Neurone verantwortlich für Pumpbewegungen des Pharynx während des Saugens (durch Aktivierung der LL[large lateral]-Neurone, Abb. 9-21). Schließlich können Schwimmen und Elemente des Freßverhaltens bei diesen Tieren allein dadurch ausgelöst werden, daß man sie in serotonin-haltiges Wasser überführt! [36,51]

Serotonerge Neurone spielen nicht nur in der Regulation des Freßverhaltens beim Egel eine Rolle, sondern auch beim Nematoden *Caenorhabditis elegans*. Bei vielen Mollusken-Arten wurden im Zerebralganglion serotonerge Riesenneurone gefunden, die die Muskulatur des Schlund-

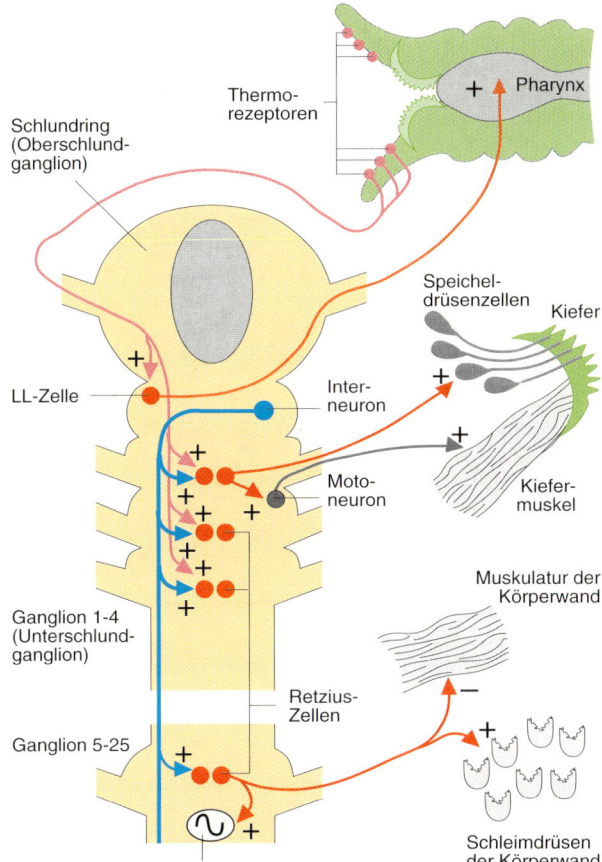

Abb. 9-21. Integration des Freßverhaltens beim Medizinischen Blutegel durch serotonerge Retzius- und LL-Zellen. Koordination der Aktionen von Kiefermuskulatur, Pharynxmuskulatur, Hautmuskelschlauch, Speicheldrüsen, Schleimdrüsen und des neuronalen Netzwerkes des Schwimm-Oszillators. Reizung der Thermorezeptoren der Mundscheibe (beim Kontakt mit einem Warmblüter) aktiviert die Retzius- und LL-(large lateral)-Zellen. Die durch „+" (Erregung, Aktivierung) und „−" (Hemmung, Abnahme der Aktivität) gekennzeichneten Wirkungen der Neurone sind nicht in jedem Falle direkt, d.h. monosynaptisch. Nach Bräunig

kopfes und Drüsen direkt innervieren und auch als Modulatorneurone zentrale und periphere Neurone beeinflussen (vgl. Kapitel 10 u. 23). Bei *Aplysia* sind diese Zellen nur während des Fressens aktiv. Bei Insekten gibt es zusätzlich zu den serotonergen Speicheldrüsen-Neuronen ein mit den Mundwerkzeugen assoziiertes serotonerges Neurohämalsystem, dessen Zellen nur beim Freßverhalten aktiviert werden [45,55–57].

Für multifunktionelle Neurone bzw. Neuronensysteme wie die Retzius-Zellen des Egels gibt es auch bei anderen Invertebraten Beispiele. Bei der Meeresschnecke *Aplysia* z.B. beeinflussen Nervenzellen Herz und Nieren simultan und stimmen vermutlich die Funktionen beider Organe aufeinander ab [49].

Respiratorisches System (Kiemen) und Zirkulationssystem sind bei vielen Gastropoden hydraulisch gekoppelt. Der Gasaustausch zwischen Seewasser und Hämolymphe geschieht über die Kiemen. Die Hämolymphe wird vom Herzen durch die großen Herzarterien in die Körperhöhlen gepumpt. Kontraktionen von Mantel, Parapodien und Siphon befördern das Seewasser aus der Mantelhöhle durch den Siphon und führen so passiv zum Einstrom frischen Seewassers über die Austauschfläche der Kiemen. Die gleichzeitige Kontraktion der Kiemen befördert das Blut in die Herzhöhle (Abb. 9-22a). Herz und Herzarterien erschlaffen während dieses Vorganges, sonst würde das Blut in die Niere gepumpt [37,49,59].

Der Atemrhythmus wird bei *Aplysia* durch ein respiratorisches Netzwerk, welches sich im abdominalen Ganglion befindet, neuronal erzeugt. Die Muskulatur dieser Atemorgane ist durch erregende Motoneurone innerviert, deren Zellkörper ebenso im Abdominalganglion liegen (Abb. 9-22b). Die meisten dieser Motoneurone werden durch Interneurone des respiratorischen Netzwerkes aktiviert, einige werden gehemmt [49,59].

Das Herz dieser Meeresschnecke besteht aus zwei Kammern, dem Vorhof und dem Ventrikel. Beide sind durch Klappen getrennt. Das arterielle Blut wird durch drei große Arterien zu den Körperorganen gepumpt und sammelt sich dann im Hämocoel. Der Rückfluß des Blutes aus den Körperarterien in die Ventrikel wird durch eine Klappe verhindert. Der Herzrhythmus wird durch myogene Schrittmacherzellen erzeugt. Herz und Körperarterien sind durch Motoneurone innerviert (Abb. 9-22): 1. Der **Vorhof** wird von *zwei erregenden Motoneuronen* innerviert. Aktivierung des serotonergen Neurons RB_{HE} bewirkt einen langanhaltenden Anstieg der Herzfrequenz; Neuron LD_{HE} erzeugt eine Verkürzung der Herzperiode nur während seiner Aktivierung. 2. Die **Herzkammer** ist durch *zwei cholinerge inhibitorische Motoneurone* ($LD_{HI1,2}$) innerviert. Ihre Aktivierung bewirkt eine Hemmung der Kontraktion des Ventrikels. 3. Die **abdominale** und **gastrointestinale Aorta** werden durch *drei cholinerge Vasokonstriktorneurone* innerviert. Ihre Aktivierung löst eine Vasokonstriktion und die Hemmung der Vasokonstriktoraktivität eine Vasodilatation aus.

Neurone des *respiratorischen Netzwerkes* (Neurone L25/R25 in Abb. 9-22b), die die respiratorischen Motoneurone synaptisch aktivieren und auf diese Weise die Kontraktionen der respiratorischen Muskulatur auslösen (z.B. über das Motoneurons LD_G, Abb. 9-23), bilden hemmende Synapsen mit dem erregenden Kardiomotoneuron RB_{HE} und den

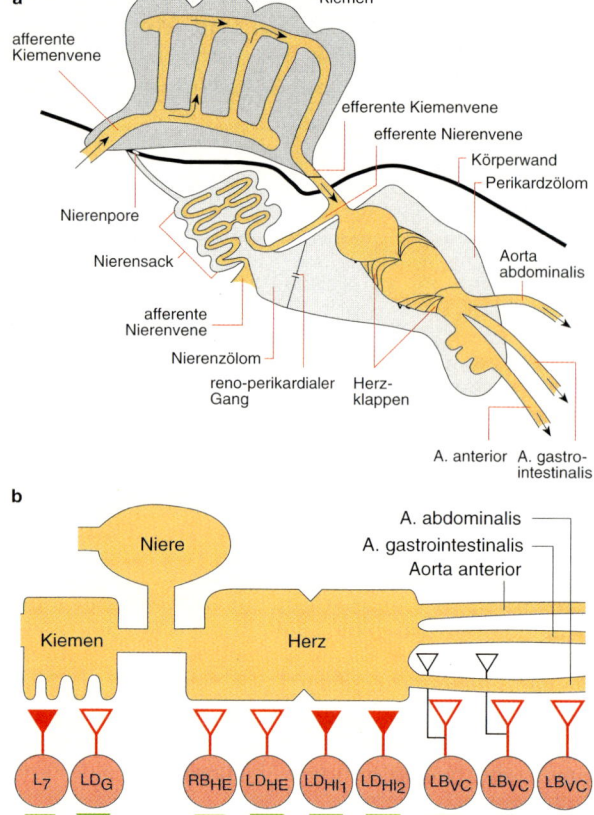

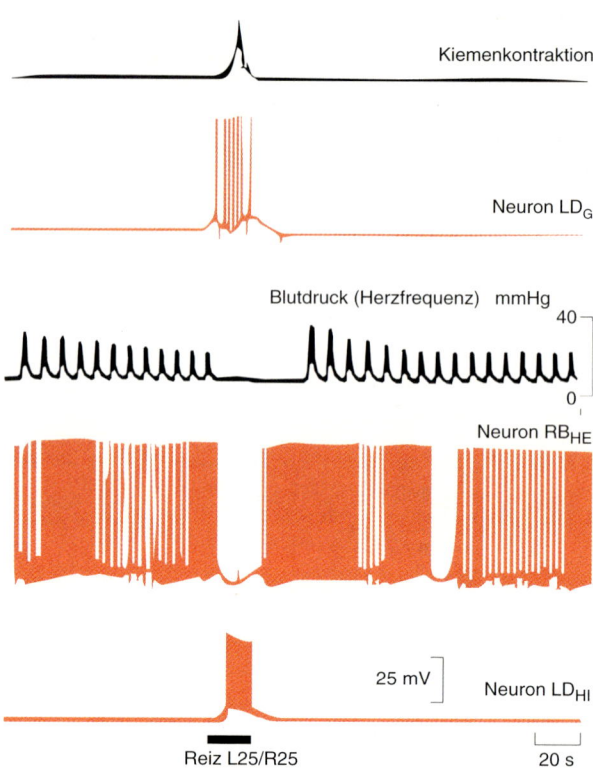

Abb. 9-23. Aktivierung der Neurone des respiratorischen Netzwerkes aktiviert Motoneurone zur Kiemenmuskulatur (Neuron LD_G) mit Kontraktion der Kiemen, hemmt erregende Motoneurone zum Herzen (Neuron RB_{HE}) und erregt hemmende Motoneurone zum Herzen (Neuron LD_{H1}) mit Abfall von Blutdruck und Herzfrequenz. Nach Koester et al. J. Neurophysiol. 37, 476–496 (1974)

Abb. 9-22. Respiratorisches und kardiovaskuläres System bei der Meeresschnecke *Aplysia*. **a** Anatomische Beziehungen zwischen kardiovaskulärem System, Kiemen und Niere. **b** Innervation von Kiemenmuskulatur, Herz und Hauptkörperarterien durch Motoneurone und Innervation der Motoneurone durch Neurone L25/R25 des respiratorischen Netzwerkes. Offene Synapsen, Erregung; geschlossene Synapsen, Hemmung. Alle Neurone liegen im Abdominalganglion. Nach Mayeri et al. J. Neurophysiol. 37, 458–475 (1974)

Vasokonstriktorneuronen und erregende Synapsen mit den hemmenden Kardiomotoneuronen (LD_{HI}) zum Ventrikel (Abb. 9-23). Aktivierung dieser respiratorischen Neurone erzeugt somit nicht nur eine Kontraktion der Kiemenmuskulatur, sondern auch eine Erweiterung des Herzens (durch Abnahme von Herzfrequenz und Ventrikelkontraktion) und eine Erschlaffung der Arterien. Dieses neuronal vorprogrammierte Muster der *Koordination der neuronalen Regulation von Respiration und Zirkulation* ist in einer ganzen Reihe von Verhaltensweisen der Meeresschnecke eingebaut: Freßverhalten (s.u.), Lokomotion, Eiablagevehalten, Verhalten bei erniedrigtem Sauerstoffgehalt und/oder erhöhtem CO_2-Gehalt des Seewassers usw.

Die Meeresschnecke *Aplysia* ist ein Herbivor und verbringt pro Tag mehrere Stunden mit dem Abweiden von Algen und Seegras. Dieser Vorgang geschieht durch rhythmische Bewegungen der Radula, die durch die bukkale Muskulatur im Kopfbereich betätigt wird. Der Zyklus besteht aus dem Vorschieben (Protraktion) der Radula und ihrem Zurückziehen (Retraktion). Jeder Halbzyklus dauert etwa 3–6 Sekunden. Während der Protraktion werden die drei Vasokonstriktorneurone (LB_{VC} in Abb. 9-22b), die die gastrointestinale und abdominale Aorta innervieren, aktiviert und der Widerstand in diesen Blutgefäßen nimmt zu. Als Folge davon wird das Blut durch die Aorta anterior in die Kopfregion gepumpt. In der Retraktionsphase werden die Vasokonstriktorneurone gehemmt. Als Folge davon fließt mehr Blut durch den Viszeralbereich und weniger durch die Kopfregion. Auf diese Weise wird das Herzzeitvolumen alternierend in das vaskuläre Bett der Kopfregion und des Viszeralbereiches gepumpt. Gleichzeitig nehmen Herzfrequenz und Blutdruck durch Aktivierung des Kardiomotoneurons RB_{HE} zu (Abb. 9-22b). Nach Durchtrennung der Nerven zum Herzen und zu den Körperarterien finden die alternierende Blutverteilung und der Anstieg von Herzfrequenz und Blutdruck während des Freßverhaltens nicht mehr statt. Dieses Beispiel zeigt, daß die neuronale Regulation der Kaumuskulatur und die neuronale Regulation des kardiovaskulären Systems von Moment zu Moment durch das ZNS aufeinander abgestimmt sind [49,59].

9.9 Literatur

Weiterführende Lehr- und Handbücher (Vertebraten)

1. Bannister R, Mathias C (eds) (1992) Autonomic failure, 3rd edn. Oxford University Press, Oxford
2. Brodal A (1992) Neurological anatomy in relation to clinical medicine, 5th edn. Oxford University Press, Oxford
3. Burnstock G, Hoyle CHV (ed) (1992) Autonomic neuroeffector mechanisms. Harwood Academic, Chur
4. Cannon WB (1939) The wisdom of the body, 2nd edn. Norton, New York
5. Cervero F, Morrison JFB (eds) (1986) Visceral sensation. Prog Brain Res 67
6. Eckert R, Randall D, Augustine G (1993) Tierphysiologie, 2. Aufl. Thieme, Stuttgart
7. Furness JB, Costa M (1987) The enteric nervous system. Churchill Livingstone, Edinburgh
8. Gabella G (1976) Structure of the autonomic nervous system. Chapman and Hall, London
9. Langley JN (1921) The autonomic nervous system, part 1. Heffer, Cambridge
10. Loewy AD, Spyer KM (eds) (1990) Central regulation of autonomic functions. Oxford University Press, Oxford
11. Maggi CA (ed) (1993) Nervous control of the urogenital tract. Harwood Academic, Chur
12. McLachlan EM (ed) (1995) Autonomic ganglia. Harwood Academic, Chur
13. Nilsson S (1983) Autonomic nerve function in the vertebrates. Springer, Berlin (Zoolophysiology, vol 3)
14. Nilsson S, Holmgren S (eds) (1994) Comparative physiology and evolution of the autonomic nervous system. Harwood Academic, Chur
15. Persson PB, Kirchheim HR (eds) (1991) Baroreceptor reflexes. Springer, Berlin
16. Ritter S, Ritter RC, Barnes CD (eds) (1992) Neuroanatomy and physiology of abdominal vagal afferents. CRC Press, Boca Raton
17. Schmidt-Nielsen K (1983) Animal physiology: adaptation and environment, 3rd edn. Cambridge University Press, Cambridge
18. Thews G, Vaupel G (1990) Vegetative Physiologie. Springer, Berlin

Einzel- und Übersichtsarbeiten (Vertebraten)

19. Burnett AL, Lowenstein CJ, Bredt DS, Chang TS, Snyder SH (1992) Nitric oxide: a physiologic mediator of penile erection. Science 257:401–403
20. Häbler H-J, Jänig W, Michaelis M (1994) Respiratory modulation in the activity of sympathetic neurones. Prog Neurobiol 43:567–606
21. Hirst GDS, Bramich NJ, Edwards FR, Klemm M (1992) Transmission at autonomic neuroeffector junctions. TINS 15: 40–46
22. Hirst GDS, Edwards FR (1989) Sympathetic neuroeffector transmission in arteries and arterioles. Physiol Rev 69:546–604
23. Jänig W (1985) Organization of the lumbar sympathetic outflow to skeletal muscle and skin of the cat hindlimb and tail. Rev Physiol Biochem Pharmacol 102:119–213
24. Jänig W (1986) Spinal cord integration of visceral sensory systems and sympathetic nervous system reflexes. Prog Brain Res 67:255–277
25. Jänig W (1991) Peripheres und zentrales vegetatives Nervensystem. In: Hierholzer K, Schmidt RF (Hrsg) Pathophysiologie des Menschen. VCh, Weinheim, S 20.1–20.28
26. Jänig W (1995) Vegetatives Nervensystem. In Schmidt RF, Thews G (Hrsg) Physiologie des Menschen, 26. Aufl. Springer, Berlin, S 340–369
27. Jänig W, McLachlan EM (1987) Organization of lumbar spinal outflow to distal colon and pelvic organs. Physiol Rev 67:1332–1404
28. Jänig W, McLachlan EM (1992) Characteristics of function-specific pathways in the sympathetic nervous system. TINS 15: 475–481
29. Luff SE, McLachlan EM (1989) Frequency of neuromuscular junctions on arteries of different dimensions in the rabbit, guinea pig and rat. Blood Vessels 26:95–106
30. Luff SE, McLachlan EM, Hirst GDS (1987) An ultrastructural analysis of the sympathetic neuromuscular junctions on arterioles of the submucosa of the guinea pig ileum. J Comp Neurol 257:578–595
31. Swanson LW (1987) The hypothalamus. In: Björklund A, Hökfelt T, Swanson LW (eds) Integrated systems of the CNS. I. Hypothalamus, hippocampus, amygdala, retina. Elsevier, Amsterdam, pp 1–124 (Handbook of chemical neuroanatomy)
32. Swanson LW (1991) Biochemical switching in hypothalamic circuits mediating responses to stress. Prog Brain Res 87:181–200
33. Swanson LW, Sawchenko PE (1983) Hypothalamic integration: integration of the paraventricular and supraoptic nuclei. Annu Rev Neurosci 6:275–325

Einzel- und Übersichtsarbeiten (Invertebraten)

34. Agricola H, Eckert M, Ude J, Birkenbeil H, Penzlin H (1985) The distribution of a proctolin-like immunoreactive material in the terminal ganglion of the cockroach, Periplaneta americana L. Cell Tissue Res 239:203–209
35. Bräunig P (1990) The mandibular ganglion – a new peripheral ganglion of the locust. J Exp Biol 148:313–324
36. Brodfuehrer PD, Friesen WO (1986) Initiation of swimming activity by trigger neurons in the leech suboesophageal ganglion. I. Output connections of Tr1 and Tr2. J Comp Physiol [A] 159:489–502
37. Brownell PH, Ligman SH (1992) Mechanisms of circulatory homeostasis and response in Aplysia. Experientia 48:818–827
38. Calabrese RL, Angstadt JD, Arbas EA (1989) A neural oscillator based on reciprocal inhibition. In: Carew TJ, Kelley DB (eds) Perspectives in neural systems and behavior. Liss, New York, pp 33–50

39. Calabrese RL, Arbas EA (1989) Central and peripheral oscillators generating heartbeat in the leech Hirudo medicinalis. In: Jacklet JW (ed) Neuronal and cellular oscillators. Dekker, New York, pp 237–267
40. Carew TJ, Kandel ER (1977) Inking in Aplysia californica. I. Neural circuit of an all-or-none behavioral response. J Neurophysiol 40:692–707
41. Gifford AN, Nicholson RA, Pitman RM (1991) The dopamine and 5-hydroxytryptamine content of locust and cockroach salivary neurones. J Exp Biol 161:405–414
42. Hill RB (ed) (1987) Cardiovascular control in mollusca (multi-author review). Experientia 43:953–997
43. Hill RB (ed) (1992) Control of circulation in invertebrates (multi-author review). Experientia 48:797–858
44. Hill RB (ed) (1992) Phylogenetic models in functional coupling of the central nervous system and the cardiovascular system. Karger, Basel (Molecular comparative physiology, vol 11)
45. Horvitz HR, Chalfie M, Trent C, Evans PD (1982) Serotonin and octopamine in the nematode Caenorhabditis elegans. Science 216:1012–1014
46. House CR, Ginsborg BL (1985) Salivary gland. In: Kerkut GA, Gilbert LI (eds) Pharmacology. Pergamon, Oxford, pp 195–224
47. Jones JC (1977) The circulatory system of insects. Thomas, Springfield
48. Kater SB, Murphy AD, Rued JR (1978) Control of the salivary glands of Helisoma by identified neurones. J Exp Biol 72:91–106
49. Koester J, Koch UT (1987) Neural control of the circulary system of Aplysia. Experientia 43:972–980
50. Leake LD, Crowe R, Burnstock G (1986) Localisation of substance P-, somatostatin-, vasoactive intestinal polypeptide- and met-enkephalin-immunoreactive nerves in the peripheral and central nervous systems of the leech (Hirudo medicinalis). Cell Tissue Res 243:345–351
51. Lent CM, Dickinson MH, Marshall CG (1989) Serotonin and leech feeding behavior – obligatory neuromodulation. Am Zool 29:1241–1254
52. Marshall CG, Lent CM (1988) Excitability and secretory activity in the salivary gland cells of jawed leeches (Hirudinea: Gnathobdellida). J Exp Biol 137:89–105
53. Mercier AJ, Orchard I, Schmoeckel A (1991) Catecholaminergic neurons supplying the hindgut of the crayfish Procambarus clarkii. Can J Zool 69:2778–2785
54. Raes H, Verbeke M (1994) Light and electron microscopical study of two types of endocrines cell in the midgut of the adult worker honeybee (Apis mellifera). Tissue Cell 26:223–230
55. Rosen SC, Weiss KR, Goldstein RS, Kupfermann I (1989) The role of a modulatory neuron in feeding and satiation in Aplysia: effects of lesioning the serotonergic metacerebral cells. J Neurosci 9:1562–1578
56. Schachtner J, Bräunig P (1993) The activity pattern of identified neurosecretory cells during feeding behaviour of the locust. J Exp Biol 185:287–303
57. Schwartz JH, Shkolnik LJ (1981) The giant serotonergic neuron of Aplysia: a multitargeted nerve cell. J Neurosci 1:606–619
58. Selverston AI, Moulins M (1986) The crustacean stomatogastric system. A model for the study of central nervous systems. Springer, Berlin
59. Skelton M, Alevizos A, Koester J (1992) Control of the cardiovascular system of Aplysia by identified neurons. Experientia 48:809–817
60. Wenning A, Cahill MA, Hoeger U, Calabrese RL (1993) Sensory and neurosecretory innervation of leech nephridia is accomplished by a single neurone containing FMRFamide. J Exp Biol 182:81–96
61. Yazawa T, Kuwasawa K (1992) Intrinsic and extrinsic neural and neurohumoral control of the decapod heart. Experientia 48:834–840
62. Zerbst-Boroffka I (1973) Osmo- und Volumenregulation bei Hirudo medicinalis nach Nahrungsaufnahme. J Comp Physiol 84:185–204
63. Zitnan D, Sauman I, Sehnal F (1993) Peptidergic innervation and endocrine cells of insect midgut. Arch Insect Biochem Physiol 22:113–132

10 Neurohormonale Systeme bei Invertebraten

R. Keller

Das Grundelement der neurohormonalen Systeme ist die neurosekretorische Zelle, deren wichtigstes morphologisches Merkmal der Gehalt an neurosekretorischen Elementargranula ist

Die neurosekretorischen Zellen der Invertebraten haben mit denen der Vertebraten die Eigenschaft gemeinsam, sich mit bestimmten Farbstoffen (Chrom-Hämatoxylin-Phloxin, Paraldehydfuchsin) mehr oder weniger selektiv anzufärben. Durch die Anwendung dieser Färbetechniken gelang E. Scharrer 1928 als erstem die Entdeckung von *sekretorischen Neuronen im Hypothalamus* von Fischen [34]. Wenig später wurden solche Zellen auch im *Pars intercerebralis-Corpus cardiacum-System* von Insekten beschrieben. Elektronenmikroskopisch sind diese Zellen durch die Anwesenheit **neurosekretorischer Elementargranula** charakterisiert, die oft in dichter Packung in den Zellen vorliegen, und die sich durch ihre Größe (100–400 nm) und meist durch höhere Elektronendichte von den kleineren Transmittervesikeln der typischen Neuronen unterscheiden. Diese Elementargranula enthalten Peptide, was Bargmann (1968) dazu veranlaßte, den Begriff **peptiderges Neuron** zu prägen [11]. Peptiderge bzw. neurosekretorische Neurone enthalten aber nicht ausschließlich Peptide (Neuropeptide), sondern zusätzlich klassische Transmitter, z.B. biogene Amine (Serotonin, Dopamin etc.).

10.1 Bau und Funktion der neurosekretorischen Zellen

Die Endigungen neurosekretorischer Zellen liegen häufig an Blutgefäßen und bilden Neurohämalorgane, sie können jedoch auch Zielgewebe direkt innervieren

Morphologie neurosekretorischer Zellen. Wie die typischen Neuronen der Invertebraten, so unterscheiden sich auch ihre neurosekretorischen Zellen von denen der Vertebraten in einigen morphologischen Details (Abb. 10-1). Das **Soma** (**Perikaryon**) trägt keine Dendriten, sondern diese befinden sich als *Kollateralen* in einiger Entfernung am Axon. Die Somata können sehr groß sein, bei Mollusken z.B. 100–300 μm. Im einfachsten Falle der Neurosekretion endet das **Axon**, meist mit einer Vielzahl von **Endigungen**, *an einem Blutgefäß* oder einer *Lakune*, wo das Produkt in die zirkulierende Körperflüssigkeit (Blut, Hämolymphe) sezerniert wird (**Neuroendokrinie**). Derartige Kontaktstrukturen werden **Neurohämalorgane** genannt, besonders wenn sie kompakt sind und Axonendigungen, meist von Gruppen neurosekretorischer Zellen, in dichter Packung enthalten. Sekretorische Axonendigungen können aber auch diffus über größere Areale, z.B. an der Oberfläche von Ganglien oder Nerven, verteilt sein. In diesem Fall spricht man besser von **Neurohämalzonen**. In beiden Fällen gelangt das Sekret als **Neurohormon** über die Zirkulation an die Zielorgane.

Neurosekretorische Zellen können jedoch auch Zielgewebe innervieren, wie Herz, Darm, Genitaltrakt, Muskeln, endokrine Drüsen u.a. Die verzweigten Axonendigungen bilden direkte Kontakte mit den entsprechenden Geweben, allerdings nicht über Synapsen, sondern allenfalls über sog. **synaptoide Kontakte**; zumeist jedoch dürfte die *Sekretion aus undifferenzierten Axonendigungen* erfolgen.

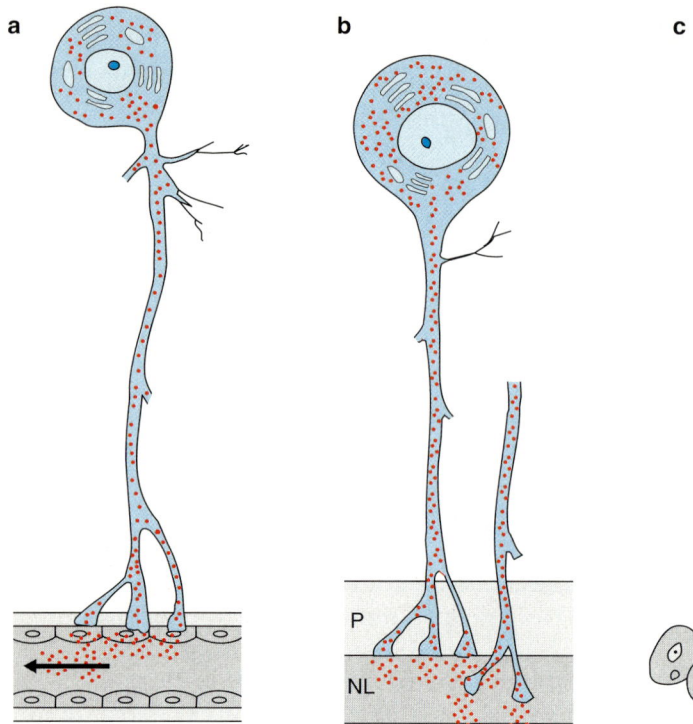

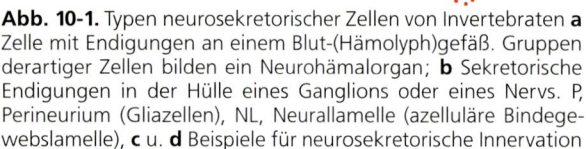

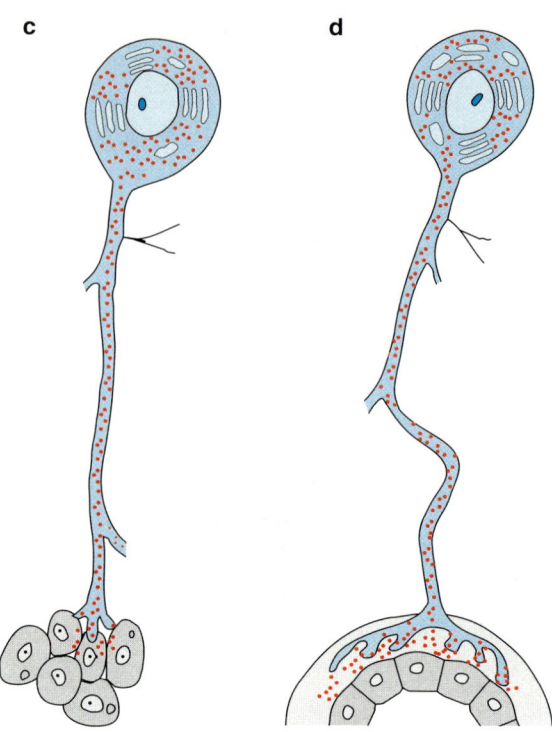

Abb. 10-1. Typen neurosekretorischer Zellen von Invertebraten **a** Zelle mit Endigungen an einem Blut-(Hämolyph)gefäß. Gruppen derartiger Zellen bilden ein Neurohämalorgan; **b** Sekretorische Endigungen in der Hülle eines Ganglions oder eines Nervs. P, Perineurium (Gliazellen), NL, Neurallamelle (azelluläre Bindegewebslamelle), **c** u. **d** Beispiele für neurosekretorische Innervation von Zielorganen mit lokaler Freisetzung der Signalsubstanz. Es ist zu beachten, daß u.U. dasselbe Peptid auf diese vier Weisen sezerniert werden kann. In den Fällen a und b würde es, weil es in die Zirkulation gelangt, als Neurohormon bezeichnet werden. Der Begriff Neuromodulator wird häufig benutzt, wenn die Sekretion wie in c und d erfolgt. Aus [5] verändert

Anders als bei einem Neurohormon ist hier die Wirkung offenbar eine lokale, die durch die Diffusionsstrecke im Interzellularraum, durch die Verteilung von Rezeptoren an den Zielzellen und durch den Abbau der Signalsubstanz im Interzellularraum begrenzt ist (Abb. 10-1). Zur Charakterisierung einer auf diese Weise lokal wirkenden Signalsubstanz hat sich vielfach der Begriff **Neuromodulator** eingebürgert. Ein- und dieselbe Substanz kann also als Transmitter, Neurohormon oder Neuromodulator wirken. Im Sprachgebrauch der Endokrinologie kann man bei der lokalen Freisetzung von einem *parakrinen Mechanismus* sprechen. Es handelt sich um eine Signalübertragung, die von der synaptischen zu unterscheiden ist. Nicht selten funktionieren neurosekretorische Zellen bei Invertebraten bimodal, d.h., das Axon kann sowohl Zielgewebe innervieren, als auch, über Kollateralen, die in Neurohämalorganen oder -zonen enden, Sekret an die zirkulierende Körperflüssigkeit abgeben.

> **Die Sekretion aus den Endigungen neurosekretorischer Zellen wird von Aktionspotentialen ausgelöst, die relativ lange dauern können und die durch eine hohe Ca²⁺-Komponente charakterisiert sind**

In ihren elektrischen Eigenschaften unterscheiden sich die neurosekretorischen Zellen der Invertebraten nicht wesentlich von denen der Vertebraten. Bei beiden Gruppen bestehen in dieser Hinsicht auch nur geringe Unterschiede zu typischen Neuronen. *Aktionspotentiale* der Somata sind in der Regel sowohl Ca^{2+}- als auch Na^+-abhängig, während das fortgeleitete Aktionspotential im Axon ausschließlich Na^+-abhängig ist. Die Einwärtsstrom-Komponente der sekretorischen Endigung ist, wie z.B. für die Sinusdrüse der Crustaceen gezeigt wurde, sowohl Ca^{2+}- als auch Na^+-abhängig. Die Impulse in den Endigungen können deutlich verlängert sein (5–20 ms oder mehr gegenüber etwa 1 ms bei üblichen Aktionspotentialen); ein Effekt, der vor allem bei repetitiver Stimulation auftritt (Verbreiterung des Aktionspotentials, Abb. 10-10, 10-14. Diese Besonderheit, die bei neurosekretorischen Zellen von Invertebraten sehr ausgeprägt zu sein scheint, führt zu einem *verlängerten Einstrom von Ca²⁺*, wodurch die **Exozytose** der Elementargranula erleichtert und verlängert wird [15,16,38].

Peptide als Produkte neurosekretorischer Zellen. Studien an Invertebraten haben in den letzten Jahren zur Strukturaufklärung einer sehr großen Zahl von **Neuropeptiden** geführt, die zweifellos noch beträchtlich wachsen wird. Die Neuropeptide der Invertebraten lassen sich in zwei Gruppen einteilen. Die erste Gruppe umfaßt solche, die entweder identisch sind mit bekannten Vertebraten-Peptiden (z.B. Met- und Leu-Enkephalin) oder in ihrer Aminosäuresequenz bekannten Vertebratenpeptiden ähneln, und daher zusammen mit diesen in Peptidfamilien eingeordnet werden können. Somit kann *für viele Invertebraten- und Vertebraten-Neuropeptide ein gemeinsamer phylogenetischer Ursprung angenommen werden.* Beispiele sind u.a. Peptide der **Tachykinin-**, **Gastrin/CCK-**, **Vasopressin/Oxytozin-** und **Insulin-Familie [18]**.

Durch immuncytochemische Anwendung von Antikörpern gegen Vertebraten-Peptide konnte das Vorkommen vieler derartiger Substanzen bei Invertebraten wahrscheinlich gemacht werden. Da diese Methoden aber selten spezifisch genug sind, geben sie keine endgültige Auskunft über die Identität der Substanzen. Ein zuverlässiger Vergleich setzt Isolierung und Strukturaufklärung voraus, die in vielen Fällen noch ausstehen.

In einer zweiten Gruppe lassen sich die Neuropeptide zusammenfassen, die, soweit bisher bekannt, spezifisch für bestimmte Invertebratengruppen sind. Sie zeigen keinerlei Sequenzähnlichkeiten zu bekannten Vertebraten-Peptiden. Einige ausgewählte Beispiele sind das **Prothorakotrope Hormon** der Insekten, das **Eiablagehormon** von Schnecken, das sog. **Hyperglykämische Hormon** und die **Farbwechselhormone** der Crustaceen, das myotrope Neuropeptid **Proctolin** der Arthropoden und das **Lipid-mobilisierende Hormon (AKH, adipokinetic hormone)** der Insekten (s. Tabellen 10-1 und 10-2).

Amine als Neurohormone. Neurosekretorische Zellen, die biogene Amine sezernieren, lassen sich aufgrund dieser Eigenschaft nicht von peptidergen Neuronen abgrenzen. Peptide und Amine können häufig in einer Zelle kolokalisiert sein und gemeinsam sezerniert werden. Amine finden sich bei Invertebraten ebenfalls als synaptische Transmitter. Hier sollen sie uns nur als Produkte neurosekretorischer Zellen interessieren, die entweder aus Neurohämal-

organen in die Hämolymphe abgegeben werden oder lokal, aber nichtsynaptisch aus Axonendigungen an Zielgeweben. Für **Serotonin, Octopamin** und **Dopamin** z.B. gilt, daß sie als Transmitter und Neurohormone wirken können [14,17,31]. Liegt nichtsynaptische, aber lokale Freisetzung vor, so spricht man auch von einer Modulatorfunktion dieser Substanzen (Neuromodulator).

Eine besonders komplexe Situation ergibt sich aus der Tatsache, daß Peptide und Amine, für die eine Rolle als Neurohormon nachgewiesen ist, auch in generell als nichtsekretorisch charakterisierten Zellen, d.h. Inter-, Motor-, und sensorischen Neuronen vorkommen können. Da diese Zellen normalerweise echte, spezialisierte Synapsen bilden, ist zu vermuten, daß die Substanzen hier eine Transmitterfunktion haben. Dies ist für biogene Amine, z.B. Serotonin und Octopamin, auch nachgewiesen, doch fehlen bisher eindeutige Hinweise auf Peptide als synaptische Transmitter. Es ist anzunehmen, daß auch typische Neurone zusätzlich die Fähigkeit zu nichtsynaptischer Freisetzung haben. Daraus folgt – und es sieht so aus, als gelte dies für Invertebraten in besonderem Maße –, daß eine klare Trennung zwischen sekretorischen und nichtsekretorischen Neuronen, von einigen spezialisierten Fällen abgesehen, nicht durchgängig möglich ist.

Neurosekretorische Zellen sind in der Regel nicht anhand ihrer Signalsubstanzen zu definieren, sondern allein aufgrund ihrer feinstrukturellen und anatomischen Merkmale.

Vergleichende Studien über die Funktion von Neuropeptiden zeigen, daß einmal vorhandene Moleküle verschiedenen Funktionen nutzbar gemacht werden. Die Invertebraten liefern wegen der Vielfalt und Heterogenität der Baupläne hierfür besonders eindrückliche Hinweise. Ein Beispiel mag dies verdeutlichen: Das Neuropeptid PDH (*Pigment-dispergierendes Hormon*) der Crustaceen, ein Peptid aus 18 Aminosäuren, wurde ursprünglich als ein typisches, im Blut zirkulierendes Hormon entdeckt, das durch Einwirkung auf epidermale Chromatophoren an dem für viele Krebse so charakteristischen *Farbwechsel* beteiligt ist. Später wurde es, ebenfalls in Krebsen, in Interneuronen des Zentralnervensystems nachgewiesen, die wahrscheinlich nichts mit dem Farbwechsel zu tun haben. Schließlich wurde es im Zentralnervensystem der Heuschrecke *Locusta* gefunden. Da *Locusta* weder Chromatophoren noch die Fähigkeit zum schnellen Farbwechsel besitzt, ergibt sich zwingend, daß PDH multiple Funktionen haben muß. Ein anderes Crustaceen-Farbwechselhormon (RPCH, red pigment concentrating hormone) hat zusätzlich zu seiner klassischen hormonalen Funktion die eines Modulators von Motorneuronen im stomatogastrischen Ganglion und in den Abdominalganglien von Crustaceen. Es gibt viele weitere Beispiele.

10.2 Neurohormonale Systeme bei Invertebraten in Beispielen

Bei den Invertebraten hat das neurohormonale System eine besonders große Bedeutung für die Kontrolle von Organfunktionen

Dies ergibt sich schon allein daraus, daß distinkte Hormondrüsen, die nicht-neuraler Herkunft sind, nach unserem heutigen Kenntnisstand bei vielen Invertebraten noch nicht vorkommen. Erst bei höher entwickelten Gruppen finden sich derartige Drüsen, wie z.B. die *Prothoraxdrüsen* (Häutungsdrüsen) und die *Corpora allata* bei *Insekten,* sowie die sog. *Y-Organe* (Häutungsdrüsen), die *Mandibularorgane* und die *androgenen Drüsen* bei *Crustaceen.* Bei Mollusken scheinen Drüsen dieser Art besonders selten zu sein. Zu nennen sind hier lediglich die *optischen Drüsen* von *Octopus* sowie die *Dorsalkörper* und *akzessorischen Drüsen des Genitaltraktes* (*Atrialdrüsen*) von *Schnecken.*

Weitere Indizien für die besondere Bedeutung des neurohormonalen Systems sind die große Zahl

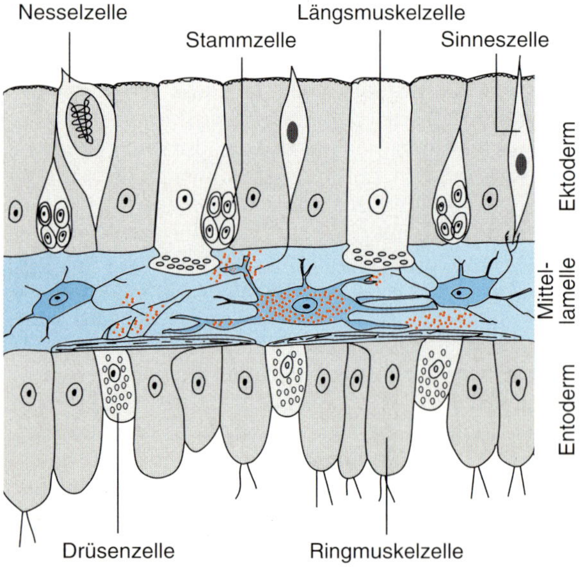

Abb. 10-2. Ausschnitt aus der Körperwand von *Hydra* mit verschiedenen Nervenzellen. In der Mitte eine neurosekretorische Zelle mit nicht-synaptischer Freisetzung von Signalsubstanz. Die Darstellung der Zelle und ihrer Sekretion ist weitgehend hypothetisch

von neurosekretorischen Zellen bei Invertebraten, die Vielzahl der bisher bekannten Neuropeptide und die Häufigkeit und Ausdehnung von sekretorischen Kontaktzonen zwischen Nervensystem und zirkulierenden Körperflüssigkeiten.

Kompakte Neurohämalorgane und mehr oder weniger diffuse Neurohämalzonen sind in der Regel über das ganze Nervensystem verteilt und bilden ausgedehnte Bezirke, in denen das Nervensystem mit Blut oder Hämolymphe kommunizieren kann. Zumindest zum Teil ist dies möglicherweise aufzufassen als eine Anpassung an die großen Hämolymphvolumina vieler Invertebraten (z.B. Insekten, Mollusken, Crustaceen) die 20–30% des Körpergewichtes ausmachen können. Neurohormone verteilen sich in einem relativ größeren Volumen, als dies beim Blut der Vertebraten der Fall ist (Volumen 5–8% des Körpergewichtes), und es erscheint plausibel, daß ausgedehnte Neurohämalzonen erforderlich sind, um physiologisch wirksame Hormonkonzentrationen aufzubauen. Bei Vertebraten gibt es dagegen nur wenige spezialisierte „Fenster", durch die über Neurohämalorgane die Blut-Hirnschranke durchbrochen wird (z.B. Neurohypophyse, Eminentia mediana und die Urophyse der Fische).

10.3 Cnidaria (Coelenteraten)

Im Hinblick auf die Frage nach der Evolution des neurohormonalen Systems ist dieser Tierstamm von besonderem Interesse, weil hier erstmalig in der Stammesgeschichte ein Nervensystem auftritt

Das Nervensystem ist netzförmig und zweidimensional organisiert und in der Regel über den gesamten Organismus verbreitet. Es zeigt nur lokal, z.B. um die Mundöffnung, dichtere Aggregationen von Neuronen. Da ein Kreislaufsystem nicht ausgebildet ist, kann Neurosekretion hier offenbar nur in der Form lokaler Freisetzung stattfinden. Wegen des vermutlich geringen Spezialisierungsgrades des Nervensystems ist ungewiß, ob zwischen rein synaptisch kommunizierenden, nichtsekretorischen Neuronen einerseits und sekretorischen Neuronen andererseits unterschieden werden kann.

Beim Süßwasserpolyp *Hydra* (Abb. 10-2), einem sehr einfach gebauten Vertreter des Tierstammes (Klasse Hydrozoen), ist ein primitiver, multifunktioneller Neuronentyp, das sog. *Senso-motorische Interneuron* (SMI) als zentrales Element des Nervensystems beschrieben worden. Ein weiterer prominenter Typ sind die *epithelialen Sinnesnervenzellen.* Das Vorkommen von Synapsen ist bei *Hydra* und anderen Hydrozoen elektronenmikroskopisch belegt, während morphologische Korrelate für eine Sekretion aus nichtspezialisierten Nervenendigungen bisher nicht eindeutig demonstriert werden konnten. Das Vorkommen von großen, elektronendichten *Elementargranula*, wie sie für peptiderge Neuronen typisch sind, spricht jedoch für eine *neurosekretorische Aktivität* von verschiedenen Neuronentypen, nicht nur der SMIs, sondern z.B. auch der epithelialen Sinnesnervenzellen.

Bei *Hydra* und anderen Hydrozoen sind Neuropeptide immunzytochemisch und biochemisch nachgewiesen worden, die als Neurosekrete von anderen Invertebraten und Vertebraten bekannt sind, so z.B. *Bombesin, Oxytozin/Vasopressin-ähnliche* Substanzen, *Neurotensin, Substanz P* und *Cholezystokinin (CCK)*. Kolokalisation verschiedener Peptide in einer Zelle ist auch bereits zu beobachten. Über die Funktion der genannten Peptide bei Hydrozoen weiß man noch sehr wenig. Auf jeden Fall weisen die Befunde darauf hin, daß viele Neuropeptide phylogenetisch ursprünglich sind.

Einschränkend muß jedoch bemerkt werden, daß wegen der begrenzten Spezifität immunzytochemischer Nachweisverfahren und wegen der Schwierigkeiten, Hydra-Peptide in genügender Menge zu isolieren und ihre Struktur aufzuklären, noch nicht bekannt ist, inwieweit sie in ihrer Aminosäuresequenz den bekannten Vertebraten-Peptiden entsprechen.

Die bei Hydrozoen und anderen Cnidaria vorherrschenden, ubiquitären Neuropeptide sind Substanzen aus der Familie der sog. **FMRF-amid-ähnlichen Peptide**, so z.B. das **Antho-RF-amid** (pGlu-Gly-Arg-Phe-amid) aus der Aktinie *Anthopleura*. Die Vielzahl der Peptide dieses Typs, ihre Häufigkeit und ihr Vorkommen im gesamten Nervensystem lassen vermuten, daß es sich um besonders wichtige, für Cnidaria typische Neurohormone oder vielleicht Transmitter handelt.

Eindeutige feinstrukturelle und elektrophysiologische Beweise für eine synaptische Übertragung durch Peptide gibt es bisher nicht. Aber auch über die Rolle von biogenen Aminen als synaptische Transmitter ist wenig bekannt. Es kann heute als gesichert gelten, das Cnidaria *Serotonin, Noradrenalin* und *Dopamin* besitzen, jedoch ist bisher nur für *Serotonin* und *Dopamin* eine neuronale Assoziation immunzytochemisch eindeutig nachgewiesen.

Die unspezifischen, primitiven Neuronen der Cnidaria scheinen geeignet, eine interessante Hypothese zur Evolution von Neuronen zu stützen, die von Hökfeldt et al. [21] entwickelt wurde (Abb. 10-3). Nach dieser Hypothese besaßen *primitive Neurone nur einen Typ großer, elektronendichter Elementargranula,* in denen vor allem Peptide, aber auch z.B. biogene Amine *gemeinsam* gespeichert waren. Mit der Notwendigkeit zur schnelleren Signalübertragung seien zusätzlich zu den großen Elementargranula kleine Vesikel entstanden, die ausschließlich klassische synaptische Transmitter enthielten. Die typische neurosekretorische Zelle mit der Koexistenz beider Granula- bzw. Vesikeltypen soll dieses Stadium repräsentieren. Eine weitergehende Spezialisierung führte dann zu den normalen, typischen Neuronen, die überwiegend oder ausschließlich kleine Transmittervesikel enthalten, deren Inhalt über Synapsen übertragen wird. Nach dieser Hypothese wäre also das peptiderge Neuron die ursprüngliche Form der Nervenzelle.

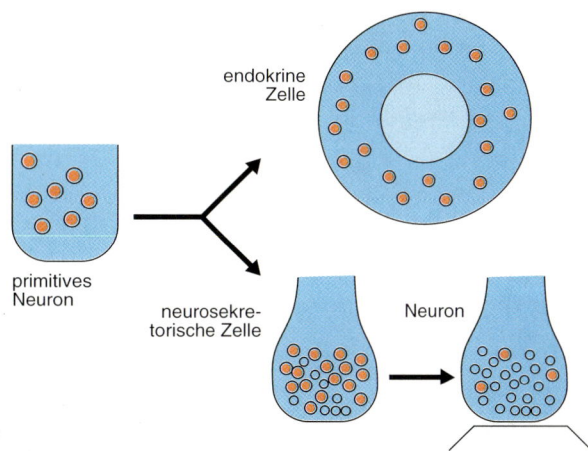

Abb. 10-3. Hypothetische Darstellung der Entwicklung der typischen neurosekretorischen Zelle, des spezialisierten Neurons und einer endokrinen Zelle aus einem primitiven Neuron. Letzteres soll große Elementargranula mit Neuropeptid und einem oder mehreren klassischen Transmittern enthalten haben. Während der Evolution soll eine Trennung in kleinere Transmittervesikel und Peptid-Granula stattgefunden haben. Endokrine Zellen des oben dargestellten Typs finden sich bei Vertebraten (z.B. chromaffine Zelle des Nebennierenmarks). Nach [21]

10.4 Insekten

Es ist wenig bekannt, daß es Versuche an Insekten waren, in denen erstmalig das Nervensystem als Quelle hormonaler Signale nachgewiesen wurde. In Versuchen an Schwammspinnerlarven (*Lymantria dispar*) fand Kopec bereits 1922, daß nach Entfernung des Gehirns die Verpuppung ausblieb, wenn dieses vor einem kritischen Zeitpunkt entfernt wurde (Literatur in [2]). Reimplantation des Gehirns an beliebiger Stelle setzte den Verpuppungsvorgang wieder in Gang. Diese bahnbrechenden Befunde, die klar darauf hinwiesen, daß vom Gehirn ein Verpuppungs-induzierendes Hormon sezerniert wird, blieben lange unbeachtet, bis E. Scharrer [34] das Konzept der Neurosekretion einführte. Es dauerte ca. 60 Jahre, bis der Syntheseort des Verpuppungs-induzierenden Hormons und seine chemische Natur ermittelt wurden (Abb. 10-5).

> **Der Gehirn-Retrozerebralkomplex ist das wichtigste zentrale neurohormonale System der Insekten**

Dieser Komplex besteht aus dem Gehirn, den Corpora cardiaca und den Corpora allata (Abb. 10-4). Die *neurosekretorischen Somata* liegen hauptsächlich in der **Pars intercerebralis** zwischen den beiden Protozerebralhemisphären des Gehirns (Zerebralganglion). *In der Pars intercerebralis unterscheidet*

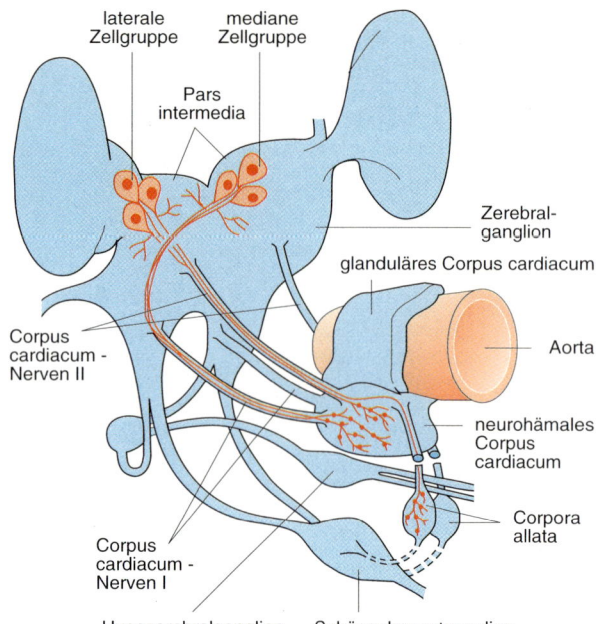

laterale Zellgruppe
mediane Zellgruppe
Pars intermedia
Zerebral-ganglion
glanduläres Corpus cardiacum
Aorta
Corpus cardiacum - Nerven II
neurohämales Corpus cardiacum
Corpora allata
Corpus cardiacum - Nerven I
Hypozerebralganglion
Subösophagealganglion

Abb. 10-4. Der neuroendokrine Gehirn-Retrozerebralkomplex der Heuschrecke *Locusta migratoria*. Das Projektionsmuster der Zellen stellt nur ein Beispiel unter verschiedenen möglichen dar. Nach [25], verändert

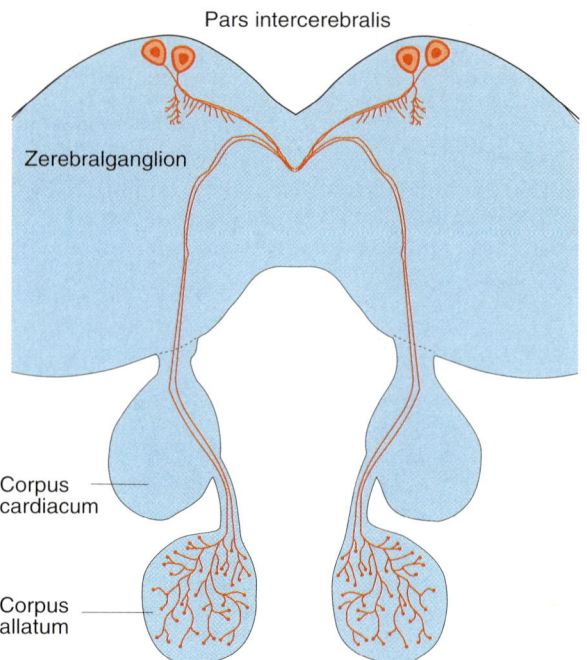

Pars intercerebralis
Zerebralganglion
Corpus cardiacum
Corpus allatum

Abb. 10-5. Das neurohormonale PTTH-System bei *Manduca sexta*. PTTH (prothoracotropes Hormon) ist ein Neurohormon, das die Häutungshormon (Ecdysteroid)-Synthese in den Prothoraxdrüsen stimuliert und damit die Häutung einleitet. Gezeigt ist das System, das aus zwei Somata-Paaren in den lateralen Zellgruppen der Pars intercerebralis besteht, bei der Puppe von *Manduca*. Beachte die sekretorischen Endigungen im Corpus allatum, das für PTTH als Neurohämalorgan dient. Nach [30]

man mediane und laterale Zellgruppen. In keiner anderen Region des zentralen Nervensystems findet man so viele neurosekretorische Zellen in zusammenhängenden Komplexen. Die Somata senden ihre sekretorischen Axone durch die **corpus cardiacum-Nerven** (NCC) (Abb. 10-4, 10-6) zum Corpus cardiacum, einem dicht hinter dem Gehirn gelegenen, mit der Aorta assoziierten, typischen Neurohämalorgan. In diesem befinden sich neurosekretorische Axonendigungen in dichter Packung, und hier findet die Sekretion der Neurohormone in die Hämolymphe statt. Die Lokalisation eines bestimmten Neurosekrets in Axonendigungen des Corpus cardiacum wird allgemein als ein morphologischer Beweis dafür angesehen, daß die betreffende Substanz an die zirkulierende Hämolymphe abgegeben wird.

Neben dem Neurohämalorgan-Anteil des Corpus cardiacum gibt es den *glandulären* Teil dieses Organs. Dieser besteht aus Zellen, die sich offensichtlich von sekretorischen Neuronen ableiten, aber morphologisch nur noch rudimentäre Neuronenmerkmale zeigen. Sie sind bekannt als Synthese- und Freisetzungsort des *Adipokinetischen Hormons*.

Axone von Zellen der Pars intercerebralis können auch durch das corpus cardiacum hindurchziehen und Endigungen im Corpus allatum bilden, einer epithelialen, unabhängig vom Nervensystem entstandenen endokrinen Drüse, die meist eng mit dem Corpus cardiacum assoziiert ist. Die Drüsenzellen der Corpora allata sind Syntheseort des **Juvenilhormons**. Unter den Axonendigungen der Gehirnneu-

rone im Corpus allatum befinden sich einerseits solche, die lokal Substanzen freisetzen, die die Aktivität der Corpus allatum Zellen regulieren (z.B. das **Allatostatin**, ein die Juvenilhormonsynthese und -sekretion hemmendes Neuropeptid), daneben aber andere, denen das Corpus allatum als Neurohämalorgan dient. Abb. 10-5 zeigt die Zellen, die das sog. *Prothoracotrope Hormon* (PTTH) produzieren. Für ihre Endigungen sind die Corpora allata die Neurohämalorgane. Außerdem zeigt Abb. 10-6 ein Beispiel einer anderen neurosekretorischen Zelle des Gehirns, die Endigungen sowohl im Corpus cardiacum als auch im Corpus allatum besitzt.

Die herausragende Bedeutung des gesamten Systems erhellt auch aus der Tatsache, daß in den Somata der Pars intercerebralis und in Endigungen im Corpus cardiacum ca. 25 bis 30 verschiedene Peptide immunzytochemisch lokalisiert wurden, von denen 10 bis 15 auch im Corpus allatum nachweisbar waren. Diese Befunde demonstrieren die besondere Rolle der Corpora cardiaca und die deutlich geringere der Corpora allata als Neurohämalorgan.

Viele der Peptide im Gehirn-Retrozerebralkomplex wurden immunzytochemisch mit Antikörpern gegen bekannte Vertebraten-Peptide nachgewiesen. Nur in wenigen Fällen konnte bisher durch Isolierung und Strukturaufklärung die

Identität mit bzw. Ähnlichkeit zu den entsprechenden Vertebraten-Peptiden verifiziert werden [18]. Ein interessantes Beispiel ist das **Insulin,** das Hormon der Langerhans'schen Inseln des Wirbeltierpankreas. Bei Insekten finden sich Insulin-ähnliche Peptide in neurosekretorischen Zellen der Pars intercerebralis und in den Axonendigungen in den Corpora cardiaca und allata. Ihre Funktion bei Insekten ist noch wenig erforscht. Beim Seidenspinner *Bombyx mori* wurde das **Bombyxin,** daß in zwei Paaren von Pars intercerebralis-Somata gebildet wird, als ein der Insulin-Familie zugehöriges Peptid erkannt.

Wie Tabelle 10-1 zeigt, ist inzwischen eine beträchtliche Anzahl von insektenspezifischen Peptiden bekannt, die meist keine Ähnlichkeit mit Vertebraten-Peptiden haben.

Kleine Zellzahlen in neurohormonalen Systemen. Das Gehirn-Corpus cardiacum-Corpus allatum-System zeigt, daß *neurohormonale Systeme sehr klein sein können*. Nicht selten findet man bestimmte Peptide in nur zwei Paar von Somata in der Pars intercerebralis. Abb. 10-5 demonstriert dies für das **PTTH**- System im Gehirn des Tabakschwärmers *Manduca sexta* und Abb. 10-7 für das **Eclosion-Hormon**-System der gleichen Art. Das letztere ist noch insofern von besonderem Interesse, als es zeigt, daß die sekretorischen Axonendigungen von Gehirnzellen nicht immer im Corpus cardiacum und/oder Corpus allatum liegen, sondern weit entfernt sein können.

Das ventrale Nervensystem der Insekten enthält neurosekretorische Zellen mit einer Vielzahl von Neurohämalzonen und mit direkter neurosekretorischer Innervierung von peripheren Zielorganen

Neurosekretorische Zellen finden sich nicht nur im Gehirn-Corpus cardiacum-Corpus allatum-System, sondern zusätzlich in *sämtlichen Ganglien des ventralen Nervensystems*. Ihre Endigungen liegen zum Teil im sog. *medianen Nervensystem*, und zwar am unpaaren *Median-* und an den paarig abzweigenden *Transversalnerven*. Sie können entweder diffus über die Nervenoberfläche verteilt sein oder aber mehr oder weniger kompakte Anschwellungen bilden, für die der Begriff **Perisympathische Organe** geprägt wurde (Abb. 10-8). Außerdem finden sich *Neurohämalzonen in den Segmentalnerven und den lateralen Herznerven*. Abb. 10-9 zeigt bei *Locusta* die Anatomie von Neuronen, die ein identifiziertes, myotropes und herzstimulierendes Neuropeptid produzieren (**CCAP** = crustacean cardioactive peptide). Der Name rührt daher, daß es ursprünglich aus Crustaceen isoliert wurde). Diese Neuronen haben Endigungen in verschiedenen Neurohämalzonen und innervieren außerdem direkt die *Alarmuskeln*, die für die Dilatation des Herzens verantwortlich sind, und das Herz selbst. Sie sind damit ein Beispiel für bimodale Neurosekretion.

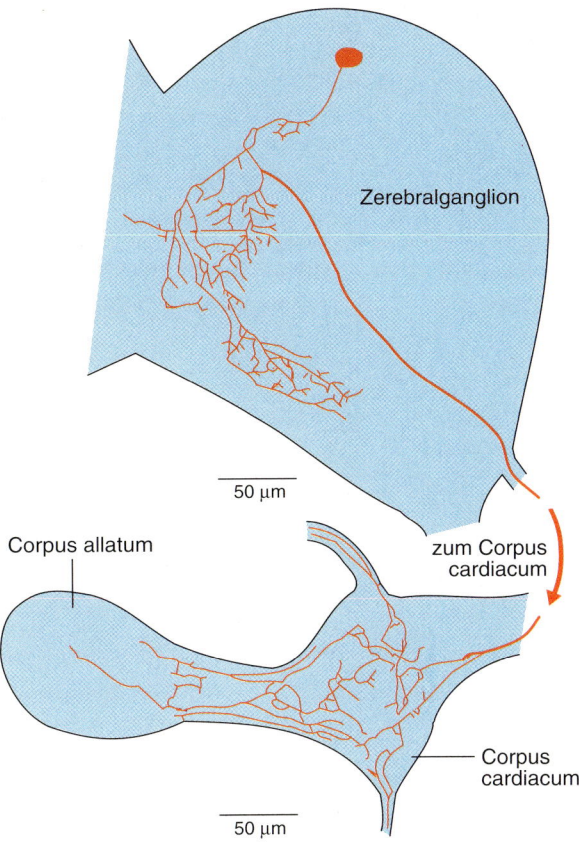

Abb. 10-6. Beispiel für die Architektur einer neurosekretorischen Zelle mit nichtidentifiziertem Inhalt aus dem Gehirn des Seidenspinners *Bombyx mori* (Darstellung durch Lucifer-yellow-Injection). Sekretorische Endigungen finden sich im Corpus cardiacum und allatum. Aus [22]

Neurohormone kontrollieren bei Insekten eine Vielzahl von physiologischen Prozessen, z.B. Häutung und Metamorphose, Diapause, Wasser- und Ionenhaushalt, Ovarreifung, Herz- und Muskelaktivität und verschiedene Stoffwechselprozesse

Die Tabelle 10-1 gibt eine Übersicht über heute bekannte Insekten-Neuropeptide und ihre biologi-

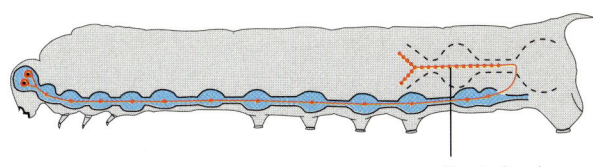

Abb. 10-7. Das Eclosions-Hormon-System der Larve von *Manduca sexta*. Es besteht aus zwei Somata in jeder Gehirnhälfte, den durch sämtliche ventralen Ganglien hindurch ziehenden Axonen und Endigungen am Proctodaealnerv. Nach [39], verändert

Tabelle 10-1. Übersicht über identifizierte Neurohormone von Insekten

Name	Spezies	Strukturen	Synthese und/oder Freisetzungsort	Effekte und Zielorgane
Adipokinetische Homone (ca. 20 verschiedene bekannt)	viele	Familie nahe verwandter Peptide mit 8–10 AS	glandulärer Teil des CC und andere Regionen des Nervensystems	mobilisieren Fett und/oder Kohlenhydrat im Fettkörper, myotrope Effekte
Allatostatin	*Diploptera*	4 ähnliche Peptide aus 8–10 AS	Gehirn	hemmt die Juvenilhormonsynthese in den CA
Allatostatin	*Manduca*	Peptid aus 15 AS	Gehirn	hemmt die Juvenilhormonsynthese in den CA
Allatotropin	*Manduca*	Peptid aus 13 AS	Gehirn	stimuliert die Juvenilhormonsynthese in den CA
Diapausehormon	*Bombyx*	Peptid aus 24 AS, Sequenzähnlichkeit mit PBAN u. Pyrokinin	SOG, ThG	induziert Bildung von Diapause-Eiern im Ovar
Diuretisches Hormon	*Manduca Periplaneta Acheta Locusta*	Peptid aus 46 AS (41 bei *Manduca*)	Gehirn/CC	wirken diuretisch durch Aktivierung der Malpighischen Gefäße
Eclosionshormon	*Manduca Bombyx*	Peptid aus 62 AS	Gehirn	induziert motorisches Programm des Schlüpfverhaltens im abdominalen Nervensystem
Myotropine: Proctolin FMRFamid CCAP Leucokinine Pyrokinine Achetakinine Locustakinine Locustamyotropine Cephalomyotropine	*Locusta Periplaneta Acheta Manduca* u.a.	große Zahl kleiner Peptide aus 4–15 AS, z.T. in Peptidfamilien einzuordnen	Gehirn/CC/CA u. ventrales Nervensystem	induzieren bzw. potenzieren Kontraktionen viszeraler und Skelettmuskeln, wirken herzstimulierend
Ovarreifungs-Hormon-(OMP)	*Locusta*	Peptid aus 64 AS	Gehirn/CC	stimuliert Eireifung (Vitellogenese) im Ovar
Pheromon-Biosynthese-aktivierende Neuropeptide (PBAN)	*Heliothis Bombyx Pseudaletia*	Peptid aus 18 AS (*Pseudaletia*) bzw. 33 AS (Strukturähnlichkeiten mit Diapausehormon und einigen Myotropinen)	SOG	aktiviert die Synthese von Sexualpheromon in abdominalen Pheromondrüsen
Prothoracotropes Hormon (PTTH)	*Bombyx*	Homodimer aus zwei Peptidketten mit 109 AS	Gehirn/CA	induziert Häutung und Metamorphose
Locusta-„Vasopressin"	*Locusta*	Peptid aus 9 AS, dem Vertebraten-Vasopressin sehr ähnlich	SOG, ThG	wirkt diuretisch durch Aktivierung der Malpighischen Gefäße

Abkürzungen: Ca Corpus allatum, CC Corpus cardiacum, SOG Suboesophagealganglion, ThG Thorakalganglion, AS Aminosäure, OMP ovary maturating parsin, CCAP crustacean cardioactive peptide

schen Effekte. Ausgewählt wurden nur solche, die folgende drei Kriterien erfüllen: 1) ihre *Struktur* ist bekannt; 2) es ist mindestens *ein definierter physiologischer Effekt* bekannt; 3) sie sind in *definierten Neuronen lokalisiert*. Natürlich sind wesentlich mehr neurohormonale Mechanismen bekannt, aber noch nicht in allen drei Punkten aufgeklärt. Bei den Beispielen der Tabelle handelt es sich überwiegend um

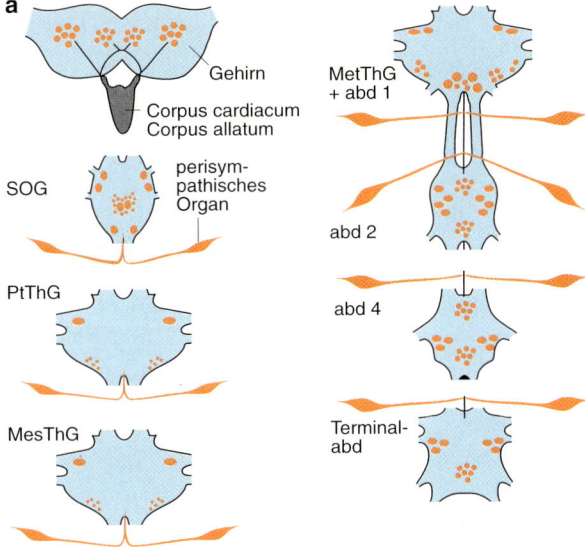

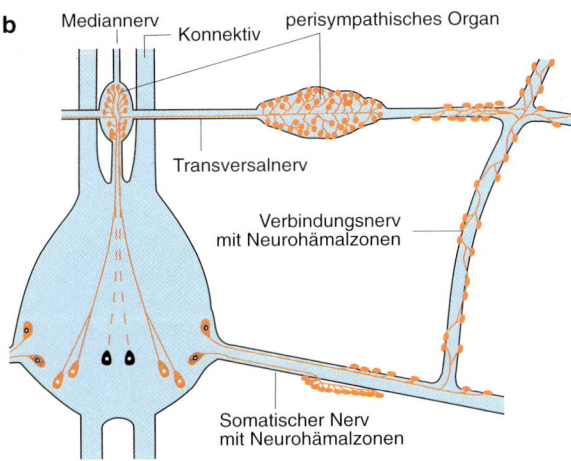

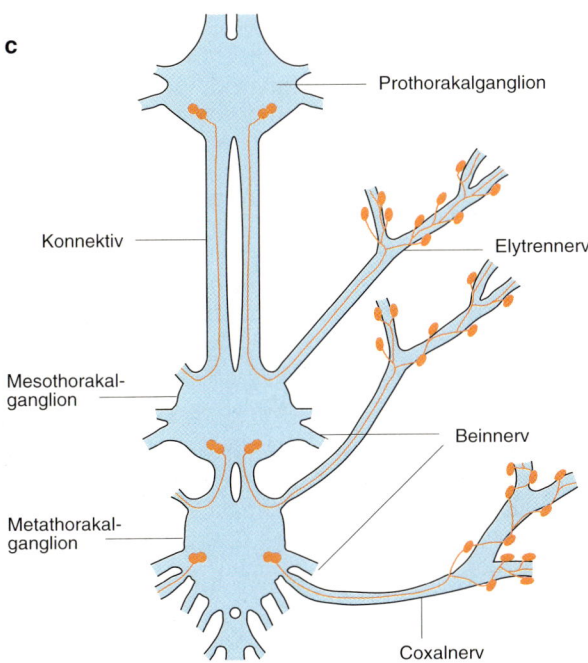

Abb. 10-8. Neurohormonale Strukturen im ventralen Nervensystem von Insekten. **a** verschiedene Ganglien der Stabheuschrecke, **b** detailliertere schematische Darstellung der Strukturen, wie sie für viele Insekten typisch sind, **c** Darstellung von Zellen und ihrer sekretorischen Endigungen, die ein FMRFamid-ähnliches Peptid enthalten, beim Kartoffelkäfer (*Leptinotarsa*). Abkürzungen: PtThg, MesThG, MetThG, abd: Pro-, Meso-, Metathoraxganglion, Abdominalganglion. a aus [2], b aus [12], c aus [40]

Neuropeptide, die bisher nur von Insekten oder anderen Invertebraten, nicht jedoch von Vertebraten bekanntgeworden sind. Die meisten sind erst in den letzten 10 Jahren identifiziert worden.

10.5 Crustaceen

Die folgenden Darlegungen beschränken sich auf die Gruppe der **Dekapoden**, weil nur diese bisher ausführlich studiert wurde.

Wie bei den Insekten, so kommen auch bei den Crustaceen neurosekretorische Zellen im gesamten zentralen Nervensystem vor. Besonders konzentriert sind sie im Gehirn, und vor allem in den optischen Ganglien, die bei den Dekapoden in den gestielten Augen liegen. Dort befindet sich auch ein wichtiges Neurohämalorgan, die *Sinusdrüse*. Sie wurde schon früh aufgrund ihrer Feinanatomie als sekretorisches Organ beschrieben. Als weitere distinkte Neurohämalorgane kommen die *Postkommissural-* und *Perikardialorgane* vor. Ähnlich wie bei den Insekten finden sich außerdem diffuse Neurohämalzonen an den Segmentalnerven und an der Oberfläche von Ganglien.

> **Das X-Organ-Sinusdrüsen-System im Augenstiel der decapoden Krebse ist hinsichtlich der Vielfalt der Neurohormone und hormonalen Effekte das zentrale neurohormonale System bei Crustaceen**

Die **Sinusdrüse** im Augenstiel enthält *Axonendigungen neurosekretorischer Zellen*, die in den optischen Ganglien lokalisiert sind. Die weit überwiegende Zahl von Endigungen stammt vom sog. **X-Organ**, einer Gruppe von Somata an der Oberfläche der proximal gelegenen Medulla terminalis. Deshalb wird das neurohormonale System des Augenstiels, üblicherweise als **X-Organ-Sinusdrüsen-System** bezeichnet (**XO-SD**; Abb. 10-10). Aufgrund ihrer leichten Identifizierbarkeit und Größe sind X-Organ-Somata (ca. 40 μm) und ihre Endigungen in der Sinusdrüse (bis zu 30 μm) für elektrophysiologische Studien geeignet [16, 38].

Abb. 10-10 zeigt Beispiele für die elektrische Aktivität von Somata und Endigungen. Da sich das

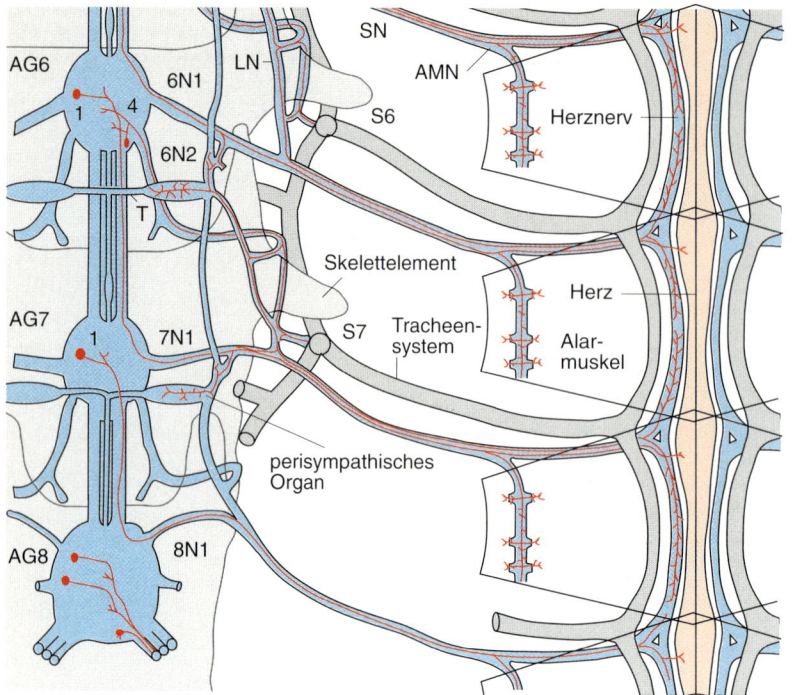

Abb. 10-9. Halbschematische Darstellung eines Systems von Neuronen, die das myotrope Peptid CCAP („crustacean cardioactive peptide") enthalten, im Abdomen der Heuschrecke *Locusta migratoria*. Das Bauchmark ist von oben gesehen, der Komplex aus Tracheen, Alarmuskeln, Herznerv und Herz ist nach rechts geklappt. Beachte die Lage der CCAP-Somata, ihre Fortsätze in den Segmentalnerven und sekretorische bzw. neurohämale Endigungen in den perisympatischen Organen, an den Stigmen des Tracheensystems, den Alarmuskeln (deren Kontraktion das Herz dehnt) und dem Herznerv. AG 6–8, Abdominalganglien 6–8, 6–8 N1, Tergalnerven d. 6.bis-8. Abdominalganglions, 6 NZ, Sternalnerv d. 6. Abdominalganglions, S 6–7, Stigmata d. 6.-7. Segments, LN, Verbindungsnerv, AMN, Alarmuskelnerv, SN, Segmentalnerv. aus [20], leicht verändert

System durch Amputation der Augenstiele leicht ausschalten läßt, ist der Effekt dieser Operation auf verschiedene physiologische Vorgänge wie *Farbwechsel, Gonadenreifung, Blutzucker, Häutung, Wasser- und Mineralhaushalt etc.* ausgiebig untersucht worden, und man hat nachgewiesen, daß das XO-SD-System bei der hormonalen Regulation dieser Prozesse beteiligt ist.

Neuropeptide des XO-SD-Systems

Immunzytochemische Studien gaben Hinweise auf das Vorkommen einer ganzen Reihe von Peptiden, die von Wirbeltieren bekannt sind. Jedoch konnte deren Identität bisher nicht sicher bestätigt werden (Ausnahme: Leu-Enkephalin). Durch Isolierung und Strukturaufklärung eindeutig identifiziert sind dagegen die folgenden Crustaceen-Peptide: die Farbwechselhormone **red pigment concentrating hormone** (**RPCH**) und **pigment dispersing hormone** (**PDH**); **Proctolin** und mehrere Peptide der sog. **CHH/VIH/MIH-Familie.** Die Abkürzungen stehen für: „*crustacean hyperglycemic hormone*", ein blutzuckerregulierendes, aber wahrscheinlich auch für andere Stoffwechselprozesse wichtiges Hormon; „*vitellogenesis inhibiting hormone*", eine die Gonadenreifung hemmende Substanz und „*moult inhibiting hormone*", ein Neuropeptid, daß die Ecdysteroidsynthese in Häutungsdrüsen hemmt (s. Tabelle 10-2). Während die drei erstgenannten auch in anderen Regionen des Nervensystems vorkommen, scheinen die CHH/VIH/MIH-Peptide ausschließlich auf das X-Organ-Sinusdrüsensystem beschränkt zu sein [23].

Sekretorische Neurone im Augenstiel senden ihre Axone nicht nur in die Sinusdrüse, sondern z.B. auch in die sog. **Postkommissuralorgane**, die, wie der Name sagt, hinter der Postösophagealkommissur sitzen (Abb. 10-11c). Aufgrund biologischer Tests ist seit langem bekannt, daß diese Neurohämalorgane, die bei Garnelen besonders ausgeprägt sind, *Farbwechselhormone* enthalten. Neue Untersuchungen mit immunzytochemischen Methoden haben dies bestätigt und präzisiert, indem z.B. RPCH-haltige Endigungen nachgewiesen wurden. Die Axone stammen von einer kleinen Gruppe von RPCH-Somata im Augenstiel. Warum einige der dort befindlichen RPCH-Neurone Endigungen in der nahegelegenen Sinusdrüse, andere dagegen in einem weiter entfernten Neurohämalorgan haben, ist unklar.

Die *Konnektivganglien* befinden sich in der Nähe der Circumoesophagealkommissur. Sie sind Teil des ansonsten unpaaren *stomatogastrischen Nervensystems*, welches, vor allem über das *stomatogastrische Ganglion* (STG), die Motorik des Magens kontrolliert. Im STG findet sich ein dichtes Geflecht neurosekretorischer Endigungen, die größtenteils von Somata in den Konnektivganglien und im Gehirn stammen. Aus diesen Endigungen werden Neuropeptide und biogene Amine freigesetzt, die die Aktivität der Motorneuronen des STG in verschiedener Weise modulieren. Neben den Aminen Serotonin und Octopamin wurden z.B. die Neuropeptide Proctolin, RPCH und FMRFamid-ähnliche Peptide identifiziert. Man nimmt jedoch an, daß insgesamt

Tabelle 10-2. Übersicht über identifizierte Neurohormone von Crustaceen

Name	Spezies	Strukturen	Synthese und/oder Freisetzungsort	Effekte und Zielorgane
Hyperglykämisches Hormon (CHH, crustacean hyperglycemic hormone)	*Carcinus Orconectes Procambarus Homarus Armadillidium* (Isopoda)	Peptid aus 72 AS, mehrere bekannt, artspezifische Unterschiede in der Sequenz	X-Organ-Sinusdrüsen-System	Regulation des Blutzuckergehaltes, Wirkung auf den Hepatopankreas u.a. Zielorgane
Häutungshemmendes Hormon (MIH, moult-inhibiting hormone)	*Carcinus Callinectes*	Peptid aus 78 AS	X-Organ-Sinusdrüsen-System	hemmt die Ecdysteroidsynthese in den Y-Organen (Häutungsdrüsen)
Gonadenhemmendes Hormon (GIH, auch VIH, vitellogenesis inhibiting hormone)	*Homarus*	Peptid aus 77 AS	X-Organ-Sinusdrüsen-System	hemmt Eireifung durch Hemmung der Dottersynthese und Einlagerung (Vitellogenese), Zielorgan wahrscheinlich Ovar
Pigment dispergierendes Hormon (α- u. β-PDH)	ca. 14 verschiedene Dekapoden, außerdem Armadillidium (Isopoda)	Peptide aus 18 AS, artspezifische Sequenzunterschiede	vor allem in Augenstielganglien, aber auch im übrigen Nervensystem	bewirken Farbwechsel durch Pigmentdispersion in epidermalen Chromatophoren; Lichtadaptation durch Pigmentverschiebung in den Augen
Rotpigment konzentrierendes Hormon (RPCH, red pigment-concentrating hormone)	ca. 10 verschiedene	Peptid aus 8 AS (Ähnlichkeit mit adipokinetischem Hormon der Insekten)	vor allem in Augenstielganglien, aber auch im übrigen Nervensystem	bewirkt Farbwechsel (Aufhellung) durch Pigmentkonzentration in epidermalen Chromatophoren, antagonistisch zu PDH, außerdem Modulator neuronaler Aktivität
Myotropine Proctolin FMRF/FLRFamid-ähnliche CCAP Orcokinin	verschiedene Dekapoden	kleine Peptide aus 5-13 AS	Perikardialorgane, und übriges Nervensystem	aktivierende Wirkung auf Herz, Enddarm und verschiedene andere Muskeln

Abkürzungen: AS Aminosäure

zehn oder mehr verschiedene Neuropeptide beteiligt sind.

Peptiderge Neuronen, die sich in allen Ganglien des ventralen Nervensystems befinden, bilden ein ausgedehntes, diffuses System von Neurohämalzonen

Endigungen von neurosekretorischen Zellen des ventralen Nervensystems bilden Neurohämalzonen an den Wurzeln der Segmentalnerven und an der Oberfläche von Ganglien (Abb. 10-11a). Ein unpaares medianes Nervensystem mit Neurohämalorganen (perisympathische Organe) wie bei den Insekten scheint nicht ausgebildet zu sein. Direkte neurosekretorische Innervation von Zielgeweben wird ebenfalls häufig beobachtet. Zielgewebe sind z.B. Exoskelettmuskeln und, besonders ausgeprägt, der Enddarm, der von einem Geflecht neurosekretorischer Fasern umgeben ist. Diese lassen sich über die Axone im unpaaren Darmnerv zu Somata in den ventralen Ganglien zurückverfolgen. Das letzte (sechste) Abdominalganglion enthält z.B. besonders viele Somata, die das myotrope Peptid CCAP produzieren.

Die neurosekretorischen Zellen des ventralen Systems produzieren offenbar neben biogenen Aminen überwiegend myotrope Neuropeptide. Identifiziert wurden bisher **Proctolin**, **CCAP**, mehrere Substanzen aus der **FMRFamid-Familie**, und die Amine **Serotonin**, **Octopamin** und **Dop-**

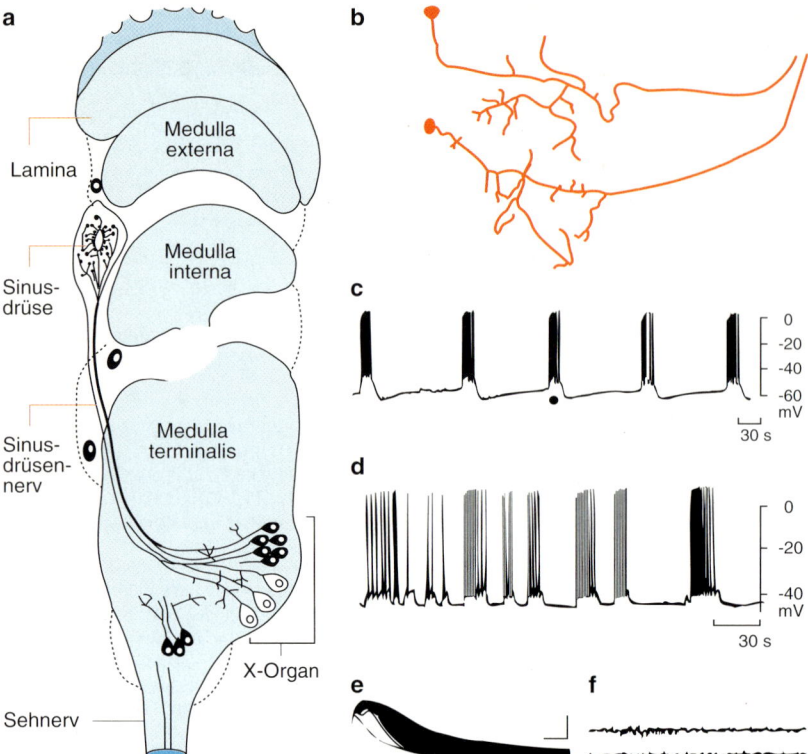

Abb. 10-10. a Halbschematische Darstelllung der optischen Ganglien im Augenstiel der Strandkrabbe *Carcinus maenas* mit dem neurosekretorischen X-Organ-Sinusdrüsensystem. Die drei großen Perikaryen des X-Organs repräsentieren Zellen, die hyperglykämisches Neurohormon (CHH = crustacean hyperglycemic hormone) produzieren, die fünf kleinen schwarzen repräsentieren Zellen, die Rotpigment-konzentrierendes Hormon produzieren (RPCH = red pigment concentrating hormone). Die drei RPCH-Zellen im proximalen Teil der medulla terminalis senden die Axone durch den Sehnerv und das Gehirn in Neurohämal-zonen des Suboesophagealganglions. Zwei Axone sind im Seh-nerv dargestellt. Beachte die zentrale Hämolymphlakune in der Sinusdrüse. **b** Zwei X-Organ-Neurone, durch Kobalt-Füllung dargestellt. Die sekretorischen Endigungen fehlen,. **c** Spontane Impulse einer Axonendigung in der Sinusdrüse, **d** Ableitung von einem X-Organ-Soma, **c** u. **d** intrazelluläre Ableitung, **e** Impuls-verlängerung (spike broadening) bei sukzessiven Aktionspoten-tialen des in **c** durch • markierten „bursts" einer Axonendigung, **f** Extrazellulär abgeleitete Aktionspotentiale im Sinusdrüsennerv. **a** aus [28], **b** aus [10], **c** bis **f** aus [38]

amin. In einigen Zelltypen fand man *Kolokalisation* von Proctolin mit Serotonin oder Dopamin. Bei Crustaceen gibt es besonders viele detaillierte Befunde, die beweisen, daß biogene Amine eine *neurohormonale Funktion* haben können, und zwar besonders *bei der Modulation neuro-muskulärer Prozesse.* Injiziert man z.B. *Serotonin* in die Hämolymphe vom Hummer, so beobachtet man eine anhaltende Beugung des Abdomen und der Schreitbeine, so daß eine aufrechte, „*agressive*" Haltung resultiert, wie sie auch im natürlichen Verhalten vorkommt. Injektion von Octopamin führt dagegen zu einer Streckung von Abdomen und Extremitäten und damit zu einer flachen, „*unterwürfigen*" Haltung [27]. Die Wirkung der Amine ist hierbei eine doppelte; zum einen aktivieren sie ein motori-sches Programm im Bauchmark, zum anderen modulieren sie die Exoskelettmuskeln, so daß diese verstärkt reagie-ren. Auf der Suche nach Neuronen, die für die Effekte unter physiologischen Bedingungen verantwortlich gemacht werden konnten, fand man einen bestimmten Typ Serotonin-haltiger Zellen mit Endigungen im zentralen Neuropil der Ganglien, in Neurohämalzonen in den Seg-mentalnerven und mit Fortsätzen in die Peripherie (Abb. 10-11b). Man nimmt an, daß diese Zellen einerseits durch Sekretion von Serotonin in die Hämolymphe periphere neuromuskuläre Systeme aktivieren, und daß andererseits die spezifischen motorischen Progamme der Extremitäten-beugungen durch die zentral in den Ganglien gelegenen Endigungen ausgelöst werden, möglicherweise durch syn-aptische Übertragung von Serotonin (s. auch Kap. 7.4)

Im Perikard der dekapoden Crustaceen finden sich ausgedehnte Geflechte sekre-torischer Nervenfasern, die herzwirksame Substanzen sezernieren

Die **perikardialen neurohämalen Organe,** kurz **Peri-kardialorgane (PO)** genannt, liegen, wie der Name sagt, in der Perikardialhöhle zu beiden Seiten des Herzens. Ihre Anordnung im Hämolymphstrom, der aus dem ventralen Sinus durch die Branchiokardial-venen ins Herz führt, ermöglicht es, daß freigesetzte Neurohormone sofort auf das Herz wirken und außerdem durch dieses schnell im gesamten Hämo-

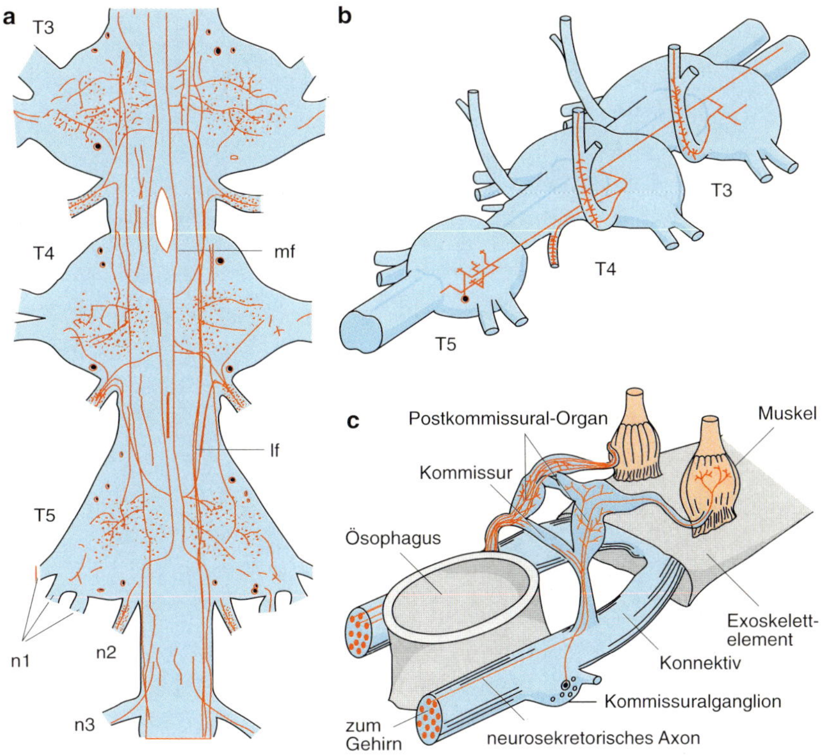

Abb. 10-11. Neurosekretorische Strukturen im ventralen Nervensystem von Crustaceen. **a** Dorsalansicht der Thoraxganglien 3–5 des Hummers (T3-T5) mit Proctolin-haltigen Somata, Fasern und Neurohämalzonen, die diffus an der Oberfläche der Ganglien (fein punktiert) und konzentrierter in den Wurzeln der 2. Nerven (n2) liegen (dicht punktiert) mf, mediane, lf, laterale Fasern, **b** Architektur einer Serotonin- und Proctolin-haltigen Zelle in den Thoraxganglien 3–5 (T3-T5) des Hummers mit zentralen und peripheren (Neurohämal-) Endigungen, **c** Postkommissuralorgan der Garnele *Leander serratus*. **a** aus [37], **b** aus [13], **c** aus [1]

lymphvolumen verteilt werden können. Die Anatomie der PO is variabel und teilweise komplex. Sie werden durch sieben Paar Segmentalnerven gebildet, die dorsolateral aus den Thoraxganglien abzweigen. Diese Nerven, die Axone neurosekretorischer Zellen der Thoraxganglien enthalten, ziehen in die Perikardialhöhle, wo sie zu den PO fusionieren [17, 19]. Bei der Strandkrabbe *Carcinus maenas* erkennt man vordere und hintere **Anastomosen**, die durch zwei parallele Längsstränge verbunden sind (Abb. 10-12). Am ersten Segmentalnerv finden sich die sog. *vorderen Verzweigungen*, die die *respiratorischen Muskeln innervieren*. Die innere Oberfläche der PO-Strukturen ist dicht und zusammenhängend mit sekretorischen Axonendigungen besetzt. Insgesamt bilden die PO das größte zusammenhängende Neurohämalorgan bei Crustaceen.

Es ist lange bekannt, daß die PO herzstimulierende Substanzen enthalten. Als solche wurden zuerst die biogenen Amine *Serotonin, Octopamin* und *Dopamin* nachgewiesen [17]. Außerdem kommen Neuropeptide vor, von denen bis heute die folgenden eindeutig identifiziert sind: *Proctolin, CCAP*, mehrere Peptide der *FMRFamid-Familie, Leu* und *Met-Enkephalin*. Die Bedeutung der PO für das Verständnis neurohormonaler Prozesse bei Crustaceen liegt im eindeutigen experimentellen Beweis dafür, daß die genannten Amine und Neuropeptide als im Blut zirkulierende Hormone wirken können (mit Ausnahme der Enkephaline, deren Rolle noch unklar ist).

Die Tabelle 10-2 gibt eine zusammenfassende Übersicht über Neurohormone und neurohormonale Mechanismen bei Crustaceen. Für die Aufnahme in die Tabelle waren die gleichen Kriterien maßgebend wie im Abschnitt über Insekten beschrieben.

10.6 Mollusken

Der Stamm der Mollusken ist diejenige Invertebraten-Gruppe, die die Vielfalt von neurohormonalen Systemen und die umfassende Bedeutung von Neuropeptiden für die Integration und Regulation von physiologischen Prozessen vielleicht am eindrucksvollsten demonstriert. Sie bieten besonders *günstige methodische Voraussetzungen*, weil die Nervensysteme leicht zugänglich und wegen der relativ geringen Zahl von Neuronen sehr übersichtlich sind. *Gruppen neurosekretorischer Zellen bzw. sogar Einzelzellen können vielfach bereits in vivo aufgrund ihrer Größe und Färbung identifiziert werden.* Diese Eigenschaften erleichtern elektrophysiologische, biochemische und molekularbiologische Analysen.

Es gibt ferner viele gut bekannte physiologische Prozesse, die als Grundlage für die Untersuchung neurohormonaler Regulationen dienen können, z.b. *Wachstum, Wasser- und Ionenhaushalt, Stoffwechsel,* Reproduktion und vor allem leicht analysierbare, *stereotype Verhaltensweisen*, wie Freßverhalten, Kopulation und Eiablage.

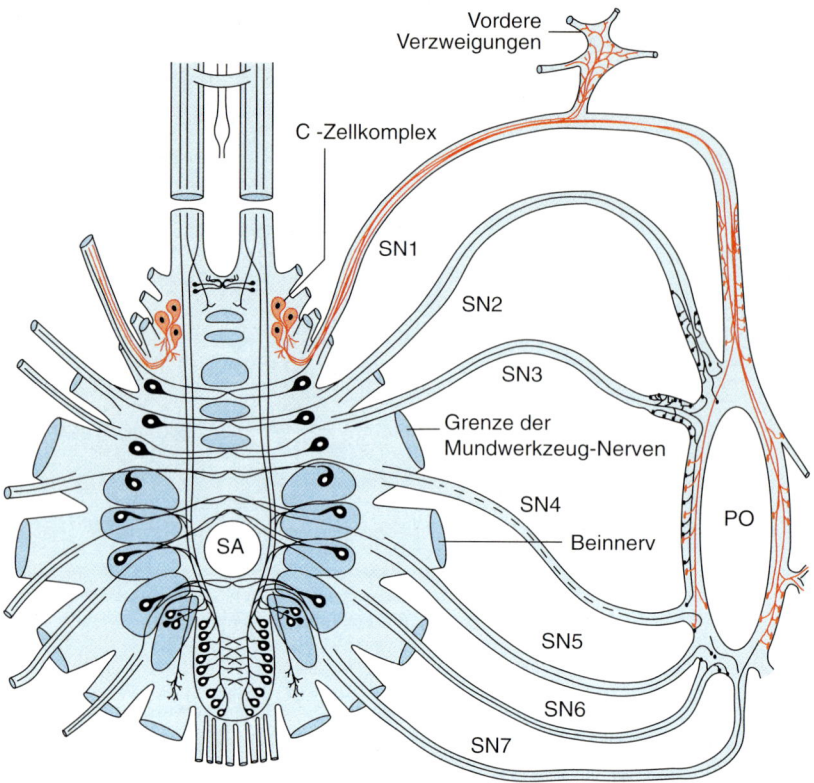

Vordere
Verzweigungen

C -Zellkomplex

SN1

SN2

SN3

Grenze der
Mundwerkzeug-Nerven

SN4

SA

Beinnerv

PO

SN5

SN6

SN7

Abb. 10-12. Halbschematische Darstellung des Thoraxganglions (Dorsalansicht) und des rechten Perikardialorgans der Strandkrabbe *Carcinus maenas*. Die schwarzen segmentalen Neuronen produzieren das myotrope und herzstimulierende Peptid CCAP (crustacean cardioactive peptide). Beachte, daß die Axone kontralateral verlaufen. CCAP-Axone finden sich in allen Segmentalnerven (SN 1–7). Der sog. C-Zellkomplex enthält besonders viele neurosekretorische Zellen mit Axonen im 1. Segmentalnerv. Die roten Neuronen repräsentieren größere Gruppen von Zellen verschiedenen Typs, die Proctolin, Leu-Enkephalin, FMRFamid- und CCK-ähnliche Peptide produzieren. SN 1–7, Segmentalnerven 1–7, PO, Perikardialorgan, SA, Sternalarterie, AN, Abdominalnerven. Nach [19], verändert

Unsere Kenntnisse gründen sich überwiegend auf Untersuchungen an zwei Versuchstieren, der Meeresschnecke *Aplysia* (Opisthobranchier) und der Schlammschnecke *Lymnaea stagnalis* (Pulmonaten). Die Komplexität der neurohormonalen Systeme der beiden Arten wird recht eindrucksvoll durch die *Zahl* der bereits *identifizierten Neuropeptide* demonstriert. Bei *Aplysia* wurden bisher etwa 70 beschrieben, bei *Lymnaea* sind es mehr als 50. Darunter sind Peptide, die in identischer oder ähnlicher Form von Vertebraten oder anderen Invertebraten bekannt sind (z.B. Mollusken-Vasopressin und -Insulin), doch scheint es für Mollusken charakteristisch zu sein, daß sie eine große Zahl von Peptiden besitzen, die bisher weder bei Vertebraten noch bei anderen Invertebraten nachgewiesen wurden.

> **Die zentralen Ganglien von *Lymnaea* enthalten ein besonders komplexes System neurosekretorischer Zellen**

In den zu einem Ring fusionierten Ganglien (Abb. 10-13) lassen sich durch Neurosekretfärbung ca. 18 verschiedene Typen neurosekretorischer Zellen unterscheiden. Die Nomenklatur (z.B. gelbe Zellen, hellgrüne Zellen etc.) beruht auf der Anfärbung mit *Alcianblau/Alciangelb* (Literatur in [6]). Zellen des gleichen Typs sind in der Regel in Gruppen

angeordnet. Die *Neurohämalzonen* der Zellen sind bei *Lymnaea* meist *diffus* über die Oberfläche der Nerven verteilt, die von den Ganglien abzweigen. Besonders charakteristisch ist, daß *viele Neurone bimodal sind*, d.h., sie sezernieren aus Neurohämalzonen in die Hämolymphe und innervieren zusätzlich über nichtsynaptische Endigungen Zielorgane direkt (z.B. Herz, Aorta, Genitaltrakt, Darm, Niere etc.). Als ein distinktes und spezialisiertes Neurohämalorgan kann die *Interzerebralkommissur* gelten, die besonders dicht mit sekretorischen Endigungen besetzt ist. Im folgenden sollen drei Zelltypen näher beschrieben werden.

Die caudo-dorsalen Zellen (CDC). Diese Zellen von denen sich im rechten und linken Zerebralganglion insgesamt ca. 100 befinden, haben eine komplexes Projektionsmuster (Abb. 10-13). Das Hauptaxon zieht direkt an die Oberfläche der Interzerebralkommissur und bildet dort eine Neurohämalzone. Eine Kollaterale des Hauptaxons zieht durch das innere Neuropil der Interzerebralkommissur und bildet dort kleine seitliche Fortsätze. Offenbar dienen diese der Interaktion mit anderen Neuronen durch nichtsynaptische Freisetzung von CDC-Hormonen. Die Kollaterale zieht weiter in das gegenüberliegende Zerebralganglion, biegt um und bildet schließlich ebenfalls Neurohämal-Endigungen an der Oberfläche der Interzerebralkommissur.

Die CDC produzieren ein längerkettiges Prohormon, aus dem durch proteolytische Spaltung mehrere biologisch aktive Peptide entstehen, und zwar das **Eiablagehormon**, mehrere kleine Peptide und das sog. *Calfluxin*. Alle diese Peptide sind beteiligt bei der Auslösung und Integration der Prozesse, die mit der Eiablage zusammenhängen.

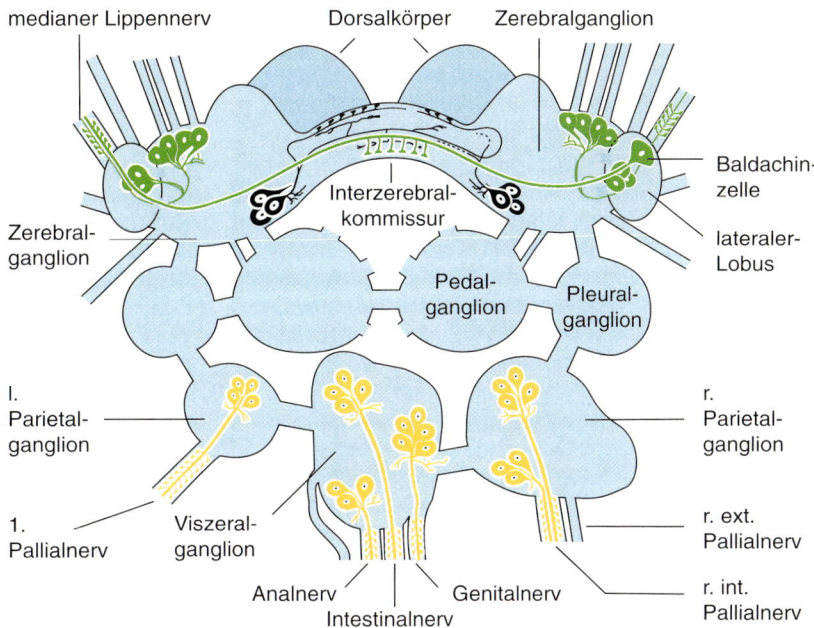

Abb. 10-13. Halbschematische Darstellung des Zentralnervensystems der Schlammschnecke *Lymnaea stagnalis*. Das komplexe neurohormonale System ist hier nur durch drei Typen neurosekretorischer Zellen repräsentiert: 1) die caudo-dorsalen Zellen (schwarz); 2) die sog. hellgrünen Zellen, und 3) die sog. gelben Zellen. Beachte die Baldachin-Zelle (nur auf der rechten Seite eingezeichnet), ihr Axon geht durch die Zerebralganglien zu neurohämalen Endigungen im kontralateralen medianen Lippennerv. Es existiert nur eine Baldachin-Zelle auf jeder Seite. Die Zahl der eingezeichneten Zellen ist nicht maßgebend für die tatsächliche Zahl. Beachte die Neurohämalzonen am Anfang mehrerer der abzweigenden Nerven. In Anlehnung an [5]

Bildbeschriftungen: medianer Lippennerv — Dorsalkörper — Zerebralganglion — Baldachin-zelle — Interzerebral-kommissur — lateraler-Lobus — Zerebral-ganglion — Pedal-ganglion — Pleural-ganglion — l. Parietal-ganglion — r. Parietal-ganglion — 1. Pallialnerv — Viszeral-ganglion — r. ext. Pallialnerv — Analnerv — Genitalnerv — r. int. Pallialnerv — Intestinalnerv

Sog. gelbe Zellen (YC, yellow cells): Ihre Somata liegen hauptsächlich in den *Parietalganglien* und im *Viszeralganglion*. Diese Zellen *sezernieren bimodal*, d.h., sie bilden Neurohämalzonen in der äußeren Umhüllung der Ganglien und abgehender Nerven und innervieren außerdem über die *Pallial-*, *Intestinal-* und *Analnerven* Niere, Harnleiter und verschiedene andere Organe. Periphere Neurohämalzonen befinden sich im *Perikard*, dem *reno-perikardialen Kanal* und am *Ureter*. Die gelben Zellen haben somit einen sehr ausgedehnten Bereich von Neurohämalzonen und lokalen Freisetzungsorten. Sie produzieren ein identifiziertes Peptid aus 76 Aminosäuren (SIS = sodium influx stimulating peptide), daß die Na^+-Resorption stimuliert, und damit für die Regulation des Wasser- und Ionenhaushaltes von Bedeutung ist. Haltung von Schnecken in destilliertem Wasser aktiviert die Hormonsynthese in den gelben Zellen.

Hellgrüne Zellen (LGC, light green cells): Diese Zellen, die peripher in den Zerebralganglien liegen, bilden Neurohämalzonen vor allem an den *medianen Lippennerven*. Durch Ausschaltversuche ist seit längerem bekannt, daß sie ein wachstumförderndes Hormon produzieren. Neuere Befunde zeigen, daß es sich hierbei um ein *Insulin-ähnliches Peptid* handelt, das in wesentlichen strukturellen Merkmalen (Aminosäuresequenz, Aufbau aus A- und B-Kette) dem Wirbeltier-Insulin ähnelt. Damit bestätigt sich, daß Insulin-ähnliche Peptide phylogenetisch alt sind, daß sie als Neuropeptide auftreten können, und daß Wachstumsförderung eine ursprüngliche Aktivität dieser Peptide ist. Die Mollusken-Peptide reihen sich damit ein in die Reihe der sog. Insulin-ähnlichen Wachstumsfaktoren, die von Vertebraten bekannt sind.

Die bag cell-Neurone von *Aplysia* sezernieren Hormone, die die Eiablage steuern

Die Kontrolle des Eiablage-Verhaltens und aller damit verbundenen Prozesse bei *Aplysia* ist zweifellos das bestuntersuchte Beispiel eines komplexen neurohormonalen Mechanismus bei Invertebraten. Es zeigt sehr eindrucksvoll, wie die Aktivität von Zellen nur eines bestimmten Typs einen ganzen Komplex von physiologischen Reaktionen und Verhaltensweisen auslösen und präzise koordinieren kann. Die Eiablage ist ein stereotyper und daher gut zu studierender Prozeß. Er läuft nach dem Alles-oder-Nichts-Prinzip ab. Die verantwortlichen Zellen sind die sog. **bag-cell-Neuronen**, neurosekretorische Zellen, die in zwei kompakten Gruppen von je 400 um die *Pleuroabdominalnerven* (Konnektive) am Vorderrand der *Abdominalganglien* angeordnet sind (Abb. 10-14). Die hormonale Funktion der bag cell-Neurone wurde erkannt, indem nachgewiesen wurde, daß Injektion eines Extraktes aus diesen Zellen in das Haemocoel von *Aplysia* Eiablage auslöst [15,35].

Morphologie und elektrische Eigenschaften. Die bag-cell-Neurone sind *multipolar*. Sie senden ihre Fortsätze in verschiedenen Richtungen in die Bindegewebsscheide der Pleuroabdominalnerven. Die meisten Endigungen befinden sich in reich mit Blutgefäßen versorgten Regionen der Bindegewebsscheide. Hier findet Freisetzung der Produkte in die Zirkulation statt, durch die sie zu anderen Ganglien und peripheren Zielorganen transportiert werden. Außerdem existieren Fortsätze, die zwischen den

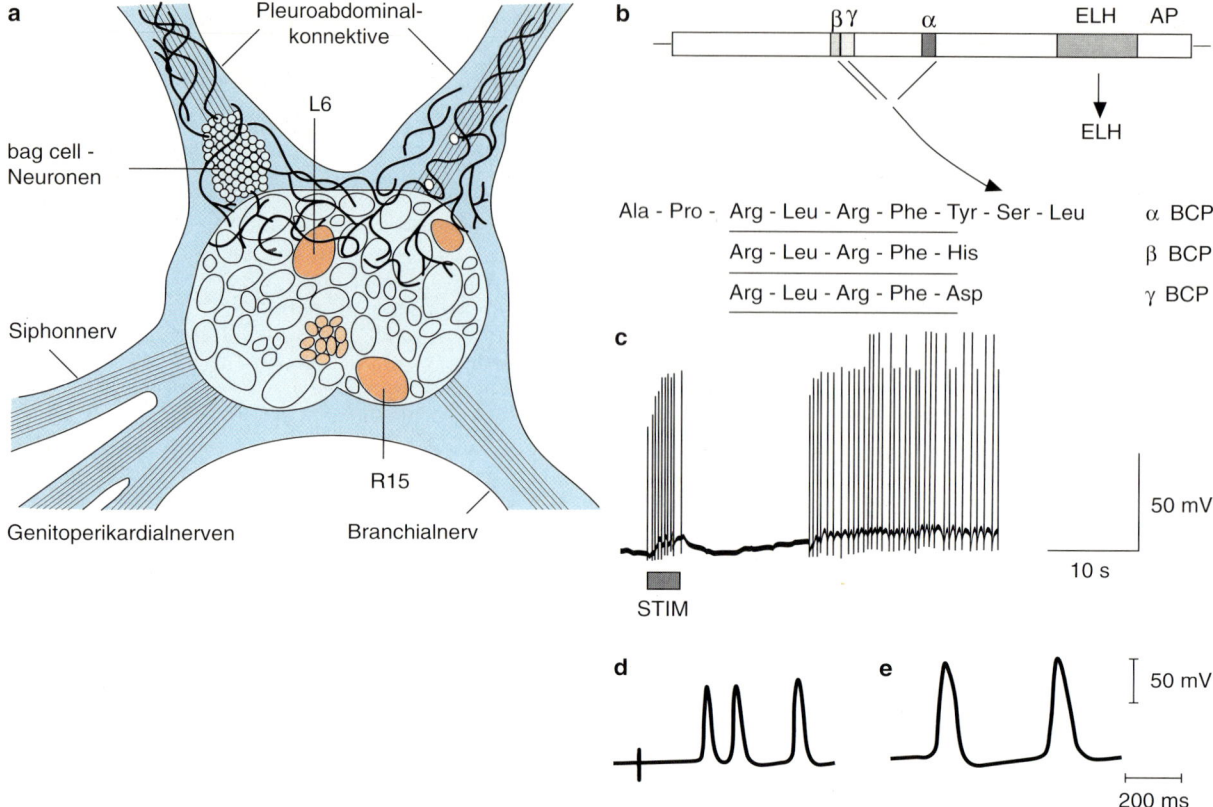

Abb. 10-14. a Dorsalansicht des Abdominalganglions von *Aplysia californica*. Beachte die Endigungen der bag cell-Neurone (rechts sind nur zwei eingezeichnet) in der Hülle der Pleuroabdominalnerven (Konnektive) und zwischen den Neuronen im Ganglion. Hervorgehoben sind Neurone, deren Beeinflussung durch bag cell-Peptide nachgewiesen ist, so wird z.B. R15 durch ELH stimuliert, während L6 durch alpha-BCP in seiner Aktivität gehemmt wird. **b** das ELH-Prohormon und die durch proteolyti-sche Spaltung entstehen bioaktiven Neuropeptide. ELH = Eiablagehormon, alpha, beta und gamma-BCP (bag cell-peptides). **c**, Nachentladung eines bag cell-Neurons nach kurzer elektrischer Reizung des Pleuroabdominalnervs (Stim.) **d**, intrazellulär abgeleitete Aktionspotentiale zu Beginn des Reizes, **e**, 10 min nach Einsetzen der Entladungen. Beachte die Verlängerung der Aktionspotentiale. **a** nach [35], **b** bis **d** aus [15]

Somata des Abdominalganglions enden, und andere, die zur kontralateralen bag cell-Gruppe führen.

Die Zellen sind *normalerweise elektrisch inaktiv*. Sie reagieren auf eine kurze elektrische Reizung eines der beiden Pleuroabdominalnerven mit repetitiven Entladungen hoher Frequenz, denen, oft nach einer kürzeren Phase der Inaktivität, lange (bis 30 min und länger) anhaltende Entladungen niedrigerer Frequenz folgen (Abb. 10-14). Diese *Nachentladungen* sind mit einer *progressiven Zunahme der Hormonfreisetzung* korreliert. Während dieser Phase beobachtet man eine *Verlängerung der Aktionspotentiale*, ein Effekt, der wahrscheinlich die Hormonsekretion noch zusätzlich erhöht. Elektrische Reizung einiger oder weniger Zellen führt zu einer streng synchronisierten Nachentladung aller Zellen derselben und der kontralateralen Gruppe. Dieses Phänomen beruht auf einer *elektrischen Kopplung* aller Zellen über *gap junctions,* wobei die Kopplung sich durch hinüberziehende Zellfortsätze auch auf die Zellen der kontralateralen Gruppen erstreckt.

Die biologische Bedeutung von Nachentladung und elektrischer Kopplung liegt offensichtlich darin, daß es auf einen Reiz hin zu einer massiven, koordinierten Hormon-freisetzung kommt. Experimentell kann man durch selektive elektrische Reizung der bag cell-Neuronen das komplette Eiablageverhalten auslösen. Der adäquate Umweltreiz, der zu einer Stimulation der Zellen führt, ist noch nicht bekannt. Verschiedene Befunde deuten darauf hin, daß die Zerebralganglien beteiligt sind und Signale über die Pleuralganglien und die Pleuroabdominalnerven weitergegeben werden. Es sei hinzugefügt, daß die caudo-dorsalen Zellen in den Zerebralganglien von *Lymnaea* (s.o.) den bag cell-Neuronen von *Aplysia* funktionell entsprechen. Auch diese Zellen sind elektrisch gekoppelt und zeigen das Phänomen der Nachentladung.

Die Hormone der bag cell-Neurone. Aus den bag cell-Neuronen wurde als erstes das **Eiablagehormon, ELH** („egg laying hormone") isoliert. Es ist ein basisches Peptid aus 36 Aminosäuren mit einem Molekulargewicht von 4.385 Dalton. Schon früh wurde jedoch gefunden, daß die Zellen noch weitere Peptide sezernieren. Hierfür verantwortlich ist ein Gen, daß spezifisch in bag cell-Neuronen exprimiert wird. Dieses Gen kodiert ein längerkettiges *Prohormon* (*ELH-precursor*), aus dem durch proteolytische Spaltung ELH und einige andere Peptide, darunter die drei sog. **bag cell-Peptide (α, β, γ-BCPs)** entstehen (Abb. 10-14). Diese verschiedenen Peptide werden gemeinsam sezerniert. In den caudodorsalen Zellen von *Lymnaea* wird ein Prohormon synthetisiert, das dem *Aplysia*-ELH-Precursor sehr ähnlich ist.

Die Wirkung von ELH und den bag cell-Peptiden bei der Auslösung des Eiablageverhaltens (siehe auch Kapitel 7.4) besteht in der Aktivierung bestimmter motorischer Programme (z.B. Kopfbewegungen bei Ablegen der Laichschnur, Respirationsbewegungen) bei gleichzeitiger Hemmung anderer (Lokomotion, Fressen). Diese Prozesse werden durch die Wirkung der bag cell-Hormone auf neuronale Effektoren gesteuert. Gleichzeitig wirken die Hormone auf verschiedene nicht-neuronale Zielorgane, z.B. die Muskelfasern der Zwitterdrüse, und auf das Herz- und Kreislaufsystem. Im Zusammenhang mit der Eiablage wird z.B. die Blutversorgung von Zwitterdrüse und Ovidukt stark erhöht, während die des Verdauungstraktes und der Lokomotionsorgane reduziert wird. Die verschiedenen Peptide aus dem ELH-Precursor wirken dabei in einer Art konzertierter Aktion.

Bei diesen Vorgängen handelt es sich um hormonale Effekte, die über die Hämolymphe vermittelt werden. Wie bereits erwähnt, haben die bag cell-Neurone aber auch Fortsätze, die in das Abdominalganglion ziehen. Die Freisetzung der Neuropeptide erfolgt dort lokal, aber nachgewiesenermaßen nicht synaptisch. Hier ist also eine lokale modulatorische Wirkung auf Neurone des Abdominalganglions anzunehmen. Dies ist an mehreren identifizierten Neuronen gezeigt worden. Als Beispiel soll hier nur das Neuron R15 dienen, das durch ELH aktiviert wird (Abb. 10-14). R15 ist selbst eine neurosekretorische Zelle, deren nicht näher bekanntes Produkt u.a. eine Rolle im Wasserhaushalt der Schnecke spielt. Ihre Aktivierung dürfte daher von Bedeutung für Veränderung der Wasser-Homöostase während der Ovulation sein. Auch andere individuell identifizierte Neurone des Abdominalganglions werden spezifisch entweder durch ELH oder durch eines oder mehrere der kleineren bag cell-Peptide moduliert. Die Zusammenhänge zwischen Veränderungen der Aktivität dieser Neurone mit bestimmten Prozessen der Ovulation sind noch nicht genau geklärt (siehe auch Kapitel 7.4).

Das Besondere an diesem Vorgang liegt darin, daß die neurohormonale Koordination der verschiedenen Prozesse bei der Eiablage eine genetische Grundlage in der Weise hat, daß die wirksamen Neuropeptide als Teil eines Prohormons synthetisiert werden. So wird sichergestellt, daß sie alle gleichzeitig sezerniert und koordiniert wirksam werden können.

10.7 Literatur

Weiterführende Lehr- und Handbücher

1. Carlisle D, Knowles F (1959) Endocrine control in crustaceans. Cambridge University Press, London
2. Downer RGH, Laufer H (eds) (1988) Endocrinology of insects. New York, Liss, New York (Invertebrate endocrinology, vol 1)
3. Gupta AP (ed) (1983) Neurohemal organs of arthropods. Thomas, Springfield
4. Homberg K (1994) Distribution of neurotransmitters in the insect brain. Fischer, Stuttgart (Fortschritt der Zoologie, Bd 40)
5. Kobayashi H (ed) (1987) Atlas of endocrine organs, vertebrates and invertebrates. Kodansha , Tokyo
6. Laufer H, Downer RGH (eds) (1988) Endocrinology of selected invertebrates. Liss, New York (Invertebrate endocrinology, vol 2)
7. Maddrell SHP, Nordman JJ (1979) Neurosecretion. Blackie, Glasgow
8. Raabe M (1989) Recent developments in insect neurohormones. Plenum, New York
9. Thorndyke MC, Goldsworthy GJ (eds) (1988) Neurohormones in invertebrates. Cambridge University Press, Cambridge (Society for Experimental Biology seminar series, vol 33)

Einzel- und Übersichtsdarstellungen

10. Andrew RD, Saleuddin ASM (1978) Structure and innervation of a crustacean neurosecretory cell. Can J Zool 56:423–43
11. Bargmann W, Lindner E, Andres KH (1968) Über Synapsen an endokrinen Epithelzellen und die Definition sekretorischer Neurone. Untersuchungen am Zwischenlappen der Katze. Z Zellforsch 77:282–298
12. Baudry-Partiaoglou N (1987) Diversity of neurohormonal release sites in insects: neurohemal areas associated with peripheral neurosecretory cells in *Periplaneta americana* and *Locusta migratoria*. Int J Insect Morphol Embryol 16:295–307
13. Beltz BS, Kravitz EA (1987) Physiological identification, morphological analysis, and development of identified serotonin-proctolin containing neurons in the lobster ventral nerve cord. J Neurosci 7:533–546
14. Bicker G, Menzel R (1989) Chemical codes for the control of behavior in arthropods. Nature 337:33–39
15. Conn PJ, Kaczmarek L (1989) The bag cells neuron of *Aplysia*. Mol Neurobiol3:237–273
16. Cooke IM, Stuenkel EL (1985) Electrophysiology of invertebrate neurosecretory cells. In: Poisner N, Trifaro L (eds) The electrophysiology of the secretory cells. Elsevier, Amsterdam, pp 115–164
17. Cooke IM, Sullivan RE (1982) Hormones and neurosecretion. In: Bliss DE (ed) The biology of crustacea, vol 3. Academic, New York, pp 206–290
18. De Loof A, Schoofs L (1990) Homologies between the aminoacid sequences of some vertebrate peptide hormones and peptides isolated from invertebrate sources. Comp Biochem Physiol 95:459–468
19. Dircksen H, Keller R (1988) Immunocytochemical localization of CCAP, a novel crustacean cardioactive peptide, in the nervous system of the shore crab, *Carcinus maenas*. Cell Tissue Res 254:347–360

20. Dircksen H, Müller A, Keller R (1991) Crustacean cardioactive peptide in the nervous system of the locust, *Locusta migratoria*: an immunocytochemical study on the ventral nerve cord and peripheral innervation. Cell Tissue Res 263:439–457

21. Hökfelt T et al. (1986) Neurons with multiple messengers with special reference to neuroendocrine systems. Recent Prog Horm Res 42:1–70

22. Ichikawa T (1991) Architecture of cerebral neurosecretory cell systems in the silkworm *Bombyx mori*. J Exp Biol 161:217–237

23. Keller R (1992) Crustacean neuropeptides: structures, functions and comparative aspects. Experientia 48:439–448

24. Kobierski LA, Beltz BS, Trimmer BA, Kravitz EA (1987) FMRFamide-like peptides of *Homarus americanus*: distribution, immunocytochemical mapping, and ultrastructural localization in terminal varicosities. J Comp Neurol 266:1–15

25. Konings PNM, Vullings HGB, Kok OJM, Diederen JHB, Jansen WF (1989) The innervation of the corpus cardiacum of *Locusta migratoria*: a neuroanatomical study with the use of lucifer yellow. Cell Tissue Res 258:301–308

26. Konopinska D, Rosinski G, Sobotka W (1992) Insect hormones: an overview of the present literature. Int J Peptide Protein Res 39:1–11

27. Kravitz EA (1988) Hormonal control of behaviour: amines and the biasing of behavioural output in lobsters. Science 241:1775–1781

28. Mangerich S, Keller R, Dircksen H (1986) Immunocytochemical identification of structures containing putative red pigment-concentrating hormone in two species of decapod crustaceans. Cell Tissue Res 245:377–386

29. Nässel DR (1993) Neuropeptides in the insect brain: a review. Cell Tissue Res 273:1–29

30. O'Brien M, Katahira EJ, Flanagan TR, Arnold LW, Haughton G, Bollenbacher WE (1988) A monoclonal antibody to the insect prothoracicotropic hormone. J Neurosci 8(9):3247–3257

31. Orchard I (1982) Octopamin in insects: neurotransmitter, neurohormone, and neuromodulator. Can J Zool 60:659–669

32. Orchard I, Belanger JH, Lange AB (1989) Proctolin: a review with emphasis on insects. J Neurobiol 20:470–496

33. O'Shea M, Schaffer M (1985) Neuropeptide function: the invertebrate contribution. Annu Rev Neurosci 8:171–198

34. Scharrer E (1928) Die Lichtempflichkeit blinder Elvitzen (Untersuchungen über das Zwischenhirn der Fische). Z Vergl Physiol 7:1–38

35. Scheller RH, Kaldany R-R, Kreiner T, Mahon AC, Nambu JR, Schaefer M, Taussig R (1984) Neuropeptides: mediators of behavior in *Aplysia*. Science 225:1300

36. Schoofs L, Van den Broeck J, De Loof A (1993) The myotropic peptides of *Locusta migratoria*: structures, distribution, functions and receptors. Insect Biochem Mol Biol 23:859–881

37. Siwicki KK, Bishop CA (1986) Mapping of proctolin-like immunoreactivity in the nervous system of lobster and crayfish. J Comp Neurol 243:435–453

38. Stuenkel EL, Cooke IM (1988) Electrophysiological characteristics of peptidergic nerve terminals correlated with secretion. Curr Top Neuroendocrinol 9:125–149

39. Truman JW, Copenhaver PF (1990) The larval eclosion hormone neurones in *Manduca sexta*: identification of the brain-proctodeal neurosecretory system. J Exp Biol 147:457–470

40. Veenstra JA (1987) Diversity in neurohemal organs for homologous neurosecretory cells in different insect species as demonstrated by immuno cytochemistry with an antiserum to molluscan cardioexcitatory peptide. Neurosci Lett 73:33–37

11 Neurohormonelle Systeme der Vertebraten

W. Hanke

Neurone können nicht nur Transmitter in den synaptischen Spalt sezernieren, sondern auch Wirkstoffe, z.B. Peptide oder Katecholamine, an das Blut oder den Extrazellularraum abgeben, die dann auf diesem Weg entferntere Zielorgane erreichen. Neuronengruppen mit solcher Aktivität bezeichnet man als neurohormonelle Systeme

Die Bildung von Neurohormonen ist zuerst bei Knochenfischen nachgewiesen worden. Meist wenig spezifische histologische Färbeverfahren (Bindegewebsfärbung nach Gomori) gaben Hinweise auf Sekretion von Proteinen in „normalen" Neuronen des Hypothalamus. Viele histologische und elektronenmikroskopische Einzeluntersuchungen, die mit den Namen von E. und B. Scharrer, W. Bargmann [13, 34, 8] und anderen verknüpft sind, zeigten schließlich, daß Nervenzellen neben und in Verbindung mit ihren elektrischen Phänomenen auch sekretorisch im Sinne von Drüsensystemen funktionieren können. Relativ spät, erst in den fünfziger Jahren, wurde auch klar, daß das Neurosekret, soweit es Peptidnatur hat, im Perikaryon gebildet und über die Axone zu den Synapsen transportiert wird. Dort erfolgt die Sekretion in Blutgefäße oder in den Extrazellularraum.

Die stofflichen Steuerprozesse zwischen Zellen im Zentralnervensystem der Wirbeltiere werden aufgrund der Distanz zwischen Sekretionsort und Rezeptor klassifiziert. Neurotransmission überbrückt nur eine sehr kleine Distanz, den synaptischen Spalt. **Hormone** beeinflussen entweder **parakrin** nach Sekretion in den Extrazellularraum das umgebende Gewebe oder **telokrin** entferntere Gewebe, wenn sie in Blutgefäße sezerniert werden. Sie können neurale Funktionen parakrin modulieren. Die telokrine Wirkung im Gehirn der Wirbeltiere ist eine sogenannte portale, da lokale Gefäßverbindungen benutzt werden.

11.1 Übersicht und Einteilung der neurohormonellen Systeme

Neurosekretion wird, dem chemischen Charakter der Wirkstoffe entsprechend, peptiderg, cholaminerg oder cholinerg genannt [14]

Diese drei Typen unterscheiden sich in der Beschaffenheit der Granula oder synaptischen Vesikel im terminalen Axon. Ein Neuron kann verschiedenartige Sekrete produzieren und auch synaptische Verbindungen eingehen. Zusätzlich zu den drei genannten gibt es noch weitere Typen, die den übrigen bekannten Transmittern entsprechen (s. Kap. 5.2–4). Mit dem Begriff **Neurohormon** ist verbunden, daß der Wirkstoff von einem terminalen Axon abgegeben wird, das ein **Neurohämalorgan** mit Blutgefäßen bildet. Dieses ist als diskretes Areal oft durch Bindegewebe von anderen Bezirken abgegrenzt. **Katecholamine** zählen ebenfalls zu den Neurohormonen, wenn sie auf diese Weise sezerniert werden, arbeiten aber auch als Transmitter.

Der Hypothalamus der Wirbeltiere ist das Zentrum der Sekretion von Hormonen

Die produzierenden Somata der Neurone sind in sogenannten **Kerngebieten** („Gehirn-Ganglien") vereinigt. Axone projizieren in und aus diesen Kerngebieten. Viele Axone verbinden sich zu Strängen in Richtung **Hypophyse** und enden meistens in der **Neurohypophyse**, dem nervösen Anteil der Hypophyse. Im Zentrum der neurohormonellen Systeme, dem **Hypothalamo-Hypophysen-Gebiet**, treffen Nervensystem und ektodermale Drüsenregionen, die der Mundbucht entstammen (Rathkesche Tasche des dorsalen Mundektoderms), zusammen. Gebiete neuralen Ursprungs lagern sich an das Ektoderm und bilden folgende Zonen:

– **Hypothalamus**, dem Zwischenhirn (Dienzephalon) zugehörig;
– **Neurohypophyse**, bestehend aus **Eminentia mediana** und **Hypophysenhinterlappen** (**Pars nervosa**);
– **Adenohypophyse**, bestehend aus **Hypophysenzwischen**- und **vorderlappen** (**Pars intermedia** und **Pars distalis**).

Die beiden Teile der Neurohypophyse sind die Neurohämalorgane.

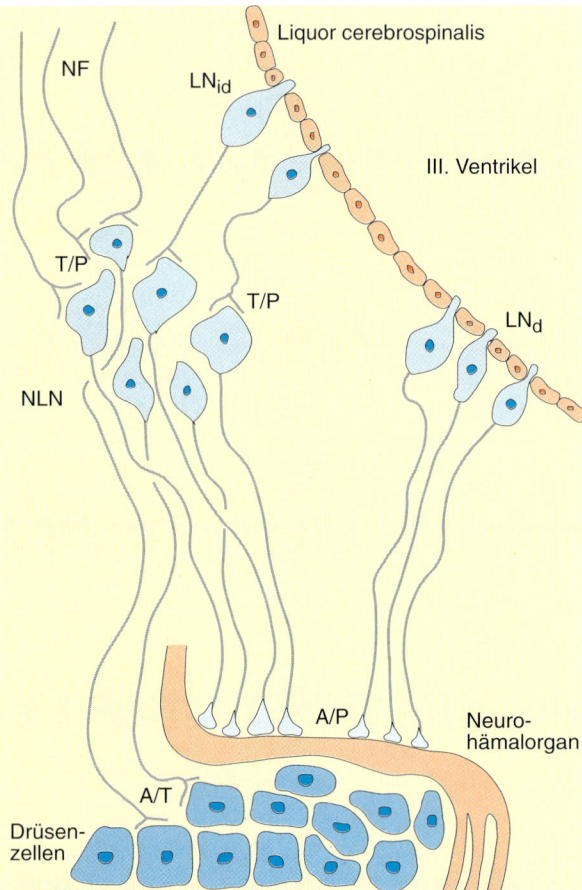

Abb. 11-1. Schematische Darstellung der neuronalen Kontakte zwischen Liquor cerebrospinalis und Adenohypophyse (Drüsenzellen). Liquorkontaktneurone (hellblau) sind Sensoren, die Information aus dem Liquor aufnehmen und zu anderen Neuronen oder dem Neurohämalorgan weiterleiten. Neuronengruppen ohne Liquorkontakt werden von Nervenfasern aus anderen Gehirnteilen reguliert und geben Hormone im Neurohämalorgan ab. Die Drüsenzellen der Adenohypophyse (dunkelblau) werden sowohl von portalen Hormonen aus dem Neurohämalorgan als auch durch direkte Innervation reguliert.
A/P – Amin- oder Peptid-Wirkung, A/T – Amin- oder Transmitterwirkung, LN_d – Liquorkontaktneurone mit direkter Wirkung, LN_{id} – Liquorkontaktneurone mit indirekter Wirkung auf die Drüsenzellen über Neurosekrete, NF – Nervenfasern von verschiedenen Kerngebieten, NLN – Nicht-Liquorkontaktneurone, T/P – Transmitter- oder Peptidwirkung

Die Informationen, die den Kerngebieten des Hypothalamus zugeführt werden und deren Aktivität bestimmen, kommen aus verschiedenen Hirngebieten. **Liquor-Kontakt-Neurone** sind Sensoren für die Zusammensetzung des **Liquor cerebrospinalis** und signalisieren diese an die neurosekretorischen Neurone. Vom Telenzephalon wird aus den sensorischen Zentren Information über die Umwelt mitgeteilt, und auch vom seitlichen Dienzephalon und vom Mesenzephalon finden sich Nervenfaserzüge zu den neurosekretorischen Zentren (Abb. 11-1).

Im dorsalen Dienzephalon liegt die Epiphyse. Sie ist ursprünglich eine Kombination von Sinnesorgan und inkretorischer Drüse. Bei einer Reihe von Fischen, Amphibien und Reptilien transformiert die Epiphyse als unpaares Auge den Sinneseindruck in Sekretion von **Melatonin**, ein Indolamin, von dem periphere Wirkungen unter anderem auf Melanophoren und Gonaden bekannt sind. Bei Säugern reguliert das sympathische Nervensystem die Melatoninsekretion aus dieser Drüse.

Neben dem Hypothalamus kann man sekretorische Tätigkeit in den verschiedensten Teilen des Wirbeltiergehirns beobachten. Als Neurohormone wirkende **Neuropeptide** wurden immunzytochemisch in fast allen Teilen des Gehirns nachgewiesen, was die **funktionelle Zuordnung** sehr erschwert. Dem Liquor cerebrospinalis kommt zentrale Bedeutung zu. Die **zirkumventrikulären Organe** sind sekretorisch tätige Zentren, die Bestandteile des Liquors, wahrscheinlich sogar den Liquor selbst, produzieren. Diese verbreitete sekretorische Tätigkeit, meist vom parakrinen Typ, moduliert die Funktion nahegelegener Neuronenareale.

Ebenso schwierig wie eine strenge Lokalisation der sekretorisch tätigen Neurone und der Neuropeptide ist eine vollständige **Übersicht** und **Einteilung** der **neurohormonellen Systeme** und der sezernierten Substanzen. Die Einteilung bleibt sicher unvollständig. Es soll hier eine Aufzählung der verschiedenen Peptide erfolgen, die sich auf verschiedene Autoren stützt [5, 6, 10, 20, 23]. Vollständigkeit ist nicht zu erreichen und vielleicht auch nicht wünschenswert. Tabelle 11-1 nennt die verschiedenen Peptidgruppen, die im Gehirnhypophysengebiet zu finden sind. Eine Trennung zwischen Substanzen aus neuralen Gehirnteilen und aus der Adenohypophyse, die ontogenetisch der Mundbucht entstammt, ist zunächst nicht angebracht, da verschiedene Adenohypophysenhormone auch im Gehirn gefunden wurden. Eine grobe Übersicht über die Verteilung der Neurohormone ist in Abb. 11-2 zu finden.

Tabelle 11-1. Einteilung, Funktion und Bildungsort der bekanntesten Neuropeptide

Hormone	Funktion (allgemein)	Bildungsort (bevorzugt)
1. Liberine (Releasing Faktoren, die vom Hypothalamus über Axone und Blutgefäße zur Adenohypophyse gelangen)		
Thyreoliberin (TRH)	Freisetzung von TSH	Hypothalamus
Gonadoliberin (GnRH)	Freisetzung von FSH und LH	Hypothalamus, Zerebrum
Kortikoliberin (CRH)	Freisetzung von ACTH	Hypothalamus
Melanoliberin (MRH, Freisetzung von MSH), Somatoliberin (SRH, Freisetzung von STH), Prolaktoliberin (PRH, Freisetzung von PRL) sind nur bei einzelnen Wirbeltiergruppen mit hoher Wahrscheinlichkeit nachgewiesen.		
Melanin-konzentrierendes Hormon (MCH)	Melanin-Konzentration Regulation der ACTH- und MSH-Sekretion	Hypothalamus
2. Statine (Release-hemmende Faktoren, die vom Hypothalamus über Axone und Blutgefäße zur Adenohypophyse gelangen)		
Somatostatin (SIH)	Hemmung der STH-Abgabe	Hypothalamus und andere Nervenregionen
Melanostatin (MIH)	Hemmung der MSH-Abgabe	Hypothalamus
Prolaktostatin (PIH)	Hemmung der PRL-Abgabe	Hypothalamus
3. Neurophysine und Nonapeptide		
Neurophysin	Trägereiweiß und Precursor für Nonapeptide	Hypothalamus
Arginin-Vasotozin (AVT)	ursprüngliches Nonapeptid der verschiedenen Wirbeltiergruppen	Neurohypophyse
Mesotozin (MT), Isotozin (IT)	Bsp. abgewandelter Nonapeptide niederer Wirbeltiere	Neurohypophyse
Arginin-Vasopressin (AVP)	Vasopressorisches, anti-diuretisches Nonapeptid der Säuger	Neurohypophyse
Oxytozin (OT)	Uteruskontrahierendes Nonapeptid	Neurohypophyse
4. Propiomelanokortine		
β-Lipotropin	Anregung des Fettstoffwechsels	Adenohypophyse u. Hypothalamus
Kortikotropine (ACTH)	Anregung der Nebennierenrinde	Adenohypophyse u. Hypothalamus
Melanotropine (MSH)	Melanindispersion in Melanophoren	Adenohypophyse u. Hypothalamus
Endorphine (α, β, γ)	endogene morphinartige Wirkung	Adenohypophyse u. Hypothalamus
Enkephaline (Met-, Leu-)	endogene Opiat-Wirkung u.a.	Adenohypophyse u. Hypothalamus
5. Glykoproteid-Tropine		
Thyreotropin (TSH)	Anregung der Schilddrüse	Adenohypophyse
Follikulotropin (FSH)	Anregung der Follikelbildung und Spermiogenese	Adenohypophyse
Luteinisierendes Hormon (Luteinotropin, LH)	Auslösung der Ovulation Anregung der Oestrogenbildung und Androgenbildung	Adenohypophyse
6. Peptid-Tropine		
Somatotropin (STH)	Vermittlung der Wachstumsanregung über Somatomedine (Wachstumsfaktoren)	Adenohypophyse
Prolaktin (PRL)	Mammotrope Wirkung, oft auch luteotrope Wirkung (Luteotropin)	Adenohypophyse
7. Zerebro-Intestinale (Gastro-Entero-Pankreatische) Peptide (GEP-Peptide)		
Sekretin	Zellstoffwechsel ZNS	verbreitet
Glukagon	Zellstoffwechsel ZNS	verbreitet
Vasoaktives intestinales Peptid (VIP)	Neuromodulator	verbreitet
Hypophysen-Adenylatzyklase aktivierendes Peptid (PACAP)	Neuromodulator	Hypothalamus

Tabelle 11-1. Fortsetzung

Hormone	Funktion (allgemein)	Bildungsort (bevorzugt)
Neuropeptid Y (NPY)	Neuromodulator	Hypothalamus
Pankreat. Polypetid (PPY)	Sekretionsanregung	Hypophysenzellen
Gastrin	Neuromodulator	Hypothalamus
Cholezystokinin (CCK-PZ)	Anregung Appetit	verbreitet, bes. Neokortex
Bombesin	?	?
Gastrin-Abgabestimul. Peptid (GRP)	?	verbreitet
Neuromedin B	?	verbreitet
Kalzitonin-Gen-Peptid (CGRP)	Kreislauf-Regulation u.a. vegetative Regulation	verbreitet
8. Tensine und Kinine		
Substanz P	Analgesie oder Hyperalgesie	Afferente Sensorik
Neurotensin	Rhythmik der LH-Abgabe	Präoptische Region, Vorderhirn
Angiotensin	lokale Regulation der Blutversorgung, Elektrolytgehalt	verbreitet in vorderen Gehirnabschnitten
Bradykinin	lokale Regulation der Blutversorgung	verbreitet
Urotensine I, II	Osmoregulation, vasokonstriktiv	Urophyse
natriuretische Peptide (BNP)	Osmoregulation	verbreitet

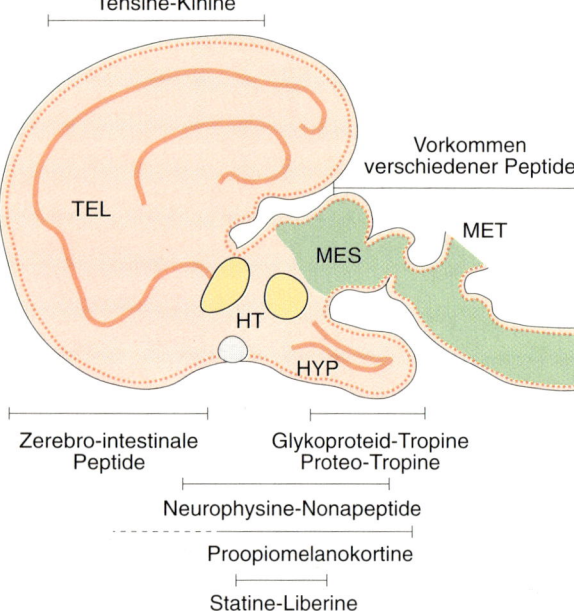

Abb. 11-2. Übersicht über das Gehirn der Säuger (Ratte) mit Hinweisen auf die wichtigsten Verteilungsgebiete der verschiedenen Neurohormone. Tensine, Kinine und zerebro-intestinale Peptide sind vor allem im Telenzephalon zu finden; Neurophysine, Nonapeptide, Statine und Liberine sind bevorzugt Hormone des Dienzephalons mit Hypothalamus und Neurohypophyse; Glykoproteid-Tropine, Proteo-Tropine und Proopiomelanokortine liegen in der Adenohypophyse vor, die POMC-Peptide allerdings auch im übrigen Gehirn. Im Stammhirn der hinteren Gehirnabschnitte sind die verschiedensten Wirkstoffe nachzuweisen.
HT – Hypothalamus, HYP – Hypophyse, MES – Mesenzephalon, MET – Metenzephalon, TEL – Telenzephalon

11.2 Die Neuropeptide von Hypothalamus und Neurohypophyse

> **Die Stimulation der Sekretion von Adenohypophysen-Hormonen erfolgt durch die Liberine, die im Hypothalamus gebildet und in der Eminentia mediana an Blutgefäße, die zur Adenohypophyse führen, abgegeben werden**

Von diesen Liberinen sind drei bei nahezu allen Vertebratengruppen zu finden, **TRH**, **GnRH** und **CRH**. drei weitere, **MRH**, **SRH** und **PRH**, kommen nur bei einzelnen Tiergruppen vor. Die Aminosäuresequenz (Tabelle 11-2) der drei verbreiteten Liberine ist für Säuger schon lange bekannt. Auffallend ist die Pyroglutaminsäure (Z) am C-terminalen Teil bei TRH und GnRH. Variationen der Aminosäuresequenzen bei den verschiedenen Wirbeltiergruppen sind bekannt. Bei Zyklostomen sind die Aminosäuren in Stellung 3 und 5–8 ausgetauscht. CRH wird zu einer Peptid-Familie gerechnet, zu der auch Urotensin I, ein Hormon der Teleosteer-Urophyse, gehört. Dies ist ein Neurohämalorgan in der kaudalen Region des Rückenmarks. Ebenso zählt ein Peptid der Amphibienhaut, das Sauvagin, zu dieser Familie. GnRH stimuliert die Sekretion zweier Glykoproteid-Tropine, FSH und LH, die unterschiedliche Funktionen haben.

Von den drei weiteren Liberinen ist die Struktur des **SRH** und **MRH** beschrieben (Tabelle 11-2).

Tabelle 11-2. Beispiele für Struktur und Aminosäuresequenzen einiger wichtiger Neuropeptide der Säuger. (Nonapeptide s. Tabelle 11-3, Glykoproteid- und Peptid-Tropine sind nicht in die Tabelle aufgenommen, da die Zahl an Aminosäuren zu groß ist. Die Indices bezeichnen die Anzahl Aminosäuren.)

TRH$_3$	ZHP
GnRH$_{10}$	ZHWSYGLRPG
CRH$_{41}$	SQEPPISLNLTFHLLREVLEMTLADQLAQQAHSNRKLLDIA
SRH$_{43}$	HADAIFTSSYRRILGQLYARKLLHEIMNRQQGERNQEQRSRFN
MRH$_5$	CYIEN
MCH$_{19}$	DFDMLRCMLGRVYRPCWQV
MIH$_3$	PLG
SIH$_{14}$	AGCKNFFWKTFTSC
PIH	(Dopamin)
ACTH$_{39}$	SYSMEHFRWGKPVGKKRRPVKVYPDAGEDQSAEAFPLQF
α-MSH$_{13}$	SYSMEHFRWGKPV (ACTH$_{1-13}$)
β-MSH$_{18}$	DSGPYKMEHFRWGSPPLD (β-LPH$_{41-58}$)
Metenkephalin$_5$	YGGFM
β-Endorphin$_{31}$	YGGFMTSEKSQTPLVTLFKNAIIKNAYKKGE
Secretin$_{27}$	HSDGTFTSELSRLRDSARLQRLLQGLV
Glukagon$_{29}$	HSQGTFTSDYSKYLDSRRAQDFVQWLMNT
VIP$_{28}$	HSDAVFTDNYTRLRKQMAVKKYLNSILN
PACAP$_{27}$	HSDGIFTDSYSRTRKQMAVKKYLAAVL
NPY$_{36}$	YPSKPDNPGEDAPAEDMAKYYSALRHYINLITRQRY
PPY$_{36}$	APLEPQYPGDDATPEQMAQYAAELRRYINMLTRPRY
Gastrin$_{17}$	ZGPWLEEEEEAYGWMDF
CCK-PZ$_{33}$	KAPSGRVSMIKNLQSLDPSHRISDRDYMGWMDF
Bombesin$_{14}$	ZQRLGNQWAVGHLM
GRP$_{10}$	GNHWAVGHLM
NMB$_{10}$	GNLWATGHLM
CGRP$_{37}$	ACDTATCVTHRLAGLLSRSGGVVKNNFVPTNNGSKAF
Substanz P$_{11}$	RPKPQQFFGLM
Neurotensin$_{13}$	ZLYENKPRRPYIL
Angiotensinogen	DRVYIHPFHLLVYS....
Angiotensin II$_8$	DRVYIHPF
Bradykinin$_9$	RPPGFSPFR
Urotensin I$_{41}$ (Bsp.)	NDDPPISIDLTFHLLRNMIEMARNENQREQAGLNRKYLDEV
Urotensin II$_{12}$ (Bsp.)	AGTADCFWKYCV
Sauvagin$_{40}$	ZGPPISIDLSLELLRKMIEIEKQEKGKQQAANNRLLLNTI
BNP$_{45}$	SQESAFRIQERLRNSKMAHSSSCFGQKIDRIGAVSRLGCDGLRLF

Abkürzungs-Kode der Aminosäuren: A Alanin, B Asparagin, C Cystein, D Asparaginsäure, E Glutaminsäure, F Phenylalanin, G Glyzin, H Histidin, I Isoleucin, K Lysin, L Leucin, M Methionin, N Asparagin, P Prolin, Q Glutamin, R Arginin, S Serin, T Threonin, V Valin, W Tryptophan, Y Tyrosin, Z Pyroglutaminsäure

SRH wurde aus dem Ratten-Hypothalamus und einem Pankreas-Tumor isoliert.

Ein hypophysiotropes Hormon, das zuerst im Hypothalamus von Fischen nachgewiesen wurde, ist das Melanin-konzentrierende Hormon (MCH). Es verursacht Aufhellung bei Fischen, wirkt also auf die Melanophoren. Dieses Neurohormon kommt im Hypothalamus aller Wirbeltiere oft koexistent mit α-MSH vor. Das MCH-Gen wird in Zellen gemeinsam mit dem POMC-Gen exprimiert. MCH ist in Nervenzellausläufern zu finden, die zu verschiedenen Gehirnregionen projizieren, und wirkt vermutlich neuromodulatorisch. Es reguliert zudem die ACTH- und α-MSH-Ausschüttung aus der Hypophyse, ist also ein Kortiko- und Melanoliberin. Die Struktur des Ratten-MCH ist in Tabelle 11-2 angegeben.

> **Die Inhibitoren der Sekretion von Adeno-hypophysen-Hormonen sind die Statine, von denen die wichtigsten, SIH, MIH, PIH, ebenfalls im Hypothalamus produziert werden**

Das **Somatostatin** kommt nicht nur im Gehirn, sondern auch im gastrointestinalen Bereich vor, besonders in den Inseln der Bauchspeicheldrüse. Es zählt zu einer Peptidhormon-Familie, zu der weitere wichtige Gastrointestinalhormone, wie Sekretin und Glukagon, gehören. Entsprechend beeinflußt Somatostatin auch weitere Funktionen, z.B. die Sekretion von Insulin und Glucagon. SIH$_{14}$ ist von den Zyklostomen bis zu den Mammaliern chemisch weitgehend einheitlich. Mit diesem Hormon ist ein spezielles Peptid der Fische verwandt, das Urotensin II. Es wird in der Urophyse, dem für Fische tpyischen Neurohämalorgan, gebildet.

Die Wirkung von **MIH** ist besonders gut bei Amphibien nachzuweisen. Trennung der Hypophyse vom Hypothalamus führt zu einer deutlichen Verdunkelung der Tiere, d.h. Dispersion der Melaningranula in den Melanophoren, und zeigt so die Sekretion des Melanophorenhormons aus dem Zwischenlappen der Hypophyse nach Wegfall des MIH an. Auf ähnliche Weise wurde auch ein hemmendes Prinzip für Prolaktin gefunden. Allerdings ist bei verschiedenen Tiergruppen **PIH** kein Peptid, sondern mit Dopamin identisch.

> **Neurophysine sind Vorläufer der Nonapeptide, die vom Hypophysen-Hinterlappen an das Blut abgegeben werden.**
> **Diese sind wichtige Regulatoren des Wasser- und Salzhaushaltes sowie Stimulatoren der glatten Muskulatur, z.B. im Uterus**

Neurophysin ist ein Trägereiweiß oder Precursor, das in einem für Eiweißhormone charakteristischen Prozeß in der Pars nervosa der Hypophyse gespalten wird. Dabei werden Nonapeptide, bestehend aus neun Aminosäuren, frei. Es gibt zwei Typen von Neurophysinen, die **MSEL**- und die **VLDV-Neurophysine** [12]. Die Namen entsprechen dem Kode der Aminosäuren in Stellung 2, 3, 6 und 7. Der Vorläufer des Vasopressins, eines Nonapeptids der Säuger,

enthält drei Domänen, Vasopressin, MSEL-Neurophysin und Kopeptin. Oxytozin, das zweite Säuger-Nonapeptid, ist mit VLDV-Neurophysin im Precursor verbunden. Die Trennung von Vasopressin aus dem Precursor-Molekül erfolgt durch zwei enzymatische Schritte, einer trennt AVP vom Neurophysin, der andere das Kopeptin, ein Glykopeptid, vom Neurophysin. Die Schritte sind in allen Vertebratengruppen ähnlich, obwohl die Nonapeptide unterschiedlich sind. Nur bei Amphibien konnten Verbindungen isoliert werden, bei denen am AVT noch eine CKR-Kette (Kode für die 10.-12. Aminosäure) oder ein Glyzin als 10. Aminosäure hängt (Hydrin 1 und Hydrin 2).

Oberhalb der phylogenetischen Stufe der Zyklostomen sind es bei allen Vertebratengruppen beide Typen von Neurophysinen. Allerdings sind die am Träger ansetzenden **Nonapeptide** verschieden. Die Variation der Nonapeptide (Tabelle 11-3) demonstriert die Evolution der Gene, die durch Austausch einzelner Aminosäure-Kodes zustande kommt. Auch bei wirbellosen Tieren, z.B. Insekten und Mollusken, wurden derartige Nonapeptide nachgewiesen (Kap. 10). In Tabelle 11-3 sind die Aminosäuren fett gedruckt, die in der Evolution ausgetauscht wurden.

11.3 Die Peptide der Adenohypophyse

> **Zu den Präopiomelanokortinen gehören die Adenohypophysenhormone ACTH und MSH und einige Neuromodulatoren, die Enkephaline und Endorphine**

Aus einem Präopiomelanokortin-Peptid (POMC-Peptid) mit 236 Aminosäuren und einer Prä-Signalsequenz entsteht in den kortikotropen Zellen der Pars distalis **ACTH** und das β-**Lipotropin** neben einem Glykoproteid, ein 16KD-Fragment unbekannter Funktion. ACTH stimuliert die Nebennieren-Rinde zur Abgabe von Kortikosteroiden. β-Lipotropin ist ein Fettstoffwechsel-Hormon, das die Lipolyse im Fettkörper anregt. In den melanotropen Zellen, die sich bei den meisten Wirbeltiergruppen mit Ausnahme der Vögel in der Pars intermedia finden, werden aus dem POMC-Peptid durch Spaltung $ACTH_{1-13}$, ein „corticotropine like intermediate lobe peptide" (**CLIP** = $ACTH_{18-39}$), γ-Lipoprotein und β-Endorphin gebildet. Außerdem kann noch Metenkephalin entstehen. Das ACTH-Molekül wird dann das für die Zellen charakteristische α-**MSH**$_{13}$. Das γ-LPH wird in β-**MSH**$_{16-22}$ und **Enkephalin** gespalten. Man unterscheidet drei **Endorphine**, (α-, β- und γ-). In der Tabelle 11-2 ist die Struktur des größten, des β-Endorphins, angegeben. Es entspricht dem β-

Tabelle 11-3. Struktur der Nonapeptide der Pars nervosa

Tiergruppe	Vasopressin-ähnlicher Precursor	Oxytozin-ähnlicher Precursor
Zyclostomen	AVT: **CYIQNCPRG**	
Elasmobranchier	AVT	Glumitozin: **CYISNCPQG** Valitozin: **CYIQNCPVG** Aspargtozin: **CYINNCPLG**
Teleosteer	AVT	Isotozin: **CYISNCPIG**
Amphibien	AVT	Mesotozin: **CYIQNCPIG**
Reptilien	AVT	Mesotozin
Vögel	AVT	Mesotozin
Säuger	AVP: **CYFQNCPRG** Lysin-Vasopressin: **CYFQNCPKG**	Oxytozin: **CYIQNCPLG**

Lipotropin$_{61-91}$. Das α-Endorphin ist das β-LPT$_{61-76}$, das γ-Endorphin das β-LPT$_{61-77}$ [15, 16].

Die Wirkungen des Melanophorenhormons sind nur bei Tieren mit physiologischem Farbwechsel (Fische und Reptilien) eindeutig. Bei Vögeln und Säugern kommt das Hormon vor, seine Rolle bei der Melaninbildung ist unklar.

POMC-Peptide, besonders Endorphine und Enkephaline, aber auch Derivate von ACTH und MSH, gibt es im frontalen Kortex, im Septum, in der Amygdala und im Hippokampus-Bereich, aber auch in der Raphe. Auch im hinteren Stammhirn und im Striatum wurden die Enkephaline gefunden, wo möglicherweise Endorphine nicht vorkommen. Wenn Enkephaline und Endorphine durch Prozessieren des Lipotropin-Moleküls entstehen, müssen **ACTH** oder **MSH** parallel hierzu auftreten. Endorphine (der Name leitet sich von „endogenen Morphinen" ab) und auch Enkephaline können als Modulatoren von Neuronenkomplexen angesehen werden (s. Abb. 5-16). Die Bezeichnung deutet eine schmerzstillende Wirkung an. Außerdem beeinflussen diese Substanzen Lernprozesse, sie hemmen den Erwerb oder das Auslöschen von Verhaltensweisen, nachgewiesen bei der Ratte [3]. Neuere Befunde über Opiat-Rezeptoren werden in Kap. 11.6 besprochen.

Von POMC-Peptiden sind neurotrope und neuroprotektive Wirkungen bekannt geworden

Bei Läsionen peripherer Nerven stimulieren diese Peptide die Regeneration der Zerstörungen und die Herstellung der sensomotorischen Funktionen. Diese Untersuchungen betreffen hauptsächlich solche Funktionen in den Extremitäten, wobei es sehr fraglich ist, ob hier lokal POMC-Peptide erzeugt werden. Eine sehr allgemeine Annahme ist, daß Zerstörung im adulten Nervensystem zu einem Reparationsmechanismus umschaltet, der dem zellularen Mechanismus im entwickelnden Nervensystem entspricht. Deshalb wurden die Wirkungen von Melanokortinen auf die Differenzierung, das Überleben und Auswachsen von Neuriten bei embryonalen Nervenzellkulturen untersucht. ACTH, α-MSH aber auch Teile des ACTH-Moleküls, z.B. ACTH$_{1-24}$, ACTH$_{4-10}$ und ACTH$_{11-24}$, stimulieren das Auswachsen von Neuriten und die allgemeine Reifung von Neuronen in Kulturen von embryonalen Ratten-Raphezellen, von Hühnchen-Gehirnzellen aber auch die Entwicklung von Schwannschen Zellen und Gliazellen.

Die Mechanismen solcher Wirkungen sind wenig bekannt. Es handelt sich um Interaktion von verschiedenen Zelltypen: Neuronen, Gliazellen, Makrophagen und Fibroblasten. In den Zellen erhöht sich der Gehalt an zweiten Botenstoffen, vor allem cAMP, und die Synthese von Zytoskelett-Elementen wird verstärkt. Die intrazellulären Botenstoffe kontrollieren die Induktion von Proteinen aus den Fos- und Jun-Familien. Die zugehörigen Gene werden durch cAMP bzw. Ca^{++}-Ionen aktiviert. Die Proteine selbst wiederum sind Transkriptionsfaktoren für verschiedene strukturbildende Gene in ihrer Wirkung. Die Rezeptoren für die Bindung der Melanokortine an Nervenzellen sind ähnlich denjenigen an Nebennierenrindenzellen. Sie werden aufgrund ihrer pharmakologischen Affinität als MC3, MC4 und MC5 bezeichnet [21]. Die Verteilung von mRNA für die MC4-Rezeptoren im Gehirn ist sehr genau bekannt. Die Expression der Gene für diese Rezeptoren ist in unterschiedlicher Menge im Kortex des Telenzephalon, im Hippokampus und in der Amygdala, in der Septal-Region und im Corpus striatum nachgewiesen. Es gibt sie auch im Thalamus und Hypothalamus, sowie im sensorischen und motorischen Hirnstammgebiet. Aus dieser sehr weiten Verbreitung kann auf eine allgemeine neurotrope und neuroprotektive Funktion geschlossen werden [29].

Drei Adenohypophysenhormone, das TSH, FSH und LH, gehören zu der Familie der Glykoproteid-Tropine, die jeweils aus zwei Peptidketten aufgebaut sind

Außerdem ist mit diesen Hormonen das Choriongonadotropin (HCG), das während der Schwangerschaft im Uterus-Plazenta-Bereich gebildet wird, verwandt. Die eine der beiden Peptidketten, die α-Kette, ist bei den verschiedenen Hormonen nahezu identisch. Sie enthält etwa 100 Aminosäuren. Die Spezifität der Wirkung liegt in der β-Kette, die z.B. beim Schaf-LH aus 120 Aminosäuren, beim Rinder-TSH aus 113 Aminosäuren besteht.

TSH, FSH und LH sind keine echten Neuropeptide, sondern Glykoproteide. Dies könnte darauf zurückzuführen sein, daß diese Hormone von Zellen, die vom Munddach-Epithel abstammen, gebildet werden. Im Gegensatz zu den POMC-Peptiden sind diese Glykoproteide im Gehirn außerhalb der Adenohypophyse nur selten nachzuweisen. Das **TSH** stimuliert die Schilddrüse zur Abgabe von Thyroxin, oder auch Trijodthyronin, dem eigentlichen Schilddrüsenhormon. Die meisten Adenohypophysenhormone wirken über den sekundären Botenstoff cAMP (Abb. 2-12 und 5-13). TSH regt so sowohl die Globulinsynthese als auch die Jodaufnahme an.

Die Gonadotropine **FSH und LH** regulieren bevorzugt die Gonadentätigkeit sowohl im männlichen als auch im weiblichen Geschlecht. Bei Säugern lassen sich die Funktionen beider Hormone relativ gut trennen, während bei niederen Vertebraten die beiden Tropine oft ähnlich wirken. Bei Säugern stimuliert das FSH zunächst die Reifung der Eizelle und fördert gleichzeitig die Oestrogenproduktion. Das LH löst im reifen Follikel die Ovulation aus und leitet die Umwandlung zu dem soliden Follikel, dem Corpus luteum, ein. In diesem Wechselspiel ergänzen sich die beiden Hormone in ihren Aufgaben. Der Stammbaum der Entwicklung von FSH und LH legt nahe, daß sie aus einem „ursprünglichen Gen" hervorgehen. LH hat sich dann progressiv (orthogenetisch) von Urodelen zu Säugern entwickelt. Für FSH ist keine gradlinige Entwicklung zu erkennen, da es bei den verschiedenen Wirbeltiergruppen überschneidende Homologien im Molekül gibt [22].

> **Die Protein-Tropine, die reinen Peptide STH und PRL, sind keine glandotropen Hormone, d.h., sie regen keine innersekretorische Drüse zur Hormonabgabe an**

Zu dieser Proteinfamilie gehört noch das Chorionsomatomammotropin (HCS), das bei der Schwangerschaft ähnlich wie das Choriongonadotropin (HCG) gebildet wird und gegen Ende der Gravidität dieses Hormon in der Wirkung ablöst und ergänzt. Die Hormone bestehen aus 190 bis 200 Aminosäuren, deren Sequenz weitgehend bekannt ist. **PRL** und **STH** finden sich bei allen Wirbeltiergruppen, vielleicht mit Ausnahme der Zyklostomen, wo sie noch nicht nachgewiesen wurden.

Die STH lassen sich aufgrund eines Sequenzvergleiches in zwei Gruppen einteilen, die der Teleosteer und die der Tetrapoden. Die Knochenfisch-STH sind unterschiedlicher als die der übrigen Vertebraten. Auch die Fisch-PRL sind von denen der Tetrapoden verschieden. Ihnen fehlt eine Disulfid-Bindung, die bei solchen Hormonen oft als wichtig für die Rezeptorbindung angesehen wird [24]. Die Fisch-PRL sind damit dem STH ähnlicher. Dies läßt ein gemeinsames „ursprüngliches Gen" für beide Gruppen vermuten, aus dem dann durch Duplikation die Gene für PRL und STH hervorgegangen sind.

Aus der Hypophyse der Flunder wurde ein Hormon isoliert, das zum Verwandschaftskreis von STH und PRL zählt, jedoch deutlich von beiden verschieden ist. Es wurde Somatolactin genannt. Es wird in PAS-positiven Zellen (Perjodsäure-Schiffsches Reagenz-positive Zellen) der Pars intermedia gebildet und soll bei der Reproduktion mitwirken [30].

STH stimuliert das Wachstum in allen Vertebraten-Klassen. Bei larvalen Amphibien übernimmt diese Funktion ein Prolaktin-ähnliches Hormon. An der ursprünglich dem Wachstumshormon direkt zugeschriebenen Anregung der Wachstumszone des Röhrenknochens (Epiphyse) am Oberschenkel konnte festgestellt werden, daß STH über Wachstumsfaktoren wirkt, die vorwiegend in der Leber produziert werden. Beim *in vitro*-Experiment hatte nämlich STH keinen Einfluß. Die Vorstellung ist, daß STH zunächst die Bildung des sogenannten insulin-ähnlichen Wachstumsfaktors (IGF I = Insulin-like growth factor I) in der Leber anregt, der dann die lokalen Wachstumsprozesse auslöst. Der Faktor heißt „insulin-ähnlich", weil er zur Insulin-Peptid-Hormon-Familie gehört und auch an Insulin-Rezeptoren bindet.

PRL hat in den verschiedenen Vertebratengruppen unterschiedliche Wirkungen. Es wirkt auf den Osmomineralhaushalt bei Knochenfischen, die zwischen Meer- und Süßwasser wechseln, wobei es die Na-Aufnahme durch die Kiemen im Süßwasser steuert. Bei der Brutpflege von Cichliden regt es die Schleimproduktion in der Haut an, die der Ernährung der Jungtiere dient. Bei Amphibien ist bei einigen Urodelen die sog. 2. Metamorphose (Rückkehr zum Wasser, „water drive", bei der Geschlechtsreife) abhängig vom PRL. Bei Anuren ist PRL das larvale Wachstum-stimulierende Hormon. Die Wirkung des PRL bei Vögeln dient auch der Ernährung der Jungen. Unter seinem Einfluß wird die sog. Kropfmilch gebildet, ein epithelhaltiges Sekret des Kropfes. Die mammotrope Wirkung bei Säugern ergänzt das Bild, daß PRL vor allem die Ernährung der Jungen sicherstellt. Bei einigen Säugergruppen hat PRL luteotrope Wirkung, d.h., es unterstützt die Gravidität in Verbindung mit der Sekretion vom Gelbkörperhormon.

11.4 Die Zerebro-Intestinalen Peptide, Tensine und Kinine

> **Die gastro-entero-pankreatischen Peptide, die besser als zerebro-intestinale Peptide bezeichnet werden, sind Informationsüberträger im Magen-Darm-Bereich, kommen aber auch im Gehirn vor, wobei die Funktion dort im einzelnen noch unklar ist**

Diese Verteilung wird damit erklärt, daß die hormon-produzierenden Zellen dieser Systeme der Neuralleiste entstammen und in die Organe des Magen-Darm-Systems, Schleimhaut, Bauchspeicheldrüse etc. und das Gehirn eingewandert sind. Die Zellen dieses Systems werden als Paraneurone bezeichnet, die teilweise, besonders bei niederen Wirbeltieren, den Charakter von Sinneszellen haben [4, 19]. Ein weiteres Verteilungs-Areal ist die Haut von Amphibien, wo die Peptide in dem Drüsensekret zu finden sind.

Die Abstammung dieser Zellen aus der Neuralleiste liegt nahe, weil sie Vorläufer biogener Amine aufnehmen und decarboxylieren, ähnlich den Nebennierenmark-Zellen (APUD-Konzept [31]; APUD = amine precursor uptake and decarboxylation). Die Zellen dieses Systems könnten die Fähigkeit haben, sowohl biogene Amine als auch Peptide zu sezernieren.

Der Sinneszellen-Charakter solcher Paraneurone zeigt sich im Gehirn an den Kontaktneuronen mit dem Liquor cerebrospinalis sowie an den Zellen im gastro-intestinalen Bereich, wo z.B. bei Zyklostomen die „Pankreas-Inselzellen" noch als sensorische Zellen in der Darmschleimhaut zu finden sind und Informationen über den Magen- oder Darminhalt aufnehmen können.

> **Die Zerebro-Intestinalen Peptide werden bevorzugt im Telenzephalon produziert und modulieren neurale Vorgänge, die Änderungen von Verhalten, Nahrungs- und Wasseraufnahme (Hunger und Durst), bewirken oder die lokale Blutversorgung im Gehirn regulieren**

Zu einer Familie der Zerebro-Intestinalen Peptide gehören **Sekretin**, **Glukagon**, **Vasoaktives intestinales Peptid** (VIP) und das **Hypophysen-Adenylase-Zyklase-aktivierende Peptid** (PACAP). Die Stoffe wirken meistens parakrin. Man vermutet bei den ersten beiden Wirkstoffen Einflüsse auf den Zellstoffwechsel. VIP und PACAP sind Neuromodulatoren (s. Kap. 5). Sie steigern in Neuronen des Hippokampus die Konzentration von Ca^{++} im Zytosol, zusätzlich vermittelt das PACAP ähnlich wie verschiedene Releasing-Hormone, aber unabhängig von diesen, die Bildung von cAMP in den Adenohypophysenzellen.

Funktionell schließt sich an diese Familie das **Neuropeptid Y** an, das seinen Namen durch die Stellung der Aminosäure Y auf beiden Seiten des Peptids erhielt. Es ist mit dem sogenannten **pankreatischen Polypeptid** und dem **Peptid YY** verwandt, die vor allem in den Pankreas-Inseln und der Darmschleimhaut vorkommen, vermutlich aber auch im Gehirn. Das Neuropeptid Y und möglicherweise auch die beiden anderen Peptide regulieren die Abgabe von Gonadotropinen, wobei sie nicht allein wirken, sondern als Neuromodulatoren in Zusammenarbeit mit GnRH.

Das **Neuropeptid Y** ist im Rattengehirn auffallend häufig und liegt hoch konzentriert vor. Aus der Immunoreaktivität errechnen sich Konzentrationen von 100 bis 1000 pmol/g Frischgewebe für den Bulbus olfactorius, die verschiedenen Teile des Kortex, der Amygdala, der Hippokampus-Region aber auch des Zerebellums und der Pons, in den beiden letzten allerdings mit Konzentrationen unter 100 pmol/g Gewebe. Die Immunoreaktivität findet sich in den Somata von Neuronen, aber auch in meist langen und verzweigten Nervenfasern.

Eine weitere Peptidhormonfamilie wird durch **Gastrin** und **CCK-PZ** repräsentiert. Die beiden Hormone regen anscheinend die Nahrungsaufnahme an. Dies gilt besonders für das CCK-PZ; es findet sich in vielen Gehirnteilen, in besonders hohen Konzentrationen im Neokortex.

Bombesin steht für die Peptidhormonfamilie der Bombesin-ähnlichen Peptide. Bombesin, Ranatensin und Phyllolitosin sind drei Peptide aus der Haut von Amphibien. Chemisch ähnlich den im Gehirn nachgewiesenen, sind das **Gastrin-Abgabe-stimulierende Peptid** (GRP) und **Neuromedin B**. Beide sind im Bulbus olfactorius, Hippokampus, Stammhirn und in der Substantia nigra vorhanden. Genaue Wirkungen sind nicht bekannt.

Das **Kalzitonin-Gen-abhängige Peptid** hat eine weitgespannte biologische Aktivität. Es ist vor allem Kreislauf-wirksam, verursacht Vasodilatation und Tachykardie. Es reduziert die Nahrungsaufnahme und erhöht die Körpertemperatur. Ein direkter Wirkungsmechanismus im Gehirn ist nicht bekannt. Das CGRP wurde zunächst in Motoneuronen nachgewiesen, ist aber auch in vielen primären Sinneszellen-Zentren zu finden. Für die genauere Determination dieser Peptide war nicht nur die Immunreaktion entscheidend, sondern auch die noch spezifischere *in situ*-Hybridisierung und der direkte Nachweis der Transkription von mRNA, die für die Synthese verantwortlich ist. Die CGRP-immunreaktiven Neurone finden sich in den Zentren des 5. bis 12. Gehirnnerven. Sie ziehen auch anscheinend von einem Ursprung im Hirnstamm der hinteren Gehirnabschnitte bis in das Telenzephalon.

> **Unter der allgemeinen Überschrift „Tensine und Kinine" kann man eine Gruppe kreislaufwirksamer und die Durchblutung regulierender Peptide des Gehirns zusammenfassen**

Die **Substanz P** zählt zu einer Gruppe von Tachykininen. Diese führen Vasodilatation und Senkung des Blutdrucks herbei. Auf die glatte Muskulatur des Magen-Darm-Trakts wirken sie kontrahierend. Substanz P hat Strukturhomologien mit einer Reihe von Stoffen im Tierreich, z.B. dem Physalaemin und Phyllomedusin, die in den Hautdrüsen von Amphibien nachzuweisen sind, und dem Eledoisin, das bei Tintenfischen vorkommt. Die Aminosäure-Sequenz am NH_2-Terminus stimmt auch in gewissem Ausmaß mit Enkephalinen überein.

Substanz P ist im Gehirn in sensorischen afferenten Neuronen und auch im zentripetalen Weg von den Spinalganglien aufgezeigt worden. Sie moduliert die synaptische Transmission an nozizeptiven Neuronen und kann sowohl analgetische als auch hyperalgetische Effekte auslösen. Bei Mäusen im Hitze-Platten-Test hängt die Hemmung von nozizeptiven Reaktionen auf schmerzauslösende Reize durch Substanz P von der aktuellen Schwellensituation ab. Bei hoher Sensitivität erreicht Substanz P Analgesie, bei niedriger Empfindlichkeit stellt sich Hyperalgesie ein. Dabei gibt es Wechselwirkungen mit Katecholaminen beim Streßgeschehen.

Neurotensin, das in vielen Gehirn-Regionen vorhanden ist, beeinflußt im Vorderhirn die LH-Abgabe zu bestimmten Zeitpunkten des Ovarial-Zyklus. Möglicherweise hängt die Abstimmung der LH-Rhythmik mit externen Stimuli vom Neurotensin ab. Präoptische Nuklei sind Verbindungszentren zwischen Hypothalamus und vorderen Hirngebieten, die wohl auch visuelle Einflüsse verarbeiten. In diesen Bereichen liegen Oestradiol-Rezeptoren, deren Anzahl vom Alter abhängt und von NT reguliert wird. Neurotensin wird auch als Neuromedin N bezeichnet.

Die **Angiotensine** sind wichtige Regulatoren des peripheren Kreislaufs. Aus Angiotensinogen der Leber entsteht im Blut Angiotensin I durch das der Niere entstammende Renin. Das Angiotensinumwandelnde Enzym bildet aus Angiotensin I das Angiotensin II, das eigentlich gefäß-wirksame. Es verursacht Vasokonstriktion und fördert die Aldosteronfreisetzung aus der Nebennierenrinde. Das gesamte System Angiotensinogen/Angiotensin II in Verbindung mit Renin und dem „converting enzyme" gibt es auch im Gehirn. Die Angiotensine kommen in den vorderen Gehirnabschnitten an verschiedenen Stellen vor und könnten Bedeutung für die lokale Blutversorgung haben. Es gibt auch Hinweise auf Regulation des Elektrolythaushaltes des Gehirns in Verbindung mit Wasseraufnahme (Durstauslösung).

Bradykinine sind Wirkstoffe, die einem großen Verwandtschaftskreis zugehören. Es zählen Komponenten der Hymenopterengifte hierzu: Vespakinin, Polisteskinin. Allgemein werden als Kinine Stoffe bezeichnet, die aus einem Kininogen durch eine Kininogenase entstehen. Sie werden durch eine Kininase unwirksam gemacht. Bradykinin stimuliert glatte Muskulatur. Es verlangsamt die Herztätigkeit und senkt den Blutdruck durch Vasodilatation. Sein verbreitetes Vorkommen als Neuropeptid dürfte auch für die lokale Kreislaufregulation im Gehirn Bedeutung haben. Bradykinine aktivieren und sensibilisieren Nozirezeptoren.

Vor etwa 30 Jahren wurde bei Fischen ein Neurohämalorgan am Schwanzteil der Wirbelsäule entdeckt. Bei phylogenetisch niederen Gruppen ist es langgestreckt und besteht aus einer Reihe von Neuronenendigungen. Bei höheren Formen ist es kompakt und als Anschwellung gut zu erkennen. Es tritt in Verbindung mit Blutgefäßen auf, die von kaudal kommen und in den bei diesen Formen vorhandenen Nierenpfortaderkreislauf einmünden. Die Neurosekrete dieses Organs gelangen direkt in die Venenversorgung der Niere. Diese ist bei Fischen von venöser Seite gut versorgt, und der Harn wird stark durch Sekretionsprozesse beeinflußt.

Die Analyse der Sekrete dieses Urophyse genannten Neurohämalorgans ließ zwei Wirkstoffe erkennen, Urotensin I und II [2, 7]. Das Urotensin I ist ein größeres Peptid und hat ähnliche Wirkung wie das CRH. Urotensin II dagegen gehört zur gleichen Familie wie Somatostatin. Für beide Neuropeptide sind regulatorische Einflüsse auf die Zirkulation, besonders gefäßkonstriktorische Wirkungen, bekannt. Die Urotensine wurden inzwischen auch im Gehirn von Amphibien nachgewiesen und sind bei diesen Tieren hochwirksame Stimulatoren der Nebennierenrinde.

Als letzte dieser Auswahl seien die **natriuretischen Peptide** erwähnt. Muskelzellen des Herzens sezernieren ein Peptid, das die Exkretion von Na^+ fördert [1]. Zu diesen ursprünglich Atrial-natriuretische Peptide (ANP) genannten Hormonen aus dem Herzmuskel hat man inzwischen homologe Peptidgruppen gefunden, BNP und CNP, von denen die BNP genannten (B von „brain") im Gehirn vorkommen. Sie dürften auf parakrine Weise den Elektrolythaushalt und die Blutversorgung beeinflussen.

11.5 Zentren der Lokalisation von Neuropeptiden im Dienzephalon

Das Dienzephalon besitzt besonders im Hypothalamus eine hohe Konzentration neurohormoneller Systeme, die in Ganglienkomplexen, Kerngebiete oder Nuclei genannt, angeordnet sind. In diesen Nuclei ist eine Lokalisation der hypophysiotropen Faktoren möglich

Der Begriff „Kerngebiet" wird anstelle von „Zell-Areal" oder Gehirn-Ganglion verwendet, weil die dicht gelagerten Zellkerne in den Somata besonders auffallen. In diesen Kerngebieten lassen sich die hypophysiotropen Faktoren lokalisieren. Die Aufzählung der für Säuger wichtigsten Kerngebiete (Abb. 11-3) ist nicht vollständig. Teilweise werden die Kerngebiete noch unterteilt. Man unterscheidet einen präoptischen Bereich, d.h. vor dem Chiasma opticum gelegen, und den postoptischen Bereich, den Hypophysenstiel, das Infundibulum.

Die Bedeutung der Hypothalamus-Kerne für die Regulation der Hypophysenfunktion wurden zuerst nach Durchtrennung der Hypothalamus-Nervenfasern, die zur Neurohypophyse ziehen, deutlich. Danach reduzierte sich die ACTH-, TSH-, LH-, FSH-Sekretion (Wegfall der Releasing-Faktoren) und stieg die Prolaktin- und oft die STH-Sekretion (Ausschaltung der inhibierenden Faktoren). Durch

Läsions- und Stimulations-Experimente wurde dann eine genauere Lokalisation der Faktoren erkannt, diese also den verschiedenen Kerngebieten zugeordnet. Das Verfahren führt nicht immer zu eindeutigen Ergebnissen, da z.B. durch elektrische Reizung auch vorbeilaufende Fasern stimuliert werden.

Einige Beispiele zur Lokalisation, die auch Schwierigkeiten aufzeigen, seien erwähnt. Der hypophysennahe **N. arcuatus** enthält viel Dopamin, besonders im dorso-medialen Teil, und auch viel SIH. Dies sind Hinweise, daß von hier die PRL- und STH-Abgabe aus der Hypophyse reguliert wird. In dem Kern ist aber auch sehr viel Noradrenalin und Serotonin, und in vielen Neuronen werden Peptide erzeugt. Der Transmitter γ-Aminobuttersäure, Neurotensine, Galanin, NPY und andere sind kolokalisiert mit Dopamin und SIH.

Der **N. ventromedialis** enthält TRH, daneben Noradrenalin, Dopamin und Serotonin. Der **N. dorsomedialis** hat sehr viel Noradrenalin und die übrigen biogenen Amine, jedoch wenig TRH. Die drei Kerngebiete, die im postoptischen Hypothalamus relativ weit vorne liegen, der **N. paraventricularis** mit Liquor-Kontakt, der **N. supraopticus** und der **N. suprachiasmaticus** enthalten vor allem die Vorläufer der Nonapeptide Vasopressin und Oxytozin. Auch hier gibt es sehr viel Noradrenalin, und auch die übrigen biogenen Amine sind vorhanden.

Das **GnRH**, das vielleicht verbreitetste Releasing-Hormon, kommt sowohl im präoptischen als auch im postoptischen Hypothalamus vor. GnRH-immunoreaktive Zellen sind auch im Telenzephalon zu erkennen. Dies läßt vermuten, daß es im Gehirn verbreitet Einflüsse auf die Gonadenregulation gibt, was möglicherweise mit geschlechtsspezifischen Verhaltensweisen korreliert. Besonders bei niederen Vertebraten, Fischen und Amphibien, beeinflußt Melatonin die Gonadentätigkeit. Die Wirkung des Melatonin könnte über den Liquor und Liquorkontaktneurone auf das GnRH-System erfolgen.

In fast allen Kerngebieten des Säuger-Hypothalamus können **Endorphine** und **Enkephaline** nachgewiesen werden. Diese endogenen Opiate finden sich auch in der Eminentia mediana neben sehr viel Noradrenalin. Dies deutet darauf hin, daß die Funktion der Kerngebiete sehr stark der parakrinen Wirkung dieser Substanzen unterliegt. Dies gilt auch für die Abgabe der hypophysiotropen Hormone an die Blutgefäße des Pfortadersystems in der Eminentia mediana. Es ist eine deutliche Stimulation der PRL- und GH-Sekretion nach intraventrikulärer Applikation von Enkephalin und Endorphin beobachtet.

> **Auch bei niederen Wirbeltieren werden den Funktionen Kerngebiete zugeordnet, die jedoch nicht ohne weiteres mit denjenigen im Säuger-Hypothalamus zu homologisieren sind**

Eindeutig ist nur der **N. praeopticus**, das größte Zellareal im praeoptischen Hypothalamus der Fische und Amphibien, homolog zu den beiden Kernen N. paraventricularis und N. supraopticus der Amnioten. Entsprechend ist der N. praeopticus das Zentrum der Neurophysin-Nonapeptid-Produktion bei Anamniern. Er hat bei beiden Gruppen keinen direkten Liquor-Kontakt, wird also wohl über Nervenfasern aus anderen Gehirnarealen und von Liquorkontakt-Neuronen beeinflußt.

Der Kontakt mit dem III. Ventrikel bzw. seinen Ausläufern ist bei niederen Vertebraten sehr intensiv, da dieser Ventrikel sehr viele Ausbuchtungen (Recessus) hat. Entlang des Ventrikels liegen **Liquorkontakt-Neurone,** die meistens ihrer Lage nach bezeichnet werden. (Abb. 11-4, 11-5). Bei Fischen ist die Regulation durch GnRH und TRH im hypophysennahen **N. lateralis tuberis** lokalisiert. Der Nucleus hat seinen Namen vom Tuber cinereum, was dem Infundibulum entspricht. Bei Amphibien ist GnRH-Aktivität im **N. infundibularis ventralis**, einem Kerngebiet ohne Liquor-Kontakt, nachgewiesen. Die CRH- und TRH-Wirkung kommt vermutlich aus dem großen N. praeopticus, wo auch der Ursprung der Hinterlappen-Hormone liegt. Die MIH-Wirkung wird dem **N. infundibularis dorsalis**, einem Gebiet mit Kontakt zum Liquor,

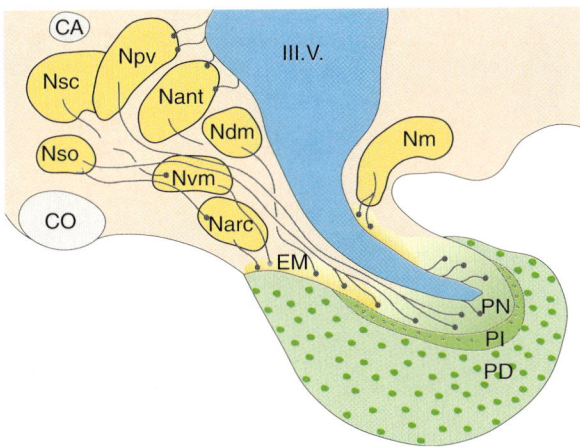

Abb. 11-3. Kerngebiete im Hypothalamus der Ratte. Die verschiedenen Kerngebiete produzieren Wirkstoffe oder deren Vorläufer, die zur Neurohypophyse (Eminentia mediana – EM und Pars nervosa – PN) in Axonen transportiert werden. Es gibt auch aufsteigende Neurone, die zwischen den Kerngebieten vermitteln. Von der EM gelangen die Stoffe über die Pfortader zur Adenohypophyse (PD – Pars distalis, PI – Pars intermedia). Der Hypophysenhinterlappen (Pars nervosa) gibt die Hormone direkt in den Körperblutkreislauf ab.
CA – Commissura anterior, CO – Chiasma opticum, Nant – N. anterior, Narc – N. arcuatus, Ndm – N. dorso-medialis, Nm – N. mammilaris, Npv – N. paraventricularis, Nsc – N. suprachiasmaticus, Nso – N. supraopticus, III.V. – 3. Ventrikel (verändert nach [11])

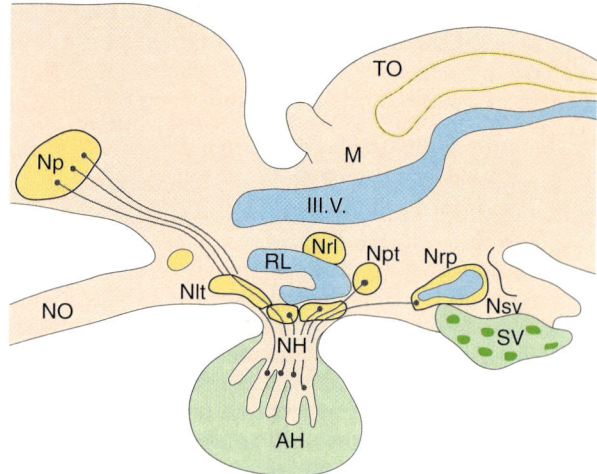

Abb. 11-4. Kerngebiete im Hypothalamus eines Teleosteers (Tilapia). Nervenfasern ziehen von den hypothalamischen Kerngebieten zur Neurohypophyse NH, die bei Knochenfischen noch nicht in Eminentia mediana und Pars nervosa unterteilt ist. Die Nervenfasern innervieren teils direkt die Adenohypophysen(AH)-Zellen, teils werden die Hormone durch Kapillaren zu den Zellen gebracht. Eine Pfortaderverbindung ist nicht vorhanden. Der III. Ventrikel (III. V.) ist stark verzweigt in Fortsätze, z.B. den Recessus lateralis (RL). Eine besondere Bildung ist der Saccus vasculosus (SV), möglicherweise eine Informationsübertragungsstelle von Blut zum Gehirn.
M – Mesenzephalon, Nlt – N. lateralis tuberis, NO – Nervus opticus, Np – N. praeopticus, Npt – N. posterior tuberis, Nrl – N. recessus lateralis, Nrp – N. recessus posterior, Nsv – N. saccus vasculosus, TO – Tectum opticum

11.6 Regulationsprinzipien und Wirkungsmechanismen der neurohormonellen Systeme

> **Die neurohormonellen Systeme werden sowohl aufgrund von Informationen reguliert, die über den Liquor oder das Blutgefäßsystem vom inneren Milieu zufließen, als auch von Signalen, die aus der Umwelt kommen und durch Sinneseindrücke vermittelt werden**

Wegen des engen Kontaktes ist der Einfluß des Liquor cerebrospinalis auf die Aktivität der hypophysiotropen Faktoren sehr groß. Die Zusammensetzung spiegelt in begrenztem Umfang Veränderungen des inneren Milieus wieder, obwohl die Blut-Hirnschranke den Zutritt mancher Stoffe verhindert, besonders den der Neuropeptide.

Die Regulationswege sind im einzelnen nur ungenau bekannt. Erhöht sich im Liquor und Blutplasma die Osmolalität, so kann über die hypothalamischen Nuclei die Ausschüttung von Nonapeptiden angeregt und damit Antidiurese verursacht werden. Entsprechend stimuliert eine Verringerung der Na-Konzentration die CRH-Abgabe und damit die ACTH-Sekretion, was zur Ausschüttung von Kortikosteroiden führt. Allerdings gilt in all diesen Fällen, daß auch periphere Regulationssysteme (z.B. das periphere Renin-Angiotensin-System) beteiligt sind.

zugeschrieben. Alle diese Angaben sind mit Vorbehalt zu sehen. Es gibt sehr viele Artunterschiede und möglicherweise auch Ungenaugkeiten in der Ausdeutung der Ergebnisse.

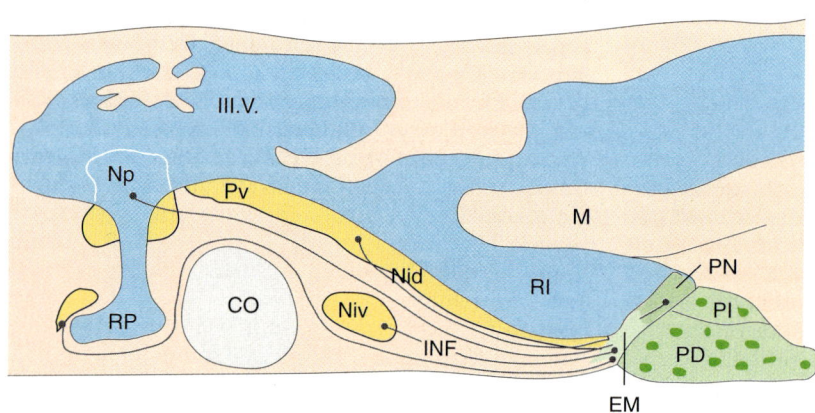

Abb. 11-5. Kerngebiete im Hypothalamus eines Amphibs (Krallenfrosch). Nervenfasern ziehen von den Kerngebieten zur Neurohypophyse (Eminentia mediana, EM, und Pars nervosa, PN). Eine Pfortaderverbindung existiert von der EM zur Adenohypophyse (Pars distalis, PD und Pars intermedia, PI). Der III. Ventrikel (III. V.) ist sehr groß und verzweigt, z.B. den Recessus praeopticus (RP) und den R. infundibularis (RI) bildend. Dadurch ist ein Informationsfluß vom Liquor zu den Kerngebieten möglich.
CO – Chiasma opticum, INF – Infundibulum, M – Mesenzephalon, Nid – N. infundibularis dorsalis, Niv – N. infundibularis ventralis, Np – N. praeopticus, Pv – Paraventricularorgan

SRH regt die Futteraufnahme bei der Ratte in Abhängigkeit von der Tageszeit an. Andere Aktivitäten, wie Trinken, Umwelterkunden oder allgemeine motorische Aktivitäten, werden dadurch nicht beeinflußt. Diese Wirkung des SRH hat nichts mit der Freisetzung von STH zu tun, denn Hypophysektomie stört den Effekt nicht. Der N. suprachiasmaticus ist für die Erzeugung zirkadianer Rhythmen in Verbindung mit Epiphyse und anderen Zentren mitverantwortlich. In dem Zusammenspiel wird der Nsc von SRH durch den Fütterungszeitpunkt synchronisiert. Bei Ratten ist deshalb der SRH-Spiegel in der Licht-Phase niedrig, in der Dunkelphase hoch, wodurch die Futter-Aufnahme im Dunkeln ausgelöst wird. Injektionen von SRH in den Nsc bei Goldhamstern erhöhte die Nahrungs-Aufnahme bei Licht und verringerte dieselbe bei Dunkelheit.

Die NPY-Produktion und -Abgabe stimuliert ebenfalls die Nahrungsaufnahme, wobei Neurone, deren Fasern vom N. arcuatus zum N. paraventricularis ziehen, beteiligt sind

Injiziert man bei der Ratte NPY in den vorderen Hypothalamus in die Nähe des Npv, dann wird Freßverhalten ausgelöst. Die Wirkungen des NPY auf den Stoffwechsel und die Regulation der Abgabe dieses Neuropeptids sind sehr vielseitig. Die NPY-haltigen Fasern zwischen den beiden Kerngebieten sind in insulin-defizienten Ratten hochaktiv. Das System wird durch hohe Blutglukose-Werte stimuliert. Es könnte vermehrte Insulin-Ausschüttung bewirken und kompensatorische Hyperphagie auslösen. Auch bei der Behandlung von Fettsucht in Verbindung mit dem nicht-insulin-abhängigen Altersdiabetes ist der Hypothalamus in Verbindung mit diesem System wichtig. Die zentrale Rolle von NPY bei der Regulation metabolischer und hormoneller Funktionen verdeutlicht Tabelle 11-4 [18].

Tabelle 11-4. Zentrale Effekte von Neuropeptid Y

Wirkung	Kerngebiet und Gehirnareale
Stimulation der Nahrungsaufnahme	Npv, Nvm, Ndm, lateraler Hypothalamus IV. Ventrikel
Stimulation von Trinken	Npv
Reduktion des Energieverbrauchs	Npv, medianer Hypothalamus
Anstieg der Insulinsekretion	Npv
Anstieg von ACTH und Corticosteron	Npv
Reduktion von STH, TSH, PRL	Narc, III. Ventrikel
Regulation der LH-Sekretion (in Abhängigkeit von Gonadensteroiden)	III. Ventrikel
Veränderung der circadianen Rhythmik	Nsc
Verbesserung von Gedächtnisleistungen	III. Ventrikel

Saisonale Bedingungen, d.h. Lichtmenge und Umgebungstemperatur, die die jahreszeitliche Rhythmik der Reproduktion steuern, wirken unter Beteiligung des Pinealorgans auf die zuständigen Hormonsysteme

Dies ist z.B. bei Goldhamstern nachgewiesen worden, bei denen das Pinealorgan selbst kein photoreaktives System darstellt. Das Pinealorgan gilt bei Säugern als wesentlichstes Regulationszentrum der jahreszeitlichen Reproduktionsaktivität [33]. Informationen über Licht- und Thermorezeptoren gelangen über sympathische Neurone zum Pinealorgan und führen zur Ausschüttung von Melatonin. Dies könnte dann über den Liquor die GnRH-Zentren regulieren. Wie oben erwähnt, ist wohl der Nsc als Zentrum der Rhythmik-Auslösung im Hypothalamus eingeschaltet.

Die Sekretion fast aller hypophysiotropen Hormone wird durch Rückmeldungen aus der Peripherie und durch Sollwert-Geber in übergeordneten Zentren reguliert, wie auch durch Regulation der Sekretion im Neurohämalorgan beeinflußt

Die Schwankungen der Sekretion der hypophysiotropen Faktoren können nicht allein durch feed

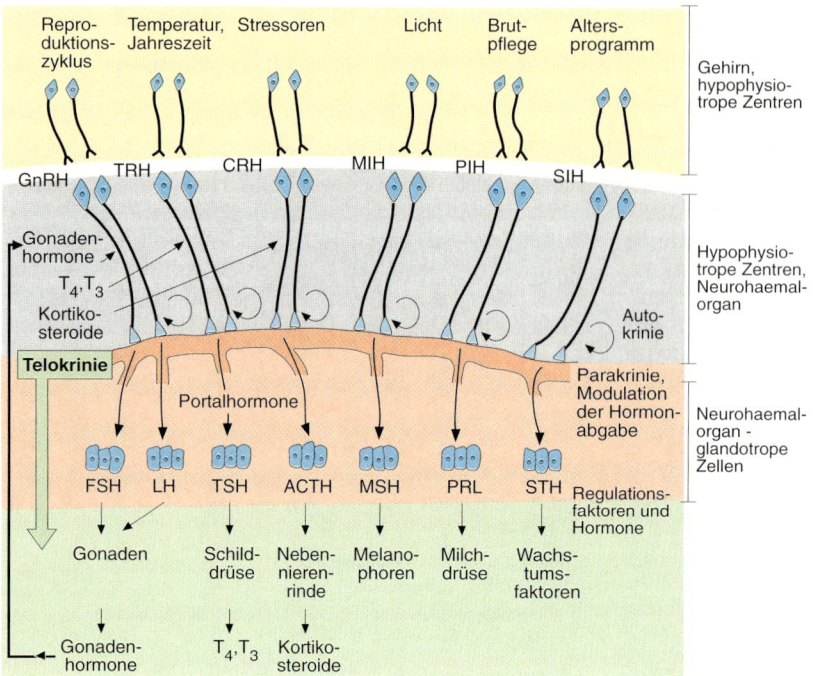

Abb. 11-6. Regulation der hypophysiotropen Faktoren im Hypothalamus durch Einflüsse von übergeordneten Zentren (Reproduktionszyklus u.a.), Feedback aus dem Erfolgsorgan (Gonadenhormon u.a.), Parakrinie und Autokrinie. Hypophysiotrope Faktoren wirken auf die Adenohypophysenzellen, die entsprechende Hormone produzieren (FSH u.a.). Diese regen dann periphere Drüsen (Gonaden u.a.) oder Zellsysteme (Melanophoren) an. Abkürzungen entsprechen Tabelle 11-1

back-Mechanismen, d.h. Erfolgsmeldungen aus der Peripherie, erklärt werden. Zusätzlich müssen Sollwerte aus übergeordneten Gehirn-Gebieten eingehen. Maßgebend für die Sollwert-Bestimmung ist das Zusammenwirken von Umweltparametern (Abb. 11-6). Die **GnRH-Abgabe** unterliegt Einflüssen aus dem Telenzephalon und anderen Bereichen, die eine rhythmische Ausschüttung, z.B. im Rahmen von Oestrus- oder Menstruationszyklen, oder saisonale Reproduktionszeiten aufgrund der Umweltsituation herbeiführen. Ferner wirken die Konzentrationen von Gonadenhormonen mit ein. Wegen der Koexistenz von GnRH-Molekülen mit anderen Wirkstoffen, Enkephalinen und Endorphinen, in den synaptoiden Endigungen im Neurohämalorgan, könnte eine Modulation der Abgabe auf parakrine Weise erfolgen.

Die **TRH-Produktion und -Ausschüttung** ist bei freilebenden Tieren jahreszeitlich entsprechend der Außentemperatur unterschiedlich. Bei freilebenden Nagern liegt im Spätwinter die höchste Schilddrüsen-Aktivität vor. Sensorische Zentren im Telenzephalon geben das Niveau der Schilddrüsen-Aktivität vor, das zusätzlich durch die feed back-Regulation mit den Schilddrüsenhormonen beeinflußt wird.

Stressoren wie Hunger, Krankheiten, Temperatur, aber auch Verhaltensfaktoren wie sozialer Streß, regulieren das Maß der hypothalamischen **CRH-Aktivität**. Hinzu kommt die Rückkoppelung über die vorhandene Kortikosteroidmenge. Die **MIH-Abgabe** steht unter dem direkten Einfluß des Lichteinfalls, wenn Tiere, wie z.B. Amphibien und Reptilien, einen physiologischen Farbwechsel aufweisen. Dabei ist nicht nur die Lichtmenge, sondern auch die Einfallsrichtung des Lichtes maßgebend, denn die Hypophyse schüttet MSH aus, wenn Licht von oben kommt, der Untergrund aber dunkel ist. Rückmeldungen aus der Peripherie des Körpers gibt es in diesem Fall nicht. Im Gehirn selbst wird jedoch eine Wechselwirkung mit biogenen Aminen angenommen, evtl. auch mit Melatonin.

Wenig klar ist die Regulation der **PIH- und SIH-Sekretion**. Für das Abschalten von PIH und damit die Sekretion von PRL ist eine Abstimmung verschiedenster externer und interner Reize notwendig. Das Brutpflegeverhalten wirkt mit: Das Anlegen der Jungen zum Saugen, aber auch Nistverhalten unterdrücken die PIH-Abgabe und lösen die PRL-Sekretion aus. Ähnlich komplex sind die Einflüsse, die das SIH-System stimulieren und damit die Sekretion vom Wachstumshormon unterdrücken. Ein vom Alter und der Entwicklung bestimmtes Programm wirkt vom Gehirn aus auf den Hypothalamus. Bei den beiden zuletzt genannten Hormonsystemen liegt kein einfacher interner, über den Blutkreislauf oder Liquor zum Hypothalamus gebrachter Stimulus vor wie bei den drei Anregern von glandotropen Hormonen, dem GnRH, TRH, CRH.

Autokrinie und Parakrinie sind im Prinzip Spezialformen der synaptischen Transmission, bei der die Rezeptoren für die abgegebene Substanz entweder an der Membran der abgebenden Zelle selbst oder bei benachbarten Zellmembranen sitzen. Wie weit Peptide durch den Interzellularraum diffundieren und dabei „Schranken" überwinden können, ist unbekannt (vgl. Abb. 5-16).

Ein gut bekanntes Beispiel für die Interaktion verschiedener synaptischer Systeme ist die **Beeinflussung der GnRH-Abgabe.** Dieses Releasing-Hormon wird in bestimmten Rhythmen sezerniert, d.h., es muß im Hypothalamus ein Puls-Generator existieren. Endogenes Glutamat ist an der pulsatilen Sekretion von GnRH beteiligt. GnRH-Neurone haben besondere Rezeptoren für Glutamat, die NMDA-Rezeptoren (N-methyl-D-Aspartat-Rezeptoren). Glutamat stimuliert über diese Rezeptoren die GnRH-Ausschüttung und damit auch die LH-Sekretion von der Adenohypophyse.

Endogene und exogene Opiate verhindern die rhythmische Ausschüttung von LH, die zur Ovulation führt, und damit auch den Follikelsprung. Der Wirkungsmechanismus wird darin vermutet, daß Oestradiol, das weibliche Sexualhormon, sowohl die GnRH-Zelle als auch die β-Endorphin produzierende hypothalamische Zelle beeinflußt (Abb. 11-7). β-Endorphin hat einen autoinhibitorischen Einfluß auf die produzierende Zelle. Oestradiol hemmt die Autoinhibition der β-Endorphinzelle. Das Gonadenhormon unterbindet außerdem die Sekretion der GnRH-Zelle. Dadurch wird die GnRH-Zelle auf zwei Wegen gehemmt, wenn Oestradiol zugegen ist. Die β-Endorphin sezernierende Zelle hat wahrscheinlich präsynaptischen Kontakt zur GnRH-Zellendigung. Möglicherweise wird auch das β-Endorphin direkt, parallel zur GnRH-Abgabe in die sog. langen Portal-Gefäße sezerniert und gelangt zur Adenohypophyse, wo es sehr viele Opiatrezeptoren an den Drüsenzellen gibt [26].

Für alle drei Rezeptoren gilt, daß die Signaltransduktion über inhibitorische G-Proteine verläuft, die

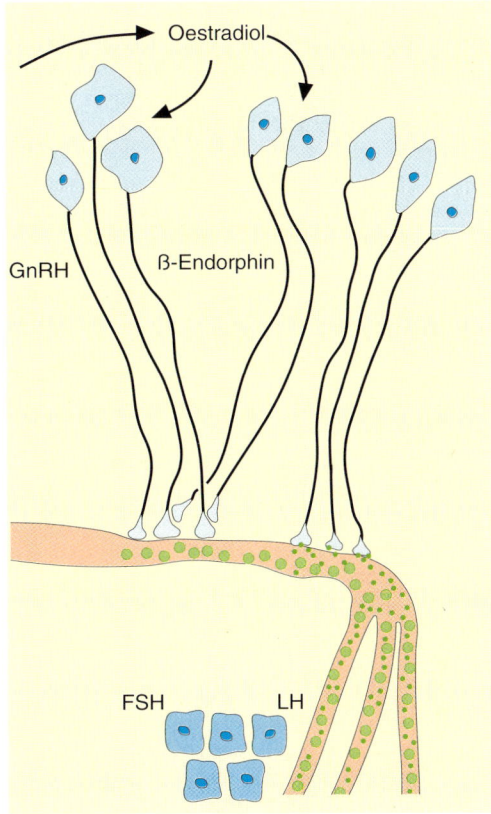

Abb. 11-7. Regulation der GnRH-Produzenten durch Oestradiol und β-Endorphin. Die GnRH-Zelle wird von Oestradiol gehemmt. Gleichzeitig reduziert Oestrogen die Autoinhibition der β-Endorphin-produzierenden Zelle, die damit mehr β-Endorphin abgibt, das die GnRH-Zelle ebenfalls hemmt. So wirkt also Oestradiol auf zwei Wegen inhibierend. Hierzu ist nachgewiesen, daß sowohl Oestradiol aus auch β-Endorphin die GnRH-Zelle hyperpolarisieren. Auch an der β-Endorphin-Zelle wird der Tonus durch Oestradiol verändert

den Spiegel an cAMP verringern. Die Membranrezeptoren selbst haben sieben Transmembran-Durchgänge, wie es auch von adrenergen Rezeptoren bekannt ist. Die Rezeptoren sollen sowohl praesynaptisch als auch postsynaptisch vorkommen.

Die pharmakologische Spezifizierung der Rezeptoren wurde am peripheren Gewebe durchgeführt. Das isolierte Meerschweinchen-Ileum wird sensitiver durch Morphin gehemmt als durch Enkephaline: µ-Rezeptoren. Das Vas deferens besitzt Rezeptoren mit höherer Affinität zu Enkephalinen: δ-Rezeptoren. ϰ-Rezeptoren wirken bei beiden Systemen und haben hohe Affinität zu Ketozyklazokin, einem Benzomorphan-Abkömmling, jedoch ist Dynorphin ein natürlicher Ligand dieses Rezeptors.

Die Verteilung der drei Rezeptortypen variiert sehr stark im Zentralnervensystem [28]. Grundsätzlich sind alle 3 Typen von Rezeptoren in vielen Bereichen sowohl des Telenzephalon und Dienzephalon als auch im Stammhirn der hinteren Gehirnabschnitte nachzuweisen. In der Großhirnrinde z.B. sind µ-Rezeptoren in den Rindenlagen I und IV relativ dicht exprimiert, δ-Rezeptoren dagegen in den Lagen II-III und V-VI. ϰ-Rezeptoren sind in der Rinde nur wenig ausgebildet. Im übrigen Tel- und Dienzephalon gibt es große Unterschiede in der Dichte der verschiedenen Rezeptoren (Abb. 11-8). Die µ-Rezeptoren finden sich vor allem im lateralen Thalamus, in der Amygdala und im Colliculus-Gebiet, δ-Rezeptoren sind im Putamen, im Nucleus accumbens und im olfaktorischen Kern und die ϰ-Rezeptoren vor allem im präoptischen Hypothalamus und auch im Nucleus accumbens sehr dicht gelagert.

In Verbindung mit der anatomischen Verteilung sind einige Aussagen zur Funktion möglich (Tabelle 11-5). Die nachweisbaren Wirkungen sind Veränderungen der Sekretion von den Transmittern Noradrenalin, Dopamin, Azetylcholin und Serotonin. Eine deutliche Beziehung besteht zwischen der Bindung von ϰ-Rezeptor-Agonisten im N. paraventricularis und N. supraopticus und der Hemmung der AVP- und OT-Sekretion im Hinterlappen. Die µ-Rezeptoren im mittleren Teil des Hypothalamus sind für die Hemmung der GnRH-Sekretion verantwortlich (vgl. Abb. 11-7, s. auch Anfang Kap. 11-5).

Alle drei Rezeptortypen beeinflussen die Schmerzempfindung. Die aufsteigenden Neuronenverbindungen exprimieren von den Spinalganglien an bis zum Thalamus die verschiedenen Rezeptoren. Absteigend finden sie sich in Bahnen des Stammhirns durch Raphe-Kerne und Pons.

Eine deutliche Veränderung der Erregung (Spike-Frequenz) wurde im Nucleus coeruleus in Verbindung mit der Freisetzung von Noradrenalin gemessen. Opiate hemmen akut diese Neurone. Nach län-

gerer Einwirkung gewöhnen sich die Neurone an diesen Einfluß und normalisieren die Erregungsrate. Sie werden dadurch aber abhängig und lassen eine höhere Frequenz erkennen, wenn die Opiate abgesetzt werden. Dies erklärt manche Beziehungen zwischen dem Einsatz und Entzug solcher Rezeptor-Agonisten. Eine allgemeine Übersicht über die Neurochemie der Opiate erklärt weitere Einzelheiten hierzu [9].

Sehr vielseitig im Regulationsgeschehen ist die Wirkung des **Dopamins, sowohl als Transmitter** (s. Kap. 5) **wie als Hormon.** Es ist das wichtigste PIH, was bedeutet, daß es auf dem Blutweg eine tonische Hemmung der PRL-Sekretion hervorruft. Ein erst kürzlich im Gehirn nachgewiesener Faktor, das Endothelin, das normalerweise vom Endothel sezerniert wird, unterbindet gemeinsam mit Dopamin die PRL-Abgabe. Längere Einwirkung von Dopamin führt jedoch zu einer starken Aktivierung durch Endothelin. Diese unterschiedliche Antwort deutet an, daß Endothelin ein Modulator ist, der je nach Funktionsniveau unterschiedlich arbeitet.

Dopamin stimuliert als Transmitter die Sekretion von natriuretischem Peptid aus Neuronen des Ratten-Hypothalamus und übt so einen Einfluß auf das Trinkverhalten und auf Kreislaufparameter aus.

Sehr variabel sind die vermutlich **autokrinen und parakrinen Wirkungen von NPY.** Es ist im Hypophysen-Hinterlappen kolokalisiert mit Arginin-Vasopressin (AVP) und Oxytozin (OT), den zwei Nonapeptiden der Säuger, und bewirkt nach Sekretion die Abgabe der Nonapeptide. NPY verstärkt dosisabhängig die Freisetzung von AVP durch hohes extrazelluläres K^+ in einem *in vitro*-System. Es hat aber keinen Effekt auf die OT-Abgabe. Nach chronischer osmotischer Stimulation werden die Bindungsstellen für NPY reduziert (down-regulation des Rezeptors). Da hohes K^+ auch eine Freisetzung von NPY bewirkt, liegt hier der Fall eines autostimulatorischen positiven Feedback vor, der regulationsphysiologisch sehr schwer zu verstehen ist. Dies könnte ein wichtiger Mechanismus für die Kontrolle der Homoeostase der Körperflüssigkeit sein [27].

AVP und OT haben nicht nur die bekannten hormonellen und peripheren Wirkungen, sondern partizipieren auch in der Kontrolle von Adenohypophysenhormonen. Sie erreichen in hohen Konzentrationen beim Säuger über die kurzen Portalgefäße vom Hinterlappen her die Adenohypophyse. Besonders OT bewirkt einen Anstieg der PRL-Sekretion (wirkt also als PRH), eine möglicherweise wichtige Wirkstoffkombination bei dem Reproduktions- und Brutpflegeverhalten. Es sei hier darauf hingewiesen, daß bei Säugern TRH als PRL-Stimulator betrachtet wird und dabei 5–10mal potenter wirkt als OT.

NPY-Wirkungen sind nicht nur beim Säuger bekannt. Es ist ein in der Evolution sehr stark konserviertes Hormon, das auch bei niederen Vertebraten sehr wirksam ist. Es reguliert beim Goldfisch die Bildung von STH und von dem sog. Gonadotropin

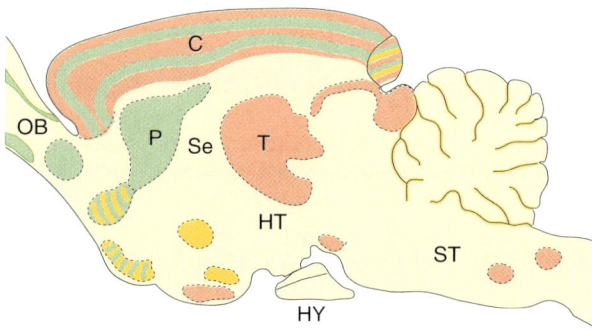

Abb. 11-8. Verteilung der Opiatrezeptoren im Gehirn des Säugers. Markiert sind die wichtigsten und dichtesten Verteilungsorte. Die µ-Rezeptoren sind besonders in Rinde I und IV, im Thalamus, in der Amygdala, im Colliculus und einigen Kernen des Stammhirns zu finden (rot). Die δ-Rezeptoren sind im Putamen, dem N. accumbens, dem olfaktorischen Gebiet und in der Rindenregion II-III und V-VI nachgewiesen. Die Rezeptoren sind also vermehrt im vorderen Telenzephalon (grün). Die ϰ-Rezeptoren verteilen sich im Hypothalamus, sowie dem N. accumbens und Teilen des basalen Telenzephalons (gelb).
C – Cortex, Großhirnrindenzonen, HT – Hypothalamus, HY – Hypophyse, OB – Olfaktorischer Bereich, P – Putamen, Se – Septum, St – Stammhirn, T – Thalamus

Tabelle 11-5. Opiate – Rezeptoren

Rezeptor-Typ	natürlicher Ligand	Agonist	Antagonist	Bindungsort	Wirkung
μ (μ1, μ2)	β-Endorphin Met-Enkephalin	Morphin	Naloxon	N. coeruleus	Hemmung der Noradrenalin-Sekretion
				Mesolimbisches System Striatum	Stimulation von Dopamin-Sekretion (Hemmung von inhibitor. Neuronen)
δ	Leu-Enkephalin	verschiedene Verbindungen	Diprenorphin	Mesolimbisches System Striatum	Stimulation von Dopamin-Sekretion
				Striatum	Hemmung der Azetyl-cholinsekretion
ϰ	Dynorphin	Ketozylazokin	Naloxon	Mesolimbisches System Neurone vom N. arcuatus	Hemmung der Dopamin-Sekretion
				Raphekerne	Abgabe von Serotonin
				Npv, Nso	Hemmung der Prodynorphin-Abgabe

II (GtH II), einem der beiden Gonadotropine bei Fischen, das nicht ohne weiteres funktionell mit FSH oder LH gleichgesetzt werden kann. Testosteron und Oestradiol stimulieren die NPY-Gen-Expression im präoptischen Hypothalamus des Goldfisches [32].

NPY, Dopamin und GABA sind in Neuronen vorhanden, die die Pars intermedia beim Krallenfrosch innervieren und synaptische Kontakte mit melanotropen Zellen bilden. Alle drei Substanzen wirken hemmend auf die MSH-Abgabe (wie das Peptid MIH). Die Wirkung von NPY wird entweder in einem direkten hemmenden Effekt auf die MSH-Zelle oder in einem indirekten, eher parakrinen Einfluß über die follikulo-stellaten Zellen im Zwischenlappen gesehen, die dann ihrerseits die Melanotropen regulieren. Die MSH-Zellen zeigen ein spontanes Ca^{++}-Pulsieren, das die Grundlage für eine unbeeinflußte MSH-Sekretion liefert, wenn der Hypophysenstiel durchtrennt wird. Es gibt auch MRH-Effekte von hypothalamischen Hormonen. CRH und TRH stimulieren die MSH-Zellen unter natürlichen Bedingungen.

Neurotensin fördert die PRL-Sekretion und stimuliert auch die TSH- und ACTH-Sekretion [25]. In Streßsituationen ist die NT-Synthese gesteigert. Dexamethason, das meist bei solchen Nachweisen verwendete artifizielle Glukokortikoid, steigert ebenfalls die NT-Produktion, ein Vorgang, der über Glukokortikoid-Rezeptoren an der NT-Zelle ablaufen soll.

> **Als Neurotropine wird eine Gruppe von Substanzen bezeichnet, die während der Entwicklung die Ausbildung des Nervensystems in der typischen Form unterstützen, das Überleben und die Differenzierung von Nervenzellen ermöglichen und auch bei Regenerationsprozessen und möglicherweise bei der Vermeidung von Degenerationen wirksam sind**

Die Bezeichnung **neurotrope** Wirkung wurde für die **Substanz P** eingeführt [17], wobei der Begriff nicht näher definiert war.

Inzwischen ist der Begriff **Neurotropin** (im engl. neurotrophin) genauer erklärt. Es sind Substanzen, die von verschiedenen Geweben produziert werden, unter anderem auch von Astrozyten oder postsynaptischen Neuronen, und die Bildung von Synapsen fördern. Sie wirken entweder während der Entwicklung des Nervensystems oder bei Regenerationsprozessen. **Neurotropin 3** als Beispiel ist während der Entwicklung weit verbreitet. Genetisch veränderte Embryonen, NT3-defiziente Mutanten, haben schwere Schäden in sensorischen und sympathischen Zellpopulationen im ZNS. Manche Neurone benötigen mehr als ein Neurotropin. Die Neurotropine kommen in den Gehirn-Arealen vor, in denen sie wirksam werden, und bahnen wohl nach Sekretion die Zell-Kontakte, das Auswachsen der Neurone usw.

Rezeptoren, die mit dem Insulin-Rezeptor, einer Tyrosinkinase, verwandt sind, und die deshalb auch Insulin und insulin-ähnliche Wachstumsfaktoren binden, vermitteln diese neurotropen Einflüsse. So wird das Überleben von Neuronen und das Auswachsen von Neuriten über diesen Rezeptor gefördert. Auch die Synaptogenese und die allgemeine Funktion des Neurons wird so ermöglicht. Es ist bekannt, daß IGF assoziiert ist mit der Regeneration sensorischer und motorischer Neurone und anregend wirkt auf cholinerge und dopaminerge, mesenzephale Neurone. Die neuronale Degeneration bei der Alzheimer-Krankheit könnte mit einer Degeneration solcher Rezeptoren einhergehen.

11.7 Literatur

Weiterführende Lehr- und Handbücher

1. Atlas SA (1986) Atrial natriuretic factor: a new hormone of cardiac origin. Rec Prog Hormone Res 42:207–250
2. Bern HA, Pearson D, Larson BA, Nishioka RS (1985) Neurohormones from fish tails: The caudal neurosecretory system of fish. I. Urophysiology and the caudal neurosecretory system of fishes. Rec Prog Hormone Res 41:533–552
3. DeWied D, Hijman R (1989) Lernen. In: Endokrinologie, Hesch RD (ed), Teil A 486–501. Urban & Schwarzenberg, München
4. Fujita T, Kobayashi S, Yui R, Iwanga T (1980) Evolution of neurons and paraneurons. In: Hormones, Adaptation and Evolution (Ishii S, Hirano T, Wada M, eds), 35–43. Japan Scientific Press, Tokyo
5. Guillemin R (1977) The expanding significance of hypothalamic peptides, or, is endocrinology a branch of neuroendocrinology? Rec Prog Hormone Research 33:1–28
6. Gersch M, Richter K (eds) (1981) Das peptiderge Neuron. G Fischer, Jena
7. Lederis K, Freyer J, Rivier J, Maccannell KL, Kobaiashi Y, Woo N, Wong KL (1985) Neurohormones from fish tails II. Actions of urotensin I in mammals and fishes. Rec Prog Hormone Res 41:553–576
8. Scharrer E, Scharrer B (1963) Neuroendocrinology. Colombia Press, New York
9. Siegel GJ, Agranoff BW, Albers RW, Molinoff PB (1994) Basic Neurochemistry, Molecular, Cellular and Medical Aspects. Raven Press, New York
10. Vale W, Rivier C, Brown M (1977) Regulatory peptides of the hypothalamus. Ann Rev Physiol 39:473–527
11. Unger H (1977) Neuroendokrinologie der Wirbeltiere. In: Neurobiologie (Biesold D, Matthies H, eds) 425–472, Gustav Fischer Verlag, Stuttgart

Einzel- und Übersichtsarbeiten

12. Acher R (1990) Structure, evolution and processing adaptation of neurohypophysial hormone neurophysin precursors. In: Progress in comparative endocrinology (Epple A, Scanes C, Stetson M eds) 1–9, Wiley Liss, New York
13. Bargmann W (1949) Über die neurosekretorische Verknüpfung von Hypthalamus und Neurohypophyse. Z Zellforsch 34:610–634
14. Bargmann W, Lindner E, Andres KM (1967) über Synapsen an endokrinen Epithelzellen und die Definition sekretorischer Neurone. Untersuchungen am Zwischenlappen der Katze. Z Zellforsch 77:282–298
15. Bennet HPJ, Browne CA, Solomon S (1982) Characterization of eight forms of corticotropin-like intermediary lobe peptide from the rat intermediary pituitary. J Biol Chem 257:10096–10102
16. Eipper B, Mains RE (1978) Analysis of the common precursor to corticotropin and endorphin. J Biol Chem 253:5732–5744
17. Euler US von, Pernow B (1956) Neurotropic effects of substance P. Acta Physiol Scand 36:265
18. Frankish HM, Dryden S, Hopkins D, Wang Q, Williams G (1995) Neuropeptide Y, the hypothalamus and diabetes: Insight into the central control of metabolism. Peptides 16:757–771
19. Fujita T (1977) Concept of paraneurons. Arch Histol Jap 40:1–12
20. Guillemin R (1978) Peptides in the brain: The new endocrinology of the neuron. Science 202:390–402
21. Hol EM, Gispen WH, Bär PR (1995) ACTH-related peptides: Receptors and signal tranduction systems involved in their neurotrophic and neuroprotective actions. Peptides 16:979–993
22. Ishii, S (1990) Evolution of gonadotropins in vertebrates. In: Progress in comparative endocrinology (Epple A, Scanes C, Stetson M eds) 40–46, Wiley Liss, New York
23. Iversen LL (1983) Neuropeptides – what next? Trends Neurosci 6:293–294
24. Kawauchi H, Yasuda A, Rand-Weaver M (1990) Evolution of prolactin and growth hormone family. In: Progress in comparative endocrinology (Epple A, Scanes C, Stetson M eds) 47–53, Wiley Liss, New York
25. Kitabgi P, Nemeroff B (1992) The neurobiology of the neurotensin. Ann NY Acad Sci 668:1–131
26. Lagrange AH, Ronnekleiv OK, Kelly MJ (1995) Estradiol-17ß and μ-opioid peptides rapidly hyperpolarize GnRH neurons: A cellular mechanism of negative feedback? Endocrinology 136:2341–2344
27. Larsen PJ, Jukes KE, Chowdrey HS, Lighman SL, Jessop DS (1994) Neuropeptide-Y potentiates the secretion of vasopressin from the neurointermediate lobe of the rat pituitary gland. Endocrinology 134:1635–1639
28. Mansour A, Fox CA, Akil H, Watson SJ (1995) Opioid-receptor mRNA expression in the rat CNS: anatomical and functional implication. Trends Neurosci 18:22–29
29. Mountjoy KG, Mortrud MT, Low MJ, Simerly RB, Cone RD (1994) Localization of the melanocortin-4 receptor (MC4-R) in neuroendocrine and autonomic control circuits in the brain. Molecular Endocrinology 8:1298–1308
30. Ono M, Takayma Y, Rand-Weaver M, Sakata S, Yasunaga T, Noso T, Kawauchi H (1990) cDNA cloning of somatolactin, a pituitary protein related to growth hormone and prolactin. Proc Natl Acad Sci 87:4330–4334
31. Pearse AGE (1977) The diffuse neuroendocrine system and the APUD concept: related <endocrine> peptides in brain, intestine, pituitary, placenta, and anuran cutaneous glands. Med Biol 55:115–125
32. Peng C, Gallin W, Peter RE, Blomqvist AG, Larhammar D (1994) Neuropeptide-Y gene expression in the goldfish brain: Distribution and regulation by ovarian steroids. Endocrinology 134:1095–1103
33. Reiter RJ (1973) Pineal control of seasonal reproductive rhythm in male golden hamsters exposed to natural daylight and temperature. Endocrinology 92:423–430
34. Scharrer E (1928) Die Lichtempfindlichkeit blinder Ellritzen (Untersuchungen über das Zwischenhirn der Fische I). Z vergl Physiol 7:1–38

12 Allgemeine Sinnesphysiologie

W. Backhaus

12.1 Gegenstand der allgemeinen Sinnesphysiologie

> **Sinnessysteme kodieren die Reize neuronal**

Die *Sinnessysteme* (Sinne) ermöglichen es den Lebewesen, **Reize** aus ihrer Umwelt wahrzunehmen (**Reizperzeption**) und auf diese artgemäß zu **reagieren**. Die *Sinnesorgane* der Lebewesen haben sich während der Evolution derart entwickelt, daß nur der für die jeweilige Tierart relevante Teil der Information aus der Umwelt aufgenommen wird. Die Reize wirken in den Sinnesorganen auf spezifische **Rezeptoren** (synonym: *Sensoren)* ein, die für die einzelnen Reizklassen besonders empfindlich sind (**Reizrezeption**). Die Sinnesorgane sind also selektiv. Die reizempfindlichen Regionen der Rezeptorzellen lassen häufig eine Gliederung in ein Innen- und ein Außensegment erkennen. In vielen Fällen (z.B. Photo-, Mechano- und Chemorezeptoren) kann das Außenglied einen umgebildeten Zilienschaft darstellen, der sich auf die Aufnahme des jeweils adäquaten Reizes spezialisiert hat (siehe Abb. 12-1). Die **Rezeptorzellen**, in denen sich die eigentlich reizspezifischen Rezeptoren befinden, kodieren den Reiz als elektrische Erregung ihrer Zellmembranen (**Reiz-Erregungstransduktion**). Die Erregungen mehrerer Rezeptorzellen werden in nachgeschalteten Neuronen miteinander verrechnet, und der Reiz wird dadurch neuronal kodiert.

> **Sinnessysteme repräsentieren die Reize als subjektive Empfindungen**

Die elektrischen Erregungen bestimmter Neurone führen zu reizspezifischen **Empfindungen**, die nur subjektiv zugänglich sind. Zusammenhängende Empfindungskomplexe, wie z.B. das Sehen, Hören, Schmecken, Riechen und Tasten, bezeichnet man als **Sinnesmodalitäten** [4]. An den verschiedenen Empfindungen der Sinnesmodalitäten (z.B. Farb-, Form-, Bewegungsempfindungen der Sinnesmodalität Sehen) lassen sich wiederum verschiedene **Qualitäten** (synonym: *Dimensionen, Aspekte*) unterscheiden. Beispielsweise bestehen die Farbempfindungen zu unterschiedlichen Anteilen aus den sechs **elementaren Farbqualitäten** *(Urfarben)* Blau, Gelb, Rot, Grün, Schwarz und Weiß, die Geschmacksempfindungen aus den vier **elementaren Geschmacksqualitäten** süß, sauer, bitter und salzig.

Gibt es ein materielles Korrelat der Empfindungen? Unsere Empfindungen kennen wir durch **Introspektion**. Ob jedoch unser Nebenmensch mit den unsrigen **identische Empfindungen** besitzt, kann nur aufgrund der generellen Ähnlichkeiten zwischen uns Menschen vermutet werden. Zwei Versuchspersonen könnten beispielsweise stets beim Sehen desselben Lichts das Wort „Blau" gebrau-

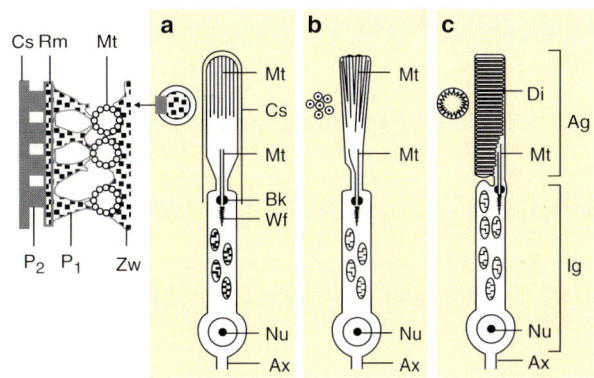

Abb. 12-1. Rezeptortypen. Die Außensegmente sind an den adäquaten Reiz angepaßt und dienen u.a zur Erhöhung der Konzentration des Reizes und damit der Erhöhung der Rezeptionswahrscheinlichkeit. **a** Mechanorezeptor (Druckrezeptor der Insektencuticula). **b** Chemorezeptor (Riechzelle der Insektenantenne). **c** Photorezeptor (Stäbchen des Wirbeltierauges). Ag, Außenglied; Ax, Axon; Bk, Basalkörper; Cs, Cuticularscheide; Di; Disk (Photorezeptormembran); Ig, Innenglied; Mt, Mikrotubulus; Nu, Nucleus; P$_{1,2}$, Membranproteine; Rm, Rezeptormembran; Wf, Wurzelfaser; ZW, Zwischensubstanz. (Nach Wehner & Gehring, 1990, Abb. 7.2)

chen, ohne daß sie dasselbe Blau empfinden. Die Frage nach der Existenz und Art von Empfindungen bei Tieren, die uns sehr unähnlich sind, ist entsprechend schwierig zu beantworten. Bislang jedenfalls kann nur darüber spekuliert werden, **was** die Empfindungen sind, d.h. welchem materiellen Substrat sie entsprechen. (siehe Kapitel 25)

Sinnessysteme werden mit objektiven und subjektiven Meßmethoden untersucht

Die Gegenstände der Allgemeinen Sinnesphysiologie lassen sich in objektive (physikalisch-chemische) und subjektive (psychologische) einteilen. Die **objektive Sinnesphysiologie** verwendet physikalische und chemische Meßmethoden, die **subjektive Sinnesphysiologie** (synonym: *Wahrnehmungspsychologie)* benützt experimentalpsychologische Methoden zur Messung der Wahrnehmung. Objektive und subjektive Sinnesphysiologie unterscheiden sich damit sowohl durch den Untersuchungsgegenstand als auch durch die verwendeten Methoden. Bislang kann die subjektive Sinnesphysiologie auch nicht teilweise durch die objektive Sinnesphysiologie ersetzt werden [14]. Dies wird erst dann möglich sein, wenn man das materielle Substrat kennt, das den Empfindungen zugrunde liegt oder mit diesen identisch ist (Kap. 25).

12.2 Objektive Sinnesphysiologie

Die Reduktion der Informationsflut aus der Umwelt durch die Sinnesysteme. Die Reduktion der aus der Umwelt eines Lebewesens stammenden Information beginnt bereits in den **Sinnesorganen**. Die Sinnesorgane verfügen über **reizspezifische Rezeptoren**, d.h. **Rezeptorzellen,** die reizspezifische Rezeptormoleküle bzw. Sinneshaare in ihren Membranen besitzen. Die Rezeptoren sind jeweils nur für einige physikalische bzw. chemische Eigenschaften der Objekte in der Umwelt empfindlich. Die Wirkung der Reize wandelt sich in den Rezeptorzellen durch den **Transduktionsprozeß** in elektrische **Erregungen** um. Nachgeschaltete **Neurone** verrechnen schrittweise die Erregungen mehrerer Rezeptorzellen miteinander. Dabei wird die *Reizinformation* schrittweise *reduziert* und *umkodiert*.

Rezeptoren werden nach den physikalisch-chemischen Eigenschaften der für sie adäquaten Reize unterschieden

Die Anpassung der Sinnessysteme an spezifische Reizeigenschaften. Physikalische oder chemische

Objekte können als Reiz wirksam sein, wenn sich unter normalen Temperatur- und Druckbedingungen eine genügend große, sich häufiger wiederholende **Wirkung** zuverlässig durch **Rezeptorzellen** feststellen läßt. Die Wirkung darf andererseits nicht so groß sein, daß das Sinnesorgan zerstört würde. Für seltene Ereignisse und selten vorkommende Substanzen, ebenso wie für hochenergetische Prozesse, wie z.B. radioaktive Strahlung oder hochgiftige Substanzen, haben sich daher keine Sinnesorgane entwickelt. Eine Einteilung der Rezeptoren nach den physikalisch-chemischen Eigenschaften der für sie **adäquaten** Reize ist sinnvoll. Man unterscheidet: **Licht-, Mechano-, Wärme-, Chemo-, Elektro- und Magnetorezeptoren.**

Nicht alle Tierarten besitzen für alle möglichen Reize auch Rezeptoren bzw. Sinnesorgane. Es sind vielmehr nur Sinnesorgane mit Rezeptoren für solche **Reize** vorhanden, die indikativ sind für Eigenschaften von Objekten der Umwelt, die für das Leben einer Tierart **wichtig** sind. Einige Tierarten besitzen daher Sinnesorgane, über die andere Tierarten nicht verfügen, wie **Sinnesorgane mit Rezeptoren** für 1) ultraviolettes (UV-) Licht (Insekten, manche Vögel) und 2) infrarotes (IR-) Licht als Bildquelle (Schlangen), 3) polarisiertes Licht (Arthropoden), 4) Ultraschall (Fledermäuse und viele andere Säugetiere), 5) Infraschall (Tauben, Delphine, Wale), 6) elektrische Ströme (elektrische Fische, Rochen, Haie), 7) Magnetfelder (verschiedene Tiere, siehe Kapitel 20), des weiteren Sinnesorgane mit spezialisierten olfaktorischen Rezeptoren für 8) spezifische chemische Signalstoffe (z.B. Sexuallockstoffe).

Sinnesorgane bzw. Rezeptorzellen reagieren in vielen Fällen nicht nur auf **adäquate Reize**, sondern auch auf inadäquate Reize, wenn diese mit unphysiologisch hohen Intensitäten einwirken (z.B. „Sterne"-Sehen beim Schlag auf das Auge). Inadäquate Reizung mit unphysiologisch hohen Reizintensitäten kann darüber hinaus zu **Schmerzempfindungen** führen. Schmerzempfindungen können auch über spezielle Rezeptoren (**Nozizeptoren**), die z.T. sehr hohe Schwellen besitzen, ausgelöst werden. Nozizeptoren reagieren beim Menschen meist unspezifisch, bei Tieren meist spezifisch auf mechanische (z.B. Stiche, Quetschen), thermische (Hitze, Kälte) und chemische gewebsschädigende Reize (z.B. Bradykinin, Prostaglandin) (siehe Kapitel 21).

Die Sinnesorgane begünstigen die Aufnahme und Weiterleitung des Reizes zu den Rezeptoren und vermindern den Einfluß nichtadäquater Reize

Spezialisierte Außensegmente. Sinnesorgane besitzen vielfach **spezielle Strukturen**, die die **Konzentration** eines Reizes pro Fläche, d.h. die wirksame **Reizenergie** bzw. **Reizintensität** erhöhen, um die Reizaufnahme zu begünstigen (z.B. Trichterwirkung des Außenohrs) oder durch **Modifikation** des Reizes dessen Zusammensetzung zu verändern, um das

Sinnesorgan vor schädigenden Reizen zu schützen (z.B. durch Filterung im Auge). In vielen Fällen wird der Reiz auch in andere Reizgrößen transformiert, bevor er schließlich auf die Rezeptormoleküle des Rezeptors einwirkt (**Reizrezeption**). Eine **Reiztransformation** begünstigt die **Reizaufnahme** durch die Rezeptorzellen oder macht diese sogar überhaupt erst möglich (z.B. Umwandlung von Luftschwingungen in Lageveränderungen von Sinneshaaren im Ohr). Dabei wird häufig die **Information** von einem materiellen **Träger** auf einen anderen übertragen (z.B. Luft-, Knochen- und Flüssigkeitsschall beim Hörvorgang).

Die Reize bewirken dabei in den Rezeptorproteinen **Konformationsänderungen**. Die Information über die Anzahl der Rezeptormoleküle, die pro Zeiteinheit ihren Zustand ändern, wird über eine mehrstufige biophysikalisch-biochemische Transduktionskaskade durch schrittweise Mehrfachanregung von Molekülen weitergegeben, wodurch sich die Anzahl der Informationsträger vervielfacht (z.B. ca. 10.000-fach bei der Phototransduktion). Die Moleküle des letzten Schrittes der Transduktionskaskade (second messenger) öffnen oder schließen Ionenkanäle in der Rezeptorzellmembran.

Die von den Rezeptoren aufgenommenen Reize werden in graduierte Potentiale der Rezeptorzellmembran umgesetzt (Reiz-Erregungstransduktion)

Die Ionenkanäle der Rezeptorzellmembran besitzen die beiden Zustände „geschlossen" und „offen". Bei der Reiz-Erregungstransduktion wird die Öffnungs- bzw. Schließwahrscheinlichkeit der Ionenkanäle durch die Reize verändert. Je mehr dieser Moleküle vorhanden sind, desto mehr Ionenkanäle können geöffnet bzw. geschlossen werden und größere bzw. kleinere Ionenströme können durch die Membran fließen. Die Gesamtleitfähigkeit der Membran für die verschiedenen Ionensorten ergibt sich als Summe der Leitfähigkeiten der gleichzeitig offen Ionenkanäle.

Die Reize steuern die Leitfähigkeit der Rezeptorzellmembran durch direkte chemische oder mechanische Einwirkung oder durch indirekte chemische Einwirkung über eine Transduktionskaskade

Bei der Erzeugung von graduierten Potentialen in den Rezeptorzellen während der Reizaufnahme sind im wesentlichen drei Fälle zu unterscheiden: 1. Die transformierten und ggf. modifizierten Reize wirken mechanisch, auf Kanalmoleküle in der Rezeptormembran ein, z.B. mechanisch auf **Sinneshaare**, die unmittelbar mit der Rezeptormembran verbunden sind. Die Bewegung der Sinneshaare (Lageveränderung) bewirkt **mechanisch** die Öffnung bzw. Schließung von **Ionenkanälen** der Zellmembran (**Mechanorezeptoren**). 2. Bei Chemorezeptoren sind auch direkte Bindungen von Reizstoffen an den Kanal, wie z.B. an der postsynaptischen Membran, denkbar. 3. Die Reize wirken zunächst durch Anlagerung oder durch Absorption auf **Rezeptormoleküle** ein, die in der Rezeptorzellmembran eingelagert sind.

Rezeptorzellen kodieren die Stärke Rezeptor-adäquater Reizgrößen

Zwischen dem physikalischen bzw. chemischen Reiz und dem Rezeptorpotential besteht ein kausaler Zusammenhang. Bei der Reizrezeption erfolgt daher stets ein **Energieübertrag** vom Reiz auf den Rezeptor. Die Energiefreisetzung aus dem Stoffwechsel der Rezeptorzelle ermöglicht eine **Steuerung höherenergetischer** Transduktionsprozesse, was schließlich größere Änderungen des Membranpotentials ermöglicht [13]. In diesem Sinne kann man vereinfachend von der Leistungsverstärkung eines Reizes durch den Transduktionsprozeß sprechen. Eine genauere Betrachtung zeigt jedoch, daß Rezeptorzellen meist nicht die vom Reiz auf den jeweiligen Rezeptor übertragene Energie in ihrem Membranpotential kodieren, sondern vielmehr für den jeweiligen Rezeptor adäquate Reizgrößen, wie z.B. die Intensität (z.B. Photorezeptor), Konzentration (Chemorezeptor) oder die räumliche Position (z.B. Tasthaar-Mechanorezeptor) eines Reizes. Für ein Lebewesen kann das Gleichbleiben von Rezeptormembranpotentialen (**tonische Antwort**) ebenso informativ sein wie deren Veränderung (**phasische Antwort**). Die von einem Rezeptor aufgenommene Energie kann sogar teilweise wieder an die Umwelt abgegeben werden, z.B. bei Mechanorezeptorzellen, wenn die Sinneshaare von den elastischen Kräften in ihre Ruhelage zurückbewegt werden.

Photorezeptoren sind Photonenstromzähler. In das Auge fallende Licht wird von den Rhodopsinmolekülen der Photorezeptorzellen des Auges absorbiert. Die dabei übertragene Energie der Photonen hängt dabei von der Wellenlänge der Photonen ab. Das Auftreten der Konfigurationsänderung des Rhodopsins hängt jedoch nur davon ab, ob ein Photon absorbiert wurde oder nicht, nicht dagegen von der dabei übertragenen Energie. Das Membranpotential der Photorezeptorzelle kodiert somit die Gesamtzahl der pro Zeiteinheit absorbierten Photonen und nicht die absorbierte Energie. Der Transduktionsprozeß ist also ein Signalumsetzer, der die Information über die adäquate Reizgröße auf einen höherenergetischen Träger (Rezeptorpotential) überträgt, um diese schließlich Spikefrequenzkodiert über größere Entfernungen störungsfrei übertragen zu können.

Die allgemeine Transduktionsfunktion beschreibt den Zusammenhang zwischen Rezeptorpotential und rezeptorwirksamer Reizintensität

Der elektrophysiologisch gemessene Zusammenhang zwischen Rezeptorpotential und Reizintensität (siehe Abb. 12-2) wird durch die allgemeine Transduktionsfunktion angemessen beschrieben [17,27]:

$$V = V_{abs}/V_{max} = P^n/(P^n + 1). \qquad (1)$$

Dabei bezeichnet P die im Rezeptor **wirksame Reizintensität** (z.B. den gesamten von einer Photorezeptorzelle in den Rhodopsinmolekülen absorbierten Photonenstrom, die Konzentration einer chemischen Substanz oder die Stellung eines Tasthaares), V das relative, V_{abs} das absolut gemessene und V_{max}

das maximale Rezeptorpotential; n ist ein tierartspezifischer Parameter, der i.a. vom Adaptationszustand des Rezeptors abhängt. Wegen der linearen Stöchiometrie chemischer Prozesse bzw. wegen des linearen Zusammenhangs zwischen der Lage eines Tasthaars und der Anzahl geöffneter Ionenkanäle in der Rezeptormembran dürfte der durch Gleichung 1 beschriebene Zusammenhang zwischen Reizintensität und Membranpotential einheitlich in allen Rezeptorzellen vorliegen.

Die Form der Transduktionsfunktion hängt jedoch i.a. von den verwendeten Einheiten ab. Verwendet man physikalische Intensitätseinheiten, so ergibt sich der typische Verlauf der Transduktionsfunktion, d.h. V(P) steigt zunächst linear mit der wirksamen Reizintensität P an und sättigt dann bei höheren Intensitäten. Trägt man das Rezeptorpotential V über log(P) auf, so ergibt sich der typische sigmoidale Funktionsverlauf. Manche Reize besitzen eine maximal mögliche Intensität oder Konzentration (z.B. gelöste Salze). Es gibt auch Grenzen für die Auslenkung von Tasthaaren, oder die Sinnesorgane verwenden Strukturen, die bei der Reizaufnahme begrenzend wirken (z.B. Tastkörperschen). In diesen Fällen ist der Arbeitsbereich des Rezeptors auf den unteren linearen Bereich beschränkt, die Transduktionsfunktion scheint linear zu sein [27]. Verwendet man anstelle der physikalischen Intensitätsmaße **abgeleitete technische Maße** für P, z.B. den Schalldruckpegel $P = 10\log(I/I_o)$, so kann der Transduktionsprozeß von der in oben beschriebenen Grundform abweichen. Bei einem Vergleich gemessener Transduktionsfunktionen muß deshalb auf die Einheiten besonders geachtet werden.

Nicht alle Rezeptorzellen besitzen Dendriten und Axone

Rezeptorzellen besitzen häufig keine Dendriten, insbesondere dann nicht, wenn es sich um sekundäre Rezeptorzellen handelt, also solche, die sich in der Ontogenie von Epithelzellen ableiten (z.B. Haarzellen im Innenohr der Säuger). Der rezipierte Reiz bewirkt in diesem Fall ausschließlich eine Potentialänderung an der Membran des Zellkörpers (Soma). Bei freien Nervenendigungen (Sinnesnervenzellen) hingegen befinden sich die Rezeptoren in der Membran der Dendriten. Der rezipierte Reiz führt hier zunächst zu Änderungen der Potentiale der Dendritenmembranen, die sich auf der Somamembran summieren. Ähnliche Verhältnisse liegen vor bei Rezeptorzellen mit Außensegmenten, die einem Dendriten homolog sind (z.B. Photorezeptorzellen).

Einige Rezeptorzellen transformieren die graduierten elektrischen Membranpotentiale in Aktionspotentiale (**Erregungstransformation**), wobei die Änderungen des Potentials näherungsweise in proportionale Änderungen der Aktionspotentialfrequenz transformiert werden. Diese Transformation geschieht in der Spike-initiierenden Zone, die sich

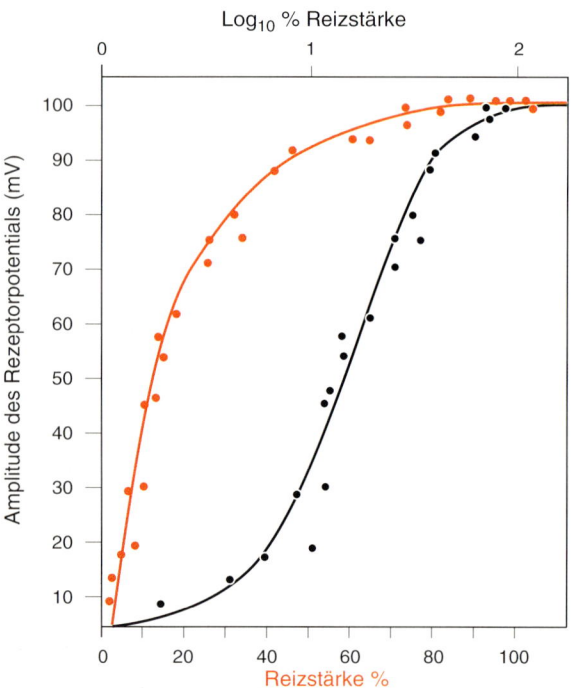

Abb. 12-2. Zusammenhang zwischen Reizstärke und Amplitude des Rezeptorpotentials. Der theoretische Verlauf (Linie) für den allgemeinen Transduktionsprozeß (Gl. 1) wird verglichen mit den Erregungswerten (Punkte) in Abhängigkeit von der Reizstärke (Pacini-Tastkörperchen). Dieselben theoretischen und empirischen Daten sind über der Reizintensität in % (untere Skala, rot) und über dem Logarithmus der Reizstärke (obere Skala, schwarz) aufgetragen. Die Tranduktionsfunktion kann für geringe Intensitäten (0–20%) durch eine lineare Funktion und im mittleren Bereich durch eine logarithmische Funktion angenähert werden

bei freien Nervenendigungen bereits auf dem Dendriten befinden kann. Andererseits erzeugen viele Rezeptorzellen keine Aktionspotentiale, obwohl sie ein Axon besitzen, das dann jedoch meist sehr kurz ist (z.B. Photorezeptoren). Bei ausschließlich graduiert antwortenden Rezeptorzellen geschieht die Erregungstransformation in Aktionspotentiale erst in den nachgeschalteten Neuronen.

Die Neurone verrechnen die Erregungen der Rezeptorzellen miteinander

Die Erregung jeweils mehrerer, meist unmittelbar benachbarter Rezeptorzellen (**rezeptives Feld**) wird von den **Dendriten** nachgeschalteter Neurone über **chemische Synapsen** abgegriffen, im **Soma** aufsummiert und über die **Axone** an die folgenden Neurone weitergegeben, die die weitere Verrechnung vornehmen. Die Erregungen der nachgeschalteten Neuronen stellen dabei dem Organismus weitere Information über die Außenwelt zur Verfügung, die in den Erregungen der Rezeptorzellen nicht explizit repräsentiert sind.

Bei der Analyse der Struktur von Neuronennetzwerken zeigt sich immer wieder, daß nicht nur die Zellerregungen, sondern auch deren Fluktuationen (Rauschen) wichtige Information enthalten. Durch statistische Analyse der Fluktuationen kann die Anzahl der Rauschquellen (z.B. Synapsen) und damit bestimmt werden, wieviele Rezeptorzellen mit einem nachgeschalteten Neuron synaptisch verschaltet sind. Die statistische Analyse der Fluktuationen intrazellulär von Phototrezeptorzellen und Neuronen 1. Ordnung (Monopolarzellen) bei Libellen abgeleiteter Potentiale ergab beispielsweise, daß jeweils sechs Photorezeptorzellen auf eine Monopolarzelle verschaltet sind [23].

Einige der Erregungsgrößen nachgeschalteter Neurone rufen schließlich bewußte Empfindungen (z.B. Farben, Töne, Düfte) hervor. Die Erregungsgrößen bzw. Empfindungen entsprechen dabei nicht notwendigerweise einzelnen physikalisch-chemischen Reizgrößen. Sie stellen vielmehr für den jeweiligen Organismus zweckmäßige interne Repräsentationen seiner Umwelt dar.

Die Erregungen von Photorezeptoren z.B. repräsentieren die durch ihre jeweilige spektrale Empfindlichkeit gewichtete Summe der Lichtintensität eines bestimmten Wellenlängenbereichs. Den Erregungen Gegenfarben-kodierender Neurone hingegen entsprechen nicht einzelne physikalische Parameter der Lichtreize (Wellenlänge, Weißlichtanteil, Intensität), sondern vielmehr eine Blau/Gelb- bzw. eine Rot/Grün-Achse im Raum der Farbempfindungen.

12.3 Subjektive Sinnesphysiologie

Die subjektive Sinnesphysiologie untersucht messend den subjektiven Aspekt der Sinnessysteme, d.h. die **Relationen zwischen Empfindungen** bzw. **zwischen Wahrnehmungen**. Die Messungen werden mit Reizen durchgeführt, die *wiederholbar* zu denselben Empfindungen bzw. Wahrnehmungen führen. Sind die Reize physikalisch beschreibbar, so spricht man von **Psychophysik**. Sind die Reize nicht oder nur schwer physikalisch beschreibbar, wie z.B. bei der Skalierung von menschlichen Gesichtern, dem Charakter von Handschriften oder der Schönheit von Kunstwerken, so spricht man von **Experimentalpsychologie**. Die Sinnesleistungen von Tieren können in Verhaltensexperimenten in Verbindung mit psychophysischen Auswertemethoden bestimmt werden.

Die Wahrnehmungspsychologie untersucht die subjektiven Aspekte der Sinnessysteme

Sowohl die elementaren Empfindungen als auch die komplexeren Wahrnehmungsgegenstände sind Konstrukte des Gehirns. Nicht jeder Empfindung und nicht jedem Wahrnehmungsgegenstand entspricht eine physikalische oder chemische Reizgröße. 1) Tritt weiß aussehendes Licht durch ein Prisma, so wird es nach dem physikalischen Parameter Wellenlänge aufgefächert. Die Farbempfindungen jedoch, die wir beim Betrachten dieses Lichtspektrums haben, variieren ganz und gar nicht gemäß einem Parameter, vielmehr wechseln die vier verschiedenen Farbqualitäten Blau, Grün, Gelb und Rot und deren Mischungen einander ab. 2) Betrachten wir ein Dreieck, von dem nur die Ecken dargestellt sind, die Seitenlinien jedoch fehlen, so ergänzen wir in unserer Wahrnehmung das Dreieck durch hinzufügen von Verbindungslinien zwischen den Ecken (Abb. 20-25). 3) Gleich große Figuren, die zusammen mit einem divergierenden Linienbündel dargestellt sind, werden in der Wahrnehmung verschieden groß repräsentiert.

Diese einfachen Beispiele zeigen, daß die **Empfindungs-** bzw. **Wahrnehmungsqualitäten** von den physikalisch-chemischen Reizgrößen meist sehr verschieden sind, jedoch zu diesen in einem kausalen Zusammenhang stehen (siehe Kap. 25).

Die Qualitäten der Wahrnehmung repräsentieren rezeptoradäquate Reizgrößen und deren Relationen (z.B. relative Lage im Raum). Da wir nicht die Rezeptorerregungen oder die frühen Stufen neuronaler Reizkodierung, sondern auschließlich die Empfindungs- bzw. Wahrnehmungsqualitäten bewußt erleben, scheint es, als ob diese mit den wahrgenommenen Objekten identisch seien. Dies ist natürlich nicht der Fall (z.B. besitzen Objekte keine Farben, s.o.). Die (strukturellen) Eigenschaften der Objekte (bzw. Subjekte) können jedoch durch das **Vorstellen** und **Denken** aus den vielen verschiedenen Wahrnehmungsdaten erschlossen und in mathematischer oder sprachlicher Form dargestellt werden. Diesen wahrnehmungspsychologischen Zusammenhang meinen wohl die Philosophen, wenn sie einerseits von einer Repräsentation der Welt in der Erfahrung und andererseits von der prinzipiellen Unerkennbarkeit des Dinges an sich sprechen ([5,8]; siehe Kap. 25).

Die Psychophysik untersucht quantitativ den subjektiven Aspekt der Sinnessysteme

Die Empfindungen sind nur jeweils der Person, die diese besitzt, durch Introspektion zugänglich. Die Reize jedoch, die diese Empfindungen hervorrufen, und die Äußerungen der Versuchsperson sind intersubjektiv beobachtbar. Die Vermessung von Empfindungen ist demzufolge wesentlich schwieriger durchzuführen als die Vermessung physikalischer Objekte. Die Methoden zur Vermessung (Skalierung) der Empfindungen haben sich schrittweise entwickelt. Die Entwicklung begann mit der Untersuchung der **Intensität eindimensionaler Empfindungen** durch Vermessung von Empfindungsschwellen und Unterschiedsschwellen in Abhängigkeit von der Intensität einzelner physikalischer Reizgrößen (Weber-Gesetz und Fechner-Gesetz) und hat mit den detaillierten Beschreibungen der **multidimensionalen Struktur der Wahrnehmung** durch **Wahrnehmungsräume** ihren einstweiligen Abschluß gefunden.

Das Weber-Gesetz (1. psychophysisches Gesetz). Das Weber-Gesetz beschreibt den Zusammenhang zwischen der Reizintensität I und der Veränderung ΔI der Reizintensität, die nötig ist, damit ein mehrfach dargebotener Reiz ($I + \Delta I$) in 50% der Fälle als verschieden vom ursprünglichen Reiz I empfunden wird. Es zeigt sich, daß folgender Zusammenhang von ΔI und I gilt:

$$\Delta I / I = c, \tag{2}$$

wobei c eine Konstante ist.

Gemessen wird der konstante, gerade wahrnehmbare Empfindungsunterschied ΔE, da die Versuchsperson ihr Urteil auf diesen Unterschied gründet. Der subjektive Empfindungsunterschied ist im Weber-Gesetz nicht explizit durch ein Formelzeichen vertreten, sondern wird indirekt durch die rein physikalischen Reizgrößen I und ΔI beschrieben.

Wahrnehmungsschwellen. Reize benötigen eine Mindeststärke, um wahrnommen zu werden [2]. Diese Begrenzung der Empfindlichkeit kommt hauptsächlich durch die Eigenschaften der Rezepto-

ren zustande. Die benötigten Mindestwerte der physikalischen Reizgrößen, die in 50% der Fälle zu einer Wahrnehmung führen, werden **absolute Schwellenwerte** des Reizes genannt. Die absoluten Schwellenwerte stimmen bei manchen Sinnesorganen mit den physikalisch möglichen Meßbarkeitsgrenzen überein. Die **absolute Empfindlichkeit** ($1/I_s$) eines Sinnessystems *(absolute Schwelle)* ist stets geringer als die **Unterschiedsempfindlichkeit** ($1/\Delta I$) bei mittleren Intensitäten.

Die **Subgenualorgane von Laubheuschrecken und Schaben** reagieren z.B. bereits auf Schwingungsamplituden der Unterlage von $5 \cdot 10^{-10}$ cm (1/25 des Durchmessers des Wasserstoffatoms) bei einer angebotenen Leistung von $6 \cdot 10^{-17}$ W. Die absoluten Schwellen für das **Gehör von Katzen** liegen bei Schallstärken von 10^{-13} W/m² bzw. einem Schalldruck von $6,3 \cdot 10^{-6}$ N/m². Demgegenüber besitzt das **Gehör des Menschen** mit Hörschwellen von 10^{-12} W bzw. einem Schalldruck von $2 \cdot 10^{-5}$ N/m² eine etwa um den Faktor 10 geringere Empfindlichkeit. Der thermische Störschalldruck hängt von dem gehörten Frequenzbereich ab und beträgt beim Menschen in diesem Bereich etwa $5,5 \cdot 10^{-6}$ N/m². Dies zeigt, daß auch die Leistungsfähigkeit des menschlichen Hörsinnes an den **physikalischen Grenzen** liegt. Die Schwellenleistung, mit der ein Lichtreiz dem **menschlichen Auge** geboten werden muß, beträgt $2 \cdot 10^{-17}$ W, das entspricht etwa 15 in den Stäbchen absorbierten (500 nm) Photonen/s. Die **Augen vieler Insekten** reagieren auf **einzelne Photonen** mit großen Änderungen (Bumps) des Photorezeptorpotentials (bis zu etwa 10% der Maximalantwort). **Schlangen** können **Infrarot-Strahlung** ab $2,6 \cdot 10^{-6}$ cal/cm²/s wahrnehmen, das entspricht einer Erwärmung der Rezeptormembran um 1/1000 °C. Der **Geruchssinn der Aale** kann noch Verdünnungen von $1:(7,857 \cdot 10^{18})$ b-Phenyläthylalkohol in Wasser registrieren das sind 1770 Moleküle pro cm³ ($3,3 \cdot 10^{22}$ Moleküle) Wasser. **Seidenspinnermännchen** können mit ihrem **Geruchssinn** sogar noch 300 Moleküle des Pheromons Bombykol wahrnehmen. **Bienen** nehmen **Schwankungen des Erdmagnetfeldes** (ca. $40.000 \cdot 10^{-9}$ Tesla) von $(10–20) \cdot 10^{-9}$ Tesla/h noch wahr [15].

Das Fechner-Gesetz (2. psychophysisches-Gesetz). Nach Fechner ist der eben wahrnehmbare Unterschied ΔE (**just noticeable difference: jnd,** Abb. 12-3) bei Variation einer spezifischen Reizgröße stets gleich groß (siehe auch unten: Thurstonesches Gesetz). Die Weber-Konstante c läßt sich demgemäß als Produkt aus dem Empfindungsunterschied ΔE und einer Konstanten c' schreiben ($\Delta I / I = c = c' \cdot \Delta E$). Durch Übergang zu infinitesimalen Unterschieden und anschließender Integration

$$\int_{I_s}^{I} 1/I' \, dI' = c' \int_{0}^{E} dE' \tag{3}$$

ergibt sich das Fechner-Gesetz, das den Zusammenhang zwischen der **Reizintensität I** und der **Empfindungsintensität E** beschreibt:

$$E = 1/c \cdot \ln(I/I_s) = k \cdot \log(I/I_s) \tag{4}$$

Das Fechner-Gesetz kann somit als **Definitionsgleichung** für die **Empfindungsintensität E** aufgefaßt werden. Es impliziert, daß im psychophysischen Experiment gleiche Differenzen ΔE von Empfindungsintensitäten stets zu gleichen Verwechslungswahrscheinlichkeiten zweier Reize führen. Diese kann nach Fechner in jnd-Einheiten (ΔE) gemessen werden [23]. Bis zur **Schwellenintensität** I_s ist die Empfindungsintensität E gleich Null. Die **Fechner-Konstante** k ist ein Maß dafür, wie stark die jeweilige Reizintensität subjektiv empfunden wird.

Der im Fechner-Gesetz formulierte funktionale Zusammenhang zwischen Empfindungsintensität und Reizintensität besitzt dieselbe Form wie die logarithmische Näherung der Transduktionsfunktion der Rezeptoren (siehe oben). Das **Fechner-** und damit auch das **Weber-Gesetz** lassen sich somit physiologisch auf die **Nichtlinearität der Rezeptoren** bei mittleren Intensitäten zurückführen. Die zwischen den Rezeptoren und der jeweiligen Empfindung vermittelnden Neurone müssen folglich im statischen Fall ein näherungsweise linear kodierendes Netzwerk bilden, sonst wäre diese Übereinstimmung in der Form beider Funktionen nur schwer zu erklären. Da sich der Transduktionsprozeß nur für mittlere Intensitäten durch eine logarithmische Funktion approximieren läßt, ist zu erwarten, daß sowohl das Fechner- als auch das **Weber-Gesetz** nur näherungsweise für mittlere Reizintensitäten gelten. Tatsächlich wurden größere Abweichungen vom **Weber-Gesetz** ausschließlich bei sehr niedrigen und sehr hohen Reizintensitäten gemessen (z.B. Wundt [13]).

Indirekte und direkte Skalierungsmethoden. Bei den **indirekten Skalierungsmethoden** urteilt die Versuchsperson, ob ein gebotener Reiz vorhanden ist oder nicht, bzw. ob zwei Reize identisch oder verschieden sind. Die Versuchsperson gibt dabei ausschließlich „Ja/Nein"-Urteile ab. Die Differenzen der Empfindungsintensität (ΔE) werden hierbei **indirekt** aus den gemessenen Wahlprozenten durch Wahrscheinlichkeitstransformation berechnet. Bei den **direkten Skalierungsmethoden** vergleicht die Versuchsperson die Unterschiede von Empfindungsgrößen **direkt** miteinander. Durch Zuordnen der Differenzen der Empfindungsgrößen zu den entsprechenden Reizgrößen kann der funktionsmäßige Zusammenhang zwischen Reizgrößen und Empfindungsgrößen bestimmt werden. Dies ist mit indirekten Skalierungsmethoden nicht ohne weiteres möglich. Beide Methodenklassen schreiben die Datenerhebung durch Versuchspläne vor. Dies erlaubt die anschließende Berechnung von **Skalen** für die jeweilige Wahrnehmungsgröße auf der Basis der Urteile der Versuchspersonen gemäß psychophysischer Modelle der Wahrnehmung. Durch indirekte Skalierungsmethoden (Ja-Nein-Methoden) kann nur die Weber-Konstante c und damit das Produkt aus c' und ΔE gemessen werden, nicht jedoch direkt ΔE.

Zu den direkten Skalierungsmethoden zählen auch die Methoden, bei der Versuchspersonen den **Unterschieden von Empfindungsgrößen Zahlen zuordnen**. Könnten die Versuchspersonen reelle **Zahlen** tatsächlich als **linearen Maßstab** verwenden und diesen mit den Empfindungsgrößen vergleichen, so könnten die Zahlenwerte unmittelbar

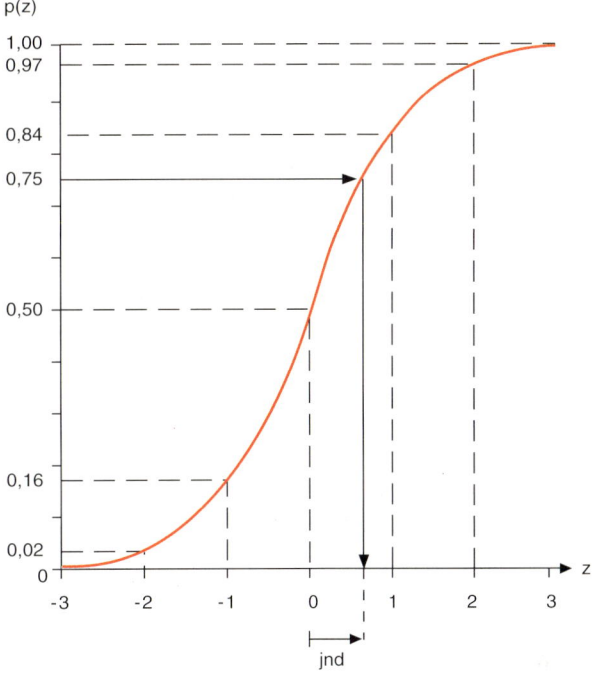

Abb. 12-3. Ein Reiz an der absoluten Schwelle wird in 50 % der dargebotenen Fälle wahrgenommen. Einem gerade wahrnehmbaren Unterschied (jnd) auf der linearen Empfindungsskala entspricht somit ein Wert von 0,75 auf der Wahrscheinlichkeitsskala (siehe Text). Zwischen Vielfachen der Standardabweichung σ (z-Werte) der Normalverteilung und der Wahrscheinlichkeit p (Ordinate: integrierte Fläche unter der Normalverteilung) besteht ein nichtlinearer Zusammenhang. Wird die sigmoidale Funktion in eine Gerade transformiert, so ergibt sich eine nichtgleichteilige Wahrscheinlichkeitsskala. Diese Skala kann durch die z-Transformation in eine gleichteilige überführt werden, d.h. die Prozentskala wird durch die z-Transformation linearisiert

als Skalen für die Ausprägung eines Merkmals dienen. Dies ist jedoch nicht ohne weiteres möglich, wie sich experimentell zeigte. **Zahlen** werden, ebenso wie Reizintensitäten, gemäß dem Fechner-Gesetz **logarithmisch transformiert,** bevor sie in der Wahrnehmung **repräsentiert** werden ([9]). Die Versuchspersonen ordnen bei dieser Methode den Repräsentationen der physikalischen Reize in der Wahrnehmung die logarithmischen Repräsentationen reeller Zahlen zu, nicht die Zahlen selbst [21]. Die mit diesen Experimenten gewonnenen Skalen müssen daher zunächst logarithmiert werden [34] bevor sie mit den durch indirekte Verfahren gewonnenen Skalen verglichen werden können [31].

Das Thurstone-Gesetz (3. psychophysisches Gesetz). Das Weber-Gesetz (Gl. 2) beschreibt die subjektiven Wahrnehmungsschwellen ausschließlich durch die Reizintensitäten an der Schwelle; subjektive Größen werden nicht verwendet (s.o.). Das **Weber-Gesetz** beschreibt die Sinnessysteme somit als eine „black box". Das Fechner-**Gesetz** beschreibt dieselben experimentellen Ergebnisse, sagt jedoch zusätzlich etwas über das Innere der black box aus. Das Fechner-**Gesetz** beschreibt die Wahrnehmungsschwellen durch Empfindungsintensitäten, die zu den entsprechenden Reizintensitäten in Beziehung gesetzt werden (**Psychometrische Funktion**). Das **Thurstone-Gesetz** [35] beschreibt dieselben Ergebnisse ausschließlich durch **Empfindungsgrößen** und deren statistische **Schwankungen** (Fluktuationen), und damit die innere Struktur der black box, die das Sinnessystem beschreibt. Auf die Beschreibung der physikalischen Reizgrößen wird dabei völlig verzichtet. Das Thurstone-**Gesetz** gilt nicht nur für die internen Repräsentationen (Empfindungen) E von Reizintensitäten, sondern für alle kontinuierlich in der Wahrnehmung repräsentierten Reizgrößen, wie z.B. die Frequenz von Luftschwingungen oder die Wellenlänge monochromatischen Lichts. Damit beschreibt es einen wesentlich **größeren Bereich** der Wahrnehmung als das **Weber-** bzw. das **Fechner-Gesetz**. Da im Thurstone-**Gesetz** keine physikalischen Größen auftreten, kann es zudem auf die Ergebnisse **experimentalpsychologischer** Experimente angewandt werden, bei denen eine physikalische Beschreibung der Reize nicht möglich ist (Experimentalpsychologie).

Anstelle des Zusammenhangs zwischen Reiz und Empfindung wird im Thurstone-Gesetz der Beurteilungsprozeß der Versuchperson in Bezug auf den wahrgenommenen subjektiven Unterschied zweier Reize im Paarvergleichsexperiment beschrieben. Je größer der subjektive Unterschied E_1-E_2 zwischen den Mittelwerten E_1 und E_2 der Repräsentationen der Reize und je kleiner die Standardabweichungen σ der Schwankungen der Repräsentationen, desto häufiger werden die Reize von der Versuchsperson miteinander verwechselt, d.h. daß die Versuchsperson z.B. den kleineren zweier Reize für den größeren hält und umgekehrt ($E_1 > E_2$). Die Verwechslungswahrscheinlichkeit p kann in Prozent Richtigwahlen P gemessen werden (p = P/100). Die Wahrscheinlichkeiten p können durch Wahrscheinlichkeitstransformation in z(p)-Werte transformiert werden. Die z-Werte stellen im Gegensatz zu den Prozentwerten eine lineare Skala dar, die umittelbar zu der linearen Skala der Empfindungsgrößen E in Beziehung gesetzt werden kann. Sind zwei Reize identisch, so werden diese gleichhäufig voneinander unterschieden ($E_1 > E_2$ und $E_1 < E_2$ in je 50% der Fälle, z(p) = 0). Wird jedoch der Empfindungsunterschied E_1-E_2 in 50% der Fälle erkannt und in 50% Fälle nicht erkannt, d.h. E1 $> E_2$ in 75% der Fälle, (z(p) = 0,647), so handelt es sich um einen gerade eben wahrnehmbaren Unterschied (engl.: just noticeable difference, 1 jnd = $\Delta E_{50\%}$, siehe Abb. 12-3).

Das **Thurstone-Gesetz** beschreibt also den subjektiven Unterschied E_1-E_2 zwischen zwei Reizen in Einheiten der gemessenen z(P)-Werte (P: Prozent Richtigwahlen im Paarvergleichsexperiment), gewichtet mit der Gesamtgröße der zusammenwirkenden Fluktuationen:

$$E_i - E_j = z_{ij} \sqrt{\sigma^2_i + \sigma^2_j - 2r_{ij}\sigma_i\sigma_j}. \qquad (5)$$

Die statistischen Schwankungen (Fluktuationen) der Empfindungen E können unterschiedliche Standardabweichungen σ besitzen und miteinander korreliert sein (Korrelationskoeffizient r). Die Ergebnisse von Paarvergleichsexperimenten werden häufig jedoch bereits sehr gut mit gleich großen ($\sigma_i = \sigma_j$ = const.) und unkorrelierten (r = 0) Fluktuationen beschrieben. Aus Gleichung 5 folgt unmittelbar, daß die jnd's in diesem häufig auftretenden Fall (Case V) tatsächlich alle gleich groß ($\Delta E_{50\%}$ = const.) sind, wie Fechner postuliert hatte (s.o.). Das Fechner-**Gesetz**, mit der psychometrischen Funktion $E = k \cdot \log(I/I_s)$ (Gleichung 4), gilt somit für den wichtigsten Fall des Thurstone-Gesetzes.

In den anderen Fällen, in denen die allgemeinere Form des Thurstone-Gesetzes (5) die Verhältnisse angemessen beschreibt, weicht die psychometrische Funktion durchaus mehr oder weniger von der logarithmischen Funktion Fechners ab. Für die Unterschiedsschwellen (p = 0,75) ist der zugehörige Empfindungsunterschied nicht konstant, sondern hängt über die Größe der Standardabweichungen der Fluktuationen von den Reizgrößen ab. Wachsen beispielsweise die Fluktuationen proportional zu I^n (I: Reizintensität, n = const.) und sind darüber hinaus die Fluktuationen stark miteinander korreliert (r = 1), so folgt aus dem **Thurstone-Gesetz** (Gleichung 5): $\Delta E_{50\%}$ = $0,674 \, (\sigma_1 - \sigma_2) = k \cdot (I_1^n - I_2^n)$. Die psychophysische Funktion läßt sich in diesem speziellen Fall durch eine einfache Potenzfunktion $E = k \cdot I^n$ mit konstantem Exponenten beschreiben [10,30].

Die Fluktuationen (Rauschen) in Rezeptorzellen und nachgeschalteten Neuronen limitieren die Sinnesleistungen

Die im Thurstone-Gesetz auftretenden Fluktuationen (Rauschen) können physiologisch erklärt werden. Die Membranpotentiale von Rezeptorzellen und nachgeschalteten Neuronen weisen Fluktuationen auf, deren Gesamtwirkung die Sinnesleistungen gemäß dem Thurstone-Gesetz limitieren. Bei der phylogenetischen Entwicklung der Sinnessysteme haben sich die Fluktuationen nicht notwendigerweise minimalisiert. Es haben sich vielmehr spezifische Fluktuationsprofile als vorteilhaft erwiesen, die in ihrer Gesamtsumme meist dem Thurstone-Gesetz Case V (r = 0 und $\sigma_i = \sigma_j$ = const.) genügen.

In Photorezeptorzellen von Insekten zeigte sich z.B., daß im Rezeptorpotential nicht nur die Fluktuationen aufgrund der statistischen Absorption von Licht in den Rhodopsinmolekülen (shot noise) vorhanden sind, sondern zusätzlich noch zwei weitere Quellen für Fluktuationen. Bei niedrigen Lichtintensitäten trägt das Dunkelrauschen bei. Bei höheren Lichtintensitäten dominiert das Rauschen des Transduktionsprozesses (24). Wie groß der Anteil der beiden zusätzlichen Rauschquellen zu den Membranpotentialfluktuationen ist, hängt von der spezifischen Bauform der Photorezeptoren ab.

Aus der Anzahl der Unterschiedsschwellen kann informationstheoretisch die Kapazität der Sinne berechnet werden

Die Anzahl von Unterschiedsschwellen kann als Maß für die Leistung eines Sinnessystems dienen. Je größer diese Anzahl ist, desto feiner wird der gesamte Intensitätsbereich, für den die Rezeptorzelle empfindlich ist, aufgelöst. Verschiedene Sinnessysteme können so unmittelbar miteinander verglichen werden.

Informationstheoretische Maße. Die Informationstheorie beschreibt den diskreten **Informationsfluß** auf einer eindimensionalen **Übertragungsstrecke** (Kanal) in bit/s und deren Übermittlungsfähigkeit durch die **Kanalkapazität** $C = k \cdot n$ bit/s. Dabei ist k die Zahl der übertragenen Zeichen und n die Information pro Zeichen aus einem Zeichenvorrat von 2^n Zeichen. Benötigen die Zeichen unterschiedliche Übertragungszeiten, dann ergibt sich mit einer Gesamtzahl N(T) von erlaubten Zeichenfolgen im Zeitintervall T für die Kanalkapazität als Grenzwert für $T \rightarrow \infty$: $C = (\log N(T))/T$ [32]. Anstelle der Anzahl von Zeichen kann auch die Anzahl von Unterschiedsschwellen als kleinste Einheit der Information dienen, die pro Zeiteinheit verarbeitet wird. Die Kanalkapazität erlaubt eine Abschätzung des zeitlichen Auflösungsvermögens der Erregungsverarbeitung und stellt damit ein objektives Maß für den Vergleich der Leistungen verschiedener Sinnessysteme dar.

Auge und Ohr des Menschen besitzen z.B. eine Kanalkapazität von $3 \cdot 10^6$ bit/s bzw. $4 \cdot 10^4$ bit/s. Technische Geräte sind meist an die menschlichen Sinne angepaßt. Die Kanalkapazität eines Fernsehkanals beträgt z.B. $7 \cdot 10^7$ bit/s, die eines Telefonkanals $5 \cdot 10^4$ bit/s. Die Kanalkapazität für die bewußte Verarbeitung von Informationsflüssen durch den Menschen ist jedoch wesentlich kleiner (< 50 bit/s, [26, 28]). Wahrnehmungssysteme reduzieren also den Informationsfluß auf dem Weg von den Rezeptoren zur bewußten Reizrepräsentation.

Informationstheorie und Thurstone-Gesetz. Das Thurstone-Gesetz beschreibt den Entscheidungsprozeß bezüglich der Verschiedenheit bzw. der Ähnlichkeit von Reizen als Vergleich der aktuellen Werte der zugehörigen Empfindungsgrößen (Abb. 12-4). Ein Unterschied zwischen den Reizen könnte, informationstheoretisch-statistisch gesehen, durch zeitliche Mittelung sukzessiver Wahrnehmungswerte beliebig genau bestimmt werden. Bei Verhundertfachung der Beobachtungszeit, beispielsweise würde dabei eine Dezimalstelle an Genauigkeit gewonnen werden. Dies setzt jedoch ein, wie auch immer geartetes kumulatives Gedächtnis voraus. Psychophysische Messungen zeigen jedoch, daß Wahrnehmungssysteme nur über sehr kurze Zeitintervalle mitteln

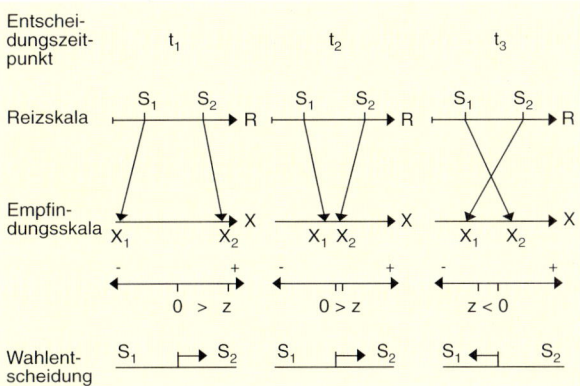

Abb. 12-4. Das Thurstone-Gesetz beschreibt die Wahlentscheidungen als instantanen Prozeß. S_1 sei der dressierte Reiz (Standard), S_2 sei der Alternativreiz. Die Wahlen erfolgen jeweils gemäß der aktuellen Differenz, die sich aus den jeweiligen Skalenwerten in Abhängigkeit von den Fluktuationen σ ergibt. Ist diese Differenz größer Null, so wird der Dressurreiz gewählt. Ist die Differenz kleiner Null, so wird der Alternativreiz gewählt

[18]. Bei Experimenten mit zeitlich uneingeschränkter Reizdarbietung, in denen also die Versuchsperson bzw. das Versuchstier selbst den Zeitpunkt der Entscheidung bestimmt, stellte sich heraus, daß die Entscheidungszeit umgekehrt proportional zur Verwechslungswahrscheinlichkeit ist. Die Entscheidungszeit kann somit alternativ zu den Wahlprozenten als Maß für die Unterscheidbarkeit zweier Reize verwendet werden. Trotz unterschiedlicher Beobachtungszeit unterscheiden die Versuchspersonen bzw. die Versuchstiere in diesen Experimenten nicht alle Reizpaare gleich gut. Sie verwechseln auch bei diesen Versuchen die Reize gemäß ihrer Unähnlichkeit (Mensch: [36]).

Auch die Signaldetektionstheorie ist in der Psychophysik anwendbar

Signalrauschverhältnis und Detektionsschwellen. Zur Beschreibung des menschlichen Entscheidungsverhaltens in Signaldetektionsexperimenten (Schwellenexperimenten) wurde eine spezielle statistisch-elektrotechnische Theorie der Signaldetektion entwickelt. Diese beschäftigt sich mit der Detektierbarkeit einzelner Signale, wenn das Signal verrauscht ist [13]. Begriffe wie „Signalrauschverhältnis" und „Detektionsschwelle" sind auch in der Psychophysik nützlich z.B. bei der Beschreibung absoluter Schwellen (s. o.). Die Erweiterungen der Signaldetektionstheorie beruhen jedoch wesentlich auf Zusammenhängen, die durch Potenzfunktionen, wie sie in Physik und Technik häufig vorkommen, beschrieben werden können. Die Signaldetektionstheorie kann somit sinnvoll in den Bereichen der Psychophysik angewendet werden, in denen sich die psychometrische Funktion durch einfache Potenz-funktionen (s. o.) darstellen läßt.

Das Thurstone-Gesetz gilt auch für mehrdimensionale Wahrnehmungsgrößen

Mehrdimensionale Wahrnehmungsgrößen. Komplexere Wahrnehmungsgrößen (Merkmale) sind aus unabhängigen, einzelnen, graduell abgestuften (eindimensionalen) Wahrnehmungsgrößen (Merkmalen) zusammengesetzt. Die eindimensionalen Wahrnehmungsgrößen lassen sich jeweils durch lineare Skalen x beschreiben, die formal zusammen einen mehrdimensionalen Raum (**Wahrnehmungsraum**) aufspannen. Jeder Reiz besitzt in dieser formalen Beschreibung einen eindeutigen Ort in dem zu dieser Modalität gehörenden Wahrnehmungsraum. Die **Unähnlichkeit** zwischen zwei Reizen berechnet sich einfach als der **räumliche Abstand** D zwischen je zwei Punkten des d-dimensionalen Wahrnehmungsraums. Gemäß einer einfachen Rechenvorschrift (**Metrik**) wird dieser räumliche Abstand aus den einzelnen Differenzen der Skalenwerte Δx in jeder Dimension i berechnet. Die Struktur der Wahrnehmung läßt sich allgemein durch die Minkowski-Metrik angemessen beschreiben:

$$D = (\sum_{i=1}^{d} |\Delta x_i|^p)^{1/p}. \qquad (6)$$

Die Minkowski-Metrik umfaßt mehrere speziellere Metriken. Ist der Metrik-Parameter $p = 2$, dann ergibt sich die Euklidische Metrik (Luftlinienabstand im Raum), bei $p = 1$ die city-block-Metrik (entspricht der Weglänge in rechtwinkligen gleichabständigen Straßennetzen), für $p \rightarrow \infty$ die Dominanz-Metrik (nur die größte Komponente wird gezählt). Welche dieser Metriken im Einzelfall vorliegt, kann durch speziell gestaltete psychophysische bzw. verhaltensanalytische Experimente gemessen werden. Torgerson hat z.B. eine Methode angegeben, die es erlaubt, die Dimensionszahl, die eindimensionalen Skalen und die Metrik des Wahrnehmungsraums zu messen (**Methode der Triaden**). Dabei wird jeder der n Reize einmal zum Standardreiz t. Die Versuchsperson wählt von jeweils zwei (i und j) der übrigen Reize denjenigen aus, der dem Standardreiz am ähnlichsten ist ($n(n-1)(n-2)/2$ Entscheidungen).

Das **Thurstone-Gesetz**, das für eindimensionale Wahrnehmungsgrößen entwickelt wurde, gilt auch für mehrdimensionale Wahrnehmungsgrößen. Der Wahrnehmungsabstand zwischen zwei Reizen wird dabei als eine eindimensionale Wahrnehmungsgröße aufgefaßt [34]:

$$D_{tj} - D_{ti} = {}_t z_{ij} \qquad (7)$$
$$= \sqrt{\sigma^2_{ti} + \sigma^2_{tj} - 2r_{tj,ti}\sigma_{ti}\sigma_{tj}}.$$

In diesem Fall schwanken die Reizabstände D gemäß den Standardabweichungen σ mit dem Korrelationskoeffizienten r.

Zur Bestimmung der allgemeinen Minkowski-Metrik existieren **Iterationsverfahren** (*nichtmetrische multidimensionale Skalierung der Ähnlichkeit, MDS,* [25]), für den Euklidischen Fall sogar ein exaktes Verfahren (*Euklidische MDS,* [34]), mit denen die Dimensionszahl d und der Minkowski-Exponent p von Wahrnehmungsräumen bestimmt werden können. Metrische und nichtmetrische MDS-Verfahren ermitteln den Wahrnehmungsraum niedrigster Dimensionszahl und die Metrik, die die gemessenen Wahlprozente am besten zu reproduzieren gestatten.

Die Gesamtheit der Empfindungen bildet die Basis für die **Wahrnehmung der Umwelt.** Die Gesamtheit der Wahrnehmungen wiederum ermöglicht **Denken** und **Verhalten.** Die interne Repräsentation der Reize durch elektrische Erregungen der Neurone und gegebenfalls zusätzlich durch Empfindungen ermöglicht es dem Individuum, seine Umwelt artspezifisch zu beurteilen und die darin vorkommenden Objekte zu klassifizieren (Nahrung, Behausung, Partner, Feinde). Dies ermöglicht es den Lebewesen, auf bestimmte Reizkomplexe hin gemäß ihrer *Motivation* (inneren Einstellung) und dem jeweiligen Verhaltenskontext (Futtersuche, Nahrungsaufnahme, Flucht bzw. Revierverteidigung, Nest- bzw. Höhlenbau, Partnersuche, Paarung und Brutpflege) Handlungen aus dem artspezifischen Verhaltensrepertoire auszuführen. Jede Art besitzt somit ihre eigene Merkwelt und zusätzlich wegen spezialisierter Effektoren (z.B. Extremitäten, Mundwerkzeuge), die artspezifisches Verhalten ermöglichen, auch eine eigene Wirkwelt [11]. Wir dürfen daher nicht von unseren eigenen Wahrnehmungen unmittelbar auf die Wahrnehmung anderer Lebewesen schließen oder gar unsere eigene Erlebnisweise in andere Lebewesen hineinprojizieren.

Verhaltensexperimente und verhaltensanalytische Methoden erlauben, verhaltensrelevante Sinnesleistungen zu messen.

Sinnesdaten sind eine notwendige Bedingung für Verhaltensleistungen. Beruht eine **Verhaltensleistung** ausschließlich auf einer **Sinnesleistung**, so können **verhaltensanalytische Methoden** unmittelbar zur Vermessung der **Sinnesleistungen von Tieren** eingesetzt werden. Spontanwahl- und Dressurexperimente ergänzen einander.

Messung von Sinnesleistungen in Spontanwahlexperimenten. Einige Sinnesleistungen zeigen sich in Form von **unbedingten Reaktionen** (angeborenes Verhalten) auf bestimmte Reize hin (z.B. Chemotaxis, Phototaxis, optomotorische Reaktion). Das Paarungsverhalten von Faltern z.B. basiert nach dem **Schlüssel/Schloß-Prinzip** auf spezifischen Duftstoffen (Pheromonen), für die spezialisierte Chemorezeptoren empfindlich sind. Da die Rezeptoren letztlich mit neuronalen Schaltkreisen verknüpft sind, die motorische Muster generieren, ergeben sich bei geeigneter Motivationslage stereotype Reaktionen. Experimente mit einfacher Reizpräsentation (ohne Dressur) erlauben in vielen Fällen die Bestimmung von **absoluten Reaktionsschwellen** und der **relativen Reizwirksamkeit** der Reize verschiedener Intensität. Zur Bestimmung dieser Sinnesleistungen können sowohl Reizbevorzugungs- als auch Reizvermeidungsreaktionen benützt werden.

Messung von Sinnesleistungen in Dressurexperimenten. Nicht alle Sinnesleistungen treten jedoch im Zusammenhang mit unbedingten Reaktionen auf. Die meisten Sinnesleistungen treten nur in adaptiven neuronalen Schaltkreisen auf und zeigen sich daher nur in **Dressurexperimenten**. Bei der Dressur wird das Tier beim Auftreten eines bestimmten Verhaltens, z.B. einer Hinwendung zu einem Reiz, belohnt (**appetitive Konditionierung**) oder durch einen aversiven Reiz bestraft (**aversive Konditionierung**). Nach mehrfach wiederholter Konditionierung assoziiert das Tier das Auftreten des Reizes mit der Belohnung bzw. mit der Bestrafung und zeigt die Reaktion auch bei alleiniger Präsentation des konditionierten Reizes (Kap. 23).

> **Das Ausbleiben einer Reaktion auf einen Reiz hin ist kein sicherer Beweis, daß der Reiz nicht wahrgenommen wurde**

Die Reize der Außenwelt sind eine notwendige, jedoch keine hinreichende Bedingung für das Auftreten von Verhaltensreaktionen. Aus dem Auftreten eines bestimmten Verhaltens eines Versuchstieres bei Darbietung eines Reizes (z.B. Hinwendung zum Reiz) kann deshalb zwar geschlossen werden, daß der Reiz wahrgenommen wurde. Aus dem Ausbleiben dieses Verhaltens (keine Reaktion auf den Reiz) kann jedoch umgekehrt nicht sicher geschlossen werden, daß der Reiz nicht wahrgenommen wurde. Das Versuchstier könnte beispielsweise den Reiz in dem getesteten **Verhaltenskontext** (z.B. Nahrungssuche) zwar wahrnehmen, jedoch **ignorieren** und deshalb nicht auf den Reiz reagieren. Oder das Versuchstier ist **nicht motiviert**, die Handlung auf den wahrgenommenen Reiz hin auszuführen. In einem anderen Verhaltenskontext (z.B. Flucht) kann das Tier aber durchaus auf diesen Reiz reagieren.

Die Honigbiene (*Apis mellifera*, L.) beachtet beispielsweise im Verhaltenskontext Futtersuche Intensitätsunterschiede in den Farbreizen nicht, sondern verwendet ausschließlich die Information über Farbartunterschiede (Unterschiede im von der Helligkeit verschiedenen Aspekt der Farbe). In anderen Verhaltenskontexten reagiert die Biene dagegen sehr empfindlich auf Intensitätsunterschiede, z.B. auf der Flucht vor einem aversiven Reiz, z.B. Schütteln des Tiers in einem Kasten oder auch beim Abfliegen von einer Futterquelle. Dabei beachtet sie jedoch die Farbartunterschiede nicht und scheint so im Kontext der positiv phototaktisch geleiteten Flucht bzw. der natürlichen Phototaxis beim Abflug von einer Futterquelle farbenblind zu sein.

Auch das Farbwahlverhalten anderer Insekten dürfte kontextabhängig in Erscheinung treten. Dreht man einen senkrecht stehenden Zylinder mit farbig gestreifter Innenseite um ein in der Mitte sitzendes Insekt, so zeigt dieses eine optomotorische Mitdrehreaktion. Diese tritt nicht auf, wenn die Farbstreifen auf gleiche Helligkeit abgeglichen wurden. Dasselbe Versuchstier kann jedoch z.B. in Farbdressurexperimenten ein gutes Farbunterscheidungsvermögen zeigen [29]. Wegen dieser Ungewißheit gibt es keinen allgemeinen Test, um die Farbentüchtigkeit bzw. Farbenblindheit von Tieren zu testen.

Experimente, die auf unbedingten Reaktionen beruhen, besitzen gegenüber Dressurexperimenten zwar den Vorteil des geringeren Arbeitsaufwandes, weil die Zeit für die Dressur entfällt. Da angeborene Reaktionen jedoch meist sehr reizspezifisch sind (Reaktion z.B. auf ein bestimmtes Pheromon), besitzen Spontanwahlexperimente meist den großen Nachteil, daß die Verhaltensanalyse auf wenige Reize in einem bestimmten Verhaltenskontext beschränkt bleiben muß. Außerdem läßt sich mit reflexartigen Reaktionen nicht analysieren, wie die verschiedenen Reizparameter zusammenwirken und welche Wahrnehmungsqualität die Reaktion bestimmt. Dressurreize unterliegen diesen Einschränkungen meist nicht. Bei Paarvergleichsexperimenten, in denen zwei Reize alternativ dargeboten werden, ist meist jeweils auch das Umkehrexperiment möglich, bei dem Dressur- und Alternativreiz die Rollen miteinander vertauschen, was erlaubt, das Reizunterscheidungsvermögen auf Symmetrie zu prüfen. Außerdem läßt sich die Dressur auf bestimmte Reizparameter getrennt durchführen (z.B. bei Farbdressurexperimenten auf die Intensität, die Wellenlänge oder das Mischungsverhältnis von monochromatischen Lichtern oder auf die Umgebungsreize). **Dressurexperimente** erlauben somit eine umfassendere und flexiblere Datenerhebung als **Spontanwahlexperimente**, was die Auswahl der zu messenden Reize betrifft. In vielen Fällen existiert jedoch keine Möglichkeit, zwischen beiden Experimenttypen zu wählen, da viele Verhaltensweisen nur entweder spontan (z.B. Taxien) oder nach Dressur (z.B. im Kontext Futtersuche) auftreten. Beide Experimenttypen ergänzen somit einander.

Räumliche und zeitliche Mittelung. Signale von Rezeptorzellen und Neuronen werden bei der neuronalen Weiterverarbeitung zeitlich und räumlich gemittelt. Die zeitliche Mittelung tritt z.B. als Adaptation der Rezeptorzellen an den zeitlichen Mittelwert der Reize in Erscheinung. Räumliche

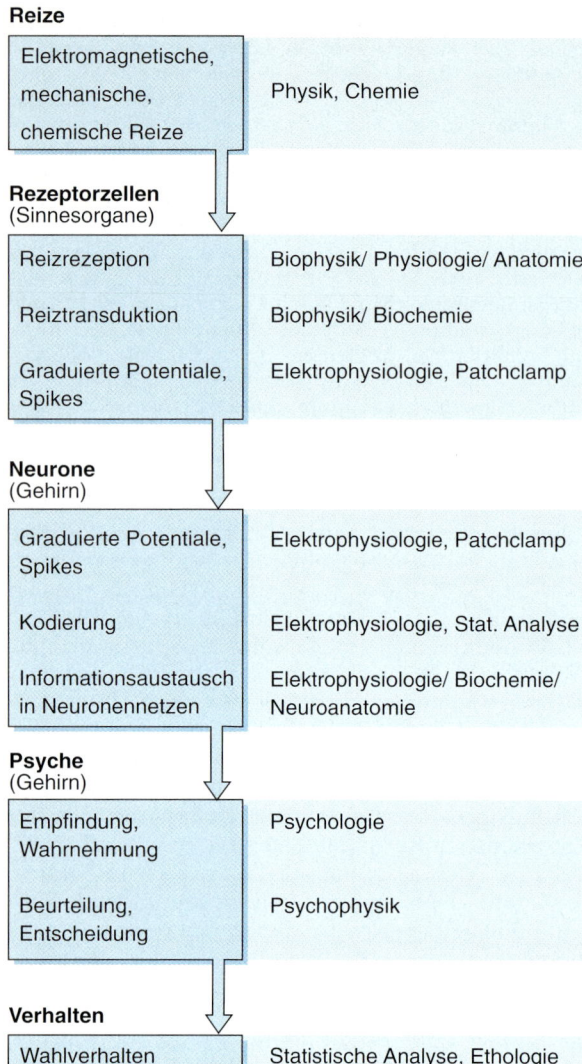

Reize

Elektromagnetische, mechanische, chemische Reize	Physik, Chemie

Rezeptorzellen
(Sinnesorgane)

Reizrezeption	Biophysik/ Physiologie/ Anatomie
Reiztransduktion	Biophysik/ Biochemie
Graduierte Potentiale, Spikes	Elektrophysiologie, Patchclamp

Neurone
(Gehirn)

Graduierte Potentiale, Spikes	Elektrophysiologie, Patchclamp
Kodierung	Elektrophysiologie, Stat. Analyse
Informationsaustausch in Neuronennetzen	Elektrophysiologie/ Biochemie/ Neuroanatomie

Psyche
(Gehirn)

Empfindung, Wahrnehmung	Psychologie
Beurteilung, Entscheidung	Psychophysik

Verhalten

Wahlverhalten	Statistische Analyse, Ethologie

Abb. 12-5. Schematische Darstellung der Informationsverarbeitung in Sinnessystemen von den Rezeptorzellen bis zum Verhalten. An der Untersuchung der einzelnen Ebenen sind die in der rechten Spalte angegebenen Disziplinen der objektiven und subjektiven Sinnesphysiologie beteiligt

Mittelung tritt z.B. auf in Neuronen, die gleichzeitig Information von mehreren Rezeptorzellen oder anderen Neuronen erhalten. Räumliche und zeitliche Mittelung wirken rauschvermindernd und erhöhen so das Reizunterscheidungsvermögen des Sinnessystems.

Verstärkung der Empfindungen durch Kontrastüberhöhung. Kontrastleistungen der Sinnessysteme überbetonen die Unterschiede in den Reizgrößen, wodurch sie sicherer erkannt werden können. Man spricht von **Simultankontrast**, wenn die kontrastierenden Reize gleichzeitig geboten werden, von **Sukzessivkontrasts**, wenn die kontrastierenden Reize nacheinander geboten werden. Die Nachwirkungen

von Reizen, wie z.B. Nachbilder, lassen sich als Sukzessivkontrastphänomen erklären. Man unterscheidet z.B. für die visuelle Wahrnehmung 1) **Helligkeitskontrast**: graue Felder auf unterschiedlich hellem Untergrund erscheinen verschieden hell; 2) **Farbkontrast**: graue Flächen erscheinen z.B auf grünem Grund rot, auf rotem Grund grün; 3) **Bewegungsnachbilder**: plötzliches Anhalten einer rotierenden Spirale erzeugt einen Bewegungseindruck in der entgegengesetzten Richtung, d.h.: eine expandierende Spirale erscheint kontrahierend. Werden die Reize rasch abwechselnd geboten, so kommt in der Wahrnehmung zum statischen Kontrast eine zeitartige Dimension, 4) **Flicker**, hinzu.

> ## Die Sinnesinhalte können von bestimmten Reizbedingungen unabhängig sein (Konstanzleistung)

Bewegt sich ein Sinnesorgan relativ zu einem Beobachtungsgegenstand oder bewegt sich der Beobachtungsgegenstand relativ zum Sinnesorgan (siehe 12.4), so ändert sich die Perspektive des Beobachters zum Objekt und damit die Art der Abbildung des Gegenstands auf das Sinnesorgan, (z.B. die Größe und die Form des Netzhautbildes). Bei der Wahrnehmung komplexerer Gegenstände (z.B. Ausschnitt aus der natürlichen Umwelt) werden die einzelnen Wahrnehmungskomponenten jedoch derart miteinander verrechnet, daß eine idealisierte, von der Bewegung weitgehend unabhängige Repräsentation des Gegenstandes in der Wahrnehmung entsteht.

Helligkeits-, Farb-, Größen-, Form-, Bewegungsrichtungs-, Horizontkonstanz und kompensative Verhaltensweisen. Wird eine Szenerie mit Licht unterschiedlicher Intensität beleuchtet, so werden die physiologisch bewerteten Lichtintensitäten der verschiedenen Teile einer Szenerie mit einander verrechnet, so daß der Helligkeitseindruck der einzelnen Teile gleich bleibt (**Helligkeitskonstanz**).

Ähnliche Verhältnisse liegen vor, wenn die spektrale Zusammensetzung des beleuchtenden Lichts sich nicht allzu stark von Weißlicht unterscheidet. Wegen der **Farbkonstanz** bemerkt man die Veränderungen der reflektierten Beleuchtung nicht.

Die **Größenkonstanz** des Wahrnehmungsbildes eines Objekts erlaubt einem Lebewesen, die Größe eines herannahenden Feindes oder eines sich entfernenden Beutetieres richtig einzuschätzen.

Perspektivische Verzerrungen eines Objekts werden durch die **Formkonstanz** der Wahrnehmung entzerrt und die wahre Form des Objekts aus den Signalen rekonstruiert. Z.B. wird ein liegender Kreis als solcher wahrgenommen, obwohl sein Netzhautbild elliptisch ist.

Die **Horizontkonstanz** hält die Lage des Horizonts bezüglich der Körperlängsachse konstant, wenn der Kopf zur Seite geneigt wird. Die konstante Lage wird dabei relativ zur Gravitationsrichtung bestimmt. Wird die Richtung der Gravitation geändert, z.B. durch schnelle Drehung mittels einer Zentrifuge, so tritt Über- bzw. Unterkompensation bei Seitwärtsneigung des Kopfes auf.

Horizontkonstanz kann auch durch ausgleichende Körperbewegungen erfolgen. Man spricht in diesem Fall von **Horizontstabilisation.** Ähnliches gilt für die **Bewegungskompensation,** durch die das Netzhautbild bei passiver Eigenbewegung bzw. Bewegung der Umwelt konstant gehalten wird [19].

Die **Konstanzleistungen** der Sinnessysteme sind nicht perfekt, d.h., sie erstrecken sich nur über die physiologischen Bereiche der Reize. Die **Konstanzleistungen** entstehen durch neuronale Verrechnungen der Signale der Rezeptoren. Diese Verrechnungen müssen nicht notwendigerweise in der Hirnrinde von Menschen bzw. Primaten stattfinden. Kontrast- und Konstanzleistungen können nicht gleichzeitig auftreten, sondern jeweils nur für spezifische physiologisch relevante Reizbereiche.

12.4 Integrale (psychophysische) Sinnesphysiologie

> **Sinnessysteme können zunächst durch Reiz/Reaktionsbeziehungen kybernetisch als blackbox beschrieben werden**

Sind die einzelnen physiologischen Stufen eines Sinnessystems noch unbekannt, so hat es sich als nützlich erwiesen, das Wahrnehmungssystem zunächst kybernetisch als eine blackbox zu beschreiben. Die in Wahlverhaltensexperimenten gemessenen **Reiz-Reaktions-Beziehungen** werden dabei formal durch mathematische Beziehungen beschrieben. Die Modelle stellen Analogien zum Original dar, d.h., sie haben ausschließlich die input/output-Eigenschaften mit dem Originalsystem gemeinsam. Die mathematische Beschreibung sagt deshalb verhältnismäßig wenig über die innere (physiologische) Struktur der blackbox aus. Wenn das Innere der blackbox jedoch einfach strukturiert ist, so kann aus den Reiz-Reaktionsdaten durchaus abgeschätzt werden, ob in der blackbox z.B. Regelkreise vorhanden sind oder nicht. Ein **Regelkreis** liegt immer dann vor, wenn eine vorhandene Größe (**Istgröße**) mit einer vorgegebenen Größe (**Sollgröße**) verglichen wird und die aufgrund von Störungen vorhandene Abweichung durch Verändern der vorhandenen Größe (**Regelgröße**) ausgeglichen (weggeregelt) wird [12]. Für einige Sinnesleistungen konnten daher die notwendigen Verrechnungsschritte des

Nervensystems allein aus den Ergebnissen von Verhaltensexperimenten erschlossen werden.

Ein Beispiel hierfür ist die **optomotorische Bewegungskompensation** bei Tieren. Tiere wenden sich in einem rotierenden Streifenzylinder in Richtung der Bewegung des Streifenmusters. Bewegt sich das Tier bei stationärem Zylinder selbst, so entsteht in den Augen dasselbe Reizmuster wie im ersten Fall. Würde die Bewegungskompensation reflexartig als Antwort auf beliebige Bewegungsreize hin durchgeführt, so könnte das Tier eigene Bewegungen überhaupt nicht ausführen, sondern müßte sich nach jedem Versuch einer solchen Bewegung stets sofort wieder in die Ausgangslage zurück bewegen. Die Tiere unterscheiden jedoch sehr wohl ihre Eigenbewegung von Bewegungen der Umgebung. Das beobachtete Verhalten läßt sich also nicht einfach dadurch erklären, daß die Ausführung des Folgereflexes gehemmt wird.

Eine qualitative Erklärung sowohl des Drehkompensationsverhaltens als auch der ungestörten Eigenbewegung des Tieres ist jedoch durch einen einfachen Regelkreis möglich (**Reafferenzprinzip** [22]; siehe Abb. 12-6): von einem höheren Zentrum Z_n geht ein Kommando K für eine Bewegung des Tieres aus, das schließlich über ein sensorisch/motorisches Zentrum Z_1 durch die Erregung E einen Effektor EFF (Muskel) erreicht, der die Bewegung ausführt. In Z_1 wird eine **Efferenzkopie** EK (**Sollwert**) angelegt. Durch die Bewegung des Tieres wird aus den Signalen der Photorezeptoren und der Lagerezeptoren die **Re-**

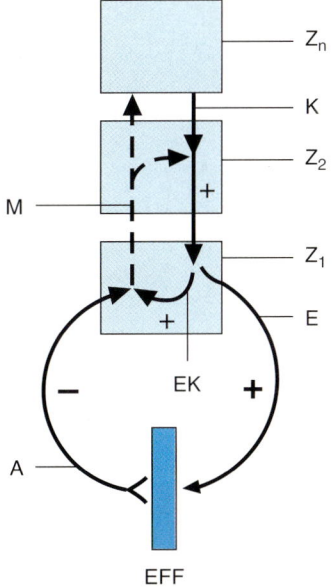

Abb. 12-6. Schematische Darstellung des Reafferenzprinzips als Beispiel für die Anwendung kybernetischer Methoden in der Sinnesphysiologie. Das Reafferenzprinzip beschreibt die notwendigen Verrechnungsschritte im Nervensystem, die nötig sind für die Unterscheidung zwischen Fremd- und Eigenbewegungen eines Organismus'. Das kybernetische Modell gibt nur die prinzipiellen Berechnungsschritte wieder und beinhaltet keine Information über die Physiologie des neuronalen Kodiersystems (Beschreibung siehe Text). (Nach [22], Abb. 4)

afferenz (Afferenz aufgrund einer Eigenbewegung) A (**Istwert**) bestimmt. In Z_1 wird die Abweichung der Reafferenz A von der Efferenzkopie EK bestimmt und an das Zentrum Z_n gemeldet. Die (Regel-) Abweichung beschreibt den Anteil der Fremdbewegung an der wahrgenommenen Bewegung. Die Erregung E wird so lange aufrechterhalten, bis die Reafferenz A und die Efferenzkopie EK einander gleich sind, also bis die vom Tier beabsichtigte Bewegung ausgeführt ist. Im Falle des Bewegungskompensationsverhaltens ist das Tier in Ruhe, die **Efferenzkopie** EK ist daher Null. Wird die Umwelt des Tieres bewegt (beispielsweise durch passive Bewegung des Tieres), so entsteht ein **Exafferenzsignal** (Afferenz nicht aufgrund einer Eigenbewegung) A in den Photorezeptoren. Die Differenz zwischen A und EK wird durch den Regelkreis wiederum zu Null geregelt.

> **Die innere Struktur der blackbox kann durch physiologische Modelle beschrieben werden**

Viele der psychophysischen Phänomene lassen sich durch Verschaltungen von Rezeptorzellen und Neuronen erklären. Das Innere der blackbox kann zunächst durch typische neuronale Verschaltungen ausgefüllt werden. Die synaptischen Gewichtungen der Modellneurone können dann durch Parametervariation derart bestimmt werden, daß die im psychophysischen bzw. Verhaltensexperiment gemessenen Input/Output-Relationen beschrieben werden.

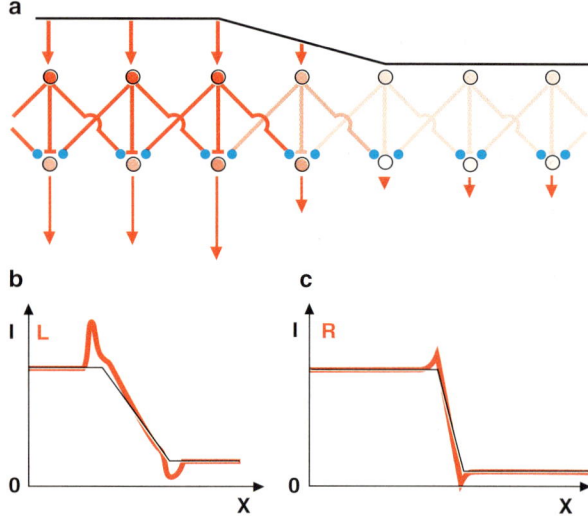

Abb. 12-7. Laterale Inhibition: **a** laterales inhibitorisches Netzwerk (zwei Ebenen); **b** subjektiver Helligkeitseindruck L (rote Linie) des Machschen Intensitätsprofils (schwarze Linie); **c** nach (Gl. 8) berechnete Helligkeit R (rote Linie) für das Intensitätsprofil I (schwarze Linie). (Nach [7])

Die wichtigsten Verschaltungstypen sind 1) die lokal antagonistische Verschaltung, 2) die räumlich antagonistische Verschaltung (laterale Inhibition) der von den Rezeptoren kommenden Erregungen in nachgeschalteten Neuronen und 3) die räumliche und zeitliche Mittelung von Erregungen in Rezeptorzellen und Neuronen.

Lokal antagonistische Kodierung. Da die Rezeptorerregungen näherungsweise logarithmisch von den Reizintensitäten abhängen, ist es möglich, auf einfache Art und Weise Quotienten zwischen Reizintensitäten neuronal zu berechnen. Die Erregungen der Rezeptorzellen müssen nur neuronal voneinander subtrahiert werden. Dies kann durch inhibitorische und exzitatorische Synapsen eines einfachen summierenden Neurons geschehen. Neben der Berechnung von Wahrnehmungsparametern, die der Gesamtintensität entsprechen, können dadurch zusätzliche Wahrnehmungsparameter, wie z. B. beim Lichtsinn die Farbart oder beim Geschmackssinn die Geschmacksrichtung, unabhängig von der jeweiligen Empfindungsstärke bestimmt werden. Verdoppelt man die Empfindungsstärke, so bleibt die Differenz der Logarithmen der Erregungen der Rezeptorzellen bzw. die Erregung der antagonistisch kodierenden Neuronen konstant.

Räumlich antagonistische Verschaltung (laterale Inhibition). In psychophysischen Experimenten mit schwarz/weiß kontrastierenden Flächen zeigte der Physiker Ernst Mach, daß die Information benachbarter Augenbereiche wechselseitig hemmend verrechnet wird (**laterale Inhibition**) [6]. Ausgehend von den Lichtintensitäten I, die von den Photorezeptorzellen an den Netzhautstellen j der Retina aufgenommen werden, und den Erregungen r der nachgeschalteten Neuronen p, findet er folgenden Zusammenhang:

$$r_p = I_p \, (I_p \, K/(\sum_{j=1}^{n} I_j k_{pj}). \tag{8}$$

Die Gewichtungsfaktoren (K: exzitatorischer Koeffizient des Rezeptors j auf das Neuron p = j; k: inhibitorische Koeffizienten des Rezeptors j auf die Neuronen p beschreiben die erregende bzw. hemmende Wirkung der Elemente der ersten Schicht (Rezeptorzellen) auf die Elemente der nachfolgenden Schicht (Neurone) (Abb. 12-7). Der Vergleich von gemessenen mit den berechneten Helligkeitskontrasten zeigt, daß die Kontrastüberhöhung durch laterale Inhibition entsteht. Die laterale Inhibitionsschaltung unterscheidet sich von der lokal antagonistischen Verschaltung wesentlich durch ihre räumliche Ausdehnung, da stets die Information mehrerer benachbarter Rezeptoren des gleichen Typs neuronal miteinander verrechnet wird. Die antagonistische Verschaltung berechnet hingegen die Information von Rezeptoren verschiedenen Typs und ist deshalb auf kleine Raumbereiche begrenzt.

Die im psychophysischen Experiment ermittelten abstrakten Skalen (Dimensionen des Wahrnehmungsraums) können unter günstigen Umständen zu den physikalischen Reizgrößen in Beziehung gesetzt und somit interpretiert werden. Ergibt sich ein einfacher Zusammenhang zwischen den jeweiligen Skalenwerten und den zugehörigen Reizgrößen (psychophysische Funktion), so kann diese als Beschreibung der blackbox dienen. Darüber hinaus ist es sogar gelungen, die Skalen als Erregungen einzelner Neurone zu identifizieren, d.h. physiologisch zu interpretieren.

Eine Rezeptorzelle kann in ihrem Rezeptorpotential immer nur eine Reizgröße kodieren. Sind mehrere physikalische Größen eines Reizes relevant, so muß das Sinnesorgan mehrere verschiedene Rezeptortypen besitzen, die sich bezüglich dieser Reizgrößen in ihrer Empfindlichkeit unterscheiden (für das Farbensehen z.B. ist sowohl die Intensität als auch die spektrale Zusammensetzung des Lichtes relevant). Die entsprechenden Erregungsgrößen müssen in diesen Fällen durch nachgeschaltete Neurone aus den Rezeptorpotentialen berechnet werden. Die Erregungsgrößen bzw. die zugehörigen Empfindungen (Qualitäten) repräsentieren dann diese Reizgrößen in der Wahrnehmung. Die Ergebnisse der Psychophysik gaben bereits erste Hinweise auf eine antagonistische neuronale Verschaltung in den Sinnessystemen, lange bevor Elektrophysiologie technisch möglich war.

Die Vorgehensweise bei der Bestimmung der neuronalen Kodiersysteme aus Wahlverhaltensdaten soll am Beispiel der Analyse des Farbsehsystems der Honigbiene gezeigt werden. 1) Mit den Daten von speziell durchgeführten Verhaltensexperimenten wurde eine MDS-Analyse (siehe oben) durchgeführt. Der ermittelte zweidimensionale Farbraum besitzt eine city-block-Metrik. 2) Die Skalen des Farbraums wurden neuronal interpretiert. Die synaptischen Gewichte und ihre Vorzeichen (–: Inhibition, +: Exzitation) zweier hypothetischer gegenfarbenkodierender Neurone wurden durch Parametervariation bestimmt. Dabei ergab sich eine sehr gute Übereinstimmung zwischen den Skalenwerten und den Erregungen der hypothetischen gegenfarbenkodierenden Neurone. Darüber hinaus zeigte ein Vergleich der berechneten spektralen Sensitivitätsfunktionen der Modell-Neurone mit den gemessenen spektralen Sensitivitätsfunktionen, daß die geforderten Neurone tatsächlich im Bienengehirn vorhanden sind und daß andererseits die beiden ausschließlich abgeleiteten Typen von tonisch gegenfarbenkodierenden Neurone essentiell am Farbensehen der Honigbiene beteiligt sind. Das ermittelte Modellgefüge (Abb. 12-8) erlaubt, aus den spektralen Intensitätsverteilungen von Farbreizen die Wahlprozente der Honigbiene vorauszusagen. Da sämtliche Vorhersagen durch Verhaltensexperimente bestätigt wurden, kann man in diesem Falle von einer physiologischen Theorie des Farbensehens und -wahlverhaltens sprechen [16].

Setzt man die Fluktuationen des Membranpotentials (Rauschen) von Rezeptorzellen und nachgeschalteten Zellen zu den im Wahlverhalten gemessenen

Das Farbsehsystem der Honigbiene

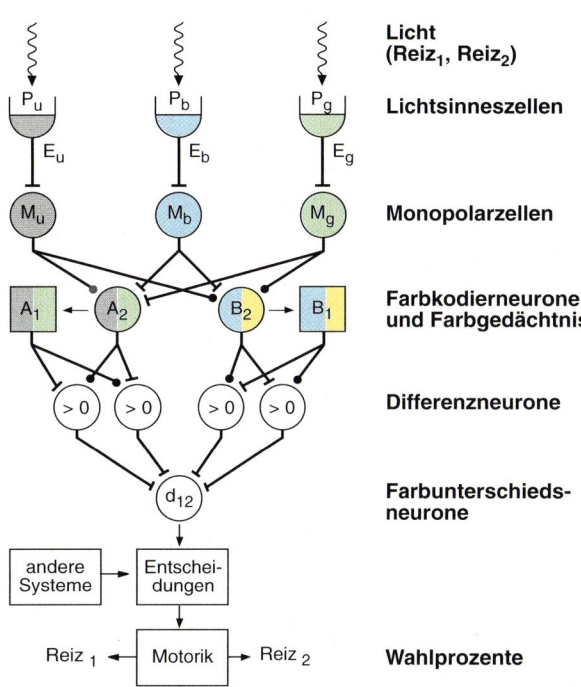

Abb. 12-8. Integrale Sinnesphysiologie: Das Farbensehen und das Farbwahlverhalten der Honigbiene. Die Biene besitzt drei Typen von Lichtsinneszellen (Indizes: u, b, g), die für Wellenlängenbereiche empfindlich sind (P: effektive absorbierte Photonen/s; E: elektrische Erregung), die für uns Grau (UV), Blau bzw. Grün aussehen. Monopolarzellen (M) fassen die Erregungen mehrer Lichtsinneszellen gleichen Typs zusammen. Diese drei Lichtintensitätssignale werden in zwei Farbkodierungsneurone A und B so miteinander subtraktiv verrechnet (Punkt: negativer Eingang, Strich: positiver Eingang), daß zwei Farbsignale entstehen, die weitgehend von der Lichtintensität unabhängig sind. Die Erregungen der Neuronen A und B repräsentieren Lichter, die für uns auf einer Grau (UV)/Grün-Achse bzw. auf einer Blau/Gelb-Achse durch den Weißpunkt liegen, was für Bienen ein Urfarbensystem vermuten läßt, bei dem Rot durch UV ersetzt wird. Wird eine Biene beispielsweise auf $Reiz_1$ durch Zuckerwasserbelohnung dressiert, so werden die zugehörigen Erregungswerte A_1 und B_1 im Farbgedächtnis (Quadrate) gespeichert. Ein im anschließenden Test gebotener $Reiz_2$ führt zu Erregungswerten A_2 und B_2. Differenzneurone berechnen den Unterschied der Erregungswerte von $Reiz_2$ zu denen von $Reiz_1$ im Farbgedächtnis. Das Farbunterschiedsneuron (d_{12}) summiert schließlich die Signale der Differenzneurone (< 0) auf. Sind beide Farbreize einander sehr ähnlich ($d_{12} = 0$), wählt die Biene $Reiz_1$ und $Reiz_2$ gleich häufig. Ist der Farbunterschied groß ($d_{12} \gg 0$), wird ausschließlich der gelernte Farbreiz gewählt und der Testfarbreiz ignoriert. (Nach [16])

Fluktuationen in Beziehung, so erhält man weitere wichtige Hinweise für die neuronale Verschaltung von Wahrnehmungssytemen (vgl. oben).

Im Falle der Honigbiene beträgt die Rauschamplitude in den Photorezeptorzellen nur 1/39 der Fluktuationen, die im Verhalten gemessen werden. Das Verhalten wird angemessen durch das Thurstone-Gesetz beschrieben, wobei sich alle Fluktuationen als gleich groß erwiesen (Case V, siehe oben). Das Rauschen der Photorezeptoren wird von den nachgeschalteten Neuronen gewichtet, wodurch es von den Reizgrößen abhängig wird. Folglich muß auf der Entscheidungsebene ein wesentlich stärkeres konstantes neuronales Rauschen existieren, das die Gesamtheit dieses Rauschens vernachlässigbar macht und/oder die Rauschgrößen sind derart miteinander verschaltet, daß ihre Gesamtheit konstant ist [16].

> **Besitzen Tiere Empfindungen vergleichbar mit denen von Menschen?**

Wird bei Tieren ein Verhalten auf einen Reiz hin beobachtet, so sprechen wir allgemein von der Wahrnehmung des Reizes, ohne daß damit etwas über die Existenz einer bewußt werdenden Repräsentation des Reizes impliziert wäre. Ob Tiere über vergleichbare Empfindungen verfügen wie wir, ist eine sowohl theoretisch als auch experimentell äußerst schwierig zu beantwortende Frage (Kap. 25). Vom naturwissenschaftlichen Standpunkt aus erscheint es jedoch sehr wahrscheinlich, daß sich die Empfindungen, wie auch das Denken, aus Vorstufen entwickelt haben und nicht erstmalig spontan bei der Entwicklung des Menschen aufgetreten sind.

Die Farbdiskriminationsfunktionen von kortikal Farbenblinden, die keine Farbempfindungen besitzen, deren übriges neuronales Farbkodiersystem jedoch intakt ist, zeigen erstaunlicherweise nur geringfügige Unterschiede zu denen normal Farbentüchtiger [33]. Andererseits gibt es auch psychophysische Experimente, bei denen kortikal Farbenblinde völlig versagen. Dazu gehören Experimente, die die Ergebnisse einer Analyse einzelner Farbempfindungen durch die Versuchsperson voraussetzen, wie bei der Beurteilung des prozentualen Anteils einer der Elementarfarben, z.B. Gelb, in einer Farbempfindung. Beim ersten Experimenttyp kann die Beurteilung von Farbempfindungen allein aufgrund der elektrischen Erregungen von Neuronen erfolgen (keine Empfindungen nötig, **unbewußte Urteile**), beim zweiten Experimenttyp beruht die Beurteilung auf den zugehörigen Farbempfindungen (Empfindungen sind notwendig, **bewußte Urteile**).

Um die Frage nach der Existenz von Empfindungen bei Tieren zu beantworten, müssen also psychophysische bzw. Verhaltensexperimente durchgeführt werden, deren Ergebnisse nur durch die Annahme von Empfindungen erklärt werden können, nicht jedoch auf der Basis der elektrischen Erregungen von Neuronen allein.

12.5 Literatur

Weiterführende Lehr- und Handbücher

1. Egan JP (1975) Signal detection theory and ROC analysis. Academic, New York
2. Fechner GT (1860) Elemente der Psychophysik. Breitkopf und Härtel, Leipzig
3. Wehner R, Gehring W (1990) Zoologie, 22. Aufl. Thieme, Stuttgart
4. Helmholtz H von (1879) Die Thatsachen in der Wahrnehmung. Hirschwald, Berlin
5. Kant I (1781) Kritik der reinen Vernunft. Königsberg. In: Schmidt R (Hrsg) (1969) Imanuel Kant. Die drei Kritiken in ihrem Zusammenhang mit dem Gesamtwerk. Kröner, Stuttgart
6. Mach E (1886) Die Analyse der Empfindungen.
7. Ratliff ((1965) Mach bands: quantitative studies on neuronal networks in the retina. Holden-Day, London
8. Scheidt F (1986) Grundfragen der Erkenntnisphilosophie – historische Perspektiven. Reinhardt, München
9. Sixtl F (1982) Meßmethoden der Psychologie. Theoretische Grundlagen und Probleme. Beltz, Weinheim
10. Stevens SS (1975) Psychophysics. Wiley, New York
11. Uexküll J von (1973) Theoretische Biologie. Suhrkamp, Frankfurt (Original 1920)
12. Wiener N (1963) Kybernetik. Regelung der Nachrichtenübertragung im Lebewesen und in der Maschine. Econ, Düsseldorf
13. Wundt W (1908) Grundzüge der physiologischen Psychologie, 6. Aufl, Bd 1. Engelmann, Leipzig (1. Aufl 1874)

Einzel- und Übersichtsarbeiten

14. Autrum H (1977) Concept and method in sensory physiology. J Comp Physiol 120:87–100
15. Autrum H (1984) Leistungsgrenzen von Sinnesorganen. In: Karlson P et al. (Hrsg) Information und Kommunikation. Naturwissenschaftliche, medizinische und technische Aspekte. Wissenschaftliche Verlagsgemeinschaft, Stuttgart (Verhandlungen der Gesellschaft Deutscher Naturforscher und Ärzte, 113. Versammlung, Nürnberg)
16. Backhaus W (1993) Color vision and color choice behavior of the honeybee. In: Recent progress in neurobiology of the honeybee, vol 24, special issue no 6, pp 309–331
17. Beidler LM (1978) Biophysics and chemistry of taste. In: Carterette EC, Friedman MP (eds) Tasting and smelling. Academic, New York, pp 21–49 (Handbook of perception, vol 6A)
18. Broadbent DE (1971) Decision and stress. Academic, New York
19. Brunswig E (1934) Wahrnehmung und Gegenstandswelt. Grundlegung einer Psychologie vom Gegenstand her. Deuticke, Leipzig
20. Delboef J (1873) Etude psychophysique. Hayez, Brüssel
21. Ekman G (1964) The power law: a special case of Fechner's law? Percept Mot Skills 19:730
22. Holst E von, Mittelstaedt H (1950) Das Reafferenzprinzip. Wechselwirkungen zwischen Zentralnervensystem und Peripherie. Naturwissenschaften 37:464–476
23. Laughlin S (1973) Neural integration in the first optic neuropile of dragonflies. J Comp Physiol 84:335–355

24. Laughlin S (1981) Neural principles in the peripheral visual systems of invertebrates. In: Autrum H (ed) Invertebrate visual centers and behavior I. Springer, Berlin, pp 133–280 (Handbook of sensory physiology, vol 7: Comparative physiology and evolution of vision in invertebrates, vol 6B)

25. Kruskal JB (1964) Multidimensional scaling optimizing goodness of fit to a nonmetric hypothesis. Psychometrika 29:1–29

26. Küpfmüller K (1959) Informationsverarbeitung durch den Menschen. Nachrichtentechn Z 12:68–74

27. Lipetz LE (1971) The relation of physiological and psychological aspects of sensory intensity. In: Loewenstein WR (ed) Principles of photoreceptor physiology. Springer, Berlin, pp 191–242 (Handbook of sensory physiology, vol 1)

28. Marko H (1982) Informationstheorie und Kommunikationstheorie. In: Hoppe W, Lohmann W, Markl H, Ziegler H (Hrsg) Biophysik. Springer, Berlin, S 817–822

29. Menzel R, Backhaus W (1991) Colour vision in insects. In: Vision and Visual Dysfunktion (D. Grist, ed.), Vol. VI. Perception of Colour (P. Gouras, ed.), chapt. 14, pp. 262–293. London: Macmillan

30. Plateau JAF (1872) Sur la mesure des sensations physiques et sur la loi qui lie l'intensité de ces sensations à intensité de la excitante. Bull. Acad. roy. Belg., 33:376–388. [Poggendorfs Annalen der Physik (1873) 150:465–477]

31. Ross S (1964) Logical Foundations of Psychological Measurement. A study in the Philosophy of Science. Copenhagen: Munksgaard

32. Shannone CE (1948) The Mathematical Theory of Communication. Bell System Technical Journal, July and October. [Reprinted In: Shannon CE & Weaver W (1949) 52, 53, 54, 56, 57, 59, 62. The Mathematical Theory of Communication. Urbana: The University of Illinois Press

33. Stoerig P, Cowey A (1989) Wavelength sensitivity in blindsight. Nature 342:916–917

34. Torgerson WS (1958) Theory and methods of scaling. New York: Wiley

35. Thurstone LL (1927) A law of comparative judgment. Psychol. Rev. 34:273–286

36. Woodworth RS, Schlosberg H (1963) Experimental Psychology (Revised edition). New York: Holt, Rinehart & Winston

13 Chemosensibilität, Geruch und Geschmack

H. Hatt

Bevor Lebewesen empfindlich für Licht oder Schall waren, konnten sie chemische Substanzen rezipieren

Der „chemische Sinn", wie man den Geruchs- und Geschmackssinn auch zusammenfaßt, weil beide an chemische Substanzen als stoffliche Überträger gekoppelt sind, ist wahrscheinlich das *phylogenetisch älteste Sinnessystem*. Vor Urzeiten, als das Leben sich noch ausschließlich im Wasser abspielte, benutzten die Tiere dieses sie umspülende Medium als Träger, um Informationen weiterzugeben. Die von einem Tier abgegebenen Substanzen wurden direkt auf die Sinneszellen des Adressaten gespült. Auf ähnlich direktem Wege arbeitet der Geschmackssinn heute noch: Die Reizstoffe müssen unmittelbaren Kontakt zur Sinneszelle haben. Man nennt sie deshalb auch **Kontaktchemorezeptoren**. Als die Lebewesen das Land eroberten, wurde die Luft zum Transportmedium für die Moleküle eines Duftstoffes. Als Mittel der Fernwahrnehmung war der Geruch ein besonders wichtiges Sinnessystem, denn kilometerweit konnten Informationen über Gefahr oder Beute, über einen Rivalen oder Sexualpartner empfangen werden. Sehr schnell hat deshalb der Geruchssinn sich zu höchster Leistungsfähigkeit entwickelt und den Geschmack an Bedeutung übertroffen. Häufig wenn man in unserer Sprache „*schmecken*" sagt, meint man „*riechen*". Schmecken beschränkt sich auf vier Grundqualitäten (salzig, sauer, bitter und süß). Damit lassen sich die Feinheiten einer guten Küche oder eines edlen Weines nicht wahrnehmen. Gerüche greifen aber noch auf vielen anderen Ebenen tief in das Leben der Tiere und von uns Menschen ein, auch wenn uns dies nicht immer bewußt wird. Sie dienen der Kommunikation, der Orientierung, der Warnung, steuern das Sexual- und Sozialleben und beeinflußen Stimmungen, Emotionen und Affekte. Eine Einteilung und Charakterisierung der chemischen Sinne bei Wirbeltieren zeigt Tabelle 13-1.

13.1 Morphologie des Riechsystems von Wirbeltieren

Riechsinneszellen sind hochdifferenzierte, primäre Sinneszellen, die direkt in den Bulbus olfactorius projizieren; als Beispiel für die Vertebraten soll das Riechsystem der Menschen beschrieben werden

Nasenhöhle. Die Atemluft wird durch die Nasenöffnungen in die beiden Nasenhöhlen geführt, die durch eine Scheidewand, das Septum, getrennt sind. In jeder Nasenhöhle befinden sich drei übereinanderliegende wulstartige Gebilde (*Conchen*), die in toto mit Schleimhaut (*respiratorisches oder olfaktorisches Epithel*) ausgekleidet sind. Die olfaktorische Region (**Riechepithel**) beschränkt sich auf einen kleinen Bereich von ca. 2×5 cm^2 auf der obersten Conche.

Riechepithel. In der Riechschleimhaut kann man drei Zelltypen unterscheiden, die eigentlichen **Riechzellen**, **Stützzellen** und **Basalzellen** (Abb. 13-1). Letztere stellen undifferenzierte Riechzellen dar. Der Mensch besitzt ca. 30 Millionen Riechzellen, die eine durchschnittliche Lebensdauer von nur einem Monat haben und danach durch Ausdifferenzierung von Basalzellen erneuert werden. Dies ist eines der seltenen Beispiele für Nervenzellen im adulten Nervensystem, die noch zu regelmäßiger mitotischer Teilung fähig sind.

Riechsinneszellen. Es sind **primäre bipolare Sinneszellen**, die am apikalen Ende durch zahlreiche in den Schleim ragende dünne Sinneshaare (**Cilien**) mit der Außenwelt in Kontakt treten und am anderen Ende über ihren langen, dünnen Nervenfortsatz (**Axon**) direkten Zugang zum Gehirn haben (Abb. 13-1). Zu Tausenden gebündelt laufen die Axone der Riechzellen durch die Siebbeinplatte, um zusammen als **Nervus olfactorius** direkt zum **Bulbus olfactorius**

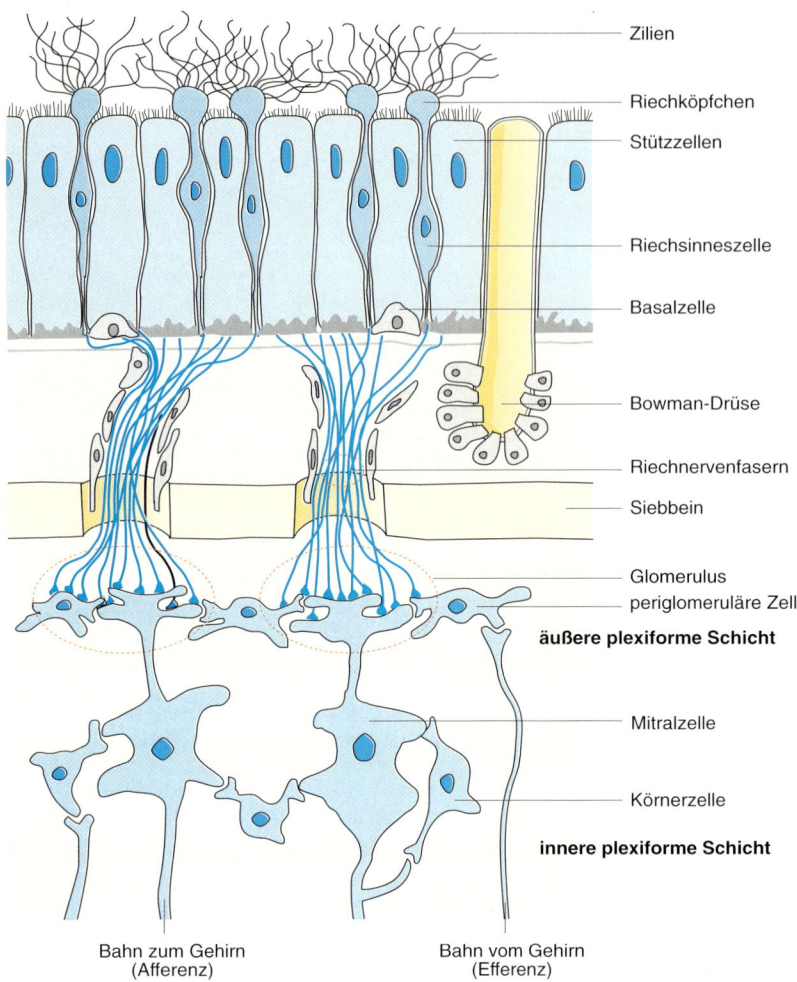

Zilien

Riechköpfchen

Stützzellen

Riechsinneszelle

Basalzelle

Bowman-Drüse

Riechnervenfasern

Siebbein

Glomerulus
periglomeruläre Zelle

äußere plexiforme Schicht

Mitralzelle

Körnerzelle

innere plexiforme Schicht

Bahn zum Gehirn
(Afferenz)

Bahn vom Gehirn
(Efferenz)

Abb. 13-1. Schematischer Aufbau der Riechschleimhaut mit den Verbindungen zum Riechkolben (Bulbus olfactorius). In der Riechschleimhaut erkennt man Sinneszellen, Stützzellen, Basalzellen und Drüsenzellen. Die Sinneszellen tragen am apikalen dendritischen Fortsatz eine große Zahl von dünnen Ausläufern (Cilien). Die Riechnervenfasern (Axone) dieser Zellen projizieren vor allem auf die Mitralzellen im Riechkolben. Schematisch ist auch die Funktion der anderen Zelltypen im Riechkolben dargestellt. Die periglomerulären Zellen stellen die lateralen Verbindungen zwischen den Glomeruli her. Die Körnerzellen sind meist hemmende Interneurone des Riechkolbens und tragen wesentlich durch ihre dendro-dendritischen Synapsen zur Lateralinhibition bei. Darüberhinaus können efferente Nervenfasern aus anderen Bereichen des Gehirns die Aktivität des Riechkolbens modulieren

zu ziehen, der als vorgelagerter Hirnteil zu betrachten ist.

Die Oberfläche des Riechepithels ist mit einer Schleimschicht von 10–60 μm Dicke bedeckt. Diese stammt aus den Bowman Drüsen, den Stützzellen sowie Becherzellen des respiratorischen Epithels, die ebenfalls zur Synthese von Schleim befähigt sind. Kinozilien am apikalen Ende verschiedener Zellen sorgen für einen geregelten Schleimfluß.

Riechorgane bei anderen Vertebraten. Im Gegensatz zu allen anderen lebenden Wirbeltieren besitzen kieferlose Vertebraten, wie die Rundmäuler (**Cyclostomen**) nur eine einzige Nasenöffnung, die Geruchsorgane sind also unpaar angelegt; ebenso ist die Lage ungewöhnlich. Beim Neunauge z.B. findet man die Öffnung des Nasenschlauches auf der Dorsalseite des Kopfes. Als weitere Besonderheit geht der Nasenschlauch (-gang) direkt in den Hypophysensack über. Bei Schleimfischen bricht er in den Kiemendarm durch. Den parasitisch lebenden Fischen ist es dadurch möglich zu „atmen", während sie die Raspelzunge in die Beute bohren. Ähnliche Bedingungen finden wir auch bei den ältesten fossilen Vertebraten. Da die Embryonalanlagen noch paarig und wie normal auf der Ventralseite des Kopfes angelegt sind, scheint es sich um eine *funktionell*

angepaßte Entwicklung und nicht um ein primitives System zu handeln.

Ein neuer Typ von Riechorgan und der Übergang zu den landlebenden Wirbeltieren zeigt sich beim Quastenflosser (**Latimeria**). Die hintere Öffnung der erstmals als Nasenöffnung bezeichneten Riechgrube mündet am oberen Dach in die Mundhöhle. Die vordere Öffnung liegt beidseits im Lippenbereich hinter Hautfalten. Diese Passage wird bei **Tetrapoden** zum Atemweg. Die Nasenhöhlen werden dann von Luft, statt von Wasser durchströmt. Spezielle Sekrete, wie Nasenschleim, halten das Riechepithel feucht und funktionsfähig.

Diese neue Konstruktion ist noch am einfachsten bei **Amphibien** strukturiert. Eine paarig angelegte äußere Nasenöffnung führt in einen länglichen Schlauch, der eine posteroventral gelegene Öffnung, die innere Nasenöffnung (Choane) besitzt, die im vorderen Teil des Gaumendaches liegt. Nur ein Teil der Nasenhöhle wird von Riechepithel ausgekleidet.

Reptilien sind bereits komplizierter gebaut. Die Luftwege werden länger, und der Nasenraum ist in Kammern und Knorpel- oder Knochenplatten (Nasenmuscheln) gegliedert. Bei Schildkröten beginnt dann die Ausprägung eines sekundären Gaumens. Diese Trennwand zwischen definierter Mundhöhle und Nasenraum wird bei Krokodilen zu einem langen Rohr. Bei den **Vögeln** scheint der

Tabelle 13-1. Einteilung und Charakterisierung der chemischen Sinne bei Wirbeltieren

	Geschmack	Geruch
Sensoren	Sekundäre Sinneszellen	Primäre Sinneszellen Enden des V. (IX. und X.) Hirnnerven
Lage der Sensoren Afferente Hirnnerven	Auf der Zunge N. VII, N. IX	Im Nasen- und Rachenraum N. I, N. V. (N. IX, N. X)
Stationen im Zentralnervensystem	1. Medulla oblongata 2. Ventraler Thalamus 3. Kortex (Gyrus postcentralis) Verbindungen zum Hypothalamus	1. Bulbus olfactorius 2. Endhirn (Area praepiriformis) Verbindungen zum limbischen System, Hypothalamus und zum orbitofrontalen Cortex
Adäquater Reiz	Moleküle organischer und anorganischer, meist nicht flüchtiger Stoffe. Reizquelle in Nähe oder direktem Kontakt zum Sinnesorgan	Moleküle fast ausschließlich organischer, flüchtiger Verbindungen in Gasform, erst direkt an Rezeptoren in flüssiger Phase gelöst. Reizquelle meist in größerer Entfernung
Zahl qualitativ unterscheidbarer Reize	Niedrig 4 Grundqualitäten	Sehr hoch (einige Tausend), zahlreiche, schwer abgrenzbare Qualitätsklassen
Absolute Empfindlichkeit	Geringer, mindestens 10^{16} und mehr Moleküle/ml Lösung	Für manche Substanzen sehr hoch (10^7 Moleküle pro ml Luft, bei Tieren bis zu 10^2 bis 10^3)
Biologische Charakterisierung	Nahsinn Nahrungskontrolle, Steuerung der Nahrungsaufnahme und -verarbeitung (Speichelreflexe)	Fernsinn und Nahsinn Umweltkontrolle (Hygiene), Nahrungskontrolle Bei Tieren auch Nahrungs- und Futtersuche, Kommunikation, Fortpflanzung Starke emotionale Bewertung

Geruchssinn im allgemeinen nicht von hoher Bedeutung, denn die Strukturen der Nasenregion, ähnlich dem Reptilienplan gebaut, sind von bescheidenen Ausmaßen. Die Nasenöffnungen an der Schnabelbasis ist sehr klein und die Fläche des Riechepithels winzig.

Bei **Säugetieren** erreicht das Riechorgan den Höhepunkt der Entwicklung, mit Ausnahme von Walen, Fledermäusen und höheren Primaten, wo man bereits wieder eine deutliche Größenabnahme der beteiligten Strukturen findet.

> **Bei vielen Tetrapoden findet man einen zusätzlichen spezialisierten Teil des olfaktorischen Systems, das Vomeronasalorgan oder Jakobson Organ**

Die Nervenfortsätze der Riechzellen in diesem Organ bilden einen abgegrenzten Bereich (*akzessorischer Riechlappen*) im olfaktorischen Bulbus. Besonders bei Eidechsen und Schlangen scheint er von besonderer Bedeutung. Nach dem Zurückziehen der Zunge schieben sich die Zungenspitzen in die Taschen dieses Organs, das sich zum Dach der Mundhöhle öffnet. Sie übertragen dabei Riechstoffe, die sich an der Zungenspitze angeheftet haben. Bei vielen höheren Vertebraten wird es funktionell in Zusammenhang mit der *Perzeption von Pheromonen* gebracht. Auch bei Primaten und beim Menschen gewinnt es zunehmend an Bedeutung.

> **Als Riechhirn werden verschiedene Regionen des Paläokortex bezeichnet. Der Geruchssinn projiziert direkt ins Limbische System und den Hippocampus**

Bulbus olfactorius. Zwischen den Rezeptoren und der Hirnrinde liegt nur eine synaptische Schaltstelle, an den Ästen der Hauptdendriten der Mitralzellen des Riechkolbens (Bulbus olfactorius) in den **Glomeruli**. Hierbei kommt es zu einer deutlichen Reduktion der Duftinformationskanäle: etwa 1.000 Axone einzelner Riechzellen projizieren auf eine einzige Mitralzelle (*Konvergenz*). Abb. 13-1 zeigt außerdem, daß die zellulären Elemente des Bulbus in Schichten angeordnet sind: Auf die Schicht der Glomeruli folgt die Schicht der **Mitralzellen** (äußere plexiforme Schicht) und schließlich die Schicht der **Körnerzellen** (innere plexiforme Schicht). Zusätzlich gibt es einige synaptische Eingänge von Riechzellaxonen auf **periglomeruläre** Zellen.

Die komplizierten Verbindungen der Zellen im Bulbus untereinander sind noch nicht detailliert bekannt, aber es wurden zwischen Mitral- und Körnerzellen, sowie zwischen Mitral- und periglomerulären Zellen *dendro-dendritische* Synapsen beschrieben. Sie zählen mit den Synapsen vom „Renshaw-Typ" zu den Verbindungen, die recurrente Hemmung ermöglichen. Solche Kontakte vermitteln einen Informationsfluß in einander entgegenlaufende Richtungen: von den Mitralzellen zu den Körnerzellen bzw. den

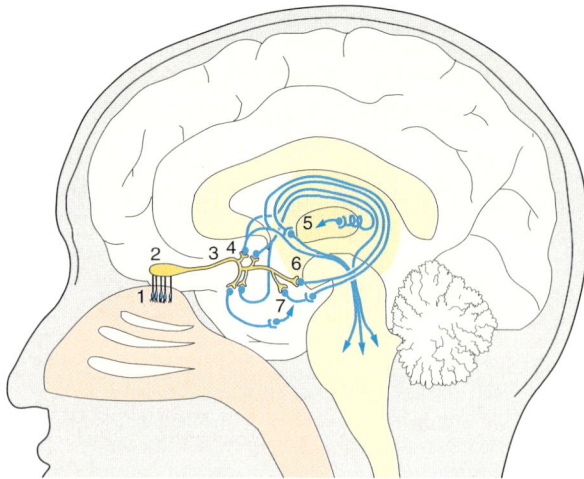

Abb. 13-2. Das Riechsystem mit seinem primären und sekundären Bahnen zu anderen Hirnregionen. Die Riechsinneszellen (1) bilden Synapsen an den dendritischen Ausläufern der Mitralzellen (2). Die Nervenfortsätze der Mitralzellen ziehen als Tractus olfactorius (3) zu tieferen Gehirnregionen. Wie im Text detailliert beschrieben, hat das Riechsystem direkte Verbindungen über das Riechhirn zum Thalamus (5) und von dort zum Neokortex sowie zum Limbischen System (Mandelkern (7) und Hippocampus) und zu vegetativen Kernen des Hypothalamus (6)

periglomerulären Zellen, wie auch umgekehrt von diesen zu den Mitralzellen. Die periglomerulären Zellen üben durch ihr hohes inhibitorisches Potential eine der „lateralen Inhibition" vergleichbare Wirkung auf die Mitralzellen aus.

Kortikale Projektionen. Die etwa 30.000 Axone der Mitralzellen bilden den einzigen Ausgang für Informationen aus dem Bulbus. Sie formen den Tractus olfactorius. Ein Hauptast kreuzt in der vorderen Kommissur zum Bulbus der anderen Hirnseite, die anderen Fasern ziehen zu den olfaktorischen Projektionsfeldern in zahlreichen Gebieten des Paläokortex, die zusammen als **Riechhirn** bezeichnet werden. Dazu gehören das Tuberculum olfactorium, die Area praepiriformis, der Corpus amygdaloideum, sowie die Regio entorhinalis. Die Informationsverarbeitung endet aber nicht hier, sondern die Duftinformation wird zum einen zum **Neokortex** geleitet und erreicht dort eine entwicklungsgeschichtlich sehr alte Hirnregion, den Kortex praepiriformis. Zum anderen gehen Bahnen direkt zum **Limbischen System** (Mandelkern, Hippocampus) und weiter zu vegetativen Kernen des **Hypothalamus** und der **Formatio reticularis** (Abb. 13-2).

13.2 Morphologie des Riechorgans bei Invertebraten

> **Als Beispiel sei das Geruchssystem der Insekten beschrieben, das sehr einheitlich aufgebaut ist**

Die Riechsinneszellen bei Arthropoden sind meist in den **Sensillen** (*Sinneshaaren*) auf den **Antennen** lokalisiert. Die Sensillen sind bis zu mehrere hundert μm lang, nur wenige μm dick und enthalten die dendritischen Außensegmente der **Sinneszellen** (Abb. 13-3a). Solche Sensillenstrukturen kommen bereits bei Anneliden vor. (Lediglich bei Mollusken gibt es spezielle Organe, die bipolare Sinneszellen mit cilienartigen Strukturen am Dendriten besitzen). Die kutikuläre Wand der Sensillen ist perforiert. Durch diese Poren können die Duftmoleküle ins Sensilleninnere gelangen und dort, gelöst in der Sensillenlymphflüssigkeit, zu den Dendriten diffundieren bzw. mit Hilfe von Carriermolekülen (Rezeptorbindeproteinen) transportiert werden [8]. In der Membran der Dendriten liegen die eigentlichen Strukturen der Dufterkennung, die **Rezeptorproteine**. Die proximalen Teile einer jeden Sinneszelle sind vom Außensegment durch drei Hüllzelltypen, die *Tormogen-, Thecogen-* und *Trichogen-Zellen* isoliert. Diese Zellen sind auch für die ungewöhnliche Zusammensetzung der Sensillenlymphe verantwortlich, die eine sehr hohe K^+-Konzentration aufweist.

> **Ähnlich den Vertebraten enden die Nervenfasern der Sinneszellen in glomerulären Strukturen im sog. Antennallobus des Deutocerebrums**

Diejenigen Teile des Gehirnes, die sich mit der Duftverarbeitung von einzelnen Sinneszellen beschäftigen, gehören zu den bestuntersuchten Strukturen im Gehirn von Insekten. Bei Schabenmännchen ist z.B. bekannt, daß es auf den Antennen je ca. 36.000 Rezeptorneurone spezifisch für eine der beiden Lockstoffkomponenten (Periplanon A bzw. B) gibt und etwa 60.000 für alle anderen Duftstoffe (Abb. 13-4 a, b). Alle diese Sinneszellen projizieren auf nur etwa 200 zentrale Neurone, sog. **Ausgangs (,,output")-Neurone**, in den olfaktorischen **Glomeruli** (Konvergenz). Diese stellen ein morphologisch abgrenzbares kugelförmiges Gewebeareal dar, das funktionell eine Einheit bildet, deren Bedeutung vor allem in der Informationskodierung und Verarbeitung von Duftsignalen liegt. Bei den Schaben gibt es etwa 125 solche glomeruläre Einheiten, die Informationen über allgemeine Düfte (z.B. Nah-

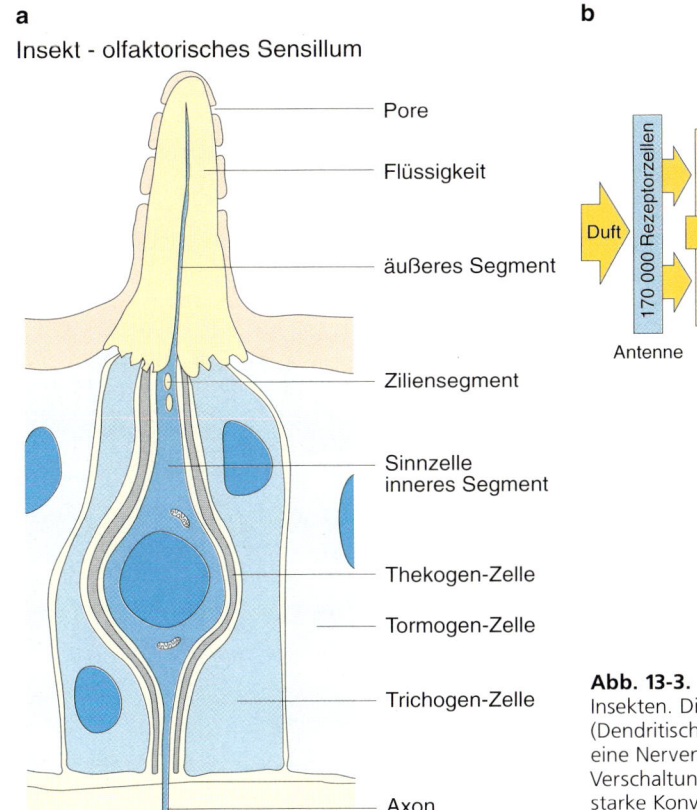

a

Insekt - olfaktorisches Sensillum

- Pore
- Flüssigkeit
- äußeres Segment
- Ziliensegment
- Sinnzelle inneres Segment
- Thekogen-Zelle
- Tormogen-Zelle
- Trichogen-Zelle
- Axon

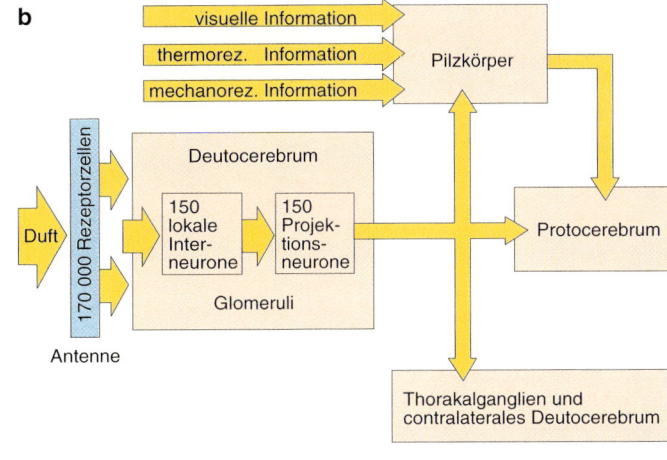

b

visuelle Information

thermorez. Information

mechanorez. Information

Pilzkörper

Duft

170 000 Rezeptorzellen

Antenne

Deutocerebrum

150 lokale Interneurone

150 Projektionsneurone

Glomeruli

Protocerebrum

Thorakalganglien und contralaterales Deutocerebrum

Abb. 13-3. a Schematische Darstellung der Riechsinneszelle von Insekten. Die Zellen senden am apikalen Ende feine Fortsätze (Dendritisches Außensegment) in das Sensillum am anderen Ende eine Nervenfaser (Axon) zum ZNS. **b** Schematische Darstellung der Verschaltung der Nervenfasern im ZNS eines Insekts. Beachte die starke Konvergenz der peripheren Eingänge

rungs-Orientierungsduft usw.) bekommen [14]. In einem Glomerulum kann man drei verschiedene Zelltypen morphologisch unterscheiden: die einlaufenden *Rezeptorneurone*, lokale *Interneurone*, die Verbindungen zu anderen Glomeruli herstellen und *Ausgangsneurone*, glomeruläre Projektionsneurone, die die Information zu höheren Gehirnzentren leiten (Abb. 13-4 C). Von Schaben weiß man auch, daß die einlaufenden Rezeptorneurone nur relativ wenige synaptische Kontakte zu den Ausgangsneuronen besitzen, aber ausgeprägte synaptische Verbindungen mit den lokalen Interneuronen aufnehmen. Jeder Glomerulus hat meist nur **ein** oder wenige Ausgangsneurone, dagegen gibt es bis zu 20 Interneurone, die in einen einzigen Glomerulus projizieren. Bis zu 5.000 Riechsinneszellen können auf ein einziges glomeruläres Ausgangsneuron projizieren. Die Konvergenz kann sogar noch höher werden bei Zellen, die mit der Rezeption von Sexuallockstoffen und anderen Pheromonen beschäftigt sind. Diese Sinneszelltypen senden alle ihre Nervenfasern in einen sog. **Makroglomerulus** (Abb. 13-4 b,d), der sehr spezifisch und um ein Vielfaches (3–10 mal) größer ist als die normalen Glomeruli. Solche Makroglomeruli haben bis zu 20 Ausgangsneurone, und man konnte zeigen, daß es sogar eine topographische Abbildung der Peripherie auf glomerulärer Ebene gibt [14].

> **Wenn auch der prinzipielle Aufbau des olfaktorischen Bulbus bei Vertebraten und Invertebraten sich unterscheidet, so stellen die Glomeruli ein typisches gemeinsames Strukturmerkmal für beide Hirnstrukturen dar**

Glomeruläre Strukturen existieren bereits bei Crustaceen, Mollusken, Würmern und Insekten. Die Zahl der Glomeruli schwankt zwischen 10 und 100 bei Insekten und meist mehreren Hundert bei Vertebraten. Auch in der Verschaltung der verschiedenen beteiligten zellulären Strukturen findet man starke Parallelen zwischen Vertebraten und Invertebraten [1, 2]:

1. Die Rezeptorneurone projizieren direkt auf die Ausgangsneurone und parallel dazu in großer Zahl auf die hemmenden Interneurone innerhalb eines Glomerulus.

2. In beiden Systemen findet man reziproke „dendro-dendritische" Synapsen zwischen den inhibitorischen Neuronen und Ausgangsneuronen, bei Vertebraten auch zwischen inhibitorischen Neuronen und Körnerzellen.

3. Horizontal sind die Glomeruli durch ein dichtes Netz von Interneuronen verbunden, die inhibitorisch wirken.

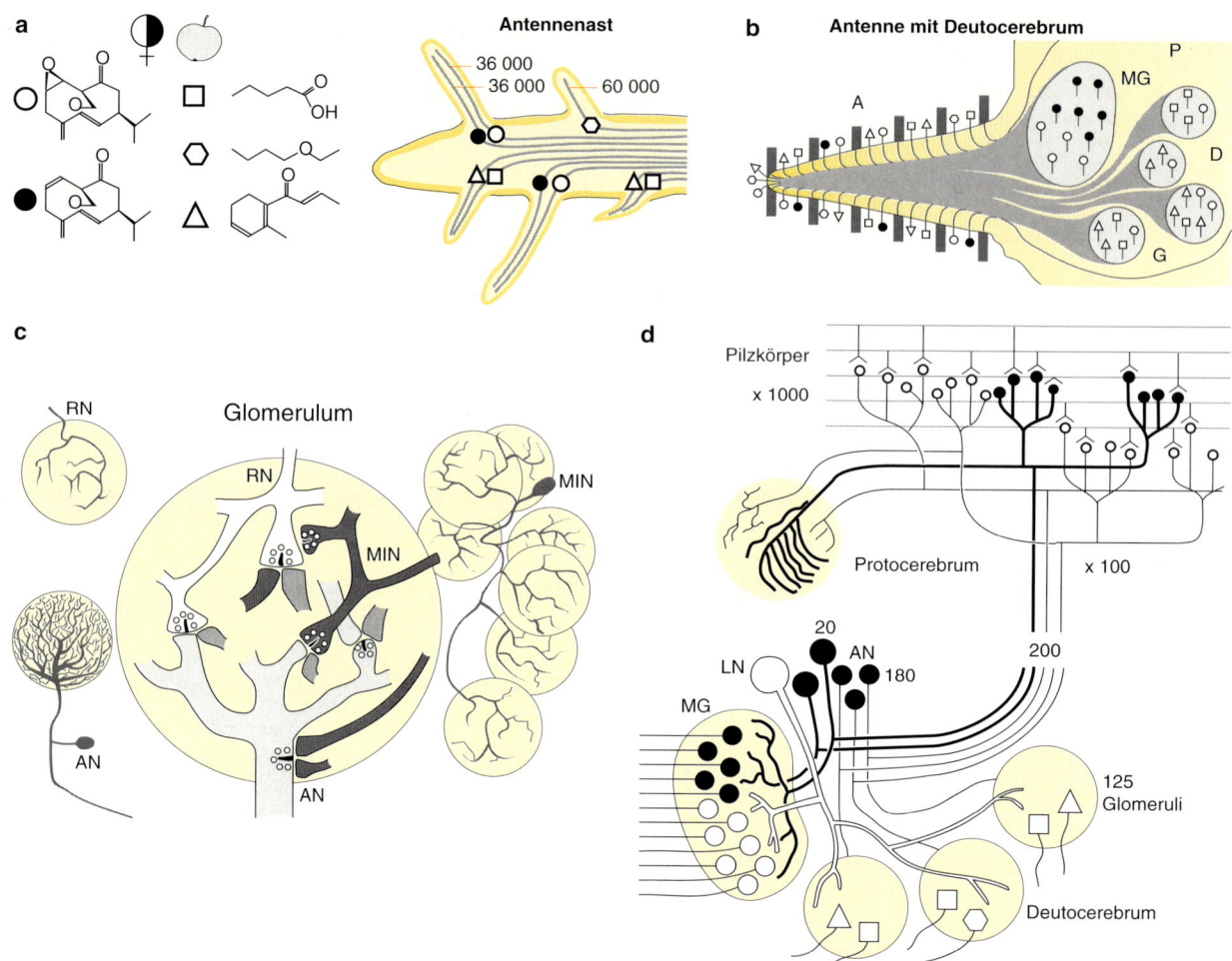

Abb. 13-4. a Verteilung der verschiedenen Typen von Riech-Sinneszellen für weibliche Sexuallockstoffkomponenten (○, ●) und Nahrungsdüfte (□, △, ◌) auf der Schabenantenne. **b** Projektionen der verschiedene Typen von Sinneszellen in die Glomeruli des Deutocerebrums (D). Pheromonsensible Sinneszellen projizieren alle in den sog. Makroglomerulus (MG), die anderen in spezifische kleinere Glomeruli (G). **c** Verschiedene Neuronentypen innerhalb eines Glomerulum und ihre Verbindungen. RN Rezeptorneuron; UPN uniglomeruläres Ausgangsneuron; MIN multiglomeruläres Interneuron. **d** Schematische Darstellung der olfaktorischen Informationsausbreitung im Schabengehirn. Vom Antennallobus im Deutocerebrum wird die Information über die Axone der ca 200 Ausgangsneurone der Glomeruli (AN) in den Pilzkörper geleitet und dort stark divergent verteilt. Nach Boeckh [14]

Die etwa 200 Ausgangsneurone aller Glomeruli zusammen laufen zum **Protocerebrum**, vor allem zu den **Pilzkörpern** (Abb. 13-4 e) bei Insekten und zu der **Medulla terminalis** bei Crustaceen. Auf diesem Niveau findet man starke *Divergenz*, und jedes Axon eines Ausgangsneurons bildet dort mit bis zu 1.000 Zellen synaptische Kontakte. Danach gelangt die olfaktorische Information über die absteigenden Bahnen in die **segmentalen Ganglien des Bauchmarks**.

13.3 Geruchsdiskriminierung; Beteiligung des Nervus trigeminus

> **Der Mensch kann etwa 10.000 Düfte unterscheiden; mit ansteigender Duftkonzentration ändern sich oft auch die Duftqualität und die Hedonik**

Der Unterscheidung von Geruchsqualitäten beim Menschen haftet etwas willkürliches an. Geht man von etwa **10.000 unterscheidbaren Düften** beim Menschen aus und bedenkt, daß außerdem durch Mischungen dieser Duftnoten neue Qualitäten entstehen können, so ist die Anzahl unterscheidbarer Duftqualitäten sehr groß.

Eine weitere Besonderheit des Riechsystems besteht in der einmaligen Korrelation zwischen *Qualität* und *Konzentration*: Mit ansteigender Duftstoffkonzentration ändert sich häufig nicht nur die Empfindungsintensität, sondern auch die Qualität. So riecht z.B. der in Parfum oft verwendete Duftstoff Ionon in niedrigen Konzentrationen nach Veilchen, in hohen nach Holz [9]. Ebenso kann sich konzentrationsabhängig auch die *Hedonik*, d.h. die Bewertung, ob ein Stoff angenehm oder unangenehm riecht, ändern. Moschus (aus exokrinen Drüsen des hirschartigen Moschustieres) oder Zibet (aus einer Analdrüse der Zibetkatze) sind in geringen Konzentrationen (μM-Bereich) Bestandteil vieler Parfums, in hoher Konzentration haben sie für uns einen ekelerregenden Geruch.

Es lassen sich nur schwer molekulare Gemeinsamkeiten von Duftstoffen mit ähnlichen Duftempfindungen korrelieren

Duftklassen. Bis heute hat ein bereits 1952 von Amoore [7] vorgeschlagenes Schema von sieben **typischen Geruchsklassen** Gültigkeit: *blumig, ätherisch, moschusartig, kampherartig, schweißig, faulig, stechend.* Für jede dieser Duftklassen existieren typische, charakteristische Leitdüfte, wie z.B. Geraniol für blumig oder Butylmercaptan für faulig (Tabelle 13-2). Bei allen natürlich vorkommenden Düften handelt es sich um Duftgemische, in denen entsprechende Komponenten vorherrschen. Es stellte sich aber schnell heraus, daß es auch Duftstoffe mit fast identischer Molekülstruktur gibt, die völlig unterschiedlichen Geruch haben.

Kreuzadaptation. Man suchte nach weiteren Möglichkeiten, Klassifikationen zu finden, eine davon ist die sog. Kreuzadaptation. Wir alle wissen, daß wir nach einer gewissen Zeit einen Duft (z.B. Zigarettenrauch) im Raum nicht mehr wahrnehmen. Das Riechsystem ist adaptiert. Ob dieser Mechanismus **peripher** (Rezeptorebene) oder **zentral** (Mitralzellen, Kortex) bedingt ist, ist noch unbekannt. Die Adaptation beschränkt sich aber jeweils auf eine bestimmte, reproduzierbare Gruppe von Düften, ist man z.B. auf Zigarettenrauch adaptiert, kann man Kaffeeduft trotzdem noch wahrnehmen. Durch solche Kreuzadaptionstests gelang es, zehn verschiedene Duftklassen zu unterscheiden, die sich nur teilweise mit denen von Amoore decken.

Anosmien. Ein dritter, mehr klinischer Ansatz verwendet die Tatsache, daß es beim Menschen angeborene Geruchsblindheiten für bestimmte Gruppen von Düften gibt, sog. **partielle Anosmien.** So können z.B. 2% der Bevölkerung keinen Schweißgeruch (Buttersäure und verwandte Substanzen) oder

Tabelle 13-2. Klassifikation der Primärgerüche in Qualitätsklassen und die dazu gehörigen repräsentativen chemischen Verbindungen

Primärgeruch	Chemische Substanz	Trivialsubstanz
campherartig	Campher	Mottenpulver
moschusartig	ω-Hydroxypentadecan-säurelacton	Angelikawurzelöl
blumig	Phenylethyl-methyl-ethyl-carbinol	Rose
minzig	Menthon	Pfefferminzbonbon
ätherisch	Ethylen-dichlorid	Fleckenwasser
stechend	Ameisensäure	Essig
faulig	Butylmercaptan	faule Eier

Tabelle 13-3. Auflistung der bisher bekannten partielle Anosmien beim Menschen

Vorkommen	Haupt-Duftkomponente	Häufigkeit in % der Bevölkerung
Urin	Androstenon	40%
Malz	Isobutanal	36%
Campher	1,8-Cineol	33%
Sperma	1-Pyrrolin	20%
Moschus	Pentadecanolid	7%
Fisch	Trimethylamin	7%
Schweiß	Isovaleriansäure	2%

33% kein Kampher (Cineol) riechen. Diesen Menschen scheinen die Rezeptormoleküle für die Erkennung dieser Düfte zu fehlen [5]. Bisher sind sieben verschiedene Typen von Anosmien beschrieben (Tabelle 13-3). All diese Ansätze weisen auf die Existenz von ca. 10 möglichen Duftklassen hin. Molekularbiologische oder elektrophysiologische Daten konnten bisher wenig Anhaltspunkte für solche Klassifizierungen liefern.

Im Zentralnervensystem kommt es aufgrund der breiten Überlappungsspektren der verschiedenen individuellen Rezeptorneurone zu einem sehr fein abgestimmten „*across fiber pattern*" über eine Population von Zellen. Auch die verschiedenen Glomeruli haben eine Spezifität, ähnlich den dazugehörigen Sinneszellen, so daß die Ausbreitung der Erregung der Sinneszellen im Bulbus ebenfalls ein räumliches und zeitliches Verteilungsmuster der Antwort ergibt. Das bedeutet, dieses „across fiber pattern" ist von beträchtlicher Redundanz. Allerdings werden die Reaktionsprofile durch Interaktion der verschiedenen zentralen Neuronentypen kontrast verschärft [16]. Tatsächlich ist der Aufbau des Bulbus dem der Retina sehr ähnlich. Man findet alle wesentlichen Merkmale der Informationsverarbeitung in diesem neuronalen Netzwerk: a) *starke Konvergenz und Divergenz*, b) *ausgeprägte Hemmmechanismen* (laterale Inhibition) und c) eine *efferente Kontrolle* der einlaufenden Erregung.

Geruchsschwellen. Bei niedrigen Duftkonzentrationen kann man gerade eben wahrnehmen, daß etwas riecht, aber den Duft nicht identifizieren. Erst mit höherer Konzentration kann ein Duftstoff spezifisch angesprochen werden; entsprechend unterscheidet man zwischen **Wahrnehmungs- und Erkennungsschwelle**. Meist unterscheiden sie sich um den Faktor 10. Für manche Stoffe ist die menschliche Nase besonders empfindlich, so nimmt man an, daß z.B. nur acht Moleküle des nach Fäkalien stinkenden Skatols unsere Sinneszellen treffen müssen, um eine so starke Aktivität auszulösen, daß die Substanz erkannt wird. Diese Empfindlichkeit liegt durchaus in der gleichen Größenordnung wie die von Tieren, die für ihren Spürsinn berühmt sind (Hund, Schmetterling). Allerdings haben sie sehr viel mehr Sinneszellen und deshalb auch eine niedrigere absolute Schwelle. Daneben gibt es noch die sog. **Unterschiedsschwelle**, die den Konzentrationsunterschied angibt, um zwei Proben des gleichen Duftstoffes in unterschiedlicher Intensität zu empfinden. Meist sind etwa 25 % Unterschied nötig [7].

Hedonik. Darunter versteht man die subjektive Bewertung eines Duftes als angenehm oder unangenehm. Die Hedonik für einige Düfte ist genetisch determiniert, so werden z.B. bestimmte Naturgerüche weltweit von allen Menschen positiv beurteilt, faules und damit meist giftiges Fleisch dagegen negativ. Für die meisten Düfte erfolgt allerdings eine „Prägung", die beeinflußt ist von der Situation, in der wir den Duft erstmals kennenlernen. Sie kann bereits im Mutterleib erfolgen, wie im Tierexperiment gezeigt wurde.

Funktion. Endigungen des N. trigeminus liegen u.a. in der Riechschleimhaut, aber auch in der Regio respiratoria und der Zungenoberfläche. Die Fasern reagieren auf verschiedene Riechstoffe, wenn auch oft erst bei sehr hohen Konzentrationen. Empfindungen wie *stechend, beißend* (Salzsäure, Ammoniak, Chlor) sind typisch für das **nasal-trigeminale** System, und *brennend-scharf* (Piperidin, Capsaicin) für das **oral-trigeminale** System [10].

Selbst bei relativ schwachen Duftreizen (z.B. Amylazetat, Eukalyptus) reagiert neben dem olfaktorischen auch das trigeminale System, allerdings mit längerer Latenzzeit und wenig ausgeprägter Adaptation.

Man nimmt an, daß alle Säugetiere dieses trigeminale Riechsystem besitzen. *Auch nach vollständiger Durchtrennung des N. olfactorius bleibt deshalb ein reduziertes Riechvermögen erhalten.*

So kennt man reine Riechstoffe (Lavendel, Nelke, Benzol), Duftstoffe mit trigeminaler Komponente (Eukalyptus, Menthol, Buttersäure) und Duftstoffe mit trigeminaler und Geschmacks-Komponente (Chloroform, Pyridin). Dies kann klinisch differentialdiagnostisch verwendet werden [10].

13.4 Geruchsqualitäten bei Invertebraten

Pheromone sind Duftstoffe, die von einem Tier als Signal abgegeben werden und an einem anderen Tier derselben Spezies eine Reaktion auslösen. Sie aktivieren vor allem die Spezialisten unter den Sinneszellen, während z.B. Nahrungsdüfte, die sich aus komplexen Duftgemischen zusammensetzen, die Generalisten ansprechen. Entsprechend unterschiedlich ist die **zentrale Verarbeitung**. Der Makroglomerulus z.B. erhält selektiv seine Informationen von pheromonsensiblen Zellen. Dies ermöglicht eine Art von *direkter Signalverarbeitung* und ist ein optimales System für die Erkennung von nur wenigen Reizmolekülen. Alle anderen Glomeruli, die von den Generalisten versorgt werden, benützen die *unterschiedlichen Reaktionsprofile* der einlaufenden Sinneszellen, um die Art und Konzentration der Reizsubstanz zu entschlüsseln. Die am besten untersuchten Pheromonzellen sind die hochspezialisierten **Sexualduftstoffzellen** auf den Antennen der Männchen z.B. von Schmetterlingen und Schaben, die das Finden und Erkennen des Weibchens ermöglichen. Sexuallockstoffe von Insekten bestehen meist aus Mischungen verschiedener Lockstoffkomponenten [11]. Die unterschiedlichen Duftstoffkomponenten müssen dabei artspezifisch in einer sehr exakt festgelegten prozentualen Zusammensetzung vorhanden sein, um beim Männchen das volle Verhaltensrepertoire auszulösen. Für jede einzelne der beteiligten Komponenten existiert auf den Antennen der Männchen ein spezifischer Typ von Sinneszelle, die nur auf dieses bestimmte Duftstoffmolekül antwortet. Fast 90 % der Sinneszellen auf Männchenantennen von Nachtschmetterlingen gehören diesem Typ an [8]. Ein einziges Duftmolekül kann bereits eine Zellantwort auslösen, einige wenige Moleküle genügen zur vollen Verhaltensreaktion. Einige andere Beispiele für funktional wichtige Pheromone sind *Warndüfte* bei Ameisen und Bienen, *Markierungs- (Spur-)düfte* bei Termiten und Ameisen oder die *Königinnensubstanz* der Bienen, die die Ausbildung von Ovarien bei den Arbeiterinnen verhindert.

Nahrungsdüfte sind vor allem bei vielen Insekten (Schaben, Schmetterlingen, Fliegen, Bienen, Heuschrecken) und Crustaceen gut untersucht. Meist handelt es sich um komplexe Mischungen von Alkoholen, Säuren, Ketonen und Aldehyden. Die Tiere besitzen verschiedene Typen von Sinneszellen (Fliegen z. B. etwa 10), die auf Duftstoffe aus bestimmten Substanzklassen antworten, aber mit verschiedener Erregungsgröße (z. T. auch hemmend), so daß ein charakteristisches Geruchsprofil entsteht (Kennlinien der Wirkungskurven). So konnten bei der Schabe mehr als 30 verschiedene Typen von Rezeptorgruppen identifiziert werden, deren *Reaktions-*

spektrum überlappend ist. Rezeptorneurone, die auf Pflanzen oder tierisches Material antworten, sind – von ganz wenigen Ausnahmen abgesehen – in ihrem Reaktionsspektrum sehr breit.

Man geht heute allgemein davon aus, daß es nicht eine spezifische Schlüsselsubstanz in einer Mischung gibt, sondern das Duftbouquet in den komplizierten Reaktionsprofilen vieler Rezeptoren kodiert ist. Die Reaktionsprofile werden in den Glomeruli entschlüsselt (Abb. 13-5a).

13.5 Wirkung von Duftstoffen auf molekularer Ebene

> **Die Transduktion eines chemischen Duftreizes in ein elektrisches Signal der Zelle beinhaltet einen sehr effektiven intrazellulären Verstärkungsmechanismus**

Invertebraten. Die Primärprozesse der Transduktion laufen an **Rezeptorproteinen** in der Membran der

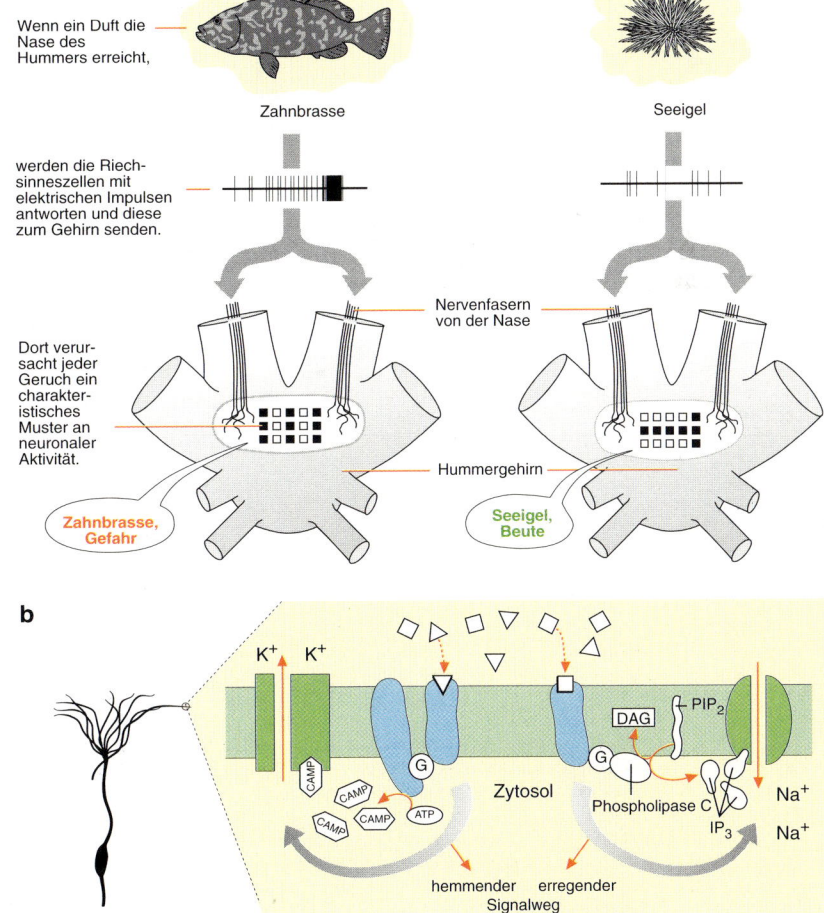

Abb. 13-5. a Hypothetisches Modell der Verarbeitung von Duftreizen im Gehirn eines Krebses. Beutetiere wie z. B. ein Seeigel oder Feinde wie z. B. die Zahnbrasse geben eine charakteristische, komplexe Mischung aus Duftstoffen ab, die von Rezeptoren auf den Riechorganen (Antennulen) der Krebse rezipiert werden. Das „Seeigel bzw. Zahnbrasse"-typische Antwortmusters der Sinneszellen löst im Riechhirn eines Krebses ein ebenso charakteristisches räumliches und zeitliches Verteilungsmuster der Zellaktivität aus. Solche Mustererkennungsmechanismen sind für die Identifizierung von „Duftgestalten" verantwortlich. **b** Auf den Dendriten der Riechzellen von Crustaceen befinden sich zwei Typen von Rezeptorproteinen, die unterschiedliche Transduktionskasken aktivieren, den cAMP- und den IP$_3$-Weg. Nach Ache [20]

Figure labels: **a** Wenn ein Duft die Nase des Hummers erreicht, / Zahnbrasse / Seeigel / werden die Riechsinneszellen mit elektrischen Impulsen antworten und diese zum Gehirn senden. / Nervenfasern von der Nase / Dort verursacht jeder Geruch ein charakteristisches Muster an neuronaler Aktivität. / Hummergehirn / Zahnbrasse, Gefahr / Seeigel, Beute

b K$^+$ / K$^+$ / cAMP / cAMP / cAMP / ATP / G / Zytosol / G / Phospholipase C / DAG / PIP$_2$ / IP$_3$ / Na$^+$ / Na$^+$ / hemmender Signalweg / erregender Signalweg

Dendritenaußenglieder der Sinneszellen ab. Bisher konnten weder die Rezeptormoleküle isoliert, noch alle an der Signalkaskade beteiligten Stoffe identifiziert werden. Es gibt erste Hinweise bei Schmetterlingen, daß eine IP$_3$-induzierte Ca-Erhöhung ebenso eine Rolle spielt wie c-GMP und PKC [25, 26]. Dies ist Voraussetzung für die zur Öffnung eines unspezifischen Kationen Kanals notwendige *Phosphorylierung*. Auf diese Weise können bereits wenige Duftmoleküle eine große Zahl von Ionenkanäle öffnen. Die einströmenden Kationen depolarisieren die Zelle.

Den höchsten Wissensstand besitzt man über das olfaktorische System der Crustaceen (Abb. 13-5b). In der Membran von ein und derselben Sinneszelle kommen verschiedene Typen von Rezeptormolekülen vor, die selektiv den c-AMP- oder den IP$_3$-Transduktionsweg aktivieren. Interessanterweise sind die c-AMP-aktivierten Ionenkanäle in diesem Falle für K$^+$ permeabel, bewirken also eine Hyperpolarisation der Zelle. Die IP$_3$-aktivierten Kanäle dagegen sind unspezifische Kationenkanäle, depolarisieren also die Zelle. Da Nahrungsstoffe Gemische aus vielen Duftmolekülen darstellen, werden in der Regel beide „second messenger-Systeme" simultan benutzt. Dies ermöglicht eine Integration bereits auf peripherer Ebene [21].

Vertebraten. Hier konnten bereits alle am Transduktionsprozeß beteiligten Moleküle, nämlich Rezeptor, G-Protein und Ionenkanal, isoliert und sequenziert, d.h. ihre Aminosäuresequenz aufgeklärt werden.

Rezeptorproteine (13–6a) wurden aus der Membran der Cilien von Riechsinneszellen vom Rind, der Ratte und sogar vom Menschen isoliert [17, 23]. Genetische und molekularbiologische Studien haben gezeigt, daß es eine mehrere hundert Mitglieder umfassende **Genfamilie** für solche Rezeptorproteine gibt, die in ihrer molekularen Struktur untereinander sehr ähnlich sind. In einer bestimmten Region, vermutlich dem Bindungsareal für die Duftmoleküle (zwischen T$_4$ und T$_5$), weisen sie aber eine hohe Variabilität auf. Es scheint sich um ein ähnliches Prinzip wie bei der Funktion und Struktur der Immunglobuline und T-Zellrezeptoren zu handeln. Ein wesentlicher Unterschied ist allerdings, daß für jedes Rezeptorprotein ein eigenes Gen verantwortlich ist, Antikörper dagegen durch „*splicing*" von Genprodukten relativ weniger Genen entstehen. Trotz all der Fortschritte wissen wir bis heute nicht, wieviele Typen von Rezeptorproteinen existieren, ob sie hochspezifisch sind oder empfindlich für viele unterschiedliche Moleküle. Man geht davon aus, daß eine Riechzelle nur eine oder wenige Sorten dieser Moleküle herstellen kann, daß es also viele (Tausende?) von sog. Spezialisten unter den Riechsinneszellen gibt. Mit Hilfe der *in situ-Hybridisierungstechnik* wurden einzelne Typen von olfaktorischen Rezeptorneuronen in der Riechschleimhaut von Ratten topochemisch lokalisiert. Dabei zeigte sich, daß Rezeptoren sensitiv für spezifische Duftmoleküle nur in ganz bestimmten Regionen (Expressionszonen) des Epithels symmetrisch für beide Nasenhälften gefunden wurden (Abb. 13-6b). Es stellt die Grundlage für die **Chemotopie** des olfaktorischen Systems dar. Erste Hinweise sprechen dafür, daß auch auf der zentralen Ebene des olfaktorischen Bulbus ähnliche topographische Muster vorhanden sind.

Signalverstärkung. Der Kontakt zwischen Duftstoff und Rezeptor löst einen intrazellulären Signal-Verstärkungsmechanismus („*second messenger cascade*") aus: Mit biochemischen Methoden konnte gezeigt werden, daß nach Duftstoffzugabe die Konzentration von c-AMP in der Zelle schnell ansteigt und wieder abfällt [15]. Mit Hilfe der patch clamp-Technik in der Elektrophysiologie lassen sich direkt die einzelnen Schritte der Transduktionskaskade verfolgen. Mit sehr feinen Elektroden ist es möglich, selbst Cilien (< 0.5 μm) zu untersuchen (Abb. 13-7a) und sogar kleine Membranflecken auszustanzen [20, 28]. Duftstoffapplikation auf die Riechzelle löst mit einer kurzen Latenz das Öffnen von Kat-

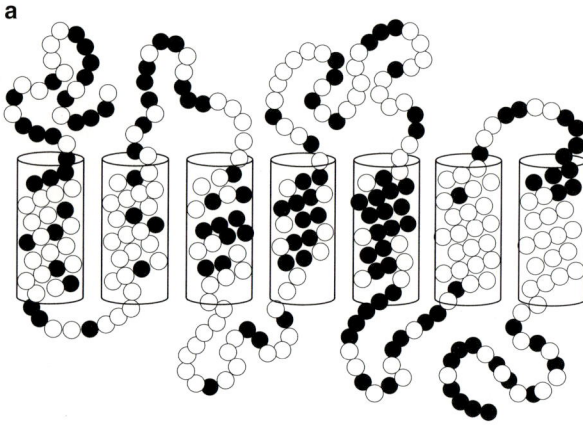

a

b

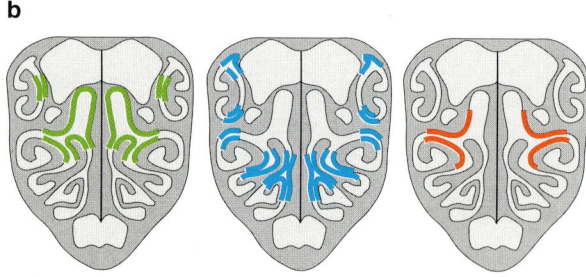

Abb. 13-6. a Hypothetisches Modell der molekularen Struktur eines Riechrezeptormoleküls. **b** Topographisches Expressionsmuster von drei olfaktorischen Rezeptorsubtypen im Riechepithel der Ratte. Ein sagittaler Schnitt durch die Rattennase (in der Mitte die Nasenscheidewand) zeigt ein symmetrisches Verteilungsmuster für einen einzelnen Typ von Rezeptorprotein. Die Rezeptormarkierung wurde durch die *in situ* Hybridisierungstechnik erreicht. Auffallend ist die charakteristische Klasterung der Zellen in Expressionszonen (grün: dorsomediale Zone, blau: ventrolaterale Zone, rot: mediale Zone) und die ausgeprägte Bilateralsymmetrie. (Nach Breer/Univ. Hohenheim)

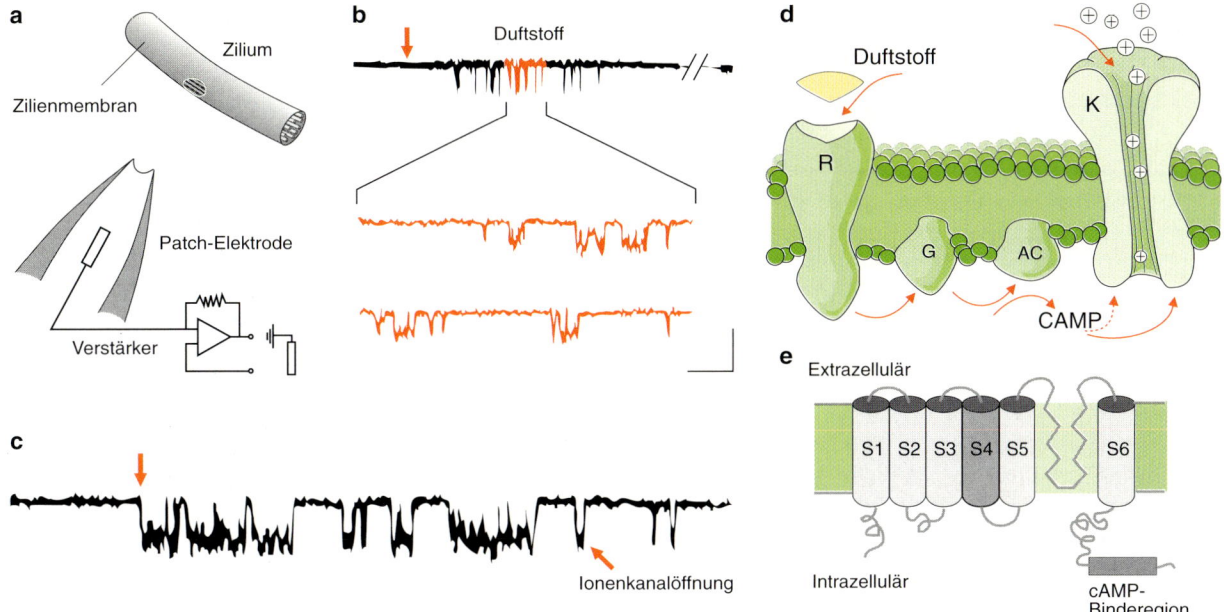

Abb. 13-7. a Schematische Darstellung der Entnahme eines Membranfleckchens aus dem Cilium einer Riechsinneszelle mit Hilfe der patch-clamp-Pipette. Die zytoplasmatische Seite der entnommenen Membran zeigt nach außen (inside-out-Konfiguration). Auf diese Weise kann die Wirkung von Reizsubstanzen auf Rezeptoren der Membraninnenseite getestet werden. **b** Reaktion einer Riechsinneszelle des Salamanders auf Zugabe von Duftstoff. Die patch-clamp-Pipette ist auf der Außenmembran der Zelle aufgesetzt. Mit einer Latenz von einigen 100 ms Duftstoffzugabe erfolgt die Öffnung von Ionenkanälen in der Zell-membran. Die Latenz beruht auf der Aktivierung einer „second messenger" vermittelten Transduktionskaskade. Bei den Ionenkanälen handelt es sich um unspezifische, cAMP- aktivierte Kationenkanäle. Die unterste Spur zeigt die Kanäle in höherer Zeitauflösung (nach Zufall und Hatt). **c** Öffnungen der cAMP-aktivierten Ionenkanäle auf einer inside-out-Konfiguration einer Zilienmembran durch den Botenstoff cAMP von der Innenseite (20 ms/cm, 3 pA/cm). **d** Schematische Darstellung der Transduktionskaskade bei Vertebraten. **e** Hypothetischer Aufbau eines cAMP-aktivierten Ionenkanalproteins

ionen-permeablen Kanälen in der Cilienmembran aus (Abb. 13-7b). Diese Kanäle werden durch c-AMP-Moleküle direkt (ohne Phosphorylierung) geöffnet (Abb. 13-7c). Damit sind die molekularen Mechanismen der Signal-Verstärkungskaskade bekannt (Abb. 13-7d): Bindung eines Duftmoleküls an den spezifischen Rezeptor aktiviert ein sog. G_{olf}-Protein, dieses wiederum das Enzym Adenylatzyklase. Dies führt zur Erhöhung der Konzentration von c-AMP in der Zelle, wodurch Ionenkanäle geöffnet werden. Die Aktivierung eines einzigen Rezeptorproteins durch ein Duftstoffmolekül kann 1.000–2.000 solcher c-AMP-Moleküle erzeugen und somit viele Ionenkanäle öffnen [20]. (Dies erklärt die ungewöhnlich niedrigen Schwellenwerte für bestimmte Duftstoffe). Durch diese Kanäle strömen unspezifische Kationen in die Zelle, die eine Depolarisation, das Rezeptorpotential hervorrufen. Am Übergang zum Nervenfortsatz werden diese lokalen Potentiale in die Aktionspotentialfrequenz umgesetzt.

c-AMP-aktivierter Ionenkanal. Inzwischen konnte dieser Ionenkanal (Abb. 13-7e) kloniert und sequenziert werden [23]. Er gehört zur Superfamilie der sog. c-AMP/cGMP-aktivierten Ionenkanäle und hat deshalb starke Homologien zu bestimmten Enzymen, β-adrenergen Kanälen und vor allem zu einem Kanalprotein, das in Sehzellen für die Transduktion der Photonen in ein elektrisches Zellsignal verantwortlich ist (Kap. 17).

IP₃-Signaltransduktionsweg. Bestimmte Gruppen von Duftstoffmolekülen, z.B. der Duft von Früchten und Blumen, aktivieren überwiegend Rezeptoren, die an die c-AMP-Kaskade gebunden sind, dagegen erhöhen Substanzen aus der Klasse von Aldehyden und Aminen (meist faulige Gerüche) die Konzentration von IP₃, das vermutlich direkt Ionenkanäle aktivieren kann. Der Zeitverlauf der Aktivierung der biochemischen Kaskade ist für beide Verstärkungswege ähnlich schnell (ms). Auch die Empfindlichkeit ist ähnlich [15], z.B. führt Lyral, ein Aldehyd, das den IP₃-Weg aktiviert, bereits in der Konzentration von 1 μmol/l zur Sättigung der IP₃-Antwort.

13.6 Bau der Geschmacksorgane und ihre Verschaltung bei Vertebraten

Rezeptoren der Geschmacksorgane antworten auf chemische Substanzen in Lösung; da die Sinneszellen mit der Reizquelle unmittelbaren Kontakt haben, nennt man sie auch Kontaktchemorezeptoren

Vom Einzeller bis zu Vertebraten sind alle Lebewesen in der Lage, chemische Reize aus dem umgebenden Milieu mit Hilfe sog. Chemorezeptoren zu erkennen. So reagieren bereits Amöben auf Säure mit einer Fluchtreaktion, Seeanemonen haben spezialisierte sensible Areale, die auf taktile und chemische Reize antworten, und Schleimpilze *(Dyctostelium)* verwenden externe chemische Botenstoffe als Signal für die Aggregation während der Fortpflanzung. Unter den Arthropoden haben vor allem die Insekten verschiedene hochempfindliche chemorezeptive Systeme entwickelt, meist auf den Laufbeinen und Mundwerkzeugen. Die Chemorezeptoren bei einigen Fischen sind strategisch günstig an der Körperoberfläche lokalisiert, vermutlich um sehr viel größere Areale des umgebenden Milieus auf futterrelevante chemische Stoffe zu analysieren. Amphibien antworten auf chemische Reizung ihrer Haut; z.B. sind sie sensibel für Salzlösungen und Änderungen des pH-Wertes. Diese Klasse von Wirbeltieren besitzt allerdings bereits zusätzlich einen oralen Geschmackssinn. Bei allen landlebenden Wirbeltieren ist der Geschmackssinn in ungewöhnlich einheitlicher Weise lokalisiert und aufgebaut. Er befindet sich stets im oralpharyngealen Raum und setzt sich aus Geschmackspapillen mit darin liegenden Geschmacksknospen, in denen sich die Sinneszellen befinden, zusammen.

Unter „**Geschmack**" eines Stoffes versteht man in einer ganzheitlichen Betrachtungsweise die Summe sämtlicher Empfindungen, die bei oralpharyngealer Stimulation während der Nahrungsaufnahme entstehen. Neben den klassischen gustatorischen und olfaktorischen sind vor allem mechano-, thermo- und nociceptive Empfindungen beteiligt. Dies bildet die Grundlage für die Verwendung des Wortes „schmecken" in der Alltagssprache (z.B. es schmeckt mir, der Feinschmecker usw). Der Geschmackssinn soll hier aber eher im traditionell anatomischen und physiologischen Ansatz beschrieben werden. Danach läßt sich der Geschmack bei allen Säugetieren auf die vier Grundqualitäten *süß, sauer, bitter* und *salzig* reduzieren. Dies macht den Geschmackssinn zu einem recht groben Sinnesinstrument, mit dem sich zwar eine saure Gurke von einer süßen Banane unterscheiden läßt, das aber nicht den nuancierten Eßgenuß eines „Feinschmeckers" erlauben würde.

Die Morphologie der Geschmacksorgane zeigt einige charakteristische Trägerstrukturen für die Geschmackssinneszellen

Geschmackspapillen. In der Schleimhaut der Zungenoberfläche von Säugetieren liegen kleine Erhebungen, die Geschmackspapillen. Es lassen sich drei verschiedene Typen von Papillen morphologisch unterscheiden (Abb. 13-8a): Über die ganze Oberfläche verstreut sind nur die **Pilzpapillen** (Papillae fungiformes), die mit 200–400 die zahlenmäßig größte Gruppe darstellen. Die **15–20 Blätterpapillen** (P. foliatae) finden sich als dicht hintereinanderliegende Falten am hinteren Seitenrand der Zunge. Die großen **Wallpapillen** (P. vallatae), von denen der Mensch nur 7–12 besitzt, liegen in V-förmiger Anordnung an der Grenze zum Zungengrund und heben sich etwa 1 mm von der Oberfläche ab. Die kleinen **Fadenpapillen** (P. filiformes), die die übrige Zungenfläche bedecken, besitzen keine Geschmacksorgane.

Geschmacksknospen. In den Wänden und Gräben der Papillen findet man die Geschmacksknospen (Abb. 13-8b), die eigentlichen Geschmacksorgane. Sie sind beim Menschen ca. 70 μm hoch und ca. 40 μm im Durchmesser. Wir besitzen etwa 2.000 davon, wobei die Wallpapillen oft mehr als 100 enthalten, die Blätterpapillen ca. 50, während die Pilzpapillen nur 3–4 haben.

Die Zahl der Geschmacksknospen variiert bei den Wirbeltieren beträchtlich. Während es bei Hühnern oder Tauben nur 20–40 Geschmacksknospen gibt, findet man bei Enten und Fledermäusen einige 100 und bei Hasen, Rindern und Hunden sogar 15–30.000. Die meisten Geschmacksknospen besitzt, soweit bekannt, der Wels mit über 100.000. Bei Fischen sind die Geschmacksknospen neben der Mundhöhle auch in den Kiemenräumen und wie beim Wels sogar an der Oberfläche des gesamten Körpers und den Fortsätzen mit den Barben zu finden. Diese externen Geschmacksknospen werden vom Nervus recurrens innerviert, einem Ast des VII. Hirnnerven (N. facialis).

Unterschiede zwischen den einzelnen Tierspezies bestehen nur in der zahlenmäßigen Verteilung der verschiedenen Papillentypen, dem Schwellenwert für bestimmte Geschmacksstoffe und der Bewertung verschiedener Geschmacksqualitäten. Jede Geschmacksknospe enthält 10–50 individuelle Zellen. Durch die „knospenartige" Anordnung der Zellen, vergleichbar auch mit den Schnitzen einer Nabelorange, entsteht etwas unterhalb der Epitheloberfläche ein flüssigkeitsgefüller Trichter (Porus).

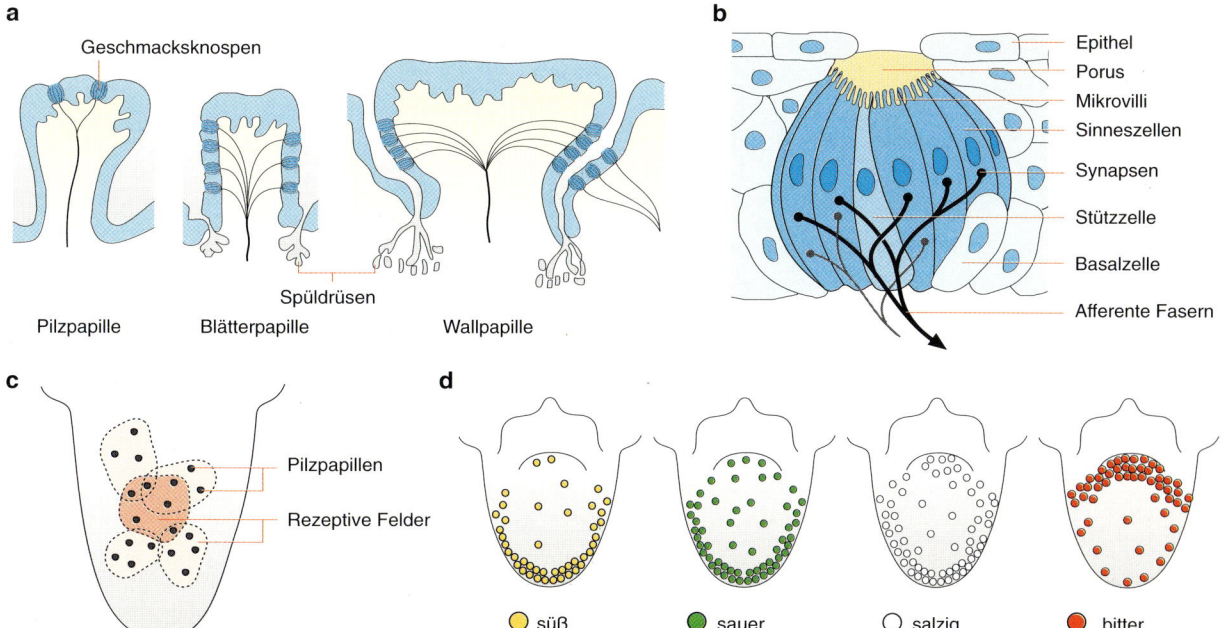

a Geschmacksknospen

Pilzpapille   Blätterpapille   Wallpapille

Spüldrüsen

b
Epithel
Porus
Mikrovilli
Sinneszellen
Synapsen
Stützzelle
Basalzelle
Afferente Fasern

c
Pilzpapillen
Rezeptive Felder

d
○ süß   ● sauer   ○ salzig   ● bitter

Abb. 13-8. a Die drei Typen der Geschmackspapillen. **b** Aufbau und Innervation einer Geschmacksknospe. Die Zellen des Geschmacksorgans sind gegenüber der Epitheloberfläche grubenartig versenkt, so daß ein flüssigkeitsgefüllter Porus entsteht, in den die Mikrovilli der Sinneszellen ragen. Jede Sinneszelle wird meist von mehreren afferenten Hirnnervenfasern innerviert. **c** Rezeptive Felder auf der Zunge. Die einzelnen afferenten Hirnnervenfasern haben ausgedehnte, sich überlappende Innervationsgebiete, die mehrere Pilzpapillen umfassen. **d** Verteilung der Geschmacksqualitäten auf der Zungenoberfäche

Geschmackssinneszellen. Morphologisch lassen sich verschiedene Zelltypen in einer Geschmacksknospe unterschieden: **Sinneszellen** sowie **Stütz-, Versorgungs- und Basalzellen** (Abb. 13-8b). Letztere ersetzen die abgestorbenen Sinneszellen, deren Lebensdauer nur etwa eine Woche beträgt. Auch mit zunehmendem Alter bleibt die Zahl der Geschmacksknospen weitgehend konstant. Die Sinneszellen selbst sind keine Nerven-, sondern modifizierte Epithelzellen. Es sind lange, schlanke Zellen, die am apikalen Ende feine fingerförmige Fortsätze, die sog. **Mikrovilli** besitzen. Der sehr viel größere basolaterale Teil der Zelle ist durch „tight junctions" mit den Nachbarzellen elektrisch vom apikalen Teil getrennt. Es gilt heute als gesichert, daß sich in der Membran der Mikrovilli, die der Oberflächenvergrößerung dient, die molekularen Strukturen für die Reizaufnahme befinden.

Afferente Innervation. Die Geschmackssinneszellen besitzen als sog. **sekundäre Sinneszellen** keinen eigenen Nervenfortsatz (Axon), sondern die Reizinformation wird über eine Synapse chemisch auf das afferente Axon eines Gehirnnerven übertragen. Wall- und Blätterpapillen werden überwiegend von Fasern des *N. glossopharyngeus (IX. Hirnnerv)*, die Pilzpapillen von der *Chorda tympani (Ast des VII. Hirnnerven)* versorgt. Zu den Sinneszellen in den seltenen Knospen des Gaumen-, Rachenbereichs ziehen Fasern des *N. vagus (X. Hirnnerv)* und des *N. trigeminus (V. Hirnnerv)*. Dabei verzweigt sich eine einzelne Nervenfaser häufig und kann mehrere Sinneszellen in einer Geschmacksknospe versorgen. Ebenso können Sinneszellen von mehreren Nervenfasern innerviert werden. Dieses Verschaltungsmuster bleibt auch gewahrt nach der wöchentlichen Zellerneuerung. Die Vorgänge, die zu dieser Abstimmung führen, sind noch nicht geklärt.

Alle von Geschmackssinneszellen wegführenden efferenten Fasern der vier beteiligten Hirnnerven von beiden Seiten sammeln sich im Tractus solitarius (Abb. 13-9). Sie endigen im **Nucleus tractus solitarii** im verlängerten Mark. Die Zahl der zweiten Neurone der Geschmacksbahn in diesem Kerngebiet ist sehr viel kleiner als die der Sinneszellen (**Konvergenz!**). Ihre Axone zweigen sich auf: Ein Teil der

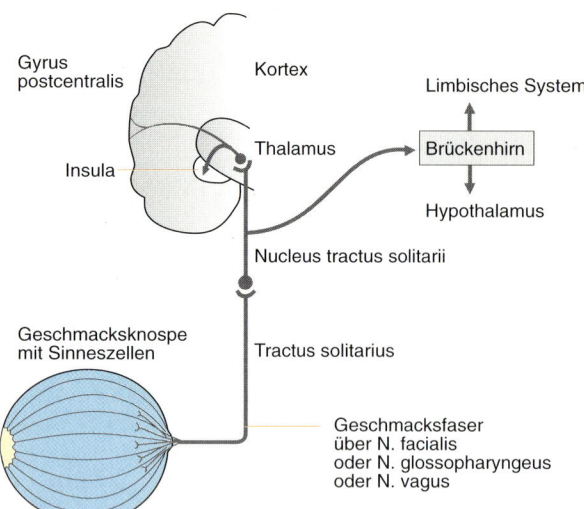

Abb. 13-9. Schema der zentralen Verbindungen von den Geschmacksknospen ins Gehirn. Sie projizieren in verschiedene Bereiche der Großhirnrinde, aber auch zum Limbischen System und zum Hypothalamus

Labels in figure:
Gyrus postcentralis — Kortex — Limbisches System — Thalamus — Brückenhirn — Insula — Hypothalamus — Nucleus tractus solitarii — Geschmacksknospe mit Sinneszellen — Tractus solitarius — Geschmacksfaser über N. facialis oder N. glossopharyngeus oder N. vagus

Tabelle 13-4. Einteilung charakteristischer Geschmacksstoffe und ihrer Wirksamkeit beim Menschen

Qualität	Substanz	Schwelle (mol/l)
Bitter	Chininsulfat	0,000008
	Nicotin	0,000016
Sauer	Salzsäure	0,0009
	Citronensäure	0,0023
Süß	Saccharose	0,01
	Glucose	0,08
	Saccharin	0,000023
Salzig	NaCl	0,01
	$NaCl_2$	0,01

Fasern vereinigt sich mit dem Lemniscus medialis und endet gemeinsam mit anderen Modalitäten (Schmerz, Temperatur, Berührung) in den spezifischen Relais-Kernen des ventralen Thalamus. Von dort werden die Informationen zur Projektionsebene des Geschmacks am Fuß der hinteren Zentralwindung geleitet. Der Geschmack hat keine eigene Projektionsfläche; er ist gemeinsam mit der Hautsensibilität des Gesichts im lateralen Bereich des Gyrus postcentralis nahe den sensomotorischen Feldern repräsentiert. Der andere Teil der Fasern projiziert unter Umgehung des Thalamus zu Hypothalamus, Amygdala und der Striata terminalis und trifft dort auf gemeinsame Projektionsgebiete mit olfaktorischen Eingängen. Diese Verbindungen sind besonders wesentlich für die emotionale Komponente, die Geschmacksempfindungen auslösen können.

13.7 Geschmacksqualitäten bei Vertebraten

Aufgrund subjektiver und objektiver Parameter lassen sich eindeutig Grundqualitäten unterscheiden

Grundqualitäten. Es gibt beim Menschen und allen anderen Wirbeltieren vier primäre Geschmacksempfindungen: **süß, sauer, salzig und bitter** (Tabelle 13-4). Innerhalb dieser Gruppen gibt es Abstufungen der Wirksamkeit und des Geschmackscharakters. Viele Geschmacksreize haben Mischqualität, die sich aus mehreren Grundqualitäten zusammensetzt, z.B. süß-sauer.

In diesem Zusammenhang ist interessant, daß, z.B. bei Affen, Rezeptoren gefunden wurden, die speziell auf Wasser ansprechen. Diskutiert wird noch die Existenz eines alkalischen und eines metallischen Geschmacks. Von japanischen Wissenschaftlern wird noch zusätzlich eine Geschmacksempfindung für Glutamat (Na$^+$-Salz der Aminosäure Glutamin) postuliert, der sog. „Umami-Geschmack".

Topographie. Bisher glaubte man, daß eine Zuordnung bestimmter Areale auf der Zunge zu einer Geschmacksqualität möglich sei. So soll Süßgeschmack an der Zungenspitze, sauer und salzig am Rand und bitter am Zungenhintergrund bevorzugt wahrgenommen werden. Diese Befunde lassen sich durch neuere Forschungsdaten nicht bestätigen [6]. Alle Geschmacksqualitäten sind relativ gleichmäßig verteilt (Abb. 13-8d), und jede Papille ist empfindlich für mehrere, meist alle vier Geschmacksqualitäten. Lediglich die Papillen selbst sind gehäuft am Zungenrand und um die Mittellinie zu finden. In den Geschmacksknospen konnten Sinneszellen spezifisch für eine Qualität, aber auch andere mit einem breiten Spektrum an Spezifität nachgewiesen werden.

Die Kodierung der Geschmacksinformation beruht auf sich überlappenden Reaktionsprofilen der Sinneszellen, die sich bis ins ZNS fortsetzen

Geschmacksprofile. Messungen mit Mikroelektroden zeigen (Abb. 13-10a), daß viele der Zellen der Geschmacksbahnen von der Peripherie bis zum Kortex in der Regel *keine* Qualitätsspezifität haben. Sie antworten auf Reize verschiedener Qualität allerdings insofern abgestuft spezifisch, als bei Reizung mit einer bestimmten Konzentration die Frequenz der einzelnen Fasern ungleich stark zunimmt. Daraus ergeben sich von Zelle zu Zelle unterschiedliche

Reaktionsspektren (Reaktionsprofile) mit mehr oder weniger ausgeprägten Erregungsmaxima für die vier Grundqualitäten, auch **Geschmacksprofile** genannt. Abb. 13-10b zeigt, daß es eine zellspezifische Rangordnung der Empfindlichkeit für die Grundqualitäten gibt, also z.B. eine Zelle, die am empfindlichsten für süß ist, gefolgt von sauer, salzig und bitter. Eine andere Zelle hat eine andere Rangfolge. Einzelne Fasern (ca. 30 %) antworten aber auch spezifisch auf nur eine Qualität.

Rezeptive Felder. Wie bereits erwähnt, innervieren einzelne Nervenfasern mehrere Sinneszellen. Dies bedeutet, daß die Reaktionsspektren der afferenten Nervenfasern die Information von zahlreichen Zellen enthalten und sich überlappende, größere Einzugsbereiche, die rezeptive Felder genannt werden, ergeben (Abb. 13-8c).

Kodierung. Aus der Aktivität einer einzelnen Faser kann meist keine eindeutige Information über Qualität und Konzentration entnommen werden kann. Erst ein Vergleich der Erregungsmuster mehrerer Fasern enthält diese Informationen. Die Merkmale einer Reizsubstanz (*Qualität* und *Konzentration*) werden in der Weise kodiert, daß sich jeweils komplexe, aber charakteristische Erregungsmuster – mit einer bestimmten Reihenfolge der Empfindlichkeit für die vier Grundqualitäten – über einer größeren Zahl gleichzeitig, aber unterschiedlich reagierender Neurone ausbilden. Jede Faser verschlüsselt also Geschmacksreize nach einem eigenen individuellen Kode. Im ZNS entstehen integrierte Geschmackseindrücke vermutlich dadurch, daß ein aus den unterschiedlichen Signalen zahlreicher Fasern zusammengesetztes Erregungsmuster ("across fiber pattern") dechiffriert wird und dadurch integrierte Geschmackseindrücke entstehen. Das Gehirn ist dann in der Lage, diesen verschlüsselten Kode über Mustererkennungsprozesse zu analysieren und Art und Konzentration des Reizstoffes zu identifizieren.

13.8 Molekulare Mechanismen der Geschmackserkennung

Im Primärprozess der Transduktion ist für jede der vier Grundqualitäten ein spezifischer Ionenkanaltyp und Verstärkungsmechanismus vorhanden

Transduktion. Der erste Schritt in der Umsetzung eines chemischen Reizes in eine elektrische Antwort der Sinneszelle, die Transduktion, ist die Wechselwirkung zwischen Molekülen eines Geschmacksstoffes und speziellen, in der Regel hochdifferenzierten Strukturen in der Membran der Sinneszelle, den

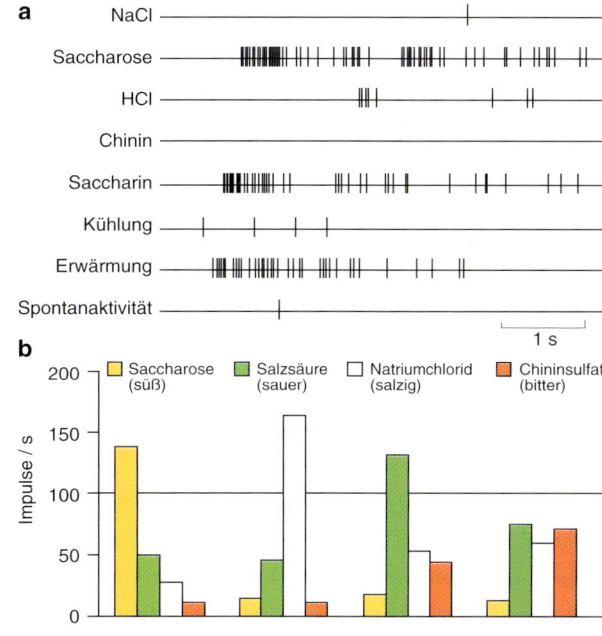

Abb. 13-10. a Registrierungen der Nervenimpulse von einzelnen afferenten Fasern des Nervus facialis einer Ratte. Die Reizung der Geschmacksknospen mit Geschmackssubstanzen verschiedener Qualität hat eine Erhöhung der Nervenimpulsfrequenz zur Folge (nach Zotterman). **b** Das Antwortverhalten von vier verschiedenen einzelnen Geschmacksnervenfasern aus der Chorda tympani einer Ratte. Es wurden alle Nervenimpulse gezählt, die durch eine Reizsubstanz ausgelöst wurden. Jede Nervenfaser antwortet auf Reizsubstanzen aller vier Qualitätsklassen, allerdings mit unterschiedlicher Empfindlichkeit. Die typischen Muster der Erregungszunahme werden als Geschmacksprofile bezeichnet

Rezeptorproteinen. Nach vorherrschender Meinung bewirkt dies eine Permeabilitätsänderung der Membran (Öffnung von Ionenkanälen), was zu einer Zelldepolarisation führt, die wiederum eine Transmitterfreisetzung und Erregung der innervierenden Nervenfaser (Aktionspotentiale) hervorruft [13].

Rezeptoren. Die Hilfe der patch clamp-Technik war es möglich, die wichtigen Fragen zu beantworten, ob die Reizstoffe der verschiedenen Geschmacksqualitäten unterschiedliche, spezifische Rezeptoren aktivieren, ob es unterschiedliche Transduktionsmechanismen gibt, und welche Voraussetzungen hinsichtlich ihrer molekularen Struktur bei einer wirksamen Reizsubstanz erfüllt sein müssen.

Sauergeschmack. Daß Essigsäure oder Zitronensäure sauer schmecken, ist für jedermann selbstverständlich. Was haben diese Substanzen aber gemeinsam, um diesen Geschmack hervorzurufen? In der Chemie ist die Säure als eine Substanz definiert, die Wasserstoffionen (H^+-Ionen, Protonen) freisetzt oder erzeugt, und diese Ionen sind es auch, durch die der Sauergeschmack ausgelöst wird; *seine Intensität nimmt mit der H^+-Ionenkonzentration zu.* So schmecken vollständig dissoziierte Säuren stärker sauer als äquimolare Lösungen schwach dissoziierter Säuren. Neutralisation hebt den Sauergeschmack auf. Ganz allgemein scheint dies allerdings nicht zu gelten, da nicht alle Säuren von gleichem pH-Wert auch gleich sauer schmecken; besonders einige schwach dissoziierte Säuren (z.B. Essigsäure) schmecken „übermäßig" sauer. Auch die Länge der Kohlenstoffkette spielt eine Rolle. In der Membran der Mikrovilli konnten spezielle *Rezeptor-Kanalproteine* nachgewiesen werden, die für K^+-Ionen permeabel sind (Abb. 13-11). Unter Ruhebedingungen (K^+-Innenkonzentration sehr viel höher als außen) wird K^+ entsprechend dem Konzentrationsgradienten aus der Zelle strömen. Saure Valenzen wirken an diesem Kanal blockierend, so daß der Ausstrom von Kationen aus der Zelle gestoppt wird. Dadurch wird das Membranpotential positiver, die Zelle depolarisiert.

Salzig. Alle Stoffe mit salzigem Geschmack sind kristalline, wasserlösliche Salze, die in Lösungen in Kationen und Anionen dissoziieren. Typisches Beispiel ist das Kochsalz (Na^+ und Cl^-). Sowohl Kationen als auch Anionen tragen zur Geschmacksintensität bei. Es läßt sich eine Rangordnung für den Grad der „Salzigkeit" aufstellen:

Kationen $NH_4 > K > Ca > Na > Li > Mg$

Anionen $SO_4 > Cl > Br > I > HCO_3 > NO_3$

Die absolute Schwelle, die zur Auslösung der Empfindung salzig nötig ist, liegt für Kochsalz bei einigen Gramm/Liter.

Beim Salzgeschmack ist der *Transduktionsmechanismus* relativ einfach: Es existiert kein spezifischer Membranrezeptor, sondern nur ein Ionenkanal in der Membran, der Kationen (vor allem Na^+) permeabel ist (Abb. 13-11). Eine Erhöhung der Na^+-Konzentration in der Umgebung der Sinneszelle durch Essen von salzhaltiger Kost führt zu einem erhöhten Einstrom von Na^+-Ionen in die Zelle; sie wird depolarisiert. Im basolateralen Bereich der Sinneszelle ist eine hohe Dichte an Pumpen (Na^+-/K^+-ATPasen), die die eingeflossenen Kationen wieder aus der Zelle transportieren und damit die Zelle wieder erregbar machen.

Die Wirkung der Anionen kommt nicht direkt über die Sinneszellen selbst, sondern durch die umgebenden Stützzellen zustande. Diese können Anionen durch Transportsysteme aufnehmen, dadurch verändert sich deren Membranpotential. Da Sinneszellen und Stützzellen über „tight junctions" elektrisch miteinander gekoppelt sind, wirkt sich eine Potentialänderung der Stützzellen auch auf die Zellerregung der Sinneszellen aus.

Bitter. Substanzen, die einen Bitter-Geschmack hervorrufen, zeigen eine Variabilität ihrer molekularen Struktur, die gemeinsame Grundstrukturen nur schwer erkennen läßt. *Allen bitteren Substanzen gemeinsam ist eine polare Gruppe sowie in definiertem Abstand eine größere hydrophobe Gruppe am*

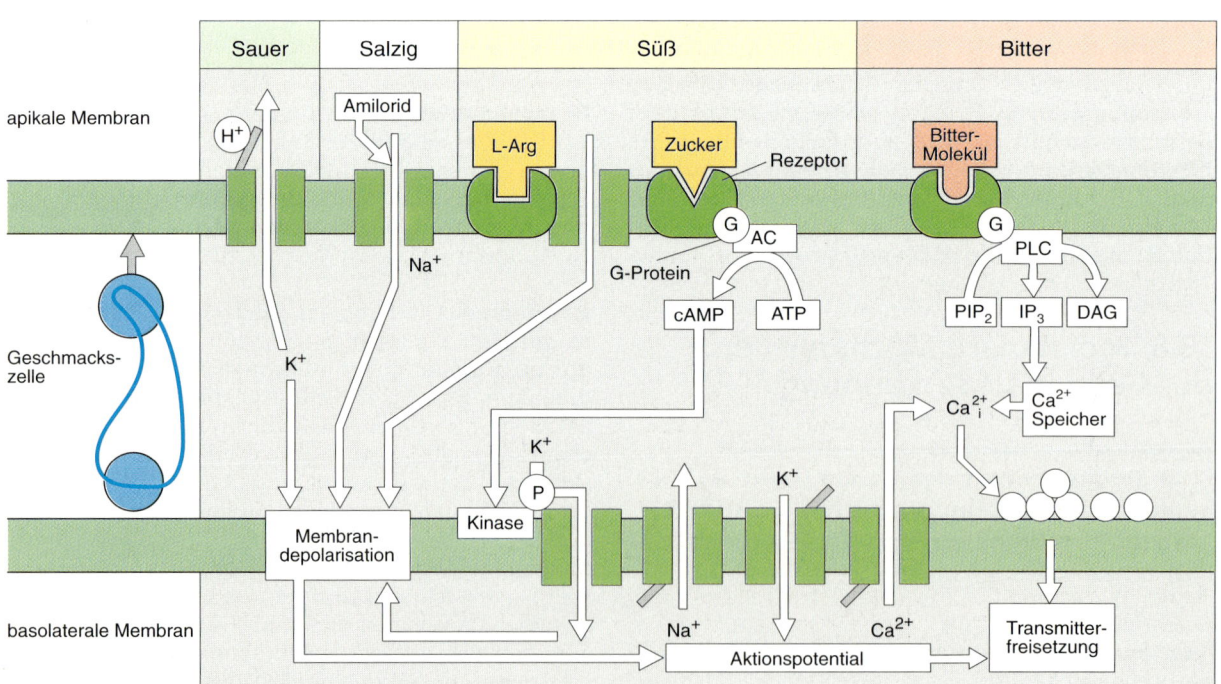

Abb. 13-11. Diagramm der verschiedenen Transduktionsmechanismen für die vier Geschmacksqualitäten. Die Aktivierung der für die einzelnen Geschmacksqualitäten spezifischen Rezeptorproteine löst unterschiedliche intrazelluläre molekulare Mechanismen aus, die zu einer Depolarisation der Sinneszelle führen. Dadurch kommt es zur Transmitterfreisetzung an der chemischen Synapse mit der afferenten Nervenfaser

Molekül. Nur solche Moleküle können mit dem Rezeptor wechselwirken. Für Bittersubstanzen ist die Schwelle am geringsten von allen Geschmacksqualitäten. Eine biologisch sinnvolle Entwicklung, denn typische pflanzliche Bitterstoffe, wie Strychnin, Chinin oder Nikotin sind oft von hoher **Toxizität**. Es reicht bereits 0.005 g Chininsulfat in einem Liter Wasser aus, um bitter zu schmecken.

Für den Bittergeschmack gibt es spezifische *Rezeptorproteine*, die Bindungsareale für Bitterstoffe haben. Dieser Kontakt setzt eine intrazelluläre Signalverstärkungskaskade in Gang, an deren Ende der Anstieg von Ca^{2+} in der Zelle steht (Abb. 13-11). Ca^{2+}-Ionen können dann direkt oder indirekt Kationenkanäle öffnen. Der Einstrom von Kationen führt zur Zellerregung durch Depolarisation.

Süß. Die oberflächlich größte Variabilität findet man in der Struktur der Moleküle, die Süßgeschmack auslösen. Aber auch hier lassen sich einige strukturelle Gemeinsamkeiten erkennen: *Um süß zu schmecken, muß ein Molekül zwei polare Substituenten haben, eine Protonen abgebende und eine Protonen aufnehmende Gruppe (nukleophile/elektrophile Gruppe)*. Zusätzliche hydrophobe Kontakte, z.B. durch eine unpolare Gruppe am Süßstoff, sind nicht essentiell für Süßgeschmack, aber sie erhöhen die Intensität des Geschmackes eines Reizmoleküls. Daneben spielen Größenverhältnisse der Substituenten und ihre räumliche Anordnung eine wichtige Rolle. Man kann sich also das **Bindungsareal** am Rezeptor für ein „Süß"-Molekül als wasserabweisende (hydrophobe) Tasche vorstellen, die eine nukleophile und elektrophile Gruppe enthält. Man geht heute davon aus, daß es nur **einen** Typ von Rezeptorprotein gibt, an den mit unterschiedlicher Affinität alle natürlichen Süß-Moleküle binden können. Künstliche Süßstoffe, oft durch Zufall gefunden, konnten durch kleine molekulare Veränderungen inzwischen systematisch weiterentwickelt werden und haben Wirksamkeiten, die 100–1000 × höher liegen als gewöhnlicher Zucker (Glukose). Ob sie den gleichen Rezeptor aktivieren ist noch unbekannt. Die Schwelle beim Menschen für Glukose liegt bei 0,2 g/Liter.

Auch für den Süßgeschmack sind inzwischen ein spezifischer Rezeptor und ein Kanalprotein nachgewiesen worden. Kommt es zur Wechselwirkung eines Süß-Moleküls mit dem Rezeptor, wird über ein G-Protein das Enzym Adenylatzyklase aktiviert, wodurch die cAMP-Konzentration in der Zelle erhöht wird (Abb. 13-11). cAMP-Moleküle können dann direkt oder indirekt (Phosphorylierung) Ionenkanäle, die für K^+ durchlässig sind, blockieren. Dies verringert den Ausstrom von Kaliumionen, die Zelle wird depolarisiert.

Vögel und alle Paarhufer sind bekannt für ausgeprägte Vorliebe für den Süßgeschmack, während bitter von allen Wirbeltieren abgelehnt wird. Erstaunlich dabei ist, daß der Mensch die höchste Empfindlichkeit für bitter schmeckende Stoffe unter allen untersuchten Lebewesen besitzt. Vögel, Rinder und Schafe haben eine sehr hohe pH-Toleranz, die sogar dazu führt, daß Flüssigkeiten mit einem pH-Wert von etwa 2 noch getrunken werden. Besonders Hühner und Ziegen bevorzugen häufig salzige Nahrungsmittel. Hühner können dabei einen Konzentrationsbereich von 0,005 bis zu 4 Molar noch gut ertragen.

Adaptation. Wie bei allen Sinnesorganen, mit Ausnahme vielleicht des Schmerzes, nimmt auch beim Geschmack bei Dauerreiz die Empfindungsstärke ab, es tritt **Adaptation** ein. In diesem Zustand ist die Schwelle erhöht. Dies ist bei einer 5%igen Kochsalzlösung bereits nach 8 s meßbar. Anschließend bedarf es einer gewissen Zeit, bis die ursprüngliche Empfindlichkeit wiedererlangt ist. Bei Kochsalz z.B. nur einige s, bei bestimmten Bitterstoffen kann sie mehrere Stunden betragen. Sie ist abhängig von der Reizsubstanz und der Konzentration. Die Adaptation einer Geschmacksqualität hat auch Auswirkungen auf die Empfindlichkeit für die anderen. Wird die Zunge z.B. auf Süß adaptiert und nachfolgend mit destilliertem Wasser gespült, so schmeckt dieses schwach sauer. Ein Phänomen, das den „negativen Nachbildern" beim Gesichtssinn entspricht. Die Interaktion der beiden anderen Qualitäten bitter und salzig scheint komplexer zu sein.

13.9 Chemorezeption bei Invertebraten

> **Bei Invertebraten spricht man anstelle von Geschmack besser von Kontakt-Chemorezeption; sie liegt bei den Insekten auf den Sensillen**

Insekten besitzen für die Chemorezeption kutikuläre Haar-Strukturen, sog. Sensillen, die im Aufbau denen des olfaktorischen Systems ähnlich sind. Entsprechend ihrer morphologischen Strukturen kann man verschiedene Sensillentypen unterscheiden, so z.B. S. trichoidea, basiconica, coeloconica, chaetica. In diesen Sinneshaaren befinden sich die dendritischen Ausläufer der Sinneszellen, die sog. dendritischen Außensegmente mit den Rezeptorproteinen in der Membran (Abb. 13-12a,b). Im Unterschied zu Geruchs-Sensillen hat die Kutikula dieser Haare keine Poren im Haarschaft, sondern die Sensillen haben am apikalen Ende eine große Öffnung, einen sog. **Zentralporus**, durch den die Reizmoleküle zu den Dendriten der Sinneszellen gelangen (Abb. 13-12c). Das Lumen des Sinneszelle ist gefüllt mit **Sensillenlymphe**. Die Zahl von Sinneszellen/Sensillum variiert (1–10 pro Haar), ist aber konstant für einen bestimmten Haartyp [12]. Die **Sinneszellen** selbst sind meist spezifisch sensibel für Moleküle

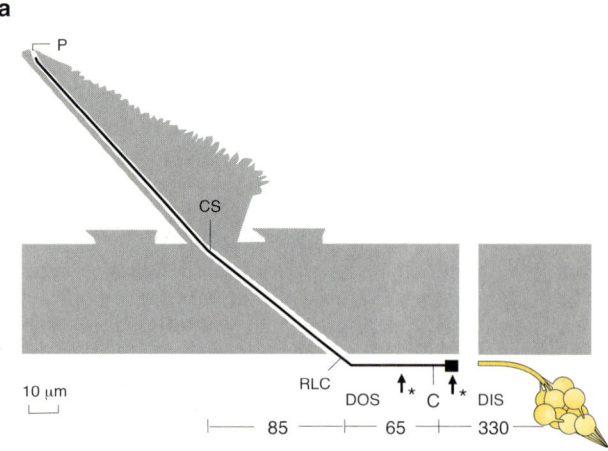

a

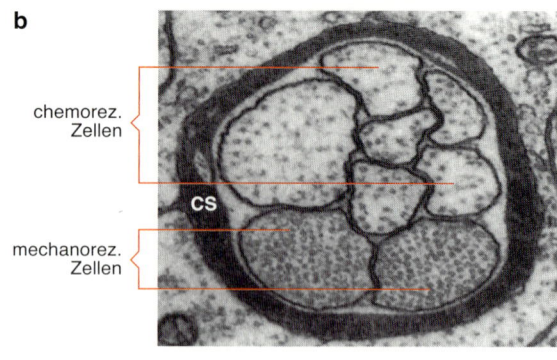

b

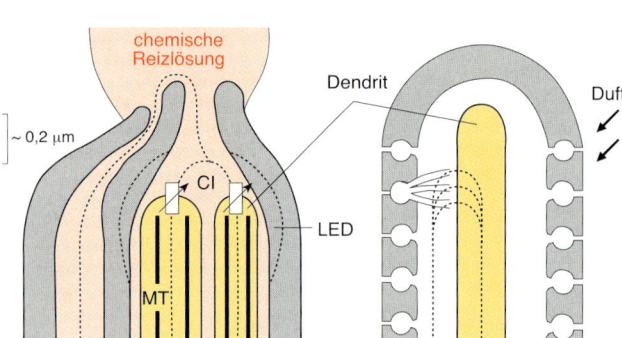

c

Abb. 13-12. a Schematische Organisation eines chemorezeptiven Sensillums eines Invertebraten (Krebs). Der Längsschnitt durch ein Geschmackssensillum zeigt die Sinneszelle mit dem langen Dendriten und die umgebenden Hüllzellen. Am apikalen Ende des Sensillums befindet sich die Öffnung des Spitzenporus. Der Axon der Sinneszelle leitet die Informationen zum Zentralnervensystem. **b** Vergleich der cuticulären Struktur eines Schmeckhaares (links) mit einem Riechsensillums (rechts). Der Weg der Reizmoleküle zu den rezeptiven Strukturen im dendritischen Außensegment der Sinneszelle geht bei den Schmeckhaaren nur über den Zentralporus, bei den Riechhaaren dagegen auf der gesamten Länge durch die Poren in der Cuticula. **c**: Querschnitt durch ein Schmeckhaar des Flußkrebses (Austropotamobius torrentium). Innerhalb des cuticulären Walls (CS) sind acht dendritische Außensegmente zu erkennen, zwei von mechanosensiblen Neuronen (dichte Mikrotubuli) und sechs von chemosensiblen Neuronen (weniger Mikrotubuli) [12]

aus einer Stoffgruppe mit einer bestimmten chemischen Struktur. Die genauen molekularen Mechanismen der Transduktion sind noch weitgehend unbekannt, aber vermutlich sind ebenfalls sog. second messenger-Signalwege beteiligt. Meist findet man noch zusätzlich eine bis mehrere mechanorezeptive Sinneszellen in jedem Haar (Abb. 13-12b). An der Haarbasis sind die Sinneszellen durch umgebende *Hüllzellen* (thekogene, thormogene und trichogene Zellen) isoliert, die sich zusammen mit den Sinneszellen aus einer epidermalen Mutterzelle entwickelt haben. Sie haben unterschiedliche Funktionen, sind vor allem aber für die Herstellung der Sensillenlymphe verantwortlich. Bei den Invertebraten sind die chemorezeptiven Zellen primäre Sinneszellen mit einem Nervenfortsatz, der zum ZNS zieht. Man findet die chemorezeptiven Sensillen auf den Antennen, den distalen Teilen der Laufbeine, Palpen, den Mundwerkzeugen, sogar bis in den Pharynx und Larynx reichend.

> **Am häufigsten gibt es Zellen, die auf die vier klassischen Geschmacksqualitäten antworten, aber auch Zellen sensitiv für Aminosäuren, CO_2 und sekundäre Pflanzenstoffe sind bekannt**

Spezifität. Spezialisten unter den Sinneszellen sind für die Kontakt-Chemorezeption bisher nicht beschrieben. Alle Zellen haben ein breites Spektrum an wirksamen Substanzen. Das Rezeptorpotential nimmt mit steigender Reizkonzentration oft über mehrere Dekaden zu. Die meisten Chemorezeptoren bei Insekten zeigen eine Spontanaktivität.

Der **Zuckerrezeptor** ist der am meisten verbreitete Typ von Geschmacksrezeptor bei Wirbellosen. Er ist bereits bei niederen Tieren wie Einzellern, Mollusken und Würmern beschrieben, spielt vor allem aber bei Arthropoden eine wichtige Rolle. Die Aminosäure- und Zuckerrezeption ist wesentlich für die Nahrungsfindung und -erkennung, und deshalb sind diese Rezeptoren in hoher Dichte und mit ausgeprägter Spezifität und Sensitivität zu finden. Die Tiere sind in der Regel in der Lage, durch verschiedene Bindungsstellen am Protein oder sogar durch Exprimierung von spezifischen Rezeptoreiweißen unterschiedliche Zucker, wie Glukose oder Saccharose zu unterscheiden [19]. Man konnte z.B. bei Fliegen drei verschiedene Bindungsstellen am Rezeptor-Protein nachweisen (Pyranose-, Glucosidase- und Furanose-Stellen). Bei Crustaceen gibt es Anhaltspunkte für direkte Mechanismen der Kanalaktivierung, aber auch über Wege der Signalverstärkung durch intrazelluläre Botenstoffe (IP$_3$, cAMP).

Rezeptoren für Nukleotide bilden eine weitere wichtige Gruppe unter den Chemorezeptoren [4]. So kennt man inzwischen externe Geschmacksrezeptoren für ATP, ADP, zyklische Nukleotide, GTP, GMP und selbst für Adenosin. Alle im Wasser lebenden Crustaceen, aber auch landlebende Invertebraten, wie Fliegen, Mücken und viele Käfer, besitzen solche Rezeptoren mit Empfindlichkeiten im mikromolaren Bereich. Da die meisten für diese Tiere in Frage kommenden Nahrungsmittel Nukleotide in hoher Konzentration enthalten, sind diese Rezeptoren für die Nahrungsfindung bei diesen Tieren von hoher Bedeutung [12].

Ein inzwischen häufig beschriebener Typ von Chemorezeption ist die **CO$_2$-Erkennung**. Es konnten dafür bei Fliegen, Schaben, Bienen und verschiedenen Insektenlarven spezialisierte, hochempfindliche Rezeptoren, meist auf den Antennen, nachgewiesen werden. Die Zellen antworten mit kurzen Latenzen (< 3 ms) und sehr phasisch.

Salzrezeptoren. Bei Fliegen *(Phormia, Calliphora)*, Ameisen und verschiedenen Schmetterlingen konnte eine hohe Salzempfindlichkeit nachgewiesen werden. Die einwertigen Kationen sind effektiver als die zweiwertigen, die oft keinerlei Wirkung zeigen. Die Reihenfolge der einwertigen Kationen ist allerdings unterschiedlich von der bei Vertebraten: K ist das wirksamste, dann Li, Rb, Cs, sehr schlecht dagegen Na (mM – Molar). Für pflanzenfressende Larven und Raupen scheint dies eine funktional wichtige Anpassung an den hohen K$^+$-Gehalt vieler Pflanzen zu sein.

13.10 Biologische Bedeutung des Geruchs- und des Geschmackssinns

> Der Geruchssinn trägt zur Steuerung der Fortpflanzung bei, spielt eine wichtige Rolle im Bereich der sozialen Beziehungen und hat eine stark emotionale Komponente

Kommunikation. Bei vielen Tieren stellt der Geruchssinn das wichtigste Kommunikationsorgan dar. So gibt es bereits bei den *Prokaryonten* (Bakterien, Blaualgen) Rezeptorpoteine, mit denen sie

chemische Signalstoffe erkennen können, und die durch Kopplung an den Bewegungsapparat eine positive oder negative Chemotaxis bewirken. Ähnliche Mechanismen scheinen auch Spermien zum Auffinden der Eizelle zu benutzen. In der menschlichen Spermienmembran wurden ein Rezeptor- und ein Ionenkanalprotein gefunden, die hohe Homologie zu entsprechenden Molekülen in Riechzellen haben [26]. Eine Duftspur (Pheromon?) führt das Spermium zur Eizelle. Solche Lockstoffe kennt man bereits von Algen (z.B. Ectocarpen) bis zum Affen (Spermin).

Bei Insekten bis hin zu Vertebraten wird die Partnererkennung und Kopulation durch sog. **Sexualpheromone** reflektorisch gesteuert. Darüber hinaus benützen **Arthropoden** Pheromone zur Arterkennung, Orientierung, Warnung, Brutpflege, Markierung und Futterfindung.

Auch die **Säugetiere** benutzen vielfach Duftstoffe als Informationsquelle, die Verhaltensreaktionen, aber auch komplexe endokrine Veränderungen auslösen können. Innerhalb einer Tiergruppe informiert der Duft über die Familienzugehörigkeit, die Rangordnung, das Geschlecht oder den Fruchtbarkeitsstatus der weiblichen Tiere. Über den Duft kann die Population reguliert, im Einzelfall sogar der weibliche Zyklus synchronisiert und seine Dauer beeinflußt werden. Düfte dienen der Reviermarkierung, können alarmieren und auch Feinde abwehren. Der Duft einer Fährte enthält detaillierte Informationen über Art, Geschlecht, Gewicht des Tieres und relativ präzise über das Alter der Spur. Dies liegt an der komplexen chemischen Zusammensetzung des Duftes aus Substanzen mit unterschiedlicher Flüchtigkeit.

Eigengeruch. Inzwischen weiß man auch, daß bei Tieren, aber auch bei jedem von uns sein „**Eigengeruch**" genetisch determiniert ist. Er basiert auf der immunologischen Selbst-Fremderkennung und ist mit dem *Haupthistokompatibilitätskomplex (MHC)* gekoppelt. Je näher verwandt, desto ähnlicher der Eigengeruch [24]. Dies ist die Basis für den Familiengeruch. Eineiige Zwillinge können auch von speziell trainierten Tieren nicht mehr am Geruch unterschieden werden. Experimentelle Befunde zeigen, daß MHC-assoziierte Gerüche das *Partnerwahlverhalten* oder die *Inzestschranke* beeinflussen können.

> Neben der Prüfung der Nahrung liegt die biologische Rolle des Geschmackssinns in der reflektorischen Steuerung von Verdauungsprozessen

Gustofacialer Reflex. Gerade beim Geschmackssinn spielt die Lust bzw. Unlust, die die verschiedenen Qualitäten bei uns auslösen, eine wichtige Rolle. Sie drückt sich gut sichtbar in der *Mimik* aus. Jeder weiß was es bedeutet, wenn jemand „sauer schaut", eine „bittere Miene macht" oder „süß-sauer" lächelt. Die mimischen Referenzmuster dafür sind genetisch determiniert und im Gegensatz zum Geruch bereits unmittelbar nach der Geburt beim Neugeborenen auszulösen. Man bezeichnet diese Reaktionen auch als „gustofaciale Reflexe".

Aufgaben. Die beiden wichtigen Aufgaben des Geschmackssinnes sind: *Prüfung der Nahrung* auf unverdauliche oder giftige Stoffe und die *reflektorische Steuerung der Sekretion* von Verdauungsäften. Für viele wurde der Bittergeschmack schon zum Lebensretter, denn Strychnin- oder Nikotin-haltige Pflanzen sind ungenießbar für uns, wie z.B. der giftige Bitterröhrling, der dem wohlschmeckenden Maronenpilz um Verwechseln ähnlich sieht. In starken Verdünnungen allerdings können Bitterstoffe zu wohlschmeckenden und verdauungsfördernden Getränken (Magenbitter) werden. Sie regen die Sekretion von Speichel an, lösen reflektorisch eine Erhöhung der Magensaftproduktion aus und stimulieren die Freisetzung bestimmter Enzyme aus der Bauchspeicheldrüse [10]. Schließlich läßt sich auch beim Brechreiz eine Mitwirkung des Geschmackssinnes nachweisen.

13.11 Literatur

Weiterführende Lehr- und Handbücher

1. Boeckh J (1972) In: Gauer OH, Kramer K, Jung R (Hrsg) Somatische Sensibilität, Geruch und Geschmack. Urban und Schwarzenberg, München, S 172–203
2. Brown EL, Deffenbacher K (1979) Perception and the senses. Oxford University Press, Oxford, pp 3–520
3. Burdach KJ (1988) Geschmack und Geruch. Huber, Bern, S 9–165
4. Hatt H (1990) In: Maelicke A (Hrsg) Vom Reiz der Sinne. VCh, Weinheim, S 93–126
5. Hatt H (1991) In: Hierholzer K, Schmidt RF (Hrsg) Pathophysiologie des Menschen. VCh, Weinheim, S 1–33
6. Hatt H (1993) In: Schmidt RF (Hrsg) Neuro- und Sinnesphysiologie. Springer, Berlin, S 345–369
7. Hensel H (1966) Allgemeine Sinnesphysiologie: Hautsinne, Geschmack, Geruch. Springer, Berlin, S 3–339
8. Kaissling K-E (1987) In: Biering W, Numberger H (eds) R.H. Wright lectures on insect olfaction. Munich, pp 1–63
9. Ohloff G (1990) Riechstoffe und Geruchssinn. Springer, Berlin
10. Roseburg B, Fikentscher R (1977) Klinische Olfaktologie und Gustologie. Fachbuchdruck, Naumburg
11. Schneider D (1984) Insect olfaction – our research endeavor. In: Dawson WW, Enoch JM (eds) Sensory science. Springer, Berlin, pp 381–418

Einzel- und Übersichtsarbeiten

12. Altner I, Hatt H, Altner H (1983) Structural properties of bimodal chemo- and mechanosensitive setae on the pereiopod chelae of the crayfish, Austropotamobius torrentium. Cell Tissue Res 228:357–374
13. Avenet P, Kinnamon SC (1991) Cellular basis of taste reception. Curr Opin Neurobiol 1:198–203
14. Boeckh J, Ernst K-D (1987) Contribution of single unit analysis in insects to an understanding of olfactory function. J Comp Physiol [A] 161:549–565
15. Breer H, Boekhoff I, Tareilus E (1990) Rapid kinetics of second messenger formation in olfactory transduction. Nature 344:65–68
16. Brennan P, Kaba H, Keverne EB (1990) Olfactory recognition: a simple memory system. Am Assoc Advancem Sci 250:1223–1226
17. Buck L, Axel R (1991) A novel multigene family may encode odorant receptors: a molecular basis for odor recognition. Cell 65:175–187
18. Faurion A (1987) Physiology of the sweet taste. In: Skrandies W, LeMagnen J, Faurion A (eds) Progress in sensory physiology, vol 8. Springer, Berlin, pp 130–201
19. Hansen K (1978) Insect chemoreception In: Hazelbauer GL (ed) Receptors and recognition, series B, vol 5. Chapman and Hall, London
20. Hatt H, Ache B (1994) Cyclic nucleotide and inositol phosphate-gated channels in lobster olfactory receptor neurons. Proc Natl Acad Sci USA 91:6264–6270
21. Hatt H, Zufall F (1993) Molecular components underlying signal transduction. Verh Dtsch Zool Ges 86:95–105
22. Lancet D (1986) Vertebrate olfactory reception. Annu Rev Neurosci 9:329–355
23. Reed RR (1992) Signal pathways in odorant detection. Neuron 8:205–211
24. Sobottka B, Eggert F, Ferstl R, Müller-Ruchholtz W (1989) Veränderte chemosensorische Identität nach experimenteller Knochenmarktransplantation: Erkennung durch eine andere Spezies. Z Exp Angew Psychol 4:654–664
25. Stengl M, Hatt H, Breer H (1992) Peripheral processes in insect olfaction. Ann Rev Physiol 54:665–681
26. Weyand I, Godde M, Frings S, Weiner J, Müller F, Hatt H, Kaupp UB (1994) Primary stucture and functional expression of a cyclic nucleotide-gated channel present in mammalian sperm. Nature 368:859–863
27. Zufall F, Hatt H (1991) Dual activation of a sex pheromone-dependent ion channel from insect olfactory dendrites by protein kinase C activators and cyclic GMP. Proc Natl Acad Sci USA 88:8520–8524
28. Zufall F, Hatt H, Firestein S (1993) Rapid application and removal of second messengers to cyclic nucleotide-gated channels from olfactory epithelium. Proc Natl Acad Sci USA 90:9335–9340

14 Thermosensibilität

K. Schäfer

Leben beruht auf der Interaktion von Stoffen in wäßriger Lösung und ist daher an den Temperaturbereich zwischen Eispunkt und Dampfpunkt des Wassers gebunden. Da die Funktionsträger des Lebens, die Proteine, meist bei annähernd 50 °C denaturieren, steht dem Leben nur ein schmaler Temperaturbereich zur Verfügung. Natürlich auf der Erde vorkommende Wassertemperaturen liegen im Bereich von −2 bis etwa 40 °C, bei vulkanischer Heizung auch bis an 100 °C. Natürlich vorkommende Oberflächentemperaturen liegen bei etwa −65 bis 70 °C.

In einem thermodynamischen System werden die Eigenschaften von Materie durch **Zustandsgrößen** beschrieben. **Temperatur** und **Wärme** sind wie etwa Masse, Volumen oder Druck solche Größen. Die *Temperatur* (Einheit Kelvin) ist ein Maß für die mittlere kinetische Energie, die den einzelnen Materieteilchen zur Verfügung steht; die Größe der Temperatur ist unabhängig von der Stoffmenge (intensive Zustandsgröße). Die *Wärme* (*Wärmemenge,* Einheit Joule) ist eine Energieform; sie stellt die durch eine Temperaturzunahme aufgenommene Energie dar. Die Größe der Wärme verhält sich proportional zur Stoffmenge in einem System (extensive Zustandsgröße). Temperatur und Wärme fallen somit in zwei verschiedene Kategorien von Zustandsgrößen; sie sind entgegen dem Sprachgebrauch keine synonymen Begriffe.

Chemische Reaktionen, wie sie in Organismen ablaufen, sind stets temperaturabhängig. Die Fähigkeit, die Temperatur kontrollieren zu können und damit über die Möglichkeit zur Optimierung von Funktionsabläufen zu verfügen, stellt einen erheblichen evolutionären Vorteil dar. So finden sich spezifische Temperatursensoren bei zahlreichen Spezies, die verschiedenen Klassen angehören.

14.1 Thermosensoren

Spezifische Temperatursensoren sind primäre Sinneszellen; sie sind Meßfühler mit proportional-differentialer Antwortcharakteristik

Die Vorstellung eines auf spezifischen Sensoren beruhenden Temperatursinnes basiert auf der menschlichen Empfindung von Wärme und Kälte, die sich nur lokalisiert von bestimmten Punkten der Haut auslösen läßt. Temperatursensoren haben folgende Eigenschaften (Abb. 14-1):

- Der sie aktivierende Reiz ist die lokale Temperatur; gegenüber nichtthermischen Reizen sind sie unempfindlich.
- Sie sind in einem Temperaturbereich aktiv, der nicht zu Gewebeschädigungen führt (etwa 5–45 °C).
- Konstante Temperaturen führen zu einer konstanten Dauerentladung; die Entladungsrate ist eine Funktion der Temperatur (statische Antwort).
- Sie reagieren auf Temperaturänderungen mit einem vorübergehend überschießenden Fallen oder Ansteigen der Entladungsrate (dynamische Antwort).
- Sie haben kleine rezeptive Felder (Durchmesser 1 mm oder weniger).

Vorkommen. Spezifische Temperatursensoren wurden bei Säugern (einschließlich dem Menschen), bei Vögeln, bei Reptilien, bei Amphibien und bei zahlreichen Arthropoden nachgewiesen. Durch die oben genannten Eigenschaften lassen sich Temperatursensoren von anderen temperaturabhängigen Sensoren (Nozizeptoren, einige Mechanosensoren, Elektrosensoren) abgrenzen. Bei Säugern ist die Verteilungsdichte der Temperatursensoren im Gesichtsbereich besonders hoch. Außer in der Haut finden sie sich im Körperinneren; diese Populationen sind experimentell weniger leicht zugänglich und daher schlechter zu charakterisieren.

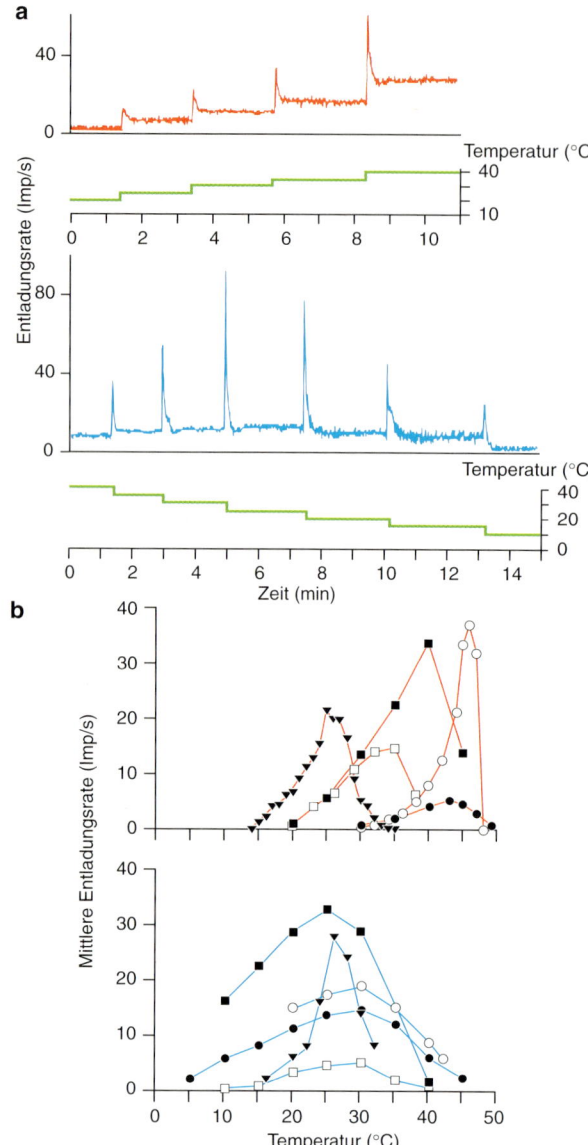

Abb. 14-1. a Entladungsrate fazialer Temperatursensoren als Funktion verschiedener Hauttemperaturen. Oben, Wärmesensor (Vampirfledermaus); unten: Kältesensor (Katze). Die Treppen stellen die Temperatur eines Thermostimulators dar, dessen Thermode sich auf dem rezeptiven Feld befindet. Die Impulse des afferenten Axons wurden registriert und als Frequenz abgebildet (Post-Stimulus-Zeit-Histogramm). **b** Antwortverhalten und Arbeitsbereiche verschiedener Sensorpopulationen (mittlere Entladungsraten bei konstanten Hauttemperaturen). Oben: faziale Wärmesensoren der Grubenotter (gefüllte Dreiecke), der Boa (offene Quadrate), der Vampirfledermaus (geschlossene Quadrate) und der Katze (offene Kreise) sowie Wärmesensoren der Hand und des Fußes des Rhesusaffen (geschlossene Kreise); unten: faziale Kältesensoren des Rhesusaffen (offene Kreise), der Katze (geschlossene Kreise), der Ratte (geschlossene Quadrate) und der Taube (offene Quadrate), sowie Kältesensoren der Körperoberfläche des Frosches (geschlossene Dreiecke). Nach [4, 9, 18, 22, 27]

Bei den bisher bei Vertebraten und Invertebraten identifizierten peripheren Temperatursensoren handelt es sich um primäre Sinneszellen, d.h., der periphere Abschnitt des afferenten Axons oder Dendriten ist die eigentliche rezeptive Struktur. Diese liegt direkt unter oder auch in der Epidermis oder der Kutikula und bildet das rezeptive Feld. Versorgt werden die rezeptiven Strukturen von dünnen myelinisierten oder unmyelinisierten Axonen mit Leitungsgeschwindigkeiten von 0,4 bis 20 m/s. Temperatursensoren des Zentralnervensystems verfügen nach unseren heutigen Kenntnissen alle über synaptische Eingänge und werden daher getrennt abgehandelt (s.S. 321).

Entscheidend für die **Klassifizierung der Temperatursensoren** in **Wärme-** und **Kältesensoren** ist deren *dynamisches Verhalten*: Wärmesensoren werden durch rasche Erwärmung erregt und durch rasche Abkühlung gehemmt, während Kältesensoren das antagonistische Verhalten zeigen. Der Temperaturbereich, in dem die Sensoren aktiv sind (Arbeitsbereich), ist als Unterscheidungskriterium nicht geeignet (Abb. 14-1). Zwischen Sensorpopulationen gleicher Körperareale, aber verschiedener Spezies bestehen in Entladungsrate oder Arbeitsbereich Unterschiede. Bei der gleichen Spezies zeigen Populationen verschiedener Körperareale ebenfalls Unterschiede; meist haben Sensoren des orofazialen Bereiches steilere Kennlinien als die des Rumpfes oder der Extremitäten. Auch die einzelnen Sensoren innerhalb einer Population unterscheiden sich voneinander.

Sensorantwort unter stationären Bedingungen. Von der unteren und der oberen Schwellentemperatur des Arbeitsbereiches nimmt die Entladungsrate der **Kältesensoren** unter stationären Bedingungen zu, so daß bei einer bestimmten Temperatur ein Maximum der Entladungsrate auftritt (Abb. 14-1). Damit sind jeder Entladungsrate außer dem Maximalwert zwei Temperaturen zugeordnet, die den beiden Schenkeln der Kennlinie entsprechen. Es besteht also keine linear-proportionale Beziehung zwischen der Temperatur und der Entladungsrate; die Beziehung ist vielmehr parabolisch. Die Arbeitsbereiche der meisten Kältesensorpopulationen liegen zwischen 5 und 45 °C; die Maximalwerte betragen etwa 10 Impulse pro Sekunde und liegen bei 25 bis 30 °C (Abb. 14-1). Bei Primaten finden sich Arbeitsbereiche zwischen 15 und 40 °C. Vergleichsweise schmal sind auch die Arbeitsbereiche der Kältesensoren von Amphibien und Insekten.

Einige Kältesensoren zeigen eine zweigipflige Kennlinie, indem sie bei Temperaturen oberhalb des regulären Bereiches, nämlich bei 45–53 °C erneut aktiv werden. Man nennt dieses Verhalten paradoxe Entladung; es ist wahrscheinlich die Ursache der vorübergehenden Kälteempfindung bei rascher Erwärmung der Haut auf Temperaturen über 45 °C. Bei winterschlafenden Hamstern, aber auch bei Katzen, wurden faziale Kältesensoren gefunden, die noch bei –5 °C aktiv sind. Man darf nicht außer acht lassen, daß die üblichen Populationskurven nur das Mittel einer Vielzahl von Einzelsensoren darstellen. So findet man innerhalb einer Population Sensoren, die vom Mittel deutlich abweichende Arbeitsbereiche haben, und die möglicherweise Unterpopulationen darstellen. Deren individuelle Aktivitätsmaxima liegen zwischen –5 und 40 °C.

Bei **Wärmesensoren** bildet die Beziehung der mittleren Entladungsrate zur Temperatur ebenfalls eine Kennlinie mit einem Maximum. Der Maximalwert liegt meist knapp unter dem oberen Schwellenwert, so daß sich eine asymmetrische Verteilung ergibt (Abb. 14-1). Wärmesensoren der Säuger sind zwischen 30 und 45 °C aktiv, mit einem mittleren Entladungsmaximum von etwa 10 Impulsen pro Sekunde. Die Arbeitsbereiche der Wärmesensoren von Reptilien liegen zwischen 15 und 40 °C. Schmale Arbeitsbereiche finden sich oft bei Wärmesensoren der Insekten; der aktive Bereich liegt bei Moskitos zwischen 21 und 32 °C [13].

Sensorantwort unter dynamischen Bedingungen. Temperatursensoren reagieren auf zeitliche Änderungen der Temperatur mit einer **dynamischen Antwort** (Abb. 14-1 und 14–2). Diese besteht aus einer kurzfristigen Abweichung der Entladungsrate über oder unter den stationären Wert. Die Größe der Antwort wird außer durch die Ausgangstemperatur durch die Parameter *Vorzeichen, Amplitude* und *Geschwindigkeit der Temperaturänderung* bestimmt. Quantitatives Maß der dynamischen Antwort ist entweder die **maximale Impulsfrequenz** oder die **kumulative Anzahl der zusätzlich auftretenden Aktionspotentiale** (Abb. 14-2). Beide Größen haben bei einer bestimmten Temperatur ein Maximum und nehmen mit höheren und tieferen Ausgangstemperaturen ab. Temperatursensoren sind gegenüber Temperaturänderungen empfindlicher als gegenüber konstanten Temperaturen: Das Verhältnis von stationärer Entladungsrate zu maximaler dynamischer Entladungsrate beträgt 1:6 bis 1:20 [4].

Verwendet man Temperaturreize, deren Amplitude und Änderungsgeschwindigkeit definiert sind, verhalten sich Kälte- und Wärmesensoren gleichartig (Abb. 14-2): Mit steigender **Reizamplitude** nehmen sowohl die **maximale Entladungsrate** als auch die **kumulative Anzahl der zusätzlich ausgelösten Impulse** stetig zu. Auch mit zunehmender **Reizänderungsgeschwindigkeit** nimmt die **maximale Entladungsrate** monoton zu. Anders verhält sich die **kumulative Anzahl der Impulse**, die mit zunehmender Reizänderungsgeschwindigkeit kleiner wird. Offenbar überwiegt der Effekt der Reizdauer gegenüber dem der höheren Reizänderungsgeschwindigkeit. Die funktionelle Bedeutung dieser Eigenschaft liegt in der besseren Detektion von kleinen und langsamen Temperaturänderungen.

Mit Erreichen der neuen stationären Temperatur fällt die Entladungsrate exponentiell von ihrem dynamischen Maximum auf einen neuen stationären Wert ab. Die Zeitkonstanten für diesen **Adaptationsprozeß** liegen im Bereich von Sekunden bis zu über einer Minute. Dies

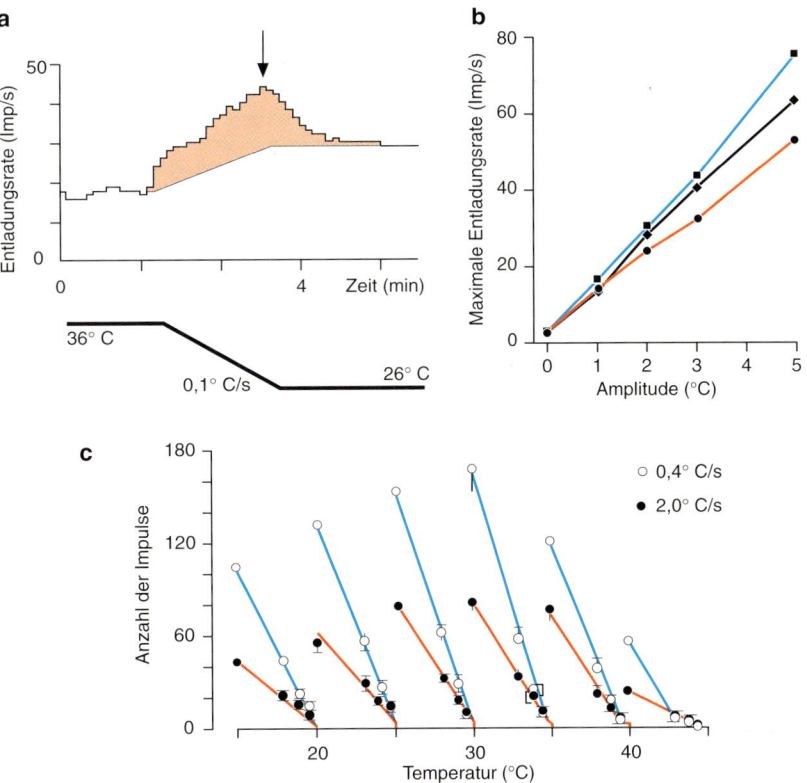

Abb. 14-2. Lineare Abhängigkeit der dynamischen Antwort von Temperatursensoren von Amplitude und Geschwindigkeit der Temperaturänderung. Das Diagramm in **a** soll verdeutlichen, wie die dynamische Antwort quantitativ erfaßt werden kann. Dargestellt ist die mittlere Entladungsrate eines Kältesensors während einer rampenförmigen Abkühlung von 36 auf 26 °C mit 0,1 °C/s. Der Pfeil zeigt die maximale Impulsfrequenz an, die rote Fläche entspricht der kumulativen Anzahl der zusätzlich zum proportionalen Anteil auftretenden Impulse. **b** Maximale Entladungsrate eines fazialen Wärmesensors bei linearer Erwärmung von 35 °C mit 1 (Kreis), 2 (Rhombus) und 3 °C/s (Quadrat). Das rezeptive Feld wurde jeweils um 1, 2, 3, und 5 °C erwärmt. Die Werte entsprechen dem Pfeil in **a**. **c** kumulative Anzahl der zusätzlich zum proportionalen Anteil auftretenden Impulse von kutanen Kältesensoren während linearer Abkühlung mit 0,4 und 2,0 °C/s. Das rezeptive Feld wurde jeweils um 1, 2, 3, und 5 °C abgekühlt. Die Werte entsprechen der roten Fläche in **a**. **b** nach [29]; **c** nach [18]

bedeutet, daß wiederholte identische Reize Intervalle von mehr als einer Minute erfordern, sollen die Sensorantworten übereinstimmen.

Bei den kutanen **Kältesensoren** der Säuger handelt es sich um unmyelinisierte, von Schwannzellen umhüllte *freie Nervenendigungen*, die sich subepidermal in mehrere terminale Endigungen aufzweigen (Abb. 14-3). Diese verlieren ihre Schwannzell-Ausläufer und treten einige wenige μm in die basalen epidermalen Zellen ein. Sie enthalten zahlreiche Mitochondrien sowie filamentartige Strukturen und Mikrovesikel. Die rezeptive Struktur, die in 100 bis 200 μm Tiefe liegt und insgesamt etwa 30 μm groß ist, geht in ein dünnes myelinisiertes Axon über [4, 5].

Die **Struktur von Wärmesensoren** wurde bei Reptilien aufgeklärt. Grubenottern (Crotalidae) besitzen zwischen Auge und Nase ein kammerartiges Organ, das eine dünne, in hoher Dichte mit Wärmesensoren versehene Membran enthält. Dieses *Grubenorgan* ist von seinem Aufbau her eine Lochkamera für Wärmestrahlung. Die Wärmesensoren bestehen aus einer vergrößerten terminalen Struktur, die durch Aufzweigung aus dem afferenten myelinisierten Axon hervorgeht und teilweise mit Schwannzell-Ausläufern verwoben ist [17]. Sie enthält zahlreiche Mitochondrien und kleine Vesikel.

Die Wärmesensoren der Riesenschlangen (Boidae) sind entweder in Gruben lokalisiert (Pythoninae), die in einzelnen lateralen maxillaren und mandibularen Schuppen liegen, oder sie befinden sich in der glatten Oberfläche der entsprechenden labialen Schuppen (Boinae). Die afferenten myelinisierten Fasern treten als freie Nervenendigungen in die Epidermis ein und nehmen hier beträchtlich an Umfang zu (Abb. 14-3). Sie vergrößern ihre Oberfläche durch Einfaltung und enthalten Vesikel und eine filamentartige Matrix sowie zahlreiche Mitochondrien. Die etwa 15 bis 25 μm große Struktur, die von Schwannzell-Ausläufern unvollständig umhüllt ist, liegt nur etwa 6 bis 8 μm unter der Oberfläche der Schuppe [14]. Die Wärmesensoren in den Schuppengruben und in den Schuppenoberflächen haben die gleiche Struktur.

Temperatursensoren bei Arthropoden. Das Außenskelett (Chitinkutikula) bedingt, daß die sensorischen Elemente (Sensillen) die Form eines besonderen kutikulären Apparates annehmen, beispielsweise eines Haares, eines Stiftes oder einer Platte. Dieser Apparat enthält einige wenige primäre Sinneszellen, deren Zellkörper von gewöhnlich drei Hilfszellen umhüllt unter der Kutikula liegen (Abb. 14-3). Temperatursensoren finden sich meist in porenlosen Sensillen. Die gewöhnliche Anordnung bei Insekten ist das gemeinsame Auftreten eines Kältesensors mit einem Trocken- und einem Feuchtesensor [6]. Diese Anordnung bezeichnet man als *Triade*. Außerdem existieren Kombinationen von Wärme- und Kältesensoren sowie von Thermosensoren mit Mechano- oder Chemosensoren. Temperatursensoren besitzen ein kurzes äußeres dendritisches Segment, das nicht in das Sinneshaar oder den Sinnesstift eintritt, und dessen Oberfläche durch Verzweigung oder Auffaltung vergrößert ist.

Die Anzahl dieser Sensillen und damit der Temperatursensoren ist vergleichsweise gering; überschlagsmäßige Berechnungen ergeben Werte von unter 1% der gesamten Sensillen- oder Sensorpopulation [6].

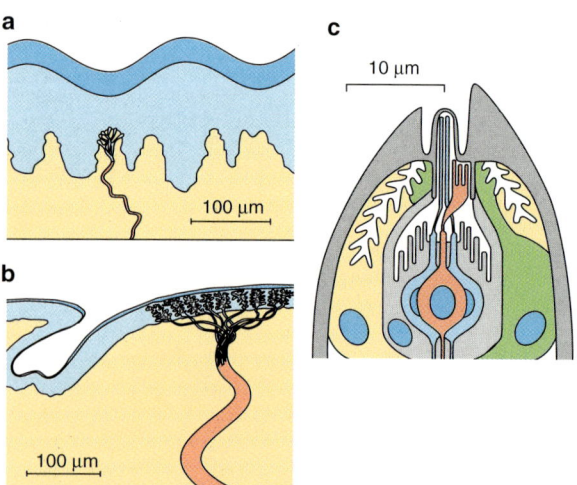

Abb. 14-3. Schematische Darstellung der Struktur von Temperatursensoren. **a** Schnitt durch die nasale Haut einer Katze mit einem Kältesensorterminal und dem afferenten Axon (rot). Dunkelblau, Hornschicht; hellblau, Epidermis; gelb, Corium. **b** Schnitt durch eine labiale Schuppe von Boa constrictor mit einer Gruppe von Wärmesensoren und deren afferentem Nerven (rot). Bezeichnungen sonst wie unter **a**. **c** Schnitt durch ein Antennenglied eines Schmetterlings mit Triade. Rot, Thermosensor; hellblau, Hygrosensoren (ein Feucht- und ein Trockensensor); Auxiliärzellen: gelb, tormogene Zelle; hellgrau, thecogene Zelle; grün, trichogene Zelle; dunkelblau, Zellkerne; dunkelgrau, Kutikula. Die Außensegmente der Dendriten der Sinneszellen liegen in einem Hohlraum (weiß), der von der thecogenen Zelle umfaßt wird. Der Hohlraum ist mit Rezeptorlymphe gefüllt. **a** nach [4, 5], **b** nach [14], **c** nach [28]

Temperatursensoren des Körperinneren sind weniger gut zu erfassen als die des Integuments, da sie schlechter zu lokalisieren sind, und da es schwierig ist, im Körperinneren das zu ihrer Charakterisierung nötige homogene und definierte Temperaturfeld zu erzeugen.

Eine Reihe von Indizien belegt die Existenz von spezifischen Temperatursensoren im Körperinneren: Bei Vögeln und Säugern, die ihre Kerntemperatur konstant halten, werden durch lokale Temperaturänderungen reflektorisch *thermoregulatorische Stellvorgänge* ausgelöst, die nur über die Aktivität von Temperatursensoren vermittelt sein können. Die Größe der thermoregulatorischen Antwort ist ein Maß des biologischen Signals, das von den Thermosensoren des entsprechenden Areals gegeben wird [26]. Beim Menschen lassen sich durch Erwärmung der Haut Wärmeabgabevorgänge in einer Größenordnung von $0,5 \, W \cdot kg^{-1} \cdot {}^{\circ}C^{-1}$ einleiten, während Abkühlung der Haut zu einer Steigerung der Wärmebildung im Bereich von $-0,6 \, W \cdot kg^{-1} \cdot {}^{\circ}C^{-1}$ führt. Abkühlung oder Erwärmung des gesamten Körpers wird jedoch mit Wärmeabgabe- oder Wärmebildungsvorgängen von etwa 5 bzw. $-4 \, W \cdot kg^{-1} \cdot {}^{\circ}C^{-1}$ beantwortet. Diese Werte gelten größenordnungsmäßig für alle Säugetiere und annähernd auch für Vögel. Besonders starke thermoregulatorische Aktivität, vergleichbar dem Effekt der gesamten Hautoberfläche, zeigt sich bei lokaler Erwärmung oder Abkühlung des Rückenmarkes oder eines eng umschriebenen Areals des vorderen Hypothalamus. Vögel unterscheiden sich von Säugern, da sie auf Abkühlung des Hypothalamus nicht mit einer reflektorischen Wärmeproduktion antworten [26].

Die Eigenschaften der **Temperatursensoren des Körperinneren außerhalb des ZNS** entsprechen, soweit sie bekannt sind, denen der kutanen Wärme- und Kältesensoren [4]. Sie finden sich in den Wänden von einigen größeren Blutgefäßen, in der Muskulatur und besonders innerhalb des Abdomens. **Temperatursensoren des Zentralnervensystems** haben andere Eigenschaften, denn bei vielen (wenn nicht sogar allen) handelt es sich um Nervenzellen mit synaptischen Eingängen. Nach dem Verhalten ihrer stationären Entladung gegenüber lokalen Temperaturänderungen klassifiziert man sie in **wärme- und kältesensitiven Neurone**. Diese Bezeichnung wurde gewählt, um sie von Temperatursensoren ohne synaptischen Eingang abzugrenzen. Sie finden sich im **Rückenmark**, **unteren Hirnstamm** (Mittelhirn und Medulla oblongata) und vorderen Hypothalamus.

Spinale thermosensible Neurone haben ähnliche Antworteigenschaften wie periphere Temperatursensoren; allerdings zeigt nur ein Teil von ihnen gegenüber Temperaturänderungen dynamische Antworten. Die stationären Entladungsraten liegen im Bereich derjenigen der peripheren Thermosensoren.

Besonders viele thermosensitive Neurone finden sich in der **Regio praeoptica** und im **vorderen Hypothalamus** (PO/AH-Gebiet). Die Aktivität **wärmesensitiver Neurone** nimmt von 32 bis 42 °C stetig zu. Die stationäre Entladungsrate der **kältesensitiven Neurone** folgt einer parabolischen Kennlinie, deren Arbeitsbereich sich über meist wenige Grad beidseits des Kerntemperaturwertes erstreckt (Abb. 14-4) [10]. In den meisten Untersuchungen wurden bedeutend mehr wärme- als kältesensitive Neurone gefunden. Viele der thermosensitiven Neurone reagieren aber nicht nur auf die lokale Temperatur, sondern auch auf weitere Größen, wie beispielsweise Osmolarität, Glukose, Angiotensin, Pyrogene, Prostaglandine, verschiedene Steroidhormone und andere Mediatoren. Es handelt sich also genaugenommen bei dieser Klasse von Temperatursensoren um **polymodale Sensoren** [8]. Die stationäre Entladung der wärmesensitiven Neurone beruht auf einem **temperaturabhängigen Schrittmacherprozeß**.

Abb. 14-4. Thermosensibilität des Zentralnervensystems. **a** Temperatursensoren: mittlere Entladungsraten temperatursensitiver Neurone aus dem PO/AH-Gebiet des Hypothalamus der Ratte. Oberes Diagramm warmsensitives, unteres Diagramm kaltsensitives Neuron. **b** Zentrale Verarbeitung des Temperatursignales: mittlere Entladungsraten der peripheren Sensoren und ihrer Projektionsneurone beim Rhesusaffen. Unteres Diagramm: faziale Kältesensoren; mittleres Diagramm: kälteresponsive Neurone des spinalen Trigeminuskernes; oberes Diagramm, kälteresponsive Neurone des Ventrobasalkomplexes des Thalamus. Nach [10, 22]

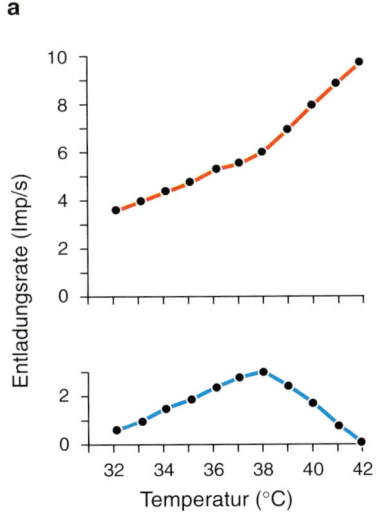

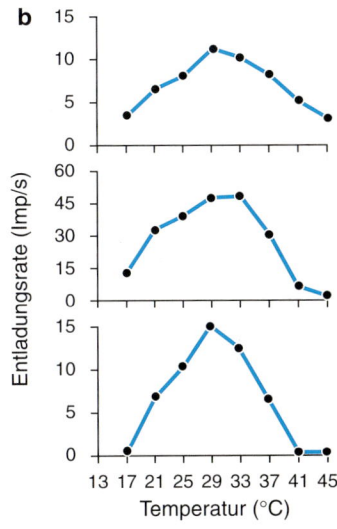

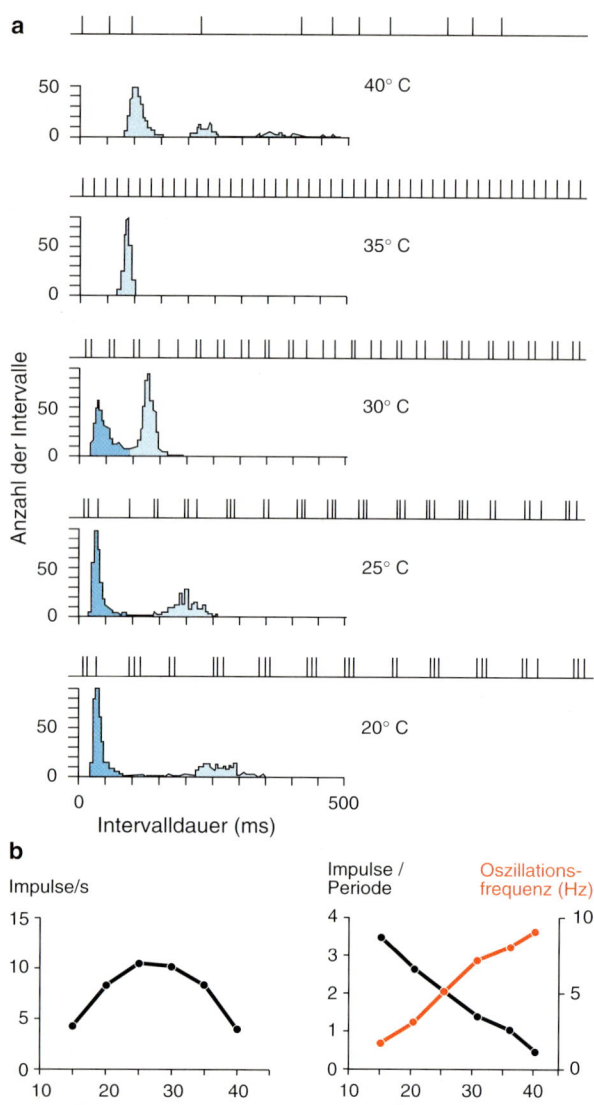

Abb. 14-5. Periodisches Aktivitätsmuster eines kutanen Kältesensors. **a** Stationäres Impulsmuster. Dargestellt sind Registrierungen von Impulsfolgen bei verschiedenen Hauttemperaturen (jeweils für 2 s) und die dazugehörigen Intervall-Histogramme. Diese zeigen die Häufigkeit, mit der Zwischenimpuls-Intervalle bestimmter Länge auftreten. Das Verteilungsmaximum, das die Grundperiode des Sensor-Oszillators repräsentiert, ist mit hellblau dargestellt; Intervalle, die in Impulsgruppen auftreten, sind mit dunkelblau unterlegt (30, 25, 20 °C). Bei 40 °C treten ganzzahlige Vielfache der Grundperiode auf. Aus dieser Darstellung können die Oszillationsfrequenz und die Anzahl der Impulse pro Periode berechnet werden. **b** zeigt das Ergebnis einer solchen Berechnung. Links ist die mittlere Entladungsrate dargestellt, rechts die Oszillationsparameter, bei denen es sich um die Oszillationsfrequenz (rechte Ordinate) und die Anzahl der Impulse handelt, die pro Periode ausgelöst werden (linke Ordinate). Es besteht eine nahezu lineare Abhängigkeit der beiden Oszillationsparameter von der Temperatur. Die mittlere Entladungsrate ist das Produkt aus den beiden Oszillationsparametern

Da solche Prozesse endogen verlaufen, ohne Beteiligung synaptischer Eingänge, handelt es sich also hier um Zellen mit echter Thermosensitivität. Dagegen besteht die Thermosensitivität der kältesensitiven Neurone offenbar in einer temperaturabhängigen Modulation ihrer synaptischen Eingänge und ist damit nicht inhärent [11].

Auch im Zentralnervensystem von **Insekten** finden sich Neurone, die ihren Eigenschaften nach als Temperatursensoren anzusehen sind [3, 20]. Bisher ist eine solche Funktion für diese Neurone aber nicht mit Sicherheit nachgewiesen.

14.2 Signaltransduktion

> **Ein Temperatur- und Kalzium-abhängiger Oszillator bestimmt das Antwortverhalten peripherer Temperatursensoren der Vertebraten**

Kältesensoren: Temperaturabhängigkeit des Oszillators. Kennzeichnend für Kältesensoren ist das Auftreten von salvenartigen Entladungen. Es treten periodisch Gruppen von Aktionspotentialen auf, deren Dauer und Häufigkeit temperaturabhängig sind. Im Intervall-Histogramm findet man in einem solchen Fall eine charakteristische bimodale (zweigipfelige) Verteilung, wobei die kurzen Intervalle die Gruppen und die langen Intervalle die Pausen zwischen den Gruppen darstellen (Abb. 14-5). Bei Erwärmung werden die Gruppen kleiner und gehen schließlich fließend in Einzelaktionspotentialentladungen über, d.h., in diesem Fall stellt ein einzelner Impuls formal eine „Gruppe" dar. Ein solches Aktivitätsmuster läßt sich auf die Existenz eines **Oszillators** zurückführen, der das Antwortverhalten der Sensoren bestimmt. Allgemein besteht in Sinneszellen eine annähernd lineare Beziehung zwischen dem Sensorpotential und der Entladungsrate, wobei die „momentane" Entladungsrate den Kehrwert der Intervalldauer darstellt [15]. Die periodischen Änderungen der Intervalldauer sind daher auf eine **temperaturabhängige Oszillation des Kältesensorpotentiales** zurückzuführen. Solche Generatorpotentialoszillationen, die reizmodulierte Schrittmacherpotentiale darstellen, finden sich auch in anderen Sinneszellen, beispielsweise in Mechano- und Elektrosensoren.

Mit steigender Temperatur nimmt die **Frequenz** der Sensorpotentialoszillation stetig zu (Abb. 14-5). Da die Oszillation aber nur zeitweilig ausreichend überschwellig ist, um Aktionspotentiale generieren zu können, wird je nach Arbeitsbereich, Amplitude und Dauer der überschwelligen Phase pro Periode eine **variable Anzahl von Impulsen** ausgelöst. So vermag im oberen Temperaturbereich nicht jeder

Zyklus den entsprechenden Impuls zu erzeugen, und die Entladung erscheint unregelmäßig. Tatsächlich stellen die auftretenden Intervalle aber die Grundperiode und deren ganzzahlige Vielfache dar. Im mittleren Temperaturbereich werden mit jedem Zyklus Impulse initiiert; dadurch erscheint die Entladung sehr regelmäßig. Die Anzahl der Impulse pro Zyklus nimmt dann mit fallenden Temperaturen weiter zu, da die verlängerte Periodendauer eine Verlängerung der überschwelligen Phase bedeutet, und es treten nunmehr Gruppen von Aktionspotentialen (sog. Bursts) auf. Solche Salvenentladungen finden sich nicht nur bei allen Kältesensoren der Säuger, sondern auch bei Vögeln, Reptilien und Insekten.

Die **mittlere Entladungsrate** ist das Produkt aus der **Oszillationsfrequenz**, die mit steigender Temperatur zunimmt, und der **Anzahl der pro Periode auftretenden Aktionspotentiale,** die mit fallender Temperatur zunimmt [7]. Ändern sich beide Parameter annähernd linear mit der Temperatur, nimmt die mittlere Entladungsrate eine Parabelfunktion an (Abb. 14-5). Dies ist die Kennlinie der Entladungsrate bei konstanten Temperaturen (s.S. 14–3).

Ionale Leitfähigkeiten. Kältesensoren reagieren sehr empfindlich auf die **extrazelluläre Kalziumkonzentration**; Erhöhungen über den Normalwert bewirken Sensorhemmung, Erniedrigungen Sensorerregung. Die Kalziumabhängigkeit der Sensorfunktion hat seine Ursache keinesfalls in dem Einfluß des Kalziums auf Oberflächenladungen erregbarer Membranen (Kap. 4), denn verschiedene spezifische *Kalziumkanal-Blocker* lösen den Effekt ebenfalls aus, obwohl in diesem Fall die extrazelluläre Kalziumkonzentration konstant bleibt [25]. Man muß daher von der Einwirkung eines Kalziumkanals auf das Sensorpotential ausgehen. Als Folge einer Verminderung des Kalziumeintrittes in den Sensor nehmen Frequenz und Amplitude des Oszillationsprozesses zu. Da die *Blockierung* des Kalziumeintritts zu vermehrter *Aktivierung* des Sensors führt, nimmt man an, daß die Kalziumwirkungen durch das Zwischenschalten eines kalziumabhängigen Auswärtsstromes vermittelt werden. Solche gekoppelten Systeme finden sich sowohl in Zellen mit periodischer elektrischer Aktivität (Schrittmacherzellen), als auch in verschiedenen Sinneszellen.

Menthol blockiert Kalziumkanäle und verursacht daher Kaltempfindungen; es wird zu diesem Zweck in Arzneimitteln und Kosmetika verwendet.

Na/K-ATPase. Die transmembranären Konzentrationsgradienten für Na und K werden durch ein ATP-hydrolysierendes Transportprotein aufrechterhalten (s. Abb. 2-7 und 4-5). Solche Na/K-ATPasen sind **elektrogen** und der erzeugte Strom trägt zum Membranpotential bei. Die Temperaturabhängigkeit der Pumpenaktivität ist größer als die der passiven Diffusionsströme.

Wie sich bei Blockierungsexperimenten mit Cardenolid-Glykosiden (z.B. Ouabain) gezeigt hat, trägt eine Na/K-ATPase zum Transduktionsprozeß im Kältesensor bei. Partielle Hemmung der ATPase führt zu einem starken Anstieg der Entladungsrate, wie er mit keinem natürlichen Reiz zu erhalten ist. Dabei nehmen Frequenz und Amplitude des sensorischen Oszillationsprozesses zu. Wird die Na/K-ATPase durch hohe Cardenolid-Glykosid-Konzentrationen völlig gehemmt, reagiert der Sensor nicht mehr auf die Temperatur. Die experimentellen Befunde zeigen, daß die Na-K-ATPase im gesamten aktiven Temperaturbereich der Sensoren wirksam und zur normalen Funktion nötig ist [23].

Diese Beobachtungen bedeuten, daß sich der Sensor unter **stationären Bedingungen** in einem elektrischen Gleichgewichtszustand befindet, zu dem neben anderen Leitfähigkeiten (siehe Kap 4, Abb. 4-5) der Strom der elektrogenen Na-K/ATPase beiträgt. Das Gleichgewicht hat einen für jede Temperatur charakteristischen Wert, der Frequenz und Amplitude des Oszillationsprozesses (und damit die Entladungsrate) bestimmt. Wird der Sensor abgekühlt, kommt es durch die Hemmung der Na/K-ATPase zu einem Ungleichgewicht, das die dynamische Antwort bewirkt. Wird eine stationäre Temperatur erreicht, so stellt sich ein neues Gleichgewicht ein. Aktivierung der Na/K-ATPase durch Erwärmung (also Hyperpolarisation) führt demgemäß zu einer vorübergehenden Hemmung des Sensors.

Periphere Wärmesensoren der Vertebraten verfügen über periodische Sensorprozesse. Bei konstanten Temperaturen unterscheidet sich das zeitliche Muster der afferenten Entladung eines Wärmesensors nicht von dem eines Kältesensors. Die Entladung des Wärmesensors ist gleichfalls periodisch, wobei die Periodendauer mit zunehmender Temperatur abnimmt. Daher ist die Verteilung der Intervalle im Intervall-Histogramm bei Kälte- und Wärmesensoren identisch. Gruppenentladungen treten bei Wärmesensoren sehr selten auf. Man findet sie bei verschiedenen Säugerspezies sowie bei Reptilien und Insekten.

Ionale Leitfähigkeiten. Entsprechend ihrer schlechteren experimentellen Zugänglichkeit ist über die zum Sensorpotential beitragenden Ionenströme wenig bekannt. Rasche Erhöhungen des Plasma-Kalzium-Spiegels erregen die Wärmesensoren der Säuger mit einer meist biphasischen Antwort, indem der Erregung eine Hemmungsphase folgt [4]. Bei parenteraler Kalziumzufuhr kommt es zu einer Wärmeempfindung.

Die **Signaltransduktion** in Temperatursensoren der Insekten beruht auf anderen Prinzipien [19]. Die in kutikulären Triaden organisierten Temperaturrezeptoren sind in einen *epithelialen Zellverband aus Auxiliärzellen* eingebettet, der das Körperinnenmilieu gegen einen separaten subkutikulären Hohlraum abgrenzt (Abb. 14-3). Die Dendriten der Sinneszellen treten mit ihren Außensegmenten in diesen Hohlraum ein; die weiter proximal gelegenen Innensegmente liegen wie die Somata innerhalb des Epithels. Der Hohlraum ist mit Rezeptorlymphe gefüllt, einer K-reichen und Na-armen Flüssigkeit, deren ionale Zusammensetzung eher dem Intra- als dem Extrazellulärmilieu entspricht. Die hohe K-Konzentration wird durch einen **K/H-Antiport** bewirkt, der durch H+-Ionen einer **Protonen-ATPase** angetrieben wird. Beide Systeme sind in den apikalen Abschnitten der auxiliären Zellen lokalisiert (insbesondere der thecogenen Zelle, siehe Abb. 14-3). Das Epithel stellt eine **Diffusions-**

barriere zwischen Rezeptor- und Hämolymphe dar; zwischen beiden Lymphräumen besteht eine *Potentialdifferenz*. Die Sinneszellen sind somit einer funktionellen Asymmetrie unterworfen. Im Bereich des Außensegmentes, das den Ort der Reiztransduktion darstellt, besteht durch das positive transepitheliale Potential ein erhöhtes Membranpotential, während die Na- und K-Diffusionsgradienten sehr klein sind. Innensegment, Soma und Axon sind von interzellulärer Lymphe umgeben und unterliegen den entsprechenden Konzentrationsgradienten, die durch **Na/K-ATPasen** aufrechterhalten werden. Die *transepitheliale Potentialdifferenz* ändert sich mit der Temperatur, aber die Bedeutung dieses Vorganges für die Reiztransduktion in den Temperatursensoren ist unklar. Man weiß auch nicht, welche Sensormembranprozesse im einzelnen an der Reiztransduktion in diesen Sensoren beteiligt sind.

Zentrale Temperatursensoren der Vertebraten sind auch bei der Transduktion eine Klasse für sich. Wie bei peripheren Kältesensoren führt Applikation des Cardenolid-Glykosids Ouabain bei kälte- und wärmesensitiven Neuronen des Hypothalamus zu einer Erhöhung der stationären Entladungsrate. Die Thermosensitivität der zentralen Sensoren wird durch Ouabain wenig beeinflußt. Dies bedeutet, daß das charakteristische Verhalten dieser Sensoren als Kälte- oder Wärmesensoren bei konstanten Temperaturen keine Funktion der Na/K-ATPase ist [10].

14.3 Zentrale Verarbeitung

> **Bei Vertebraten verarbeitet ein mehrstufiges neuronales Netzwerk mit hierarchischer Struktur thermische Informationen**

Afferente Bahnen. Die afferenten Signale der Temperatursensoren der Körperoberfläche werden im Hinterhorn des Rückenmarkes auf sekundäre Neurone umgeschaltet. Wenn diese Neurone nur auf Temperaturänderungen entfernt liegender Strukturen (z.B. der Haut) reagieren, werden sie als **thermoresponsiv** bezeichnet. Die Neurone sind zusätzlich **thermosensitiv**, wenn sie auch eine lokale Temperaturempfindlichkeit besitzen, sich also selbst wie Temperatursensoren verhalten. Die Verschaltung erfolgt zumeist in den oberflächlichen Schichten des Hinterhorns. Die afferenten Axone der sekundären Neurone steigen in der **Vorderseitenstrangbahn** auf und enden überwiegend an tertiären Neuronen im **Ventrobasalkomplex des Thalamus**. Von hier besteht Verbindung zu **somatosensorischen Kortexarealen** (Abb. 14-6). Ein Teil oder Kollateralen der in der Vorderseitenstrangbahn verlaufenden Fasern projizieren auf **Kerngebiete des Hirnstammes,** insbesondere auf die *Raphe-Kerne* und Kerne der *pontinen Formatio reticularis*. Von hier gelangt die Tempera-

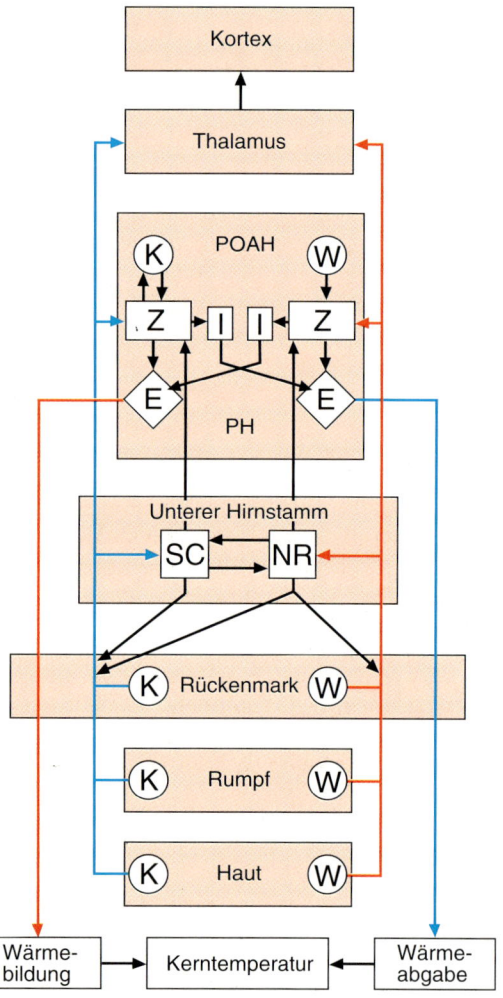

Abb. 14-6. Schematisches Modell der neuronalen Verschaltung der thermischen Afferenzen und deren Verknüpfung mit den entsprechenden Effektorsystemen. K und W, Kälte- bzw. Wärme-Sensoren oder kälte- bzw. wärmesensitive Neurone; Z, Zwischenneurone; E, Effektorneurone; I, inhibitorische Zwischenneurone, SC, Regio subcoerulea; NR, Raphe-Kerne. Die antagonistische Verschaltung der kältesensitiven Neurone des Hypothalamus mit ihren Zwischenneuronen soll verdeutlichen, daß ihre Thermosensitivität auf ihren synaptischen Eingängen beruht. POAH, Regio praeoptica/Area hypothalamica anterior; PH, Area hypothalamica posterior. Nach [8]

turinformation zum Hypothalamus. Die Signale der Temperatursensoren des Gesichtsbereiches werden in den oberen Schichten der spinalen Trigeminuskerne (Nucl. interpolaris und Nucl. caudalis) umgeschaltet, die Fasern projizieren ebenfalls zum Thalamus. Es besteht eine somatotope Organisation der sekundären Neurone [16].

Zentrale Verarbeitung. Die **Regio subcoerulea** und die **Raphe-Kerne** bilden Zwischenstationen innerhalb polysynaptischer thermoafferenter Bahnen zum Hypothalamus (Abb. 14-6). In der Regio subcoerulea finden sich überwiegend *kälteresponsive Neurone* mit kleinen rezeptiven Feldern auf der Haut des Rumpfes und der Gliedmaßen. Im Nucleus raphae magnus liegen ebenfalls kälteresponsive Neurone, allerdings sind in diesem Kern *wärmeresponive Neurone* in der Überzahl. Diese Neurone empfangen Signale von peripheren und zentralen Wärmesensoren des Rumpfes, wobei der Arbeitsbereich der Neurone gegenüber dem der peripheren Sensoren zu niedrigeren Temperaturen verschoben ist.

Beide Kerngebiete sind miteinander antagonistisch verknüpft. Neurone der Regio subcoerulea enthalten überwiegend **Noradrenalin** als Transmitter, während **Serotonin** (5-HT) der Haupttransmitter der Raphe-Kerne ist. Aszendierende Bahnen enden an Interneuronen des *Hypothalamus*, die durch synaptische Eingänge von zentralen wärmesensitiven Neuronen aktiviert werden und einen hemmenden Effekt auf die Wärmeproduktion haben (Abb. 14-6). Diese Interneurone werden durch die katecholaminerge Bahn der Regio subcoerulea gehemmt und durch die serotoninerge Bahn der Raphe-Kerne erregt. Deszendierende Bahnen der beiden Kerngebiete projizieren zum Rückenmark und beeinflussen einerseits direkt die Stellgliedaktivität, andererseits modulieren sie das aufsteigende sensorische Signal (Abb. 14-6) [8].

Die Regio subcoerulea und die Raphe-Kerne haben einen erheblichen Einfluß auf die Temperaturregulation. Sie kontrollieren das *Eingangssignal*, die *zentrale Integration* des Signales sowie das *Ausgangssignal* des zentralen Reglers an die Effektoren. Überdies bestehen enge Verknüpfungen mit weiteren neurovegetativen Kontrollsystemen. Damit sind diese Kerngebiete geeignet, **Anpassungsvorgänge** an längerdauernde Belastungen einzuleiten und aufrechtzuerhalten.

Eigenschaften thermoresponsiver Neurone zweiter Ordnung in Rückenmark und Hirnstamm. Der Arbeitsbereich der *kälteresponsiven Neurone* entspricht dem der peripheren Sensoren; die maximale stationäre Entladungsrate ist bei vielen Spezies geringfügig zu tieferen Temperaturen verschoben. Die Neurone zeigen ein den Sensoren ähnliches Antwortverhalten mit statischen und dynamischen Anteilen (Abb. 14-4); die stationäre Entladungsrate ist allerdings beträchtlich höher als die der Senso-

ren. Diese erhöhte Aktivität ist nicht auf zusätzliche erregende Eingänge der sekundären Neurone zurückzuführen, denn deren Aktivität erlischt, wenn der Eingang der Sensoren fortfällt [16]. Da die dynamische Aktivität nicht wesentlich höher ist als die des Sensors, ändert sich das Verhältnis von stationärer zu dynamischer Entladungsrate von etwa 10 : 1 in den Sensoren zu etwa 2 : 1 in den sekundären Neuronen. Reguläre Gruppenentladung oder periodische Muster, wie sie in den Sensoren vorhanden sind, weisen die sekundären Neurone nicht auf. Das ist auch nicht verwunderlich, denn es besteht eine erhebliche Konvergenz, so daß möglicherweise bis über 100 einzelne Sensoren auf ein sekundäres Neuron konvergieren.

Sekundäre wärmeresponsive Neurone sind nur in geringer Zahl beschrieben; wahrscheinlich sind sie sehr klein und damit schlecht zu lokalisieren. Im spinalen Trigeminuskern der Katze wurden Neurone gefunden, deren Arbeitsbereich zwar dem der peripheren Sensoren entspricht, deren stationäre und dynamische Aktivität aber deutlich unter der der Sensoren liegt [16].

Zentrale Integration im Hypothalamus. Thermoresponsive Neurone finden sich im Bereich des gesamten Hypothalamus. Im *vorderen Hypothalamus* liegen Neurone, die auf Temperaturänderungen der Haut reagieren. Neurone im Grenzbereich zwischen vorderem und hinterem Hypothalamus antworten auf Temperaturänderungen der Rumpf- und Extremitätenhaut, während die lokale Temperatur des Rückenmarks und der Regio praeoptica die neuronale Aktivität von Neuronen des *hinteren Hypothalamus* beeinflußt (Abb. 14-6). Der Hypothalamus, insbesondere aber die **Area hypothalamica posterior,** die selbst keine nennenswerte Thermosensitivität besitzt, stellt daher ein **Integrationszentrum für die Temperaturregulation** dar. Efferente Bahnen, die der Kontrolle von *Wärmeabgabe-* und *Wärmebildungsvorgängen* dienen, haben hier ihren Ursprung (Abb. 14-6).

Thalamische Relaiskerne zu sensorischen Kortexarealen. Die im Ventrobasalkomplex des Thalamus nachweisbaren thermoresponsiven Neurone (Abb. 14-6) sind nur in ihrer Minderzahl temperaturspezifisch; kälteresponsive Neurone überwiegen. Das stationäre Antwortverhalten dieser Neurone, soweit sie den oro-fazialen Bereich repräsentieren, entspricht dem der Sensoren und der sekundären Neurone (Abb. 14-4), das dynamische Verhalten ist abgeschwächt und die Entladung unregelmäßig. Es sind keine den Sensoren vergleichbaren Impulsgruppenentladungen vorhanden. Die rezeptiven Felder der thalamischen thermoresponsiven Neurone liegen ausnahmslos auf der dem Thalamuskern kontralateralen Körperseite. Während die Afferenzen dieser Neurone dem **Lemniscus medialis** zuzurechnen sind, finden sich auch Neurone mit Eingängen von den Raphe-Kernen des unteren Hirnstammes (s.o.).

Diese Neurone haben rezeptive Felder auf der Skrotal- und Abdominalhaut und zeichnen sich durch ein ungewöhnliches Antwortverhalten aus. Sie haben nur zwei stabile Aktivitätszustände – minimale und maximale Entladungsrate – und gehen von dem einen in den anderen Zustand über, wenn die Temperatur des rezeptiven Feldes nur um 0.5 bis 2° C erhöht wird. Die Schaltbereiche dieses *binären Verhaltens* liegen für die einzelnen Neurone bei unterschiedlichen Temperaturen. Neurone mit gleichem Verhalten finden sich auch im Hypothalamus und in den Raphe-Kernen selbst [30].

Im **somatosensorischen Kortex** lassen sich in geringer Zahl spezifische kälte- oder wärmeresponsive Neurone nachweisen (Abb. 14-6) [18]. Ihr Ant-

wortverhalten ähnelt dem der Neurone im Ventrobasalkomplex des Thalamus. Häufiger sind aber bi- oder multimodale Neurone, die neben der Temperatur auch auf andere Reizqualitäten reagieren [4].

Über die zentrale Verarbeitung der thermischen Information bei **Arthropoden** ist wenig bekannt. Bei Insekten projizieren die Thermosensoren der Antennen zu Kerngebieten des ipsilateralen Deutocerebrum. Es handelt sich dabei um Gebiete mit überwiegend mechanosensibler Projektion.

14.4 Bedeutung der Thermosensibilität

Die menschliche Temperaturempfindung läßt sich nur bedingt auf die Eigenschaften der Temperatursensoren zurückführen

Menschliche Temperaturempfindungen sind an **Kälte-** und **Wärmepunkten** auslösbar, deren Anzahl auf der Körperoberfläche variabel ist. In Abhängigkeit vom Körperareal lassen sich auf einem Quadratzentimeter Haut bis zu 19 Kältepunkte und bis zu 1,7 Wärmepunkte finden [5]. Diese Zahlen repräsentieren aber nicht die Anzahl der tatsächlich im gleichen Areal vorhandenen *Kälte-* oder *Wärmesensoren;* aus vergleichenden Untersuchungen muß man beispielsweise pro Quadratzentimeter Handoberfläche 50 bis 70 Kälte- oder Wärmesensoren annehmen, gegenüber nur etwa 5 Kälte- und 0,4 Wärmepunkten [5, 12].

Temperaturempfindungen bei stationären Reizen. Zwischen den lokalen Empfindungen von Wärme und Kälte existiert eine **Indifferenzzone**, deren Größe von der Reizfläche abhängt und bei Reizflächen um 10 cm² bei etwa 30–36 °C liegt [5, 12, 18]. Bei größeren Reizflächen ergibt sich ein kleinerer Indifferenzbereich, und es können **Temperatur-Schätzwerte** angegeben werden, die den physikalischen Reiz recht genau abbilden. Hauttemperaturen oberhalb 37 °C werden zunehmend höher, solche unterhalb 37 °C zunehmend niedriger als die tatsächliche Temperatur geschätzt (Abb. 14-7). Die Diskriminationsfähigkeit nimmt unterhalb von 25 °C ab und die Qualität der Empfindung ändert sich von rein *thermisch* zu *thermisch-schmerzhaft.* Die Temperaturempfindung läßt sich nur teilweise von den Antworteigenschaften der Temperatursensoren herleiten. Zwar ist bei der Temperatur der genauesten Schätzung, 37 °C, die Entladungsrate von Kälte- und Wärmesensoren meist gleich, der Indifferenzbereich entspricht aber annähernd dem Bereich maximaler Aktivität der Kältesensoren und minimaler Aktivität der Wärmesensoren. Unterhalb

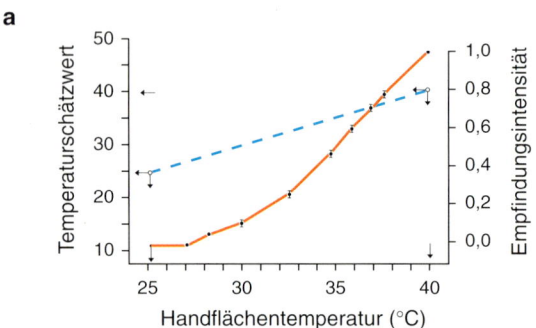

a

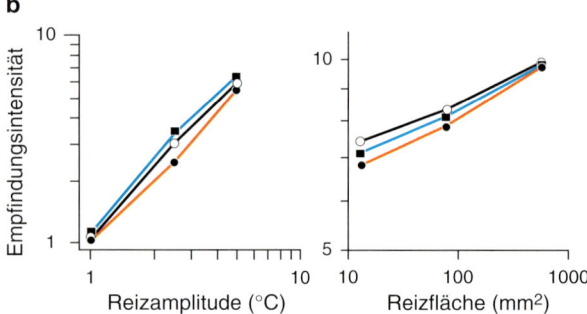

b

Abb. 14-7. Lokale menschliche Temperaturempfindung bei konstanten Temperaturen und bei Temperaturänderungen. **a** Wahrnehmung der Handflächentemperatur nach einer Adaptationszeit von 30 min. Linke Ordinate: geschätzte Temperaturwerte; rechte Ordinate: relative Intensität der Temperaturempfindung. Würde der Temperaturschätzwert der tatsächlichen Temperatur entsprechen, lägen die Werte auf der unterbrochenen Geraden. **b** Abhängigkeit der Temperaturempfindung von der Amplitude und der Geschwindigkeit der Temperaturänderung sowie von der Größe der Reizfläche. Links: Kältereize mit 1,0, 2,5 und 5,0 °C Reizamplitude (Reizfläche 14 cm², Adaptationstemperatur 35 °C). Die unterschiedlichen Reizänderungsgeschwindigkeiten von 0,5 °C/s (gefüllte Kreise), 1,0 °C/s (offene Kreise) und 2,0 °C/s (gefüllte Quadrate) haben keinen Effekt auf die Empfindung (vergleiche die Sensorantworten in Abb. 14-3). Rechts: Kältereize mit 10 °C Amplitude (Adaptationstemperatur 34 °C), die mit verschieden großen Thermoden appliziert wurden. Die Thermode mit der kleinsten Reizfläche bedeckte einen einzelnen Kältepunkt, die mit der größten Reizfläche 20 Kältepunkte. Auch in diesem Beispiel ist die Reizänderungsgeschwindigkeit ohne Effekt (0,05 °C/s, gefüllte Kreise; 0,1 °C/s, offene Kreise; 0,5 °C/s, geschlossene Quadrate). Nach [5]

von 25 °C folgt die Empfindung zunehmend dem Signal der Kälte- bzw. Kälteschmerzsensoren. Da die mittlere Kältesensoraktivität aber abnimmt (s. Abb. 14-1), nimmt man an, daß für die zunehmende Kaltempfindung Untergruppen der Kältesensorpopulationen verantwortlich sind (s.S. 319) [5].

Reizschwelle (Absolutschwelle oder Reizlimen). Bei Temperaturänderungen besteht eine Schwelle für Wärme- bzw. Kälteempfindungen, deren Lage von der **Ausgangstemperatur** und der **Reizänderungsgeschwindigkeit** abhängig ist [5].

Unterschiedsschwellen (*Differenzlimen*). Zwei aufeinanderfolgende Temperaturreize können unterschieden werden, wenn ihre Amplituden um einen bestimmten Betrag differieren. Dabei ergeben sich in Abhängigkeit von der Amplitude für Kälte- und Wärmereize Werte von deutlich unter 0,1 °C; dies entspricht weniger als 3% der Temperatur des ersten Reizes [12]. Die Entscheidungen der Versuchspersonen werden vor Ablauf von 3 s nach Reizbeginn gefällt und liegen damit innerhalb der maximalen dynamischen Antwort der Temperatursensoren (s.S. 319).

Intensität der Temperaturempfindung. Die bei Änderung der Temperatur vom Indifferenzbereich erhaltenen Temperaturempfindungen nehmen als *Potenzfunktion* mit der **Reizamplitude** und der **Reizfläche** zu (Abb. 14-7), nicht aber mit der **Reizänderungsgeschwindigkeit**. Aus diesen Befunden ist der Schluß zu ziehen, daß die Empfindung eher mit der *kumulativen Anzahl der Impulse* als mit der *maximalen dynamischen Entladungsrate* während des dynamischen Reizes korreliert (s.S. 319). Zusätzlich ist die *Anzahl der erregten Sensoren* bedeutsam (*räumliche Summation*). Da man davon ausgehen muß, daß nicht jede Aktivität der Temperatursensoren zu einer Empfindung führt, andererseits Empfindungen deutlich länger vorhalten als die Sensoraktivität, kann die Empfindung als Funktion einer zentralen Schwelle, verbunden mit einem Integrator mit großer Lösch-Zeitkonstante, aufgefaßt werden [5].

> **Für eine effiziente Temperaturregulation müssen aktueller Zustand und Ausmaß der Störung bekannt sein**

Temperaturkonstanz erleichtert die Optimierung chemischer Reaktionen. Die Kontrolle der internen Temperatur ist daher ein bei homoiothermen und poikilothermen Tierarten gleichermaßen erstrebtes Ziel. Bekannte Beispiele – neben den beiden homoiothermen Klassen der Vögel und Säuger – sind Reptilien, Amphibien, Fische und verschiedene Arthropodenarten, deren Thermoregulation meist durch das Verhalten erfolgt. Insekten betreiben soziale Thermoregulation, die aktive Wärmebildung und evaporative Wärmeabgabe einschließt [3].

Jedes temperaturgeregelte System hat einen Kern- und einen Schalenbereich, wobei die Schale den Übergang zwischen konstantem Kern und variabler Umgebung darstellt. Die kutanen Temperatursensoren an der Grenzfläche der Schale signalisieren Einwirkungen der Umgebungstemperatur auf die Schale. Da deren Temperatur nicht die kontrollierte Größe darstellt, dient das Sensorsignal als Anzeige einer auftretenden Störung; man bezeichnet einen solchen Signalweg als **Störgrößenaufschaltung.**

Maßgeblich für die Größe reflektorischer Stellvorgänge sind *Amplitude* und *Änderungsgeschwindigkeit* der Störgröße, daher ist das **dynamische Antwortverhalten** der Sensoren von großer Bedeutung (Abb. 14-1, 14–2). Da zur Messung der Störung die Sensoren möglichst exponiert liegen müssen, ist die Dichte der Temperatursensoren in unbehaarten Hautabschnitten meist besonders hoch; oft ist der faziale Bereich dominant. Regelabweichungen können aber auch im Körperinneren auftreten, beispielsweise bei Muskelarbeit. Die Funktion des Regelsystems ist daher gekennzeichnet durch multiple Ein- und Ausgänge (Abb. 14-6), wobei nicht eine einzelne lokale Temperatur, sondern der thermische Gesamtzustand des Körpers berücksichtigt wird.

> **Anpassungsvorgänge gegenüber thermischer Belastung machen die Temperaturregelung effizienter oder ökonomischer**

Auf langanhaltende oder wiederholte Belastungen (Stressoren) antworten Organismen mit langfristigen Anpassungsvorgängen, denen Modifikationen von Organen oder Funktionssystemen zugrundeliegen. Solche **Adaptationsprozesse** treten auch bei thermischen Belastungen auf, wenn diese über Tage, Wochen oder Monate wirksam sind.

Kälteadaptation. Bei vielen Tierspezies häufig vorkommende kälteadaptive Modifikationen sind die Zunahme der *Wärmeisolation* durch Pelzwachstum oder die Erhöhung der Fähigkeit zur *Wärmebildung*, beispielsweise durch Bildung von braunem Fettgewebe. Der Mensch betreibt *Verhaltensanpassung* durch Änderung von Kleidung oder Wohnbedingungen. Während diese Art von Adaptation die *Effizienz* der Stellvorgänge und damit die Homoiostase verbessert, können aber auch Anpassungsvorgänge beobachtet werden, bei denen die *Ökonomie* der Regelung im Vordergrund steht [31]. Hier kommt es bei verschiedenen Tierspezies zu einer Absenkung der Schwellentemperatur für Kältezittern und zu einer Verminderung der Wärmeproduktion. Eine solche **Toleranzadaptation** findet sich auch beim Menschen; in diesen Fällen tritt bei Kältebelastung mäßige Hypothermie auf.

Hitzeadaptation. Die wesentlichsten hitzeadaptiven Modifikationen, die beim Menschen auftreten, sind die gesteigerte Sekretionsrate bei gleichzeitig erniedrigtem Elektrolytgehalt des Schweißes. Außerdem erniedrigt sich die Schwellentemperatur für die Schweißsekretion. Während dies Beispiele für die Optimierung der Regeleffizienz sind, finden sich bei Bewohnern der Tropen Anpassungsvorgänge, die eine ökonomischere Regelung erlauben [31]. Es kommt zu einer Erhöhung der Schwellentemperatur für die Schweißsekretion und zu einer Verminderung der Hautdurchblutung. Dies kann Hyperthermie zur Folge haben (Toleranzadaptation gegen Hitze).

> **Im Tierreich sind zahlreiche Strategien zur Ortung der Beute verwirklicht; eine Möglichkeit ist die Verwendung der Wärmeabstrahlung der Beute als Leitsignal**

Da das Signal in der lokalen Erwärmung des Ortungssensors durch die Wärmestrahlung der homoiothermen Beute besteht, ist die Einbettung des Sinnessystems in einem Bereich relativ niedriger Temperatur und geringer Wärmekapazität von Vorteil. Die Jäger sind dämmerungs- oder nachtaktiv, denn die nächtlichen niedrigen Umgebungstemperaturen verbessern das Signal-Rausch-Verhältnis. Am weitesten fortgeschritten ist dieses Prinzip bei den **Grubenottern**; sie haben von allen bisher untersuchten Spezies die empfindlichsten Wärmesensoren. Zahlreiche **Riesenschlangenarten** verfügen ebenfalls über die Möglichkeit, ihre Beute an Hand der Wärmestrahlung zu lokalisieren. Ihre Wärmesensoren sind weniger empfindlich, aber deren Schwelle liegt immer noch deutlich unter der der Wärmesensoren der Säuger (Abb. 14-1). Alle untersuchten Sensoren zeichnen sich durch ein ausgeprägtes dynamisches Antwortverhalten aus, das die Peilung eines sich bewegenden Zieles erleichtert [9]. Die afferente Verarbeitung des peripheren Signals erfolgt bei Schlangen mit einem **Wärme-Ortungssystem** in einem besonderen Kerngebiet, dem *seitlichen absteigenden Trigeminuskern*. Die sekundären Neurone dieses Kerns projizieren bei Boiden direkt, bei Crotaliden über einen weiteren temperaturspezifischen Kern, den *Nucl. caloris reticularis,* zum *Tectum opticum*. Hier befinden sich zahlreiche bimodale Neurone, die in komplexer Weise auf *simultane optische* und *thermische Signale* antworten [21]. Man kann sich also vorstellen, daß die Schlange die Temperatur des betrachteten Objektes „sieht".

Die **Gemeine Vampirfledermaus** ernährt sich ausschließlich von Blut, das sie von Wunden leckt, die sie anderen Säugern zugefügt hat. Gut durchblutete Hautareale findet sie mit ihren Wärmesensoren, die – ungewöhnlich für einen Säuger – eine den Riesenschlangen ähnliche Empfindlich-keit aufweisen (Abb. 14-1). Die Sensoren befinden sich an der kühlsten Stelle des Gesichtsbereiches, dem etwa 29 °C kalten Nasenaufsatz. Auch Arthropoden lassen sich von der Wärmestrahlung ihrer Beute leiten. So verfügen Moskitos auf ihren Antennen und gewisse tropische Zecken an ihren Vorderbeinen neben Kältesensoren über recht empfindliche Wärmesensoren.

14.5 Literatur

Weiterführende Lehr- und Handbücher

1. Bligh J, Voigt KH (eds) (1990) Thermoreception and temperature regulation. Springer, Berlin
2. Hales JRS (ed) (1984) Thermal physiology. Raven, New York
3. Heinrich B (1993) The hot-blooded insects – strategies and mechanisms of thermoregulation. Harvard University Press, Cambridge/Mass
4. Hensel H (1981) Thermoreception and temperature regulation. Academic, New York
5. Hensel H (1982) Thermal sensations and thermoreceptors in man. Thomas, Springfield

Einzel- und Übersichtsarbeiten

6. Altner H, Loftus R (1985) Ultrastructure and function of insect thermo- and hygroreceptors. Annu Rev Entomol 30:273–295
7. Braun HA, Bade H, Hensel H (1980) Static and dynamic discharge patterns of bursting cold fibres related to hypothetical receptor mechanisms. Pflügers Arch 386:1–9
8. Brück K, Zeisberger E (1987) Adaptive changes in thermoregulation and their neurobiological basis. Pharmacol Ther 35:163–215
9. Cock Buning T de, Terashima S, Goris RC (1981) Crotaline pit organs analyzed as warm receptors. Cell Mol Neurobiol 1(1):69–85
10. Curras MC, Boulant JA (1989) Effects of ouabain on neuronal thermosensitivity in hypothalamic tissue slices. Am J Physiol 257:R21-R28
11. Curras MC, Kelso SR, Boulant JA (1991) Intracellular analysis of inherent and synaptic activity in hypothalamic thermosensitive neurones in the rat. J Physiol (Lond) 440:257–271
12. Darian-Smith I (1984) Thermal sensitivity. In: Darian-Smith I (ed) Sensory processes, part 2. American Physiological Society, Bethesda, pp 879–913 (Handbook of physiology, sect 1: The nervous system, vol 3)
13. Davis EE, Sokolove PG (1975) Temperature responses of antennal receptors of the mosquito, Aedes aegypti. J Comp Physiol [A] 96:223–236
14. Düring M von (1974) The radiant heat receptor and other tissue receptors in the scales of the upper jaw of Boa constrictor. Z Anat Entwicklungsgesch 145:299–319
15. Fuortes MGF (1971) Generation of responses in receptor. In: Loewenstein WR (ed) Principles of receptor physiology. Springer, Berlin, pp 243–268 (Handbook of sensory physiology, vol 1)
16. Hellon RF (1990) Processing of thermal information from the face. In: Bligh J, Voigt KH (eds) Thermoreception and temperature regulation. Springer, Berlin, pp 107–115

17. Hirosava K (1980) Electron microscopic observations on the pit organ of a crotaline snake Trimeresurus flavoviridis. Arch Histol Jpn 43(1):65–77
18. Kenshalo R (1990) Correlations of temperature sensation and neural activity: a second approximation. In: Bligh J, Voigt KH (eds) Thermoreception and temperature regulation. Springer, Berlin, pp 67–88
19. Klein U, Zimmermann B (1991) The vascular-type ATPase from insect plasma membrane: immunocytochemical localization in insect sensilla. Cell Tissue Res 266(2):265–274
20. Murphy BF Jr, Heath JE (1983) Temperature sensitivity in the prothoracic ganglion of the cockroach, Periplaneta americana, and its relationship to thermoregulation. J Exp Biol 105:305–315
21. Newman EA, Hartline PH (1981) Integration of visual infrared information in bimodal neurons of the rattlesnake optic tectum. Science 213:789–791
22. Poulos DA (1984) A comparison of trigeminal thermoreceptors observed in cats and in monkeys. In: Hamann W, Iggo A (eds) Sensory receptor mechanisms. World Scientific, Singapore, pp 303–313
23. Schäfer K, Braun HA (1990) Modulation of periodic cold receptor activity by ouabain. Pflügers Arch 417:91–99
24. Schäfer K, Braun HA, Hensel H (1984) Temperature transduction in the skin. In: Hales JRS (ed) Thermal physiology. Raven, New York, pp 1–11
25. Schäfer K, Braun HA, Rempe L (1991) Discharge pattern analysis suggests existence of a low-threshold calcium channel in cold receptors. Experientia 47:47–50
26. Simon E, Pierau FK, Taylor CM (1986) Central and peripheral thermal control of effectors in homeothermic temperature regulation. Physiol Rev 66(2):235–300
27. Spray DC (1976) Pain and temperature receptors of anurans. In: Llinas R, Precht W (eds) Frog neurobiology. Springer, Berlin, pp 607–627
28. Steinbrecht RA (1989) The fine structure of thermohygrosensitive sensilla in the silkmoth Bombyx mori: receptor membrane substructure and sensory cell contacts. Cell Tissue Res 255:49–57
29. Sumino R, Dubner R (1981) Response characteristics of specific thermoreceptive afferents innervating monkey facial skin and their relationship to human thermal sensitivity. Brain Res Rev 3:105–122
30. Terashima S, Liang YF (1991) Temperature neurons in the crotaline trigeminal ganglia. J Neurophysiol 66(2):623–634
31. Werner J (1989) Distributed signal processing and effector control in the thermoregulatory system. In: Lüttgau HC, Necker R (eds) Biological signal processing. VCh, Weinheim
32. Werner J (1990) Models of cold and warm adaptation. In: Bligh J, Voigt K (eds) Thermoreception and temperature regulation. Springer, Berlin

15 Mechanosensorik

U. Thurm

15.1 Grundzüge mechanischer Reize und mechanosensorischer Rezeptorsysteme

> **Die Vielfalt mechanischer Reize führte zu einer Vielzahl von Mechanorezeptorklassen; Mechanorezeptoren stammen entweder aus Epithelzellen oder aus Ganglienzellen**

Reaktionen auf mechanische Kräfte sind sehr ursprüngliche Leistungen lebender Zellen [4]. Bereits die Regelung des Volumens einer Zelle geschieht durch mechanosensitive („dehnungssensitive") **Ionenkanäle** [42]. Die Berührung einzelliger Organismen, wie z.B. eines Paramecium, führt zur Öffnung mechanosensitiver Ionenkanäle, die die Bewegungsrichtung der Zelle beeinflussen. Auch nichtsensorische Funktionen mancher Zelltypen höherer Organismen werden durch eine eigene Mechanosensitivität dieser Zellen gesteuert: Kontraktionen glatter Muskelzellen und die Formbildungsaktivität von Knochenzellen werden durch Dehnungsreize ausgelöst, Schlagreaktionen der Zilien von Flimmerepithelien durch passive Auslenkung dieser Zilien.

Für die Steuerung des Verhaltens von Metazoen und für die Kontrolle ihrer Organfunktionen sind unterschiedlich spezialisierte **mechanorezeptorische Sinneszellen** entwickelt worden, so zur Rezeption von Muskellängen, von Spannungen in Sehnen und anderen Geweben, von Gelenkstellung, Blutdruck, Berührung (Tastsinn), Strömung (Ferntastsinn), Gravitation und andere Beschleunigung (Gleichgewichtssinn), Schwingung des Untergrunds (Vibration) und Schwingung des umgebenden Mediums (Schall: Hörsinn). Diejenigen dieser Sinneszellen, die der Kontrolle von Organfunktionen dienen, werden als **Propriorezeptoren (Propriosensoren)** von den **Exterorezeptoren (Exterosensoren)** unterschieden, die äußere mechanische Einwirkungen rezipieren.

Die Zuordnung einer Rezeptorzelle zu einer der obigen Funktionsgruppen schließt nicht aus, daß sie zusätzlich auch einer anderen Funktion dient. So sind Statoorgane der Fische auch Hörorgane, Gelenkstellungsrezeptoren der Insekten auch Statoorgane. *Die Funktion eines Sinnesorgans wird durch die Art der Auswertung der Sinnesmeldungen im Zentralnervensystem mitbestimmt.*

Mechanorezeptorzellen entwickelten sich in einer **Vielfalt von Bautypen**, die bei anderen Sinnesmodalitäten keine Entsprechung hat. Einer der Gründe ist, daß Mechanorezeptoren in zwei sehr unterschiedlichen Klassen von Zellen entstanden sind, den **Epithelzellen** (Abb. 15-2) und den **Ganglienzellen** (Abb. 15-6, 15-7).

15.2 Bau und Reiztransduktion epithelialer Mechanorezeptorzellen

> **Konstruktion und Arbeitsbedingungen der epithelialen Sinneszellen werden durch die Funktion von Epithelien geprägt, zwei verschiedene Lösungsräume zu trennen**

Ein Epithel bildet eine **Trennschicht** zwischen dem Gewebe und dem den Organismus umgebenden Außenraum oder einem Körperhohlraum (Abb. 15-1a), deren Elektrolyte häufig sehr unterschiedlich zusammengesetzt sind. Die zum Außenraum hin gerichtete apikale Membran einer Epithelzelle hat daher in der Regel andere Eigenschaften und Funktionen als die zum Zwischenzellraum hin gerichtete basolaterale Membranzone derselben Zelle. Die beiden Membranregionen werden durch einen Kontaktgürtel, der die benachbarten Zellen miteinander verbindet, gegeneinander abgegrenzt. Diese Kon-

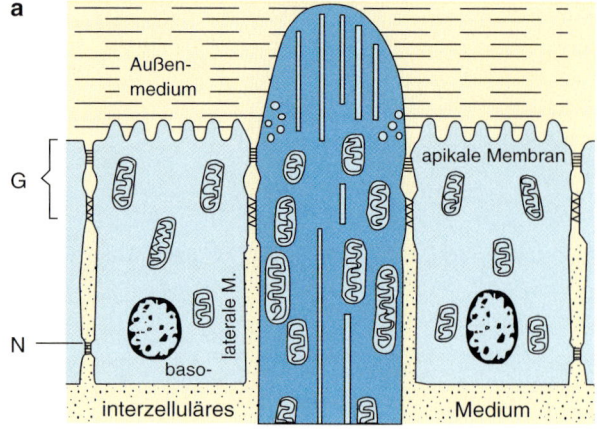

a

Außen-
medium

G

apikale Membran

N

laterale M.

baso-

interzelluläres

Medium

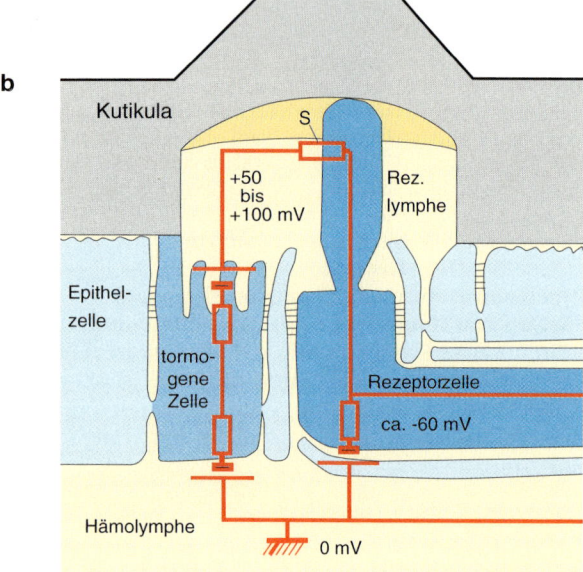

b

Kutikula

S

+50
bis
+100 mV

Rez.
lymphe

Epithel-
zelle

tormo-
gene
Zelle

Rezeptorzelle

ca. -60 mV

Hämolymphe

0 mV

Abb. 15-1. a Grundschema des Aufbaus eines Sinnesepithels aus Sinneszellen und nicht-neuralen Stützzellen. Der apikale reiztransduzierende Pol der Rezeptorzelle (hier ohne modalitäts-spezifische Gestaltung) bleibt frei von Mitochondrien. Ein Zell-kontaktgürtel (G) umgibt alle Zellen als apikaler Spaltabschluß. Basalere Nexus (gap junctions) verbinden die Plasmaräume der Stützzellen untereinander (N). **b** Epithelialer Aufbau und verein-fachtes Ersatzschaltbild des Rezeptorstromkreises eines mecha-norezeptorischen Sensillums eines Insekts. S, Reiz-gesteuerter Membranwiderstand

taktzone ist in der Regel eine starke Permeabilitäts-barriere in den Zwischenzellspalten (Abb. 15-1).

Steuerung apikaler Ionenkanäle. Die reizaufneh-menden und transduzierenden Zellstrukturen – die Sensorstrukturen – sind bei epithelialen Sinneszel-len stets Teil der **apikalen Membranzone**, wie es einer Informationsaufnahme aus der Umgebung eines Organismus entspricht. Die Sensorstrukturen steuern durch Öffnen oder Schließen von Ionenka-nälen die Stärke eines **transepithelialen Stromes**, der vorherrschend von Na^+ und/oder K^+ apikal hin-

eingetragen wird und der als K^+-Strom aus der baso-lateralen Membranregion wieder austritt. Er wird vom aktiven Ionentransport als Energiequelle gespeist, am häufigsten in Form des Na^+/K^+-Trans-ports, der ebenfalls in der basolateralen Membran mit ihrem stabilisierten Lymph-Außenmilieu lokali-siert ist. Diese Funktionsverteilung bleibt auch dann erhalten, wenn das Epithel einen im Körper gelege-nen Hohlraum abgrenzt (s. Vestibularorgane). Sie entspricht der Verteilung von Ionenkanälen und aktiven Transportmechanismen anderer Epithelien, die dem Ionen- und Wasserhaushalt dienen (z.B. Nierentubulus, Froschhaut). *Die Besonderheit der Epithelzellen mit sensorischer Funktion ist die Steuer-barkeit des Öffnens apikaler Ionenkanäle durch Sin-nesreize.*

Rezeptorstromkreis. Der dichte Abschluß der Zwi-schenzellspalten in der Epithelebene hat zur Folge, daß der Rezeptorstromkreis einer Sinneszelle *durch die benachbarten Zellen des Epithels hindurch* geschlossen wird (Abb. 15-1b). Diese Zellen – seien es Sinneszellen oder nichtneurale Zellen – *gestalten die Eigenschaften des Stromkreises also mit* [56].

Wegen des elektrischen Widerstands des Epithels führt der Durchtritt des Rezeptorstroms durch das Epithel zu einer Änderung der transepithelialen Spannung, als *transepithe-liales Rezeptorpotential*. Diese Spannungskomponente ist in der Säuger-Cochlea als „*Mikrophonpotential*" bezeich-net worden (s. Kap. 16). Diese Komponente ist auch an Insektensensillen meßbar (Abb. 15-1b, 15-4d).

Nichtneurale Spannungsquellen. In manchen Sin-nesorganen liefern nichtneurale Zellen des Epithels, die in den Rezeptorstromkreis eingeschlossen sind, das Ionenmilieu und einen Teil der Treibspannung für den Eintritt des Rezeptorstroms in die Sinnes-zelle [56]. Dieses Prinzip ist in den Sensillen der Insekten und den Hör- und Gleichgewichtsorganen der Wirbeltiere unabhängig voneinander hoch ent-wickelt (Abb. 15-1b). In ein isoliertes Lymphvolu-men (Rezeptor- oder Endolymphraum), das die reizaufnehmenden Pole der Sinneszellen umgibt, transportieren spezialisierte Epithelzellen K^+-Ionen hinein und produzieren so ein *extrazelluläres Ionen-milieu, das einem intrazellulären ähnlich ist* (100–150 mM K^+, ca. 10 mM Na^+). Durch diesen Transport entsteht über dem Epithel gleichzeitig eine *transepi-theliale Spannung von 20–100 mV* (Lumen positiv). Sie überkompensiert den Verlust der Na^+- und K^+-Spannungsquellen, der an der apikalen Rezeptor-membran durch die Angleichung der Konzentratio-nen entsteht und addiert sich zum Diffusionspoten-tial der basolateralen Sinneszellmembran.

Zwei Vorteile dieser Konstruktion sind erkennbar: a) Der epitheliale Transport kann die Gesamt-Treibspannung im Rezeptorstromkreis erhöhen. Dies steigert die Amplituden der Rezeptorpotentiale und somit die Empfindlichkeit des Rezeptors. b) Indem der Rezeptorstrom durch das extrazellulär angereicherte K^+ in die Sinneszelle hinein und durch K^+ auch herausgetragen wird, werden Konzentrations- und entsprechende Spannungsquellen-Änderungen vermieden, die sonst bei längerwährendem Rezeptorstromfluß auftreten und die Empfindlichkeit reduzieren würden.

Signalabgabe epithelialer Mechanorezeptoren. Das Rezeptorpotential über der basolateralen Membran löst bei Haarzellen der Vertebraten und einigen Sinneszellen der Tintenfische und anderer Invertebraten in der basalen Membranregion die Sekretion synaptischer Transmitter aus. Diese *axonlosen* Sinnesepithelzellen (**„sekundäre" Sinneszellen**) sind synaptisch mit den Neuriten afferenter Ganglienzellen verbunden, in denen die postsynaptischen Potentiale in Nervenimpulse umkodiert werden. Viele Typen epithelialer Sinneszellen *bilden jedoch basal selbst Axone aus* (**„primäre" Sinneszellen**), in denen das Rezeptorpotential Nervenimpulse generiert. Der synaptische Transmitter epithelialer Sinneszellen ist vielfach Glutamat.

Allen epithelialen Mechanorezeptorzellen ist die apikale Ausbildung einer oder mehrerer Zilien gemeinsam

Die Zilie ist diejenige Struktur, über die die Reizkraft der Zelle zugeleitet wird (eine Ausnahme machen die Hörzellen der Säuger mit sekundärer Rückbildung der Zilien, s.u.). In einigen Fällen ist die sensorische mit einer motorischen Funktion der Zilien verbunden (z.B. in Statorezeptoren der Schnecken). Ist nur ein Zilium vorhanden, so ist es in der Regel nicht bewegungsaktiv, auch wenn es strukturell unmodifiziert erscheint (z.B. in den Haarzellen der Wirbeltiere, Abb. 15-2b). In vielen dieser Zelltypen ist es auch mehr oder weniger stark modifiziert: Es hat seine aktive Bewegungsfähigkeit

zusammen mit den Dynein-„Ärmchen" und dem zentralen Tubuluspaar verloren; zusätzliche Tubuli, andere versteifende Filamente und amorphes Material werden eingebaut (z.B. in Sinneszellen der Insekten, Abb. 15-2d).

In enger Nachbarschaft des Einzelziliums stehen in den Sinneszellen der meisten Tierstämme mehrere große Mikrovilli (Abb. 15-2) (Ausnahme Arthropoden und Nematoden, s.u.), früher Stereozilien genannt (stereos = steif), besser als Stereovilli bezeichnet [57].

Zilien und/oder Stereovilli finden sich auf den epithelialen Mechanorezeptoren in fünf unterschiedlichen Konfigurationen. Sie sind vermutlich Varianten von zwei oder drei ursprünglichen Konstruktionen (Abb. 15-2). Im Tierreich am meisten verbreitet ist eine Kombination aus einer nicht schlagaktiven Zilie und einem sie konzentrisch umgebenden Ring von Stereovilli (Abb. 15-2c). Dies ist die Konfiguration der ursprünglichen epithelialen Mechanorezeptorzellen. Sie werden als **Kragensinneszellen** bezeichnet. Diese Sinneszell-Konstruktion blieb – mit einigen Variationen – durch die Stämme der Invertebraten von den Nesseltieren bis zu den Ur-Chordaten (z.B. Lanzettfischchen Branchiostoma) erhalten. Bei den Vertebraten entwickelte sich die Konfiguration eines Stereovillusbündels, das einseitig neben dem nun exzentrisch angeordneten Zilium („Kinozilium") steht (Abb. 15-2b). Für derartige Zellen wurde im 19. Jahrhundert der Begriff **Haarzelle** geprägt. (Kragensinneszellen sind dementsprechend *konzentrische Haarzellen*.) Auf den epithelialen Mechanorezeptorzellen der Mollusken, insbesondere der Tintenfische, stehen bis zu 200 Zilien pro Zelle dicht benachbart und zwischen ihnen Mikrovilli, mit denen sie durch Filamente verbunden sind (Abb. 15-2a) [12]. Bei den Artikulaten (z.B. Insekten und Spinnen) ist das Zilium vom direkten Reizzugang durch die geschlossene Kutikula der Körperwand abgeschirmt, die nun selbst den Reiz auf das Zilium überträgt. Hier bildet die Sinneszelle **keine Stereovilli** aus; nur das meist stark modifizierte Zilium ist vorhanden („**ziliäres Außenglied**", vergleichbar dem Photorezeptor-Stäbchen) (Abb. 15-2d). Diese Zellen bieten die übersichtlichsten Bedingungen für die Reiztransduktion.

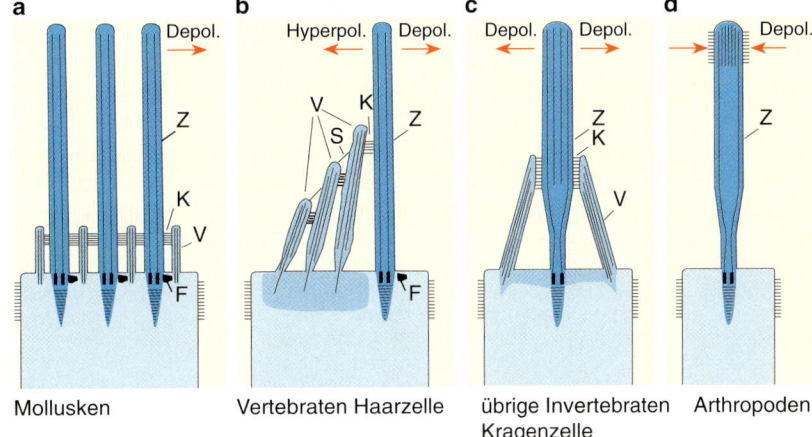

Abb. 15-2. Reizaufnehmende, apikale Zellstrukturen epithelialer Mechanorezeptoren. Z: Zilien; V: Mikro- oder Stereovilli; Pfeile: zu De- bzw. Hyperpolarisation führende Reizkraftrichtungen. In **a** und **b** sind die Zilien strukturell und funktionell polarisiert (s. Basalfuß F), in **c** und **d** nicht. K, extrazelluläre Konnektoren; S, Spitzenfilamente.

a — Mollusken
b — Vertebraten Haarzelle
c — übrige Invertebraten Kragenzelle
d — Arthropoden

Das Haar eines Insekts, eines Krebses oder einer Spinne ist in der Regel Teil eines Minisinnesorgans, das eine oder wenige Sinneszellen enthält (Abb. 15-1b). Haar und zugehörige Zellen werden als **Sensillum** bezeichnet. Die meisten Haare eines Insekts fungieren als kutikularer Hebel, der eine auf den Haarschaft einwirkende Kraft auf die Außengliedspitze der mit ihm verbundenen Mechanorezeptorzelle überträgt (Abb. 15-3). Eine Kraft, die transver-

sal auf die Membranfläche trifft und eine lokale Querkompression des Außengliedes erzeugt, führt zu einer Depolarisation der Zelle. Eine Kraft in der Gegenrichtung, d.h. eine Zugspannung transversal zur Membranfläche, bewirkt eine Hyperpolarisation der Zelle, vorausgesetzt, die Zelle ist im mechanischen Ruhezustand teildepolarisiert [56].

Vier unterschiedliche Konstruktionstypen für die Übertragung der Reizkraft auf das Rezeptoraußenglied kommen bei Insekten am häufigsten vor:

a) **Fadenhaartyp** (*Sensillum trichodeum*; Abb. 15-3a): ein nur wenige µm dickes Haar ist in einem kutikularen Diaphragma aufgehängt. Diese Konstruktion ist für die Rezeption sehr kleiner Kräfte, z.B. von Luftströmungen, optimiert (s.u. und 15.6). Das Haar arbeitet als zweiarmiger Hebel und überträgt mit seinem kurzen Arm die Reizkraft direkt auf die Spitze des Rezeptoraußenglieds, die auf der Gegenseite abgestützt ist. Die Konstruktion ist bilateral symmetrisch. *Entgegengesetzte Haarauslenkungen üben entweder Druck oder Zug an der Außengliedseite aus.* Die Empfindlichkeit ist daher richtungsselektiv.

b) **Borstentyp** (*Sensillum chaeticum*; Abb. 15-3b): die dicke Haarwand geht in eine ähnlich dicke hochelastische Gelenkwand (Protein Resilin) über. Darunter liegt die Spitze des Rezeptoraußenglieds in einer lockeren, elastischen Matrix („Sockelseptum", „Kappe"), die den Gelenkbereich ausfüllt. In jeder Abbiegungsrichtung der Borste wird durch die Gelenkmatrix auf die Rezeptorendigung Druck ausgeübt, der zur Depolarisation führt. Die erforderliche Abbiegungsenergie ist mehrere Zehnerpotenzen größer als die Reizenergie für die Sinneszelle: eine Konstruktion für Berührungsrezeptoren (s. 15.5).

c) **Campaniforme Sensillen** (Abb. 15-3c): sie rezipieren Kräfte, die durch äußere Belastungen, Beschleunigungen oder durch Muskelkräfte in der Körperwand eines Arthropoden auftreten. Die Borste ist bei diesen Sensillen durch eine Kutikulakuppel ersetzt. Die in der Körperwand auftretenden Kräfte erzeugen direkt reizwirksame Querkompressionen der Matrix und der in ihr eingebetteten Rezeptorspitze (ähnlich: Spaltsinnesorgane der Spinnen, 15.4, 15.5).

d) Im **Scolopidialrezeptortyp** ist die Epithelebene in den Körper hineingezogen, so daß die Zilienspitze nicht mehr in direktem Kontakt mit der Kutikula steht, sondern in einer Kappe endet (Abb. 15-3d). Diese Sinneszellen rezipieren Druck- oder Zugkräfte im Körperinneren. Ihr Rezeptorlymphraum ist ringsherum durch kompakte Aktinstäbe der Hüllzelle versteift (Grundlage des Namens „Scolops" = Stift); die Zilienwurzel ist zu einer starken Verankerung entwickelt. In dieser Form (*mononematisch*) stehen die Sensillen als Schallrezeptoren auf kutikularen Tympani (Trommelfellen) (*Druckrezeption* s. 16.2). Andere Sensillen sind mit einer zweiten Zugverankerung an ihrer Kappe (*amphinematisch*) versehen und sind zwischen verschiedenen

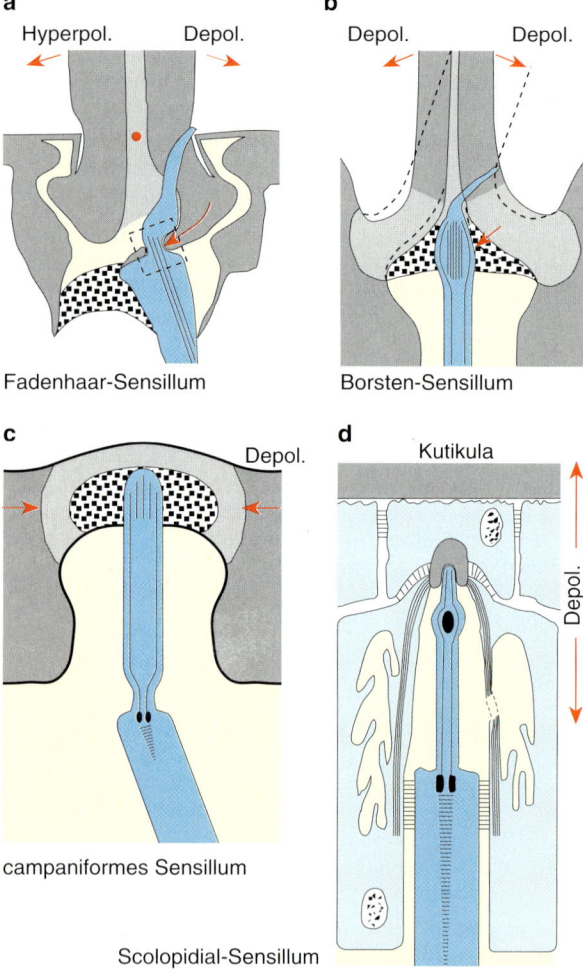

a Hyperpol. Depol.

Fadenhaar-Sensillum

b Depol. Depol.

Borsten-Sensillum

c Depol.

campaniformes Sensillum

d Kutikula

Depol.

Scolopidial-Sensillum

Abb. 15-3. Konstruktionstypen epidermaler Mechanorezeptor-Sensillen von Insekten. Pfeile geben die Reizkraftrichtung für die angezeigte Rezeptorpotential-Polarität an. grau: kutikulare Strukturen; dunkelblau: Zilien-Außenglied; in **a** und **b** ist nur der distale Abschnitt des Zilienaußenglieds dargestellt, in **b** und **c** auch ein Teil des Innenglieds. **d** Bau und Lage des Scolopidialrezeptors. In **a** kleiner Kreis: Lage der Drehachse des Haares, eingerahmte Zone: vergrößert wiedergegeben in Abb. 15-4a

Kutikulasegmenten ausgespannt: *Dehnungsrezeptoren*. Sie arbeiten entweder ebenfalls als Hör- oder Vibrationsrezeptoren (Johnston-Organ, Abb. 16-1) oder als propriorezeptorische Gelenkstellungsrezeptoren (**Chordotonalrezeptoren**; 15.4).

Verbindungselemente zwischen Mikrotubuli und Membran sind wahrscheinlich Teil des Transduktionsmechanismus

Die Zilienaußengliedregion, der die Reizkraft aufgeprägt wird, weist **zusätzliche Mikrotubuli** auf. Die Mikrotubuli bilden mindestens eine Lage unter der Membran und sind untereinander durch eine amorphe Substanz verbunden (Abb. 15-4a) [56]. Dieser Strukturkomplex ist kennzeichnend für epidermale Mechanorezeptoren von Insekten und wird als **Tubularkörper** bezeichnet. Die umgebende Rezeptormembran ist auf ihrer Außenseite mit der reiz-

übertragenden Kutikula und auf ihrer Plasmaseite über **membran-integrierte konusförmige Moleküle (Konen)** mit den peripheren Mikrotubuli verbunden (Abb. 15-4a,b). Bei einer Dichte von etwa $1–2 \times 10^3$ Konen pro μm^2 enthält jedes Außenglied je nach Zellgröße einige 100 bis wenige 1000 Membrankonen. Es wird vermutet, daß sie in enger Beziehung zu den Rezeptor-Ionenkanälen stehen (s. Abb. 15-4e).

In den Haarzellen der Vertebraten erfolgt die Reiz-Erregungs-Transduktion in ihren bilateral-symmetrisch angeordneten Stereovilli

Haarzellen sind durch die exzentrische Anordnung des Ziliums bilateral symmetrisch. In der Symmetrieachse ist die Richtung von den Stereovilli zum Zilium hin von der Gegenrichtung zu unterscheiden.

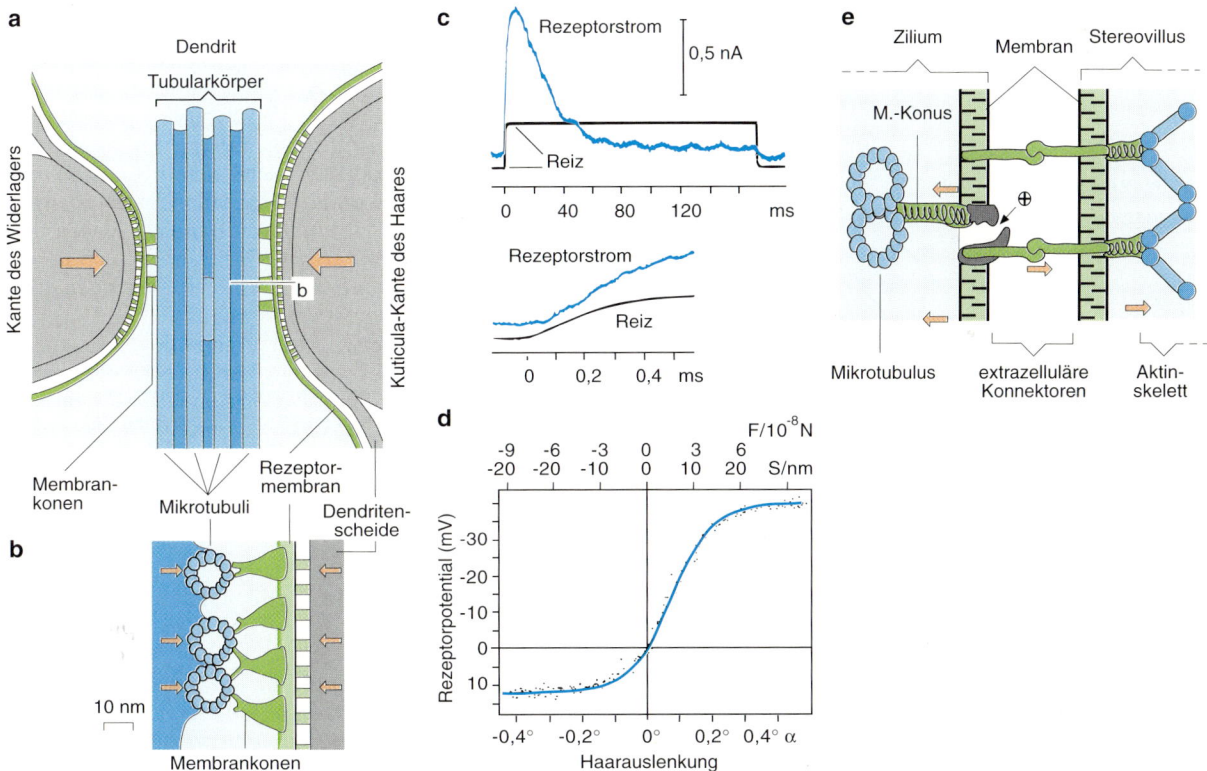

Abb. 15-4. a Reizaufnehmende Zone des ziliären Außengliedes eines Fadenhaar-Sensillums, wie in Abb. 15-3a markiert. Pfeile deuten die depolarisierende Kraftrichtung an (ebenso in **b** und **e**). **b** Stark vergrößerter Querschnitt durch den Rezeptormembran-Bereich in der reizaufnehmenden Zone (s. Markierung in **a**). Nach [58]. **c** Zeitverlauf des transepithelialen Rezeptorstroms eines Borstensensillums einer Schmeißfliege bei stufenförmiger Auslenkung der Borste (Originalaufnahme H. Kastrup). **d** Reiz-Reaktions-Kennlinie für die phasische Spitze des transepithelialen Rezeptorpotentials eines Fadenhaar-Sensillums (Meßpunkte von Einzelreaktionen). Die durchgezogene Linie erfüllt die Funktion 15.3 auf S. 338. 0° ist die Ruhestellung des Haares; negative Rezeptorpotential-Werte: Depolarisationen des Rezeptors. F, Reizkraft; S, Reizweg. Nach [56, 58]. **e** Querschnitt der Kontaktzone von Zilium und Stereovilli in Kragensinneszellen und Nesselzellen (s. Abb. 15-2c) mit dem wahrscheinlichen Ort eines mechanosensitiven Ionenkanals. Ähnliche Vergrößerung wie **b**; Ion und Kanalöffnung unproportional groß. Spiralen deuten Elastizitäten an. Nach [26] und weiteren Daten

Jede der Haarzellen ist also in der Epithelebene **morphologisch polarisiert**. Zur Polarisierung gehört bei allen Haarzellen auch die zum Zilium gerichtete rampenförmige Zunahme der Länge der Stereovilli. Der morphologischen Polarisierung entspricht die **physiologische Richtcharakteristik**: Auslenkungen des Haarbündels in Richtung von den Stereovilli zum Zilium führen zur Depolarisation der Zelle,

Auslenkungen in der Gegenrichtung zu ihrer Hyperpolarisation; Auslenkungen quer zur Symmetrie-Achse bleiben wirkungslos (Cosinus-ähnliche Richtungsabhängigkeit).

Reizleitung und -transformation. Haarzellen werden bei Wirbeltieren als Sensoren für Wasserströmung, Drehbeschleunigung, Gravitation, Vibration und Schall eingesetzt. Fast stets wird die Reizkraft dem Haarbündel über eine **gallertige Hilfsstruktur** zugeführt, die für die jeweilige sensorische Funktion spezialisiert ist (Abb. 15-11b): eine **Cupula, otolithische Membran** oder **Deckmembran**. Die Hilfsstruktur ist jeweils mit der Zilienspitze oder, bei rückgebildetem Zilium, mit den längsten Stereovilli verbunden [43]. Auslenkungen des Haarbündels von etwa 5° führen in den meisten Organen bereits zu sättigender Depolarisation. Die Reizkraft wird stets von den längsten zu den kürzeren Strukturen hin durch das Stereovillus-Bündel geleitet. Grundlage dieser Kraftübertragung sind wiederum Membran-Konnektoren: solche, die die Stereovilli mit dem Zilium und andere, die sie hexagonal untereinander verbinden (Abb. 15-2b). Jeder Stereovillus ist darüber hinaus an seiner Spitze durch ein aufwärtsgerichtetes Filament mit seinem nächsten längeren Nachbarn verbunden [46]. Eine weitere Besonderheit der Haarzellen ist die Verjüngung jedes Stereovillus an seiner Basis. Einige wenige durchgehende Aktinfilamente bilden ein elastisches Gelenk, so daß das Stereovillusbündel bei reizwirksamen Auslenkungen in diesen Gelenken abknickt. Dabei treten zwischen den Stereovilli *Parallelverschiebungen um einen Bruchteil der Spitzenauslenkungen* auf (Abb. 15-2b, 15-5).

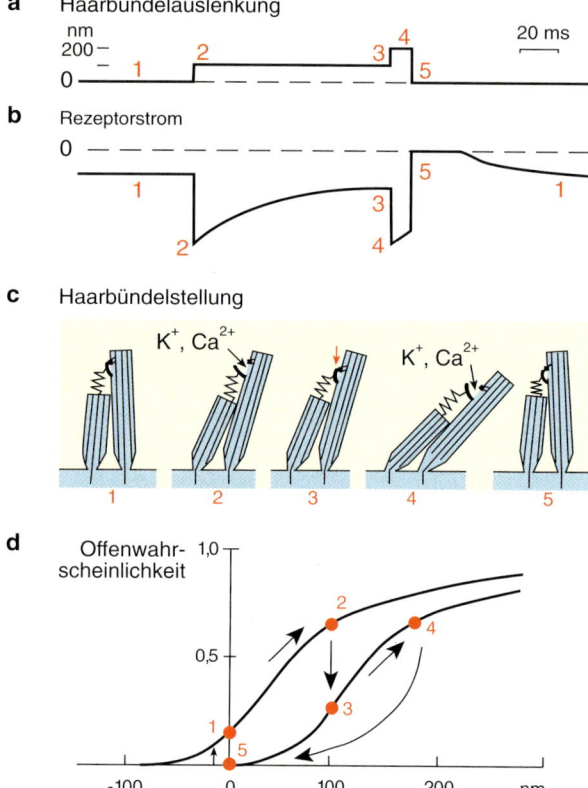

a Haarbündelauslenkung

b Rezeptorstrom

c Haarbündelstellung

K^+, Ca^{2+}

d Offenwahrscheinlichkeit

Haarbündelauslenkung

Abb. 15-5a–d. Mechano-elektrische Transduktion in Haarzellen von Wirbeltieren. **c** zeigt ein hypothetisches Modell der Ionenkanalsteuerung durch Spitzenfilamente (s. Abb. 15-2b). Die stufenförmige Haarbündel-Auslenkung zur Seite der längeren Stereovilli wird in einer Haarzelle durch Vergrößerung des Rezeptorstroms beantwortet (in **b** ist der Einwärtsstrom nach unten aufgetragen). In der Reiz-Erregungskennlinie (**d**) ist dies ein Punkt (2) mit größerer Offen-Wahrscheinlichkeit der Ionenkanäle. Trotz konstanter Bündelauslenkung sinkt die Offen-Wahrscheinlichkeit in etwa 100 ms wieder auf einen niedrigeren – adaptierten – Wert (Punkt 3). Im Modell (**c**) wird nach der anfänglichen Zug-Beanspruchung des Ionenkanal-Filament-Komplexes bei Punkt 2, die zur häufigeren Kanalöffnung führte, ein entspannterer Zustand durch Nachschiebung des Filament-Ansatzpunkts dargestellt (Punkt 3). Eine zusätzliche Auslenkstufe (Punkt 4 in **a**) kann wieder eine gleich große Dehnungsbeanspruchung und Offen-Wahrscheinlichkeit wie bei Punkt 2 herstellen und ist damit Teil einer neuen, nach rechts verschobenen adaptierten Kennlinie (**d**). Die Rückstellung des Haarbündels von hier aus in die Ruhestellung (Punkt 5) führt zu einer vom Ruhezustand verschiedenen, bei 0 liegenden Offen-Wahrscheinlichkeit, die erst durch aktive Rückschiebung des Filament-Ansatzpunkts in den Ruhezustand (Punkt 1) übergehen kann. Daten von Haarzellen des Frosch-Sacculus nach [34]

> **Der adäquate mechanische Reiz wirkt in Mechanorezeptorzellen direkt auf bestimmte Ionenkanäle ein und ändert ihre Öffnungswahrscheinlichkeit**

Mechanosensitive Ionenkanäle. Die mechanosensorische Leitwertsteuerung ist in Sinneszellen, wie oben dargestellt, an spezielle extra- und intrazelluläre Verbindungselemente der Membran gekoppelt. Isolierbare *dehnungssensitive Ionenkanäle ohne Bindung an spezifische Strukturelemente* wurden in den Membranen fast aller Zelltypen gefunden (s. 15.1), auch in der Soma-Membran von Streckrezeptorzellen (s. 15.3) [24]. Abb. 15-5 zeigt eine vermutete Anordnung mechanosensitiver Kanäle in den Stereovilli von Haarzellen. Die Leitfähigkeit dieser Kanäle betrug 100 pS (in großen Zellen von Schildkröten) bzw. 50 pS (in kleineren Zellen von Hühnern). Diesen relativ hohen Kanalleitwerten entspricht eine geringe Ionen-Selektivität, wie sie auch bei Insektenmechanorezeptoren und Nesselzellen von Coelenteraten gefunden wurde: Die mechano-rezeptorischen Kanäle sind nur **kationenselektiv** und haben einen Durchmesser von etwa 0,7 nm. Die *Anzahl ansteuerbarer Rezeptorkanäle wird auf nur 50 bis wenige 100 pro Haarzelle* geschätzt, also 1–3 pro Stereovillus, und einige 100 bis 1000 pro Sensillenzelle der Insekten (unterschiedlich je nach Zellgröße) [56].

Aminoglykoside, z.B. Streptomyzin, und Amilorid blockieren als nichtpermeable Kationen den offenen Kanal. Dies deutet eine Beziehung zu einer Kanalfamilie an, zu der nicht-spannungssensitive, Amilorid-blockierbare Na-Kanäle von Nierenepithelien gehören. Zu dieser Familie gehören auch Proteine des Fadenwurms *Caenorhabditis elegans*, deren genetische Veränderung den Verlust der Mechanosensitivität dieser Tiere zur Folge hat [28]. Die Aminosäuresequenz dieser Proteine läßt 2 Transmembran-Helices pro Monomer erwarten, wie es auch bei einwärts gleichrichtenden K^+-Kanälen gefunden wird. Wieviele derartige Monomere zusammen einen Kanal bilden, ist noch unbekannt.

Direkte Steuerung der Ionenkanäle. Nach dem Anstieg eines Reizes öffnen die ersten Ionenkanäle mit einer Verzögerung (**Latenz**) von nur einigen 10 μs (Abb. 15-4c) [18]. Zeitdauern dieser Größenordnung finden sich für Konformationsänderungen von Proteinen (s. ERP, Kap. 17); Membrankanäle von Photorezeptoren, die durch second messenger, d. h. durch Diffusions- und Enzym-Prozesse gesteuert werden, reagieren dagegen mit einer 100–1000fach längeren Latenz. Diese Ergebnisse weisen auf eine *direkte Steuerung der Mechanorezeptorkanäle durch die mechanischen Reize hin, vergleichbar der Steuerung von Na^+- und K^+-Kanälen der Axonmembran durch die Membranspannung*, die mit ähnlich kurzer Latenz geschieht. Während der Leitwert spannungsgesteuerter Kanäle jedoch nur mit allmählich zunehmender Geschwindigkeit ansteigt (Kinetik höherer Ordnung, die aus den Schaltbewegungen von 4 Helices pro Kanalöffnung folgt, s. 4.3), beginnt der Öffnungsvorgang der Mechanorezeptoren mit voller Anstiegsgeschwindigkeit. Dies weist darauf hin, daß ein Kanal durch eine einheitliche Schaltbewegung geöffnet wird. *Diese Kinetik ist Grundlage der hohen Zeitauflösung, die Mechanorezeptorsignale erreichen können* (s. Kap. 16).

> **Epitheliale Mechanorezeptorzellen benötigen wenig mehr Reizenergie als zur Verschiebung des thermischen Gleichgewichts zwischen offenen und geschlossenen Ionenkanälen erforderlich ist**

Schwellenlose Reizerregungstransduktion. In manchen Mechanorezeptororganen schalten mechanosensitive Ionenkanäle in Abwesenheit von äußeren Reizen bereits mit nennenswerter Häufigkeit (Öff-

nungsfluktuation). Eine Konsequenz ist, daß nicht nur positive, sondern auch negative Signalgrößen gebildet werden können: Depolarisierende oder hyperpolarisierende Rezeptorpotentiale sowie eine Steigerung oder Senkung der Frequenz von Aktionspotentialen sind möglich (eine Ruhe- bzw. Spontan-Frequenz der Aktionspotentiale entspricht der partiellen Ruhedepolarisation der Sinneszellen). Anders als bei Photo- und Chemorezeptoren kann somit *eine zweiwertige Richtungsangabe zusätzlich zur Reizstärkenangabe* übermittelt werden. In der sigmoiden Reizerregungskennlinie der Zelle (Abb. 15-5d) liegt der reizlose Zustand am Beginn des steilen Abschnitts. Das bedeutet: Mit nahezu maximaler Empfindlichkeit werden sowohl positive wie auch negative kleine Reize von diesem Ruhezustand aus signalisiert; *eine Schwellengröße, die die mechanischen Reize überschreiten müßten, existiert nicht,* da die Zellen im reizfreien Zustand bereits teildepolarisiert sind und nur die *Frequenz* der auch ohne Reiz auftretenden Aktionspotentiale verändert wird.

Wärmeenergie als kleinste Reizenergie. An freistehenden Stereovillus-Bündeln schwellenlos arbeitender Haarzellen ließ sich ein Auslenkungszittern registrieren, das auf die (thermische) Brown-Bewegung zurückzuführen ist. Ihm entsprechen Schwankungen der Membranspannung der Zellen als kleinste Rezeptorpotentiale [22]. *Somit läßt sich die thermische Energie der Bündelauslenkung als kleinste noch wirksame Reizenergie werten.*

Auf den einen Freiheitsgrad der wirksamen Bündelauslenkung entfällt nach dem Gleichverteilungssatz im Mittel 1/2 kT (k = Boltzmann-Konstante, T = absolute Temperatur), d.h. 2×10^{-21} Nm bei ca. 20 °C (ein Hundertstel der Energie eines Quants roten Lichts). Mit der Empfindlichkeit für Wärmeenergie ist das Maximum der nutzbringenden Empfindlichkeit eines Gleichgewichts- oder Hörrezeptors erreicht. (Die nicht mehr teilbaren Wirkungsquanten von Schallfrequenzen sind etwa 10 Zehnerpotenzen kleiner.) Die Auslenkung der Haarbündelspitze beträgt an der Schwelle von Hörwahrnehmungen etwa 0,3 nm, entsprechend einem Winkel von 3 Milligrad [33]. Bei Fadenhaar-Sensillen von Grillen, die Luftbewegungen rezipieren, wird bei einer Haarauslenkung von wenigen Milligrad ein Nervenimpuls durch eine minimale Energieaufnahme von etwa 10^{-19} Nm ausgelöst [58]. Das Haar quetscht dabei die Zilienspitze um weniger als 0,1 nm (van-der-Waals-Radius eines H-Atoms) (s. Abb. 15-4b).

Verschiebung des thermodynamischen Gleichgewichts zwischen offenem und geschlossenem Ionenkanalzustand durch die Reizenergie. Die erläuterte Öffnungsfluktuation von Kanälen im reizlosen Zustand von Mechanorezeptorzellen zeigt: *Für ein Öffnen dieser Mechanorezeptorkanäle ist die Reizenergie nicht notwendig.* Ihr geschlossener und offener Kanalzustand sind zwei koexistente Molekülkonformationen, die anscheinend in einem thermodynamischen Gleichgewicht stehen. Die Reizenergie *verschiebt dieses Gleichgewicht* entweder zugunsten des offenen oder des geschlossenen Zustands, steigert also den Zeitanteil des einen auf Kosten des anderen und ändert somit die Summe gleichzeitig offener Kanäle. Dieser Zusammenhang gibt eine Erklärung für den speziellen Kurvenverlauf der Kennlinien der empfindlichsten Mechanorezeptoren (Abb. 15-4d), wie im folgenden gezeigt, und für die Tatsache, daß ihr Reizenergiebedarf nur wenig über dem Wärmeenergieniveau liegt.

Für eine gegebene energetische Situation ist das Zahlenverhältnis N_o/N_z von offenen und geschlossenen Kanälen konstant, wobei aber der Zustand jedes einzelnen Kanals zwischen offen und geschlossen fluktuiert. N_o/N_z hängt im einzelnen Zeitpunkt als thermodynamisches Gleichgewicht nach Boltzmann von der Differenz ΔG der freien Enthalpie der beiden Zustände ab:

$$N_o/N_z = e^{-\Delta G/kT} \qquad (15.1)$$

(Bedeutung von k und T wie oben). Die Wirkung eines depolarisierenden Reizes besteht anscheinend darin, die Größe der Energiedifferenz ΔG zwischen den beiden Zuständen zu verkleinern und dadurch das Gleichgewichtsverhältnis N_o/N_z zum offenen Zustand zu verschieben. Die Reizenergie tritt daher als negative Größe $-\Delta G_s$ in die Gleichung ein. Für eine e-fache, d.h. 2,7-fache Steigerung des gesteuerten Leitwerts ist demnach nur 1 kT = 4×10^{-21} Nm pro Kanal (bei 20 °C) erforderlich. (Das Fadenhaar-Sensillum inklusive des kutikularen Haares der Abb. 15-4d nahm etwa 10^4 kT für e-fachen Leitwertanstieg auf und hatte wahrscheinlich 500 bis 1000 Rezeptorkanäle.) Bei Berücksichtigung der begrenzten Gesamtzahl N der Kanäle

$$N = N_o + N_z \qquad (15.2)$$

ergibt sich durch Einsetzen in (15.1)

$$N_o = N/(1+e^{-\Delta G_s/kT}). \qquad (15.3)$$

Diese Gleichungsstruktur beschreibt die Abhängigkeit der Spannungs- oder Strom-Reaktionen (proportional N_o) von der Reizgröße, wenn die Reizgröße für ΔG_s eingesetzt wird. Dies gilt für Insekten-Sensillen und Vertebraten-Haarzellen (soweit alle Rezeptorkanäle gleich starker Reizeinwirkung unterliegen) (Abb. 15-4d, 15-5d). N bestimmt die Sättigungsamplitude; kT wird durch die Reizgröße für e-fachen Reaktionsanstieg ersetzt. Dabei wird als Reizgröße entweder die Kraft oder der kraftproportionale Weg des Reizes eingesetzt, obwohl die Energie ΔG_s das Produkt aus Kraft · Weg ist. Wahrscheinlich geht als reizabhängige Größe nur die Kraft in die Steuerenergie der Ionenkanäle ein. Die Kraft arbeitet in den Kanälen über eine reizunabhängige konstante Schaltweglänge.

> **Mechanorezeptorzellen passen ihre Empfindlichkeit an einen anhaltenden Reiz so an, daß sich die Dauererregung wieder dem Ruhewert nähert: Adaptation**

Die Leitwertreaktion fällt bei konstantem Reiz innerhalb einiger 10 bis 100 ms auf einen niedrigen Wert ab (Abb. 15-4c, 15-5b). *In diesem adaptierten Zustand ist die Reizreaktionskennlinie parallel zu größeren Reizen hin verschoben* (Abb. 15-5d). Charakteristisch und funktionell bedeutsam ist, daß dabei der Umfang maximaler Signalamplituden, d.h. die Spanne zwischen den Sättigungswerten, unverändert bleibt. *Die Zelle verhält sich so, als ob die vorausgegangene Reizamplitude von der nachfolgenden subtrahiert würde.* Die hohe Empfindlichkeit des mittleren Kennlinienbereichs kann in dieser Weise auch für kleine Reizänderungen während großer Dauerreize ausgenutzt werden (**Empfindlichkeitsanpassung**; Abb. 15-5 a–d). Im Unterschied zur schnellen direkten Ionenkanalsteuerung sind die *Mechanismen der Adaptation vom Energiestoffwechsel der Zelle abhängig.* Auch die intrazelluläre Ca^{++}-Aktivität wirkt entscheidend mit. Für Haarzellen gibt es Hinweise, daß die Spitzenfilamente als adaptive Reizfolge aktiv an den Stereovilliflanken entlang laufen (mittels Myosin-I-Füßchen an den Aktinfilamenten) und in dieser Weise den wirksamen Reiz tatsächlich subtraktiv vermindern (Abb. 15-5c).

Im Hörorgan der Wirbeltiere sind zusätzliche Zellmechanismen zur aktiven Verstellung der Empfindlichkeit und zur Signalverstärkung entwickelt worden. Eine Aktomyosinausstattung der besonders langen Zellkörper der äußeren Haarzellen ermöglicht ihre *Längskontraktion als langsame Reaktion auf stärkere Depolarisationen und efferente synaptische Signale* (s. Kap. 16.3). Diese Verkürzung des Zellkörpers paßt vermutlich die Reizankopplung der zugeordneten inneren Haarzellen – der Lieferanten des afferenten Hörsignals – an die jeweilige Reizsituation an [61].

Mechanische Schwingungsverstärkung in Haarzellen. Eine zweite Form mechanischer Energieabgabe fördert als frequenzselektiver Verstärker die Empfindlichkeit und Frequenzselektivität der mechanoelektrischen Transduktion in den Haarzellen der Vertebratenhörorgane. Die Zellen sind bei mechanischer und elektrischer Anregung zur aktiven Erzeugung von Oszillationen der Haarbündel und des Zellkörpers befähigt, die bis zu 100 kHz erreichen können. Die freigesetzte Schwingungsenergie kann ausreichen, um als Schall im Gehörgang meßbar zu sein (**otoakustische Emission**). Der Vorgang hat als mechanische Verstärkung große Bedeutung für die Empfindlichkeit und Frequenztrennschärfe des Organs.

Frequenzselektive elektrische Verstärkung in Haarzellen. Eine elektrische Nachverstärkung der depolarisierenden Rezeptorpotentiale geschieht in den Haarzellen der Hörorgane von Amphibien, Reptilien und Vögeln in Form des Ca^{++}-Einstroms durch spannungsabhängige Ca^{++}-Kanäle. Ihnen benachbart sind Ca^{++}-abhängige K^+-Kanäle. Das eingeströmte Ca^{++} veranlaßt sie zum Öffnen und verursacht damit einen repolarisierenden K^+-Ausstrom. Die Dauer der so entstehenden Spannungsschwingung hängt von der Länge des Diffusionsweges zwischen den Kanaltypen und der Geschwindigkeit der Ca^{++}-Abpufferung ab. Durch unterschiedliche Größen dieser Parameter sind die verschiedenen Zellen dieser Organe auf die *selektive Verstärkung unterschiedlicher Frequenzen* abgestimmt [47].

Abb. 15-6. a Tastzelle des Blutegels. Einer der jederseits drei Berührungsrezeptoren eines Körpersegments ist im Ganglion eingezeichnet und das rezeptorische Feld seiner Dendriten in der Körperwand markiert (blaues Feld). Die zu je 50 % überlappenden Felder der Rezeptoren der Nachbarsegmente sind angedeutet (gestrichelt). Aus dem umrahmten Ausschnitt sind die Rezeptordendriten mit ihren Endigungen (markiert durch Pfeilköpfe) vergrößert herausgezeichnet. **b** Muskelrezeptoren von Krebsen. Im Hinterleib eines Flußkrebses verbinden zwei Rezeptor-Muskelfasern RM_1 und RM_2 zwei benachbarte Tergite. Die Länge und Spannung dieser Muskelfasern ist Ausdruck des Krümmungszustands des Abdomens. Die Dendritenspitzen von 2 ganglionären Sinneszellen SN_1 und SN_2 mit den afferenten Fasern S_1 und S_2 sind eng mit den Muskelfasern verbunden und werden bei deren Dehnung gereizt. SN_1 reagiert phasisch-tonisch, SN_2 rein phasisch. Erregung des efferenten Neuriten (H) wirkt inhibitorisch auf die Rezeptorpotentialbildung beider Rezeptoren. Jede Muskelfaser wird separat von Motoneuronen (Mo_1 und Mo_2) aktiviert, mit tonischem bzw. phasischem Zeitverhalten entsprechend der Kinetik ihrer Rezeptoren. Nach [19]. **c** Muskelspindeln eines Säugetieres. Die Muskelspindel ist parallel zu den extrafusalen Muskelfasern ausgespannt. Die intrafusalen Muskelfasern erhalten separate Innervierung durch γ-Motoneurone. Nach [8]

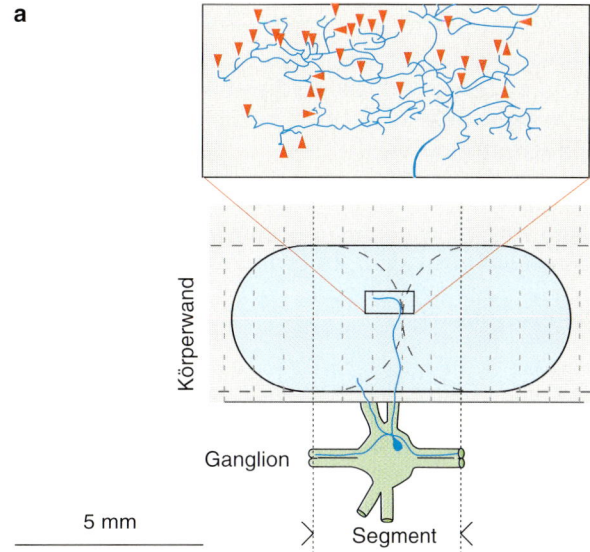

Körperwand

5 mm

Ganglion

Segment

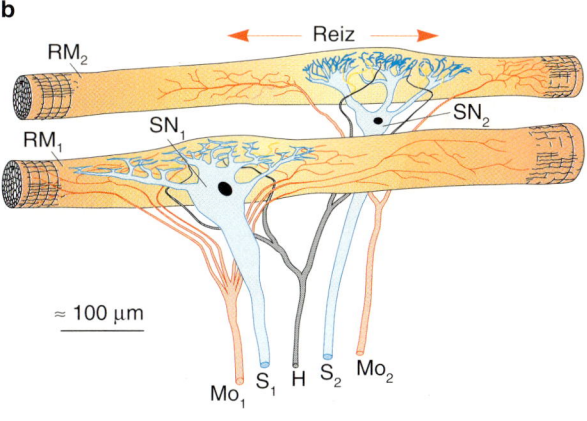

RM_2 — Reiz —

SN_1 SN_2

RM_1

≈ 100 µm

Mo_1 S_1 H S_2 Mo_2

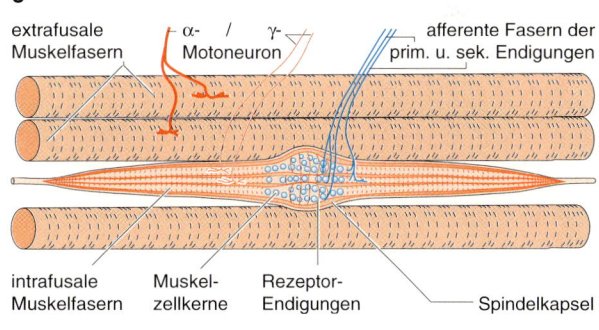

extrafusale Muskelfasern α- / γ- Motoneuron afferente Fasern der prim. u. sek. Endigungen

intrafusale Muskelfasern Muskelzellkerne Rezeptor-Endigungen Spindelkapsel

15.3 Bau und Reiztransduktion ganglionärer Mechanorezeptorzellen

> **Die Reiztransduktion ganglionärer Mechanorezeptorzellen findet in zahlreichen im Gewebe liegenden Endigungen ihrer baumförmig aufzweigenden Dendriten statt**

Alle Sinneszellen der Hautsinne der Wirbeltiere und ihres Bewegungsapparats sind Zellen der neben dem Rückenmark liegenden **Spinalganglien**, von denen die axonartigen Dendriten zur Körperperipherie auswachsen. Ähnlich sind die Somata der Tastsinneszellen von Anneliden und der Muskelrezeptoren dekapoder Krebse in den Ganglien ihres Bauchmarks lokalisiert und die rezeptiven Dendriten in der Peripherie, z.B. an Muskeln oder Epithelien (Abb. 15-6a). Die propriorezeptorischen Streckrezeptoren der Arthropoden sind dagegen einzeln liegende Ganglienzellen der Peripherie (Abb. 15-6b). Viele ganglionäre Mechanorezeptoren sind ausgeprägt **multiterminal**, beispielsweise mit über 1000 Endigungen je Tastrezeptorzelle beim Blutegel (Abb. 15-6a). Die dendritischen Endigungen einer Zelle können bei Säugern zentimeterweit auseinanderliegen. Die Reiztransduktion der einzelnen Endigungen geschieht unabhängig voneinander, jedoch muß eine räumliche Wechselwirkung der afferenten Erregungen innerhalb der Dendritenstruktur auftreten.

Die Rezeptorendigungen fallen gegenüber ihren Axonen und umgebenden Zellen durch eine Anhäufung von Mitochondrien auf (Abb. 15-7). Ähnliche Anhäufungen sind für die rezeptorische Region von Sinneszellen der meisten Reizmodalitäten typisch. Sie entsprechen dem höheren Energieaufwand, den der Rezeptorstrom gegenüber den von ihm ausgelösten Nervenimpulsen benötigt.

a) In zahlreichen ganglionären Mechanorezeptoren *fehlen ultrastrukturell erkennbare Spezialisierungen* der Dendritenendigungen. Man spricht von **freien Nervenendigungen**.

Beispiele sind Berührungsrezeptoren in der Haut der Egel (T-Zellen; Abb. 15-6a), Gelenkhautrezeptoren von Spinnen und zahlreiche Rezeptorzellen der Säugetierhaut. Strukturell lassen sich die mechanosensitiven freien Nervenendigungen bisher kaum von den Endigungen der Schmerz- oder Thermorezeptoren der Säugetierhaut unterscheiden. In der Säugetierhaut und in Gelenkkapseln finden sich auch Kombinationen ähnlicher Nervenendigungen mit speziell strukturierten Bindegewebsfasern: **Ruffini-Körperchen**. **Meissner-Körperchen** sind Komplexe von Hautnervenendigungen mit speziellen Zellen, von denen sie umgeben werden (Abb. 15-9a).

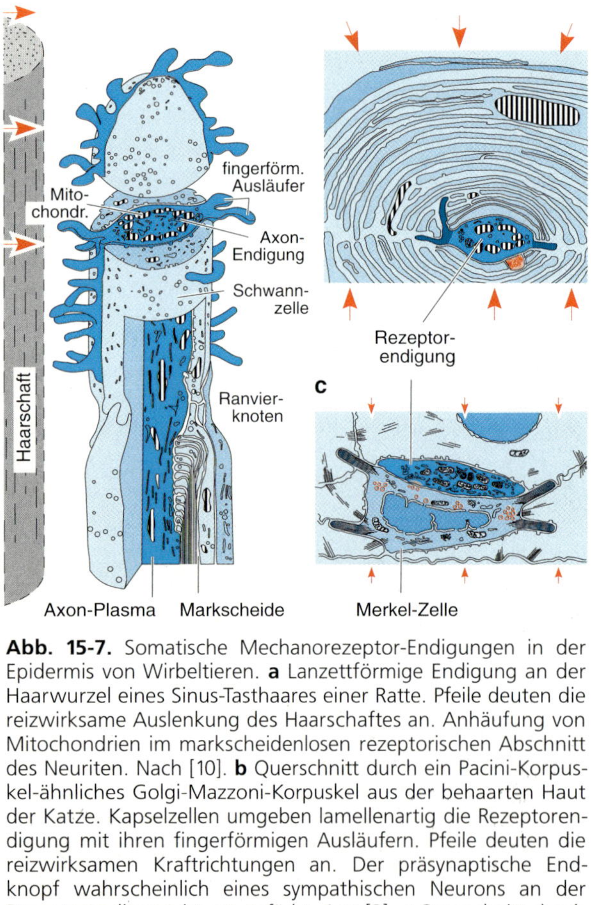

Ähnliche Rezeptorendigungen sind auch die Grundlage der propriorezeptorischen Mechanosensitivität der Vertebratenskelettmuskulatur: In **Muskelspindeln** sind lange perlschnurförmige Rezeptorendigungen mit den mittennahen Bereichen der spezialisierten intrafusalen Muskelfasern eng verbunden (Abb. 15-6c). Sie werden gereizt, indem sie mit diesem Faserbereich zusammen gedehnt werden (s.u. und 8.3). In **Golgi-Sehnenspindeln** sind Nervenendigungen in das muskelnahe Bindegewebe der Sehnen eingeflochten. Mechanische Spannung in Muskel und Sehne führt zu ihrer Reizung.

b) Einige Rezeptortypen haben *fingerförmige Ausläufer* im rezeptorischen Abschnitt ausgebildet, die als reiztransduzierende Strukturen angesehen werden (Abb. 15-7). Sie sind Mikrovillus-ähnlich (bei Wirbeltieren) oder Tubularkörper-ähnlich (bei Insekten) mit Zytoskelett gefüllt (s. 15.2) und liegen quer zur wirksamen Reizkraftrichtung, die zu Querkompression führt; ungerichteter Druck ist unwirksam [37].

Bei Wirbeltieren finden sich fingerförmige Ausläufer an Nervenendigungen, die in einer *Kapsel von lamellenartigen Hilfszellen* wie von Zwiebelschalen umgeben sind. Die größeren dieser Kapseln, die mehrere Millimeter lang und über 1 Millimeter dick sein können, werden als **Pacini-Korpuskel** bezeichnet. Im Spalt zwischen den Halbschalen erstrecken sich die fingerförmigen Ausläufer der Dendriten (Abb. 15-7). Konfigurationen mit einer Schale aus nur zwei Hilfszellen sind als **lanzettförmige Endigungen** an der Wurzel von Tast-(Sinus-)und Flaumhaaren (s. 15.5) vorhanden (Abb. 15-7a).

Rezeptortypen mit schalenförmigen Hilfszellen und fingerförmigen Ausläufern geben nur phasische Rezeptorpotential-Antworten auf Druckstufen („schnelle Adaptation"). Die Schalenzellen übertragen als viskoelastische Filter nur die Änderung des Druckes; sie differenzieren den Reizzeitverlauf. Die Nervenimpulsgenerierung arbeitet als zweites differenzierendes Filter. In den Pacinikorpuskeln wird in dieser Weise die *2. Ableitung des Reizzeitverlaufs gebildet; sie melden also die Beschleunigung einer Krafteinwirkung.*

c) Hilfszellen, die selbst fingerförmige Ausläufer besitzen, verbunden mit Dendritenendigungen ohne erkennbare mechanorezeptorische Spezialisierungen charakterisieren einen weiteren Konfigurationstyp ganglionärer Mechanorezeptoren. Er ist nur von Wirbeltieren bekannt: **Merkel-Endigungen und -Scheiben** bei Säugetieren und **Grandry-Korpuskeln** bei Vögeln (Abb. 15-7c). Die Ähnlichkeit der fingerförmigen Ausläufer mit den Dendritenausläufern, die als reiztransduzierende Strukturen aufgefaßt werden, und präsynaptische Strukturen in den Hilfszellen sind Hinweise auf eine Reiztransduktion in diesen Hilfszellen, den **Merkel-Zellen.**

a   b

fingerförm. Ausläufer

Mito-chondr.

Axon-Endigung

Schwann-zelle

Rezeptor-endigung

c

Ranvier-knoten

Haarschaft

Axon-Plasma   Markscheide   Merkel-Zelle

Abb. 15-7. Somatische Mechanorezeptor-Endigungen in der Epidermis von Wirbeltieren. **a** Lanzettförmige Endigung an der Haarwurzel eines Sinus-Tasthaares einer Ratte. Pfeile deuten die reizwirksame Auslenkung des Haarschaftes an. Anhäufung von Mitochondrien im markscheidenlosen rezeptorischen Abschnitt des Neuriten. Nach [10]. **b** Querschnitt durch ein Pacini-Korpuskel-ähnliches Golgi-Mazzoni-Korpuskel aus der behaarten Haut der Katze. Kapselzellen umgeben lamellenartig die Rezeptorendigung mit ihren fingerförmigen Ausläufern. Pfeile deuten die reizwirksamen Kraftrichtungen an. Der präsynaptische Endknopf wahrscheinlich eines sympathischen Neurons an der Rezeptorendigung ist rot gefärbt. Aus [3]. **c** Querschnitt durch eine Merkel-Scheibe mit einer Merkel-Zelle aus der Katzen-Epidermis. Sekretorische Vesikel rot gefärbt. Pfeile deuten die reizwirksame Kraftrichtung an. Nach [11]

15.4 Efferente Steuerungen mechanorezeptorischer Signalaufnahme und sensorische Kontrolle der Stellung, Bewegung und Belastung von Körperteilen

Die Bildung afferenter Signale in Mechanorezeptoren wird vielfach vom Nervensystem selbst efferent gesteuert

Die Empfindlichkeit mancher Sinneszellen kann durch efferente Einwirkung an längerwährende Intensitäten von Außenreizen angepaßt werden – über die sinneszelleigene Adaptation hinaus. Die Empfindlichkeit kann auch für die Mitwirkung in unterschiedlichen Aktivitätsphasen des Organismus durch Einwirkung eines Hormons oder Mediators verändert werden. Diese Einwirkungen haben keinen Einfluß auf das Ruhepotential der Sinneszellen, sondern ändern die Steilheit ihrer Kennlinie oder verschieben sie: Sie **sensibilisieren** oder **desensibilisieren** die Zelle, **modulieren** also ihre Rezeptoreigenschaft im Transduktionsvorgang (s.a. 7.4 und 23.2).

So wird bei Flußkrebsen die Empfindlichkeit der Rezeptorpotentialbildung der abdominalen Streckrezeptoren durch das Peptidhormon *Proctolin* gesteigert, dessen Konzentration in der Hämolymphe mit bestimmten Bewegungsabläufen der Tiere korreliert ist [44]. Die Amine *Oktopamin* oder *Serotonin* wirken bei manchen Krebsspezies entgegengesetzt. Bei Insekten steigert das in Bewegungsaktivitätsphasen ausgeschüttete *Oktopamin* die Empfindlichkeit beispielsweise der Flügelstreckrezeptoren. Bei Wirbeltieren finden sich katecholaminabhängige Sensibilisierungen und Desensibilisierungen von Hautsinnesendigungen durch vegetative Innervierungen der Rezeptorendigungen (s. Abb. 15-7b). Ähnlich wirkt sich die häufig vorhandene präsynaptische Modulation der afferenten Signalabgabe im Rückenmark aus.

Mechanische Reizungen, die der Organismus durch seine eigene motorische Aktivität hervorruft, können durch synaptische Hemmung der Sinneszelle unterdrückt werden. Die Hemmung entspricht in ihrem Zeitverlauf und ihrer Stärke der reizwirksamen motorischen Aktivität und senkt die Sinneszellerregung, so daß die Gefahr einer Reaktionssättigung durch die starken Eigenreize vermindert wird und die Zelle für schwache Fremdreize ansprechbar bleibt.

Dies ist ein Teil der Funktionen der efferenten Synapsen an den Haarzellen des Seitenlinienorgans und der Gleichgewichtsorgane von Wirbeltieren. Auch eine Hemmung der abdominalen Streckrezeptoren von Krebsen über eine GABAerge efferente Nervenfaser ist in dieser Weise zu verstehen (Abb. 15-6b).

Stellungen und Bewegungen von Körperteilen werden sensorisch kontrolliert

Entsprechende Propriorezeptoren finden sich bereits bei den Polypen und Medusen der Coelenteraten. Bei den mit Innen- oder Außenskelett ausgestatteten Vertebraten bzw. Arthropoden werden von jedem Gelenk sowohl seine **Winkelstellung** wie seine **Belastung** durch hochspezialisierte Sinneszellen fortlaufend gemeldet (s. 7.3 und 8.2).

Gleiche Kontrollfunktionen werden in den verschiedenen Tierstämmen vielfach durch unterschiedliche Sinneszelltypen konvergent erfüllt

Bei Insekten wird die *Stellung im Gelenk* nur in wenigen Fällen (z.B. Flügelgelenk) durch ganglionäre Rezeptorzellen gemessen, während dies bei Krebsen und Spinnen die Regel ist. Dagegen ist bei Insekten stärker als bei den anderen Arthropoden ein System von **Borstenfeldern** als Gelenkstellungsrezeptoren hoch entwickelt: kurze, dicht stehende Borstensensillen (Abb. 15-3b) sind in jedem Gelenk so angeordnet, daß mit zunehmender Anwinkelung des Gelenks eine zunehmende Zahl von Sensillen zunehmend stark gereizt wird (Abb. 15-8). Die *Länge* zahlreicher Extremitätenmuskeln wird bei Insekten und Krebsen durch Gruppen von **Chordotonalrezeptorzellen** gemessen (Abb. 15-3d) [15], die Stellung der Abdominalsegmente gegeneinander dagegen vorzugsweise durch die als **Streckrezeptoren** bezeichneten ganglionären Sinneszellen (Abb. 15-6b). Die *Belastung* der Extremitäten wird bei Insekten und Spinnen stets anhand der lastabhängigen Verformungen der Kutikula in Gelenknähe durch **kampaniforme Sensillen** bzw. **Spaltsensillen**

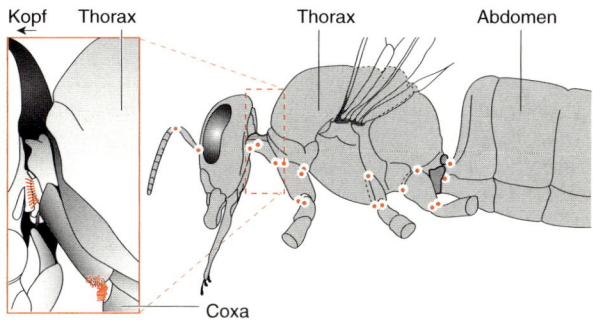

Abb. 15-8. Gelenkstellungsrezeptoren. rechts: Verteilung der Borstenfelder (rot markiert) an den Extremitäten- und Körpersegment-Gelenken einer Honigbiene. Nach [39]. Links Ausschnitt-Vergrößerung: Borstenfelder am kopftragenden Episternalzapfen und im Coxa-Gelenk des Vorderbeins

(s.u.) registriert (Abb. 15-3c). Die Spaltform ihrer Kutikulaaussparungen ergibt *richtungsselektive* Daten der Druckspannungen. Bei Wirbeltieren und größeren Krebsen werden entsprechende Daten aus den Dehnungsspannungen der einzelnen Muskelsehnen durch ganglionäre Sinneszellen gewonnen (**Golgi-Spindeln** der Wirbeltiere). Die zugehörigen Daten über die Gelenkstellungen erhalten die Wirbeltiere einerseits aus den *Winkelsensoren der Gelenkkapseln* (**Ruffini-Körperchen** und **freie Nervenendigungen**), andererseits aus den *Muskellängensensoren*, den **Muskelspindeln** (Abb. 15-6b; Abschn. 15.3a und 8.1).

Propriorezeptorische Mechanorezeptoren arbeiten auch als *Meßfühler für den Blutdruck im Regelkreis der Blutdruckstabilisierung*. Diese **Barorezeptoren** liegen in der Gefäßwandung des Aortenbogens und des Karotissinus und werden durch die Dehnung der Wandung depolarisiert [4].

15.5 Rezeption von Berührung, Druck und Vibration

Die Körperoberfläche liefert durch ein Mosaik unterschiedlicher Sinneszellen komplexe Reiz-Abbildungen gleichzeitig für mehrere Modalitäten und Qualitäten. Die räumliche Dichte der Sinnesendigungen ist je nach der Funktion der jeweiligen Hautregion sehr unterschiedlich

Die einfachste bimodale Berührungsauswertung findet in Nesselzellen von Hydropolypen statt. Die Mechanosensitivität dieser Zellen veranlaßt nicht nur die Entladung der Nesselkapsel, sondern auch eine synaptische Signalabgabe; beides wird durch chemische Reize potentieller Beute gebahnt (moduliert), so daß Beuteberührungen bevorzugt weitergemeldet werden [18]. Bei Arthropoden sind in zahlreichen Sensillen auf allen Extremitäten je eine Mechanorezeptorzelle mit mehreren unterschiedlichen Chemorezeptorzellen zusammengefaßt (s. [32] und Kap. 13). Objekte, die die Haut von Säugetieren berühren, werden zusätzlich zu den mechanisch ausgelösten Erregungsmustern durch Thermorezeptoren und durch die spezielle Chemorezeption der Nocizeptoren repräsentiert (s. Kap. 14 und 21).

Mechanorezeptorklassen in der Säugetierhaut. Die Klassen unterscheiden sich insbesondere in Umfang und Geschwindigkeit ihrer Adaptation und in der Größe ihres Reizeinzugsbereiches. Diese Größe resultiert aus der Tiefe ihrer Lage in der Haut (Abb. 15-9a). *Die Stärke einer Verformung* wird durch **Merkel-Zellkomplexe (SAI-Rezeptoren)** (Abb. 15-7c) und durch **Ruffini-Körperchen (SAII-Rezeptoren)**

gemeldet; durch die letzteren mit zusätzlicher Anzeige der Änderungsgeschwindigkeit der Einwirkung (phasisch-tonische Reaktion). Merkel-Rezeptoren liegen relativ oberflächlich, ergeben demgemäß *hohe Ortsauflösung*, im Gegensatz zu den tiefliegenden Ruffini-Körperchen. Ausschließlich die *Geschwindigkeit der Krafteinwirkung* melden die **Meissner-Körperchen (RA-Rezeptoren)**, die durch oberflächliche Lage ebenfalls hohe Ortsauflösung ermöglichen. **Pacini-Korpuskeln** melden dagegen nur *Beschleunigungen* von Formänderungen, ihre Ortsauflösung ist durch ihre besonders tiefe Lage sehr gering.

Innervationsdichte. An den tastenden Fingerspitzen des Menschen und ähnlich an seinen Lippen beträgt die **Dichte** der oberflächennahen **Meissner- und Merkel-Komplexe** etwa 200 Sinneszellen pro cm^2. In der Handfläche sind demgegenüber etwa 20 Sinneszellen dieser Typen pro cm^2 vorhanden (vgl. Abb. 15-9b). Dementsprechend ist der kleinste Abstand zweier bei gleichzeitiger Reizung unterscheidbarer Punkte, die **Zweipunktschwelle**, 1–2 mm an Zunge, Lippe und Fingerspitzen, aber etwa 10 mm in der Handfläche und 40–60 mm an Arm und Rücken. Das **rezeptive Feld** der einzelnen Sinneszelle, das durch die Vielzahl der von ihr innervierten Tastkörperchen gebildet wird, hat an den Fingerspitzen einen etwa 100fach kleineren Durchmesser (3–4 mm) als im Bereich des Rumpfes (Abb. 15-9b). In allen Bereichen überlappen die Felder stark.

Die Unterschiedlichkeit der für ein Hautareal zuständigen Anzahl von Neuronen gilt durchgehend bis in den **somatosensorischen Kortex** hinein (Neurone 4. und höherer Ordnung), so daß beispielsweise die relativ kleinen Flächen der Mundumgebung und der Hände im Kortex je durch ähnlich viele Neurone repräsentiert werden wie der gesamte Rumpfbereich [45]. In der Projektion der Hautareale auf den Kortex bleiben die *Nachbarschaftsbeziehungen* der Areale trotz der verzerrten Größenrelationen *topologisch erhalten* (**Somatotopie**).

Unterschiedliche Rezeptortypen sind in verschiedenen Tiergruppen dafür optimiert, kleinste Schwingungsamplituden des Substrats, das den Organismus trägt, zu rezipieren (bis unter den Radius eines H-Atoms, 0,1 nm), für Frequenzen von einigen 10 bis einigen 1000 Hz

Arteigene Vibrationssignale. Bei Arthropoden sind Vibrationssignale im Paarungsverhalten weit verbreitet [40]. Sie werden durch Stridulation (Aneinanderreiben von Körperteilen) oder Klopfen der Beine gegen das Substrat erzeugt. Mit der höchsten Empfindlichkeit werden bei Insekten vertikale

Beinschwingungen durch ihre **Subgenual-Organe** rezipiert: Diaphragmen aus Chordotonalsensillen, die quer durch die Blutbahn der Unterschenkel ausgespannt sind (Abb. 15-10a,b). Im Frequenzoptimum zwischen 1 und 5 kHz liegt ihre Schwelle zwischen 0,001 und 0,1 nm Schwingungsamplitude des Substrats (bei der Schabe Periplaneta americana, je nach Resonanzbedingungen des Beines) [50].

Bei Strandkrabben übernehmen Gelenk- oder Muskelassoziierte **Chordotonalorgane** der Beine dieselbe Funktion und erlauben eine Wahrnehmung der arteigenen Vibrationssignale im Boden über mehrere Meter Entfernung. Bei vielen Insekten werden Vibrationen in der mechanischen Spannung der Bein-Kutikula durch die hier eingebauten **campaniformen Sensillen** rezipiert, so bei Blattschneider-Ameisen zur Wahrnehmung von Stridulationssignalen von Artgenossen [40]. In derselben Weise arbeiten die hochentwickelten **Spaltsinnesorgane (lyriforme Organe)** von Spinnen und Skorpionen. Netzspinnen rezipieren so Schwingungen der Fäden ihres Netzes und erkennen die von Männchen oder von Beute-Insekten erzeugten Schwingungsmuster [13].

Beutetierortung. Oberflächenwellen ermöglichen zahlreichen Arthropoden, die an der Boden- oder Wasseroberfläche jagen, die Ortung der Beute. Die Oberflächenwellen des Wassers oder Bodens breiten sich mit geringen Geschwindigkeiten aus (0,1–100 m/s). Dadurch entstehen in der Ausbreitungsrichtung Zeitdifferenzen im ms-Bereich zwischen dem Eintreffen gleicher Reizphasen an den um 1 bis mehrere Zentimeter voneinander entfernten Füßen. Auswertung dieser Zeitdifferenzen ermöglicht den Tieren, die Richtung der Reizquelle zu orten und sich ihr auf etwa $\pm 10°$ genau zu nähern [40]. Tau-

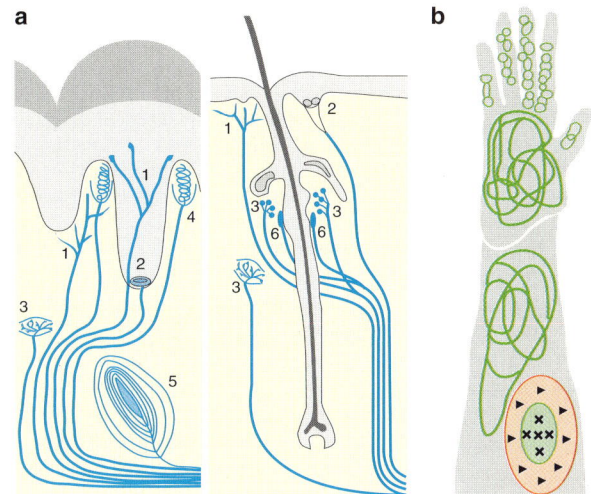

Abb. 15-9. Somatische Mechanorezeption der Säuger. **a** Schematische Darstellungen der Mechanorezeptor-Verteilung in der Haut einer Fingerkuppe (links) und eines behaarten Areals (rechts). 1, freie Nervenendigungen; 2, Merkel-Scheibe; 3, Ruffini-Körperchen; 4, Meissner-Körperchen; 5, Pacini-Korpuskel; 6, lanzettförmige Nervenendigungen. Nach [1]. **b** Rezeptorische Felder von Rezeptorneuronen der Hand eines Affen. Proximal sind am Unterarm die Begrenzungen des Feldes eines Cortex-Neurons eingetragen. Das Feld dieser Neurone hat ein exzitatorisches Zentrum und ein inhibitorisches Umfeld. Nach [5]

melkäfer nutzen auch Reflektionen selbsterzeugter Wellenzüge zur Echoortung von Objekten.

Wüstenskorpione rezipieren mit Spaltsinnesorganen der Fußgelenke die von Beutetieren hervorgerufenen Vertikalschwingungen des Sandbodens ab 0,05 nm Amplitude.

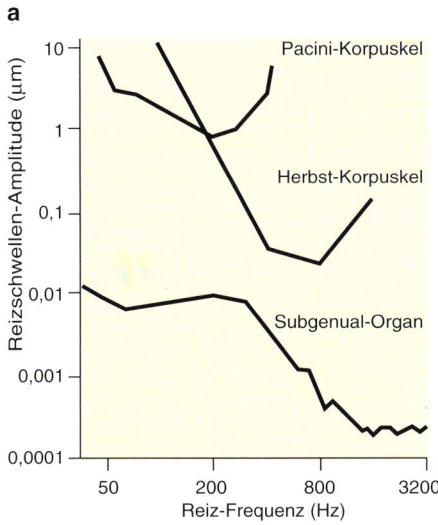

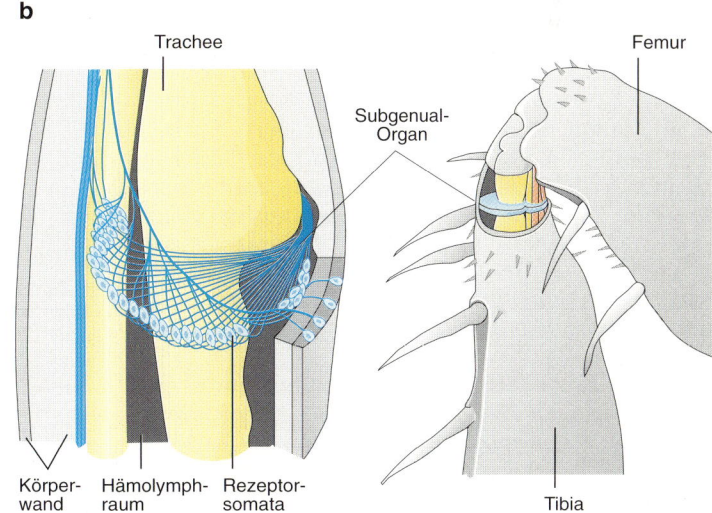

Abb. 15-10. Vibrationsrezeptoren. **a** Substrat-Schwingungsamplituden an der Reizschwelle als Funktion der Schwingungsfrequenz für ein Pacini-Korpuskel der Fußsohle einer Katze (nach [9]), Herbst-Korpuskel im Bein eines Buchfinken (gemessen mit Hilfe einer Verhaltensreaktion [53]) und das Subgenualorgan im Bein der Schabe Periplaneta americana (nach [50]). Beide Achsen logarithmisch. **b** Subgenualorgan unter dem Femur-Tibia-Gelenk der Schabe Periplaneta americana. rechts: Tibia eröffnet im Bereich des Organs. links: Blick auf das quer im Haemolymphraum ausgespannte Organ. Nach [50]

Dieselben Organe nutzen auch Spinnen der Gattung Dolomedes, um Beute auf der Wasseroberfläche zu orten. Die auf- bzw. unter der Wasseroberfläche lauernden Wanzen Gerris (Wasserläufer) und Notonecta (Rückenschwimmer) rezipieren die Oberfächenschwingungen durch Haar- und Chordotonal-Rezeptoren im Fußgelenk. Taumelkäfer (Gyrinidae) legen ihre vordersten Antennenglieder in die Wasseroberfläche, so daß das aus Chordotonal-Rezeptoren aufgebaute **Johnston-Organ** jeder Antenne (s. Abb. 16-1) die Oberflächenschwingungen meldet.

Vibrationsrezeption bei Wirbeltieren. Bei Säugetieren sind **Pacini-Korpuskeln** und bei Vögeln die ähnlichen **Herbst-Körperchen** die vibrationssensitivsten Rezeptoren (s. o.). Beispielsweise rezipieren Dompfaffen 800 Hz-Vibrationen ihres Sitzastes ab 20 nm Amplitude. Die Empfindlichkeitsschwelle des Menschen liegt unter 1 μm (in der Fingerbeere, bei 200 Hz) (Abb. 15-10a).

15.6 Rezeption von Aero- und Hydrodynamik durch Strömungsrezeptoren

Strömungsrezeptoren liefern Information über Richtung und Geschwindigkeit von Wasser- oder Luftbewegungen

Strömungsreize sind, im Unterschied zu Druckreizen, *vektorieller Art*. Viele Strömungssinneszellen sind dementsprechend für die Rezeption der Reibungskomponente *einer bestimmten Richtung* spezialisiert. Im Erregungs*verhältnis* von 3 oder mehr derartigen, unterschiedlich orientierten Sinneszellen sind also die Reize einer Ebene nach ihrer Richtung unterscheidbar und in den Absoluterregungen nach ihrer Stärke. Strömungsrezeptoren werden stets durch die *reibungsabhängige Auslenkung* einer haar-, fahnen- oder antennenartigen Struktur gereizt. Die die Reibung bestimmende Geschwindigkeit des Mediums ist daher der wirksame Reizparameter für anhaltende Rezeptorauslenkungen; durch phasisches Verhalten der Sinneszelle wird schließlich die Beschleunigung gemeldet. Im Fall kleiner Medienoszillationen (≤ 1 μm) aber kann die *Rezeptorauslenkung gleich der Medienamplitude* sein.

Die Relativbewegung gegenüber der Luft ist eine der Grundlagen für die Regelung der Fluggeschwindigkeit von Insekten. Die Rezeption der Richtung eines Windes ermöglicht ihnen, eine Duftquelle aufzufinden (z.B. ein lockstoffabgebendes Schmetterlingsweibchen): Das Suchen einer Duft*fahne* geschieht *quer* zum Wind, das Suchen der Duft*quelle gegen* den Wind. Die Taufliege Drosophila orientiert sich noch auf eine minimale Windgeschwindigkeit von 1,7 cm/s (= 60 m/h). Verantwortliche Rezepto-

ren sind in der Regel die **Johnston-Organe** (30000 Chordotonalrezeptorzellen zusammengefaßt zu einem Sinnesorgan in der Antenne), bei Wanderheuschrecken auch Stirnhaare.

Strömungsrezeptoren sind optimale Empfänger auch für die Wechselströmungen, die durch die Bewegungen von Organismen erzeugt werden

Das von einer derartigen Bewegungsquelle direkt mitgeführte Medienvolumen hat jedoch nur in Quellennähe eine für die Strömungsreizung hinreichende Verschiebungsamplitude; die Amplitude fällt mit der 2.–4. Potenz des Abstands von der Quelle ab (je nach Abstand und Mitschwingung des Empfängers).

In dem als Grenze dieses „**Nahfeldes**" definierten Abstand von $1/\pi$ Wellenlänge ist die Verschiebungsamplitude bereits auf 10^{-4} abgefallen (d.h. bei 20 Hz in Luft nach 5 m, im Wasser nach 25 m), so daß die meisten biologisch verursachten Schwingungsströmungen dort nicht mehr rezipierbar sind. Strömungsrezeptoren können somit im Nahfeld durch die *Verschiebungsphase in den Schallschwingungen niederer Frequenzen* gereizt werden; sie werden daher auch **Schallschnellerezeptoren** und Hörhaare genannt (s. Kap. 16.2). Wenn als „Hören" aber die Wahrnehmung von solchen Schwingungen bezeichnet wird, die sich *als Wellen ausgebreitet haben*, sind Strömungsrezeptoren selten Hörrezeptoren. Von den im „Fernfeld" sich ausbreitenden Wellen, dem Schall im engeren Sinn, kann in der Regel nur noch aus der *Druck*komponente durch *Trommelfelle* zur Reizung hinreichende Energie gesammelt werden: Hören (Kap. 16).

Wechselströmungen, die durch die Bewegungen eines Tieres in seinem Nahfeld entstehen, dienen Invertebraten, bereits Hydropolypen, als Anzeichen für eine Beute oder für die Annäherung eines Räubers.

Bei Egeln, beispielsweise, sind Gruppen von *Kragensinneszellen* über den Körper verteilt, deren Reizung sie veranlaßt, in Richtung auf eine plötzlich auftretende Bewegungsquelle, eine potentielle Nahrungsquelle, zu schwimmen. *Fadenhaar-Sensillen auf den Cerci* (Hinterleibsanhängen) der Schaben und Grillen bilden ein System, dessen Empfindlichkeit ausreicht, um z.B. die Annäherung einer zum Fang verschnellenden Krötenzunge zu melden. Die Flügelmotorik von Insekten wird besonders vielfältig als Bewegungssignalquelle genutzt. Manche Schmetterlingsraupen erkennen durch 2–8 Fadenhaarsensillen den Anflug räuberischer Wespen und gehen in einen Starrezustand über. Spinnen nehmen durch die Trichobothrien ihrer Beine (und über ihre Vibrationsrezeptoren, s.o.) den Flügelschlag im Netz gefangener Insekten wahr [13]. Auch zur innerartlichen Erkennung oder Kommunikation wird die Flügelmotorik genutzt. Mückenmännchen erkennen ihre Weibchen aufgrund deren spezieller Flügelschlag-Frequenz; Fliegenmännchen stimulieren ihre Weibchen durch eigenen Flügelschlag. Eine Fiederung des dritten Antennensegments der Mücken und Fliegen vergrößert das von Strömungen erzeugte Drehmoment für das Johnston-Organ, das für diese Leistungen verantwortlich ist (Abb. 16-1). Bei Honigbienen gehört die Wahrnehmung der Schwingungen der beim „Tanz" vibrierenden Flugmuskulatur einer heimgekehrten Sammelbiene zur Verständigung der Nachläufer über die Entfernung der Sammelstelle. Wiederum rezipieren die Johnston-Organe der Antennen die Schwingungen.

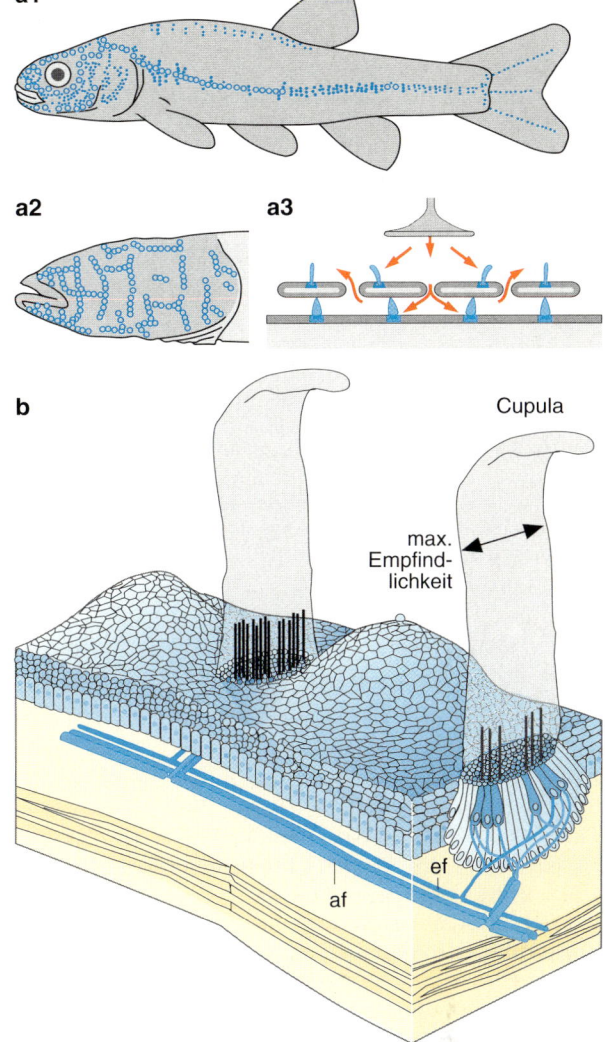

Hochentwickelte Strömungsrezeptorsysteme einiger Tiergruppen ermöglichen eine so weitgehende Wahrnehmung der Objekte der jeweiligen Tierumgebung, daß diese Systeme die Funktion von Augen übernehmen können

Am besten untersucht ist das **Seitenliniensystem** der Fische und wasserlebenden Amphibien [17, 20]. Auf ihrer Körperoberfläche sind **Gruppen von Haarzellen** (Abb. 15-2b) in Reihen angeordnet, insbesondere in der Kopfregion und entlang der Körperseiten (Abb. 15-11a). Die Zilien jeder derartigen als **Neuromast** bezeichneten Gruppe sind durch eine gallertige **Cupula** untereinander und an die Wasserbewegungen gekoppelt (Abb. 15-11b). Jeder Neuromast ist aufgrund paralleler Ausrichtung aller enthaltenen Haarbündel für nur eine Schwingungsachse empfindlich. Neuromasten mit quer zueinanderstehenden Empfindlichkeitsachsen wechseln einander ab. In jedem einzelnen Neuromast stehen Zellen mit entgegengesetzten Bündelpolaritäten und entsprechenden Empfindlichkeitsrichtungen durcheinander. Jede afferente Nervenfaser bildet jedoch nur mit Zellen *derselben Bündelorientierung* Synapsen aus, auch von benachbarten gleichgerichteten Gruppen, so daß die Bewegungskomponenten einer Richtung in einer Region durch eine Faser gemeldet werden. Bei Fischen sind ein Teil der Neuromasten in ein **Kanalsystem** eingesenkt, das unter den Schuppen verläuft und nach außen in regelmäßigen Abständen Öffnungen besitzt (Abb. 15-11a1,3). Die Haarzellen dieses Systems werden daher nur dann gereizt, wenn *in Richtung des jeweiligen Kanalabschnitts* zwischen den Öffnungen ein *Druckgradient* besteht. Vergleichbar anderen Sinnessystemen wird die Afferenz des Seitenlinienorgans auf mehreren Integrationsebenen (in der Medulla, im Mittel- und Vorderhirn) verarbeitet. Neurone im Mittelhirn repräsentieren die Reizverteilung ortsspezifisch (somatotop) und bewegungsrichtungsspezifisch, jedoch wenig frequenzselektiv (Arbeitsbereich etwa 1–200 Hz).

Mit Hilfe des Seitenliniensystems sind Fische und Amphibien auch ohne visuelles System in der Lage, für ein

Abb. 15-11. Seitenlinien-Organe der Fische (**a**) und Amphibien (**b**). **a1** Anordnung des Seitenlinien-Organs der Elritze Phoxinus phoxinus. Kreise: Kanalporen; Punkte: oberflächlich stehende Haarzellgruppen (Neuromasten). **a2** Kopf des blinden Höhlenfischs Typhlichthys osborni mit Reihen von Neuromasten, die zueinander senkrecht stehen. **a3** Schematischer Längsschnitt einer Seitenlinie mit Neuromasten und Kanal-Rezeptoren, beide mit Cupulae. Annäherung eines Objekts (oder an ein Objekt) ergibt, wie angedeutet, eine Druckwelle und Wasserverschiebungen, die zu Auslenkungen der Cupulae führen. Nach [23]. **b** Halbschematische Darstellung des Aufbaus von 2 Neuromasten im Seitenlinien-Organ des Krallenfrosches. 2 afferente (af) und 2 efferente (ef) Neurite versorgen beide Neuromasten. Verschiebungen der fahnenförmigen Cupula in ihrer Fläche führen zur Reizung der Haarzellen. Aus [27]

Objekt, das sich in ihrer Umgebung bewegt, seine Richtung und, in engeren Grenzen, seine Entfernung zu bestimmen. Darüber hinaus erlaubt die Eigenbewegung eines Fisches ihm ein aktives Erkennen *auch ruhender* Objekte im Abstand von einigen Milli- bis Zentimetern, aufgrund des Einflusses, den die Objekte auf die Relativbewegungen an der Körperoberfläche ausüben. (Die allgemeine Strömungsreizung, die die Eigenbewegung verursacht, wird durch inhibitorische Efferenz im Seitenliniensystem kompensiert: s. 15.4.) Seitenlinienorgane und andere ähnliche Organe werden aufgrund dieser Leistungen auch als **„Ferntastsinnesorgane"** bezeichnet. Wie Beobachtungen an blinden Höhlenfischen erkennen lassen, wird aus der Information, die vom Seitenliniensystem im Zusammenhang mit aktiven Bewegungen geliefert wird, eine **„innere Landkarte"** des Reviers aufgebaut [55] (s. Kap. 25.3).

Dekapode Krebse (z.B. Flußkrebse und Hummer) besitzen ein System aus mehreren Typen von Strömungsrezeptoren, das den Körper von den Antennen bis zum Schwanzfächer überzieht. Einiges spricht für eine dem Seitenliniensystem vergleichbare Leistungsfähigkeit dieses Systems dieser weitgehend nachtaktiven Tiere [54]. Zu vergleichen ist auch ein System multiziliärer Strömungsrezeptoren auf den Armen von Tintenfischen und, in eingeschränkterer Form, das System von Trichobothrien auf den Beinen von Spinnen sowie das System von Fadenhaar-Sensillen auf den Cerci von Grillen und Schaben, schließlich die 2 je 16-zelligen Trichobothrien des „Tausendfüßers" Scutigerella, der trotz seiner Augenlosigkeit zu schnellem, wohlorientiertem Lauf fähig ist [30].

15.7 Rezeption von Linear- und Winkelbeschleunigungen (Schwere- und Drehsinn)

Über die Stellung des Körpers im Schwerefeld informieren Schweresinnesorgane, **Statorezeptoren.** Diese Information ist Grundlage für die aktive Orientierung des Körpers im Schwerefeld, für die Einhaltung des Körpergleichgewichts und – sofern gut abbildende Augen vorhanden sind – für die Stabilisierung der Augen in bezug zur Vertikalen. Die *linearen* Beschleunigungskomponenten der Körperbewegungen (*Translationsbeschleunigungen*) werden zusammen mit der Erdbeschleunigung durch die Statoorgane rezipiert. Es gibt keine absolute Spezität der Organe für die einzelnen Beschleunigungskomponenten, auch nicht für Winkelbeschleunigungen (s.u.). So werden bei Fischen und Fröschen auch die oszillierenden Beschleunigungen von Schall- bzw. Vibrationsschwingungen durch Statoorgane rezipiert – eine phylogenetische Basis von Hörorganen (s. Kap. 16.3).

> **Sinneszellen, die Gravitation und lineare Bewegungsbeschleunigungen rezipieren, werden generell durch Masseteile des Körpers gereizt, deren spezifisches Gewicht größer oder kleiner als das ihrer Umgebung ist und die daher bei Beschleunigungen Kräfte ausüben**

Bei den in der Luft lebenden **Insekten** dienen Körperteile, wie der Kopf und der Hinterleib als schwe-

re Massen, die den Gravitationsvektor anzeigen. Insbesondere die Borstenfelder, die die Winkelstellung der Körpergelenke kontrollieren (Abb. 15-8), liefern die Basisinformation für die Schwereorientierung dieser Insekten.

Bei Grillen und einigen Schaben sind Sensillen mit keulenförmigem Haar entwickelt worden, deren Haargewicht selbst einen von der Schwerkraftrichtung abhängigen Auslenkungsreiz erzeugt. *Im Wasser lebende Insekten*, wie die Wasserwanzen *Nepa* und *Ranatra*, bei denen durch den Auftrieb des Wassers die Gewichtskraft hängender Körperteile entfällt, nutzen *die Auftriebskraft von Luftblasen*, die am Körper unter Haarsensillen gehalten werden. Aus der lokalen Verteilung der Abbiegungsreize an diesen Sensillen bestimmt das Nervensystem die Vertikale.

Alle übrigen Tierstämme sind von ihrem Ursprung her an Wasser als umgebendes Medium angepaßt; bei ihnen werden als Schwerelot mineralische Körperchen mit einem spezifischen Gewicht über dem von Wasser innerhalb bestimmter Zellen oder Organe sezerniert: **Statolithen** oder – sofern sie als Körnergrieß gebildet werden – **Statokonien.** Wegen der Beziehungen zur Hörfunktion sind bei Vertebraten auch die Bezeichnungen **Otolithen** und **Otokonien** geläufig.

Dieses Prinzip wird bereits bei einigen Spezies der einzelligen **Ciliaten** gefunden (*Loxodes*) [38]. Bei **Nesseltieren** bilden Statorezeptoren dieses Bauprinzips die wahrscheinlich ältesten Sinnesorgane (Abb. 15-12a): Der Statolith wird in einem Pendel aus einer oder mehreren Zellen gebildet; Zilien von Kragensinneszellen, die entweder im umgebenden Epithel oder auf dem Pendel selbst stehen, werden durch gravitationsbedingte Auslenkungen des Pendels reizwirksam abgebogen. 4–300 derartige Stato-Organe sind am Mantelrand der unterschiedlichen Medusen-Klassen angeordnet.

In den höher entwickelten Tierstämmen werden Statolithen oder Statokonien *in Körperhohlräumen* gebildet, die ganz oder teilweise mit mechanorezeptorischem Sinnesepithel ausgekleidet sind: **Statozysten.** In den kugeligen Statozysten von Schnecken und Muscheln, die ganz mit Sinnesepithel ausgekleidet sind, sind die Statokörperchen frei beweglich und fallen auf die der jeweiligen Körperlage entsprechende tiefste Zone des Sinnesepithels, wo sie zur Reizung der Zilien führen (Abb. 15-12c). (Aktiv schlagende Zilien verhindern ein Festsetzen der Körperchen.) Jede Körperlage ist somit eindeutig durch den Ort einer erregten Sinneszelle oder Zellgruppe repräsentiert, unabhängig von der jeweiligen Richtung und Stärke der Zilienauslenkungen. In den konvergent hochentwickelten Schweresinnesorganen von Krebsen, Tintenfischen und Wirbeltieren sind die Sinneszellen der einzelnen Statozyste in einer flachen Scheibe oder einem Kreisbogen angeordnet, einer **Macula** (Abb. 15-13a). Die Statokörperchen sind mit den Sinneshaaren verbunden und diese sind in nur einer Auslenkungsrichtung maxi-

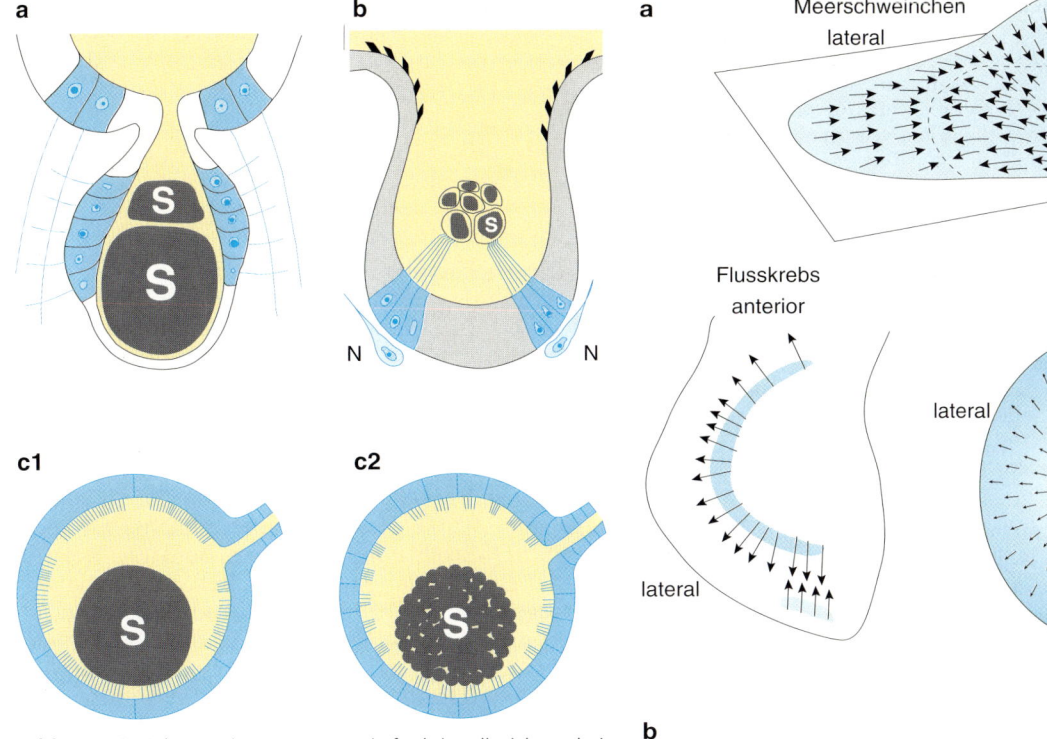

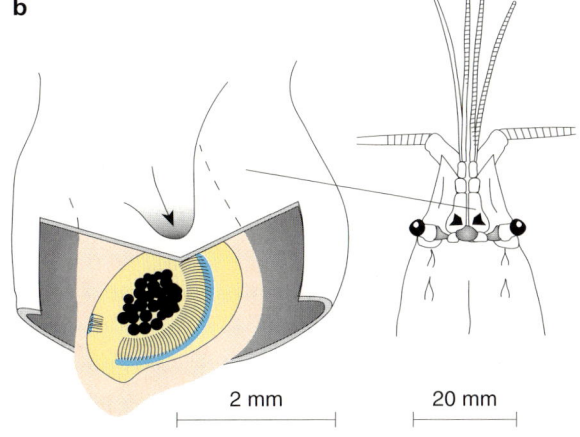

Abb. 15-12. Schweresinnesorgane mit funktionell nicht polarisierten Sinneszellen (dunkelblau). S, Statolith. **a** Konstruktion mit hängendem Statolith (Lithostyl) und Kragensinneszellen bei Medusen. Neigt sich das Tier, werden die Sinneszilien durch den Lithostyl ausgelenkt. **b** Statocyste der Rippenqualle Pleurobrachia mit 4 Gruppen funktionell polarisierter sekundärer Sinneszellen. N, Neuron. **c** Statocysten mit multiziliären Sinneszellen von Mollusken. **c1** Schnecken-Statocyste mit nur 13 großen Sinneszellen (z.B. der Weinbergschnecke). **c2** Muschel-Statocyste mit zahlreichen kleinen Sinneszellen. Aus [12] nach verschiedenen Autoren

mal empfindlich. Dadurch ist diejenige Schwerkraftkomponente, die auf die Statokörperchen **parallel zum Epithel, „scherend" einwirkt, reizwirksam**. Bei Translationsbeschleunigungen des Körpers bleiben die Statokörperchen aufgrund ihrer höheren spezifischen Masseträgheit gegenüber dem Epithel zurück, reizen somit in der gleichen Weise wie die Schwerkraft. Die Empfindlichkeitsrichtungen der einzelnen Sinneszellen sind innerhalb jeder Macula fächerartig radiär angeordnet, so daß alle Richtungen vertreten sind (Abb. 15-13a). Innerhalb der einzelnen Macula wird somit nur die *Richtung* einer Neigung durch den *Ort* der gereizten Zellen kodiert, während der Neigungs*grad* durch die *Stärke* dieser Reizung signalisiert wird (mit dem Sinus des Neigungswinkels ansteigend).

In verschiedenen Klassen der **Krebse** (nur der Malacostraca) werden Statozysten in unterschiedlichen Extremitäten oder im Kopf gebildet; eingehend untersucht ist das Organ dekapoder Krebse (Hummer, Flußkrebs, Krabbe), das in der Basis der kurzen ersten Antennen liegt (Abb.

Abb. 15-13. a Statolithen-Organe aus 3 Tierstämmen mit rezeptorischer Macula. Die Richtungen der Pfeile geben die depolarisierenden Auslenkrichtungen der Sinneshaare an. Aus [51]. **b** Anordnung der Statozyste bei langschwänzigen Krebsen (z.B. Flußkrebs) im Basalglied der kleinen Antenne. Rechts: Übersicht der Kopfregion (Rostrum entfernt), links: freigelegte Statozyste mit Zugang von außen (Pfeil), Halbkreis von Haarsensillen (vergl. **a** Mitte) und Sandkörnern. Nach [51]

15-13b). Es wird von einer Einsenkung der Epidermis und ihrer Kutikula gebildet und behält eine Öffnung nach außen. Durch diese Öffnung beladen die Tiere die Statozyste nach jeder Häutung der Kutikula neu mit Sandkörnern, die darin zu einem Statolith verkleben. Indem die Sandkörner im Experiment durch Eisenspäne ersetzt wurden und danach durch ein Magnetfeld dieselben Reflexe wie durch Gravitation hervorgerufen wurden, konnte 1893 erstmals eine Statozystenfunktion eindeutig nachgewiesen werden.

Die Statozysten der **Wirbeltiere** sind Aussackungen des häutigen Labyrinths (Abb. 15-16b, 16-6), das auch die Dreh- und Hörsinnesorgane bildet. Die Gleichgewichtsorgane werden darin als **Vestibularorgan** zusammengefaßt. In der einfachsten rezenten Form, bei dem kieferlosen Schleimaal Myxine, ist nur ein (paariges) Maculaorgan vorhanden. Sonst sind es in der Regel drei: **Sacculus**, **Utriculus** und **Lagena**, die teilweise zugleich Hörfunktion erfüllen (s. Kap. 16.3). Bei Säugetieren sind Sacculus und Utriculus als reine Statoorgane erhalten, während im Lagenabereich das reine Hörorgan entstand. Die Maculae von Sacculus und Utriculus sind senkrecht zueinander angeordnet, wobei der Utriculus in der Normalstellung horizontal liegt. Die aus $CaCO_3$ bestehenden Statokörperchen sind bei Knochenfischen kompakte Stato-(Oto-)lithen (bis zu 2 cm lange „Hörsteinchen"), in den übrigen Wirbeltierklassen Statokonien, die von Gallerte umgeben und über eine gallertige „otolithische Membran" mit den Spitzen der Kinozilien verbunden sind.

Die afferenten und efferenten Axone der Macula-ebenso wie der Bogengangsorgane (s.u.) der Wirbeltiere treten zusammen mit den Hörnervenfasern als VIII. Gehirnnerv (Nervus statoacusticus) in den Hirnstamm (Medulla) ein. Die Zellkörper dieser postsynaptischen afferenten Neurone liegen als „Vestibularganglien" nahe der entsprechenden Sinnesorgane. Ihre Signale werden in 4 Kerngebieten der Medulla (Nuclei vestibulares) auf nachfolgende Neurone umgeschaltet. Von diesen verbinden zwei Trakte „absteigend" zu den für Hals und Rumpf bzw. Gliedmaßen zuständigen Motoneuronen im Rückenmark als Basis von Reflex- und Flucht-Reaktionen (postsynaptisch liegen Mauthner- und Deiters-Riesenzellen für kürzeste Reaktionszeiten) (s. 8.4). Ein weiterer Trakt leitet zu den Ganglien der Augenmuskelsteuerung im Hirnstamm. Der vierte Trakt führt zur komplexen Bewegungssteuerung im Zerebellum (s. Kap. 8.6) und mit einigen Fasern zum Thalamus, von wo Neurone zum somatosensorischen Kortex verbinden und eine mögliche Grundlage für bewußte Gleichgewichtswahrnehmungen darstellen.

Die Gleichgewichtseinstellung des Körpers ist unter Normalbedingungen ein Ergebnis *multimodaler Konvergenz*, in der visuelle Wahrnehmungen gewohnter vertikaler Konturen der Umgebung und somatosensorische Rezeptionen mit den Meldungen der Statoorgane zusammengefaßt werden. Somatosensorische Signale, die auch nach vollständigem Verlust der Statokonien noch Gleichgewichtsorientierung ermöglichen, werden beim Menschen von Rückenmarksnerven im 6. Cervical- und 11. Brustsegment geliefert [41]. Die Nieren und die Blutvolumina der größeren Gefäße sind durch ihr höheres spezifisches Gewicht mögliche Statokörper in den Gebieten dieser Nerven. Die Meldungen der verschiedenen zur Gleichgewichtseinstellung beitragenden Organe werden individuell unterschiedlich stark gewichtet. Ein derartiges Verrechnungsergebnis liegt bei Fischen der Einstellung ihrer Dorsoventral-Achse zugrunde: der **Lichtrückenreflex** (die Tendenz, den Rücken dem Helligkeitsmaximum zuzuwenden) wird mit variabler Gewichtung mit dem Statoreflex verrechnet.

Organismen, die rasche präzise Körperbewegungen ausführen, besitzen in der Regel zusätzliche Organe, die sie über Drehbewegungen ihres Körpes, d. h. über seine Winkelbeschleunigungen informieren: Drehsinn

In den hochentwickelten Gleichgewichtsorganen von Wirbeltieren, Tintenfischen und Krebsen werden Winkelbeschleunigungen – trotz fehlender gemeinsamer Wurzel dieser Organe – nach dem selben hydrodynamischen Prinzip rezipiert: Bei einsetzender Drehung eines runden flüssigkeitsgefüllten Behälters führt die Flüssigkeit aufgrund ihrer Massenträgheit eine geringere Drehung aus als der Behälter selbst (Abb. 15-14d). Dieser Effekt ist bei gegebener Winkelgeschwindigkeit unabhängig vom Ort der Drehachse in Bezug zum Behälter. Relativ zur Behälterwandung verschiebt sich die Flüssigkeit im Gegensinn. In die „Behälterwand" der Sinnesorgane sind Strömungsrezeptoren eingebaut, vergleichbar den Seitenlinienrezeptoren der Fische (die vom selben Hirnnerven versorgt werden) bzw. den strömungsrezipierenden Haarsensillen der Krebse. Sie sind damit zu Drehsinnesrezeptoren geworden.

Die paarigen Statozysten der Tintenfische sind derartige kugelige „Behälter", in denen ein Flüssigkeitsvolumen drehungsfähig ist. In drei Raumrichtungen ist an der Wandung der Zyste je eine Leiste zilientragender Strömungsrezeptoren – **eine Crista** – so plaziert, daß *jede Drehung in den drei Raumkoordinaten kodiert wird*. Diese Statocysten gehören zu den höchst entwickelten Gleichgewichtsorganen. Cristae und Statorezeptor-Maculae (Abb. 15-13a) einer Statocyste enthalten zusammen bis zu 12 000 sekundäre und primäre Sinneszellen.

Bei **Wirbeltieren und Krabben** ist die Flüssigkeit auf mehr oder weniger kreisförmige Kanäle – **Bogengänge** – eingeschränkt. Die in einem Bogengang stehenden Sinneszellen sind damit selektiv für die Drehkomponente in der Ebene dieses Bogens empfindlich. Auch in diesen Tiergruppen werden die Drehbeschleunigungen in 3 aufeinander senkrecht stehenden Ebenen kodiert. Für jede der Ebenen sind jeweils 2 Gruppen von Sinneszellen vorhanden, die in entgegengesetzten Drehrichtungen depolarisiert werden. Somit wird jegliche Drehung des Körpers von mindestens einer Sinneszellgruppe durch gesteigerte Erregung gemeldet.

Bei Krabben sind in jedem einzelnen Bogengang Sinneszellen mit entgegengesetzten Empfindlichkeitsrichtungen enthalten. Dementsprechend genügen die 4 Bogengänge beider Körperseiten, um die genannten Funktionen für 3 Raumebenen zu erfüllen, da die vertikalen Bogengänge der beiden Körperseiten quer zueinander stehen (Abb. 15-14a). Im einzelnen Bogengang eines Wirbeltiers dagegen haben alle Sinneszellen dieselbe Empfindlichkeitsrichtung. Hier enthält jede Körperseite Bogengänge aller 3 Raumrichtungen. Die Bogengänge der beiden Seiten stehen zueinander parallel und ergänzen sich durch die entgegengesetzten Orientierungen ihrer Sinneszellen (Abb. 15-14b).

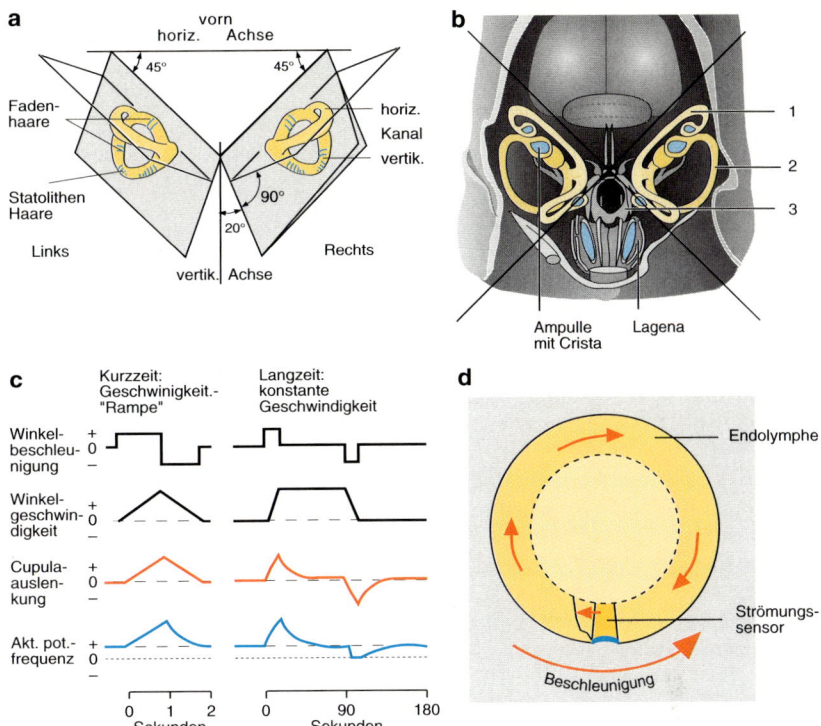

Abb. 15-14. Bogengangsorgane. **d** Prinzip hydrodynamischer Winkelbeschleunigungsrezeptoren. Die Endolymphe kann, aber muß nicht auf ein Kreisrohr eingeschränkt sein. Der kleine Pfeil deutet die beschleunigungsabhängige Auslenkung einer Cupula oder einiger Sinneshaare an. **a** Die Anordnung der Bogengänge in den kleinen Antennen der Kurzschwanz-Krabben (z.B. Strandkrabbe). Die Organe beider Seiten bilden zusammen ein System dreidimensionaler Drehbeschleunigungsrezeption. Die Positionen der strömungsrezipierenden Fadenhaare und der statorezeptorischen Statolithen-Haare sind angedeutet. Aus [51]. **b** Die Anordnung der Bogengänge im Schädel eines Wirbeltiers, hier einer Elritze (Kleinhirn- und Medulla sind abgetragen). Die 3 Bogengänge jeder Seite bilden je einen orthogonalen Raumwinkel, deren Ebenen der beiden Seiten zueinander parallel liegen (s. eingetragenes Achsenkreuz). 1, vorderer vertikaler Bogengang; 2, horizontaler und 3, hinterer vertikaler Bogengang. Aus [36]. **c** Die Aktionspotential-Meldungen der Wirbeltier-Bogengänge als Resultat einer Integration der Winkelbeschleunigung. Die schematische Darstellung läßt den geschwindigkeitsanalogen Verlauf der Aktionspotential-Frequenz erkennen. Nach [6]

Eine gallertige Cupula durchspannt jeden Wirbeltierbogengang; sie ist mit den Zilienspitzen der Haarzellen verbunden, so daß bei Drehbeschleunigungen Verschiebungen der Bogengangsflüssigkeit zur Durchbeulung der Cupula und damit zur Auslenkung der Sinneshaarbündel führen

Am Ort der Sinneszellen und der Cupula ist der Bogengang stets zur **Ampulle** erweitert. Darin stehen die Sinneszellen auf einer barriereartigen Epithelaufwölbung, der **Crista**, so daß die Spitzen der langen Zilien nahezu das Zentrum des Bogengangsquerschnitts erreichen, wo die Cupuladurchbeulung am größten ist [48]. Schnelle Drehschwingungen von weniger als 0,005°, die zu Zilienauslenkungen von etwa 0,1 μm führen, sind in der Frequenz der Aktionspotentiale bereits nachweisbar [36].

Die *Winkelbeschleunigung* ist der Parameter, der die Verschiebung der Flüssigkeitssäule verursacht. Die Verschiebungsgröße integriert jedoch aufgrund der Reibung der Flüssigkeit im Kanal über den Zeitverlauf der Beschleunigung. Die verschiebungsproportionale Zilienauslenkung als Reiz und ähnlich die Erregungsgröße ergeben daher ein Maß für die momentane Winkelgeschwindigkeit (Abb. 15-16c).

Die *Winkelgeschwindigkeit* ist auch der von Menschen subjektiv empfundene Parameter (im Unterschied zur *Beschleunigungsempfindung* bei Linearbewegungen). Bleibt eine erreichte Winkelgeschwindigkeit über Sekunden hinaus bestehen, so führt die Rückstellkraft der Haarbündel und der Cupula reizreduzierend zur Abweichung von der zutreffenden Geschwindigkeitsangabe. Die negative Beschleunigung bei der späteren tatsächlichen Beendigung der Drehung hebt diese Geschwindigkeitsangabe daher nicht nur auf, sondern führt zur Angabe einer real nicht vorhandenen Geschwindigkeit in Gegenrichtung (Abb. 15-14c). Eine derartige Wahrnehmung ist Menschen geläufig und führt zur Schwindelempfindung, wenn die nicht konforme visuelle Wahrnehmung gleichzeitig zugelassen wird.

Die Stabilisierung geschieht durch eine Gegendrehung der Augen mit der vom Vestibularorgan rezipierten Winkelgeschwindigkeit der Kopfdrehung. Führt die Körper- und Kopfdrehung über den Drehbereich der Augen hinaus, springt die Augenstellung in die Ruhestellung zurück, um von dort aus das Gesichtsfeld durch eine neue Gegendrehung wieder zu stabilisieren: **vestibularer Nystagmus** (ergänzend optokinetischer Nystagmus: 18.5, s.a. 25.2). Dieser Vorgang läßt sich während einer Drehung an geschlossenen Augen ertasten. Dabei zeigt sich, daß der Nystagmus bei Beendigung einer länger währenden Drehung auch der post-rotatorischen Umkehr der Drehangabe folgt, die das Bogengangsorgan fälschlich meldet (s.o.). Ganz entsprechende Steuerungen der Augenbewegungen finden sich auch bei Krebsen und Tintenfischen.

Dipteren (Fliegen und Mücken) erreichen die gleiche Stabilisierung des Gesichtsfeldes ihrer Komplexaugen gegen passive und aktive Körperbewegungen durch aktive Drehungen des Kopfes. Meldungen über die Körperdrehungen werden von einem einzigartigen Drehsinnesorgan geliefert, den **Schwingkölbchen (Halteren)** [31]. Ihre Rezeptormeldungen sind auch eine wesentliche Grundlage der Flugsteuerung: Fliegen ohne funktionsfähige Halteren stürzen nach wenigen Flugsekunden ab.

Die Halteren bestehen aus dem umgewandelten zweiten Flügelpaar, das reduziert ist auf seine Basis mit Gelenk- und Sinneszellen und einem Stiel, der in einer kugeligen Schwungmasse endet. Die beiden Halteren schwingen mit der Frequenz der Flügel über ca. 180° in Ebenen, die ca. 50° gegeneinander abgewinkelt sind. Die möglichen Dreh-Ebenen des Tieres sind daher stets gegen die Schwingungsebene wenigstens einer der Halteren geneigt. Tierdrehungen führen dadurch zu Drehgeschwindigkeits-proportionalen Coriolis-Kräften auf die Schwungmasse und zu entsprechenden Auslenkungen der Halteren aus der Schwingungsebene. Drei Felder mit je etwa 100 campaniformen Sensillen in der Halterenbasis melden unterschiedliche Richtungen und Größen dieser Auslenkungen mit hoher Empfindlichkeit (Auslenkungen um wenige Winkelgrad ergeben maximale Reaktion).

15.8 Literatur

Weiterführende Lehr- und Handbücher

1. Halata Z (1993) Die Sinnesorgane der Haut und der Tiefen-sensibilität. In: Niethammer J, Schliemann H, Starck D (Hrsg): Handbuch der Zoologie, Bd 8, Teil 57. de Gruyter, Berlin
2. Horn E (1982) Vergleichende Sinnesphysiologie. Stuttgart, Fischer
3. Iggo A (1973) Somatosensory system. Springer, Berlin (Handbook of sensory physiology, vol. 2)
4. Ito F (ed.) (1992) Comparative aspects of mechanoreceptor systems. Springer, Berlin (Advances in comparative and environmental physiology, vol 10)
5. Kandel ER, Schwartz JH, Jessell, TM (eds) (1991) Principles of neural science. Appleton & Lange East Norwalk
6. Kornhuber HH (ed) (1974) Vestibular system: basic mechanisms. Springer, Berlin (Handbook of sensory physiology. vol 6)
7. Mill PJ (ed.) (1976) Structure and function of proprioceptors in the invertebrates. Chapman & Hall, London
8. Nicholls JG et al. (eds) (1995) Vom Neuron zum Gehirn. Fischer, Stuttgart
9. Schmidt RF, Thews G. (Hrsg) (1995) Physiologie des Menschen, 26. Aufl. Berlin

Einzel- und Übersichtsarbeiten

10. Andres KH (1966) Über die Feinstruktur der Rezeptoren an Sinushaaren. Z Zellforsch 75:339–365
11. Andres KH (1969) Zur Ultrastruktur verschiedener Mechanorezeptoren von höheren Wirbeltieren. Anat Anz 124:551–565
12. Atema J et al. (eds) (1987) Sensory biology of aquatic animals. Springer, Berlin
13. Barth FG (eds) Neurobiology of arachnids. Springer, Berlin
14. Barth FG (1978) Slit sense organs: „strain gauges" in the arachnid exoskeleton. Symp Zool Soc Lond 42:439–448
15. Bässler U (1964) Proprioreceptoren am Subcoxal- und Femur-Tibia-Gelenk der Stabheuschrecke Carausius morosus und ihre Rolle bei der Wahrnehmung der Schwerkraftrichtung. Kybernetik 2:168–193
16. Blackshaw S.E (1980) Morphology and distribution of touchcell terminals in the skin of the leech. J Physiol (Lond) 320:219–228
17. Bleckmann H (1989) Reception of hydrodl ion channels in the abdominal stretch receptor organ of the crayfish. J Gen Physiol 94:1071–1083
18. Brinkmann M, Oliver D, Thurm U (1996) Mechano-electric transduction in nematocytes of a hydropolyp (Corynidae). J Comp. Physiol 178:125–138
19. Burkhardt D (1959) Die Erregungsvorgänge sensibler Ganglienzellen in Abhängigkeit von der Temperatur. Biol Zentralbl 78:22–62
20. Coombs S et al. (eds) (1989) The mechanosensory lateral line. Springer, Berlin
21. Crawford AC, Evans MG, Fettiplace R (1991) The actions of calcium on the mechanoelectrical transducer current of turtle hair cells. J Physiol (Lond) 434:369–398
22. Denk W., Webb WW (1992) Forward and reverse transductionat the limit of sensitivity studied by correlating electrical and mechanical fluctuations in frog saccular haircells. Hear Res 60:89–102
23. Dijkgraaf S (1962) The functioning and significance of the lateral-line organs. Biol Rev 38:51–105
24. Erxleben C (1989) Stretch-activated current through single ion channels in the abdominal stretch receptor organ of the crayfish. Z Gen Physiol 94:1071–1083
25. Frisch K von, Stetter H (1932) Untersuchungen über den Sitz des Gehörsinnes bei der Elritze. Z Vergl Physiol 17:686–799

26. Golz R, Thurm U (1991) Cytoskeleton-membrane interactions in the complex of hydrozoan nematocytes. Cell Tissue Res 263:573–583
27. Görner P (1963) Untersuchungen zur Morphologie und Elektrophysiologie des Seitenlinienorgans vom Krallenfrosch (Xenopus laevis). Z Vergl Physiol 47:316–338
28. Hamill OP, McBride DW Jr (1994) The cloning of a me-chano-gated membrane ion channel. TINS 17:439–443
29. Hassan ES (1986) On the discrimination of spatial intervals by the blind cave fish (Anoptichthys jordani). J Comp Physiol [A] 159:701–710
30. Haupt J (1970) Beitrag zur Kenntnis der Sinnesorgane von Symphylen (Myriapoda) I. Elektronenmikroskopische Untersuchung des Trichobothriums von Scutigerellaim maculata Newport. Z Zellforsch 110:588–599
31. Hengstenberg R (1988) Mechanosensory control of compensatory head roll during flight in the blowfly Calliphora erythrocephala meig. J Comp Physiol [A] 163:151–165
32. Horn E (ed) (1983) Multimodal convergences in sensory systems. Fischer, Stuttgart (Fortschritte der Zoologie, vol 28)
33. Hudspeth AJ (1989) How the ear's works work. Nature, 341:397–404
34. Hudspeth AJ, Gillespie PG (1994) Pulling springs to tune transduction: adaptation by hair cells. Neuron, 12:1–9
35. Karlsson U et al. (1965) Cellular organization of the frog muscle spindle as revealed by serial sections for electronmicroscopy. J Ultrastruct Res 14:1–35
36. Klinke R, Hartmann R (1980) Discharge properties of afferent fibres of the goldfish semicircular canal with high frequency stimulation. Pflügers Arch 388:111–121
37. Loewenstein WR (1965) Facets of a transducer process. Cold Spring Harbor Symp Quant Biol 30:29–43
38. Machemer H, Bräucker R (1992) Gravireception and graviresponses in ciliates. Acta Protozool 31:185–214
39. Markl H (1962) Borstenfelder an den Gelenken als Schweresinnesorgane bei Ameisen und anderen Hymenopteren. Z. Vergl. Physiol 45:475–569
40. Markl H (1973) Leistungen des Vibrationssinnes bei wirbellosen Tieren. Fortschr Zool 21:100–120
41. Mittelstaedt H (1992) Somatic versus vestibular gravity reception in man. Ann N Y Acad Sci 656:124–139
42. Morris CE (1990) Mechanosensitive ion channels. J Membr Biol 113:93–107
43. Nagel G, Neugebauer DC, Schmidt B, Thurm U (1991) Structures transmitting stimulatory force for the sensory hairs of vestibular ampullae of fishes and frog. Cell Tissue Res 265:567–578
44. Pasztor VM (1989) Modulation of sensitivity in invertebrate sensory receptors. Semin in Neurosci 1:5–14
45. Penfield W, Rassmussen T (1950) The cerebral cortex of man. Macmillan New York
46. Pickles JO, Comis SD, Osborne MP (1984) Cross-links between stereocilia in the guinea-pig organ of Corti, and their possible relation to sensory transduction. Hear Res 15:103–112
47. Roberts WM, Jacobs RA, Hudspeth AJ (1990) Colocalization of ion channels involved in frequency selectivity and synaptic transmission at presynaptic active zones of hair cells. J Neurosci 10:3554–3684
48. Rüsch A, Thurm U (1989) Cupula displacement, hair bundle deflection, and physiological responses in the transparent semicircular canal of young eel. Pflügers Arch 413:533–545
49. Rüsch A, Thurm U (1990) Spontaneous and electrically induced movements of ampullary kinocilia and stereovilli. Hear Res 48:247–264
50. Schnorbus H (1971) Die subgenualen Sinnesorgane von Periplaneta americana: Histologie und Vibrationsschwellen. Z Vergl Physiol 71:14–18
51. Schöne H (ed) (1975) Mechanisms of spatial perception and orientation as related to gravity. Fischer, Stuttgart (Fortschritte der Zoologie, vol 23)
52. Schöne H (1983) Orientierung im Raum. Wissenschaftl. Ver-lagsgesellschaft, Stuttgart
53. Schwartzkopff J (1949) Über Sitz und Leistung von Gehör und Vibrationssinn bei Vögeln. Z Vergl Physiol 31:527–608
54. Tautz J (1989) Medienbewegung in der Sinneswelt der Arthropoden. Fallstudien zu einer Sinnesökologie. Fischer, Stuttgart
55. Teyke T (1989) Learning and remembering the environment in the blind cave fish Anoptichthys jordani. J Comp Physiol [A] 164:655–662
56. Thurm U (1982) Grundzüge der Transduktionsmechanismen in Sinneszellen. Mechano-elektrische Transduktion. Hoppe W, Lohmann W, Markl H, Ziegler H (Hrsg) Biophysik. Springer, Berlin, S 681–696
57. Thurm U (1984) Beiträge der Ultrastrukturforschung zur Aufklärung sensorischer Mechanismen. Verh Dtsch Zool Ges 77:89–103
58. Thurm U, Erler G, Gödde J, Kastrup H, Keil TA, Völker W, Vohwinkel B (1983) Cilia specialized for mechanoreception (1983) J Submicrosc Cytol 15(1):151–155
59. Thurm U, Küppers J (1980) Epithelial physiology of insectsensilla. In: Locke M, Smith D (eds) Insect biology in the future. Academic, New York, pp 735–763
60. Whitear M (1965) The fine structure of crustacean proprioceptors. II. The thoracico-coxal organs in Carcinus, Pagurus and Astacus. Philos Trans [Biol] 248:437–456
61. Zenner HP (1994) Physiologische und biochemische Grundlagen des normalen und gestörten Gehörs. In: Naumann HH, Helms J, Herberhold C, Kastenbauer E (Hrsg) Oto-Rhino-Laryngologie in Klinik und Praxis, Bd 1, Ohr. Stuttgart, Thieme

16 Auditorische Systeme

G. Ehret

16.1 Schallcharakterisierung

> **Der adäquate physikalische Reiz für die Hörsysteme von Tieren sind Schallwellen**

Schallwellen entstehen, wenn ein schwingender Körper (z.B. Stimmbänder, Schallblasen, Flügeldecken, Lautsprechermembranen) benachbarte Teilchen eines elastischen Mediums zum Mitschwingen anregt. Die Materieteilchen schwingen in der, bzw. gegen die Ausbreitungsrichtung der Schallwelle um ihre Ruhelage, so daß sich eine Wechseldruckwelle aus lokalem Über- und Unterdruck als Longitudinalwelle vom schwingenden Gegenstand ausbreitet. Aus den Momentanwerten der Verdichtung und Verdünnung der Teilchen ergibt sich der Verlauf der **Schalldruckamplitude (p_A)**. Als Einheit des Schalldruckes wird heute das Pascal (1 Pa = 1 N/m^2 = 10 dyn = 10 μbar) verwendet. Weitere Kenngrößen von Schallwellen sind die **Periodendauer** (T [s]), die **Frequenz** (Anzahl der Schwingungen pro Sekunde, f = 1/T [Hertz = Hz]), die **Wellenlänge** (λ [m]) und die **Ausbreitungsgeschwindigkeit = Schallgeschwindigkeit** (c = fλ[m/s]).

Frequenzen, die ein junger normalhörender Mensch im Mittel wahrnehmen kann (16 Hz – 20 kHz), werden als **Hörschall**, solche unterhalb 16 Hz als **Infraschall** und oberhalb 20 kHz als **Ultraschall** bezeichnet [2]. Der Arbeitsbereich der meisten Hörorgane, von den geringsten, gerade noch wahrnehmbaren Schallintensitäten bzw. Schalldrücken an der absoluten Empfindungsschwelle (absolute Hörschwelle), bis zu den größten, die zu einer Schädigung der Organe führen, beträgt viele Zehnerpotenzen (beim Menschen 13 Zehnerpotenzen an Schallintensität und 3,2 × 6 Zehnerpotenzen an Schalldruck). Der **Schallintensitätspegel** und der **Schalldruckpegel (L)** wurden als relative logarithmische Maße für die Schallstärke eingeführt:

$$L = 10 \log I/I_o = 20 \log p/p_o \text{[dB]}$$

I = gemessene Schallintensität; p = Effektivwert der mit einem Mikrophon gemessenen Schalldruckamplitude (p = $p_A\sqrt{2}$); I_o = Referenzintensität = 10^{-12} Watt/m^2; p_0 = Referenzschalldruck = 20 μPa [7, 8, 12]. *Die an sich dimensionslose Größe des Schalldruckpegels (Englisch: Sound Pressure Level, allgemein verwendete Abkürzung: SPL), erhält die Benennung* **Dezibel [dB]**. Die Referenzintensität bzw. der Referenzschalldruck bezieht sich auf die mittlere menschliche Hörschwelle bei einer Frequenz von 1 kHz (L = 0 dB). Die Schmerzgrenze des Menschen liegt bei L = 10 log10^{13} = 20 log 3,2 10^6 = 130 dB. Tiere, deren Gehör empfindlicher ist als das des Menschen, erreichen an ihrer absoluten Hörschwelle negative dB-Werte (z.B. die Katze bis zu -18dB bei 8 kHz) [22].

> **Tierlaute sind komplexe Schallsignale**

Tierlaute wie der Grillen- oder der Vogelgesang und die menschliche Sprache haben oft nicht nur ein aus vielen Frequenzkomponenten zusammengesetztes, sondern auch ein zeitabhängiges Frequenz- und Amplitudenmuster und eine bestimmte Zeitstruktur (z.B. rhythmische Lautabgabe, Strophenbildung). Wenn man bedenkt, daß die Laute noch von störenden Hintergrundgeräuschen überlagert sein können, bevor sie das Ohr erreichen, ist sofort klar, daß auf die Hörsysteme von Tieren und Menschen sehr komplexe Signale einwirken können. Um die wichtigsten Eigenschaften akustischer Signale auszuwerten, sollte ein Hörsystem wenigstens folgende Leistungen erbringen:

Frequenzkodierung und -analyse, Lautstärkekodierung und -analyse, Amplitudenvergleich der Frequenzkomponenten, Frequenzverlaufsanalyse, Amplitudenverlaufsanalyse, Mechanismen wie z.B. Autokorrelation und steile Frequenzfilter zur Hervorhebung von Signalen im Hintergrundrauschen und zur Trennung von Frequenzkomponenten, zeitliche Integration von Schallenergie, Vergleich von

Signalunterschieden an den Ohren für die Richtungswahrnehmung.

Hörsysteme sind im Tierreich weit verbreitet

Bei den Vertebraten ist das Hören immer mit Funktionen des Innenohres gekoppelt. Damit sind die Bau- und Funktionsprinzipien bei den Wirbeltieren recht einheitlich. Dies gilt jedoch nicht für die Invertebraten. Hier sind in der Evolution unabhängig voneinander Hörsysteme entstanden, die sich nicht nur in ihrer Lage im Tierkörper, sondern auch oft in Bau- und Arbeitsweise grundsätzlich unterscheiden.

Im Tierreich finden wir Sinnesorgane zur Wahrnehmung von Luft-, Wasser und Substratschall. Substratschallempfindung ordnen wir hier dem Vibrationssinn zu, der nicht behandelt werden soll. Weiterhin wollen wir reine Strömungssinnes- und Gleichgewichtsorgane außer acht lassen (siehe Kap. 15).

16.2 Aufbau und Funktionsprinzipien von Hörorganen bei Invertebraten

Schallschnelleempfänger mit Haarsensillen oder Skolopidialorganen

Das morphologisch und funktionell einfachste Hörorgan ist das Haarsensillum (s. Kap. 15). Die Haarsensillen antworten nicht auf die Druckkomponente in einer Schallwelle, sondern vielmehr auf die Schnelle der Teilchenbewegung des Mediums (z.B. Luft, Wasser). Sie werden aufgrund ihrer geringen Masse mit der Schwingungsbewegung der Medienteilchen mitgenommen und vibrieren im Idealfall wie diese Teilchen mit der Schallfrequenz hin und her. Haarsensillen übertragen bei niederen Frequenzen am effektivsten, da hochfrequenter Schall außerhalb der unmittelbaren Umgebung des Sensillums wegen der dort geringen Schallschnelle gar nicht zur Reizung des Haares führt. Tatsächlich nimmt bei Frequenzen oberhalb 100–200 Hz die Empfindlichkeit des Haarsensillums ab, so daß es insgesamt als Tiefpaßfilter wirkt [5, 79].

Fadenhaare sind oft so in der Oberfläche eines Tieres verankert, daß eine Vorzugsrichtung der Auslenkung und damit zur Reizung der Sinneszelle entsteht (s. Kap. 15). Somit sind solche Haare prinzipiell zu einer groben Schallrichtungsbestimmung fähig. Beispiele für das Hören über Haarsensillen im Tieffrequenzbereich sind Schmetterlingsraupen, die nur wenige Haare über den Körper verteilt besitzen, und orthoptere Insekten (z.B. Grillen, Schaben, Heuschrecken, Gottesanbeterinnen), auf deren paarigen Hinterleibsanhängen (Cerci) zum Teil Tausende von Haarsensillen liegen (vergl. Abb. 15-4). Mit diesen „Hörhaaren" können niederfrequente Luftbewegungen, z.B. durch den Flügelschlag sich nähernder Freßfeinde, wahrgenommen und rechtzeitig Ausweichreaktionen ausgelöst werden [79].

In allen Ordnungen der Insekten außer bei einigen Urinsekten (Diplura, Collembola) kommen Antennen vor, in deren zweitem Segment das Johnston-Organ liegt (Abb. 16-1). Das Organ besteht aus einer Vielzahl von Skolopidien, die in Gruppen um den Antennenschaft angeordnet sind [3]. Kleinste Antennenbewegungen auf Niederfrequenzschall (<1000 Hz) werden mit höchster Empfindlichkeit (bis zu 0 dB SPL) wahrgenommen. Unterschiedliche Rezeptorpopulationen werden je nach Schallrichtung angeregt. Einige Fliegen (z. B. *Drosophila*) besitzen eine fiedrige Verzweigung des dritten Antennensegments, die zur Oberflächenvergrößerung und damit zur besseren Anregung des Johnston-Organs dient. Auch dieses Hörorgan ist schallrichtungsempfindlich. Biologische Bedeutung erhält es z.B. bei der Wahrnehmung des Flugtons während der Balz von *Drosophila* [5].

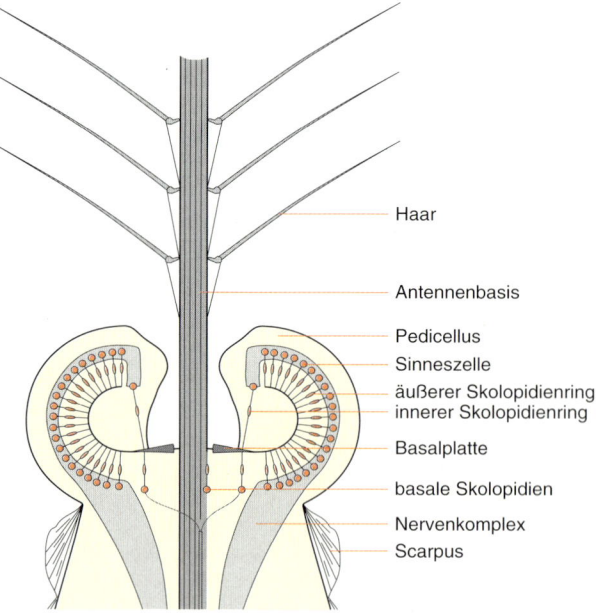

Haar

Antennenbasis

Pedicellus
Sinneszelle
äußerer Skolopidienring
innerer Skolopidienring

Basalplatte

basale Skolopidien

Nervenkomplex

Scarpus

Abb. 16-1. Johnston-Organ an der Basis einer Fliegenantenne. Das Sinnesorgan ist aus mehreren Ringen von Skolopidien aufgebaut, deren Sinneszellen durch Bewegung der Antennenbasis in verschiedene Richtungen und durch Vibrationen gereizt werden (nach [3])

Die Vermittlung von Luft- oder Wasserschall zu den Sinneszellen geschieht hier über **Trommelfelle (Tympana)**. Sie kommen bei mehreren Schmetterlingen (Lepidoptera) wie den Eulen (Noctuidae), Zahnspinnern (Notodontidae), Bärenspinnern (Arctiidae), Zünslern (Pyralidae) und Spannern (Geometridae) vor, sowie bei den Netzflüglern (Neuroptera), den Zikaden (Cicadinae), den Ruderwanzen (Heteroptera, Corixidae) und bei den Orthopteren wie den Feldheuschrecken (Caelifera), Grillen (Gryllidae), Maulwurfsgrillen (Gryllotalpidae), Laubheuschrecken (Tettigoniidae) und Gottesanbeterinnen (Mantidae) [9, 48].

Drei Grundbaupläne der Schalltransformation vom Medium über Trommelfelle zu den Rezeptorzellen (Skolopidialorgane) sind in Abb. 16-2a–c skizziert [5, 41, 49]. Im ersten Fall (Abb. 16-2a) liegt ein reiner Schalldruckempfänger vor. Die Schallwelle regt das Tympanum, das einen luft- oder gewebegefüllten Raum abschließt, zum Schwingen an. Die Kraft, die durch die Schwingungen an die Rezeptoren vermittelt werden kann, ist im einfachsten Fall gleich dem Produkt aus Schalldruck und effektiver Trommelfellfläche. Der Frequenzübertragungsbereich vom Trommelfell auf die Sinneszellen

hängt wesentlich von der Größe des Trommelfells, seiner Steifheit, der zu bewegenden Masse, der Lage der Schallrezeptoren relativ zum Tympanum und ihrer Ankoppelung daran und der Größe des hinter dem Trommelfell liegenden luftgefüllten Resonanzraumes ab. Ganz allgemein fördert ein steifes Tympanum mit wenig zu bewegender Masse die Übertragung hoher Frequenzen. Tiefe Frequenzen können um so effektiver übertragen werden, je größer und flexibler das Trommelfell und je größer der hinter ihm liegende Raum ist. Bei der geringen Größe der Insekten ist zu erwarten, daß Tympanalorgane den Frequenzgang eines im Hochfrequenzbereich liegenden Bandpaßfilters haben, dessen obere Bandbegrenzung meist im Ultraschallbereich, die untere Grenzfrequenz im allgemeinen bei wenigen kHz liegt.

Im zweiten und dritten Fall (Abb. 16-2b,c) arbeitet das Ohr als **Druckdifferenz- oder Druckgradientenempfänger**, da die Membran T am Ort der Reizaufnahme von Schallwellen ausgelenkt wird, die auf zwei Wegen dort eintreffen. *Die Reizstärke an den Sinneszellen hängt ganz entscheidend von den Phasen der beiden Schallwellen an der reizaufnehmenden Fläche T ab.* Der an T wirksame Druck p ergibt sich aus der Differenz der Druckamplituden p_1 und p_2 der Druckwellen, die mit unterschiedlichen Laufzeitdifferenzen und daher unterschiedlichen Phasenwinkeln (α) an T aufeinandertreffen.

Die Bauplanprinzipien des Druckdifferenzempfängers verleihen diesem Hörorgan eine inhärente Schallrichtungsempfindlichkeit. Die Frequenzübertragungseigenschaften eines Druckdifferenzempfängers werden wie die des Druckempfängers zunächst von der Größe und den Schwingungseigenschaften der Trommelfelle, deren Steifheit sowie der Ankoppelung der Rezeptoren an die Tympana bestimmt. Hinzu kommt die Größe und die Geometrie der luft- oder gewebegefüllten Räume, die der Schall durchqueren muß, bevor er an den reizaufnehmenden Strukturen wirksam werden kann. Resonanzen und Dämpfungen in bestimmten Frequenzbereichen können die Übertragung stark beeinflussen. Schließlich ändert sich noch der Phasenwinkel in Abhängigkeit von der Reizfrequenz.

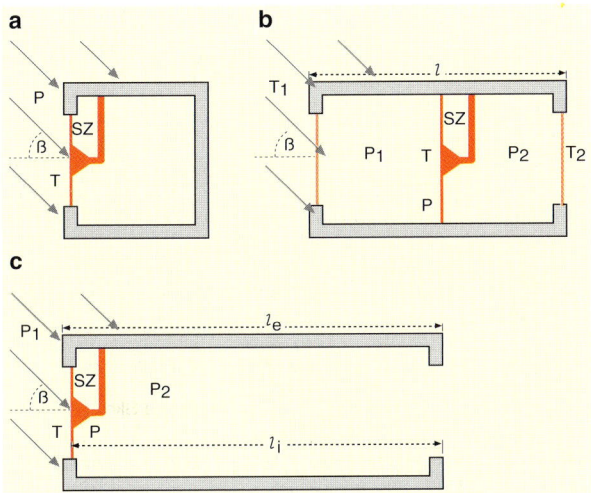

Abb. 16-2. Arbeitsweise eines Schalldruckempfängers (**a**) und zweier Typen von Druckdifferenz-(Gradienten-)empfänger (**b**, **c**). Die mit den Sinneszellen (SZ) assoziierte Struktur T wird durch den Schalldruck (p) ausgelenkt. In **a** entspricht p dem direkt auf das Tympanum (T) auftreffenden Schalldruck. In **b** und **c** errechnet sich p aus p_1 und p_2 und dem Phasenverhältnis zwischen beiden Druckwellen (s. Text). In **b** entspricht T einer komplizierten Aufhängevorrichtung der Sinneszellen über einer Trachee, in **c** entspricht T dem Tympanum. l = Abstand der beiden Tympana T_1, T_2; l_E, l_i = äußerer bzw. innerer Abstand zwischen dem Tympanum (T) mit assoziierten Sinneszellen und einer weiteren Schalleinlaßstelle am Körper (z.B. Stigma oder weiteres Tympanum)

Die Ausgestaltung der Grundbaupläne von Tympanalorganen zeigt Abb. 16-3 a–d an vier Beispielen gezeigt [3, 5, 9, 48]

Bei **noctuiden Schmetterlingen (Eulen)** liegt an der Rückwand des Metathorax (3. Brustsegment) in einem Spalt zum ersten Abdominalsegment links und rechts je ein **Tympanalorgan** (Abb. 16-3a). Der Aufbau entspricht dem eines Druckgradientenempfängers. Zwei Membranen schließen den tympanalen Luftsack des Tracheensystems gegen die Außen-

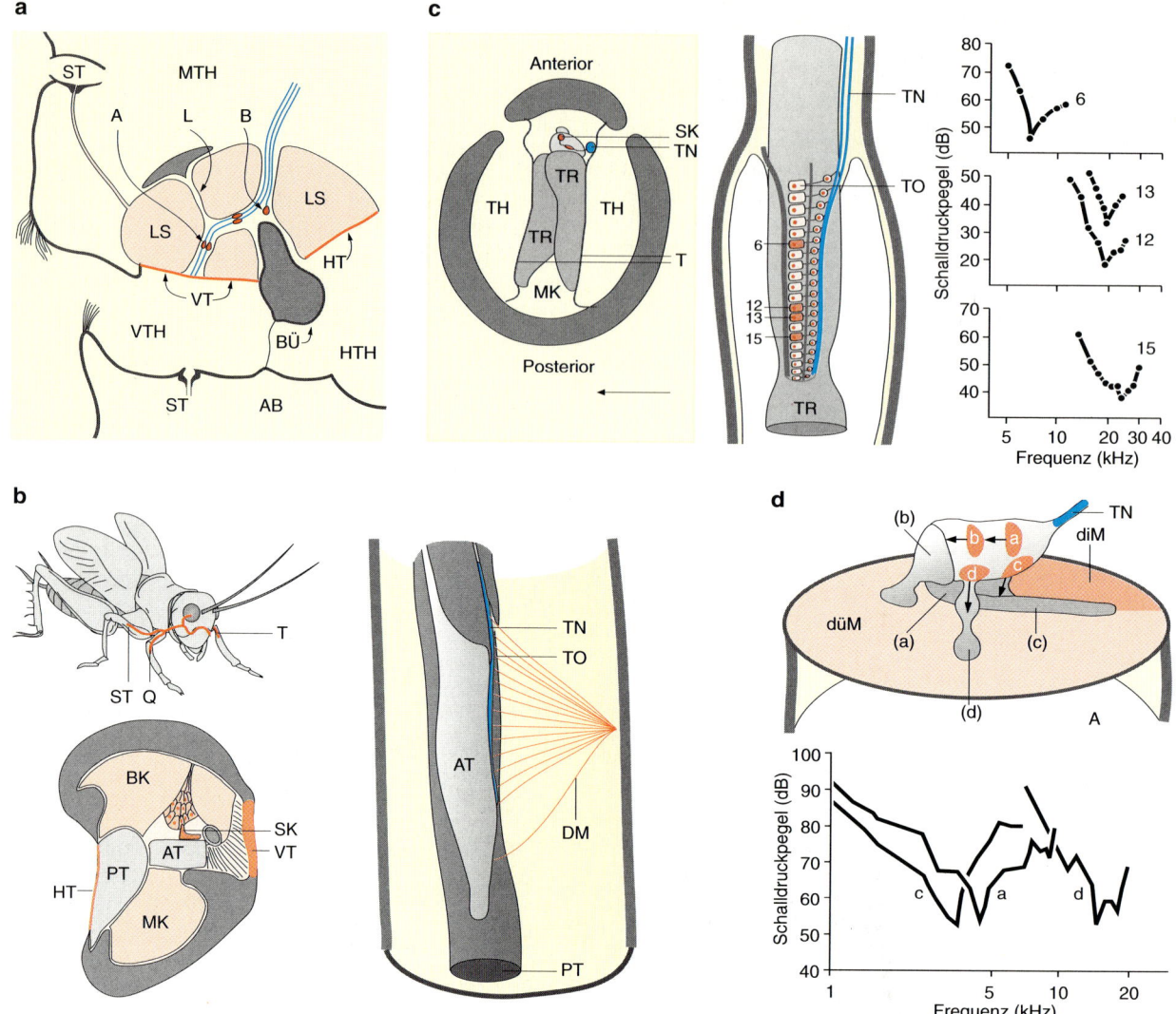

Abb. 16-3. Bau von Hörorganen mit Trommelfellen (Tympanalorgane) von verschiedenen Insekten (verändert nach [9, 14, 41, 48, 53, 61]). **a** Noctuider Schmetterling. Horizontalschnitt durch die linke Seite des Metathorakalsegments (MTH) und Abdomens (AB) mit Luftsack (LS), vorderem (VT) und hinterem (HT) Tympanum, vorderer (VTH) und hinterer (HTH) Tympanalhöhle, Aufhängung der Sinneszellen (A,B) an einem Ligament (L) und einem Kutikulafortsatz („Bügel", BÜ) und Stigmenöffnungen (ST). **b** Mittelmeer-Feldgrille (*Gryllus bimaculatus*). Tier mit H-förmigem Tracheensystem, Tympanum (T) und Stigmenöffnung (ST). Auf der Höhe Q liegt der Querschnitt durch das Bein mit vorderem (VT) und hinterem (HT) Tympanum, anteriorer (AT) und posteriorer (PT) Trachee, Blut(BK)- und Muskel(MK)-Kanal und Skolopidien (SK). Das Tympanalorgan (TO) mit den beiden Tra-

cheen (AT, PT), der Deckmembran (DM) und dem Tympanalnerven (TN) ist auch im Längsschnitt abgebildet. **c** Quer- und Längsschnitt durch das Tympanalorgan (TO) einer Laubheuschrecke in der Tibia des Vorderbeins. T = Tympana; TH = Tympanalhöhle; TR = Trachee; TN = Tympanalnerv; MK = Muskelkanal. Im Längsschnitt sind die Positionen von vier Skolopidien (6, 12, 13, 15) angegeben und die Tuning-Kurven der Sinneszellen an diesen Stellen abgebildet. **d** Aufsicht (von innen) auf ein Tympanum mit Sinneszellen einer Feldheuschrecke. A = außen; diM = dicker, düM = dünner Teil des Trommelfells; a, b, c, d = Skolopidialorgane in den durch die Pfeile gegebenen Ausrichtungen mit ihren Stützstrukturen ((a),(b),(c),(d)). TN = Tympanalnerv. Die Tuning-Kurven von Sinneszellen aus den Bereichen a, c und d sind ebenfalls dargestellt

luft (Tympanum) bzw. gegen einen großen abdominalen Luftsack ab. Insgesamt sind in jedem Hörorgan drei Sinneszellen vorhanden. Das Chordotonalorgan besteht aus zwei Rezeptorzellen, den A-Zellen, die im tympanalen Luftsack aufgehängt und mit ihren Skolopidien über Kappenzellen etwa in der Mitte des Tympanums befestigt sind. Die dritte Zelle (B-Zelle) liegt in der Nähe einer Kutikulaeinbuch-

tung, die als „Bügel" in den Luftsack hineinragt. Das Hörorgan antwortet auf einen breiten Frequenzbereich. Zwischen etwa 1 und 100 kHz liegen die Antwortschwellen am niedrigsten (etwa 40 dB SPL). Daher eignet sich dieses Hörorgan sehr gut, um echoortende Fledermäuse zu detektieren und sofort vor ihnen auszuweichen. Die A-Zellen werden durch Schallpulse erregt, die B-Zelle gehemmt, d.h. ihre spontane Entladung erniedrigt sich. Die Frequenzantworten der Sinneszellen zeigen keine spezielle Abstimmung, sie antworten über den Gesamtfrequenzbereich des Organs. *Mit diesem Hörorgan ist somit nur Schalldetektion, aber keine Frequenzunterscheidung möglich.* Die Richtungsempfindlichkeit des Ohres ist durch den Schallschatten, den der Körper des Tieres im Ultraschallbereich abgibt, ausgeprägt. Zwischen ipsi- und kontralateraler Beschallung liegen bis zu 40 dB Empfindlichkeitsunterschied [5, 9].

Grillen, Maulwurfsgrillen und Laubheuschrecken besitzen Tympanalorgane in den Tibien ihrer Vorderbeine (Abb. 16-3 b,c). Die Hörorgane zeigen den typischen Aufbau eines **Druckgradientenempfängers**. Es sind nicht nur zwei Eingänge über die beiden Tympana, sondern noch weitere über ipsi- und kontralaterale Stigmenöffnungen des Tracheensystems und über das kontralaterale Ohr vorhanden, bei *Gryllus bimaculatus* insgesamt sieben, wovon allerdings nur vier (ipsilaterales hinteres Trommelfell und Stigmenöffnung, kontralaterales hinteres Trommelfell und Stigmenöffnung, vergl. Abb. 16-3b) wesentlich zur Schallaufnahme beitragen [41].

Die Reizstärkenverhältnisse an den Schallrezeptoren sind für ein solches Multieingangssystem naturgemäß komplex und stark von der Schallrichtung und der Reizfrequenz abhängig. Abb. 16-4a zeigt die **Richtcharakteristik** am hinteren Tympanum der Feldgrille für Tonpulse von 5 kHz. Bei der dargestellten Beinstellung variiert die Auslenkamplitude für alle Winkel des ipsilateralen Halbkreises von 90° (vorne) über 0° (seitlich) bis zu 270° (hinten) nur um 2–3dB (bezogen auf den Wert bei 90°). Die Werte der kontralateralen Seite liegen dagegen deutlich niedriger, bei 180° um etwa 30 dB. Wenn die kontralateralen Eingänge verschlossen sind, fällt die Richtcharakteristik weg. Für andere Frequenzen ergeben sich anders aussehende Kurven. Aus allen Richtcharakteristiken ist jedoch klar, daß das Grillenohr durch Schall aus verschiedenen Richtungen verschieden stark gereizt wird, wenn das Druckgradientensystem funktionsfähig ist [41].

Die Frequenzabhängigkeit der Auslenkung des hinteren Trommelfells für direkte Beschallung (0°) ist in Abb. 16-4b gezeigt. Die optimale Auslenkung liegt für *Gryllus bimaculatus* bei 5 kHz, so daß hier die größte Empfindlichkeit des Gehörs zu erwarten ist. Weitere kleinere Maxima liegen bei 10 und 15 kHz. Das hintere Trommelfell zeigt in seiner Frequenzantwort eine Filterkurve, die durch Resonanzen des gesamten Hörapparats zustande kommt, da sich die Kurve z.B. durch Verschluß der Stigmenöffnungen im Frequenzbereich über 7 kHz stark verändert (vergl. Abb. 16-4b) [41].

In den Tympanalorganen von Grillen und Laubheuschrecken sind die Schallrezeptoren nicht direkt am Tympanum, sondern in den Beinen entlang von großen, zentral verlaufenden Tracheen angeordnet

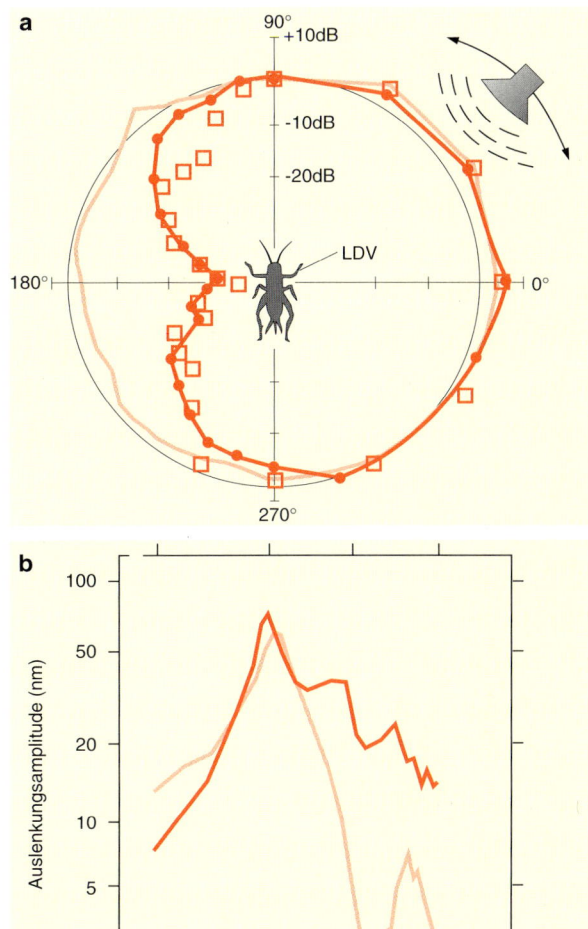

Abb. 16-4. a Richtcharakteristik am hinteren Tympanum des rechten Vorderbeins der Mittelmeer-Feldgrille (*Gryllus bimaculatus*), gemessen mit Hilfe der Laser-Doppler-Vibrometrie (LDV). Ein Lautsprecher, der 5 kHz-Tonpulse abgibt und in verschiedene Positionen um das festsitzende Tier gebracht werden kann, sowie die Auslenkungsstärke, ausgedrückt in dB relativ zur 90°-Position, sind aufgetragen. Geschlossene Kreise: Messung am normalen Tier; dünne Linie: Messung bei geschlossener kontralateraler Stigmenöffnung – die Richtcharakteristik fällt weg; offene Quadrate: Richtcharakteristik von einzelnen Sinneszellen am normalen Tier. Die Richtcharakteristik entspricht der des Tympanums. **b** Frequenzabhängigkeit der Auslenkungsamplitude am hinteren Tympanum einer Grille bei offenen (dicke Linie) und geschlossenen (dünne Linie) Stigmenöffnungen (verändert nach [4])

(Abb. 16-3 b,c). Diese Anordnung der Skolopidien hat entscheidende Folgen für die **Frequenzabstimmung der Rezeptorzellen**, wie in Abb. 16-3c gezeigt wird. Aufgrund einer systematischen Verringerung der Größe der Rezeptorzellen und ihrer mechanischen Hilfsstrukturen von oben (proximal) nach unten (distal) im Bein, möglicherweise mit einer

Vergrößerung der Steifheit der Mechanik verbunden, erhöht sich die Bestfrequenz (Frequenz bei der niedrigsten Antwortschwelle) der Sinneszellen kontinuierlich von proximal nach distal. Es findet somit eine geordnete, systematische **Transformation von Schallfrequenz in Erregungsort** statt. Das Hörorgan hat eine geordnete **Frequenztopographie = Tonotopie** [14, 53, 54]. Die Filtercharakteristik der Sinneszellen zeigt zudem eine recht scharfe **Frequenzabstimmung (Tuning)**, so daß bereits auf dem Rezeptorniveau eine effektive **Trennung von Schallfrequenzen in verschiedene Verarbeitungskanäle** erreicht wird. Dies ist die Grundlage für das Frequenzunterscheidungsvermögen, das bei Grillen und Laubheuschrecken gut ausgebildet ist. Neben der aus der Mechanik der Strukturen ableitbaren Tonotopie zeigen die Sinneszellen eine intrinsische Abstimmung auf die von ihrer Position im Bein bestimmte Frequenz, deren Ursache allerdings noch nicht erforscht ist.

Das Ohr der Feldheuschrecke liegt in der Seitenwand meist des ersten Abdominalsegments (Abb. 16-3d). Es funktioniert bis etwa 10 kHz als Druckdifferenzempfänger, bei hohen Frequenzen jedoch als Druckempfänger, da der Schall bei diesen Frequenzen auf seinem Weg innerhalb des Tracheensystems stark gedämpft wird. Das Trommelfell hat Bereiche unterschiedlicher Dicke, wodurch eine maximale Auslenkung frequenzabhängig an verschiedenen Orten erfolgt. Auf dem Tympanum sitzen vier Gruppen von Rezeptoren mit Stütz- und Hilfsstrukturen (Müllersches Organ) (Abb. 16-3d). Die Skolopidien der einzelnen Gruppen sind, wie in der Abbildung durch Pfeile angedeutet, unterschiedlich ausgerichtet. Aufgrund der frequenzabhängigen Schwingungsform des Tympanums und der Möglichkeit, die Schwingung lokal abzugreifen, sie durch eigene Resonanzen von Teilen des Müllerschen Organs zu verstärken und differenziert auf die Rezeptorpopulation zu übertragen, finden wir auch in diesem Hörorgan wieder eine **Frequenz/Orts-Transformation** mit einer **Tonotopie** (Abb. 16-3d). Die Sinneszellen der vier Populationen zeigen zudem eine recht scharfe Frequenzabstimmung in den verschiedenen Frequenzbereichen. Das Ohr der Feldheuschrecke funktioniert durch seine peripheren mechanischen Baueigenschaften als Frequenzanalysator, ohne daß, wie im Falle des Grillen- und Laubheuschreckenohres, die Schallrezeptoren entlang eines mechanischen Gradienten aufgereiht sind [5, 61].

16.3 Aufbau und Funktionsprinzipien von Hörorganen bei Vertebraten

Die Hörorgane der Wirbeltiere lassen sich in zwei Abschnitte einteilen:

1. **Periphere Hilfsstrukturen,** die den Schall auffangen und in das Innenohr leiten.
2. **Das Innenohr,** mit den schallempfindlichen Sinnesepithelien.

Die Hörperipherie ist in den Klassen der Vertebraten ganz unterschiedlich aufgebaut. Ihre Aufgabe ist es, in allen Fällen Schallenergie möglichst effektiv in das Innenohr zu übertragen. Wenn dabei der Schall von einem Medium in ein anderes (z.B. von Luft in Wasser) wechselt, müssen die **Schallwellenwiderstände** (Schallkennimpedanzen, Z_0) der Medien berücksichtigt werden. Die Schallkennimpedanz errechnet sich zu $Z_0 = \varrho c$ (ϱ = Dichte des Mediums, c = Schallgeschwindigkeit im Medium). Bei unterschiedlichen Schallwellenwiderständen wird ein Teil der Schallenergie reflektiert, nämlich $I_r = I_a$ $(Z_{02} - Z_{01})^2 / (Z_{02} + Z_{01})^2$ (I_r = reflektierter Anteil der Schallenergie, I_a = ankommende Energie, Z_{01} = Kennimpedanz des Ausgangsmediums, Z_{02} = Kennimpedanz des Übertrittsmediums). Da Z_0 Luft = 41,5 und Z_0 Wasser = $1,48 \times 10^5$ [g/cm^2 s] ist, werden bei der Schallübertragung von Luft in Wasser und umgekehrt etwa 99,9% der Schallenergie reflektiert. Es ist sofort klar, daß ohne geeignete Hilfsstrukturen Hörorgane von Landvertebraten äußerst ineffektiv arbeiten würden, da den Sinneszellen in der Innenohrflüssigkeit nur etwa 0,1% der Schallenergie in Luft als Reiz zur Verfügung stände [4, 6].

> ### Fische besitzen kein Trommelfell

Fische mit Schallblase, z.B. Karpfen (Cypriniformes), Welse (Siluriformes), Heringe (Clupeiformes), Nilhechte (Mormyriformes) und Soldatenfische (Holocentridae, Beryciformes) haben die Möglichkeit, die Schalldruckwelle im Wasser mit der **Schwimmblase** aufzunehmen. Die Vibrationen der Schwimmblase werden auf verschiedenen Wegen zum Innenohr weitergeleitet. Bei den Heringsfischen geschieht dies über einen vorderen Schwimmblasenabschnitt, der direkt in das Innenohr, dicht an die Macula utriculi heranreicht und so die Vibrationen auf den Utriculus überträgt. Die Mormyriden besitzen eine Abspaltung der Schwimmblase zur Schallübertragung direkt zwischen den Bogengängen des Innenohres. Bei den Soldatenfischen endet die Schwimmblase an der Ohrkapsel oder reicht ganz dicht an sie heran, so daß die Vibrationen über Knochenleitung in das Innenohr gelangen können. *Einen besonderen Schalleitungsapparat aus 1–3 Knochen, die **Weber-Knöchelchen**, finden wir bei den ostariophysen Fischen (Cypriniformes, Siluriformes).* Wie in Abb. 16-5a gezeigt, wird der Schall von der Schwimmblase über die Weber-Knöchelchen, die mit Ligamenten verbunden sind, auf einen

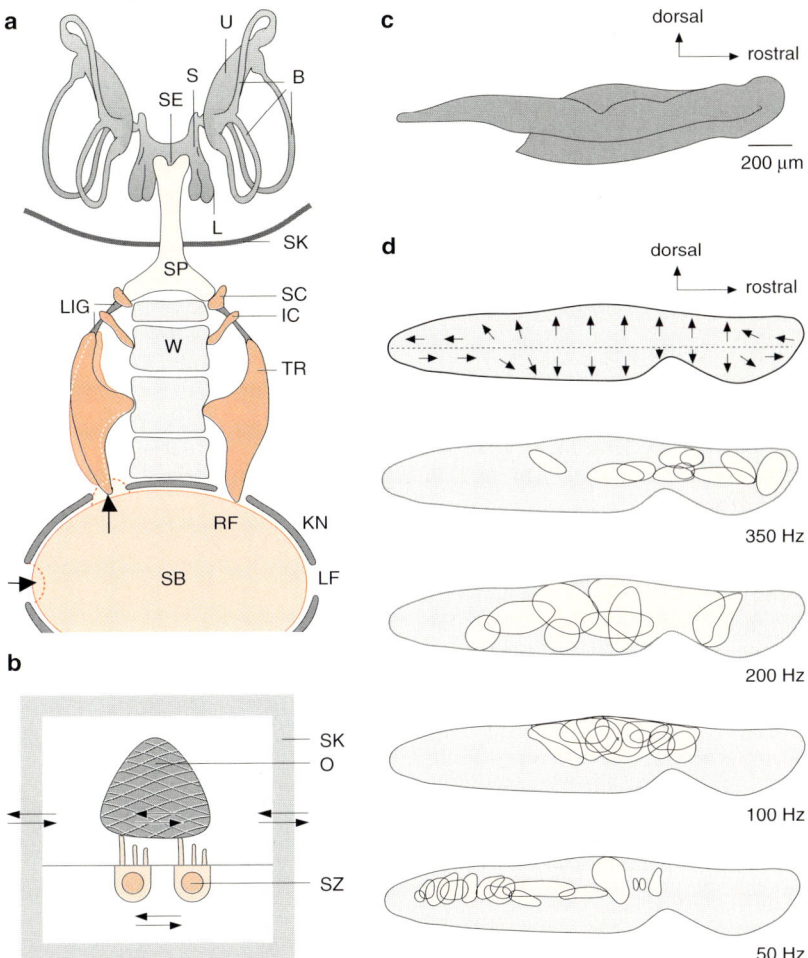

Abb. 16-5. a Schallübertragung mittels Weber-Knöchelchen von der Schwimmblase (SB) zum Innenohr bei einem ostariophysen Fisch. Die Schwimmblase liegt in einer Knochenkapsel (KN), über deren laterale Fenster (LF) Schalldruckwellen aufgenommen und über Auslenkungen der rostralen Fenster (RF) an die mit Ligamenten (LIG) verbundenen Gehörknöchelchen (Tripus, TR; Intercalare, IC; Scaphium, SC) weitergegeben werden. Der Schall gelangt über einen unpaaren Perilymphkanal (Sinus perilymphaticus, SP) in die Endolymphkanäle (Sinus endolymphaticus, SE) und zu Sacculus (S), Lagena (L) und Utriculus (U) des Innenohrs. B = Bogengänge; SK = Schädelkapsel; W = Wirbel. **b** Auslenkung der Sinneszellen (SZ) eines Otolithenorgans bei einem Fisch ohne Schwimmblase. Im Nahfeld einer Schallquelle vibriert die Schädelkapsel (SK) des Fisches relativ zur trägen Masse des Otolithen (O), so daß die Kinozilien und Stereovilli der Sinneszellen ausgelenkt werden. **c** Otolith aus dem Sacculus einer Elritze. **d** Orientierung der Sinneszellen im Sacculus eines Dorsches mit den Haupterregungsgebieten bei Beschallung mit verschiedenen Tonfrequenzen (verändert nach [13, 27, 29, 81])

unpaaren Perilymphsack an der Schädelbasis übertragen, von wo die Druckwelle an einen unpaaren Endolymphsack weitergegeben wird und schließlich die beiden Innenohren erreicht. Wegen der unpaaren Leitungsbahn hat der so übertragene Schall keine Richtungskomponente [29, 55].

Schall kann auch direkt ohne Umweg über Schwimm- und sonstige Luftblasen in das Innenohr gelangen. In diesem Fall ist es nicht die Druckkomponente des Schalles, die zu einer Sinneszellerregung führt, sondern die Schnelle. Die Vibration des Fisches im Nahfeld einer Schallquelle kann zu einer Auslenkung der Stereovilli der Haarzellen gegenüber den darauf liegenden Strukturen (Tektorialmembran, Otolithen), die als träge Masse wirken, und damit zu einer Erregung der Sinneszellen führen (vergl. Abb. 16-5b). Daher können auch Fische ohne Lufträume und Weber-Knöchelchen Schall wahrnehmen, wie dies z.B. für Blauhaie gezeigt wurde [20].

Die Übertragungswege des Schalls in das Innenohr von Fischen sind nur bei niedrigen Frequenzen effektiv. Die Frequenzbegrenzung nach oben liegt bei Fischen ohne Schwimmblase bei etwa 1 kHz, bei solchen mit Schwimmblase und Weber-Knöchelchen bei etwa 5 kHz.

> **Die Schallübertragung bei Landvertebraten läuft bis auf wenige Ausnahmen (z.B. Schlangen) immer über Trommelfelle und Gehörknöchelchen zum Innenohr**

Bei Amphibien, Reptilien und Vögeln sind zwei **(Columella und Extracolumella)**, bei den Säugetieren drei Gehörknöchelchen **(Hammer** = Malleus, **Amboß** = Incus, **Steigbügel** = Stapes) vorhanden (Abb. 16-6a-c). Das Mittelohr funktioniert in jedem Fall als ein **Schalldruckverstärkungssystem** und zwar aufgrund dreier Mechanismen (vergl. Abb. 16-7a,b):

1. Flächenverhältnis Tympanum / Steigbügelgrundplatte: A_T / A_S (beim Menschen 0,55 cm^2 : 0,032 cm^2 ≈ 17). Die Fläche des Trommelfells ist immer größer als die der Steigbügelgrundplatte.

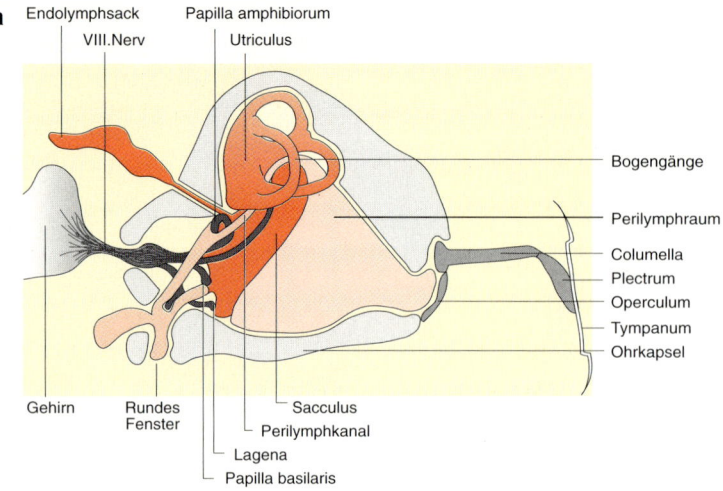

a

Endolymphsack
VIII.Nerv
Papilla amphibiorum
Utriculus

Bogengänge

Perilymphraum

Columella

Plectrum

Operculum

Tympanum

Ohrkapsel

Gehirn

Rundes
Fenster

Sacculus

Perilymphkanal

Lagena

Papilla basilaris

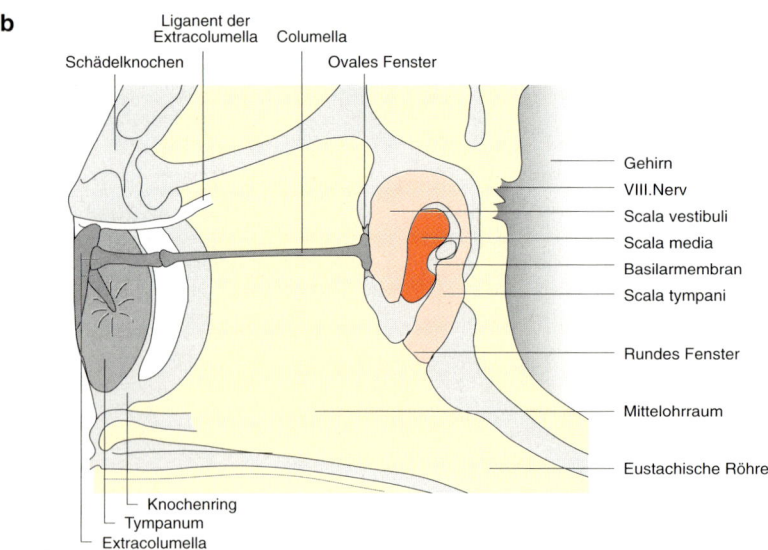

b

Ligament der
Extracolumella
Columella

Schädelknochen

Ovales Fenster

Gehirn

VIII.Nerv

Scala vestibuli

Scala media

Basilarmembran

Scala tympani

Rundes Fenster

Mittelohrraum

Eustachische Röhre

Knochenring

Tympanum

Extracolumella

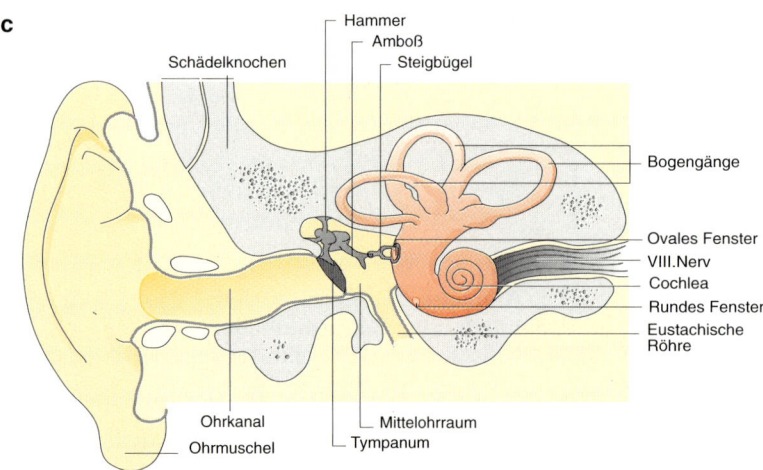

c

Hammer

Amboß

Steigbügel

Schädelknochen

Bogengänge

Ovales Fenster

VIII.Nerv

Cochlea

Rundes Fenster

Eustachische
Röhre

Ohrkanal

Ohrmuschel

Mittelohrraum

Tympanum

Abb. 16-6. Mittel- und Innenohr eines
Amphibs (**a**), Reptils bzw. Vogels (**b**) und
Säugers (**c**). Nur im Falle des Säugers
(Mensch), ist ein äußeres Ohr mit Ohrmu-
schel und Ohrkanal vorhanden (verändert
nach [6, 7, 16])

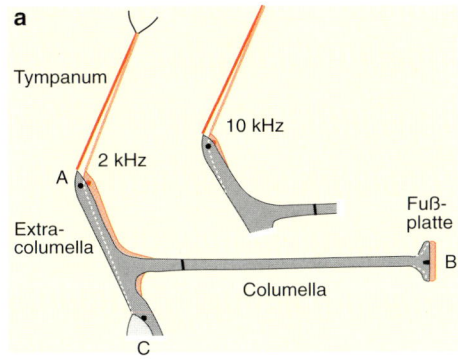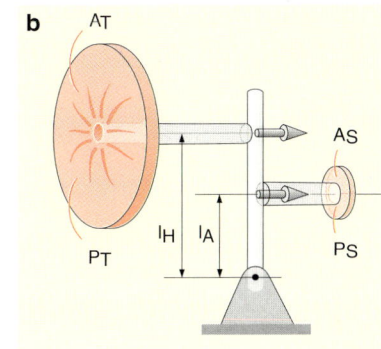

Abb. 16-7. a Auslenkung des Trommelfells eines Reptils bei einer mittleren (2 kHz) und hohen (10 kHz) Frequenz. Durch die Verbiegung der Extracolumella bei 10 kHz wird diese Frequenz nicht mehr auf die Columella übertragen. **b** Funktionsschema der Schallübertragung im Mittelohr der Säuger. Der Schalldruck am Tympanum (p_T) wird durch das Flächenverhältnis A_T: A_S, das Hebelarmverhältnis Hammer (l_H): Amboß (l_A) und die Krümmung der Trommelfellfläche (A_T) verstärkt, so daß ein wesentlich höherer Druck an der Steigbügelgrundplatte (p_S) entsteht (verändert nach [4, 6])

2. Hebelarme der Gehörknöchelchen (Hebelarm Hammer/ /Hebelarm Amboß): l_H / l_A (beim Menschen $l_H / l_A = 1{,}3$). Der Hebelarm des Hammers ist immer größer als der des Amboß.
3. Hebelarm durch die Biegung des Trommelfells und die unsymmetrische Anheftung der Extracolumella bzw. des Hammers (beim Menschen etwa Faktor 1,4) [4, 6, 35].

Die Gesamtdruckverstärkung errechnet sich zu:

$p_S = F_T\, p_T\, (A_T\, l_H\, /\, A_S\, l_A)$.
p_S = Druck der Steigbügelplatte auf das Innenohr;
p_T = Druck am Trommelfell;
F_T = Faktor aufgrund des Trommelfellmechanismus.

Die Gesamtdruckverstärkung erreicht für Reptilien, Vögel und Säuger Werte zwischen etwa 1:20 und 1:90 oder umgerechnet 26–39 dB. Das Mittelohr paßt mit dieser Druckerhöhung die Schallkennimpedanzen von Luft und Wasser teilweise an **(Impedanzwandler)** und erhöht dadurch die Schallempfindlichkeit des Innenohres je nach Tierart um 26–39 dB (Mensch etwa 30 dB). Bei landlebenden Säugetieren wird der Schalldruck durch Resonanzen des äußeren Ohres (Ohrmuschel und Gehörgang bis zum Trommelfell) bei bestimmten Frequenzen zusätzlich verstärkt. Im günstigsten Falle ergeben sich 20 dB Schalldruckerhöhung am Tympanum, wodurch die Empfindlichkeit des Innenohrs bei den Resonanzfrequenzen des äußeren Ohres nochmals erhöht wird (beim Menschen im Bereich zwischen 2–5 kHz und 11–13 kHz) [73].

Die Trommelfelle von Amphibien, Reptilien und Vögeln können als Druckdifferenz- oder Druckgradientenempfänger betrachtet werden [6, 26, 39]. Die **Eustachische Röhre**, die Mittelohr- mit Mundraum verbindet, hat bei Amphibien und Reptilien meist ein weites Lumen und steht immer offen, so daß Trommelfellschwingungen von der einen Seite durch den Mundraum zur anderen Seite weitergegeben werden und dort das Tympanum „von hinten" treffen. Bei Vögeln existiert ein komplexes Luftkanalsystem im Knochen um die Hirnkapsel, was zur Koppelung der beiden Mittelohren führt. Bei Laubfröschen gelangt sogar Schall, der über die Körperwand von den Lungen aufgenommen wird, über den Rachen von hinten an die Trommelfelle. Diese interne Schallübertragung arbeitet am besten bei relativ niedrigen Frequenzen. Ihre Bedeutung kann in der Verbesserung der Schallortungsfähigkeit liegen.

Das Mittelohr verhält sich in seiner Frequenzantwort wie ein Bandpaßfilter mit einem breiten Durchlaßbereich und, artspezifisch, mehr oder weniger steilen Filterflanken (Abb. 16-8) [4]. Als Mittelohrübertragungsfunktion wird meist die Geschwindigkeit der Bewegung der Steigbügelplatte in Abhängigkeit von der Schallfrequenz bei festem, vorgegebenem Schalldruck am Trommelfell angegeben. Je höher die Geschwindigkeit ist, desto mehr Energie wird pro Zeiteinheit in das Innenohr übertragen. Für Sinuswellen und bei konstantem Schallwellenwiderstand ist die Geschwindigkeit proportional zur Auslenkung der Steigbügelplatte. Diese Auslenkung kann bei 100 dB SPL weniger als 10^{-7} m betragen, was bedeutet, daß in der Nähe der Hörschwelle vieler Tiere und des Menschen (bei etwa 0 dB SPL) eine 10^5fach geringere Auslenkung, also von nur 10^{-12} m vorliegt (im Vergleich: der Durchmesser eines Wasserstoffatoms beträgt etwa 10^{-10} m).

Im Niederfrequenzbereich begrenzen hauptsächlich die mechanischen Eigenschaften des Tympanums und des ovalen Fensters den Durchlaß durch das Mittelohr. Je größer und elastischer das Trommelfell und je elastischer der Steigbügel am ovalen Fenster eingelenkt ist, desto weiter können sie ausgelenkt werden und langsamen Schwingungen (tiefen Frequenzen) effektiv folgen. Die Bandbegrenzung im Hochfrequenzbereich wird durch die Trägheitsmomente der Gehörknöchelchen und deren

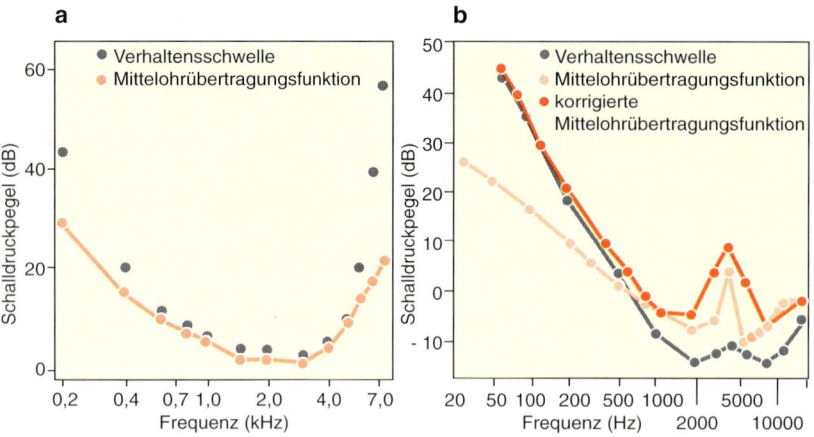

a

Schalldruckpegel (dB)

● Verhaltensschwelle
● Mittelohrübertragungsfunktion

Frequenz (kHz)

b

Schalldruckpegel (dB)

● Verhaltensschwelle
● Mittelohrübertragungsfunktion
● korrigierte Mittelohrübertragungsfunktion

Frequenz (Hz)

Abb. 16-8. Frequenzverlauf des Kehrwertes der Mittelohrübertragungsfunktion (1/Geschwindigkeit) im Vergleich zur Hörschwellenkurve aus Verhaltensmessungen am Beispiel eines Wellensittichs (**a**) und der Katze (**b**). Je kleiner der Kehrwert der Mittelohrübertragungsfunktion, desto besser ist die Schallenergieübertragung ins Innenohr bei einer gegebenen Frequenz, desto empfindlicher ist das Gehör. In der korrigierten Mittelohrübertragungsfunktion in **b** ist die Hochpaßfiltereigenschaft des Helicotremas in der Cochlea berücksichtigt, welches die nutzbare Schallenergie zur Haarzellenerregung im Tieffrequenzbereich des Ohres begrenzt (verändert nach [4, 64])

Reibungs- und Biegungsverluste bestimmt. Kleine, leichte und steife Gehörknöchelchen (z.B. bei Fledermäusen und kleinen Nagetieren) begünstigen die Übertragung hoher Frequenzen im Ultraschallbereich. Bei Amphibien, Reptilien und Vögeln liegt die obere Bandbegrenzung nur in Ausnahmefällen (z.B. Schleiereule) knapp über 10 kHz, sonst oft weit darunter, weil die Steifheit der Extracolumella bei hohen Frequenzen nicht ausreicht, um Verbiegungen am Trommelfellansatz zu vermeiden (Abb. 16-6b, 16-7a). Dadurch wird bei hohen Frequenzen die Schallenergieübertragung zur Columella und weiter ins Innenohr verhindert [4, 6].

Bei Säugetieren können die beiden **Muskeln des Mittelohres** (M. tensor tympani: Ansatz am Hammer; M. stapedius: Ansatz am Steigbügel) die Schallübertragung zum Innenohr verändern. Eine reflektorische Kontraktion der Muskeln erhöht die Steifheit des Mittelohrs und dämpft damit den Durchlaß für tiefe Frequenzen (beim Menschen unterhalb 2 kHz) [4]. Durch die Reduktion der Intensität tieffrequenter Schallereignisse wird mehreres erreicht: 1. eine Schutzfunktion für das Innenohr und eine Vergrößerung seines Arbeitsbereiches, 2. eine Verringerung der Wahrnehmung selbstproduzierter Geräusche und Laute, 3. eine Wegnahme von tieffrequentem Schall, der die Wahrnehmung von höheren Tönen im Innenohr maskieren kann. Bei Reptilien und Vögeln kommt nur der M. tensor tympani vor.

Der Vergleich der Mittelohrübertragungsfunktion – bei Säugern unter Einbeziehung des äußeren Ohres – mit der Frequenzantwortkurve des Gesamthörsystems aus Verhaltensmessungen (Hörschwellenkurve) führt zu dem bemerkenswerten Ergebnis (Abb. 16-8): *Die **Form** der Hörempfindlichkeitskurve wird weitgehend durch die mechanischen Eigenschaften des Mittel- (und äußeren) Ohres bestimmt* [4, 22, 64].

> **Die Hörfunktionen im Innenohr werden bei den verschiedenen Vertebratenklassen von unterschiedlichen Sinnesorganen wahrgenommen [13]**

Fische hören über die Otolithenorgane, Sacculus, Utriculus und Lagena (Abb. 16-5) sowie die Macula neglecta, ein Haarsinnesfeld in der Nähe des Sacculus, das jedoch keinen Otolithen (Gehörsteinchen aus Kalkstein) besitzt. Alle genannten Organe können neben Aufgaben der Gleichgewichts- und Lagekontrolle im Raum auch Hörfunktionen wahrnehmen. Der Sacculus ist wohl bei allen, die Lagena bei den meisten Fischen am Hören beteiligt [29, 55]. Der Quastenflosser *Latimeria* besitzt als einziger rezenter Fisch bereits eine otolithenfreie Papilla basilaris, welche die für Landvertebraten charakteristische Hörpapille darstellt [30].

Das Prinzip der Erregung der Haarsinneszellen in einem Otolithenorgan ist in Abb. 16-5B zu sehen. Das Kinocilium und die Stereovilli werden durch Bewegungen des Otolithen relativ zu den Haarzellen ausgelenkt. Durch die Anordnung der Stereovilli in Reihen steigender Länge ist die Haarzelle polarisiert. Auslenkung in Richtung der längeren Stereovilli bzw. des Pols mit dem Kinocilium ruft Erregung, Auslenkung in der Gegenrichtung Hemmung in den innervierenden Hörnervenfasern hervor.

Jede Fischart besitzt **artspezifische Otolithenformen**, die oft bizarr ausgebildet sind (Abb. 16-5c). Bedingt durch die Gestalt des Otolithen, die Orientierung der Haarzellen und deren Ankopplung an den Otolithen werden nicht alle Haarzellen des Sinnespolsters bei allen Frequenzen gleich stark erregt. Es entstehen örtliche Erregungsmaxima für bestimmte Frequenzen (Abb. 16-5d) [27]. Diese sind jedoch nicht so scharf voneinander getrennt, daß sie das beobachtete Frequenzunterscheidungsvermögen der Fische alleine erklären könnten. Es zeigt sich jedoch hier bereits der Ansatz zu einem Grundprinzip der Funktion des Innenohres der Vertebraten: **Frequenzinformation wird in eine Ortsinformation der Erregung über dem Sinnesepithel transformiert**. Es entsteht eine **Tonotopie**.

Bei Amphibien sind zwei neue Hörorgane, die Papilla amphibiorum und die Papilla basilaris für das Hören zuständig (Abb. 16-6a) [16, 44].

Der Sacculus trägt nur noch im Frequenzbereich unter etwa 100 Hz zur Hörempfindung bei. Die Papilla amphibiorum ist eine Sonderbildung der Amphibien. Sie leitet sich möglicherweise aus der Macula neglecta der Fische ab. Aus der Papilla basilaris wird bei den Reptilien und Vögeln das eigentliche Hörorgan, das sich schließlich bei den Säugetieren zur Cochlea entwickelt (Abb. 16-6b,c). Beide Hörpapillen der Amphibien besitzen statt eines Otolithen eine Deck- oder Tektorialmembran. Die Auslenkung des Kinociliums und der Stereovilli und damit die Reizung der Haarzellen geschieht durch Relativbewegungen der Tektorialmembran gegenüber den Sinneszellen. Schalldruck wird über die Mittelohrknochen zunächst in Perilymphräume und Kanäle (gefüllt mit extrazellulärer Flüssigkeit) übertragen und an die beiden Papillen, die in Endolymphräumen (gefüllt mit kaliumreicher Flüssigkeit) des Innenohrs sitzen, herangeführt. Der Druckausgleich des Perilymphsystems geschieht über das runde Fenster in den Mittelohrraum (Abb. 16-6a). *Dieses **Prinzip der Schallübertragung** durch Perilymphkanäle zu den Schallrezeptoren in der Endolymphe des Innenohres wird bei allen höheren Vertebraten beibehalten.*

Die Papilla amphibiorum ist langgestreckt und mit vielen Haarzellen unterschiedlicher Orientierung versehen. Über ihre Länge findet eine Frequenz/Orts-Transformation statt, so daß Haarzellen im vorderen Teil durch tiefe Frequenzen, im hinteren Teil durch höhere Frequenzen erregt werden. Insgesamt werden in der Papilla amphibiorum Schallfrequenzen zwischen etwa 100 Hz und, je nach Tierart, 900 bis 2000 Hz tonotop abgebildet. Die Papilla basilaris wird durch höhere Frequenzen, je nach Tierart zwischen etwa 900 und 4000 Hz erregt. Eine Tonotopie ist hier nicht vorhanden. *Bei den Amphibien teilen sich somit die beiden Hörorgane die Übertragung des Gesamtfrequenzbereichs der Wahrnehmung* [16].

▼ **Reptilien und Vögel besitzen als einziges Hörorgan die Papilla basilaris (Abb. 16-9b)**

Diese ist gestreckt und mit vielen (etwa 50 bis zu mehreren tausend bei Reptilien und einigen tausend bis über 16 000 bei Vögeln) Haarzellen unterschiedlicher Orientierung ausgestattet (Abb. 16-9b) [6]. Die Kinozilien und Stereovilli der Haarzellen sind, mit einigen Ausnahmen bei Reptilien (Abb. 16-9a), immer von einer Tektorialmembran bedeckt. Im Gegensatz zu den Amphibien, bei denen der Perilymphkanal nur an die beiden Hörorgane heranreicht (Abb. 16-6a), verläuft der Perilymphkanal bei den Reptilien und Vögeln sowohl oberhalb wie unterhalb des Endolymphschlauches, in dem sich die Sinneszellen befinden (Abb. 16-6b). Der obere Perilymphkanal wird **Scala vestibuli**, der untere, der mit dem runden Fenster in Verbindung steht, **Scala tympani** genannt. Der Endolymphschlauch erhält die Bezeichnung **Scala media**. Die beiden Membranen, welche die Scala media von der Scala vestibuli bzw. der Scala tympani abtrennen (**Reissner-Membran** bzw. **Basilarmembran**), sind elastisch. Daher kann die durch den Druck der Columella auf die Scala vestibuli erzeugte Flüssigkeitsverschiebung (Flüssigkeit ist inkompressibel) über die Scala media in die Scala tympani und von dort zum runden Fenster gelangen, wo der Druckausgleich durch Auslenkung der Membran stattfindet. Dieser „Kurzschluß" der Volumenverschiebung der Innenohrflüssigkeit führt zu lokalen Relativbewegungen zwischen der Tektorialmembran (oder den Stereovillibündeln, wenn keine Deckmembran vorhanden ist) und der Basilarmembran mit den daraufsitzenden Haarzellen, was schließlich die Auslenkung der Stereovilli und die Erregung der Haarzellen bewirkt.

Es hängt hauptsächlich von der Schallfrequenz und der **Steifheit** sowohl **der Basilarmembran** als auch der Haarzellen und ihrer Stützzellen sowie der Stereovilli und der Deckmembran ab, wie weit die Flüssigkeitsverschiebung von der Columella die Scalen entlanglaufen kann, bis es zu einer für die Reizung der Haarzellen hinreichenden Auslenkung der Membranen kommt. Je steifer die Strukturen sind, die Bewegungen ausführen, desto besser können sie bei hohen Frequenzen ausgelenkt werden. *Bei vielen Reptilien und bei allen bisher untersuchten Vögeln ergibt sich ein Steifheitsgradient von der Basis der Papille (steif) bis zum apikalen Ende (elastisch).* Durch diesen Gradienten erzeugt die Flüssigkeitsverschiebung eine Schlauchwelle in den Scalen, die bis zu der Stelle wandert (**Wanderwelle**), wo die Steifheit der Strukturen eine maximale Auslenkung der Basilarmembran bei einer gegebenen Schallfrequenz erlaubt. Die Wanderwelle hat zunächst eine geringe Amplitude und eine große Wellenlänge. Die Amplitude vergrößert sich bei Verkürzung der Wellenlänge, bis die Stelle maximaler Auslenkung erreicht wird (Abb. 16-10a,b). Da bis zu dieser Stelle praktisch die gesamte Energie, die in der ursprünglichen Flüssigkeitsverschiebung enthalten war, in die Scala tympani und zum runden Fenster geleitet wurde, verebbt die Wanderwelle nach der Stelle maximaler Basilarmembranauslenkung sehr rasch (Abb. 16-10a,b). Entlang des **Steifheitsgradienten** findet eine kontinuierliche **Frequenz/Orts-Transformation** statt. *Hohe Frequenzen werden an der Basis (Columellafußplatte) und sukzessiv niedrigere weiter zum Apex der Papilla abgebildet [1]. Sehr tiefe Frequenzen erzeugen Flüssigkeitsverschiebun-*

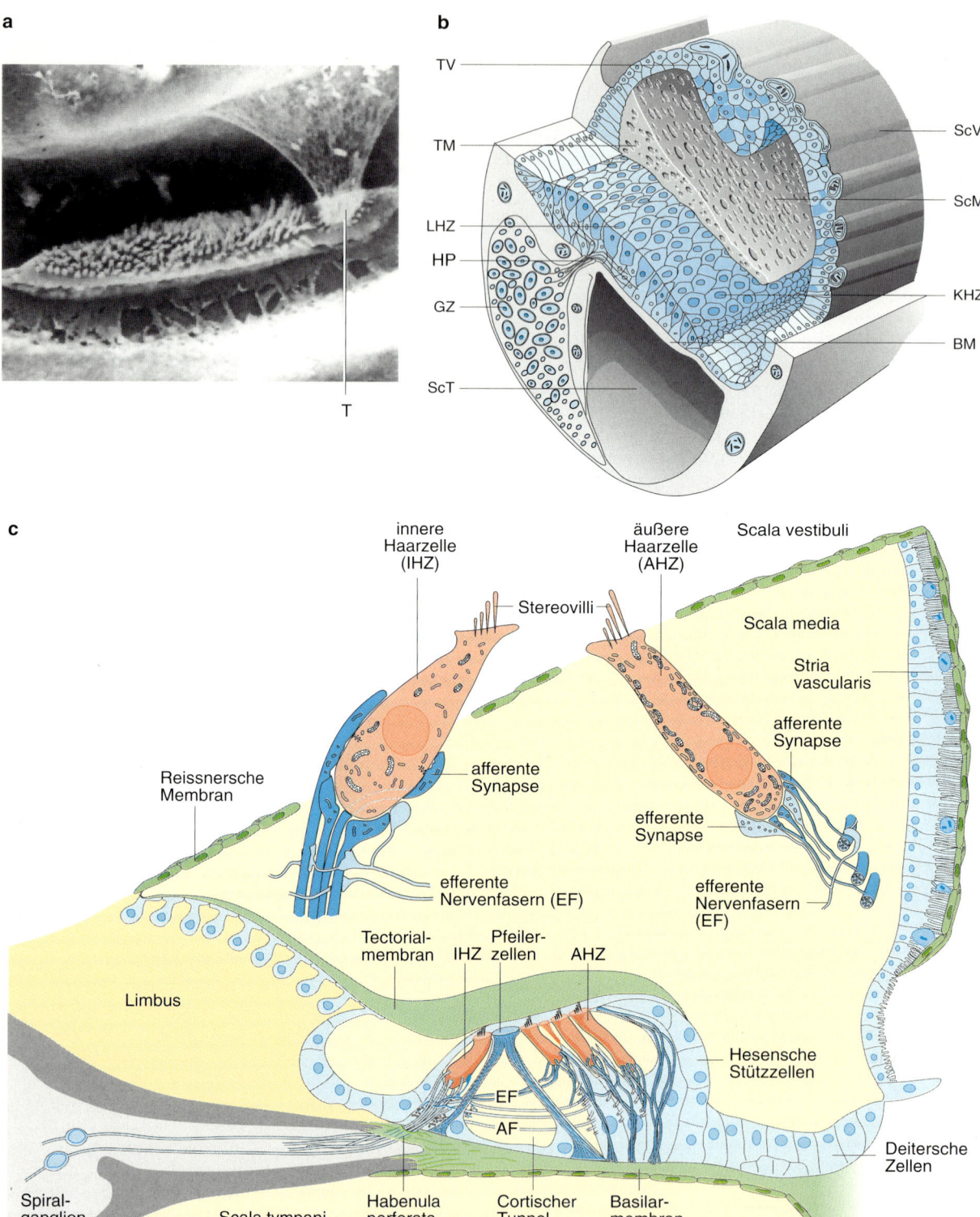

a

T

b

TV
TM
LHZ
HP
GZ
ScT

ScV
ScM
KHZ
BM

c

innere
Haarzelle
(IHZ)

äußere
Haarzelle
(AHZ)

Scala vestibuli

Stereovilli

Scala media

Stria
vascularis

afferente
Synapse

afferente
Synapse

efferente
Synapse

Reissnersche
Membran

efferente
Nervenfasern (EF)

efferente
Nervenfasern
(EF)

Tectorial-
membran   IHZ

Pfeiler-
zellen   AHZ

Hesensche
Stützzellen

Limbus

EF
AF

Deitersche
Zellen

Spiral-
ganglion

Scala tympani

Habenula
perforata

Cortischer
Tunnel

Basilar-
membran

Abb. 16-9. a Rasterelektronenmikroskopische Aufnahme der Aufsicht der Papilla basilaris einer Eidechse (Agame). Nur ein kleiner Teil der Haarzellen ist mit einer Tektorialmembran (a) versehen (nach [51]). **b** Schnitt durch die Papilla basilaris eines Vogels mit langen (LHZ) und kurzen (KHZ) Haarzellen, Basilarmembran (BM), Deckmembran (TM), Tegmentum vasculosum (TV), Scala vestibuli (ScV), Scala media (ScM), Scala tympani (ScT), Habenula perforata (HP) und Ganglionzellen (GZ) (nach [75]). **c** Querschnitt durch die Scala media eines Säugers mit Corti-Organ und inneren (IHZ) und äußeren (AHZ) Haarzellen und deren Innervation (nach [74])

gen, die bis zur Spitze der Scala vestibuli laufen, ohne eine Auslenkung der Basilarmembran hervorzurufen, und dort über eine Öffnung (**Helicotrema**) zur Scala tympani und zum runden Fenster umgeleitet werden.

Das **mechanische Ortsprinzip der Frequenzabbildung** führt zusammen mit einer intrinsischen **elektrischen Frequenzabstimmung** der Haarzellen zu einer recht scharf begrenzten ortsspezifischen Frequenzantwort **(Tuning)** in den die Haarzellen innervierenden Hörnervenfasern [34]. Aufgrund der elektrischen Frequenzabstimmung der Haarzellen, die aus Resonanzeigenschaften von Ionenkanälen resultiert (s. Kap. 15), ist das Tuning temperaturabhängig. Vor allem bei den Reptilien steigt die Bestfrequenz der Haarzellen mit steigender Temperatur.

Über der Papilla basilaris wird bei den Reptilien ein Frequenzbereich zwischen etwa 10 Hz und 10 kHz, bei den Vögeln zwischen etwa 10 Hz und 12 kHz abgebildet, wobei die artspezifischen Bereiche innerhalb der genannten Grenzen viel kleiner sind. Manche Vögel (z.B. Tauben) hören sogar **Infraschall** von weniger als 1 Hz (hervorgerufen z.B. durch Gewitter, Wind, Küstenbrandung) mit spezialisierten Haarzellen im apikalen Teil der Papilla basilaris [68].

> **Bei Säugetieren ist die Papilla basilaris stark verlängert (Mensch: 32 mm lang) und zur Cochlea (Schnecke) aufgewunden (Abb. 16-6c) [1]**

Die Einteilung der Flüssigkeitsräume in **Scala vestibuli** und **Scala tympani** (Perilymphe) und **Scala media** (Endolymphe) bleibt erhalten. Die beweglichen Strukturen (im wesentlichen Basilarmembran, Haarzellen mit Stützzellen, Tektorialmembran, Abb. 16-9c) zeigen weiterhin den Gradienten zwischen hoher Steifheit an der Cochleabasis und hoher Elastizität an der Spitze. Daher erzeugt die durch die Steigbügelbewegung am ovalen Fenster entstehende Flüssigkeitsverschiebung eine **Wanderwelle**, welche, wie zuvor für die Vögel beschrieben, die Cochlea entlangläuft (Abb. 16-10a,b) [1]. Dabei sind die Orte maximaler Auslenkung frequenzabhängig längs der Cochlea verteilt, mit einem Gradienten der Abbildung von hohen Schallfrequenzen an der Cochleabasis bis zu tiefen Frequenzen an der Spitze (**Tonotopie**).

Bei gleichen Schallpegeln sind die Auslenkungen der Basilar- und Deckmembran an der Cochleabasis im Vergleich zur Spitze stärker örtlich begrenzt (Abb. 16-10b). Daher ist an der Basis die Dichte der abgebildeten Frequenzen höher als an der Spitze. Für viele Säugetiere mit nahezu kontinuierlichem Steifheitsgradienten in der Cochlea (z.B. Mensch, Katze, Maus) und für die meisten Vögel gilt folgen-

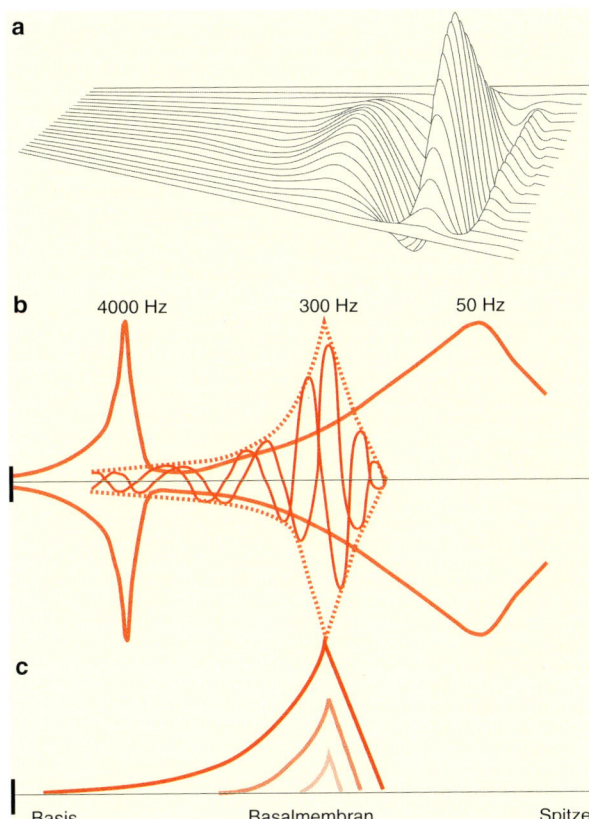

Abb. 16-10. a Momentanbild der Auslenkung der Basilarmembran eines Säugers durch eine Wanderwelle. **b** Wanderwellen und deren Umhüllende bei hohen, mittleren und tiefen Frequenzen. **c** Oberer Teil der Umhüllenden der Wanderwelle bei einer mittleren Frequenz und drei Schallpegeln. Lauter Schall führt zu einer überproportionalen Ausweitung der Auslenkung zur Cochleabasis hin

der Zusammenhang für die Frequenz /Orts-Transformation [28, 31]:

$$f = A \ (10^{ax} \cdot k).$$

f = Schallfrequenz; x = Ort auf der Basilarmembran als Abstand in mm vom Helicotrema (Spitze); A, a, k = tierartspezifische Konstanten (z.B. Mensch: A = 165,4; a = 0,06; k = 1,0), wobei k meist gleich 1 gesetzt werden kann. Säugetiere mit diskontinuierlichem Steifheitsgradienten (z.B. die Hufeisennasen unter den Fledermäusen) besitzen andere Frequenzabbildungen längs der Cochlea, wobei bestimmte, für die Tiere interessante Frequenzbereiche (z.B. Echoortungsfrequenzen) stark vergrößerte räumliche Repräsentationen haben.

Bei gegebener Schallfrequenz verbreitert sich mit steigendem Schallpegel der Bereich der Auslenkung (Abb. 16-10c), d. h., es werden immer mehr Haarzellen erregt. Aufgrund der in Abb. 16-10c gezeigten Asymmetrie der Auslenkungsstärke werden hauptsächlich basale Bereiche der Cochlea immer stärker

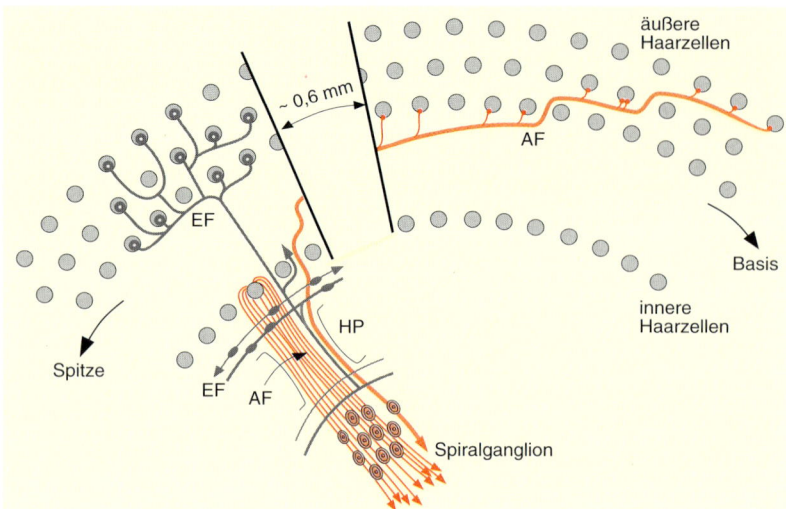

Abb. 16-11. Innervationsschema der inneren und äußeren Haarzellen in der Cochlea eines Säugers. AF = Afferente Fasern; EF = Efferente Fasern; HP = Habenula perforata (nach [76])

in die Erregung miteinbezogen [12, 22]. Die Folge ist, daß jedes Schallsignal entsprechend hoher Lautstärke die Haarzellen im Hochfrequenzbereich der Cochlea mit erregt, so daß die Sinneszellen dort oft einer viel größeren schädigenden Dauerbelastung ausgesetzt sind als diejenigen an der Cochleaspitze. Dies ist ein Grund für die allgemeine Abnahme der Hochfrequenzempfindlichkeit mit steigendem Lebensalter.

Bei den Säugetieren kommen zwei Populationen von **Haarzellen** vor, und zwar **eine Reihe innere** und **drei (bis fünf) Reihen äußere Haarzellen** (Abb. 16-9c). Die Sinneszellen bilden zusammen mit ihren Stützzellen das **Corti-Organ**, das der Basilarmembran aufsitzt. Die Stereovilli der äußeren Haarzellen sind mit der Deckmembran verbunden, die der inneren Haarzellen nicht oder nur schwach angekoppelt.

Innere und äußere Haarzellen nehmen unterschiedliche Funktionen wahr

Mehr als 90% der afferenten Hörnervenfasern beginnen an den inneren Haarzellen, wobei jede Faser meist mit nur einer Haarzelle synaptischen Kontakt hat und eine Haarzelle von etwa 10 bis 30 Fasern innerviert wird (stark divergente Innervation; Abb. 16-11) [76]. **Die inneren Haarzellen vermitteln somit über ihre Afferenzen fast die gesamte Hörinformation in das Gehirn.** Sie sind für das Hören und viele Fähigkeiten der Schallmusteranalyse und Unterscheidung notwendig und hinreichend. Die dreifach zahlreicheren äußeren Haarzellen werden nur von maximal 10% der Afferenzen des Hörnerven innerviert, wobei viele Haarzellen auf eine Faser konvergieren (Abb. 16-11). Die Funk-

tion der Afferenzen der äußeren Haarzellen ist noch unbekannt. **Die eigentliche Bedeutung der äußeren Haarzellen liegt in der Kontrolle der Empfindlichkeit der inneren Haarzellen.** Ein selektiver Verlust von äußeren Haarzellen ist mit einem Empfindlichkeitsverlust der inneren Haarzellen und damit des Gehörs überhaupt in der Größenordnung von 40–50 dB verbunden [21].

Der Mechanismus des **Energietransfers** von den äußeren zur Anregung der inneren Haarzellen ist noch nicht geklärt. Sehr wahrscheinlich verstärken die äußeren Haarzellen, wenn sie durch minimale Auslenkung ihrer Stereovilli erregt werden, über aktive Prozesse die Amplitude bzw. die Geschwindigkeit der Relativbewegung zwischen Tektorialmembran und Corti-Organ, so daß die inneren Haarzellen ebenfalls stärker erregt werden. *Die äußeren Haarzellen sind in ihrer Längsachse kontraktil.* Diese Möglichkeit zur „Motorik" bei den äußeren Haarzellen ist sicherlich Teil des aktiven Prozesses, der die Mechanik der Koppelung zwischen Deckmembran und Stereovilli beeinflußt (s. Kap. 15) [21, 80]. Die mechanische Verstärkerfunktion der äußeren Haarzellen führt sogar dazu, daß in der Cochlea lokal **Wanderwellen erzeugt werden** und als **otoakustische Emissionen** aus dem Innenohr hinauslaufen und am runden Fenster oder Trommelfell als Auslenkung bzw. im Gehörgang als Töne gemessen werden können.

Eine wichtige Rolle bei der Empfindlichkeitseinstellung des Innenohres spielt die starke **efferente** *(vom Gehirn einlaufende)* **Innervation** der äußeren Haarzellen (Abb. 16-9c, 16-11) [59, 75]. Die Stimulation der Efferenzen führt zu einer Veränderung der elektrischen und mechanischen Eigenschaften der äußeren Haarzellen. Damit ist letztlich auch eine Veränderung der Erregbarkeit der inneren Haarzellen verbunden, die als Empfindlichkeitsveränderung von bis zu 25 dB meßbar ist. Die inneren

Haarzellen selbst sind nicht efferent innerviert. Synapsen efferenter Fasern finden sich jedoch an den Afferenzen unterhalb der inneren Haarzellen (Abb. 16-11). Somit wird die Aktivität von über 90 % der Hörnervenfasern durch zwei efferente Systeme kontrolliert, wobei eines indirekt über die äußeren Haarzellen angreift [21].

Das Prinzip der **Umwandlung mechanischer in elektrische Erregung** der Haarzellen ist bereits in Kap. 15 behandelt worden. Bei mechanischer Reizung wird durch Öffnung weiterer oder Schließen bereits geöffneter Ionenkanäle in den Stereovilli (je nach ihrer Auslenkungsrichtung, s. Kap. 15) der Membranwiderstand für den Ioneneinstrom moduliert. Es entsteht ein Rezeptorpotential, das als Wechsel-(AC-)potential der Stereovillibewegung genau folgt und damit die Schallfrequenz exakt wiedergibt. Es wird daher **cochleäres Mikrophonpotential** (CM) genannt. Gleichzeitig mit dem Mikrophonpotential wird ein weiteres Rezeptorpotential als Gleichspannungs-(DC-)potential aufgebaut, das depolarisierend wirkt. Dieses Gleichspannungspotential wird **Summationspotential** (SP) genannt. Die Rezeptorpotentiale führen am basalen Pol der Haarzellen zur **Neurotransmitterausschüttung**, wodurch schließlich **Aktionspotentiale** in den Hörnervenfasern ausgelöst werden.

16.4 Kodierung der Schallsignale im Hörnerven

Als **Hörnerv** bezeichnet man bei Vertebraten den Teil des achten Hirnnerven, der *die* Hörorgane (Fische, Amphibien) bzw. *das* Hörorgan (Reptilien, Vögel, Säuger) versorgt (s. Abschnitt 16.3). Die Hörnervenfasern sind die Axone von bipolaren Neuronen, deren Zellkörper nahe bei dem Hörorgan liegt (z. B. **Spiralganglion** der Cochlea), das sie mit ihrem distalen Neuritenfortsatz innervieren (Abb. 16-9c, 16-11). Bei Invertebraten mit Trommelfellen spricht man von Tympanalnerven, wenn die Axone vieler Scolopidien zusammengefaßt als Bündel in das Zentralnervensystem (ZNS) laufen (z. B. bei Grillen, Laub- und Feldheuschrecken) (Abb. 16-3b,c).

Die Antworten einer typischen Hör-(Tympanal-)nervenfaser auf Schallpulse sind tonisch (gleichmäßige mittlere Entladungsrate während der Reizdauer) oder phasisch-tonisch, d. h. auf eine erhöhte Entladungsrate bei Reizbeginn folgt nach etwa 5–20 ms das niedrigere tonische Niveau (Abb. 16-19) [7, 57, 62]. Dauerschall ruft eine Dauererregung hervor. In der räumlichen und zeitlichen Verteilung der Entladungsmuster aller Nervenfasern von allen Hörorganen ist die gesamte akustische Information über ein Schallsignal enthalten. Einige Kodierungsprinzipien werden am Beispiel zweier wesentlicher Schallparameter – Frequenz und Intensität – aufgezeigt.

An der Frequenzkodierung sind zwei Mechanismen beteiligt

Hör-(Tympanal-)nervenfasern spiegeln in ihren Tuning-Kurven die mechanische und/oder elektrische Frequenzabstimmung in den Hörorganen und Sinneszellen wider (Abb. 16-3b–d, 16-12) [6, 62]. Sie übermitteln daher die Frequenz/Orts-Transformation der Peripherie, die im Zentralnervensystem als Grundlage für einen **Ortskode der Frequenz** dienen kann.

Die **erregende Tuning-Kurve** schließt den Frequenzbereich ein (rezeptives Feld), innerhalb dessen die Nervenfasern mit einer Erhöhung ihrer Entladungsrate über das Niveau der Spontanaktivität hinaus auf Tonpulse antworten. Sie stellt daher die Frequenzabhängigkeit der neuronalen Antwortschwelle dar. An den beiden Flanken der erregenden Tuning-Kurve sind bei den Säugern, Vögeln und manchen Reptilien Bereiche zu finden, in denen ein zweiter Ton die Antwort auf einen Ton im erregenden Bereich ganz oder teilweise unterdrücken kann (2-Ton-Unterdrückung, Abb. 16-12) [7, 62]. Diese **laterale Suppression** unterscheidet sich von **lateraler Hemmung** dadurch, daß sie nicht neuronal wie etwa im Auge (s. Kap. 17), sondern allein durch mechanische Nichtlinearitäten im Innenohr vermittelt wird. Solche Nichtlinearitäten führen auch dazu, daß bei Beschallung mit zwei Tönen ($f_2 > f_1$) in der Cochlea die Differenztöne $2f_1-f_2$ und f_2-f_1 mit eigenen Wanderwellen gebildet werden, die, obwohl sie im Schall selbst nicht enthalten sind, einen Höreindruck auslösen.

Die zweite Möglichkeit der Frequenzkodierung im Hörnerven besteht in der **Kopplung der Auslösung von Aktionspotentialen an die Phasenlage der Schallschwingung** [7, 11, 62]. Die Phasenkopplung führt zu einer regelmäßigen Abfolge von Aktionspotentialen, wobei die Pausenlänge zwischen einzelnen oder Gruppen von Aktionspotentialen durch die Frequenz festgelegt ist und sich umgekehrt pro-

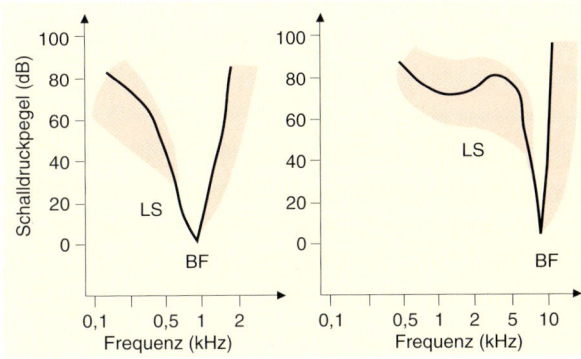

Abb. 16-12. Beispiele für Tuning-Kurven von Hörnervenfasern eines Säugers mit mittleren (links) und hohen (rechts) Bestfrequenzen (BF). LS = Bereiche lateraler Suppression

portional zu dieser ändert. Aus den Intervallen zwischen den Aktionspotentialen können höhere Verarbeitungszentren die Frequenz oder Tonhöhe errechnen (s. Abschnitt 16.5). Die Wahrnehmung von **Tonhöhe und musikalischen Intervallen** ist nur durch diese Kodierung von Frequenz im Zeitbereich möglich [8].

Aufgrund der statistischen Streuung der Auslösung eines Aktionspotentials im Innenohr von Vögeln und Säugetieren innerhalb eines Zeitintervalls von etwa 165 μs kann über Phasenkopplung eine Frequenz von maximal 1/165 μs = 6 kHz kodiert werden. Da eine einzelne Nervenfaser wegen ihrer Refraktärzeit nach Auslösung eines Aktionspotentials nur eine maximale Entladungsrate von etwa 800 Hz erreicht, müssen mindestens sieben bis acht Fasern, die zu unterschiedlichen Zeiten („auf Lücke"), aber mit gleicher Phasenlage antworten, zusammenwirken, um eine 6 kHz-Tonfrequenz vollständig zu reproduzieren (*Salven-Prinzip*) [11]. Die Kopplung der Aktionspotentiale an die Phase des Schallsignals ist bei Invertebraten (nur bis etwa 600 Hz) und allen Vertebraten (bei Fischen, Amphibien und Reptilien nur bis etwa 1–2 kHz) beobachtet worden [52]. Phasengekoppeltes Auftreten von Aktionspotentialen ist bereits bei sehr leisen Tönen zu beobachten, die noch keine Erhöhung der mittleren Entladungsrate über die Spontanaktivität hinaus bewirken. Hier werden die spontanen Entladungen in bezug zur Phase des Tonreizes gruppiert. Daher ist Phasenkopplung im Vergleich zur Entladungsratensteigerung ein viel empfindlicheres Indiz für die Ansprechschwelle eines Neurons.

Hör-(Tympanal-)nervenfasern erhöhen ihre Entladungsrate mit steigender Schallintensität. Der Zusammenhang wird in **Intensitätskennlinien** dargestellt (Abb. 16-13a,b). Die Form der Intensitätskennlinien ist oft sigmoid mit einem relativ linearen Anstieg der Entladungsrate oberhalb schwellennaher Intensitäten und einem Sättigungsbereich bei hohen Intensitäten [7, 57, 63]. Der vom ansteigenden Teil der Kurve umfaßte Intensitätsbereich wird **Dynamikbereich** eines Neurons genannt. Er kann bei Invertebraten und Vertebraten 20 bis 70 dB (für viele Fasern weniger als 40 dB) umfassen, wenn sie bei ihrer Bestfrequenz gereizt werden. Eine Stimulation mit anderen Frequenzen aus dem Bereich der erregenden Tuning-Kurve (vergl. Abb. 16-12) führt zu einer Verschiebung des Beginns der Intensitätskennlinie zu höheren Schallpegeln, was zum Teil auch mit einer Vergrößerung des Dynamikbereichs verbunden ist (Abb. 16-13b). *Die Dynamik der Entladungsrate von einzelnen Nervenfasern bietet somit die Möglichkeit der Schallintensitätskodierung über Schallpegeländerung von etwa 40 dB.*

Der zweite Weg der Schallintensitätskodierung stützt sich auf die **Anzahl aktiver Hör-(Tympanal-)nervenfasern.** Hörnervenfasern mit den gleichen oder sehr ähnlichen Bestfrequenzen können bei Vögeln und Säugetieren **Antwortschwellenunterschiede** von bis zu 80 dB haben (Abb. 16-13c) [6, 43]. Das bedeutet, daß mit steigendem Schallpegel immer mehr Fasern, die für eine bestimmte Frequenz (= Ort) kodieren, aktiviert werden. Durch die Ausweitung des Auslenkungsbereichs im Innenohr mit steigender Intensität (Abb. 16-10c) und aufgrund der damit zusammenhängenden Form der

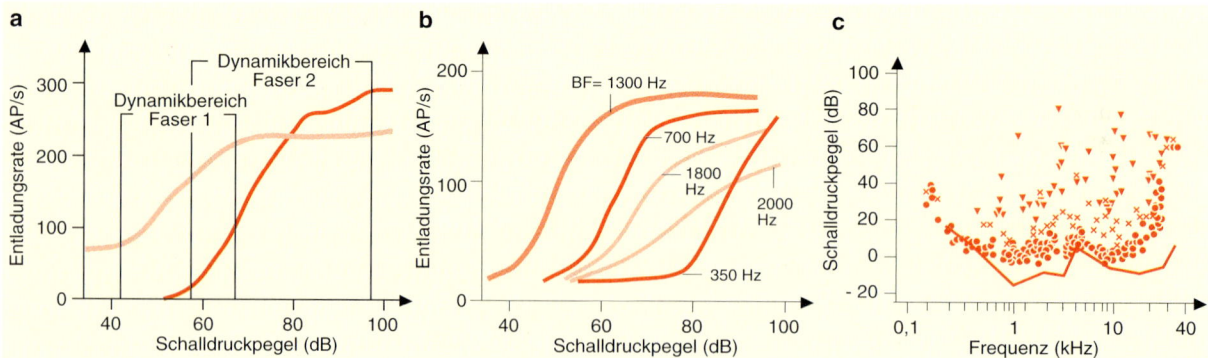

Abb. 16-13. a Intensitätskennlinien von Hörnervenfasern (gemessen an der Bestfrequenz) anhand zweier Beispiele, die einen Dynamikbereich von etwa 25 dB bei Faser 1 und 40 dB bei Faser 2 zeigen. AP: Aktionspotentiale. **b** Unterschiede in der Form von Intensitätskennlinien einer Hörnervenfaser in Abhängigkeit von der Reizfrequenz. BF = Bestfrequenz. **c** Antwort-schwellen an der Bestfrequenz von Hörnervenfasern unterschiedlicher Spontanaktivität (SA) gemessen im Hörnerven einer Katze. o: SA > 18/s; x: 18 > SA > 0,5/s; ∇: SA < 0,5/s. Eingezeichnet ist auch eine über Verhaltenstests gemessene Hörschwellenkurve (verändert nach [7, 43, 63])

Abb. 16-14. a Aufsicht auf die Thorakalganglien einer Grille und Feldheuschrecke mit eingezeichneten Projektionsgebieten (auditorisches Neuropil) der Tympanalnervenfasern. **b** Beispiele für auditorische lokale („Omega-Neurone", ON1, ON2) und projizierende Interneurone (AN1, AN2, DN1, TN1) aus dem Prothorakalganglion der Feldgrille. Es ist jeweils nur das Neuron einer Seite mit Zellkörper, dendritischen Verzweigungsgebieten und (falls vorhanden) Axon dargestellt. **c** Lokale Interneurone, die auf Schall antworten, im Oberschlundganglion einer Grille. Die Pilzkörper sind ebenfalls eingezeichnet (verändert nach [48, 66, 67])

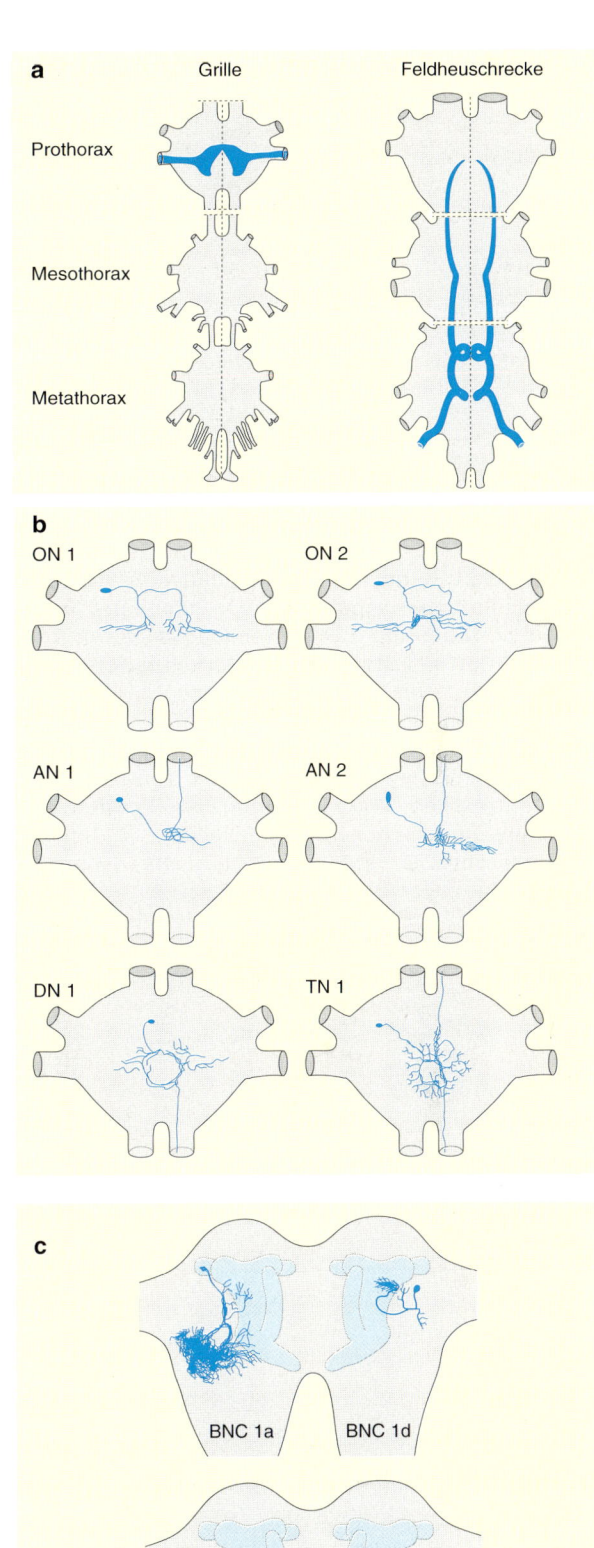

Tuning-Kurven (Abb. 16-3b–d, 16-12) erhöht sich die Zahl der aktivierten Fasern zusätzlich um das Zentrum der Erregung, das durch eine große Zahl von Fasern mit den höchsten Entladungsraten festgelegt ist.

Addiert man die Antwortschwellenunterschiede von Hörnervenfasern bei sehr ähnlichen Bestfrequenzen und die Dynamikbereiche der Fasern, erhält man zumindest bei Landvertebraten bei jeder Frequenz im Hörbereich eine Gesamtdynamik, die dem Arbeitsbereich des Gehörs von der absoluten Hörschwelle bis zur Schmerz- bzw. Schädigungsgrenze entspricht. Dieser Arbeitsbereich endet bei Säugetieren etwa bei 130 dB SPL.

16.5 Zentralnervöse Verarbeitung bei Invertebraten

Die Schallanalyse geschieht über ein Netzwerk identifizierbarer Interneurone (nicht in „Hörzentren") des ZNS

Die zentralnervösen Hörprojektionen und das akustisch gesteuerte Verhalten sind an Grillen, Laub- und Feldheuschrecken am besten untersucht und werden hier ausschließlich betrachtet [48]. Die Axone der Sinneszellen aus den Tympanalorganen enden im primären auditorischen Neuropil des Prothorakal- (Grillen und Laubheuschrecken) bzw. des Pro-, Meso- und Metathorakalganglions (Feldheuschrecken; Abb. 16-14a). **Die primären Projektionsgebiete werden von verschiedenen Interneuronentypen abgegriffen (Abb. 16-14b)** [33, 42, 67]. Aufgrund der Bilateralsymmetrie des ZNS sind alle Projektionen und Neurone spiegelbildlich zueinander jeweils in der rechten und linken Hälfte der Ganglienkette vorhanden. Die Hörinformation kann durch lokale Interneurone (Abb. 16-14b) im gleichen Ganglion verteilt werden (z.B. ON1, ON2) oder durch aufsteigende (z.B. AN1, AN2), absteigende (z.B. DN1) oder auf- und absteigende Neurone (z.B. TN1) in das Oberschlundganglion (Gehirn) bzw. in den hinteren Thorax- und Abdominalbereich gelangen. Die Rechts/Links-Symmetrie erlaubt dabei erregende und hemmende Interaktio-

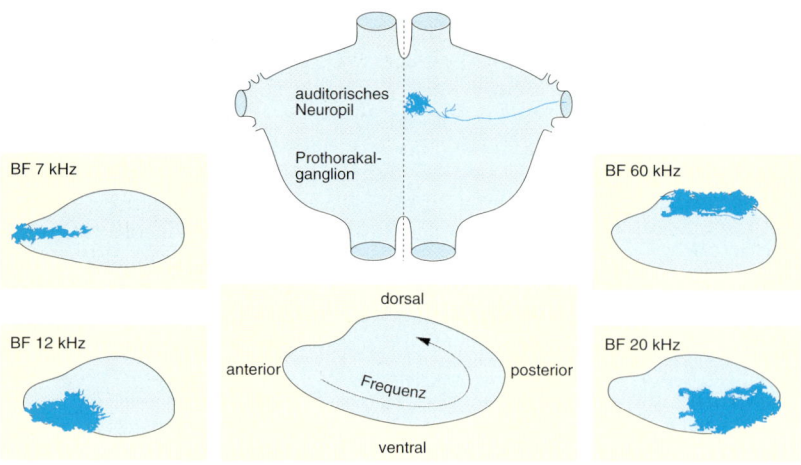

Abb. 16-15. Prothorakalganglion einer Laubheuschrecke mit dem Gebiet des auditorischen Neuropils (nur rechts eingezeichnet). Die Projektionsbereiche einzelner Tympanalnervenfasern mit den angegebenen Bestfrequenzen (BF) befinden sich an verschiedenen Stellen des Neuropils, so daß insgesamt die gezeigte geordnete Frequenzrepräsentation entsteht (verändert nach [60])

nen zwischen Neuronen gleichen und verschiedenen Typs beider Seiten innerhalb eines Ganglions. Wechselseitige Inhibition der ON1-Neurone kann z.B. zur Verschärfung der Richtcharakteristik der Hörorgane (vergl. Abb. 16-4a) und damit zur besseren Schallquellenortung beitragen.

Die geordnete tonotope Organisation der Rezeptorzellen der Tympanalorgane (Abb. 16-3b–d) wird im auditorischen Projektionsgebiet des **Prothorakalganglions** beibehalten [60]. So liegen z.B. bei der Laubheuschrecke *(Tettigonia viridissima)* Neuropilgebiete mit tiefer Bestfrequenz anterior, solche mit sukzessiv höheren Bestfrequenzen schließen sich

kontinuierlich nach ventral, posterior und schließlich dorsal an (Abb. 16-15). Aufgrund dieser **Frequenztopographie des auditorischen Neuropils** können Interneurone, je nach der Lage ihrer synaptischen Bereiche im Neuropil, unterschiedliche Bestfrequenzen und scharf begrenzte Tuning-Kurven besitzen. Wenn sie einen großen Frequenzrepräsentationsbereich abgreifen, erhalten sie eine entsprechend breitbandige Tuning-Kurve oder z.B. eine mit zwei Bestfrequenzen. Auch eine Verschärfung der Frequenzantwort durch **laterale Inhibition** ist möglich, wenn lokale Interneurone mit erregendem Eingang und hemmendem Ausgang zwischen verschiedenen Bereichen der Tonotopie vermitteln. So sind projizierende Interneurone bekannt, deren Tuning-Kurve die schmalbandige Charakteristik der Rezeptorzellen im Hörorgan reproduzieren (z.B. AN1), breitbandig sind (z.B. AN2) oder zusätzlich zu einer schmalbandigen Charakteristik laterale Hemmbereiche an beiden Flanken besitzen (z.B. AN3). Daher können Interneurone mit ihrer Aktivität bestimmte Frequenzbereiche repräsentieren, die in der *arteigenen akustischen Kommunikation* genutzt werden, für die *Vermeidung von Freßfeinden* wichtig sind oder, bei großer Bandbreite, zur *allgemeinen Hintergrunderregung* im Nervensystem beitragen können. AN1 ist z.B. auf die Trägerfrequenz des Lockgesangs von Grillen (4–5 kHz) abgestimmt und überträgt auch das Zeitmuster der Silbenwiederholungsrate (Abb. 16-16) sehr genau in das Gehirn [66, 67]. Seine Aktivität ist notwendig, um positive Phonotaxis auf arteigenen Lockgesang herbeizuführen. AN2 und wahrscheinlich homologe Neurone mit anderen Bezeichnungen (ANA, Int1) reagieren als breitbandige Neurone auch auf Ultraschall und können somit durch Echoortungslaute von Fledermäusen gereizt werden. Bei einer australischen Grille *(Teleogryllus oceanicus)* z.B. ist eine hohe Entladungsrate (mindestens 180 Aktionspotentiale/s) von Int1 notwendig und hinreichend, um eine Ausweichreaktion der fliegenden Grille auf Echoortungslaute auszulösen [42].

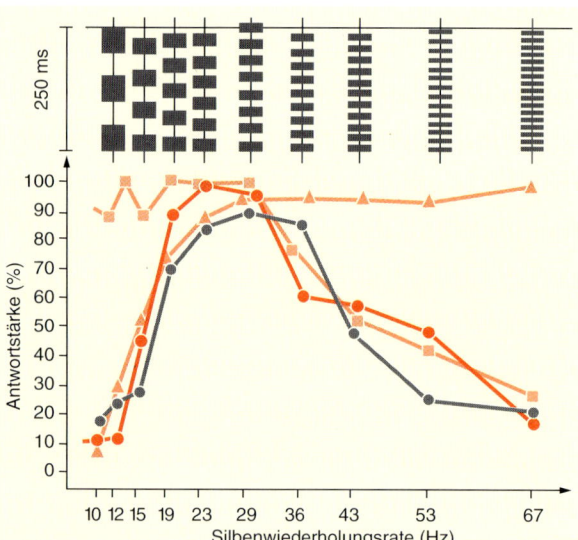

Abb. 16-16. Mittlere Stärke der Phonotaxis (Antwortstärke in %) einer Grille im Verhaltenstest (schwarze Kurve) bei Beschallung mit den gezeigten Silbenwiederholungsraten eines künstlichen Grillengesangs. Dazu sind die Antwortstärken der Gehirnneurone (rote Kurven) BNC1d (--■--; Tiefpaß), BNC2b (--▲--; Hochpaß) und BNC2a (--●--; Bandpaß) aufgetragen. Die Bevorzugung einer Silbenwiederholungsrate von 19–36 Hz im Verhalten findet sich sehr ähnlich im Bandpaßneuron (BNC2a), dessen Antwortcharakteristik man sich als Addition des Hoch- und Tiefpasses (BNC2b, BNC1d) vorstellen kann (verändert nach [67])

Verschiedene Interneurone projizieren in das Gehirn, wo lokale Neurone identifiziert wurden (BNC1, BNC2; vergl. Abb. 16-14c), die bevorzugt auf solche Schalleigenschaften antworten, welche im Verhaltenstest biologisch sinnvolle Reaktionen bei den Tieren hervorrufen. Ein schönes Beispiel ist die **Phonotaxis von Grillenweibchen** auf den Lockgesang arteigener Männchen. Für optimales Phonotaxisverhalten ist eine Wiederholungsrate von etwa 23–36 Silben/s notwendig (Abb. 16-16). Das Neuron BNC2a spiegelt in seiner Antwortaktivität recht genau das verhaltensrelevante Wiederholungsratenfenster wider, so daß die Phonotaxis auf diese Bandpaßeigenschaft des Neurons zurückführbar ist. Andere Neurone des Gehirns zeigen eine Hochpaß- (BNC2b) oder eine Tiefpaßcharakteristik (BNC1d), die zusammengesetzt den Bandpaß von BNC2a ergibt (Abb. 16-16) [67]. Daher ist die Annahme naheliegend, daß akustisch stimulierbare Neurone des Gehirns zusammen mit den auf- und absteigenden Interneuronen ein Netzwerk bilden, aus dem die Eigenschaften der Schallverarbeitung hervorgehen, die schließlich zu einer **„Schallmustererkennung"**, d. h. zu einer biologisch sinnvollen Verhaltensantwort auf Schallsignale führen.

Ausgänge von auditorischen auf **prämotorische und Motorneurone** sind sowohl in den Thorakalganglien wie im Gehirn vorhanden. Dabei laufen rasche, möglicherweise lebensrettende Ausweichreaktionen vor Fledermäusen, wie sie bei fliegenden Insekten mit Hochfrequenzgehör zu finden sind (vergl. Abschnitt 16.2), nur über ein oder wenige Interneurone in den Thorakalganglien (z.B. Int1, s. o.) in die Motorik. Für komplexere Verhaltensweisen, z.B. die Kontrolle der Phonotaxis der Grillenweibchen, die zudem auch von nichtakustischen Reizen und Faktoren wie Jahres- und Tageszeit und hormoneller Zustand abhängig sein können, ist die Einbeziehung des Gehirns notwendig. Die neuronalen Mechanismen zustands- und bereitschaftsabhängiger, akustisch auslösbarer Verhaltensweisen sind weitgehend unbekannt.

16.6 Zentralnervöse Verarbeitung bei Vertebraten

Die Schallanalyse geschieht über ein Netzwerk auditorischer Kerngebiete („Hörzentren") des ZNS

In allen Klassen der Vertebraten beginnt die **aufsteigende, afferente Hörbahn** in Kernen der Medulla (Nachhirn), in denen die Projektionen von den Hörorganen enden (Abb. 16-17) [17, 32, 45]. Die nächsten Kerne liegen ebenfalls im Nachhirn, von wo die Bahnen über den lateralen Lemniscus (Pons des Hinterhirns) zum auditorischen Mesencephalon (Mittelhirn) aufsteigen. Die Hauptprojektionen laufen weiter über Kerngebiete des Thalamus (Zwischenhirn) und enden in verschiedenen Bereichen des Telencephalons (Endhirn) (siehe auch Kap. 1). Die Details der Bahnverläufe und der Verknüpfung der verschiedenen Hörkerne unterliegt einer großen Variabilität selbst innerhalb einer Wirbeltierklasse. Auch ist noch ungeklärt, inwiefern Kerngebiete auf der gleichen Ebene der Hörbahn zwischen den Vertebratenklassen homologisiert werden können (Kap. 1 [17, 45]). In Abb. 16-17 sind daher an drei Beispielen die wichtigsten Bahnverläufe jeweils für Amphibien, Vögel und Säugetiere aufgezeigt. *Charakteristisch für alle Vertebraten ist eine* **Divergenz der Bahnverbindungen im Hirnstamm** *(Niveau des Nucleus cochlearis, Oliva superior, Lemniscus lateralis) und die darauffolgende* **Konvergenz der meisten Hirnstammprojektionen im Mittelhirn** (Torus semicircularis, Colliculus inferior). Dabei verlaufen Hauptbahnverbindungen zum Mittelhirn vom Niveau des Nucleus cochlearis kontralateral, von der Oliva superior ipsi- und kontralateral und vom Lemniscus lateralis ipsilateral. Da die Kerne des Lemniscus lateralis fast ausschließlich Eingänge vom kontralateralen Nucleus-cochlearis-Niveau erhalten (Abb. 16-17) folgt, daß der größte und wichtigste Teil der Information eines Ohres schließlich im kontralateralen Mittelhirn gesammelt wird (akustisches Chiasma). Von dort verläuft die Hauptprojektion auf der gleichen Seite über den Thalamus in das Telencephalon, so daß **das rechte Ohr im wesentlichen die linke Hirnhälfte (und umgekehrt) versorgt.**

Im Thalamus und Telencephalon spaltet sich die Hörbahn in verschiedene Äste auf, die, je nach Vertebratenklasse und Höhe der Gehirnorganisation, in verschiedenen Kerngebieten enden (Abb. 16-17). Charakteristisch für alle Klassen sind Projektionen in Kerne des Striatums, des medialen Palliums (Hippocampus) und des basalen Telencephalons (z.B. präoptisches Gebiet, Mandelkerne (Amygdala). Damit erhält die Hörinformation direkten Zugang zur motorischen Koordination über das Striatum (insbesondere auch für die Vokalisation), zur assoziativen Verarbeitung von Sinnesreizen (Pallium) und zur Bereitschaftskoordination von Instinktverhalten (basales Telencephalon mit limbischen System). Mit dem Erscheinen des **Neocortex bei den Säugern** werden die direkten auditorischen Projektionen in subcorticale telencephale Gebiete zu Gunsten der dann dominierenden Projektionen zu Feldern des auditorischen Neocortex (Hörrinde) reduziert oder fallen ganz weg [46].

Aus der Abb. 16-17 wird deutlich, daß sich die aufsteigende Hörbahn zwar aus einer Hierarchie von Kerngebieten vom Innenohr bis zum Telencephalon zusammensetzt, daß die Information jedoch in parallelen und verzweigten Bahnen, auch unter Umgehung verschiedener Verarbeitungsniveaus weitergegeben wird. **Diese parallele / hierarchische Verarbei-**

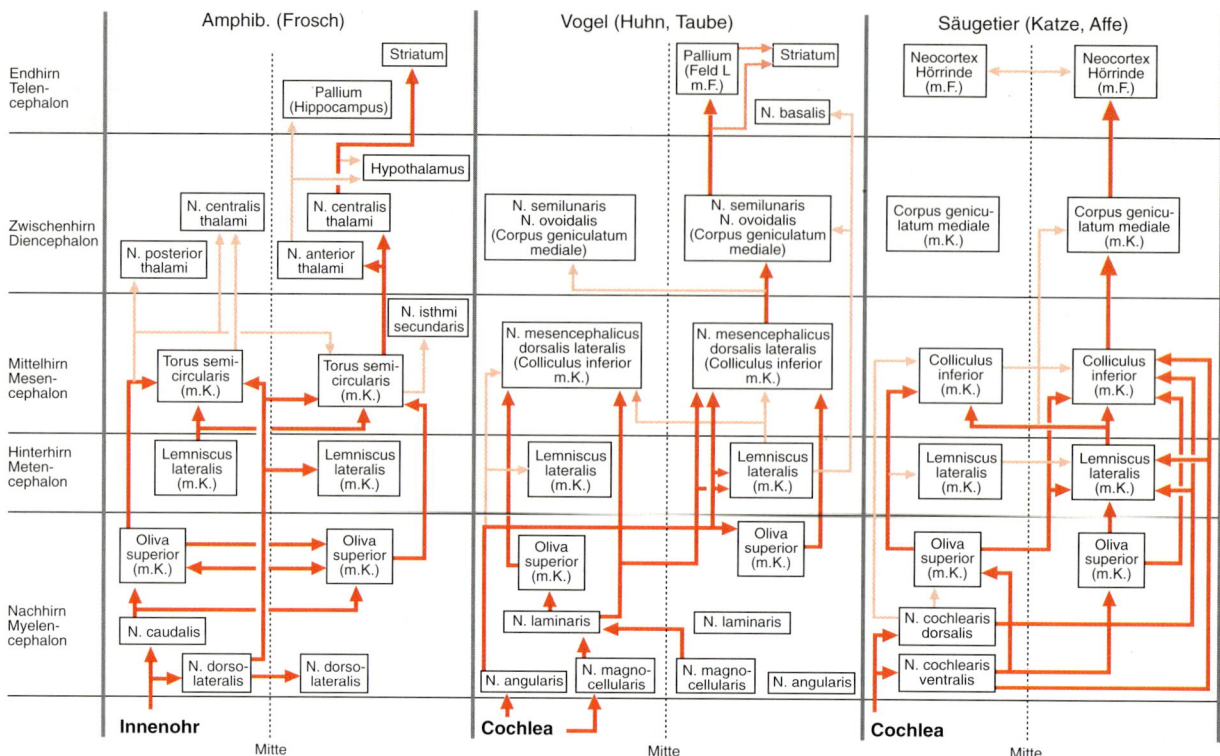

Abb. 16-17. Schemata der aufsteigenden (afferenten) Hörbahn eines Amphibs, Vogels und Säugetiers. Eingetragen sind die wichtigsten Bahnverbindungen in jeweils einer Hirnhälfte, ausgehend vom linken Innenohr. Die Hauptbahnen kreuzen zur anderen Seite, so daß das linke Innenohr im wesentlichen in das rechte Mittelhirn und weiter in das rechte Telenzephalon projiziert. Dicke Linien: starke Projektionen; dünne Linien: schwächere Projektionen. m.F. = mehrere Felder, m.K. = mehrere Kerne

tung *schafft die Grundlage für die Funktionsprinzipien des zentralnervösen Hörsystems der Wirbeltiere.*

Das Innenohr und die Hörzentren des Gehirns sind neben den aufsteigenden Projektionen durch eine Vielzahl von **absteigenden, efferenten Bahnsystemen** verknüpft, die bisher nur für Säugetiere gut untersucht sind (Abb. 16-18) [75]. Dieses efferente System erlaubt die Kontrolle der Verarbeitung in niederen Zentren der Hierarchie durch höhere. Damit ist die Möglichkeit **positiver und negativer Rückkopplungsschleifen** im Hörsystem verwirklicht, da viele absteigende Bahnen genau in den Gebieten aufsteigender Verarbeitung enden und dort sowohl erregend wie hemmend wirken können. Analog zu dem Chiasma der afferenten Bahnen finden wir auch bei den wichtigsten efferenten Projektionen eine Überkreuzung im Hirnstamm zur anderen Seite (Abb. 16-18). Die efferente Kontrolle endet in der efferenten Innervation der Haarzellen bzw. ihrer Afferenzen im Innenohr (vergl. Abb. 16-11). Die äußeren Haarzellen werden dabei hauptsächlich durch das mediale olivocochleäre System der Gegenseite, die Afferenzen der inneren Haarzellen hauptsächlich durch das ipsilaterale olivocochleäre System innerviert.

Die Antworteigenschaften des efferenten Systems auf Schallsignale, die Mechanismen seiner Einflußnahme auf die Schallmusterkodierung in den afferenten Bahnen und daher seine Gesamtfunktionen sind aufgrund großer experimenteller Schwierigkeiten bisher kaum untersucht. Es gibt Hinweise auf die Veränderung der Empfindlichkeit, der Frequenzfiltereigenschaften, des zeitlichen Antwortmusters und des Dynamikbereichs von Neuronen der aufsteigenden Hörbahn durch die efferente Kontrolle. Somit sind vielfältige Funktionen z.B. der Kontrastverbesserung für akustische Kommunikationslaute und der Anpassung des Gehörs an die Funktion in einem Hintergrundgeräusch denkbar.

Die Schallverarbeitung im Hirnstamm führt zu einer Vielzahl neuronaler Antworteigenschaften und Kodierungsmöglichkeiten

In Abb. 16-19 sind Antworteigenschaften von einigen Neuronentypen im Nucleus cochlearis von Säugern gezeigt [36, 58]. Offensichtlich können sich sowohl Tuning-Kurven, Intensitätskennlinien und Zeitmuster der Antworten stark von den entsprechenden Charakteristiken der Hörnervenfasern unterscheiden. Bei den Tuning-Kurven entstehen aufgrund **lateraler Inhibition** hemmende Seitenbereiche und komplizierte Muster von Erregungs- und Hemmfeldern. Intensitätskennlinien können Dynamikbereiche von über 100 dB haben oder ein Maximum bei einer bestimmten Intensität. Bei den Zeitmustern fallen rein phasische, Pauser- und Chopperantworten auf, die auf *Konvergenz von erregenden und hemmenden Eingängen auf ein Neuron* zustande kommen. Die Divergenz des Antwortverhaltens im Hirnstamm wird im weiteren Verlauf der Hörbahn noch vergrößert und ist Grundlage der Kodierung und Analyse verschiedener Schalleigenschaften wie Frequenz, Intensität, Zeitmuster und Richtung. Allein die verschiedenen Projektionsgebiete der in Abb. 16-19 gezeigten Zelltypen deuten an, daß ihre Antworten zu unterschiedlichen Zwecken der weiteren Verarbeitung genutzt werden.

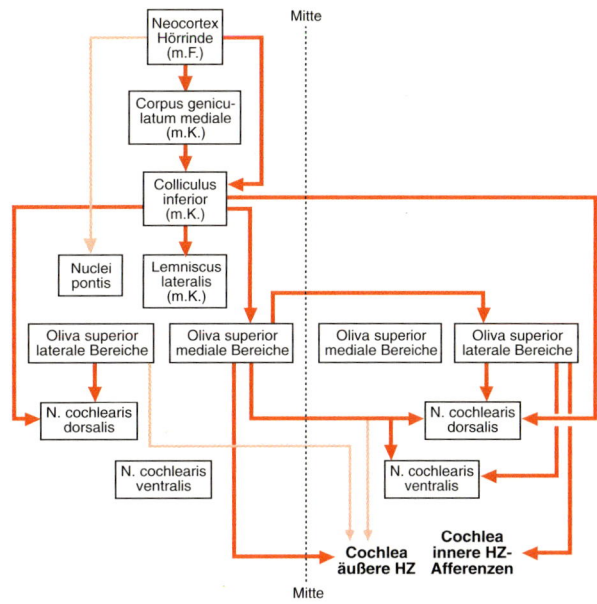

Abb. 16-18. Schema der absteigenden (efferenten) Hörbahn eines Säugers von der Hörrinde bis zu den inneren und äußeren Haarzellen (HZ) in der Cochlea. Nur die Projektionen einer Hirnseite sind eingezeichnet. m.F. = mehrere Felder, m.K. = mehrere Kerne

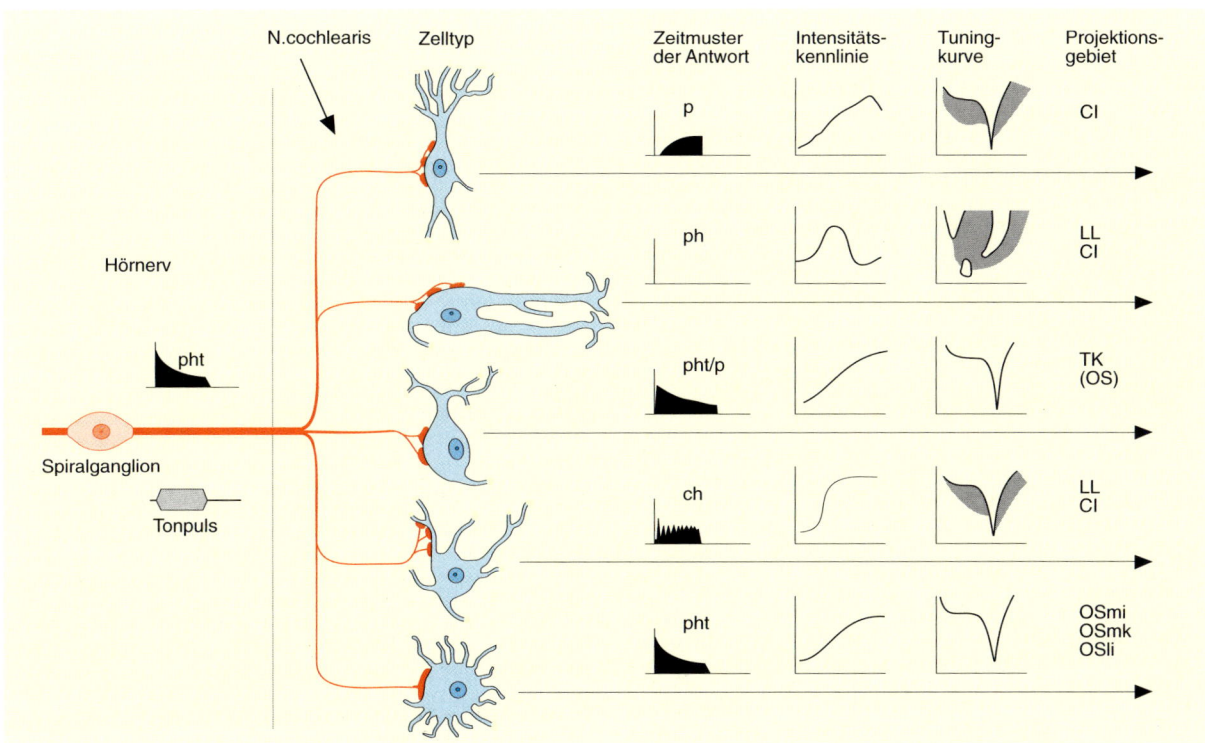

Abb. 16-19. Schema der Verteilung der Aktivität einer Hörnervenfaser eines Säugers auf vier verschiedene Zelltypen im Nucleus cochlearis (von oben nach unten: fusiforme, Octopus-, globulare, multipolare (Stern-) und sphärische (buschige) Zelle. Die phasisch-tonische Antwort (pht) der Hörnervenfaser wird in verschiedene Zeitmuster umgesetzt (p = Pauserantwort; ph = phasische („on") Antwort; ch = Chopperantwort, wobei auch das ursprüngliche Muster erhalten bleiben kann. Die Form der Intensitätskennlinien und Tuning-Kurven mit Hemmbereichen sowie die Projektionsgebiete sind ebenfalls angegeben. CI = Colliculus inferior; LL = Lemniscus lateralis; TK = Trapezkörper des Komplexes der Oliva superior (OS). Mediale Bereiche der ipsilateralen (OSmi) und kontralateralen (OSmk) Oliva superior. OSli = laterale Bereiche der ipsilateralen oberen Olive (verändert nach [15, 36, 58])

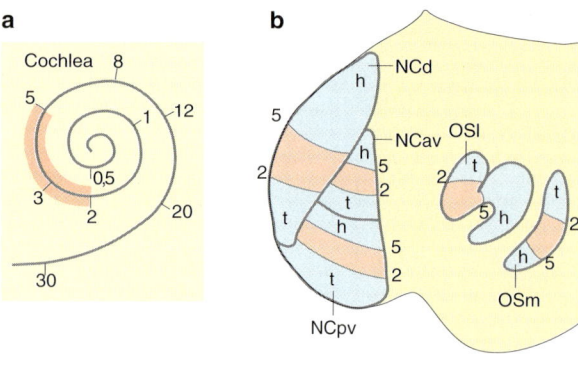

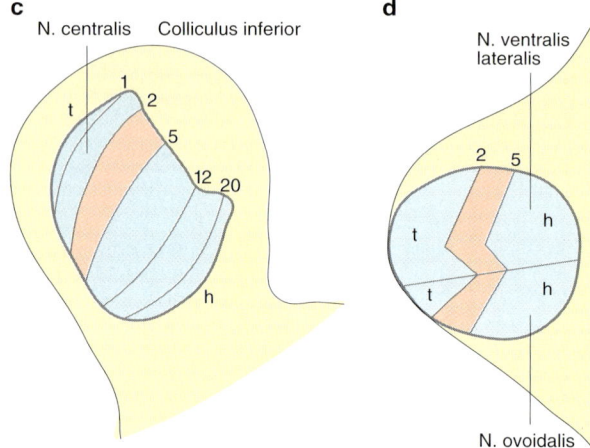

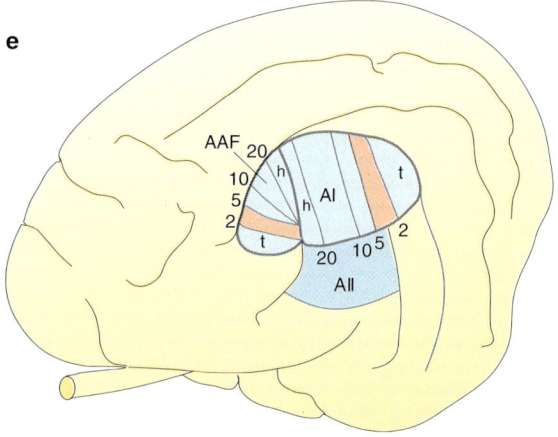

Abb. 16-20. Transformation der Frequenzabbildung längs der Cochlea (**a**) in geordnete Tonotopien in verschiedenen Kernen der Hörbahn eines Säugers (Katze). Der Frequenzbereich zwischen 2 und 5 kHz ist speziell hervorgehoben. Die Kerngebiete in **b** (Nucleus cochlearis dorsalis = NCd; Nucleus cochlearis ventralis posterior und anterior = NCpv, NCav; Oliva superior lateralis und medialis, OSl, OSm), **c** (Nucleus centralis des Colliculus inferior) und **d** (Nucleus ventralis lateralis, Nucleus ovoidalis des Corpus geniculatum mediale) sind im Querschnitt, der auditorische Cortex (**e**) in lateraler Aufsicht dargestellt. AI = primärer auditorischer Cortex; AII = sekundärer auditorischer Cortex; AAF = anteriores auditorisches Feld. h = hohe Frequenzen, t = tiefe Frequenzen (verändert nach [6, 47, 71])

1. Die Verarbeitung und Repräsentation von Frequenzinformationen ist eine wesentliche Aufgabe der aufsteigenden Hörbahn. Die Ortsabbildung der Frequenz in den Hörorganen setzt sich in Tonotopien in fast allen Hörzentren bis zum Mittelhirnniveau und in vielen Vorderhirngebieten fort (Abb. 16-20) [47, 65]. *Die eindimensionale Frequenzabbildung im Innenohr wird dabei in eine zweidimensionale (streifenförmige) im auditorischen Neocortex oder in eine dreidimensionale (übereinandergestapelte Flächen gleicher Frequenz = Isofrequenzflächen) in den anderen Kerngebieten umgewandelt* [77]. Ein **zentralnervöser Ortskode der Frequenz- bzw. Tonhöhenwahrnehmung** ist daher allgemein dort möglich (vor allem Reptilien, Vögel, Säuger), wo bereits im Innenohr eine geordnete Frequenz/Orts-Transformation vorliegt und schmalbandige Tuning-Kurven im Hörnerven gemessen werden (vergl. Abschnitt 16.3 und Abb. 16-12).

Der Zeitkode für Frequenz- bzw. Tonhöhenwahrnehmung über die Kopplung von Aktionspotentialen von Hörnervenfasern an die Phasenlage der Schallschwingung wird bis einschließlich Mittelhirn in einen Ortskode umgewandelt. Die wenigen Daten, vor allem von Säugetieren, zeigen, daß Neurone im Corpus geniculatum mediale und Hörcortex nur noch bis etwa 200 Hz bzw. 100 Hz phasengekoppelt antworten, was den kodierbaren Frequenzbereich erheblich einschränkt [19, 69].

Aus Untersuchungen an Vögeln und Säugern ist bekannt, daß Neurone im Colliculus inferior präzise den Modulationen in der Amplitude eines Tones bis zu Modulationsfrequenzen von etwa 1000 Hz (bei der Katze) folgen können. Eine langsame, sinusförmige Amplitudenmodulation eines Signals mit einer hohen Trägerfrequenz entspricht der Amplitudenveränderung im Verlauf der Sinusschwingung eines Tones niederer Frequenz (Abb. 16-21a), die beide zur Wahrnehmung einer sehr ähnlichen Tonhöhe führen. Diese Tonhöhe verändert sich mit der Modulationsfrequenz und der Trägerfrequenz. Viele Neurone im Colliculus inferior sind auf eine beste Modulationsfrequenz im Bereich zwischen etwa 10 und 1000 Hz abgestimmt, auf die sie mit stark erhöhter Entladungsrate im Modulationsrhythmus antworten, während sie auf andere Modulationsfrequenzen schwächer reagieren. Gleichzeitig antworten viele Neurone auf allen Isofrequenzflächen (vergl. Abb. 16-21b) mit einer rhythmischen Anfangsentladung (Eigenschwingung), wenn sie durch Tonpulse an ihrer Bestfrequenz gereizt werden (Chopperantwort, s. Abb. 16-19). In der Summe entsteht das beste rhythmische Folgemuster mit der

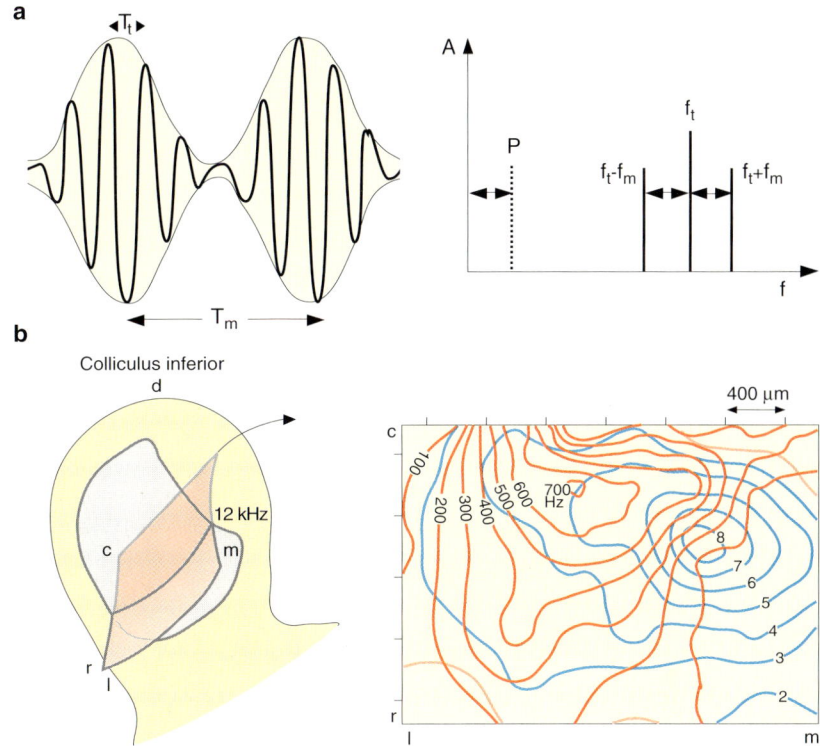

Abb. 16-21. a Amplitudenmodulierter Ton (Sinuswelle) mit dazugehöriger Energieverteilung (Spektrum). Spektrale Banden findet man bei der Trägerfrequenz (f_t) und der Differenz-($f_t - f_m$) bzw. Summenfrequenz ($f_t + f_m$) von Träger- und Modulationsfrequenz. Trotz Abwesenheit spektraler Energie der Modulationsfrequenz wird diese als Ton (Periodizitätswahrnehmung, P) hörbar. T_t = Periode der Trägerfrequenz; T_m = Periode der Modulationsfrequenz. **b** Querschnitt durch den Colliculus inferior einer Katze mit dreidimensionaler Darstellung der Abbildungsfläche für 12 kHz Tonfrequenz (Isofrequenzfläche). Auf dieser Fläche sind die besten Antworten auf verschiedene Amplitudenmodulationsfrequenzen (100–700 Hz) regelmäßig topographisch verteilt. Eine ähnliche Topographie ergibt sich für die Abstimmungsschärfe (Q_{10dB}) der Tuning-Kurven (2–8). Q_{10dB} = Bestfrequenz dividiert durch die Bandbreite der Tuning-Kurve 10 dB über der Schwelle an der Bestfrequenz (verändert nach [40, 70]). d, dorsal; c, caudal; r, rostral; l, lateral; m, medial

höchsten mittleren Entladungsrate dann, wenn die beste Modulationsfrequenz (oder Frequenz eines niederfrequenten Tones) gleich oder ein Vielfaches der Eigenschwingungsfrequenz eines Neurons ist und die Phasen der beiden Schwingungen gleich sind [40].

Mittelhirnneurone verrechnen in der Art einer Kreuzkorrelation zwei koinzidierende Schwingungen und geben mit ihrer Entladungsrate die **Güte der Übereinstimmung in der Periodizität an.** Da Neurone mit unterschiedlichen besten Modulationsfrequenzen nicht wahllos verstreut, sondern wohlgeordnet nach besten Modulationsfrequenzen auf den Isofrequenzflächen liegen (Abb. 16-21b), wird **die Tonhöhenkodierung durch Periodizitätsauswertung in ein Ortsmuster der Erregungsverteilung im Mittelhirn umgeschrieben** [40, 69, 70]. Wie dieses Muster allerdings ausgelesen wird und letztlich zur Tonhöhenempfindung führt, ist unbekannt.

Die meisten Kommunikationslaute von Tieren und menschliche Sprachlaute bestehen aus Schallspektren, die aus mehreren, für die Wahrnehmung und Bedeutungserkennung der Laute entscheidenden Frequenzkomponenten (**Formanten**) zusammengesetzt sind. Um die Verständlichkeit der Laute über dem gesamten Dynamikbereich des Gehörs sicherzustellen, müssen die Fomanten unabhängig von der Schallintensität auch bei störenden Hintergrundgeräuschen analysiert und als zusammengehörig erkannt werden. Die Trennung der Frequenzkomponenten im Hörsystem geschieht über Neu-

rone mit schmalbandigen Tuning-Kurven, die laterale Hemmbereiche besitzen (vergl. Abb. 16-19). Neurone mit Tuning-Kurven unterschiedlicher Bandbreiten sind im Colliculus inferior topographisch repräsentiert (Abb. 16-21b). Die relative Bandbreite, ausgedrückt als Q_{10dB}-Wert (Bestfrequenz dividiert durch die Bandbreite der Tuning-Kurve 10 dB über der Antwortschwelle an der Bestfrequenz), ist etwa in der Mitte einer Isofrequenzfläche am kleinsten (größte Abstimmschärfe = größter Q_{10dB}-Wert) und nimmt zu den Rändern hin zu [70, 77]. Außerdem können mehr als 60 % der Neurone im Colliculus inferior einen Ton im Hintergrundrauschen bei einem konstanten Verhältnis von Ton- zu Rauschpegel über mindestens 80 dB Schalldruckänderung des Tones kodieren. Die Frequenzauflösung in diesem Schallpegelbereich ist konstant und entspricht etwa der im Wahrnehmungsexperiment am wachen Tier [24]. In den meisten Mittelhirnneuronen ist demnach die Fähigkeit, Formantfrequenzen in einem komplexen Schallspektrum zu entdecken, genau so vorhanden wie in der Wahrnehmung von Kommunikationslauten. Für die Erkennung z.B. eines Vokals der menschlichen Sprache, der aus mehreren Formanten besteht, müßten die Antworten von scharf abgestimmten Neuronen aus genau den Isofrequenzflächen des Colliculus ausgelesen werden, die den Formantfrequenzen entsprechen. Alternativ oder parallel könnten die rhythmischen Antworten (Chopperantwort), von den Neuronen (auf den verschiedenen Isofrequenzflächen) zusammengefaßt werden, die in einem festen zeitlichen Verhältnis zueinander stehen und daher vom gleichen Signal (Vokal) verursacht sein müssen. Im Vorderhirn sind tatsächlich Neurone gefunden worden, die bevorzugt auf Vokale der menschlichen Sprache oder Formantfrequenzen von Tierlauten antworten.

2. Die Verarbeitung und Repräsentation von Intensitätsinformationen ist noch nicht völlig geklärt.

Viele Neurone in höheren Zentren der Hörbahn haben Intensitätskennlinien, die von denen der Hörnervenfasern stark abweichen. Verschiedene Kennlinienformen sind bereits im Nucleus cochlearis zu sehen (Abb. 16-19). Im Mittelhirn und Thalamus nehmen die Kennlinien, die bei einer bestimmten Intensität ein Maximum (beste Intensität) aufweisen, stark zu [19, 25]. Dies bedeutet, daß die Möglichkeit besteht, durch eine Topographie der Kennlinienformen mit einer geordneten Verteilung der besten Intensitäten auf einer Isofrequenzfläche Schallintensität räumlich abzubilden. Bisher konnte jedoch nur eine solche geordnete Topographie für Schallpegel in der sehr spezialisierten Hörrinde einer Fledermaus *(Pteronotus parnellii)* nachgewiesen werden (vergl. Abb. 16-24). Es ist offen, ob dieses Beispiel verallgemeinert werden kann.

Durch die Reduktion der Antwortraten vieler Neurone bei Schallpegeln oberhalb ihrer besten Intensität entsteht der unerwartete Effekt, daß lauter Schall, z.B. 110 dB SPL von einem Preßlufthammer *im Mittel* keine höheren Entladungsraten im Colliculus inferior hervorruft als leise Konversation (40 dB SPL) [25]. Die Vorstellung, daß sehr lauter Schall das gesamte Hörsystem mit Erregung „über-

schwemmt", trifft für höhere Zentren der Wirbeltiere dank der vielen hemmenden Wechselbeziehungen zwischen Neuronengruppen sicherlich nicht zu.

3. Die Verarbeitung und Repräsentation von Schallrichtungsinformationen beginnt auf dem Niveau der Oberen Olive

(Abb. 16-17). Fische und Amphibien können zwar Schallrichtungen unterscheiden und sich recht gezielt auf Schallquellen zubewegen, jedoch sind die sensorischen und neuronalen Mechanismen der Richtungsbestimmung noch nicht geklärt. Bei Vögeln und Säugetieren dienen Bereiche der Oliva superior der Verarbeitung von Unterschieden in der Ankunftszeit (Δt), den Phasen der Frequenzkomponenten oder Modulationsfrequenzen ($\Delta \Phi$) und den Schallpegeln (Δp), die Signale aus verschiedenen Raumrichtungen an den beiden Ohren erzeugen (Abb. 16-22a). In der **medialen oberen Olive** (bei Vögeln im Nucleus laminaris) verschalten Projektionen mit den gleichen Bestfrequenzen von dem jeweils ipsi- und kontralateralen ventralen Nucleus cochlearis (vergl. Abb. 16-17) (bei Vögeln Nucleus magnocellularis) *erregend* auf die gleichen Neurone [15, 18, 37]. Diese Zielneurone können als *Koinzidenzdetektoren* dann maximal antworten, wenn sie gleichzeitig erregt werden. Abb. 16-22b zeigt für den Nucleus laminaris der Schleiereule, daß diese Gleichzeitigkeit der Erregung bei verschiedenen Zeitverzögerungen durch Ankunftszeit- oder Phasenunterschiede an beiden Ohren an verschiedenen Stellen im Nucleus erreicht wird [37]. Es entsteht eine geordnete Topographie von Zeitunterschieden von dorsal nach ventral. Dorsal führt das kontralaterale Ohr mit einem Δt von etwas über

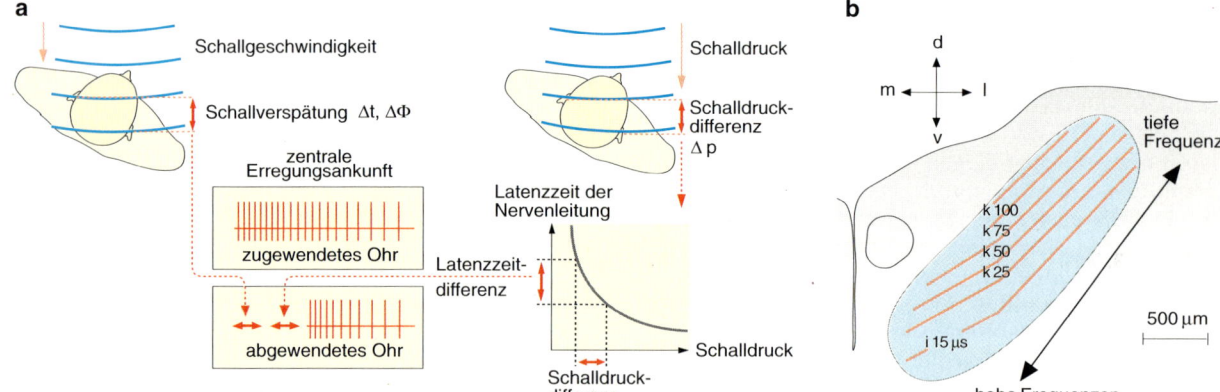

Abb. 16-22. a Schema der Entstehung von Schallverspätungen (Δt) oder Phasenunterschieden ($\Delta \Phi$) und Schalldruckdifferenzen (Δp) an einem Ohr gegenüber dem anderen bei schrägem Schalleinfall. Aufgrund der gezeigten Beziehung zwischen Latenzzeit der Nervenleitung und dem Schalldruck stellt eine Druckdifferenz (Δp) gleichzeitig eine Latenzzeitdifferenz dar, die sich zur Ankunftszeitdifferenz addiert und damit die neuronale Antwort am schallabgewandten Ohr gegenüber dem zugewandten Ohr verzögert (verändert nach [10]). **b** Querschnitt durch den Hirnstamm mit dem Nucleus laminaris der Schleier-

eule. Auf den gezeigten Linien liegen Neurone, die dann am besten antworten, wenn der Schall um 25–100 μs früher auf das kontralaterale (k) oder um 15 μs früher auf das ipsilaterale (i) Ohr trifft. Die Neuronen kodieren daher die von den Zeitverzögerungen repräsentierten horizontalen Schalleinfallswinkel auf beide Ohren. Senkrecht zu dieser Topographie der Zeitverzögerungen werden die Bestfrequenzen der Neurone repräsentiert, so daß die Zeitverzögerungen bei allen hörbaren Frequenzen wahrgenommen werden können. m = medial; l = lateral; d = dorsal; v = ventral (verändert nach [37])

100 μs, ventral führt das ipsilaterale Ohr mit Δt von etwa 20 μs. Bei einem Kopfdurchmesser von 5 cm ergeben 100 μs einen Winkel (α) von etwa 90° und 20 μs einen Winkel von etwa 8° (sin α = Δtc/d; c = Schallgeschwindigkeit, d = Kopfdurchmesser). Im Nucleus laminaris der Eule werden somit Schalleinfallswinkel zwischen 90° kontralateral und 8° ipsilateral topographisch abgebildet und zwar senkrecht zur Tonotopie (Abb. 16-22b). **Der horizontale Raumwinkel (Azimuthwinkel) wird in einen Ortskode umgewandelt.** Eine ähnliche räumliche Repräsentation von Δt und ΔΦ nimmt man für die mediale obere Olive an.

In der **lateralen oberen Olive** der Vögel und Säuger verschalten *erregende* Projektionen vom ipsilateralen ventralen Nucleus cochlearis mit *hemmenden* Eingängen vom ipsilateralen Nucleus des Trapezkörpers (Teil der Oliva superior), der erregende Eingänge vom kontralateralen ventralen Nucleus cochlearis erhält (vergl. Abb. 16-17), auf die gleichen Neuronen. *D. h., letztlich werden die Neuronen durch das ipsilaterale Ohr erregt und durch das kontralaterale gehemmt* [15, 18]. Die Neuronen in der lateralen oberen Olive reagieren daher am besten, wenn Schall das ipsilaterale Ohr stärker und/oder früher als das kontralaterale erregt. Sie sind daher sowohl für Schalldruck- als auch für Zeitunterschiede zwischen beiden Ohren sensitiv. Wie Abb. 16-22a zeigt, können Schalldruckunterschiede in

Latenzzeitunterschiede umkodiert werden, entsprechen also einander. Schalldruckunterschiede von etwa 1dB können beim Menschen noch zur Lokalisation in der Horizontalebene genutzt werden. Allerdings entstehen Druckdifferenzen zwischen den Ohren aufgrund von Azimuthwinkeln der Schallquelle nur dann, wenn die Wellenlängen der Schallfrequenzen kleiner im Vergleich zum Kopfdurchmesser sind (beim Menschen λ < ≈ 20 cm), da sonst die Welle fast ohne Abschwächung um den Kopf herumgebeugt wird. Daher kann Δp nur bei relativ hochfrequentem Schall zur Lokalisation genutzt werden (beim Menschen ab etwa 2 kHz). Man vermutet, daß bei kleinen Tieren (Fledermäuse, Nagetiere) ein Selektionsdruck auf der Ausbildung eines Hochfrequenzgehörs bestand, um Δp zur Schallokalisation nutzen zu können.

Die im Hirnstamm vorliegende Abbildung von Zeit- und Intensitätsdifferenzen, die Raumrichtungen entsprechen, können in höheren Hirnzentren zur Bildung **akustischer Raumkarten** herangezogen werden. Eine solche Raumkarte wurde für die Schleiereule im lateralen Kern des Colliculus inferior nachgewiesen (Abb. 16-23) [38]. Neurone in diesem Bereich des Mittelhirns werden maximal erregt, wenn der Schall aus einer bestimmten Raumrichtung ertönt. Die Neurone sind streng topographisch in Gradienten der besten Raumrichtungen angeordnet, sowohl was die horizontale als auch was

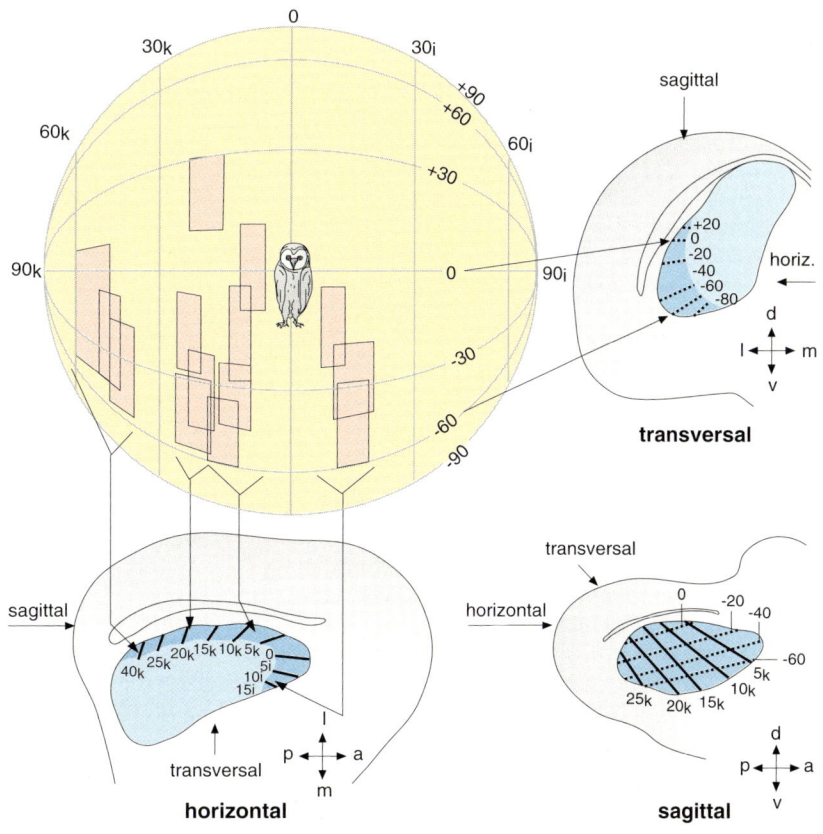

Abb. 16-23. Verteilung der Neurone im Colliculus inferior der Schleiereule, die auf Schall von den gezeigten Raumfeldern im vorderen Gesichtsfeld der Eule am besten antworten. Jedes Neuron hat ein räumliches rezeptives Feld. Negative Vorzeichen bezeichnen Raumpunkte unterhalb, positive oberhalb der Eule. Abbildung eines Raumpunkts kontralateral (k) oder ipsilateral (i) zum Colliculus. Die Raumrepräsentationen im Colliculus sind in drei verschiedenen Schnittebenen (horizontal, transversal, sagittal) dargestellt. p = posterior; a = anterior; l = lateral; m = medial; d = dorsal; v = ventral (verändert nach [38])

die vertikale Achse betrifft. **Der akustische Raum um das Tier wird somit in Erregungsorten im Mittelhirn abgebildet (Raum/Orts-Transformation).** Eine ähnliche geordnete Ortsabbildung von akustischer Raumrichtung existiert im Colliculus superior der Katze [50] und wird auch im Colliculus inferior der Fledermaus *(Pteronotus parnellii)* vermutet [56].

16.7 Akustische Mustererkennung und Verhaltenskontrolle

Reflexantworten auf akustische Reize, wie die Kontraktion der Mittelohrmuskeln, das Zucken der Ohrmuscheln (Preyer-Reflex) und das Zusammenzucken des ganzen Körpers (Schreckreaktion auf plötzlichen lauten Schall) laufen ohne eine Musteranalyse oder Signalerkennung ab. Von auditorischen Kerngebieten des **Hirnstammes** (Nucleus cochlearis, Oliva superior, Lemniscus lateralis) wird über wenige Interneurone mit kurzer Latenz auf Motorneurone der Kopf- und Rumpfmuskulatur umgeschaltet. Auf dem Niveau des **Mittelhirns** (Torus semicircularis, Colliculus inferior und superior) können bereits einfache Unterscheidungen getroffen werden, denn Frequenz- und Intensitätsdiskriminierung von Tönen, Orientierungsreaktionen auf Schall und Echoortung von Fledermäusen sind ohne Empfindlichkeitseinbußen noch nach Zerstörung auditorischer Vorderhirngebiete möglich.

Akustisch gesteuertes Verhalten, für das Speicherung und Erinnerung akustischer Muster und die Einordnung von akustischen Reizen in den Zusammenhang einer bestimmten Umgebung oder Kommunikationssituation notwendig ist, läuft nur unter Beteiligung der **auditorischen Vorderhirnzentren** (Thalamus, Hörrinde) ab. *Die Analyse und Erkennung von akustischen Mustern im Vorderhirn ist eng an die Biologie der Tiere und insbesondere an die Struktur der arteigenen Laute geknüpft.* Wichtige, bedeutungstragende akustische Parameter und Parameterkombinationen werden in neuronalen Antworten und räumlichen Repräsentationen bevorzugt abgebildet [46, 65, 78].

Das bestuntersuchte Beispiel für die Spezialisierung des Hörsystems zur Analyse arteigener Lautmuster ist das der echoortenden Fledermaus *Pteronotus parnellii* [56, 78]. Der Echoortungslaut besteht aus mehreren Formanten (Grundton bei etwa 31 kHz mit zwei bis drei Obertönen), wobei die 62 kHz-Komponente am lautesten ist (Abb. 16-24a). Bereits in der Cochlea sind die Abschnitte, auf denen die Formantfrequenzen repräsentiert sind, vergrößert und mit einer stark überproportionalen afferenten Innervation versehen. Die Tonotopie besitzt eine **akustische Fovea** zur Abbildung des Echoortungslautes. In zentralnervösen Stationen setzt sich die **Überrepräsentation der Formantfrequenzen** fort, sowohl was die Anzahl der auf die Bereiche 31, 62, 93 kHz abgestimmten Neurone, als auch deren Abstimmungsschärfe (Breite der Tuning-Kurve) betrifft. Abb. 16-24a zeigt dies sehr deutlich für Neurone des Colliculus inferior. Auf der Oberfläche des Hörcortex schließlich sind viele Informationsbausteine, welche für die Fledermaus zum Beutefang wichtig sind und aus dem Echo im Vergleich zum ausgesandten Ultraschallaut errechnet werden können, in geordneten Repräsentationen abgelegt (Abb. 16-24b). In der Frequenzkarte ist das Gebiet (I) der stärksten Formantfrequenz des Ortungslautes (61–63 kHz) stark vergrößert. Innerhalb dieses Gebietes sind Schallintensitäten topographisch (**„ampliotop"**) repräsentiert, so daß je nach der Stärke des Echos bestimmte Neuronenpopulationen besonders gut antworten. Aus den räumlichen Aktivierungsmustern kann die Fledermaus entnehmen, ob das angepeilte Objekt fliegt oder stationär ist, und wie groß es ist. Dorsal der Frequenzkarte liegt ein zweites Gebiet (II), in dem die **Relativgeschwindigkeit** des Objekts im Vergleich zur Fledermaus topographisch abgebildet wird. Darüber liegen zwei Gebiete (III, IV), in denen die **Zeitverzögerung** zwischen Aussenden des Ortungslauts und Eintreffen des Echos kartiert ist, was als **Abstandsmaß** zwischen Fledermaus und Objekt genutzt wird. Abb. 16-24c zeigt die neuronale Repräsentation der Verzögerungszeit zwischen Aussenden des Ortungslautes und Eintreffen des Echos in dem Gebiet III. Rostral liegen Neurone, die am besten auf Verzögerungszeiten von 0,4 ms antworten, kaudal solche mit bester Antwort bei 18 ms Verzögerung. Diese Verzögerungszeiten entsprechen Abständen von 7 bzw. 310 cm zwischen der Fledermaus und dem angepeilten Objekt und grenzen daher den Aktionsraum der Fledermaus beim Beutefang ab. Schließlich wird in einem Gebiet (V) der Azimuthwinkel abgebildet, wodurch, zusammen mit der Information aus Gebiet I, eine **Objektlokalisation** möglich wird. *Die Aktivitätsverteilungen in den verschiedenen Gebieten ergeben als Summe ein sehr genaues momentanes Bild vom Beuteobjekt und seiner räumlichen Beziehung zur Fledermaus, so daß das Beutefangverhalten optimal kontrolliert werden kann.*

Am Beispiel der akustischen Musteranalyse dieser Fledermaus wird deutlich, daß der Hörcortex offensichtlich in Gebiete gegliedert ist, in denen bestimmte akustische Signaleigenschaften, die von besonderem Interesse für das Tier sind, einer speziellen Analyse unterworfen und in Landkarten repräsentiert werden. Ob und in welchem Ausmaß dieses Prinzip der **geordneten räumlichen Repräsentation komplexer Informationsbausteine** auch bei der Mustererkennung von Kommunikationslauten bei Tieren und des Menschen eine Rolle spielt, ist unbekannt. Wesentliche Voraussetzungen für eine Analyse von Sprachlauten wie die Formanterkennung und die Verarbeitung kurzer Verzögerungszeiten, z.B. dem Einsetzen der Stimme nach der Bildung eines plosiven Konsonanten in der Silbe „ba" und

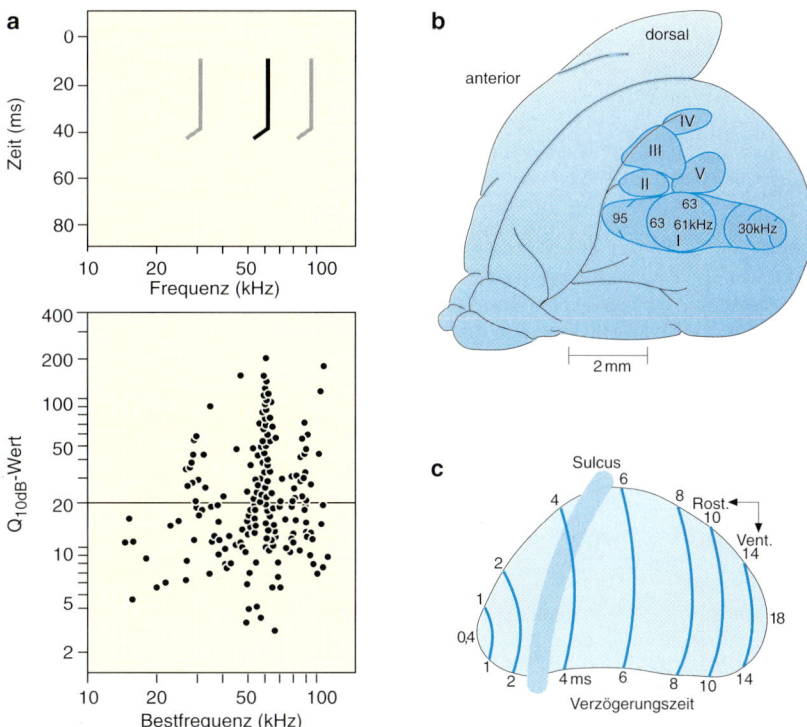

Abb. 16-24. a Sonagramm eines Echoortungslautes der Fledermaus *Pteronotus parnellii* mit drei Formantfrequenzen (etwa 31, 62, 93 kHz). Darunter ist die Abstimmschärfe (Q_{10dB}-Wert, s. Abb. 16-21) von Neuronen im Colliculus inferior dargestellt. Die Formantfrequenzen werden durch besonders viele, sehr scharf abgestimmte Neurone kodiert. **b** Seitliche Aufsicht auf den Neocortex der echoortenden Fledermaus, *Pteronotus parnellii*. In den Feldern I – V mit Neuronen unterschiedlich spezialisierter Antworten werden die Informationsbausteine topographisch abgebildet, welche für die Fledermaus zum Beutefang wichtig sind (vergl. Text). In dem tonotop organisierten Feld I ist die Hauptformantfrequenz des Echos (61–63 kHz) räumlich stark vergrößert abgebildet. **c** Repräsentation des Abstandes zwischen Fledermaus und Beuteobjekt durch die bevorzugten Antworten von Neuronen auf Verzögerungszeiten zwischen ausgesandtem Laut und eintreffendem Echo im Gebiet III (siehe b). Die Kodierung der Verzögerungszeiten zwischen 0,4 und 18 ms erfolgt längs eines räumlichen Gradienten von rostral nach caudal im Gebiet III (verändert nach [56, 78])

„pa" sind, siehe Fledermausbeispiel, bereits in den Hörsystemen der Säugetiere verwirklicht. Die Spezialisierung in der Mustererkennung ist weniger auf dem Niveau der Verarbeitungsmechanismen zu suchen als in der Zuordnung von „Bedeutung" zu bestimmten Mustern (vergl. Kap. 25) [23].

16.8 Literatur

Weiterführende Lehr- und Handbücher

1. Békésy G von (1960) Experiments in hearing. McGraw-Hill, New York
2. Borucki H (1973) Einführung in die Akustik, B.-I.-Wissenschaftsverlag, Mannheim
3. Chapman RF (1969) The insects. Structure and function. English Universities Press, London
4. Dallos P (1973) The auditory periphery, biophysics and physiology. Academic, New York
5. Ewing AW (1989) Arthropod bioacoustics, neurology and behaviour. Cornell University Press, Ithaca
6. Manley GA (1990) Peripheral hearing mechanisms in reptiles and birds. Springer, Berlin
7. Pickles JO (1982) An introduction to the physiology of hearing. Academic, London
8. Roederer JG (1977) Physikalische und psychoakustische Grundlagen der Musik. Springer, Berlin
9. Sales G, Pye D (1974) Ultrasonic communication by animals. Chapman and Hall, London
10. Silbernagl S, Despopoulos A (1983) dtv-Atlas der Physiologie. Thieme, Stuttgart
11. Wever EG (1949) Theory of hearing. Wiley, New York
12. Zwicker E, Feldtkeller R (1967) Das Ohr als Nachrichtenempfänger. Hirzel, Stuttgart

Einzel- und Übersichtsarbeiten

13. Baird II (1974) Anatomical features of the inner ear in submammalian vertebrates. In: Keidel WD, Neff WD (eds) Auditory system. Springer, Berlin, pp 159–212 (Handbook of sensory physiology, vol 5/1)
14. Ball EE, Oldfield BP, Rudolph KM (1989) Auditory organ structure, development, and function. In: Huber F, Moore TS, Loher W (eds) Cricket behavior and neurobiology. Cornell University Press, Ithaca, pp 391–422
15. Cant NB (1991) Projections to the lateral and medial superior olivary nuclei from the spherical and globular

bushy cells of the anteroventral cochlear nucleus. In: Altschuler RA, Bobbin RP, Clopton BM, Hoffmann DW (eds) Neurobiology of hearing: the central auditory system. Raven, New York, pp 99–119

16. Capranica RR (1976) Morphology and physiology of the auditory System. In: Llinás R, Precht W (eds) Frog neurobiology. Springer, Berlin, pp 551–575

17. Carr CE (1992) Evolution of the central auditory system in reptiles and birds. In: Webster DB, Fay RR, Popper AN (eds) The evolutionary biology of hearing. Springer, New York, pp 511–543

18. Casseday JH, Covey E (1987) Central auditory pathways in directional hearing. In: Yost WA, Gourevitch G (eds) Directional hearing. Springer, New York, pp 109–145

19. Clarey JC, Barone P, Imig TJ (1992) Physiology of thalamus and cortex. In: Popper AN, Fay RR (eds) The mammalian auditory pathway: neurophysiology. Springer, New York, pp 232–334

20. Corwin JT (1981) Audition in elasmobranchs. In: Tavolga WN, Popper AN, Fay RR (eds) Hearing and sound communication in fishes. Springer, New York, pp 81–102

21. Dallos P (1988) Cochlear neurobiology: some key experiments and concepts of the past two decades. In: Edelmann GM, Gall WE, Cowan WM (eds) Auditory function, neurobiological bases of hearing. Wiley, New York, pp 153–188

22. Ehret G (1977) Comparative psychoacoustics: perspectives of peripheral sound analysis in mammals. Naturwissenschaften 64:461–470

23. Ehret G (1992) Preadaptation in the auditory system of mammals for phoneme perception. In: Schouten MEH (ed) The auditory processing of speech, from sounds to words. de Gruyter, Berlin, pp 99–112

24. Ehret G, Merzenich MM (1988) Complex sound analysis (frequency resolution, filtering and spectral integration) by single units of the inferior colliculus of the cat. Brain Res Rev 13:139–163

25. Ehret G, Merzenich MM (1988) Neuronal discharge rate is unsuitable for encoding sound intensity at the inferior-colliculus level. Hear Res 35:1–8

26. Ehret G, Tautz J, Schmitz B, Narins PM (1990) Hearing through the lungs: lung-eardrum transmission of sound in the frog Eleutherodactylus coqui. Naturwissenschaften 77:192–194

27. Enger PS (1981) Frequency discrimination in teleosts – central or peripheral. In: Tavolga WN, Popper AN, Fay RR (eds) Hearing and sound communication in fishes. Springer, New York, pp 243–253

28. Fay RR (1992) Structure and function of sound discrimination among vertebrates. In: Webster DB, Fay RR, Popper AN (eds) The evolutionary biology of hearing. Springer, New York, pp 229–263

29. Fay RR, Popper AN (1980) Structure and function in teleost auditory systems. In: Popper AN, Fay RR (eds) Comparative studies of hearing in vertebrates. Springer, New York, pp 179–213

30. Fritzsch B (1992) The water-to-land transition: evolution of the tetrapod basilar papilla, middle ear, and auditory nuclei. In: Webster DM, Fay RR, Popper AN (eds) The evolutionary biology of hearing. Springer, New York, pp 351–375

31. Greenwood DD (1990) A cochlear frequency-position function for several species – 29 years later. J Acoust Soc Am 87:2592–2605

32. Helfert RH, Snead CR, Altschuler RA (1991) The ascending auditory pathways. In: Altschuler RA, Bobbin RP, Clopton BM, Hoffmann DW (eds) Neurobiology of hearing. The central auditory system. Raven, New York, pp 1–25

33. Huber F (1983) Neuronal correlates of orthopteran and cicada phonotaxis. In: Huber F, Markl H (eds) Neuroethology and behavioral physiology. Springer, Berlin, pp 108–135

34. Hudspeth AJ (1985) The cellular basis of hearing: the biophysics of hair cells. Science 230:745–752

35. Khanna SM, Tonndorf J (1972) Tympanic membrane vibrations in cats studied by time-averaged holography. J Acoust Soc Am 51:1904–1920

36. Kiang NYS (1975) Stimulus representation in the discharge pattern of auditory neurons. In: Tower DB (ed) The nervous system, vol 3. Raven, New York, pp 81–96

37. Konishi M, Takahashi TT, Wagner H, Sullivan WE, Carr CE (1988) Neurophysiological and anatomical substrates for sound localization in the owl. In: Edelman GM, Gall WE, Cowan WM (eds) Auditory function. The neurobiological bases of hearing. Wiley, New York, pp 721–745

38. Knudsen EI, Konishi M (1978) Space and frequency are represented separately in auditory midbrain of the owl. J Neurophysiol 41:870–884

39. Kühne R, Lewis DB (1985) External and middle ears. In: King AS (ed) Form and function in birds. Academic, London, pp 227–271

40. Langner G (1985) Time coding and periodicity pitch. In: Michelsen A (ed) Time resolution in auditory systems. Springer, Berlin, pp 108–121

41. Larsen ON, Kleindienst HU, Michelsen A (1989) Biophysical aspects of sound perception. In: Huber F, Moore TE, Loher W (eds) Cricket behavior and neurobiology. Cornell University Press, Ithaca, pp 364–390

42. Lewis B (1992) The processing of auditory signals in the CNS of orthoptera. In: Webster DB, Fay RR, Popper AN (eds) The evolutionary biology of hearing. Springer, New York, pp 95–114

43. Liberman MC (1978) Auditory-nerve response from cats raised in a low-noise chamber. J Acoust Soc Am 63:442–455

44. Lombard RE (1980) The structure of the amphibian auditory periphery: a unique experiment in terrestrial hearing. In: Popper AN, Fay RR (eds) Comparative studies of hearing in vertebrates. Springer, New York, pp 123–138

45. McCormick CA (1992) Evolution of central auditory pathways in anamniotes. In: Webster DB, Fay RR, Popper AN (eds) The evolutionary biology of hearing. Springer, New York, pp 323–350

46. Merzenich MM, Schreiner CE (1992) Mammalian auditory cortex – some comparative observations. In: Webster DB, Fay RR, Popper AN (eds) The evolutionary biology of hearing. Springer, New York, pp 673–689

47. Merzenich MM, Roth GL, Andersen RA, Knight PL, Colwell SA (1977) Some basic features of organization of the central auditory nervous system. In: Evans EF, Wilson JP (eds) Psychophysics and physiology of hearing. Academic, London, pp 485–495

48. Michelsen A, Larsen ON (1985) Hearing and sound. In: Kerkut GA, Gilbert LI (eds) Comprehensive insect

physiology, biochemistry and pharmacology, vol 6. Pergamon, Oxford, pp 496–556

49. Michelsen A, Nocke H (1974) Biophysical aspects of sound communication in insects. Adv Insect Physiol 10:247–296

50. Middlebrooks JC (1988) Auditory mechanisms underlying a neural code for space in the cat's superior colliculus. In: Edelman GM, Gall WE, Cowan WM (eds) Auditory function. The neurobiological bases of hearing. Wiley, New York, pp 431–455

51. Miller MR (1980) The reptilian cochlear duct. In: Popper AN, Fay RR (eds) Comparative studies of hearing in vertebrates. Springer, New York, pp 169–204

52. Narins PM, Hillery CM (1983) Frequency coding in the inner ear of anuran amphibians. In: Klinke R, Hartmann R (eds) Hearing – physiological bases and psychophysics. Springer, Berlin, pp 70–76

53. Oldfield BP (1988) Tonotopic organization of the insect auditory pathway. TINS 11:267–270

54. Oldfield BP, Kleindienst HU, Huber F (1986) Physiology and tonotopic organization of auditory receptors in the cricket Gryllus bimaculatus DeGeer. J Comp Physiol 159:457–464

55. Platt C, Popper AN (1981) Fine structure and function of the ear. In: Tavolga WN, Popper AN, Fay RR (eds) Hearing and sound communication in fishes. Springer, New York, pp 3–36

56. Pollack GD (12992) Adaptations of basic structures and mechanisms in the cochlea and central auditory pathway of the mustache bat. In: Webster DB, Fay RR, Popper AN (eds) The evolutionary biology of hearing. Springer, New York, pp 751–778

57. Rheinlaender J (1975) Transmission of acoustic information at three neuronal levels in the auditory system of Decticus verrucivorus (Tettigoniidae, Orthoptera). J Comp Physiol 97:1–53

58. Rhode WS (1991) Physiological – morphological properties of the cochlear nucleus. In: Altschuler RA, Bobbin, RP, Clopton BM, Hoffmann DW (eds) Neurobiology of hearing. The central auditory system. Raven, New York, pp 47–77

59. Roberts BL, Meredith GE (1992) The efferent innervation of the ear: variations on an enigma. In: Webster DB, Fay RR, Popper AN (eds) The evolutionary biology of hearing. Springer, New York, pp 185–210

60. Römer H, Rheinlaender J (1989) Hearing in insects and its adaptation to environmental constraints. In: Lüttgau HC, Necker R (eds) Biological signal processing. VCH, Weinheim, pp 146–162

61. Römer H, Tautz J (1992) Invertebrate auditory receptors. In: Ito F (ed) Comparative aspects of mechanoreceptor systems. Springer, Berlin, pp 185–212

62. Ruggero MA (1992) Physiology and coding of sound in the auditory nerve. In: Popper AN, Fay RR (eds) The mammalian auditory pathway: neurophysiology. Springer, New York, pp 34–93

63. Sachs MB, Abbas PJ (1974) Rate versus level function for auditory-nerve fibers in cats: tone burst stimuli. J Acoust Soc Am 56:1835–1847

64. Saunders JC, Henry WJ (1989) The peripheral auditory system in birds: structural and functional contribution to auditory perception. In: Dooling RJ, Hulse SH (eds) The comparative psychology of audition: perceiving complex sounds. Earlbaum, Hillsdale, pp 35–64

65. Scheich H (1985) Auditory brain organization of birds and its constraints for the design of vocal repertoires. Fortschr Zool 31:195–209

66. Schildberger K (1984) Temporal selectivity of identified auditory neurons in the cricket brain. J Comp Physiol [A] 155:171–185

67. Schildberger K, Huber F, Wohlers DW (1989) Central auditory pathway: neuronal correlates of phonotactic behavior. In: Huber F, Moore TE, Loher W (eds) Cricket behavior and neurobiology. Cornell University Press, Ithaca, pp 423–458

68. Schermuly L, Klinke R (1990) Origin of infrasound sensitive neurons in the papilla basilaris of the pigeon: an HRP study. Hear Res 48:69–78

69. Schreiner CE, Langner G (1988) Coding of temporal patterns in the central auditory nervous system. In: Edelman GM, Gall WE, Cowan WM (eds) Auditory function. The neurobiological bases of hearing. Wiley, New York, pp 337–361

70. Schreiner CE, Langner G (1988) Periodicity coding in the inferior colliculus of the cat. II. Topographical organization. J Neurophysiol 60:1823–1840

71. Schwarz IR (1992) The superior olivary complex and lateral lemniscal nuclei. In: Webster DB, Popper AN, Fay RR (eds) The mammalian auditory pathway: neuroanatomy. Springer, New York, pp 117–167

72. Servière J, Webster WR, Calford MB (1984) Isofrequency labelling revealed by a combined [14C]-2-deoxyglucose, electrophysiological and horseradish peroxydase study of the inferior colliculus of the cat. J Comp Neurol 228:463–477

73. Shaw EAG (1974) The external ear. In: Keidel WD, Neff WD (eds) Auditory system. Springer, Berlin, pp 455–490 (Handbook of sensory physiology, vol 5/1)

74. Smith CA (1981) Recent advances in structural correlates of auditory receptors. In: Ottoson D (ed) Progress in sensory physiology, vol 2. Springer, Berlin, pp 135–187

75. Spangler KM, Warr WB (1991) The descending auditory system. In: Altschuler RA, Bobbin RP, Clopton BM, Hoffmann DW (eds) Neurobiology of hearing. The central auditory system. Raven, New York, pp 27–45

76. Spoendlin H (1970) Structural basis of peripheral frequency analysis. In: Plomp R, Smoorenburg GF (eds) Frequency analysis and periodicity detection in hearing. Sijthoff, Leiden, pp 2–36

77. Stiebler I (1987) Frequenzrepräsentation und Schallempfindlichkeit im Colliculus inferior und auditorischen Cortex der Hausmaus (Mus musculus). Hartung-Gorre, Konstanz (Konstanzer Dissertationen, Bd 173)

78. Suga N (1988) Auditory neuroethology and speech processing: complex-sound processing by combination-sensitive neurons. In: Edelman GM, Gall WE, Cowan WM (eds) Auditory function. The neurobiological bases of hearing. Wiley, New York, pp 679–720

79. Tautz J (1989) Medienbewegung in der Sinneswelt der Arthropoden. Fallstudien zu einer Sinnesökologie. Fischer, Stuttgart

80. Yates GK, Johnstone BM, Patuzzi RB, Robertson D (1992) Mechanical preprocessing in the mammalian cochlea. TINS 15:57–61

81. Ziswiler V (1976) Die Wirbeltiere, Bd 1. Thieme, Stuttgart

17 Photorezeption (periphere Sehorgane)

K. Kirschfeld

17.1 Licht und Sehen

Licht ist ein kleiner Bereich aus dem Spektrum elektromagnetischer Strahlung

Licht hat sowohl Quanten- als auch Wellencharakter (*Dualismus von Welle und Korpuskel*). Je nach Versuchsanordnung wird die eine oder die andere Eigenschaft wirksam: Wann immer Licht absorbiert wird, z.B. im Sehfarbstoff-Molekül, läßt sich dies als **Quantenprozeß** beschreiben. Wird mittels Licht dagegen ein Objekt z.B. durch ein Linsensystem abgebildet, so ermöglicht die Vorstellung von Licht als einer **transversalen Welle** die quantitative Behandlung der Phänomene. Aus dem riesigen Wellenlängenbereich elektromagnetischer Strahlung, der von der Sonne die Erde erreicht, wird von Mensch und Tier nur ein kleiner Ausschnitt – Wellenlängen von etwa 300 nm (ultraviolett) bis 750 nm (rot) – zum Sehen ausgenutzt. Für die Einschränkung auf diesen Wellenlängenbereich gibt es verschiedene plausible Gründe. Für die Begrenzung *am kurzwelligen Ende des Spektrums* gelten im wesentlichen drei:

(1) **Die Quantenzahl der Strahlung im ultravioletten Spektralbereich, die an der Erdoberfläche ankommt, ist relativ gering** (Abb. 17-1 a). Die Sonne als Strahler von etwa 6000° K strahlt relativ wenig UV-Licht ab. Zusätzlich wird das Licht in der Atmosphäre vor allem durch die Absorptionsbanden des Ozons stark geschwächt und bis zu einer Wellenlänge von etwa 300 nm fast völlig unterdrückt. Die Streuung des Lichtes an Luftmolekülen sorgt außerdem für beträchtliche Veränderungen im Spektrum des auf der Erdoberfläche ankommenden Lichtes.

(2) **Augenmedien streuen Licht**. Die Streuung ist dabei um so stärker, je kürzer die einfallende Wellenlänge ist. Bei großen Augen mit langen optischen Wegen wie dem des Menschen wirkt sich die Lichtstreuung besonders stark aus (Abb. 17-1 b). UV-Sehen ist deshalb nur bei Tieren mit relativ kleinen Augen zu erwarten und bisher auch nur da gefunden worden.

(3) **Kurze UV-Strahlung führt zu Fluoreszenz der Augenmedien** (Linsen, Glaskörper) und wird damit zum Sehen unbrauchbar, weil dieses Fluoreszenzlicht keine Information über die Helligkeitsverteilung in der Umwelt enthält, sondern im Gegenteil den Bildkontrast auf der Retina reduziert und damit die Qualität des Bildes beeinträchtigt.

Die Begrenzung des Spektrums zum Sehen am *langwelligen Ende* resultiert aus folgenden vier Gegebenheiten:

(1) Aus der Einsteinschen Beziehung $E = h \cdot \nu = h \cdot c / \lambda$ (E = Energie, h = Plancksches Wirkungsquantum, ν = Frequenz, c = Lichtgeschwindigkeit, λ = Wellenlänge des Lichtes) folgt, daß die **Energie der Lichtquanten mit zunehmender Wellenlänge abnimmt**. Damit wird die Energiedifferenz zu thermisch anregbaren, physikalisch-chemischen Prozessen für Wellenlängen größer 700 nm klein, mit der Konsequenz, daß ein Empfänger für langwelliges Licht notwendigerweise auch durch Wärme angeregt werden kann, so daß er dann Fehlmeldungen liefert (**thermisches Rauschen**).

Jedes Sehfarbstoffmolekül hat bei 37 °C im Dunkeln eine mittlere Lebensdauer von etwa 10^{10} Sekunden oder 300 Jahren. Trotz dieser großen Stabilität führt dies dazu, daß auch bei völliger Dunkelheit die überraschend große Zahl von 10^6 Stäbchen pro Sekunde fälschlicherweise melden, sie hätten ein Lichtquant absorbiert. Dies errechnet sich folgendermaßen: jedes Stäbchen enthält etwa 10^8 Rhodopsinmoleküle; in der Netzhaut gibt es 10^8 Stäbchen, also 10^{16} Rhodopsinmoleküle. Diese Zahl geteilt durch die Lebensdauer von 10^{10} Sekunden gibt 10^6 aktivierte Stäbchen pro Sekunde. Diese als **Dunkellicht** bezeichnete Aktivität entspricht einer retinalen Beleuchtungsstärke von etwa 10^{-4} Troland (Tabelle 17-1), die sich bei einer klaren Sternennacht ergibt. Zum Sehen ist deshalb mehr Licht erforderlich. Betrüge die mittlere Lebensdauer des Rhodopsinmoleküls im Dunkeln lediglich 10^7 Sekunden oder 4 Monate, so läge unsere absolute Sehschwelle um den Faktor 1000 höher.

(2) **Bei Wellenlängen größer 1 µm absorbieren die Augenmedien**, so daß langwelliges Licht die Retina

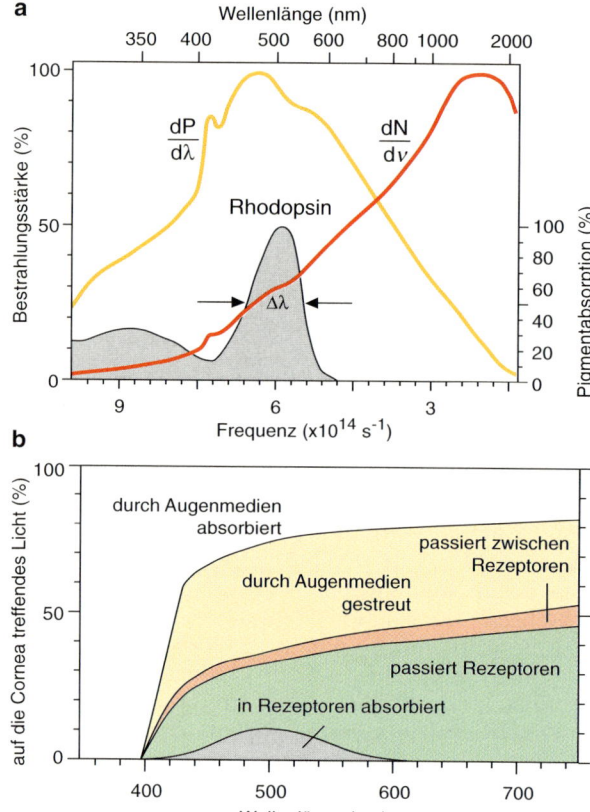

a

Wellenlänge (nm)

350 400 500 600 800 1000 2000

$\frac{dP}{d\lambda}$

$\frac{dN}{d\nu}$

Rhodopsin

$\Delta\lambda$

9   6   3

Frequenz (x10^{14} s^{-1})

Bestrahlungsstärke (%)

Pigmentabsorption (%)

b

auf die Cornea treffendes Licht (%)

durch Augenmedien absorbiert

passiert zwischen Rezeptoren

durch Augenmedien gestreut

passiert Rezeptoren

in Rezeptoren absorbiert

400   500   600   700

Wellenlänge (nm)

Abb. 17-1. a Spektrum des Sonnenlichtes auf der Erdoberfläche. Die Bestrahlungsstärke ist in zwei verschiedenen relativen Einheiten angegeben: als dP / dλ (Leistung pro Fläche und Wellenlängenintervall) und dN / dν (Quanten pro Zeit und Fläche und Frequenzintervall). Angegeben ist außerdem das Absorptionsspektrum des Sehfarbstoffes Rhodopsin mit einem Maximum der Absorption bei 500 nm. Nach Lythgoe 1979 [4]. **b** Nur ein Bruchteil der auf die Cornea des menschlichen Auges auftreffenden Lichtquanten wird in den Zapfen absorbiert und damit zum Sehen wirksam (grau). Die in der Abbildung angegebenen Werte beziehen sich auf Lichtquanten einer Wellenlänge λ von etwa 500 nm und den fovealen Bereich der Retina. Nach [5]

nicht erreicht. Die Absorption im Infraroten wird einerseits durch das stets vorhandene Wasser bedingt, aber auch durch Proteine. Die Absorption im langwelligen Spektralbereich wirkt sich wegen

des Absorptionsgesetzes bei großen Augen stärker aus als bei kleinen.

(3) **Die Winkelauflösung jeder Linse (optische Auflösung),** und damit auch die von Linsenaugen, **nimmt aufgrund der Beugung des Lichtes an der Pupille mit zunehmender Lichtwellenlänge ab**. Infrarotlicht kann deshalb selbst bei fehlerlosen, beugungslimitierten Linsen keine so scharfen Bilder liefern wie kürzerwelliges Licht und ist deshalb zum Sehen mit hoher Auflösung weniger geeignet.

(4) **Aus wellenoptischen Gründen müssen Photorezeptoren für infrarotes Licht einen größeren Durchmesser besitzen als solche für kürzerwelliges Licht.** Eine Retina für Infrarotlicht besäße somit weniger Rezeptoren pro Fläche, und die anatomische Auflösung wäre schlechter (Abschnitt 17.2).

Aus den genannten Gründen absorbieren Sehfarbstoffe Licht nur aus einem relativ kleinen Wellenlängenbereich.

Häufig wird die Lage der Absorptionsmaxima von Sehfarbstoffen mit dem Spektrum der von der Sonne einstrahlenden Energie (dP/dλ in Abb. 17-1a) verglichen und argumentiert, daß die Lage der Maxima der Sehfarbstoffe, die im Bereich von 400–700 nm liegen, eine Anpassung an das Sonnenenergiemaximum sei, weil dadurch das Tageslicht optimal ausgenützt würde. Dieser Schluß ist aus folgenden Gründen falsch: 1. Für die *photochemische Wirksamkeit* in den Photorezeptoren ist *nicht die Energie* des Lichtes entscheidend, sondern die Anzahl der absorbierten *Lichtquanten* (Abschnitt 17.3). Zur Beurteilung des Problems muß also nicht mit dem **Energiespektrum**, sondern mit dem **Quantenspektrum** verglichen werden. 2. Die Form der Absorptionsspektren von Sehfarbstoffen, über der Wellenlänge aufgetragen, ist für Sehfarbstoffe mit verschiedenen Absorptionsmaxima nicht konstant. Trägt man die Spektren dagegen statt über der *Wellenlänge* λ über der *Frequenz* ν auf, so ist die Form der Spektren angenähert konstant. Die Flächen unter den Spektren, die ein Maß für die Gesamtabsorption sind, sind dann gleich, unabhängig von der Lage des Absorptionsmaximums. Sinnvoll ist deshalb, Absorptionsspektren von Sehfarbstoffen mit der **Quantenbestrahlungsstärke** pro Frequenzintervall dN/dν zu vergleichen. Führt man diesen Vergleich durch (Abb. 17-1a), so wird sofort klar, daß die Absorptionsmaxima der Sehfarbstoffe keineswegs in dem Wellenlängenbereich liegen, in dem besonders viele Lichtquanten absorbiert werden: dazu müßten sie im infraroten Spektralbereich liegen. Schließlich ist noch zu beachten, daß zum Sehen von

Tabelle 17-1. Lichttechnische Größen

Physikalisch: Strahlung		Physiologisch: Licht	
Strahlungsleistung	Watt W	Lichtstrom	Lumen lm
Strahlungsstärke	W/Steradiant	Lichtstärke	1 lm/Steradiant = 1 Candela cd
Bestrahlungsstärke	W/cm^2	Beleuchtungsstärke	lm/m^2 = Lux
		Retinale Beleuchtungsstärke: Troland 1 Troland wird beim Sehen auf eine Fläche der Leuchtdichte 1 cd/m^2 durch eine Pupille der Fläche 1 mm^2 erzeugt.	
Emmissionsdichte	W/Steradiant cm^2	Leuchtdichte	cd/m^2

Objekten nicht das reine Sonnenlicht wichtig ist, sondern das durch die Absorption verschiedener Medien und durch die Reflexion an Objekten in seiner spektralen Zusammensetzung veränderte Sonnenlicht.

17.2 Augentypen

Zwei Augentypen sind besonders hoch entwickelt: Linsen- und Komplexaugen

Arthropoden besitzen Komplexaugen, während die Wirbeltiere und Mollusken Linsenaugen haben. Dementsprechend gibt es sehr viel mehr Arten und Individuen mit Komplexaugen als mit Linsenaugen. Ihre grundsätzliche Organisation zeigt Abbildung 17-2: *Während beim Linsenauge ein dioptrisches System das Bild der Umwelt auf der Retina entwirft, besitzt im Komplexauge jede Untereinheit, Ommatidium genannt, ein eigenes dioptrisches System.*

Die Abbildung der Umwelt auf die Retina kann durch Linsen oder Spiegel erfolgen

Beim Regenwurm sind Lichtsinneszellen diffus über die Körperoberfläche verteilt, womit nur grob die Richtung zum Licht bestimmt werden kann. **Becheraugen** (z. B. bei Turbellarien) oder **Lochkameraaugen** (bei *Nautilus*) ermöglichen bereits genaueres Richtungssehen bzw. eine, wenn auch lichtschwache Bildentstehung. Leistungsfähige Augen enthalten **Linsen** als abbildende Systeme. Allerdings werden, wie auch bei aufwendigen technischen Objektiven, häufig verschiedene Linsen kombiniert (Abb. 17-3).

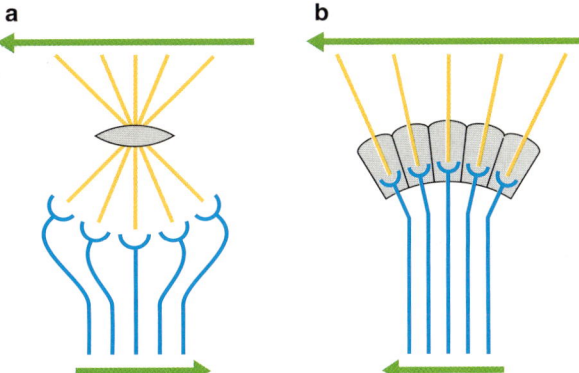

Abb. 17-2. Die Bildentstehung auf der Retina im Linsenauge (**a**) und im Komplexauge (**b**). Schematisch

Damit auf der Netzhaut ein scharfes Bild der Umwelt entsteht, muß der Abstand zwischen Cornea und Retina sehr genau, beim Menschen auf weniger als 1/10 mm an die Brennweite des Systems angepaßt sein. In jüngster Zeit konnte für Vögel gezeigt werden, daß die Feinjustierung dieses Abstandes nicht genetisch festgelegt ist, sondern daß die Qualität des retinalen Bildes das Wachstum des Auges beeinflußt und im Sinne eines „feedback"-Mechanismus den richtigen Abstand einregelt [25]. Womöglich sind entsprechende Mechanismen auch beim menschlichen Auge wirksam.

Eigenschaften von Linsen. Eine Kenngröße jeder Linse ist ihre **Brennweite** f, die sich in die **Brechkraft,** angegeben in **Dioptrien** = $1/f$ m^{-1} umrechnen läßt. Die Cornea liefert mit etwa 42 Dioptrien den größten Beitrag zur Brechkraft des menschlichen Auges von 58 Dioptrien. Die Brechkraft der Linse (bei Akkomodation auf unendlich) beträgt 16 Dioptrien. Eine künstliche Linse, die in ein Auge implantiert wird, aus dem z. B. wegen einer Linsentrübung (grauer Star) die Linse entfernt werden mußte, benötigt etwa diese Brechkraft. Abbildung 17-3 ver-

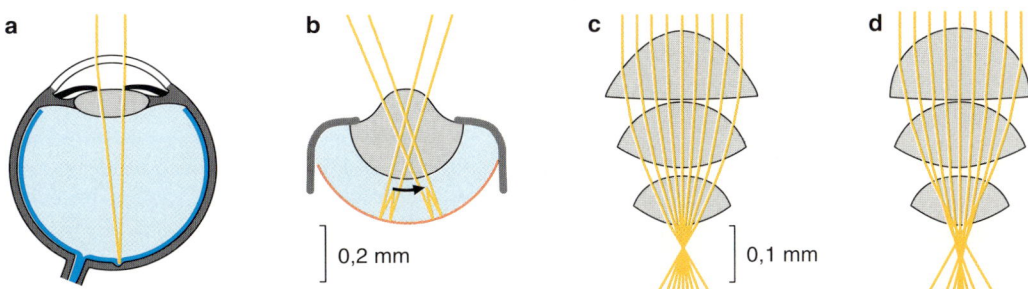

Abb. 17-3. Strahlengang von drei verschiedenen Linsenaugen. **a** Mensch. Licht tritt durch die Cornea in das Auge ein, passiert die Iris, deren Rand als variable Blende die Pupille bildet, die Linse von variabler Brechkraft, den Glaskörper und trifft dann auf die Retina. Es wird dort in den Photorezeptoren bzw. dem Pigmentepithel absorbiert (Abb. 17-16 a-c). Die Stelle schärfsten Sehens, die Fovea, liegt nahe der optischen Achse des Auges. **b** Kammmuschel (*Pecten*). Hier ist das dioptrische System aus einer asphärischen Linse und einem Spiegel zusammengesetzt. **c** Drei-

fachlinse von einem Copepoden (*Pontella*). Die vorderste Linse hat eine *parabolische* Oberfläche, die zweite und dritte sind angenähert sphärische Linsen. **d** Wird die erste Linse im System, das in Teilabbildung **a** gezeigt ist, durch eine solche mit sphärischer Oberfläche ersetzt, so tritt ein Linsenfehler, die *sphärische Aberration,* deutlich in Erscheinung, wie aus einem Vergleich der berechneten Strahlengänge in **c** und **d** deutlich wird. **b-d** nach [20]

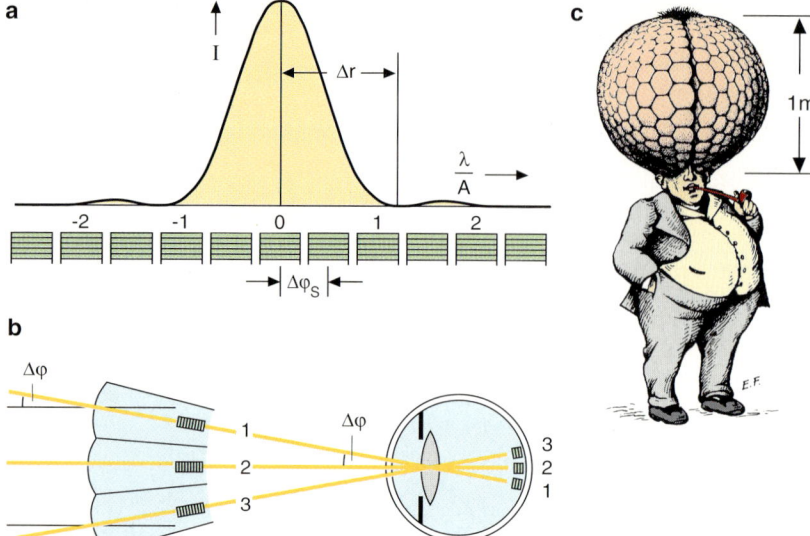

Abb. 17-4. a Intensitätsverteilung I (Beugungsscheibchen), die durch eine punktförmige Lichtquelle in der Brennebene einer beugungslimitierten Linse (Durchmesser A) entworfen wird, d.h. einer Linse, bei der Linsenfehler wie z.B. die sphärische Aberration keine Rolle spielen. Unter die Intensitätsverteilung sind so viele Rezeptoren eingezeichnet (Winkelabstand $\Delta\varphi$), wie nach dem Shannonschen Abtasttheorem notwendig sind, um die in dem durch diese Optik entworfenen Bild enthaltene Information aufnehmen und übertragen zu können. λ = Wellenlänge des Lichts, Δr = Radius des Beugungsscheibchens. **b** Relative Anordnung zwischen Rezeptoren und „Beugungsscheibchen" im Komplex- und Linsenauge. $\Delta\varphi$ = Winkelabstand benachbarter Rezeptoren. **c** Ein Mensch würde ein Komplexauge von etwa 1 m Durchmesser benötigen, um dieselbe Winkelauflösung wie mit seinem Linsenauge zu erreichen. Nach [15]

mittelt einen Eindruck von der Vielfalt der Linsenaugen, die sich im Verlauf der Evolution ergeben hat. Neben dem – optisch relativ einfachen – menschlichen Auge sind zwei Beispiele aus zwei weiteren Tierklassen gezeigt. Sie illustrieren, wie effizient im Tierreich selbst von *nichtsphärischer Optik* Gebrauch gemacht wird, um den Linsenfehler der **sphärischen Aberration** zu korrigieren (vgl. Abb. 17-3c und d). Bei der Kammuschel ist eine asphärische Linse mit einem Spiegel kombiniert, um das Bild auf der Retina zu entwerfen (Abb. 17-3 b).

> ## Welleneigenschaften des Lichtes begrenzen beim Linsenauge die optische Auflösung

Die Leistung jedes Auges wird durch zwei Grundgrößen charakterisiert: 1. die **Winkelauflösung** und 2. die **Absolutempfindlichkeit**. Die *Winkelauflösung* jedes optischen Instruments, also auch diejenige von Augen, wird durch die *Welleneigenschaften* des Lichtes *begrenzt*. Eine punktförmige Lichtquelle kann auch durch eine fehlerfreie Linse nicht als Punkt abgebildet werden, sondern lediglich als „Beugungsscheibchen" endlichen Durchmessers. Die Intensitätsverteilung in der Brennebene der Linse wird durch eine *Besselfunktion* beschrieben und ist in Abbildung 17-4 a dargestellt. Der Radius

Δr dieser Funktion bis zum 1. Minimum liegt bei $\Delta r = 1{,}22\ \lambda/A$ (Radiant), wobei λ die Lichtwellenlänge und A der Durchmesser der Linse (genauer: der Pupille) sind.

Häufig wird die Qualität optischer Systeme mit Liniengittern überprüft, die durch die Anzahl der Linien pro Winkel, d.h. ihre räumliche Frequenz f charakterisiert sind. Mit zunehmender Frequenz f nimmt der Kontrast des Bildes normalerweise ab. Die Grenzfrequenz f_o ist dann erreicht, wenn der Kontrast auf den Wert 0 abgesunken ist. Für eine *beugungslimitierte Linse* gilt $f_o = A/\lambda$ (Linien/ Radiant). Für die *Winkelauflösung* ist also, sofern nicht Fehler im dioptrischen Apparat dominieren, außer der Wellenlänge λ des Lichtes ausschließlich der Durchmesser der Pupille A verantwortlich.

> ## Die Dichte der Lichtsinneszellen in der Netzhaut bestimmt die anatomische Auflösung

Durch die Linse wird ein Bild auf der Netzhaut entworfen, das von den Lichtsinneszellen in eine **Erregungsverteilung** umgewandelt und auf Neurone höherer Ordnung übertragen wird. Die endliche optische Auflösung jeder Linse hat zur Konsequenz, daß beim Abbildungsprozeß Information verloren geht, nämlich die feinsten Details. Die Dichte der Lichtsinneszellen in einer Retina ist dann optimal an die optische Qualität der Linse des Auges angepaßt, wenn sie ausreicht, um die Information, die im Bild auf der Netzhaut enthalten ist, aufzunehmen und zu übertragen. Dies scheint zunächst deshalb unmöglich, weil die Helligkeitsverteilung des Bildes eine *kontinuierliche (zweidimensionale) Funktion* ist, die Photorezeptoren aber ein *diskontinuierliches Raster* darstellen. Es ist trotzdem möglich, weil eine Linse endlicher Apertur nur ein begrenztes Band räumlicher Frequenzen (höchste Frequenz: f_o) übertragen kann. Shannon konnte zeigen, daß es in diesem Fall genügt, wenn die Funktion an diskreten *Abtastintervallen* $\Delta \varphi_s = 1/f_o$ bekannt ist **(Abtasttheorem)**. In Abbildung 17-4 a ist die Anzahl der Lichtsinneszellen eingezeichnet, die bei gegebenem Linsendurchmesser und damit auch „Beugungsscheibchen" dem Abtasttheorem genügen. Die Anzahl der Photorezeptoren, genauer der Zapfen (Abb. 17-7), ist beim Menschen an der Stelle schärfsten Sehens, der **Fovea** (Abb. 17-3 a), am höchsten ($> 150 \cdot 10^3$ pro mm²) und nimmt zur Peripherie hin ab. *In der Fovea ist die Photorezeptordichte nach Shannon optimal an die Qualität der Linse angepaßt.*

Das menschliche Auge scheint aus folgenden drei Gründen eine miserable Kamera zu sein: (1) Die Qualität des durch das dioptrische System entworfenen Bildes ist nur im kleinen Bereich der Fovea gut, und nimmt zur Peripherie hin schnell ab. (2) Im Dunkeln weitet sich die Pupille bis zu Durchmessern größer 7 mm. Ab 2,4 mm Durchmesser wird ein Linsenfehler mehr und mehr gravierend, die **sphärische Aberration**. Randstrahlen werden dann stärker gebrochen als achsennahe Strahlen, was zu einer weniger scharfen Abbildung führt (Abb. 17-3 c,d). (3) Auch ein anderer Linsenfehler ist erheblich: die **chromatische Aberration**: blaues Licht wird stärker gebrochen als rotes. Im Wellen-längenbereich von 400 bis 700 nm beträgt der Fehler mehr als 2 Dioptrien.

Genaueres Hinsehen zeigt, daß die Linse in raffinierter Weise an andere Parameter der Retina angepaßt ist, so daß sich die genannten *Fehler (1) – (3) nicht auswirken*, sie zu korrigieren also keinen Sinn machen würde. Zu (1): Die Auflösung der Retina nimmt mit zunehmendem Abstand von der Fovea sehr schnell ab, weil die rezeptiven Felder der Ganglienzellen (s.u.) größer werden. Limitierend ist dort deshalb die *neurale Auflösung*. Zu (2): Mit zunehmender Dunkelheit werden die rezeptiven Felder der Ganglienzellen größer. Im Dunkeln auftretendes Lichtquantenrauschen wird so durch Mittelwertsbildung über größere Winkelbereiche unterdrückt. Limitierend ist deshalb im Dunkeln nicht die optische Auflösung. Zu (3): Im zentralen Bereich der Fovea gibt es keine für blaues Licht empfindlichen Zapfen. Die beiden anderen Zapfentypen liegen mit ihren Absorptionsmaxima jedoch dicht beisammen (Abb. 17-15 a) und absorbieren nur in einem begrenzten Wellenlängenbereich um 550 nm. Die chromatische Aberration wirkt sich in diesem engen Wellenlängenbereich nicht störend aus.

Komplexaugen. Den Aufbau von Ommatidien und den Strahlengang darin zeigt Abbildung 17-5. Auch bei Komplexaugen findet man eine Vielzahl verschiedener Lösungen, nach denen Bilder erzeugt werden können. Drei verschiedene Typen zeigt Abbildung 17-6. Überraschend war die Entdeckung, daß auch bei Komplexaugen Spiegel eingesetzt werden können (Abb. 17-6 e). Komplexaugen höherer Dipteren stellen – wie auch ihre Sehfarbstoffe (Abschnitt 17.3) – eine Spezialentwicklung dar: Optische und anatomische Besonderheiten, kombiniert mit einer spezifischen Verschaltung zwischen Sinneszellen und Neuronen 2. Ordnung machen die-

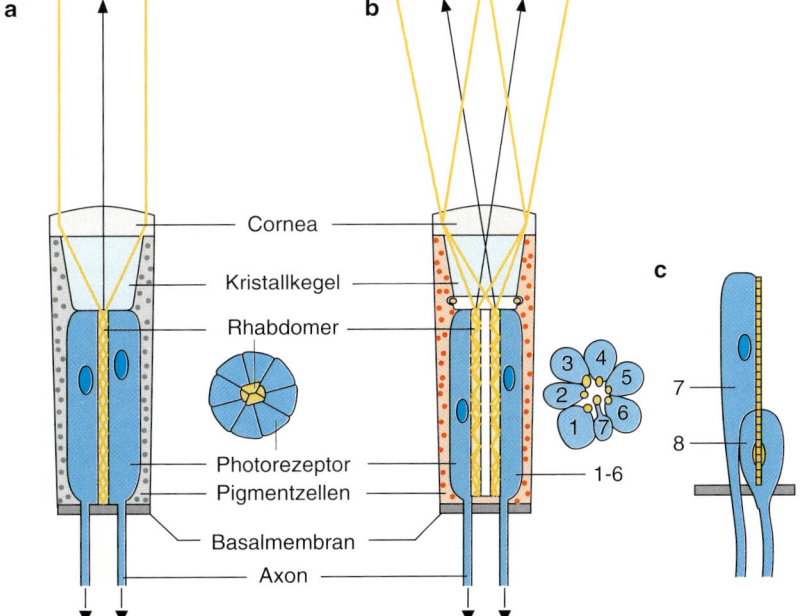

Abb. 17-5. Aufbau der Ommatidien in Komplexaugen, schematisch. **a** Längs- und Querschnitt durch ein Ommatidium eines Appositionsauges (Beispiel: Biene). Die Rhabdomere der verschiedenen Photorezeptoren sind eng benachbart angeordnet und bilden ein sogenanntes fusioniertes Rhabdom. Das Rhabdom wirkt als *ein* Lichtleiter. **b** Längs- und Querschnitt durch ein Ommatidium des neuralen Superpositionsauges (Beispiel: *Musca*). Die Rhabdomere der Photorezeptoren sind räumlich getrennt (unfusioniert), jedes wirkt für sich als Lichtleiter. Dies hat zur Konsequenz, daß die optischen Achsen der Photorezeptoren („Blickrichtungen") vom selben Ommatidium divergieren. Die Zahlen im Querschnitt entsprechen der üblichen Numerierung im Dipteren-Ommatidium. Die horizontalen Pfeile kennzeichnen die Lage der Querschnitte. **c** Das im Zentrum des Dipteren-Ommatidiums gelegene Rhabdomer wird von zwei Sinneszellen gebildet: den Zellen 7 und 8, die als Tandem angeordnet sind. Nach [14]

Cornea
Kristallkegel
Rhabdomer
Photorezeptor
Pigmentzellen
Basalmembran
Axon
1-6
7
8

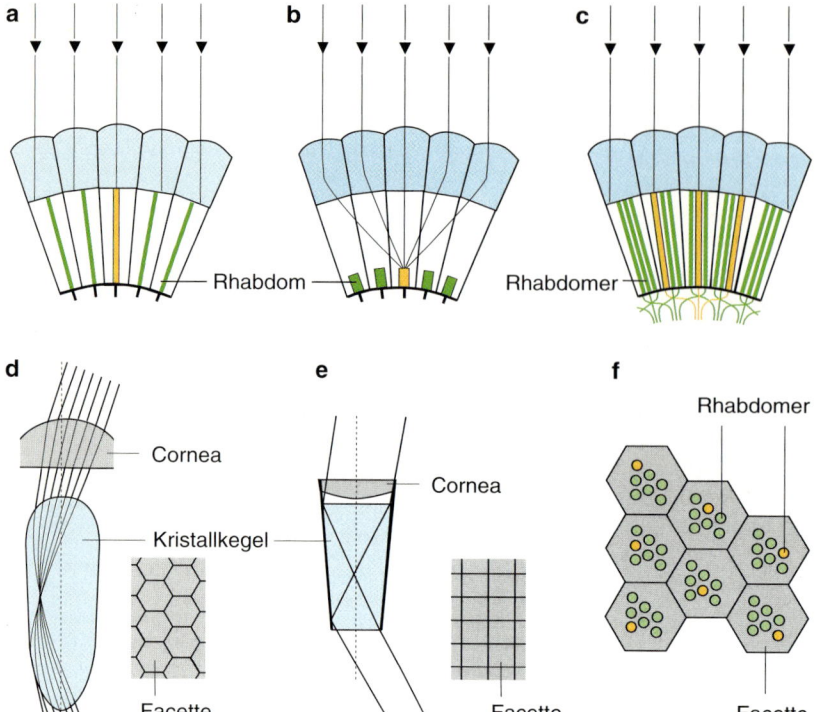

Abb. 17-6. Verschiedene Typen von Komplexaugen. **a** Apposi-
tionsauge. Es ist typisch für tagaktive Insekten (Odonaten,
Hymenopteren, Coleopteren) und Crustaceen. Licht gelangt
durch den dem jeweiligen Ommatidium zugeordneten dioptrischen Apparat (hellblau) zum Rhabdom, in dem es vom Sehfarbstoff absorbiert wird (Abb. 17-7). **b** Optisches Superpositionsauge. Es kommt bei nachtaktiven Insekten (Coleopteren, Lepi-
dopteren) und Crustaceen vor. Die Lichtstärke dieses Auges ist
dadurch erhöht, daß paralleles (von einem Punkt der Umwelt
stammendes) Licht, das durch die dioptrischen Apparate vieler
Ommatidien ins Auge gelangt, konvergiert und zu jeweils einem
Rhabdom geleitet wird. Hierzu ist ein dioptrisches System mit
besonderen Eigenschaften notwendig (siehe **d, e**). **c** Neurales
Superpositionsauge. Dieses Auge kommt bei höheren Dipteren
vor (*Musca, Drosophila*). Licht von einem Punkt der Umwelt
beleuchtet nicht nur Rhabdomere in einem Ommatidium, wie in
den beiden anderen Augentypen, sondern 7 Rhabdomere in 7
verschiedenen Ommatidien, die alle auf denselben Punkt der

Umwelt „sehen". Drei davon sind im Schnitt gezeichnet. Dies ist
möglich, weil die optischen Achsen der Photorezeptoren eines
Ommatidiums in bestimmter Weise divergieren (Abb. 17-4 b).
Die Axone von 6 der zugehörigen Sinneszellen konvergieren auf
Neurone zweiter Ordnung, die die Information übernehmen
(Abb. 17-16 d) und durch Mittelwertsbildung das Signal verbes-
sern. **d, e** Strahlengang im optischen System der Ommatidien
von optischen Superpositionsaugen. Links jeweils ein Längs-
schnitt durch das dioptrische System, rechts jeweils eine Aufsicht
auf das von den Cornealinsen gebildete Facettenraster. **d** Mehl-
motte *Ephestia*: Hier erfolgt die Umlenkung der Strahlen durch
Linsen, d.h. durch Brechung des Lichtes (nach [19]). **e** Flußkrebs
Astacus: Die Umlenkung der Strahlen erfolgt durch Reflexion an
Spiegeln, die in die Wand der Ommatidien eingelagert sind.
(nach [26]). **f** Anordnung der Rhabdomere in verschiedenen
Ommatidien des neuralen Superpositionsauges, die von einem
Punkt der Umwelt beleuchtet werden

ses Auge besonders leistungsfähig [14]. Die Komplexaugen der Dipteren sind trotz hoher Winkelauflösung relativ lichtstark, d.h., es werden besonders
viele Lichtquanten absorbiert (Abb. 17-6 c, f, 17-16
d).

Die Besonderheit dieser Augen besteht in folgendem:
1. Wegen des nicht fusionierten Rhabdoms divergieren die
optischen Achsen der Photorezeptoren jedes Ommatidiums. (Abb. 17-5 b). Die Divergenzwinkel zwischen den
Photorezeptoren eines Ommatidiums sind so an die Divergenzwinkel zwischen den Ommatidien angepaßt, daß Licht
von einem Punkt der Umwelt in 7 verschiedenen Ommatidien je ein Rhabdomer beleuchtet: diese sieben „sehen"
auf denselben Punkt der Umwelt. Im Schnitt Abb. 17-6 c
sind davon 3 getroffen. Die Abb. 17-6 f zeigt in Aufsicht die
7 Rhabdomere, die in 7 Ommatidien jeweils von einem

Punkt der Umwelt beleuchtet werden. Die Axone von 6
dieser Zellen (mit den Nummern 1–6, Abb. 17-5 b) konvergieren im 1. optischen Ganglion, der Lamina (Abb.
17-16 d) und übertragen (superponieren) die Signale auf
dieselben Neurone 2. Ordnung (neurales Superpositionsauge). Die Konvergenz ist im Schnitt Abb. 17-6 c angedeutet, in Abb. 17-16 d etwas genauer skizziert. Durch diese
Mittelwertsbildung wird die *Streuung* des Meßwerts um
den Faktor $1/\sqrt{6}$ verkleinert. Die Axone der Zellen 7
und 8, die das in der Mitte des Rhabdoms gelegene 7.
Rhabdomer bilden, verlaufen zum 2. optischen Ganglion,
der Medulla, und die von ihnen vermittelte Information
wird getrennt weiterverarbeitet.

Der grundsätzlich verschiedenartige Aufbau von Linsen- und Komplexaugen und vor allem die Tatsache, daß die Winkelauflösung der Insektenaugen (rund 1–2°) sehr viel schlechter ist als die des menschlichen Auges (rund 1/100°) ließ Sigmund Exner (1891) [9] vermuten, daß beide Augentypen für verschiedene Aufgaben entwickelt worden sein müßten: *Komplexaugen zum Bewegungssehen, Linsenaugen zum Formensehen.* Die Anwendung der bereits genannten physikalischen Prinzipien: *Beugung, Abtasttheorem und Wellenoptik von Lichtleitern* (Abschnitt 17.3) – die beiden letzteren wurden erst nach Exners Zeit erarbeitet – *hat allerdings ergeben, daß dies nicht zutrifft. Beide Augentypen sind zu beiden Leistungen befähigt.* In beiden Augentypen wird die Umwelt durch ein optisches System auf eine Retina aus Lichtsinneszellen abgebildet und dabei gerastert (Abb. 17-4 b). Das Bild am Ausgang der Rezeptoren sollte deshalb ununterscheidbar sein, unabhängig davon, ob es von einem Linsen- oder Komplexauge entworfen wurde. Ein Unterschied zwischen beiden Augentypen – das Bild im Komplexauge wird aufrecht, im Linsenauge dagegen umgekehrt entworfen – ist funktionell bedeutungslos.

Was bleibt ist die Tatsache, daß die Winkelauflösung von Komplexaugen gemeinhin kleiner ist als die von Linsenaugen. Dies liegt erstens daran, daß Komplexaugen im allgemeinen kleiner sind als Linsenaugen. Auf Grund der Beugung ist, wie oben beschrieben, mit kleineren Linsen nur eine kleinere Winkelauflösung möglich. Zweitens besteht für Linsen- und Komplexaugen ein unterschiedlicher Zusammenhang zwischen Augengröße und Auflösung: *Vergrößert man ein Linsenauge, so nimmt die Auflösung im Prinzip proportional zur Augengröße zu. Vergrößert man dagegen ein Komplexauge, so wächst die Auflösung lediglich, wieder im Prinzip, mit der Quadratwurzel des Durchmessers.* Daraus folgt: kleinere Tiere, die keinen Platz für große Augen bieten, müssen sich nolens volens mit geringerer Sehschärfe begnügen. Da sich Linsen- und Komplexaugen mit kleiner Winkelauflösung nicht wesentlich in ihrer Größe unterscheiden, spielt es keine Rolle, mit welchem Augentyp kleine Tiere ausgerüstet sind. Große Tiere mit großem Aktionsradius, die eine hohe Sehschärfe benötigen, sind notwendigerweise auf Linsenaugen angewiesen. Wie ein Komplexauge der Auflösung des menschlichen Auges aussehen müßte, ist in Abbildung 17-4 c illustriert [15, 17].

Damit Licht eine Zelle erregen kann, muß es im Sehfarbstoff absorbiert werden. Die Sehfarbstoffe sind bei Wirbeltieren in die Membranen der Außenglieder in hoher Packungsdichte eingelagert, bei Arthropoden und Mollusken in die der Rhabdomere (Abb. 17-7). Den Außengliedern und Rhabdomeren ist gemeinsam, daß sie aus *dichtgepackten Membranen* bestehen. Sie sind bei Außengliedern in Form von Scheiben angeordnet (**"discs"**), bei den Arthropoden als feine Röhrchen (**Mikrovilli**).

Alle Sehfarbstoffe bestehen aus dem **Chromophor**, einem Retinolderivat, d.h. einem relativ einfachen Molekül, und einem Protein, dem **Opsin** (Abb. 17-8). Der Chromophor ist kovalent an das Opsin gebunden.

In jüngster Zeit ist es gelungen, die **Primärstruktur** verschiedener Opsine aufzuklären (Abb. 17-8 b), zuerst die des Rinder-Opsins. Die Struktur aller weiteren untersuchten Opsine erwies sich als sehr ähnlich, weshalb für die Aufklärung gentechnische Methoden eingesetzt werden konnten.

Durch die Absorption eines Lichtquants ändert sich die Struktur des Chromophors: er geht von der 11-cis- in die all-trans-Konformation über (Primärprozeß, Abb. 17-8 a). Der größere Raumbedarf dieser Konformation führt auch am Opsin zu einer sterischen Änderung. Dadurch kann das Opsin mit einem anderen Membran-Protein, dem **Transducin**, einem G-Protein (Kap. 1.2), reagieren. Damit ist eine **Enzymkaskade** angestoßen, die zu einer beträchtlichen Verstärkung des Signals führt. Bei Wirbeltieren wird bei Belichtung durch die Enzymkaskade die Konzentration des **internen Transmitters**, cGMP, verringert (Abb. 17-9). Er diffundiert deshalb von **Ionenkanälen** ab, die sich in der Außenmembran der Zelle befinden. Die für Na^+- und Ca^{2+}-Ionen durchlässigen Kanäle schließen sich, weswegen sich die Spannungsdifferenz zwischen dem Zellinnern und dem extrazellulären Raum vergrößert: die Lichtsinneszelle hyperpolarisiert. Der Zeitverlauf der Spannungsdifferenz, den man als Reaktion auf einen Lichtreiz messen kann, wird **Rezeptorpotential** genannt (Abb. 17-10, 17-11). Bei den Mikrovillus-Photorezeptoren der Wirbellosen wird durch die Absorption eines Lichtquants ebenfalls eine Enzym-

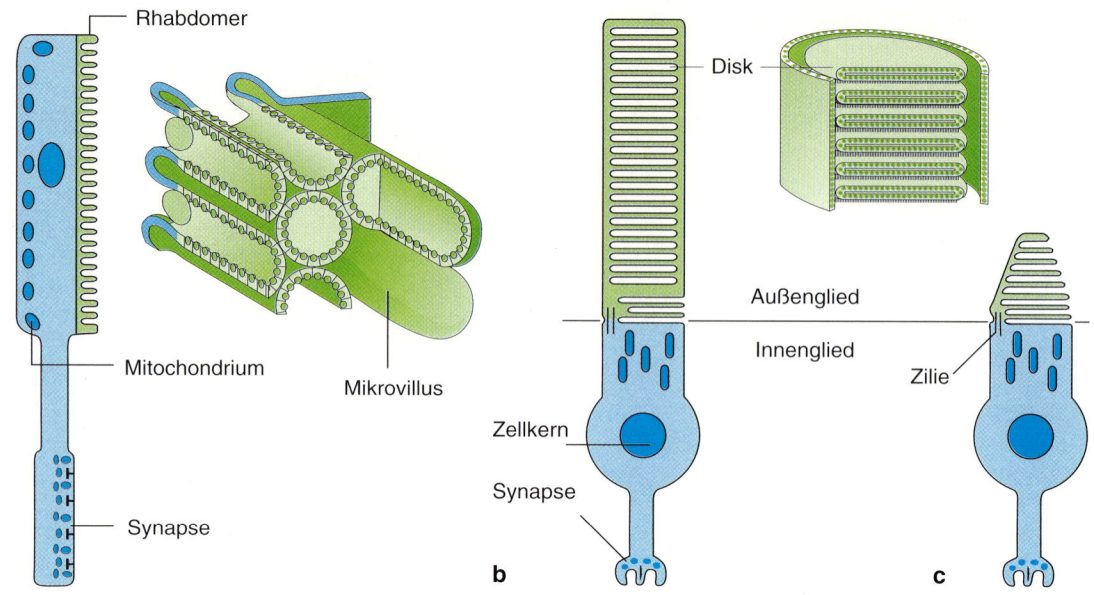

Rhabdomer

Mitochondrium

Mikrovillus

Synapse

a

Disk

Außenglied

Innenglied

Zilie

Zellkern

Synapse

b

c

Abb. 17-7. Struktur der Lichtsinneszellen von Insekten und Wirbeltieren. **a** Lichtsinneszelle eines Insekts. Der Sehfarbstoff ist in die Membran der Mikrovilli eingelagert (dunkelgrüne Punkte in der Einschaltfigur), die das Rhabdomer bilden. Die Rhabdomere aller Lichtsinneszellen eines Ommatidiums heißen Rhabdom (Einschaltfigur nach [11]). **b** Stäbchen und **c** Zapfen eines Wirbeltieres. Bei den Stäbchen und Zapfen befindet sich der Sehfarbstoff in der Außenmembran der Außenglieder und in der Membran der als „disc" bezeichneten Scheiben (Einschaltfigur), die die Außenglieder bilden

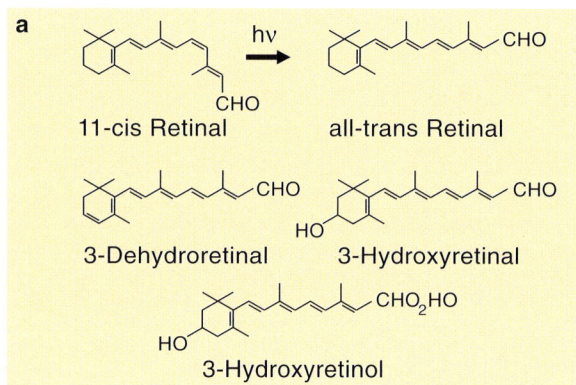

a

11-cis Retinal → all-trans Retinal

hν

3-Dehydroretinal

3-Hydroxyretinal

3-Hydroxyretinol

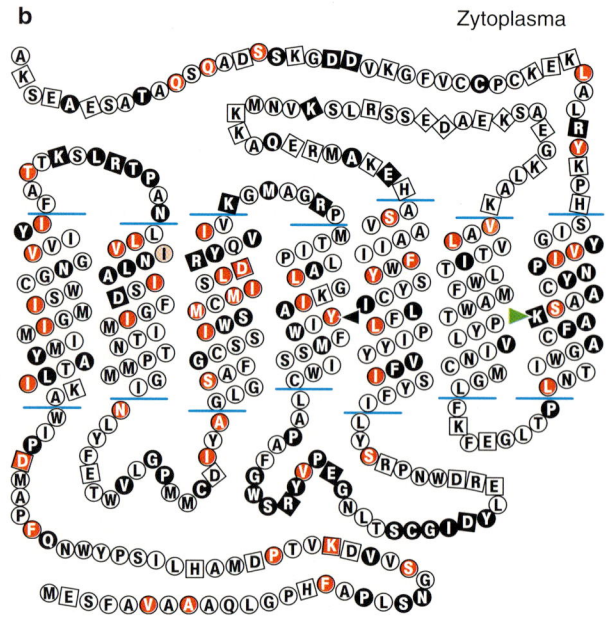

b

Zytoplasma

Abb. 17-8. a Die chemische Struktur der Chromophore aller bisher gefundenen Sehfarbstoffe ist sehr ähnlich. Der Chromophor der menschlichen Sehfarbstoffe sowie der der meisten Wirbeltiere ist Retinal. Die obere Zeile zeigt die Konformationsänderung vom 11-cis- zum all-trans-Retinal, die nach der Absorption eines Lichtquants erfolgt (Primärprozeß der Phototransduktion, vgl. Abschnitt 17.3). Ein Sehfarbstoff mit Retinal als Chromophor heißt Rhodopsin. Außer Retinal wurde (bei den meisten Süßwasserfischen und einigen Amphibien) 3-Dehydroretinal (Bezeichnung des Sehfarbstoffs: Porphyropsin) und bei vielen Insekten 3-Hydroxyretinal (Sehfarbstoff: Xanthopsin) gefunden. Häufig wird Rhodopsin – eigentlich nicht korrekt – synonym mit „Sehfarbstoff" verwendet, auch in den Fällen, in denen der Chromophor nicht Retinal ist. 3-Hydroxyretinol ist das sensibilisierende Pigment der höheren Dipteren (Abschnitt 17.2). **b** Struktur des Sehfarbstoffs der Lichtsinneszellen 1–6 (Abb. 17-5 b) des *Drosophila*-Auges. Die Aminosäuren, die dieses Opsin bilden, sind durch den Buchstaben-Code gekennzeichnet. Schwarze Punkte kennzeichnen Identität der entsprechenden Aminosäuren bei *Drosophila*- und Rinderrhodopsin. Rote Punkte bezeichnen einen sogenannten „konservativen Austausch", quadratische Symbole geladene Aminosäuren. Der grüne Pfeil gibt die Aminosäure an, an der der Chromophor kovalent an das Opsin gebunden ist (aus [29]). Der schwarze Pfeil kennzeichnet den Ort im Opsin des im langwelligen Spektralbereich empfindlichen menschlichen Zapfenpigments, an dem sich entweder die Aminosäure *Serin* oder *Alanin* befinden kann, was zu signifikant unterschiedlicher spektraler Empfindlichkeit führt (Näheres im Text)

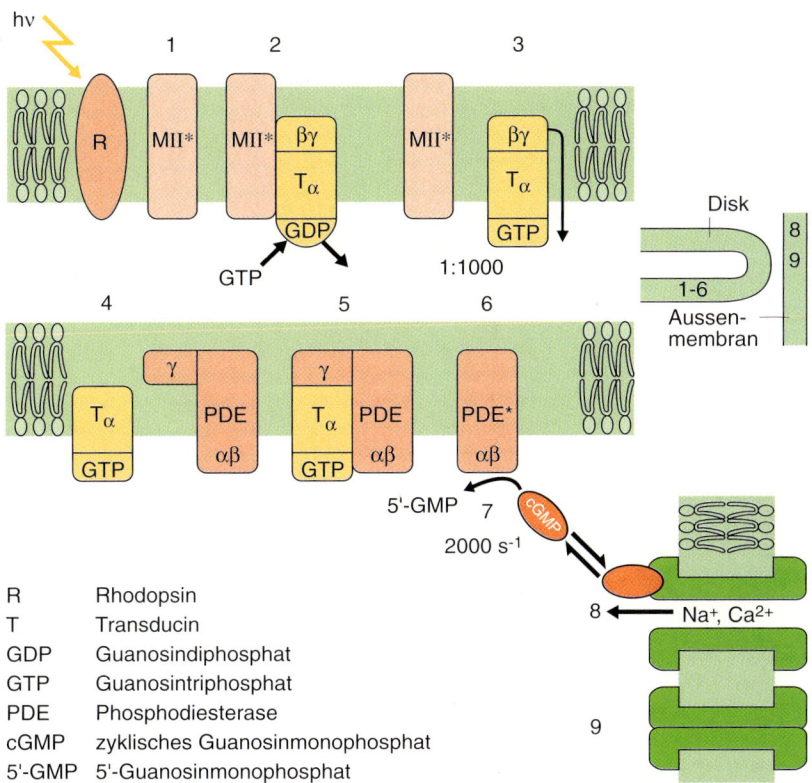

R   Rhodopsin
T   Transducin
GDP Guanosindiphosphat
GTP Guanosintriphosphat
PDE Phosphodiesterase
cGMP zyklisches Guanosinmonophosphat
5'-GMP 5'-Guanosinmonophosphat

Abb. 17-9. Die Wirkung von Licht auf die Kationen-Kanäle in der Photorezeptormembran der Wirbeltier-Stäbchen (Enzymkaskade). 1. Licht wird im Sehfarbstoff Rhodopsin R absorbiert und verwandelt Rhodopsin in enzymatisch aktives Metarhodopsin II M*****. 2. Metarhodopsin II bindet an das G-Protein Transducin T, das aus den Untereinheiten α, β und γ besteht. Daraufhin wird an T_α gebundenes Guanosindiphosphat GDP durch Guanosintriphosphat GTP ausgetauscht. 3. Der T_{GTP}-Komplex spaltet die βγ-Einheiten ab. 4. Zurück bleibt aktives Transducin $T_{\alpha GTP}$ 5. Der aktive $T_{\alpha GTP}$-Komplex bindet an zwei γ-Einheiten (nur eine gezeichnet) einer Phosphodiesterase PDE, spaltet sie ab und 6. aktiviert dadurch die PDE*αβ-Einheit. 7. Die aktivierte PDE* katalysiert die Umwandlung des Botenstoffes (second messenger) zyklisches Guanosinmonophosphat (cGMP) zu 5'-Guanosinmonophosphat (5'-GMP). 8. Nach dem Massenwirkungsgesetz dissoziiert deshalb cGMP von Kationen-Kanälen ab. Diese für Na^+ und Ca^{2+} durchlässigen Kanäle sind geöffnet, solange 4 oder 5 cGMP Moleküle kooperativ an ihnen gebunden sind (in der Abbildung ist nur eines dieser 4 bis 5 cGMP-Moleküle am Kanal gebunden gezeichnet). 9. Die Kationen-Kanäle schließen sich, was zu einer Hyperpolarisation der Photorezeptor-Membran führt. Die Einschaltfigur rechts zeigt, wo im Außenglied der Stäbchen die Reaktionsschritte 1–9 ablaufen. Verstärkungsschritte erfolgen 1. bei der Aktivierung des Transducins: etwa 1000 Transducinmoleküle werden von jedem angeregten Metarhodopsin II-Molekül aktiviert, ehe das Metarhodopsin durch Phosphorylierung und Bindung des (nicht eingezeichnet) Moleküls Arrestin inaktiviert wird, 2. bei der Bildung von 5'GMP, wovon etwa 2000 Moleküle pro Sekunde gebildet werden können. Nach [13])

kaskade angestoßen, die noch nicht in allen Einzelheiten verstanden ist. Es werden ein, eventuell auch mehrere interne Transmitter gebildet, die an Na^+- und Ca^{2+}-durchlässige Ionenkanäle binden. *Die Kanäle öffnen sich daraufhin und führen zu einem depolarisierenden Rezeptorpotential* (Abb. 17-10, 17-11).

Damit ein Sehfarbstoffmolekül mehrfach zur Transduktion verwendbar ist, muß der Chromophor, der nach der Absorption eines Lichtquants in der all-trans-Konformation vorliegt, wieder in die 11-cis-Konformation überführt werden. Zur **Reisomerisation** wird er beim Wirbeltier vom Opsin abgespalten, von Transportproteinen in das Pigmentepithel transportiert und dort unter Aufwendung von Stoffwechselenergie reisomerisiert. Anschließend erfolgt der Rücktransport zum Außenglied der Photorezeptoren und der erneute Einbau in ein Opsinmolekül.

Bei Insekten wird der Chromophor dagegen häufig photo-reisomerisiert: Der Sehfarbstoff mit dem all-trans-Chromophor, als **Metarhodopsin** bezeichnet, absorbiert ein Lichtquant, das direkt wieder zur Bildung der 11-cis-Konformation führt.

Der Absorptionskoeffizient der Sehfarbstoffmoleküle (ca. 5000 m^2 pro Mol) ist so groß, wie es aus physikalisch-chemischen Gründen möglich ist. Da auch die Packungsdichte der Sehfarbstoffmoleküle in den Membranen von Außengliedern bzw. Rhabdomeren nicht weiter erhöht werden kann, schien ein Optimum für die Quantenabsorption pro Volumen eines Photorezeptors erreicht. Überraschend war, daß in einer bestimmten Gruppe von Insekten – den höheren Dipteren wie *Musca* oder *Drosophila* – die Absorption der Sehfarbstoffe durch **Sensibilisierung** stark modifiziert und zusätzlich erhöht ist: Bei den genannten Sehfarbstoffmolekülen ist außer dem klassischen Chromophor, der kovalent an das Opsinmolekül gebunden ist, ein (evtl. auch zwei) zusätzliche(r) Chromophor(e) angelagert. Dieser zusätzliche Chromophor ist zwar in der Lage, Lichtquanten zu absorbieren, er kann aber nicht selbst die für die Auslösung der Phototransduktion notwendige Konformationsänderung am Opsinmolekül bewirken. *Statt dessen wird von diesem Chromophor Energie auf den klassischen Chromophor übertragen, der sich dann so verhält, als*

ob er selbst ein Lichtquant absorbiert hätte: d.h., er isomerisiert und löst damit die Transduktion aus. In Abbildung 17-11 c ist das Absorptionsspektrum eines der Sehfarbstoffe der Lichtsinneszellen von Fliegen gezeigt, das sich durch zwei Maxima auszeichnet. Das Maximum bei 500 nm stammt vom klassischen, das im UV vom sensibilisierenden Chromophor [27]. Durch diese „Erfindung" wird 1. der Spektralbereich, in dem diese Lichtsinneszellen

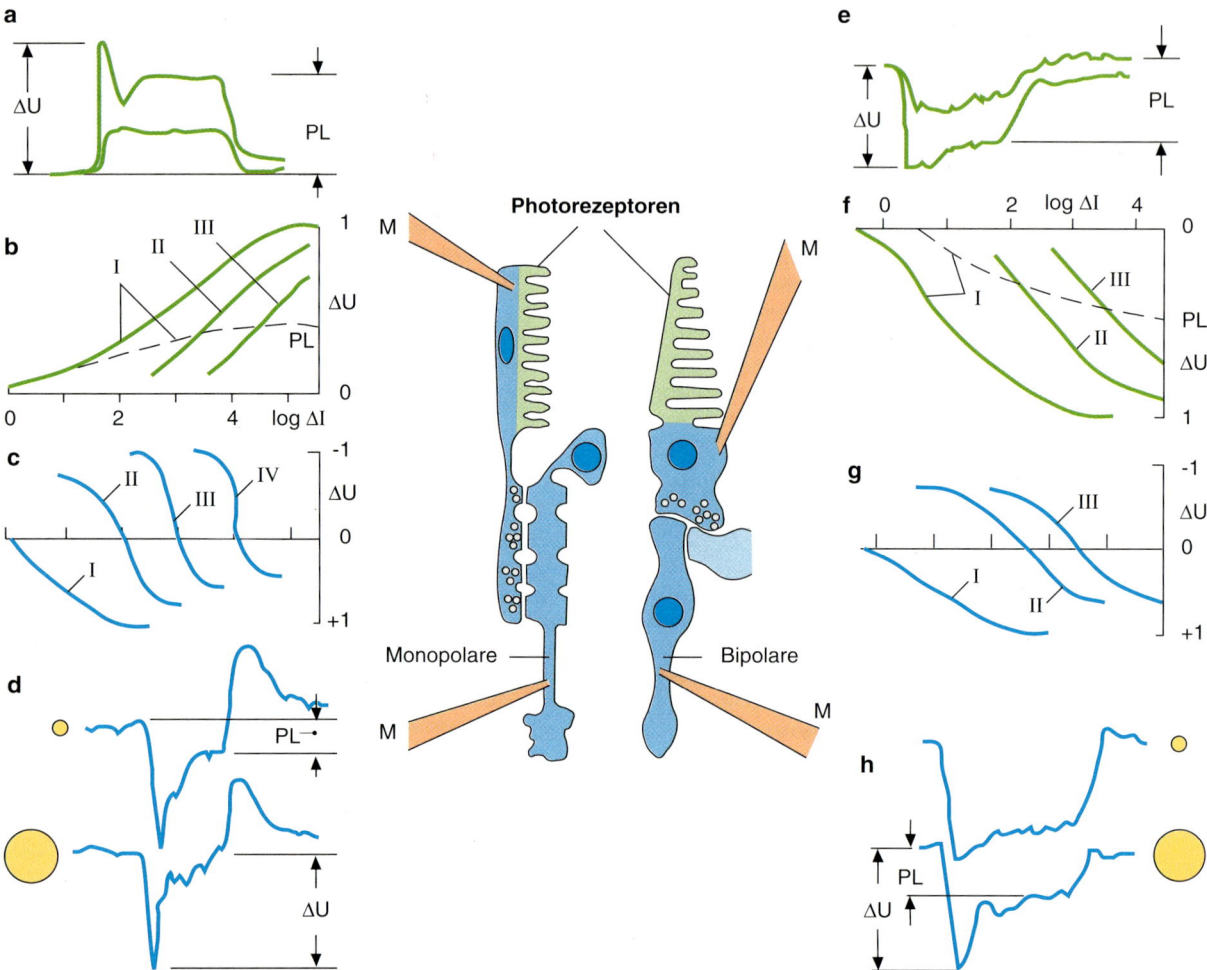

Abb. 17-10. Die Aufnahme, Übertragung und Verarbeitung von Lichtreizen in den Photorezeptoren und in Neuronen zweiter Ordnung im Auge von Invertebraten (linke Teilabbildung) und von Vertebraten (rechte Teilabbildung). **a** Rezeptorpotentiale von Photorezeptoren einer Fliege (*Calliphora*) auf Lichtreize zweier verschiedener Intensitäten von etwa 300 ms Dauer. **b** Abhängigkeit der Reaktionsamplitude ΔU des Rezeptorpotentials in relativen Einheiten von der Intensität ΔI des Lichtreizes. Die Kurve I ist bei Dunkeladaptation gemessen, zwei weitere Kurven II, III gelten für zwei verschiedene Intensitäten („Hintergrundlicht"), an die der Photorezeptor jeweils vor Reizbeginn adaptiert war. Die gestrichelte Kurve zeigt den Plateauwert PL, der sich bei den verschieden starken Lichtreizen einstellt. **c** Abhängigkeit der Reaktionsamplitude ΔU von den Neuronen zweiter Ordnung (monopolare Zelle). Die Kurve I wurde bei Dunkeladaptation gemessen. Bei den drei anderen Kurven war das Auge an jeweils drei verschiedene Lichtintensitäten adaptiert. Die Anteile der Kurven, die zu negativen Werten von ΔU führen, ergeben sich, wenn die Lichtintensität während des Reizes erhöht wird (Hellreiz) und die

Monopolare hyperpolarisiert. Positive Werte von ΔU ergeben sich bei Abschwächung der Lichtintensität während des Reizes (Dunkelreiz), worauf die Monopolare depolarisiert. Plateauwerte sind bei den Monopolaren klein, besonders wenn auch benachbarte Rezeptoren beleuchtet werden (Teilabbildung **d**), und deshalb nicht eingezeichnet. **d** Antwort einer monopolaren Zelle auf einen Lichtreiz von etwa 300 ms Dauer. Die obere Antwort wurde durch einen punktförmigen Lichtreiz hervorgerufen, der nur einen Photorezeptor beleuchtet; bei der unteren Registrierung wurden auch umliegende Rezeptoren beleuchtet. Die Verkleinerung der Plateauantwort unten ist Konsequenz von lateraler Inhibition. **e** Rezeptorpotentiale von Zapfen eines Molches (*Necturus*) auf Lichtreize zweier verschiedener Intensitäten. **f** Rezeptorpotentialamplituden ΔU als Funktion der Reizlichtintensität ΔI. **g** Potentialamplituden ΔU einer bipolaren Zelle in Abhängigkeit von der Stärke ΔI des Lichtreizes. Adaptationsbedingungen in **f** und **g** entsprechend **b** und **c**. **h** Antwort einer bipolaren Zelle auf zwei verschiedenartige Lichtreize (vgl. **d**). Nach [21]

empfindlich sind, erweitert und damit 2. die Absolutempfindlichkeit erhöht.

Photorezeptoren sind Lichtquantenzähler

Die Biochemie der Phototransduktion macht deutlich, daß schon die **Absorption eines Lichtquants** eine Enzymkaskade in Gang setzt, was zur Öffnung bzw. zum Schließen von vielen Kanälen in der Zellmembran führt (Abb. 17-9). Eine spannende Frage war, ob der physikalisch kleinstmögliche Reiz, ein einzelnes, in einem Stäbchen absorbiertes Lichtquant, bereits „gesehen" werden kann. Daß dies tatsächlich möglich ist, wurde zunächst mittels psychophysischer Experimente gezeigt [12].

Das Prinzip des Versuchs besteht darin, daß man einer dunkeladaptierten Versuchsperson auf einen Bereich 20° außerhalb der Fovea – dort befinden sich nur Stäbchen – wiederholt einen schwachen Lichtreiz bietet. Man fragt, ob sie etwas gesehen hat oder nicht und berechnet aus den Antworten die Wahrscheinlichkeit der Wahrnehmung für verschiedene Lichtintensitäten. Die Steilheit des Übergangs von der Wahrscheinlichkeit 0 (bei sehr schwachen Lichtreizen) zur Wahrscheinlichkeit 100 % (bei Lichtreizen größerer Intensität) gibt Aufschluß darüber, wieviele Lichtquanten gleichzeitig absorbiert worden sein mußten, um zur Wahrnehmung zu führen. Die zugrundeliegende Theorie basiert auf der Tatsache, daß die Statistik der Lichtquanten in einem schwachen Lichtreiz eine **Poisson-Statistik** ist.

Einzelquanten-Effekte. Trotzdem war man überrascht, als man herausfand, daß die Absorption eines Lichtquants im Photorezeptor einen elektrischen Impuls („**bump**") produzieren kann, der deutlich größer ist als die Rauschprozesse, die an der Photorezeptormembran ablaufen. „Bumps" wurden zuerst in den Lichtsinneszellen des Pfeilschwanzkrebses *Limulus* und dann in denen von Insekten nachgewiesen. 20 Jahre später ließen sich Einquanten-Signale auch in den Photorezeptoren von Wirbeltieren aufzeigen. „Bumps" von Lichtsinneszellen der Stubenfliege zeigt Abbildung 17-11 a. Wird die Lichtintensität erhöht, so wird die Rate der „bumps" erhöht, sie fusionieren zum **Rezeptorpotential**, in dem sie nicht mehr als Einzelereignisse erkennbar sind (Abb. 17-11 b). Das Sehpigment einer Lichtsinneszelle kann, wie die Absorptionsspektren zeigen, **Lichtquanten** aus einem größeren Spektralbereich absorbieren. Der Primärprozeß, die Isomerisierung des Chromophors, sowie alle folgenden Prozesse sind jedoch unabhängig davon, welche Wellenlänge diesem Quant zugeordnet ist. Ein „bump", bzw., bei höheren Lichtintensitäten, das Rezeptorpotential, kodiert also nicht die Wellenlänge des Lichtes. *Die Lichtsinneszelle signalisiert demnach nur einen Parameter: die Rate der absorbierten Quanten* (**Univarianz-Prinzip**). Die Konse-

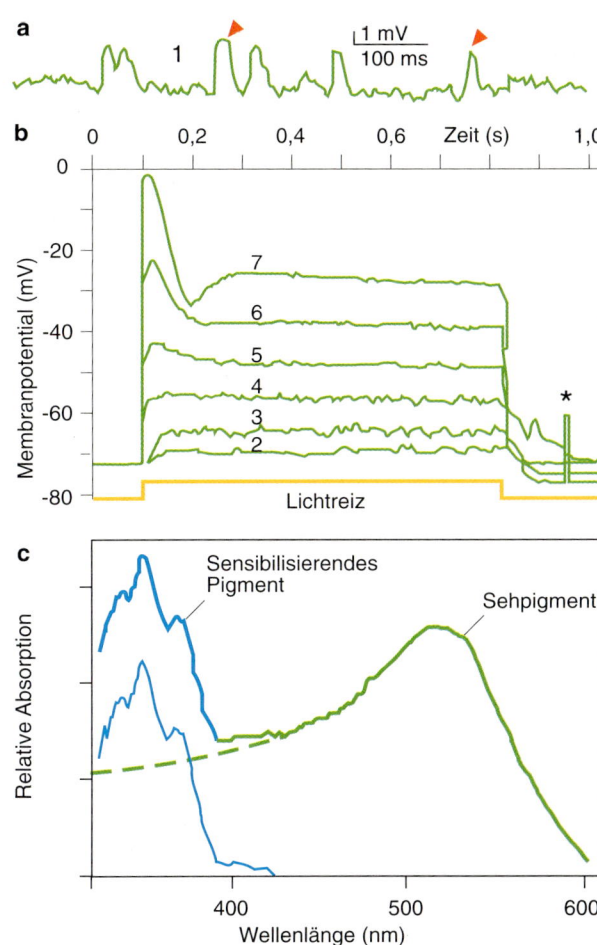

Abb. 17-11. Rezeptorpotentiale von Lichtsinneszellen des Fliegenauges auf verschieden starke Lichtreize. **a** Signale auf Dauerbelichtung mit sehr dunklem Licht, bei dem nur etwa 10 Lichtquanten pro Sekunde in der Zelle absorbiert wurden. Deutlich sind einzelne „bumps" erkennbar, die durch die Absorption jeweils eines Lichtquants ausgelöst werden (Pfeile). **b** Rezeptorpotentiale auf Lichtreize von 800 Millisekunden Dauer verschiedener Intensität. Die Zahlen geben den Zehnerlogarithmus der Zahl der jeweils absorbierten Quanten pro Sekunde an. Der rote Stern markiert eine Eichmarke von 10 mV Amplitude. **c** Absorptionsspektrum der Rhabdomere des Typs 1–6 aus dem Komplexauge einer Stubenfliege. Gestrichelt ist der ungefähre Verlauf der Absorption des Sehpigments ohne sensibilisierendes Pigment angegeben, dünn blau die Absorption des sensibilisierenden Pigmentes. Nach [16]

quenz ist, daß Farbensehen mit nur einem Photorezeptortyp nicht möglich ist (Abschnitt 17.4).

Adaptation bedeutet die Anpassung der Lichtsinneszellen an verschiedene Helligkeiten

Die mittlere **Leuchtdichte** der natürlichen Umwelt des Menschen variiert von 10^{-4} cd/m^2 bei Sternenlicht, über 10^{-2} in einer Vollmondnacht bis zu 10^0 bei Straßenbeleuchtung, $10^1 - 10^2$ bei Zimmerbeleuchtung und 10^4 cd/m^2 bei Sonnenlicht (Lichttechnische Größen: Tabelle 17-1). Dieser Spanne von mehr als $1{:}10^8$ an mittlerer Leuchtdichte steht die sehr viel kleinere Spanne an Leuchtdichten gegenüber, die unser visuelles System bei konstanter Umweltbeleuchtung von Objekten verschiedenen Reflexionsgrades gleichzeitig zu verarbeiten hat: sie liegen im Bereich von etwa 1:20. Es kommt also darauf an, die verschieden hellen, gleichzeitig gesehenen Objekte möglichst gut zu differenzieren, und die – keine Information über die Objekte enthaltende – mittlere Beleuchtungsstärke zu eliminieren. Für bestimmte Leistungen ist allerdings eine gewisse, nicht sehr präzise Information über die Absoluthelligkeit notwendig, zum Beispiel zum Einstellen der Pupillenweite.

Adaptationsmechanismen. Im Verlauf der Evolution sind die verschiedenartigsten Mechanismen entwickelt worden, um das visuelle System an die verschiedenen Helligkeiten anzupassen. Einen wesentlichen Anteil zur Adaptation tragen bereits die Photorezeptoren bei: Derselbe Lichtreiz führt, auf einen dunkeladaptierten Photorezeptor gegeben, zu einem Rezeptorpotential größerer Amplitude, als wenn der Rezeptor zuvor einem Hintergrundlicht ausgesetzt wurde (Abb. 17-10 b, f).

Früher wurde vermutet, daß ein wesentlicher Teil der Helladaptation der Lichtsinneszellen dadurch zustande kommt, daß ein größerer Anteil des Sehfarbstoffs durch Licht gebleicht und deshalb die *Absorptionswahrscheinlichkeit* für Lichtquanten *verringert* wird. Diese Komponente spielt aber nur eine untergeordnete Rolle: Bei heller Zimmerbeleuchtung (10^3 cd/m^2) sind nur wenige Prozent des Sehfarbstoffs gebleicht. Wird in Stäbchen der Sehfarbstoff um 10 % gebleicht, die Absorptionswahrscheinlichkeit also lediglich um 10 % verringert, so erhöht sich die Schwelle der Stäbchen für Lichtreize nicht nur um 10 % sondern auf das 100–1000fache. Inzwischen weiß man, daß bei dieser Adaptation intrazelluläre Ca^{2+}-Ionen eine wichtige Rolle spielen. Durch Belichtung werden die Kationen-Kanäle (Abb. 17-9, 8) geschlossen. Dadurch strömen weniger Ca^{2+}-Ionen in die Zelle, werden aber durch Ionen-Austauscher, die sich in der Außenmembran der Zelle befinden, nach wie vor nach außen transportiert: die intrazelluläre Ca^{2+}-Konzentration nimmt ab. Dies führt zu einer verstärkten Aktivität des Enzyms **Guanylatzyklase**, die aus GTP das Molekül cGMP synthetisiert. Die erhöhte cGMP-Konzentration führt zur Öffnung der Kationen-Kanäle und wirkt so dem Effekt der Belichtung entgegen [13]. Eine weitere Rolle für die Adaptation spielen **spannungsabhängige Ionenkanäle**.

Weitere, für die Adaptation wesentliche Mechanismen sind: **Stäbchen** und **Zapfen** unterscheiden sich in ihrer Absolutempfindlichkeit (s.u.). Bei Linsenaugen können die **Pupillen** ihren Durchmesser ändern und damit den die Retina treffenden Lichtfluß. **Retinomotorische Prozesse**, z.B. in der Fischretina, können die Lichtsinneszellen tiefer in das Pigmentepithel versenken und sie somit vor

Licht schützen. Stäbchen und Zapfen verhalten sich dabei unterschiedlich. In den Komplexaugen können bewegliche **Pigmentkörnchen** in den Sinneszellen oder die Bewegung ganzer **Pigmentzellen** die Rhabdomere vor zuviel Licht schützen. *Eine wichtige Rolle bei der Adaptation spielen schließlich neurale Mechanismen in der Retina, aber auch in höheren Zentren des visuellen Systems* (Abschnitt 17.5).

Stäbchen sind zum Dämmerungssehen, Zapfen zum Farbensehen

Die beiden Rezeptortypen der Wirbeltiere, **Stäbchen** und **Zapfen** (Abb. 17-7), haben verschiedene Absolutempfindlichkeiten (**Duplizitätstheorie des Sehens**). Die Außenglieder der Stäbchen sind im allgemeinen länger als die der Zapfen und absorbieren deshalb mehr Lichtquanten (*Lambert-Beer'sches Absorptionsgesetz*). Beim Menschen liegt die Absolutschwelle des Stäbchensehens bei 10^{-5} cd/m^2 und erreicht eine Sättigung bei etwa 10^0 cd/m^2. Die Zapfen arbeiten etwa ab 10^{-1} cd/m^2. Durch die unterschiedliche Absolutempfindlichkeit der beiden Rezeptorsysteme wird der Helligkeitsbereich, in dem gesehen werden kann, erheblich erweitert. Bei Nacht und in der Dämmerung wird dementsprechend mit den Stäbchen gesehen (**skotopisches Sehen**), bei Tage dagegen mit den Zapfen (**photopisches Sehen**). Mißt man die spektrale Absolutempfindlichkeit des Menschen unter skotopischen Helligkeitsbedingungen, so findet man die höchste Empfindlichkeit bei einer Wellenlänge von 510 nm, was dem Empfindlichkeitsmaximum der Stäbchen entspricht. Mißt man sie unter photopischen Bedingungen, so ist das Maximum zu 550 nm verschoben (**Purkinje-Verschiebung**), weil nun die beiden im langwelligen Bereich empfindlichen Zapfen (Abb. 17-15) die Gesamtempfindlichkeit überwiegend bestimmen. Die Anpassung der Empfindlichkeit des Auges an veränderte Umweltleuchtdichten erfordert eine gewisse Zeit, die von der Dauer und Intensität der Voradaptation abhängt.

Den Verlauf der Dunkeladaptation des Menschen nach kurzer, sehr heller Beleuchtung der Netzhaut zeigt Abbildung 17-12. Aufgetragen ist die Intensität, die eine Lichtquelle haben muß, um gerade gesehen zu werden (**Reizschwelle**). Zunächst wird nur mit den Zapfen gesehen, weil die Stäbchen „gesättigt" sind, d.h. maximal hyperpolarisiert – keineswegs völlig ausgebleicht – und deshalb auf den Lichtreiz nicht reagieren können. Nach 10–12 Minuten wird der Lichtreiz von den Zapfen nicht mehr gesehen, weil die Stäbchen jetzt empfindlicher geworden sind als die Zapfen. Der nach Kohlrausch benannte „Knick" (Abb. 17-12) im Verlauf der Dunkeladaptation kennzeichnet den Übergang vom Zapfen- zum Stäbchensehen.

Die Chromophor-Dipole sind in den Discs der Außenglieder regellos angeordnet

Wie alle Zellmembranen bestehen auch die Membranen der „discs" in den Außengliedern der Photorezeptoren aus Phospholipiden, in die der Sehfarbstoff eingelagert ist (Abb. 17-7, 17-9). Der Chromophor des Sehfarbstoffs ist ein langgestrecktes Molekül (Abb. 17-8 a) und hat deshalb **Dipolcharakter**: Linear polarisiertes Licht, d.h. Licht, dessen elektrischer Vektor e in einer Ebene schwingt, wird deshalb verschieden stark absorbiert, je nachdem, welchen Winkel α der e-Vektor mit der Achse des absorbierenden Dipols bildet (Abb. 17-13). Für α = 0° ist die Absorption maximal, für α = 90° im Idealfall gleich 0.

Diese Eigenschaft ließ sich ausnützen, um die **molekulare Organisation** der Außenglieder von Lichtsinneszellen aufzuklären. Wird ein Außenglied senkrecht zur Längsachse mit polarisiertem Licht durchstrahlt, so stellt man fest, daß sich die Absorption mit dem Winkel θ zwischen der Längsachse des Außengliedes und dem e-Vektor des Lichts angenähert nach einer $\sin^2 θ$-Funktion ändert (**dichroitische Absorption**) (Abb. 17-13 b). Wird das Außenglied *parallel* zur Längsachse durchstrahlt, so ist die Absorption unabhängig vom Winkel des e-Vektors (Abb. 17-13 c). Daraus und aus der oben formulierten Gesetzmäßigkeit über die Absorption von linear polarisiertem Licht in Chromophoren mit Dipoleigenschaften läßt sich folgern, daß die Dipole des Sehfarbstoffs parallel zur Discoberfläche angeordnet sein müssen und innerhalb dieser Ebene keine Vorzugsrichtung aufweisen können (Abb. 17-13 d). Genauere Untersuchungen haben außerdem ergeben, daß die Chromophor-Dipole, und damit die mit ihnen fest verbundenen Opsine *nicht starr* in die Membran eingelagert sind, sondern beweglich. Die Rhodopsinmoleküle können um die Achse senkrecht zur disc-Membran rotieren, eine Konsequenz der Viskosität der disc-Membran.

Die Feinstruktur der Rhabdomere bildet die Grundlage für das Sehen polarisierten Lichtes

Karl v. Frisch machte 1949 eine überraschende Entdeckung: Bienen können sich nach dem **polarisierten Himmelslicht** orientieren [10]. Voraussetzung hierfür ist die Fähigkeit der Lichtsinneszellen im Komplexauge, auf polarisiertes Licht, je nach dessen Schwingungsrichtung, verschieden stark zu reagieren. Der anatomische Aufbau der Rhabdomere aus Röhrchen (Mikrovilli), die parallel ausgerichtet sind, wirkt sich auf die Absorption von linear polarisiertem Licht aus. Das Sehpigment ist in den Mikrovilli wie bei den discs so in die Membran eingebaut,

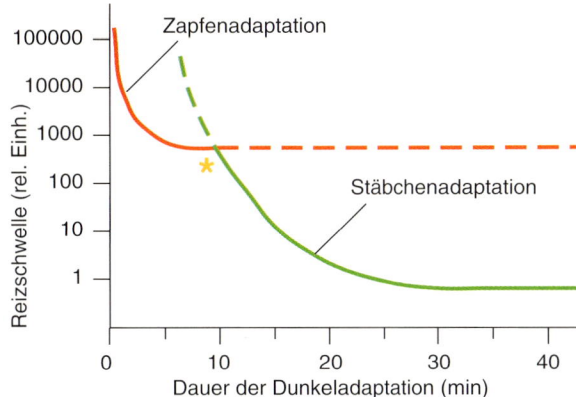

Abb. 17-12. Verlauf der Dunkeladaptation beim Menschen. Mit zunehmender Dauer der Dunkeladaptation nimmt die Reizschwelle ab, die Empfindlichkeit des Auges also zu. Der gelbe Stern kennzeichnet den „Kohlrausch Knick". Nach [2]

daß die Dipole der Chromophore parallel zur Membranoberfläche ausgerichtet sind. Selbst wenn sie statistisch angeordnet wären wie in den „discs" (Abb. 17-13 d), so würden sie linear polarisiertes Licht *stärker* absorbieren, wenn der e-Vektor *parallel* zu den Mikrovilli ausgerichtet ist, und weniger, wenn er senkrecht orientiert ist.

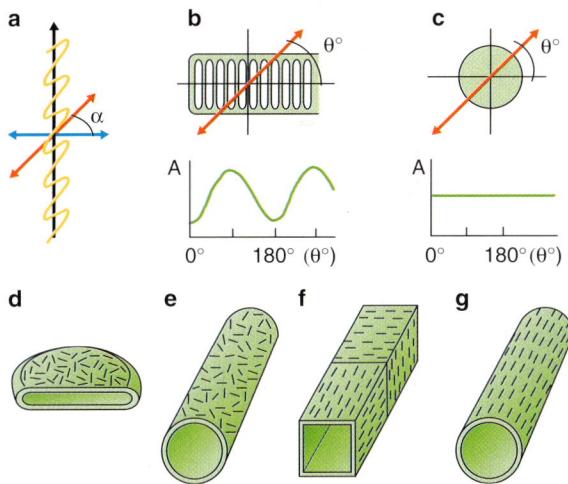

Abb. 17-13. Dichroitische Absorption linear polarisierten Lichtes in Photorezeptoren. **a** Definition des Winkels α zwischen Chromophordipol p und Dipol e des elektrischen Vektors linear polarisierten Lichtes. **b, c** Absorption A von linear polarisiertem Licht als Funktion des Winkels θ für den Fall, daß das Außenglied eines Stäbchens quer (**b**) oder längs (**c**) durchstrahlt wird. **d-g** Anordnung der Dipole des Sehpigmentes (grüne Striche) in den Membranen von discs und Mikrovilli; **d** disc eines Außengliedes, **e** Mikrovillus eines nicht zum Sehen polarisierten Lichtes spezialisierten Rhabdomers, **f** Modellmikrovillus mit schematisch eingezeichneten Sehfarbstoff-Dipolen, der erlaubt, den dichroitischen Quotienten abzuschätzen (s. Text), **g** vermutete Anordnung der Chromophore in den Microvilli von Lichtsinneszellen, die besonders „polarisationsempfindlich" sind. Jeweils schematisch

Dies ergibt sich allein aus der Geometrie der Mikrovilli [6]. Eine quantitative Betrachtung zeigt, daß im Mikrovillus und damit auch im Rhabdomer unter den genannten Bedingungen der Absorptionskoeffizient ε parallel zum Mikrovillus doppelt so groß ist wie senkrecht zu ihm. Dies läßt sich veranschaulichen, wenn man sich den Mikrovillus nicht rund, sondern wie in Abbildung 17-13 f im Querschnitt quadratisch vorstellt. Um die Überlegung zu erleichtern, sind in der vorderen Hälfte des Mikrovillus alle Dipol-Komponenten eingezeichnet, die parallel zu seiner Längsachse ausgerichtet sind, in der hinteren die senkrecht hierzu orientierten. In Wirklichkeit sind beide Komponenten gleichmäßig über die gesamte Länge des Mikrovillus verteilt. Licht trifft unter natürlichen Bedingungen senkrecht zur Längsachse auf die Microvilli. Ist sein e-Vektor *parallel zur Mikrovillus-Längsachse* ausgerichtet, so wird wegen α = 0° (Abb. 17-13 a) in der vorderen Hälfte des zweigeteilt gezeichneten Modellmikrovillus Abbildung 17-13 f sowohl in der horizontalen als auch in der vertikalen Wand ein bestimmter Prozentsatz, z.B. x% des Lichtes absorbiert, in beiden zusammen also 2x%. Da alle Dipolkomponenten in der hinteren Hälfte *senkrecht* zum e-Vektor orientiert sind, wird dort kein Licht absorbiert (α = 90°). Ist der e-Vektor des Lichtes dagegen senkrecht zum Mikrovillus ausgerichtet, so werden in der vorderen Hälfte des Mikrovillus 0% absorbiert (α = 90°), in der hinteren dagegen in der horizontalen Wand x% (α = 0°) und in der vertikalen 0% (α = 90°). Die Summe des vorn und hinten im Mikrovillus absorbierten Prozentsatzes von Licht bei paralleler e-Vektor-Orientierung ist also 2x, bei senkrechter x, der Quotient beider Werte 2. Dieser Quotient wird **dichroitischer Quotient** genannt. Es läßt sich zeigen, daß die in Abbildung 17-13 f gezeichnete Modellvorstellung der Organisation der Dipole bezüglich Absorptionseigenschaften äquivalent zu der in Teilabbildung e gezeigten Anordnung ist.

Polarisationsempfindlichkeit. Auch bei statistischer Anordnung der absorbierenden Dipole in der Membran sind Photorezeptoren mit Mikrovilli – im Gegensatz zu denen der Wirbeltiere mit „discs" - also *grundsätzlich empfindlich für die Orientierung des e-Vektors linear polarisierten Lichtes.* Ein dichroitischer Quotient von 2, wie er z.B. beim häufigsten Photorezeptortyp im Fliegenauge vorliegt, führt allerdings nur zu einer geringen Polarisationsempfindlichkeit der Sinneszellen: Bei der Drehung des e-Vektors um 360° ändert sich die Anzahl der absorbierten Lichtquanten in diesem Fall nur um den Faktor 2. Wegen des logarithmischen Zusammenhanges zwischen Lichtintensität und Rezeptorpotentialamplitude bedeutet dies keine starke Änderung des Rezeptorpotentials. Im Verlauf der Evolution haben sich aber auch Rhabdomere entwickelt, bei denen die Dipole parallel zu den Mikrovillus-Längsachsen ausgerichtet und fixiert sind (Abb. 17-13 g). Diese Sehzellen werden dadurch für polarisiertes Licht erheblich empfindlicher, wie z.B. in den UV-Rezeptoren der Biene. Bei Orientierung des e-Vektors parallel zu den Mikrovilli können sie bis zu 10mal so empfindlich sein wie bei Orientierung senkrecht zu ihnen [6].

Das Beispiel der Orientierung der Bienen nach dem polarisierten Himmelslicht ist aus folgendem Grund lehrreich:

Ein zunächst belanglos wirkender Unterschied in der Feinstruktur der Lichtsinneszellen bei Wirbeltieren (discs) bzw. Arthropoden (Mikrovilli) führte in der Evolution der Sehzellen zu einem zunächst kleinen Unterschied in der Funktion: nur die Lichtsinneszellen von Arthropoden sind dadurch grundsätzlich schwach empfindlich für polarisiertes Licht. Damit ergibt sich aber für die Evolution ein Ansatzpunkt, diese Leistung zu verbessern, und eröffnet damit die Möglichkeit für ganz neuartige Wahrnehmungsleistungen und Verhaltensweisen, nämlich die Orientierung nach dem Polarisationsmuster des Himmelslichts.

▼ Lichtsinneszellen sind „Wellenleiter"

Die **Außenglieder** bzw. **Rhabdomere**, in die der Sehfarbstoff eingelagert ist, bestehen aus dichtgepackten Membranen. Dies hat zweierlei Konsequenzen: Zum einen wird dadurch eine hohe Konzentration an Sehfarbstoff erreicht, was die Lichtabsorption begünstigt (s.o.), zum anderen wird dadurch der **Brechungsindex** dieser Strukturen hoch, weil der Brechungsindex biologischer Membranen höher ist, als der des Zytoplasmas oder des extrazellulären Raumes. *Der hohe Brechungsindex verbessert die optischen Eigenschaften der Außenglieder und Rhabdomere, weil sie dadurch zu dielektrischen Lichtleitern* werden: Licht, das z.B. durch eine Linse auf den Anfang eines Außengliedes oder Rhabdomers gerichtet wird, bleibt aufgrund des hohen Brechungsindex durch Totalreflexion innerhalb dieser Strukturen und wird, während es weitergeleitet wird, dabei zum Teil vom Sehfarbstoff absorbiert (Abb. 17-14 a).

Um die unterscheidbaren Punkte pro Netzhautfläche – die **anatomische Auflösung** – zu verbessern, wurde im Verlauf der Evolution die Packungsdichte der Lichtsinneszellen in der Retina immer größer. Dazu mußten die Durchmesser der Lichtsinneszellen immer kleiner werden. Kommt der Durchmesser schließlich in den Bereich der Lichtwellenlänge, wird er also kleiner als 1 μm, so treten neuartige Phänomene auf: die Energie bleibt nicht mehr gleichmäßig über den Querschnitt des Lichtleiters verteilt, sondern es entstehen sogenannte „Moden", diskrete Energieverteilungen. Es gibt Moden verschiedener Ordnung, die sich, sofern die Struktur und der Brechungsindex des Wellenleiters bekannt sind, mit Hilfe der **Maxwell'schen Gleichungen** berechnen lassen. Das Arbeitsgebiet der Photorezeptoroptik behandelt solche Probleme [6, 17].

Man bezeichnet einen **Lichtleiter**, für den die geometrisch-optische Beschreibung (Abb. 17-14 a) nicht mehr zutrifft, als **Wellenleiter**. Ein Beispiel für die Intensitätsverteilung in einem Wellenleiter ist in Abbildung 17-14 b oben gezeichnet: die Intensität fällt etwa nach einer Gaußfunktion ab. Diese Verteilung stellt die sogenannte 1. Mode dar. Moden höherer Ordnung haben kompliziertere Formen. Funktionell bedeutsam ist, daß ein Teil der Energie des Lichtes jeder Mode als **evaneszente Welle** außerhalb des Photorezeptors verläuft. Dies hat zur Konsequenz, daß erstens die Absorptionswahrscheinlichkeit im betreffenden Außenglied oder Rhabdomer kleiner, die betreffende Sehzelle also unempfindlicher wird, und daß zweitens die evaneszente Welle in einen benachbarten Photorezeptor eindringt und Licht dann in der gewissermaßen falschen Lichtsinneszelle absorbiert wird (Abb. 17-14 c). Dieses optische Übersprechen verringert die Auflösung der Retina und macht zu kleine Rezeptordurchmesser sinnlos. *Eine Verbesserung der anatomischen Auflösung durch Erhöhung der Packungsdichte der Lichtsinneszellen in der Retina wird also letztlich durch die Welleneigenschaften des Lichtes begrenzt.*

Die Wellenleitereigenschaften eines dielektrischen Wellenleiters sind um so günstiger, je größer der sogenannte Wellenleiterparameter V ist:

$$V = \frac{\pi\,d}{\lambda}\;\sqrt{n_1^2 - n_2^2} \qquad (1)$$

Dabei bezeichnet d den Durchmesser der Struktur, λ die Wellenlänge des Lichtes, n_1 den Brechungsindex des Wellenleiters, n_2 den Brechungsindex des umgebenden Mediums. Man erkennt, daß ein hoher Brechungsindex n_1 des Wellenleiters günstig auswirkt. Ebenso sind die Wellenleitereigenschaften besser, wenn die Wellenlänge λ des Lichtes klein ist. Dies ist einer der Gründe, weshalb langwelliges Licht zum Sehen weniger geeignet ist (Abschnitt 17.1).

17.4 Voraussetzungen zum Farbensehen

Bienen können ultraviolettes Licht, das für uns nicht wahrnehmbar ist, als Farbe sehen [10]. Sie sind dadurch in der Lage, an vielen Blüten für uns unsichtbare UV-absorbierende Saftmale zu erkennen, die meist um die Nektarquelle angeordnet sind. Außerdem sehen viele Arthropoden das Polarisationsmuster des Himmels meist mit UV-Rezeptoren. Inzwischen ist bekannt, daß auch Vögel und Fische, wahrscheinlich sogar Säugetiere, im UV-Bereich sehen können (Abb. 17-15). Neben den in Abschnitt 17.1 genannten physikalisch-chemischen Ursachen gibt es offensichtlich auch ökologische Gründe, die die Entwicklung bestimmter Farbsehsysteme begünstigen.

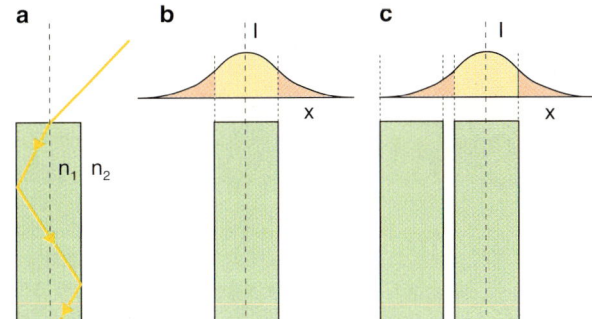

Abb. 17-14. Dielektrische Lichtleiter. **a** Geometrisch optische Darstellung, wie Licht aufgrund innerer Totalreflexion in einer Struktur von hohem Brechungsindex n_1 geleitet wird, die in ein Medium von niedrigerem Brechungsindex n_2 eingebettet ist. **b** Für sehr kleine Strukturen (genauer, wenn V – definiert auf Seite 397 – klein ist) wird die geometrisch optische Beschreibung unzureichend: der Lichtleiter wird zum Wellenleiter. Die Intensität I des Lichtes ist dann nicht mehr gleichmäßig über den Querschnitt des Wellenleiters verteilt. Die Intensitätsverteilung I für die sogenannte 1. Mode ist oben über dem Wellenleiter dargestellt. Auffallend ist, daß Energie auch außerhalb der geometrischen Grenze des Wellenleiters, als sogenannte evaneszente Welle (rot), verläuft. Bei Moden höherer Ordnung treten kompliziertere Intensitätsverteilungen auf. **c** Lichtsinneszellen sind in der Retina normalerweise dicht gepackt. Wenn eine evaneszente Welle in den Nachbarrezeptor eindringt, entsteht optisches Übersprechen. Nach [17]

Alle vier Sehfarbstoffe des Menschen enthalten denselben *Chromophor*, nämlich **Retinal** (Abb. 17-8 a). Die unterschiedliche Lage der Absorptionsmaxima verschiedener Lichtsinneszellen auf der Wellenlängenskala kann deshalb nicht vom Chromophor allein bestimmt werden, sondern das **Opsin** ist hierfür mit entscheidend. Dies folgt schon daraus, daß isoliertes Retinal im ultravioletten Spektralbereich absorbiert (Abb. 17-15 A), die Absorptionsmaxima der Sehfarbstoffe des Menschen alle dagegen zu längeren Wellenlängen verschoben sind (Abb. 17-1 a, 17-15 a).

Bisher ist nicht im einzelnen bekannt, durch welchen physikalisch-chemischen Mechanismus diese „Abstimmung" der Sehfarbstoffe auf bestimmte Spektralbereiche bewirkt wird. Gentechnische Methoden erlauben aber neuerdings, einzelne α-Helices in den Opsinen (Abb. 17-8 b) oder sogar einzelne Aminosäuren auszutauschen, so daß dieses Problem in absehbarer Zeit gelöst sein wird [18].

Untersucht man normal farbsichtige Männer, so findet man *zwei verschiedene Gruppen*: bei einer ist die Empfindlichkeit im *roten Spektralbereich* signifikant *größer* als bei der anderen. In jüngster Zeit konnte gezeigt werden, daß die Zapfen, die im langwelligen Spektralbereich empfindlich sind, sich in ihrer Spektralempfindlichkeit bei beiden Gruppen leicht unterscheiden: die Maxima liegen bei

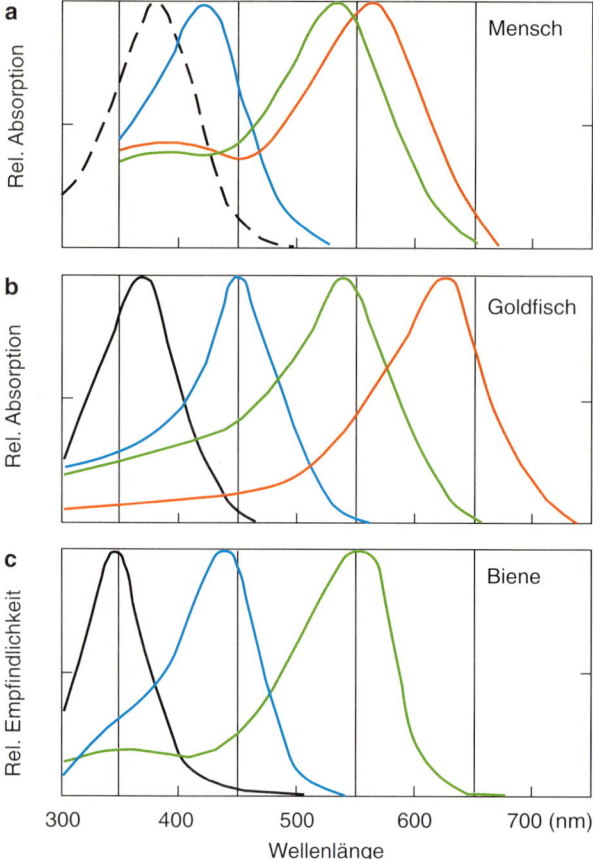

Abb. 17-15. Spektrale Eigenschaften der Zapfen des Menschen und der Sehzellen zweier verschiedener Tierarten. **a** Absorptionsspektren der menschlichen Zapfenpigmente (nach [8]). Schwarz ist außerdem das Absorptionsspektrum von Retinal (gelöst in Äthanol) eingezeichnet. **b** Spektrale Empfindlichkeit von vier Zapfentypen des Goldfisches (nach [24]). **c** Empfindlichkeit der drei verschiedenen Lichtsinneszelltypen des Komplexauges der Biene, wie sie elektrophysiologisch gemessen wurden (nach [22])

557 nm (62 % der Probanden) bzw. bei 552 nm (38 %). Außerdem ließ sich zeigen, daß dieser Unterschied durch den *Austausch einer Aminosäure* im Opsin verursacht wird: an der in Abb. 17-8 b durch den schwarzen Pfeil markierten Stelle befindet sich in der einen Gruppe Serin, bei der anderen Alanin [23].

Es gibt verschieden hoch entwickelte Farbsehsysteme

Das Spektrum des von natürlichen Objekten reflektierten Lichtes ist sowohl von der spektralen Zusammensetzung der Beleuchtung als auch von den Reflexionseigenschaften des Objektes abhängig. Um die Reflexionseigenschaften (bei selbstleuchtenden Objekten: die Emissionseigenschaften) eines Gegenstandes physikalisch vollständig zu beschrei-

ben, muß man den Reflexionskoeffizienten für jede Wellenlänge einzeln angeben.

Manche Organismen begnügen sich damit, die reflektierte Lichtintensität mit Hilfe nur eines Photorezeptors zu messen, also in einem relativ engen Spektralbereich, der durch die Absorption seines Sehfarbstoffs gegeben ist (**monochromatisches Sehen**). Dies ermöglicht noch kein Farbensehen, da ein einzelner Photorezeptor für sich gesehen „farbenblind" ist (**Prinzip der Univarianz**, Abschnitt 17.3). Andere messen die Lichtintensität in zwei verschiedenen Wellenlängenbereichen. Dafür benötigen sie zwei Lichtsinneszelltypen mit verschiedenen Empfindlichkeitsmaxima. Man spricht dann von **dichromatischem Farbensehen**. Es gibt auch Organismen, die drei oder sogar vier Photorezeptortypen verschiedener Spektralempfindlichkeit besitzen, was **trichromatisches** (wie beim Menschen) oder sogar **tetrachromatisches Sehen** ermöglicht.

Der mikrospektrophotometrische oder elektrophysiologische Nachweis von zwei, drei bzw. vier Rezeptoren unterschiedlicher spektraler Empfindlichkeit rechtfertigt jedoch noch nicht die Aussage, das betreffende Tier besäße ein di-, tri- bzw. tetrachromatisches Farbensehen. Das menschliche Auge besitzt z. B. vier verschiedene Sehfarbstoffe: drei in den Zapfen und einen in den Stäbchen. Trotzdem besitzt der Mensch nur trichromatisches Farbensehen. Zusätzlich zu den verschiedenen Photorezeptortypen bestimmen erst spezielle **neuronale Verschaltungsmechanismen** Qualität und Dimension des Farbensehens. Der Nachweis dieser Mechanismen ist nur über Verhaltensexperimente möglich, mit denen die Farbwahrnehmung geprüft wird (Kap. 12).

Um die Wahrnehmungs-Dimension des Farbsystems zu bestimmen (dichromatisch wäre z. B. zweidimensional) muß man fragen, wieviele monochromatische Farben notwendig und hinreichend sind, um sie bei additiver Mischung von „weiß" ununterscheidbar zu machen, wobei unter „weiß" ein mittleres Tageslicht verstanden wird [24]. Additive Farbmischung findet statt, wenn auf die gleiche Netzhautstelle Licht verschiedener Wellenlängen fällt. Organismen begnügen sich immer mit wenigen – beim Menschen drei – Meßwerten auf der Wellenlängenskala, um die spektralen Eigenschaften von Objekten zu charakterisieren. Dies hat zur Konsequenz, daß Objekte, die sich im physikalischen Reflexions (Emissions)-Spektrum unterscheiden, zu einem identischen Farbeindruck führen können (**metamere Farben**). Beispielsweise ergibt eine bestimmte additive Mischung aus grün und rot den Farbeindruck gelb. Denselben Farbeindruck ruft ein monochromatisches Licht der Wellenlänge 589 nm hervor.

Farbenblindheit ist oft genetisch bedingt

Sie beruht darauf, daß entweder ein, zwei oder auch alle drei Zapfen-Sehfarbstoffe nicht gebildet werden können (Abb. 17-15 a). *Da diese „Farbanomalien" x-chromosomal rezessiv vererbt werden, sind davon sehr viel mehr Männer als Frauen betroffen.* Die Farbschwächen lassen sich mit speziellen Farbtafeln nachweisen, wodurch sich diese einfachen Prüfungen als „genetischer Test" erweisen.

Auch bei der Taufliege *Drosophila* können bestimmte Photorezeptorklassen ausfallen. Die Mutante *ninaE* z.B. kann das in Abbildung 17-8 b dargestellte Sehpigment, das im ultravioletten und im grünen Spektralbereich absorbiert, nicht bilden. Mittels Gentechnik ist es jedoch möglich, das entsprechende Gen wieder in die Keimbahn einzuschleusen, so daß die Nachkommen wieder normal sehen können. Es ist sogar möglich, in die defekten Sehzellen ein Gen für einen anderen Sehfarbstoff, z.B. den der ultraviolett-blauempfindlichen Rezeptoren der Ozellen, einzubauen. Die so manipulierten Tiere sehen dann allerdings mit veränderter Spektralempfindlichkeit. Die auf die Absorption folgende Phototransduktion funktioniert auch mit einem solchen „fremden" Sehfarbstoff. Dies zeigt, daß die im Abschnitt 17.3 beschriebene Enzymkaskade der Transduktion nicht jeweils auf einen Sehfarbstoff spezifisch abgestimmt ist, sondern von verschiedenen Sehfarbstoffen aktiviert werden kann [18].

Auch die Leistung der Helligkeitskonstanz erfordert Photorezeptoren verschiedener Spektralempfindlichkeit

Im Verlauf des Tages und je nach Wetterbedingungen oder dem Biotop kann sich die spektrale Zusammensetzung des natürlichen Lichtes stark ändern. Als Konsequenz ändert sich die Reflektion verschiedenfarbiger Objekte: ein roter Gegenstand reflektiert im Abendrot relativ mehr Licht als ein grüner. Ein Monochromat, d.h. ein Lebewesen mit nur einer Art von Photorezeptoren, hat deshalb Schwierigkeiten beim Erkennen von Objekten: eine ihrer wesentlichen Eigenschaften, ihre relative Helligkeit, bleibt nicht konstant. Ein Lebewesen mit Photorezeptoren von nicht nur einer sondern z.B. zwei oder drei verschiedenen Spektralempfindlichkeiten, kann im Prinzip durch geeignete Verrechnung den Einfluß der verschiedenartigen Beleuchtung eliminieren, so daß die relative Helligkeit von Objekten in der Wahrnehmung konstant bleibt. Es ist denkbar, daß im Verlauf der Evolution das Problem der **Helligkeitskonstanz** die Entwicklung von Photorezeptoren unterschiedlicher Spektralempfindlichkeit begünstigt hat. Die komplexere Leistung des Farbensehens hat sich möglicherweise erst später hieraus entwickelt [7]. Bei farbtüchtigen Sehsystemen tritt anstelle der Leistung der Helligkeitskonstanz die der **Farbkonstanz** (Kapitel 18).

17.5 Die Netzhaut (Retina)

Die Retina des Wirbeltierauges besteht aus sieben verschiedenen Zelltypen, die der Komplexaugen lediglich aus Sinnes- und Pigmentzellen

Außer den Lichtsinneszellen enthält die Wirbeltierretina folgende Nervenzell-Typen: **Bipolar-, Ganglien-, Horizontalzellen** sowie **amakrine Zellen** (Abb. 17-16 a-c). Zusätzlich gibt es in der Retina Gliazellen und Pigmentepithelzellen. Photorezeptoren und Neuronen dienen der Informationsaufnahme, -übertragung und -verarbeitung, während Gliazellen, soweit bekannt, vor allem zur Regulation des Ionenmilieus beitragen. Die Pigmentzellen absorbieren Licht, soweit es nicht schon in den Augenmedien oder Rezeptoren absorbiert wurde (Abb. 17-1 b), und reduzieren dadurch Streulicht im Auge. Außerdem läuft in ihnen ein Teil der biochemischen Prozesse ab, die zur Reisomerisierung des bei der Lichtabsorption in die all-trans-Konformation überführten Chromophores führen (Abschnitt 17.3). *Die Pigmentzellen im Komplexauge bewirken die optische Isolation der Ommatidien und tragen, ähnlich wie die Gliazellen, zur Ionenregulation bei.* Bei Insekten leiten die Axone der Photorezeptoren die Signale – z.T. über Interneurone – zu den optischen Ganglien: **Lamina, Medulla, Lobulakomplex** (Abb. 17-16 d). Ein Teil der Axone der Lichtsinneszellen endet bereits in der Lamina und wird dort auf Neurone 2. Ordnung synaptisch umgeschaltet. Andere enden erst in der Medulla. Photorezeptoren und Pigmentepithel des Wirbeltierauges entsprechen also der Insektenretina. Leistungen, die in der Wirbeltierretina in Neuronen zweiter und höherer Ordnung ablaufen, werden bei Insekten erst in den optischen Ganglien erbracht.

Photorezeptoren haben einen großen, Neuronen zweiter Ordnung einen kleinen Dynamikbereich

Reizt man den Photorezeptor eines Insekts mit Lichtreizen zunehmender Intensität ΔI, so *depolarisiert* die Zelle (Abb. 17-10 a), wobei die Amplitude ΔU des Rezeptorpotentials über einen Intensitätsbereich von 1:10 000 bis 1:100 000 monoton zunimmt, um dann eine Sättigung zu erreichen (Kurve I, Abb. 17-10 b). Ganz entsprechend verhält sich der Photorezeptor eines Wirbeltieres, nur daß hier das Rezeptorpotential *hyperpolarisiert* (Abb. 17-10 e, f). Die Rezeptorpotentiale werden über eine chemische Synapse auf **Neurone zweiter Ordnung** übertragen. Bei Insekten, wie z.B. Fliegen,

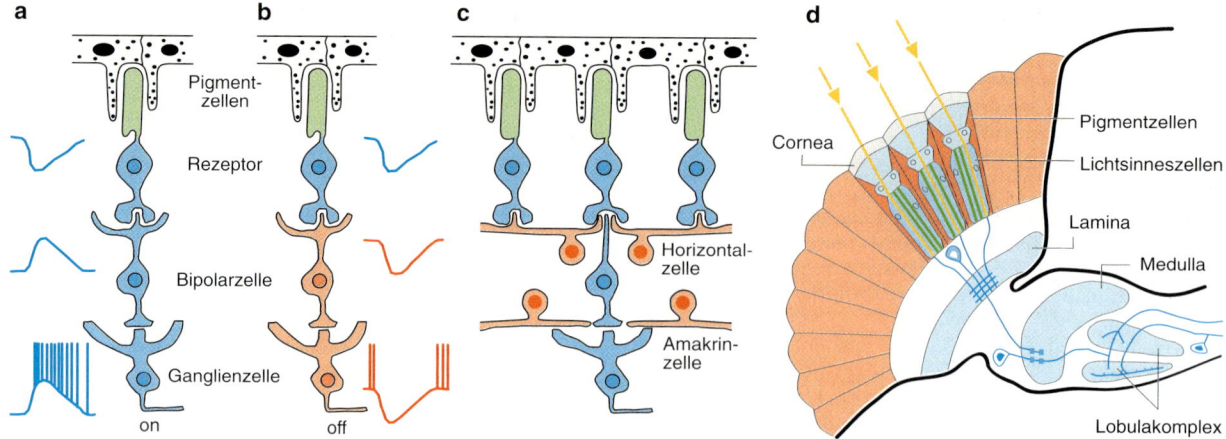

Abb. 17-16. Schematische Darstellung von Elementen der Wirbeltierretina und ihren funktionellen Verbindungen. **a** Die Belichtung des Photorezeptors führt zu einer Depolarisation (intrazellulär gemessener Potentialverlauf als Einschaltfigur) der Bipolarzelle und der nachfolgenden Ganglienzelle, die wegen der Depolarisation Nervenimpulse generiert („ON- Zelle"). **b** Die Belichtung des Photorezeptors führt zur Hyperpolarisation der Bipolarzelle, die ihrerseits dann auch die Ganglienzelle hyperpolarisiert. Dadurch wird ihre Spontanaktivität gehemmt („OFF-Zelle"). **c** Erweiterung des Schemas auf laterale Wechselwirkungen, wie sie für die Wirbeltier-Retina typisch sind: Der mittlere Photorezeptor depolarisiert bei Belichtung über die Bipolarzelle

die Ganglienzelle. Belichtung der seitlichen Rezeptoren führt dagegen zur Hyperpolarisation der Ganglienzelle. Diese Hemmung erfolgt über die Horizontal- und/oder Amakrinzellen. (nach [28]) **d** Komplexauge einer Fliege (z.B. *Musca*) mit den drei optischen Ganglien: Lamina, Medulla und Lobulakomplex (schematisch). In der Lamina ist ein Neuron (Monopolarzelle) eingezeichnet, auf das die Axone derjenigen Sinneszellen konvergieren, deren optische Achsen parallel ausgerichtet sind, die also auf einen Punkt der Umwelt sehen (neurale Superposition vgl. Abb. 17-6 c). Von der großen Zahl von Zelltypen, die in jedem der optischen Ganglien vorhanden sind, ist jeweils lediglich einer exemplarisch eingezeichnet

führt die Belichtung eines dunkeladaptierten Photorezeptors zu einer *Hyperpolarisation* der sogenannten **monopolaren Zelle** (Abb. 17-10 d), beim Wirbeltier kann sie in der sogenannten **bipolaren Zelle** ebenfalls zu einer *Hyperpolarisation* führen (Abb. 17-10 h, Abb. 17-16 b), oder aber, im zweiten Typ der Bipolaren, zu einer *Depolarisation* (Abb. 17-16 a).

Adaptation. Gibt man die Lichtreize nicht auf dunkeladaptierte Rezeptoren, sondern auf solche, die zuvor einem *Adaptationslicht* gewisser Intensität ausgesetzt wurden, so ist ΔU bei gleicher Reizintensität ΔI kleiner. Bei lang andauernden Lichtreizen beobachtet man eine Dauer-De- bzw. Hyperpolarisation (Abb. 17-10 b, f). Photorezeptoren reagieren auf Lichtreize, die sich über viele Zehnerpotenzen erstrecken, besitzen also einen großen Dynamikbereich, und signalisieren auch die mittlere Helligkeit (Plateauwerte PL in Abb. 17-10 b, f). Die Plateauwerte der Neurone zweiter Ordnung dagegen werden nach einigen Sekunden sehr klein, so daß diese Zellen wenig Information über die mittlere Helligkeit weitermelden. Dieser Effekt wird in beiden Augentypen durch laterale Hemmung noch verstärkt, wenn auch das Umfeld des Rezeptors beleuchtet wird (Abb. 17-10 d, h). Außerdem ist der **Dynamikbereich** der Neuronen zweiter Ordnung klein, so daß Vergrößerung der Intensität um den Faktor 10 bzw. Verkleinerung auf 1/10 schon zur Sättigung der Reaktion führen (Kurven III in Abb. 17-10 c und g). Das neuronale Netzwerk sorgt so

dafür, daß in den Neuronen zweiter Ordnung zwar Information über die mittlere Helligkeit weitgehend verloren geht, daß andererseits Abweichungen von der mittleren Helligkeit, die in natürlichen Szenen selten mehr als 1/5 bzw. das 5fache der mittleren Helligkeit ausmachen, möglichst gut repräsentiert werden.

In der Wirbeltierretina gibt es ON- und OFF-Zentrumzellen

Im Gegensatz zu den Photorezeptoren generieren die Ganglienzellen der Wirbeltierretina **Aktionspotentiale.** Dies entspricht der allgemeinen Regel, daß Nervenzellen – wie die retinalen Ganglienzellen – die Signale über große Distanzen leiten müssen, dies mittels der als „alles- oder nichts"-Ereignis wenig störanfälligen **Nervenimpulse** tun, während die Signalübertragung über kurze Entfernungen häufig mittels **graduierter Potentiale** erfolgt.

Rezeptive Felder. Leitet man mit elektrophysiologischer Technik die Signale der retinalen Ganglienzellen ab, z.B. die der Katze, so findet man besonders häufig zwei Antwort-Typen: Der eine Typ wird durch Reizpunkte erregt, die *heller* sind als der Hintergrund (**On-Zentrumzellen**), der andere durch Reizpunkte, die *dunkler* sind (**OFF-Zentrumzellen**).

Dieser Unterschied ergibt sich daraus, daß die den On-Ganglienzellen vorgeschalteten **Bipolaren** bei Belichtung der Photorezeptoren entweder *depolarisiert* oder *hyperpolarisiert* werden können. Die nachgeschalteten Ganglienzellen werden im ersten Fall ebenfalls depolarisiert und generieren Nervenimpulse, sobald die Depolarisation überschwellig ist: ON-Zentrumzelle. Die den OFF-Zentrenzellen vorgeschalteten Bipolaren werden bei Belichtung hyperpolarisiert, hyperpolarisieren ihrerseits die Ganglienzellen, die bei Belichtungsende depolarisieren und Nervenimpulse generieren (Abb. 17-16 a, b).

Würde – analog zu technischen Systemen – die mittlere Helligkeit der Umwelt durch eine mittlere Aktivität der Ganglienzellen kodiert, Helligkeit z.B. durch erhöhte, Dunkelheit durch verringerte Aktivität, so hätte dies folgende Konsequenzen: Die Ganglienzellen müßten dann dauernd mit einer relativ hohen Aktivität feuern, nur dann könnten sie Dunkelreize verschiedener Intensität hinreichend fein abgestuft signalisieren. Trotzdem würde eine Abweichung zum Hellen dem Gehirn mit kürzerer Latenz signalisiert, weil mehr Nervenimpulse pro Zeit zur Verfügung stünden, als eine Abweichung zum Dunkeln. Die Dichotomie der Ganglienzellen in einen **ON-** und einen **OFF-Kanal** hat also folgende Vorteile: (1) *Sie ist in Hinblick auf Energieverbrauch sparsam, weil die Ruheaktivität der Nervenzellen niedrig sein kann, und* (2) *es wird eine Symmetrie hinsichtlich Hell- und Dunkelreizen erreicht.* Dies macht Abbildung 17-17 d, e deutlich: Ein Hellreiz führt in der ON-Ganglienzelle der Katzenretina zu einer starken Zunahme der Aktivität auf über 100 Impulse/s (Abb. 17-17 d I). Verschieden starke Lichtreize können über verschieden starke Aktivitätszunahmen „kodiert" werden. Ein Dunkelreiz dagegen unterdrückt die Aktivität fast vollständig (Abb. 17-17 d II), weitgehend unabhängig davon, auf welchen Bruchteil die mittlere Helligkeit abgeschwächt wird: Dunkelreize werden nur ungenau wiedergegeben. Bei den OFF-Ganglienzellen ist es genau umgekehrt: Dunkelreize führen zu starker Aktivität mit entsprechend guter Repräsentation verschieden starker Dunkelreize (Abb. 17-17 e IV), Hellreize dagegen unabhängig von ihrer Stärke zur Unterdrückung jeglicher Aktivität (Abb. 17-17 e III).

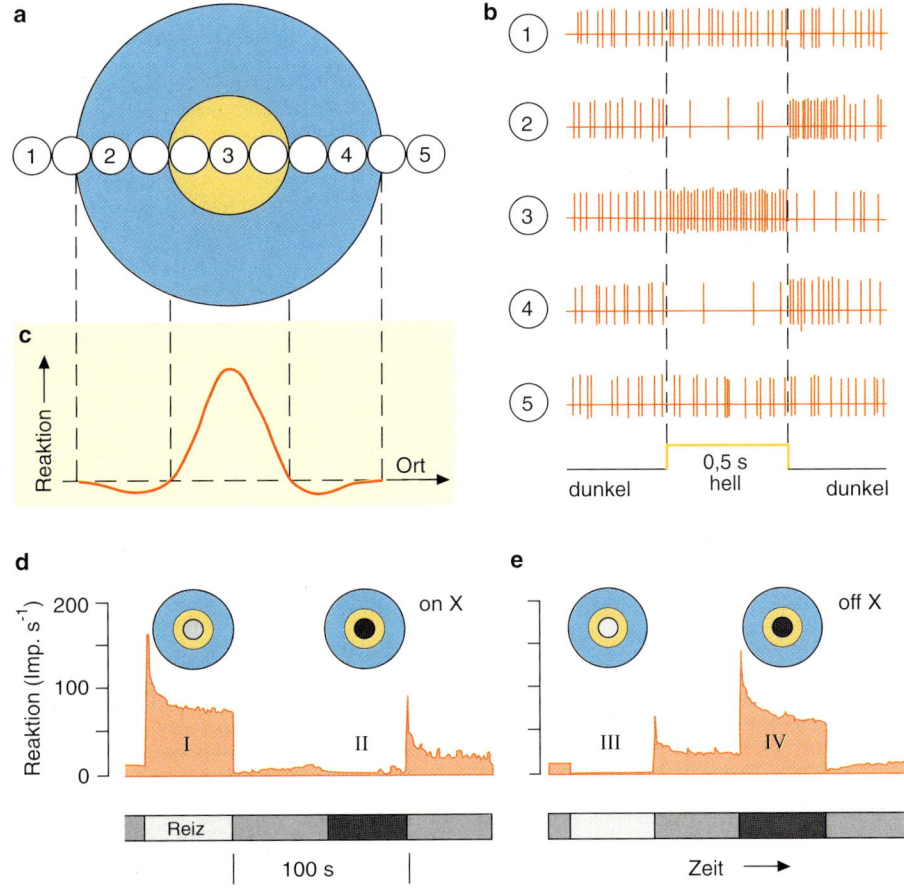

Abb. 17-17. Illustration, wie das rezeptive Feld einer Ganglienzelle in der Wirbeltierretina vermessen werden kann (schematisch). **a** Karte und Meßprotokoll des rezeptiven Feldes. Die Ortskoordinaten beziehen sich auf den Schirm, auf den das Versuchstier während des Versuches schaut. **b** Antworten (Nervenimpulse) der untersuchten Ganglienzelle auf einen kleinen Lichtreiz, der auf die in der Karte angegebenen Orte während der in **b** unten angegebenen Zeit angeschaltet wurde. **c** Reaktionsstärke der Zelle für an den verschiedenen Orten gegebene punktförmige Reize. Angegeben ist die Abweichung der Impulsfrequenz von der Ruheaktivität der Zelle. Die Größen der rezeptiven Felder in der Netzhaut der Katze variieren zwischen 1° und 15° Sehwinkel (aus [28]). **d, e** Originalregistrierungen von einer ON- und einer OFF-Zentrumzelle des Typs X aus der Katzenretina (Kap. 18). Der Reizpunkt war 1° für die ON-, 4° für die OFF-Zelle. Die Einschaltfiguren oben zeigen die rezeptiven Felder mit dem Lichtreiz, der dunkle Balken unten den Zeitverlauf des Lichtreizes (aus [5] modifiziert)

Neben dem direkten Weg vom Photorezeptor über die Bipolarzelle zur Ganglienzelle gibt es bei vielen Ganglienzellen auch indirekte Verbindungen über laterale Wechselwirkungen (Abb. 17-16 c). Hierdurch entstehen **rezeptive Felder der Ganglienzellen**, die durch ein Zentrum (z.B. erregend) und ein antagonistisch wirkendes Umfeld (z.B. hemmend) gekennzeichnet sind. Wie die Eigenschaften eines solchen Feldes experimentell bestimmt werden können, ist in Abbildung 17-17 a und b veranschaulicht. Beleuchtet man eine Wirbeltierretina mit diffusem Licht, so ändern Ganglienzellen mit rezeptiven Feldern, wie den in Abbildung 17-17 a gezeigten, ihre Aktivität praktisch nicht, da die Erregung des Zentrums durch das hemmende Umfeld weitgehend kompensiert wird. Fällt dagegen ein kleiner heller Punkt auf das Zentrum des rezeptiven Feldes, so generiert die Ganglienzelle verstärkt Nervenimpulse.

In den Netzhäuten von Säugetieren kann man 12 bis 15 Klassen von Ganglienzellen unterscheiden. Drei davon sind in Abbildung 18-4 gezeigt. Sie sind durch ihre rezeptiven Feldgrößen, dynamisches Verhalten, Empfindlichkeit für Farben und andere Eigenschaften charakterisiert. Weitere Details sind in Kap. 18 beschrieben. Von den Eigenschaften der den Ganglienzellen entsprechenden Neuronen 3. Ordnung in der Medulla von Insekten ist sehr viel weniger als von den Ganglienzellen der Wirbeltier-Retina bekannt, weil diese Zellen häufig so klein sind, daß elektrophysiologische Ableitungen nur in seltenen Fällen gelingen.

17.6 Literatur

Weiterführende Lehr- und Handbücher

1. Autrum H, Jung R, Loewenstein WR, MacKay DM, Teuber HL (1971–1981) Handbook of sensory physiology, vols 1–9. Springer, Berlin
2. Campenhausen C von (1993) Die Sinne des Menschen. Thieme, Stuttgart
3. Cronly-Dillon J (1991) Vision and visual dysfunction, vols 1–17. Macmillan, London
4. Lythgoe JN (ed) (1979) The ecology of vision. Clarendon, Oxford
5. Rodieck RW (ed) (1973) The vertebrate retina. Freeman, San Francisco
6. Snyder AW, Menzel R (eds) (1975) Photoreceptor optics. Springer, Berlin

Einzel- und Übersichtsarbeiten

7. Campenhausen C von (1986) Photoreceptors, lightness constancy and color vision. Naturwissenschaften 73:674
8. Dartnall HJA, Bowmaker JK, Mollon JD (1983) Human visual pigments: microspectrophotometric results from the eyes of seven persons. Proc R Soc Lond [Biol] 220:115–130
9. Exner S (1891) Die Physiologie der facettierten Augen von Krebsen und Insekten. Deuticke, Leipzig
10. Frisch K von (1965) Tanzsprache und Orientierung der Bienen. Springer, Berlin
11. Hamdorf K (1979) The physiology of invertebrate visual pigment. In: Autrum H (ed) Invertebrate photoreceptors. Springer, Berlin, p 145 (Handbook of sensory physiology, vol 7/6A: Comparative physiology and evolution of vision in invertebrates)
12. Hecht S, Shlaer S, Pirenne MH (1942) Energy, quanta and vision. J Gen Physiol 25:819–840
13. Kaupp UB, Koch K-W (1992) Role of cGMP and Ca^{2+} in vertebrate photoreceptor excitation and adaptation. Annu Rev Physiol 54:153–175
14. Kirschfeld K (1971) Aufnahme und Verarbeitung optischer Daten im Komplexauge von Insekten. Naturwissenschaften 58:201–209
15. Kirschfeld K (1976) The resolution of lens and compound eyes. In: Zettler F, Weiler R (eds) Neural principles in vision. Springer, Berlin, pp 354–370
16. Kirschfeld K (1983) Are photoreceptors optimal? TINS 6:97–101
17. Kirschfeld K (1984) Linsen- und Komplexaugen: Grenzen ihrer Leistung. Naturwiss Rundsch 37:352–362
18. Kirschfeld K (1990) Genetisch manipulierte Sehfarbstoffe von Drosophila. Naturwiss Rundsch 43:55–61
19. Kunze P (1979) Apposition and superposition eyes. In: Autrum H (ed) Invertebrate photoreceptors. Springer, Berlin, p 441 (Handbook of sensory physiology, vol 7/6A: Comparative physiology and evolution of vision in invertebrates)
20. Land MF (1991) Optics of the eyes of the animal kingdom. In: Cronly-Dillon JR, Gregory RL (eds) Evolution of the eye and visual system. Macmillan, London, p 118 (Vision and visual dysfunction, vol 2)
21. Laughlin S (1981) Neural principles in the peripheral visual systems of invertebrates. In: Autrum H (ed) Invertebrate visual centers and behavior I. Springer, Berlin, p 133 (Handbook of sensory physiology, vol 7/6B: Comparative physiology and evolution of vision in invertebrates)
22. Menzel R, Backhaus W (1991) Colour vision in insects. In: Gouras P (ed) The perception of colour. Macmillan, London, p 262 (Vision and visual dysfunction, vol 6)
23. Mollon J (1992) Worlds of difference. Nature 356:378–379
24. Neumeyer C (1991) Evolution of colour vision. In: Cronly-Dillon JR, Gregory RL (eds) Evolution of the eye and visual system. Macmillan, London, p 284 (Vision and visual dysfunction, vol 2)
25. Schaeffel F, Howland HC (1991) Properties of the feedback loops controlling eye growth and refractive state in the chicken. Vision Res 31:717–734
26. Vogt K (1980) Die Spiegeloptik des Flußkrebsauges. J Comp Physiol 135:1–19

27. Vogt K, Kirschfeld K (1984) Chemical identity of the chromophores of fly visual pigment. Naturwissenschaften 71:211–212

28. Wäßle H (1984) Auge und Gehirn: Informationsverarbeitung im visuellen System der Säugetiere. In: Karlson P et al. (Hrsg) Information und Kommunikation. Naturwissenschaftliche, Medizinische und Technische Aspekte. Wissenschaftliche Verlagsgesellschaft, Stuttgart, S 227

29. Zuker CS, Cowman AF, Rubin GM (1985) Isolation and structure of a rhodopsin gene from D melanogaster. Cell 40:851–858

18 Zentrale Sehsysteme

K.-P. Hoffmann und C. Wehrhahn

Das Verhalten vieler Tiere wird vom Sehen dominiert. Besonders *hochentwickelte Sehsysteme* finden sich häufig bei fliegenden Tieren. Libellen und Raubwespen verfolgen und fangen, ähnlich wie Schwalben, Insekten als Beute in der Luft. Männliche Bienen und Fliegen verfolgen und ergreifen mögliche Sexualpartner im Flug. Primaten besitzen ein hochauflösendes räumliches und gleichzeitig farbtüchtiges Sehvermögen.

Die Leistung des Sinnesorgans **Auge** für die visuelle Wahrnehmung und Verhaltenskontrolle liegt in der Aufnahme und peripheren Verarbeitung von optischen Signalen. Aus diesen Daten rekonstruiert das Gehirn verhaltensrelevante Informationen über die Umwelt wie *Helligkeit, Bewegung, Tiefe, Form und Farbe* von Objekten. Die Information aus dem Auge konvergiert im Gehirn mit Informationen aus anderen Sinnesorganen. Das Ergebnis der zentralnervösen Prozesse bilden **Sensomotorik, Wahrnehmung** und schließlich **zielgerichtete Verhaltenssteuerung**. Mit Sensomotorik ist die schnelle, automatische und beim Menschen oft unbewußte Verknüpfung von sensorischer Erregung und motorischen Kommandos gemeint. Der Begriff der Wahrnehmung bezeichnet einen Aspekt des Lebens aller Tiere, der über die physikalische Abbildung der Umwelt im Nervensystem hinausgeht. Die Wahrnehmung dient dem Ordnen und damit dem *Bewerten von Eigenschaften* von Objekten in der Umwelt im Hinblick auf das wahrnehmende Subjekt.

Die physikalischen Eigenschaften der Umwelt werden von den Sinnesorganen kodiert und vom zentralen Nervensystem interpretiert. Wir sprechen daher bei der Behandlung des Farbensehens einerseits von Farbe (z.B. rot, gelb oder blau), wenn wir die Wahrnehmung der entsprechenden Oberflächeneigenschaft durch ein Subjekt (Mensch oder Tier) meinen, und andererseits von der Wellenlänge oder dem Spektrum des von dieser Oberfläche reflektierten Lichts, wenn wir die für die Farbwahrnehmung wichtigen, aber nicht hinreichenden physikalischen Eigenschaften der Oberfläche beschreiben. Der Prozeß der visuellen Wahrnehmung wird von mehreren Faktoren beeinflußt. Eine wichtige Rolle spielen die *genetisch* bestimmte Ausstattung der Sinnesorgane und ihre Projektionen ins Zentralnervensystem, die zusätzlich durch *aktivitätsabhängige* und *selbstorganisierende* Prozesse angepaßt werden. Zentralnervös werden die Signale der Sinnesorgane im häufig *erlernten* Kontext der aktuellen Situation und der individuellen Geschichte des Tieres bewertet und in seine Wahrnehmung umgesetzt. Die dabei ablaufenden Prozesse sind nur schwer beobachtbar, bestimmen aber das Verhalten eines Tieres wesentlich (siehe Kap. 12).

18.1 Sehen als aktiver Prozess

> **Der Sehvorgang vieler Tiere enthält zwei Blickbewegungsphasen mit getrennten, aber oft kooperierenden Geschwindigkeitsbereichen**

1. **Schnelle, ruckartige Augenbewegungen** oder **Sakkaden** mit Geschwindigkeiten von meistens weit über 100°/s dienen dazu, den Blick durch Augen-, Kopf- oder Körperbewegungen stationären oder bewegten Objekten zuzuwenden. Beim Betrachten einer stationären Szene treten ausschließlich Sakkaden auf (Abb. 18-1a). So wenden z.B. Primaten während der aktiven visuellen Exploration ihren Blick innerhalb einer Sekunde mehreren Zielen zu. Zwischen den Sakkaden liegen etwa 300 bis 500 Millisekunden lange Fixationsphasen, während derer das Bild der Umwelt auf der Retina möglichst unbewegt gehalten wird. Wir wissen durch Eigenbeobachtung, daß nur in diesen kurzen *„Augenblicken"* die Umwelt bewußt wahrgenommen wird. Beobachten wir unsere Augen in einem Spiegel, so sehen wir sie ausschließlich in Ruhe, auch wenn wir im Spiegelbild umherblicken. *Die Wahrnehmung wird während der Sakkaden unterdrückt.*

2. Langsame **Blickfolgebewegungen** mit Geschwindigkeiten bis etwa 120°/s treten nur bei Rela-

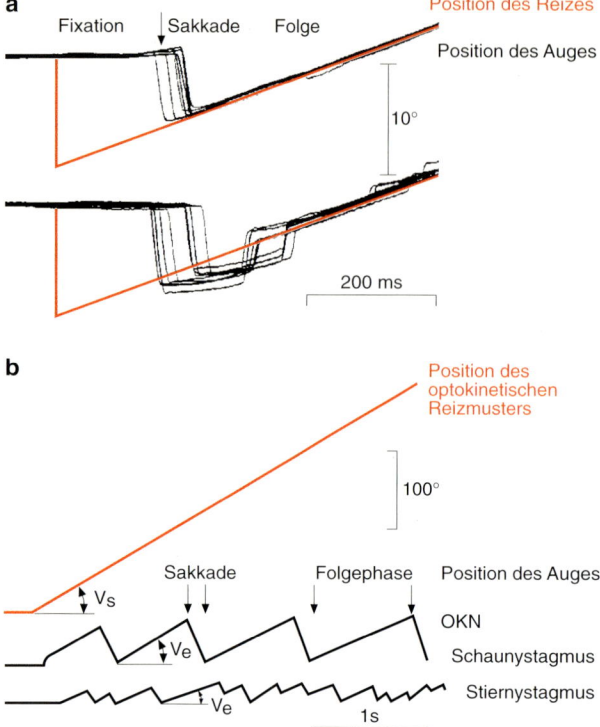

Abb. 18-1. Augenbewegungen beim Verfolgen bewegter Bilder. **a** Fixation und Verfolgen eines einzelnen Objektes. *Rot:* Änderung der Position des Reizes *Schwarz:* Verschiedene Phasen der Augenposition. Fixation des stationären Ziels; das Abbild des zu verfolgenden Objekts mit einer Sakkade in die Fovea bringen; danach Folgebewegung des Auges mit einer im Voraus berechneten Geschwindigkeit, die möglichst nahe an der Objektgeschwindigkeit liegt. *Oben:* normale glatte Folgebewegung der Augen, unten: Folgebewegung bei gestörtem Bewegungssehen. Die 1. Sakkade ist zu weit, da die Bewegung des Reizes nicht mit eingerechnet wurde und die eingestellte Folgegeschwindigkeit des Auges ist zu langsam. Beides wird durch Sakkaden korrigiert. **b** Betrachten einer sich kontinuierlich bewegenden Szene (optokinetischer Nystagmus) *Rot:* konstante Geschwindigkeit eines großflächigen optokinetischen Reizes, *Schwarz, obere Spur:* Augenbewegung beim Folgen ausgewählter Reizelemente des Musters (Schaunystagmus). *Untere Spur:* Interessiertes Schauen auf das Muster, ohne einzelne Elemente länger zu verfolgen (Stiernystagmus). V, Geschwindigkeit

tivbewegung zwischen Betrachter und Umwelt auf. Sie stabilisieren das Bild der Umwelt auf der Retina oder von einzelnen Objekten auf einem spezialisierten Bereich der Retina (*Fovea*) (Abb. 18-1). *Minimierung retinaler Bildverschiebungen ist Voraussetzung für räumlich hochaufgelöstes Sehen.*

Bei kontinuierlicher Relativbewegung zwischen einem Betrachter und der Umwelt, wie etwa bei größeren Drehbewegungen oder beim Schauen aus dem Fenster eines fahrenden Zuges, wechseln sich langsame Folgephasen und Sakkaden während der Stabilisierung des Retinabildes ab (**optokinetischer Nystagmus,** Abb. 18-1b). Beim sogenannten *„Schaunystagmus"* werden aktiv Einzelheiten in der Umwelt fixiert, beim *„Stiernystagmus"* erfolgt die Stabilisierung des Retinabildes unwillkürlich (hierbei treten bei Totenkopfaffen Augenfolgebewegungen bis zu 400 °/s auf.) Mikrobewegungen des Auges wie **Tremor** und **Mikrosakkaden** (kleine Blicksprünge mit einer Amplitude von in der Regel wenigen Winkelminuten, die sich willentlich unterdrücken lassen) können den Fixationsphasen überlagert sein. Sie verhindern lokale Adaptation [1].

Fliegen steuern ihre Flugbewegungen mit Körpersakkaden

Die **Komplexaugen der Fliege** sind wie bei vielen Tieren fest mit dem Kopf verbunden. Der Kopf der Fliege kann dagegen unabhängig vom Körper rollen, drehen und nicken. Fliegen erzeugen im Flug aktiv Drehbewegungen um alle drei Raumachsen und variieren dazu noch Schub und Hub. Bereits bei Inspektion der Flugbahn einer frei fliegenden Stubenfliege wird klar, daß Drehbewegungen um die vertikale Körperachse eine Schlüsselrolle beim Folgeverhalten von zwei Fliegen spielen (Abb. 18-2) [23].

Diese Drehbewegungen werden als kurzzeitige, schnelle Drehungen (*Körpersakkaden*) ausgeführt,

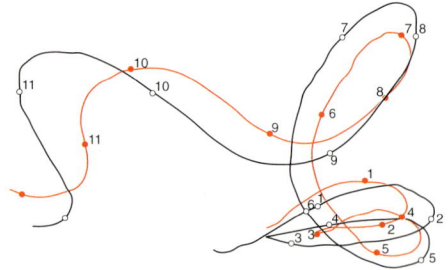 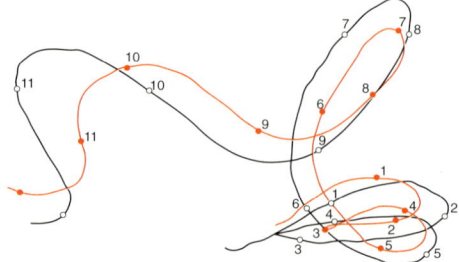

Abb. 18-2. Dreidimensionale Rekonstruktion einer Verfolgungsjagd zwischen zwei männlichen Fliegen. Durch Benutzen einer Stereobrille oder freie Fusion erscheint ein räumliches Bild. Die rote Linie bezeichnet die Flugbahn der verfolgten Fliege, die schwarze Linie die des Verfolgers. Gleiche Zahlen an den Punkten bezeichnen gleiche Zeitpunkte. Gleich zum Beginn der Ver-

folgungsjagd erkennt man eine sehr große Körpersakkade des vorausfliegenden Tiers, die zu einer Umkehr der Flugrichtung führt und damit, etwa 50 Millisekunden später, ein fast identisches Manöver des Verfolgers auslöst. Die gesamte Episode dauert etwa 2 Sekunden. Im freien Flug erzeugen Stubenfliegen etwa 3 bis 5 Körpersakkaden pro Sekunde [23] die durch Perioden getrennt sind, in denen keine oder nur geringe Drehbewegungen stattfinden. Das gilt für Flugepisoden, in denen die Tiere frei herumfliegen, und die der Situation der *visuellen Exploration* bei Primaten etwa analog sind. Während einer Körpersakkade bewegt sich die gesamte Umwelt in Gegenrichtung über das Raster der Photorezeptoren (Kap. 17). Wenn keine Drehbewegung erzeugt wird, ergibt sich durch die Vorwärtsbewegung im Flug ein Bewegungsmuster, dessen Zentrum in Flugrichtung liegt. Von diesem Zentrum aus werden in Abhängigkeit von Geschwindigkeit und Musterentfernung *radiale Bewegungsmuster* in Gegenrichtung zur Flugrichtung erzeugt (*Flußfeld*) [8, 15].

Auch bei Verfolgungsflügen (z.B. zwischen Männchen und Weibchen) werden Drehbewegungen als Körpersakkaden ausgeführt. In diesem Fall ändert der Verfolger (durch eine Körpersakkade) seine Flugrichtung so, daß die verfolgte Fliege in Flugrichtung bleibt und auf der Netzhaut möglichst unbewegt gehalten wird. Diese Flugstrategie ist ein Beispiel für eine sehr schnelle sensomotorische Steuerung.

18.2 Parallele Informationsverarbeitung in zentralen Sehsystemen

Licht, von den Objekten in der visuellen Umwelt reflektiert, wird in den Linsenaugen vom dioptrischen Apparat in ein zweidimensionales Abbild auf den Sinneszellen fokussiert. Die Augen der Arthropoden haben auf Grund ihres Baus als *Komplexaugen* eine geringere **räumliche Auflösung** als die großen *Linsenaugen* der Wirbeltiere (siehe Kapitel 17). In den Linsenaugen wird schon auf der Ebene der Retinen eine Spezialisierung der Sinnes- oder Ganglienzellen für verschiedene Reizparameter beobachtet; damit erreicht unterschiedliche Information die einzelnen Projektionsgebiete im zentralen Sehsystem. Auch Komplexaugen und die ihnen unmittelbar nachgeschalteten Ganglien verarbeiten die Sehinformation in parallelen Bahnen. Das Prinzip der **parallelen Informationsverarbeitung** [4] wird in beiden hochentwickelten Sehsystemen über viele zentralnervöse Stationen beibehalten.

▼ **Die Retina der Vertebraten ist ein Teil des Gehirns**

Ontogenetisch entsteht die *Anlage der Retina* bereits im frühen Stadium der Neurula in jenem Bereich der noch offenen Medullarplatte, der zum **Dienzephalon** wird (Kap. 2). Somit verbinden die Axone der **Ganglienzellen** die Retina mit anderen Teilen des Gehirns und bilden eigentlich einen Trakt innerhalb des Gehirns. Der Teil außerhalb

der Schädelkapsel wird jedoch als **Seh"nerv"** (*Nervus opticus*) bezeichnet. Unmittelbar nach Eintritt in die Schädelkapsel kommt es bei allen Vertebraten zu einer völligen oder teilweisen *Überkreuzung der Axone im Chiasma opticum*. Danach bilden gekreuzte Axone und ungekreuzte Axone gemeinsam den **optischen Trakt** (*Tractus opticus*). In ihm verlaufen auch zentrifugale Fasern vom Gehirn zur Retina.

Rezeptive Felder retinaler Ganglienzellen. Als H. K. Hartline 1930 zum ersten Mal die elektrische Aktivität einzelner Ganglienzellaxone aus der Retina des Frosches ableitete, entdeckte er drei Faserklassen: *ON-Fasern*, die ihre Aktivität bei Belichtung der Retina erhöhten, *OFF-Fasern*, die ihre Aktivität nach dem Ausschalten des Lichtes erhöhten und *ON/OFF-Fasern* (Siehe Kapitel 17 und [2]), die auf Belichtung und Verdunklung reagierten. Es dauerte über 20 Jahre bis Kuffler das wichtige Konzept der konzentrisch antagonistisch organisierten rezeptiven Felder (Kap. 17) einführte. Etwa zur gleichen Zeit ordneten Lettvin, Maturana, McCulloch und Pitts den neuralen Antworten in der Retina direkte Verhaltensrelevanz zu und sprachen statt von OFF-Zellen von *Fliegendetektoren* oder *Dämmerungsdetektoren*.

▼ **Retinale Ganglienzellen lassen sich in mehrere Klassen einordnen**

In einem heute weit verbreiteten Klassifikationsschema werden die zeitlichen Eigenschaften der Antworten der Ganglienzellen bei Reizung des Zentrums ihrer rezeptiven Felder als charakteristisches Merkmal herangezogen. Reagiert eine Zelle, solange der Reiz im Zentrum vorhanden ist, gilt die Antwort als **tonisch**, reagiert die Zelle nur kurz auf des Erscheinen bzw. Verschwinden des Reizes, gilt die Antwort als **phasisch**. Auch *morphologisch* wurden bei einer Reihe von Säugetieren die retinalen Ganglienzellen nach bestimmten Merkmalen als *Alpha-*, *Beta-* und *Gammazellen* klassifiziert (Abb. 18-3). *Alphazellen* haben die größten Somata, weitreichende stämmige Dendriten und dicke Axone. *Betazellen* haben die kleinsten und feinsten Dendritenbäume, mittelgroße Somata und Axone mittlerer Dicke. *Gammazellen* haben die kleinsten Somata, die dünnsten Axone und wenige, aber zum Teil weitreichende Dendriten.

Der morphologischen entspricht eine physiologische Klassifikation. *Alphazellen* werden bei der Katze als Y- bzw. beim Affen als M-Zellen, die *Betazellen* als X- bzw P-Zellen, die *Gammazellen* als W- bzw. K-Zellen bezeichnet. Die rezeptiven Felder der Y- oder M-Zellen sind *phasisch konzentrisch*, die der X- oder P-Zellen *tonisch konzentrisch* organisiert. M-Zellen antworten mit kurzer Latenz, haben größere rezeptive Felder als P-Zellen, sind sehr kontrastempfindlich und nicht selektiv für die Wellenlänge des Reizlichts. Die P-Zellen antworten nach längeren Latenzen als die M-Zellen, sind weniger kon-

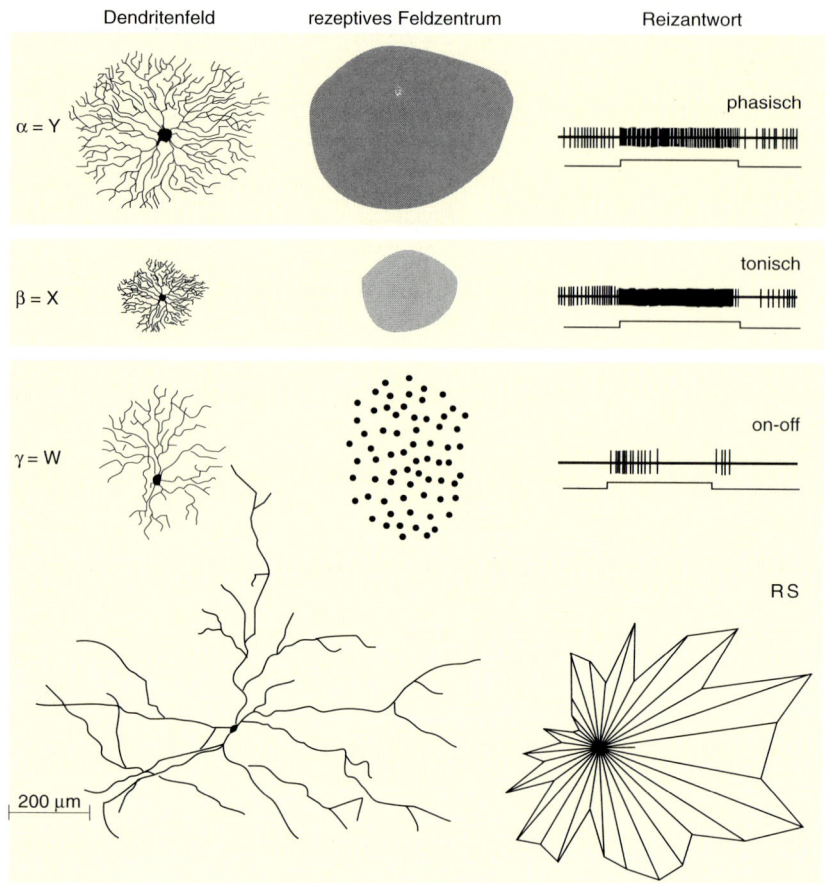

Dendritenfeld   rezeptives Feldzentrum   Reizantwort

α = Y

phasisch

β = X

tonisch

γ = W

on-off

RS

200 µm

Abb. 18-3. Morphologische und physiologische Merkmale der Alpha/Y-, Beta/X- und der Gamma/W-Ganglienzellen bei der Katze. Bei den Reizantworten stellt jeweils die untere Spur die Dauer des Reizes im Zentrum des rezeptiven Feldes, die obere Spur die Aktionspotentiale dar [19]. Siehe auch Abb. 17-23 und 17-24. Die Y-Zelle reagiert phasisch, das heißt sie erhöht und erniedrigt ihre Entladungsrate hauptsächlich bei Änderungen in der Reizkonfiguration. Die X-Zelle reagiert tonisch, das heißt mit fast gleichbleibender Entladungsrate solange die Reizung im Zentrum des rezeptiven Felds anhält. Die W-Zellen sind eine heterogene Gruppe und reagieren z.B. sowohl auf das Erscheinen, wie das Verschwinden eines Reizes im Zentrum (on-off). Die Länge eines Radius in der Figur unten rechts gibt die Antwortstärke einer richtungsspezifischen W-Zelle wieder, wenn Reize sich entlang dieser Radien bewegen. RS: richtungsspezifisch

trastempfindlich, antworten aber selektiv auf Licht bestimmter Wellenlängen, eine essentielle Voraussetzung für die Farbwahrnehmung. W- oder K-Zellen können ebenfalls in **phasisch** oder **tonisch konzentrische** Antworttypen eingeteilt werden, reagieren aber mit niedrigeren Entladungsraten. Zusätzlich gibt es bei den **W**- oder **K**-Zellen eine Fülle von hochspezialisierten rezeptiven Feldtypen wie **kontrastspezifisch** oder **farbspezifisch**, **richtungsspezifisch** oder **orientierugsspezifisch**. Diese Antworttypen der **W**-Zellen sind bei allen Vertebraten zu finden und können als eine Art Grundplan angesehen werden [2, 3, 4].

> **Die Projektionsgebiete retinaler Ganglienzellen lassen sich in schwach retinotope und genau retinotope unterteilen**

1. Zu den Kernen mit einer **schwach ausgeprägten Retinotopie**, dafür aber mit spezifischem Eingang von einer funktionell einheitlichen Ganglienzellpopulation, zählen der Nucleus suprachiasmaticus (**NSC**) im *Hypothalamus*, Nucleus praetectalis olivaris (**NPO**) und Nucleus tractus optici (**NTO**) im

Praetektum sowie die Kerne des *akzessorischen optischen Systems* (**AOS**). 2. Zu den Kernen mit **genauen retinotopen Karten**, die von verschiedenen Ganglienzelltypen gebildet werden, zählen Colliculus superior (**CS**) und Corpus geniculatum laterale (**CGL**) (s. Tabelle 18-1 und Abb. 18-4).

Tabelle 18-1

Struktur	retinaler Eingang	Funktion
1.		
N. suprachiasmaticus	W-Zellen	Hell-Dunkel-Rhythmus
N. prätectalis olivaris	W-, X-Zellen	Pupillenkonstriktion
akzessorisches optisches System	W-Zellen	Blickstabilisierung (optokinet. Nystagmus)
2.		
Colliculus superior	W-, x-, Y-Zellen	visuell ausgelöste Zuwendereaktionen
Corpus geniculatum	w-, X-, Y-Zellen	Übermittlung und Modulation retinaler Signale zur Sehrinde

18.3 Funktionelle Anatomie des visuellen retinothalamokortikalen Systems

> **Das Corpus geniculatum laterale verbindet die Retina Punkt für Punkt mit dem visuellen Kortex**

Das *Corpus geniculatum laterale* (**CGL**) der Säuger, ein Kern im *Thalamus* (Zwischenhirn, Abb. 18-4), ist die Durchgangsstation für die Information von der Retina zur Hirnrinde. Hier enden die Fasern der verschiedenen Ganglienzellklassen (Y-, X-, W-Zellen oder M-, P-, K-Zellen bei Primaten) streng retinotop geordnet.

Bei den meisten Säugern treten Fasern aus den beiden Augen in räumlich getrennte Areale des CGL ein. Bei Vertretern mit großem binokularen Gesichtsfeld erscheint das CGL daher klar in bis zu sechs Schichten gegliedert. Die jeweils kontralaterale Gesichtsfeldhälfte wird in einem CGL in jeder dieser Schichten retinotop abgebildet und genau übereinandergelegt (Abb. 18-15). Die Fovea oder Area centralis wird ganz und entsprechend ihrer höheren Ganglienzelldichte vergrößert berücksichtigt.

CGL der Primaten. Es wird aufgrund seiner Zellgrößen in *magnozellulär* (**M**-Schichten 1 und 2), *parvozellulär* (**P**-Schichten 3 bis 6) und *koniozellulär* (**K**-Schichten über Schicht 6 oder zwischen den Schichten) eingeteilt. Die Axone der retinalen M-Zellen enden in den magnozellulären, die Axone der P-Zellen in den parvozellulären und die Axone der K-Zellen in den koniozellulären Schichten (s. Abb. 18-8). Zumindest in den parvozellulären Schichten des Genikulatums werden ON- und OFF- Zellen weitgehend in getrennten Schichten verschaltet. Bei Makaken liegen in den Schichten 3 und 4 vor allem OFF-, in den Schichten 5 und 6 vor allem ON-Zellen. Retinofugale Fasern des kontralateralen Auges enden in den Schichten 1, 4 und 6, die des ipsilateralen Auges in Schicht 2, 3 und 5.

CGL der Katze. Etwa 100.000 Axone aus jeder Retina projizieren in das **CGL**, doch nur 10–20 % der etwa 4000 Synapsen an einer genikulären Schaltzelle stammen von retinalen Terminalen (Abb. 18-5). Über glutamaterge Synapsen erregt eine retinale X-Faser der Katze etwa 5–10, eine Y-Faser 30–50 Genikulatumzellen. Dabei konvergieren nur wenige (1–8) retinale Axone überwiegend desselben Typs (W, X oder Y) auf eine Genikulatumzelle. *Die konzentrisch-antagonistischen rezeptiven Felder der retinalen X- oder Y-Zellen bleiben im CGL erhalten.* Weitere Projektionen zum CGL stammen aus der Schicht VI des visuellen Kortex und aus dem Hirnstamm.

Die kortikalen Terminalen sind bei weitem die häufigsten an den CGL-Projektionszellen und sind wie die retinalen Terminalen exzitatorisch (glutamaterg). Die kortikogenikulären Verbindungen sind streng reziprok, d. h., die Retinotopie bleibt zwischen visuellem Kortex und CGL erhalten. Dadurch kann die Entladungsaktivität vieler Neurone im CGL, die gemeinsam einen bestimmten Reiz

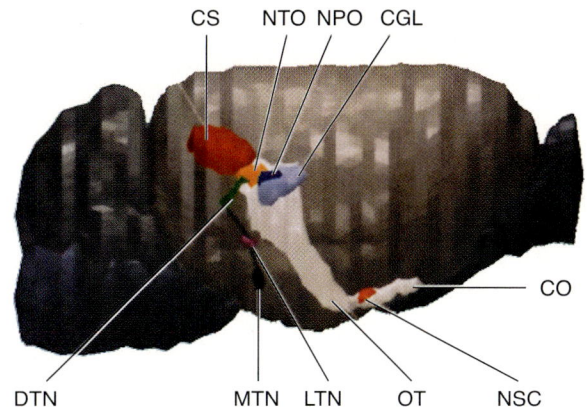

Abb. 18-4. Das zentrale Sehsystem im Gehirn eines Säugers. Kortex, hellgrau; Kleinhirn, dunkelgrau; Bulbus olfaktorius (vorn) und Medulla oblongata (hinten) anthrazit. Nach der Eintrittsstelle in die Schädelkapsel überkreuzen die Sehnerven im Chiasma opticum (CO) und die Axone der retinalen Ganglienzellen verlaufen im optischen Trakt (OT, weiß) zu folgenden Endigungsgebieten: Nucleus supra chiasmaticus (NSC, orange), Nucleus prätectalis olivaris (NPO, blau), Nucleus tractus optici (NTO, gelb), dorsaler (DTN, grün), lateraler (LTN, lila) und medialer (MTN, schwarz) terminaler Nucleus des akzessorischen optischen Systems sowie Corpus geniculatum laterale (CGL, hellblau) und Colliculus superior (CS, rot)

auf der Retina kodieren, über den Kortex synchronisiert und selektiv verstärkt werden. Bei den Projektionen aus dem Hirnstamm in das CGL findet man in den Terminalen als Transmitter Azetylcholin (Somata im pedunculo-pontinen Kern), Noradrenalin (Somata im Locus coeruleus) und Serotonin (Somata in den Raphe-Kernen). Inhibitorische Terminale (Transmitter: Gamma-Amino-Buttersäure, GABA) entstammen den Projektionen von Interneuronen im CGL, Neuronen des retikulären thalamischen Kerns (Perigenikulatum) und Neuronen des Kerns des optischen Trakts (NTO) im Prätektum.

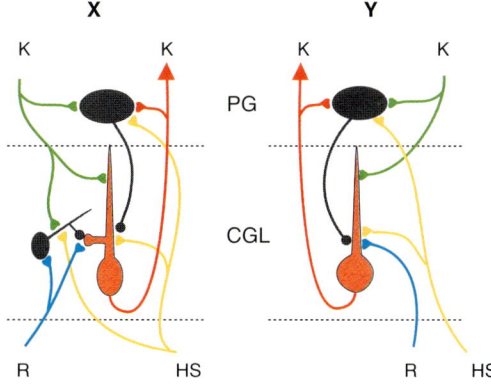

Abb. 18-5. Schematische Abbildung der Verschaltung der Y- und X-Projektionsneurone (rot) mit Axonen zum visuellen Kortex (K) in den A-Schichten des Corpus geniculatum laterale (CGL). Schwarz: inhibitorische Interneurone in den A-Schichten (klein) und im Perigenikulatum (PG) (groß). Grün: Rückprojektion aus dem visuellen Kortex (K), blau: retinaler Eingang (R), gelb: Projektionen aus dem Hirnstamm (HS)

Die Interneurone im CGL werden von den retinalen Axonen direkt, die GABAergen Neurone im Perigenikulatum von den genikulokortikalen und den kortikogenikulären Axonen aktiviert. Da das Perigenikulatum schalenförmig über dem CGL liegt, ist auch in dieser reziproken Verbindung eine genaue Retinotopie gewahrt. *Aufgrund vieler nichtretinaler Eingänge ist das CGL weitaus mehr als eine einfache Schaltstation.* Lokaler Kontrast, Signale aus der anderen Retina, Stereopsis, Augenbewegungen, konzentrierte Aufmerksamkeit, Bewußtsein und Schlaf-Wachen-Rhythmus können die Übertragung der Signale aus der Retina zum Kortex im CGL modulieren und damit die Wahrnehmung beinflussen [3].

Der primäre visuelle Kortex ist in funktionellen Schichten und Säulen organisiert

Im **primären visuellen Kortex (V1)** lassen sich aufgrund morphologischer Merkmale sechs Schichten unterscheiden (Abb. 18-6). Am auffälligsten ist die in weitere Unterschichten einteilbare und für **V1** charakteristische Schicht IV (daher V1 = Area striata). *In Schicht IVC endigen die genikulären M- und P-Fasern.* Sie projizieren bei Primaten auf Zellen, die nur von einem Auge innerviert werden und deren rezeptive Felder noch konzentrisch wie im

CGL sind. Schicht I enthält vor allem dünne Axone (z.B. koniozelluläre CGL-Axone), Dendriten und synaptische Verbindungen. Die Schichten II und III sind gekennzeichnet durch die Somata der **Pyramidenzellen**. *Von Schichten II und III gehen intra- und interkortikale Projektionen aus.* Schicht V ist wiederum durch ihre großen Pyramidenzellen charakterisiert, von denen die kortikofugalen Projektionen zum kontralateralen Kortex und Mittelhirn ausgehen. Neurone der Schicht VI schließlich liefern die Rückprojektion zum **CGL**.

Retinotopie in V1. In einer Zellsäule senkrecht zu den Schichten in V1 bleibt die Position der rezeptiven Felder auf der Retina und die Orientierung eines balkenförmigen Reizes, die maximale Antworten der Zellen hervorruft, konstant. D. Hubel und T. Wiesel führten 1963 [6] aufgrund dieser Befunde den Begriff **„funktionelle Säule"** ein. Die getrennte Verarbeitung der Information aus dem linken und rechten Auge in diskreten anatomischen Bereichen der Schicht IV von V1, *den Augendominanzbändern*, läßt sich mit verschiedenen neuroanatomischen Methoden nachweisen. Nach Injektion von radioaktiv markierten Aminosäuren in ein Auge sind durch transneuronalen Transport die Projektionen dieses Auges auch im visuellen Kortex sichtbar. In Schicht IV wechseln markierte Bereiche mit nichtmarkierten Bereichen ab. Die nichtmarkierten Bereiche entsprechen dem Terminationsgebiet der Projektionen aus dem nichtinjizierten Auge (siehe Kap. 25).

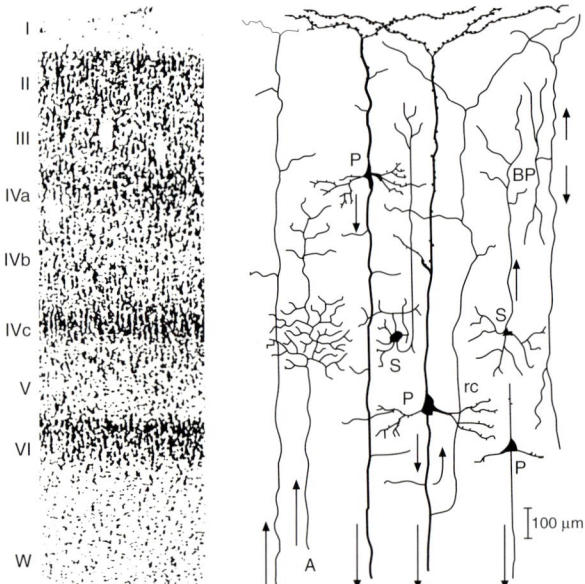

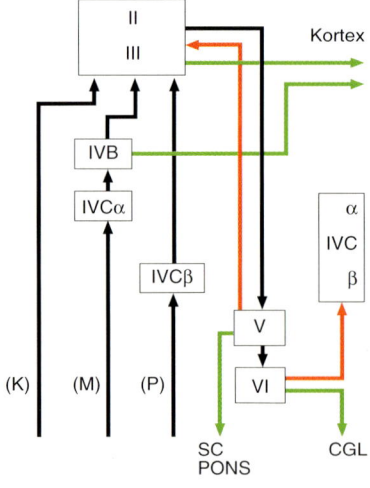

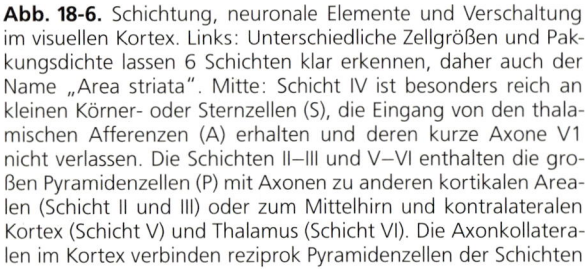

Abb. 18-6. Schichtung, neuronale Elemente und Verschaltung im visuellen Kortex. Links: Unterschiedliche Zellgrößen und Pakkungsdichte lassen 6 Schichten klar erkennen, daher auch der Name „Area striata". Mitte: Schicht IV ist besonders reich an kleinen Körner- oder Sternzellen (S), die Eingang von den thalamischen Afferenzen (A) erhalten und deren kurze Axone V1 nicht verlassen. Die Schichten II–III und V–VI enthalten die großen Pyramidenzellen (P) mit Axonen zu anderen kortikalen Arealen (Schicht II und III) oder zum Mittelhirn und kontralateralen Kortex (Schicht V) und Thalamus (Schicht VI). Die Axonkollateralen im Kortex verbinden reziprok Pyramidenzellen der Schichten II und III mit Pyramidenzellen der Schicht V. Axonkollaterale aus Schicht V projizieren auch auf Pyramidenzellen der Schicht VI. Axonkollateralen aus der Schicht VI projizieren zurück auf die Sternzellen der Schicht IVC. Sternzellen mit Dornfortsätzen (rechte S) und Pyramidenzellen sind exzitatorisch, glatte Sternzellen (linke S) sind inhibitorisch. BP: bipolares Interneuron. Rechts: Schema der neuronalen Verschaltung in V1. K: Koniozelluläre thalamische Afferenzen in die „blobs" der Schicht III, M: magnozelluläre, P: parvozelluläre Afferenzen. Schwarz: Vorwärtsprojektionen in V1, rot: Rückprojektionen in V1, grün: kortikofugale Projektionen

Monokulare Deprivation. Eine interessante Veränderung dieses Musters ergibt sich bei Tieren, die auf einem Auge *sehschwach, amblyop,* sind. Amblyopie eines Auges kann entstehen, wenn in den ersten Monaten nach der Geburt, bedingt durch einen Lidverschluß, eine Korneatrübung, einen Linsenkatarakt oder starkes Einwärtsschielen keine Konturen gesehen werden konnten. *Die einem amblyopen Auge zuzuordnenden Augendominanzbänder sind stark reduziert,* es hat beim binokularen Wettstreit um Territorium für die von ihm getriebenen Terminalen gegen des sehende Auge verloren. (Siehe Kapitel 2 und 23).

Orientierungsspezifität. Viele kortikale Neurone antworten bevorzugt auf bewegte oder zeitlich in ihrer Intensität modulierte Linien, Kanten oder Gitter einer bestimmten Orientierung. Neurone gleicher Orientierungsspezifität sind senkrecht zur Kortexoberfläche untereinander angeordnet, Zellen mit benachbarten Vorzugsorientierungen sind in benachbarten Säulen lokalisiert. Es entsteht eine kontinuierliche Abbildung aller Orientierungen. Diese Orientierungsdomänen bilden ein zweites Ordnungssystem, das von dem der Augendominanzbänder unabhängig ist.

Orientierungsdomänen lassen sich darstellen, indem intrinsische aktivitätsabhängige Signale mit Hilfe einer CCD-Kamera sichtbar gemacht werden *(„optical recording", Kap. 25).* Reizt man das Tier mit verschiedenen Orientierungen nacheinander, so kann durch Kombination der Einzelaufnahmen die ganze Komplexität des Systems dargestellt werden. Neurone mit gleicher Orientierungsspezifität sind wie die Speichen eines Rades und parallel zur Kortexoberfläche angeordnet.

Diese Darstellungsmethode beruht auf der Tatsache, daß die Zellen des Gehirns bei neuronaler Aktivität vermehrt Energie verbrauchen, die durch die überall im Gehirn reichlich vorhandenen kapillaren Blutgefäße zugeführt wird. Dabei erhöht sich auch der Verbrauch von Sauerstoff, d.h., die Konzentration des Sauerstoffs im Blut wird lokal als Folge von neuraler Aktivität verringert. Mit dem Sauerstoffgehalt verändern sich die Fluoreszenzeigenschaften des Blutes. Diese Veränderungen und damit also auch lokale Schwankungen der neuralen Aktivität lassen sich durch Aufnahme der Eigenfluoreszenz der Hirnrinde von Wirbeltieren mit einer hochempfindlichen CCD-Kamera sichtbar machen. Zur Verbesserung des Signals wird die Helligkeitsverteilung in der Sehrinde eines Affen bei visueller Reizung des Tiers mit Mustern einer Orientierung von der bei visueller Reizung mit der orthogonalen Orientierung subtrahiert. Diese Differenzsignale gehen in Abb. 18-7 ein.

Cytochrom c-Oxidase, „blobs und Streifen". Bisher wurden zwei kortikale Ordnungsprinzipien beschrieben, die *Augendominanzbänder* und die *Orientierungsdomänen.* Eine weitere Darstellungsmethode färbt spezifisch die Kortexareale an, die vermehrt ein bestimmtes Enzym der Atmungskette, die Cytochrom c-Oxidase (CO) in den Mitochondrien enthalten. Areale mit Zellen besonders hoher Stoffwechselaktivität werden sichtbar. In V1, an der

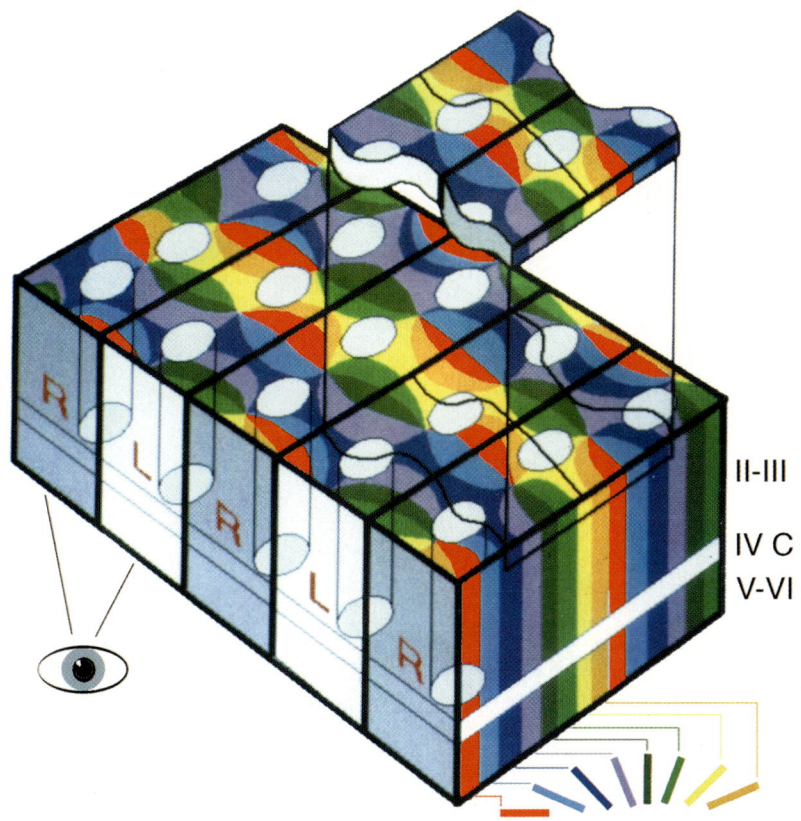

Abb. 18-7. Dreidimensionale Darstellung der Anordnung orientierungsspezifischer Neuronen in einem Ausschnitt aus V1. Zwei Okularitätsdominanzstreifen (R+L) nehmen etwa 0,8 mm ein. Nicht orientierungsspezifische Neurone befinden sich in Schicht IVC (weißer Streifen) und in den „blobs" am Übergang zwischen Schicht IV und III (weiße Ovale). Neurone mit einer bestimmten Orientierungsspezifität sind farbcodiert (unten rechts). Sie sind wie die Speichen eines Rades parallel zur Oberfläche angeordnet. Vier komplette Orientierungsdomänen sind vorn rechts herausgehoben. Nach [10]

II-III

IV C

V-VI

Grenze zwischen den Schichten III und IV befindet sich ein charakteristisches Muster CO-reicher Flecken, die „blobs". Zwischen diesen liegen CO-ärmere Regionen, die „interblobs". Die „blobs" erhalten koniozelluläre CGL-Eingänge. In dem auf V1 folgenden visuellen Kortexareal V2 treten dicke oder dünne CO-reiche „Streifen" auf. Sie werden durch CO-arme blasse Streifen voneinander getrennt. Dieses Muster findet man vor allem in den Schichten II/III, nicht in Schicht IV und schwach in Schicht V und VI. Die dünnen Streifen in V2 erhalten Eingänge aus den „blobs" in V1 (Abb. 18-8) [6].

Dorsale und ventrale Verarbeitungsbahn. Neben den Arealen **V1** und **V2** wurden beim Affen mindestens weitere 20 visuelle kortikale Areale beschrieben. Beim Menschen dürfte die Zahl noch höher sein. Man ordnet diese Areale vereinfachend entlang zweier **paralleler Verarbeitungsbahnen** an, im ventralen *okzipito-temporalen System für Objekterkennung und visuelles Gedächtnis* (s. Abb. 18-18), in dem es um inhaltliche Zuordnungen geht (das „was"-System), und im dorsalen *okzipito-parietalen System für Bewegungswahrnehmung und Stereopsis* (s. Abb. 18-10), in dem es um räumliche Zuordnungen und Handlungsplanungen geht (das „wo"- oder „wie"-System) [5].

18.4 Helligkeitssehen

Der Nucleus praetectalis olivaris (NPO) regelt die Lichtantwort der Pupille

Neurone im *Nucleus praetectalis olivaris* (***NPO***) des *Praetektums* erhalten eine Projektion von tonischen W- und X-Zellen aus beiden Augen. Jeder der beiden Kerne projiziert weiter in die *Edinger-Westphal-Kerne*. Jeder dieser Kerne enthält die *präganglionären parasympathischen* Fasern, die im *Ganglion ciliare* auf Zellen umgeschaltet werden, deren *postganglionäre* Axone den *Musculus sphincter pupillae* innervieren, der schließlich die Iris zusammenzieht.

Atropin aus dem Saft der *Tollkirsche (Belladonna)* antagonisiert die Wirkung von **Azetylcholin** an den *muskarinischen Rezeptoren* der glatten Muskulatur des *Musculus sphincter pupillae* und erweitert damit die Pupille (weite Pupillen = schöne Frau = „bella donna").

Die Entladungsrate der NPO-Neurone steigt mit dem Logarithmus der Helligkeitszunahme über der gesamten Retina. Durch diese Eigenschaft und ihre Verschaltung bewirken die NPO-Neurone eine helligkeitsabhängige, beidseitige *Pupillenkonstriktion*, die Belichtung eines Auges führt also zur Konstrik-

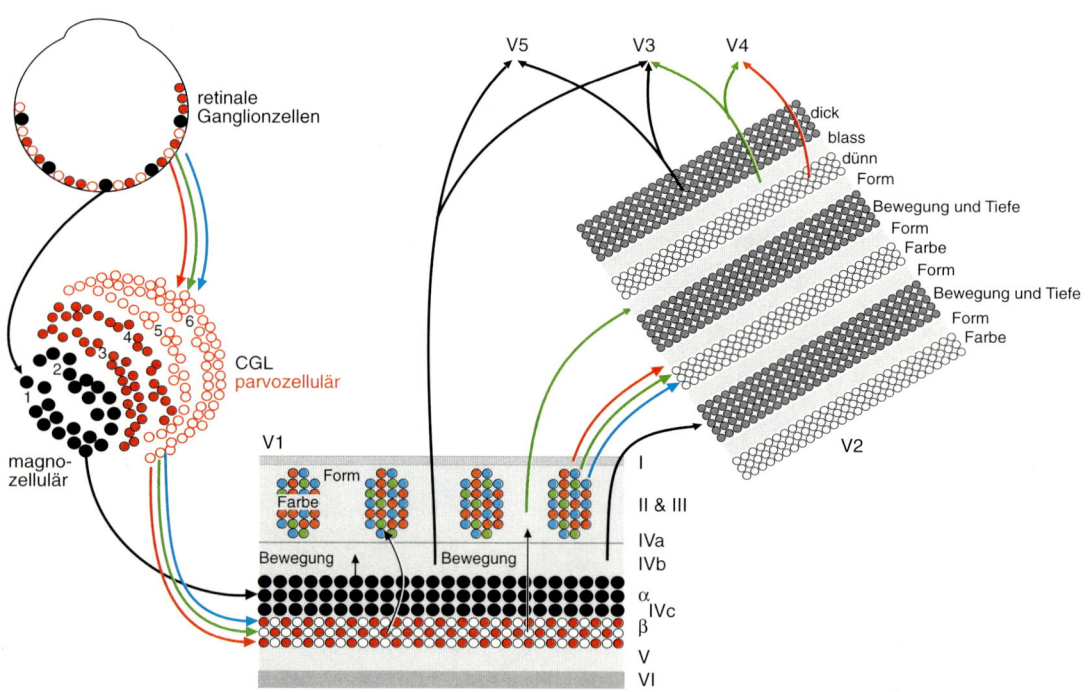

Abb. 18-8. Verarbeitung von Bewegung, Form und Farbe im Sehsystem der Primaten. Bei der Verarbeitung von bewegten Reizen sind die M-Zellen, Zellen in Schicht IVC alpha und IVB von V1, in den dicken Streifen von V2 sowie in V3 und V5 besonders aktiv (schwarze Verbindungen). Bei der Verarbeitung von Farbe sind die P-Zellen, Zellen in den „blobs" von V1, in den dünnen Streifen von V2 und in V4 am aktivsten (rote Verbindungen). Formen in Bewegung werden hauptsächlich von Zellen zwischen den „blobs" in V1, in den blassen Streifen von V2 und in V3 verarbeitet (grüne und schwarze Verbindungen), wohingegen Form und Farbe mehr auf Zellen in V4 konvergieren (grüne und rote Verbindungen). Nach [17]

tion beider Pupillen (**konsensueller Pupillenreflex**) (Abb. 18-9).

Neurone im Nucleus suprachiasmaticus (NSC) bestimmen den 24 h-Rhythmus der Vertebraten

Der *Nucleus suprachiasmaticus* (**NSC**) liegt direkt über dem Chiasma und ist das erste Projektionsgebiet entlang der retinofugalen Fasern. In der Regel sind die Projektionen aus der Netzhaut beider Augen gleichwertig, oder die jeweils kontralaterale überwiegt. Als Besonderheit bei Primaten kann im NSC die ipsilaterale retinale Projektion gegenüber der kontralateralen überwiegen. Die Ganglienzellen, die bei der Katze zum NSC projizieren, gehören morphologisch zur Klasse der *Gamma-Zellen*. Eine zusätzliche visuelle Projektion stammt aus dem Thalamus. Im Gegensatz zu den typischen Antworten, wie sie für Fasern des Sehnerven mit konzentrisch organisierten rezeptiven Feldern gefunden werden, zeigen die NSC-Neurone bei großflächigen Reizen keine hemmende (antagonistische) Umfeldreaktion: *bei Erhöhung der diffusen Helligkeit wird die Aktivität der NSC-Neurone tonisch unterdrückt, bei Erniedrigung der Helligkeit tonisch erhöht.* Der NSC ist verantwortlich für den 24 h-Rhythmus von Fressen, Trinken, lokomotorischer Aktivität, der Ausschüttung von Kortikosteroid u.a.. Die Helligkeitsmeldung aus der Retina dient als Zeitgeber zur Synchronisation des zirkadianen Rhythmus mit dem Hell-Dunkel-Wechsel des 24-Stunden-Tages (s. Kap. 14).

Weitere retinale Fasern zum **Hypothalamus** enden in der periventrikulären Region und im Septum und sollen an der Steuerung des Reproduktionsverhaltens beteiligt sein.

18.5 Bewegungssehen

Die kortikale Bahn für das Bewegungssehen bei Primaten wird wahrscheinlich aus den magnozellulären Projektionen gespeist, erhält aber auch Farbinformation

Für das kortikale Bewegungssehen enden Fasern aus den magnozellulären Schichten des **CGL** an Neuronen in Schicht IVC-alpha, die ihrerseits nach Schicht IVB in **V1** projizieren. Im **okzipito-parietalen System** projizieren die Neurone der Schicht IVB in V1 zu den dicken, Cytochrom c-Oxidase-reichen Streifen in **V2**, in den dorsalen Teil von **V3** und nach **V5** (**MT**) im Sulcus temporalis superior (**STS**) (Abb. 18-10). In allen Stationen dieser Bahn findet man besonders häufig Neurone, die *richtungsspezifisch* auf bewegte Reize antworten, dafür aber wenig wellenlängenselektiv sind. V5-Neurone reagieren außerdem auf Reize mit *binokularer Disparität* (siehe 18.6), ihr bevorzugter Reiz ist ein bewegter

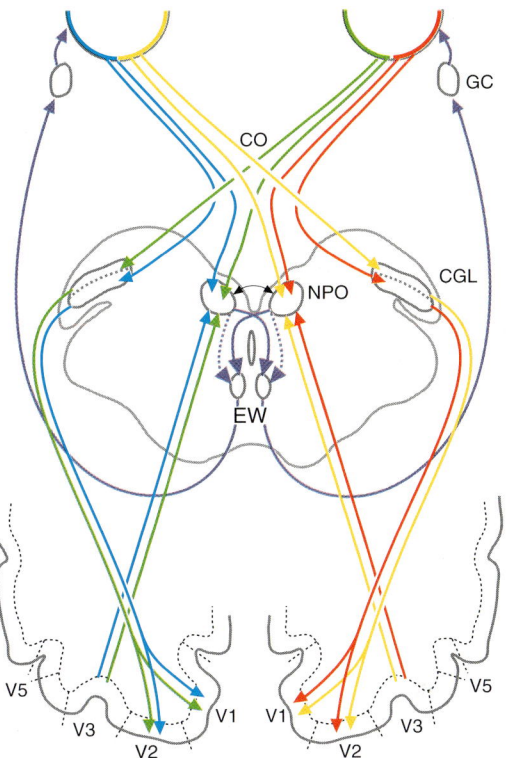

Abb. 18-9. Verschaltungsschema des Pupillenreflexes bei einem höheren Säuger. Für den konsensuellen Pupillenreflex (Beleuchtung eines Auges führt zum Zusammenziehen beider Pupillen) projizieren retinale Ganglienzellen beiseitig in den Nucleus prätectalis olivaris (NPO), jeder NPO projiziert wiederum in beide Edinger-Westphal-Kerne (EW). Neben diesen retinalen Eingängen erhält der NPO Information aus sekundären visuellen kortikalen Arealen (V3). Jeder EW enthält präganglionäre parasympathische Fasern, die im ipsilateralen Ganglion ciliare (GC) auf cholinerge Zellen umgeschaltet werden, deren Aktivität die glatten Fasern des Pupillenmuskels über muskarinische Rezeptoren kontrahieren läßt. CO: Chiasma opticum, CGL: Corpus geniculatum laterale. Nach [9]

Reiz vor stationärem Hintergrund. Ausschaltung von V5 führt u.a. zu einer Beeinträchtigung im Erkennen von Strukturen, die erst durch gemeinsame Bewegung ihrer Elemente entstehen (*structure from motion*). In weiteren Arealen des **okzipitoparietalen Systems (MST, FST, AST**; s. Abb. 18-10) gibt es bewegungsempfindliche Neurone mit besonderer Empfindlichkeit für Bewegung in der Tiefe, für Rotation und für durch Eigenbewegung erzeugte „*Bewegungsflußfelder*". Läsionen des posterioren Parietallappens (PK in Abb. 18-10) führen zu Ausfällen der räumlichen visuellen Wahrnehmung, wie beim visuell gesteuerten Greifen.

Foveales Folgen. Soll ein bewegtes Objekt erfaßt werden, dessen Abbild sich außerhalb der *Fovea* befindet, so wird es mit einer Sakkade in die Fovea gebracht. Danach wird

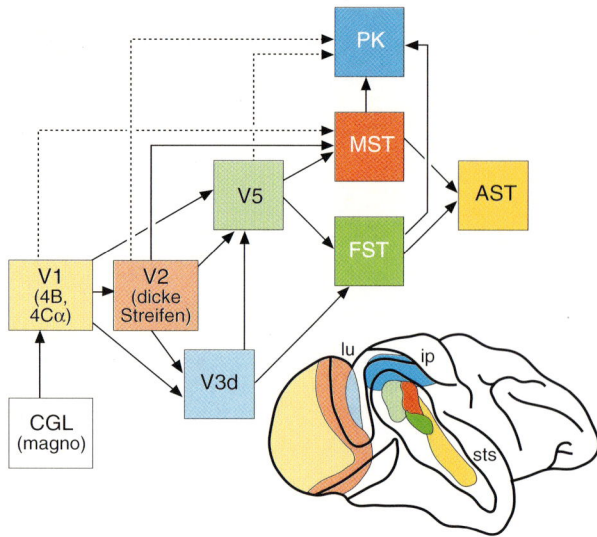

Abb. 18-10. Dorsale Bahn für „Bewegungs- und Raumwahrnehmung" in der Hirnrinde von Primaten. Die Hauptverbindungen zwischen den Arealen sind durch Pfeile gekennzeichnet. Gestrichelte Linien kennzeichnen Projektionen des peripheren Gesichtsfeldes. Die Areale sind in gleicher Farbe in den Kästchen und in der Aufsicht auf das Gehirn dargestellt. Die Sulci (von den dickeren Linien umrandet) sind aufgeklappt, so daß die Areale in ihnen darstellbar werden. CGL: **Corpus geniculatum laterale.** V1 liegt auf dem Occipitalpol, V2 und V3 im Sulcus lunatus (lu), V5, MST, FST und AST im Sulcus temporalis superior (sts), der visuelle Teil des Parietalkortex (PK) füllt den Sulcus intraparietalis (ip). Nach [5]

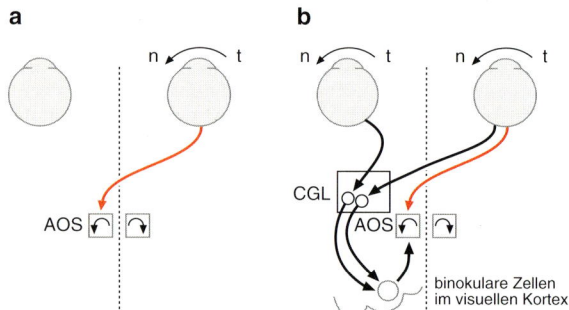

Abb. 18-11. Verschaltungsschema des optokinetischen Reflexes der Vertebraten. Aktivierung des linken dorsalen terminalen Nukleus des akzessorischen optischen Systems (AOS) bewirkt Folgephasen des optokinetischen Nystagmus nach links (entgegen dem Uhrzeigersinn, Reizung des rechten DTN Folgephasen im Uhrzeigersinn). n: nasal; t: temporal. **a** Die direkte Bahn (*rot*) von der Retina zum kontralateralen dorsalen terminalen Nukleus des (AOS) überträgt bei allen Vertebraten nur nach nasal gerichtete Reizbewegungen. Der monokulare optokinetische Nystagmus ist daher asymmetrisch (tritt bei temporal gerichteten Bewegungsreizen nicht auf). **b** Die zusätzliche kortikale Bahn (*schwarz*) beim Säuger überträgt nasal gerichtete Reizbewegungen vom kontralateralen Auge und temporal gerichtete Reizbewegungen vom ipsilateralen Auge zum AOS. Der OKN ist symmetrisch. (Tritt in beiden Horizontalrichtungen auf). [Nach 16]

das Abbild des Objektes durch die vorher berechnete Augengeschwindigkeit, die nahe an der Objektgeschwindigkeit liegt, in der Fovea gehalten (Abb. 18-1a). Bei Störungen des Bewegungssehens etwa durch eine Läsion in bewegungsspezifischen Arealen des Kortex (**V5**) oder durch einen stark strukturierten Hintergrund (Konflikt verschiedener Bewegungsrichtungen) kommt es zu einer Verminderung der Augengeschwindigkeit. Der Geschwindigkeitsfehler wird durch kleine Sakkaden kompensiert, die den Reiz wieder in die Fovea bringen (Abb. 18-1b).

> **Bewegungsspezifische Neurone in den terminalen Kernen des akzessorischen optischen Systems (AOS) im Mittelhirn der Vertebraten stabilisieren den Blick über den optokinetischen Reflex**

Die visuellen rezeptiven Felder der für den optokinetischen Reflex maßgeblichen Neurone im AOS der Vertebraten können sich bis über die ganze Retina ausdehnen und beantworten Reizbewegungen über einen sehr weiten Geschwindigkeitsbereich (weniger als 0,1°/s bis über einige 100°/s). Alle Zellen im *linken dorsalen Kern* des AOS antworten auf *Horizontalbewegungen* nach links (entgegengesetzt zum Uhrzeigersinn) und alle Zellen im *rechten dorsalen Kern* des AOS auf Bewegungen nach rechts [im Uhrzeigersinn; siehe auch nächster Abschnitt zur Lobula-Platte der Fliege] (Abb.: 18-11). Im *lateralen und medialen Kern* des AOS liegen Neurone mit *aufwärts oder abwärts gerichteten Vorzugsrichtungen*. Die richtungsspezifischen Neurone in diesen Kernen erhalten ihren retinalen Eingang überwiegend aus der kontralateralen Retina von langsam leitenden **W**-Fasern, die selbst schon zu einem hohen Prozentsatz *richtungsspezifisch* sind. Einige Eigenschaften der Neurone in den Kernen des AOS bei Säugern, wie ausgewogene Binokularität und Beantwortung hoher Reizgeschwindigkeiten von kleinen Objekten, können durch den retinalen Eingang (aus den W-Zellen) allein nicht gewährleistet werden und müssen über eine kortikale Projektion ergänzt werden. Nach größeren bilateralen kortikalen Läsionen fällt der optokinetische Nystagmus beim Menschen völlig aus, bei subhumanen Primaten und Karnivoren wird der OKN asymmetrisch, d.h., bei monokularem Test ist die temporo-nasale Reizrichtung wirksamer. Bei Nagern ist der monokulare OKN immer asymmetrisch, und kortikale Läsionen haben kaum Effekte [1, 16].

Vestibulo-okulärer Reflex. Der Ausgang der Neurone der drei AOS-Kerne erreicht wenigstens drei nachgeschaltete praeokulomotorische Strukturen: 1. die *dorsale Kappe der unteren Olive*, von der aus die Information über die Differenz zwischen Reiz- und Augenbewegung über *Kletterfasern* in das Kleinhirn gelangt und der Kalibrierung des *vestibulo-okulären Reflexes* (**VOR**) dient; 2. den *Nucleus praepositus hypoglossi*, der möglicherweise den visuellen

Eingang für die *Vestibulariskerne* liefert und mit ihnen zusammen das Geschwindigkeitssignal zeitlich aufintegriert; 3. ein *Areal in den Brückenkernen*, das über *Moosfasern* eine Verbindung mit dem *Kleinhirn* herstellt.

Alle diese Strukturen sind in die Stabilisierungsreflexe für Augen, Kopf und Körper involviert und erhalten somit Signale über Ganzfeldbewegungen auf der Retina zusätzlich zur Information über *Eigenbewegungen* aus dem *Bogengangsystem*. Elektrische Reizung der Kerne des AOS führt zu einem klaren **optokinetischen Nystagmus**, wie man ihn bei visueller Aktivierung der Neurone in diesen Kernen erwarten würde. Reizung im linken dorsalen Kern des AOS führt z.B. zu langsamen Augenbewegungen nach links, Reizung im rechten dementsprechen zu langsamen Augenbewegungen nach rechts.

Die retinofugale Bahn bei Insekten ist parallel organisiert; die Interneurone der Lamina sind kontrastempfindlich und adaptieren schnell an die Helligkeit der Umgebung

Die Sehbahn der Insekten ist bei allen Arten sehr ähnlich organisiert (siehe Kap. 17). Dies gilt besonders für die ersten beiden Schaltstationen, die **Lamina** und die **Medulla**. Die Neuroanatomie des Sehsystems ist am genauesten bei einigen Arten der Dipteren, insbesondere der Fliege, untersucht worden, die deshalb hier als Beispiel beschrieben wird.

Die Axone der Photorezeptoren R1–6 (s. Kap. 17) projizieren typischerweise zur ersten Schaltstation im visuellen System der Fliege, der Lamina. Zwei Photorezeptoren pro Ommatidium, R7–8, deren Spektralempfindlichkeit ihr jeweiliges Maximum im Blauen ($\lambda = 430$ nm) und UV ($\lambda = 360$ nm) hat, projizieren direkt zur zweiten Schaltstation, der Medulla. In der Lamina korrespondiert ein repetitives Raster von Untereinheiten (**Laminasäulen**) zu den Ommatidien des Komplexauges. Jede Laminasäule enthält nur wenige Neuronen. Die neurale Aktivität der beiden größten Neuronen in jeder Laminasäule wird schon durch kleine, aber schnelle Änderungen der Lichtintensität beeinflußt. Langsame Änderungen der Intensität bewirken keine Änderung des Zellpotentials, die Zellen adaptieren an die jeweilige Hintergrundhelligkeit. Diese Neurone sind also darauf spezialisiert, relative schnelle Intensitätsschwankungen zu übertragen, wie sie durch Eigenbewegungen des Tieres oder Objektbewegungen in seiner Umwelt erzeugt werden. Die Kontrastempfindlichkeit dieser Zellen ist ähnlich hoch wie die der M-Zellen in der Primatenretina.

In der Medulla wird erstmals Bewegungsinformation extrahiert

Die Axone der Laminasäulen projizieren in die **Medulla**. Im Gegensatz zur Lamina, wo Struktur und Funktion der Zellen auf einen Signalfluß vorwiegend innerhalb der Säulen hindeuten, zeigt die Gesamtstruktur der Medulla deutliche horizontale Schichten. Das spricht für *ausgeprägte laterale Wechselwirkungen* zwischen den Signalen benachbarter **Medullasäulen**. In der proximalen Medulla findet man Zellen mit kleinen rezeptiven Feldern, deren Signale Richtung und Betrag der Geschwindigkeit von bewegten Reizen kodieren. Sie sind vielleicht die „**elementaren Bewegungsdetektoren**", deren Signale in der nächsten Verarbeitungsstufe räumlich integriert und weiterverarbeitet werden.

Am *Ausgang der Medulla* findet bei Fliegen (Diptera), Käfern (Coleoptera) und Schmetterlingen (Lepidoptera) – nicht aber bei anderen Insekten – eine Trennung in zwei parallele, retinotop geordnete Neuropile statt: die **Lobula** und die **Lobula-Platte** bilden zusammen den **Lobulakomplex**. Bei den anderen Insekten gibt es nur eine **Lobula**.

Richtungsempfindliche Kodierung von Großfeldbewegung in der Lobula-Platte. Die etwa 50 morphogisch identifizierten großen Tangentialzellen der Lobula-Platte erhalten ihre Eingänge von Zellen aus *Medullasäulen, Lobulasäulen* und anderen Teilen des Gehirns einschließlich der *kontralateralen Lobula-Platte*. Grundlegende funktionelle Eigenschaften entsprechen direkt dem anatomischen Erscheinungsbild dieser Tangentialzellen. Alle bisher untersuchten Zellen kodieren richtungsabhängig die Bewegung von Reizmustern. Die räumliche Ausdehnung der dendritischen Felder der Zellen in der retinotop organisierten *Lobula-Platte* bestimmt die Größe ihrer rezeptiven Felder im ipsilateralen Sehfeld.

Die Lobula-Platte ist in vier Schichten unterteilt, deren Zellen vier orthogonale Bewegungsrichtungen kodieren

Die Position einer Zelle in einer von vier **Richtungsschichten** in der *Lobula-Platte* bestimmt ihre Vorzugsrichtung: Zellen in der vordersten Schicht antworten bevorzugt auf Bewegung von vorn nach hinten. Die drei anderen Schichten enthalten jeweils Zellen, die auf Bewegung von hinten nach vorn, aufwärts und abwärts (z.B. die Zellen des Vertikalsystems (**VS**), Abb. 18-12a) antworten. Wir finden also auch bei Fliegen eine räumliche Trennung von Neuronen, die verschiedene Richtungen kodieren (s. Abb. 18-12 b), ähnlich wie bei den Neuronen in den Kernen des AOS von Vertebraten.

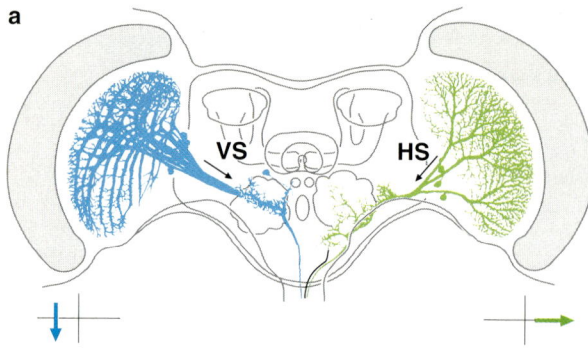

a

VS HS

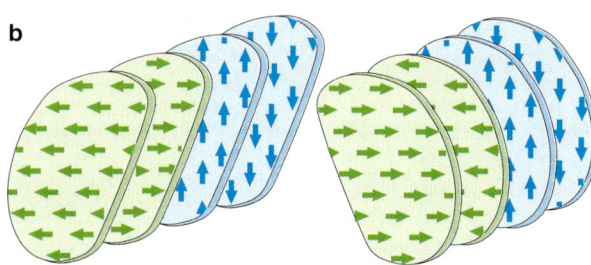

b

Abb. 18-12. a Zwei Systeme bewegungsspezifischer, richtungs-
selektiver Riesenzellen in der Lobula-Platte der Fliege im Frontal-
schnitt, parallel zur Rückwand des Kopfes: links die Zellen des
Vertikalsystems (VS), die bevorzugt auf ipsilaterale Bewegung
entlang vertikaler Meridianlienien bei Bewegung um die Längsachse des Tieres von oben nach unten antworten; rechts die Zellen des Horizontalsystems (HS), die bevorzugt auf ipsilaterale
Bewegung von vorn nach hinten antworten [13]. **b** Die Neuronen der vier Schichten der Lobula-Platte kodieren Bewegung in
vier zueinander orthogonalen Richtungen. Zellen in der zur
Rückwand des Kopfes nächsten Schicht antworten auf Bewegung von vorn nach hinten. In dieser Schicht liegen auch die drei
Zellen des Horizontalsystems. Die in der zweiten Schicht liegenden Neurone antworten auf Bewegung von hinten nach vorn.
Die dahinter liegende Schicht enthält Elemente, die durch Bewegung von oben nach unten aktiviert werden. In dieser Schicht
liegen die Zellen des Vertikalsystems (VS). Die in der letzten
Schicht liegenden Zellen werden durch Bewegung von unten
nach oben erregt [13]

Das *Horizontalsystem* (**HS**) und das *Figurdetek-
tionssystem* (**FDS**) in der *Lobula-Platte* spielen bei
der Orientierung eine besondere Rolle (siehe unten).
Das HS besteht aus drei großen Neuronen, deren
rezeptive Felder das gesamte Sehfeld des ipsilateralen Auges umfassen. Das FDS besteht aus mehreren
Zellen, deren rezeptive Felder jeweils nur einen Teil
des Sehfelds des HS ausmachen. Die Zellen des HS
sind am empfindlichsten für ipsilaterale Horizontalbewegung großer Flächen, während die des FDS
selektiv auf die Bewegung kleinerer Flächen antworten. Sie spielen eine wesentliche Rolle bei der Trennung bewegter Objekte vom Hintergrund.

Motorische Kontrollzentren der Thorakalganglien. Die
Axone von Untergruppen der Zellen der Lobula-Platte

geben ihre Signale an absteigende Neurone weiter, die in
die motorischen Kontrollzentren der Thorakalganglien
projizieren, wo die Motoneuronen zur Steuerung der Muskulatur für Flug- und Laufmotorik liegen. Die Drehreaktionen um die Hochachse, die von einem Tier auf visuelle
Reize generiert werden, können unter experimentellen
Bedingungen im fixierten Flug als Drehmoment gemessen
werden. Wenn der Kopf des Tieres festgelegt ist, ist das
raum-zeitliche Muster des Reizes auf der Netzhaut
bekannt. Dieser meßtechnische Zugang war von entschei-
dendem Vorteil für das Studium der Mechanismen der
Bewegungsdetektion (s. unten).

Ähnlich wie die Neurone in den Kernen des **AOS**
der Wirbeltiere kodieren die Neurone des HS in der
rechten *Lobula-Platte* einer Fliege Horizontalbewegung des gesamten Umfelds im Uhrzeigersinn, die
entsprechenden Neurone des HS in der linken
Lobula Platte kodieren Horizontalbewegung des
gesamten Umfelds entgegengesetzt dem Uhrzeigersinn. *Die Horizontalzellen als System steuern also die
Drehreaktion der Fliege bei der Korrektur von Kursabweichungen* beim Flug in einer ruhenden Umgebung. Die Fortbewegung eines Tiers erzeugt dabei
Bewegungsmuster, die bei einer Abweichung vom
Kurs durch Drehreaktionen kompensiert werden
und so den Flugkurs stabilisieren.

> **Die Antwort auf bewegte Muster wird
> wahrscheinlich durch Integration lokaler
> elementarer Bewegungsdetektoren
> ermittelt**

Die neuralen Verrechnungsschritte, die der Bewegungsdetektion zugrunde liegen, sind ausführlich
untersucht worden. Anlaß hierfür war die Tatsache,
daß die zeitgemittelte Antwort vieler Tiere auf die
Bewegung eines periodischen Musters nicht, wie
man zunächst von einem biologisch sinnvollen
Bewegungsdetektor erwarten würde, proportional
zur Geschwindigkeit des Musters ist. Sie ist vielmehr
proportional zur Frequenz, mit der sich vor einer
einzelnen retinalen Eingangsstation die Leuchtdichte ändert: der **Kontrastfrequenz**. Das bedeutet,
daß man ein periodisches Muster mit großer räumlicher Wellenlänge schnell bewegen muß, um eine
Reaktion des Tiers auszulösen, die ebenso stark ist
wie die auf ein periodisches Muster kleiner räumlicher Wellenlänge, das sich entsprechend langsam
bewegt. Eine mathematische Beschreibung dieser
Antwort erhält man durch einen „*Korrelationsdetektor*", wie er 1952 von Hassenstein und Reichardt [12]
vorgeschlagen wurde (Abb. 18-13).

Korrelationsdetektor. Ein Bewegungsdetektor dieses Typs
vergleicht Signale, die aus zwei benachbarten retinalen
Eingangsstationen kommen: zuerst wird eines der Signale
verzögert, dann werden beide Signale miteinander multi-
pliziert und das Produkt räumlich oder zeitlich gemittelt.

Das Produkt ist dann von Null verschieden, wenn gleichzeitig von beiden Eingangsstationen ein von Null verschiedenes Signal an der *Multiplikatorinstanz* anliegt. Durch den antisymmetrischen Aufbau wird der Detektor unempfindlich für einen stationären Reiz, dessen Helligkeit sich zeitlich ändert. Bewegung in einer Richtung führt schließlich zu Erregung in einer Zellpopulation, Bewegung in Gegenrichtung zu Erregung in einer anderen, so daß dem Tier Information über beide Bewegungsrichtungen vorliegt. Eine Sequenz solcher mathematischer Operationen, angewandt auf zwei zeitlich veränderliche Funktionen, wird **Korrelation** genannt. Sie ermittelt den Grad des statistischen Zusammenhangs der beiden Funktionen. Im vorliegenden Fall extrahiert sie die in den Signalen vorhandene zeitliche Reihenfolge, also die Bewegungsrichtung. Diese Operation ist eine besonders einfache „Abstraktion". Das Ergebnis dieses Prozesses enthält Information, die nicht explizit in den Eingangssignalen enthalten ist. Gleichzeitig geht dadurch die Information über die momentane Intensitätsverteilung in den Photorezeptoren verloren.

Modellüberlegungen dieser Art spielen eine wesentliche Rolle bei der quantitativen systemtheoretischen Charakterisierung bewegungsempfindlicher biologischer Systeme. Da die Geschwindigkeitskorrektur im freien Flug bei Fliegen und die Eigenbewegungsempfindung beim Menschen proportional zur Änderung der Objektgeschwindigkeit sind, werden neben dem Korrelationsmodell auch andere Modelle diskutiert [11].

18.6 Verarbeitung von Rauminformation im Sehsystem

Für die visuelle Schätzung der Entfernung werden verschiedene monokulare wie binokulare Hinweise genutzt. Die Güte der Entfernungsschätzung hängt immer vom Auflösungsvermögen des Sehsystems ab, und damit von der Augengröße und Rezeptordichte (siehe Kap. 17). Das Scharfstellen eines Bildes (Akkomodation) und die Auswertung der Bildgröße geben monokulare Hinweise auf die Entfernung von Objekten. Bewegt sich der Beobachter, kommen Bewegungsparallaxe und Änderung der Bildgröße hinzu. Für Vergenz und Stereopsis ist binokulare Information erforderlich. Vergenzbewegungen der Augen sind für das Fixieren von Objekten außerhalb des Fusionsbereiches, also weit vor oder hinter der Fixationsebene, notwendig. Dabei bewegen sich die Augen nicht konjugiert, sondern gegensinnig. Die Augachsen konvergieren auf Objekte vor der augenblicklichen Fixationsebene und divergieren auf Objekte dahinter. Stereopsis bedeutet die Fähigkeit, Objekte, die etwas vor oder hinter der Fixationsebene liegen, nicht doppelt, sondern einfach und damit räumlich zu sehen. Diese Fähigkeit ist besonders effektiv, um getarnte Objekte zu entdecken. Johannes Keppler stellte die Hypothese auf, daß binokulare Disparität (d.h. eine minimale relative Versetzung des Bildes auf der Netzhaut beider Augen, die bei fusioniertem Bild für eine bestimmte Entfernung charakteristisch ist)

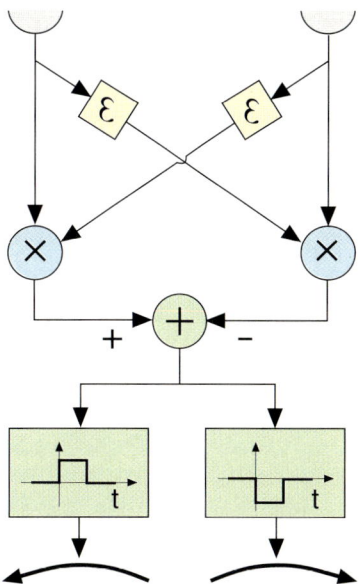

Abb. 18-13. Stark vereinfachte schematische Darstellung des **Korrelationsmodells**. Die u-förmigen Symbole oben sind die beiden Eingangskanäle, die durch Licht aktiviert werden. Das Signal in einem der Kanäle (ε) wird verzögert, das im anderen direkt auf die Multiplikatorinstanz (x) geschaltet. Bewegung eines Einzelobjekts von links nach rechts aktiviert zuerst die linke und dann die rechte Eingangsinstanz. Der Multiplikator auf der rechten Seite erhält bei geeigneter Verzögerungszeit simultan zwei von Null verschiedene Eingangssignale und erzeugt demnach ein von Null verschiedenes Ausgangssignal. Angeschlossen an dieselben Eingangsinstanzen ist ein paralleles, spiegelsymmetrisches System, dessen Multiplikator bei gleichen Reizbedingungen zwei Eingangssignale erhält, die zeitversetzt eintreffen. Damit wird im Multiplikator kein von Null verschiedenes Signal erzeugt. Subtraktion der beiden Multiplikatorsignale ergibt ein positives Signal für Bewegung von links nach rechts und ein negatives Signal für Bewegung in Gegenrichtung [7, 11, 12]

ein effektiver Reiz für Stereopsis ist. Bewiesen wurde dies von Wheatstone (1838). Die Abbildungen 18-14 a,b vermittelten eindrucksvoll, wie durch binokular disparate Reize Tiefenwahrnehmung und damit neue Information in unserem zentralen Sehsystem entsteht. Für effektives Tiefensehen werden alle Subsysteme genutzt, da z.B. Disparität als relatives Tiefenmaß mit der Entfernung des Fixationspunktes – bestimmt über Akkomodation oder Vergenz – kalibriert werden muß.

> **Das Gehirn rekonstruiert aus den beiden zweidimensionalen retinalen Bildern der Umwelt räumliche Information**

Axone von Ganglienzellen an korrespondierenden Orten der beiden Retinae, auf denen ein identischer Anteil der Außenwelt abgebildet wird, werden in einem optischen Trakt und damit in einer Hirnhälfte

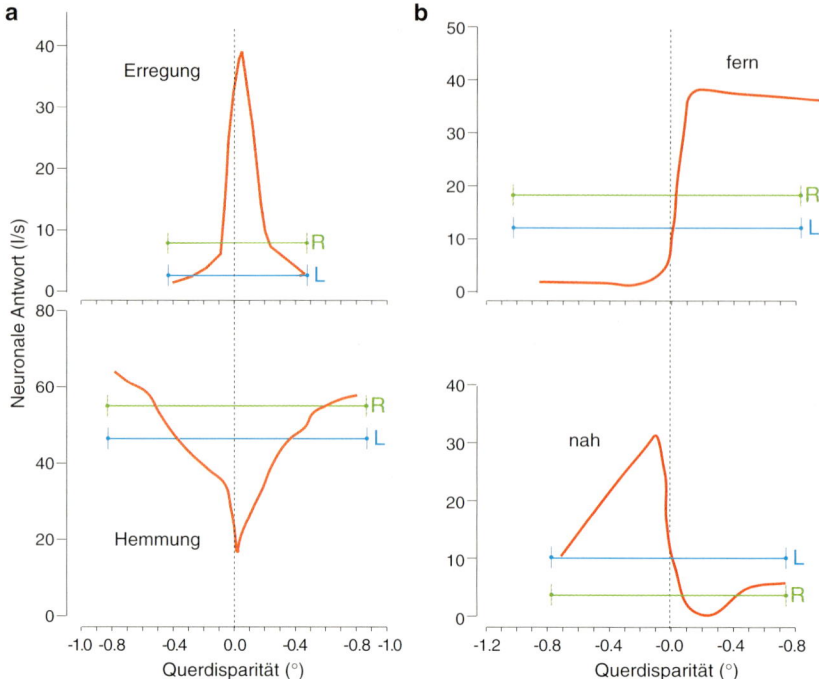

Abb. 18-14. Aktivität zweier Klassen von Neuronen in V1 und V2 des Makaken bei monokularer (*blau*: linkes Auge; *grün*: rechtes Auge) oder binokularer Stimulation (*rote* Kurven) mit Reizen unterschiedlicher Querdisparität. In **a** sind Neurone gezeigt, die empfindlich auf kleine Disparitäten (Objekte nahe der Fixations-ebene) mit Erregung oder Hemmung reagieren. Die Neurone in **b** reagieren auf auseinandergezogene Disparitäten (Objekte fern, also hinter der Fixationsebene) oder auf überkreuzte Disparitäten (Objekte nah, also vor der Fixationsebene)

zusammengefaßt. Bei Säugern kreuzen Axone aus der ganzen Retina im Chiasma, wohingegen die ungekreuzten Axone immer nur dem *temporalen* (schläfennahen) Retinabereich entstammen. (Ausnahme: bei Primaten und einigen Flughunden kreuzen nur die Fasern der *nasalen* Retina). Ungekreuzte Fasern kommen nicht erst bei Säugern, sondern in allen Vertebratenklassen vor und gelten, da sie schon bei niederen Vertebraten (Kieferlose, Altfische) mit seitlich stehenden Augen auftreten, als ursprüngliches Merkmal. Bei einigen Salamandern und Säugern wird der Anteil ungekreuzter Fasern um so größer, je weiter die Augen von lateral nach frontal gerückt sind. Der binokulare Teil des vor dem Tier liegenden Gesichtsfelds bildet die Voraussetzung für räumliches Sehen **(Stereopsis)**. Bei Vögeln kreuzen die Sehnerven total. Bei Arten mit frontal stehenden Augen, wie z.B. Eulen, erfolgt nach der totalen Kreuzung der Sehnerven im Chiasma die Rückkreuzung der Projektion aus der temporalen Retina zwischen Thalamus und Vorderhirn (Wulst) (Abb. 18-15).

Chiasma opticum. Der Aufbau und die Funktion des Chiasmas hat Naturphilosophen und Naturwissenschaftler seit Aristoteles beschäftigt. Die konträren Annahmen, daß jedes Auge entweder mit der ipsilateralen oder aber der kontralateralen Hirnhälfte verbunden sei, trugen der Erfahrung, daß mit zwei Augen nur ein Bild gesehen wird, nicht Rechnung. Descartes suchte in der Zirbeldrüse den Ort für die Vereinigung der Bilder aus den beiden Augen, Newton forderte für räumliches Sehen, daß Fasern aus beiden Retinae sich auf die beiden Hirnhälften verteilen, und der Nervenphysiologe und vergleichende Anatom Johannes Müller schlug in der Mitte des vorigen Jahrhunderts schließlich vor, daß diese notwendige Verteilung entweder durch Aufzweigung jeder retinalen Faser oder durch deren partielle Kreuzung im Chiasma erreicht werden könne. Erst Kölliker und von Gudden (letzterer war Leibarzt von König Ludwig II. von Bayern und kam mit ihm im Starnberger See um) beendeten die Debatten, indem sie den eindeutigen Nachweis erbrachten, daß in jedem Trakt gekreuzte wie ungekreuzte Fasern enthalten sind.

Binokulare Neurone in der Hirnrinde bilden die neuronale Grundlage für stereoskopisches Sehen

Neurone in kortikalen visuellen Arealen der Eule, Katze und verschiedener Primaten sind empfindlich gegenüber der Disparität von retinalen Reizen. In

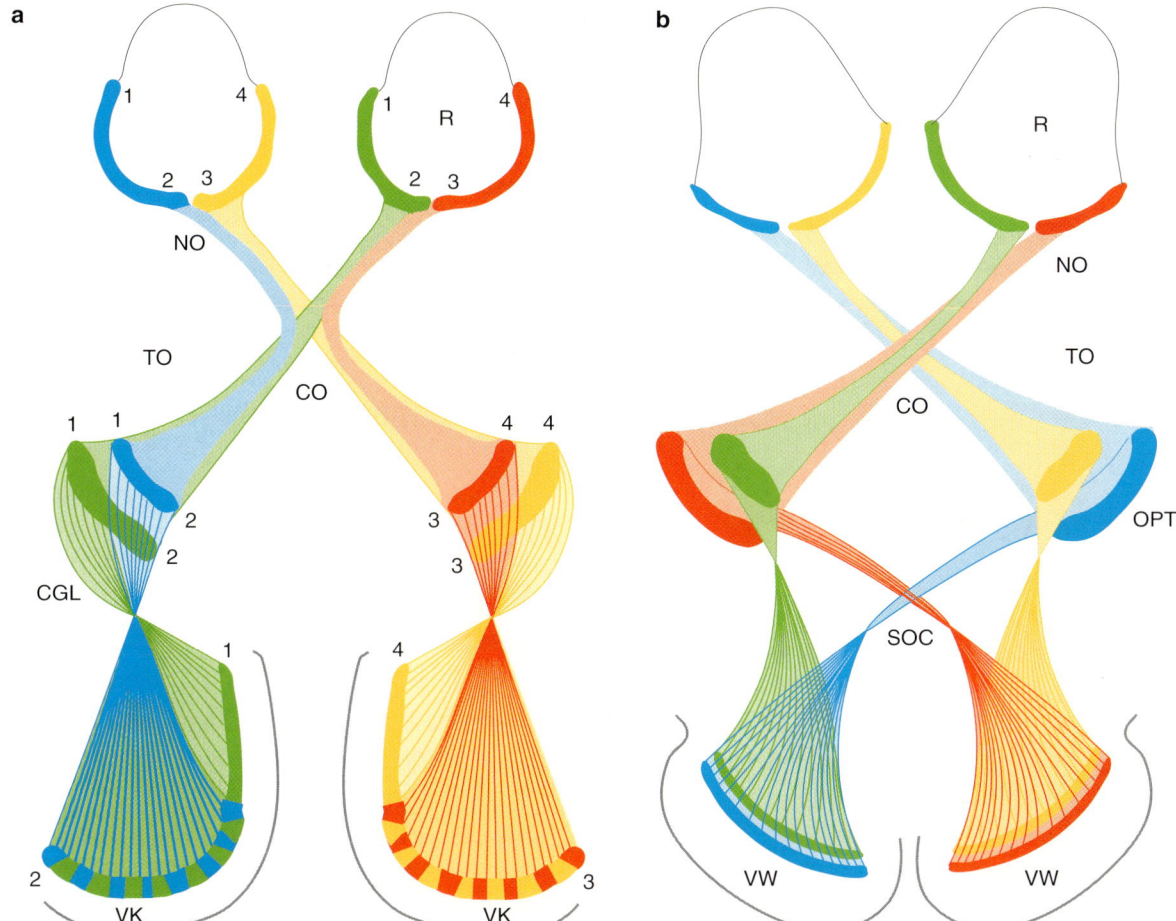

a **b**

Abb. 18-15. Schematische Darstellung der Projektion der temporalen und der nasalen Retina in das Vorderhirn bei Vertebraten. **a** Bei Säugern kreuzen temporalen Fasern nicht im Chiasma opticum (CO). **b** Bei den Vögeln kreuzen alle Faser der retinalen Ganglienzellen im Chiasma opticum. Die Fasern aus der temporalen Retina kreuzen zwischen Thalamus und Vorderhirn in der supraoptischen Kommissur wieder zurück (SOC).In beiden Fällen endet die Information aus der temporalen Retina in der ipsilateralen, die aus der nasalen Retina in der kontralateralen Hemisphäre des Vorderhirns. Daraus resultiert je *eine* binokulare

Abbildung der kontralateralen Gesichtsfeldhälfte pro Hemisphäre. Die Zahlen 1–4 beziehen sich auf korrespondierende Netzhautstellen, auf denen identische Ausschnitte des Gesichtsfeldes abgebildet werden. VW: visueller Wulst, SOC: supraoptische Kommissur, OPT: Nucleus opticus principalis thalami, VK: visueller Kortex, CGL: Corpus geniculatum laterale, TO, CO, NO: Tractus –, Chiasma – und Nervus opticus, R: Retina, rot-gelb: linkes –, grün-blau-: rechtes Gesichtsfeld, gelb und grün: nasale Retina, rot und blau: temporale Retina

Area **V1** und **V2** der Makaken kommen zwei Typen von *disparitätsabhängigen Neuronen* vor: 1. binokulare **„Tiefenzellen"**, sie werden über einen engen Disparitätsbereich aktiviert oder gehemmt (Abb. 18-14a); 2. **„Nahzellen",** sie werden binokular über einen weiten Disparitätsbereich von Reizen vor der Fixationsebene aktiviert und von Reizen hinter der Fixationsebene gehemmt (Abb. 18-14b). Ihr Gegenstück, die **„Fernzellen"** werden von Reizen vor der Fixationsebene gehemmt und von Reizen hinter der Fixationsebene aktiviert. Die Tiefenzellen könnten für Fusion kleiner Disparitäten (Stereopsis), die Nahzellen für die Auslösung von Divergenz-, die Fernzellen für die Auslösung von Konvergenzbewegungen der Augen zum Erreichen der Fusion verantwortlich sein. Die Schwellen dieser

Neurone und das Leistungsvermögen des stereoskopischen Sehens beim Menschen stimmen gut überein [22].

Retinotope Karten im Tectum opticum ermöglichen die visuelle Lokalisation von Objekten

Das **Tectum opticum (TeO)** der Vertebraten – bei den Säugern **Colliculus superior (CS)** – ist retinotop organisiert (Abb. 18-16; s. auch Kap. 1). Die Retina wird verzerrt, aber Punkt für Punkt topographisch richtig auf die Tektumoberfläche projiziert, wobei

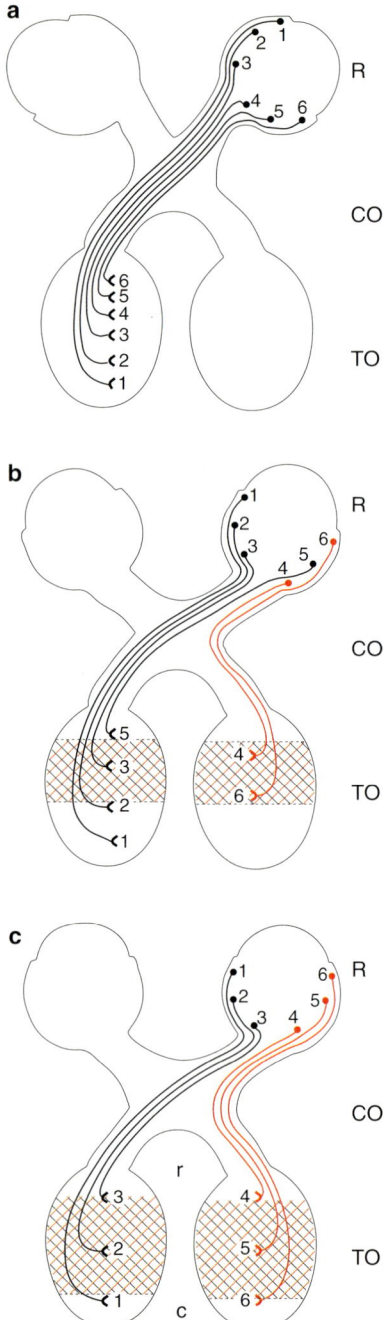

bestimmte retinale Bereiche, wie etwa eine Fovea, stark überrepräsentiert sein können. In diese Karte des Gesichtsfeldes wird die Information von verschiedenen Ganglienzellklassen, z.B. Y- und W-Zellen bei der Katze, M- und spezialisierte Zellen bei Affen, aufgenommen.

Drei verschiedene retinotektale Projektionsschemata. 1. Jede Retina wird ausschließlich, aber vollständig in der kontralateralen Tektumhälfte abgebildet. Die Sehnerven kreuzen total (bei vielen *Teleosteern* und *Sauropsiden*). Der nasale Rand der Retina liegt kaudal, der temporale rostral, der untere Rand der Retina liegt medial und der obere lateral auf der Tektumoberfläche. Information von der ipsilateralen Retina kann nur über intrazerebrale Kommissuren in die tiefen Tektumschichten vermittelt werden.

2. Die ganze Retina wird im kontralateralen Tektum abgebildet. Einige Fasern aus der temporalen Retina kreuzen nicht und enden im rostralen ipsilateralen Tektum, wobei der vorderste Rand jedoch von ihnen ausgespart bleibt (bei den meisten *Amphibien* und *Säugern*), oder

3. nur die Fasern aus der nasalen Retina verteilen sich über den kontralateralen Colliculus superior, die temporalen Fasern enden im ipsilateralen Colliculus superior (bei *Primaten* und einigen *Flughunden*). Die projizierten Gesichtsfeldabschnitte aus beiden Augen sind deckungsgleich. Diese retinalen Projektionen werden bei Säugern durch weitere Eingänge aus der Hirnrinde ergänzt.

Bei allen Vertebraten, außer bei Säugern, ziehen die retinalen Fasern im *Stratum opticum* über die Tektumoberfläche. Bei den Säugern ist das *Stratum opticum* noch vom *Stratum griseum superficiale* überlagert. Unter dem *Stratum optikum* schließen sich die sogenannten mittleren und tiefen Schichten an, *Stratum griseum intermediale*, *Stratum griseum profundum* und *Stratum album*. Eine weitere Unterteilung dieser Schichten erfolgt bei Vertebraten mit hochentwickeltem retinotektalen System. Neurone in den tiefen Schichten erhalten Projektionen aus dem somatosensorischen und akustischen System (multimodale Konvergenz) und projizieren ihrerseits in die motorischen Kerne des Hirnstamms und in das Rückenmark.

Abb. 18-16. Retinotektale Projektionsschemata der Vertebraten: **a** Totale Kreuzung der retinalen Fasern bei den meisten **Knochenfischen, Reptilien und Vögeln; b** gekreuzte Fasern aus der ganzen Retina (schwarz), ungekreuzte nur aus der temporalen Retina bei einigen **Amphibien** und den meisten **Säugern; c** gekreuzte Fasern nur aus der nasalen, ungekreuzte nur aus der temporalen Retina bei **Primaten**. Die Zahlen verbinden Orte auf einem Horizontalschnitt der Retina mit ihren entsprechenden Projektionsorten im Tektum. Der schraffierte Bereich im Tektum erhält Fasern aus beiden Retinen. R: Retina, CO: Chiasma opticum, TO: Tectum opticum, r: rostral, c: caudal

> **Aktivierung der Neurone in den tiefen tektalen Schichten löst Orientierungsreaktionen der Augen, des Kopfes und des ganzen Körpers aus**

Elektrische Reizung in den *tieferen Schichten* des Tektums löst im einfachsten Fall *Blicksakkaden* oder den „*visuellen Greifreflex*" aus. Der nach vorn weisende Teil der Retina, meistens eine Fovea oder Area centralis mit der höchsten Ganglienzelldichte, wird durch Augen-, Kopf- oder Körperbewegungen auf den Ort im Gesichtsfeld gerichtet, dessen

Repräsentation in der Karte des Tektums aktiviert wurde.

Zweite visuelle Bahn. Die Rolle der Projektion aus dem *Stratum superficiale* des Colliculus zum *Nucleus lateralis posterior* und Pulvinar im Thalamus bei Säugern und von hier zur Hirnrinde ist weitgehend ungeklärt. Diese Projektion wird auch als *zweite visuelle Bahn* bezeichnet.

Bei Vögeln projiziert das Tektum über den *Nucleus rotundus* im Thalamus zum Ectostriatum im Telenzephalon. Retinale Fasern enden aber auch direkt im Thalamus. Das Zielgebiet dieser Fasern, der *Nucleus opticus principalis thalami*, ist geschichtet und projiziert seinerseits in einen ebenfalls auffällig geschichteten Teil des *Telencephalons*, den *Wulst* (Abb. 18-15). Diese retinofugale Bahn wird dem geniculostriären System der Säuger gleichgesetzt.

Riesenzellen in der Lobula des Fliegenmännchens steuern die Verfolgung schnell fliegender Objekte

Wie schon in der Einleitung erwähnt, verfolgen und ergreifen die Männchen vieler Insektenarten mögliche Sexualpartner im Flug. Das Bild einer Fliege in 10 cm Entfernung nimmt auf der Retina einer anderen Fliege mit 1° etwa den Divergenzwinkel zweier benachbarter Ommatidien ein. Männliche Fliegen verfolgen schnell fliegende Objekte, insbesondere andere Fliegen im Flug. Abb. 18-2 zeigt die Flugbahnen einer Episode von etwa 2 s Dauer. Die beiden Bilder ergeben mit einer Stereobrille gesehen oder durch geeignetes Schielen zur Deckung gebracht ein räumliches Bild der Flugbahn. Gleiche Zahlen entlang der Flugbahn bedeuten gleiche Zeiten. Der Verfolger (x) folgt der komplexen Flugbahn des vorausfliegenden Tiers (o). Es fällt auf, daß der Verfolger sich immer unterhalb der ersten Fliege befindet und so sein Ziel mit dem vorderen oberen Teil seines Sehfelds fixiert. Das ist von Vorteil, weil der Himmel hell ist und das Ziel also den stärksten möglichen Kontrast auf der Netzhaut des Verfolgers hervorruft. Dieser Teil des Sehfelds stimmt überein mit dem rezeptiven Feld von Riesenzellen in der **Lobula**, die nur bei Männchen auftreten. Sie bilden sehr wahrscheinlich die neurale Repräsentation der Kontrolle sexspezifischen Flugverhaltens von Fliegenmännchen.

Die Lobula in der dritten Schaltstation des visuellen Ganglions der Dipteren besteht hauptsächlich aus verschiedenen Typen säulenförmiger Kleinfeldneurone, deren Eingangsfasern aus einer oder mehreren Medullasäulen kommen

Die Axone dieser Kleinfeldneurone laufen zu dichten Bündeln zusammen und projizieren unter anderem auf absteigende Neurone. Bei Fliegen findet man einige der Kleinfeldneurone ebenso wie einige Riesenneurone nur im Gehirn von Männchen (s. u.). Die Sehfelder dieser Zellen liegen meist im vorderen oberen Teil des Sehfelds. Im Gegensatz zur Lobula-Platte, deren Neurone der Analyse der Bewegung der gesamten Umgebung sowie der Bewegung von Objekten geringer Ausdehnung vor einem Hintergrund dienen, und die dementsprechend wenig Ausgangsneurone hat, scheinen in der Lobula örtlich begrenzte Verarbeitungsprozesse zu dominieren, die an viele Ausgangsneurone weitergeleitet werden.

Die *Kodierung der Position* durch die Kleinfeldelemente bleibt also auch am Ausgang der Lobula erhalten. Verhaltensphysiologische Befunde an Fliegen sowie an anderen Insekten, wie Bienen, Ameisen und Wasserläufern, liefern starke Hinweise dafür, daß es im Zentralnervensystem dieser Tiere eine kartenartige Repräsentation der Umwelt gibt. Bei vielen Wirbellosen findet man, ähnlich wie bei Primaten für die Fovea, eine relativ zu den übrigen Teilen sehr viel stärkere Repräsentation bestimmter Teile des Sehfelds. Zum Beispiel haben bestimmte Krabbenarten, die in der Gezeitenzone flacher Strände leben, eine genaue Repräsentation fast des gesamten Horizonts mit ganz geringer vertikaler Ausdehnung.

Tiefenwahrnehmung der Mantiden (Gottesanbeterinnen). Mantiden sind als Insektenfresser auf hohe Auflösung bei der Lokalisation einzelner Beutetiere in der Tiefe angewiesen. Der Fangschlag der Vorderbeine, mit dem diese Großinsekten ihre Beute fangen, wird auf Grund *beidäugigen Tiefensehens* mit einer Genauigkeit ausgeführt, die mindestens der wegen des Rasters der Photorezeptoren im Komplexauge dieser Tiere zu erwartenden Auflösung entspricht. Die entsprechende beim Menschen gemessene Leistung erlaubt ein 93 cm entferntes einzelnes Objekt als näher zu erkennen als ein vorher präsentiertes Objekt in 100 cm Entfernung. Diese Leistung des Menschen liegt um einen Faktor 10 unter der räumlichen Auflösung, die auf Grund des Rezeptorrasters in der Fovea der menschlichen Netzhaut zu erwarten ist. Verglichen mit Menschen nutzen also Mantiden bei der Wahrnehmung der absoluten Entfernung eines Objektes die in der Netzhaut vorhandene räumliche Information 10fach besser.

Tiefenwahrnehmung der Bienen. Neben der binokulären Stereopsis bei Mantiden wird bei der Honigbiene eine weitere Art der Tiefenwahrnehmung beobachtet. Die Tiere nutzen die im Bewegungsflußfeld enthaltene Information aus, um den sichersten Abstand zu mehreren gleichzeitigen Hindernissen zu halten. Offensichtlich finden Bienen die

Mitte zwischen zwei Hindernissen dadurch, daß sie die von beiden Augen gesehenen Winkelgeschwindigkeiten ausbalancieren. Höhere Geschwindigkeit auf einer Seite bedeutet, daß die Entfernung zum Hindernis auf dieser Seite kleiner ist und es sicherer ist, von dieser Seite wegzufliegen. Eine kleinere Geschwindigkeit auf einer Seite hat die umgekehrte Wirkung. Diese Ergebnis kann nicht mit der optomotorischen Reaktion erklärt werden. Diese würde zu Änderungen der Flugrichtung führen, die entgegengesetzt zu den hier beobachteten sind. Experimente, bei denen der Abstand der Balken in Gittern an einer Tunnelwand variiert wurde, zeigen, daß tatsächlich die Geschwindigkeiten der retinalen Bilder ausbalanciert werden und nicht ihre Kontrastfrequenzen. Im Gegensatz dazu zeigt die optomotorische Folgereaktion der Biene, ähnlich wie die der Fliege, die Eigenschaft eines Kontrastfrequenzdetektors. Bienen verfügen also über zwei parallele physiologische Mechanismen, die der Bewegungswahrnehmung zugrunde liegen [20].

Die Schätzung der *relativen Entfernung zweier gleichzeitig und nebeneinander präsentierter Objekte* kann jedoch stets viel genauer festgestellt werden. Menschen z.B. können in 1 m Entfernung den *Tiefenunterschied* zwischen zwei Objekten auf 0,4 mm genau feststellen. Die für diese Leistung notwendige räumliche Auflösung liegt um einen Faktor 10 über der räumlichen Auflösung, die durch Vergleich der aus der Netzhaut der beiden Augen kommenden Signale zu erwarten ist. Diese Leistung ist nur durch weitere Verarbeitung der räumlichen Information aus den Netzhäuten beider Augen im zentralen Sehsystem zu erklären [24].

18.7 Formwahrnehmung

> **Das okzipitotemporale System für das Formsehen bei Primaten wird vornehmlich aus den parvozellulären Projektionen gespeist; Formsehen beruht auf der Analyse von Position, Farbe und Orientierung von Kontrastgrenzen**

Fasern aus den parvozellulären Schichten des CGL enden in Schicht IVCβ von V1, wo sie auf Zellen umgeschaltet werden, die sowohl in die blob-, wie auch in die interblob-Regionen der Schichten II und III projizieren (s. Abb. 18-8). Die Zellen in den blobs erhalten zusätzlich Signale von koniozellulären Neuronen des CGL. Interblob-Zellen sind oft orientierungs-, aber nicht richtungsspezifisch, sind nicht wellenlängenselektiv und reagieren gut auf Kontrastgrenzen. Sie projizieren zu den blassen, Cytochrom c-Oxidase armen Streifen in V2. Blob-Zellen sind dagegen nicht orientierungsspezifisch, dafür aber wellenlängen- und kontrastempfindlich. Sie projizieren zu den dünnen, Cytochrom c-Oxidase reichen Streifen in V2. Es kommt also innerhalb des parvozellulären Systems zu einer weiteren Arbeitsteilung, einmal für Wellenlängeninformation, einmal für orientierte Kontrastgrenzen. Die dünnen und die blassen Streifen aus V2 projizieren

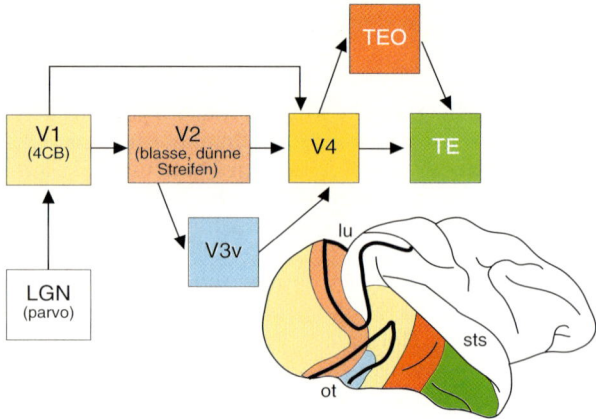

Abb. 18-17. Ventrale Bahn für „Objekterkennungs- und visuelles Gedächtnis" in der Hirnrinde von Primaten. (Abkürzungen vergl. Abb. 18-10). Der ventrale Anteil von V3 (V3v) und V4 bilden den Übergang vom Okzipital zum Temporallappen. TEO und TE sind Areale auf dem ventralen Temporallappen. Die dickeren Linien bilden den Rand des aufgeklappten Sulcus lunatus (lu) und Sulcus occipito-temporalis (ot)

zum ventralen Teil von V3 und dann vor allem nach V4. V4 ist ein Schlüsselareal für die Verarbeitung von Wellenlängeninformation, sowie für die Verarbeitung von Form. Läsionen führen zu Beeinträchtigung von Form- und Farbdiskrimination. Das Hauptprojektionsgebiet von V4 ist der *inferotemporale Kortex*, der zumindest in zwei Areale, **TEO** und **TE** untergliedert werden kann. TEO- und TE-Neurone reagieren bevorzugt auf komplexe Reize, wie dreidimensionale Objekte, Farbe, Konturen (siehe auch weiter unten). TEO-Läsionen führen zu spezifischen Ausfällen bei der Mustererkennung, während Läsionen von TE einen Verlust des visuellen Gedächtnisses bei der Objekterkennung nach sich ziehen (s. Abb. 18-17).

Trotz der angedeuteten Parallelität der beiden Systeme und der damit vorgeschlagenen Arbeitsteilung kommt es zu maßgeblichen Interaktionen des *okzipito-parietalen* und des *okzipito-temporalen Systems*. So projiziert V4 nicht nur nach TEO und TE, sondern auch nach V5.

Funktionslokalisierung und das Bindungsproblem. Setzt man wieder die Technik der *optischen Registrierung* ein und reizt einen Affen nacheinander mit Mustern, deren räumliche Verteilungen entweder nur in ihrer Farbe, nicht aber in ihrer Helligkeit, bzw. nur in ihrer Helligkeit, nicht aber in ihrer Farbe variiert werden, so bestätigt sich die oben erstellte Struktur-Funktionsbeziehung. Die Technik des *optischen Registrierung* stellt also *in vivo* Gebiete gleicher funktioneller Spezifität dar. Durch Ableiten mit zwei Elektroden in optisch „markierten" funktionsgleichen Gebieten lassen sich *monosynaptische Verbindungen* zwischen bis zu 3 mm voneinander entfernten Neuronen gleicher Orientierungsspezifität bzw. gleicher Spektralempfindlichkeit nachweisen.

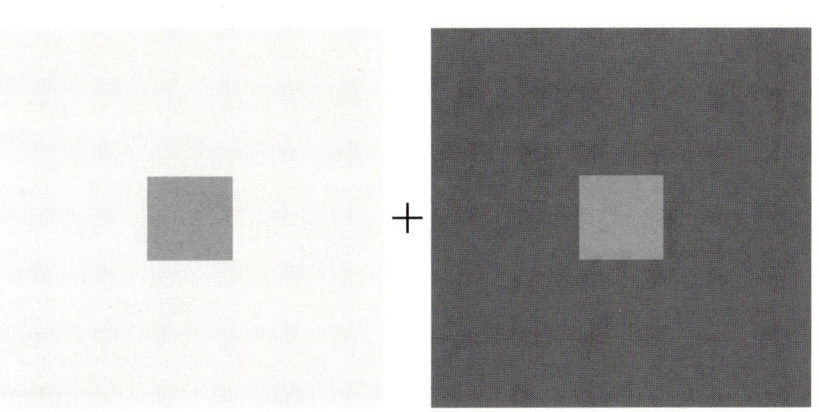

Abb. 18-18. Simultaner Farbkontrast: Die beiden blauen Quadrate erscheinen bei ruhigem Fixieren des Punktes unterschiedlich gefärbt. Das gelb umrandete wirkt intensiver blau, das magenta umrandete enthält eine gelbliche Komponente. Simultaner Helligkeitskontrast: Auch die inneren Quadrate in der unteren Reihe sind physikalisch identisch. Aufgrund ihrer unterschiedlichen Umrandung werden sie unterschiedlich hell wahrgenommen

Diese weitreichenden horizontalen Verbindungen werden als Grundlage für die Erzeugung synchroner Aktivität in verteilten kortikalen Zellgruppen angesehen, womit im Gehirn räumlich verteilt kodierte Einzelheiten eines Bildes zeitlich „gebunden" werden könnten. Diese Fähigkeit des Gehirns wird als Voraussetzung für die Wahrnehmung von einzelnen Objekten aus der Vielzahl der auf der Retina abgebildeten Reize diskutiert [19, 22].

Komplexe Fähigkeiten, wie das Erkennen von Gesichtern, sind im inferotemporalen Kortex (IT) lokalisiert

Zu den faszinierendsten und wichtigsten Eigenschaften des Gehirns gehört die Fähigkeit, Objekte unabhängig von ihrer Größe und ihrer Position auf der Netzhaut zu erkennen und wiederzuerkennen. Wie sind Objekte im Zentralnervensystem repräsentiert? Menschen mit bilateralen Läsionen am unteren Rand des *okzipitalen Kortex*, die sich bis in die Gegend der inneren Fläche der Temporallappen erstrecken, verlieren die Fähigkeit ganz bestimmte Objekte, nämlich menschliche Gesichter wiederzuerkennen. Dabei sind die Patienten fast immer in

der Lage, einzelne Teile eines Gesichts und sogar darin ausgedrückte Emotionen zu benennen. Sie können eine Person, auch wenn sie ihnen nahe steht, nur erkennen, wenn sie zusätzlich deren Stimme hören. Diese Befunde sind durch elektrophysiologische Ableitungen aus den entsprechenden Hirnarealen bei Affen bestätigt worden. Es ergab sich, daß einige der Zellen im *inferotemporalen Kortex* (**IT**) von Affen auf ganz spezifische Reize, insbesondere Gesichter antworten. Die Art der Kodierung, die diese Zellen benutzen, ist nicht bekannt. Eine Populationsanalyse der Signale zweier Gruppen von Zellen, die in unterschiedlichen Arealen des *inferotemporalen Kortex* (IT) an wachen Affen abgeleitet wurden, zeigt, daß die Information auf der Ebene der *Population* übertragen wird, und daß sich die Aktivität in den beiden Arealen nach unterschiedlichen Aspekten der als Reiz verwendeten Gesichter ordnen läßt. Im anterioren Teil des IT bezieht sich die Kodierung auf metrische Eigenschaften der Gesichter (z.B. Augenabstand, Nasenlänge etc.), während sie sich im oberen (polysensorischen) Teil des IT auf den Grad der Vertrautheit der Gesichter bezieht.

Formwahrnehmung bei Insekten. In Experimenten mit zahlreichen Insektenarten wurde bisher wenig überzeugend versucht, spontane (also angeborene) Musterpräferenzen nachzuweisen. Mit Dressurversuchen gelingt jedoch der Nachweis einer Formwahrnehmung. Honigbienen lernen in Experimenten, bei denen sie zwischen zwei vertikal angeordneten Mustern wählen können, diese auf Grund ihrer Orientierung im Raum zu unterscheiden. Darüber hinaus können sie das Gelernte auf neue Muster übertragen. Zum Beispiel bevorzugt ein Tier, das für die Wahl eines um 45° zur Horizontalen geneigten Balkens belohnt wurde, auch periodische und nichtperiodische Gitter dieser Orientierung. Bienen lernen auch andere Muster voneinander zu unterscheiden, z.B. eine runde Scheibe von einem Ring, dessen Außendurchmesser dem der Scheibe entspricht. Nachdem die Tiere diese Aufgabe gelernt haben, können sie diese Muster auch dann noch unterscheiden, wenn sie durch einen Rauschprozess maskiert sind, eine Aufgabe, die naive Bienen nicht bewältigen. Insekten können demnach Formen nicht nur nach dem Grad ihrer Auflösung und nach der Menge der Hell-Dunkel-Grenzen, sondern auch nach Formparametern unterscheiden.

18.8 Farbensehen

> **Farbensehen ist das Ergebnis einer komplexen Interaktion zwischen lokalen und globalen neuronalen Prozessen**

Wir nehmen eine Fläche als farbig wahr, wenn es keine Schattierung von grau gibt, mit der wir sie verwechseln. Eindeutig nachgewiesen ist diese Sinnesleistung bei den meisten Primaten, einigen Fisch- und Vogelarten und bei Honigbienen.

Thomas Young vermutete 1804, daß beim Menschen drei Klassen von Zapfen in der Netzhaut die zur Farbwahrnehmung benötigten Signale registrieren (**trichromatische Theorie**). Er schloß daraus, daß die bei manchen Menschen beobachtete eingeschränkte Farbtüchtigkeit (*Farbenblindheit*), deren Erblichkeit ihm bekannt war, durch das genetisch bestimmte Fehlen einer der drei Zapfenklassen verursacht wird. In der zweiten Hälfte des 19. Jahrhunderts wurde Young's Theorie vor allem durch H. v.

Tabelle 18-2. Liste der spektralen Typen von **P**-Zellen in der Netzhaut von Primaten. Alle Zellen zeigen eine antagonistische Kodierung für die Signale unterschiedlicher Zapfentypen. Abb. 18-20a zeigt das Antwortverhalten einer „blau-ON-Zelle". Die bei der Antwort wirksamen Zapfentypen und ihre Polarität ergeben die funktionelle Charakterisierung der Zelltypen. Neuroanatomische und physiologische Befunde zeigen, daß es +**l**/-**m** (und analog dazu +**m**/-**l**) Zellen gibt, deren Dendriten entweder in der inneren plexiformen Schicht der Netzhaut (rot-ON) oder der äußeren plexiformen Schicht (rot-OFF) liegen.

Zapfentyp/Polarität	P-Zelltyp
+l/−m	rot-ON und rot-OFF
+m/−l	grün-ON und grün-OFF
+s/−(ml)	blau-ON
−s/+(ml)	blau-OFF

Helmholtz erweitert. So zeigte Helmholtz 1879 für den Menschen, daß sich alle Farbempfindungen durch Licht aus nur drei Quellen mit unterschiedlicher spektraler Zusammensetzung mischen lassen. Für die Funktion der Retina gilt nach wie vor die trichromatische Farbensehtheorie (Young-Helmholtz).

Bei manchen Tierarten (z.B. Tauben und Goldfischen) werden vier Klassen von Zapfen gefunden, die sich in ihrer Spektralempfindlichkeit unterscheiden. Diese Tiere haben wahrscheinlich ein tetrachromatisches Farbensehen. Bei Schmetterlingen wurden fünf spektrale Rezeptortypen und bei bestimmten Krebsen mehr als 10 spektrale Rezeptortypen gefunden. Die Farbwahrnehmung dieser Tiere ist unbekannt.

Spektrale Empfindlichkeit. Die Zapfen in der Netzhaut eines Primaten zeigen eine breite spektrale Empfindlichkeitsverteilung mit einem Maximum. Das elektrische Signal eines Zapfens ist proportional zur Lichtmenge aus dem gesamten Bereich seiner Spektralempfindlichkeit, d.h., außer der *Wellenlänge* des Lichts beeinflußt auch seine *Intensität* die Größe des Zapfensignals (**Univarianzprinzip**). Um auf den Bereich der Wellenlänge eines Reizlichts schließen zu können, muß man die Amplituden der Signale aus mindestens zwei Zapfen unterschiedlicher Spektralempfindlichkeit miteinander vergleichen. Bei vielen Wirbeltieren findet man Zapfen mit drei verschiedenen Spektralempfindlichkeiten im Bereich des langwelligen (**l**), mittelwelligen (**m**) und kurzwelligen (**s**) Lichts (s. Abb. 17-17).

> **Antagonistische Kodierung ist ein universelles Prinzip der neuronalen Verarbeitung spektraler Signale**

Die Signale der Photorezeptoren unterschiedlicher Spektralempfindlichkeit werden neuronal **antagonistisch** verschaltet. Dies gilt für alle bisher untersuchten Tiere, die Farben sehen können. Beispielsweise werden viele **P**-Zellen der Primaten durch Licht aus dem Bereich langer Wellenlängen *erregt* und durch Licht aus dem Bereich mittlerer Wellenlängen *gehemmt*. Dadurch hängt ihr Signal nicht mehr direkt vom Lichtfluß in den verschiedenen Wellenlängenbereichen ab, sondern vom *Verhältnis* dieser Größen, dem *spektralen Kontrast*. In Tabelle 18-2 sind alle spektralen Typen von P-Zellen aufgelistet, die man in der Netzhaut von Altweltaffen, bzw. Menschen bisher gefunden hat.

Auch die farbspezifischen Zellen im Zentralnervensystem der Honigbiene zeigen eine antagonistische Verschaltung der Rezeptorsignale, deren Spektralbereich im kurzwelligen Teil die ultraviolette Strahlung (**u**) einschließt. Hier treten die Paarungen (+**u**/-(**s** + **m**)) und (+**s**/(**u** + **m**)) auf.

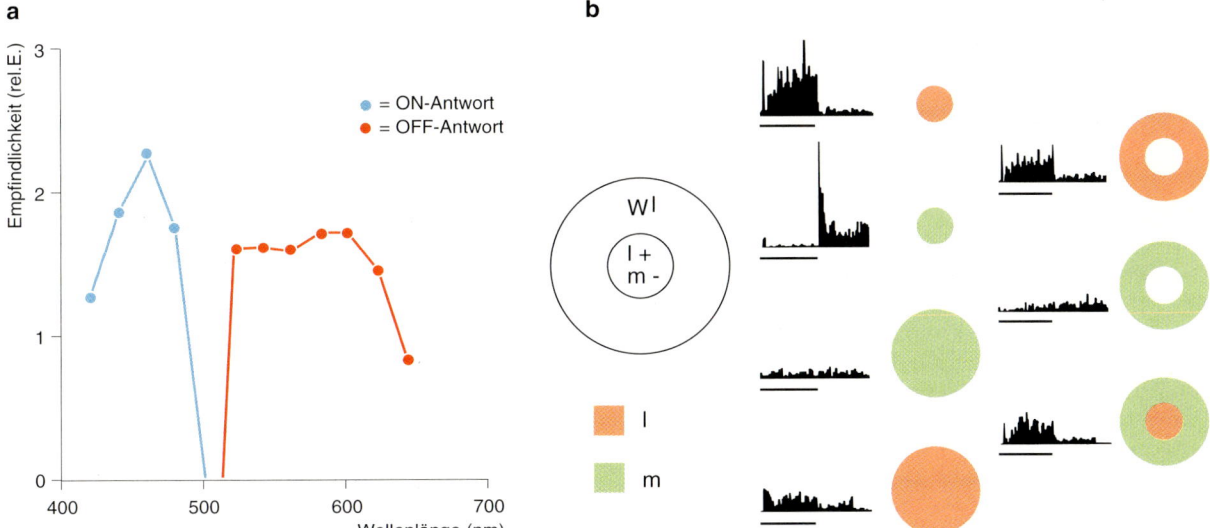

a

b

Abb. 18-19. Farbkodierende Zellen im **CGL** und in **V1** beim Affen: **a** extrazelluläre Ableitung einer Zelle, die auf **Anschalten** kurzwelligen Lichts (**ON**-Antwort) und auf **Ausschalten** mittel- und langwelligen Lichts (**OFF**-Antwort) mit einer Entladung antwortet [25]. **b** extrazelluläre Ableitung einer Zelle, deren Antwortverhalten wesentlich komplexer ist als das einer P-Zelle in der Netzhaut. Das rezeptive Feld dieser Zelle ist in Zentrum und Umfeld unterteilt. Die Zelle wird bei isolierter Beleuchtung des Zentrums durch Einschalten von langwelligem Licht (l) und durch Ausschalten von Licht mittlerer Wellenlänge (m) stark erregt.

Reizt man das gesamte rezeptive Feld mit Licht mittlerer Wellenlänge, wird keine Antwort gemessen. Reizung mit langwelligem Licht in Umfeld ruft eine Anwort mittlerer Stärke hervor, während Licht mittlerer Wellenlänge auf das Umfeld allein keine Wirkung hat. Simultanes Einschalten von Licht mittlerer Wellenlänge im Umfeld und langwelligem Licht im Zentrum ruft allerdings eine Antwort mittlerer Stärke hervor. Das Umfeld wird also, je nach Reizung des Zentrums unabhängig von der Wellenlänge (angedeutet durch W^l) erregt [22]

Die Gegenfarbentheorie. Die Existenz der von **Hering** postulierten und 1905 als Grundlage für die Gegenfarbentheorie verwendeten antagonistischen Prozesse läßt sich an Hand des Gelb-Blau-Prozesses demonstrieren, indem man die Wahrnehmung der beiden blauen Felder in Abb. 18-19 vergleicht, die in eine gelbe bzw. in eine purpurfarbene Umgebung eingebettet sind. Die physikalisch unterschiedlichen Umfelder bewirken unterschiedliche Verschiebungen der Farbe der physikalisch identischen blauen Testfelder. Dieses Phänomen wird in der Literatur als *„simultaner Farbkontrast"* oder *„Farbinduktion"* bezeichnet. Längeres Fixieren eines farbigen Reizes und Verschieben des Blickfelds auf einen weißen Hintergrund bewirken teilweise bis zu einige Sekunden anhaltende Nachbilder in der Gegenfarbe des ausgeschalteten Reizes. Bei Abb. 18-19 sieht man beispielsweise an der Stelle eines blauen Testfelds auf gelbem Hintergrund ein leuchtend gelbes Testfeld auf blauem Hintergrund. Man nennt diese Wahrnehmung den *„sukzessiven Farbkontrast".*

Farbwahrnehmung von Bienen. Simultaner und sukzessiver Farbkontrast mit Kontrastpolaritäten, die den oben aufgeführten Spezifitäten der zentralen Neuronen von Bienen entsprechen, wurden nachgewiesen. Im Unterschied zur Farbwahrnehmung des Menschen findet man bei der Farbwahrnehmung der Honigbiene keine Helligkeitskodierung [18].

> **Die weiteren Schritte der Verarbeitung spektraler Information sind bei Primaten in unterschiedlichen Bereichen der Sehrinde lokalisiert**

Die in der primären Sehrinde (**V1**) gefundenen Signale sind zum einen Teil den in den Ganglienzellen der Netzhaut bzw. im **CGL** beobachteten Signalen ähnlich (Kap. 17 und Abb. 18-20a). Zum anderen Teil werden in ihnen Verarbeitungsprozesse sichtbar, die als Zwischenstufen zur Farbwahrnehmung angesehen werden können, zum Beispiel die „modified type II"-Zellen (Abb. 18-20b). Das Zentrum des rezeptiven Felds dieser Zellen entspricht dem einer retinalen P-Zelle mit gleicher Ausdehnung der spektral antagonistischen Antwortbereiche. Das Umfeld dieser Zelle antwortet unspezifisch auf Beleuchtung mit weißem Licht. Die von Neuronen in einem anderen Gebiet der Sehrinde (**V4**) von Affen abgeleiteten Signale lassen sich direkt in *Beziehung zur Farbwahrnehmung* setzen. Mit Hilfe von Positronen-Emmisions-Tomographie an Menschen konnte gezeigt werden, daß bei der Wahrnehmung von Farbe nur ein Gebiet in der Sehrinde des Menschen aktiviert wird, und daß dieses Gebiet zu dem bei Affen V4 genannten Gebiet homolog ist.

Die oben beschriebene „relative" Art der Kodierung der spektralen Information hat zur Folge, daß unter natürlichen Bedingungen häufig auftretende Verschiebungen im Spektrum der Beleuchtung kompensiert werden können. Zum Beispiel enthält das Spektrum der Beleuchtung durch die Sonne morgens und abends wesentlich mehr langwellige Anteile als um die Mittagszeit. Trotzdem ändert sich unsere Farbwahrnehmung dadurch nicht oder nur wenig (im Gegensatz zu Photographien, die zu diesen Zeitpunkten aufgenommenen wurden). Diese „Farbkonstanz" genannte Fähigkeit, die außer beim Menschen auch bei Honigbienen und Goldfischen nachgewiesen wurde, ermöglicht es, Farben weitgehend unabhängig von der spektralen Zusammensetzung der Beleuchtung etwa gleich wahrzunehmen. Wir sehen zum Beispiel Erdbeeren in der prallen Sonne, im Schatten des Waldes, wo das grün gefilterte Licht vorherrscht und im Supermarkt bei künstlicher Beleuchtung mit höherem Rotanteil gleichermaßen als erdbeerrot.

Die beiden klassischen Theorien, die **Trichromatizitätstheorie** und die **Gegenfarbentheorie**, die lange Zeit als im Widerspruch zueinander galten, können heute verschiedenen Verarbeitungsebenen der spektralen Information zugeordnet werden. Auch die Leistung der Farbkonstanz läßt sich in eine Hierarchie neuronaler Verrechnungsschritte einordnen, bei der die relative Kodierung von Farbe auch über große Entfernungen im Sehfeld erfolgt.

18.9 Literatur

Weiterführende Lehr- und Handbücher

1. Carpenter RHS (1988) Movements of the eyes, 2nd edn. Pion, London
2. Rodieck RW (1973) The vertebrate retina: principles of structure and function. Freeman, San Francisco
3. Shepherd GM (ed) (1990) The synaptic organization of the brain. Third edition, Oxford University Press, New York
4. Stone J (1983) Parallel processing in the visual system. In: Blakemore C (ed) Perspectives in vision research. Plenum, New York
5. Ungerleider LG, Mishkin M (1979) Two cortical visual systems. In: Ingle DJ, Goodale MA, Mansfield RJW (eds) Analysis of visual behaviour. MIT Press, Cambridge/Mass, pp 549–586
6. Zeki S A (1993) Vision of the brain. Blackwell, Cambridge

Einzel- und Übersichtsarbeiten

7. Borst A, Egelhaaf M (1990) Principles of visual motion detection. TINS 12:297–306
8. Collett TS, Nalbach HO, Wagner H (1993) Visual stabilization in arthropods. In: Miles FA, Wallman J (eds) Visual motion and its role in the stabilization of gaze. Elsevier, Amsterdam, pp 239–264 (Reviews of oculomotor research, vol 5)
9. Distler C, Hoffmann KP (1989) The pupillary light reflex in normal and innate microstrabismic cats. II. Retinal and cortical input to the nucleus praetectalis olivaris. Visual Neurosci 3:139–153
10. Grinvald M (persönliche Mitteilung)
11. Grzywacz NM, Yuille AL (1991) Theories for the visual perception of local velocity and coherent motion. In: Landy MS, Movshon JA (eds) Computational models of visual processing. MIT Press, Cambridge/Mass, pp 231–252
12. Hassenstein B, Reichardt W (1956) Systemtheoretische der Zeit-, Reihenfolgen- und Vorzeichenauswertung bei der Bewegungsperzeption des Rüsselkäfers Chlorophanus. Z Naturforsch 11b:513–524
13. Hausen K (1993) The decoding of retinal image flow in insect vision. In: Miles FA, Wallman J (eds) Visual motion and its role in the stabilization of gaze. Elsevier, Amsterdam, pp 203–235 (Reviews of oculomotor research, vol 5)
14. Hausen K, Egelhaaf M (1989) Neural mechanisms of visual course control in insects. In: Stavenga DJ, Hardie RC (eds) Facets of vision. Springer, Berlin, pp 391–424
15. Hengstenberg R (1991) Gaze control in the blowfly Calliphora: a multisensory, two-stage integration process. Semin Neurosci 3:19–29
16. Hoffmann KP (1983) Control of the optokinetic reflex by the nucleus of the optic tract in the cat. In: Hein A, Jeannerod M (eds) Spatially oriented behaviour. Springer, New York
17. Hubel DH, Livingstone MS (1987) Segregation of form, colour, and stereopsis in primate area 18. J Neurosci 7:3378–3415
18. Menzel R, Backhaus W (1991) Color vision in insects. In: Gouras P (ed) Vision and visual dysfunction, vol 6. Macmillan, London
19. Singer W, Gray CM (1995) Visual feature integration and the temporal correlation hypothesis. In: Cowen WM, Shooter EM, Stevens CF, Thompson RF (eds) Annual reviews of neuroscience. Ann. Rev. Inc. Palo Alto/Calif. Vol. 18, pp 555–586
20. Srinivasan MV (1993) How insects infer range from visual motion. In: Miles FA, Wallman J (eds) Visual motion and its role in the stabilization of gaze. Elsevier, Amsterdam, pp 203–235 (Reviews of oculomotor research, vol 5)
21. Strausfeld NJ (1989) Beneath the compound eye: neuroanatomical analysis and physiological correlates in the study of insect vision. In: Stavenga DJ, Hardie RC (eds) Facets of vision. Springer, Berlin, pp 317–359
22. Ts'o DY, Gilbert CD (1988) The organization of chromatic and spatial interactions in the primate striate cortex. J Neurosci 8:1712–1727
23. Wehrhahn C (1985) Visual guidance of flies during flight. In: Kerkut GA, Gilbert LI (eds) Nervous systems: sensory. Pergamon, Oxford, pp 673–684 (Comprehensive insect physiology, biochemistry and pharmacology, vol 6)
24. Westheimer G (1994) Seeing with two eyes. The Ferrier lecture 1992. Proc R Soc Lond (in press)
25. Wiesel TN, Hubel DH (1966) Spatial and chromatic interactions in the lateral geniculate body of the Rhesus monkey. J Neurophysiol 29:1115–1156

19 Elektrische Sinne und ihre Rolle bei der Orientierung und Kommunikation

W. Heiligenberg

19.1 Die stammesgeschichtliche Herkunft der Elektrorezeption

Rätselhafte Hautstrukturen aquatischer Tiere erwiesen sich erst jüngst als Elektrorezeptoren

Da wir selbst keine schwachen elektrischen Ströme wahrnehmen können, haben wir auch lange Zeit nicht vermutet, daß manche Tiere über einen elektrischen Sinn verfügen. Histologen kannten seit Beginn dieses Jahrhunderts merkwürdige Rezeptorstrukturen in der Haut verschiedener Fischarten, wie etwa die **Knollenorgane** und **Mormyromasten** bei den *Mormyriden* oder die **Lorenzini-Ampullen** bei *Haien* und *Rochen*, und rätselten über deren Funktion. Aber erst in der Mitte dieses Jahrhunderts konnte man diese Strukturen als Elektrorezeptoren einstufen [2]. Nachdem dann der Eindruck entstanden war, daß sich Elektrorezeptoren stammesgeschichtlich vom Seitenliniensystem herleiten lassen und nur bei gewissen Fischen und aquatisch lebenden Amphibien existieren, entdeckte man überraschenderweise, daß *Monotremata*, wie das *Schnabeltier* (*Platypus*, *Ornithorhynchus*) und der *Schnabeligel* (*Echidna*, *Tachyglossus*), ebenfalls schwache elektrische Ströme wahrnehmen können und dazu Rezeptoren benützen, die vom Trigeminusnerven innerviert werden [5, 7–10, 17, 22].

Elektrorezeptive Fische besitzen in vielen Fällen elektrische Organe zur aktiven Erzeugung elektrischer Signale

Bereits den alten Ägyptern war bekannt, daß manche Fische bei Berührung schockartige Empfindungen auslösen können. Aber erst in der zweiten Hälfte des 19. Jahrhunderts gelang es Physikern, die elektrische Natur dieses Phänomens nachzuweisen und auf die Aktivität spezieller **elektrischer Organe** zurückzuführen [27]. Neben den klassischen elektrischen Fischen, wie etwa dem *Zitterrochen* (*Torpedo*) oder dem *elektrischen Aal* (*Electrophorus*), waren verschiedene Fischarten bekannt geworden, die zwar keine fühlbaren Stromstöße erzeugen konnten, aber dennoch Organe besaßen, die morphologisch den elektrischen Organen der damals bekannten elektrischen Fische ähnelten. Da diese Organe aber keinen fühlbaren Strom erzeugten, wurden sie als **pseudoelektrische Organe** bezeichnet. Einige Jahrzehnte später entdeckten Lissmann und Machin, daß Fische mit *pseudoelektrischen Organen schwache Stromsignale erzeugen, die der Elektroortung von Objekten dienen* [2]. Erst diese Beobachtung führte dazu, daß rezeptorartige Strukturen in der Haut dieser Fische als spezielle Elektrorezeptoren gedeutet und experimentell bestätigt wurden. Beobachtungen an natürlichen Populationen solcher **schwachelektrischen Fische** zeigten bald darauf, daß diese Tiere ihre elektrischen Signale nicht nur zur Ortung, sondern auch zur sozialen Kommunikation benutzen [2, 16].

Die Elektrorezeptoren der Fische leiten sich von den Haarzellen des Seitenliniensystems ab. Bei den Knochenfischen entstand der elektrische Sinn sekundär

Elektrorezeptive Sinneszellen sind sowohl in morphologischer als auch in physiologischer Hinsicht mit den **Haarzellen des Seitenliniensystems** und des **Labyrinths** verwandt. Große Ähnlichkeiten finden sich ebenfalls hinsichtlich der Ontogenese [23] und der zentralen Projektionen dieser Systeme. Zwei Beobachtungen lassen vermuten, daß das Seitenliniensystem vor dem elektrorezeptiven System entstanden ist. Erstens entsteht das **Seitenliniensystem der Gymnotiformen**, der einzigen in dieser Hinsicht untersuchten Fischgruppe, in der individuellen Ent-

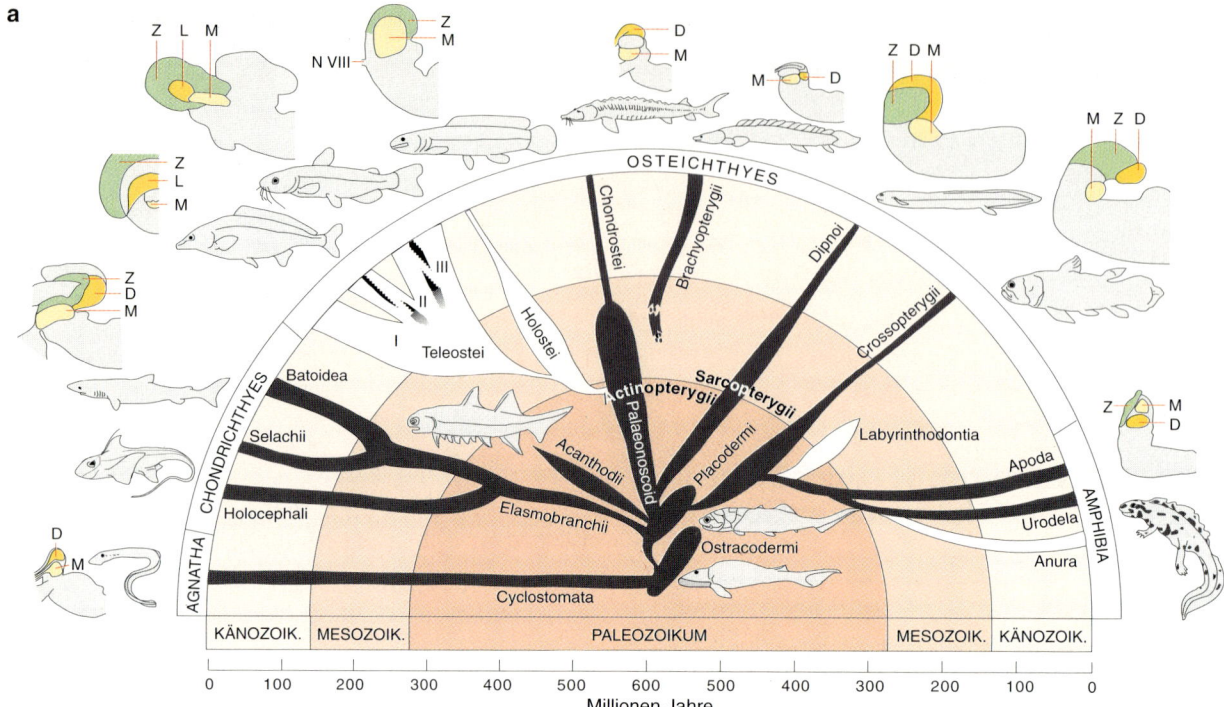

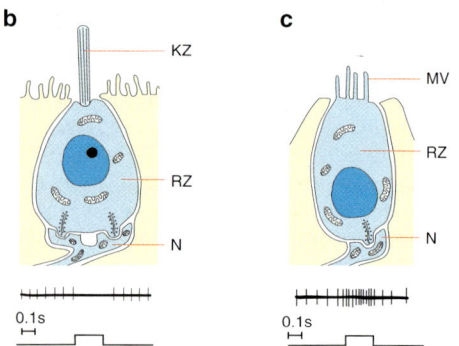

Abb. 19-1a-c. Die Evolution des elektrischen Sinnes bei Fischen und Amphibien. Die Vielfalt der Fische nimmt ihren Ursprung von den *Ostracodermen*, die vor 600 Millionen Jahren lebten. Die schwarz ausgefüllten Zweige repräsentieren Formen der Fische und Amphibien, deren gegenwärtige Vertreter ampulläre Elektrorezeptoren besitzen. Die Rezeptorzellen (RC) dieser

Organe (siehe Schema im oberen rechten Kasten) sind durch ein Kinocilium (KC) ausgezeichnet und werden durch außen negative Spannungen erregt, durch positive gehemmt. Der afferente Nerv (N) wird chemisch erregt. Die schraffierten Zweige stellen zwei Linien der Knochenfische dar, zum einen die Mormyriformen (II), und zum anderen die Welse und Gymnotiformen (III), die einen elektrischen Sinn erneut entwickelt haben, nachdem er mit der Evolution der Holostei offensichtlich verloren gegangen war. Die ampullären Organe dieser Fische besitzen Rezeptorzellen, die durch Mikrovilli (MV) ausgezeichnet sind und durch außen positive Spannungen erregt werden (siehe Schema im oberen linken Kasten). Die schematisierten transversalen Schnitte durch eine Hälfte des Nachhirns zeigen die Projektionen der elektrorezeptiven afferenten Fasern. Die folgenden Strukturen sind duch Abkürzungen gekennzeichnet: Corpus cerebelli (cc), dorsaler Nucleus (D, elektrorezeptiv), medialer Nucleus (M, mechanorezeptiv). Das elektrorezeptive Projektionsgebiet der modernen Fische (weiße Zweige I, II, III) ist der „elektrosensorische Lobus lateralis" (L). Dieses Diagramm wurde freundlicherweise von Dr. Carl D. Hopkins zur Verfügung gestellt und durch Daten von Dr. Bernd Fritzsch ergänzt

wicklung vor dem elektrorezeptiven System [23], und zweitens innervieren die afferenten Fasern der Elektrorezeptoren aller daraufhin untersuchten Fischformen mehr laterale und offenbar stammesgeschichtlich jüngere Zonen des Nachhirns, während sich die mechanorezeptiven Projektionen mehr im medialen und wohl älteren Teil des Nachhirns befinden.

Vergleichende anatomische und physiologische Untersuchungen legen nahe, daß der elektrische Sinn bereits bei den ältesten Vertebraten, den *Ostracodermen*, vorhanden war, dann aber mit dem Entstehen der Knochenfische verloren ging (Abb. 19-1). Unter den modernen Knochenfischen haben zwei Gruppen, die *Welse* und die mit ihnen verwandten *Gymnotiformen* einerseits und die *Mormyriformen* andererseits, den elektrischen Sinn offensichtlich neu und unabhängig voneinander entwickelt. Alle durch sogenannte primitive Merkmale gekennzeichneten Fische, wie etwa die *Selachier, Störe,* und der *Quastenflosser (Latimeria),* sowie die im Wasser lebenden Formen der Amphibien haben sogenannte **ampulläre Elektrorezeptoren** zur Wahrnehmung schwacher, niederfrequenter (0–40 Hz) Felder. Der bekannteste Typ dieser Rezeptoren sind die **Lorenzini-Ampullen** der *Selachier.* Die einzige bekannte Ausnahme sind die marinen *Cyclostomen,* die *Myxiniformen,* die den elektrischen Sinn vermutlich zusammen mit anderen ursprünglichen Merkmalen verloren haben [2].

Während die ampullären Organe der ursprünglichen Fischformen durch negative Spannungen auf der Außenseite der Haut erregt werden, reagieren die ampullären Organe der elektrorezeptiven Knochenfische auf die umgekehrte Polarität (Abb. 19-1). Darüber hinaus haben die *Gymnotiformen* und *Mormyriformen* neben ihren elektrischen Organen auch sogenannte **tubuläre Elektrorezeptoren** entwickelt, die an das relativ hohe Frequenzspektrum (50–10 000 Hz) ihrer elektrischen Organentladungen angepaßt sind. Deutliche Unterschiede in der Morphologie und Physiologie sowohl der Elektrorezeptoren als auch der zentralnervösen Repräsentationen unterstützen unsere Annahme, daß die Welse und Gymnotiformen einerseits und die Mormyriformen andererseits den elektrischen Sinn unabhängig voneinander entwickelt haben [2].

19.2 Struktur und Funktion der Elektrorezeptoren

> Ampulläre Elektrorezeptoren sind extrem empfindlich. Sie dienen der Ortung lebender Organismen und der räumlichen Orientierung nach schwachen elektrischen Feldern

Ampulläre Rezeptoren liegen tief unter der Haut und sind durch einen offenen Kanal mit der Oberfläche verbunden (Abb. 19-2). Dieser Kanal ist mit einer gallertartigen Masse von relativ hoher elektrischer Leitfähigkeit gefüllt, so daß das elektrische Potential an der Oberfläche der Haut mit demjenigen an der Außenseite der Rezeptorzellen nahezu identisch ist. Die Rezeptoren der marinen Fische sind über einen besonders langen Kanal mit einer weit entfernten Pore an der Oberfläche der Haut verbunden und messen deshalb Spannungsdifferenzen über größere räumliche Abstände als die mit einem kurzen Kanal versehenen Rezeptoren der Süßwasserfische. Der relativ niedrige Hautwiderstand der marinen Fische bedingt einen geringeren transepidermalen Spannungsunterschied als er bei Süßwasserfischen unter vergleichbaren Bedingungen auftritt [18]. Diesen Nachteil kompensieren marine Fische durch die Verlängerung ihrer Rezeptorkanäle und den dadurch bedingten Spannungsvergleich über größere räumliche Abstände.

Ampulläre Rezeptoren reagieren auf niederfrequente elektrische Signale (Abb. 19-3a) biologischen und geophysikalisch-chemischen Ursprungs. Sie dienen wohl ursprünglich der *Ortung lebender Organismen*, wie etwa im Sande versteckter Fische, die sich durch schwachelektrische Felder verraten, welche durch Diffusion von Ionen an ihrer Kiemenoberfläche entstehen [18]. Zusätzlich können Fische großräumige *elektrische Felder zur Navigation und Orientierung* verwenden. Da ein sich im Meere bewegender Fisch beim Durchkreuzen eines Magnetfeldes einen zu seiner Bewegungrichtung und zum Magnetfeld senkrecht gerichteten Spannungsvektor erzeugt, kann er sich auch hinsichtlich dieses Magnetfeldes orientieren [1, 19]. *Selachier können Spannungsgradienten von nur einigen Nanovolt/cm wahrnehmen* [1]. Diese ungewöhnlich hohe Empfindlichkeit ist derjenigen einzelner Rezeptoren um Größenordnungen überlegen und beruht zweifellos auf einer zentralnervösen Integration vieler und individuell stark verrauschter Rezeptormeldungen.

> Tubuläre Elektrorezeptoren dienen der Wahrnehmung von Signalen, die durch Entladungen elektrischer Organe ausgelöst wurden. Über die Verzerrungen des selbst erzeugten elektrischen Feldes werden Objekte geortet. Die Wahrnehmung der elektrischen Signale anderer Fische dient der Kommunikation

Die *südamerikanischen Gymnotiformen* und die mit ihnen nicht näher verwandten *afrikanischen Mormyriformen* erzeugen elektrische Felder durch *rhythmische Entladungen* eines in ihrem kaudalen Körperbereich liegenden **elektrischen Organs** [2]. Die damit verbundenen elektrischen Signale haben eine zeitliche und eine spektrale Struktur, die für die jeweilige Fischart kennzeichnend sind. Gewisse Arten der Mormyridengattung *Brienomyrus* [2, 16] lassen sich sogar zuverlässiger an ihren elektrischen Signalen als an gängigen morphologischen Merkmalen unterscheiden. Während sogenannte **Wellenarten** oder **Summer** kontinuierliche, wellenförmige Signale mit sehr stabilen Grundfrequenzen erzeugen, zeichnen sich die sogenannten **Pulsarten** oder **Knatterer** durch Einzelimpulse aus, die durch weit längere und variable Pausen voneinander getrennt sind.

Tubuläre Rezeptoren sind knollenartige Organe in der Haut elektrischer Fische, die im Gegensatz zu den ampullären Organen nicht durch einen Kanal mit der Oberfläche verbunden sind (Abb. 19-2). *Infolge dieser eher kapazitiven Kopplung an die Außenwelt lassen sich tubuläre Rezeptoren nicht durch niederfrequente elektrische Felder erregen. Vielmehr reagieren sie auf die hohen Frequenzen elektrischer Signale* (Abb. 19-3 b,c) und haben ihre niedrigste Reizschwelle stets im dominanten Frequenzbereich der elektrischen Organentladungen ihres Trägers [2, 11, 12]. Infolge dieser Anpassung wird das tubuläre System am stärksten durch die

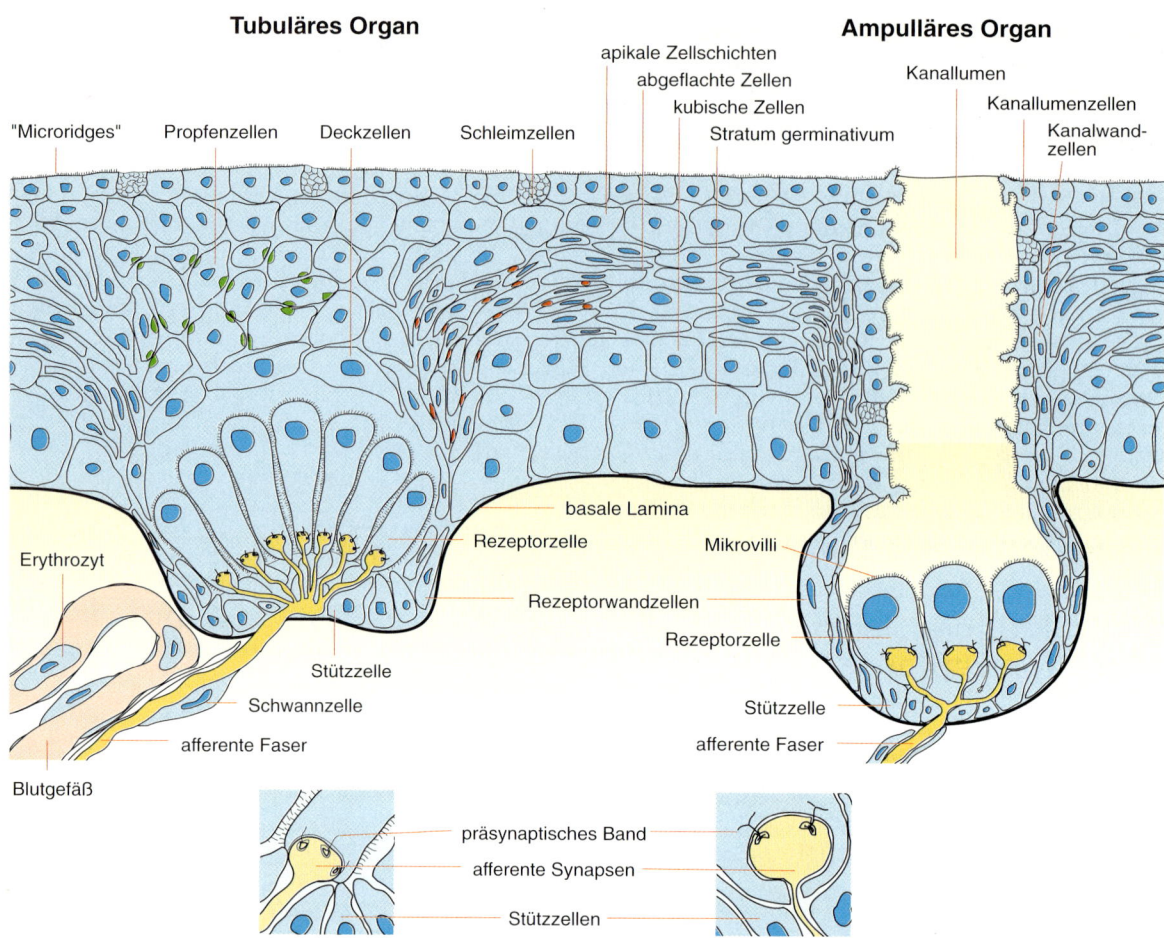

Tubuläres Organ

Ampulläres Organ

"Microridges" — Propfenzellen — Deckzellen — Schleimzellen

apikale Zellschichten
abgeflachte Zellen
kubische Zellen
Stratum germinativum

Kanallumen

Kanallumenzellen

Kanalwand-zellen

basale Lamina
Rezeptorzelle

Mikrovilli

Rezeptorwandzellen

Rezeptorzelle

Erythrozyt

Stützzelle

Schwannzelle

Stützzelle

afferente Faser

afferente Faser

Blutgefäß

präsynaptisches Band

afferente Synapsen

Stützzellen

Abb. 19-2. Struktur und Funktion der Elektrorezeptoren eines gymnotiformen Fisches. Schematische Darstellung eines tubulären und eines ampullären Elektrorezeptororgans in der Haut des gymnotiformen Fisches, *Eigenmannia*. Die Schicht der abgeflachten Zellen in der Epidermis bildet infolge der „tight-junctions" (dargestellt als verdickte Berührungspunkte zwischen den Zellen) einen hohen elektrischen Widerstand. Da diese Schicht die Rezeptororgane seitlich umfaßt, verhindert sie, daß ein transepidermaler Strom am Rezeptororgan außen umfließen kann. Innerhalb dieser Organe wiederum verhindern „tight junctions" zwischen den Rezeptorzellen und den Stützzellen, daß der Strom die Rezeptorzellen außen umfließen kann. Dies hat zur Folge, daß der Strom über das synaptische Gebiet an der Basis der Zelle geleitet wird. Die postsynaptischen Endigungen werden von afferenten Fasern gebildet, die gepunktet dargestellt sind. Während die mit Mikrovilli bedeckten Rezeptorzellen in den tubulären Organen weitgehend frei stehen, sind jene in den ampullären Organen an ihren äußeren Enden von Stützzel-

len umschlossen. Ampulläre Organe sind mit der Außenwelt durch einen Kanal verbunden, der mit einer gallertartigen Masse von hoher elektrischer Leitfähigkeit gefüllt ist. Diese Masse wird von den Stützzellen an ihrem apikalen Ende ausgeschieden. Tubuläre Organe hingegen sind gegen einen konstanten Stromfluß durch eine Schicht von Deckzellen abgeschirmt und damit nur kapazitiv mit der Außenwelt verbunden. Eine Ansammlung von Zellen, die mit Desmosomen (dargestellt als doppelte, dicke Strukturen) miteinander verbunden sind, bildet einen Pfropfen über dem tubulären Organ. Die Anwesenheit dieser Zellen erhöht aufgrund der elektrisch leitenden Desmosomen die Leitfähigkeit des Gewebes über dem Organ. Vergrößerte Darstellungen der synaptischen Strukturen sind unten in der Abbildung eingefügt. Diese zeigen die synaptischen Bänder auf der präsynaptischen Seite, die in die kleinen Ausstülpungen der Rezeptorzelle in die afferente Synapse eindringen. Die Weite einer Rezeptorzelle beträgt ungefähr 10 µm. Diese Zeichnung wurde freundlicherweise von Dr. H. A. Vischer zur Verfügung gestellt

vom Fisch selbst erzeugten elektrischen Organentladungen angeregt, und der Fisch erkennt Veränderungen in den elektrischen Eigenschaften seiner Umwelt und das Auftreten interferierender Signale anderer Fische durch entsprechende Verzerrungen in den Rückmeldungen seiner tubulären Eingänge [2, 14]. Bei der **Elektroortung** lokalisiert der Fisch Objekte aufgrund der durch sie hervorgerufenen Verzerrungen seines eigenen elektrischen Feldes.

Bei der **Elektrokommunikation** hingegen entdeckt der Fisch die elektrischen Organentladungen seiner Nachbarn, die sich auf verschiedene Weise mit seinen eigenen Organentladungen überlagern.

Verschiedene Rezeptortypen kodieren Phase und Amplitude eines periodischen Reizsignales bei den Gymnotiformen

Eine einzelne primäre afferente Faser innerviert entweder nur einen einzigen tubulären Rezeptor oder aber eine lokale Gruppe solcher Rezeptoren, die aus Teilungen eines ursprünglichen Rezeptors hervorgegangen sind. Bei **gymnotiformen Fischen mit wellenförmigen elektrischen Signalen unterscheiden wir zwei Typen von afferenten Fasern, T-Einheiten und P-Einheiten. T- Einheiten** feuern ein Aktionspotential mit jedem Zyklus des Signals. Da das Auftreten dieses Potentials an den Nulldurchgang des Signals gekoppelt ist, kodieren die T-Einheiten die Phase des Signals. Insbesondere kann der Fisch durch Vergleich des zeitlichen Auftretens der T-Potentiale in verschiedenen Teilen seiner Körperoberfläche die Phasendifferenzen zwischen den entsprechenden Signalen bestimmen. **P-Einheiten** feuern im Gegensatz zu den T-Einheiten nicht mit jedem Zyklus des Signals. Da aber die Wahrscheinlichkeit ihres Feuerns mit der Amplitude des Signals zunimmt, kodiert die Häufigkeit ihrer Entladung die lokale Reizamplitude. Die T-Einheiten und P-Einheiten innervieren verschiedene zentralnervöse Netzwerke und bilden somit den Anfang zweier Bahnen zur getrennten Verarbeitung von Phasen- und Amplitudeninformation. In der Gattung *Sternopygus* innervieren die P-Einheiten einzelne Rezeptoren, während die T-Einheiten ihre Eingänge von kleinen Gruppen solcher Rezeptoren erhalten. So läßt sich die höhere Empfindlichkeit und geringere Streuung in der Reaktionszeit der T-Einheiten gegenüber den P-Einheiten erklären [6].

Bei **gymnotiformen Fischen mit pulsartigen Signalen** unterscheidet man **M-Einheiten**, die ähnlich den T-Einheiten das Auftreten jedes Signals mit einem einzigen Aktionspotential beantworten, und die **B-Einheiten**, die eine zunehmenden Signalamplitude mit einer zunehmenden Zahl von Aktionspotentialen innerhalb einer durch einen Signalpuls ausgelösten Salve kodieren [2]. Die zentrale Verarbeitung dieser beiden Eingänge ist noch weitgehend unbekannt.

Verschiedene Rezeptortypen dienen der Kommunikation und der Elektroortung bei den Mormyriformen

Alle bekannten **Mormyriden**, mit Ausnahme der Gattung *Gymnarchus*, erzeugen pulsartige Signale, und zwei Typen tubulärer Rezeptoren, **Knollenorgane** und **Mormyromasten**, kodieren die mit diesen Signalen verbundene Information. Die Knollenor-

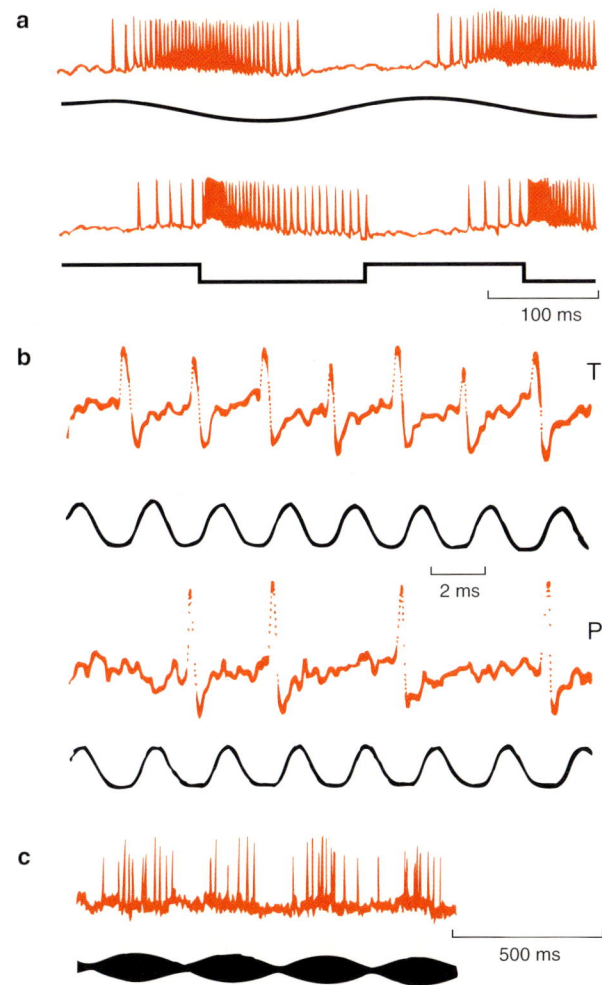

Abb. 19-3. Reaktionen verschiedener Elektrorezeptoren von *Eigenmannia*. **a** Intrazelluläre Ableitung aus der afferenten Faser eines ampullären Rezeptors. Die Höhe der Aktionspotentiale beträgt etwa 15 mV. Die Form des elektrischen Reizes (die Spannung im Inneren des Fisches gegenüber der Außenwelt) ist jeweils in der unteren Spur aufgezeichnet (positiv weist nach oben). Die Stärke dieses Reizes wurde außen und senkrecht zur Haut gemessen und beträgt etwa 1 mV/cm. Beachte, daß dieser Rezeptor sowohl durch den negativen Wert der Reizspannung als auch durch ihre zeitliche Veränderung in der negativen Richtung erregt wird. **b** Extrazelluläre Ableitung von den afferenten Fasern zweier tubulärer Rezeptoren, einer T-Zelle und einer P-Zelle, die auf das Signal der elektrischen Organentladung (untere Spur) des Fisches reagieren. Während die T-Zelle mit jedem Zyklus dieses Reizes phasengekoppelt feuert, reagiert die P-Zelle nur statistisch und kodiert mit der Rate ihres Feuerns die Amplitude des Reizes (siehe c). **c** Intrazelluläre Ableitung von einer tubulären P-Zelle, die auf die Amplitudenmodulation eines sinusförmigen Trägersignals reagiert, das eine elektrische Organentladung simuliert. Die Umhüllende dieses Reizmusters ist in der unteren Spur aufgetragen. Die Höhe der Aktionspotentiale beträgt etwa 40 mV

gane feuern ein Aktionspotential pro Puls, und aufgrund ihrer niedrigen Schwelle sprechen sie leicht auf Signale benachbarter Fische an. Da der Fisch Rückmeldungen der Knollenorgane über seine eigenen Signale mittels einer Efferenzkopieschaltung unterdrückt [6], erhalten die höheren Zentren nur dann Eingänge, wenn die Knollenorgane von fremden Signalen erregt werden. Die Knollenorgane stehen somit primär im Dienste der sozialen Kommunikation. Da das von Knollenorganen ausgelöste Aktionspotential unabhängig von der Reizamplitude an den Nulldurchgang eines pulsförmigen Signals gekoppelt ist, kann der Fisch das zeitliche Auftreten einzelner Pulse genau feststellen; und da das Signal eines Nachbars gegenüberliegende Körperoberflächen mit entgegengesetzter Polarität durchdringt, kann der Fisch durch Vergleich der Zeitpunkte der entsprechenden Rezeptorreaktionen die Pulsbreite eines Signales messen (Abb. 19-4). Auf diese Weise können Mormyriden sogar artspezifische Pulsstrukturen unterscheiden [15, 16].

Der zweite Typ der tubulären Rezeptoren der Mormyriden, die **Mormyromasten**, haben eine höhere Reizschwelle und *reagieren vorzugsweise auf die eigenen Signale des Fisches* und weniger auf die schwächer erscheinenden Signale entfernter Nachbarn. Zusätzlich werden Erregungen, die durch die eigenen elektrischen Signale hervorgerufen werden, von zentralnervösen Strukturen als solche erkannt. *Mormyromasten dienen daher in erster Linie der Elektroortung* [6] und weniger der Kommunikation. Die Mormyromasten enhalten zwei Typen von Rezeptorzellen, Typ A und Typ B [6], die Amplituden- bzw. Phaseninformation kodieren [25] und über ihre entsprechenden afferenten Fasern verschiedene Zonen des Nachhirns innervieren [6]. Durch die getrennte Kodierung von Phasen- und Amplituden-information sind Mormyriden in der Lage, sowohl Pulsformen verschiedener Phasenstruktur, aber gleicher Amplitudenspektren zu unterscheiden, als auch kapazitive und Ohmsche Widerstände von Objekten getrennt zu bewerten [24].

19.3 Biophysikalische Eigenschaften der Elektrorezeptoren

Ampulläre Elektrorezeptoren feuern spontan und ändern ihre Aktivität in Abhängigkeit von einer nie-derfrequenten elektrischen Spannung zwischen der Außenseite und der Innenseite der Rezeptorzellen (Abb. 19-2). Solche Spannungen scheinen die Leit-fähigkeit noch nicht identifizierter Ionenkanäle zu beeinflussen. Kalziumkanäle scheinen dabei beteiligt zu sein [2]. Die Synapsen der afferenten Fasern lassen sich durch L-Glutamat erregen, allerdings ist der natürliche Transmitter noch nicht bekannt. Die Entladungsrate eines ampullären Rezeptors ändert sich kontinuierlich mit der Größe der Reizspannung, reagiert aber auch auf das zeitliche Differential dieser Größe (Abb. 19-3). Sehr schwache Reize mögen die Aktivität eines einzelnen Rezeptors in kaum merkbarer Weise beeinflussen. Eine zentral-nervöse Mittelung der Eingänge sehr vieler Rezeptoren sollte jedoch jene ungewöhnliche Empfind-lichkeit des ampullären Systems erklären, die auf der Verhaltensebene nachgewiesen worden ist [1, 26].

Tubuläre Elektrorezeptoren verhalten sich wie Frequenzfilter zweiter Ordnung, d.h., sie antworten auf einen Eingangspuls mit einer gedämpften Schwingung, deren Frequenz ihrer niederschwellig-sten Reizfrequenz entspricht. In dieser Hinsicht gleichen tubuläre Rezeptoren den **Haarzellen** mancher auditorischer Systeme [2]. Kalziumkanäle scheinen am Zustandekommen dieser Oszillationen beteiligt zu sein, da sich diese durch Kobalt blockie-ren lassen.

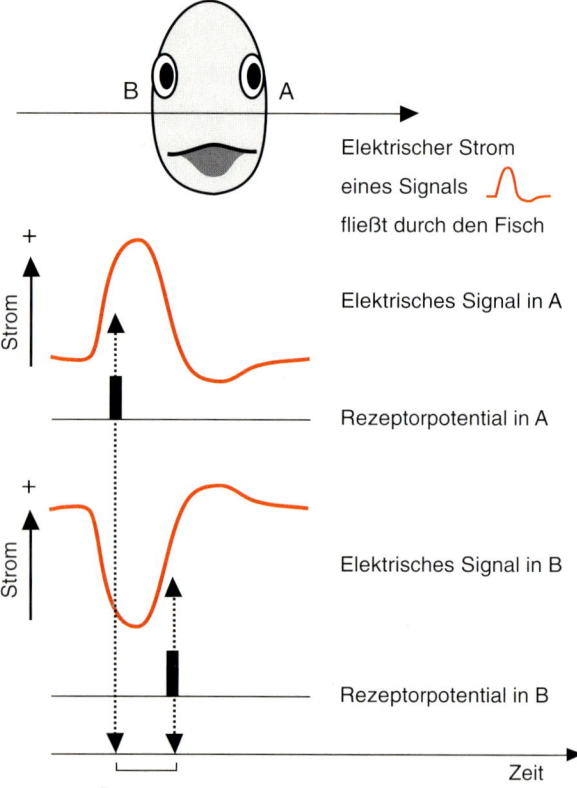

Elektrischer Strom eines Signals fließt durch den Fisch

Elektrisches Signal in A

Rezeptorpotential in A

Elektrisches Signal in B

Rezeptorpotential in B

Zeit

Pulsbreite

Abb. 19-4. Elektrorezeptoren vom Typ der *Knollenorgane* kodie-ren die Pulsbreite eines Signales. Das elektrische Signal eines Nachbarn durchdringt den Körper eines Fisches. Rezeptoren in der Haut des Fisches werden durch den positiven Strom erregt, also wenn der Strom des Signals von innen nach außen durch die Haut fließt. Da der Strom auf entgegenliegenden Seiten des Körpers, A und B, in entgegengesetzten Richtungen zur Orien-tierung der dortigen Rezeptoren fließt, „sehen" die Rezeptoren in A und B dasselbe Signal mit entgegengesetzten Polaritäten und feuern daher zu verschiedenen Zeitpunkten. Die zeitliche Trennung ihrer Antworten entspricht etwa der „Pulsbreite" des Signales

Tubuläre Rezeptoren zeigen ihre niedrigste Reizschwelle in der Nähe der *dominaten Signalfrequenz ihres Trägers*, und diese für ihre Erregung beste Reizfrequenz verschiebt sich entsprechend, wenn immer sich die Frequenz des Schrittmachers des elektrischen Organs im Zuge von Reifungsvorgängen oder unter dem Einfluß einer Hormonbehandlung verändert [2]. Diese **ständige Frequenzabstimmung** zwischen dem Schrittmacher und dem Rezeptor erfolgt auch nach experimenteller Stillegung des elektrischen Organs, erfordert also nicht, daß der Rezeptor dem rhythmischen elektrischen Signal ständig ausgesetzt ist. Da aber die Elektrorezeptoren keine efferente Innervation besitzen, ist unklar, auf welchem Wege sie nach experimenteller Ausschaltung des elektrischen Organs über die Frequenz des Schrittmachers informiert werden [11, 12]. Die Frequenzabstimmung der tubulären Rezeptoren scheint eher auf den elektrischen Eigenschaften ihrer Membranen zu beruhen als auf Struktureigenschaften des Rezeptororgans [2, 11, 12].

19.4 Die zentralnervöse Verarbeitung elektrorezeptiver Information im Rahmen der Orientierung und Kommunikation

Elektrische Fische reagieren auf den Empfang elektrischer Signale ihrer Nachbarn mit spezifischen Modulationen ihrer eigenen elektrischen Signale. Diese Modulationen sind Teil des elektrischen Kommunikationsverhaltens, kommen im zentralnervösen Schrittmacher des elektrischen Organs zustande und werden über die Axone der Relaiszellen an die spinalen Motoneurone des elektrischen Organes weitergeleitet. Da das elektrische Organ auf jeden Impuls des Schrittmachers mit einer Entladung antwortet, stellt das zeitliche Muster der Organentladungen eine genaue Kopie des zeitlichen Musters der Schrittmachertätigkeit dar.

Glücklicherweise treten diese Modulationen in natürlicher Form auch dann noch auf, wenn man den Fisch durch Injektion von kurareartigen Drogen paralysiert und damit bewegungslos gemacht hat. Auf diese Weise kann man bei entsprechender Halterung des Fisches von einzelnen Neuronen ableiten, während man den Fisch durch Darbietung von natürlich erscheinenden elektrischen Reizmustern im umgebenden Wasser zur Produktion verschiedener Modulationen seines Schrittmachers veranlaßt [2, 4, 14]. So lassen sich Reizwahrnehmung und natürliche Verhaltensreaktionen bis auf das Niveau einzelner daran beteiligter Neurone untersuchen.

Die **zentralnervöse Informationsverarbeitung** ist durch eine Trennung neuronaler Strukturen gekennzeichnet, die je an die Analyse eines spezifischen Aspektes eines Reizmusters angepaßt sind. Elektrische Organentladungen erzeugen Signale, deren **Fourier-Transformation durch ein Amplitudenspektrum** und eine **Phasenfunktion** ausgezeichnet ist. In der zeitlichen Funktion der elektrischen Signale drückt sich die Phaseninformation im zeitlichen Auftreten von Nulldurchgängen und in der Wellenform des elektrischen Impulses aus. *Amplitude und Phase werden von verschiedenen Rezeptoren kodiert und in getrennten zentralnervösen Instanzen verarbeitet* [14, 25]. Die phasen- und amplituden-kodierenden Bahnen treffen sich im **Mittelhirn** dieser Fische, wo spezifische Verrechnungen ihrer Informationen zur Erkennung bestimmter Reizmuster führen (Abb. 19-5). Eine ähnliche Trennung in der Verarbeitung von Phasen- und Amplitudeninformation findet sich in auditorischen Systemen [20]. Durch die gleichzeitige Analyse der Phasen- und Amplitudeninformation können elektrische Fische Signale mit verschiedenen zeitlichen Funktionen, aber gleichen Energiespektren unterscheiden [2, 11]. Der elektrische Sinn ist in dieser Hinsicht also unserem Hörvermögen überlegen. Darüber hinaus können elektrische Fische zeitliche Modulationen im Nulldurchgang eines Signales von weniger als einer Mikrosekunde erkennen [11, 12].

Abb. 19-5 demonstriert die getrennte Verarbeitung von Amplituden- und Phaseninformation am Beispiel der neuronalen Verarbeitung elektrorezeptiver Information bei der *„Jamming Avoidance Response"* der Gattung *Eigenmannia*. Dieser Fisch erkennt das Vorzeichen eines Frequenzunterschiedes, **Df**, zwischen den elektrischen Organentladungen eines Nachbarns und seinen eigenen. Der Fisch senkt seine Frequenz, wenn der Nachbar eine etwas höhere Frequenz hat (Df>0) und hebt seine Frequenz, wenn der Nachbar eine etwas tiefere Frequenz hat (Df<0). Auf diese Weise vergrößern die Fische die Differenz, Df, ihrer Frequenzen und vermeiden Interferenzen, die ihre Fähigkeit zur Elektroortung beeinträchtigen. Der Fisch bestimmt das Vorzeichen des Df durch eine parallele Verarbeitung von **Phasenmodulationen** und **Amplitudenmodulationen**, die durch die Überlagerung der beiden elektrischen Signale zustandekommen. **Phase** und **Amplitude** des gemischten Signals werden durch tubuläre Rezeptoren des **T**- und **P**-Types kodiert und in getrennten Schichten des *elektrosensorischen Lobus lateralis (ELL)* verarbeitet. Amplituden- und Phaseninforma-

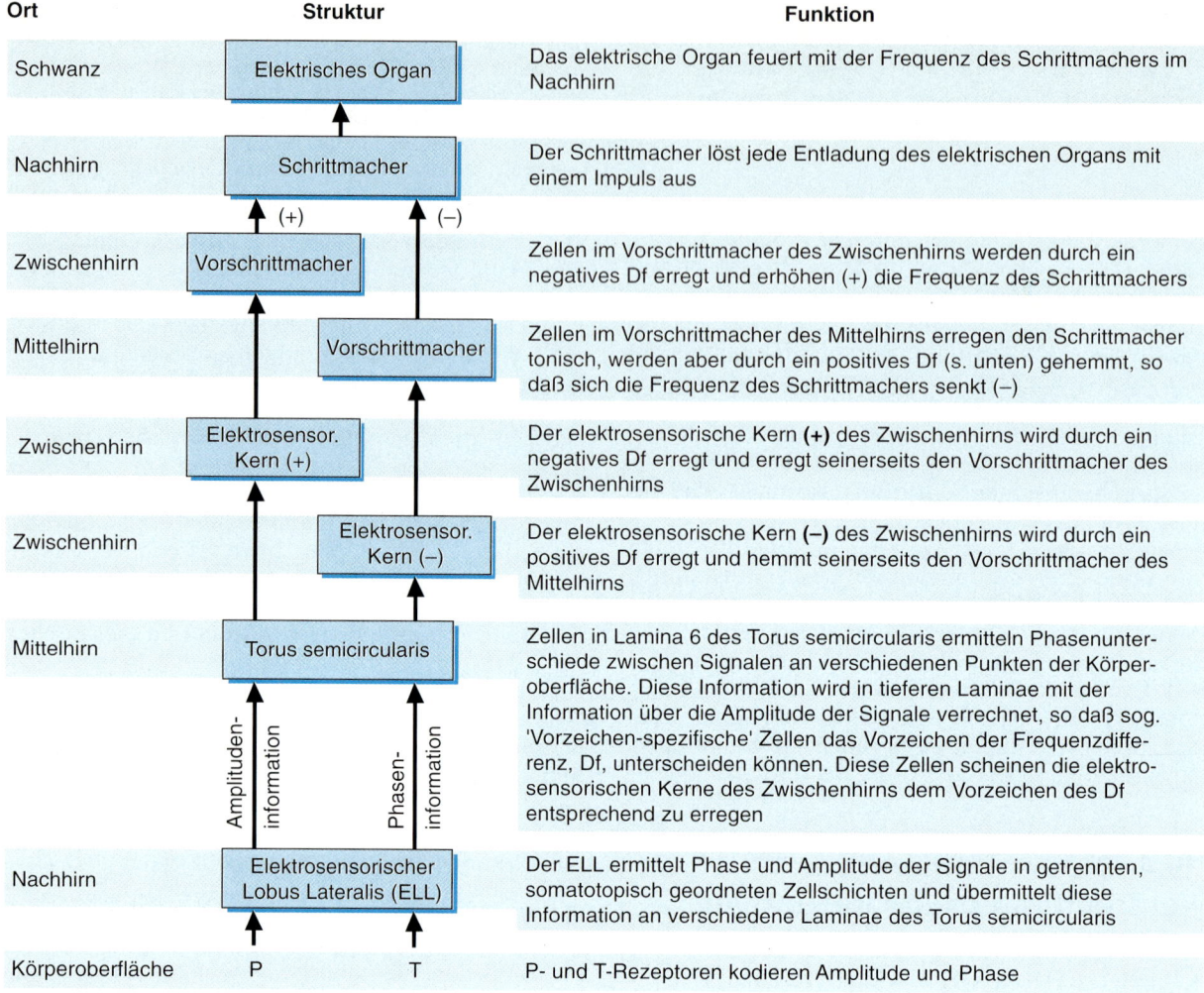

Ort	Struktur	Funktion
Schwanz	Elektrisches Organ	Das elektrische Organ feuert mit der Frequenz des Schrittmachers im Nachhirn
Nachhirn	Schrittmacher	Der Schrittmacher löst jede Entladung des elektrischen Organs mit einem Impuls aus
Zwischenhirn	Vorschrittmacher	Zellen im Vorschrittmacher des Zwischenhirns werden durch ein negatives Df erregt und erhöhen (+) die Frequenz des Schrittmachers
Mittelhirn	Vorschrittmacher	Zellen im Vorschrittmacher des Mittelhirns erregen den Schrittmacher tonisch, werden aber durch ein positives Df (s. unten) gehemmt, so daß sich die Frequenz des Schrittmachers senkt (−)
Zwischenhirn	Elektrosensor. Kern (+)	Der elektrosensorische Kern (+) des Zwischenhirns wird durch ein negatives Df erregt und erregt seinerseits den Vorschrittmacher des Zwischenhirns
Zwischenhirn	Elektrosensor. Kern (−)	Der elektrosensorische Kern (−) des Zwischenhirns wird durch ein positives Df erregt und hemmt seinerseits den Vorschrittmacher des Mittelhirns
Mittelhirn	Torus semicircularis	Zellen in Lamina 6 des Torus semicircularis ermitteln Phasenunterschiede zwischen Signalen an verschiedenen Punkten der Körperoberfläche. Diese Information wird in tieferen Laminae mit der Information über die Amplitude der Signale verrechnet, so daß sog. 'Vorzeichen-spezifische' Zellen das Vorzeichen der Frequenzdifferenz, Df, unterscheiden können. Diese Zellen scheinen die elektrosensorischen Kerne des Zwischenhirns dem Vorzeichen des Df entsprechend zu erregen
Nachhirn	Elektrosensorischer Lobus Lateralis (ELL)	Der ELL ermittelt Phase und Amplitude der Signale in getrennten, somatotopisch geordneten Zellschichten und übermittelt diese Information an verschiedene Laminae des Torus semicircularis
Körperoberfläche	P T	P- und T-Rezeptoren kodieren Amplitude und Phase

Abb. 19-5. Die zentralnervöse Informationsverarbeitung elektrorezeptiver Reizmuster bei dem gymnotiformen Fisch *Eigenmannia* und die Steuerung der „Jamming Avoidance Response" [14]

tion werden im *Torus semicircularis* verknüpft, so daß einzelne Zellen das Vorzeichen des Df ermitteln können. Diese Zellen wiederum innervieren zwei verschiedene elektrosensorische Kerne im Zwischenhirn, die den Beginn des motorischen Ausganges der Jamming Avoidance Response darstellen.

> **Mormyriden verwenden eine Efferenzkopie ihres Schrittmachersignales zur Auswertung elektrorezeptiver Information**

Eine weitere Trennung von Informationsflüssen findet sich bei den **Mormyriden**. Wie bereits erwähnt, haben diese im Unterschied zu den Gymnotiformen zwei verschiedene tubuläre Rezeptortypen, **Knollenorgane** und **Mormyromasten**, die jeweils der Kommunikation und der Elektroortung dienen und deren

Informationen in getrennten zentralnervösen Strukturen verarbeitet werden [2]. Die Mormyriden unterscheiden sich ferner von den Gymnotiformen durch die Verwendung einer Efferenzkopie ihres Schrittmachersignals, das das elektrische Organ jeweils durch einen Impuls zur Entladung bringt. *Eine zentrale Kopie dieses Impulses erlaubt es dem Fisch, die elektrorezeptiven Rückmeldungen seiner eigenen Entladungen von Erregungen durch Fremdsignale zu unterscheiden.* Ferner erstellt der Fisch durch zeitliche Integration der Rückmeldungen, die durch die eigenen Organentladungen hervorgerufen werden, eine zentralnervöse Repräsentation des mit jeder folgenden Entladung **erwarteten Erregungsmusters**. Diese Repräsentation wird auf noch unbekannte Weise von dem nächstfolgenden Erregungsmuster subtrahiert, und *demzufolge werden nur unerwartete Rezeptormeldungen zentral wahrgenommen.* Diese ständig aufgefrischte Repräsentation wird als **modifizierbare Efferenzkopie** bezeichnet [2, 6].

Während die Mormyriden verschiedene Rezeptortypen für die Elektrokommunikation und Elektroortung verwenden, dienen die Rezeptoren der Gymnotiformen beiden Funktionen. Eine Trennung der beiden Funktionen tritt bei ihnen erst im Zwischenhirn auf [5, 21].

Zentralnervöse Rückkopplungen filtern afferente Meldungen

Die zentralnervösen Bahnen der Elektrorezeption sind durch verschiedene rücklaufende Verbindungen ausgezeichnet, über die neuronale Signale von einer höheren auf eine tiefere Stufe der Informationsverarbeitung rückgekoppelt werden können. Am eingehendsten ist eine solche Rückkopplung bei den Gymnotiformen untersucht worden. In diesem Falle wird Information über die Amplitude der elektrorezeptiven Eingänge vom *Lobus lateralis des Nachhirns* über den *Nucleus praeeminentialis des Mittelhirns* zum *Lobus lateralis* zurückgeführt. Eine Form dieser Rückkopplung regelt generell den Verstärkungsfaktor der Pyramidalzellen im Lobus lateralis, während eine zweite Form der Rückkopplung nur einen lokal begrenzten Effekt hat und möglicherweise die „Aufmerksamkeit" auf die Analyse bestimmter Objekte lenkt [2, 11, 12].

Danksagung: Ich danke Svenja Viete, Walter Metzner und Horst Bleckmann für hilfreiche Kommentare zu dieser Arbeit.

19.5 Literatur

Weiterführende Lehr- und Handbücher

1. Atema J, Fay RR, Popper AN, Tavolga WN (eds) (1987) Sensory biology of aquatic animals. Springer, Berlin
2. Bullock TH, Heiligenberg W (eds) (1986) Electroreception. Wiley, New York
3. Fessard A (ed) (1974) Handbook of sensory physiology, vol 3/3. Springer, Berlin
4. Kramer B (1990) Electro-communication in teleost fish: behavior and experiments. Springer, Berlin

Einzel- und Übersichtsarbeiten

5. Andres KH, von Düring M, Iggo A, Proske U (1991) The anatomy and fine structure of the echidna Tachyglossus aculeatus snout with respect to its different trigeminal sensory receptors including the electroreceptors. Anat Embryol (Berl) 184(4):371–393
6. Bell CC, Hopkins C, Grant K (1993) Contributions of electrosensory systems to neuroethology and neurobiology – proceedings of a conference. J Comp Physiol [A] 173: 657–764
7. Gregory JE, Iggo A, McIntyre AK, Proske U (1987) Electroreceptors in the platypus. Nature 326 (6111): 386–387
8. Gregory JE, Iggo A, McIntyre AK, Proske U (1988) Receptors in the bill of the platypus. J Physiol (Lond) 400:349–366
9. Gregory JE, Iggo A, McIntyre AK, Proske U (1988) Responses of electroreceptors in the snout of the echidna. J Physiol (Lond) 414:521–538
10. Gregory JE, Iggo A, McIntyre AK, Proske U (1989) Responses of electroreceptors in the platypus bill to steady and alternating potentials. J Physiol (Lond) 408:391–404
11. Heiligenberg W (1990) Electrosensory systems in fish. Synapse 6:196–206
12. Heiligenberg W (1991) Recent advances in the study of electroreception. Curr Opin Neurobiol 1:187–191
13. Heiligenberg W (1991) Sensory control of behavior in electric fish. Curr Opin Neurobiol 1:633–637
14. Heiligenberg W (1991) Neural nets in electric fish. MIT Press, Cambridge/Mass (The computational neuroscience series)
15. Heiligenberg W, Keller CH, Metzner W, Kawasaki M (1991) Structure and function of neurons in the complex of the nucleus electrosensorius of the gymnotiform fish Eigenmannia: detection and processing of electric signals in social communication. J Comp Physiol [A] 169:151–164
16. Hopkins CD (1988) Neuroethology of electric communication. Annu Rev Neurosci 11:497–535
17. Iggo A, Proske U, McIntyre AK, Gregory JE (1988) Cutaneous electroreceptors in the platypus: a new mammalian receptor. Prog Brain Res 74:133–138
18. Kalmijn A (1974) The detection of electric fields from inanimate and animate sources other than electric organs. In: Fessard A (ed) Handbook of sensory physiology, vol 3/3. Springer, Berlin, pp 147–200
19. Kalmijn A (1984) Theory of electromagnetic orientation: a further analysis. In: Bolis L, Keynes RD, Maddrell SHP (eds) Comparative physiology of sensory systems. Cambridge University Press, Cambridge, pp 525–560
20. Konishi M (1991) Deciphering the brain's code. Neural Comput 3(1):1–18
21. Metzner M, Heiligenberg W (1991) The coding of signals in the electric communication of the gymnotiform fish Eigenmannia: from electroreceptors to neurons in the torus semicircularis of the midbrain. J Comp Physiol [A] 169:135–150
22. Scheich H, Langner TH, Tidemann C (1986) Electroreception and electrolocation in platypus. Nature 319:401–402
23. Vischer HA, Lannoo MJ, Heiligenberg W (1989) The development of the electrosensory nervous system in Eigenmannia (Gymnotiformes). I. The peripheral nervous system. J Comp Neurol 290:16–40
24. Von der Emde G (1990) Discrimination of objects through electrolocation in the weakly electric fish, Gnathonemus petersii. J Comp Physiol [A] 167:413–421
25. Von der Emde G, Bleckmann H (1992) Extreme phase sensitivity of afferents which innervate mormyromast electroreceptors. Naturwissenschaften 79:131–133
26. Weaver JC, Astumian RD (1990) The response of living cells to very weak electric fields: the thermal noise limit. Science 247:459–462
27. Wu CH (1984) Electric fish and the discovery of animal electricity. Am Sci 72:598–607

20 Magnetische Orientierung

W. Wiltschko

20.1 Das Magnetfeld der Erde

Das Magnetfeld der Erde ist ein Vektorfeld, das an jedem Ort eine jeweils charakteristische Stärke und Richtung aufweist

Das Magnetfeld der Erde stellt Lebewesen, die es wahrnehmen können, eine Fülle von Orientierungsinformationen zur Verfügung. Durch seinen **Vektor**-Charakter strukturiert es den Raum in der Horizontalen in ähnlicher Weise wie das Schwerefeld in der Vertikalen. Tiere, die die Richtung der *magnetischen Feldlinien* wahrnehmen, können ähnlich leicht zwischen Nord und Süd unterscheiden wie zwischen oben und unten. Diese Information kann zur **Kompaßorientierung** benutzt werden. Die charakteristische räumliche Verteilung von Inklination und Totalintensität bietet dagegen (zumindest theoretisch) Möglichkeiten zur **Positionsbestimmung**.

Die magnetische Nordrichtung stimmt in den meisten Regionen der Erde recht gut mit der geographischen Nordrichtung überein; nur in den Gebieten um die magnetischen Pole treten starke Abweichungen auf. Die **Inklination** (= Neigung der Feldlinien) ist auf der Nordhalbkugel nach unten und auf der Südhalbkugel nach oben gerichtet. Die Zone, in der die Feldlinien horizontal verlaufen, stellt den *magnetischen Äquator* dar. Die **Totalintensität** nimmt von über 60 000 nT an den Polen zum magnetischen Äquator hin auf Werte um 30 000 nT ab. (nT = nanoTesla, Einheit der magnetischen Induktion. 1 Tesla = 1 Vs m^{-2}; 1 nT = 1 γ = 10^{-5} Gauss) [2].

In der Literatur gibt es zahlreiche Hinweise dafür, daß das Magnetfeld tatsächlich von Tieren auf unterschiedliche Weise genutzt wird, und daß eine Vielzahl von Verhaltensweisen magnetisch beeinflußt sind. Die meisten Daten beziehen sich auf die Funktion des Magnetfelds als Kompaß zur *Richtungsorientierung*. Die Vögel sind die am besten untersuchte Gruppe, und ihr Magnetkompaß soll hier zunächst als Beispiel vorgestellt werden.

20.2 Der Magnetkompaß der Vögel

Ein Tier, das das Magnetfeld zur Kompaßorientierung benutzt, kann im Prinzip jede beliebige Richtung relativ zum Magnetfeld aufsuchen. Welchen Winkel zur magnetischen Nordrichtung es im Einzelfall einschlägt, hängt von der jeweiligen Situation ab; es kann sich dabei um angeborene oder um langfristig oder kurzfristig erlernte **Sollrichtungen** handeln.

Eine Orientierung nach dem Magnetkompaß läßt sich nachweisen, wenn sich die Richtungstendenzen der Versuchstiere durch Änderung der Magnetfeldrichtung voraussagbar ändern: Eine Drehung der magnetischen Nordrichtung um einen bestimmten Betrag muß eine entsprechende Änderung der Richtungswahl hervorrufen. Anhand solcher Versuche wurde ein Magnetkompaß zum ersten Mal beim Rotkehlchen, einem Singvogel, nachgewiesen. Abb. 20-1 zeigt, daß sich die mittleren Richtungstendenzen der Rotkehlchen während des Frühjahrszugs bei Drehung der magnetischen Nordrichtung voraussagbar änderten [5].

Rotkehlchen sind in weiten Teilen Europas *Zugvögel*, die ihr Brutgebiet im Herbst verlassen und zum Überwintern in südlicher oder südwestlicher Richtung in den Mittelmeerraum ziehen. Auch gefangene Zugvögel zeigen zu den Zugzeiten Richtungstendenzen, die ihrer Zugrichtung entsprechen; sie halten sich bevorzugt auf der Seite des Käfigs auf, die in Zugrichtung liegt. Änderungen der magnetischen Nordrichtung bewirkten entsprechende Verschiebungen der bevorzugten Richtung, s. Abb. 20-1. Auch die Funktionsweise des Magnetkompaß konnte auf diese Weise analysiert werden [5].

Der Magnetkompaß der Vögel ist ein Inklinationskompaß, der nur in einem bestimmten Intensitätsfenster arbeitet

Im Gegensatz zu unserem technischen Kompaß benutzen die Vögel nicht die Polarität des Erdma-

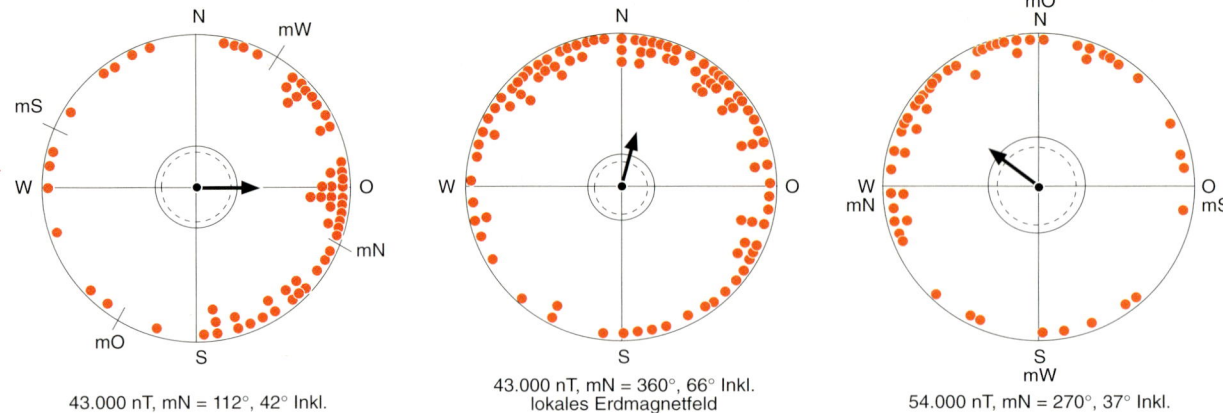

Abb. 20-1. Nachweis der Magnetkompaßorientierung: Orientierungsverhalten von Rotkehlchen, die während der Frühjahrszugzeit in Registrierkäfigen getestet wurden. Die Symbole an der Peripherie des Kreises geben die einzelnen Richtungswahlen wieder, der Pfeil stellt den mittleren Vektor dar. mN, mO, mS und mW: magnetisch Nord, Ost, Süd und West der experimentellen Magnetfelder, deren Nordrichtung im Uhrzeigersinn (links) und im Gegenuhrzeigersinn (rechts) gedreht worden war. Das mittlere Diagramm zeigt das Verhalten unter Kontrollbedingungen im Erdmagnetfeld (s. [5])

gnetfeldes zum Richtungsfinden, sondern die **Neigung der Feldlinien im Raum.** Eine Umpolung der *Horizontalkomponente* veranlaßt die Versuchsvögel, wie oben beschrieben, ihre Richtungstendenz umzukehren; eine entsprechende Richtungsumkehr wird aber auch dann beobachtet, wenn die *Vertikalkomponente* umgepolt wird, wenn das Feld also nach oben statt nach unten weist. Ein technischer Kompaß würde unter diesen Bedingungen keine Veränderung des Magnetfeldes feststellen, denn die *Polarität des Feldes weist weiterhin nach Norden.* Eine Umpolung beider Komponenten, d.h. des gesamten Magnetfeldvektors, bei der die Raumlage der Feldlinien erhalten bleibt, bewirkt entsprechend keine Änderung im Richtungsverhalten der Vögel. Abb. 20-2 soll dies verdeutlichen. Damit unterscheidet der Magnetkompaß der Zugvögel nicht zwischen Nord und Süd, sondern zwischen **äquatorwärts**, der Richtung, in der die Achse der Feldlinien nach oben gerichtet ist, und **polwärts**, wo sie sich nach unten neigt.

Vögel können sich nur dann nach dem Magnetfeld orientieren, wenn die *Totalintensität ungefähr der des lokalen Erdmagnetfeldes* entspricht. Bei einer lokalen Feldstärke von 46 000 nT führt eine Abschwächung oder Verstärkung der Totalintensität um etwa 30 % zu Desorientierung. Das Magnetfeld wird also offensichtlich nur in einem gewissen Intensitätsfenster zur Kompaßorientierung genutzt. Innerhalb dieses Fensters bleiben Intensitätsschwankungen unwirksam.

Für Fernzieher unter den Zugvögeln sind die Intensitätsänderungen entlang des Zugweges größer als der im Labor gefundene Funktionsbereich. Daher ist es nicht erstaunlich, daß sich die Intensitätsfenster der jeweilig herrschenden Feldstärke anpassen: Ein Aufenthalt von 1 bis 2 Tagen in einem stärkeren oder schwächeren Magnetfeld bewirkt, daß sich die Vögel bei der neuen Feldstärke orientieren können.

Dabei handelt es sich weder um eine Verschiebung noch um eine Erweiterung des Funktionsbereiches der Magnetorientierung: Rotkehlchen, die für mehrere Tage in einem Feld von 150 000 nT (etwa dreifache Stärke des lokalen Erdfelds) gehalten wurden, konnten sich sowohl bei dieser Feldstärke als auch im lokalen Erdfeld orientieren. Bei einer dazwischen liegenden Feldstärke von 81 000 nT waren sie dagegen desorientiert.

Vögel benutzen den Magnetkompaß auf dem Zug und beim Heimkehren

Beim Vogelzug ist die **Zugrichtung** angeborenermaßen vorgegeben. Die Information über die jeweilige Sollrichtung ist *genetisch kodiert* und wird den Jungen von ihren Eltern vererbt. Das Magnetfeld kann als **Referenzsystem** für die angeborene Information dienen und über den Magnetkompaß das Aufsuchen der arteigenen Zugrichtung sicherstellen, die dann über Hunderte von Kilometern eingehalten wird [18].

Fernzieher, wie z.B. die Gartengrasmücke, die in Afrika südlich der Sahara überwintern, treffen am *magnetischen Äquator* eine Situation an, die die Orientierung mit einem Inklinationskompaß vor Probleme stellt: Infolge des *horizontalen* Verlaufs der Feldlinien ist die Richtungsinformation nicht mehr eindeutig, und jenseits des Äquators müssen die Vögel ihre Zugrichtung von „äquatorwärts" nach „polwärts" ändern, wenn sie ihren Weg nach Süden fortsetzen wollen (vergl. Abb. 20-2). Auch für verschiedene **Transäquatorialzieher** ist ein Inklinationskompaß nachgewiesen. Gartengrasmücken, die im

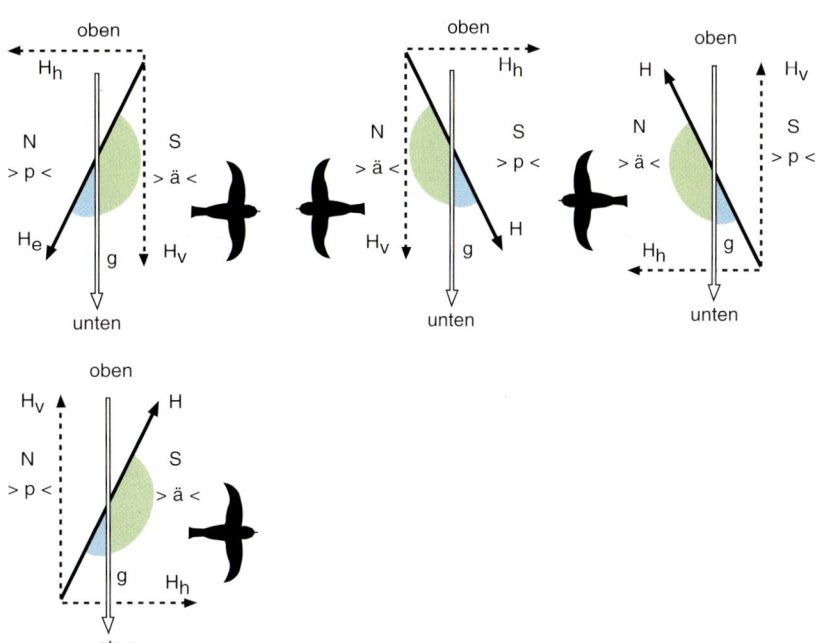

Abb. 20-2. Der Inklinationskompaß der Vögel: Dargestellt ist jeweils ein vertikaler Schnitt durch das Magnetfeld entlang der Nord-Süd-Achse, betrachtet mit der Blickrichtung von West nach Ost. N, S = geographisch Nord und geographisch Süd. Die dunklen Pfeile sind die Feldvektoren H des Magnetfelds; der Vektor des lokalen Erdmagnetfelds in Frankfurt a.M. ist als H_e gekennzeichnet. Die unterbrochenen Pfeile H_h, H_v geben die jeweiligen Horizontal- und Vertikalkomponenten an. Der offene Pfeil g repräsentiert den Vektor der Schwerkraft. >p<, >ä< : „polwärts" und „äquatorwärts", die jeweilige Angabe des Magnetkompaß für die Vögel. Der symbolische Vogel zeigt die Richtung an, in der die Zugvögel im Herbst ihren Zug beginnen (s. [5])

Herbst im Laboratorium zunächst südliche Richtungen gewählt hatten, bevorzugten nach einem zweitägigen Aufenthalt in einem Versuchsfeld mit horizontalen Feldlinien nördliche Richtungen, d.h. sie zogen jetzt „polwärts", was jenseits des Äquators einer Fortsetzung des südlichen Kurses entsprochen hätte. Der Aufenthalt in einem Magnetfeld mit waagrecht verlaufenden Feldlinien hatte also die Reaktion zum axialen Verlauf der Feldlinien umgekehrt.

Am magnetischen Äquator selbst gibt das Magnetfeld durch die Feldlinien den Vögeln nur eine Achse vor. Um zwischen beiden Enden dieser Achse zu unterscheiden, müssen sie andere Orientierungshilfen, z.B. Himmelsmarken wie Sonnenuntergangspunkt und Sterne, zu Hilfe nehmen (s.u.).

Bei der *Orientierung im Heimbereich* und beim *Heimfinden* ist die Sollrichtung variabel, denn sie hängt von der Lage des jeweiligen Aufenthaltsorts zum Zielort ab. Der Navigationsvorgang beim Heimfinden wird im allgemeinen als Zwei-Schritt-Verfahren beschrieben, das als **Karte-Kompaß-Prinzip** charakterisiert wird: Im ersten Schritt wird die Heimrichtung als Kompaßkurs bestimmt, in zweiten Schritt wird sie dann mit einem Kompaß in eine aktuelle Flugrichtung umgesetzt. Auch hier kann der Magnetkompaß zum Richtungsfinden dienen. Seine Beteiligung läßt sich allerdings nur schwer nachweisen, da die Vögel – meist Brieftauben – bei klarem Himmel bevorzugt den Sonnenkompaß benutzen (s. u.). Aufgeklebte Magnete, kleine batteriegetriebene Spulen usw. beeinflussen das Verhalten bei Sonnensicht nur geringfügig (s. Abschnitt 20.4). Bei bedecktem Himmel führen Magnete dagegen meist zu Desorientierung, und Spulen, die

die *Vertikalkomponente des Magnetfelds* um den Kopf der Versuchstaube *umpolen*, bewirken eine Umkehr der Abflugrichtungen. Letzteres ist ein Hinweis, daß es sich beim Magnetkompaß der Tauben ebenfalls um einen Inklinationskompaß handelt.

Bei jungen Brieftauben ist der Magnetkompaß nicht nur beim Kompaßschritt beteiligt, sondern auch beim Bestimmen der Sollrichtung. Sehr junge, unerfahrene Tauben, die *in einem gestörten Magnetfeld verfrachtet* werden, sind in der Regel desorientiert (Abb. 20-3). Diese Befunde werden so gedeutet, daß die jungen Tauben während der Verfrachtung die Fahrtrichtung mit dem Magnetkompaß feststellen und daraus ihren Heimkurs ableiten [18]. Ein solches Vorgehen, bei dem die Heimrichtung aufgrund von Richtungsinformation bestimmt wird, die auf dem Hinweg gesammelt wurde, wird als **Wegumkehr** bezeichnet.

> **Der Magnetkompaß ist integraler Teil eines komplexen Richtungsorientierungssystems**

Bei Überlegungen zur Kompaßorientierung kann der Magnetkompaß nicht isoliert betrachtet werden. Für Vögel sind zwei weitere Kompaßmechanismen bekannt: ein **Sonnenkompaß**, bei dem die Vögel die scheinbare Wanderung der Sonne mit der inneren Uhr verrechnen, und ein **Sternkompaß**, bei dem die Richtung aus der Konfiguration der Sternbilder abgeleitet wird. Beide Kompaßmechanismen basie-

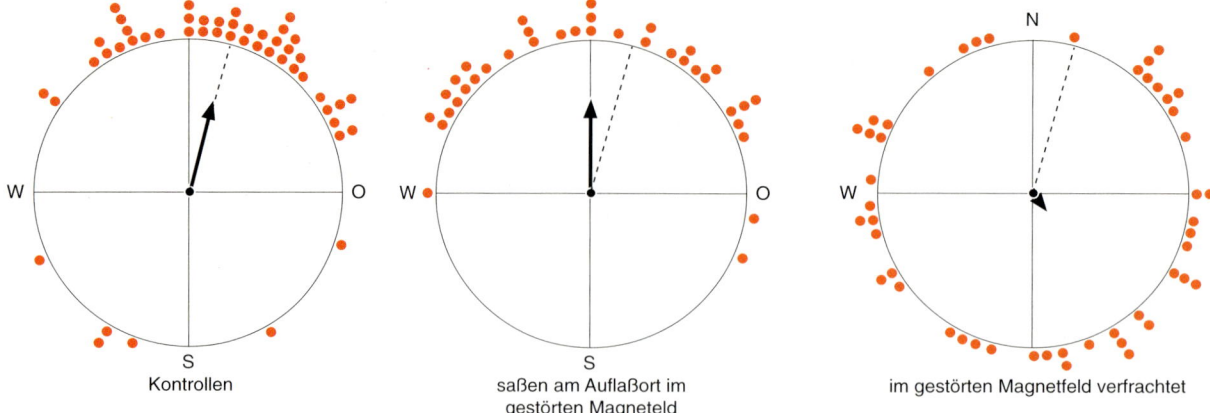

Abb. 20-3. Wegumkehr mit dem Magnetkompaß bei sehr jungen untrainierten Brieftauben: Bei den Tauben, denen man durch Transport in einem gestörten Magnetfeld die Möglichkeit genommen hatte, auf dem Hinweg die Verfrachtungsrichtung zu bestimmen, ließ sich keine Richtungsbevorzugung nachweisen. – Die Heimrichtung ist als gestrichelter Radius angegeben. Die Symbole an der Peripherie stellen die Abflugrichtungen einzelner Tauben dar, die Pfeile entsprechen den mittleren Vektoren (s. [5])

ren also auf *visuellen Himmelsmarken,* die infolge der Erddrehung einen Tagesgang aufweisen; dazu kommen der Jahresgang und die Abhängigkeit von der geographischen Breite. Solche Orientierungsmechanismen erfordern komplexere Verrechnungsvorgänge als der Magnetkompaß, bei dem die *Wahrnehmung des Feldlinienverlaufs allein schon eine Richtungsunterscheidung ermöglicht* und der sowohl von der Tageszeit als auch von der Jahreszeit und der geographischen Breite unabhängig ist. Trotzdem werden die visuellen Kompaßmechanismen, wenn sie verfügbar sind, von den Vögeln in der Regel bevorzugt benutzt [19]. Das bedeutet aber nicht, daß der Magnetkompaß nur als Hilfsmechanismus bei schlechtem Wetter fungiert. Zwischen Magnetkompaß auf der einen und Sonnen- und Sternkompaß auf der anderen Seite herrschen vielfältige Wechselbeziehungen.

Eine Form dieser Wechselbeziehungen drückt sich in der Rolle aus, die der Magnetkompaß beim Eichen der astronomischen Kompaßsysteme spielt. Untersuchungen zur Ontogenie des Orientierungssystems ergaben, daß der Magnetkompaß bei der Erstellung des Sonnenkompaß das Richtungsreferenzsystem für die Lernvorgänge liefert, mit denen junge Tauben in den ersten Lebensmonaten Kenntnis von der Beziehung zwischen Sonnenazimut, Tageszeit und geographischer Richtung erwerben [17]. Daneben wird eine Beteiligung des Magnetkompaß bei der Anpassung an die jahreszeitlichen Änderungen der Sonnenbahn diskutiert. Ähnliche Beziehungen bestehen zwischen Magnetkompaß und Sternkompaß bei der Orientierung der nächtlich ziehenden Zugvögel. Zwar dominiert in der Phase vor dem ersten Wegzug Information von der *Himmelsrotation* über die vom Magnetfeld; während des eigentlichen Zuges jedoch *kontrolliert der Magnetkompaß die Richtungsbedeutung der Sterne.*

Wenn sich im Verlauf des Zuges der Anblick des Himmels allmählich verändert, können die Vögel die neu sichtbar werdenden Sternbilder mit Hilfe des Magnetkompaß **eineichen** [18].

> **Die größte Bedeutung des Magnetkompaß besteht in seiner Rolle als Richtungsreferenzsystem**

Der Magnetkompaß erlaubt eine erste *basale Orientierung,* und aufgrund seiner Richtungsinformation können andere, komplexere Kompaßsysteme, wie der Sonnenkompaß und der Sternkompaß, eingeeicht und in ihrer Richtungsbedeutung kontrolliert werden. Damit ist sichergestellt, daß die astronomischen Systeme der lokalen (und saisonalen) Situation angepaßt werden. Auch ist ein solches **integriertes System,** das auf mehreren Faktoren beruht, wesentlich weniger anfällig gegen äußere Störungen.

Eine entsprechende Beziehung wird auch für die Mechanismen diskutiert, die z.B. verfrachteten Brieftauben die Bestimmung ihrer Heimrichtung erlauben. Hier wird ebenfalls ein einfacher, vom Magnetfeld abhängiger Mechanismus durch komplexere, erlernte Mechanismen ersetzt: Verfrachtung in einem gestörten Magnetfeld bewirkt nämlich nur bei sehr jungen, unerfahrenen Tauben Desorientierung (s. Abb. 20-3), während die gleiche Behandlung bei älteren und erfahrenen Tauben nahezu wirkungslos bleibt. Dies spricht dafür, daß die anfängliche *Wegumkehr* zugunsten anderer Navigationsstrategien aufgegeben wird. Man geht allgemein davon aus, daß erfahrene Tauben eine *Navigationskarte* besitzen, mit deren Hilfe sie ihre Heimrichtung aus geophysikalischen Faktoren am Auflaßort ableiten können. Landschaftsstrukturen, Gerüche, Infraschallquellen, Parameter des Magnetfelds

(s. Abschnitt 20.4) usw. werden als *Navigationsfaktoren* diskutiert. Deren regionale räumliche Verteilung muß jeweils erlernt werden. Möglicherweise dient der Magnetkompaß auch hier als Referenzsystem, mit dem die Richtungsbeziehungen zwischen den einzelnen Marken und/oder Gradienten und dem Heimatort hergestellt werden.

20.3 Richtungsorientierung nach dem Magnetfeld bei anderen Tiergruppen

Orientierung nach dem Magnetkompaß ist unterdessen auch bei einer Vielzahl anderer Tiere nachgewiesen. Tabelle 20-1 gibt eine Übersicht über die Arten, bei denen eine experimentelle Änderung der magnetischen Nordrichtung zu einer entsprechenden Verschiebung der Richtungstendenzen führte. Daneben wird eine Beteiligung des Magnetkompaß in zahlreichen weiteren Fällen diskutiert, in denen Aufkleben von Magneten Desorientierung bewirkte [5].

> **Das Magnetfeld wird von vielen Organismen in verschiedenen Verhaltenssituationen zur Richtungsorientierung benutzt**

Die Schnecke *Tritonia* zeigt eine spontane Bevorzugung bestimmter Richtungen, die sie mit Hilfe des Magnetfelds aufsucht; Langusten ließen sich auf magnetische Richtungen dressieren. Beim Mehlkäfer riefen die Beleuchtungsverhältnisse im Haltungsraum Richtungstendenzen von der Lichtquelle weg hervor, die dann mit dem Magnetkompaß eingeschlagen wurden. Den Amphipoden und Isopoden, die im Grenzbereich Land/Meer leben und sich bei Fluchtreaktionen entlang einer Achse senkrecht zur Küstenlinie orientieren (Abb. 20-4), ist eine Richtungsbevorzugung angeboren; diese kann jedoch durch Erfahrung modifiziert werden. Neben der Sonne dient das Magnetfeld als Richtungsreferenzsystem. Die spontanen Richtungsbevorzugungen der Nachtfalter ließen sich mit Wanderrichtungen im Freiland in Verbindung bringen – eine Parallele zum Vogelzug. Bei Bienen sprechen die vor-

Tabelle 20-1. Magnet-Kompaßorientierung im Tierreich

Stamm, Klasse	Ordnung	Art	Verhaltensweise
Mollusca:			
Gastropoda	Nudibranchia:	Meeresschnecke *Tritonia diomedea*	spontane Tendenz
Arthropoda:			
Crustacea	Decapoda:	Languste *Panulirus argus*	Richtungsdressur
	Amphipoda:	Strandfloh, *Talitrus saltator*	Y-Achse
		Sandhüpfer *Talorchestia martensii*	Y-Achse
		Landflohkrebs *Orchestia cavimana*	Y-Achse
	Isopoda:	Klippenassel, *Idotea baltica*	Y-Achse
Insecta	Isoptera:	Erntetermite, *Trinervitermes geminatus*	Heimkehr
	Hymenoptera:	Honigbiene, *Apis mellifera*	Wabenbau, erworbene Tendenz
	Coleoptera:	Mehlkäfer, *Tenebrio molitor*	erworbene Tendenz
Vertebrata:			
Chondrichtyes	Elasmobranchia:	Stachelrochen, *Urolophus halleri*	Richtungsdressur
Osteichtyes	Anguilliformes:	Amerikanischer Aal, *Anguilla rostrata*	spontane Tendenz
	Salmoniformes:	Blaurückenlachs, *Oncorhynchus nerca*	Wanderung
		Quinnat-Lachs, *Oncorhynchus tschawytscha*	erworbene Tendenz
Amphibia	Urodela:	Rotfleckenmolch, *Notophthalmus viridescens*	Y-Achse, Heimkehr
		Gelbsalamander, *Eurycea lucifuga*	erworbene Tendenz
Reptilia	Testudines:	Unechte Carettschildkröte, *Caretta caretta*	erworbene Tendenz?
		Lederschildkröte, *Dermochelys coriacea*	erworbene Tendenz?
Aves	Columbiformes:	Brieftaube, *Columba livia domestica*	Heimkehr
	Passeriformes:	15 Singvogelarten aus 8 Familien	Vogelzug
Mammalia	Rodentia:	Graumull, *Cryptomys hottentotus*	spontane Tendenz
	Primates:	Mensch, *Homo sapiens*	Befragung

Zur Kurzcharakterisierung des Verhaltens: *spontane Tendenz* bezeichnet Richtungstendenzen, die sich nicht auf die Versuchs- und Haltungsbedingungen zurückführen lassen; bei den nicht-spontanen Richtungstendenzen wird unterschieden zwischen Tendenzen, die auf *Richtungsdressur* mit Belohnungs- und Strafreizen beruhen, und auf andere Weise *erworbenen Tendenzen*, die die Haltungsbedingungen widerspiegeln. *Y-Achse* bezeichnet eine Richtungstendenz, die senkrecht auf der Uferlinie des Heimatgewässers steht.

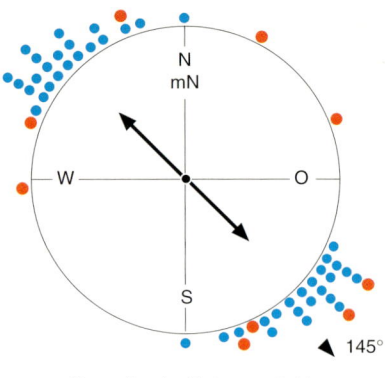

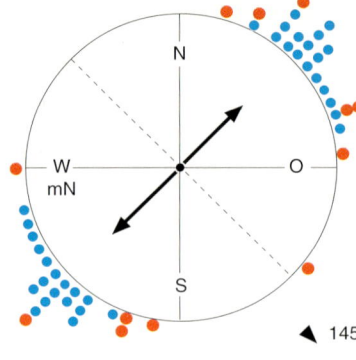

Kontrollen im Erdmagnetfeld   magnetisch Nord nach West gedreht

Abb. 20-4. Magnetkompaßorientierung bei *Talorchestia martensii,* einer Flohkrebsart (Crustacea, Malacostraca), die an tropischen Sandstränden lebt: Die Tiere orientieren sich entlang einer Achse senkrecht zur Küstenlinie; die Pfeilspitze außen bei 145° SO zeigt die Richtung zum Meer. Die roten Symbole an der Peripherie geben unimodale Richtungswahlen einzelner Tiere an, die blauen Symbole axiale Wahlen (hier sind beide Enden der Achse eingezeichnet). Die Doppelpfeile markieren die axialen Mittelrichtungen; deren Lage im Erdmagnetfeld ist in der rechten Abbildung als gestrichelter Durchmesser eingezeichnet (Daten aus [11])

liegenden Daten für eine Beteiligung des Magnetkompaß beim Wabenbau und möglicherweise beim Verlassen des Stocks. Erntetermiten, die sich auf verzweigten Pheromonspuren bewegen, nutzen Informationen vom Magnetfeld, um an Verzweigungen die Richtung zum Nest zu bestimmen.

Ein Einfluß des Magnetfelds wird ferner bei der Ausrichtung der Nestbauten der berühmten *Kompaßtermiten* der Gattung *Amitermes* vermutet, die im Norden Australiens leben. Ihre bis zu 4 m hohen, schmalen Bauten sind ungefähr entlang der magnetischen Nord-Süd-Achse ausgerichtet. Die Bautätigkeit der Termiten ließ sich durch experimentell veränderte Magnetfelder beeinflussen.

Bei Wirbeltieren reicht das Spektrum der magnetfeldabhängigen Verhaltensweisen ebenfalls von spontanen Richtungstendenzen bis hin zu andressierbaren Richtungen. Eine Magnetkompaßorientierung im Zusammenhang mit weiten Wanderungen wurde bei Lachsen und Meeresschildkröten nachgewiesen. Durch aufgeklebte Magnete hervorgerufene Störungen sprechen für die Beteiligung einer Magnetorientierung bei den *Laichwanderungen* von Kröten. Die weitgehend aquatisch lebende Molchart *Notophthalmus viridescens* benutzt den Magnetkompaß bei zwei Verhaltensweisen, nämlich bei der Orientierung zum Ufer hin und beim Heimfinden [13]. Bei Kleinsäugern ließ sich Magnetorientierung bisher nur im Zusammenhang mit einer *spontanen* Richtungsbevorzugung bei Graumullen nachweisen. Versuche, Mäuse und andere kleine Säuger auf magnetische Richtungen zu dressieren, schlugen dagegen fehl.

Daneben ergaben Versuche mit Dosenschildkröten, Waldmäusen, Pferden und Menschen [1, 3], daß Störungen des Magnetfelds *während der Verfrachtung* die anschließende Heimorientierung erheblich störten. Dies wurde vielfach im Sinne einer Beteiligung von *magnetischer Richtungsinformation* bei Wegumkehr (s. o.) gedeutet.

Das Zusammenwirken und die möglichen Wechselwirkungen von Magnetkompaß und den anderen Orientierungsfaktoren in *multifaktoriellen Systemen* sind außerhalb der Vögel kaum untersucht. Die

wenigen zu dieser Frage vorliegenden Befunde deuten Parallelen zur Orientierung der Vögel an: Bei Flohkrebsen, Lachsen und Amphibien wurde beobachtet, daß auch sie bei der Orientierung in der natürlichen Situation oftmals visuellen Marken den Vorzug geben. Die relative Bedeutung einzelner Orientierungsfaktoren variiert in Abhängigkeit von der ökologischen Situation [12,19].

> **Außer dem Inklinationskompaß gibt es eine Form des Magnetkompaß, der wie der technische Kompaß auf der Polarität des Magnetfelds beruht**

Bei Vögeln ist bei allen bisher daraufhin untersuchten Arten ein Inklinationskompaß belegt. Bei Wirbellosen liegen entsprechende Daten nur vom Mehlkäfer vor. Bei ihm wurde auch in einem Feld mit horizontal verlaufenden Feldlinien *unimodales Richtungsverhalten* beobachtet, was nur erklärlich ist, wenn man einen **Polaritätskompaß** annimmt. Bei Lachsen und bei Graumullen bewirkte eine Umkehr der Vertikalkomponente *keine Umkehr der Orientierung.* Ihr Verhalten unterscheidet sich damit grundsätzlich vom Verhalten der Vögel in den entsprechenden Versuchssituationen (s. Abb. 20-2) und zeigt, daß es sich beim Magnetkompaß dieser Arten um einen *Polaritätskompaß* handelt. Der Magnetkompaß der Meeresschildkröten erwies sich dagegen als Inklinationskompaß. Für den Molch *Notophthalmus* wurden zwei verschiedene Mechanismen beschrieben, nämlich ein **Inklinationskompaß** für die Orientierung zum Ufer hin und ein **Polaritätskompaß,** der beim Heimfinden eingesetzt wird [13]. Man kann also nicht von einem einheitlichen Mechanismus ausgehen.

Neben der oben beschriebenen Kompaßorientie-rung wurden Reaktionen beobachtet, die die betref-fenden Tiere in eine **symmetrische Lage zu den Feld-linien** bringen. Es handelt sich um Ausrichtungen parallel, antiparallel oder senkrecht zum Magnet-feldvektor. In der Horizontalen führt dies zu *vier-gipfligen* Verteilungen mit *Bevorzugung der Haupt-richtungen* magnetisch Nord, Süd, Ost und West. Entsprechendes Verhalten, das bei Kompensation des Magnetfelds verschwindet, wurde für die Lande-richtungen von Fliegen und für die Ruherichtungen von Bienen beschieben. Auch die bevorzugten Tanz-Richtungen von Bienen auf horizontaler Wabe in Abwesenheit von sonstigen richtenden Reizen fallen mit den magnetischen Hauptrichtungen zusammen. In der Vertikalen ist die Richtung der *Inklination* bzw. deren Projektion auf die jeweilige Ebene die bevorzugte Richtung. An Wänden, die in Nord-Süd-richtung verliefen, wurde beobachtet, daß landende Fliegen in Inklinationsrichtung von der Vertikalen abwichen. Auch beim Bienentanz auf senkrechter, nord-südlich verlaufender Wabe *nimmt die Inkla-tionsrichtung eine Sonderstellung ein:* Die Bienen machen bei ihren Angaben über den Winkel zwi-schen Sonne und Futterplatz in der Regel gewisse Fehler, die als *Mißweisung* beschrieben wurden (s. Abschnitt 20.4); solche Fehler treten nicht auf, wenn die *Tanzrichtung mit der Inklinationsrichtung zusam-menfällt.*

Bei den betreffenden Reaktionen handelt es sich nicht um eine Kompaßorientierung, denn die Win-keleinstellung zum richtenden Reiz ist auf bestimmte, *symmetrische* Richtungen beschränkt. Es scheint eine einfachere Reaktion zu sein, für die im Sinne einer **Einstellung eines Reizgleichgewichts** möglicherweise auch einfachere neuronale Mecha-nismen in Frage kommen.

20.4 Verhaltensweisen, die nicht auf der Vektoreigenschaft des Magnetfelds beruhen

Neben den Fällen, in denen das Magnetfeld Rich-tungsinformation liefert, sind von verschiedenen Tiergruppen Verhaltensweisen bekannt, die magne-tisch beeinflußt werden, *ohne daß sie sich auf die Richtung des Magnetfelds zurückführen lassen.* Sol-che Effekte sind in der Regel weniger gut belegt als die Kompaßorientierung. Oft lassen sie sich nur über Korrelationen mit natürlichen Feldänderungen erfassen oder dadurch, daß Kompensation des Mag-netfelds sie zum Erlöschen bringt. Interpretations-versuche bleiben in höherem Maße spekulativ. Auch

ist die biologische Bedeutung des Verhaltens nicht immer klar. Einige gut belegte Fälle sollen hier vor-gestellt werden.

Beim ersten Schritt im Navigationsprozeß, der Bestimmung der Heimrichtung als Kompaßrich-tung, nimmt man allgemein an, daß Vögel die loka-len Werte *geophysikalischer Gradienten* mit den Heimwerten vergleichen. Da sowohl die magneti-sche Totalintensität als auch die Inklination **Gra-dienten** aufweisen, wurde das Erdmagnetfeld seit dem vorigen Jahrhundert immer wieder als Teil der „Navigationskarte" diskutiert [10, 16].

Anomalien und magnetische Stürme. Hinweise auf eine Beteiligung von magnetischen Navigationsfak-toren bei Tauben geben Effekte, die bei Orientie-rung nach dem Sonnenkompaß auftreten. Aufkleben von Stabmagneten induziert kleine Abweichungen von der Kontrollrichtung. An *magnetischen Anoma-lien* sind Tauben oftmals desorientiert, wobei die *desorientierende Wirkung von der Steilheit der loka-len Gradienten* abzuhängen scheint (Abb. 20-5). Auch können zeitliche Änderungen des Magnetfelds das Orientierungsverhalten beeinflussen. An man-chen Orten ist die Lage der jeweiligen Abflugrich-tungen mit Fluktuationen des Magnetfelds korre-liert. Starke Schwankungen, die *magnetischen Stür-men* entsprechen, bewirken größere Abweichungen. Interessanterweise scheint hier weniger die aktuelle magnetische Situation, sondern vielmehr die Fluk-tuationen in einem Zeitraum von 12 Stunden vor der Auflassung wirksam zu sein. Dies muß man vielleicht im Zusammenhang mit der Tatsache sehen, daß Totalintensität und Inklination normalerweise einen

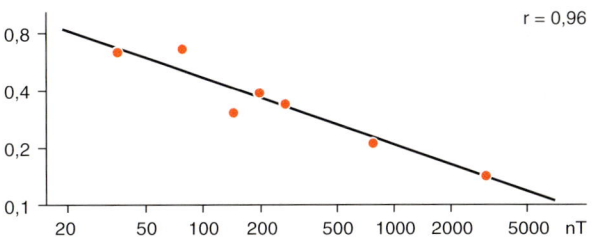

Abb. 20-5. Der desorientierende Effekt von magnetischen Ano-malien bei Tauben ist mit der Stärke des Gradienten der Feld-stärke korreliert: Die Abszisse gibt die maximalen Totalintensi-tätsunterschiede an, die vom Auflaßort innerhalb 1 km in Heim-richtung auftraten, die Ordinate die Länge der mittleren Vekto-ren bei Auflassungen an den betreffenden Orten, beide im loga-rithmischen Maßstab. r: Korrelationskoeffizient (Daten aus Wal-cott 1978, s. [5])

bestimmten Tagesgang aufweisen. Möglicherweise sind längerfristige Beobachtungen der Werte für die Einstellung von Vergleichswerten von Bedeutung.

Die Befunde, die auf magnetische Navigationsfaktoren bei Tauben hinweisen, ergeben bisher noch kein einheitliches Bild [5, 16]. Ihre Deutung wird durch eine große *Variabilität* erschwert, denn Tauben verschiedener Schläge und selbst Tauben des gleichen Schlags reagieren oft recht unterschiedlich. Ein Grund hierfür dürfte sein, daß es sich bei der *Navigationskarte* um ein *multifaktorielles System* handelt, das von den einzelnen Vögeln in ihrem spezifischen Lebensraum individuell erlernt wird. Magnetische Parameter, die sich an verschiedenen Orten und zu verschiedenen Zeiten mal gut, mal weniger gut als Navigationsfaktoren eignen, werden von den Vögeln offensichtlich höchst unterschiedlich bewertet.

(Abb. 20-6), allerdings erst mit einer Verzögerung von ca. 45 min. 2. Die *Mißweisungskurve* zeigt einen *Nulldurchgang* (d.h. die Mißweisung wird 0°), wenn die Tanzrichtung mit der *Inklinationsrichtung* zusammenfällt (s. o.). Auch fallen gewisse Parallelen im Tagesverlauf der Totalintensitätskurve mit der beobachteten Mißweisungskurven auf [10].

Anscheinend handelt es sich bei der Mißweisung um die systematische Störung einer Orientierungsinformation. Sie wirkt sich aber wahrscheinlich nicht störend aus, da die Informationsempfänger den gleichen Bedingungen ausgesetzt sind wie der Informationssender, die tanzende Biene. Die biologische Bedeutung des Phänomens ist bis heute unklar.

Magnetische Einflüsse bewirken die Mißweisung beim Bienentanz

Erfolgreiche Sammelbienen teilen ihren Stockgenossinnen die Lage einer ergiebigen Trachtquelle mit, indem sie durch den **Schwänzeltanz** Angaben über *Richtung* und *Entfernung* machen. Dabei wird der Winkel zwischen Trachtquelle und Sonne im dunklen Stock auf der vertikalen Wabe in einen *Winkel zur Schwerkraft* übersetzt. Die getanzte Richtung stimmt aber nur selten genau mit der wahren Richtung überein – meist tritt eine gewisse Abweichung auf, die in der Größenordnung von bis zu 20° liegen kann und als **Mißweisung** bezeichnet wird (Abb. 20-6).

Vor allem zwei Beobachtungen weisen auf einen Zusammenhang zwischen Mißweisung und dem herrschenden Magnetfeld hin: 1. Die Mißweisung verschwindet, wenn das Magnetfeld auf weniger als 5% seiner normalen Intensität kompensiert wird

Wandernde Wale folgen möglicherweise der magnetischen Topographie

Auswertungen langjähriger Beobachtungen zeigen, daß *Strandungen von Walen* sich an bestimmten Orten der Küste häufen. Die Anschwemmung von toten Tieren entsprach den Strömungen, dem Küstenverlauf usw. Die Orte, an denen lebende Tiere strandeten, ließen sich nicht auf diese Weise erklären; auch waren Arten, die normalerweise im offenen Ozean wandern, dabei überrepräsentiert. Das führte zu der Vermutung, daß die Tiere infolge von Navigationsfehlern in Küstennähe gerieten. Die Auswertung von geophysikalischen Daten ergab, daß Lebendstrandungen gehäuft an den Stellen auftreten, an denen *magnetische Täler* (Gebiete mit lokal niedriger magnetischer Totalintensität) auf die Küstenlinie treffen. Auch der Umstand, daß Strandungen lebender Tiere gehäuft *nach magnetischen Stürmen* beobachtet werden, weisen auf eine Beteiligung magnetischer Parameter hin.

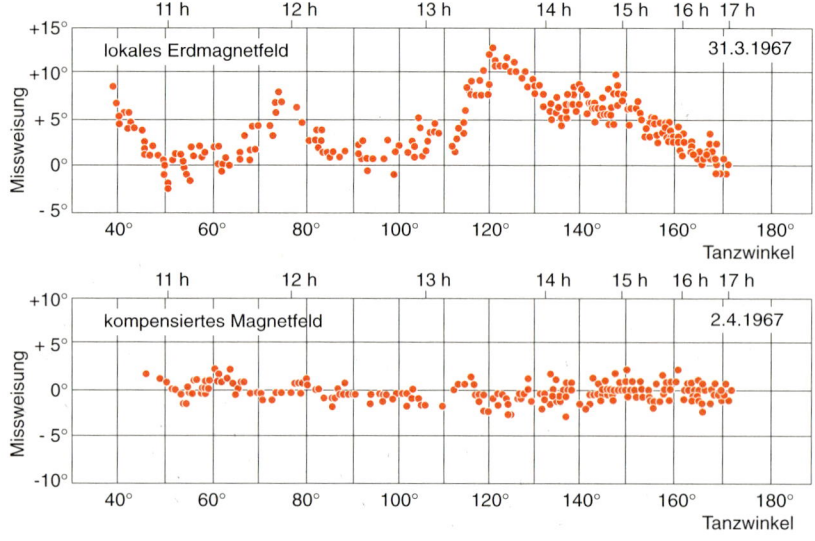

Abb. 20-6. Mißweisung beim Schwänzeltanz der Honigbiene auf einer Ost-West verlaufenden Wabe, Tanzfläche Nord: Aufgetragen ist in der Abszisse der Winkel zwischen Trachtquelle und Sonne, in der Ordinate die Mißweisung, d.h. die Abweichung von diesem Winkel, die die Bienen bei ihrem Tanz zeigen. Oben: Im lokalen Erdmagnetfeld tritt Mißweisung bis 13° auf. Unten: In einem auf weniger als 4% kompensierten Magnetfeld verschwindet die Mißweisung weitgehend (Daten aus [10])

Dies führte zu der Hypothese, daß Wale sich bei ihren ozeanweiten Wanderungen an der **magnetischen Topographie** orientieren. Parallel zu den ozeanischen Rücken ziehen sich langgestreckte Systeme *magnetischer Täler,* die meist in Nord-Süd-Richtung verlaufen. Die Hypothese besagt, daß die Wale entlang dieser Täler wandern; dazu müßten sie in der Lage sein, *Intensitätsgradienten* wahrzunehmen [8].

20.5 Die physiologischen Grundlagen der Magnetfeldperzeption

Während die bekannten magnetotaktischen Bakterien allein aufgrund ihres magnetischen Moments passiv ausgerichtet werden – auch tote Bakterien „orientieren" sich entsprechend – orientieren sich Tiere aktiv aufgrund von Information, die sie dem Magnetfeld entnehmen. Kompaßorientierung erfordert daher einen Mechanismus, der die Vektorrichtung des Feldes feststellt, gegen Intensitätsänderungen aber relativ unempfindlich sein sollte. Für das Benutzen von magnetischer Information in der Navigationskarte oder bei der Orientierung anhand der magnetischen Topographie ist die jeweilige Richtung des Magnetfelds in der Horizontalen dagegen wahrscheinlich irrelevant; auch für die Mißweisung der Bienen ist sie normalerweise ohne Bedeutung. Hier müssen vielmehr minimale räumliche und zeitliche Änderungen der Intensität gemessen werden. Vor diesem Hintergrund kann man nicht von einem einheitlichen Mechanismus zur Magnetfeldperzeption ausgehen. Bei manchen Tieren, wie z.B. den Tauben, muß man sogar verschiedene Mechanismen nebeneinander annehmen. Die Mechanismen der Magnetfeldrezeption sind noch weitgehend unbekannt. Die Hypothesen, die zur Zeit am intensivsten diskutiert werden, sollen hier kurz vorgestellt werden.

> **Als Primärprozesse werden Magnetit-Reaktionen, physikochemische Reaktionen von angeregten Makromolekülen und elektrische Induktion diskutiert**

Magnetit ist eine bestimmte Form von **Fe₃O₄**, dessen magnetische Eigenschaften von der Partikelgröße abhängen: Sehr kleine Teilchen verhalten sich *superparamagnetisch:* ihr magnetisches Moment fluktuiert aufgrund thermischer Instabilität, es kann aber durch ein äußeres Magnetfeld (z.B. das Erdmagnetfeld) stabilisiert werden. Größere Partikel bestehen aus mehreren *Domänen,* deren *antiparallele Spinausrichtung* die Magnetisierung nach außen hin fast aufhebt. Dazwischen liegen *Single-Domain-Partikel*

in der Größenordnung von etwa 40 und 120 nm, die ein stabiles magnetisches Moment in festgelegter Richtung besitzen. In den letzten Jahren wurden bei zahlreichen Lebewesen – von Bakterien und Algen bis hin zu diversen Wirbellosen und Wirbeltieren – in bestimmten Körperregionen *eisenhaltige Einlagerungen* gefunden: bei Bienen im vorderen Teil des Abdomens, bei Fischen und Vögeln vor allem im Kopf im Ethmoidbereich. Diese erwiesen sich meist als biogene Magnetitkristalle in Form von „single domains" oder superparamagnetischen Partikeln [3]. Damit schien eine mögliche Rolle von Magnetit bei der Magnetfeldrezeption gegeben.

Es gibt mehrere Vorstellungen, wie diese Partikel, die als kleine *Permanentmagnete* wirken, mit dem Erdmagnetfeld interagieren könnten, um magnetische Information zu übertragen. So wurde vorgeschlagen, daß frei bewegliche Magnetitpartikel, mit Haarzellen verbunden, zu richtungsabhängiger Reizung der Mikrovilli spezialisierter Mechanorezeptoren führen könnten. Auch eine Wirkung auf freie Nervenendigungen über eine An- oder Einlagerung in Membranen wird diskutiert, wobei man davon ausgeht, daß diese Kleinstmagnete je nach Ausrichtung im Magnetfeld entsprechende biochemische Interaktionen (z.B. Änderungen an Ionenkanäle) induzieren und dadurch magnetische Information vermitteln könnten [7]. Konkrete Befunde, die für die eine oder andere Hypothese sprechen, liegen aber nicht vor; auch wurde bisher noch keine direkte Verbindung der Magnetitkristalle zu irgendwelchen neuronalen Strukturen gefunden. Die wenigen vorliegenden Verhaltensbefunde zur Beteiligung von Magnetit an der Magnetfeldrezeption sind inkonsistent.

Die zweite Hypothese geht von *Makromolekülen* aus, die durch Lichtabsorption in einen angeregten Zustand mit ungepaarten Elektronen versetzt werden. Unter bestimmten Bedingungen treten Biradikale auf, die, statt in den Grundzustand zurückzufallen, in einen **Triplet-Zustand** übergehen. Das Auftreten dieses Zustandes wird bei bestimmter *Ausrichtung des Mokeküls* zum umgebenden Magnetfeld begünstigt [9]. Der Triplet-Zustand besitzt andere Eigenschaften als der Grundzustand und könnte nun mit Membranen von Rezeptorzellen interagieren [4].

Aufgrund ihrer räumlichen Anordnung wurden die Sehzellen als Ort der Rezeption vorgeschlagen. Eine erste Hypothese dieses Typs geht davon aus, daß Rhodopsinmoleküle, *durch Licht angeregt,* bei entsprechender Ausrichtung mit dem Magnetfeld in *Resonanz* treten [9]. Es gibt tatsächlich einige Befunde, die im Sinne einer solchen Lichtabhängigkeit der Magnetfeldwahrnehmung interpretiert werden können: Transport in völliger Finsternis hatte auf junge, unerfahrene Brieftauben die gleiche desorientierende Wirkung wie Transport in einem gestörten Magnetfeld (s. Abb. 20-3). Zugvögel, die unter monochromatischen Lichtern getestet werden, zeigen unter blauem und grünem Licht (Wellenlängen 443 nm und 571 nm) normale Orientierung, während sie im roten Licht (633 nm) desorientiert sind [20]. Der Molch *Notophthalmus* ist bei kurzwelligem Licht von Wellenlängen unter 475 nm normal in Uferrichtung orientiert, bei längerwelligem Licht über 500 nm ist seine Richtungsbevorzugung um ca. 90° im Gegenuhrzeigersinn abgelenkt [14]. Bei Mehlkäfern und Meeresschildkröten werden aber normale Magnetkompaßreaktionen auch in völliger Finsternis beobachtet.

Eine dritte Hypothese betrifft einen Sonderfall, der nur für Tiere wie Haie und Rochen in Frage kommt, die im Salzwasser leben und spezielle Elektrorezeptoren besitzen (s. Kap. 19). Bei verschiedenen Selachiern wurden Empfindlichkeitsschwellen für elektrische Felder unter 5 nV/cm gemessen; dies würde theoretisch ausreichen, um die bei normalen Bewegungsgeschwindigkeiten durch das Erdmagnetfeld induzierten Felder zu registrieren.

> **Elektrophysiologische Befunde liegen unter anderem vom Pinealorgan, vom optischen System und vom Nervus trigeminus vor**

Inzwischen wurden bei elektrophysiologischen Untersuchungen Neurone gefunden, die auf magnetische Reizung reagieren. Bei der marinen Schnecke *Tritonia diomedea* (s. Abschnitt 20.3) reagiert z.B. ein *Neuron im Pedalganglion* auf Richtungsänderungen des Magnetfelds; allerdings ist die Latenz dieser Antwort (im Bereich von mehreren Minuten) ungewöhnlich lang.

Bei Wirbeltieren ergeben elektrophysiologische Ableitungen von Pinealzellen von Nagern und Tauben, daß sich deren Aktivität nach magnetischer Reizung ändert. Das Pinealorgan (Epiphysis cerebri) überträgt als neuroendokrine Drüse seine photoperiodische Information über das Hormon Melatonin; Untersuchungen der Melatoninsynthese zeigen, daß die *Melatoninproduktion* bei Ratten nachts durch Umkehrung der Horizontalkomponente des Magnetfelds gehemmt wird. Eine Magnetfeldänderung hat hier eine ähnliche Wirkung wie ein Lichtreiz in der Dunkelphase, was auf eine mögliche Beeinflussung zirkadian (und zirkannual) gesteuerter Verhaltensweisen durch Schwankungen des Magnetfelds hinweist [15].

Bei Vögeln reagieren Neurone der Kerngebiete **nBOR** und **Tectum opticum,** die zuvor als *optisch richtungsselektiv* identifiziert worden waren, auf intensitätskonstante magnetische Richtungsänderungen mit einer Änderung ihrer elektrischen Aktivität. Die Aktivitätserhöhung bzw. -senkung läßt sich bestimmten Phasen der Richtungsänderung zuordnen, die für verschiedene Zellen unterschied-lich sind. Dies und die Abhängigkeit der Antworten von der Ausrichtung der Tiere im natürlichen Magnetfeld während der Ableitung machen es wahrscheinlich, daß diese Neurone Richtungsinformation vom Magnetfeld verarbeiten. Es ist denkbar, daß die Gesamtheit der Zellen alle Richtungen repräsentiert und damit als *magnetischer Kompaß* fungieren könnte.

Die beschriebenen Antworten aus dem visuellen System sind *an Licht gebunden.* Zellen, die im Dämmerlicht auf magnetische Reizung reagieren, schweigen in totaler Finsternis, antworten aber wieder, wenn erneut belichtet wird. Auch Durchtrennung der Sehnerven führt zum Verschwinden der Reaktion [6].

Da sich bei Vögeln im Schnabelbereich unterhalb der Augen und um die Nasenlöcher Ansammlungen von Magnetit finden, wurde der *Ramus ophthalmicus* des **Nervus trigeminus,** der diese Region versorgt, im Hinblick auf magnetische Antworten untersucht. Bei Tauben reagieren 15% – 20% der Fasern auf *Änderung der Totalintensität* (bei konstanter Richtung) mit einer Steigerung oder Hemmung ihrer Spontanaktivität. Auch bei Forellen werden Antworten des supraophthalmischen Nerven auf magnetische Intensitätsunterschiede beobachtet. Ableitungen aus den **trigeminalen Ganglien** des Reisstärlings zeigen, daß bereits Intensitätsänderungen von 200 nT (0,4% der Erdfeldstärke) eine neuronale Reaktion in Form von Aktivitätserhöhungen hervorrufen können (kleinere Intensitätsunterschiede wurden bisher noch nicht getestet) [6]. Es scheint daher nicht ausgeschlossen, daß das System bei den Effekten von Bedeutung ist, die der Navigationskarte zugeordnet werden; allerdings wäre hier letztlich die Unterscheidung von Intensitätsunterschieden im Bereich von 10 nT zu fordern. Ob die neuronalen Antworten im trigeminalen System mit dem in der Kopfregion vorhandenen Magnetit in direktem Zusammenhang stehen, ist noch unklar.

Die bisherigen Untersuchungen legen eine **Vielfalt von Mechanismen** nahe. Insgesamt stehen die Untersuchungen zur Magnetfeldrezeption noch am Anfang. Aufgrund der Verschiedenartigkeit der Verhaltensreaktionen auf magnetische Reize und aufgrund der Befunde, die auf unterschiedliche Funktionsweisen z.B. beim Magnetkompaß hindeuten, muß man davon ausgehen, daß es unterschiedliche Typen von Magnetrezeptoren gibt, die durchaus auch auf verschiedenen physikalischen Prinzipien beruhen könnten.

20.6 Literatur

Weiterführende Lehr- und Handbücher

1. Baker RR (1989) Human navigation and magnetoreception. Manchester University Press, Manchester

2. Kertz W (1969/1971) Einführung in die Geophysik I und II. BI, Mannheim (Hochschultaschenbücher, Bde 275, 535)
3. Kirschvink JL, Jones DS, MacFadden BJ (eds) (1985) Magnetite biomineralization and magnetoreception in organisms. Plenum, New York
4. Maret G, Boccara N, Kiepenheuer J (eds) (1986) Biophysical effects of steady magnetic fields. Springer, Berlin
5. Wiltschko R, Wiltschko W (1995) Magnetic orientation in animals. Springer, Berlin

Einzel- und Übersichtsarbeiten

6. Beason RC, Semm P (1991) Two different magnetic systems in avian orientation. In: Bell BD, Cossee RO, Flux JEC, Heather BD, Hitchmough RA, Robertson CJR, Williams MJ (eds) Acta XX Congressus Internationalis Ornithologici. Christchurch, New Zealand
7. Kirschvink JL, Gould JL (1981) Biogenic magnetite as a basis for magnetic field detection in animals. BioSystems 13:181–201
8. Klinowska M (1988) Cetacean navigation and the geomagnetic field. J Navigation 41:52–71
9. Leask MJM (1977) A physicochemical mechanism for magnetic field detection in migratory birds and homing pigeons. Nature 267:144–145
10. Lednor AJ (1982) Magnetic navigation in pigeons: possibilities and problems. In: Papi F, Wallraff HG (eds) Avian navigation. Springer, Berlin
11. Lindauer M, Martin H (1968) Die Schwereorientierung der Bienen unter dem Einfluß des Erdmagnetfeldes. Z Vergl Physiol 60:219–243
12. Pardi L, Ercoloni A (1986) Zonal recovery mechanisms in talitrid crustaceans. Boll Zool 53:139–160
13. Phillips JB (1986) Two magnetoreception pathways in a migratory salamander. Science 233:765–767
14. Phillips JB, Borland SC (1992) Behavioral evidence for use of a light-dependent magnetoreception mechanisms by a vertebrate. Nature 359:142–144
15. Reiter RJ (1993) Static and extremely low frequency electromagnetic field exposure: reported effects on the circadian production of melatonin. J Cell Biochem 51:394–403
16. Walcott C (1991) Magnetic maps in pigeons. In: Berthold P (ed) Orientation in birds. Birkhäuser, Basel
17. Wiltschko R, Wiltschko W (1990): Zur Entwicklung des Sonnenkompaß bei jungen Brieftauben. J Ornithol 131:1–20
18. Wiltschko W, Wiltschko R (1988a) Die Orientierung von Zugvögeln: Magnetfeld und Himmelsfaktoren wirken zusammen. J Ornithol 129:265–286
19. Wiltschko W, Wiltschko R (1991) Der Magnetkompaß als Komponente eines komplexen Richtungsorientierungssystems. Zool Jb Physiol 95:437–446
20. Wiltschko W, Munro U, Ford H, Wiltschko R (1993) Red light disrupts magnetic orientation of migratory birds. Nature 364:525–527

21 Nozizeption und Schmerz

H.-G. Schaible und R. F. Schmidt

Vertebraten besitzen ein neuronales nozizeptives System, das drohende und aktuelle Gewebeschädigungen anzeigt und Abwehrreaktionen auslöst

Die Nervensysteme von Vertebraten sind mit Neuronen ausgestattet, die bei Einwirkung *noxischer*, d.h. gewebsschädigender oder potentiell gewebeschädigender Reize auf den Organismus aktiviert werden. Die Aufnahme, Weiterleitung und Verarbeitung *noxischer* Information durch das periphere und zentrale Nervensystem wird als **Nozizeption** bezeichnet. Nozizeption führt beim wachen Menschen in der Regel zu Schmerzempfindungen und zu Reaktionen, die die Einwirkung noxischer Reize zu vermeiden suchen [7–9, 11, 12, 14]. Beim wachen Tier wird ein Verhalten ausgelöst, das das Vorhandensein einer ähnlichen oder identischen Sinnesempfindung bzw. ähnlicher oder identischer Reaktionsweisen vermuten läßt.

Der Schmerz ist eine eigene Sinnesmodalität, die anderen Sinnesmodalitäten, wie Sehen, Hören oder Riechen gleichzustellen ist. Das zugehörige Sinnessystem ist das **nozizeptive System**. Dazu gehören Nervenzellen, die ausschließlich durch potentiell oder aktuell gewebeschädigende Reize aktiviert werden (nozizeptiv spezifische Neurone) und Nervenzellen, die sowohl durch nichtnoxische als auch durch noxische Reize aktiviert werden.

Auch Invertebraten besitzen wahrscheinlich ein nozizeptives System; die Kenntnisse darüber sind sehr lückenhaft

Abwehrverhalten auf noxische Reize kann praktisch überall im Tierreich beobachtet werden [19, 28, 29]. Die zugrundeliegenden neurophysiologischen Mechanismen sind aber bisher nur an wenigen Invertebratenspezies und auch da oft nur lückenhaft unter-sucht. Die Ergebnisse legen nahe, daß viele Invertebraten über nozizeptive Systeme verfügen, die denen bei Vertebraten ähnlich sind und wie bei diesen dafür sorgen, den noxischen Reizen zu entkommen und die verletzte Stelle vor weiterer Schädigung zu bewahren.

So besitzt z.B. die Meeresschnecke *Aplysia* mechanosensitive Neurone, die als Nozizeptoren angesehen werden können. Sie antworten zwar mit einigen Impulsen auf nichtnoxische Reize, werden aber erst durch noxische Reize zu hochfrequenten Impulssalven angeregt, die situationsspezifische Fluchtreflexe auslösen. Außerdem kommt es nach wiederholter noxischer Reizung zu peripheren und zentralen Sensibilisierungsprozessen, die für längere Zeit zu einer auf das geschädigte Areal begrenzten erhöhten Reaktionsfähigkeit auf noxische Reize führen [29]. Soweit bekannt, sind die Mechanismen dieser Sensibilisierung denen, die bei Säugern beschrieben wurden, in vielen Aspekten ähnlich (der Ausdruck *Sensitivierung* wird häufig als Synonym für den Ausdruck *Sensibilisierung* gebraucht, nicht immer ist aber genau dasselbe gemeint, vgl. Kap. 23) [32].

21.1 Schmerzen bei Mensch und Tier

Der Schmerz des Menschen besitzt sensorische, affektive, vegetative, motorische und kognitive Komponenten

Schmerzdefinition. Die Definition der *International Association for the Study of Pain, IASP* (zitiert aus Pain 6, 248–252, 1979) lautet in deutscher Übersetzung:

„Schmerz ist ein unangenehmes Sinnes- und Gefühlserlebnis, das mit aktueller oder potentieller Gewebeschädigung verknüpft ist oder mit Begriffen einer solchen Schädigung beschrieben wird".

Diese Definition und die sie begleitenden, später mehrfach ergänzten Erläuterungen ebenso wie viele vorhergehende theoretische Ansätze (Literatur in [9, 21]) beinhalten zum einen, daß der adäquate Reiz für das Auftreten der Sinnesempfindung Schmerz die (drohende) Schädigung eines Gewebes ist, d.h. sie betonen die **Warnfunktion des Schmerzes.** Der letzte Teil der Definition besagt zum anderen, daß zwar alle Schmerzen so erlebt werden, als ob Gewebe zerstört wird oder zerstört zu werden droht, daß Schmerzerlebnisse aber auch auftreten können, ohne daß eine Gewebeschädigung vorliegt. Hier klingt das klinisch wichtige Phänomen an, daß Schmerzen beim Menschen auch *psychische* oder *psychologische* (Mit)Ursachen haben können. Hierbei erfüllt der Schmerz keine reine Warnfunktion.

Schmerzkomponenten. Die durch einen noxischen Reiz in afferenten Nervenfasern und zentralen Neuronen ausgelösten Impulse vermitteln Information über die *Lokalisation, Dauer und Intensität* eines schmerzhaften Reizes (**sensorisch-diskriminative Komponente**) des Schmerzes (Abb. 21-1). Schmerz ist aber in aller Regel *mehr als eine reine Sinnesempfindung*, nämlich ein *unangenehmes Gefühlserlebnis* (**emotionale** oder **affektive Komponente**).

Viele Reaktionen auf noxische Reize werden reflektorisch über das vegetative Nervensystem vermittelt (z.B. Blutdruckanstieg, Herzfrequenzzunahme, Pupillenerweiterung); dies ist die *autonome* oder **vegetative Komponente** des Schmerzgeschehens. Schließlich ist die **motorische Komponente** des Schmerzes als Flucht- oder Schutzreflex bekannt. Er spielt bei von außen kommenden noxischen Reizen eine wichtige Rolle. Aber auch bei Tiefenschmerzen und viszeralen Schmerzen können motorische Komponenten, z.B. in der Form von *Muskelverspannungen*, beobachtet werden. Im weiteren Sinne sind auch andere Verhaltensäußerungen, beispielsweise Mimik, Lautäußerungen oder willkürliche Bewegungen, die aus der Schmerzbewertung (s.u.) resultieren, als motorische oder besser **psychomotorische Komponenten** des Schmerzes anzusehen (Abb. 21-1, *untere rechte* Bildhälfte).

Gewöhnlich treten diese **vier Schmerzkomponenten gemeinsam** auf, wenn auch in jeweils unterschiedlicher Ausprägung. Da aber zum Teil sehr unterschiedliche zentrale Bahnen und verschiedene Anteile des Nervensystems (z.B. spinothalamisches System, limbisches System, autonomes Nervensystem, motorisches System) an ihrer Entstehung beteiligt sind, **stehen sie im Grunde nur in loser Beziehung zueinander** und können durchaus **völlig getrennt voneinander** ablaufen. Zum Beispiel ziehen wir auch im Schlaf unsere Hand von einem noxischen Reiz zurück, obwohl keine bewußte Schmerzempfindung auftritt. An chronisch dezerebrierten Tieren können motorische und vegetative Schmerzreaktionen genau wie an intakten Tieren beobachtet werden, obwohl kein Großhirn mehr vorhanden ist (s.u.).

Schmerzbewertung. An der Bewertung eines Schmerzes, also ob wir ihn beispielsweise als *mild, heftig* oder *unerträglich* empfinden, sind die sensorischen, affektiven und vegetativen Komponenten des Schmerzes beteiligt (Abb. 21-1). Wichtig ist dabei der *Vergleich der aktuellen Schmerzen* mit den im Gedächtnis gespeicherten *Schmerzerfahrungen* und ihren früheren Folgen. Die Schmerzbewertung kann daher als die *erkennende* oder **kognitive Komponente** des Schmerzes bezeichnet werden. Das Ergebnis dieses kognitiven Prozesses führt zu entsprechenden Schmerzäußerungen (*psychomotorische Komponente,* s.o.). Die kognitive Komponente wirkt aber wahrscheinlich auch auf die Ausprägung der affektiven und vegetativen Komponenten ein (gestrichelte Pfeile von rechts nach links in Abb. 21-1).

Das Schmerzverhalten bei Mensch und Tier ist zum großen Teil nicht angeboren, sondern in einer frühen Phase der Entwicklung erlernt. Bleiben diese frühen Erfahrungen aus, so lassen sich diese Reaktionen später nur schwer erlernen: Junge Hunde, die in den ersten acht Lebensmonaten vor allen schädigenden Reizen bewahrt wurden, waren unfähig, auf Schmerzen angemessen zu reagieren, und lernten dies nur langsam und unvollkommen. Sie schnupperten immer wieder an offenen Flammen und ließen sich Nadeln tief in die Haut stechen, ohne mehr als lokale reflektorische Zuckungen zu zeigen. Entsprechende Beobachtungen wurden auch an Rhesusaffen gemacht (Lit. in [6]).

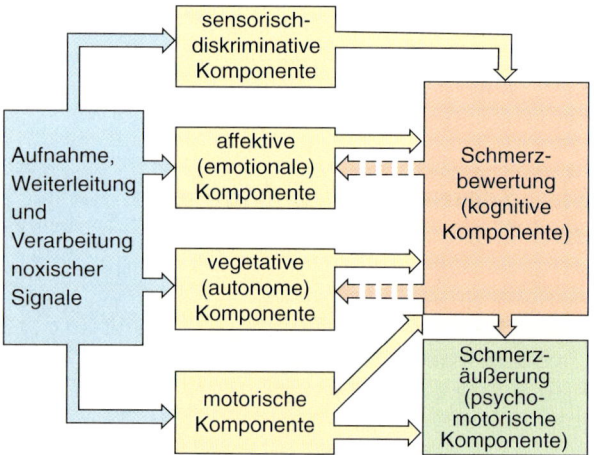

Abb. 21-1. Schematische Darstellung der durch noxische Signale aktivierten Komponenten des Schmerzes. In die resultierende Schmerzbewertung (kognitive Komponente) und Schmerzäußerung (psychomotorische Komponente) gehen die sensorischen, affektiven und vegetativen Komponenten je nach Art des Schmerzes in unterschiedlichem Ausmaß ein. Umgekehrt beeinflußt die Schmerzbewertung ihrerseits die Ausprägung der affektiven und vegetativen Schmerzkomponenten *(gestrichelte Pfeile).* Aus [9]

Nozizeption bei Invertebraten. Abwehrverhalten auf noxische Reize kann bereits bei Coelenteraten beobachtet werden und ist bei Anneliden und Mollusken deutlich ausgeprägt. Auch Arthropoden, v.a. Insekten, zeigen auf noxische Reize verschiedene Flucht- und Vermeidungsreaktionen, ohne daß bei diesen wie bei den anderen eben genannten Tiergruppen ein eigenständiges nozizeptives System angenommen wird. Gleiches gilt für den Blutegel, *Hirudo medicinalis,* dessen kutane hochschwellige Mechanorezeptoren allerdings als Nozizeptoren angesehen werden können (Literatur bei [19]). Bei den Zephalopoden, v.a. dem *Octopus vulgaris,* deutet dagegen ein großes Verhaltensrepertoire auf die Tätigkeit eines nozizeptiven Systems hin, was in der Literatur schon dazu geführt hat, von „Schmerzbahnen" im ZNS des Tintenfischs zu sprechen [30].

Das aversive Verhalten der Meeresschnecke *Aplysia californica* zeigt, wie einleitend schon angedeutet, besonders viele Parallelen zum nozizeptiven Verhalten von Säugetieren. Je nach dem Ort noxischer Reizung kommt es über die Erregung hochschwelliger Mechanorezeptoren zu lokalen Wegziehreflexen, z.B. des Siphons und der Kiemen, zu Schleim- und Tintenabsonderungen, zu respiratorischen Pumpbewegungen und zur Flucht. Wiederholte Reizung führt zur *Sensitisierung* (Sensibilisierung), d.h. zu verstärktem Abwehrverhalten mit den entsprechenden langdauernden plastischen Veränderungen an den beteiligten Neuronenketten, wie wir sie auch von Säugetieren kennen (s.S. 460) [32].

Endogene Opioide bei Invertebraten. Eine weitere Parallele zwischen Invertebraten und Vertebraten in bezug auf ihre Nozizeption besteht darin, daß bei beiden das aversive Verhalten durch endogene und exogene Opioide und ihre spezifischen Antagonisten, wie z.B. Naloxon, beeinflußt werden kann. Dies gilt auch für die Entwicklung von Toleranz (Literatur bei [19]). Diese, insgesamt noch sehr bruchstückhaften Beobachtungen lassen es als wahrscheinlich erscheinen, daß die opioidinduzierte Modifikation nozizeptiven Verhaltens schon in einem sehr frühen Stadium der Evolution auftrat.

Nozizeption und Schmerz bei Vertebraten. Ähnlich wie bei Invertebraten ist auch für *nichtsäugende Vertebraten* das Wissen über Nozizeption und Schmerz sehr lückenhaft (Übersichten bei [19, 26]). **Fische** zeigen ein ausgeprägtes aversives Verhalten auf chemische und mechanische noxische Reize, das durch Morphin und Naloxon modifiziert werden kann. Entprechendes gilt für **Amphibien** und **Reptilien.** So wischt der Grasfrosch, *Rana pipiens,* ein auf seinen Rücken gelegtes säuregetränktes Papierstückchen gezielt ab, was ebenfalls durch Morphin Naloxonreversibel verzögert oder verhindert werden kann. Bei **Vögeln** kommt es auf akute noxische Reize zu einer breiten Skala aversiven Verhaltens, wie Vokalisationen, Flügelschlagen (Flucht) und Zunahmen von Herzfrequenz, Blutdruck und Atmung. Die Nozizeption bei **Säugetieren,** insbesondere bei Ratten und Katzen, ist neben der des Menschen weitaus am besten bekannt. Sie wird daher, auch wegen ihrer großen Ähnlichkeit mit der des Menschen, in diesem Kapitel ausführlich dargestellt.

Keine abschließende Antwort gibt es derzeit auf die Frage, inwieweit **nozizeptive Prozesse** bei Invertebraten und Vertebraten **mit Schmerzen einhergehen.** Auf S. 452 wird dargelegt, daß bei Wirbeltieren nozizeptive Reaktionen (pseudaffektives Verhalten) auch bei Ausschaltung höherer, d.h. für das Bewußtsein notwendiger Hirnstrukturen fortbestehen. Aversives Verhalten („Schmerzverhalten") ist also kein hinreichendes Anzeichen für bewußte Schmerzempfindungen. Vielmehr ist davon auszugehen, daß Schmerzempfindungen dieselben komplexen neuronalen Strukturen voraussetzen, die für Bewußtsein notwendig sind. Sind diese Strukturen nicht vorhanden und läßt sich kein Verhalten nachweisen, das Bewußtsein anzeigt, ist davon auszugehen, daß auch keine bewußten Schmerzempfindungen auftreten.

In diesem Sinne schmerzfrei, aber – wie oben dargelegt – nicht ohne Nozizeption, sind wahrscheinlich alle Invertebraten. Bei den Wirbeltieren läßt sich keine scharfe Trennlinie zwischen Tieren mit und ohne Bewußtsein ziehen. Vielmehr scheint sich Bewußtsein mit der phylogenetischen Entwicklung des Nervensystems in zahlreichen Abstufungen und sehr unterschiedlichen Formen herausgebildet zu haben (vgl. Kap. 1 und 25), und dies ist gleichermaßen für die Schmerzempfindung anzunehmen. Beim derzeitigen Kenntnisstand sollte man also davon ausgehen und berücksichtigen, daß jegliche Reizung, die beim Menschen zu Schmerzen führt, auch bei Wirbeltieren Schmerzen auslösen könnte.

Bei der experimentellen Schmerzmessung werden thermische, elektrische, mechanische und chemische Reize appliziert und ein oder mehrere Verhaltensparameter registriert. Beim Menschen ist dafür ein breites Repertoire an subjektiven und objektven Methoden entwickelt worden (s. z.B. [1, 11]). Bei Tieren gelten Abwehrreaktionen (z.B. Wegziehreflex der Pfote oder des Schwanzes) und Lautäußerungen als geeignete Verhaltensparameter zur Feststellung und Quantifizierung akut ausgelöster Schmerzen. Auch vegetative Parameter (z.B. Änderungen des Blutdrucks und der Herzfrequenz) können herangezogen werden. Bestimmt werden kann zum einen die Schmerzschwelle, bei der solche Verhaltensäußerungen oder vegetative Reaktionen gerade eben auftreten, zum andern – auch als eine Quantifizierung des Schmerzes – die Latenz zwischen Applikation des Schmerzreizes und entsprechender Abwehrreaktion.

Wesentlich schwieriger ist die Erfassung langanhaltender oder chronischer Schmerzen. Als Zeichen solcher Schmerzen gelten bei Tieren z.B. Gewichtsverluste, ungepflegtes oder struppiges Haarkleid, anomale Haltung und vergrößerte Pupillen. Hinzu kommen Veränderungen (Erhöhung und Senkung) von Herz- und Atemfrequenz. Das Verhalten der Tiere ist verändert, wobei sowohl überaktives als auch inaktives Verhalten, Ängstlichkeit und Aggressivität vorkommen. Der Schmerzcharakter zeigt sich direkter im Belecken und Benagen der schmerzenden Stelle bis zu deren Verstümmelung (Autotomie), in Druckempfindlichkeit, Schonhaltung und in Lautäußerungen [16, 23].

Standardisierte Verhaltensreaktionen auf noxische Reize werden im Tierversuch besonders zum Testen analgetisch wirkender Pharmaka eingesetzt

An wachen Tieren wird die Wirkung noxischer Reize v.a. an Wegziehreaktionen gemessen. Taucht man z.B. den Schwanz einer Ratte in heißes Wasser, so wird sie diesen in Abhängigkeit von der Wassertemperatur nach einigen Sekunden ruckartig wieder herausziehen **(Tail-flick-Test).** Dieser Schutzreflex kann durch Messung der Latenz vom Beginn des Hitzereizes bis zur Wegziehbewegung quantifiziert werden, wobei sich zeigt, daß eine Reaktion erst ab etwa 45 °C auftritt, also bei der Schwelle für Hitzeschmerz beim Menschen. Gaben von Analgetika oder Aktivierung von Hemmsystemen im Gehirn verlängern die Reflexlatenz, so daß *Tail-flick-Messungen* zum Studium der Wirksamkeit analgetischer Maßnahmen eingesetzt werden können.

Der *Tail-flick-Test* läßt sich auch am spinalisierten Tier auslösen, er wird daher als nozisensiver Rückenmarksreflex angesehen, der allerdings normalerweise unter der Kontrolle der höheren Hirnabschnitte steht. Entsprechendes gilt für andere einfache Verhaltensreaktionen, wie z.B. den *Hot-plate-Test,* und für Wegziehreaktionen auf mechanische Reize. Die Ergebnisse solcher Untersuchungen können zum großen Teil auch auf den Menschen übertragen werden. So hat sich immer wieder gezeigt, daß sie einfache und aufschlußreiche Verfahren z.B. für die vorklinische Prüfung potentiell analgetisch wirkender Substanzen darstellen [33].

Nozizeptive Reaktionen können auch bei Ausschaltung höherer Hirnstrukturen ausgelöst werden

Wache Tiere zeigen bei Einwirkung noxischer Reize Abwehrreaktionen, die auf Grund menschlicher Erfahrung als Schmerzverhalten gedeutet werden können. Gewisse Abwehrreaktionen können auch dann auftreten, wenn die für Empfindung und Wahrnehmung benötigten höheren Hirnstrukturen, beispielsweise durch einen experimentellen Eingriff oder eine Narkose, ausgeschaltet wurden.

Diese wichtige Einsicht wurde für Säugetiere erstmals von Sherrington und Woodworth 1904 [31] gewonnen, als sie die Reaktionen dezerebrierter Katzen (Entfernen beider Hemisphären und des Thalamus) auf schmerzhafte Reize untersuchten. Nach damaliger wie heutiger Auffassung (s.u.) waren durch die Dezerebration diejenigen Strukturen entfernt, die für das Auftreten von Schmerzen notwendig sind, während andererseits die Bahnen und Zentren derjenigen *motorischen und vegetativen Reflexe* weitgehend intakt blieben, deren Auftreten gewöhnlich als das *äußere Zeichen für Schmerzen* gilt. Entsprechend zeigten diese Tiere auf starke noxische Reize ein Abwehrverhalten (Lautäußerungen, Wegziehreflexe, Blutdrucksteigerungen etc), das dem normaler wacher Tiere ähnlich war. Es wurde von den Autoren **pseudaffektives Verhalten** genannt, denn „*when the expression occurs it may be assumed that had the brain been present the feeling would have occured*".

Nach dieser Auffassung sind nozizeptive Reaktionen nur dann mit Schmerzen verbunden, wenn die für Bewußtsein notwendigen Hirnstrukturen aktiviert werden. Dieser Sachverhalt wird besonders deutlich bei der Narkose. Ausschalten des Bewußtseins durch Allgemeinnarkose ist die bei chirurgischen Eingriffen am häufigsten geübte Art der **vollständigen pharmakologischen Ausschaltung von Schmerzen.** Bewußtsein und Schmerz werden in der

Regel schon bei Konzentrationen des Narkosemittels ausgeschaltet, bei denen die Abwehrreflexe auf noxische Reize noch längst nicht erloschen sind. Diese Reflexe werden daher durch neuromuskuläre Blockade (z.B. mit Curare) verhindert, um die Narkose möglichst flach und damit wenig belastend und leicht steuerbar zu halten.

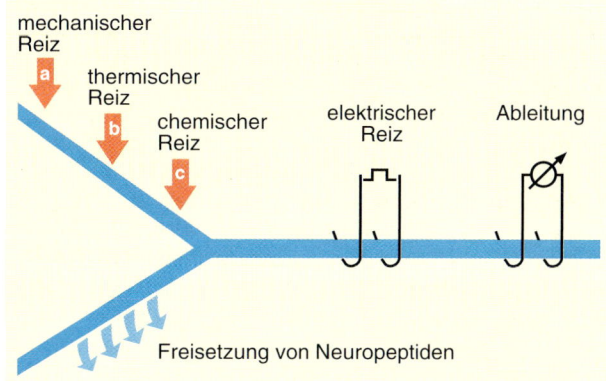

> **Nozizeption und Schmerz zeigen charakteristische Veränderungen bei Einwirkung intensiver und/oder langdauernder noxischer Reize**

Die beschriebenen Komponenten und Merkmale von Nozizeption und Schmerz müssen durch einen weiteren Aspekt ergänzt werden, nämlich die **Plastizität**, also die Anpassung an veränderte Reizbedingungen. Während im gesunden Organismus in der Regel intensive Reize erforderlich sind, um Schmerzempfindungen und nozizeptive Reflexe auszulösen, ist das Schmerzverhalten bei Gewebeschädigungen häufig verändert. Solche Gewebeschädigungen sind akute und chronische *Entzündungen* des innervierten Gewebes als Folge von Infektionen, physikalischen, chemischen und thermischen Einwirkungen oder *Schädigungen* des Nervensystems selbst, z.B. die Verletzung oder Durchtrennung peripherer Nerven. Auch Schädigungen im Zentralnervensystem können mit Schmerzen verbunden sein, wie aus der Klinik bekannt ist [5, 11, 13].

Beim Menschen sind typische Symptome einer Entzündung die **Hyperalgesie** (verstärkte Schmerzempfindung bei Applikation noxischer Reize), **Allodynie** (schmerzhafte Empfindung bei Einwirkung normalerweise nicht schmerzhafter Reize) und verschiedene Formen des **Spontanschmerzes.** Bei Wirbeltieren lassen Verhaltensversuche (z.B. der leicht auslösbare *Pfotenwegziehreflex* oder der oben beschriebene *Tail-flick-Reflex*) darauf schließen, daß ähnliche Störungen als Folge langdauernder noxischer Reize auftreten können.

21.2 Rezeption noxischer Reize durch primär afferente nozizeptive Neurone

> **Periphere Nerven enthalten afferente Neurone, deren sensorische Endigungen nur durch potentiell oder aktuell gewebeschädigende Reize zu erregen sind**

Eine häufig verwendete Methode zur Untersuchung der Antworteigenschaften primär afferenter Neu-

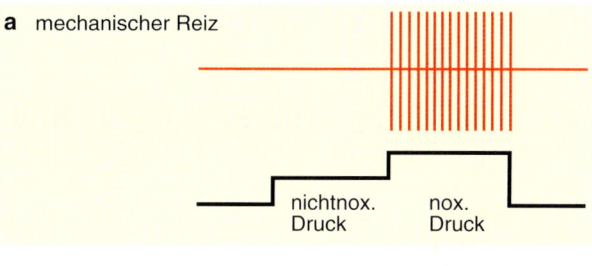

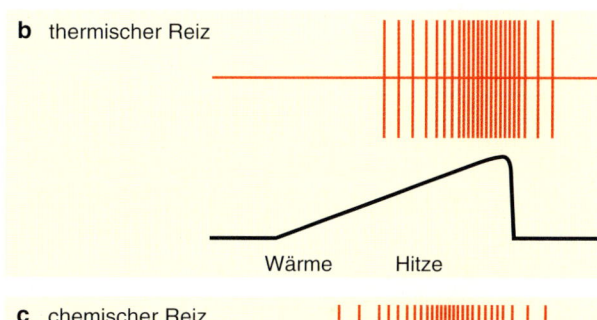

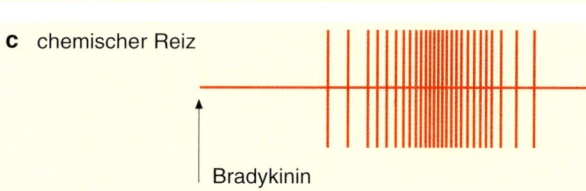

Abb. 21-2. Schematische Darstellung der Ableitung, Identifizierung und Reizung eines polymodalen Nozizeptors. *Oben* ist der Versuchsaufbau skizziert. Die extrazelluläre Ableitelektrode liegt proximal von der Reizelektrode, mit der die einzelne Nervenfaser identifiziert und ihre Leitungsgeschwindigkeit festgestellt werden kann. In **a**–**c** ist der Erfolg noxischer Reize im rezeptiven Feld des Nozizeptors zu sehen, und zwar in **a** nach noxischem Druckreiz, in **b** nach noxischem Hitzereiz und in **c** nach Injektion von Bradykinin in die zuführende Arterie des untersuchten Areals. Nichtnoxische Druck- und Wärmereize führten zu keiner fortgeleiteten Erregung des Nozizeptors

rone ist in Abb. 21-2 dargestellt. Aus dem peripheren Nerven *in situ* werden einzelne Nervenfasern über wenige Millimeter freigelegt. Die Aktionspotentiale dieser Fasern werden mittels Elektroden vom Axon abgegriffen und auf dem Oszilloskop dargestellt. Durch mechanische, thermische und chemische Gewebereize werden die rezeptiven Strukturen der Nervenfaser gereizt. Das Gewebeareal, von dem aus die Afferenz zu erregen ist, wird als ihr *rezeptives Feld* bezeichnet. Ein afferentes Neuron wird danach klassifiziert, bei welchen Reizen Aktionspotentiale ausgelöst werden. Die elektrische Reizung des Nerven erlaubt die Bestimmung der Leitungsgeschwindigkeit des Axons.

Elektrophysiologische Untersuchungen an Haut-, Muskel- und Gelenknerven identifizierten afferente Neurone, deren sensorische Endigungen „hochschwellig", also nur durch Einwirkungen mechanischer und thermischer Reize starker Reizintensitäten zu erregen sind (siehe Abb. 21-2). Man bezeichnet diese Neurone als **Nozizeptoren** (synonym *Nozisensoren*). Zwei Gründe sprechen dafür, daß Nozizeptorenaktivität tatsächlich Schmerz auslöst: Zum einen liegt ihre Antwortschwelle bei Applikation natürlicher (also mechanischer oder thermischer) noxischer Reize nahe bei der Reizintensität, die beim gesunden Menschen Schmerzempfindungen und beim Tier „Schmerzreflexe" auslöst. Zum anderen führt die elektrische Reizung dieser Nervenfasern beim Menschen mittels Mikrostimulation (mit Hilfe feiner Elektroden, die in den Nerven eingestochen werden) zu Schmerzempfindungen, die in das rezeptive Feld der Fasern projiziert werden.

Nozizeptoren besitzen langsam leitende Axone und nichtkorpuskuläre Nervenendigungen

Nozizeptive afferente Neurone besitzen in der Regel dünn myelinisierte oder unmyelinisierte Axone (Aδ- oder Gruppe III-Fasern bzw. C- oder Gruppe IV-Fasern) mit niedrigen Leitungsgeschwindigkeiten (2,5–30 m/s bei Aδ- und 0,5–2,5 m/s bei C-Fasern). Typischerweise zweigen sich diese Nervenfasern in der Peripherie in mehrere Äste auf. Die sensorischen Endigungen dieser Aufzweigungen sind nichtkorpuskulär, d.h. ihre Endverzweigungen sind nur von Schwann-Zellen eingehüllt. Sie werden daher auch als „freien" Nervenendigungen bezeichnet. Rezeptive Areale für die Transduktion noxischer Reize werden an denjenigen Stellen vermutet, an denen die Schwann-Zellumhüllung unterbrochen ist und die Nervenfaser Kontakt zum umgebenden Gewebe besitzt [18]. Bisher ist aus technischen Gründen der Transduktionsprozeß an der sensorischen Endigung selbst nicht gemessen worden. Die Analyse des Entladungsverhaltens nozizeptiver Afferenzen beschränkt sich bis jetzt auf die Ableitung der Aktionspotentiale vom Axon (siehe Abb. 21-2).

Nach ihrem Antwortverhalten sind verschiedene Typen von Nozizeptoren zu unterscheiden

Uni- und polymodale Nozizeptoren. In *Hautnerven* wurden Afferenzen identifiziert, die entweder nur auf noxische mechanische Reize (*Mechano-Nozizeptoren*) oder auf noxische mechanische und thermische Reize (*Mechano-Hitze-Nozizeptoren*) oder auf mechanische, thermische und chemische Reize (*polymodale Nozizeptoren*) reagieren. Die Abb. 21-2 zeigt schematisch die Antworten eines polymodalen Nozizeptors auf noxischen Druck, noxische Hitze und die schmerzerzeugende Substanz Bradykinin. Effektive chemische Reize sind sowohl nicht körpereigene Substanzen wie Säuren als auch endogene Substanzen wie *Entzündungsmediatoren* (z.B. Bradykinin, Serotonin, Prostaglandine).

Die meisten Nozizeptoren in *Muskel- und Gelenknerven* sind polymodal; ihre sensorischen Endigungen sind durch mechanische und chemische Reize zu aktivieren. Interessanterweise fand man in *viszeralen Nerven* nur wenige hochschwellige Nozizeptoren, so daß für den Viszeralbereich nach wie vor offen ist, ob die periphere Nozizeption nach den gleichen Prinzipien organisiert ist wie die somatische Nozizeption [4, 21].

Primär mechanoinsensitive Nozizeptoren. In Gelenk-, Muskel-, Haut- und viszeralen Nerven ließen sich afferente Nervenfasern nachweisen, deren sensorische Endigungen selbst durch noxische Reize auf das normale Gewebe nicht so weit zu erregen sind, daß fortgeleitete Aktionspotentiale erzeugt werden. Diese afferenten Neurone bezeichnet man als *primär mechanoinsensitive Afferenzen* oder **stumme Nozizeptoren** (s.u.)

Viele *nichtnozizeptive Neurone* antworten ebenfalls auf noxische Reize, doch ihre Entladungsraten und Entladungsmuster lassen häufig keine eindeutige Differenzierung zwischen dem Einwirken eines nichtnoxischen und eines noxischen Reizes erkennen.

Gewebeschädigungen führen zur Sensibilisierung nozizeptiver Afferenzen und zum Auftreten von Mechanosensibilität in primär mechanoinsensitiven Afferenzen

Die o.g. Antworteigenschaften nozizeptiver Afferenzen sind keineswegs unter allen Umständen konstant. Für Nozizeptoren ist es geradezu typisch, daß sich ihr Antwortverhalten unter pathophysiologischen Umständen ändert. In vielen Nozizeptoren wird bei einer entzündlichen Gewebeschädigung die normalerweise hohe Erregungsschwelle der sensorischen Endigungen für mechanische und/oder thermische Reize so weit gesenkt, daß eine *überschwellige Erregung schon bei normalerweise nichtnoxischen Reizen* stattfindet [13, 14, 22, 25]. Ein Beispiel für eine solche **Sensibilisierung** ist in Abb. 21-3a zu sehen. Die Abbildung zeigt das Auftreten von Antworten in einem Gelenknozizeptor auf einen (normalerweise) nichtnoxischen Bewegungsreiz während der Entwicklung einer Kniegelenksentzündung. Auch noxische Reize lösen auf Grund der Sensibilisierung höhere Entladungsraten als am normalen Gelenk aus.

Als weitere Entzündungsfolge lassen sich in vielen *primär mechanoinsensitiven Afferenzen* Impulse durch solche mechanischen Reize auslösen, die die Endigungen nicht erregten, solange das innervierte Organ gesund war (s.o.). Die **Aktivierung primär mechanoinsensitiver Fasern** ist demnach eine **Rekrutierung** von normalerweise nicht aktivierbaren afferenten Nervenfasern unter pathophysiologischen Umständen. Diese Veränderungen in den Entladungseigenschaften zeigen eine gute Korrelation zum Auftreten von Allodynie (s.o.) und Hyperalgesie im Verlauf einer Gewebeentzündung [25].

Entladungen in afferenten Fasern kann man auch bei **Verletzungen** oder **Durchtrennungen von peripheren Nerven** finden, wobei sowohl nozizeptive als auch nichtnozizeptive Afferenzen betroffen sein können. Eine Denervierung oder Schädigung ist also nicht unbedingt mit dem Verlust neuronaler Aktivität verbunden, sondern unter Umständen mit einer **pathologischen Aktivierung.** Der afferente Einstrom in das Zentralnervensystem kann sich je nach Beteiligung der verschiedenen Afferenztypen und nach dem Muster der Aktivität deutlich von dem bei Gewebeschädigungen unterscheiden.

Zur Erregung und Sensibilisierung afferenter Fasern tragen *Entzündungsmediatoren* bei (z.B. Bradykinin, Serotonin, Prostaglandine). Sie werden bei Gewebeläsionen freigesetzt oder vermehrt synthetisiert und sind über ihre Wirkung an Gefäßen (Vasodilatation und/oder Erhöhung der Permeabilität) an der Pathogenese der Gewebeschädigung (Schwellung, Rötung, Überwärmung) beteiligt. Viele dieser Entzündungsmediatoren erregen und/oder sensibilisieren afferente Nervenfasern und verursachen damit die Schmerzhaftigkeit einer entzündlichen Schädigung.

Im Falle der Nervenläsion spielt vermutlich ein weiterer Mechanismus eine wichtige Rolle, nämlich die Aktivierung afferenter Fasern durch Transmitter des sympathischen Nervensystems. Während afferente Fasern normalerweise durch die Aktivierung des sympathischen Nervensystems und adrenerge Substanzen nicht erregt werden, aktivieren adrenerge Substanzen lädierte afferente Fasern [4].

a

Sensibilisierung eines Nozizeptors

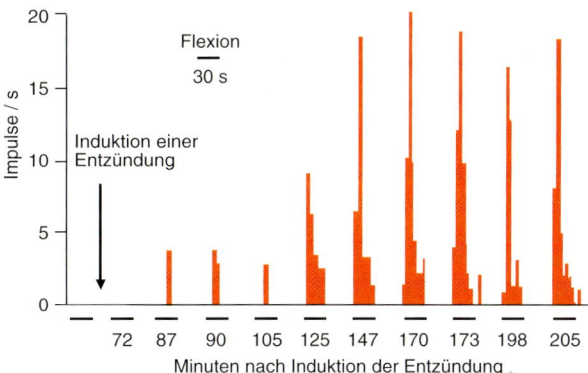

b₁

Entstehung von Übererregbarkeit in einem spinalen Neuron

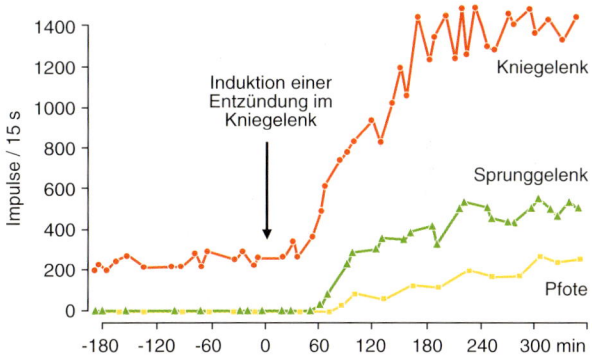

b₂ **Kontrollperiode** **b₃** **Kniegelenk entzündet**

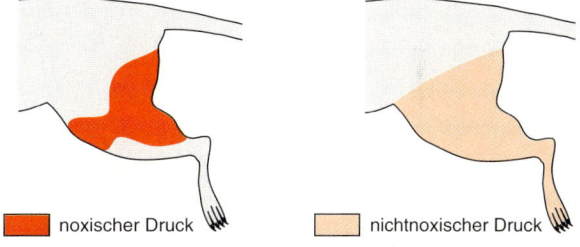

■ noxischer Druck   ▢ nichtnoxischer Druck

Abb. 21-3. Plastische Veränderungen im nozizeptiven System bei chronischer noxischer Reizung. **a** Sensibilisierung eines Nozizeptors aus dem Kniegelenk der Katze im Verlauf einer experimentellen Arthritis (Entzündung des Kniegelenks durch Injektion von Kaolin und Carrageenan). **b** Entstehung von Übererregbarkeit (zentrale Sensibilisierung) in einem nozizeptiv spezifischen Neuron (NS-Neuron) aus dem Rückenmark der Ratte im Verlauf einer experimentellen Arthritis. **b₁** zeigt das Antwortverhalten auf noxische Reizung des Kniegelenks, des Sprunggelenks und der Pfote vor (*negative* Zeiten) und nach der Einleitung einer Kniegelenksentzündung. Das ursprüngliche rezeptive Feld in Kniegelenk und umgebendem tiefen Gewebe des Neurons ist in **b₂** zu sehen; das Neuron war von dort lediglich durch noxischen Druck zu erregen. Wie **b₃** zeigt, vergrößerte sich das rezeptive Feld im Verlauf der Arthritis, gleichzeitig war das Neuron jetzt durch nichtnoxische Druckreize erregbar. **a** aus [9], **b** aus [24]

Die elektrische Reizung von afferenten Aδ- und C-Fasern mit Elektroden im Bereich der Hinterwurzel (hier sind afferente und efferente Neurone nicht vermischt, alle Fasern sind afferent) führt zu einer *Vasodilatation* und *Erhöhung der Gefäßpermeabilität* im innervierten Organ. Mit großer Wahrscheinlichkeit werden diese Effekte über antidrome Aktionspotentiale vermittelt, die aus den peripheren Nervenendigungen **Neuropeptide freisetzen** (Tachykinine, Calcitonin gene-related peptide, CGRP, s. Abschnitt 21.4). Da Nozizeptoren normalerweise durch noxi-

sche Reize aktiviert werden, nimmt man an, daß diese neuronal vermittelten Gefäßreaktionen unter biologischen Bedingungen v.a. als Antwort auf noxische Reize auftreten. Sie werden nicht nur unmittelbar am Reizort, sondern auch in dessen Umgebung beobachtet, was darauf hindeutet, daß die orthodromen Aktionspotentiale an den Kollateralverzweigungen auch antidrom in nichterregte Nervenendigungen hineinlaufen und dort Peptide freisetzen („Axonreflex"). Diese Reaktionen tragen als **neurogene Komponenten** zur lokalen Entzündungsreaktion als Antwort auf noxische Reize bei (siehe Abschnitt 21.5).

21.3 Nozizeptive Neurone im Zentralnervensystem

Klassifizierung von NS- und WDR-Neuronen. Die Antworteigenschaften zentralnervöser Neurone auf natürliche Reize werden auf ähnliche Weise bestimmt wie bei afferenten Nervenfasern: Neurone werden nach ihren Antworten auf mechanische und thermische Reizung eines Organs klassifiziert. Der nozizeptive Erregungseingang auf verschiedenen Ebenen des Zentralnervensystems wird in zwei Neurontypen verarbeitet: Nach ihrem Antwortverhalten werden **nozizeptive spezifische Neurone** *(NS-Neurone)* und **Wide dynamic range-Neurone** *(WDR-Neurone)* unterschieden. NS-Neurone werden praktisch nur bei Einwirkung noxischer Reize erregt. Abb. 21-4a zeigt dieses Antwortverhalten. WDR-Neurone antworten bereits auf nichtnoxische Reize (z.B. Druck), aber sie zeigen höhere und maximale Entladungsraten bei Einwirkung noxischer Reize (s. das Antwortverhalten des Neurons in Abb. 21-4b). Beide Neurontypen können mit ihrer Entladungsrate die Intensität noxischer Reize kodieren [11, 12, 14, 15].

Es wird angenommen, daß das Antwortverhalten eines Neurons von den afferenten Erregungseingängen bestimmt wird. Ein **NS-Neuron** im Rückenmark z.B. erhält nach Abb. 21-4a afferenten Eingang nur von nozizeptiven Afferenzen (Aδ- und C-Fasern; ein möglicherweise vorhandener Eingang über Aβ-Fasern ist nicht ausreichend, synaptisch evozierte Aktionspotentiale auszulösen). Dagegen erhalten **WDR-Neurone** immer afferenten Eingang von nozizeptiven und nichtnozizeptiven Afferenzen (Abb. 21-4b). Darüber hinaus wird das Antwortverhalten

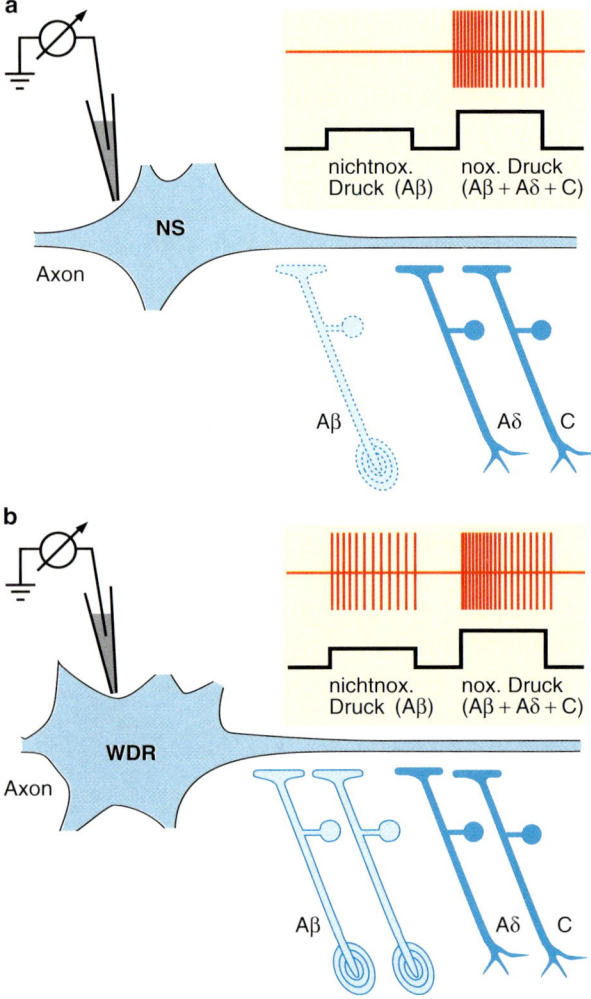

Abb. 21-4. Afferente Zuflüsse und Entladungsverhalten **a** eines nozizeptiv spezifischen (NS) und **b** eines Wide dynamic range-Neurons (WDR-Neuron) im Hinterhorn des Rückenmarks. Die Ableitung erfolgt extrazellulär am Soma, die afferenten Zuflüsse sind auf einem Dendriten konzentriert. Schematisierte Darstellung nach den Ergebnissen zahlreicher Autoren. Diskussion im Text

beider Neurontypen auch durch synaptische Eingänge von anderen zentralnervösen Strukturen bestimmt (z.B. von deszendierenden Bahnsystemen, s. Abb. 21-5, und unten). Offen ist, ob sich NS- und WDR-Neurone auch in ihren Membran- und Rezeptoreigenschaften unterscheiden.

Bedeutung der NS- und WDR-Neurone. Es ist nach wie vor umstritten, welche Bedeutung jedem dieser Nervenzelltypen zukommt. Einige Autoren schreiben den NS-Neuronen eine weit überragende Rolle bei der Nozizeption zu, weil sie ausschließlich durch noxische Reize erregt werden und daher „spezifisch" sind. Die meisten Autoren sehen sowohl NS- als auch WDR-Neurone für die Nozizeption als relevant an, da beide in ihren Entladungsfrequenzen die Intensität noxischer Reize abbilden. Diskutiert wird außerdem, daß NS-Neurone mit kleinen rezeptiven

Feldern für die sensorisch-diskriminativen Aspekte der Schmerzempfindung zuständig sein sollen, während nozizeptive Neurone mit großen rezeptiven Feldern und multiplen Eingängen in andere Vorgänge (z.B. in emotional-affektive Prozesse) eingebunden seien. In der Tat umfassen die rezeptiven Felder bei einem Teil der nozizeptiven Neurone weite Bereiche des Körpers [12, 15].

Rezeptive Felder der NS- und WDR-Neurone. Die meisten Neurone erhalten konvergenten Eingang von mehreren Afferenzen aus demselben Organ, daher sind ihre rezeptiven Felder größer als diejenigen einzelner afferenter Fasern. Häufig ist die Konvergenz des afferenten Eingangs sogar organübergreifend: Viele Neurone erhalten afferenten Eingang von der Haut und/oder von verschiedenen sub-

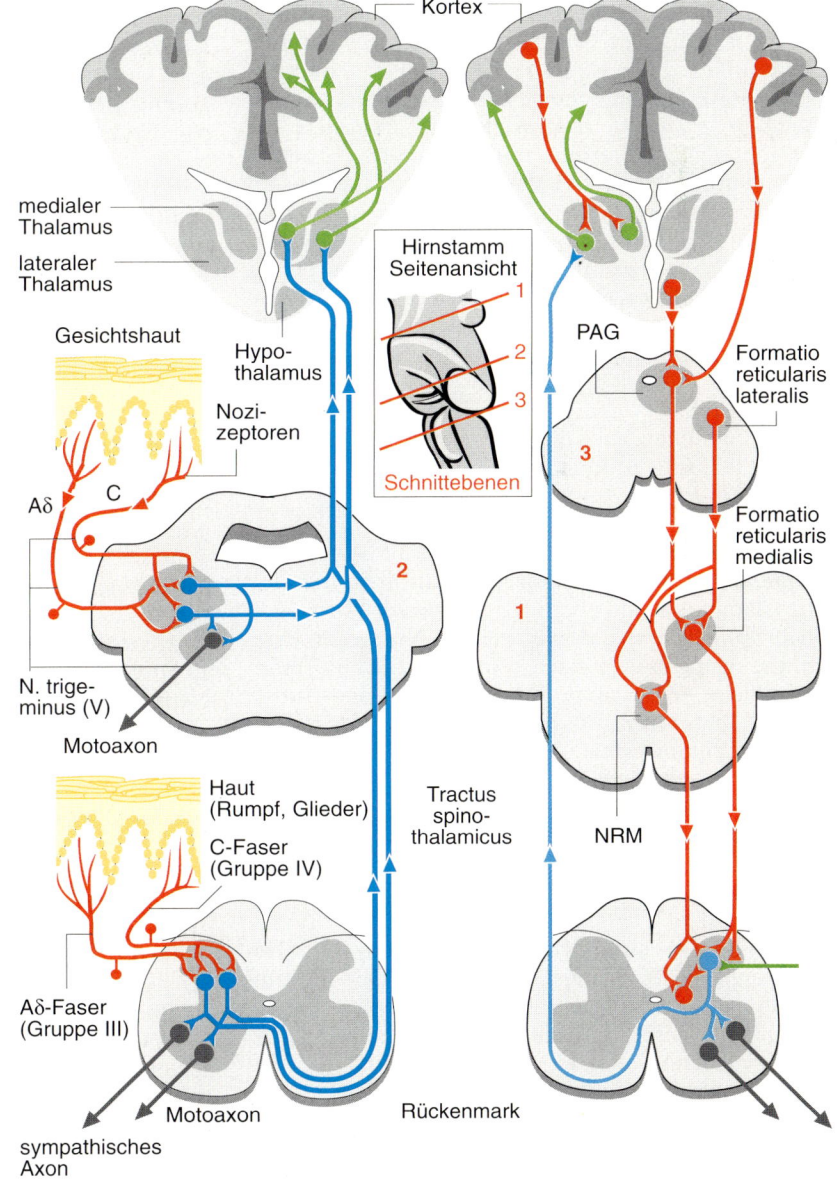

Abb. 21-5. Schematische Übersicht über den Verlauf der aufsteigenden nozizeptiven Bahnen *(links)* und der deszendierenden Bahnsysteme, die den nozizeptiven Zustrom modulieren *(rechts)*. Von den aufsteigenden Bahnsystemen sind nur der *Tractus spinothalamicus* und die sich ihm anschließenden *trigeminothalamischen Eingänge* gezeigt. Andere, an der aszendierenden Weiterleitung nozizeptiver Information beteiligte Bahnen (z.B. *Tractus spinoreticularis, Tractus spinocervicalis*) sind der Einfachheit halber weggelassen. Vom lateralen Thalamus nehmen die spezifischen thalamokortikalen Bahnen ihren Ursprung; sie enden überwiegend im somatosensorischen Kortex. Die Efferenzen der medialen Thalamuskerne sind diffuser. Sie enden nicht nur in weiten Arealen des frontalen Kortex, sondern ziehen auch zu subkortikalen Strukturen, insbesondere des limbischen Systems (nicht eingezeichnet, ebenso nicht die starken retikulären Eingänge dieser Kerne). Die deszendierenden Systeme üben ihren Einfluß überwiegend auf spinaler Ebene (bzw. auf die entsprechenden trigeminalen Strukturen, nicht eingezeichnet) aus. Die *Einsatzfigur* gibt in einer Seitenansicht des Hirnstamms die Lage der Hirnstammschnitte an: *1* kranialer Rand der unteren Olive, *2* Mitte des Pons, *3* unteres Mesenzephalon. *PAG* periaquäduktales Grau (zentrales Höhlengrau); *NRM* Nucleus raphe magnus). Nach Untersuchungsergebnissen zahlreicher Autoren aus [9]

Labels in figure: Kortex; medialer Thalamus; lateraler Thalamus; Gesichtshaut; Hypothalamus; Nozizeptoren; Aδ; C; N. trigeminus (V); Motoaxon; Haut (Rumpf, Glieder); C-Faser (Gruppe IV); Aδ-Faser (Gruppe III); Motoaxon; sympathisches Axon; Hirnstamm Seitenansicht; Schnittebenen; PAG; Formatio reticularis lateralis; Formatio reticularis medialis; Tractus spinothalamicus; NRM; Rückenmark

kutanen Strukturen wie Muskel und Gelenk und/ oder aus viszeralen Organen [11, 12, 14, 15, 22, 25].

NS- und WDR-Neurone projizieren auf lokale Interneurone, die in motorische und vegetative Reflexbögen eingebunden sind

Wie in Abschnitt 21.1 beschrieben, führen noxische Reize zu motorischen und vegetativen Reflexen. Ein Teil dieser Reflexe ist spinal bzw. lokal im Hirnstamm organisiert, andere sind über supraspinale Reflexbögen vermittelt.

Motorische Reflexe. Typische Reflexe sind der oben geschilderte **tail-flick** und andere **Wegziehreflexe**. Diese bestehen an den Extremitäten aus raschen Flexionsbewegungen, um Hand oder Fuß dem noxischen Reiz zu entziehen. **Flexionsreflexe** werden durch *Interneurone* vermittelt, die zwischen die nozizeptiven Afferenzen und die entsprechenden Motoneurone geschaltet sind. Die Verschaltung im Rückenmark bewirkt, daß die antagonistischen ipsilateralen Extensormotoneurone gehemmt werden. Darüber hinaus kann es bei Vierbeinern zu einem **gekreuzten Streckreflex** kommen, der z.B. die Körperhaltung trotz des Wegziehens einer Extremität stabilisiert. Der nozizeptive Flexorreflex kann eine erhebliche Plastizität aufweisen (s.o.). Durch Integration spinaler und supraspinaler Neuronenverbände entstehen auch komplexe motorische Reaktionen, wie z.B. Schonhaltungen verletzter Extremitäten.

Vegetative Reflexe. Diese stehen im intakten Organismus unter der supraspinalen Kontrolle durch den Hirnstamm, sie sind aber in modifizierter Form auch nach Spinalisierung nachzuweisen. Noxischer Erregungseingang hat je nach seinem Ursprung unterschiedliche Wirkungen auf sympathische Subsysteme [4]: *Noxische Reize auf die Körperoberfläche* führen zu koordinierten Reaktionen des sympathischen Nervensystems, die Ähnlichkeit haben oder identisch sind mit den vegetativ vermittelten Funktionen beim **Abwehrverhalten:** Erhöhung des Blutflusses durch die Skelettmuskulatur, Erhöhung des Herzzeitvolumens, Erniedrigung des Blutflusses durch die Haut und den Magen-Darm-Trakt, Aktivierung der Schweißdrüsen, Aktivierung des Nebennierenmarks, Ruhigstellung des Magen-Darm-Trakts. *Noxische Reize im tiefen somatischen und im viszeralen Bereich* induzieren eher vegetative und neuroendokrine allgemeine Reaktionen, die als **Schonhaltungen** gedeutet werden können.

Spinale NS- und WDR-Neurone aktivieren über aufsteigende Bahnen nozizeptive Neurone in Thalamus und Kortex – eine wesentliche Voraussetzung für das bewußte Schmerzerlebnis

Bahnen und Kerne des nozizeptiven Systems (Abb. 21-5). Wichtige supraspinale Zielgebiete sind der *Hirnstamm* und der *Thalamus* (und in Fortsetzung der *Kortex*). Nach dem derzeitigen Wissen gibt es im supraspinalen Nervensystem weder Kerngebiete, die ausschließlich nozizeptive Neurone enthalten (*„Schmerzzentren"*), noch gibt es im Rückenmark aufsteigende Bahnen, die ausschließlich nozizeptiven Erregungseingang weiterleiten. Einige Kerngebiete und Trakte sind nach experimentellen und, im Falle des Menschen, nach klinischen Befunden für nozizeptive Vorgänge und schmerzhafte Empfindungen wichtiger als andere. Beim Menschen z.B. kommt dem **Tractus spinothalamicus** eine wesentliche Bedeutung zu. Wird er durchtrennt, sind die Schmerzempfindungen in den kaudal gelegenen kontralateralen Segmenten zumindest für einige Zeit stark reduziert [2,5]. Eine andere wichtige aszendierende Bahn ist der **Tractus spinoreticularis,** der Kerne des Hirnstamms zum Ziel hat (s. Abb. 21-5).

Thalamische und kortikale nozizeptive Neurone. Die *elektrische Reizung* einiger Kortexareale und Thalamusregionen am wachen Menschen kann Schmerzempfindungen hervorrufen [27]. Umgekehrt können *Läsionen* von Kortexarealen und Thalamusregionen einerseits zur Reduzierung von Schmerzen führen, andererseits können sie pathologische Schmerzen auslösen. Diese Befunde machen deutlich, daß Neurone im thalamokortikalen System beim Zustandekommen des bewußten Schmerzempfindens eine entscheidende Rolle spielen [20]. Elektrophysiologische Untersuchungen an **Thalamus** und **Kortex** haben in beiden Strukturen **WDR-** und **NS-Neurone** nachgewiesen. Nozizeptive Neurone liegen je nach Spezies entweder verstreut zwischen nichtnozizeptiven (mechanorezeptiven) Neuronen oder bevorzugt in umschriebenen Gebieten. Unter den nozizeptiven Neuronen wurden solche identifiziert, die relativ umschriebene rezeptive Felder im Körper besitzen und die Intensität noxischer Reize durch ihre Entladungsrate kodieren. Andere besitzen große bilaterale rezeptive Felder, und sie dürften daher im Schmerzerlebnis andere Aufgaben als die sensorische Diskriminierung wahrnehmen [12, 20].

Im **Thalamus von Vertebraten** wurden nozizeptive Neurone mit sensorisch-diskriminativen Eigenschaften vor allem in und unterhalb des **Ventrolateralkomplexes** gefunden. Diese Neurone werden über den *Tractus spinothalamicus* erregt und projizieren in die sensorischen Kortexareale **SI und SII**. Neurone in diesen Thalamus- und Kortexarealen

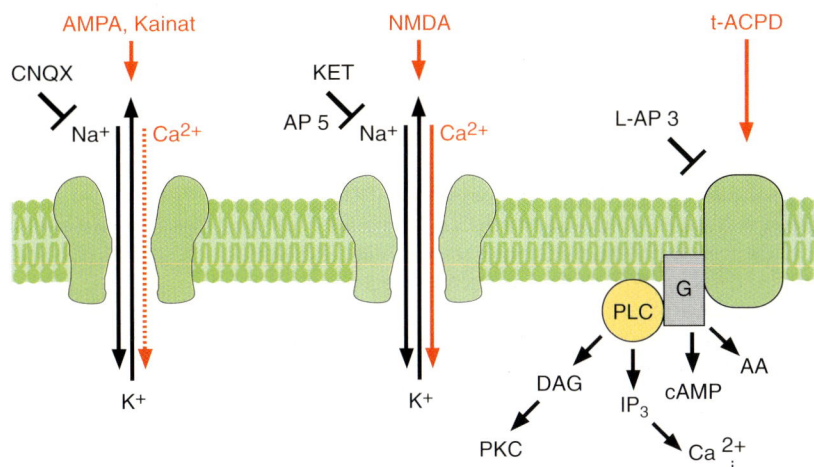

a Rezeptoren für exzitatorische Aminosäuren

Abb. 21-6. Erregende Aminosäuren und ihre Rezeptoren im nozizeptiven System. **a** Klassifikation postsynaptischer Glutamatrezeptoren nach den an ihnen wirksamen spezifischen *Agonisten* (AMPA, Kainat bzw. NMDA bzw. t-ACPD) und *Antagonisten* (CNQX bzw. KET, AP5 bzw. L-AP3) und nach ihrer Arbeitsweise als Ionenkanal *(links und Mitte)* bzw. metabotroper Rezeptor *(rechts).* **b** Modifikation des Antwortverhaltens eines WDR-Neurons aus dem Rückenmark der Ratte durch mikroelektrophoretische Applikation von Ketamin (KET) und CNQX bei nichtnoxischer und noxischer Druckreizung am Kniegelenk. *AMPA,* alpha-amino-3-hydroxy-5-methyl-4-isoxazole-propionic acid; *AP5,* DL-2-amino-5-phosphonovalerate; *CNQX,* 6-cyano-7-nitroquinoxaline-2,3dione; *KET,* Ketamin; *L-AP3,* L-2-amino-3-phosphonopropionic acid; *NMDA,* N-methyl-D-aspartat; *t-ACPD,* trans-(+/-)-1-amino-(1S,3R)-cyclopentane-dicarboxylic acid

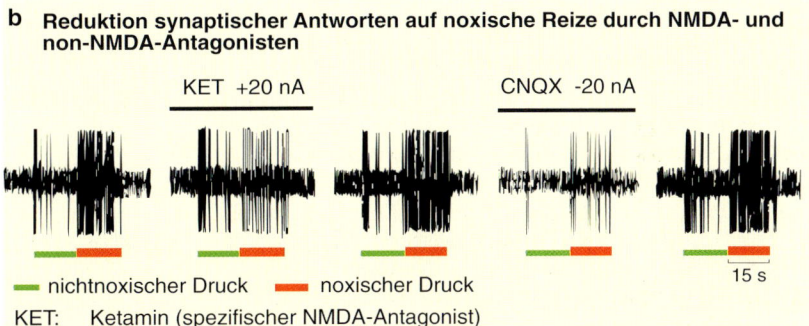

b Reduktion synaptischer Antworten auf noxische Reize durch NMDA- und non-NMDA-Antagonisten

KET: Ketamin (spezifischer NMDA-Antagonist)
CNQX: 6-cyano-7-nitroquinoxaline-2,3 dione (spezifischer non-NMDA-Antagonist)

---

erfüllen nach elektrophysiologischen Untersuchungen an anästhesierten und wachen Tieren sensorisch-diskriminative Funktionen. Nozizeptive Neurone in anderen Thalamuskernen (im *posterioren Komplex,* im *intralaminären Komplex* und im *Nucleus submedius*) und in den *Kortexarealen SII und Area 7b* besitzen in der Regel große, z.T. bilaterale rezeptive Felder. Diesem neuronalen System wird eher eine generelle „Arousal"-Funktion und eine Rolle bei affektiven Aspekten des Schmerzerlebnisses zugesprochen [20].

Supraspinale Neurone projizieren zu Neuronen des Rückenmarkes und kontrollieren als deszendierende, hemmung-vermittelnde Neurone die Verarbeitung des nozizeptiven Eingangs auf Rückenmarksebene

Abb. 21-5 zeigt *rechts* Bahnsysteme, die von supraspinalen Kernen auf das Rückenmark projizieren. Diese Bahnsysteme *modulieren* die Signalübertragung auf der Ebene des Rückenmarks, wobei *inhibi-*

torische Effekte exzitatorische Effekte bei weitem überwiegen. Die **deszendierende Hemmung** ist daher als ein Mechanismus der **körpereigenen Schmerzdämpfung** anzusehen. Besonders wichtige Ursprungskerne und/oder Schaltstellen deszendierender hemmender Bahnen liegen im **Hirnstamm** *(periaquäduktales Grau, Nucleus raphe magnus, Locus subcoeruleus).* Neurone in diesen Kerngebieten werden über den *Tractus spinoreticularis* durch noxische Reize erregt und können als negative Rückkopplungsschaltkreise die Verarbeitung nozizeptiver Information im Rückenmark und im Hirnstamm hemmen [12, 15].

Die Aktivierung sensomotorischer kortikaler Areale im elektrophysiologischen Experiment kann über deszendierende Bahnen ebenfalls spinale Neurone und aszendierende Bahnsysteme beeinflussen. Über die deszendierenden Bahnen können beim wachen Tier motivationale, emotionale und kognitive Einflüsse auf nozizeptive Traktneurone übermittelt werden und deren Erregung durch nozizeptive Reize modulieren. Das Thalamus-Kortex-System ist daher nicht nur Empfänger nozizeptiver Information, sondern es beeinflußt auch die Signalkodierung in Rückenmark und Hirnstamm (s. auch nächster Abschnitt) [20].

Sensibilisierung spinaler Neurone. Im Rückenmark zeigen sowohl WDR- als auch NS-Neurone bei Entzündungen erheblich gesteigerte Aktivität. NS-Neurone können bei Entzündung schon durch normalerweise nichtnoxische Reize erregt werden. Die Antworten auf noxische Reizung des geschädigten Gebietes nehmen zu. Diese Änderungen entsprechen denjenigen in Nozizeptoren und sind zumindest teilweise durch die afferente Erregung bestimmt. Die Veränderungen an spinalen Neuronen gehen aber darüber hinaus. Eine Zunahme der Entladungen ist häufig auch für Reize zu finden, die auf Regionen außerhalb des geschädigten Areals appliziert werden. Ein Teil der Neurone zeigt eine Ausbreitung des exzitatorischen rezeptiven Feldes. Ein Beispiel zeigt die Abb. 21-3b. Das abgebildete spinale Neuron hatte unter Kontrollbedingungen ein rezeptives Feld im Kniegelenk und der angrenzenden Muskulatur (rotes Areal in b_2). Das Diagramm in b_1 zeigt die Antworten auf noxischen Druck auf das Kniegelenk, das Sprunggelenk und die Pfote. Nach Induktion einer experimentellen Entzündung im Kniegelenk nahmen die Antworten auf noxischen Druck auf das Kniegelenk zu, und es traten zusätzlich Antworten auf Reizung des Sprunggelenks und der Pfote auf. Das vergrößerte rezeptive Feld des Neurons nach Entzündung im Kniegelenk illustriert die Abb. 21-3b_3.

Insgesamt zeigen diese Veränderungen, daß spinale Neurone bei Entzündungen verstärkt erregbar sind. Die **Übererregbarkeit spinaler Neurone,** die eine Sensibilisierung dieser Neurone anzeigt, ist neben der Sensibilisierung afferenter Fasern ein zweiter Mechanismus, der für die vermehrte Aktivität im nozizeptiven System verantwortlich ist. Diese betrifft sowohl aszendierende als auch nichtaszendierende Interneurone, und daher sind sowohl die neuronalen Vorgänge der Schmerzempfindung als auch segmentale motorische und sensorische Reaktionen in einem erhöhten Aktivitätszustand. Diese neuronalen Veränderungen stellen damit ein funktionelles Korrelat für die zu beobachtenden Verhaltensveränderungen dar [13, 22, 25, 28].

Sensibilisierung supraspinaler Neurone im nozizeptiven System. Die Phänomene der zentralen Sensibilisierung und die zugrundeliegenden Mechanismen (s. unten) sind bisher am besten an Neuronen des Rückenmarks untersucht. Inwieweit Neurone in supraspinalen Gebieten die Vorgänge im Rückenmark abbilden oder durch Einflüsse aus anderen supraspinalen Gebieten noch weiter in ihrem Entladungsverhalten moduliert werden, ist noch offen.

21.4 Nozizeption und chemische Erregungsübertragung im Nervensystem

Zahlreiche afferente Neurone mit kleinen Somata und dünnkalibrigen Axonen (Aδ- und C-Fasern) enthalten größere Mengen **Glutamat.** Es wird deshalb angenommen, daß Glutamat zumindest in einem Teil der nozizeptiven Afferenzen der Transmitter ist. In Subpopulationen von Neuronen mit Aδ- und C-Fasern ist das Glutamat mit verschiedenen **Neuropeptiden** kolokalisiert, v.a. mit *Tachykininen* (Substanz P, Neurokinin A), *Calcitonin-generelated peptide, Somatostatin* und anderen [3, 10, 17]. Diese Neuropeptide werden im Soma synthetisiert und von dort in die peripheren und zentralen Fortsätze transportiert, von wo sie freigesetzt werden können. Im innervierten Gewebe wird die Freisetzung von Neuropeptiden mit der *neurogenen Entzündung* in Verbindung gebracht (Axonreflex, s.S. 456), im Zentralnervensystem mit einer Modulation der Signalübertragung. Es ist aber noch nicht möglich, einem physiologisch definierten Sinnesrezeptor (Nozizeptor, Thermorezeptor etc.) bestimmte (Ko)-Transmitter zuzuordnen.

Unklar ist, ob in den peripheren Endigungen afferenter Neurone die sensorischen Transduktionsareale und die Freisetzungsorte für die Neuropeptide identisch sind. Ob Neuropeptide aus nichtnozizeptiven Neuronen freigesetzt werden und ob ihnen eine physiologische Funktion zukommt, ist noch unklar. Hierbei besteht dasselbe Problem wie bei der Identifizierung von Transmittern, nämlich die Schwierigkeit der selektiven Reizung von nozizeptiven und nichtnozizeptiven Afferenzen.

Am besten untersucht ist das Rückenmark bei Ratte, Katze und Affe. Die Beteiligung verschiedener Transmitter und Modulatoren und deren Rezeptoren an der Nozizeption ließ sich sowohl in Verhaltensexperimenten nachweisen, bei denen Substanzen auf die Oberfläche des Rückenmarks appliziert wurden, wie in neurophysiologischen und -pharmakologischen Untersuchungen mit Ableitungen von Nervenzellen. Im folgenden werden einige Transmitter und Modulatoren und deren Rezeptoren besprochen, wobei sich die Daten speziell auf das Rückenmark beziehen.

Exzitatorische Aminosäuren und ihre Rezeptoren.

Viele nozizeptive Neurone werden von **L-Glutamat** *depolarisiert*. Diese Aminosäure, bzw. das gleichartig wirkende *Aspartat*, gilt daher als wesentlicher Transmitter für die schnelle synaptische Erregung bei der nozizeptiven Signalübertragung. Exzitatorische Aminosäuren werden sowohl von primär afferenten Fasern (s.o.) als auch von Neuronen des Rückenmarks freigesetzt. Nozizeptive Neurone besitzen ionotrope **N-methyl-D-aspartat- (NMDA-)** und **Nicht-NMDA-Rezeptoren** sowie **metabotrope Glutamatrezeptoren** (s. Abb. 21-6a). Diese Rezeptoren können durch spezifische Agonisten aktiviert und durch spezifische Antagonisten gehemmt werden (s. Details in Legende der Abb. 21-6a). Spezifische Antagonisten an Nicht-NMDA- und NMDA-Rezeptoren reduzieren oder blockieren die synaptische Erregung nozizeptiver Nervenzellen, die durch elektrische Reizung von Aδ- und C-Fasern oder durch noxische Reize ausgelöst wird. Die Antwort des spinalen Neurons in Abb. 21-3b auf noxischen Druck wird durch die Applikation des Nicht-NMDA-Antagonisten CNQX und durch die Applikation des NMDA-Antagonisten Ketamin reduziert. Dieser Befund zeigt, daß beide Rezeptortypen an der nozizeptiven Signalübertragung beteiligt sind [10].

Beteiligung der Glutamatrezeptoren an der zentralen Sensibilisierung.

Die Rezeptoren für exzitatorische Aminosäuren scheinen nicht nur für die Antworten der Neurone auf noxische Reize verantwortlich zu sein, sondern auch für die Erzeugung der Übererregbarkeit nozizeptiver Neurone bei Gewebeschädigungen (s. Abschnitt 21.5). Wahrscheinlich spielt die *Aktivierung von NMDA-Rezeptoren* eine wesentliche Rolle bei der Entstehung der Übererregbarkeit spinaler Neurone. In einigen experimentellen Ansätzen konnte die Applikation von NMDA-Rezeptor-Antagonisten die Entwicklung der Übererregbarkeit blockieren oder reduzieren [24, 25].

5-Hydroxytryptamin, Noradrenalin und Dopamin.

Diese Amine sind Transmitter, die die deszendierende Hemmung auf der Rückenmarksebene vermitteln. Nach dem Transmitter unterscheidet man serotoninerge und katecholaminerge Systeme der absteigenden Hemmung, die im Hirnstamm ihren Ursprung haben. Serotonin wird in Neuronen des Raphe-magnus-Kernes gebildet, Noradrenalin in Neuronen des Locus coeruleus. Dopamin stammt aus Zellen der A11-Gruppe des Dienzephalon. Viele nozizeptive Neurone des Rückenmarks besitzen Rezeptoren für die hier inhibitorisch wirkenden Amine.

Gamma-Amino-Buttersäure (GABA) und Glycin.

GABA und Glycin werden von einer großen Zahl von Rückenmarkneuronen gebildet; sie wirken hemmend auf viele nozizeptive Neurone.

> ## Kolokalisierte Neuropeptide haben v.a. neuromodulatorische, erregende und hemmende Wirkungen

Wie oben schon erwähnt, besitzen viele primär afferente Neurone und zentralnervöse Neurone eines oder mehrere Neuropeptide, die mit klassischen Transmittern wie L-Glutamat *kolokalisiert* sind. Sie werden wahrscheinlich zusammen mit den klassischen Transmittern synaptisch freigesetzt. Neuropeptide können unterschiedliche Wirkungen auf Neurone ausüben. Einige Neuropeptide induzieren elektrophysiologisch meßbare Zellantworten (Depolarisation oder Hyperpolarisation). Hierbei ist der Zeitverlauf anders als bei der Wirkung klassischer Transmitter, denn Wirklatenzen und -dauer liegen häufig im Minutenbereich. Vermutlich basieren viele Neuropeptidwirkungen auf der Interaktion von Neuropeptiden mit klassischen Transmittern, da die Wirkung eines Neuropeptids allein häufig sehr gering ist. Daher werden die Neuropeptide häufig als **Neuromodulatoren** bezeichnet. Die Synthese und Freisetzung von Neuropeptiden zeigen Änderungen bei Gewebe- und Nervenschädigungen. Sie spielen daher vermutlich eine wichtige Rolle bei den Vorgängen der Neuroplastizität [17].

Neuropeptide mit exzitatorischer Wirkung sind **Tachykinine,** vor allem *Substanz P* (wirkt an Neurokinin-1-Rezeptoren) und *Neurokinin A* (wirkt am Neurokinin-2-Rezeptor). Substanz P löst bei Applikation auf das Rückenmark „Schmerzreaktionen" aus und erhöht die Entladungsraten nozizeptiver Neurone. Die Wirkung wird verstärkt durch Calcitonin-gene-related peptide, das in vielen Neuronen mit Tachykininen kolokalisiert ist.

Neuropeptide mit hemmender Wirkung sind vor allem die **Opioide** *(Enkephaline, Dynorphin),* die aus drei verschiedenen Vorstufenmolekülen abgeleitet sind (aus Proopiomelanocortin, Proenkephalin A, Proenkephalin B) und auf μ-, δ- und κ-Rezeptoren wirken. Wahrscheinlich bilden diese Peptide ein *endogenes analgetisches System.* Ebenfalls hemmend wirken Somatostatin und Bombesin.

Neben einer Funktion in der synaptischen Übertragung besitzen einzelne Neuropeptide auch andere, z.B. *metabolische* Wirkungen. Die Kenntnisse darüber sind noch sehr lückenhaft.

21.5 Literatur

Weiterführende Lehr- und Handbücher

1. Bromm B (ed) (1984) Pain measurement in man. Elsevier, Amsterdam
2. Foerster O (1927) Die Leitungsbahnen des Schmerzgefühls und die chirurgische Behandlung der Schmerzzustände. Urban und Schwarzenberg, Berlin
3. Hökfelt T, Schaible H-G, Schmidt RF (eds) (1994) Neuropeptides, nociception and pain. Chapman and Hall, Weinheim
4. Jänig W, Schmidt RF (eds) (1992) Reflex sympathetic dystrophy. Pathophysiological mechanisms and clinical implications. VCH, Weinheim
5. Lewis TH (1942) Pain. Macmillan, London (Nachdruck 1981)
6. Melzack R, Wall PH (1983) The challenge of pain. Basic Books, New York
7. Schmidt RF (Hrsg) (1995) Neuro- und Sinnesphysiologie, 2. Aufl. Springer, Berlin
8. Schmidt RF, Hierholzer K (Hrsg) (1991) Pathophysiologie des Menschen. VCH, Weinheim
9. Schmidt RF, Thews G (Hrsg) (1995) Physiologie des Menschen, 26. Aufl. Springer, Berlin
10. Urban L (ed) (1994) Cellular mechanisms of sensory processing. The somatosensory system. Springer, Berlin
11. Wall PD, Melzack R (eds) (1989) Textbook of pain, 2nd edn. Churchill Livingstone, Edinburgh
12. Willis WD (1985) The pain system. Karger, Basel
13. Willis WD (ed) (1991) Hyperalgesia and allodynia. Raven, New York
14. Willis WD, Coggeshall RE (1991) Sensory mechanisms of the spinal cord, 2nd ed. Plenum, New York

Einzel- und Übersichtsarbeiten

15. Besson JM, Chaouch A (1987) Peripheral and spinal mechanisms of nociception. Physiol Rev 67:67–186
16. Daunt DA (1994) Pain and analgesia in mammals. Invest Ophthalmol Vis Sci 35:763–774
17. Duggan AW, Weihe F (1991) Central transmission of impulses in nociceptors: events in the superficial dorsal horn. In: Basbaum AI, Besson JR (eds) Towards a new pharmacotherapy of pain. Wiley, New York, pp 35–67
18. Heppelmann B, Messlinger K, Neiss WF, Schmidt RF (1995) Fine sensory innervation of the knee joint capsule by group III and group IV nerve fibers in the cat. J Comp Neurol 351:415–428
19. Kavaliers M (1988) Evolutionary and comparative aspects of nociception. Brain Res 21:923–931
20. Kenshalo DR Jr, Willis WD Jr (1991) The role of the cerebral cortex in pain sensation. In: Peters A (ed) Cerebral cortex, vol 9. Plenum, New York, pp 153–212
21. Krainick JU, Schmidt RF (1991) Nozizeption und Schmerz. In: Schmidt RF, Hierholzer K (Hrsg) Pathophysiologie des Menschen. VCH, Weinheim, S 29.1–29.23
22. Mense S (1993) Nociception from skeletal muscle in relation to clinical muscle pain. Pain 54:241–289
23. Morton DB, Griffith PHM (1985) Guidelines on the recognition of pain, distress and discomfort in experimental aninmals and an hypothesis for assessment. Vet Rec 116:431–436
24. Neugebauer V, Lücke T, Schaible H-G (1993) N-methyl-D-aspartate (NMDA) and non-NMDA receptor antagonists block the hyperexcitability of dorsal horn neurons during development of acute arthritis in rat's knee joint. J Neurophysiol 70:1365–1377
25. Schaible H-G, Grubb BD (1993) Afferent and spinal mechanisms of joint pain. Pain 55:5–54
26. Stoskopf MK (1994) Pain and analgesia in birds, reptiles, amphibians, and fish. Invest Ophtalmol Vis Sci 35(2):775–780
27. Sweet WH (1982) Cerebral localization of pain. In: Thompson RA, Green JR (eds) New perspectives in cerebral localization. Raven, New York, pp 205–242
28. Walters ET (1994) Injury-related behavior and neuronal plasticity: an evolutionary perspective on sensitization, hyperalgesia, and analgesia. Int Rev Neurobiol 36:325–427
29. Walters ET, Byrne JH, Carew TJ, Kandel ER (1983) Mechanoafferent neurons innervating tail of aplysia. I. Response properties and synaptic connections. J Neurophysiol 50:1522–1542
30. Wells MJ (1978) Octopus, physiology and behavious of an advanced invertebrate. Chapman and Hall, London
31. Woodworth RS, Sherrington CS (1904) A pseudaffective reflex and its spinal path. J Physiol (Lond) 31:234
32. Woolf CJ, Walters ET (1991) Common patterns of plasticity contributing to nociceptive sensitization in mammals and aplysia. TINS 14(2):74–78
33. Zieglgänsberger W, Tölle TR (1993) The pharmacology of pain signalling. Curr Opin Neurobiol 3:611–618

22 Neurale Grundlagen von Motivation und Emotion

M. Gahr

▼ **Was sind Motivation und Emotion?**

Was wir unter Motivation und Emotion verstehen, ist in der Alltagssprache unproblematisch. Jedes Signal aus der Umwelt hat für uns eine objektive, auf den Informationsgehalt des Sinneseindruckes bezogene Komponente und eine subjektive, auf unseren Zustand bezogene, eben die **motivierende** und die **emotionale Komponente**. Da Motivation und Emotion den subjektiven Zustand des wahrnehmenden Subjekts betreffen, ist eine klare wissenschaftliche Definition schwierig. Dies führte zu großen Hindernissen bei der Erforschung der neurobiologischen Grundlagen von Emotion und Motivation.

Verhaltenskonzepte wie Trieb, Handlungsbereitschaft und ethologische Motivationsmodelle, z.B. das psychohydraulische Modell von Lorenz [6], waren wenig hilfreich für die Untersuchung neuraler Grundlagen von Motivation, da keine passenden neuralen Korrelate zu den theoretischen Komponenten der Verhaltensmodelle gefunden werden konnten. Für die Entwicklung eines **neurobiologischen Motivationskonzepts** gehen wir von folgender Situation aus: Zeigt ein Tier in einer definierten Reizsituation eine bestimmte Reaktion, reagiert aber kurze Zeit später in derselben Reizsituation nicht in derselben Weise, dann nehmen wir zur Erklärung des Reaktionsunterschieds einen **internen Mechanismus** an, der als **Motivation** bezeichnet wird. *Motivation* beschreibt also eine logisch geforderte Ursache einer Verhaltensänderung in einer definierten Reizsituation, die sich auf den inneren Zustand des Tieres bezieht. Um die verursachenden inneren Zustände von Entwicklungsprozessen und erfahrungsabhängigen Veränderungen abzuheben, werden irreversible Differenzierungsprozesse, periphere motorische Ermüdung und Regelungenauigkeiten von Reaktionsweisen als Ursachen von Verhaltensänderungen nicht als Motivationsänderungen angesehen.

Im Fall der **Emotion** hat es sich in der Vergangenheit als wenig fruchtbar erwiesen, neurobiologische Grundlagen eines generellen Emotionskonzepts zu suchen. *Aus diesem Grund untergliedern wir Emotion in mindestens drei Komponenten: 1. die* **Reizbewertung**, *2. die* **emotionale Reaktion**, die sich auf der Verhaltensebene, der Ebene autonomer Antworten oder der endokrinen Ebene abspielen kann und 3. *die* **subjektive Erfahrung** (Gefühl). Erst diese Untergliederung von Emotion bietet die Möglichkeit, neurobiologische Grundlagen von Emotionen zu untersuchen, da die Reizbewertung von emotionalen Reizen wie jedes andere reizverarbeitende System des Gehirns und die Reaktion wie jedes andere motorische System untersucht werden kann. Im Fall der subjektiven Erfahrung ist die Problematik der Untersuchung neuronaler Mechanismen ein allgemeines Problem der Neurobiologie und kein spezifisches Problem der Emotionsforschung.

22.1 Theoretische Forderungen an neurale Motivationssysteme

An den folgenden gut untersuchten Verhaltensweisen läßt sich die Argumentationsweise bei der Entwicklung von neuralen Motivationskonzepten darstellen.

Das Paarungsverhalten der männlichen Guppy-Fische hängt von äußeren Auslösern und inneren Zuständen ab

Männlichen Guppies steht eine ganze Palette von Verhaltensweisen zur Verfügung, die sie bei der Balz einsetzen können. Welches Balzverhalten gezeigt wird, hängt sowohl von der Paarungsbereitschaft des Männchens als auch von der Körpergröße des Weibchens ab. Die Körperfärbung des Männchens ist ein externes Signal für seinen Reproduktionszustand und damit seiner Bereitschaft zur Fortpflanzung. Dabei scheinen Guppy-Männchen mit einer geringeren sexuellen Motivation stärkere äußere Reize, z.B. größere Weibchen oder Weibchen mit gespreizten Flossen, zu benötigen, damit gleichstarkes Balzverhalten auftritt. *Dieses Beispiel veranschaulicht, daß konstante externe Reize in Abhängigkeit vom* **inneren (Motivations)Zustand** *der Reizempfänger verarbeitet werden.*

Das Guppy-Beispiel gibt keinen direkten Hinweis auf die Art der Faktoren, welche die Motivation verändern, und auf das neurale Motivationssystem, das die externen Stimuli verrechnet. Hinweise auf das neurale Kontrollsystem können unter anderem aus der Vorgehensweise in der *physiologischen Psychologie* gewonnen werden. Dabei werden Tiere

in einer künstlichen Reizsituation untersucht, in der sie wahrscheinlich nur ein eingeschränktes Verhaltensrepertoire zeigen. Der Nachteil dieser Vorgehensweise wird durch die *Möglichkeit der präzisen Korrelation zwischen Verhalten und Änderungen des physiologischen Zustands* ausgeglichen.

In einer operanten Trainingssituation läßt sich beim Rhesusaffen die sexuelle Motivation quantifizieren

Rhesusaffen werden so trainiert, daß sie einen Hebel 250mal drücken müssen, um Zugang zu einem Sexualpartner zu bekommen. Die sexuelle Motivation kann bei männlichen oder weiblichen Tieren an der Länge der Zeit gemessen werden, die die Tiere brauchen, um diese Aufgabe zu erfüllen (Abb. 22-1). Während des Menstruationszyklus brauchen weibliche Tiere in der Phase der Ovulation die kürzeste Zeit, um die 250 Hebelbewegungen zu absolvieren und damit zu einem Männchen zu gelangen. Begleitende Hormonmessungen zeigen, daß kurz vor der Ovulation die Blutplasmawerte der Östrogene stark ansteigen. Vor und nach der Ovulation fallen diese Werte wieder ab. Aus dem Zeitverlauf des operant gemessenen Antriebs wurde geschlossen, daß *Östrogene wichtig sind für die Veränderung der sexuellen Motivation der Weibchen.* Dieser Befund wird weiter durch die Zunahme der sexuellen Motivation von ovarektomierten Weibchen, die mit Östrogenen behandelt wurden, bestätigt.

Dieser methodische Ansatz zeigt, wie Motivation experimentell gemessen werden kann und wie interne Mechanismen identifiziert werden können, die motivationelle Verhaltenskomponenten steuern. Wie beim Guppy-Beispiel führen äußere Stimuli in Abhängigkeit vom inneren Zustand der Tiere zu unterschiedlichem Verhalten, wobei *Steroidhormone* als ein innerer Faktor identifiziert wurden, der die sexuelle Motivation verändert. Durch das Isolieren von Faktoren, die bestehende Motivationen verändern und deren neurale Wirkungsweise bekannt ist (z.B. Steroidhormone, Pheromone) erhält man einen Ausgangspunkt zur neuroanatomischen Analyse von Motivationssystemen.

Innere Reize wirken verändernd auf bestimmte Motivationen, indem sie spezifische Mechanismen aktivieren, die wiederum mit Grundbedürfnissen des Körpers (z.B. Freisetzung von Angiotensin II bei Durst) oder mit der Fortpflanzung (z.B. Steroidhormon-Sekretion während des Östrus) in Zusammenhang stehen. Die Faktoren, die die Motivation verändern können aber auch komplexe Mechanismen sein, die den kognitiven und emotionalen Aspekten der Gehirnleistung (z.B. Lust, Aversion) zuzuordnen sind (Kap. 25).

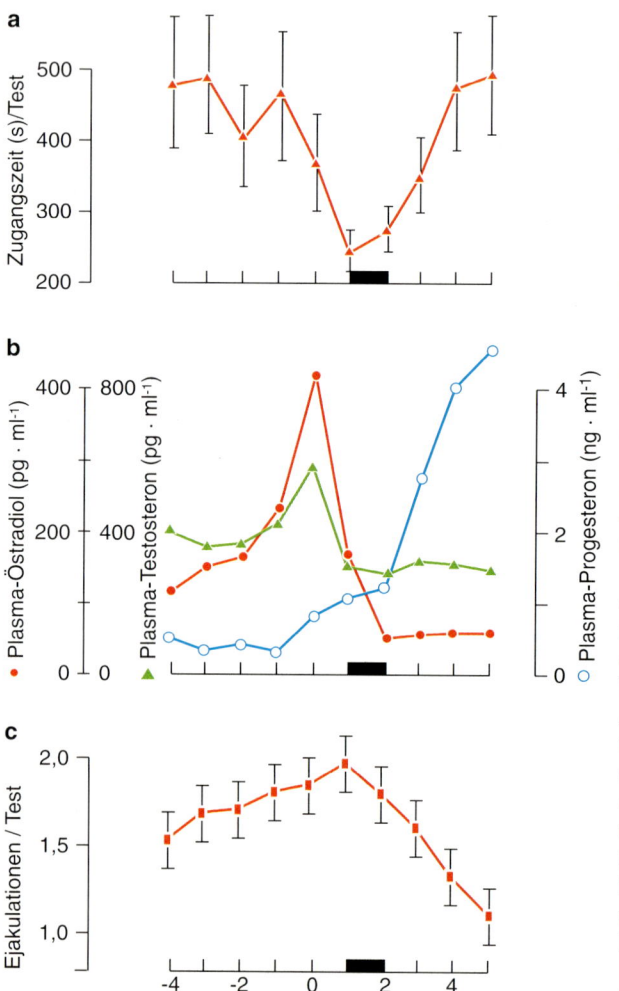

Abb. 22-1. Änderungen in Komponenten des Sexualverhaltens von männlichen und weiblichen Rhesusaffen und in den Blutplasmahormontitern vor und nach der Ovulation: **a** die mittlere Zeit, die ein Weibchen braucht, um durch 250maliges Hebeldrücken Zugang zu einem Männchen zu bekommen; **b** Änderungen von Östrogen-, Progesteron- und Testosterontitern der Weibchen; **c** Zahl der Ejakulationen der Männchen pro Test. Der schwarze Balken gibt den ungefähren Ovulationszeitpunkt an (nach 28)

Das gleiche motorische Muster kann Teil verschiedener Verhaltensweisen sein, denen unterschiedliche Motivationen zugrundeliegen

Dies wird am Beispiel des Gesangsverhaltens einiger Singvogelarten deutlich. Bei Prachtfinkenarten, die wie der Schmetterlingsfink in Dauerpaaren leben, ist der Gesang Bestandteil der Balz, wobei er durch visuell auffällige Verhaltenssequenzen begleitet wird. Dieser Balzgesang (Kombination aus Gesang und anderen motorischen Mustern) wird durch die Anwesenheit weiblicher Tiere ausgelöst und über gonadale Steroidhormone gesteuert. Kastrierte Männchen zeigen keinen Balzgesang in Anwesenheit paarungsbereiter Weibchen. Zusätzlich fungiert der Gesang auch als Kontaktgesang. Dieser Gesang ist in seiner Struktur mit dem Balzgesang identisch, wird aber nicht von visuell auffälligen Bewegungen begleitet. Dieser Kontaktgesang, der zum Auffinden des Paarpartners dient, ist unabhängig von Geschlechtssteroiden. Isoliert man die Paarpartner voneinander, dann singen die Tiere über einen langen Zeitraum hinweg, bis man die beiden Paarpartner wieder zusammenbringt. Das Fehlen des Paarpartners führt zu einem Erregungszustand der Tiere, der die Gesangsmotivation ändert, unabhängig von der Menge an produzierten gonadalen Steroidhormonen. *Ein bestimmtes motorisches Muster (Gesang) kann also bei demselben Individuum über die Veränderung ganz verschiedener innerer Faktoren (Gesang mit Balzfunktion durch Steroide; Gesang mit Kontaktfunktion durch die fehlende visuelle Repräsentation des Partners) motiviert werden.* Um neurale Motivationssysteme zu erkennen, sind daher genaue Verhaltensbeobachtungen und eine möglichst naturnahe experimentelle Reizsituation notwendig.

Innerhalb einer Verhaltenssequenz lassen sich appetitive und konsumatorische Verhaltensweisen unterscheiden

Appetitive Verhaltensweisen sind Teilsequenzen von motiviertem Verhalten, die nicht in unmittelbarem Kontakt mit dem Reiz auftreten, der zum Beenden der Verhaltenssequenz führt (z.B. Suchen nach einem rezeptiven Weibchen, Suchen nach Wasser oder Nahrung). Konsumatorische Verhaltenssequenzen sind solche, die das Verhalten beenden (z.B. Trinken bei Durst, Kopulation bei sexueller Motivation). Konsumatorische Verhaltensweisen brauchen zu ihrem Auftreten äußere Stimuli (z.B. Wasser bei Durst; paarungsbereite Weibchen bei sexueller Motivation) während appetitive Verhal-

tensweisen (Wassersuche bei Durst; Weibchensuche bei sexueller Motivation) auch ohne äußere Stimuli auftreten können. Die klassische Ethologie nimmt an, daß bei starker Motivation und dem Fehlen adäquater äußerer Reize sogenannte Leerlaufhandlungen anstelle von konsumatorischen Verhaltensweisen auftreten. Allerdings gibt es dazu keine überzeugenden Verhaltensbeispiele.

Die Unterscheidung von Appetenz und konsumatorischen Verhaltensweisen ist für die Entwicklung neuraler Motivationsmodelle sinnvoll, da verschiedene neurale Netzwerke für deren Kontrolle verantwortlich sein könnten. Die neuralen Netzwerke, die konsumatorische Verhaltenssequenzen kontrollieren, könnten jene hemmen, die Appetenzen hervorrufen. Weiterhin stellt sich die Frage, ob es ein einheitliches und übergeordnetes Erregungszentrum gibt, das mit verschiedenen motorischen Systemen verbunden ist, so daß verschiedenste Appetenzen über dieses allgemeine Erregungszentrum ausgelöst werden können.

Am Trinkverhalten läßt sich die Interaktion verschiedener Motivationssysteme verdeutlichen

Durstige Tiere, die sich auf der Flucht befinden, haben eine längere Latenz bis zum Auftreten von Trinkverhalten als solche, die sich nicht auf der Flucht befinden, *d.h., verschiedene Motivationssysteme hemmen sich gegenseitig.* Für eine ausführliche Diskussion der wechselseitigen Hemmung von Verhaltensweisen verweisen wir auf die klassischen ethologischen Arbeiten von Tinbergen (1966) und von Baerends (1976). Da die meisten motivierten Verhaltensweisen, abgesehen von einigen einfachen konsumatorischen Verhaltensakten, stets Teil einer längeren Verhaltenssequenz sind, verändert der Ablauf motivierten Verhaltens externe auslösende Stimuli und interne motivations-verändernde Faktoren, was zur Beendigung des Verhaltens führen kann, oder aber das Auftreten einer neuen Verhaltensweise in einer Verhaltenssequenz bewirkt.

Methoden und Konzepte der Analyse von neuralen Motivationsmechanismen

Die Untersuchungen der neuronalen Grundlagen von Motivation konzentrieren sich seit den klassischen Arbeiten von Hess [5] auf die Suche nach Gehirnzentren [22], die für die Aktivierung von spezifischen Motivationszuständen verantwortlich sind. Dabei wurden Zentren als räumlich abgrenzbare und z.T. funktionell einheitliche Areale betrachtet. Zur Untersuchung dieser Zentren wurden und werden vor allem folgende Techniken angewandt: 1) **elektrische Läsionen**, wobei sowohl Zellen als auch Fasern in einem Gehirnareal zerstört werden; 2) **chemische Läsionen**, wobei bestimmte Zellpopulationen in einem Gebiet, aber nicht die durchziehenden Fasern zerstört werden; 3) **chemische Hemmung** von Zellaktivitäten in einem Gebiet; 4) **chemische Aktivierung** von Zellpopulationen mit bestimmten chemischen Eigenschaften; 5) **elektrische Aktivierung** in einem Gehirnareal, wobei alle Zellen sowie durchziehende Faserbündel mehr oder minder beeinflußt werden; 6) **elektrophysiologische Messungen** von Aktivitäten im wachen, frei beweglichen Tier und 7) Benutzung von **Stoffwechsel-Aktivitätsmarkern** wie z.B. der 2-Desoxyglucose im wachen, frei beweglichen Tier; 8) *In-vivo*-Analyse der Aktivität von Gehirnarealen (Positronen-Emissions-Tomographie, Magnet-Resonanz-Spektroskopie u.a.).

Bei den Methoden 1–3 sollen die behandelten Versuchstiere in einer geeigneten Reizsituation ein spezifisches, nämlich das vom unbehandelten Tier erwartete Verhalten nicht mehr zeigen. Bei Methode 4 und 5 wird ein spezifisches Verhalten in einer Reizsituation erwartet, das bei unbehandelten Tieren nicht auftritt. Bei Methode 6, 7 und 8 soll die elektrische oder Stoffwechselaktivität oder die Aktivität bestimmter Neurotransmitter in einem Hirngebiet erhöht sein, wenn die Motivation für ein spezifisches Verhalten hoch ist.

Diese neurobiologischen Untersuchungsansätze werfen eine Reihe von Problemen auf. Da wir Motivation als plastische Verbindungsinstanz zwischen Reiz und Reaktion verstehen, sind die Hirnzentren, die motiviertes Verhalten kontrollieren, sowohl mit sensorischen als auch mit motorischen Zentren verbunden, d.h. *motivation-kontrollierende Zentren sind Teile von Schaltkreisen, wobei der Gesamtschaltkreis oder mehrere anatomisch getrennte Stellen für verschiedene Motivationsveränderungen verantwortlich sein können.* Ausfallerscheinungen, die nach **Läsion** eines Gehirnzentrums auftreten, bedeuten daher nicht zwingend, daß diese Funktion in dem zerstörten Hirnzentrum lokalisiert ist, sondern weisen nur darauf hin, daß das zerstörte Hirnzentrum als Teil des Gesamtschaltkreises für die Kontrolle dieser bestimmten Funktion notwendig ist. Im besten Fall, also z.B. nach chemischen Läsionen, wird damit bewiesen, daß die zerstörten Zellpopulationen an der Kontrolle eines bestimmten Verhaltens, inklusive seiner motivationellen Komponenten, beteiligt sind.

Ähnliches gilt auch für chemische und elektrische Reizungen. Beide Methoden sind mehr oder minder diffus, da verschiedene Zellgruppen oder Zellpopulationen in Abhängigkeit von der Menge der wirksamen Substanzen oder von der Stärke der elektrischen Reizung beeinflußt werden können. So führen elektrische Reizungen im lateralen Hypothalamus je nach Stärke zur Induktion von Hunger und/oder Durst. Da wir uns ja für die neuronale Grundlage von Motivationsänderungen interessieren, wollen wir auch ausschließen, daß die Verhaltensänderungen nur aufgrund von Reizungen oder Läsionen motorischer Zentren oder sensorischer Eingängen entstehen.

Diese Probleme der experimentellen Neurobiologie machen es notwendig, mehrere der oben angesprochenen Methoden zu kombinieren, um Schaltkreise aufzudecken, die die motivationelle Komponente spezifischer Verhaltensweisen kontrollieren.

22.2 Neurale Mechanismen des Freßverhaltens von *Aplysia*

Aufgrund ihres meist recht einfachen Nervensystems eignen sich Invertebraten besonders zur Analyse neuraler Grundlagen von Verhaltensweisen und ihrer motivationellen Komponenten. Eines der bestuntersuchten Nervensysteme eines Invertebraten ist das der Meeresschnecke *Aplysia* (Seehase) (Abb. 22-2a). Das Nervensystem von Mollusken ist aus Ganglien aufgebaut, die über Konnektive verbunden sind (Abb. 22-2b). Die Ganglien bestehen aus einer überschaubaren Zahl von Neuronen. Aufgrund der geringen Komplexität und der Möglichkeit, isolierte Präparate herzustellen, bei denen einzelne Gangliengruppen mit den zugehörigen Muskelpartien in einer Petri-Schale untersucht werden, lassen sich bestimmte Schaltbahnen und Neuronengruppen der Kontrolle definierter Verhaltensweisen zuordnen. *Insbesondere lassen sich in den Ganglien individuelle Neurone mit bestimmten Funktionen identifizieren.* Beispiele dafür sind der Kiemen-Rückziehreflex oder der Kopf-Rückziehreflex, die im Kap. 23 besprochen werden.

Die neuronalen Grundlagen des Freßverhaltens von *Aplysia* lassen sich auf identifizierte Neurone und Schaltkreise zurückführen.

Die Hauptnahrung von *Aplysia* besteht aus Seegras, das vor allem über chemische, aber auch über taktile Reize wahrgenommen wird. Das Freßverhalten von *Aplysia* läßt sich in mehrere Phasen unterteilen: Nach der Stimulation mit Futter beginnen die Tiere auf das Futter zuzukriechen, wobei sie schwenkende Bewegungen mit dem Kopf durchführen. Dann gehen die Tiere in eine Freßstellung und beginnen mit variabler Frequenz und Intensität Futterstücke abzubeißen und zu verschlingen. Alternativ können die Tiere die Futterstückchen auch aus dem Schlund ausspucken. Läsions-Experimente haben gezeigt, daß das anfängliche Kopfschwenken und das eigentliche Fressen (Beißen) durch verschiedene Neuronengruppen und Nervenbahnen kontrolliert werden.

Frequenz und Intensität des Beißens verändern sich im Verlauf des Fressens und sind auch abhängig vom Sättigungsgrad. Zum Abbeißen und Verschlingen benutzt *Aplysia* wie alle Schnecken einen speziellen chitinisierten Apparat, die *Radula*, die durch eine Muskelmasse am Schlundboden bewegt wird. Diese Muskelmasse besteht aus verschiedenen Muskeln, von denen einer, der akzessorische Radulamuskel (ARC), im Detail untersucht wurde. Der ARC-Muskel wird durch zwei cholinerge Motoneurone innerviert, die im Buccalganglion liegen. Zusätzlich erhält dieser Muskel Eingänge von der **Meta-Zerebralzelle (MCC)**, einem serotonergen Neuron, das im Zerebralganglion liegt. Die MCC-Zelle erhält Eingänge von Chemorezeptoren und Mechanorezeptoren, die Informationen von den Lippen, Tentakeln und dem Kopfende der Tiere erhalten. *Die Aktivität der MCC-Zelle korreliert mit der Beißgeschwindigkeit während des Verlaufs des Fressens.*

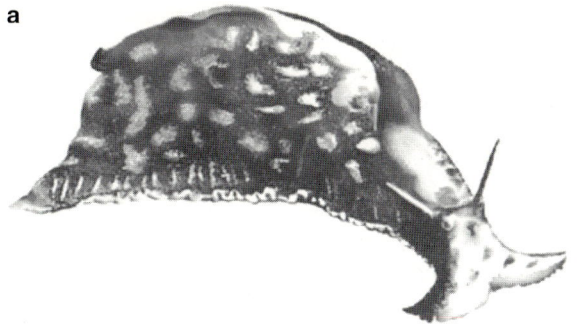

Die MCC-Zelle spielt eine modulatorische Rolle in der Kontrolle des Freßverhaltens

Die Erregung der MCC-Zelle führt nicht direkt zu Muskelkontraktionen. Die Stimulation dieser Zelle verstärkt die Kontraktion des ARC-Muskels bei gleichzeitiger Erregung der Motoneurone des ARC. Dabei wirkt das Serotonin der MCC-Zelle rein modulatorisch auf den Muskel, indem es die Effekte der am Muskel ausgeschütteten Neurotransmitter verändert. *Die MCC-Zelle ist also nicht direkt an der Auslösung von Beißen beteiligt, sondern moduliert die Stärke dieses Verhaltens, indem sie zentral im Buccalganglion und peripher am ARC und anderen Radulamuskeln wirkt.* Die MCC-Zelle scheint, zusammen mit anderen Neuronen des Buccalganglions, der efferente Teil eines Schaltkreises zu sein, der die motivationelle Komponente des Beißverhaltens steuert.

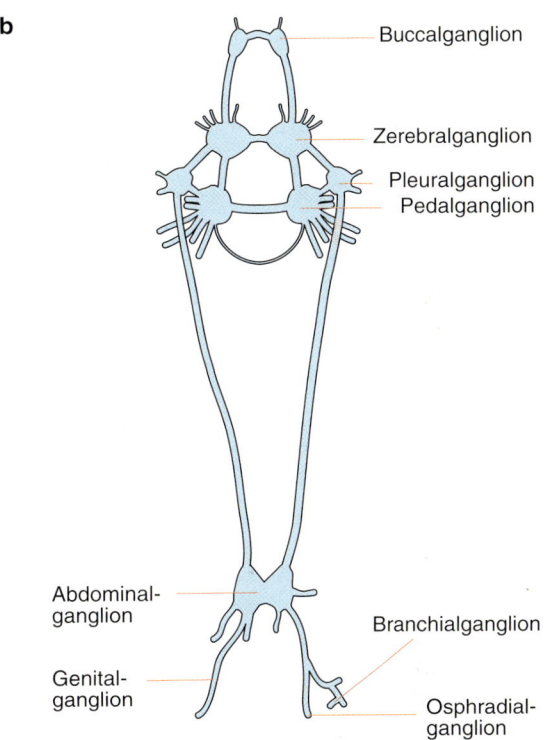

Abb. 22-2. a *Aplysia.* **b** Das Nervensystem von *Aplysia*

Das Zerebral-Pedal-Regulator-Neuron (CPR) repräsentiert ein übergeordnetes modulierendes Neuron, welches das Freßverhalten in den Kontext anderer Verhaltensweisen integriert

Die CPR-Zelle wird von Chemorezeptoren in der Mundregion erregt. Die Erregung der CPR-Zelle verändert dann den Erregungszustand von Neuronen im Pedal-Neuralganglion, was wiederum weitreichenden Einfluß auf Motoneurone und untergeordnete modulatorische Neurone hat. Die Aktivität von Neuronen, die an der Kontrolle der Freßhaltung, des Verteidigungsverhaltens, von Herz-Kreislauf-Funktionen und des Beißverhaltens beteiligt sind, wird durch die Änderung der Aktivität der

CPR-Zelle moduliert (Abb. 22-3). **Die Körperhaltung** wird durch Aktivierung der PII- und PIIIc-Zellen und durch Inhibierung der PIIIa-Zelle im Pedal-Pleural-Ganglion moduliert. Durch die Erregung der MCC- und CBI-2-Neurone im Cerebral-Ganglion wird das **Freßsystem** aktiviert. **Herz-Kreislauf-Funktionen** werden durch die Aktivierung der abdominalen Neurone L10 und RBHE (Regulation der Herzerregung) und durch die Inaktivierung der LBVC-Zelle (Regulation des Gefäßdurchmessers) verändert. Durch die Hemmung der Neurone Bn, R2, PL1 und L7, die sich in verschiedenen Ganglien befinden und an Verteidigungsreaktionen beteiligt sind, wird der **Rückziehreflex** des Körpers durch die CPR-Zelle moduliert.

Die CPR-Zelle ist also Teil eines *übergeordneten neuralen Mechanismus,* der Herz-Kreislauf-Funktionen aktiviert und bei Freßverhalten andere Verhaltensweisen inhibiert. Die CPR-Zelle löst dabei direkt keine Freßbewegungen aus, sondern aktiviert und inhibiert verschiedene spezialisierte Zellen, die an der Kontrolle von Körperhaltung, Herz-Kreislauf-Funktion und Freß- und Verteidigungsbewegungen beteiligt sind. Eine Änderung der Freßmotivation ist dabei sowohl durch Aktivierung der CPR-Zelle möglich, als auch über die Modulierung der untergeordneten Systeme, wie etwa durch die MCC-Zelle beim Beißverhalten. Bei Mollusken werden offensichtlich Motivationsänderungen im Verhalten, wie hier am Beispiel des Freßverhaltens von *Aplysia* dargestellt, durch die Aktivitätsänderung weniger spezialisierter Neurone gesteuert, die weder Komponenten der sensorischen Integration noch der motorischen Programmentwürfe sind. *Daraus kann man schließen, daß auch bei recht einfach organisierten Nervensystemen die sensorischen, motorischen und modulatorischen Komponenten der Verhaltenssteuerung neuronal getrennt verwirklicht sind.*

22.3 Neurale Grundlagen von Trinkverhalten

Die neuralen Strukturen, die an der Regulierung des Wasserhaushaltes und am Trinken beteiligt sind, sind gut untersucht. Da Durst durch eine Reihe von verschiedenen Signalen ausgelöst wird, u.a. durch die Ionenzusammensetzung des Blutes, das Blutvolumen, das Zellvolumen oder einen trockenen Mund, eignet sich Durst besonders für die Frage, inwieweit ein *einheitliches neurobiologisches Motivationskonzept einem bestimmten Verhalten oder Grundbedürfnis (z. B. Durst) zugrundeliegt.*

> **Das Blutvolumen wird über das humorale Renin-Angiotensin II (AII)-System reguliert**

Bei anhaltender reduzierter Wasseraufnahme verringert sich das Blutvolumen. Bei verringertem Blutvolumen bildet die Niere die Protease Renin, die vom Angiotensinogen ein Dekapeptid abspaltet, das sogenannte Angiotensin I, das dann in verschiedenen Organen in das Oktapeptid AII umgewandelt wird (Abb. 22-4). AII löst ein Spektrum von Reaktionen aus, um den Blutdruck konstant zu halten

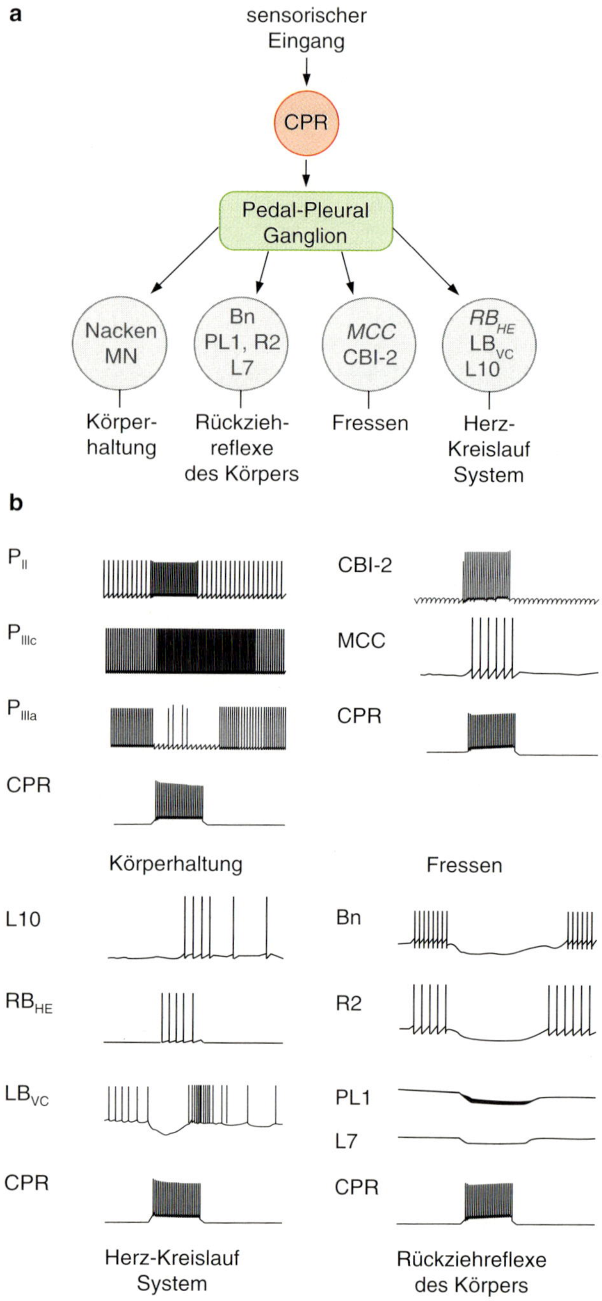

Abb. 22-3. a Modell des futtersensitiven Erregungssystems von *Aplysia*. Der sensorische Eingang aktiviert die CPR-Zelle. Diese moduliert die Aktivität von Neuronen im Pedal-Pleural-Ganglion, die die Körperhaltung, den Rückziehreflex, das Fressen und Herz-Kreislauf-Funktionen kontrollieren. **b** Die CPR-Zellaktivität moduliert Neurone, die mit Futter-aktivierter Erregung im Zusammenhang stehen. Die CPR-Zelle wurde in In-vitro-Präparation mit Mikroelektroden stimuliert (20 Hz für 5 s). Kalibrierung: 2 s, 20 mV (5 mV für die R2- und die PL1-Zellen). *Körperhaltung:* Die CPR-Zelle moduliert Neurone im Pedal-Pleural-Ganglion: P_{II} und P_{IIIc} werden aktiviert, P_{IIIa} inhibiert. *Freßsystem:* Die CPR-Zelle aktiviert Neurone (MCC und CBI-2) im Zerebral-Ganglion. *Herz-Kreislauf-System:* Die CPR-Zelle aktiviert die abdominalen Neurone L10 und RB_{HE} (Regulation der Herzerregung) und inaktiviert die LB_{VC}-Zelle (Regulation des Gefäßdurchmessers). *Rückziehreflex:* Die CPR-Zelle inaktiviert Neurone (Bn, R2, PL1, L7), die an Verteidigungsreaktionen beteiligt sind, in verschiedenen Ganglien. Abkürzungen: CPR = Zerebral-Pleural-Regulator Zelle, MCC = Metazerebral-Zelle, MN = Motoneuron. Nach [41]

und um den Wasserverlust auszugleichen: Die Blutdruckzunahme wird über humorale Signale und über das autonome Nervensystem reguliert. Die Wasseraufnahme wird über das Auslösen von Durst eingeleitet. Da AII über spezifische AII-Rezeptoren wirkt, lassen sich anhand der Verteilung dieser Rezeptoren im Nervensystem Gehirnareale identifizieren, die für die AII-vermittelte Auslösung des Durstgefühls verantwortlich sind. Ein solches Gebiet ist das **subfornikale Organ (SFO)** des dritten Ventrikels. Das SFO ist eines der zirkumventrikulären Organe, die sich durch das Fehlen einer Blut-hirnschranke für Peptide auszeichnen, d.h., AII kann über das SFO in das Gehirn gelangen. Die Infusion von AII in das SFO der Ratte löst über die Bindung an AII-Rezeptoren verschiedene Reaktionen aus, um das Blutvolumen zu vergrößern, z.B. die Ausschüttung von Vasopressin im Hypophysen-Hinterlappen, was zum Anstieg des Blutdrucks führt, und Durst. Die intrakraniale Verabreichung von Angiotensin II löst bei Reptilien, Vögeln und Säugern, einschließlich der Primaten, Durst und Trinkverhalten aus. Für das Auftreten von Trinkverhalten scheint die Verbindung des SFO zu motorischen und prämotorischen Zentren wichtig zu sein.

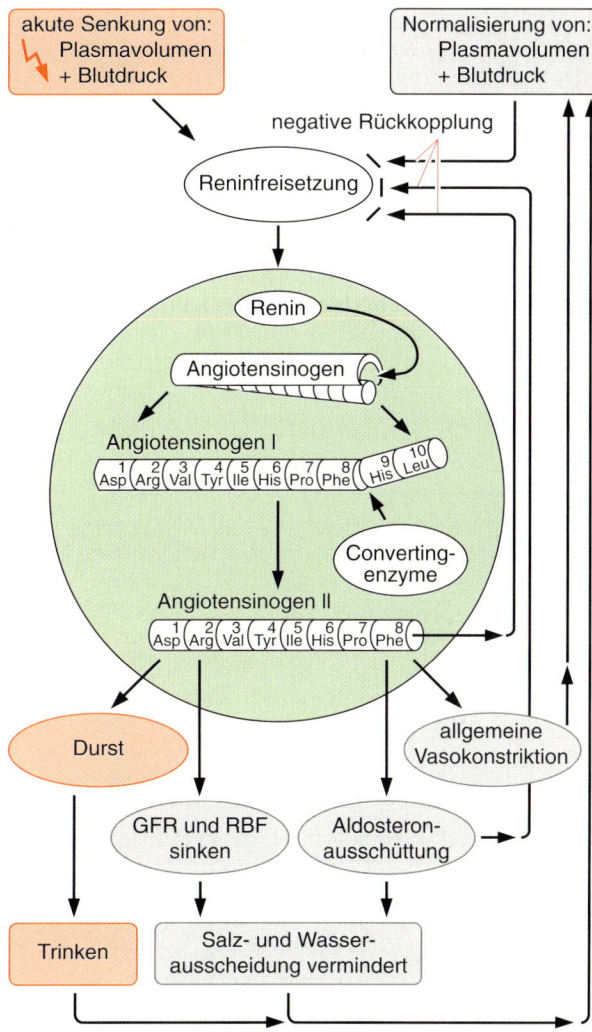

Abb. 22-4. Das Renin-Angiotensin-System. Die akute Senkung von Blutplasmavolumen (Hypovolämie) und Blutdruck führt zur Freisetzung von Renin in der Niere. Renin, eine Protease, spaltet das Dekapeptid Angiotensin I von Angiotensinogen ab. Angiotensin I kann dann in das Oktapeptid Angiotensin II (AII) gespalten werden. AII senkt die globuläre (GFR) und die renale (RBF) Durchflußrate, führt zu Aldosteronausschüttung, zu allgemeiner Vasokonstriktion und zu Trinkverhalten, wodurch das Blutplasmavolumen und der Blutdruck normalisiert werden

> ## Multiple neurobiologische Motivationssysteme kontrollieren das Trinkverhalten

Eine weitere Ursache für Durst und Trinkverhalten ist die **zelluläre Dehydration**. Die Detektoren, die den zellulären Wasserverlust messen, sind Osmorezeptoren, die in Zellen der *lateralen präoptischen Region* des Zwischenhirns sitzen. Induziert man zelluläre Dehydration durch die intraperitoneale Injektion von hypertonischer Kochsalzlösung, trinken Tiere mit beidseitigen Läsionen in der lateralen präoptischen Region nicht oder weniger als 20% im Vergleich zu nicht-lädierten Tieren. Solche lädierten Tiere trinken dagegen, wenn das Blutvolumen durch die Verabreichung von Polyethylenglycol verringert wird. Läsionen in der lateralen präoptischen Region führen daher nur bei zellulärer Dehydration zum selektiven Ausfall von Trinken.

Trinkverhalten ist ein relativ einfaches konsumatorisches Verhalten, das durch ganz verschiedene innere Reize motiviert wird (z.B. Blutvolumen, zellulärer Wasserverlust). Da verschiedene durstauslösende Signale über ganz verschiedene neurale Strukturen (Änderung des Blutvolumens: SFO; zellulärer Wasserverlust: laterale präoptische Region) verarbeitet werden, aber beide Systeme Trinkverhalten motivieren, müssen die einzelnen Motivationssysteme für Trinken miteinander verbunden sein oder auf den selben motorischen Ausgang konvergieren.

22.4 Neurale Korrelate der motivationellen Komponenten von männlichem Sexualverhalten

In mittlerweile klassischen Experimenten wurde mit Kastration und anschließenden Testosterongaben gezeigt, daß das Auftreten des Kopulationsverhaltens bei Ratten oder des Balzgesangs bei Singvögeln und Fröschen **testosteronabhängig** ist. Diese Befunde haben allgemeine Gültigkeit für das Sexualverhalten von männlichen Wirbeltieren.

Aufgrund der Ausfallerscheinungen nach Läsion der medialen präoptischen Region (MPOA), läßt sich sexuelle Motivation in zwei Komplexe unterteilen: einen *konsumatorischen Teil oder Kopulationsteil* (kontrolliert durch die MPOA) mit erfolgreicher Besteigung der Weibchen, Peniseinführung und Ejakulation und einen *appetitiven oder Erkundungsteil (Balz)*, welcher nicht durch die MPOA kontrolliert wird und bei dem die Männchen nicht in direktem körperlichen Kontakt mit weiblichen Tieren sein müssen. Beide Komponenten des männlichen Sexualverhaltens sind testosteronsensitiv. Eine solche Aufteilung in appetitive und konsumatorische Verhaltenskomponenten ist bei vielen anderen Verhaltenssequenzen nicht eindeutig durchführbar.

> ## Neurale Kontrolle des Kopulationsverhaltens: Testosteron-Implantation in die MPOA löst Kopulationsverhalten bei männlichen Ratten aus

Die MPOA ist eine Region des Zwischenhirns, die ventral der vorderen Kommissur zu beiden Seiten des 3. Ventrikels liegt. In klassischen Untersuchungen [19] wurde in einer Vielzahl von Kastrations- und Implantations-Experimenten bei Tieren aus fast allen Vertebratenklassen (Ratte, Hamster, Maus, Meerschweinchen, Gerbil, Hund, Ziege, Katze, Rhesusaffe, Eidechse, Fisch) gezeigt, daß die

MPOA für die Aktivierung von androgenabhängigem konsumatorischem männlichem Sexualverhalten von Vertebraten notwendig ist. Allerdings läßt sich männliches Kopulationsverhalten auch durch Läsionen in anderen Gehirnarealen, wie z.B. im olfaktorischen System, in der Amygdala oder dem ventralen Tegmentum beeinflussen, wobei die schwersten Ausfälle stets nach Läsion in der MPOA auftreten. Die Arbeitshypothese, die die MPOA als Sitz der motivationellen Komponente von Kopulationsverhalten ansieht, wird durch elektrische Stimulationsexperimente in der MPOA unterstützt: Bei Rhesusaffen führt elektrische Stimulation der MPOA zu Peniserektion und manchmal zur Ejakulation.

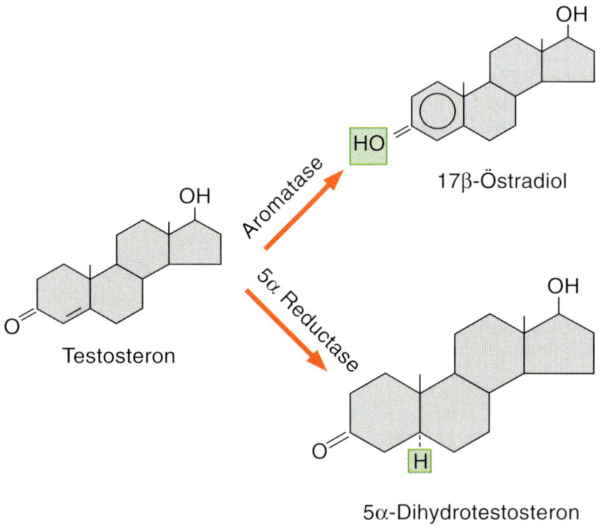

Die neuroendokrine Kontrolle des Kopulationsverhaltens erfolgt über Testosteron und seine Metabolite. Die motivationelle Komponente der Kopulation ist testosteronsensitiv, wobei die wirksamen Steroide *Metabolite des Testosterons* sind und zwar ein östrogener Metabolit, das **17β-Östradiol,** und ein androgener Metabolit, das **5α- Dihydrotestosteron** (Abb. 22-5). Abgesehen von einigen Fischgruppen ist das Testosteron das wichtigste, in den Gonaden männlicher Vertebraten produzierte Androgen. Dabei haben Östradiol und Dihydrotestosteron zentralnervös spezifische Effekte und wirken synergistisch bei der Kontrolle von Kopulationsverhalten. Weiterhin bestehen erhebliche Artunterschiede in der jeweiligen Steroidabhängigkeit von Komponenten des Sexualverhaltens.

Die Eigenschaft, daß kopulationskontrollierende Neurone steroidhormon-sensitiv sein müssen, läßt sich für die Lokalisation dieser Zellen im Gehirn ausnutzen. Gonadale Steroidhormone wirken über zwei grundlegend verschiedene Mechanismen; zum einen über im Zytoplasma und im Zellkern lokalisierte *Rezeptorproteine*, die Androgen-, Östrogen- oder Progesteronrezeptoren, und zum anderen über Membraninteraktionen. Da *Steroidrezeptoren Liganden-abhängige Transkriptionsfaktoren* sind, führt der erste Weg zu veränderter **Genaktivität**, zu veränderter **Proteinproduktion** und als wahrscheinliche Konsequenz zu veränderten physiologischen Eigenschaften von Zellen, die Steroidrezeptoren besitzen. Dieser Mechanismus ist gekennzeichnet durch eine relativ **lange Latenz** zwischen Hormongabe und -wirkung (Minuten bis zu Tage oder Wochen) und durch eine relativ lang anhaltende physiologische Wirkung. Er wird daher als der Hauptweg angenommen, über den Steroide Verhalten kontrollieren.

Der zweite Weg, die Interaktion von Steroiden mit Membranen, wurde erst kürzlich allgemein akzeptiert. Seine Bedeutung für die Veränderung motivationeller Grundlagen von Verhalten ist unbekannt.

Neurone, die Steroidrezeptoren in Zytoplasma und Zellkern enthalten, lassen sich über *autoradiographische Techniken* oder *immunozytochemisch*

Abb. 22-5. Testosteron ist das in den Gonaden der meisten männlichen Vertebraten vorrangig produzierte Androgen. Testosteron wird durch das Enzym Aromatase in das Östrogen 17β-Östradiol (E2) und durch das Enzym 5α-Reduktase in das nichtaromatisierbare Androgen 5α-Dihydrotestosteron (DHT) metabolisiert. Aromatase- und 5α-Reduktase-Aktivität finden sich in peripheren Organen und im Gehirn, hier vor allem in der präoptischen Region. Testosteron, E$_2$ und DHT haben spezifische Funktionen im Gehirn

oder durch *In-situ-Hybridisierungen* identifizieren (Abb. 22-6). Damit hat man einen Ausgangspunkt geschaffen, um die Verschaltung dieser Zellen zu untersuchen und zelluläre Veränderungen nach Hormongabe zu analysieren, die mit der Motivationsänderung zeitlich korrelieren.

Die MPOA ist anatomisch und funktionell heterogen

Die MPOA ist weder neurochemisch noch von ihren Afferenzen und Efferenzen her ein homogenes Areal. Vielmehr lassen sich in der MPOA verschiedene Areale zytoarchitektonisch abgrenzen, wie z.B. der sexuell-dimorphe Nukleus, ein Zentrum, das bei männlichen Nagetieren in histologischen Färbungen (Nissl-Färbungen) von Gehirnschnitten wesentlich größer erscheint als bei weiblichen Tieren. Die funktionelle Heterogenität der MPOA zeigt sich weiter darin, daß bei Läsionen nicht nur das Kopulationsverhalten verändert wird, sondern auch mütterliches Verhalten, Thermoregulation, Trinkverhalten, Laufradrennen und mehrere autonome Funktionen gestört werden.

Dabei scheint es *artspezifische Unterschiede* in den Arealen der präoptischen Region zu geben, die Kopulationsverhalten kontrollieren. Die Läsion des sexuell-dimorphen Nukleus der präoptischen Region führt bei der Wüstenspringmaus zu starken Störungen des Kopulationsverhaltens, während die gleiche Läsion bei der Ratte ohne Effekt auf das Kopulationsverhalten bleibt.

Verschiedene Neurotransmitter und Neuropeptide sind an der Regulation des Kopulationsverhaltens in der präoptischen Region beteiligt

Mit Doppelfärbeverfahren für Steroidrezeptoren und verschiedene Neurotransmitter oder Neuropeptide kann gezeigt werden, inwieweit bestimmte Substanzen in den steroidsensitiven Zellen vorkommen und ob die Regulation dieser Substanzen Teil einer steroidabhängigen Kaskade ist [39]. Unter anderem spielen Dopamin, Substanz P, Neuropeptid Y und endogene Opiate wie β-Endorphin eine wichtige Rolle für die Kopulationskontrolle in der präoptischen Region. β-Endorphine Neurone des Nucleus arcuatus projizieren zur MPOA. Dabei haben Endorphine eine im Vergleich zu Testosteron gegenteilige Wirkung und unterdrücken konsumatorische Aspekte des männlichen Sexualverhaltens. Dieser Effekt unterscheidet sich von dem Verlust der sexuellen Motivation bei Heroinsüchtigen. Heroingebrauch

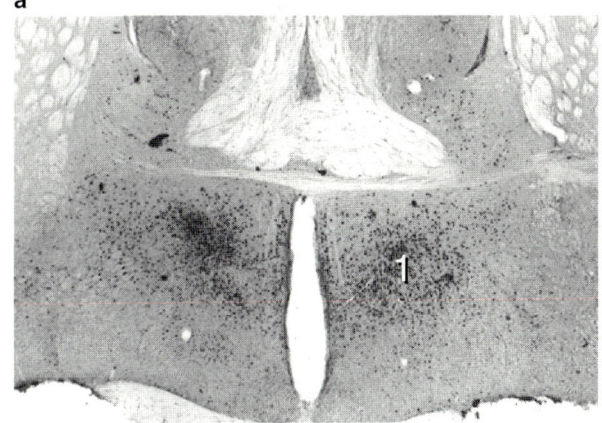

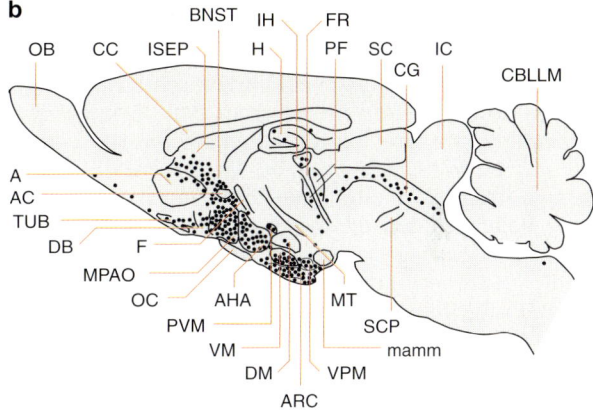

Abb. 22-6. a Die immunozytochemische Lokalisierung von Östrogenrezeptoren in Zellen des Hypothalamus und der präoptischen Region (1). Die Östrogenrezeptoren befinden sich vor allem im Zellkern. Positiv gefärbte Zellen haben einen dunklen Zellkern. **b** Die Verteilung von Östrogenrezeptor enthaltenden Zellen (schwarze Punkte) im Gehirn von männlichen und weiblichen Ratten und Mäusen ist in einem schematischen Längsschnitt durch ein Nagetiergehirn dargestellt. Es gibt keine qualitativen Unterschiede in der Verteilung dieser Zellen zwischen Männchen und Weibchen. Die Verteilung von Östrogenrezeptoren im Gehirn, insbesondere in der präoptisch-hypothalamischen Region, ist sehr ähnlich zwischen verschiedenen Säugetierarten und Arten der anderen Vertebratengruppen. Abkürzungen: AC, Nucleus accumbens; AHA, anteriore hypothalamische Region; ARC, Arkuat-Nucleus; C, anteriore Kommissur; CC, Corpus callosum; DB, diagonales Band von Broca; DM, dorsomedialer Nukleus des Hypothalamus; F, Fornix; FR, Fasciculus retroflexus; H, Hippokampus; IC, inferiorer Colliculus; LH, laterale Habenula; LSEP, laterales Septum; mamm, Mamillarkörper; MPOA, mediale präoptische Region; MT, mamillothalamischer Tract; BNST, schlechter Nukleus der Stria terminalis; OB, olfaktorischer Bulbus; OC, optisches Chiasma; PF, Nucleus parafascicularis; PVM, Nucleus paraventricularis, (magnocellular); SC, superiorer Colliculus; TUB, olfaktorisches Tuberkel; VM, Nucleus ventromedialis; VPM, ventraler prämammillarischer Nukleus, CG, zentrales Grau. Nach [9]

führt zu einer verminderten LH-Freisetzung und damit zu einer verminderten Testosteronproduktion.

Dopaminerge Neurone des dorsoposterioren Hypothalamus projizieren zur MPOA. Infusionen des Dopamin-Agonisten Apomorphin in die MPOA führen zu einer Zunahme der Kopulationhäufigkeit. Dieses dopaminerge System scheint unabhängig von Testosteron reguliert zu werden.

Der genaue Motivations-Schaltkreis, der Kopulationsverhalten kontrolliert, ist unbekannt

Mogensen und Mitarbeiter [29] schlugen folgendes Arbeitsmodell vor (vgl. Abb. 22-7): Information über weibliche Tiere, vor allem olfaktorische Information, gelangt über das olfaktorische und akzessorische olfaktorische System (vomeronasale System) des Vorderhirns über die Amygdala zur MPOA. Hier wird die Information entsprechend dem endokrinen Zustand unterschiedlich verarbeitet: erhöhte Testosterontiter führen zu einer Verstärkung der sexuellen Erregung beim Männchen, die von einem rezeptiven Weibchen ausgeht. Ist die MPOA stark genug erregt, wird ein Signal zum ventralen Tegmentum weitergeleitet, das wiederum das dorsale Striatum innerviert, insbesondere den Nucleus accumbens. Neurone im dorsalen Striatum haben Zugang zu den motorischen Zentren im Gehirnstamm.

Dieses Modell von Mogensen beschreibt allerdings nur einige der neuralen Schaltbahnen, die männliches Kopulationsverhalten kontrollieren. Außerdem sind einige Gebiete, die mit der MPOA

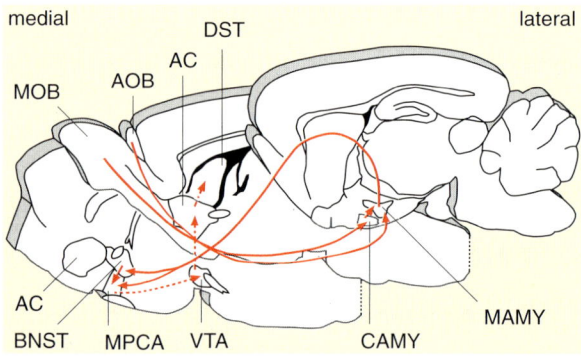

Abb. 22-7. Einige der neuralen Bahnen, die Kopulationsverhalten bei männlichen Nagetieren kontrollieren. Dargestellt sind drei Längsschnitte, der am weitesten laterale Schnitt ist rechts, der am weitesten mediale Schnitt ist links. Die mediale präoptische Region (MPOA) soll externe und interne Informationen integrieren. Der präoptische Ausgang geht zum ventralen Tegmentum (VTA). Das VTA hat über den Nucleus accumbens (AC) Zugang zum Striatum (DST) und damit zu motorischen Systemen. Von den Afferenzen der präoptischen Region sind nur einige ausgeführt, vor allem solche, die über die mediale Amygdala (MAMY) laufen und Informationen (olfaktorische) vom olfaktorischen (MOB) und akzessorisch-olfaktorischen (AOB) Bulbus herleiten. Weitere Abkürzungen: CAMY, kortikale Amygdala; BNST, schlechter Nukleus der Stria terminalis. Nach [29]

verschaltet sind, wie die Amygdala, selbst testosteronsensitiv, so daß auch Testosteron-induzierte Veränderungen in dieser Region zu einer geänderten Verarbeitung von Stimuli, die von rezeptiven Weibchen ausgehen, führen könnten, und damit zur Zunahme der Kopulationshäufigkeit. Welche Steroidhormon-abhängigen zellulären Veränderungen im Detail in der MPOA auftreten und zur Änderung der motivationellen Komponente der Kopulation führen, ist weitgehend unbekannt. Zelluläre Steroid-abhängige Veränderungen als Grundlage einer Motivationsänderung werden beim Lordosisverhalten, einer steroidabhängigen Verhaltenskomponente weiblichen Sexualverhaltens der Ratte, im Detail besprochen (s. Abschn. 22.5).

Faktoren, die die motivationellen Strukturen beeinflussen, verändern gleichzeitig motorische und sensorische Komponenten der Verhaltenssteuerung

Testosteron verändert bei der Ratte die Sensitivität der Penishaut für taktile Reize sowie die Penismuskulatur und spricht Zentren im Rückenmark an, die die Penismuskulatur kontrollieren. Dadurch verändert Testosteron die motorische Komponente des Kopulationsverhaltens. Zentralnervös beeinflußt Testosteron Strukturen, die Pheromon-Reize verarbeiten, wie das akzessorische olfaktorische System, und damit eine sensorische Komponente, die mit appetitivem männlichen Verhalten in Zusammenhang steht. Außerdem bewirkt Testosteron Veränderungen in der mittleren präoptischen Region im Zwischenhirn, die an der Kontrolle der motivationellen Komponente der Kopulation beteiligt ist.

Neurale Kontrolle des appetitiven Sexualverhaltens der männlichen Ratte

Das appetitive männliche Sexualverhalten wird von *extrahypothalamischen Zentren* gesteuert und ist ebenfalls testosteronsensitiv. Obwohl Männchen mit MPOA-Läsionen kein Kopulationsverhalten mehr zeigen, reagieren sie mit sexueller Appetenz auf rezeptive Weibchen. Kastration führt im Gegensatz zur Läsion der MPOA sowohl zum Verschwinden von Kopulationsverhalten als auch zum Verschwinden appetitiven Sexualverhaltens, so daß auch das appetitive Sexualverhalten testosteronsensitiv ist.

Gelernte Verhaltensweisen sind ein wichtiger Teil des appetitiven Sexualverhaltens. Bei deren Auslösung scheinen die basolaterale Amygdala (Mandelkern) und das ventrale Striatum steuernde Funktionen zu übernehmen. Dies konnte mit Läsionsexperimenten nachgewiesen werden. Das ventrale Striatum, einschließlich des Nucleus accumbens, erhält Eingänge vom Hippokampus und von der basolateralen Amygdala sowie dopaminerge Afferenzen vom ventralen Tegmentum. Die Projektion der dopaminergen Neurone des ventralen Tegmentums zum Nucleus accumbens wird als **mesolimbisches dopaminerges System** bezeichnet. Das ventrale Striatum hat über das ventrale Pallidum einen direkten Zugang zu motorischen Zentren im Gehirnstamm (Abb. 22-8). Eine weitere Efferenz des ventralen Striatums führt über das ventrale Pallidum und ein thalamisches Zentrum zurück ins limbische System.

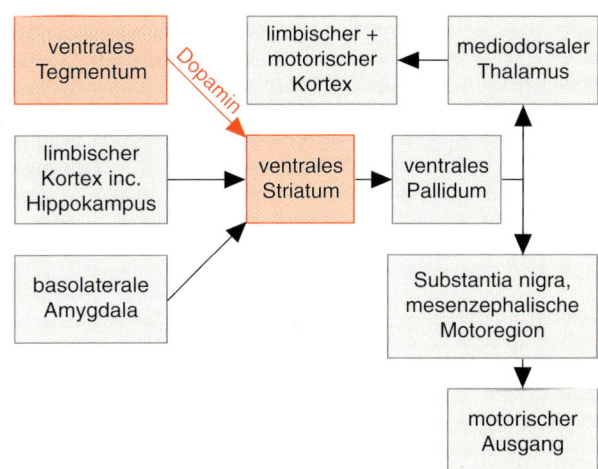

Abb. 22-8. Das mesolimbische dopaminerge System als Kontrollsystem für appetitive sexuelle Motivation. Der limbische Kortex und die basolaterale Amygdala projizieren zum ventralen Striatum (mit Nucleus accumbens, olfaktorischem Tuberkel und ventromedialem Caudat). Das ventrale Striatum erhält außerdem eine reiche dopaminerge Afferenz vom ventralen Tegmentum (Zellgruppe A10). Das ventrale Striatum projiziert über das ventrale Pallidum zu motorischen Zentren im Gehirnstamm (z.B. zur mesenzephalischen Motoregion, zur Substantia nigra und zum subthalamischen Nukleus). Über den dorsomedialen Thalamus hat das ventrale Striatum eine Schaltbahn, die zurück ins limbische System läuft. Das ventrale Striatum und seine Afferenzen und Efferenzen sollen an der Kontrolle appetitiver Verhaltensweisen beteiligt sein. Nach [21]

Das mesolimbische dopaminerge System ist ein Motivationssystem für appetitives männliches Sexualverhalten

Es gibt eine Vielzahl von Befunden die zeigen, daß *Dopamin-abhängige Veränderungen* im ventralen Striatum eine neurale Basis für appetitives Sexualverhalten bilden. Dopamin wird im ventralen Striatum bei männlichen Tieren freigesetzt, die mit rezeptiven Weibchen konfrontiert werden. Die Behandlung mit Neuroleptika (z.B. Clozapin) oder die Infusion von Dopamin-Antagonisten ins Striatum führen zu einer Verzögerung der Kopulationseinleitung, d.h., die männlichen Ratten sind weniger interessiert an rezeptiven Weibchen, während die Zahl der Besteigungen oder der Intromissionen nach Einleitung der Kopulation kaum verändert ist. Das mesolimbische dopaminerge System ist testosteronsensitiv. Der dopaminerge Effekt im ventralen Striatum scheint über D_2-*Dopamin-Rezeptoren* vermittelt zu werden. Infusion eines spezifischen D_2-Rezeptor-Antagonisten in den Nucleus accumbens führt zu einer starken Zunahme der Zeit bis zur Einleitung der Kopulationen.

Aktivitätsänderungen im ventralen Striatum haben also eine große Bedeutung für das Auftreten von appetitiven sexuellen Verhaltenssequenzen, die auf Stimuli von rezeptiven Weibchen hin gezeigt werden. Veränderung der elektrischen Aktivität im ventralen Striatum hat dagegen keine oder nur geringe Auswirkungen auf die Kopulationen selbst. *Dies legt nahe, daß sich sexuelle Motivation dissoziieren läßt in eine appetitive Motivation, bei der* **extrahypothalamische** *subkortikale Zentren (ventrales Striatum) präkopulatorische Verhaltensweisen kontrollieren und in eine Kopulationsmotivation, bei der* **hypothalamische Zentren** *(mediale präoptische Region) kopulatorische Verhaltensweisen auslösen.*

Ist das mesolimbische System ein allgemeines Motivationssystem?

Die Veränderung der dopaminergen Aktivität im ventralen Striatum verändert nicht nur appetitive sexuelle Verhaltensweisen, sondern auch die motivationellen Komponenten von Freßverhalten, von Futter-assoziierten motorischen Aktivitäten und vom Trinken. Diese Befunde weisen darauf hin, daß *das dopaminerge mesolimbische System Teil eines allgemeinen Motivationssystems ist, das appetitive Sequenzen kontrolliert, die wiederum Teile von verschiedenen motivationsabhängigen Verhaltensweisen sind.* Im Fall der sexuellen Motivation scheint dabei das mesolimbische dopaminerge System über visuelle, olfaktorische oder auditorische, mit einem Östrusweibchen assoziierte Reize aktiviert zu werden, aber nicht über taktile Stimuli. Inwieweit das mesolimbische dopaminerge System das einzige extra-hypothalamische System ist, das appetitive sexuelle Verhaltensweisen kontrolliert, bleibt offen. Ebenfalls ungeklärt ist, wie appetitive und nicht-appetitive Motivationssysteme in Zusammenhang stehen.

Männliches Sexualverhalten scheint aus der Aktivierung von verschiedenen Motivationssystemen und aus der Inhibitierung von anderen, z.B. weiblichen Motivationssystemen, zu resultieren. Eine Zunahme der sexuellen Motivation bei männlichen Ratten scheint nicht nur mit Aktivierung der Zentren einherzugehen, die Kopulation und sexuelle Appetenz kontrollieren, sondern auch eine **Inhibierung** der Gehirnzentren zu bedeuten, die Lordosis, also **weibliches Sexualverhalten** kontrollieren [13].

22.5 Zelluläre Mechanismen des weiblichen Kopulationsverhaltens

Weibliches Sexualverhalten läßt sich wie das männliche Sexualverhalten in appetitives Verhalten oder Balzverhalten und konsumatorisches Verhalten oder Kopulationsverhalten unterteilen. Beide Komponenten des weiblichen Sexualverhaltens sind bei den meisten Säugetieren, mit Ausnahme der Primaten, östrogen- und progesteronsensitiv. Durch die Abhängigkeit des weiblichen Sexualverhaltens von Steroidhormonen, die während der Eireifung freigesetzt werden, wird eine Synchronisierung von Ovulation und Spermientransfer erreicht und damit der Fortpflanzungserfolg erhöht. Beispiele für weibliches Balzverhalten sind z.B. Kopulationsaufforderungen bei verschiedenen Vogelarten durch schnelles Bewegen der Schwanzfedern oder das schnelle Bewegen der Ohren und das Hüpfen auf der Stelle bei der Ratte. Unter den Beispielen von kopulatorischen Verhaltensweisen ist die **Lordosisstellung**, die Weibchen vieler Säugetierarten während der Kopulation einnehmen, besonders gut untersucht.

Zelluläre Mechanismen als Grundlage für Motivationsänderungen sind im Detail für das Lordosisverhalten, eine Verhaltenssequenz aus dem Kopulationsverhalten der weiblichen Ratte, bekannt. Das Einnehmen der Lordosisstellung (Abb. 22-9) ist die Reaktion rezeptiver Weibchen auf das Besteigen durch männliche Tiere. Lordosis tritt in der Regel

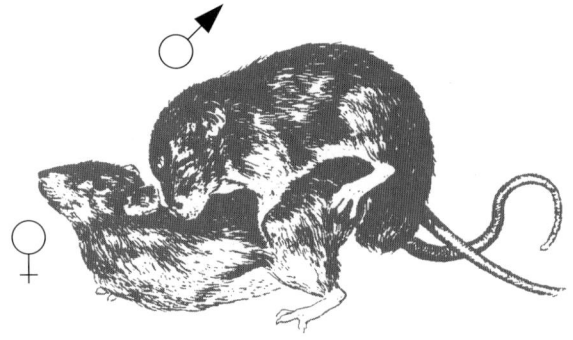

Abb. 22-9. Die Lordosisstellung der weiblichen Ratte (mit gehobenem Becken und gebogenem Schwanz) ist die typische Reaktion einer sexuell motivierten weiblichen Ratte auf das Besteigen durch ein Männchen. Taktile Reize in der Flankengegend des Weibchens durch den Druck der Vorderbeine des Männchens sind notwendig für die Reaktion des Weibchens

nur während des Proöstrus und Östrus auf. Ovarektomierte Weibchen, die nur geringe Mengen an zirkulierendem **Östradiol** und **Progesteron** im Blut haben, zeigen keine Lordosis, selbst wenn sie adäquate äußere Reize bekommen, wie etwa taktile Reize in der Flankengegend. Behandelt man solche Weibchen mit Östradiol und Progesteron, dann sprechen sie im selben Verhaltenskontext auf taktile Reize mit häufigem Lordosisverhalten an. *Steroidhormone (Östrogene und Progesteron) verändern also die sexuelle Motivation der Weibchen, so daß sie auf bestimmte taktile, von männlichen Tieren ausgehende Reize hin, mit Lordosis reagieren.* Dabei nimmt man an, daß diese Steroidhormone direkt in Neuronen wirken, die sich im **Hypothalamus** befinden (Abb. 22-6b). Weiterhin gibt es einige Befunde dafür, daß die Zunahme der sexuellen Motivation bei den weiblichen Tieren nicht nur über Aktivierung von hypothalamischen Zentren, sondern auch über eine Desinhibierung von extra-hypothalamischen, im Septum gelegenen Neuronengruppen stattfindet.

Die elektrische Aktivität von hypothalamischen Neuronen wird von Steroidhormonen moduliert. Elektrophysiologische Ableitungen von Neuronen des ventromedialen Hypothalamus ergaben, daß hier die elektrische Aktivität am Tag des Proöstrus, wenn die zirkulierenden Östradiolmengen am höchsten sind, ebenfalls am stärksten ist. Weiterhin haben *ovarektomierte Weibchen, die keine Lordosis zeigen, eine viel kleinere Zahl an spontanaktiven Neuronen im Hypothalamus im Vergleich zu Östrogen-behandelten Weibchen, die mit Lordosis reagieren.* Die Infusion von Tetrodotoxin, einer Substanz, die spannungsabhängige Natriumkanäle blockiert (Kap. 4), in den ventromedialen Hypothalamus, führt zu einer drastischen Abnahme der Lordosishäufigkeit. Dabei werden Aktionspotentiale im ventromedialen Hypothalamus bereits wenige Minuten nach Infusion komplett unterdrückt, während sich das Verhalten erst 40 Minuten nach Infusion ändert und zwei bis vier Stunden nach Infusion am stärksten unterdrückt ist. Die elektrophysiologischen Ergebnisse legen nahe, daß *Östrogene und/oder Progesterone die elektrische Aktivität* im ventromedialen Nukleus des Hypothalamus erhöhen. Viele Neurone des ventromedialen Hypothalamus senden Axone in das zentrale Grau des Mittelhirns, das sensorische Eingänge aus dem Rückenmark erhält und mit motorischen Zentren in Verbindung steht, die die Körperhaltung verändern (Abb. 22-10). Die Aktivitätszunahme der hypothalamischen Neurone könnte die Verrechnung von sensorischen Eingängen im Mittelhirn verändern, die von taktilen Reizen durch die aufreitenden Männchen ausgelöst werden, und damit die Lordosishaltung einleiten. Den steroidsensitiven Veränderungen der elektrischen Aktivität scheinen sowohl Veränderungen in Neurotransmitter-Systemen als auch zelluläre Strukturänderungen in verschiedenen Teilen des Lordosis-kontrollierenden Schaltkreises zugrundezuliegen (siehe unten) (Abb. 22-10).

Steroide verändern über Steroidrezeptoren die Genexpression und den Zellmetabolismus. Wie bereits erklärt, üben Steroide genomische Effekte aus, die über Steroidrezeptoren vermittelt werden. Elektronenmikroskopische Untersuchungen an Neuronen im Hypothalamus von ovarektomierten, mit Östrogenen behandelten Ratten, zeigen eine Zunahme des *rauhen endoplasmatischen Retikulums* und eine *veränderte Struktur der Nukleoli im Zellkern.* Beide zellulären Veränderungen weisen auf *eine geänderte Syntheserate von ribosomaler (rRNA) und Messenger-Ribonukleinsäure (mRNA), sowie eine veränderte Proteinsynthese hin* (Abb. 22-11). Dies konnte mit Hilfe von Transkriptions- und Translationsblockern, sowie mit radioaktiven Aminosäuren als Proteinvorstufen und mit In-situ-Hybridisierungen gezeigt werden. Eine Zunahme der rRNA- und mRNA-Synthese sowie der Proteinsynthese findet sich vor allem in Neuronen des lateralen Teils des ventromedialen Hypothalamus, einer Gegend, die besonders viele Östrogenrezeptor-Zellen enthält. Neurone in anderen Teilen des Hypothalamus und der präoptischen Region zeigen dagegen keine zellulären Veränderungen nach Östrogen- oder kombinierter Östrogen- und Progesteron- Behandlung. *Steroidhormon-induzierte, zelluläre Veränderungen treten zeitlich korreliert mit der Änderung der sexuellen Motivation auf und sind auf bestimmte Gehirnregionen und Neuronenpopulationen beschränkt.*

Die Östrogen-induzierbaren Proteine aus dem Hypothalamus scheinen in das zentrale Grau des Mittelhirns transportiert zu werden. Proteine, die unter Steroideinfluß im Hypothalamus gebildet und axonal transportiert werden, könnten daher extrahypothalamische Nervenendigungen und Synapsen beeinflussen und dabei **trophisch** auf postsynaptische Elemente, z.B. im zentralen Grau, wirken. Östrogen-induzierbare trophische Effekte im Vorderhirn sind gut bekannt. *Östrogene induzieren reversible zelluläre Wachstumsvorgänge direkt in Östrogenrezeptor-Zellen und indirekt in mit ihnen verschalteten Zellen oder wirken über trophische Faktoren.*

Die Proteine, deren Syntheserate in Abhängigkeit von Östrogen oder von Östrogen und Progesteron direkt verändert wird, sind im Detail noch unbekannt. Die Freisetzung von verschiedenen Neurotransmittern und die Produktion von Neurotransmitter-Rezeptoren ist östrogen- und/oder progesteronsensitiv, z.B. Noradrenalin, Acetylcholin und a1-adrenerge Rezeptoren, GABA, Enkephalin und Opiat-Rezeptoren sowie Oxytocin und Oxytocin-Rezeptoren. Weiterhin werden die Syntheseraten des Gonadotropin-Releasing-Hormons (GnRH), des Prolaktins, des Progesteron-Rezeptors und des Östrogen-Rezeptors verändert.

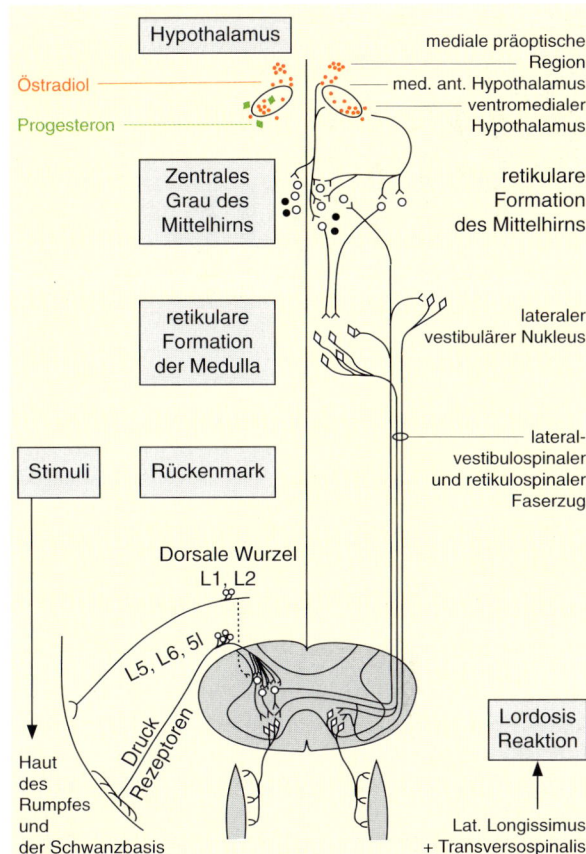

Abb. 22-10. Schema eines neuralen Schaltkreises für die Kontrolle von Lordosisverhalten. Somatosensorische Stimuli, die für das Auslösen des Verhaltens notwendig sind, gelangen zum Rückenmark und von hier über aufsteigende Bahnen in den Gehirnstamm und in das zentrale Grau des Mittelhirns. Östradiol und Progesteron verändern hypothalamische Neurone, insbesondere im lateralen Teil des ventromedialen hypothalamischen Nukleus. Diese steroidinduzierten zellulären und elektrophysiologischen Veränderungen des Hypothalamus werden in das zentrale Grau des Mittelhirns projiziert. Dadurch wird das Auslösen von Lordosis durch Mittelhirnneurone, die somatosensorische Informationen erhalten, wahrscheinlicher. Die absteigenden Bahnen gehen vom Mittelhirn zur retikularen Formation der Medulla oblongata, und von der retikularen Formation zum Lumbalmark. Kontraktionen zweier Rückenmuskeln, des lateralen Longissimus und des Transversospinalis, verursachen dann die Lordosisstellung. Alle Stimuli, neuralen Bahnen, hormonale Effekte, und Muskelantworten sind bilateral. Im Schema ist aus Übersichtsgründen nur eine Seite des Schaltkreises dargestellt. Östrogenrezeptor-enthaltende Zellen in diesem Schaltkreis sind als rote Kreise repräsentiert, Progesteronrezeptor-enthaltende Zellen sind als grüne Rechtecke repräsentiert (nach [9])

Östrogene und Progesteron wirken sequentiell

Bei ovarektomierten Ratten tritt Lordosis auf, wenn sie zuerst kurzzeitig mit Östrogenen und zwei Tage

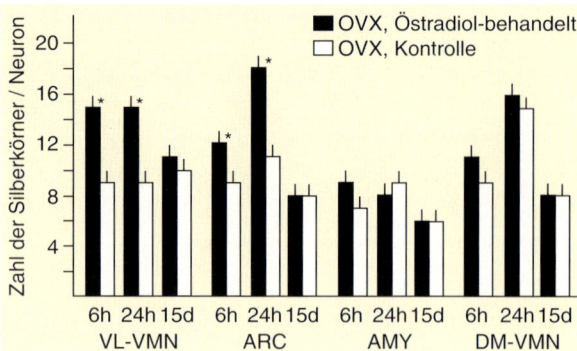

Abb. 22-11. Steroidabhängige Änderungen der ribosomalen RNA(rRNA)-Synthese im Gehirn. Östrogen-Behandlung führt zu einer signifikanten Zunahme von rRNA im ventrolateralen Teil des ventromedialen hypothalamischen Nukleus (VL-VMN), und im Nucleus arcuatus (ARC), aber nicht im dorsolateralen Teil des ventromedialen Nukleus (DM-VMN) und nicht in der Amygdala (Amy). Die Zunahme der rDNA-Genexpression ist 6 und 24 Stunden nach Beginn der Östrogenbehandlung festzustellen. VL-VMN und ARC haben sehr viele Zellen mit Östrogen-Rezeptoren (siehe Abb. 22-6) [nach Pfaff 1980]. Dies wird gezeigt durch quantitative *In-situ*-Hybridisierungen mit einer cDNA, die spezifisch für die rRNA-Bildungssequenz (rDNA-Gene) sind. Nach [35]

später mit Progesteron behandelt werden. Östrogene und Progesteron beeinflussen zeitlich nacheinander die motivationelle Komponente der Lordosis im Hypothalamus. Dabei induzieren Östrogene zunächst die Bildung von Progesteron-Rezeptoren. Progesteron hat einen biphasischen Effekt auf das Kopulationsverhalten. Die Zunahme der Progesteronmengen führt zu einer Zunahme der Rezeptivität der Weibchen, während anhaltend erhöhte Progesteronmengen die Kopulationsbereitschaft beenden.

Die Zunahme der Rezeptivität könnte den oben besprochenen Änderungen der elektrischen Aktivität im Hypothalamus und im Mittelhirn entsprechen, aber die genaue Rolle des Progesterons ist dabei unbekannt.

Die Abnahme der Kopulationsbereitschaft scheint über die Wirkung von Progesteron und Oxytozin vermittelt zu werden. Neben der Zunahme der Progesteron-Rezeptoren induzieren erhöhte Östrogenmengen auch die Bildung von Oxytozin-Rezeptoren im ventromedialen Nukleus des Hypothalamus. Gleichzeitig nimmt die Dichte von Oxytozin-haltigen Fasern im lateralen Teil des ventromedialen Hypothalamus zu. Progesteron scheint dann zu einer Umverteilung der Oxytozin-Rezeptoren zu führen, die vom ventromedialen Nukleus lateral in das Gebiet der Oxytozin-haltigen Nervenfasern auswandern. Die sequentielle Wirkung von Östrogenen und Progesteron bewirkt, daß das Neuropeptid Oxytozin mit seinem Rezeptor räumlich zusammenkommt. Da Oxytozin in Folge der Kopulation freigesetzt wird, könnte das Oxytozin-System für die Paarbindung und die Beendigung der sexuellen Motivation eine wichtige Rolle spielen. Oxytozin-Infusionen in den ventromedialen Hypothalamus

von Weibchen führen zu einer Zunahme des Körperkontakts mit den Männchen.

Die sequentielle Wirkung von Östrogenen und von Progesteron löst reversible Strukturveränderungen und Veränderungen elektrophysiologischer Eigenschaften im ventromedialen Hypothalamus aus. Diese Veränderungen im ventromedialen Hypothalamus scheinen Veränderungen im zentralen Grau des Mittelhirns zu bewirken von wo aus Zentren, die die Lordosishaltung kontrollieren, beeinflußt werden können. Die strukturellen und physiologischen Veränderungen im Hypothalamus und im Mittelhirn korrelieren mit der Veränderung der Bereitschaft, auf taktile Reize in die Flankengegend zu reagieren.

Die für das Kopulationsverhalten der Ratte dargelegten östrogensensitiven neuronalen Mechanismen des weiblichen Kopulationsverhaltens könnten weitgehend bei allen Vertebraten zutreffen, da die Hormonfreisetzung während der Eireifung ein in der Evolution konservativer Mechanismus ist. Bei Weibchen aller Vertebraten steigt die Östrogenproduktion während der Follikelreifung stark an. Unterschiede scheinen vor allem in der Art der Auslösung der Ovulation (spontan bei der Ratte und bei Primaten; kopulationsabhängig bei Katzen) und des Östruszyklus (zyklisch oder saisonal und zyklisch bei Ratten, Primaten, Hunden; kopulationsabhängig bei Präriemäusen) zu liegen. Nur beim Menschen und bei Arten mit dissoziiertem Fortpflanzungsverhalten, z.B. bei der Strumpfbandnatter, ist die Rezeptivität von der Eireifung getrennt, so daß die sexuelle Motivation über andere Faktoren gesteuert scheint. Außerdem spielt bei einigen Säugerarten, wie z.B. bei den Präriemäusen und dem Frettchen, Progesteron keine Rolle für das Auftreten der Lordosisstellung.

22.6 Neurale Grundlagen von Emotionen

▼ Was ist eine Emotion?

Diese von James 1884 [23] gestellte Frage ist bis heute weder von der Psychologie noch von der Ethologie oder der Physiologie überzeugend beantwortet worden. Aufgrund der unklaren Definitionen und Abgrenzungen ist es exprimentell äußerst schwierig, Emotionen zu messen und auf neuronale Mechanismen zurückzuführen.

Wir verstehen **Emotionen als zentralnervöse Entscheidungssysteme** [33], die sensorische Meldungen hinsichtlich ihres Bedeutungscharakters für das Tier in seinem augenblicklichen Zustand bewerten. Wie bei anderen Entscheidungssystemen haben auch **Emotionen drei wesentliche Komponenten, die**

Reizaufnahme, die Reaktion und die subjektive Erfahrung. Emotionale Reaktionen auf bedeutungsvolle Reize sind häufig schneller als bewußtwerdende Reaktionen. Man nimmt daher an, daß besonders schnelle Reiz-Reaktionsverbindungen auch bei Tieren dem emotionalen Entscheidungssystem zugeordnet ist. Schwierig ist die Abgrenzung gegen schnelle Schutzreaktionen. Der emotionale Anteil läßt sich aber sicher einer Bewertung des Bedeutungscharakters der Reize zuordnen.

Welche Emotionen lassen sich unterscheiden? In Abhängigkeit vom Kulturkreis und dem historischen Zeitrahmen wurden und werden verschiedene Emotionen unterschieden. Eine in der modernen Psychologie gebräuchliche Einteilung ist die Unterscheidung von Freude, Furcht, Wut, Überraschung, Ekel, Interesse, Scham und Anerkennung. Obwohl sich all diese psychologischen Einteilungen beim Menschen affektiv unterscheiden lassen, z.B. an Hand der Mimik oder an Hand der Vokalisation, ist es fraglich, ob jeder Kategorie eine eigene abgrenzbare neurale Grundlage zukommt. Die derzeitigen Befunde stützen vor allem die folgenden emotionalen Kategorien: Ärger und Wut, Neugierde und Freude (Lust), Sorge und Angst, Trauer und Panik. Im Einklang damit unterscheiden kleine Kinder problemlos zwischen Freude, Ärger, Trauer und Angst, haben aber häufig Probleme mit anderen emotionalen Kategorien, die von Erwachsenen unterschieden werden.

Neurale Kontrolle von Emotionen

Eines der ersten Modelle, die ein spezielles **neurales Emotionssystem** vorschlugen, war das von Papez [34], das den Hypothalamus als Emotionszentrum betrachtet. In diesem Emotionssystem wurde die Bedeutung subkortikaler emotionaler Reizverarbeitung postuliert.

In einer anderen populären Hypothese schreibt Mc Lean [27] dem **limbischen System** die Emotionskontrolle zu. Im limbischen System sind evolutionsgeschichtlich alle Gebiete zusammengefaßt, die das Corpus callosum und den Hirnstamm umgeben oder daran angrenzen (Hippokampus, Amygdala, Septum, Gyrus cinguli, Gyrus parahippocampalis u.a.). Manche Autoren rechnen auch den Hypothalamus und den präfrontalen Assoziationskortex zum limbischen System. Obwohl das limbische System weder morphologisch noch funktionell eindeutig charakterisierbar ist, wird das limbische System von vielen Autoren immer noch als neurale Grundlage von emotionalem Verhalten angesehen. Befunde aus den letzten Jahren weisen darauf hin, daß nicht das limbische System als ganzes, sondern ein zum limbischen System zu zählendes Gehirngebiet, die **Amygdala (Mandelkern)**, ein *wichtiges neuroanatomisches*

Substrat für emotionale Reizbewertung und Reaktionsauslösung ist. Die Amygdala von Säugern wird in zehn oder mehr Areale eingeteilt, wobei jedes dieser Areale wieder eigene Unterareale und spezifische afferente und efferente Verbindungen besitzt. Die in jüngster Zeit gemachten Fortschritte in der Untersuchung des neuroanatomischen Aufbaus der Amygdala-Untereinheiten geben ersten Aufschluß über neurale Grundlagen von Emotionen.

Efferenzen und Afferenzen der Amygdala

Ursprung der sensorischen Eingänge der Amygdala sind Gebiete sensorischer Informationsverarbeitung im Kortex und im Thalamus. Da die thalamischen Eingänge die Amygdala vor oder mindestens gleichzeitig mit kortikalen Eingängen erreichen, kann eine präkognitive und unbewußte emotionale Reizverarbeitung stattfinden. Dabei gelangen vorverarbeitete sensorische Informationen verschiedener Modalitäten über **subkortikale thalamische Projektionsbahnen** zur Amygdala. Aufgrund von Untersuchungen der thalamischen Eingänge der Amygdala der Ratte sollen verschiedene Reizmodalitäten z.T. getrennt in verschiedenen Kerngebieten der Amygdala verarbeitet werden: somatosensorische Reize der Zunge und Geschmacksreize im zentralen und lateralen Nukleus, viszero-sensorische Reize im basalen Nukleus und im zentralen Nukleus, auditorische Reize im lateralen Nukleus und im zentralen Nukleus, Geruchsreize in kortikalen Nuklei der Amygdala. Zusätzlich zu diesen thalamischen Eingängen erhalten die einzelnen Amygdala-Untereinheiten Informationen von **kortikalen assoziativen** Gebieten der verschiedenen oben aufgeführten sensorischen Modalitäten sowie Informationen aus dem visuellen Kortex.

Innerhalb der Amygdala senden alle Untereinheiten des lateralen Nukleus die meisten Axone zum basomedialen Nukleus, in dem auditorische, visuelle, viszero-sensorische und geschmackliche Reize konvergieren.

Der Amygdala-Komplex hat vielfältige Efferenzen, über die emotionale autonome Reaktionen und emotionales Verhalten ausgelöst werden können

Die Amygdala hat umfangreiche indirekte (über das basale Vorderhirn oder den Hypothalamus) und direkte Verbindungen zu motorischen Systemen im Gehirnstamm (Abb. 22-12). Z.B. steht der basomediale Nukleus der Amygdala direkt mit der Stria terminalis, mit dem Nucleus accumbens und mit einigen hypothalamischen Gebieten in Verbindung. Der

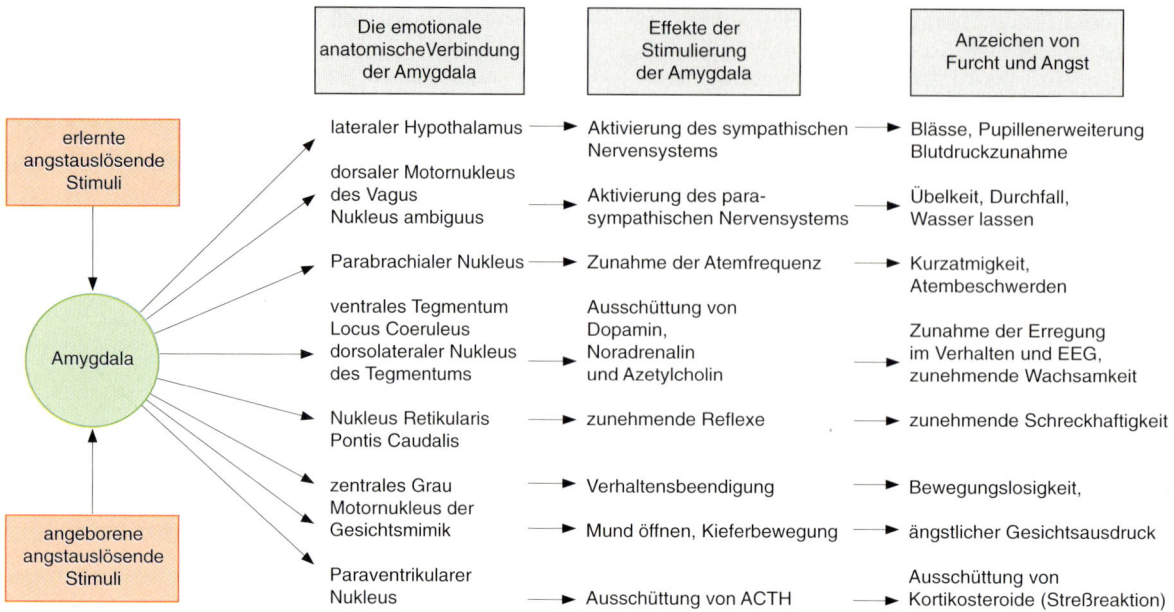

Die emotionale anatomischeVerbindung der Amygdala	Effekte der Stimulierung der Amygdala	Anzeichen von Furcht und Angst
lateraler Hypothalamus	Aktivierung des sympathischen Nervensystems	Blässe, Pupillenerweiterung Blutdruckzunahme
dorsaler Motornukleus des Vagus Nukleus ambiguus	Aktivierung des parasympathischen Nervensystems	Übelkeit, Durchfall, Wasser lassen
Parabrachialer Nukleus	Zunahme der Atemfrequenz	Kurzatmigkeit, Atembeschwerden
ventrales Tegmentum Locus Coeruleus dorsolateraler Nukleus des Tegmentums	Ausschüttung von Dopamin, Noradrenalin und Azetylcholin	Zunahme der Erregung im Verhalten und EEG, zunehmende Wachsamkeit
Nukleus Retikularis Pontis Caudalis	zunehmende Reflexe	zunehmende Schreckhaftigkeit
zentrales Grau Motornukleus der Gesichtsmimik	Verhaltensbeendigung	Bewegungslosigkeit,
	Mund öffnen, Kieferbewegung	ängstlicher Gesichtsausdruck
Paraventrikularer Nukleus	Ausschüttung von ACTH	Ausschüttung von Kortikosteroide (Streßreaktion)

erlernte angstauslösende Stimuli → Amygdala ← angeborene angstauslösende Stimuli

Abb. 22-12. Furcht und Angst anzeigende emotionale Reaktionen werden durch Reizung der Amygdala ausgelöst. Die Verbindungen des zentralen Nukleus der Amygdala mit Gebieten im Hypothalamus und im Hirnstamm, die für die verschiedenen auslösbaren emotionalen Reaktionen verantwortlich sind, sind schematisch dargestellt. Nach [20]

zentrale Nukleus projiziert unter anderen zur Stria terminalis, dem lateralen Hypothalamus, dem periaquiduktalen Grau, dem ventralen Tegmentum, dem Nucleus solitarius und dem dorsalen Motonukleus des Vagus.

Durch seine indirekte Verbindung zum Neokortex scheint der zentrale Nukleus der Amygdala auch den Erregungszustand im Neokortex zu verändern. Die elektrische Stimulation des zentralen Nukleus stört das Elektroenzephalogramm des Neokortex. Dieser Effekt wird über cholinerge Neurotransmitter vermittelt. Über diese Verbindung könnte die emotionale Reizverarbeitung in der Amygdala kognitive Prozesse (Reizrepräsentation, Aufmerksamkeit, Gedächtnisbildung, Logik) im Neokortex verändern.

> **Am Beispiel von Angst-auslösenden Stimuli wird die Funktion der Amygdala bei der Auslösung emotionaler Reaktionen im Detail dargestellt**

Angst ist eine emotionale Bewertung von Reizen, die dazu dient, Gefahr und Schmerzen zu vermeiden. In einer Gefahrensituation ist es die Aufgabe des Gehirns, Warnsignale zu erkennen und darauf mit einem spezifischen motorischen Muster zu reagieren. Die nachfolgenden Untersuchungen wurden an Ratten durchgeführt, die darauf konditioniert wurden, auf bestimmte Reize mit Angst zu reagieren.

Für die Angstkonditionierung bei der frei beweglichen Ratte wird ein unangenehmer, elektrischer Schock als unkonditionierter Reiz benutzt und ein einfaches akustisches Signal (800 Hz-Ton) als konditionierter Reiz verwendet. Als Maß für die Angstkonditionierung werden autonome Aktivitäten, wie z.B. die Änderung des *Blutdrucks,* und emotionale Verhaltenssequenzen, z.B. das *Verharren in Bewegungslosigkeit*, gemessen, die durch den konditionierten Reiz ausgelöst werden. Durch die Konditionierung ändert sich die Bedeutung des akustischen Signals in ein emotional bedeutungsvolles Signal, das Schmerz signalisiert. In den neuralen Schaltkreisen, die die Angstreaktion kontrollieren, müssen Informationen von auditorischen Zentren und Schmerzzentren konvergieren. Die verarbeitenden Stationen müssen mit autonomen Zentren (Blutdruckregulation) und motorischen Zentren (Verharren in Bewegungslosigkeit) in Verbindung stehen.

Welche neuralen Strukturen der Ratte sind für die Auslösung von Angst durch konditionierte auditorische Stimuli notwendig? Entscheidend für die Konditionierung ist, daß ein unkonditionierter Stimulus existiert, der über angeborene Mechanismen die gemessenen emotionalen Antworten (z.B. Blutdruckänderung, Bewegungslosigkeit) auslöst. Als neuronale Grundlage für das Auslösen von Angstreaktionen durch einen konditionierten auditorischen Stimulus sind besonders jene Neuronenpopulationen interessant, welche sowohl auditorische Informationen als auch Informationen über den unkonditionierten Stimulus (in unserem Beispiel von Schmerzen) erhalten. Schmerzzentren im Rückenmark, die in obigem Beispiel durch Elektroschocks auf die Pfote der Ratte aktiviert werden, stehen sowohl mit der Amygdala über polysynaptische Bahnen als auch mit dem auditorischen Thalamus in Verbindung.

Uni- und bilaterale elektrische und chemische Läsionen, Tracer-Studien und Einzelzellableitungen ergaben [24], daß folgende **subkortikale** Schaltkreise auditorische Informationen zur Amygdala bringen (Abb. 22-13). Von der Peripherie gelangt auditorische Erregung in die Hüllregion des im Mittelhirn gelegenen Inferioren Kollikulus. Dieser steht mit dem auditorischen Thalamus, insbesondere mit Neuronengruppen im medialen Teil des medialen Genikulatums und im darunterliegenden intralaminären Nukleus, in Verbindung. Von hier wird die Erregung zum lateralen Nukleus der Amygdala projeziert, von wo sie zur zentralen Amygdala weitergeleitet wird. Über Projektionen der zentralen Amygdala zum lateralen Hypothalamus können autonome emotionale Reaktionen (z.B. Blutdruckzunahme) auf den Angst-auslösenden Stimulus hin ausgelöst werden. Projektionen der Amygdala zum zentralen Grau im Mittelhirn sind wichtig für die konditionierte emotionale Verhaltensantwort (Bewegungslosigkeit) in unserem Beispiel. Motorische Zentren, die die Körperpositur kontrollieren, stehen mit dem zentralen Grau im Mittelhirn in Verbindung.

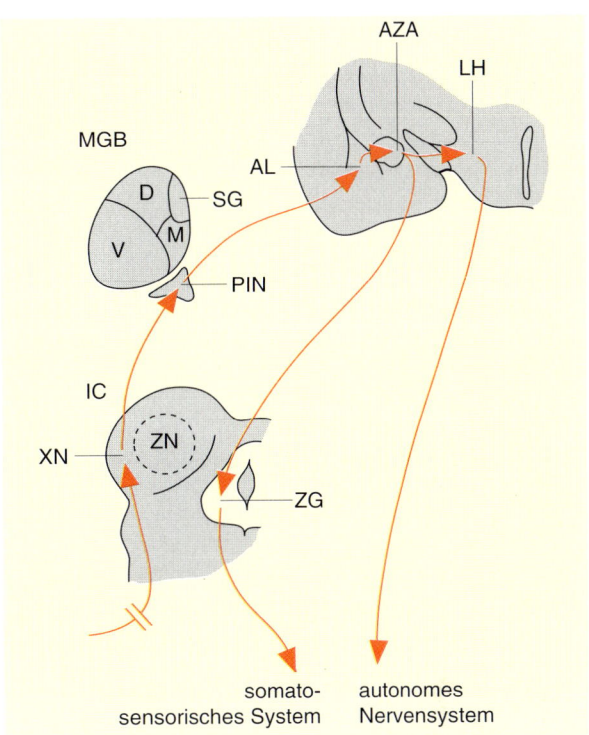

Abb. 22-13. Ein subkortikales emotionales Netzwerk für die Auslösung von Angst-konditionierten Reaktionen. In diesem Netzwerk kann die emotionale Bedeutung von auditorischen Reizen erlernt und gespeichert, und als physiologische Änderungen (über somatosensorische Systeme) bei dem zukünftigen Auftreten des Reizes ausgedrückt werden. Dieser Schaltkreis funktioniert unabhängig von kognitiven Funktionen des Kortex. Die subkortikale (Thalamus-Amygdala) Verarbeitung von emotionalen Reizen erlaubt eine schnelle emotionale Reaktion, die aber aufgrund von einfachen Parametern des Gesamtreizes stattfindet. Dargestellt sind die mindestens erforderlichen Teile des Netzwerkes, wobei die Aktivität dieses Angst-kontrollierenden Systems durch weitere Gehirnzentren moduliert werden könnte. Weitere Abkürzungen: AL, lateraler Nukleus der Amygdala; ANS, autonomes Nervensystem; AZE, zentraler Nukleus der Amygdala; D, Dorsaler Teil des MGB; LH, lateraler Hypothalamus; M, medialer Teil des MGB; SG, Nucleus suprageniculatus; SMS, somatosensorisches System; V, ventraler Teil des MGB; XN, externer Nukleus des IC; ZG, zentrales Grau; ZN, zentraler Nukleus des IC. Nach [24]

Konditionierter Angst liegen zwei unabhängige neurale Netzwerke zugrunde

Der auditorische Thalamus spricht nur auf einfache auditorische Reize an. Daher scheint ein zweites affektives Netzwerk für das Auftreten emotionaler Reaktionen und Gefühle aufgrund von komplexen auditorischen, Angst-auslösenden Stimuli wichtig zu sein, das **auditorischer Kortex-Amygdala-Netzwerk** (Abb. 22-14). Der auditorische Kortex kann im Gegensatz zum auditorischen Thalamus komplexe auditorische Reize erkennen. Allerdings benötigt das Kortex-Amygdala-Netzwerk mehr Zeit, als das oben besprochene Thalamo-Amygdala-Netzwerk, um eine Reaktion auszulösen, da mehr Synapsen zwischengeschaltet sind, was eine längere Leitungszeit zur Folge hat [24].

Alle komplexen auditorischen Reizsituationen enthalten simple Reize, auf die der auditorische Thalamus reagieren könnte. Es wäre daher denkbar, daß *in einer komplexen Reizsituation einfache Fragmente dieses Reizes im Thalamo-Amygdala-Netzwerk analysiert werden und, parallel, der komplexe Reiz im Kortex-Amygdala-Netzwerk verarbeitet wird.* Reizfragmente, falls als gefährlich bewertet, könnten dabei bereits eine Reaktion, z.B. Flucht, oder im Fall der Ratte Bewegungslosigkeit, auslösen,

bevor die komplexe Reizsituation komplett analysiert und bewertet ist. Im Fall einer „falschen" thalamischen Reaktion könnte die Reaktion durch kortikale Bewertung gestoppt werden. Das Thalamo-Amygdala-Netzwerk und das Kortex-Amygdala-Netzwerk unterscheiden sich in der Beteiligung kortikaler (kognitiver) Zentren, so daß emotionale Reaktionen einerseits unbewußt auftreten können, aber auch durch kognitive Entscheidungen verändert werden können. Inwieweit ein solches *duales System kortikaler und subkortikaler emotionaler Kontrolle* auch für andere Emotionen existiert, ist nicht bekannt. Allerdings ist die Amygdala auch an vielen anderen Emotionen beteiligt, die über

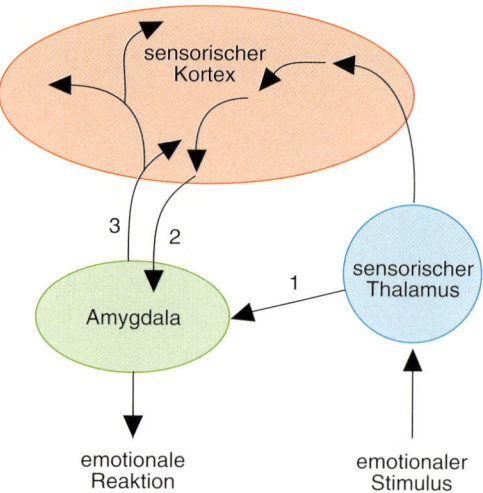

Abb. 22-14. Die emotionale Signifikanz von sensorischen Stimuli wird von zwei Systemen, die die Amygdala einbeziehen, bewertet: Die Thalamus-Amygdala und die Thalamus-Kortex-Amygdala-Schaltbahn. In manchen Reizsituationen kann das Auslösen emotionaler Reaktionen völlig von der Verarbeitung einfacher Stimuli durch den Thalamus abhängen (1). In anderen Reizsituationen kann die emotionale Reaktion völlig vom kortikalen Eingang der Amygdala abhängen oder von einer Interaktion von kortikalen und thalamischen Erregungen in der Amygdala (2). Die Amygdala projiziert ebenfalls zu verschiedenen kortikalen Bereichen, wodurch emotionale Prozesse kognitive Prozesse beeinflussen könnten (3). Nach [24]

erlernte Stimuli ausgelöst werden, was die Existenz von Thalamo-Amygdala-Netzwerken für weitere Emotionen nahelegt.

Ist die Amygdala auch bei Primaten Teil eines affektiven Netzwerkes?

Neuere Untersuchungen der Amygdala von Primaten zeigen, daß die Primaten-Amygdala ähnlich wie die Amygdala der Ratte verschaltet ist und über thalamische und kortikale Eingänge Informationen über multiple Reizmodalitäten erhält. Außerdem bildet die Primaten-Amygdala ähnliche Efferenzen aus wie die Ratten-Amygdala, so daß auch bei Primaten durch die Weiterverarbeitung sensorischer Informationen verschiedener Modalitäten in der Amygdala emotionale Reaktionen eingeleitet werden können. Läsionen im Amygdala-Bereich des Menschen sollen emotionale Spannungen verringern, das Auslösen von Furcht und Aggressionen erschweren und die emotionale Ausgeglichenheit erhöhen. Direkte Untersuchungen über die Aktivität der Amygdala während emotionaler Reaktionen des Menschen stehen noch aus.

Hinweise auf eine allgemeine Rolle der Amygdala für emotionale Reaktionen bei höheren Verte-

braten ergeben sich auch aus Läsionsexperimenten bei Vögeln. Das Lädieren des Archistriatums, dessen Nucleus taeniae als homologe Struktur der Säuger-Amygdala angesehen wird, führt bei Hühnern zu einem völlig angstfreien Verhalten, ähnlich wie bei Säugern mit Amygdala-Läsionen.

Emotionale Funktionen sind sicher nicht die einzigen Funktionen der Amygdala, und die Amygdala ist sicher auch nicht die einzige neurale Struktur, die an Emotionen beteiligt ist, aber der Amygdala könnte eine Schlüsselrolle in den affektiven Systemen des Gehirns zukommen. Insbesondere ist der Amygdala-Komplex für Emotionen wichtig, die über erlernte Stimuli ausgelöst werden. Bei erwachsenen Menschen werden die meisten Emotionen gerade durch solche Stimuli hervorgerufen. Wie bereits am Anfang erwähnt, wissen wir fast nichts über die Neurobiologie komplexer Emotionen wie Liebe, Eifersucht, Zufriedenheit. Da kaum anzunehmen ist, daß man die neuralen Grundlagen dieser Emotionen in Tierexperimenten aufdecken kann, erhofft man sich auch hier durch die technischen Fortschritte der nicht-invasiven Untersuchung von Gehirn-Aktivitäten, Einblicke in emotionale Netzwerke des Menschen zu erhalten.

Der orbitofrontale Kortex ist eine weitere wichtige neurale Struktur der Primaten für erlernte Emotionen

Der orbitofrontale Kortex ist der Teil des präfrontalen Kortex, der Afferenzen des mediodorsalen Nukleus des Thalamus erhält. Weitere Eingänge erhält der *orbitofrontale* Kortex von Gebieten des Temporallappens und vom ventralen Tegmentum. Läsionen des kaudalen Teils des orbitofrontalen Kortex von Affen führen zu emotionalen Veränderungen, wie z.B. einer verringerten Aggressivität. Beim Menschen treten bei Verletzungen im Frontallappen verstärkt euphorische Zustände, „unverantwortliches" Handeln oder fehlende Affektivität auf.

Aufgrund dieser emotionalen Veränderungen nach Verletzungen im orbitofrontalen Kortex nimmt man an, daß der orbitofrontale Kortex eine wichtige Rolle beim **Korrigieren der Bewertung emotionaler Stimuli** spielt, die nicht mehr belohnt werden, nachdem sie in der Vergangenheit belohnt wurden. Zu diesen Situationen zählen *Frustrations-Zustände*. Da der orbitofrontale Kortex über seinen thalamischen Eingang mit der Amygdala in Verbindung steht (die Amygdala projiziert zum mediodorsalen Nukleus des Thalamus), bleibt zu klären, inwieweit die emotionalen Funktionen des orbitofrontalen Kortex unabhängig von der Amygdala stattfinden.

Intrakranielle Selbstreizung (intracranial self stimulation, ICSS) ist ein besonders gut untersuchtes Beispiel für die neuronale Repräsentation positiv bewerteter Zustände

ICSS wurde 1954 von Olds und Milner [31] bei Hirnreizungsexperimenten entdeckt. Frei bewegliche Ratten, in deren Gehirn Elektroden chronisch implantiert waren, konnten durch Wahl des Aufenthaltorts in der Versuchsapparatur oder durch bestimmte Handlungen selbst eine elektrische Hirnreizung auslösen. Ratten mit Elektroden im Septum reizen sich selbst bis zur völligen Erschöpfung, während Reizung über Elektroden im Mittelhirn der Ratte zur Vermeidung der Reiz-auslösenden Situation führt. Da die Verhaltensänderungen in nichtmotorischen Zentren (z.B. im Septum) ausgelöst werden können, ist der Reizstrom nicht direkt für die motorischen Veränderungen verantwortlich. Aufgrund dieser Experimente nahm Olds die Existenz von Aversionszentren und von Zentren der Freude an. ICSS verschwindet extrem rasch, falls nicht ein natürlicher Motivationszustand wie Hunger oder Durst vorliegt. Die elektrische Reizung scheint sowohl Motivationszustände auszulösen als auch als Verstärker im Lernexperiment zu wirken.

Anhaltende ICSS läßt sich in vielen kortikalen und subkortikalen Gehirnregionen induzieren. Im Rattengehirn kann in folgenden Gebieten ICSS ausgelöst werden: in den meisten Bereichen des Hypothalamus, im lateralen oder medialen Vorderhirnbündel, im Septum, im Striatum, im Corpus callosum, und im präfrontalen Kortex. Diese Gebiete, vor allem der Hypothalamus, das mediale Vorderhirnbündel und das Septum, stehen allerdings mit einer Vielzahl von anderen Gehirnstrukturen in Verbindung, so daß es aus den ICSS-Experimenten nicht klar ist, ob ICSS von bestimmten definierten Gehirnstrukturen oder von weiten Gehirnteilen abhängig ist. Dies steht in Zusammenhang mit der allgemeinen Problematik von Gehirnreizungsexperimenten (siehe 22.1).

Diese Frage wurde auch mit Hilfe der **2-Desoxy-Glucose (2-DG)**-Methode untersucht. Dabei wird den Versuchstieren vor Beginn des ICSS-Experiments radioaktive 2-DG verabreicht. Dieser Zucker wird wie normaler Zucker im Stoffwechsel benutzt, kann allerdings nicht metabolisiert werden. Dadurch häuft sich der radioaktive Zucker in allen aktiven Gehirngebieten. Stoffwechselaktive Gehirngebiete lassen sich aufgrund der Anhäufung von radioaktiver Glucose nach dem Töten der Tiere autoradiographisch lokalisieren. Dadurch kann gezeigt werden, welche Gehirnareale in einem bestimmten Verhaltensexperiment aktiv waren.

Erfolgt ICSS im *ventralen Tegmentum*, dann findet man mit Hilfe der 2-DG-Methode mehrere Gebiete, deren Stoffwechselaktivität zeitlich korreliert mit dem ICSS erhöht ist. Die meisten dieser Gebiete werden durch Fasern des ventralen Tegmentums innerviert. Wenn in der *Substantia innominata* gereizt wird, können dagegen keine ICSS-spezifischen Aktivitätsänderungen im Gehirn festgestellt werden. *Dies weist darauf hin, daß 1. ICSS nur bei Reizung in bestimmten Gehirnarealen mit spezifischen Aktivitätsänderungen in Zusammenhang steht und daß 2. ICSS nicht auf neuroanatomisch lokalen Aktivitätsänderungen beruht.* Beide Befunde machen es schwierig, die neurale Grundlage von ICSS genau zu lokalisieren. Insbesondere ist die Funktion von Gebieten, in denen ICSS auftritt, für das Auslösen von emotionalen Reaktionen und Gefühlen ungeklärt.

Die Neurochemie von Emotionen

Hinweise über die Neurochemie von Emotionen kommen vor allem aus Untersuchungen von affektiven Erkrankungen und deren Behandlung und aus Veränderungen von bestimmten Neurotransmittersystemen im Tierexperiment.

Angsthemmende Substanzen. Wirkstoffe wie Alkohol, Barbiturate oder Benzodiazepine (z.B. Valium®) hemmen Angst in passiven Vermeidungssituationen. Dabei könnte insbesondere den Benzodiazepinen eine wichtige Rolle bei der Angstvermeidung zukommen. In der Amygdala findet man eine hohe Dichte an Benzodiazepin-Rezeptoren im lateralen und basalen Nukleus. Während die Infusion von Benzodiazepinen in den lateralen und basalen Nukleus der Amygdala zu einer Verringerung von Angstreaktionen führt, bewirkt die Infusion von Benzodiazepin-Antagonisten in diese Hirnregionen deren Zunahme. Da auch durch die Infusion von GABA in die Amygdala Angstreaktionen in operanten Konflikttests verringert werden, scheint die Angst-reduzierende Wirkung von Benzodiazepinen durch eine Aktivierung von GABAergen Mechanismen zustande zu kommen. GABA ist ein die Reizleitung hemmender Neurotransmitter.

Positive Zustände. An der Kontrolle von positiv bewerteten Zuständen scheinen Dopamin und endogene Opiate beteiligt zu sein. Körpereigene Opiate, z.B. β-*Endorphin*, könnten über die Hemmung der Schmerzempfindung positive emotionale Zustände auslösen, da Zellen, die Opiatrezeptoren enthalten, im Gehirn häufig in der Nähe von schmerzverarbeitenden Zentren gefunden werden. Dadurch könnte eine Hemmung der Schmerzwahrnehmung an verschieden Stellen des schmerzverarbeitenden Systems möglich sein, z.B. im periaquäduktalen Grau, in thalamischen Zentren, in der Amygdala, im temporalen Kortex und im Striatum.

a Noradrenalin

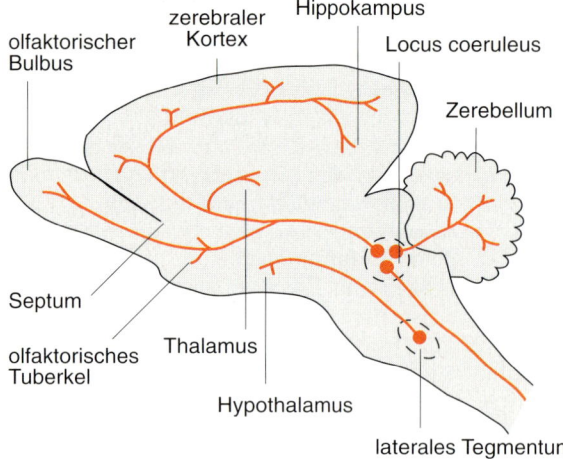

olfaktorischer Bulbus
zerebraler Kortex
Hippokampus
Locus coeruleus
Zerebellum
Septum
olfaktorisches Tuberkel
Thalamus
Hypothalamus
laterales Tegmentum

b Dopamin

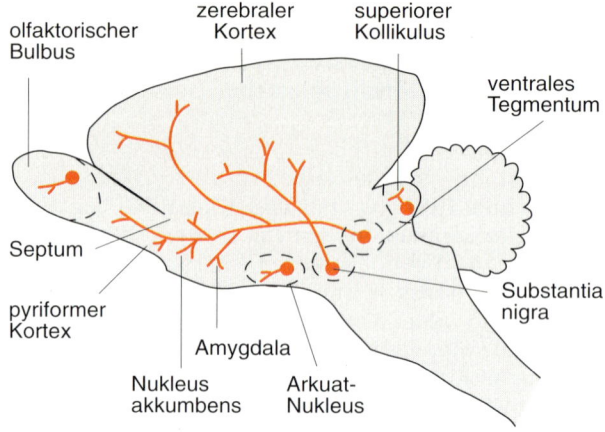

olfaktorischer Bulbus
zerebraler Kortex
superiorer Kollikulus
ventrales Tegmentum
Septum
pyriformer Kortex
Substantia nigra
Nukleus akkumbens
Amygdala
Arkuat-Nukleus

c Serotonin

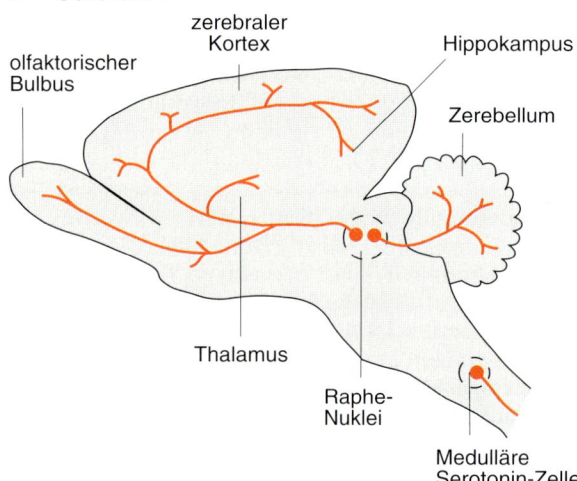

olfaktorischer Bulbus
zerebraler Kortex
Hippokampus
Zerebellum
Thalamus
Raphe-Nuklei
Medulläre Serotonin-Zellen

Abb. 22-15. Projektionsbahnen noradrenerger, dopaminerger und serotoninerger Neurone im Gehirn von Wirbeltieren. Noradrenalin-Bahnen entstammen dem Locus coeruleus (blauer Kern) und dem lateralen Tegmentum. Dopamin-Bahnen stammen aus der Substantia nigra (schwarzer Kern) und dem ventralen Tegmentum. Lokale dopaminerge Neurone finden sich im Arkuat-Nukleus, im Colliculus superior und im olfaktorischen Bulbus. Serotonin-Bahnen im Vorder-, Zwischen- und Mittelhirn kommen aus den Raphekernen

Depressive Zustände. Die biogenen Amine Noradrenalin und Serotonin sind an depressiven Zuständen beteiligt. Depressives Verhalten soll im allgemeinen auf einen Mangel an Catecholaminen, insbesondere an *Noradrenalin*, und an dem Indolamin *Serotonin* im Bereich funktionell wichtiger zentralnervöser Rezeptoren zurückzuführen sein. Umgekehrt sollen manische Zustände durch ein Zuviel von diesen Substanzen hervorgerufen werden. Die wesentlichen Punkte, die diese Hypothese stützen, kommen aus der pharmakologischen Behandlung depressiver Zustände beim Menschen.

Depressionen werden vor allem mit drei verschiedenen Substanzklassen behandelt, den *Monoamin-Oxidase-Inhibitoren* (z.B. Deprenyl, Phenelzin, Isocarboxazid), den *trizyklischen Anitdepressiva* (z.B. Imipramin, Desipramin) und mit *Stimulanzien* wie Amphetaminen. Die Verabreichung dieser Substanzen führen im allgemeinen zu einer Stimmungszunahme der Patienten und zu einer Zunahme der biogenen Amine im Gehirn. Monoamin-Oxydasen finden sich in den Mitochondrien von präsynaptischen Endigungen von aminergen Synapsen. Die Monoamin-Oxydase-Inhibitoren führen zu einer Veringerung des Abbaus von Noradrenalin, Serotonin und Dopamin in den präsysnaptischen Terminalen. Dies hat eine Zunahme dieser Substanzen, insbesondere von Noradrenalin, im synaptischen Spalt zur Folge, was zu einer verstärkten Reizleitung führen kann. Trizyklische Antidepressiva beeinflussen catacholaminerge Neurone durch die Inhibierung der Rückführung von Catecholaminen aus dem synaptischen Spalt in die präsynaptischen Endigungen. Amphetamine stimulieren die Freisetzung von Noradrenalin an den Synapsen.

Dieses Bild einer neurochemischen Kontrolle von depressiven Zuständen durch Serotonin und Noradrenalin ist allerdings eine starke Vereinfachung. Es gibt Substanzen (z.B. Iprindol), die weder die Wiederaufnahme von Noradrenalin noch seinen Abbau nachweisbar verändern, aber trotzdem antidepressiv wirken. Welcher Sachverhalt liegt dem zugrunde?

Wirkorte biogener Amine. Die Neurotransmitter Serotonin, Dopamin und Noradrenalin treten in Synapsen von Projektions-Neuronen auf, deren Somata in ganz bestimmten Gebieten des Gehirnstamms sitzen (Abb. 22-1): Noradrenerge Bahnen stammen aus dem Locus coeruleus (blauer Kern) und dem lateralen Tegmentum, dopaminerge Bahnen stammen aus der Substantia nigra (schwarzer Kern) und dem ventralen Tegmentum, serotoninerge Bahnen kommen aus den Raphekernen. Lokale dopaminerge Neurone finden sich außerdem im Nucleus arcuatus, im Colliculus superior und im olfaktorischen Bulbus. Sowohl für Noradrenalin als auch für Serotonin und Dopamin kennen wir mehrere in ihrer Struktur verschiedene Rezeptoren, die im Gehirn und in den Synapsen unterschiedlich verteilt sind. Stoffe wie Iprindol und andere trizyklische Antidepressiva verändern die Häufigkeit von α-adrenergen und von β-adrenergen Rezeptoren sowie von Serotonin-Rezeptoren in post- und in prä-synaptischen Endigungen. D.h., die Beteiligung biogener Amine, insbesondere von Noradrenalin und Serotonin, an manisch-depressiven Zuständen beruht sowohl auf einer gestörten Kontrolle der Aminkonzentrationen als auch der Zahl aminerger Rezeptoren in den Synapsen.

Welche Rolle spielt die Amygdala für die Kontrolle von Stress und Depressionen? Depressionen gehen häufig mit *neuroendokrinen Fehlfunktionen* einher. Dabei kommt es zu einer durch Noradrenalin stimulierten Zunahme der Ausschüttung von Corticotropin-Releasing Hormon (CRH) im Hypothalamus. Dies löst über die hormonelle Regulation der Nebennierenrinde durch den Hypothalamus und die Hypophyse eine gesteigerte Produktion von Glucocorticoiden aus, die ihrerseits verschiedene Streß-Symptome hervorrufen. Für die emotionale Bewertung von Informationen, die sich auf die Streß-auslösende Situation beziehen, ist die Verbindung von CRH-Neuronen zur Amygdala wichtig.

Für die Untersuchung der Neurochemie von Emotionen werden dem Versuchstier oder Patienten in der Regel Agonisten oder Antagonisten für die Rezeptoren bestimmter Neurotransmitter verabreicht. Die Interpretation der Verhaltenseffekte von Substanzen, die emotionale Reaktionen und die Gefühlswelt beeinflussen, ist abhängig von der Spezifität der benutzten Substanzen für spezifische zelluläre Rezeptorproteine. Allerdings gibt es von jedem Rezeptortypus viele verschiedene Subtypen. Diese verschiedenen Subtypen eines Rezeptors sind im Gehirn räumlich unterschiedlich verteilt und unterscheiden sich in ihren Bindungseigenschaften für eine bestimmte Substanz. Verhaltenseffekte lassen sich deshalb in neuropharmakologischen Untersuchungen nur dann gut interpretieren, wenn Rezeptor-spezifische Substanzen zur Verfügung stehen. Daher wissen wir heute nur, daß einige Substanzen mehr oder weniger direkt an der Kontrolle von Gefühlen wie Angst oder Freude beteiligt sind.

22.7 Literatur

Weiterführende Lehr- und Handbücher

1. Birbaumer N, Schmidt RF (1991) Biologische Psychologie, 2 Aufl. Springer, Berlin
2. Fitzsimons JT (1979) The physiology of thirst and sodium appetite. Cambridge University Press, Cambridge
3. Gabriel M, Moore G (eds) (1991) Learning and computational neuroscience 3. Bradford Books/MIT, Cambridge/Mass
4. Gilmore D, Cook B (eds) (1981) Environmental factors in mammalian reproduction. Macmillan, London
5. Hess WR (1947) Vegetative Funktionen und Zwischenhirn. Schwabe, Basel
6. Lorenz KZ (1965) Über tierisches und menschliches Verhalten, Bde 1, 2. Piper, München
7. Knobil E, Neill GD (eds) (1988) The physiology of reproduction. Raven, New York
8. Oomara Y (ed) (1986) Emotions. Karger, Basel
9. Pfaff DW (1980) Estrogens and brain function. Springer, New York
10. Tinbergen N (1966) Instinktlehre, 4. Aufl. Parey, Berlin

Einzel- und Übersichtsarbeiten

11. Andersson B (1953) The effect of injections of hypertonic NaCl solutions into different parts of the hypothalamus of goats. Acta Physiol Scand 28:188
12. Andersson B, McCann SM (1955) Drinking, antidiuresis and milk ejection from electrical stimulation within the hypothalamus of the goat. Acta Physiol Scand 35:191
13. Arai Y, Yamanouchi K, Matsumoto A (1986) Neuroendocrine mechanisms for the expression of lordosis behavior in the rat. In: Oomara Y (ed) Emotions. Karger, Basel, p 255
14. Baerends GP (1976) The functional organization of behaviour. Anim Behav 24:726
15. Baerends GP, Brouwer R, Waterbolk HT (1955) Ethological studies on Lebistes reticulatus (Peters). I. An analysis of male courtship pattern. Behaviour 8:249
16. Barinaga M (1992) How scary things get that way. Science 25:887–888
17. Blass EM, Epstein A (1971) A lateral preoptic osmosensitive zone for thirst in the rat. J Comp Physiol Psychol 76:378
18. Carson-Jurica MA, Schrader WT, O'Malley BW (1990) Steroid receptor family: structure and function. Endocr Rev 11:201
19. Davidson JM (1966) Activation of the male rat's sexual behavior by intracerebral implantation of androgen. Endocrinology 79:783
20. Davis M (1992) The role of the amygdala in fear and anxiety. Annu Rev Neurosci 15:353–375
21. Everitt BJ (1990) Sexual motivation: a neural and behavioural analysis of the mechanisms underlying appetitive and copulatory responses of male rats. Neurosci Biobehav Rev 14:217

22. Holst E von, von St Paul U (1963) On the functional organisation of drives. Anim Behav 11:1
23. James W (1884) What is an emotion? Mind 9:188
24. LeDoux JE (1991) Information flow from sensation to emotion: plasticity in the neural computation of stimulus value. In: Gabriel M, Moore G (eds) Learning and computational neuroscience 3. Bradford Books/MIT, Cambridge/Mass
25. LeDoux JE (1989) Cognitive-emotional interactions in the brain. Cognition Emotion 3:267
26. Lehrman DS (1964) The reproductive behavior of ring doves. Sci Am 21:48
27. MacLean PD (1952) Some psychiatric implications of physiological studies on frontotemporal portion of limbic systems (visceral brain). Electroencephalogr Clin Neurophysiol 4:407
28. Michael RP, Zumpe D (1981) Environmental influences on the sexual behaviour of rhesus monkeys. In: Gilmore D, Cook B (eds) Environmental factors in mammalian reproduction. Macmillan, London, p 77
29. Mogenson GJ, Jones DL, Yim CY (1980) From motivation to action: functional interface between the limbic system and the motor system. Prog Neurobiol 14:69
30. Oatley K, Jenkins JM (1992) Human emotions: function and dysfunction. Annu Rev Psychol 43:55
31. Olds J, Milner P (1954) Positive reinforcement produced by electrical stimulation of septal area and other regions of rat brain. J Comp Physiol Psychol 47:419–427
32. Ortony A (1990) What's basic about basic emotions? Psychol Rev 97(3):315–331
33. Panksepp J (1982) Towards a general psychobiological theory of emotions. Behav Brain Sci 5:407
34. Papez JW (1937) A proposed mechanism of emotion. Arch Neurol Psychiatry 79:217
35. Pfaff DW, Schwartz-Gibblin S (1988) Cellular mechanisms of female reproductive behaviors. In: Knobil E, Neill GD (eds) The physiology of reproduction. Raven, New York, p 1487
36. Porrino LJ, Esposito RU, Seeger TF, Crane AM, Sokoloff L (1984) Metabolic mapping of the brain during rewarding self-stimulation. Science 224: 306–330
37. Rolls ET (1986) A theory of emotion, and its application to understand the neural basis of emotion. In: Oomara Y (ed) Emotions. Karger, Basel, p 325
38. Sachs BD, Meisel RL (1988) The Physiology of male sexual behavior. In: Knobil E, Neill GD (eds) The physiology of reproduction. Raven, New York, p 1393
39. Simerly RB (1990) Hormonal control of neuropeptide gene expression in sexually dimorphic olfactory pathways. TINS 13:104
40. Swanson LW (1988/1989) The neural basis of motivated behavior. Acta Morphol Neerl Scand 26:165
41. Teyke T, Weiss KR, Kupfermann I (1990) An identified neuron (CPR) evokes neuronal responses reflecting food arousal in Aplysia. Science 247:85–87
42. Turner BH, Herkenham M (1991) Thalamoamygdaloid projections in the rat: a test of the Amygdala's role in sensory processing. J Comp Neurol 313:295–325

23 Neuronale Plastizität, Lernen und Gedächtnis

R. Menzel

Die Fülle von Wahrnehmungsleistungen und Verhaltensweisen eines Tieres kann nicht in der genetisch kontrollierten molekularen Ausstattung und Verschaltung seiner Neurone niedergelegt sein. Die wechselnden Zustände der Umwelt und die unterschiedlichen Bedürfnisse des Tieres erfordern eine ständige Anpassung des Nervensystems. Diese Anpassung wird erreicht, in dem 1. die Erregungsbildung und die Erregungsübertragung kurzzeitig moduliert werden (**neuronale Modulation**) und 2. die Ausstattung der Neurone mit Kanalmolekülen und Enzymen, ihre synaptische Erregungsübertragung und ihre Gestalt unter dem Einfluß der Erfahrung langzeitig verändert werden (**Entwicklungsplastizität, Lernen und Gedächtnis**).

23.1 Neuronale Plastizität

> **Strukturelle Neuronenverbände sind dynamische Funktionseinheiten mit multiplen Erregungszuständen**

In den Kapiteln 2, 4 und 5 wurde dargestellt, daß die Erregung von Neuronen empfindlich von den Ionenverteilungen, den Membranpermeabilitäten und den Wirkungen primärer und sekundärer Botenstoffe abhängt. Extrazellulär wirkende Transmitter (primäre Botenstoffe) übermitteln nicht nur die Erregung von einem Neuron auf ein anderes, sondern können dabei auch intrazelluläre Regelungsvorgänge der Erregungsbildung und Erregungsübertragung beeinflussen. Dadurch werden Ionenkanäle ein- oder ausgeschaltet, Enzymkaskaden aktiviert oder inaktiviert, die Proteinsynthese reguliert und die Struktur von Neuronen verändert.

Ein struktureller Neuronenverband repräsentiert also ein **Ensemble von funktionellen Zuständen** [2]. Neuronen-Ensembles sind dynamische Kombinationen von Neuronen, die für eine bestimmte Zeit als ein in sich geschlossenes System wirken und als die einfachsten Instanzen neuronaler Repräsentation von Funktionen gelten können.

Die Komplexität von **Ensembles** kann außerordentlich verschieden sein. Stereotype und schnelle **Kommandosysteme** bestehen aus relativ wenigen Neuronen (im Extremfall aus einem einzelnen Neuron; Kap. 7, Beispiele *Tritonia*, *Aplysia* und Riesenfasern bei Insekten, Crustaceen). Solche stereotypen Ensembles haben nur wenige dynamische Zustände. Komplexe Wahrnehmungsleistungen (Kap. 16, 18) und motorische Steuersysteme (Kap. 8) setzen die geordnete und wechselnde Kooperation sehr vieler Neurone voraus, die mehrere bis viele Ensemble-Zustände einnehmen können. Wie werden Ensembles initiiert und organisiert?

> **Die Modulation der Erregungseigenschaften einzelner Neurone führt zu multiplen Netzwerkeigenschaften von Ensembles. Dies ist die Grundlage einfacher Formen neuronaler Plastizität**

Multiple funktionelle Zustände eines strukturellen Neuronenverbandes lassen sich nachweisen, wenn die gesamte **Konnektivität eines Netzwerkes** bekannt ist. Dann kann man zeigen, daß verschiedene Erregungsmuster von denselben Neuronen unter Erhalt ihrer strukturellen Vernetzung generiert werden. Zum Beispiel werden die verschiedenen rhythmischen Bewegungsmuster des Vorderdarms der dekapoden Krebse von einem Ganglion, dem **stomatogastrischen Ganglion,** erzeugt. Dieses Ganglion besteht aus ca. 30 Neuronen, deren Verschaltung bekannt ist (Abb. 23-1). Der Bewegung des vordersten Abschnittes, der *Cardia*, liegt das rhythmische Erregungsmuster von vier Neuronen zugrunde, der der gastrischen Mühle das von elf Neuronen und der des Pylorus das von vierzehn Neuronen. Mit verschiedenen Bewegungsmustern wird die Nahrung in den Magen eingesaugt, vor- oder zurückgeschoben und mit den drei Zähnen der

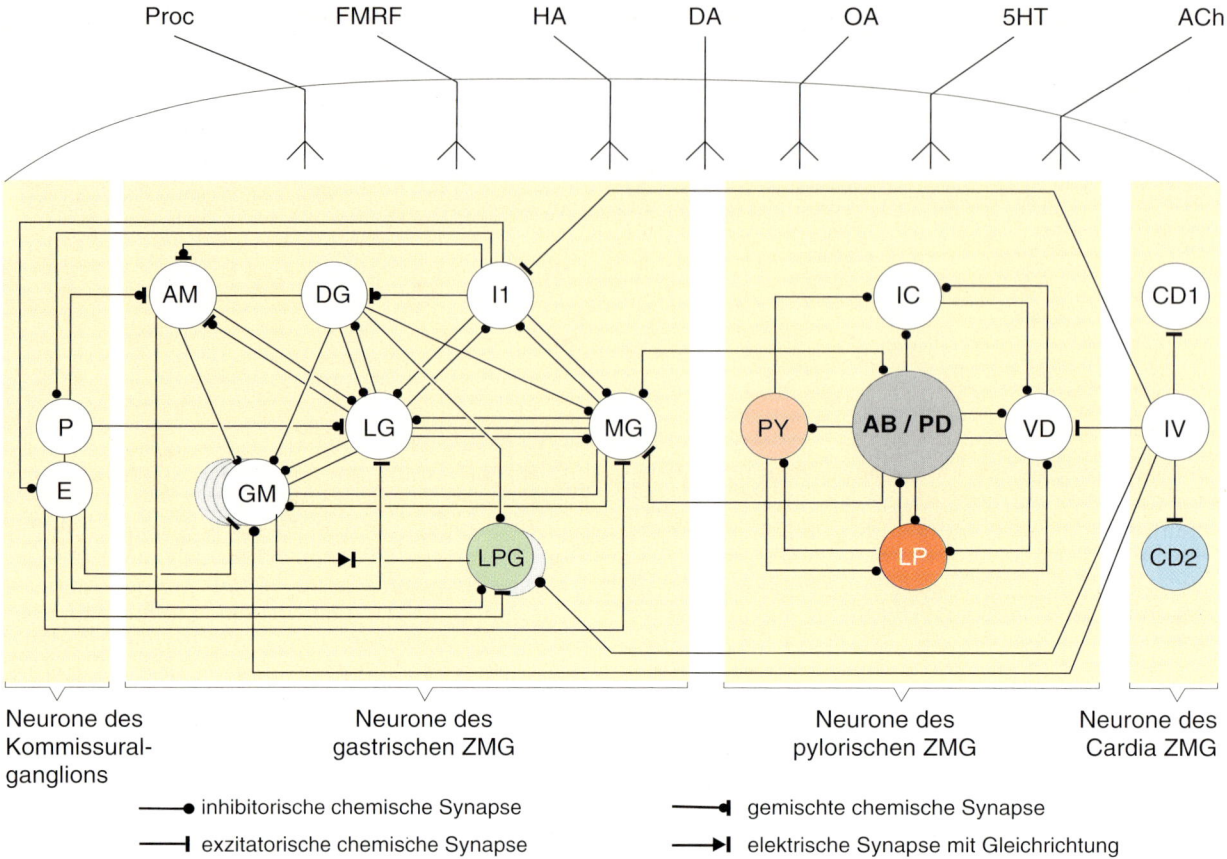

Proc FMRF HA DA OA 5HT ACh

Neurone des
Kommissural-
ganglions

Neurone des
gastrischen ZMG

Neurone des
pylorischen ZMG

Neurone des
Cardia ZMG

●————● inhibitorische chemische Synapse

●————⊣ exzitatorische chemische Synapse

●————◄ gemischte chemische Synapse

●————►⊣ elektrische Synapse mit Gleichrichtung

Abb. 23-1. a Das stomatogastrische Ganglion der dekapoden Krebse besteht aus drei Teilsystemen, die die Bewegungsrhythmen der drei Abschnitte des Magensacks (Cardia, Gaster, Pylorus) erzeugen. Die Verschaltung zwischen den Neuronen der drei zentralen Mustergeneratoren (ZMG) ist bekannt. GM und PY repräsentieren je eine Gruppe von elektrisch gekoppelten Neuronen. Auch die beiden Neurone AB und PD sind elektrisch gekoppelt. Das stomatogastrische Ganglion wird von vielen neuromodulatorischen Neuronen versorgt. Nachgewiesen wurden Dopamin (DA), Oktopamin (OA), Histamin (HA), Serotonin (5-HT)

und Acetylcholin (Ach). Neben den beiden Neuropeptiden Proctolin (Proc) und FMRF-amid (FMRF) werden eine ganze Reihe weiterer Neuropeptide vermutet. **b** (nächste Seite) Beispiele für die Modulation des pylorischen ZMG durch vier verschiedene Neuromodulatoren. Die PD-, PY- oder LP-Neuronen werden intrazellulär im isolierten stomatogastrischen Ganglion abgeleitet. Die Substanzen werden in der angegebenen Konzentration der Badflüssigkeit hinzugefügt. Pilocarpin ist ein muskarinischer Agonist (nach [22, 24, 37])

gastrischen Mühle geschnitten, gequetscht oder zerrieben. Der Übergang von einem zum anderen Bewegungsmuster wird ausgelöst durch sensorische Meldungen aus dem Vorderdarmbereich und durch **modulatorische Neurone**, die aus dem zentralen Nervensystem zum stomatogastrischen Ganglion ziehen. Das Ganglion wird von vielen *sensorischen und modulatorischen Neuronen* versorgt, die mindestens 13 verschiedene Transmitter enthalten (z.B. *Dopamin* (DA), *Oktopamin* (OA), *Serotonin* (5-HT), *Histamin* (HA), *Acetylcholin* (Ach), *FMRF-amid, Proctolin* u.a. *Peptidtransmitter*). Viele der Neurone enthalten mehr als einen Transmitter.

Unter dem **Einfluß von modulatorischen Neuronen** werden die intrinsischen Erregungszustände einzelner Neurone nachhaltig beeinflußt, z.B. die des *pylorischen zentralen Mustergenerators* (**ZMG,** Abb. 23-1a,b). Die Neurone AB/PD, drei elektrisch gekoppelte Schrittmacherzellen (siehe Kap. 4), do-

minieren den ZMG. Wird ein isoliertes Ganglion mit verschiedenen biogenen Aminen wie Dopamin (DA), Oktopamin (OA), Serotonin (5-HT), Neuropeptiden (FMRF-amid, Proctolin) oder mit Azetylcholin (ACh) überspült, dann wird in nicht aktiven AB/PD-Neuronen der intrinsische Rhythmus angeregt und aufrechterhalten. Die verschiedenen Transmitter bewirken unterschiedliche Formen der rhythmischen Erregung (Abb. 23-1b). In allen Neuronen sind dann die Perioden und Längen der Pulsserien, sowie die Dynamik und die Amplitude der langsamen Wellen graduierter Potentiale verschieden. Die Folge ist, daß das Netzwerk ganz unterschiedliche Erregungsmuster erzeugt. Diese Erregungsmuster lassen sich den Bewegungsmustern der drei Zähne der gastrischen Mühle beim Schneiden, Quetschen und Zerreißen der Nahrung zuordnen.

Modulatorische Transmitter verändern das Muster und die Kinetik von Ionenströmen und damit

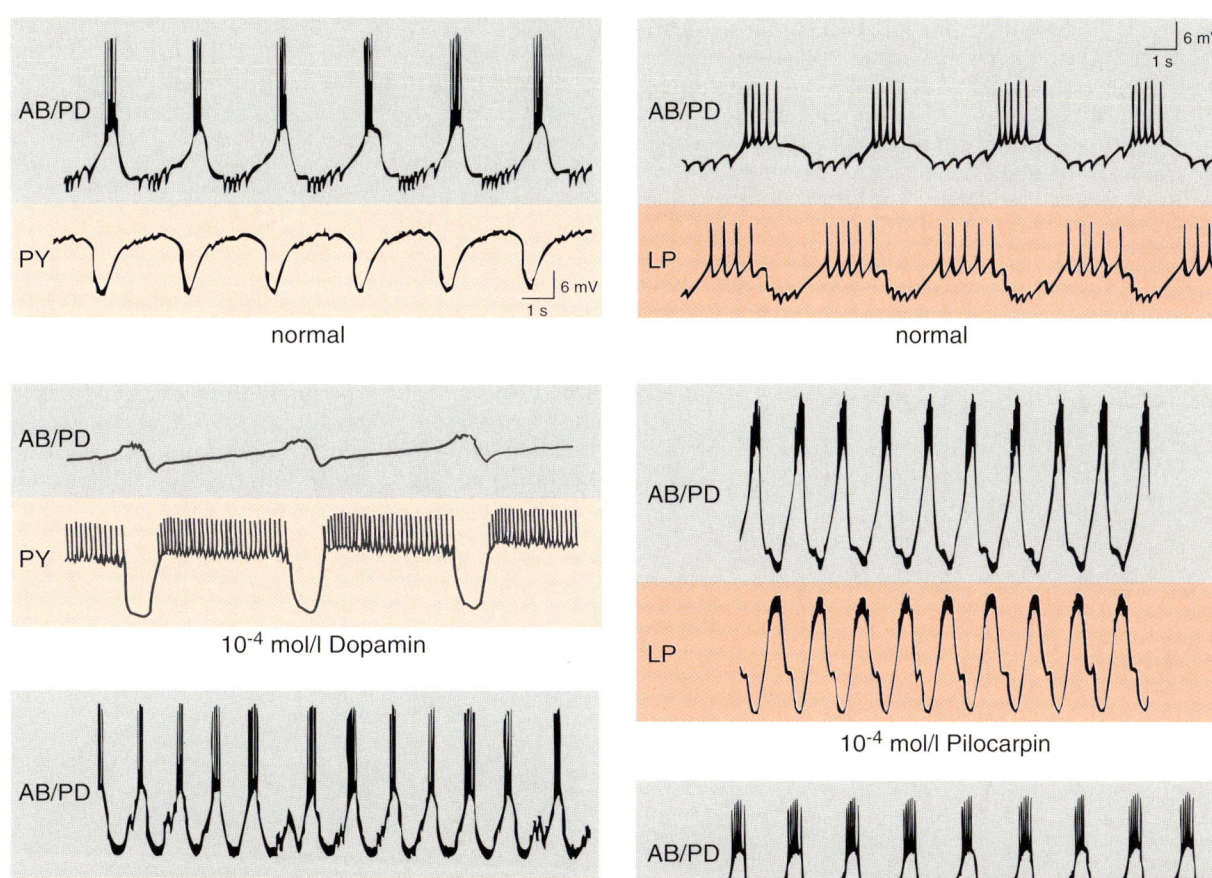

normal

normal

10⁻⁴ mol/l Dopamin

10⁻⁴ mol/l Pilocarpin

10⁻⁴ mol/l Oktopamin

10⁻⁷ mol/l Proctolin

Abb. 23-1 b

das Erregungsmuster des ganzen Netzwerkes. DA z.B. reduziert den spannungsabhängigen Einstrom von Kalzium der AB/PD-Zellen. Dadurch wird die synaptische Erregungsübertragung der AB/PD-Zellen reduziert. Da diese Zellen im Netzwerk inhibitorisch wirken, nimmt die Inhibition im Netzwerk ab, und die Zelle PY ist pro Depolarisationsphase stärker erregt. 5-HT und OA wirken auf die spannungsabhängigen Na-Kanäle. Dies führt zu einer Beschleunigung der Rhythmen mit kürzeren Depolarisationsphasen. *Stets werden von einem modulatorischen Transmitter die Leitfähigkeiten mehrerer Ionenkanäle direkt oder indirekt über sekundäre Botenstoffe verändert. Durch diese Änderungen nimmt das Netzwerk verschiedene funktionelle Erregungszustände an.*

Plateaupotential. Das Ruhepotential ist in vielen Neuronen ein weitgehend stabilisierter Zustand, zu dem die Zelle nach elektrischer Aktivität zurückkehrt (Kap. 4.1). Neurone können aber auch **bistabile Membranpotentiale** aufweisen. Neben dem Ruhepotential treten dann langanhaltende **Plateaupotentiale** auf. Im Ösophageal Ganglion wurde ein Modulatorneuron (das anteriore pylorische Modulatorneuron APM [22]) identifiziert, das in den Neuronen des pylorischen ZMG depolarisierende Plateau-Potentiale stabilisiert. Eine Stimulation des APM erhöht die Fähigkeit Plateaupotentiale zu bilden und aktiviert dadurch den pylorischen ZMG. Das APM kann auch zu einem hyperpolarisierten Plateaupotential führen, was eine Änderung des gastrischen ZMG bewirkt.

Auch die **Motoneurone im Rückenmark von Wirbeltieren** weisen depolarisierende Plateaupotentiale nahe Null auf. Diese beruhen auf lang anhaltenden Kalzium-Strömen [31]. 5-HT induziert diese Kalzium-Ströme. Im Zustand des Plateaupotentials werden Kalzium-abhängige K$^+$-Ströme in den Motoneuronen reduziert und die Membranspannung durch den Ca^{2+}-Einstrom depolarisiert. Dadurch wird das Zeitmuster der Salven von Aktionspotentialen plötzlich und langanhaltend umorganisiert. *Das Schalten zwischen dem Ruhepotential und dem Plateaupotential wird als einer der Mechanismen angenommen, die dem Umschalten zwischen verschiedenen motorischen Rhythmen zugrundeliegen* (Kap. 8).

Modulatoren verändern auch die synaptische Erregungsübertragung und organisieren auf diese Weise Neuronen-Ensembles neu

Auch die **synaptische Verschaltung** in einem Netzwerk wird durch Modulatoren verändert. Neurone können dadurch von einem funktionellen Ensemble zu einem anderen überwechseln. Das Neuropeptid **RPCH** (*red pigment concentrating hormone*), das von weitverzweigten Neuronen im stomatogastrischen Nervensystem ausgeschüttet wird, strukturiert die rhythmische Aktivität des für den *gastrischen* und den *cardischen Rhythmus* zuständigen Netzwerkes völlig um (Abb. 23-2). Ohne RPCH sind die beiden Rhythmen entkoppelt und verschieden in ihrer Frequenz, wie man aus den intrazellulären Ableitungen von je einem Neuron aus jedem Netzwerk sehen kann. In Gegenwart von RPCH koppeln sich die

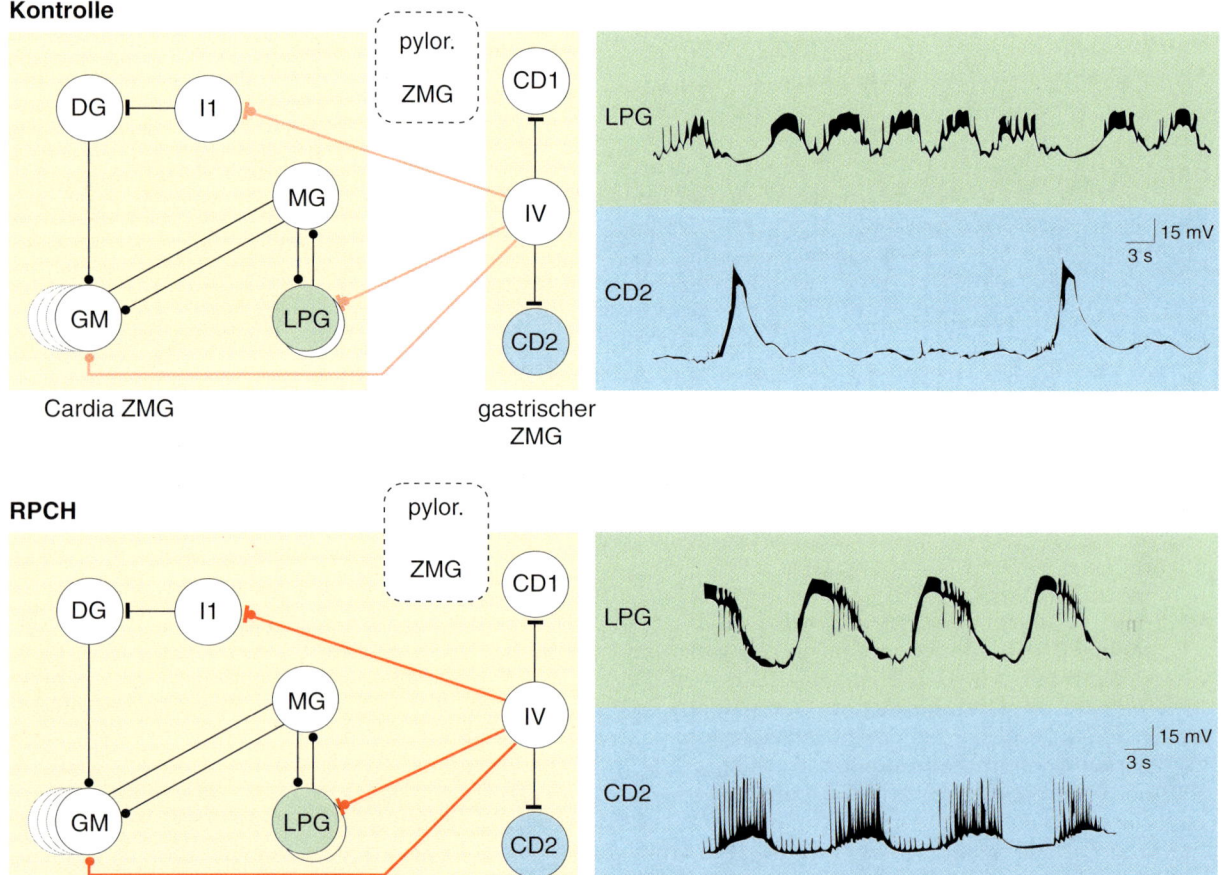

Abb. 23-2. Normalerweise produzieren der cardische und der gastrische ZMG sehr unterschiedliche Erregungsrhythmen, wie aus den intrazellulären Ableitungen zu ersehen ist (Kontrolle). Unter dem Einfluß von RPCH werden die getrennten Netzwerke funktionell gekoppelt (dunkelrote Linien) und erzeugen einen neuen, gemeinsamen Erregungsrhythmus. (Der pylorische ZMG ist nicht angegeben, und vom Cardia-ZMG sind nur einige, für diesen Rhythmus wichtige Verschaltungen eingetragen) (nach [17])

beiden Netzwerke zusammen und produzieren einen gemeinsamen Rhythmus, dessen Frequenz zwischen denen der beiden getrennten Rhythmen liegt. Ursache dafür ist, daß die synaptische Kopplungsstärke zwischen Neuronen der beiden Teilnetze stark heraufgesetzt wird (in Abb. 23-2 als dunkelrote Verbindungen angegeben). Noch ist unklar, ob die Änderung der synaptischen Erregungsübertragung auf einem prä- oder postsynaptischen Mechanismus (oder auf beiden) beruht.

> **Die koordinierende Wirkung neuromodulatorischer Neurone wird durch die freigesetzten Transmitter und ihr Projektionsmuster bestimmt. In verschiedenen Zielgebieten kann die Wirkung des Transmitters verschieden sein**

Dies soll an einem weiteren Beispiel erläutert werden. Aggressiv gestimmte Hummern laufen hoch aufgerichtet mit gestreckten Beinen, geöffneten Scheren und eingeklapptem Abdomen umher (*generelle Körperflexion*). Die gleiche Haltung nehmen sie ein, wenn ihnen Serotonin (5-HT) in die Hämolymphe injiziert wird. Unterlegene Tiere, z.B. nach einem Revierkampf, drücken sich mit ausgestrecktem Abdomen eng an den Boden und schließen die Scheren (*generelle Körperextension*). Diese Körperhaltung stellt sich auch ein, wenn ihnen Oktopamin injiziert wird. 5-HT wird von etwa 120 Neuronen des Bauchmarks synthetisiert. Zwei Paar besonders großer und weitverzweigter Neurone setzen 5-HT sowohl im Bauchmark als auch über ein Neurohämalorgan in die Hämolymphe frei. In der Peripherie erhöht 5-HT die Ausschüttung von Transmittern sowohl der erregenden (Glutamat) als auch der hemmenden (GABA) Motoneurone. In den Muskelzellen bewirkt 5-HT eine Verstärkung der Kontraktion. Die gleiche Wirkung hat auch Oktopamin. Die unterschiedliche Wirkung der beiden Amine auf das Verhalten der Tiere kann also nicht auf ihrer peripheren Wirkung beruhen. Vielmehr muß die Wirkung im ZNS gesucht werden. An zentralen Neuronen verstärkt 5-HT bevorzugt die synaptische Erregungsübertragung zwischen denjenigen prämotorischen Neuronen, die die Flexormotoneurone erregend und die Extensormotoneurone hemmend ansteuern, was zu einer generellen Körperflexion führt. Oktopamin dagegen wirkt verstärkend auf die Erregungsübertragung der Motoneurone, die für die **Körperextension** verantwortlich sind. *Die Wirkung der beiden Amine ist also ein zentralnervöser Vorgang, der auf dem Projektionsmuster der Neurone **und** der Reaktionsspezifität der Transmitter in den Zielneuronen beruht* [33].

Die Koordination der vielfältigen neuromodulatorischen Neurone und das große Spektrum ihrer Wirkungen auf die schnell kommunizierenden Neurone ist eines der besonders faszinierenden Probleme der Neurobiologie. Um die Fülle der Vorgänge zu charakterisieren, wurde das Bild der **Orchestrierung** des Nervensystems entwickelt [50]. Ein „Neuronenorchester" hat mehrere bis viele Dirigenten (*modulatorische Neurone*), die sich mit einer Sensibilität für die Zuhörer (*Umwelt, sensorische Eingänge)* abwechseln und im Rahmen der vielen Partituren (*mögliche Ensemblezustände*), die die Instrumentalisten (*Neurone*) spielen können, auf ein gemeinsames aktuelles Musikstück (*funktionelles Ensemble*) einigen.

23.2 Aktivitätsabhängige Plastizität

> **Die aktivitätsabhängige synaptische Plastizität liegt einfachen Formen des Lernens zugrunde**

Die Stärke der Erregungsübertragung hängt bei vielen chemischen Synapsen von der zeitlichen Aufeinanderfolge der Erregungseingänge ab (Kap. 5.5). Wiederholte Aktivität einer Synapse führt zu einer Abnahme (**synaptische Depression**) oder zu einer Zunahme (**Potenzierung**) der Erregungsübertragung. Neben diesen *homosynaptischen Formen der Plastizität* gibt es verschiedene Arten *heterosynaptischer Plastizität*, bei denen zwei oder mehrere Synapsen zusammenwirken. Konvergieren z.B. zwei Synapsen auf eine gemeinsame postsynaptische Zelle, kann gleichzeitige Erregung der präsynaptischen Zellen zu einer Verstärkung der synaptischen Übertragung führen. Diese *assoziative Form der langanhaltenden Potenzierung* wird im Zusammenhang mit assoziativen Lernvorgängen besprochen (s. Abschn. 23.4). Bei anderen Formen der heterosynaptischen Plastizität moduliert ein Neuron die Erregungsübertragung zwischen anderen Neuronen. Werden dadurch deren Synapsen effektiver, spricht man von **heterosynaptischer Fazilitation**. Im typischen Fall verstärkt der fazilitatorische Transmitter die Freisetzung von Transmittern in den modulierten Neuronen. Wie lang diese Wirkung anhält und über welche zellulären Mechanismen sie läuft, hängt von dem Erregungszustand des modulierten Neurons ab (s.u.).

Auf der Netzwerkebene führen die *aktivitätsabhängigen Formen der synaptischen Plastizität* zu Spuren von Veränderungen als Folge früherer Erregung. Die Abhängigkeit synaptischer Erregungsübertragung von der Vorgeschichte bedeutet, daß Ereignisse aus der Umwelt Spuren der Veränderung in der neuronalen Verschaltung hinterlassen (*aktivitätsabhängige Plastizität*). Diese Spuren bewirken neue Ensemblezustände, die kurz- oder längerfristig das Verhalten des Tieres verändern. So gewöhnen sich Tiere an wiederholte, gleichartige Reize, was zu einer Abnahme ihrer Reaktionen auf diesen Reiz führt (**Habituation**). Ein mögliches neuronales Korrelat der Habituation ist die synaptische Depression. Starke und bedeutungsvolle Reize vermögen die Habituation rückgängig zu machen (**Dishabituation**). Auch nichthabituierte Tiere reagieren häufig mit verstärkten Reaktionen und höheren Reizempfindlichkeiten auf starke und bedeutungsvolle Reize (**Sensitisierung, Arousal**). Ein neuronales Korrelat von Dishabituation und Sensitisierung ist die heterosynaptische Fazilitation.

Habituation, Dishabituation und Sensitisierung werden als einfache, nicht-assoziative Formen des Lernens bezeichnet, weil es hierbei nicht wie beim assoziativen Lernen auf die zeitliche Paarung von hinweisenden und bewertenden Reizen ankommt (siehe Abschnitt 23.6). Verhaltensanalytisch ist die Habituation charakterisiert durch 1) ihre Stimulusspezifität (die Abnahme der Reaktion des Tieres ist auf einen bestimmten, wiederholten Stimulus beschränkt), 2) die Abhängigkeit von der Reizwiederholung (die Habituation ist um so stärker, je häufiger der Reiz wiederholt wurde), 3) die spontane Erholung (nach einer Periode ohne habituierenden Reiz ist die Reaktion wieder stärker), 4) die Dishabituation (ein starker Reiz hebt die Habituation auf) und 5) den Ersparniseffekt (bei wiederholten Serien von habituierenden Reizen stellt sich die Habituation schneller ein). Dishabituation und Sensitisierung führen zu einer allgemeinen Zunahme der Reaktionsbereitschaft des Tieres. Allerdings ist die Zunahme der Reaktionsbereitschaft und Reaktionsstärke auf den Kontext bezogen, in dem der sensitisierende oder dishabituierende Stimulus auftritt. Ein Futterstimulus verstärkt die Verhaltensweisen der Futtersuche, ein schmerzhafter Stimulus die des Schutz- und Fluchtverhaltens.

Bei der Meeresschnecke *Aplysia* sind die zellulären Grundlagen der Habituation, Dishabituation und Sensitisierung weitgehend aufgeklärt

Ein starker Reiz auf der Körperoberfläche führt zur Sensitisierung von Schutzreflexen (z.B. Kontraktion der Kiemen) und zur Dishabituation von vorher habituierten Reflexen (Abb. 23-3a). Dem Kiemenreflex liegt eine monosynaptische Verschaltung von Mechanorezeptoren und Motoneuronen sowie eine polysynaptische Komponente zugrunde (Abb. 23-3c). Die sensitisierende und dishabituierende Wirkung wird von **fazilitatorischen Interneuronen** vermittelt, die über ihre weiten Verzweigungen unter anderem *Serotonin als modulatorisch wirkenden Transmitter ausschütten* (s. Abb. 5-18a). Serotonin steuert in den sensorischen Neuronen eine Reihe intrazellulärer Reaktionen [11, 13] die über zwei Serotoninrezeptoren, mindestens zwei sekundäre Botenstoffe (Diacylglycerol, cAMP), deren Proteinkinasen und verschiedene Ionenkanäle laufen (Abb. 23-3d). Der eine 5-HT-Rezeptor (I) bewirkt über PKC die Schließung des spannungsabhängigen K-Kanals ($I_{k(V)}$ wird reduziert). Dadurch verbreitern

sich die Aktionspotentiale, und mehr Kalzium strömt ein. Dies führt zu vermehrter Transmitterausschüttung und damit zu vergrößerten EPSPs in den Motoneuronen. Der zweite 5-HT-Rezeptor (II) stimuliert die Synthese von cAMP. Die Aktivierung der Proteinkinase PKA hat zur Folge, daß das sensorische Neuron leichter erregbar ist und einen höheren Membranwiderstand aufweist. Ursache dafür ist die Reduzierung von 2 K^+-Strömen, einem sog. serotoninabhängigen ($I_{K(S)}$) und einem kalziumabhängigen ($I_{K(Ca)}$). Außerdem sorgt die PKA über einen noch nicht bekannten Mechanismus dafür, daß mehr Transmittervesikel aus einem Reservepool in den für die Ausschüttung zur Verfügung stehenden Pool überführt werden (offener Pfeil rechts in Abb. 23-3d). *Die Folge all dieser von Serotonin gesteuerten Vorgänge ist, daß mehr Transmitter pro sensorischem Aktionspotential ausgeschüttet wird.*

Ob diese parallelen Reaktionswege (Abb. 23-3d) gleichermaßen wirksam sind, ist noch nicht geklärt. Einige Indizien sprechen dafür, daß sie unterschiedliche Bedeutung für die synaptische Plastizität haben. (1) Wird der 5-HT-Rezeptor vom Typ I durch Cyproheptidin blockiert und damit der PKC-vermittelte Weg ausgeschaltet, stellt sich die synaptische Fazilitation erst nach Stunden ein. Diese und weitere Beobachtungen sprechen dafür, daß der PKA-vermittelte Weg zu einer langsam sich entwickelnden und lang andauernden synaptischen Fazilitation führt, während der PKC-vermittelte Weg der schnellen und kurzdauernden Fazilitation zugrunde liegt [19]. (2) Weiterhin zeigt sich, daß die parallelen Reaktionswege unterschiedlich zur Dishabituation und Sensitisierung beitragen. Bei der Dishabituation stehen die PKA-vermittelten Reaktionswege im Vordergrund, bei der Sensitisierung dagegen dominiert der PKC-Reaktionsweg. (3) Im Verlauf der Larvenentwicklung von *Aplysia* werden die 5-HT-Rezeptoren vom Typ II (Cyproheptidin-unabhängig) zuerst in die Membran eingebaut, was darauf schließen läßt, daß die frühe heterosynaptische Plastizität von dem PKA-kontrollierten Reaktionsweg bestimmt wird [14].

Auch die Gestalt von Neuronen kann aktivitätsabhängig verändert werden

Strukturveränderungen von Neuronen sind verantwortlich für die langandauernden Veränderung der Verschaltung in einem Netzwerk. Bei *Aplysia* stellt sich eine Tage bis Wochen andauernde Sensitisierung des Kiemenreflexes ein, wenn das Tier häufig mit einem starken mechanischen Stimulus gereizt wird. Als Folge solcher andauernden Reize beobachtet man eine Gestaltänderung der sensorischen Neurone (Abb. 23-4). Die axo-dendritischen Verzweigungen verlängern und verdichten sich, und die Zahl der Synapsen mit den Motoneuronen nimmt zu. Für diese Gestaltveränderungen ist die Synthese neuer Proteine notwendig. Nachgewiesen wurden bisher ein neuronales Zelladhäsionsmolekül

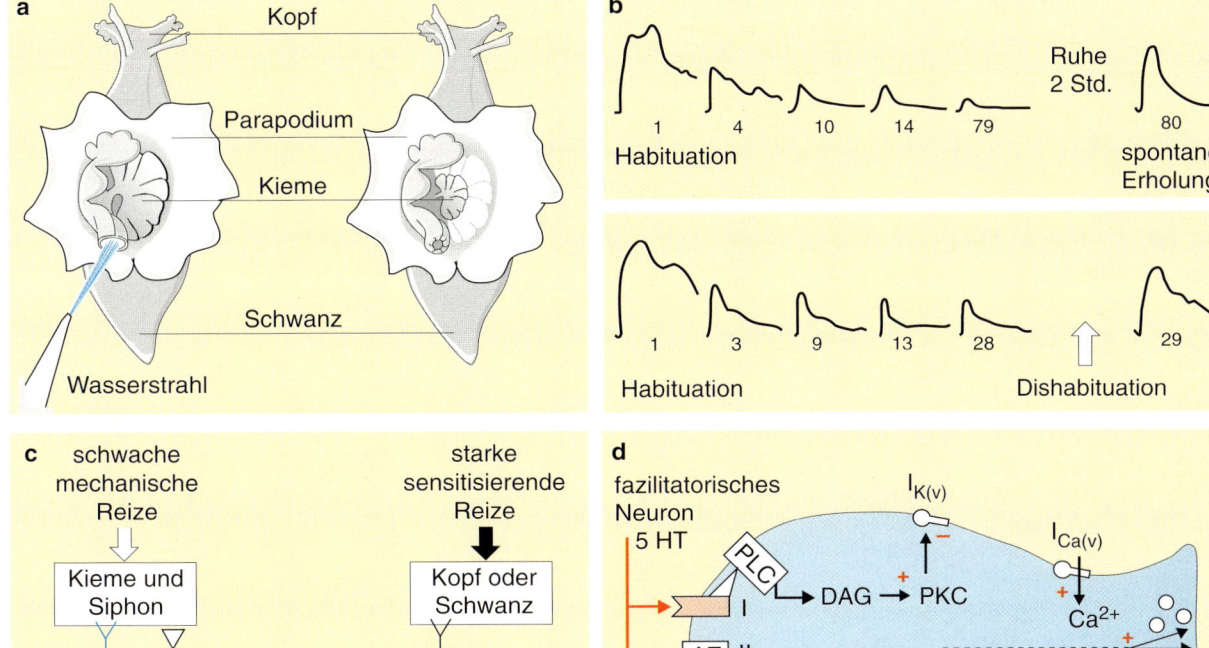

Abb 23-3. Heterosynaptische Bahnung des Kiemen- und Siphon-Rückziehreflexes der Meeresschnecke *Aplysia californica*. **a** Werden die Kiemen mechanisch gereizt (z.B. mit einem Wasserstrahl), kontrahieren sie sich reflexartig. **b** Wiederholte Reizung führt zur Habituation der Kontraktionsstärke. Die Kontraktion ist um so stärker, je höher die Registrierspur ist. Unter jeder Registrierung steht die Zahl der aufeinanderfolgenden Reize. Unterbricht man die Reizung, erholt sich der Reflex. Der Pfeil gibt einen starken, dishabituierenden Reiz am Kopf oder Schwanz an. **c** Schaltbild der monosynaptischen Komponente des Reflexkreises. SN repräsentiert eine größere Zahl mechanosensorischer Neurone; MN einige Motoneurone, die die Muskel in den Kiemen versorgen; faz. N. ist ein identifizierendes fazilitierendes Neuron, das durch einen starken Reiz erregt wird und

dessen Aktivität im Verhalten zur Sensitisierung führt. **d** Schema der intrazellulären Reaktionswege bei der heterosynaptischen Fazilitation des mechanosensorischen Neurons SN von *Aplysia*. 5-HT: Serotonin, der modulatorische Transmitter, der von dem fazilitatorischen Neuron ausgeschüttet wird. I: Serotonin-Rezeptor Typ I, der durch Cryptoheptidine blockiert wird, II: Serotonin-Rezeptor Typ II, der durch Cryptoheptidine nicht blockiert wird, PLC: Phospholipase C, AZ: Adenylatzyklase, DAG: Diacylglycerol, PKC: Proteinkinase C, PKA: Proteinkinase A, IFP: intermediates Filamentprotein, NCAM: neuronales Zelladhäsionsmolekül. Positive (+) und negative (-) Zeichen geben eine Zunahme oder Abnahme der Ionenleitfähigkeiten und anderer zellulärer Prozesse an (nach [11, 13, 14] und [39] verändert)

(NCAM) und ein bestimmtes Filamentprotein (IFP, Abb. 23-3). Die Synthese dieser Proteine wird eingeleitet, wenn über den cAMP/PKA-Weg Transkriptionsfaktoren aktiviert werden.

Der synaptische Kontakt zwischen sensorischem Neuron SN und motorischem Neuron MN ist Voraussetzung für die Gestaltänderungen des SN. Werden SN und MN gemeinsam kultiviert und nehmen synaptischen Kontakt in der Kultur auf, dann führt eine Badapplikation von Serotonin zu den beschriebenen kurzfristigen **und** zu den langandauernden Effekten im SN. Wird dagegen SN allein kultiviert, stellen sich nur die kurzfristigen Effekte, nicht aber die langfristigen Strukturänderungen ein. Es ist daher wahrscheinlich, daß von dem postsynaptischen Neuron ein

retrogrades Signal ausgeht und auf das SN zurückwirkt (siehe Abschnitt 23.3).

Dieses Beispiel zeigt, wie die Aktivität in einem einfachen neuronalen Netzwerk dessen synaptische Verschaltung dynamisch verändert. Damit paßt sich das Netzwerk an veränderte Umweltbedingungen an.

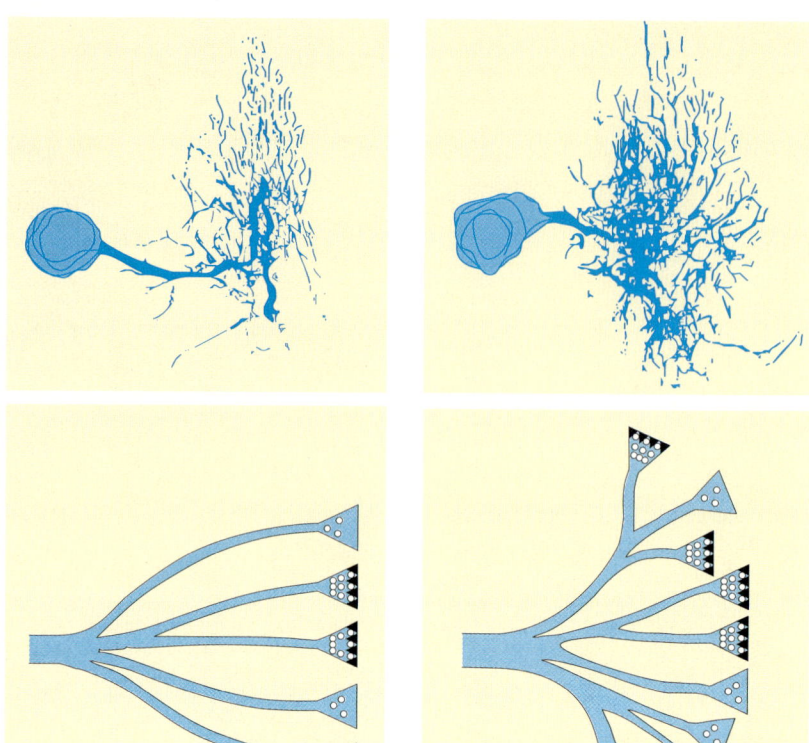

Kontrolle   nach langanhaltender Sensitisierung

Abb. 23-4. Die Gestaltänderung eines mechanosensorischen Neurons von *Aplysia* nach langanhaltender Sensitisierung. Das Neuron wurde intrazellulär markiert, um dann licht- und elektronenmikroskopisch untersucht zu werden. Die Dichte und Länge der axodendritischen Verzweigung nimmt zu. Im Elektronenmikroskop erkennt man, daß die Zahl der Varikositäten und die Häufigkeit aktiver Zonen in den synaptischen Endigungen gestiegen ist [8]

23.3 Strukturelle Plastizität und Anpassung während der Entwicklung des Nervensystems

> **Genetische Information und Erfahrung bestimmen gemeinsam die Gestalt und die Verschaltung von Neuronen**

Die genetische Information steuert in der frühen Embryogenese die Wanderung der Neuroblasten und daran anschließend das Auswachsen und die Wegfindung der Axone (Kap. 3). Haben Axone und Dendriten im zentralen Nervensystem oder in der Peripherie ihre Zielzellen erreicht, differenzieren sich die Wachstumskegel zu Synapsen. Hierbei **kommunizieren** die Neurone mit ihren Zielzellen (andere Neurone, Muskel-, Drüsen-, Rezeptorzellen) (Kap. 3.5). Zu diesem Zweck werden molekulare Botschaften in beide Richtungen ausgetauscht. Diese Kommunikation beruht zum einen auf genetisch kontrollierten, zell- und gewebespezifischen Markermolekülen, zum anderen auf **erregungsabhängigen Erkennungs- und Differenzierungsvorgän-**

gen. Die erregungsabhängigen Vorgänge machen das wirksame Verschaltungsmuster abhängig von der Erfahrung. Diese Anpassungsvorgänge erfolgen entweder während bestimmter Entwicklungsphasen (**kritische Perioden**) oder während des ganzen Lebens. *Die erfahrungsabhängige Verschaltung der Neurone im Nervensystem ist die Voraussetzung dafür, daß mit der im begrenzten Umfang vorhandenen genetischen Information eine sehr präzise und angepaßte neuronale Verschaltung entwickelt werden kann.* Außerdem paßt sie das Nervensystem des wachsenden Organismus an die unterschiedlichen integrativen Anforderungen während der Entwicklungszeit an.

> **Eine reichhaltige Umwelt führt häufig zu dichteren dendritischen Verzweigungen und höheren Synapsenzahlen**

Wachsen Ratten im Sozialverband und in einer reichhaltigen Umwelt auf, so sind sie später solchen Tieren bei der Bewältigung komplexer Lernaufgaben überlegen, die einzeln und in stark reduzierter

Umwelt unter *sensorischer Deprivation* aufwuchsen. Die Gehirne der ersteren Gruppe haben ein größeres Neokortexvolumen (insbesondere des okzipitalen, visuellen Kortex). Die Dichte der Somata ist geringer, jedoch sind die dendritischen Verzweigungen ausgeprägter. Die Zahl der Synapsen pro Neuron ist höher (Abb. 23-5a). Diese Strukturplastizität ist zwar am deutlichsten bei heranwachsenden Tieren, aber auch erwachsene Tiere zeigen vergleichbare Effekte, wenn sie in einer unterschiedlich reichhaltigen Umwelt leben.

Bei der Taufliege *Drosophila* wurde eine erfahrungsabhängige Strukturplastizität in der Anzahl der Neurone des Pilzkörpers gefunden (Abb 23-5b). Der Pilzkörper, im Gehirn der Insekten gelegen, ist eine Integrationsinstanz höherer Ordnung (Kap. 1), dem bei Lern- und Gedächtnisvorgängen eine zentrale Rolle zukommt (siehe Abschnitt 23.7). Tiere, die nach dem Schlüpfen für 21 Tage einer reichhaltigen Umwelt mit olfaktorischen und visuellen Stimuli sowie vielen anderen Fliegen ausgesetzt waren, weisen eine größere Zahl von Neuronen im Pilzkörper auf als Fliegen, die einzeln und in einer sensorisch deprivierten Umwelt gehalten wurden. Mutanten von *Drosophila*, bei denen die Gedächtnisbildung gestört ist, weisen diese erfahrungsabhängige Plastizität nicht auf (s. Abschn. 23.7, Abb. 23-17). Dieser Befund weist darauf hin, *daß die Mechanismen, die der strukturellen erfahrungsabhängigen Entwicklungsplastizität zugrunde liegen, mit denen des Lernens gemeinsame Komponenten haben.* Diese Vorstellung wird durch weitere Befunde gestützt (s.u.).

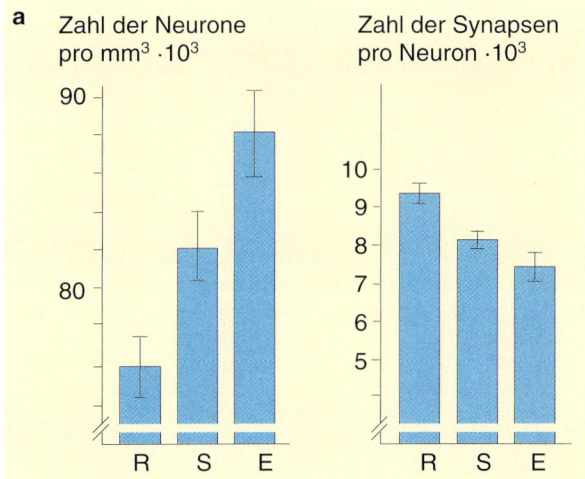

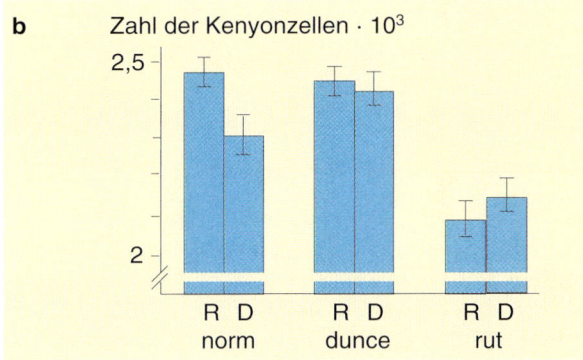

Abb. 23-5. a Zahl der Neurone pro Volumeneinheit (links) und Zahl der Synapsen pro Neuron (rechts) im okzipitalen Kortex von Ratten (Schicht I bis IV), die während ihres 23. bis 55. Lebenstages drei verschiedenen Umweltbedingungen ausgesetzt waren. R: reichhaltige Umwelt und Sozialverband, S: als Pärchen in einem gemeinsamen Käfig, E: als Einzeltier in einem Käfig (nach [9] verändert). **b** Die Zahl der Pilzkörper-Neurone (Kenyonzellen) ist bei *Drosophila* größer, wenn die Tiere nach dem Schlüpfen in einer reichhaltigen Umgebung gehalten werden (links, R: reichhaltige Umgebung, D: deprivierte Umgebung). Bei den beiden Gedächtnismutanten von *Drosophila dunce* und *rutabaga (rut)* tritt eine solche Strukturplastizität nicht auf. Außerdem unterscheidet sich die Mutante *dunce* in der Zahl der Kenyonzellen pro Pilzkörper (nach [25])

Beim Prägungslernen ändert sich die neuronale Verschaltung in bestimmten Teilen des Nervensystems

Prägungslernen ist eine bei Wirbeltieren und Arthropoden weitverbreitete Form des schnellen Lernens während kritischer Perioden der frühen Entwicklung. Welche Umweltreize zu welcher Zeit gelernt werden, ist entwicklungsgenetisch weitgehend vorherbestimmt und bei verschiedenen Tiergruppen unterschiedlich. Säugetiere lernen in der ersten Woche nach der Geburt vor allem Geruchsreize, Vögel vor allem akustische und visuelle Signale, die vom Muttertier ausgehen. Wandernde Fische, z.B. Aale und Lachse, werden auf den Geschmack des Heimatgewässers geprägt.

Die Schnelligkeit dieser Lernvorgänge und ihre starke genetische Komponente erleichtern die Lokalisation der Gehirnareale, in denen nach dem Substrat der plastischen Vorgänge zu suchen ist. Dazu verwendet man bevorzugt die Deoxyglukose (DOG)-Methode (Kap. 18, 25), mit der die erhöhte Stoffwechselaktivität in wachsenden Neuronen durch Anreicherung des nicht metabolisierbaren Zuckers DOG auf Gehirnschnitten dargestellt werden kann.

Erhöhte Stoffwechselaktivität findet man nach der **Duftprägung von Säugetieren** *in den Glomeruli des olfaktorischen Bulbus* und nach **akustischer und visueller Prägung von Vögeln** *im rostromedianen Vorderhirn*. In diesen Regionen ändert sich auch die Gestalt der Neurone im Verlaufe der Prägung. Bei Säugetieren vergrößern sich die glomerularen Neuropile, und die Zahl der Mitral- und Granulazellen nimmt zu. Nach akustischer Prägung des Hühnchens fällt nach mehreren Tagen die Dichte von dendritischen Dornen (Eingangssynapsen) an den Neuronen der akustischen Region des rostromedianen Vorderhirns ab [58]. Eine visuelle Dressur während der Prägungsperiode (erste Woche nach dem

Schlüpfen) führt in den ersten Tagen dagegen zu einer Zunahme der Dornendichte und einem Anschwellen der Dornen [43]. Es liegt daher nahe anzunehmen, daß *die Strukturplastizität im visuellen und im akustischen System der Vögel erst zu einer Ausweitung und dann zu einer selektiven Elimination synaptischer Kontakte führt.*

Veränderungen der Gestalt synaptischer Dornen als Folge eines prägungsartigen Lernvorganges wurden auch bei den Pilzkörper-Neuronen der Honigbiene gefunden. Etwa zwei Wochen nach dem Schlüpfen führen Bienen ihren ersten Ausflug aus dem Stock durch, nachdem sie vorher im Innendienst tätig waren. Die dendritischen Dornen haben nach dem ersten Ausflug im Mittel einen etwas kürzeren Stiel und ein etwas vergrößertes Köpfchen.

Motorisches Lernen erhöht die Synapsenzahl pro Neuron in motorischen Gehirnarealen

Trainieren Ratten viele Tage lang eine schwierige motorische Aufgabe (z.B. über Seilleitern und Stricke klettern; mit einer Vorderpfote verstecktes Futter erreichen), so erhöht sich die Synapsendichte an den Purkinje-Neuronen des Zerebellums (siehe auch Kap. 8). Diese Zunahme läßt sich dem spezifischen motorischen Training zuordnen, denn gleiche motorische Aktivität ohne Lernaufgabe (z.B. im Laufrad) führt nicht zu solchen Veränderungen. Die Purkinje-Zellen spielen eine wichtige Rolle beim motorischen Lernen der Säugetiere (siehe Abschnitt 23.5). Man vermutet daher, daß die veränderte Synapsenausstattung der Purkinje-Zellen ein strukturelles Korrelat für das motorische Gedächtnis darstellt [5].

Die genetisch programmierte Anpassung der Bewegungsweisen im Verlaufe der Metamorphose von Insekten ist mit der Umgestaltung der motorischen Netzwerke verbunden

Die Larven (Raupen) von holometabolen Insekten bewegen sich völlig anders als adulte Tiere, da sie über keine oder ganz andere Extremitäten verfügen. Die motorischen Schaltkreise passen sich an die Veränderungen während der Metamorphose dadurch an, daß manche Motoneurone während des Puppenstadiums absterben und andere Neurone ihre Gestalt verändern (Abb. 23-6). Diese massive Umgestaltung eines bereits ausdifferenzierten Neurons wird von den Entwicklungshormonen **Ecdyson** und **Juvenilhormon** gesteuert und steht damit unter der Kontrolle des Genoms (Kap. 2). Es ist unbekannt, ob die Gestalt der Neurone (und damit ihre Konnektivität) und ihre Ausstattung mit Synapsen von motorischen Übungseffekten abhängt. Von Mechanorezeptoren der Wanderheuschrecke weiß man jedoch, daß ihr Projektionsmuster von der Reizung während der Entwicklung abhängt.

Die Entwicklungsplastizität im Gehirn der Säugetiere beruht auf der aktivitätsabhängigen Stabilisierung und Eliminierung von Synapsen

Im Gehirn der Säugetiere steigt die Synapsendichte in der späten Embryonalphase an. Dieser Anstieg setzt sich über den Geburtstermin hinaus fort. Ein

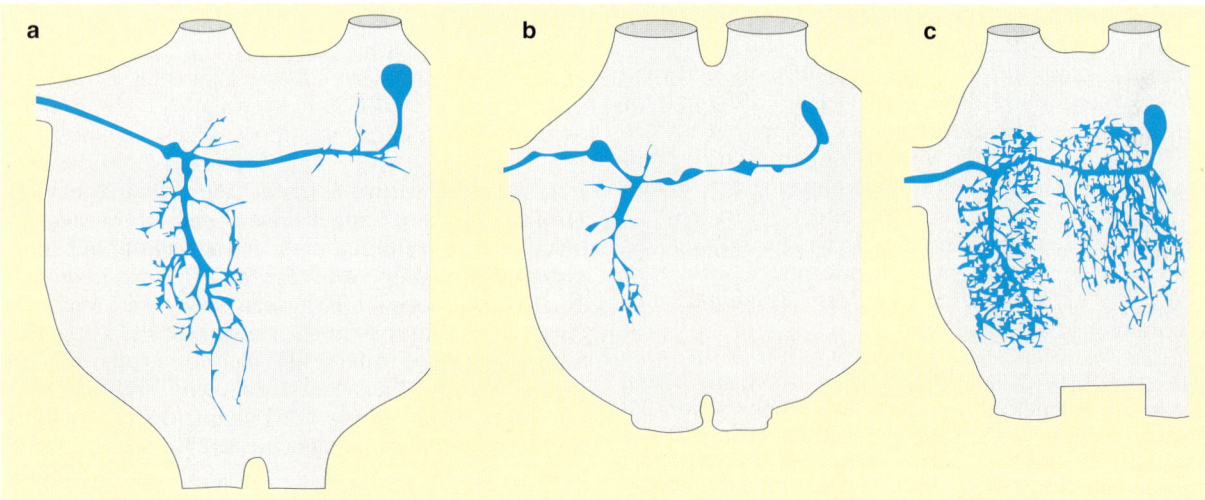

Abb. 23-6. Gestaltänderung eines identifizierten Motoneurons im 4. Abdominalganglion während der Entwicklung des Schwärmers *Manduca sexta.* **a** Larve, **b** Puppe in der Diapause, **c** adultes Tier [42]

Maximum wird in den ersten Lebensmonaten erreicht. Danach fällt die Synapsendichte wieder ab (Abb. 23-7). Die Phase des Anstiegs der Synapsendichte (z.B. im Kortex des Menschen) während der ersten Monate hängt mit dem Eintreffen der Projektionen aus subkortikalen Regionen in der Kortexschicht IV zusammen. *Dort wird anfänglich ein Übermaß an Synapsen gebildet.* Daran schließt sich eine Phase der selektiven Stabilisierung und Eliminierung der Synapsen an. Diese Prozesse stehen unter der Kontrolle der sensorischen Stimulation, die zu spezifischer neuronaler Aktivität führt. Ein besonders gut untersuchtes Beispiel für die Differenzierung der afferenten Projektionen in den Kortex ist die Entstehung der **okularen Dominanzkolumnen** im visuellen Kortex von Katzen und Affen (Kap. 18, Abb. 18-5 und 18-23).

Die retinalen Ganglienzellen in den beiden Augen, die Eingänge von Fotorezeptoren erhalten, die auf die gleichen Umweltpunkte blicken, projizieren zusammen beim Affen in die linke bzw. rechte Hälfte des *Corpus geniculatum laterale (CGL) im Zwischenhirn* (18). Dort ist die **topologische Ordnung der Sehfelde**r in jeder der sechs Schichten repräsentiert, wobei je drei Schichten dem rechten und drei Schichten dem linken Auge zugeordnet sind. Die topologische Ordnung bleibt auch bei der Projektion in die nächsthöhere Verarbeitungsinstanz, den visuellen Kortex (Area 17) erhalten (Retinotopie, Abb. 18-20), weil CGL-Neurone mit korrespondierenden rezeptiven Feldern an den gleichen Ort im Kortex projizieren. Die Projektionen aus den vier parvozellulären Schichten des CGL endigen in der Kortexschicht IV Cß, die aus den beiden magnozellulären CGL-Schichten in IV Cα (siehe Kap. 18, Abb. 18-19). Früh in der Entwicklung breiten sich die axonalen Projektionen tangential weit in Schicht IV C aus, so daß die Projektionen aus den CGL-Schichten, die den beiden Retinahälften zugeordnet sind, weit überlappen und die kortikalen Neurone der Schicht IV C von beiden Augen Eingänge erhalten (Abb. 23-8). In der weiteren Entwicklung separieren sich die Projektionsfelder nach ihrer Zuordnung zu Eingängen aus dem linken und rechten Auge. *Dadurch entstehen Kolumnen mit bevorzugtem Eingang aus einem der beiden Augen (okulare Dominanzkolumnen, Abb. 18-22).* Die über alle Kortexschichten gehenden Kolumnen schließen sich in der tangentialen Ebene zu okularen Dominanzstreifen zusammen (Kap. 18).

Die Entwicklung der okularen Dominanzkolumnen ist auf eine kritische Periode beschränkt (bei Affen z.B. 6–10 Wochen nach der Geburt). In dieser Zeit entwickelt sich das stereoskopische Tiefensehen, für das die präzise Repräsentation der Erregungsbilder beider Augen sehr wichtig ist. Da die Augen und Retinae noch merklich heranwachsen, muß sich die kortikale Repräsentation ständig anpassen. Eine sensorische Deprivation während der kritischen Periode hat nachhaltige Folgen für die Organisation und Leistung des visuellen Kortex. Die Entdeckungen von

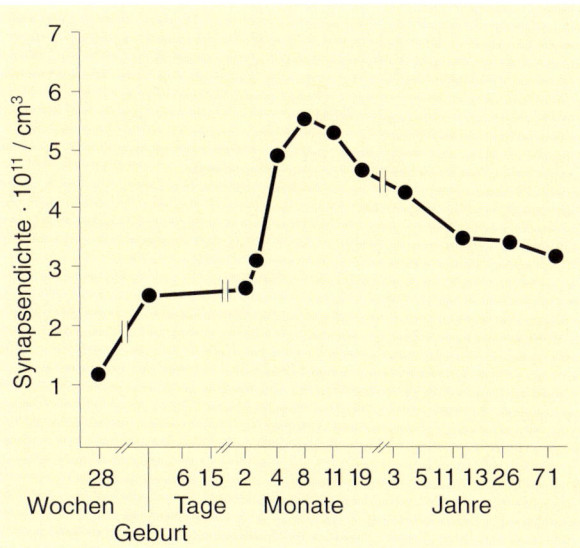

Abb. 23-7. Die Entwicklung der Synapsendichte im visuellen Kortex des Menschen (nach [5])

Hubel und Wiesel [27], die hierfür den Nobelpreis erhielten, hatten auch wichtige Konsequenzen für die Behandlung des Schielens von Kindern. Durch zeitweiliges Abdecken des dominierenden Auges wird einer zentralen Blindheit des nichtdominierenden Auges entgegengewirkt. Man muß aber vermeiden, durch zu langes Abdecken eines Auges während der kritischen Zeitspanne eine zentralnervöse Blindheit hervorzurufen.

Erregungsabhängige Konkurrenz und Kooperativität sind wesentliche Organisationsprinzipien der erfahrungsabhängigen neuronalen Organisation

Die Organisation in okulare Dominanzkolumnen erfolgt unter dem Einfluß der visuellen Stimulation. Ordnung in okulare Dominanzkolumnen tritt nicht auf, wenn 1) beide Augen während einer kritischen Phase mit einer nur diffuses Licht durchlassenden Schale überdeckt waren; und wenn 2) die Erregungsleitung im Sehnerven mit Tetrodotoxin blockiert wurde (Kap. 18–4). Wurde **ein** Auge während der kritischen Phase abgedeckt, dann breiten sich die Projektionen der CGL-Neurone, die dem offenen Auge zugeordnet sind, über ein größeres Kortexareal aus, als wenn beide Augen offen waren. Diese und eine Fülle weiterer Befunde zeigen, daß die Bildung okularer Dominanzkolumnen nicht nur von der visuell induzierten Erregung in der Sehbahn abhängt, sondern auch *von der zeitlichen Struktur der Erregung der Neurone, die in das gleiche Kortexareal projizieren.*

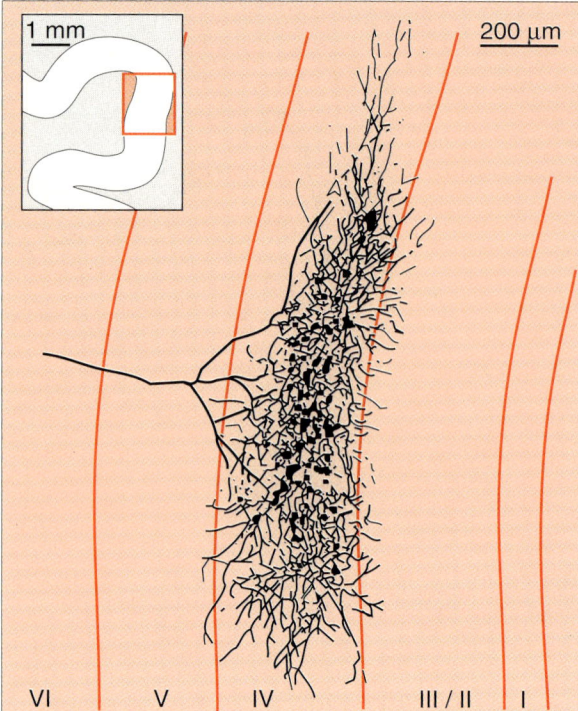

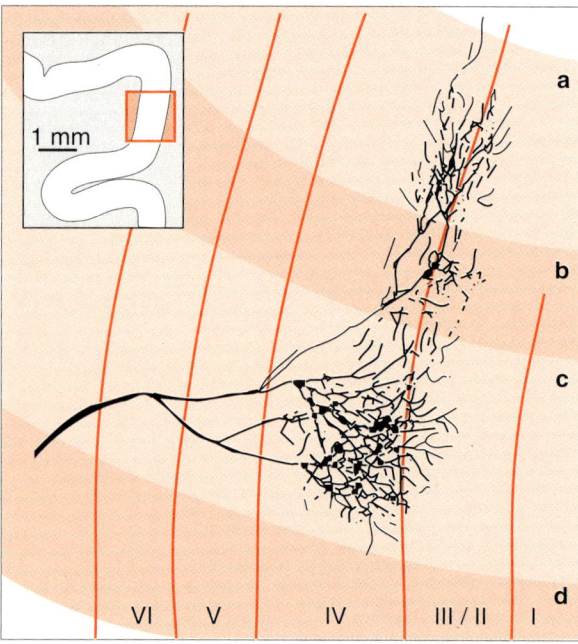

Abb. 23-8. Projektionsmuster eines einzelnen Neurons aus dem Corpus geniculatum laterale in die IV. Schicht des visuellen Kortex der Katze. Der obere Teil der Abb. zeigt ein Neuron einer 17 Tage alten Katze, der untere ein Neuron einer erwachsenen Katze. Bevor sich die okularen Dominanzkolumnen bilden (junge Katze, oben), breiten sich die axonalen Verzweigungen gleichmäßig über ein 2 mm breites Areal aus. In diesem Areal bilden sich später vier Kolumnen (unten: a,b,c,d). Nach Ausbildung der Kolumnen (erwachsene Katze, unten) sind die Verzweigungen auf zwei Kolumnen beschränkt, die von Neuronen versorgt werden, die demselben Auge zugeordnet sind. Die Region dazwischen mit sehr wenigen Verzweigungen ist den Neuronen des anderen Auges zugeordnet. Die Einsatzfiguren geben den Ausschnitt aus dem visuellen Kortex an. Die kortikalen Schichten sind mit I bis VI bezeichnet (nach [35])

net sind, als auch in Neuronen beider Augen mit überlappenden rezeptiven Feldern. Die Korrelation der Erregungsmuster verschiedener Neurone führt zur Ausbildung funktioneller Verschaltungsmuster. Da CGL-Neurone, die dem rechten und linken Auge zugeordnet sind, um gemeinsame kortikale Zielneuronen konkurrieren, führt Erregungssynchronie zur wechselseitigen Eliminierung von synaptischen Kontakten. Dadurch werden die Eingänge von den beiden Augen in okulare Dominanzbereiche innerhalb der Schicht IVC getrennt. CGL-Neurone, die dem gleichen Auge zugeordnet sind, unterstützen sich bei der Innervation kortikaler Neurone. **Konkurrenz** und **Kooperativität** *sind jeweils um so stärker ausgeprägt, je höher der Grad von Erregungssynchronie ist.* Die möglichen zellulären Mechanismen werden weiter unten dargestellt.

Die erfahrungsabhängige Organisation der neuronalen Verschaltung während einer kritischen Entwicklungsphase kann als ein Modellfall für komplexe Formen des Prägungslernens angesehen werden. **Ethologen** haben viele Arten von Prägungslernen studiert. Der experimentelle Zugang ist einmal das **Deprivationsexperiment**, also das selektive Ausschließen eines Lernvorganges während einer kritischen Phase, zum anderen das Prägen auf ein **Ersatzobjekt**, dessen Eigenschaften gezielt manipuliert werden können. Diese Untersuchungen wurden überwiegend an Vögeln durchgeführt. Prägungslernen spielt aber auch bei Menschen und anderen Primaten eine wichtige Rolle. René Spitz [51] beobachtete die Entwicklung von Kindern, die als Säuglinge während des ersten Jahres sehr eingeschränkte Mutterkontakte hatten. Die Folge waren Verhaltensstörungen, die er als **Hospitalismus** bezeichnete. Die Kinder zeigen eine retardierte körperliche und geistige Entwicklung, ihr Sozialverhalten ist gestört, und sie sind krankheitsanfälliger. Affen, die in den ersten 6 bis 12 Monaten nach der Geburt isoliert aufgezogen wurden, sind später zu keinem Sozialkontakt fähig und zeigen ein vielfältig gestörtes Verhalten, das auch über viele Jahre kaum veränderbar ist. Die neuronalen Grundlagen dieser komplexen adaptiven Leistungen des Säugetiergehirns sind noch unbekannt.

> **Erregungssynchronie führt in verschiedenen Neuronen des visuellen Systems zu unterschiedlichen Anpassungsvorgängen**

Eine zeitliche Synchronie der Erregung wird sowohl in den CGL-Neuronen herrschen, die dicht benachbarten Retinabereichen desselben Auges zugeord-

Die sensorischen und motorischen Felder des Kortex sind in Form von **topologischen Karten** angeordnet, die visuellen Areale des okzipitalen Kortex als *Karten der Sehwelt* (Kap. 18), die akustischen Areale im temporalen Kortex als *Frequenz- und Richtungskarten* (Kap. 16), die mechanosensorischen Areale im Scheitelbereich (Kap. 16) als *Karten der Körperoberfläche*, und die motorischen Areale im vorderen Scheitelbereich als *motorische „homunculi"* (Kap. 8). Die Größe und Struktur der rezeptiven Felder und ihre Nachbarschaftsbeziehungen sind auch beim erwachsenen Tier flexibel. Kann z.B. ein Affe zwei Finger nur gemeinsam bewegen, so daß die Hautfläche zwischen den Fingern nicht mehr taktil gereizt wird, dann dehnen sich die rezeptiven Felder im somatosensorischen Kortex, die der Oberseite und Unterseite der Finger entsprechen, aus und verschmelzen zu größeren Feldern ohne Grenzen zwischen den Fingern. Können die Finger wieder unabhängig voneinander bewegt werden, bilden sich wieder die ursprünglichen separaten rezeptiven Felder für jeden Finger aus. In einem anderen Experiment wurde ein Affe darauf dressiert, eine manipulatorische Aufgabe (Drehen einer Schreibe) mit den Fingerspitzen des 2. und 3., mitunter auch des 4. Fingers, über mehrere Wochen (1 Stunde pro Tag) durchzuführen. Die somatosensorischen rezeptiven Felder, die diesen beiden Fingern zugeordnet sind, dehnen sich dann auf Kosten benachbarter rezeptiver Felder aus (Abb. 23-9). Nach Abschluß des Trainings bilden sich die vergrößerten rezeptiven Felder

wieder zurück. *Das gemeinsame Organisationsprinzip ist, daß erregungssynchrone kortikale Projektionen sich kooperativ verstärken und asynchrone sich konkurrierend abschwächen.*

Synchrone prä-postsynaptische Erregung. Eine langandauernde Verstärkung synaptischer Erregungsübertragung findet man in kortikalen und hippokampalen Neuronen, wenn prä- und postsynaptische Zellen gleichzeitig stark erregt sind. Diese **Langzeit-Potenzierung (LTP)** wird im Kap. 5.5 (Abb. 5-21, 5-22) beschrieben. Die *Koinzidenz* prä- und postsynaptischer Erregung kann *auf zwei Weisen* entstehen (Abb. 23-10). (1) Die präsynaptische Erregung ist sehr stark; dadurch wird die postsynaptische Zelle über eine kritische Schwelle depolarisiert (*homosynaptische LTP*). (2) Eine weitere präsynaptische Zelle depolarisiert die postsynaptische Zelle immer dann, wenn die erste präsynaptische Zelle erregt ist (*assoziative LTP*). Entscheidend für die Entwicklung von LTP ist, daß $[Ca]_i$ der postsynaptischen Zelle während der präsynaptischen Erregung über eine Schwelle ansteigt. Das kann dadurch geschehen, daß die Leitfähigkeit von Glutamat-Rezeptoren vom NMDA-Typ (Kap. 5.5) in der postsynaptischen Membran für Kalzium bei Depolarisation ansteigt. Der Kalziumanstieg führt zu einer Reihe zellulärer Reaktionen. Unter anderem wird

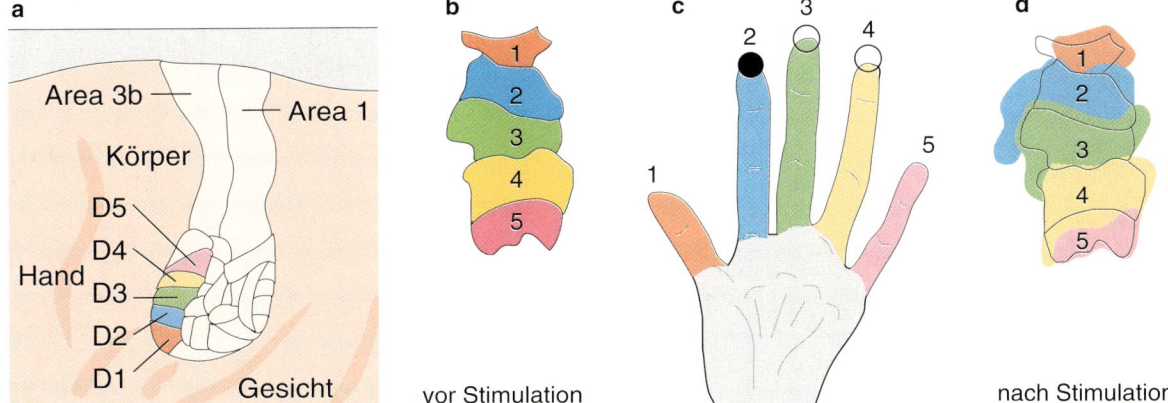

Abb. 23-9. Reorganisation der somatosensorischen rezeptiven Kortexfelder durch Training. Ein Nachtaffe bewegte täglich 1 Stunde lang über 3 Monate eine Scheibe mit den Fingerspitzen des 2. und 3., manchmal auch des 4. Fingers. **a** gibt die somatosensorischen Areale 1 und 3b für die linke Hirnhälfte in schräger Aufsicht an. Die rezeptiven Felder für die 5 Finger der rechten Hand sind mit D1 bis D5 markiert. **c** zeigt die rechte Hand und die Hautoberfläche, die in den entsprechenden Kortexarealen abgebildet sind. Die Kreise an den Fingerspitzen markieren die zum Training verwendeten Finger. **b** und **d** stellen die rezeptiven Felder vor (**b**) und nach (**d**) dem Training dar. In **d** sind die alten Grenzen als schwarze Linien noch einmal eingetragen (nach [40])

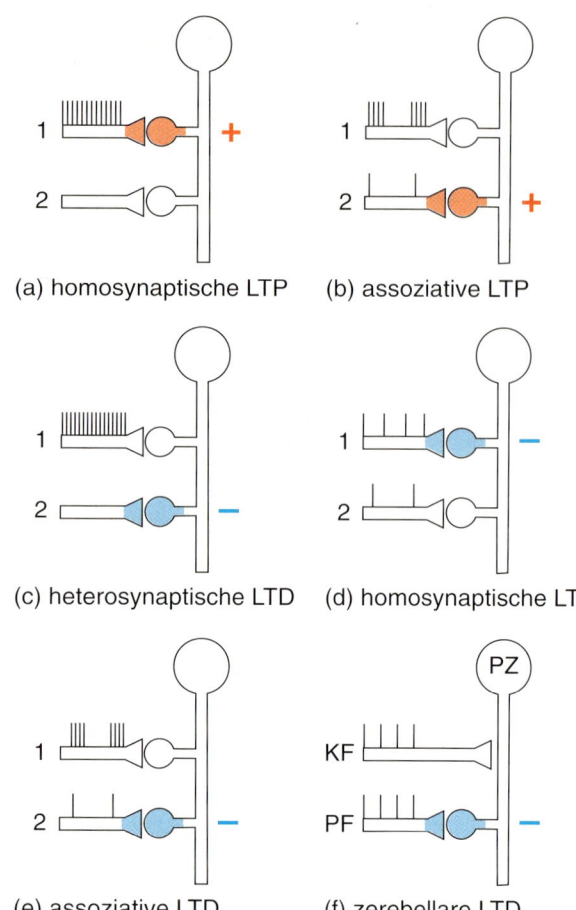

(a) homosynaptische LTP (b) assoziative LTP

(c) heterosynaptische LTD (d) homosynaptische LTD

(e) assoziative LTD (f) zerebellare LTD

Abb. 23-10. Schema der verschiedenen Formen langzeitiger synaptischer Plastizität der Pyramidenzellen des Hippokampus. Die vertikalen Striche markieren Aktionspotentiale. + und rot markierte Synapsen zeigen LTP an, − und blau markierte Synapsen LTD. **a** Tetanische Erregung des präsynaptischen Neurons 1 führt in CA3-Pyramidenzellen (postsynaptisches Neuron) zu LTP in der beteiligten Synapse (homosynaptische LTP). **b** Synchrone Erregung von zwei präsynaptischen Neuronen 1 und 2 (1 tetanisch, 2 schwach) führt zu LTP auch in der schwach erregten Synapse (assoziative LTP). Neuron 1 und 2 entsprechen im Hippokampus den Kommissuralfasern und den CA3-Axonen. **c** Tetanische Erregung in Neuron 1 führt in dem nichterregten Neuron 2 zu LTD (heterosynaptische LTD). (Neuron 1 entwickelt LTP, **a**.). **d** Schwache Erregung in Neuron 1, die das postsynaptische Neuron nicht oder nur schwach depolarisiert, führt zu LTD in der beteiligten Synapse (homosynaptische LTD). **e** Asynchrone Erregung in den beiden Neuronen 1 und 2 führt zu LTD in der schwach erregten Synapse (assoziative LTD). **f** Synchrone Erregung in den Kletterfasern (KF) und Parallelfasern (FP) des Zerebellums führt zu LTD der Synapse zwischen Parallelfasern und Purkinje-Zellen (LTD im Zerebellum) (nach [36])

die NO-Synthase stimuliert. Das synthetisierte NO wirkt als retrograder Transmitter und aktiviert die Guanylatzyklase in benachbarten Neuronen. Waren diese zuvor erregt, führt dies zu Reaktionen, in deren Verlauf die synaptische Effizienz verstärkt wird.

Als molekularer Koinzidenzdetektor wirkt im oben geschilderten Fall von LTP im Hippokampus der NMDA-Rezeptor. Es sind eine Reihe anderer Moleküle bekannt, die ebenfalls empfindlich für prä-postsynaptische Erregungskoinzidenz sind (z. B. eine Adenylatzyklase im sensorischen Neuron von Aplysia). Gemeinsam ist diesen Molekülen, daß sie gleichzeitig über zwei Reaktionswege gesteuert werden. Beim NMDA-Rezeptor sind dies der Agonist Glutamat und die Membrandepolarisation, bei der Adenylatzyklase die über ein G-Protein vermittelte Wirkung des Transmitters Serotonin und Ca/Calmodulin. Solche doppelt geregelten Moleküle repräsentieren zellulär die Konvergenzstellen für getrennte Reaktionswege.

Asynchrone prä-postsynaptische Erregung. Eine langandauernde Abschwächung synaptischer Erregungsübertragung (**Langzeit-Depression, LTP**) beobachtet man in kortikalen Neuronen, wenn prä- und postsynaptische Erregung außer Phase sind. (In den Purkinje-Neuronen des Zerebellums wird LTD induziert, wenn die präsynaptische, die Parallelfasern, und die postsynaptische Seite, Purkinje-Neuron, gleichzeitig erregt sind. Darauf wird in Kap. 5.5 und weiter unten eingegangen.) LTD in den kortikalen Neuronen stellt sich unter drei Bedingungen ein (Abb. 23-10). (1) Das postsynaptische Neuron ist stark, das präsynaptische ist nicht erregt (als *heterosynaptische LTD* bezeichnet, weil ein anderes Neuron zur postsynaptischen Erregung führt). (2) Das präsynaptische Neuron ist schwach, das postsynaptische Neuron nicht erregt (*homosynaptische LTD*). (3) Prä- und postsynaptische Neurone sind antizyklisch erregt (assoziative LTD). Als Prinzip erweist sich, daß LTD dann auftritt, wenn entweder die präsynaptische Seite nicht erregt ist, während $[Ca]_i$ im postsynaptischen Neuron hoch ist, oder wenn bei präsynaptischer Erregung die postsynaptische $[Ca]_i$ niedrig ist [36]. NMDA-Rezeptoren sind auch an manchen Formen von LTD beteiligt, bei anderen sind es metabotrope Glutamat-Rezeptoren oder GABA-Rezeptoren. Wie bei LTP spielt auch bei LTD ein retrograder Transmitter eine Rolle. In manchen Fällen wurde NO identifiziert.

LTP und LTD lassen sich in ein Modell der aktivitätsabhängigen Strukturplastizität integrieren

LTP und LTD sind wahrscheinlich die zellulären Mechanismen der aktivitätsabhängigen Strukturplastizität. NMDA-Rezeptoren spielen dabei eine wichtige Rolle, sind aber nicht die einzigen Glutamat-Rezeptoren, die LTP und LTD vermitteln.

Ein Beispiel ist die Strukturplastizität im visuellen System des Frosches. Im Gehirn des Frosches projizieren die retinalen Ganglienzellen der beiden Augen in die gegenseitigen Hemisphären des *Tectum opticum* (Kap.1). Wird einer Kaulquappe ein 3.

Auge implantiert, dann wachsen dessen retinale Ganglienzellen in eine der beiden Tektumhälften ein, die bereits vom kontralateralen Auge innerviert ist. Hier organisieren sich dann die beiden konkurrierenden Eingänge in okulare Dominanzkolumnen. Wird das Froschgehirn während des Einwachsens des dritten, zusätzlichen Sehnerven mit einem Antagonisten der NMDA-Rezeptoren (Aminophosphovaleriansäure, APV) behandelt, dann unterbleibt die Bildung der okularen Dominanzkolumnen.

Neben der Detektion der prä-postsynaptischen Erregungskoinzidenz muß noch ein weiteres Kriterium erfüllt sein, damit die Struktur von Neuronen sich aktivitätsabhängig anpaßt. Die Tiere müssen in einem wachen und aufmerksamen Zustand sein.

Entfernt man jungen Katzen, deren Augen seit der Geburt verschlossen waren, für kurze Zeit (20 min) die Augenklappen während der kritischen Periode, dann entwickelt der visuelle Kortex okulare Dominanzkolumnen. Voraussetzung dafür ist aber, daß die Tiere im Anschluß an die Expositionszeit wach sind. Werden sie für einige Stunden narkotisiert, entstehen keine Dominanzkolumnen. Aus dieser Beobachtung läßt sich zweierlei schließen: 1) Die erregungsabhängige Strukturplastizität benötigt Zeit, die über die eigentliche Einwirkung der Erregungsmuster hinausgeht. 2) Die aus den Basalganglien aufsteigenden cholinergen und adrenergen Bahnen (Kap. 22) üben als modulatorische Neurone einen permissiven Einfluß aus, d.h. ihre Aktivität ist eine notwendige Bedingung für die Strukturplastizität.

Auf der Grundlage dieser Befunde wurde eine *Modellvorstellung der erfahrungsabhängigen Strukturplastizität der sensorischen kortikalen Felder entwickelt* (Abb. 23-11). Als **Koinzidenzdetektor** wirkt auf der postsynaptischen Seite (P) der NMDA-Rezeptor. Erregungssynchronie in einem durch modulatorische Eingänge (M) angeregten Zustand führt zu LTP und diese in der Folge zur Stabilisierung der beteiligten Synapsen. Asynchrone Erregung destabilisiert und eliminiert die synaptische Verknüpfung über Mechanismen der LTD.

Abb. 23-11 beschreibt drei charakteristische Fälle:

1) A und P sind zwar synchron erregt, aber P wird von A nur schwach depolarisiert. Das führt zu einem geringen Einstrom von Ca^{2+} in P, weil P wegen fehlender zusätzlicher Aktivität der modulatorischen Eingänge M nur wenig depolarisiert ist. Das niedrige Ca^{2+}-Signal liegt unter der Schwelle zur Erzeugung des retrograden Transmitters RT. Es kommt daher weder zu LTP noch zu LTD.

2) Sind die modulatorischen Eingänge M aktiv, dann hat Erregungssynchronie von A und P ein starkes Ca^{2+}-Signal in P zur Folge, und damit auch ein starkes RT-Signal. In dem erregten Neuron A manifestiert sich RT dadurch, daß die Synapse stabilisiert wird und das Axon weitere Synapsen mit anderen synchron aktiven postsynaptischen Neuronen bildet. In dem nichterregten Neuron B wird LTD ausgelöst, die zur Eliminierung der Synapse und zum Einschmelzen der präsynaptischen Verzweigung führt. Wesentlich ist, daß das retrograde Signal auf eine nichtaktive Zelle trifft.

3) Sind alle drei Eingänge A, B, M synchron aktiv, werden beide Synapsen A-P, B-P langzeitig potenziert, strukturell stabilisiert und die präsynaptischen Zellen zur Bildung neuer synaptischer Kontakte angeregt. Dieser Fall wird uns weiter unten als Modell der assoziativen neuronalen Plastizität interessieren.

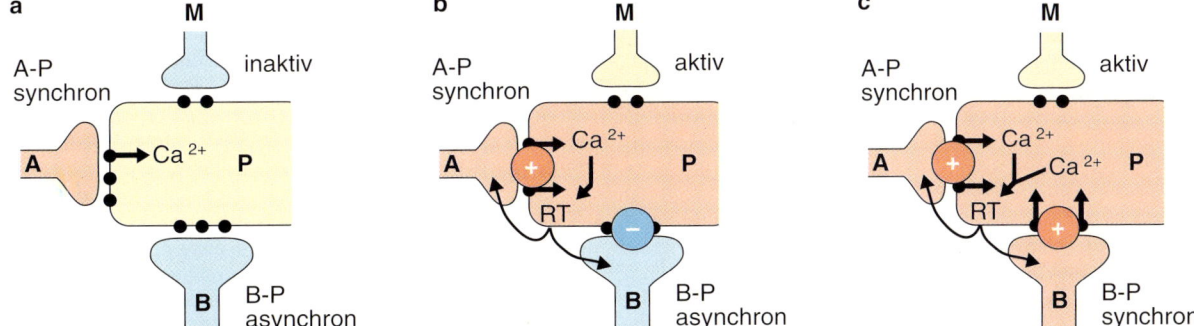

Abb. 23-11. Ein Modell der strukturellen Entwicklungsplastizität. Die über NMDA-Rezeptoren vermittelte Langzeit-Potenzierung (LTP) wird als Mechanismus der durch Erregungssynchronität erzeugten synaptischen Stabilisierung angenommen. Die Mechanismen der Destabilisierung durch Asynchronität der Erregung ist noch unbekannt. A und B stellen die synaptischen Endigungen von zwei präsynaptischen Neuronen dar, P ist ein Dorn eines postsynaptischen Neurons. M ist die synaptische Endigung eines modulatorischen Neurons. Die Farben der Neurone markieren deren Erregung (rot: erregt, gelb: schwach erregt, blau: nicht erregt). Die Kreise in den Synapsen geben an, ob und wie sich diese verändern (dunkelrot: Verstärkung, dunkelblau: Schwächung). **a** Neuron A ist stark, P schwach, M und B sind nicht erregt. Es kommt zu keiner andauernden Änderung der Effizienz der synaptischen Verschaltungen. **b** A, P und M sind erregt, B ist nicht erregt. In P wird ein retrograder Transmitter RT gebildet. Die Synapse A-P wird potenziert und strukturell stabilisiert, die Synapse B-P destabilisiert. Kollateralen des Neurons A können die Synapse B-P verdrängen und ersetzen. **c** Alle Neurone A, B, P und M sind erregt. Beide Synapsen A-P und B-P werden stabilisiert, verdrängen sich aber nicht gegenseitig (nach [49] verändert)

23.4 Assoziatives Lernen: eine Übersicht

> **Lernen ist die Fähigkeit, Verhalten aufgrund individueller Erfahrung so zu ändern, daß es veränderten Situationen besser angepaßt ist**

Lernen ist der Vorgang, mit dem Tiere Information über die Umwelt gewinnen. Auf eine durch Lernen erfolgte Veränderung des Verhaltens schließt man, wenn ein systematischer Zusammenhang zwischen der zurückliegenden Erfahrung und dem aktuellen Verhalten festgestellt wird. Erfahrung bedeutet in diesem Zusammenhang die Wirkung von gemeinsam oder nacheinander auftretenden Ereignissen, die durch den Lernvorgang eines Tieres **assoziativ miteinander verbunden** werden und die damit in einen **Ursache-Wirkungs-Zusammenhang** gebracht werden. Ereignisse in diesem Zusammenhang sind nicht nur äußere Reize, sondern auch Aktionen des Tieres und seine inneren Zustände. *Durch* **Assoziation** *erhalten Ereignisse eine Bedeutung, und dieser Informationsgewinn steht auch nach langem Zeitintervall als Gedächtnis zur Verhaltenssteuerung zur Verfügung.*

Mit dieser Definition von Lernen grenzt man eine Reihe von anderen Verhaltensanpassungen aus: z.B. sensorische Adaptation, motorische Ermüdung, pharmakologisch induzierte oder durch Verletzung erzwungene Verhaltensänderungen.

Für Verhaltensuntersuchungen ist eine solche Definition nützlich, weil der *Bedeutungsgewinn durch Assoziation* gut experimentell überprüft werden kann. Für die Neurowissenschaften kann es von Vorteil sein, eine breitere und weniger präzise Definition für Lernen zu wählen. Es könnte nämlich sein, daß die zellulären und neuronalen Mechanismen des Lernens anderen Phänomenen neuronaler Plastizität sehr ähnlich sind und an diesen leichter untersucht werden könnten. Bakterien zeigen zum Beispiel in ihrer chemotaktischen Reaktion eine Nachwirkung bestimmter Stimulationen, die man als eine Art Gedächtnis aufgrund von Erfahrung bezeichnen kann. Obwohl das Verhalten der Bakterien keinen Hinweis für Lernvorgänge gibt, könnte das Studium der molekularen Vorgänge dieses Stimulusgedächtnisses doch wichtige Hinweise für Lernvorgänge im Nervensystem geben. Auch die reizinduzierte Habituation und Sensitisierung (siehe Abschnitt 23.2) können als Formen einfachen Lernens studiert werden, weil auf der molekularen und zellulären Ebene Übereinstimmungen mit assoziativen Lernformen bestehen könnten. Es fehlt diesen Formen der Verhaltensänderung aber ein wesentlicher Gesichtspunkt des Lernens, nämlich der Gewinn an neuartiger Bedeutung. Umbewertung von Ereignissen durch Habituation und Sensitisierung stellen Zustände der beteiligten Neurone dar, über die diese bereits latent verfügen. Die Reizwiederholung bzw. die Wirkung eines starken Reizes manifestiert die latenten Eigenschaften. Lernen im strengen Sinne schafft dagegen neue Zustände und damit neue Bedeutungen im Nervensystem. Auch die Strukturplastizität während der Entwicklung (Abschnitt 23.3) hat viele Eigenschaften, die dem assoziativen Lernen zukommen. Besonders bedeutsam ist, daß es dabei häufig auf die Koinzidenz von Erregungsvorgängen ankommt. *Erregungskoinzidenz ist das minimale neuronale Substrat für assoziative Lernvorgänge.* Es ist daher sehr wahrscheinlich, daß die aktivitätsabhängige Entwicklungsplastizität auf gleichen oder ähnlichen zellulären Mechanismen beruht wie das assoziative Lernen.

> **Die vielfältigen Formen des Lernens lassen sich nach den Regeln der Assoziationsbildung einteilen**

Um die Regeln des Lernens zu entdecken, muß man auf **die Beziehung zwischen den Ereignissen** achten, die zu Lernen führen, nicht so sehr auf das, was gelernt wird oder welches Verhalten angepaßt wird. Die Beziehungen zwischen den Ereignissen sind unabhängig von der sensorischen Modalität und den motorischen Mustern. Ihre Analyse erlaubt daher auch einen Vergleich zwischen verschiedenen Sinnesmodalitäten, Verhaltensweisen und Tierarten. **Assoziative Beziehungen** sind die Informationsquellen, die dem Tier eine kausale Beziehung signalisieren. Und darauf kommt es beim Lernen durch bewertete Erfahrung an: *bedeutungsvolle Ereignisse* (Reize, eigene Aktionen, innere Zustände) werden durch *Hinweissignale* angekündigt. Angepaßtes Verhalten entsteht, wenn diese Beziehungen zur besseren Verhaltenssteuerung ausgenutzt wird.

Einfache, nicht-assoziative Lernvorgänge sind Habituation und Sensitisierung (Tabelle 23-1). Durch Reizwiederholung lernt ein Tier, daß ein Stimulus keine besondere Bedeutung hat. Die Gewöhnung ist **reizspezifisch** und auf den Verhaltenskontext bezogen, in dem sie erfolgt. Die Sensitisierung stellt eine Reaktionsverstärkung in dem Verhaltenskontext dar, der von der Art des Stimulus bestimmt wird (Schmerzreiz: Schutzverhalten; Futterstimulus: Nahrungsaufnahme).

Habituation und Sensitisierung werden als nicht-assoziative Lernformen bezeichnet, weil keine neuen Bedeutungsverknüpfungen zwischen verschiedenen Reizen oder zwischen Reizen und Reaktionen entstehen, sondern existierende Verknüpfungen ihre Wirkungen vorübergehend verlieren oder verstärken (s. Abschn. 23.2).

Die **klassische oder Pavlov-Konditionierung** wird am besten durch Pavlovs [44] Experimente charakterisiert. Ein hungriger Hund reagiert mit einer Speichelsekretion (*unkonditionierte Reaktion, UR*), wenn man ihm Fleischpulver in den Mund bläst (*unkonditionierter Stimulus, US*). Wird mehrmals der US kurz nach dem Ertönen einer Klingel gegeben (dem *konditionierten oder genauer: zu kondi-*

Tabelle 23-1

Form des Lernens	Beziehungen zwischen Ereignissen	Bewertung	Was wird gelernt
einfaches **nicht assoziatives Lernen**: 　　　Habituation	ein Stimulus wird wiederholt	der Stimulus hat keine Bedeutung als Hinweissignal	ein bestimmter Stimulus existiert, der bedeutungslos ist
Sensitisierung	ein starker Stimulus erhöht allgemeine Reaktionsbereitschaft	gerichtete Aufmerksamkeit; der Stimulus informiert über allgemeinen Verhaltenskontext	Nachwirkung wenig spezifischer Anregung in einem Verhaltenskontext
assoziatives Lernen: 　klassische (Pavlov'sche Konditionierung)	ein „neutraler" Stimulus (CS) wird mit einem bedeutungsvollen Stimulus (US) gepaart	US ist ein Belohner oder Bestrafer	Assoziation zwischen CS und US
operante (instrumentelle) Konditionierung	die eigenen Aktionen führen zu bewertenden Stimuli	ein Stimulus S1 hat die Qualität eines Verstärkers (Belohner, Bestrafer)	Hierarchie von Assoziationen
höhere Formen assoziativen Lernens: 　Orientierungslernen, beobachtendes Lernen, spielendes Lernen	im Verlauf von Appetenzverhalten treten neue Stimuli auf, auf die Aufmerksamkeit gerichtet wird	unbekannt (innerer Zustand des Beobachtens, Tuns, Übens)	Assoziationen zwischen Stimuli und Appetenzverhalten
Prägungslernen	Appetenzverhalten im sozialen Kontext, sensitive Entwicklungsphase	unbekannt (Passung zwischen Stimuli und genetisch programmierten, „erwarteten" Stimuli)	Assoziation zwischen Stimuli und Appetenzverhalten
Einsichtiges Lernen	Konflikt in Appetenzverhalten	unbekannt (innere Repräsentanz des angestrebten Zustandes)	räumliche oder logische Beziehung zwischen Stimuli

tionierenden Stimulus, CS), dann löst später der CS **allein** den Speichelfluß aus (die nun *konditionierte Reaktion, CR*). Typischerweise ist bei der klassischen Konditionierung der Erfolg der Assoziation zwischen CS und US unabhängig vom Verhalten des Tieres. Allerdings ist es wichtig, daß das Tier für den US motiviert, also z.B. hungrig ist, wenn der US eine Futterbelohnung darstellt.

Die **operante** oder **instrumentelle Konditionierung** ist ebenfalls eine Form assoziativen Lernens, setzt aber im Unterschied zur klassischen Konditionierung eine aktive Beteiligung des Tieres voraus. Eine *Aktion* des Tieres führt zu einem *Ergebnis*. Das Ergebnis stellt im Kontext des *Appetenzverhaltens* des Tieres ein angestrebtes Ziel dar und erhält damit eine Bewertung (z.B. Futterbelohnung). Das Tier lernt die Beziehung zwischen eigener Aktion, Bewertung und die darauf hinweisenden Stimuli. Eine einfache und automatisierte Form des instrumentellen Lernens ist das *motorische Übungslernen*. Bewegungsabläufe werden durch Wiederholungen immer schneller und präziser. Grund dafür ist, daß das Nervensystem den tatsächlichen Bewegungsablauf über Rezeptoren mißt und deren Meldung mit dem Kommando der motorischen Zentren (*Efferenzkopie*) vergleicht. Führt der Vergleich zu einem Fehlersignal, wird dieses Signal dazu verwendet, die

synaptische Erregungsübertragung im motorischen System so zu verstellen, daß der Bewegungsablauf besser angepaßt wird (Kap. 8, s. Abschn. 23.6).

Höheren Formen assoziativen Lernens ist gemeinsam, daß die Antriebe und bewertenden Ereignisse nicht äußere Stimuli, sondern innere Zustände sind (Erwartung, Neugierde; Erfüllung einer Erwartung, Harmonieempfinden, Neuheitserlebnis, Ruhe). Dies ist auch einer der Gründe dafür, warum solche Lernvorgänge einer neuronalen und zellulären Analyse nur schwer zugänglich sind.

In einer neuen Umgebung zeigen Tiere **Erkundungsverhalten**. Dabei lernen sie, sich zu orientieren und zielsicher zu einem Ausgangspunkt zurückzukehren. Die Umweltmarken werden in ihrer Lage zueinander und zum erkundenden Tier gelernt, aber welche Arten von Assoziationen gebildet werden, ist meist nicht bekannt. Unter bestimmten Bedingungen lernen Tiere die Landmarken mit Bezug auf ein Referenzsystem (z.B. Sonnenkompaß) so, daß sie eine kartenartige Repräsentation der Umwelt entwickeln (Kap. 25). Beim **beobachtenden Lernen und beim Nachahmungslernen**, die vor allem bei Primaten hoch entwickelt sind, wird durch gerichtete Aufmerksamkeit ein sensorisches Gedächtnis mit Bezug auf früheres operantes Lernen im gleichen Kontext gebildet. Auch hier ist nicht klar, welche Assoziationen gebildet werden. **Spielendes Lernen**, das bei Primaten von besonderer Bedeutung für die Entwicklung sozialen Verhaltens ist, geht über operantes

Übungslernen weit hinaus. Häufig manifestiert sich die soziale Kompetenz, die im Spiel als Jungtier gelernt wird, erst im Erwachsenenalter. Aus diesem Grund wird auch von **latentem Lernen** gesprochen. **Einsichtiges Lernen**, wie es 1917 Köhler [32] in seinen berühmten Experimenten bei Schimpansen beobachtete, ist nur bei Primaten eindeutig nachgewiesen. Die Tiere sind in der Lage, eine schwierige Aufgabe (z.B. Erreichen einer hoch hängenden Banane) ohne Ausprobieren durch „Nachdenken" zu lösen (Stühle aufeinanderstellen, Rohre zusammenstecken, etc).

Bewußtwerdendes Lernen und **sprachabhängiges Lernen** ist für den Menschen charakteristisch. Ob und wie weit es anderen Primaten zukommt, ist umstritten (Kap. 25). Diese Formen des Lernens fallen aus, wenn eine bestimmte Vorderhirnregion, das limbische System (mit Hippokampus und Mammilarkörper), gestört ist, während andere Lernformen nicht beeinträchtigt sind (siehe Abschnitt 23.7). Man unterscheidet daher zwischen zwei großen Lernkategorien: **Explizites Lernen** (auch *deklaratives Lernen* genannt) bezieht sich auf bewußt werdende Lerninhalte von anderen Menschen, Orten und Dingen, die sehr schnell in einer bildhaften Weise gespeichert werden. Bei **implizitem Lernen** (auch *prozedurales Lernen*), das ohne Beteiligung des limbischen Systems erfolgt, handelt es sich um motorische Fähigkeiten und einfache Wahrnehmungsleistungen, die weitgehend automatisch und nach den Regeln der assoziativen Konditionierung gespeichert werden. Auf diese Aspekte wird in Abschnitt 23.7 eingegangen, weil bei der Unterscheidung zwischen explizitem und implizitem Lernen die Frage bedeutsam ist, wie die neu zu lernenden Inhalte in das bereits existierende Gedächtnis eingebaut werden.

23.5 Assoziatives Lernen durch klassische Konditionierung

> **Bei der klassischen Konditionierung wird eine Assoziation zwischen dem konditionierten Stimulus (CS) und dem unkonditionierten Stimulus (US) gebildet**

Die Assoziation stellt sich als **Folge einer zeitlichen Paarung** von CS und US ein. Dabei muß der CS dem US vorangehen. Das CS-US-Intervall, das zu einer optimalen Konditionierung führt, liegt meist im Sekundenbereich. Es sind aber auch Lernsituationen mit sehr viel längeren CS-US-Intervallen bekannt. Wird zum Beispiel ein Duft oder Geschmack mit Übelkeit gepaart, kann der CS dem US um Stunden vorausgehen. Der zeitliche Bezug von CS und US (**Kontiguität**) ist ein derart charakteristischer Parameter der klassischen Konditionierung, daß er als die wesentliche Größe für den Infor-

mationsgewinn betrachtet wurde. Daß die Kontiguität aber nicht die einzige wesentliche Größe ist, wird unten erläutert.

Regeln der CS-US-Paarung. Der CS (z.B. Licht, Ton, Duft) ist häufig ein neutraler Stimulus, der selbst keine offensichtliche Reaktion auslöst. Er ist aber nicht neutral hinsichtlich der Bildung einer Assoziation mit einem bestimmten US. Ein Licht- oder Tonreiz kann Mäusen durch eine einzige Paarung mit einem elektrischen Strafreiz andressiert werden, nicht aber, wenn der Strafreiz Übelkeit ist. Ein Duft- oder Geschmacksreiz dagegen wird schon nach einmaliger Paarung mit Übelkeit in der Zukunft vermieden. *Tiere sind in vielfältiger Weise artspezifisch auf CS-US-Assoziationen vorbereitet.*

Der US (z.B. ein Futterstimulus) hat drei Eigenschaften: 1) Er löst eine angeborene Reaktion (UR) aus (*reflexauslösende Wirkung*), 2) er regt die Aufmerksamkeit des Tieres an (*sensitisierende Wirkung des US*), und 3) er wirkt als ein **Verstärker** bei der CS-US-Paarung, weil er eine angeborene Bedeutung hat (z.B. Belohnung für ein hungriges Tier, *verstärkende Wirkung des US*). Ein belohnender US führt zu einer **appetitiven Konditionierung**, ein bestrafender US zu einer **aversiven Konditionierung**. Im Verlaufe mehrmaliger Paarungen von CS und US reagiert das Tier zunehmend häufiger bereits auf den CS allein (konditionierte Reaktion CR). Während dieser **Akquisitionsphase** wird der CS zum **Prädiktor** für den US. Das Tier reagiert auf den CS so, als ob es sich auf den US vorbereitet oder diesen „wahrnimmt".

Folgt dem CS mehrmals der US **nicht**, dann verschwindet die CR wieder. Diese **Extinktion** ist keine Gewöhnung an den CS, sondern ein eigener Lernvorgang. Die *Prädiktionsstärke des CS* nimmt während der Extinktion ab, so wie sie während der Akquisition zugenommen hat.

Die Zuverlässigkeit, mit der Tiere auf verschiedene Reize konditioniert werden können, eignet sich hervorragend dazu, Wahrnehmungsleistungen zu studieren. Dabei ist aber zu berücksichtigen, daß die Wahrnehmungsleistungen von der Art des Trainings abhängen. Will man z.B. wissen, ob ein Tier Farben sieht und wie gut es Farben unterscheidet, so konditioniert man es auf ein spektral reines Licht. Dann überprüft man, ob die Unterscheidung zwischen Spektrallichtern verschiedener Wellenlängen unabhängig von den Reizintensitäten der Testlichter ist (Kap. 12). Bei solchen Experimenten stellt sich heraus, daß die Unterscheidungsfähigkeit zwischen verschiedenen Stimuli S1...Sn derselben Modalität von der Art der Konditionierungsweise abhängt. In einer **differentiellen Konditionierung** wird S1 mit dem US gepaart (S1+) und S2 stets ohne US präsentiert (S2-). Der Stimulus S2 wird dann besser von S1 unterschieden, als wenn S1 nur alleine konditioniert wurde. Wird nämlich S1 allein konditioniert, dann reagiert das Tier abgeschwächt auch auf S2, obwohl es S1 und S2 zu unterscheiden vermag. *Das Tier generalisiert von S1 auf S2.* Auch in einer differentiellen Konditionierung reagiert anfänglich das Tier auf S2. Im weiteren Verlauf wird die Unterscheidung immer besser und die Generalisierung von S1 auf den spezifisch nicht-gepaarten Stimulus S2 immer geringer. Das *Generalisierungsprofil* hängt sowohl von S1+, dem gepaarten Stimulus, als auch von S2-, dem nicht gepaarten Stimulus ab. *Die differentielle Konditionierung stellt eine Kombination von Akquisition (exzitatorisches Lernen) und Extinktion (inhibitorisches Lernen) dar.* Durch geeignete Zuordnung der Stimuli zu den beiden Lernvorgängen läßt sich feststellen, welche Stimulusparameter zur Unterscheidung beitragen. Auf diese Weise gewinnt man einen Eindruck über die Wahrnehmungsleistungen und damit über die neuronale Abbildung und Verarbeitung von Reizen.

Die klassische Konditionierung hat kognitive Aspekte

In der Tradition von **Pavlov** wurde lange Zeit angenommen, daß sich eine Assoziation zwischen CS und US automatisch einstellt, wenn die Stimuli mit *optimaler zeitlicher Kontiguität* gepaart werden. Mit einem klassischen Experiment wies Kamin [29, 30] jedoch nach, daß *die Kontiguität keine hinreichende Bedingung für eine erfolgreiche Konditionierung ist, sondern, daß es auch auf die informationelle Beziehung zwischen CS und US ankommt. Die informationelle Beziehung drückt sich in der Regelhaftigkeit (**Kontingenz**) der CS-US-Paarung aus.*

Kamin paarte zuerst so lange einen Lichtstimulus mit einem elektrischen Strafreiz, bis die Ratten sicher mit einer aversiven Reaktion auf den Lichtreiz reagierten. Anschließend paarte er den Doppelreiz 'Ton und Licht' mit dem Strafreiz und fand, daß die Tiere keine Assoziation zwischen dem Ton und dem Strafreiz entwickelten. Offensichtlich blockierte der vorher konditionierte Lichtreiz die Konditionierung auf den Ton.

Auf der Grundlage solcher **Blockierungsexperimente** wurde eine Theorie der klassischen Konditionierung entwickelt, die der Reichhaltigkeit dieser assoziativen Lernvörgänge sehr viel besser gerecht wird [46]. *Danach hängt die Verstärkung durch den US davon ab, ob der US unerwartet und überraschend auftritt. Ein sicher vorhergesagter US hat keine Verstärkerwirkung.* In Kamins Experiment wurde der Ton deshalb nicht von den Ratten gelernt, weil bereits der Lichtreiz den US sicher vorhersagte und – als der US dann auftrat – als Verstärker für die Paarung mit dem Ton unwirksam blieb. Nach der neuen Theorie hängt die US-Verstärkerwirkung von der Differenz zwischen erwartetem US und tatsächlich wahrgenommenem US ab. Eine positive Differenz führt zu exzitatorischem Lernen, eine negative zu inhibitorischem Lernen.

Diese kognitive Theorie sagt eine Reihe wichtiger Eigenschaften der klassischen Konditionierung voraus, z.B. die Bedeutung der **Kontingenz (Regelhaftigkeit) von CS und US**. Darunter versteht man (s.o.) die Zuverlässigkeit, mit der der US dem CS folgt. Zufällig auftretende CS und US weisen keine Kontingenz zwischen den Reizen auf. In einer solchen Situation entwickeln Tiere keine Assoziationen, obwohl bei zufälliger Verteilung auch optimale CS-US-Intervalle auftreten. Ursache dafür ist, daß die Tiere allgemeine Umweltreize, also Reize die stets vorhanden sind, wenn der US auftritt (**Kontextstimuli**) mit dem US assoziieren und diese dann den US sicher ankündigen. Die Assoziation eines spezifischen CS wird dadurch blockiert, auch wenn er im optimalen Zeitintervall zum US auftritt, weil ein erwarteter US seine verstärkende Wirkung verloren hat. Variiert man die Kontingenz systematisch, so wächst dem CS eine um so höhere **prädiktive Stärke** zu, je höher die Kontingenz zwischen CS und US ist. Auch das sagt die Theorie voraus.

Aus der Theorie ergeben sich Lernregeln, die als elementare Operationen in netzartig verknüpfte Modellneuronen eingebaut werden können [12, 23]. Es zeigt sich, daß solche Modellnetzwerke dann das Verhalten beim klassischen Konditionieren befriedigend vorhersagen können, wenn (1) eine passende zeitliche Dynamik für die Kontiguitätsdetektion für CS und US implementiert wird, und wenn (2) die Veränderung der synaptischen Effektivität von der Differenz zwischen erwarteter und tatsächlicher US-Stärke abhängt. Wie der CS die erwartete US-Stärke aufruft und als Signal zum Vergleich mit dem tatsächlichen US zur Verfügung stellt, wird von verschiedenen Modellnetzwerken unterschiedlich gelöst. Dies ist daher eine wichtige Frage, die an reale neuronale Netzwerke gestellt wird.

Die Konditionierung ist in eine Hierarchie abhängiger Lernvorgänge eingebunden

Ein erfolgreich konditionierter CS kann als Verstärker in einer neuen Konditionierung wirken. In solchen **Konditionierungen zweiter und höherer Ordnung** geht die Verstärkung nicht mehr von einem primären US aus, dessen Eigenschaft als Verstärker angeboren ist. Vielmehr sind es erlernte Stimuli, die nun als **abgeleitete Verstärker** wirken. Im Verlaufe der primären Konditionierung gewinnt der CS nicht nur Kontrolle über die Reaktion des Tieres (CR), sondern auch über die neuronale Repräsentation des US als Verstärker. Dies könnte darauf beruhen, daß die primäre Assoziation zwischen den Repräsentationen von CS und US gebildet wird und der CS einfach den US-UR-Reflex auslöst. Dagegen spricht, daß selten die CR und die UR gleich sind. Es liegt daher näher anzunehmen, daß eine primäre CS-US-Paarung zu zwei Assoziationen führt, und zwar zu einer, die dem CS die Kontrolle über die Reaktion des Tieres (CR) gibt, und zu einer zweiten, die es dem CS erlaubt, die US-Repräsentation als Verstärker für andere, gepaarte Stimuli zu aktivieren. Ziel neuronaler Analysen ist es, zwischen diesen Möglichkeiten zu unterscheiden und ihr neuronales Korrelat zu finden.

Die Regeln der Kontiguität und Kontingenz sind basale Anpassungen an Bedingungen, wie Information effektiv aus der Ordnung von Umweltereignissen gewonnen werden kann

Assoziatives Lernen im Sinne der klassischen Konditionierung ist eine Eigenschaft aller, selbst sehr einfacher Nervensysteme. Die neuronalen Vorgänge, die der klassischen Konditionierung zugrunde liegen, müssen Mechanismen zur Verfügung stellen, die *Kontiguität detektieren und Kontingenz extrahieren*.

Für die experimentelle Analyse assoziativer Lernvorgänge ist die klassische Konditionierung deshalb so vorteilhaft, weil *unspezifische Effekte der Stimulation und der Verhaltensweisen leicht ausgeschlossen werden können*. In Kontrollexperimenten muß nur sichergestellt sein, daß die Tiere oder das neuronale Substrat gleich vielen Stimulationen mit CS und US ausgesetzt werden, diese aber nicht gepaart werden. Da zudem die klassische Konditionierung ein so basaler Mechanismus assoziativer Plastizität ist, kann er *an methodisch besonders geeigneten Modellsystemen* studiert werden, z.B. an Mollusken, deren Ganglien relativ wenige und recht große Neurone enthalten, oder an Schutzreflexen, deren Schaltkreise aus einem überschaubaren Netzwerk bestehen.

Paarungsspezifische Veränderungen der synaptischen Erregungsübertragung bilden die neuronalen Korrelate der klassischen Konditionierung

Neurone verfügen über eine Reihe von zellulären Mechanismen der aktivitätsabhängigen paarungsspezifischen synaptischen Plastizität (s. Kap. 5.5, Abschn. 23.3). Bei der Suche nach den elementaren Neuronenverschaltungen als Substrat für assoziative Lernvorgänge gilt es zuerst festzustellen, wie die Neurone der CS-, US- und CR/UR-Bahnen verschaltet sind, und dann herauszufinden, welche Synapsen assoziative Plastizität aufweisen. Anschließend läßt sich untersuchen, welche Mechanismen der synaptischen Plastizität zugrunde liegen. Dieser Weg soll an zwei Beispielen erläutert werden, die repräsentativ sind für die beiden Typen assoziativer Plastizität, die bisher gefunden wurden, 1. die **aktivitätsabhängige Neuromodulation** und 2. die **prä-postsynaptische Erregungskoinzidenz**.

Die aktivitätsabhängige Neuromodulation ist der neuronale Mechanismus des konditionierten Kiemenrückzugsreflexes der Meeresschnecke *Aplysia* (Abb. 23-12)

Die Meeresschnecke *Aplysia* schützt ihre Kiemen, indem sie diese auf einen starken Reiz hin kontrahiert (siehe Abb. 23-3). Dieser Reflex läßt sich konditionieren, wenn ein schwacher mechanischer Reiz, der CS, dem starken Reiz (US) mehrmals unmittelbar vorausgeht. Als Konditionierungsschema wird in dem in Abb. 23-12 dargestellten Experiment eine differentielle Konditionierung (s.o.) verwendet. Im reduzierten Präparat wird der US durch einen elektrischen Reiz des Schwanznerven ersetzt. Im Netzwerk ist der US einmal durch eine direkte Bahn zum Motoneuron MN repräsentiert (US-UR-Reflex: US-Auslöserfunktion) und zum zweiten durch eine polysynaptische Bahn, welche die Erregung eines modulierenden (fazilitierenden) Neurons (Faz. N) einschließt. Dessen Erregung führt zur Sensitisierung des Tieres (siehe Abb. 23-3). Diese Bahn repräsentiert die US-Verstärker-Funktion. Korrelate für den S1+ (den zu paarende Stimulus) und den S2- (den nichtgepaarten Stimulus) werden durch Depolarisation über je eine intrazelluläre Elektrode in zwei verschiedenen mechanosensorischen Neuronen erzeugt. Das postsynaptische Neuron ist ein Motoneuron MN, das ebenfalls intrazellulär abgeleitet wird. Im ersten Teil des Experiments (Phase I) wird geprüft, ob eine Erregungskoinzidenz von S1+ und MN im Sinne einer prä-postsynaptischen Erregungskoinzidenz zu assoziativer synaptischer Plastizität führt. Dazu wird das MN unmittelbar nach S1+ depolarisiert. Die MN-Depolarisation stellt also den US dar (US1 in Phase I). S2- wird nicht mit MN-Depolarisation gepaart. In einer zweiten Phase wird S1+-Depolarisation mit der Reizung des Schwanznerven und damit mit der Erregung in dem Faz. N. gepaart. S2- dient weiter als Kontrolle für den Effekt einer differentiellen Konditionierung. Um nochmals zu überprüfen, ob MN an der Entwicklung der assoziativen Plastizität der SN-MN beteiligt ist, wird während der Konditionierungsphase II das MN hyperpolarisiert. Als Maß für die synaptische Plastizität der SN-MN-Synapsen dient die Höhe der EPSP im MN auf je ein Aktionspotential in SN1 oder SN2.

Bei einer Paarung der Erregung in SN1 mit der Erregung von MN (Trainingsphase I) entwickelt sich **keine** assoziative Verstärkung der SN-MN-Synapse. Die Amplitude der EPSP im MN bei Stimulation von SN1 und SN2 unterscheidet sich nicht und nimmt aufgrund einer synaptischen Depression sogar ab. Bei Paarung der Erregung in SN1 und im fazilitatorischen Neuron dagegen (Phase II) entwickelt sich eine assoziative synaptische Verstärkung der Synapse zwischen SN1 und MN. Diese tritt nicht für die ungepaarte Erregung im SN2 auf. Auch nach längerem Zeitintervall (Test 3) zeigt sich, daß die synaptische Verstärkung stabil ist. *Die assoziative synaptische Plastizität in diesem monosynaptischen Schaltkreis beruht also **nicht** auf einer prä-postsynaptischen Erregungskoinzidenz, sondern auf einer erregungsabhängigen assoziativen Verstärkung der präsynaptischen Vorgänge.*

Die molekularen Reaktionswege dieser Verstärkung leiten sich von der nicht-assoziativen, heterosynaptischen Fazilitation ab, wie sie in Abb. 23-4 dargestellt ist.

Das Schlüsselenzym ist die Adenylatzyklase. Diese wird über ein G-Protein vom Serotoninrezeptor zur Synthese von cAMP angeregt. Außerdem aktiviert auch Ca/Calmodulin die Adenylatzyklase. Während der Konditionierung führt zuerst die Erregung durch den CS im SN zu einem Anstieg von $[Ca]_i$ und damit zur Aktivierung der Adenylatzyklase über Ca/Calmodulin. Wird zur Zeit der Ca/Calmodulin-Aktivierung der Adenylatzyklase der US gegeben, führt die zusätzliche Aktivierung der Adenylatzyklase über den Reaktionsweg Serotonin-Ausschüttung, Rezeptor, G-Protein, zu einer übermäßigen Synthese von cAMP. Es wird vermutet, daß diese kooperative Aktivierung der Adenylatzyklase nur dann stattfindet, wenn **zuerst** die Ca/Calmodulin- und **dann** die G-Protein-vermittelte Aktivierung erfolgt. Die stark aktivierte Proteinkinase A ist Ausgangspunkt für eine Reihe von Reaktionswegen (siehe Abb. 23-3d).

Der **molekulare Koinzidenzdetektor** ist in diesem Fall das doppelt geregelte Enzym Adenylatzyklase. Auf der Netzwerkebene stellt sich die assoziative Plastizität als **aktivitätsabhängige Neuromodulation** dar, weil das modulierende Neuron (das fazilitatorische Neuron) in Abhängigkeit von der Aktivität im modulierten Neuron (dem sensorischen Neuron) unterschiedliche Wirkungen hat.

Die prä-postsynaptische Erregungskoinzidenz liegt den neuronalen Mechanismen des konditionierten Lidschlagreflexes der Säugetiere zugrunde

---

Als Beispiel für eine prä-postsynaptische Erregungskoinzidenz soll die *heterosynaptische Plastizität im Zerebellum der Säugetiere* besprochen werden (Abb. 23-13). Das Zerebellum ist ein wesentliches Substrat für die Reflexplastizität und das motorische Lernen (Kap. 6, Abschn. 8.6; Abb. 8-16). Dem hier behandelten Beispiel liegt die Konditionierung des Lidschlagreflexes beim Kaninchen zugrunde [53, 54].

Wird ein Auge mit einem Luftstoß (US) gereizt, schließt sich das Lid reflektorisch, beim Kaninchen durch Rückziehen des Augapfels (Abb. 23-13). Wird der US häufig mit einem Ton (CS) gepaart, dann erfolgt der Schutzreflex auch auf den CS allein. Ausschalt- und Ableitexperiment haben gezeigt, daß die assoziationsspezifische Plastizität nicht im Reflexkreis lokalisiert ist, sondern in einem parallelen Netzwerk, welches das Zerebellum einschließt. Der US ist in den aufsteigenden Kletterfasern (KF) des Zerebellums repräsentiert, da er durch eine elektrische Reizung in der unteren Olive ersetzt werden kann. Der CS erreicht das Zerebellum über die Moosfasern (MF) und ist in den Parallelfasern (PF) der Granulazellen (GZ) repräsentiert. Die PF konvergieren mit den KF auf die Aus-

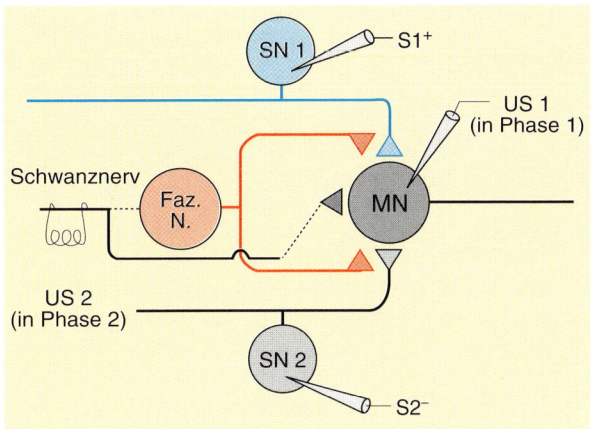

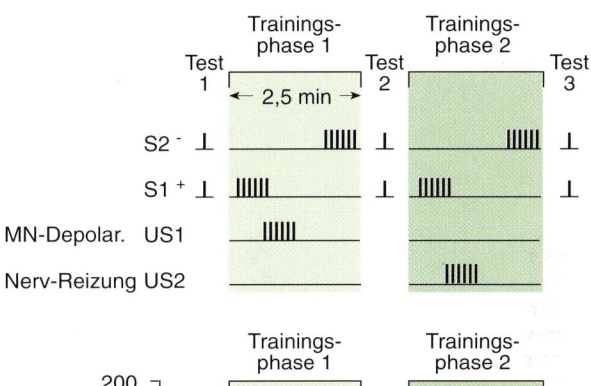

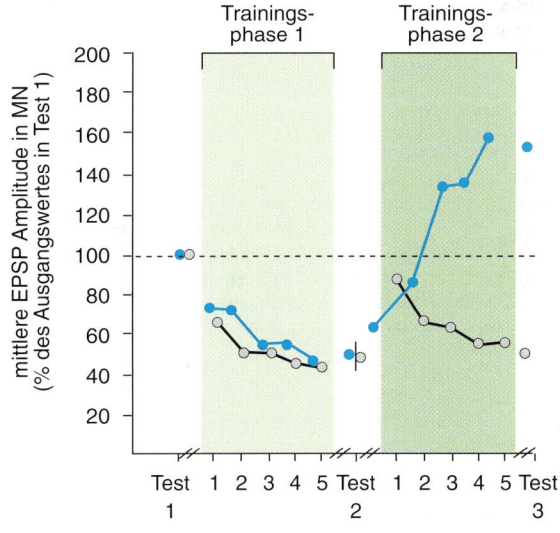

Abb. 23-12. Differentielle Konditionierung eines monosynaptischen Schutzreflexes bei der Meeresschnecke *Aplysia*. Das Experiment hat zwei Phasen. In Trainingsphase I wird die Erregung im sensorischen Neuron SN1 mit der Erregung im Motoneuron MN gepaart. Die Kurve im linken Block (unten) zeigt, daß die EPSPs im MN langsam kleiner werden (Habituation) und daß kein Unterschied besteht zwischen den über SN1 oder SN2 ausgelösten EPSPs. Wird dagegen die Erregung in SN1 mit der Erregung im fazilitatorischen Neuron (Faz. N.) gepaart, steigt die Größe der über SN1 ausgelösten EPSPs im MN an (blaue Kurve, Trainingsphase 2). Diese Steigerung der synaptischen Übertragung ist ein assoziativer Effekt, weil die nicht gepaarte Erregung in SN2 (S2⁻) zu keiner Zunahme der EPSP führt. Test 3 zeigt, daß die Zunahme der synaptischen Übertragung über längere Zeit stabil bleibt (nach [15, 16])

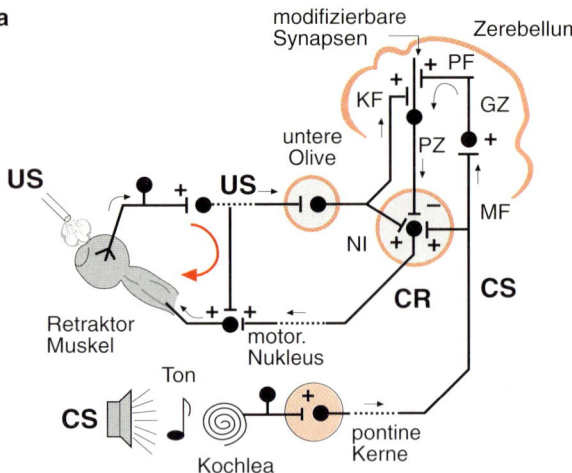

a

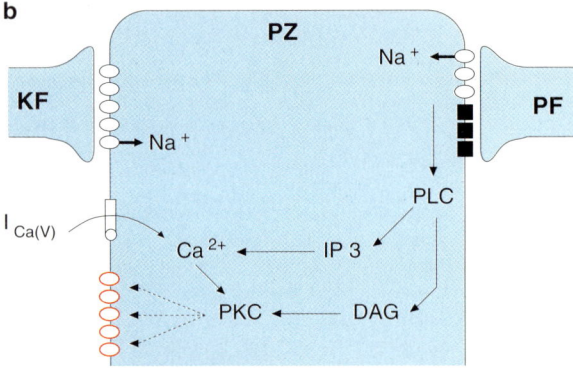

b

Abnahme der Zahl und
der Empfindlichkeit von
AMPA-Rezeptoren

Abb. 23-13. a Verschaltung der neuronalen Bahnen, die der klassischen Konditionierung des Lidschlagreflexes zugrunde liegen. Die assoziative Plastizität liegt nicht im Reflexkreis (dunkelroter halbkreisförmiger Pfeil), sondern in der parallelen Bahn, die zum Zerebellum und von dort zu den tiefen zerebellaren Nuklei führt. MF, Moosfasern; GZ, Granulazellen; PF, Parallelfasern; KF, Kletterfasern; PZ, Purkinje-Zellen; NI, Nucleus interpositus; US, unkonditionierter Stimulus; CS, konditionierter Stimulus (nach [28], verändert). **b** Zelluläre Mechanismen der zerebellaren LTP in den Purkinje-Zellen (PZ). Gleichzeitiger Erregungseingang über die Kletterfasern (KF) und die Parallelfasern (PF) führt zu einer Abnahme der Zahl und der Empfindlichkeit von AMPA-Rezeptoren. Diese sind für die Erregungsbildung in den PZ vor allem verantwortlich. Für die molekulare Detektion der Erregungskoinzidenz ist die Proteinkinase C (PKC) zuständig. (rotes O: AMPA-Rezeptoren, ■: metabotrope Glu-Rezeptoren, PLC: Phospholipase C) (nach [36])

gangsneuronen des Zerebellums, die Purkinje-Zellen (PZ). Die Axone der PZ projizieren in tiefere zerebellare Nuklei (Nucleus interpositus, Nucleus dentatus). Diese sind ein zweiter Ort der CS (MF)- und US (KF)-Konvergenz. Von dort führt eine multisynaptische Bahn (über Nucleus ruber und den ventralen Thalamus) zu dem motorischen Nukleus, der die Augenmuskel ansteuert (Kap. 8.6, Abb. 8-16). Beide Orte der Konvergenz sind wesentliche Substrate für die paarungsspezifische Plastizität dieses

Netzwerks. Die paarungsspezifische Plastizität ist also nicht in dem Reflexkreis, sondern in parallelen Bahnen lokalisiert. Die Konvergenz der UR- und CR-Kommandos erfolgt im motorischen Nukleus.

LTD der Purkinje-Zellen ist ein Substrat für die Lidschlag-Konditionierung

Gleichzeitige Erregung von Parallel- und Kletterfasern führt zu einer stundenlangen Depression (**LTD**) der Erregung der Purkinje-Zellen auf spätere Parallelfasereingänge hin. Da die Purkinje-Zellen inhibitorisch auf die Ausgangsneurone der tieferen zerebellaren Nuklei wirken, führt die LTD zu einer Disinhibition der prämotorischen Neurone des Nucleus interpositus und des Nucleus dentatus. Dadurch wird der CS-Eingang z.B. in den Nucleus interpositus gebahnt, und der CS kann die Reaktion (Lidschluß) auslösen. (Abb. 23-13).

Im Verhaltensexperiment muß der CS dem US unmittelbar vorausgehen, eine umgekehrte Sequenz oder größere Zeitintervalle führen zu keiner Konditionierung. Die Entwicklung von LTD in den Purkinje-Zellen ist dagegen nicht sehr empfindlich für die Sequenz der Erregung in Parallel- und Kletterfasern. Daraus schließt man, daß auch die Konvergenz der CS- und US-Bahnen im Nucleus interpositus zur Konditionierung beiträgt und für die zeitliche Spezifität verantwortlich ist [28, 54].

Die assoziative LTD wird in den Purkinje-Zellen durch synchrone Aktivierung von zwei verschiedenen Glutamat-Rezeptoren induziert

Beide exzitatorischen Eingänge zu den Purkinje-Zellen sind glutamaterg. Erregung der *Kletterfasern* führt zur Depolarisation der Purkinje-Zellen über einen Na-Einstrom durch Glu-Rezeptoren vom AMPA-Typ (Abb. 23-13b, s. auch Abb. 5-21). Daraufhin steigt $[Ca]_i$ vermittelt durch spannungsabhängige Ca-Kanäle ($I_{Ca}(V)$, Abb. 23-13b). Erregung der *Parallelfasern* bewirkt sowohl einen Na-Einstrom, als auch eine Aktivierung *metabotroper Glu-Rezeptoren*. Die Folge ist die Freisetzung der Botenstoffe IP_3 und DAG. Eine molekulare Koinzidenzstelle für die erregungsabhängige Aktivierung der beiden sekundären Boten Ca^{2+} und DAG ist die Proteinkinase C (PKC). Sie wird durch Ca^{2+} und DAG kooperativ geregelt. PKC-Aktivierung bewirkt eine Abnahme der Zahl und der Empfindlichkeit der AMPA-Rezeptoren der Purkinje-Zellen und damit LTD [36].

Die assoziative LTD des Zerebellums unterscheidet sich von anderen Formen assoziativer LTD des Kortex darin, daß beide Eingänge synchron erregt sein müssen, um LTD zu induzieren. Im Kortex führt spezifische Asynchronität zu LTD (siehe Abschnitt 23.3, Abb. 23-10e).

Langzeitige Potenzierung (LTP) kann homosynaptisch (nichtassoziativ) und heterosynaptisch (assoziativ) induziert werden (Abb. 23-10a, b). Im Hippokampus tritt die homosynaptische Form in den Synapsen zwischen den Axonen der Granulazellen und der CA3-Pyramidenzellen auf (Abb. 23-14a). Synchrone niederfrequente Erregung der beiden Eingänge zu den CA1-Pyramidenzellen, den Axonen der CA3-Pyramidenzellen (Schaffer-Kollateralen) und den Kommissaralfasern, führt zu assoziativer LTP in den CA1-Pyramidenzellen (Abb. 23-10b, 23-14). Die Erregungskoinzidenz wird von dem doppelt geregelten NMDA-Rezeptor detektiert. Die Depolarisation durch den einen Eingang beseitigt den Mg-Block, und der Rezeptor wird für Ca^{2+} permeabel (Kap. 5.5). LTP wird wahrscheinlich aufrechterhalten durch Prozesse, die die präsynaptische Seite einbeziehen. Dabei spielen retrograde Transmitter eine Rolle, z.B. NO (siehe auch Abb. 5-16, 23–11). NO wird bei starkem Anstieg von $[Ca]_i$ in den CA1-Neuronen synthetisiert und diffundiert in benachbarte Neurone. In diesen induziert es über die Aktivierung einer Guanylatzyklase noch unbekannte Prozesse. Auch die Synapsen benachbarter CA1-Neurone werden dann langzeitig potenziert, wenn die präsynaptische Seite dieser Synapsen ebenfalls erregt sind (Abb. 23-14b).

Da der Hippokampus eine wichtige Rolle bei bestimmten Lernformen spielt (s. Abschn. 23.7), nimmt man an, daß die assoziative LTP ein zelluläres Substrat für Lernvorgänge im Säugergehirn darstellt.

Die Bedeutung synchroner Erregungsabläufe für die Entwicklung und Stabilisierung der synaptischen Verschaltung zwischen Neuronen wurde bereits 1949 von D. Hebb [2] bei der Suche nach den neuronalen Grundlagen von Lernvorgängen erkannt. Er vermutete einen besonders effektiven Weg der **Verstärkung synaptischer Verbindung**, wenn die prä- und postsynaptischen Zellen gleichzeitig erregt sind. „*Wenn Zelle A Zelle B erregt und häufig an deren Erregungsbildung beteiligt ist, könnten Wachstumsprozesse oder metabolische Vorgänge in einer oder beiden Zellen ausgelöst werden, die dazu führen, daß dann A viel leichter B erregen kann*". Aufgrund dieser Einsicht wird heute häufig von „Hebb-Mechanismen" oder „Hebb-Synapsen" gesprochen, wenn man Plastizität aufgrund prä-postsynaptischer Koinzidenzvorgänge meint.

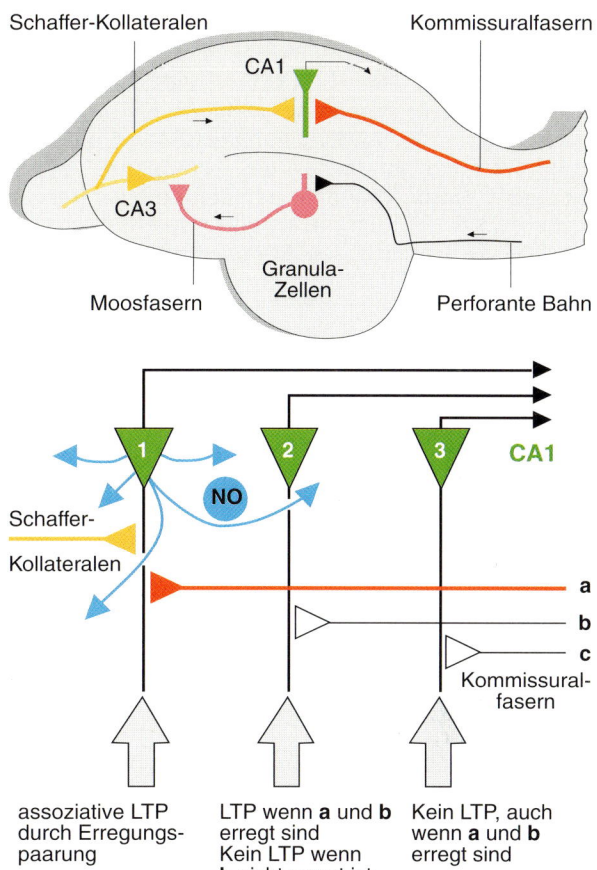

Abb. 23-14. Homosynaptische und heterosynaptische (assoziative) LTP im Hippokampus. Homosynaptische LTP entwickelt sich, wenn Granulazellen die CA3-Pyramidenzellen sehr stark erregen a. Assoziative LTP wird in den CA1-Pyramidenzellen induziert, wenn die Axone der CA3-Neurone (Schaffer-Kollateralen und a) und die Kommissaralfasern synchron niederfrequent (1 Hz Aktionspotentialfrequenz) erregt sind. Assoziative LTP wird auch in unmittelbar benachbarten CA1-Neuronen (Nr. 2) induziert, die selbst nicht depolarisiert sind (b). Voraussetzung dafür ist, daß deren Eingänge (b) ebenfalls schwach erregt sind. In fernen CA1-Neuronen (Nr. 3) entwickelt sich keine LTP, auch wenn deren Eingänge (c) erregt sind. Diese Nachbarschaftswirkung wird durch NO vermittelt (nach [10, 48])

23.6 Assoziatives Lernen durch operante Konditionierung

Die ersten Beschreibungen operanten Lernens stammen von Thorndike [55], der Katzen beobachtete, wie sie sich aus Käfigen befreiten. Werden sie zum ersten Mal in einen solchen Käfig gesperrt, versuchen sie alle möglichen Aktionen (*operante*

Aktivität: *Ausprobieren, trial and error*), um zu entkommen. Viele dieser Versuche führen zu keinem Ergebnis. Wenn aber eine Aktion zum Entkommen führt, wird diese Aktion beim erneuten Einsperren frühzeitiger und sicherer durchgeführt. Sind operante Aktionen mit Bestrafung verbunden, zeigen die Tiere diese Aktionen seltener oder später in einer ähnlichen Situation. Es gibt also ein Gedächtnis für die hinweisenden Stimuli und die eigenen Aktionen (Tabelle 23-1).

Verhaltensregeln der operanten Konditionierung. Seit Skinner [6] untersucht man häufig die operante Konditionierung in standardisierten Käfigen (**Skinner-Box**). Eine der *spontanen Aktionen A* des Tieres führt zu einer *Verstärkung V* (z.B. Belohnung mit Futter oder Bestrafung mit elektrischem Reiz). Nur wenn ein strenger zeitlicher Zusammenhang (**Kontiguität**) und eine Regelhaftigkeit (**Kontingenz**) zwischen **A** und **V** besteht, ändert das Tier sein Verhalten. Voraussetzung ist, daß das Tier das relevante Verhalten auch spontan zeigt und es aktiv ausführt. Da mit der Aktion **A** stets *Umweltsignale S* (z.B. Futter in der rechten Ecke) verbunden sind oder als Hinweissignale auftreten können (z.B. A führt nur dann zu Futter, wenn ein Licht leuchtet), sind **A** und **S** innig miteinander verbunden. *Bei der klassischen Konditionierung wird der Stimulus zum Prädiktor der Verstärkung, bei der operanten Konditionierung wird eine prädiktive Beziehung zwischen dem Stimulus und dem eigenen Verhalten aufgebaut.*

Welche Assoziationen beim operanten Lernen gebildet werden, ist schwer zu entscheiden. Es verwundert daher nicht, daß es seit Thorndike verschiedene Ansätze gibt, die Art der Assoziationen zu erklären. Gute Argumente sprechen für eine **A-V**(Aktion-Verstärker)-**Assoziation**, weil die Aktion des Tieres der Verstärkung vorangehen muß, um zu erfolgreichem Lernen zu führen. Die Hinweissignale können aber nicht vernachlässigt werden, da z.B. Tauben und Ratten verschiedene Aktionen mit demselben Verstärker erlernen können, wenn die Hinweissignale verschieden sind. Diese Tiere können auch lernen, die gleichen Aktionen mit verschiedenen Verstärkern zu verbinden, wenn verschiedene Hinweissignale gegeben werden. Eine Synthese dieser Befunde erreicht man mit der Annahme einer **hierarchischen Anordnung von Assoziationen S-(A-V)**, wobei die stärkste Verknüpfung zwischen Aktion und Verstärker erfolgt und diese Assoziation zu einem abgeleiteten Verstärker für die damit verbundenen Hinweissignale wird.

Die Suche nach dem neuronalen Substrat für operantes Lernen ist vor allem dadurch erschwert, daß die Tiere sich aktiv verhalten müssen, um zu lernen

Daher besteht die Schwierigkeit, die Lerneffekte von generellen Verhaltenseffekten zu trennen. Will man z.B. wissen, ob eine bestimmte Droge oder eine Gehirnschädigung den operanten Lernvorgang beeinflußt, dann muß man einen unspezifischen Einfluß über eine Verhaltensbeeinträchtigung ausschließen. Eine Möglichkeit besteht darin, als Verhaltenskriterium die Wahl zwischen zwei oder mehreren Alternativen heranzuziehen, anstatt die Intensität des Verhaltens (z.B. Geschwindigkeit oder Latenz einer Aktion) zu messen. Eine andere Möglichkeit besteht darin zu prüfen, ob die experimentelle Manipulation (Droge, Gehirnschädigung) verschiedene operante Lernvorgänge gleichermaßen betrifft, also z.B. in einer Strafdressur die Vermeidungsaktion bzw. in einer Belohnungsdressur die Annäherung. Oder man manipuliert zusätzlich die Verhaltensintensität mit Hilfe von Drogen und prüft, ob trotzdem das Lernverhalten gleichermaßen betroffen ist. *Mit all diesen Versuchsansätzen zielt man auf den Nachweis einer spezifischen Beziehung zwischen der experimentellen Manipulation und den neuronalen Mechanismen der operanten Konditionierung.*

Die neuronale Analyse des operanten Lernens versucht, die essentiellen Elemente im Netzwerk zu identifizieren

Die Suche nach den *neuronalen Elementen operanter Konditionierung* geht von drei basalen Phänomenen aus: 1) das Verhalten kann in minimale Komponenten aufgeteilt werden. Skinner nannte sie „**Verhaltensatome**". Diese können z.B. in der Wendung rechts-links, Bewegung schneller-langsamer, Phase einer rhythmischen Bewegung beschleunigt-verlangsamt u.ä. bestehen; 2) das Verhalten hat eine starke spontane Komponente. Die „Verhaltensatome" oder ganze motorische Sequenzen werden von dem Tier zum **Ausprobieren** erzeugt; 3) ein assoziatives Lernen tritt nur auf, wenn eine zeitliche **Kontiguität** zwischen einem Verhaltenselement und der Verstärkung besteht. Die Schemata in Abb. 23-15a–d zeigen mögliche minimale Netzwerkmodelle, die den Kriterien der operanten Konditionierung genügen. Sie basieren auf den beiden zellulären Prinzipien der assoziativen Plastizität, wie wir sie für die klassische Konditionierung kennengelernt haben, der assoziativen Neuromodulation und der prä-postsynaptischen Erregungskoinzidenz. Experimentelle Befunde an realen neuronalen Netzen sind erst in Ansätzen bekannt (vgl. Kap. 8.5, Abb. 8-15).

Das neuronale Substrat der spontanen Aktion A ist ein zentraler Mustergenerator (ZMG, siehe Kap. 7, 8 und Abschn. 23.1). Er hat zwei Zustände (A_R A_L), die zu den „Verhaltensatomen" R und L führen. Der Verstärker V ist neuronal durch ein fazilitatorisches Neuron repräsentiert. Die Hinweissignale S konvergieren mit V auf die

Aktionszustände A_R und A_L. Diese Konvergenzstellen sind die wesentlichen adaptiven Elemente dieser Modell-Schaltkreise. Andere Konvergenzstellen sind in realen neuronalen Netzen wahrscheinlich. So konnte z.B. für die operante Konditionierung der Beinstellung von Insekten gezeigt werden, daß sich das Motoneuron operant anpaßt.

Die Netzwerkmodelle werden durch Verhaltensbeobachtungen und Analysen realer neuronaler Netze bestätigt

Die **Modell-Netzwerke** in Abb. 23-15a, b zeigen die beiden Möglichkeiten der von einem *fazilitatorischen Neuron initiierten assoziativen Plastizität*. Die erste Version mit der präsynaptisch *wirkenden assoziativen Neuromodulation* wurde in Modellen simuliert und ergab eine gute Übereinstimmung mit Verhaltensbeobachtungen zum operanten Konditionieren bei der Meeresschnecke *Aplysia*. Für die zweite Möglichkeit, *die prä-postsynaptische Erregungskoinzidenz*, sprechen folgende Befunde an Neuronen im Hippokampus. Dopamin wirkt im Hippokampus als **fazilitatorischer Transmitter** und könnte somit das **Verstärkersignal V** repräsentieren. Appliziert man mit einer Kapillare Dopamin in kurzen Pulsen in die Nähe eines CA1-Neurons immer dann, wenn dieses Neuron spontan aktiv ist, so steigt die Häufigkeit seiner Entladungssalven stark an. Dies ist nur dann der Fall, wenn eine strenge Kontiguität zwischen der spontanen Aktivität im CA1-Neuron und den Dopaminpulsen besteht. Ein zufälliges Pulsen von Dopamin führt sogar zu einer Abnahme der Aktivität im CA1-Neuron. *Damit zeigt das CA1-Neuron essentielle Eigenschaften der operanten Konditionierung.* Die Modell-Schaltkreise c und d in Abb. 23-15 nehmen Befunde der Verhaltensbeobachtungen auf, wie sie in großer Zahl mit Skinnerboxen (s.o.) erhoben wurden. Sie berücksichtigen die Bedeutung der Hinweissignale S. Für das kombinierte Modell d spricht, daß es die aus den Verhaltensanalysen geschlossene hierarchische Assoziation einbezieht.

Motorisches Übungslernen besteht im aktiven Korrigieren fehlerbehafteter efferenter Programme

Obwohl diese Modell-Netzwerke nur Analogien und nicht Korrelate realer neuronaler Verschaltungen darstellen, helfen sie doch, die für die operante Konditionierung essentiellen Komponenten aufzufinden. Setzt man einer Versuchsperson eine Prismenbrille auf, die oben mit unten oder rechts mit links vertauscht, lernt die Versuchsperson innerhalb weniger Tage, sich in der „verkehrten Welt" zu orientieren und sieht die Welt normal (Kap. 8.6).

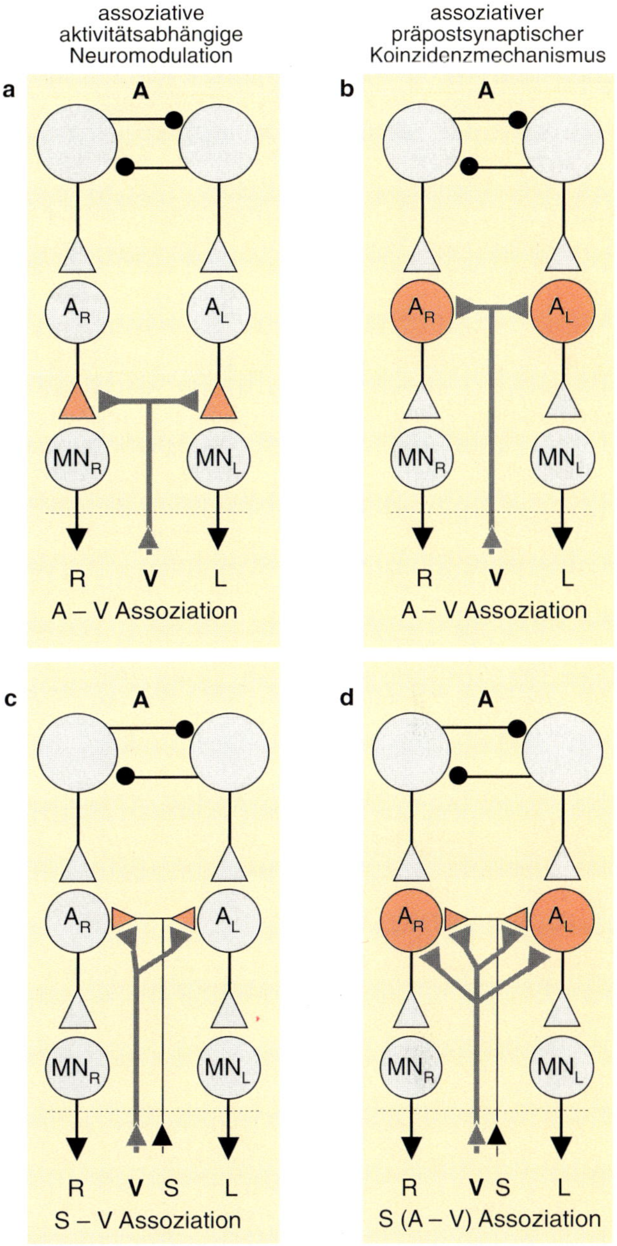

| assoziative aktivitätsabhängige Neuromodulation | assoziativer präpostsynaptischer Koinzidenzmechanismus |

a — A — A_R A_L — MN_R MN_L — R V L — A – V Assoziation

b — A — A_R A_L — MN_R MN_L — R V L — A – V Assoziation

c — A — A_R A_L — MN_R MN_L — R V S L — S – V Assoziation

d — A — A_R A_L — MN_R MN_L — R V S L — S (A – V) Assoziation

Abb. 23-15. Vier Modell-Schaltkreise, die der operanten Konditionierung zugrunde liegen könnten. Abkürzungen: A: neuronales Substrat für die Aktion (zentraler Mustergenerator ZMG mit wechselseitiger Inhibition), A_R und A_L: die beiden Zustände des ZMG (rechts aktiv und links aktiv), MN_R, MN_L: Motoneurone, die den beiden Zuständen zugeordnet sind, R und L: die ausgeführten Aktionen Rechts-links-Wendung, V: Verstärkungssignal der Außenwelt, S: Hinweissignale der Außenwelt. Die plastischen Synapsen bzw. Neurone sind rot markiert. Die Netzwerke **a** und **c** gehen von einer assoziativen aktivitätsabhängigen Neuromodulation aus, die zu einer präsynaptischen Veränderung führt; die Netzwerke **b** und **d** von einem assoziativen prä-postsynaptischen Koinzidenzmechanismus, der sich prä- und postsynaptisch auswirkt. In den Netzwerken **a** und **b** wird die basale assoziative Komponente der operanten Konditionierung, die A-V-Assoziation modelliert, in dem Netzwerk **c** die S-V-Assoziation; im Netzwerk **d** die hierarchische Assoziation S (A-V)

Genauso verhält sich eine an einem Drehmomentkompensator stationär fliegende *Drosophila*. Führt eine intendierte Rechtsdrehung der Fliege nicht zu der erwarteten Linksverschiebung der Umwelt, sondern zu einer Rechtsverschiebung, dann lernt die Fliege diese neuen Zusammenhänge nach einiger Übung. Wichtig für die Versuchsperson und *Drosophila* ist, daß sie sich **aktiv bewegen**, daß also ihr eigenes motorisches Programm zu den nun verkehrten Rückmeldungen führt. Das neuronale Substrat läßt sich am Flugsteuersystem der Heuschrecke studieren. Verzögert man z.B. die sensorischen Rückmeldungen während bestimmter Phasen des Flügelschlags, dann stellt sich der ZMG des Flugprogramms innerhalb kurzer Zeit auf das neue Zeitmuster der Sensorik ein. Es zeigt sich, daß *der operante Lerneffekt in einem Vergleich zwischen dem generierten und dem ausgeführten motorischen Programm besteht.* Die Sensorik meldet das ausgeführte Programm, und diese Meldung stellt das Verstärkersignal V dar. Bei zeitlicher Passung mit dem motorischen Programm wird das Entladungsmuster des ZMG stabilisiert. *Abweichungen werden dadurch korrigiert, daß in den ständig fluktuierenden Erregungsmustern des ZMG jene stabilisiert werden, die den neuen Bedingungen am besten angepaßt sind* [26, 41].

23.7 Gedächtnis: Spuren neuronaler Plastizität im Nervensystem

Lernen führt zu vielfältigen Formen des Gedächtnisses

Lernen führt zu Veränderungen in der Verschaltung des Nervensystems, und Gedächtnis ist das Anhalten dieser Veränderungen über die Zeit sowie ihr Wirksamwerden zu einem späteren Zeitpunkt. Da Lernen das Verhalten lebenslang verändern kann, muß das Gedächtnis auf stabilen und lang andauernden Änderungen der synaptischen Verschaltungen im Nervensystem beruhen. Die **Bildung des Gedächtnisses** ist ein dynamischer Prozeß der Selbstorganisation des Nervensystems, in dessen Verlauf die Information in unterschiedlicher Weise und unter Beteiligung verschiedener neuronaler Strukturen gespeichert wird. Das Gedächtnis durchläuft daher zeitliche Phasen, und die Orte des Gedächtnisses im Nervensystem können sich dabei verändern. Die Lokalisation des stabilen Langzeitgedächtnisses hängt beim Menschen nicht nur von den beteiligten sensorischen und motorischen Systemen ab, sondern auch davon, ob sich die Lerninhalte auf bewußt werdende Inhalte oder auf automatisierte Bewegungs- und Wahrnehmungsleistun-

gen beziehen. Damit ein Gedächtnisinhalt für die Verhaltenssteuerung wirksam wird, muß er durch einen **Aufruf- und Auslesevorgang** aktiviert werden. *Da das Gedächtnis nur über den Auslesevorgang zugänglich ist, kann häufig nur sehr schwer zwischen der Gedächtnisbildung und dem Gedächtnisabruf unterschieden werden.*

Die Zeitabhängigkeit des Gedächtnisses beruht auf unterschiedlichen Mechanismen der neuronalen Informationsspeicherung und des Gedächtnisabrufs

Ein traumatisches Ereignis (Gehirnerschütterung; elektrokonvulsiver Schock; Drogen, welche die neuronale Aktivität oder die Proteinsynthese in Neuronen blockieren; selektiver Ausfall einer Gehirnregion als Folge einer Durchblutungsstörung oder eines Tumors) kann zu einem zeitlich selektiven Gedächtnisausfall (**Amnesie**) führen. Ist eine zurückliegende Erinnerung betroffen, spricht man von **retrograder Amnesie**, ist zukünftiges Einspeichern geschädigt, von **anterograder Amnesie**. Das Phänomen der anterograden Amnesie bei ungestörtem Gedächtnis für vor-traumatische Lerninhalte ist ein Indiz dafür, daß das Einspeichern andere und zusätzliche Gehirnbereiche benötigt als das Abrufen aus dem Gedächtnis (unten). Die retrograde Amnesie betrifft meist nur das kurz zuvor Gelernte, während älteres Gedächtnis ungestört ist. Die Zeitspanne des rückwirkenden Gedächtnisausfalls schwankt zwischen Sekunden und Jahren. Sie hängt von der Art und Stärke der traumatischen Einwirkung ab. Wird z.B. die geordnete neuronale Aktivität des Gehirns im Tierexperiment nach einem Lernvorgang mit elektrokonvulsiven Schocks kurzfristig und schwach blockiert, liegt die retrograde Amnesiespanne im Sekunden- und Minutenbereich. *Daraus kann man schließen, daß neue Gedächtnisinhalte anfänglich in einer störbaren Form vorliegen und mit der Zeit in ein stabiles, langzeitiges Gedächtnis überführt werden.*

Die Ergebnisse solcher Experimente sind mitunter schwer zu interpretieren, weil (1) die Amnesie-auslösende Behandlung zu einem inhibitorischen Lernvorgang führen könnte (elektrische Stimulation des Gehirns könnte als ein Strafreiz wirken und dem gerade Gelernten entgegenwirken), (2) die Verhaltensmotivation durch die Behandlung drastisch verändert werden könnte (Proteinsyntheseblokker z.B. machen die Tiere krank). Tatsächlich wird beobachtet, daß manchmal über längere Zeiträume Gedächtnisinhalte wieder wirksam werden, und bestimmte Drogen (z.B. die bei Wirbeltieren anregend wirkenden Drogen Amphetamin und Strychnin) den Amnesieeffekt teilweise kompensieren können. Die amnesieauslösende Behandlung hat also auch das Abrufvermögen und nicht nur den Einspeichervorgang betroffen. Trotz dieser Schwierigkeiten ist der Schluß gerechtfertigt, daß die Störung der geordneten neuronalen Erregung und des Metabolismus der Neurone kurzfristig nach dem Lernen das Gedächtnis beeinträchtigen, nicht aber, wenn einige Zeit (im Minutenbereich) vergangen ist.

Gedächtnisinhalte werden durch Konsolidierung in langzeitige Gedächtnisformen überführt

Hinweise auf eine frühe sensible und eine späte stabile Gedächtnisphase geben auch Verhaltensexperimente. Ebbinghaus [18] fand vor mehr als einhundert Jahren bei seinen Untersuchungen über das Erlernen von sinnlosen Silben beim Menschen, daß sich zwei kurz aufeinander folgende Lernvorgänge stören. Bei der klassischen Konditionierung einer einfachen Reaktion (Lidschlagreflex des Kaninchens) zeigt sich ebenfalls, daß ein überraschendes Ereignis unmittelbar im Anschluß an einen Konditionierungsvorgang (z.B. das Auftreten eines konditionierten CS ohne den daraufhin erwarteten US) den Lernfortschritt verlangsamt, also die Gedächtnisbildung reduziert. Aus diesen Beobachtungen schließt man, daß bei jedem Lernvorgang ein frühes, kurzzeitiges Gedächtnis in ein spätes, langzeitiges Gedächtnis sukzessive überführt (konsolidiert) wird. Dazu ist Zeit und ein ungestörtes Anhalten der neuen Gedächtnisspur nötig. Die **Konsolidierungsphase** ist beim Menschen mit der mitunter auch bewußt werdenden Wiederholung des Lerninhalts (z.B. stilles Aufsagen einer neuen Telefonnummer) verbunden.

Die Empfindlichkeit des **kurzzeitigen Gedächtnis** für Störungen der neuronalen Erregung hat zu der Hypothese geführt, daß kreisende Erregungsmuster in positiv rückgekoppelten Neuronenschaltungen Grundlage des frühen Gedächtnisses sein könnten. Für diese Vorstellung wurden bisher keine Hinweise gefunden. Wahrscheinlicher ist, daß verschiedene Formen der synaptischen Plastizität als Kurzzeitspeicher fungieren: die anhaltenden Formen der synaptischen Potenzierung (LTP, LTD, heterosynaptische Fazilitation und Depression). Diese Formen der synaptischen Plastizität werden vermittelt durch intrazelluläre Reaktionskaskaden, in denen sekundäre Botenstoffe (Ca^{2+}, cAMP, IP_3, Diacyl-glycerol, u.a.) eine wichtige Rolle spielen (siehe Abschnitte 23.2 und 23.5).

Gedächtnismutanten von *Drosophila* unterscheiden sich in der Störung bestimmter Gedächtnisphasen

Konditioniert man *Drosophila* differentiell auf Duft, indem man einen Duft D1 mit einem elektrischen Strafreiz paart und einen anderen Duft D2

ohne Strafreiz präsentiert, dann lernen die Fliegen, nach mehrmaliger Wiederholung D1 zu vermeiden und D2 zu wählen. Das Gedächtnis fällt bei den wildtypischen Fliegen über Stunden langsam ab. Bei den Einzelgen-Mutanten *amnesiac*, *rutabaga* und *dunce* ist anfänglich das Gedächtnis gut, verfällt dann sehr viel schneller und bleibt später stabil (Abb. 23-16).

Das sich nach einer Stunde einstellende langzeitige Gedächtnis ist also bei allen drei Mutanten nicht gestört. Ein mittelzeitiges Gedächtnis aber ist stets gestört, und ein kurzzeitiges Gedächtnis (< 30 min) nur bei der Mutante *dunce*. Die selektive Störung des mittelzeitigen Gedächtnisses ist besonders deutlich bei *amnesiac*. Diese Mutante ist auch resistent gegen die retrograd amnestische Wirkung einer Abkühlung der Fliegen unmittelbar nach dem Lernen. Daraus läßt sich schließen, daß für das Mittelzeitgedächtnis ein ungestörter Stoffwechsel notwendig ist, nicht aber für das Langzeitgedächtnis. Weiter belegen die Befunde, daß sich das Langzeitgedächtnis auch ohne ein Mittelzeitgedächtnis entwickeln kann (s.u.).

Andere Mutanten, wie *turnip*, *DCO*, *shaker*, sind im Lernen geschädigt. Da die Blockaden des Zellstoffwechsels für die meisten dieser Mutanten bekannt sind (Abb. 23-17), lassen sich die Reaktionswege rekonstruieren, die für Lernen und die beiden frühen Gedächtnisphasen notwendig sind.

(1) **Lerndefekte** treten auf, wenn ein bestimmter Kaliumkanal *(shaker)* oder die Regulation der Proteinkinase C gestört sind. Für die Detektion der CS/US-Erregungskoinzidenz (assoziatives Lernen) ist also vor allem der PKC-

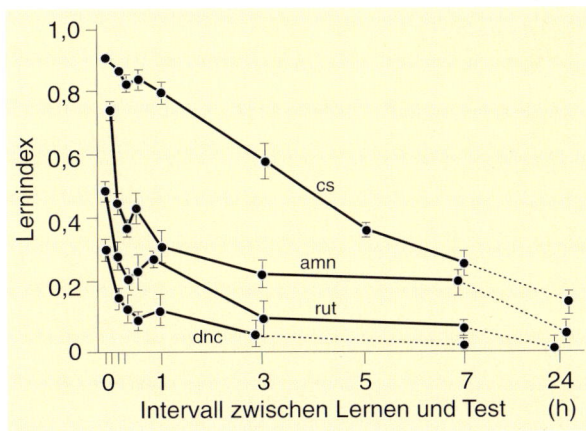

Abb. 23-16. Gedächtnisverlauf von wildtypischen *Drosophila* (CS, Canton-S) und drei Mutanten, *amnesiac (amn)*, *rutabaga (rut)* und *dunce (dnc)*. Die Tiere wurden zum Zeitpunkt 0 mit Strafreizen auf Duft dressiert und bei einem zweiten Duft nicht bestraft (differentielle Konditionierung). Der Lernindex (Ordinate) wurde zu verschiedenen Zeiten (Abszisse) nach der Konditionierung bestimmt. Der Lernindex ist definiert durch den Anteil der Tiere, die den bestraften Duft vermeiden, minus dem Anteil der Tiere, die den unbestraften Duft vermeiden. Ein Index von 1 bedeutet perfektes Lernen, von 0 kein Lernen [56]

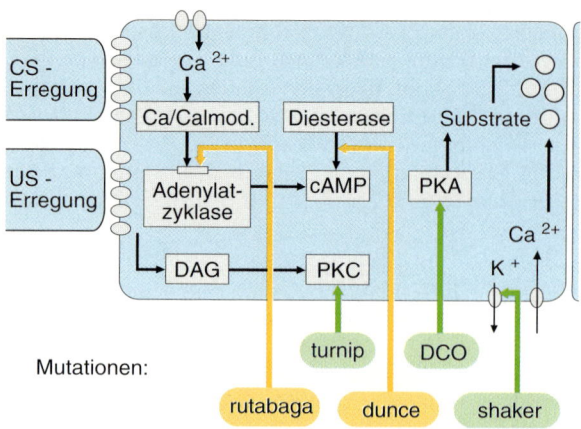

Mutationen:

Abb. 23-17. Intrazelluläre Reaktionswege, die dem olfaktorischen Lernen und Gedächtnis von *Drosophila* zugrundeliegen könnten. Die Mutationen sind im Text erklärt. Grün sind Lernmutanten markiert, blau Gedächtnismutanten. Die Auswirkungen der Mutationen auf den Zellstoffwechsel sind mit Pfeilen (am Ende der gepunkteten Linien) dort markiert, wo die Reaktionsketten blockiert sind. Vergleiche mit Abb. 23-3d. DAG: Diacylglycerol, PKA: Proteinkinase A, PKC: Proteinkinase C [57]

vermittelte Reaktionsweg wichtig (PKC-Mutante *turnip*, PKC-abhängige Regulation der PKA. Normales Lernen zeigt die Mutante *rutabaga*, bei der die Ca/Calmodulin-abhängige Regulation der Adenylatzyklase gestört ist. (2) Störungen des Mittelzeitgedächtnisses sind mit einer fehlenden Regulation des cAMP-Spiegels verknüpft (Mutanten *rutabaga* und *dunce*).

Die Dynamik des Gedächtnisses läßt sich mindestens drei zeitlichen Phasen zuordnen

Die dargestellten Befunde zur verhaltensanalytischen, physiologischen und biochemischen Charakterisierung des Gedächtnisses von Menschen und Tieren lassen sich in einem Funktionsschema zusammenfassen (Abb. 23-18). Ein **sensorischer Speicher** erhält für einige Sekunden die *stimulusspezifische Erregung*. In dieser Zeit findet auch die Assoziation mit anderen Reizen oder mit inneren Zuständen des Tieres statt (Lernvorgang). Das **Kurzzeitgedächtnis** ist durch seine *begrenzte Speicherkapazität* (beim Menschen z.B. weniger als 12 einzelne Objekte, Zahlen oder Stimulationen) und seine *Störanfälligkeit* gegenüber neuen Ereignissen und amnestischen Einwirkungen charakterisiert. Zur Kategorie des Kurzzeitgedächtnisses können weitere transiente Gedächtnisphasen gehören, z.B. wie bei *Drosophila* ein Mittelzeitgedächtnis. Dafür spricht auch, daß die Zeitspanne des Kurzzeitgedächtnisses sehr stark von Lerninhalten und Testmethoden abhängt. Das **Langzeitgedächtnis** ist sehr *resistent gegen Störfaktoren* und hat eine sehr große *Speicherkapazität*. Unklarheit besteht darüber, ob das Kurz- und das Langzeitgedächtnis seriell angeordnet sind oder ob in das Langzeitgedächtnis auch direkt eingespeichert werden kann, wie das in Abb. 23-18 eingetragen ist. Lernpsychologische Befunde können für die eine wie auch für die andere Anordnung herangezogen werden. Die neuronalen Mechanismen der Gedächtnisbildung sprechen für eine parallele Anordnung.

Die Rolle des Abrufens aus dem Gedächtnis. Die Gedächtnisinhalte werden wirksam über Aufruf- und Ausleseprozesse. Diese sind funktionell von den Gedächtnisspeichern zu trennen, weil der Zugriff zum Gedächtnis zeitweise (z.B. auch unter dem Einfluß von Drogen) gestört sein kann. Beim Menschen sind zudem psychische Erkrankungen bekannt, bei denen die Zugänglichkeit zum Gedächtnis von der Art des Abrufens abhängt. **Vergessen** ist ein Prozeß, der sowohl die Zeit- und Ereignisabhängigkeit der Gedächtnisse als auch die Aufruf- und Ausleseprozesse betrifft. Über diese Vorgänge gibt es noch keine neurophysiologischen Befunde.

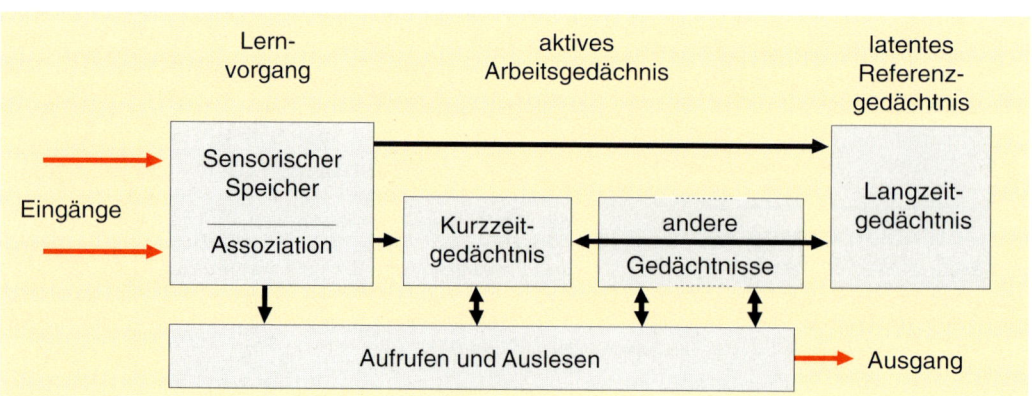

Abb. 23-18. Funktionsschema der zeitlichen Gedächtnisphasen

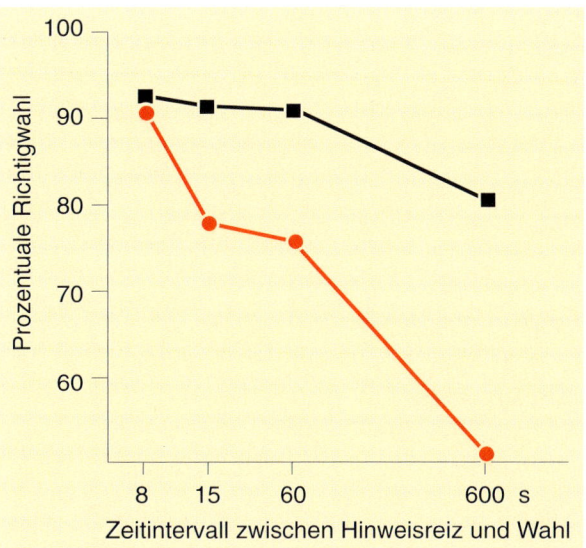

Für die fortlaufende Verhaltenskontrolle ist ein Arbeitsgedächtnis zuständig. Der Hippokampus und der präfrontale Kortex stellen bei Säugetieren verschiedenartige Substrate für das Arbeitsgedächtnis dar

Im Verlauf der Verhaltenssteuerung wird fortlaufend zusammen mit dem gerade Gelernten ein winziger Bruchteil des latenten Gesamtgedächtnisses (**Referenzgedächtnis**) in ein aktives **Arbeitsgedächtnis** überführt und dort für kurze Zeit gehalten. Die Zeitspanne und Kapazität des Arbeitsgedächtnisses läßt sich mit einem Experiment prüfen, in dem ein Tier (z.B. eine Taube oder ein Affe) *die Aufgabe löst, denselben (oder gerade einen verschiedenen) Gegenstand oder Reiz zu wählen, der vor einer gewissen Zeit wahrgenommen wurde* (**verzögerte Vergleichsaufgabe**). In einem solchen Test wird der als gleich oder verschieden zu erkennende Gegenstand fortlaufend geändert, so daß nur dann die Aufgabe gelöst werden kann, wenn der zuvor gezeigte Gegenstand in einem aktiven Gedächtnis über eine Testzeitspanne hinweg präsent gehalten wird. Affen können eine solche Aufgabe über Zeitspannen von mehr als 10 Minuten meistern (Abb. 23-19). *Das Arbeitsgedächtnis bricht rasch zusammen, wenn der* **Hippokampus** *oder der präfrontale Kortex lädiert sind*. Auf die Rolle des Hippokampus wird weiter unten eingegangen.

Im präfrontalen Kortex von Affen wurden in der Region des Sulcus principalis Neurone gefunden, die ein Substrat des Arbeitsgedächtnisses darstellen könnten [20]. Die Pyramidenzellen reagieren hier auf spezifische Reizkonstellationen, z.B. wo im Sehfeld ein Gegenstand auftritt, ob es sich etwa um ein grünes Quadrat oder einen roten Kreis handelt. Sind die Affen darauf dressiert, einen Gegenstand im Arbeitsgedächtnis zu behalten, um ihn später als **gleich** oder **verschieden** von anderen zu bewerten, dann bleiben Pyramidenzellen in dieser Region, die auf einen solchen Gegenstand reagieren, während der gesamten Zeit zwischen den Stimulationen aktiv. Ist die Aufgabe erfüllt, klingt die Erregung ab.

Die Gedächtnisinhalte sind im Nervensystem sowohl lokalisiert als auch verteilt repräsentiert

Ein häufig im Nervensystem verwirklichtes Ordnungsprinzip ist die *topographische Repräsentation sensorischer und motorischer Erregungen*. Sind auch die Gedächtnisse nach ihren Inhalten geordnet kartenartig niedergelegt? Mit einer großen Zahl von Läsionsexperimenten und der Auswertung vieler Hirnschädigungen beim Menschen wurde nach dem

Abb. 23-19. Die Zeitspanne des Arbeitsgedächtnisses beim Rhesusaffen, bestimmt mit einer verzögerten Vergleichsaufgabe. Für die Affen bestand die Aufgabe darin, aus einer Vielzahl nacheinander gezeigter Gegenstände jeweils den in einem Pärchen herauszusuchen, der **nicht** dem Gegenstand entsprach, der vorher gezeigt wurde (verzögerte Vergleichsaufgabe). Das Zeitintervall zwischen dem ersten Zeigen und der Wahl wurde zwischen 8 sec und 10 min variiert. Auf der Abszisse ist der log des Zeitintervalls zwischen Hinweisreiz und Wahl aufgetragen. Die obere Kurve gilt für eine Gruppe von unbehandelten Affen, die untere Kurve für eine Gruppe von Tieren, denen 1–2 Jahre vorher der Hippokampus beidseitig operativ entfernt wurde (nach [52])

Ort der Gedächtnisinhalte gesucht. Die Suche war erfolglos. Lashley [34], der sich um diese Problematik besonders verdient gemacht hat, konnte für komplizierte Lernaufgaben (z.B. Orientierung in Irrgärten) nur feststellen, daß das Lern- und Gedächtnisdefizit um so größer ist, je mehr Neokortexbereiche bei Säugetieren ausgeschaltet wurden. Eine Zuordnung bestimmter Kortexareale zu bestimmten Ausfällen im Gedächtnisinhalt gelang ihm nicht. Andererseits können bei einfachen Lernvorgängen auch streng lokalisierte Ausfälle gefunden werden. Weiterhin ergeben lokale elektrische Reize am freigelegten Gehirn von wachen Menschen (z.B. während der Vorbereitung für eine Tumoroperation), daß Erinnerungen an Personen, Orte, Situationen und Gespräche aktiviert werden können [45]. Besonders klare Gedächtnisaktivierungen stellen sich ein, wenn die Reizorte im temporalen Kortex, insbesondere in der Region des limbischen Systems (Hippokampus und benachbarte Kortexareale, Abb. 23-20), liegen. Ist es im Verlauf der Operation unvermeidlich, die zuvor gereizten Areale zu zerstören, geht der durch Reizung hervorgerufene Gedächtnisinhalt aber nicht verloren. Das zeigt, daß *die Gedächtnisinhalte an multiplen Orten des Neokortex, insbesondere auch des präfrontalen Kortex, gespeichert sind*.

Eine multiple Repräsentation der Gedächtnisinhalte erklärt auch, warum nach komplexen Lernaufgaben nur ein gradueller Gedächtnisausfall nach kortikalen Läsionen beobachtet wurde. Bei der Orientierung im Raum sind mehrere Sinnesmodalitäten (Sehen, Tastsinn, Kinästhetik, Riechen), unterschiedliche Lernstrategien (operantes Lernen, Beobachtungslernen) und verschiedene motorische Programme beteiligt, die sich bei partiellem Ausfall ersetzen können. Außerdem hat das Nervensystem die Fähigkeit, auch aus stark veränderten Erregungsmustern eindeutige Verhaltensprogramme zu entwickeln, die dann von den ursprünglich gelernten kaum zu unterscheiden sind. Obwohl also die plastischen Veränderungen, die neuronal die Gedächtnisinhalte repräsentieren, in spezifischen Neuronen und Schaltkreisen lokalisiert sind, führt die Komplexität der meisten Lernaufgaben und die multiple Repräsentation im Gehirn dazu, daß bei lokalen Läsionen häufig keine eng umgrenzten Gedächtnisausfälle auftreten. Wenn sehr spezifische Gedächtnisausfälle auftreten (z.B. die Benennung von Pflanzen oder Werkzeugen, die Erinnerung an die eigene Lebensgeschichte über einen bestimmten Zeitraum), dann könnte mehr das Abrufsystem als die eigentliche Speicherung betroffen sein (Kap. 25).

Der Hippokampus des Menschen ist eine essentielle Struktur zur Bildung langandauernden deklarativen Gedächtnisses

Die Untersuchung **amnestischer Patienten** hat wesentlich zum Verstädnis der Bildung unterschiedlicher Formen des Langzeitgedächtnisses beigetragen [4, 52]. Besonders genau wurde seit 1953 der Patient H. M. untersucht. H. M. wurden zur Behandlung einer lebensbedrohenden Epilepsie beide Hippokampi sowie der temporal anschließende entorhinale Kortex operativ entfernt (vgl. Abb. 23-20). Seit diesem Zeitpunkt litt H. M. unter **anterograder Amnesie** für alle ihm bewußtwerdenden Gedächtnisinhalte, d.h. er konnte kein langzeitiges Gedächtnis bilden, und alle Erinnerungen verlor er in wenigen Minuten. Sein Gedächtnis für Erlerntes vor der Operation (**retrogrades Gedächtnis**) war nicht gestört, und andere kognitive Leistungen, die auf früherem Lernen beruhten (Lesen, Schreiben, Orientierung in der ihm früher bekannten Umgebung), waren ebenfalls kaum gestört. Die anterograde Amnesie von hippokampuslädierten Patienten wie H. M. bezieht sich aber nur auf bewußtwerdende Inhalte sowie die Erinnerung an Fakten, Bilder, Gesichter und die Kenntnis der Umgebung (Raumorientierung). Solche Gedächtnisinhalte werden als **deklaratives (oder explizites) Wissen** zusammengefaßt. Das Erlernen motorischer Fähigkeiten (z.B. an der Drehbank Werkstücke herstellen, das Vervollständigen von Bildern entsprechend vorher gezeigter Vorlagen, das Assoziieren von Wörtern oder sinnlosen Silben und das Erlernen von Spiegelschrift) sind nicht gestört, obwohl der Patient sich nicht erinnert, jemals solche Übungen

durchgeführt zu haben. Die automatisch gelernten Inhalte werden als **prozedurales (nicht-deklaratives, implizites) Gedächtnis** bezeichnet. Beim Menschen ist der mediane temporale Lobus eine essentielle Struktur für die Bildung von langandauerndem deklarativem Gedächtnis. *Diese Struktur ist aber nicht der Speicherort, da ja das retrograde Gedächtnis für deklarative Gedächtnisinhalte nicht gestört ist.* Die Abb. 23-20 zeigt, daß der Hippokampus über auf- und absteigende Bahnen mit den uni- und polymodalen Arealen des Neokortex verbunden ist. Dies spricht dafür, daß **deklarative Gedächtnisinhalte in kortikalen Arealen** niedergelegt sind.

Beim Menschen gibt es eine Reihe von Gedächtnisstörungen, die sich bestimmten Gehirnstrukturen zuordnen lassen. Das **Korsakoff-Syndrom** tritt als Spätfolge chronischen Alkoholmißbrauchs auf und ist durch anterograde und retrograde Amnesien für deklarative Inhalte charakterisiert. Diese Patienten weisen Läsionen in den Mammillarkörpern und den mediodorsalen thalamischen Kernen auf. Dies könnte bedeuten, daß sowohl der mediale temporale Lobus mit dem Hippokampus als auch der mediane Thalamus für die Bildung langzeitigen deklarativen Gedächtnisses essentiell sind. **Alzheimer-Patienten** leiden unter massiven retrograden und anterograden Amnesien, die im fortgeschrittenen Stadium auch basale motorische Fertigkeiten betreffen. Die Krankheit ist mit einer Zerstörung von cholinergen Neuronen des basalen Vorderhirns verbunden (vor allem Nucleus basalis Meynert). Diese Neurone versorgen den gesamten Neokortex und medianen temporalen Lobus. Ihr Ausfall ist primär mit dem Verlust von anregend modulierenden und Aufmerksamkeit erzeugenden Eingängen verbunden. Die Amnesie für deklaratives Gedächtnis läßt sich bei den Alzheimer-Patienten auf den Ausfall der cholinergen Eingänge in den Hippokampus zurückführen. Die Amnesie für prozedurales Gedächtnis betrifft offensichtlich die diffuse cholinerge Versorgung großer kortikaler Felder.

Bei Säugetieren (einschließlich Mensch) und Vögeln ist der Hippokampus für die Bildung des langzeitigen konfiguralen Gedächtnisses nötig

Das **deklarative Gedächtnis des Menschen** gehört zu einer Art von Wissenserwerb, bei dem es darum geht, *die Bedeutung von Hinweissignalen in Abhängigkeit des jeweiligen Kontextes zu erlernen.* Wenn Säugetiere sich nach einer inneren Repräsentation des Raumes (einer kognitiven Karte, Kap. 25) orientieren und nicht nach den von dem Ziel ausgehenden Signalen, handelt es sich um eine vergleichbare Lernaufgabe; ebenso, wenn eine Ratte lernt, daß ein Ton in einer Umweltsituation einen Strafreiz anzeigt und in einer anderen eine Belohnung. Auch für die in Abb. 23-19 beschriebene verzögerte Vergleichsaufgabe für wechselnde Objekte muß der immer wieder neu zu lernende Gegenstand unter

Abb. 23-20. a Laterale (links) und sagittale (rechts) Ansicht des Primatengehirns. Der Sagittalschnitt zeigt die Strukturen des medianen temporalen Lobus und Kerne des Zwischenhirns, die für die Bildung des deklarativen Gedächtnisses beim Menschen und des konfiguralen Gedächtnisses der Tiere essentiell sind (A: Amygdala, Bas: Basalganglien, CC: Corpus callosum, Fx: Fornix, Hip: Hippokampus, H: Hypothalamus, MK: Mamillarkörper, T: Thalamus. Die Amygdala, der Hippokampus und die verbindenden dienzephalen Kerne sind Teile des limbischen Systems (nach [4]). **b** Schematische Darstellung der Verschaltung des mediotemporalen Gedächtnissystems. Der Hippokampus erhält seine wesentlichen Eingänge über den entorhinalen Kortex. Diese kommen aus den unmittelbar benachbarten perirhinalen und parahippokampalen Kortexbereichen. Diese wiederum sind in vielfältiger Weise über auf- und absteigende Bahnen mit unimodalen und polymodalen Arealen des frontalen, temporalen und parietalen Neokortex verbunden. Der entorhinale Kortex ist über reziproke Bahnen auch mit anderen Kortexbereichen verbunden (zingulärer, oberer temporaler und insulärer Kortex). Im Hippokampus sind die wichtigsten neuronalen Verknüpfungen angegeben (vgl. mit Abb. 23-14). Die Hauptbahnen sind rot markiert, die Nebenbahnen grün. Auf der Ebene des Gyrus dentatus und der CA3-Pyramidenzellen bestehen Verküpfungen mit den entsprechenden Strukturen des kontralateralen Hippokampus (gebogene, graue Pfeile; MF: Moosfasern, SK: Schaffer-Kollateralen der CA3-Pyramidenzellen) (nach [52])

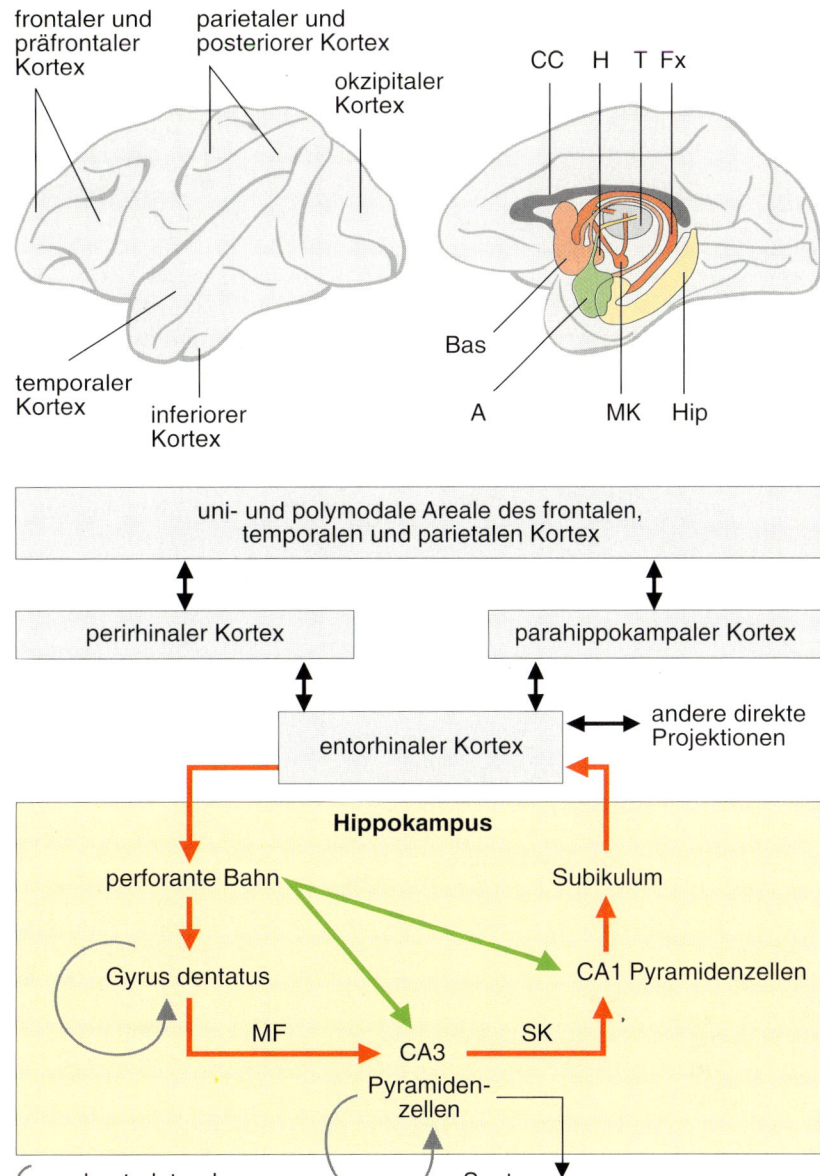

den Bedingungen einer gleichbleibenden Strategie im Gedächtnis gespeichert werden. *Solche Leistungen werden als konfigurales Assoziieren bezeichnet und von elementarem Assoziieren (wie bei der klassischen oder instrumentellen Konditionierung) unterschieden* [47]. Für **konfigurales Lernen** ist der Hippokampus notwendig, während eine einfache Stimulus-Verhaltensassoziation auch ohne Hippokampus erlernt wird. Bei Vögeln, die wie der Eichelhäher Futter an sehr vielen Stellen ihres Reviers zur Nahrungsversorgung im Winter verstecken, ist die dem Hippokampus der Säuger homologe Gehirnstruktur sehr viel größer ausgebildet als bei Vögeln, die dies nicht tun. Aus all diesen Beobachtungen schließt man, daß *der Hippokampus für solche Lernaufgaben nötig ist, bei denen zum Zeitpunkt des Lernens* früher Gelerntes kontextrichtig aufgerufen und in diesen Kontext richtig (konfigural) eingebaut wird.

Auf der zellulären Ebene ist die Induzierbarkeit von LTP in den Pyramidenzellen des Hippokampus dafür Voraussetzung (siehe Abschnitt 23.4). Werden die NMDA-Rezeptoren pharmakologisch blockiert, oder ist die im Hippokampus exprimierte α-Form der Ca/Calmodulin-abhängigen Kinase durch eine Mutation funktionell defizient, dann tritt kein LTP in den Pyramidenzellen auf, und die Tiere sind zu konfiguralem Lernen nicht mehr fähig. Welche LTP-Formen (homosynaptische oder heterosynaptische, assoziative LTP) an welchen Stellen des hippokampalen Netzwerkes (CA3-, CA1-Pyramidenzellen) für die langzeitige Speicherung konfiguraler Gedächtnisinhalte notwendig sind, ist noch unklar.

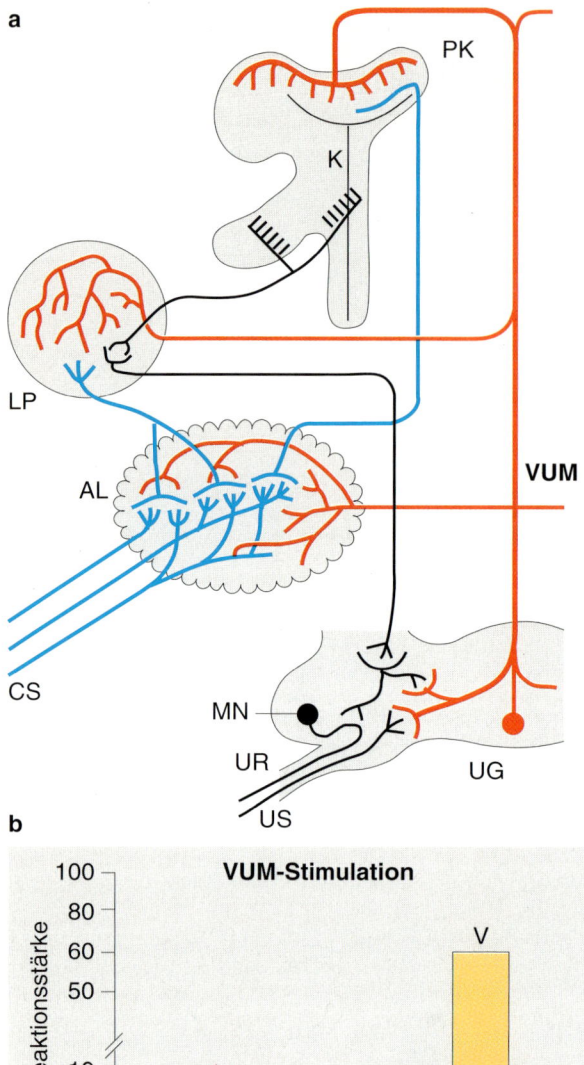

a

PK

K

LP

AL

VUM

CS

MN

UR

UG

US

b

VUM-Stimulation

100
80
60
50

10
5
0

Reaktionsstärke

R   V   R   V

vor   nach
der Paarung

Abb. 23-21. a Neuronale Verschaltung, die dem olfaktorischen Lernen und Gedächtnis der Biene zugrunde liegt. Die olfaktorische Bahn ist blau gezeichnet. In ihr ist der konditionierte Stimulus Duft, der CS, kodiert. Das neuronale Korrelat des US, ZuckerBelohnung, ist in einem identifizierten Neuron (VUM: ventrales, unpaares medianes Neuron im Unterschlundganglion, UG) repräsentiert (rot gezeichnet). Antennallobus (AL), Pilzkörper (PK), laterales Protozerebrum (LP), Kenyonzellen (KZ), Motoneuronen (MN). **b** Nachweis, daß das VUM-Neuron die Funktion des US-Verstärkers (Belohnungswirkung des Zuckerreizes) beim olfaktorischen Lernen ausübt. In einer Gruppe von Tieren wird der Duft (CS) vor der intrazellulären Stimulation des VUM-Neurons gegeben (Gruppe V: Vorwartspaarung), in einer anderen Gruppe nach der Stimulation (Gruppe R: Rückwärtspaarung). Nur die vorwärtsgepaarte Gruppe (V) ändert ihre Reaktion auf den CS, nicht die rückwärts gepaarte Gruppe (R). Die Reaktionsstärke gibt an, wie stark der konditionierte Reflex bei der Gabe von CS allein zu einem späteren Testzeitpunkt ist. Dasselbe Ergebnis erhält man, wenn die Tiere mit einer Zuckerlösung als US konditioniert werden (nach [21])

Die paarigen **Pilzkörper** im Insektengehirn stellen die obersten Integrationszentren dar (Kap. 1). Sie sind bei sozial lebenden Insekten (Termiten, Ameisen, Bienen) und bei Insekten mit reichhaltigem Verhaltensinventar (z.B. solitäre Bienen) besonders groß ausgebildet. Die Zahl der sie aufbauenden Neurone (Kenyonzellen) und das Volumen ihrer dendritischen Verzweigungen im Eingangsbereich (Calyx) hängen von den Erfahrungen ab, die ein Tier während der frühen Phase als Imago macht (Abb. 23-5b). *Drosophila*-**Mutanten mit verkrüppelten Pilzkörpern** verhalten sich weitgehend normal, aber das olfaktorische und gustatorische Lernen ist schwer beeinträchtigt [25, 57]. Die Produkte der Gene *dunce, rutabaga, DCO* und *shaker* sind in den Pilzkörpern verstärkt exprimiert. Fehlmutationen dieser Gene führen zu Lern- und Gedächtnisausfällen (s.o.). All das spricht dafür, daß *die Pilzkörper für das olfaktorische Lernen eine entscheidende Gehirnstruktur darstellen*.

Bei der Biene ist tatsächlich die ungestörte Funktion der Pilzkörper kurz nach dem olfaktorischen Lernen Voraussetzung für die Bildung des stabilen Langzeitgedächtnisses. Blockiert man die normale Aktivität der Pilzkörper zu verschiedenen Zeitpunkten nach einer olfaktorischen Konditionierung für kurze Zeit durch Kühlung, dann wird kein Langzeitgedächtnis gebildet, wenn die Blockierung während der ersten Minuten nach dem Lernakt erfolgte. Eine spätere Kühlung beeinträchtigt die Gedächtnisbildung dagegen nicht. Kühlt man andere Strukturen der olfaktorischen Bahn (z.B. den Antennallobus), dann tritt ebenfalls ein retrograder Amnesieeffekt auf, aber nur bei kürzeren Intervallen zwischen Lernen und Kühlen [38].

Die Orte im Bienengehirn, die am olfaktorischen Lernen beteiligt sind, kann man im Bienengehirn lokalisieren, weil *ein Neuron entdeckt wurde, das während des olfaktorischen Lernens die Funktion des US-Verstärkers übernimmt* (Abb. 23-21 [21]). Wird nämlich dieses Neuron anstelle der Zuckerbelohnung (US) unmittelbar nach der Duftstimulation (CS) intrazellulär gereizt, dann verhält sich das Tier so, als ob es den CS mit Belohnung assoziiert hat, und reagiert später auf den CS genauso wie nach einer Paarung von Duft und Zuckerlösung. Dieses Neuron konvergiert mit den CS-vermittelnden Neuronen an drei Stellen des Gehirns: im Calyx (dem Eingangsbereich) der Pilzkörper, im Antennallobus (der primären Projektion der Duftrezeptoren) und im lateralen Protocerebrum (dem Ausgangsbereich des Gehirns). *Die CS/US-Assoziation kann also an drei Orten des Gehirns erfolgen. Für die langzeitige Gedächtnisbildung ist die Konvergenz im Calyx am bedeutsamsten,* wie die oben geschilderten Kühlexperimente bewiesen haben. Wie die multiplen Stellen der Gedächtnisbildung im Insektengehirn mit dem organisierenden Einfluß des Pilzkörpers zusammenwirken, ist unbekannt.

> **Die kleinsten Elemente des Gedächtnisses sind die plastischen Synapsen in einem Neuronenensemble; der Gedächtnisinhalt ist im Aktivitätsmuster des Ensembles kodiert**

Als elementare Prozesse des Lernens und des Gedächtnisses wurden eine Reihe molekularer und zellulärer Mechanismen identifiziert, die das synaptische Verschaltungsmuster verändern. Die serielle und parallele Dynamik dieser Mechanismen führt zu **zeitabhängigen Gedächtnisphasen.** Der koordinierte Ablauf der zellulären Reaktionen an vielen Synapsen des Neuronennetzes etabliert Gedächtnisspuren mit unterschiedlicher zeitlicher Dynamik. Dies führt zu graduellen Modifikationen der Neuroneneigenschaften in Zeitbereichen von Sekunden bis Jahren. Eine Einteilung in Kurzzeit- und Langzeitgedächtnis beschreibt also nur sehr grob ein Kontinuum von molekularen, zellulären und Netzwerk-Prozessen der Gedächtnisbildung.

Der **Inhalt des Gedächtnisses (das Engramm)** ist selbst bei einfachen Lernvorgängen auf viele Neurone verteilt. Ein bestimmter Gedächtnisinhalt ist somit durch ein **Ensemble funktioneller Neurone** (Abschnitt 23.1) charakterisiert. Ein bestimmtes Neuron kann daher an vielen Ensembles und somit an vielen verschiedenen Gedächtnisinhalten beteiligt sein. Ein einheitlicher Gedächtnisinhalt wiederum kann auf unterschiedliche Teile des Nervensystems verteilt sein, weil die sensorischen, motorischen, motivationalen und kontextbezogenen Anteile in getrennten Ensembles der zuständigen Bereiche des Nervensystems gespeichert sein können. Somit stellt sich die Frage, wie das Nervensystem einen einheitlichen Gedächtnisinhalt aufruft und verhaltenswirksam werden läßt. Diese Frage betrifft eine grundsätzliche Leistungsfähigkeit des Nervensystems, nämlich die Verknüpfung verteilt kodierter Eigenschaften zu einer einheitlichen Aktion oder Wahrnehmung (siehe Kap. 19, 25).

23.8 Literatur

Weiterführende Lehrbücher und Übersichtsarbeiten

1. Carew TJ, Sahley CL (1986) Invertebrate learning and memory: from behavior to molecules. Annu Rev Neurosci 9:435–487
2. Hebb D (1949) The organization of behaviour. Wiley, New York
3. Kandel ER, Schwartz JH, Jessell TM (1991) Principles of neural science. Elsevier, Amsterdam
4. Mishkin M, Appenzeller T (1987) The anatomy of memory. Sci Am 256(6):62–71
5. Purves D, Lichtman JW (1984) Principles of neural development. Sinauer, Sunderland
6. Skinner BF (1938) The behavior of organisms. Appleton-Century-Crofts, New York
7. Thorpe WH (1963) Learning and instinct in animals. Methuen, London

Einzelarbeiten

8. Bailey CH, Chen M (1991) Morphological aspects of synaptic plasticity in Aplysia: an anatomical substrate for long-term memory. Ann N Y Acad Sci 627:181–196
9. Black JE, Greenough WT (1991) Developmental approaches to the memory process. In: Martinez JL, Kesner RP (eds) Learning and memory. Academic, San Diego, pp 61–92
10. Bonhoeffer T, Staiger V, Aertsen AM (1989) Synaptic plasticity in rat hippocampal slice cultures: local „hebbian" conjunction of pre- and postsynaptic stimulation leads to distributed synaptic enhancement. Proc Natl Acad Sci USA 86:8113–8117
11. Byrne JH (1987) Cellular analysis of associative learning. Physiol Rev 67:329–439
12. Byrne JH, Baxter DA, Buonomano DV, Raymond JL (1990) Neuronal and network determinants of simple and higher-order features of associative learning: experimental and modeling approaches. Cold Spring Harbor Symp Quant Biol 55:175–186
13. Byrne JH, Zwartjes R, Homayouni R, Critz SD, Eskin A (1993) Roles of second messenger pathways in neuronal plasticity and in learning and memory. Insights gained from Aplysia. In: Shenolikar S, Nairn AC (eds) Advances in second messenger and phosphoprotein research, vol 27. Raven, New York, pp 47–108
14. Carew TJ (1989) Developmental assembly of learning in Aplysia. TINS 12(10):389–394
15. Carew TJ, Hawkins RD, Abrams TW, Kandel ER (1984) A test of Hebb's postulate at identified synapses which mediate classical conditioning in Aplysia. J Neurosci 4:1217–1224
16. Carew TJ, Hawkins RD, Kandel ER (1983) Differential classical conditioning of a defensive withdrawal reflex in Aplysia californica. Science 219:397–400
17. Dickinson PS, Mecsas C, Marder E (1990) Neuropeptide fusion of two motor-pattern generator circuits. Nature 344:155–158
18. Ebbinghaus M (1885) Über das Gedächtnis. Buehler, Leipzig
19. Emptage NJ, Carew TJ (1993) Long-term synaptic facilitation in the absence of short-term facilitation in Aplysia neurons. Science 262:253–256
20. Goldman-Rakic PS (1992) Das Arbeitsgedächtnis. Spektr Wiss 11:94–102

21. Hammer M (1993) An identified neuron mediates the unconditioned stimulus in associative olfactory learning in honeybees. Nature 366:59–63
22. Harris-Warrick RM, Marder E (1991) Modulation of neural networks for behavior. Annu Rev Neurosci 14:39–57
23. Hawkins RD, Kandel ER (1984) Is there a cell-biological alphabet for simple forms of learning? Psychol Rev 91(3):375–391
24. Heinzel HG, Selverston AI (1988) Gastric mill activity in the lobster. III. Effects of proctolin on the isolated central pattern generator. J Neurophysiol 59:566–585
25. Heisenberg M, Borst A, Wagner S, Byers D (1985) Drosophila mushroom body mutants are deficient in olfactory learning. J Neurogenet 2:1–30
26. Heisenberg M, Wolf R (1984) Plasticity of visuo-motor coordination. In: Vision in Drosophila. Springer, Berlin, pp 168–176
27. Hubel DM, Wiesel TN (1977) Ferrier lecture: Functional architecture of macaque visual cortex. Proc R Soc Lond 198:1–5
28. Ito M (1993) Synaptic plasticity in the cerebellar cortex and its role in motor learning. Can J Neurol Sci 20:70–74
29. Kamin LJ (1968) Attention-like processes in classical conditioning. In: Jones MR (ed) Miami symposium on predictability, behavior and aversive stimulation. Miami University Press, Miami, pp 9–32
30. Kamin LJ (1969) Selective association and conditioning. In: Honig WK (ed) Fundamental issues in associative learning. Dalhousie University Press, Halifax
31. Kiehn O (1991) Plateau potentials and active integration in the „final common pathway" for motor behaviour. TINS 14(2):68–73
32. Köhler W (1927) The mentality of apes. Routledge and Kegan Paul, London
33. Kravitz EA (1988) Hormonal control of behavior: amines and the biasing of behavioral output in lobsters. Science 241:1775–1781
34. Lashley KS (1950) In search of the engram. Symp Soc Exp Biol 4:454–482
35. LeVay S, Stryker MP (1979) The development of the ocular dominance columns in the cat. Soc Neurosci Symp 4:83–98
36. Linden DJ (1994) Long-term synaptic depression in the mammalian brain. Neuron 12:457–472
37. Marder E, Hooper SL (1985) Neurotransmitter modulation of the stomatogastric ganglion of decapod crustaceans. In: Selverston AI (ed) Model neural networks and behavior. Plenum, New York, pp 319–338
38. Menzel R (1990) Learning, memory, and „cognition" in honey bees. In: Kesner RP, Olten DS (eds) Neurobiology of comparative cognition. Erlbaum, Hillsdale, pp 237–292
39. Mercer AR, Emptage NJ, Carew TJ (1991) Pharmacological dissociation of modulatory effects of serotonin in Aplysia sensory neurons. Science 254:1811–1813
40. Merzenich MM, Nelson RJ, Stryker MP, Shoppmann A, Zook JM (1984) Somatosensory cortical map changes following digital amputation in adult monkey. J Comp Neurol 224:591–605
41. Möhl B (1993) The role of proprioception for motor learning in locust flight. J Comp Physiol [A] 172:325–332
42. Murphey RK (1986) The myth of the inflexible invertebrate: competition and synaptic remodelling in the development of invertebrate nervous systems. J Neurobiol 17:585–591
43. Patel SN, Stewart MG (1988) Changes in the number and structure of dendritic spines 25 hours after passive avoidance training in the domestic chick, Gallus domesticus. Brain Res 449:34–46
44. Pavlov IP (1967) Lectures on conditioned reflexes. International Publishers, New York
45. Penfield W, Perot P (1963) The brain's record of auditory and visual experience. Brain 86:595–696
46. Rescorla RA, Wagner AR (1972) A theory of classical conditioning: variations in the effectiveness of reinforcement and non-reinforcement. In: Black AH, Prokasy WF (eds) Classical conditioning. II. Current research and theory. Appleton-Century-Crofts, New York, pp 64–99
47. Rudy JW, Sutherland RJ (1992) Configural and elemental associations and the memory coherence problem. J Cogn Neurosci 4(3):208–216
48. Schuman EM, Madison DV (1994) Locally distributed synaptic potentiation in the hippocampus. Science 263:532–536
49. Singer W, Gray C, Engel A, König P, Artola A, Bröcher S (1990) Formation of cortical cell assemblies. Cold Spring Harbor Symp Quant Biol 55:939–952
50. Sombati S, Hoyle G (1984) Generation of specific behaviors in a locust by local release into neuropil of the natural neuromodulator octopamine. J Neurobiol 15(6):481–506
51. Spitz RA (1945) Hospitalism: an inquiry into the genesis of psychiatric conditions in early childhood. Psychoanal Study Child 1:53–74
52. Squire LR, Zola-Morgan S (1991) The medial temporal lobe memory system. Science 253:1380–1386
53. Thompson RF (1990) Neural mechanisms of classical conditioning in mammals. Philos Trans R Soc Lond [Biol] 329:161–170
54. Thompson RF, McCormick DA, Lavond DG (1986) Localization of the essential memory trace system for a basic form of associative learning in the mammalian brain. In: Hulse S (ed) G. Stanley Hall centennial volume. Johns Hopkins University Press, Baltimore
55. Thorndike EL (1932) The fundamentals of learning. Columbia University Press, New York
56. Tully T (1987) Drosophila learning and memory revisited. TINS 10:330–335
57. Tully T, Boynton S, Brandes C, Dura JM, Mihalek R, Preat T, Villella A (1990) Genetic dissection of memory formation in Drosophila melanogaster. Cold Spring Harbor Symp Quant Biol 55:203–211
58. Wallhäusser E, Scheich H (1987) Auditory imprinting leads to differential 2-deoxyglucose uptake and dendritic spine loss in the chick rostral forebrain. Dev Brain Res 31:29–44

24 Rhythmizität, zirkadiane Rhythmik und Schlaf

G. Fleissner

Das Nervensystem steuert endogene Rhythmen im Zeitbereich von Millisekunden bis Jahren. Diese zeitlichen Kontrollfunktionen werden durch innere Uhren überwacht. Dadurch wird die zeitliche Harmonie zwischen den Lebensvorgängen sowie deren phasengerechte Einordnung in die periodischen Zeitstrukturen der Umwelt gewährleistet. Die inneren Uhren ermöglichen auch eine präzise Orientierung in der Zeit.

Rhythmusgeneratoren sind für die repetitive Erregung von Nervenzellen verantwortlich, verursachen den zyklischen Wechsel von Schlafstadien, passen das Verhalten eines Tieres in den Tagesablauf ein, ermöglichen zeitkompensierte Kompaßorientierungen oder organisieren langzeitige Entwicklungsvorgänge. Oft sind es nur wenige Zellen in bestimmten Zentren des Nervensystems, die auf solch verschiedene chronometrische Aufgaben spezialisiert sind. Bei Verlust dieser Zentren erlischt auch das Vermögen zur entsprechenden Zeitsteuerung. Kurzzeitrhythmen vom Millisekunden- bis in den Minutenbereich werden durch membrangebundene und zytoplasmatische Regelprozesse erzeugt. Für die Genese langsamerer Rhythmen sind dagegen Reaktionskaskaden verantwortlich, die kerngebundene Rückkopplungen in der Proteinbiosynthese einschließen. Die Transduktion der chemischen Signale, die Phasensteuerung der Oszillationen und die Organisation des gesamten Kontrollsystems sind dann wieder typisch neuronale Leistungen.

24.1 Rhythmizität

Leben ist in allen seinen Bereichen zwangsläufig rhythmisch organisiert

Die verschiedensten Lebensvorgänge *oszillieren* in quasi *allen Zeitbereichen* von Millisekunden neuronaler Impulsentladungen bis zu Jahrzehnten bei populationsdynamischen Rhythmen. Sie oszillieren auch auf *allen organisatorischen Ebenen* von molekularen Syntheseprozessen bis zu komplexen Schwingungen in Räuber-Beutebeziehungen (Abb. 24-1).

Wenigstens zwei Ursachen führen zur Entstehung von Rhythmen: 1. **Diskontinuitäten aufgrund räumlicher Begrenzungen**: Fortbewegungsorgane wie Beine, Flossen und Flügel müssen *rhythmisch* ausgreifen, um „Schritt für Schritt" ein längeres Kontinuum einer Wegstrecke zurückzulegen (Abb. 24-2a,b, s.a. Kap. 7). Dies gilt für die Myosinärmchen in der Myofibrille gleichermaßen wie für die Beine einer Giraffe, genauso wie für Herzen, die als Transportorgane das kontinuierliche Pumpvolumen in kleine Portionen zerteilen müssen. 2. Das **Aufschaukeln im Regelkreis**: Regelvorgänge sind ein Charakteristikum alles Lebendigen. Aber Regelkreise geraten in Schwingung, wenn kritische Größen wie Störung, Dämpfung oder Verstärkung entsprechende Werte annehmen (Abb. 24-2c) [13].

Aus diesem unvermeidbaren Auftreten von Rhythmizität kann ein Organismus auch Vorteile ziehen. Durch rhythmische Mobilisierung einer bestimmten Reaktionsbereitschaft kann er sich sehr effizient, weil rechtzeitig, auf periodisch wiederkehrende Ereignisse einstellen (**Antizipation**) und dann sehr viel schneller und dadurch besser reagieren, als wenn er unvorbereitet von dem Ereignis überrascht wird. Auf solche Fähigkeiten muß infolgedessen ein evolutiver Druck wirken, der vererbbare Rhythmizitäten herauszüchtet.

Neuronale Rhythmen werden von Oszillatoren erzeugt, die über afferente Eingänge und efferente Ausgänge, oft über Rückkopplungsschleifen in ihre funktionelle Umgebung eingebunden sind

Formale Eigenschaften von Rhythmizität. Ein *Rhythmus* ist gegeben durch die identische Wieder-

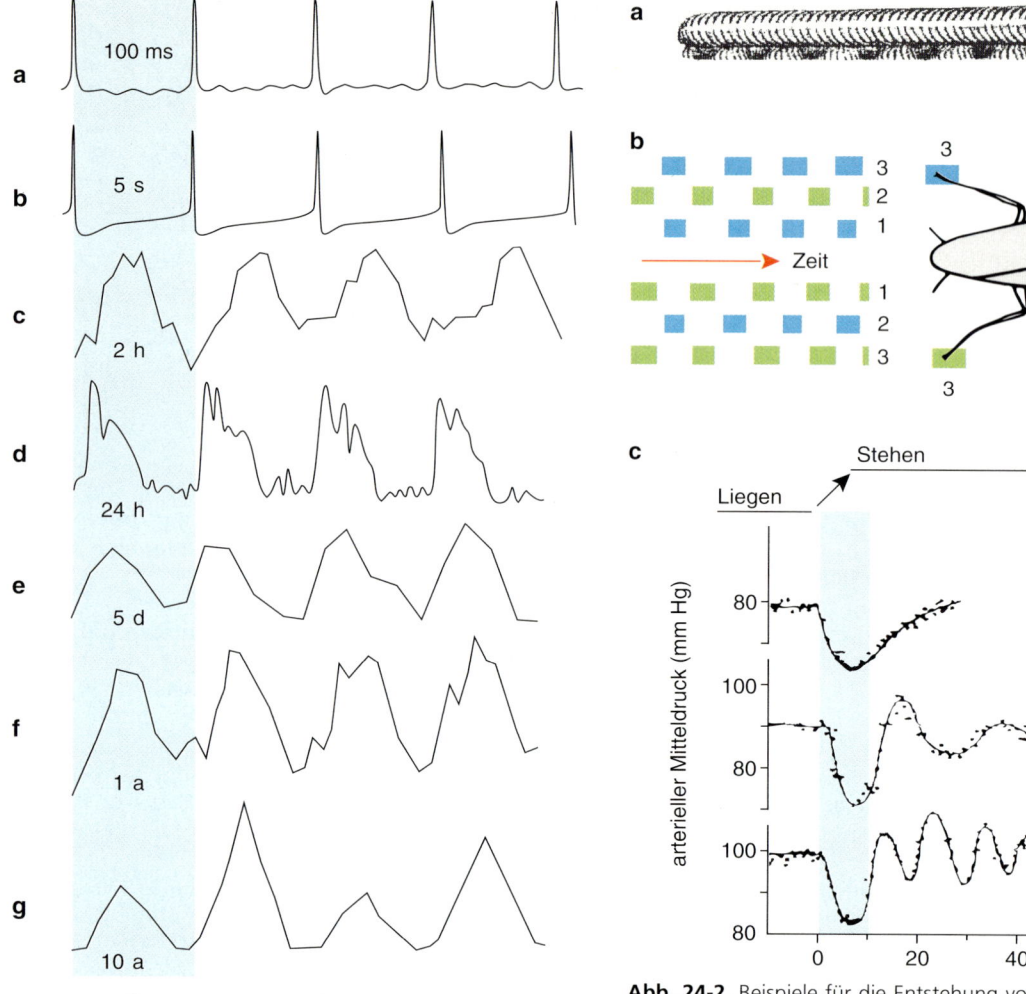

Abb. 24-1. Beispiele für biologische Rhythmen aus verschiedenen Zeitbereichen. In der Darstellung sind die Zeitachsen so gewählt, daß die Periodenlängen (τ) graphisch übereinstimmen. Beachte deshalb besonders die Zeitangaben (ms Millisekunden, s Sekunden, h Stunden, d Tage, a Jahre). **a** Nervenimpulse eines Kälterezeptors der Katze; **b** Nervenimpulse einer Schrittmacherzelle der Weinbergschnecke; **c** lokomotorische Aktivität von Wühlmäusen; **d** Sauerstoffaufnahme der Hirschmaus; **e** Nestbauaktivität von Ratten; **f** Selbstmordhäufigkeit; **g** Fellwechsel des kanadischen Luxes. Aus [1] nach mehreren Autoren zusammengestellt

Abb. 24-2. Beispiele für die Entstehung von Rhythmen aus der Notwendigkeit, Wege in Teilstrecken zu zerlegen (**a**, **b**), und durch Regelschwingungen in einem verstimmten Regelkreis (**c**). **a** Die periodischen Bewegungen der Beine sind beim Tausendfüßler wie auch bei der Schabe (**b**) untereinander phasengekoppelt, so daß bestimmte Beine rechts und links immer zur selben Zeit (blau oder grün) in der Stemmphase sind (Zeit der Bodenberührung, farbig im Phasendiagramm der sechs Schabenbeine), während alternativ dazu die übrigen gerade durch ihre Schwingphase gehen (weiß); **c** Regulation des arteriellen Blutdruckes bei drei Personen nach dem Aufstehen aus dem Liegen. Der Blutdruck fällt direkt mit dem Aufstehen bei allen Probanden schnell ab. In allen Fällen setzt die Regelung des Blutdrucks nach der gleichen Totzeit (blau) des Regelsystems ein. Im Normalfall (oberste Kurve) wird ungefähr nach einer halben Minute ein stabiler Zustand erreicht, während in den beiden anderen Fällen, krankheitsbedingt, mit zu hoher Verstärkung überkompensiert wird, was im unteren Fall zu längerdauernden Regelschwingungen führt. **a** und **b** von verschiedenen Autoren, **c** nach Drischel, zitiert in [13]

holung der zeitlichen Abfolge von Änderungen einer Variablen. Er ist beschreibbar (Abb. 24-3a) durch seine *Periodenlänge* (τ), durch die Veränderungen der *Variablen* (x) über seine *Phasen* (φ) hinweg und ggf. durch die *Phasenwinkeldifferenz* (ψ) zu einer Referenzperiode (z.B. *Zeitgeber*).

Es hat sich eingebürgert, nach ihrer Herkunft zwischen **endogenen Rhythmizitäten** und **exogenen Periodizitäten** zu unterscheiden und die Parameter der Rhythmik in Kleinbuchstaben (z.B. τ und φ), die der Periodik in Großbuchstaben (z.B. T und Φ) anzugeben.

Einrichtungen für Rhythmizität verfügen typischerweise über einen **Oszillator** (zentraler Mustergenerator, ZMG, s. Kap.7) (Abb. 24-3b), der über *efferente Signalwege* bestimmten Parametern seine Grundschwingung aufzwingt, die ihrerseits andere Größen kontrollieren und auf diese Weise die Effek-

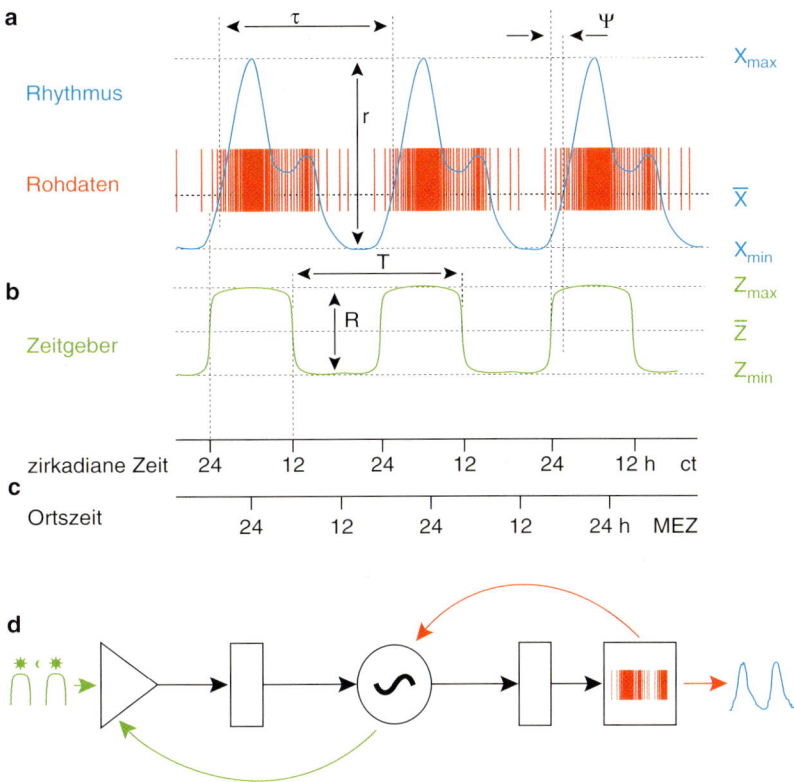

Abb. 24-3. Formale Eigenschaften von Rhythmen und Oszillatoren. **a** Rhythmus- und **b** (Periodik)-parameter: × Mittelwert der Rhythmusvariablen x, (Z der Zeitgebervariablen Z), kann der schwingungsfreien Ruhelage entsprechen; x_{max} (Z_{max}), x_{min} (Z_{min}) Maximum und Minimum der Variablen, identisch mit Amplitude des Maximums a_{max} (A_{max}) und des Minimums a_{min} (A_{min}), ihre Summe $a_{max} + a_{min}$ ($A_{max} + A_{min}$) identisch mit der Schwingungsweite r (R); manche Autoren verwenden den Begriff Amplitude auch für Schwingungsweite; Periodenlänge τ (T) ist die Zeit zwischen zwei identischen Phasen; die Phase φ (Φ) ist definiert durch ihren Zeitpunkt innerhalb der Periode (angegeben als Zeitmaß oder in Winkelgrad) und den Zustand (Vorzeichen und Größe) der Variablen; die Phasenwinkeldifferenz ψ zwischen zwei Schwingungen ist gegeben durch die Zeitdifferenz zwischen zwei Referenzphasen in den verglichenen Schwingungen. Im Fall der zirkadianen Rhythmik (s. 24.2) sind für Zeitangaben (**c**) zwei Maßsysteme wichtig: die Ortszeit (z.B. in MEZ) und die zirkadiane Zeit (ct) gemessen in zirkadianen Stunden (τ = 24 zirkadiane h) oder in Winkelgraden (τ = 360°). Für die zirkadiane Zeit gilt die Vereinbarung: ct 0 (24) = Beginn der subjektiven Tagphase (entspricht im Fall des synchronisierten Rhythmus dem Licht-an, Morgendämmerung), ct 12 = Beginn der subjektiven Nachtphase (entspricht dem Licht-aus, Abenddämmerung); **d** Oszillatorschema mit Eingang (Zeitgeber) (linke Hälfte), Ausgang (rechte Hälfte) und Rückkopplungen (roter und grüner Pfeil) auf allen Ebenen. **a – c** nach [12]

toren an den Oszillator koppeln. Der Oszillator kann als *Schrittmacher* (pacemaker) fungieren. Ein Schrittmacher bestimmt den Grundrhythmus von untergeordneten Oszillatoren. Die oft notwendige Synchronisation der endogenen Rhythmik mit der entsprechenden exogenen Periodik oder die Synchronisation zwischen endogenen Rhythmen selbst setzt die Fähigkeit zur Phasenverschiebung voraus. Für phasenkorrigierende Reize (Zeitgeber bei zirkadianen Rhythmen, s. 24.2) benötigt der Oszillator entsprechende Eingänge, die durch einen eigenen sensorischen Apparat und *afferente Signalwege* unterstützt werden.

Einzelne Zellen können als selbständige Oszillatoren arbeiten (**Taktgeberneurone**) oder von Eingangssignalen abhängig oszillieren (**konditionale Oszillatoren**). Die Erzeugung eines Grundrhythmus kann aber auch an eine Gruppe von Neuronen gebunden sein (**Netzwerkoszillator**). Inhibitorische Wechselwirkungen zwischen gegenläufigen Prozessen, positive und negative *Rückkopplungen* sowie Verzögerungsglieder spielen eine wichtige Rolle.

Im Gegensatz zu einem *physikalischen Schwinger* wie dem Pendel, das auf kurze Störungen zwar mit Amplituden- und Phasenänderungen reagiert, aber nicht die Periodenlänge ändert, haben **biologische Oszillatoren** meist kompliziertere *nichtlineare Eigenschaften* [30, 40]. Sie reagieren auf Störreize mit, wenn auch vorübergehenden, Frequenzänderungen. Nach genügend langer Zeit kehren gestörte Oszillationen selbständig zu ihrer Normalfrequenz zurück. Man spricht von **Grenzzyklus-Oszillatoren** [40]. Sie sind sehr stabile Schwinger. Rhythmen können aber auch gedämpft ausschwingen. Im Grenzfall wird nur eine Periode durchlaufen und muß vor jeder neuen erst wieder angestoßen werden (*Sanduhrprinzip*).

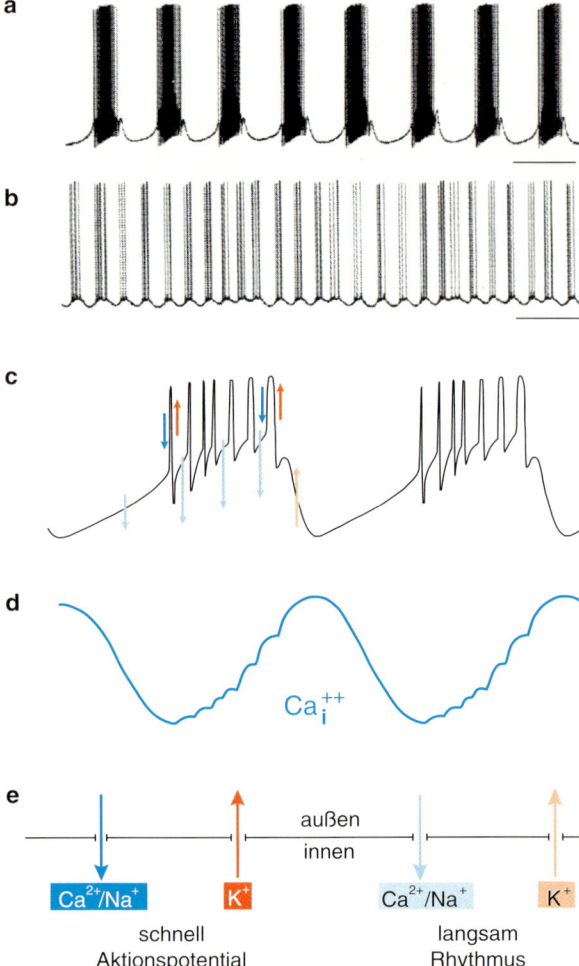

Die einzelne Zelle kann durch membrangebundene sowie zytoplasmatische oder
kerngebundene Mechanismen gleichzeitig verschiedene Oszillationen erzeugen

Da alle geregelten Prozesse in selbsterregte Oszillationen übergehen können, ist auch mit einer im
Prinzip großen Zahl möglicher Oszillatormechanis-
men zu rechnen [2]. Die den Teilprozessen eigenen
Zeitkonstanten entscheiden über die Periodenlänge
der resultierenden **Resonanzfrequenz**. Entsprechend beruhen die schnellen Rhythmen auf ionalen
Mechanismen, enzymatische Regelvorgänge haben
längere Zeitkonstanten, und noch weitaus längere
ergeben sich aus kerngebundenen Abläufen, die das
Übersetzen genetischer Information einschließen
wie bei der Proteinbiosynthese. Durch Mischkonfi-
gurationen können beliebige Zeitmuster entstehen.
Nach dem subzellulären Substrat geordnet lassen
sich *drei Oszillatortypen* unterscheiden: 1. **membrangebundener Oszillator** (z.B. repetitive Nervenimpulse, Millisekunden- bis Sekundenbereich)
(Abb. 24-4). Bei diesem Oszillatortyp *schwingt das
Membranpotential* infolge einander abwechselnder
und sich gegenseitig bedingender einwärts- und
auswärtsgerichteter *Ionenströme* hauptsächlich von
K^+, Na^+ und Ca^{2+} [31] (s. Kap. 4). Dabei dominieren generell Ca^{2+}-abhängige Ionenvorgänge das
Geschehen. 2. **zytoplasmatischer Oszillator** (z.B.
metabolische und enzymatische Rhythmen der Glykolyse, Sekunden- bis Minutenbereich). Glukose
wird in der Glykolyse durch neun hintereinanderge-
schaltete Enzyme zu Pyruvat abgebaut. Dieser
Abbau enthält mehrere *Rückkopplungsschleifen*,
über die er sich selbst regelt und damit schwingungs-
fähig wird.

Ein zellfreier Enzymextrakt, der die komplette Glykolyse-
kaskade enthält, kann durch plötzliche Zugabe von Glukose im Reagenzglas für eine Dauer von ca. 1,5 h in zwei-
bis dreiminütige Schwingungen geraten, die sich z.B. an
ATP- und GTP-Konzentrationen beobachten lassen.
Enzyme wie Phosphoglyzeratkinase und Pyruvatkinase
scheinen für die Entstehung der Oszillation Schlüsselrollen
zu spielen. Obwohl diese Oszillationsfähigkeit gesichert
ist, steht ein Beweis dafür, daß dieses System auch in der
lebenden Zelle als Oszillator funktioniert, noch aus. Auch
isolierte Mitochondrien zeigen z.B. in der Rate der H^+-
und der K^+-Aufnahme eigenständige Oszillationen im
Minutenbereich.

3. **kerngebundener Oszillator** (z.B. zirkadiane
Rhythmen, Stunden- bis Tagesbereich). Für zirkadiane Rhythmen gilt als gesichert, daß sie ohne den
Proteinbiosyntheseapparat nicht schwingen. Bei der
Taufliege *Drosophila* wurde das sogenannte *Perioden-Gen* (**per-Gen**) analysiert, das offenbar entscheidende Informationen für die Generierung des
zirkadianen Rhythmus enthält (s. 24.2). Sowohl
die Konzentration der per-mRNA wie auch die des

Abb. 24-4. Membrangebundener Oszillator (**a–e**) am Beispiel
von Molluskenneuronen (**a**: R15, **b**: F-1). Als rhythmusgenerierende Prozesse wirken Ionenströme (**e**) und die sie bestimmenden Permeabilitäten. Schnelle Ca^{2+}/Na^+-Einströme und schnelle
K^+-Ausströme führen zu schnellen, durch TTX blockierbaren Nervenimpulsen (**a–c**). Langsame Ca^{2+}/Na^+-Einströme und Ca^{2+}-
abhängige K^+-Ausströme dagegen bestimmen den Grundrhythmus der Impulsgruppierung (**a–c**). Die depolarisierenden Einwärtsströme alternieren mit den hyperpolarisierenden Auswärts-
strömen (**c**). Rhythmusbestimmend nimmt die intrazelluläre
Ca^{2+}-Konzentration (**d**) während der Depolarisation und der
schnellen Aktionspotentiale so lange zu, bis sie den langsamen
K^+-Ausstrom so weit verstärkt hat, daß die dadurch eintretende
Hyperpolarisation die weitere Bildung von Aktionspotentialen
verhindert und zum Abbau der internen Ca^{2+}-Konzentration
führt. Mit diesem Wechselspiel zwischen dem langsamen $Ca^{2+}/$
Na^+-Einstrom und dem durch die ansteigende Ca^{2+}-Konzentra-
tion begünstigten K^+-Ausstrom etabliert sich ein stabiler Rhythmus der Membranspannung. Aus [2] nach versch. Autoren

per-Proteins selbst zeigen zirkadian rhythmische Schwankungen, die als Teil der ryhthmusgenerierenden Prozesse betrachtet werden [48, 50].

▼ Das Nervensystem ist auch für Langzeit-rhythmen verantwortlich

Es gibt eine Reihe von „Langzeitrhythmen" mit Periodenlängen von mehreren Stunden (*ultradian*) bis zu mehreren Jahren.

Soweit sie einer exogenen Periodizität in der Umwelt entsprechen wie dem Tagesablauf oder der Jahresperiodik, ist ihnen allen gemein, daß sie nicht exakt mit der Periodenlänge schwingen, der sie entsprechen sollten, sondern sie kommen dieser nur nahe. Sie werden deshalb als **zirka-Rhythmen** bezeichnet: *zirkatidal* den Gezeiten entsprechend (Periodenlänge um 12,4 h); *zirkalunar* dem Mondzyklus entsprechend (ca. 29,5 d); *zirkadian* (s. 24.2) der Tageslänge entsprechend (ca. 24 h) und *zirkannual* der Länge eines Jahres entsprechend (ca. 365 d). Diese immer nur ungefähre Entsprechung zwischen den Periodenlängen des endogenen Rhythmus und der exogenen Periodik ist funktionell bedeutungsvoll für die Synchronisation. Die Phasenbeziehung zwischen beiden ist weniger präzis, wenn ihre Periodenlängen sehr nahe beieinander liegen [44]. Vermutungen, in der von der Periodizität abweichenden Periodenlänge des endogenen Rhythmus würden sich erdgeschichtliche Änderungen, die während der biologischen Evolution stattgefunden haben, widerspiegeln, lassen sich nicht bestätigen und sind irreführend. Alle die genannten Zirkarhythmen sind biologisch von großer Bedeutung und bestimmen je nach Lebensweise eines Tieres in verschiedener Kombination deren biologische Zeitstruktur.

24.2 Zirkadiane Rhythmik

▼ Das zirkadiane System regelt die zeitliche Einordnung der Lebensvorgänge in den Tagesablauf; es gehört zum Grundbauplan der eukaryonten Lebewesen

Evolution des zirkadianen Systems. Einzeller wie Vielzeller, Pflanzen wie Tiere und damit natürlich auch der Mensch verhalten sich zirkadian rhythmisch [5, 52]. Das ist insofern nicht verwunderlich, als Leben auf der Erde sich unter dem täglichen Wechsel der ursprünglich gefährlichen Sonnenstrahlung entwickelt hat. Die Fähigkeit, dieser Strahlung, die vor der Ausbildung der schützenden Ozonschicht noch einen hohen UV-Anteil hatte, tagsüber auszuweichen und mit ihr differenziert umgehen zu können, stellte einen Selektionsvorteil dar, der wahrscheinlich die **Evolution des zirkadianen Systems** ausgelöst und über weite Strecken bestimmt hat [43].

Zirkadiane Rhythmizität ist allerdings mehr als nur eins unter den Charcteristika von Lebewesen. Sie stellt einen *essentiellen Teil der Koordinierungsmechanismen* dar, die für eine sichere Funktion des Gesamtorganismus notwendig sind. Wird sie wiederholt gestört, so kann es z.B. zu dramatischen Verkürzungen der durchschnittlichen Lebenszeit kommen, wie Aschoff und Mitarbeiter exemplarisch an Fliegen gezeigt haben [19]. Allein durch wiederholte Phasenverschiebung des zirkadianen Rhythmus durch Licht-Dunkel-Programme, die immer wieder auf 6 h früher und 6 h später verschoben wurden (simulierter jetlag), verkürzte sich die Lebenserwartung dieser Tiere um ein Viertel (von 128 auf weniger als 100 Tage). Die in der Mitte dieses Jahrhunderts entstandene Wissenschaftsdisziplin der *Chronobiologie* [1, 12, 13, 16] befaßt sich u.a. mit der Erforschung zirkadianer Rhythmen.

Definition und Kurzcharakterisierung von „zirkadian" als einem endogenen Tagesrhythmus. Unter einem **zirkadianen Rhythmus** versteht man eine biologische Schwingung, die auf *endogener Oszillation* mit einer *Periodenlänge* (τ) beruht, die angeborenermaßen *ungefähr 24 h* beträgt (Abb. 24-5). Die Schwingung ist *selbsterregend* und bleibt deshalb in der Regel *zeitlebens* bestehen. Sie *läuft* unter konstanten Bedingungen mit der ihr eigenen und temperaturkompensierten Periodenlänge *frei*. Ihre Phase ist durch *Zeitgeber* verschiebbar und dadurch der Rhythmus mit der Zeitgeberperiodik (z.B. täglicher Hell-Dunkel-Wechsel) *synchronisierbar*.

In Anlehnung an die Begriffswelt technischer Uhren als zeitmessende Einrichtungen haben sich die Begriffe innere oder biologische oder physiologische Uhr und so auch **zirkadiane Uhr** eingebürgert. Dieser technischen Analogie folgend umfaßt eine zirkadiane Uhr alle zur Anzeige der Tageszeit notwendigen Komponenten (Abb. 24-3): Die Uhr braucht eine Unruhe (*zirkadianer Oszillator*), von der über ein Getriebe (*Kopplungsbahnen*) die Zeigerstellung (*zirkadiane Effektoren* wie z.B. spontane Laufaktivität) kontrolliert wird. Die angezeigte Uhrzeit muß über eine entsprechende Vorrichtung korrigierbar sein (*Zeitgebereingang*). Die anatomische Entsprechung einer zirkadianen Uhr kann unterschiedliche Organisationsebenen betreffen: die Uhr kann einem Organ entsprechen (z.B. Pineal der Vögel, s.u.), einem Zelltyp (z.B. basale retinale Neurone (BRN) der Mollusken s.u., oder Einzeller) oder auch nur dem subzellulären Oszillatormechanismus (z.B. per-Gen) mit seinen Ein- und Ausgangsstrukturen.

Anzahl zirkadianer Uhren. Entsprechend der Vielzahl zirkadian kontrollierter Funktionskreise ist innerhalb eines Organismus im Prinzip auch mit vielen zirkadianen Uhren zu rechnen. Jedoch beschränken sich die heutigen Kenntnisse auf eine eher **geringe Zahl zirkadianer Uhrentypen**. Man nimmt in der Tat an, daß Organismen mit einer möglichst geringen Zahl diskreter Uhren und übergeordneter Koordinierungszentren auskommen. *Kleine Kerngebiete* im ZNS haben sich als *zirkadiane Schrittmacher* spezialisiert, die den gesamten Körper kontrollieren. Intensiv untersucht wurde die Uhr, die für die zeitliche Steuerung des

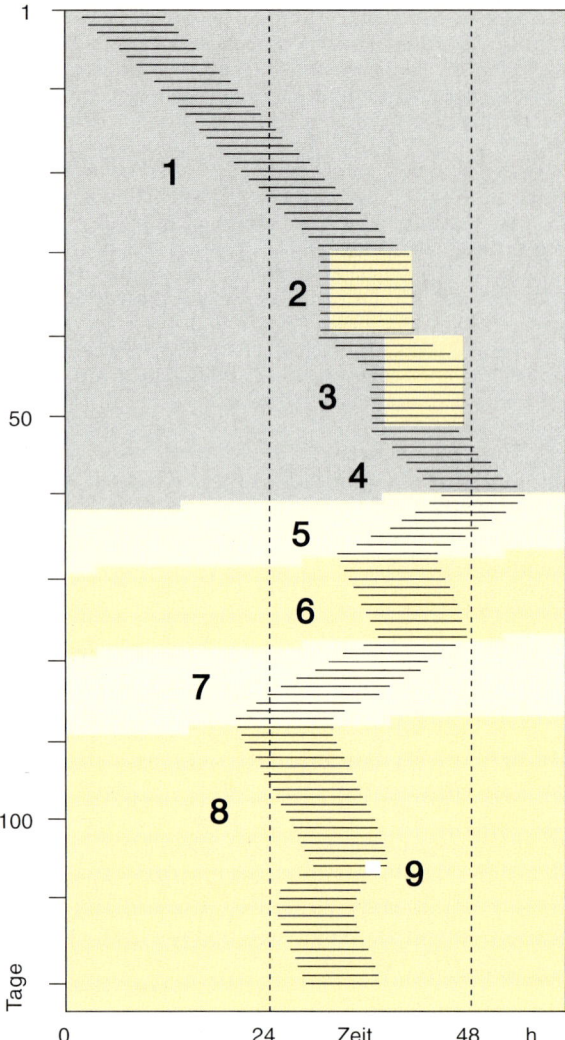

Die Genauigkeit, mit der die zirkadiane Periode wiederholt wird, ist erstaunlich hoch und kann im Minutenbereich liegen, was einem Tausendstel der Periodenlänge von 24h entspricht. Sie übertrifft damit die Präzision, mit der Neuronen repetitiv entladen, gut um das Zehnfache [26].

Temperaturkompensation von τ. Die zirkadiane Periodenlänge, mit der die Taufliege *Drosophila* aus der Puppenhülle schlüpft, ist von der Umgebungstemperatur weitestgehend unabhängig (typischer $Q_{10}=1.01$), trotz der gleichzeitigen Gültigkeit der RGT-Regel (Abhängigkeit der **R**eaktions-**G**eschwindigkeit von der **T**emperatur) für andere physiologische Größen (Abb. 24-6). Die *Temperaturkompensation der Periodenlänge ist eine Eigenschaft aller zirkadianer Rhythmen* [43].

Biologische Prozesse haben typischerweise einen Q_{10} zwischen 2 und 3, was bedeutet, daß sie nach Erhöhung der Temperatur um 10 °C zwei- bis dreimal schneller ablaufen. Gälte die RGT-Regel auch für die zirkadiane Oszillation, so müßte das Ziffernblatt der Uhr, wenn es bei 20 °C 24 h umfaßt, bei 30 °C nur 8 bis 12 h und bei 10 °C 48 bis 72 h ausmachen. Diese Werte machen deutlich, wie notwendig die Temperaturkompensation für eine genaue Zeitmessung z.B. für ein wechselwarmes Tier ist, dessen Körpertemperatur häufig größeren Schwankungen als 20 °C unterliegt. Die Temperaturkompensation von τ ist ein noch unerforschtes Phänomen, das nur in einem begrenzten Temperaturbereich (z.B. von 20 bis 35 (Schabe) und 30 bis 45 °C (Skorpion)) gilt und möglicherweise dem basalen Oszillatorprozeß schon innewohnt.

Multioszillatornetz. Mit Computersimulationen läßt sich zeigen, daß eine *größere Zahl von Oszillatoren* mit ungenauen und zufällig streuenden Periodenlängen gemeinsam eine *sehr hohe Präzision* erreichen kann, wenn sie entsprechend miteinander gekoppelt sind [26].

Tatsächlich konnte an zirkadianen Schrittmacherzentren von Mollusken gezeigt werden, daß einzelne Neurone zwar selbständige zirkadiane Rhythmusgeneratoren sein können, daß der von ihnen produzierte Rhythmus aber wesentlich ungenauer ist, solange nur wenige (unter 10) solcher Schrittmacherneurone im Gewebeverband miteinander verbunden sind gegenüber der hohen Präzision des intakten Schrittmachers aus ca. 100 Neuronen.

Abb. 24-5. Eigenschaften zirkadianer Rhythmen. Die Tagphase (schwarzer Balken) eines zirkadianen Rhythmus in aufeinanderfolgenden Perioden und unter verschiedenen Versuchsbedingungen zeigt *Freilauf* in konstanter Dunkelheit (**1**), die Phase verschiebt sich insgesamt um mehr als eine volle zirkadiane Periodenlänge. Ein periodisch in 24 h wiederkehrendes Lichtprogramm (**2**) synchronisiert als Zeitgeber den Rhythmus. Wenn dieses Lichtprogramm verschoben wird (**3**), dann folgt auch der Rhythmus dieser Phasenverschiebung. Im erneuten Dauerdunkel (**4**) läuft er wieder frei wie zuvor. Unter Dauerlichtbedingungen (**5**) verkürzt sich die Periodenlänge reproduzierbar (**7**), bei geringerer Lichtintensität (**6**, **8**) ist die Verkürzung weniger deutlich. Ein einzelner hellerer Lichtpuls (**9**) kann die Phase des Rhythmus verstellen. Nach Enright in [1]

Aktivitätszustandes verantwortlich ist. Man muß jedoch davon ausgehen, daß es eigene zirkadiane Uhren z.B. für den Nahrungserwerb gibt, sowie für Entwicklungsprozesse wie z.B. das Schlüpfen von Insekten aus ihren Puppen oder die Messung der Länge der Photoperiode, über die nach dem Schema von Langtag-Kurztag-Pflanzen das saisonale Fortpflanzungsgeschehen gesteuert wird.

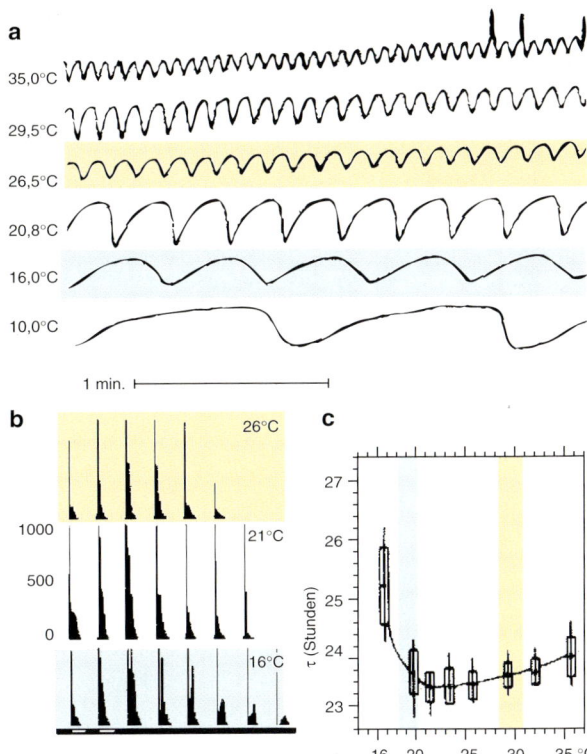

Eine Zirka-Uhr geht schon nach kurzem Freilauf erheblich falsch. Die angeborene Periodenlänge kann je nach Tierart und Mutante τ-Werte von 20 bis 27 h (*Drosophila*-Mutanten) annehmen (Ratte 24,5–25,5 h; Mensch 25 h) und dadurch pro Tag mehrere Stunden vor- oder nachgehen. Sie *muß durch Zeitgeber immer wieder phasenkorrigiert werden*, um stets die richtige Zeit innerhalb des 24 h-Tages anzeigen zu können (Abb. 24-5 (2 und 3)). Diese Phasenkorrekturen (z.B. durch einzelne Lichtreize) folgen mit der **Phasen-Response-Kurve** (**PRC**) einer für alle zirkadianen Systeme *universell gültigen Gesetzmäßigkeit* (Abb. 24-7). Wiederholte phasenverschiebende Reize können innerhalb eines Mitnahmebereichs (z.B. 18 bis 30 h) dem zirkadianen Rhythmus eine Frequenz aufzwingen. Solche synchronisierenden periodischen Reize nennt man **Zeitgeber**.

Der tägliche Hell-Dunkel-Wechsel ist für alle Organismen der *stärkste Zeitgeber*. Dies macht Sinn auf dem Hintergrund, daß der Beleuchtungswechsel der Umweltfaktor ist, der am direktesten mit der Erdumdrehung gekoppelt ist. Besonders mit den steilen Helligkeitsänderungen in den Dämmerungen bietet er die *schärfsten Tageszeitsignale*. Die Rezeptoren für diese photischen Zeitgeber sind noch weitgehend unerforscht. An sie sind im Sinne einer *nichtvisuellen Photorezeption* andere sinnesphysiologische Ansprüche zu stellen als an visuelle Photorezeptoren, die dem Bildsehen dienen. Nichtvisuell bedeutet in diesem Zusammenhang, die Photorezeptoren sollten *nicht adaptieren*, *lange Integrationszeiten* und *geringe räumliche Auflösung* haben [29]. Neben photischen Zeitgebern können auch Temperatur und andere Sinnesmodalitäten, am komplexesten in Form von sozialen Zeitgebern, wirken.

Zirkadiane Regelung bedeutet, eine große Zahl von verschiedenen Prozessen mit jeweils eigenem Zeittakt harmonisch aufeinander abzustimmen und für die optimale Einordnung des Individuums als Ganzes in den Tagesablauf seiner Umwelt zu sorgen. Eine solch komplexe Koordinierungsleistung erfordert dementsprechend auch ein *komplex organisiertes zirkadianes System*, das, wie alle bisher untersuchten Modellorganismen gezeigt haben, unter gemeinsamem Oberkommando (*Schrittmacher*) arbeitet. Bei Metazoen (und möglicherweise schon bei Einzellern) ist es grundsätzlich als *Multiuhrensy-*

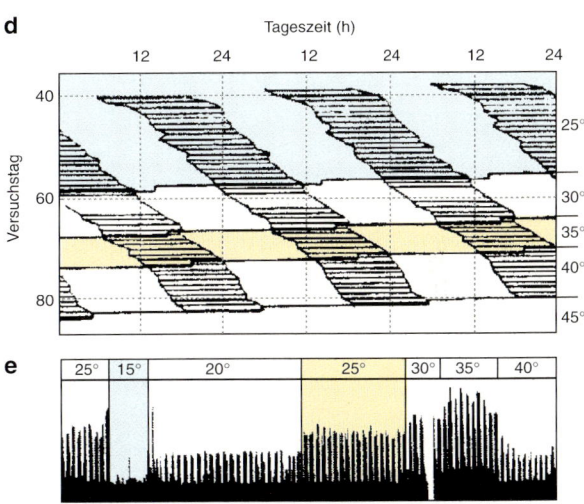

Abb. 24-6. Temperaturkompensation der Periodenlänge τ im Vergleich zu normaler Temperaturabhängigkeit nach der RGT-Regel. Gelb (wärmer) und blau (kälter) markieren Meßwerte aus jeweils um ca. 10 ° C auseinanderliegenden Versuchsbedingungen. **a** Ein chemischer Oszillator verdreifacht seine Frequenz bei Temperaturerhöhung um 10 ° C. **b** Die Periodenlänge der Schlüpfrhythmik der Taufliege *Drosophila* verändert sich fast nicht bei einer Abkühlung von 26 ° C auf 16 ° C. **c** Die Temperaturkompensation von τ reicht von ca. 20 ° C bis über 30 ° C bei Insekten. **d–e** Die Periodenlänge der ERG-Rhythmik des Skorpions ist sehr gut temperaturkompensiert (**d**), während die ERG-Amplitude eine sehr deutliche Abhängigkeit von der Temperatur zeigt (**e**). **a** nach [7], **b** nach Pittendrigh aus [13], **c** nach Caldarola und Pittendrigh aus [14] **d** und **e** nach Michel und Fleissner unveröff.

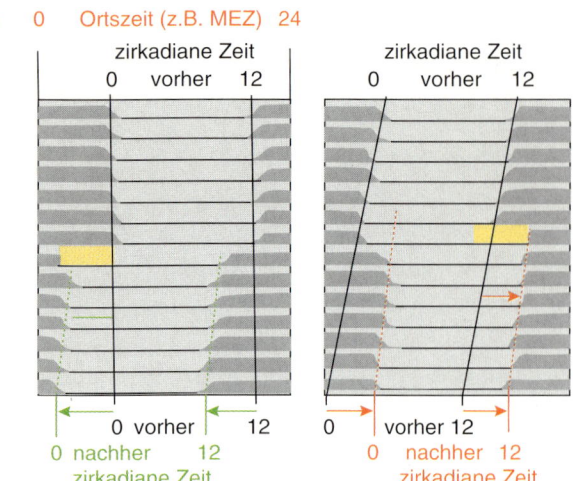

a 0 Ortszeit (z.B. MEZ) 24

zirkadiane Zeit
0 vorher 12

zirkadiane Zeit
0 vorher 12

0 vorher 12

0 nachher 12
zirkadiane Zeit

0 vorher 12

0 nachher 12
zirkadiane Zeit

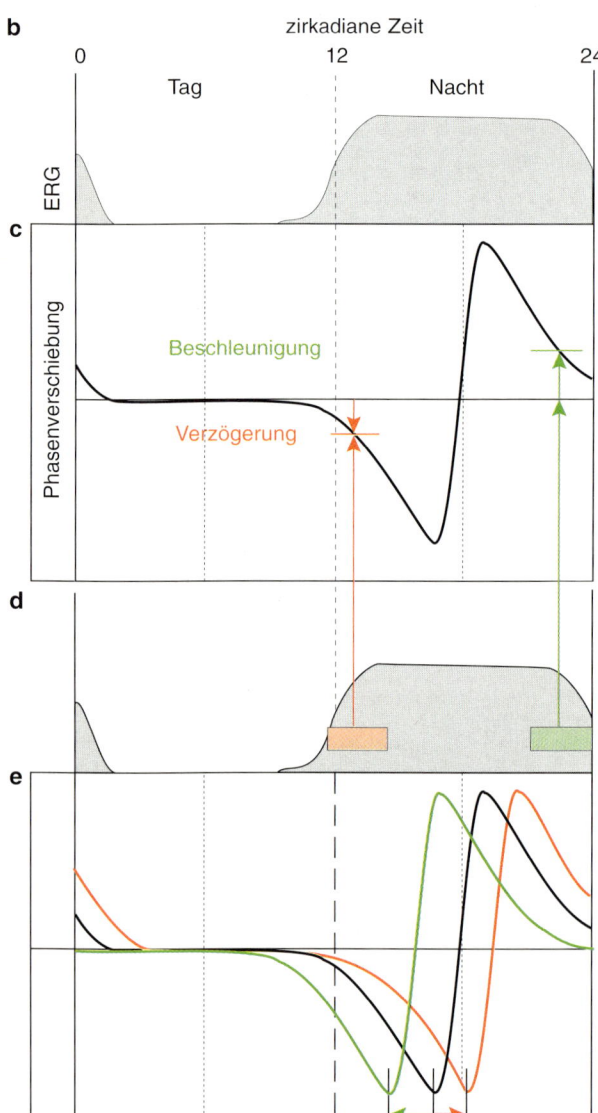

b zirkadiane Zeit
0   12   24
Tag   Nacht

ERG

c Beschleunigung

Verzögerung

Phasenverschiebung

d

e

Abb. 24-7. Phasen-Response-Kurve (PRC). Phasenverschiebende Wirkung einzelner Lichtreize auf den im Dauerdunkel freilaufenden zirkadianen Rhythmus. **a** Ein Lichtpuls am Ende der subjektiven Nacht (links) beschleunigt die Phase (grün) und verzögert sie (rot) am Anfang (rechts) der Nacht. **b** Eine Periode aus dem Rhythmus: der Wert der Variablen (hier das ERG eines Skorpionauges) ist im gewählten Beispiel in der subjektiven Nacht, die von zirkadian 12 bis 24 dauert, hoch.
c PRC gewonnen von Meßwerten aus dem Experiment von **a**. Die phasenverschiebenden Reize und ihre Effekte (grün und rot) sind in **c** und **d** entsprechend eingetragen. **e** Die PRC des zirkadianen Systems verschiebt sich dementsprechend gegenüber seiner ursprünglichen Phasenlage

stem verwirklicht. Dies gilt in zweierlei Hinsicht: 1. Das System ist in einer **hierarchischen Anordnung** im Sinne von Haupt- und Nebenuhren organisiert (Abb. 24-8a). Die Hauptuhr zwingt der Nebenuhr Periodenlänge und Phasenlage auf. Die Hauptuhr läßt sich durch äußere Zeitgeber wie Licht synchronisieren und läuft mit temperaturkompensiertem τ. Die Nebenuhr dagegen reagiert nicht auf äußere Zeitgeber, ihre Ankopplung an die Hauptuhr kann temperaturabhängig sein [41] 2. Das zirkadiane System ist zumindest bei den Bilateria **bilateralsymmetrisch** und dadurch doppelt vorhanden (Abb. 24-8b). Die beiden übergeordneten Schrittmacher (*linker und rechter pacemaker*) sind offenbar gleichwertige Oszillatoren mit verschiedener Spontanperiodenlänge τ. Sie *synchronisieren sich gegenseitig* auf ein gemeinsames mittleres τ und bilden auf diese Weise funktionell einen einzigen Schrittmacher. **Kopplungsmechanismen**, die solche selbständigen Einheiten zeitlich aufeinander abstimmen, spielen daher eine wichtige Rolle für das Gesamtsystem. Allerdings sind solche Kopplungsfunktionen ihrerseits veränderbare Größen, die dem Gesamtsystem durch die Kontrollierbarkeit der internen Phasenbeziehungen eine entsprechende Flexibilität und Dynamik verleihen.

Bei Käfern kann z.B. an den *Elektroretinogramm (ERG)-Rhythmen* des linken und rechten Auges die Kopplungsstärke zwischen linker und rechter zirkadianer Uhr abgelesen werden [28]. Tatsächlich erweist sich dabei die Kopplung mitunter als so schwach, daß unter zeitgeberfreien Bedingungen beide Uhren mit verschiedener Periodenlänge freilaufen und ihre Phasenbeziehung sich dem Unterschied ihrer Periodenlängen entsprechend fortlaufend ändert [36]. Dadurch können alle Phasenwinkeldifferenzen zwischen $\Psi = 0°$ und $360°$ auftreten (**interne Desynchronisation**) (Abb. 24-8).

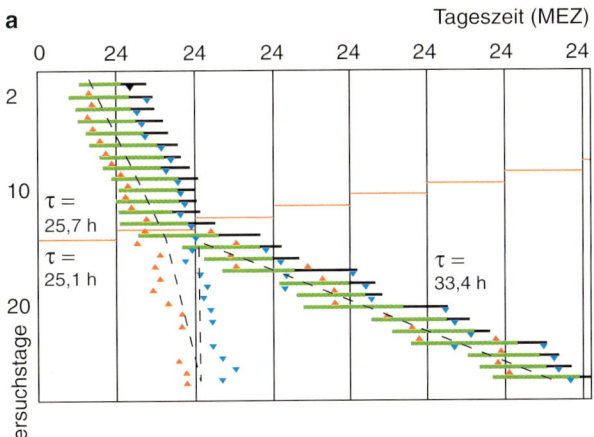

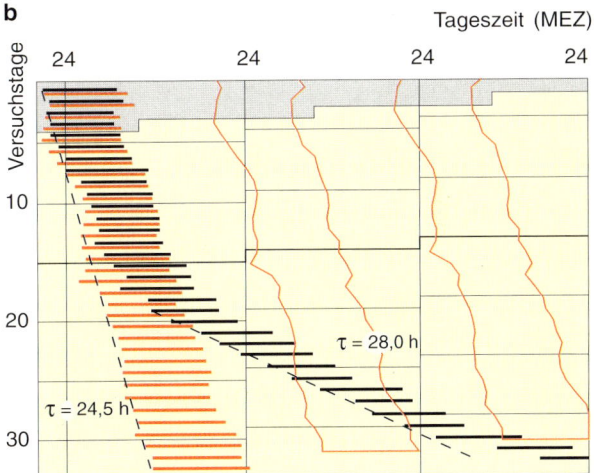

Abb. 24-8. Interne Desynchronisation zweier zirkadianer Rhythmen. **a** Beim Menschen kann der Rhythmus der Körpertemperatur (rotes Dreieck tägliches Temperaturmaximum, blaues Dreieck Temperaturminimum) eine andere Periodenlänge annehmen als der Schlaf-Wach-Rhythmus (grün bedeutet wach, schwarz Schlafphase). Nachdem beide Rhythmen zunächst ein gemeinsames τ von 25,7 h hatten, trennen sie sich am 14. Tag, die Temperatur mit τ = 25,1 h und Schlaf-Wach mit τ = 33,4 h; **b** beim Käfer kann der ERG-Rhythmus im rechten Auge (schwarz) eine andere Periodenlänge als der im linken Auge (rot) annehmen. Im gezeigten Beispiel wurde diese interne Desynchronisation, die ungefähr ab dem 15. Tag einsetzt, durch die einseitige Beleuchtung des rechten Auges ab dem 5. Tag (gelb) erzwungen. **a** nach [18], **b** nach [36]

Die früheren Annahmen, daß die zirkadiane „Unruhe" in endokrinen Drüsen zu suchen sei, sind aufgegeben worden. Mit dem Nachweis eines *autonomen zirkadianen Rhythmus in einer isolierten Nervenzelle* (BRN s. unten) aus dem *Auge einer Meeresschnecke* ist endgültig gezeigt, daß Nervenzellen von Metazoen als zirkadiane Oszillatoren fungieren können [38]. Es gilt inzwischen als gesichert: Die *zirkadianen Oszillatoren* der Tiere, zumindest soweit sie Schrittmacherfunktion für das gesamte System erfüllen, *werden vom Nervensystem gestellt.* Der *primäre Generatormechanismus beruht auf Rückkopplungsprozessen in der Proteinbiosynthese* (s. Abschn. 24.1). In die Umsetzung der zirkadianen Information aus der Proteinsynthese in frequenzkodierte Nervenimpulsmuster sind Mechanismen involviert, die sich durch Ca^{2+}-spezifische Maßnahmen stören lassen. Allen daraufhin untersuchten Metazoen gemein ist die *Lokalisation von zirkadianen Schrittmachern in räumlicher Nähe zum Sehsystem.* Das unterstreicht erneut die herausragende Bedeutung der Lichtrezeption für die zirkadiane Rhythmizität und weist auf den evolutiven Hintergrund hin. *Hilfsoszillatoren* gibt es möglicherweise auch in nicht neuronalem Gewebe, wie Befunde an Prothorakaldrüsen und Gonaden von Insekten wahrscheinlich machen. Die *zirkadiane Signalübertragung* (*Kopplung*) bedient sich aller bekannten Mechanismen der Informationsweiterleitung im Organismus von hormonellen über neuromodulatorische Wege bis zu strikt fasergebundener Übertragung durch Neurotransmitter.

Mollusken. In den Augen der marinen Schnecke *Aplysia californica* wurde zum erstenmal bei einem Metazoon ein zirkadianes Schrittmacherzentrum gefunden. Es liegt in den **basalen retinalen Neuronen (BRN)** [20]. Isolierte einzelne BRNs können einen zirkadianen Rhythmus generieren [38] (Abb. 24-9).

Diese BRNs (ca. 100 Zellen) liegen im Auge proximal an der Basis der Retina. Sie sind selbst zeitgeberwirksam lichtempfindlich und erzeugen spontan Nervenimpulse mit sehr niedrigen Frequenzen im Bereich von 200 bis 400 Impulsen/h, was ungefähr alle zwei Minuten einem Impuls entspricht. Diese Impulse werden synchron über die 100 Fasern der durch elektrische Synapsen gekoppelten BRNs in das Gehirn geleitet. Durch die Synchronität dieser Spikes überlagern sie sich in extrazellulären Massenableitungen am Sehnerv zu sehr großen Amplituden und lassen sich als sogenannte **compound action potentials (CAP)** [21] im tagelangen Langzeitversuch mit Saugelektroden am durchtrennten Sehnerv einfach ableiten (Abb. 24-9). Die

Spontanfrequenz der CAPs ist zirkadian moduliert und zeigt alle Eigenschaften eines zirkadianen Rhythmus.

Arthropoden. Rhythmusgenerierende zirkadiane Schrittmacherneurone sind bei den Arthropoden noch nicht bekannt. Die grobe Lage der *Schrittmacherkerne* in den **optischen Loben** jedoch gilt durch eine breite experimentelle Basis als gesichert (durch Läsionen und Transplantationen) [14, 27]. *Efferente zirkadiane Signalwege* in Form von *oktopaminergen* Fasern wurden bei Cheliceraten (*Limulus* und Skorpion) beschrieben [8, 32].

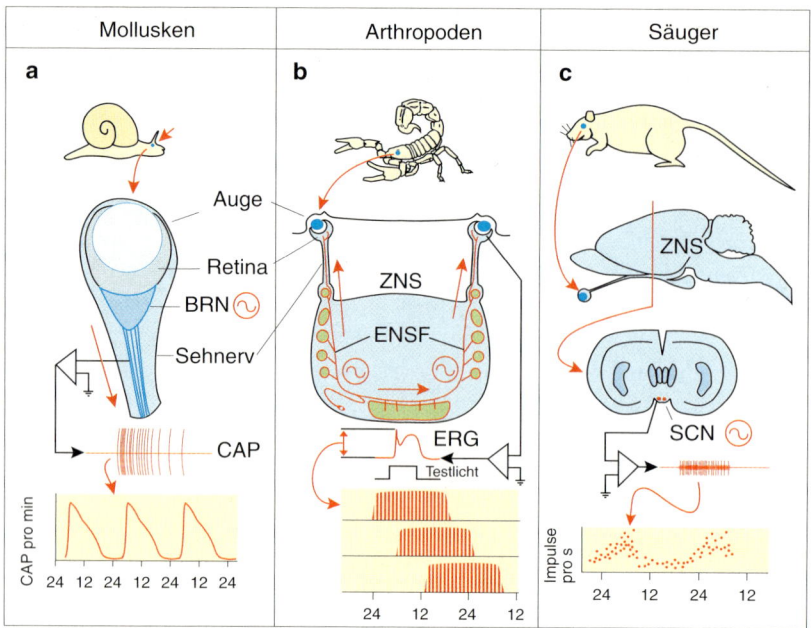

Mollusken	Arthropoden	Säuger

a Auge, Retina, BRN, Sehnerv, CAP, CAP pro min, 24 12 24 12 24 12 24

b ZNS, ENSF, ERG, Testlicht, 24 12 24 12

c ZNS, SCN, Impulse pro s, 24 12 24 12

Abb. 24-9. Neuronale Organisation zirkadianer Schrittmacher bei **a** Mollusken, **b** Arthropoden und **c** Vertebraten. Allen gemeinsam ist die Nähe der zirkadianen Oszillatoren zu lichtverarbeitenden Zentren (wie Augen und optischen Ganglien). **a** Die ca. 100 **b**asalen **r**etinalen **N**eurone (**BRN**) im Molluskenauge sind die ersten als eigenständige zirkadiane Oszillatoren von Metazoen nachgewiesenen zirkadianen Schrittmacherzellen. Sie bilden spontane Aktionspotentiale, die durch elektrische Kopplung zwischen den BRNs synchronisiert als sogenannte **c**ompound **a**ction **p**otentials (**CAP**) vom Sehnerv abgeleitet werden können. Ihr Auftreten mit einer maximalen Frequenz von ca. 2 Impulsen pro min unterliegt einer zirkadianen Modulation. Die Frequenz ist hoch während des Tages und niedrig in der subjektiven Nacht. **b** Bei den Arthropoden sind die Schrittmacherneurone noch nicht bekannt, dafür aber ist ein ihnen möglicherweise direkt nachgeordnetes Netzwerk von Neuronen (sogenannte **e**fferente **n**euro**s**ekretorische **F**asern **ENSF**) im Detail bekannt, die das zirkadiane Signal an die zirkadianen Effektoren (wie z.B. die Augen) verteilen. Die ENSF haben Kontakt mit den optischen Ganglien und dem Zentralkörper (grün) im ZNS. Es ist eins von ca. 20 ENSF-Neuronen dargestellt. Das Nervenimpulsmuster in den ENSF kontrolliert die zirkadiane Rhythmik der Augenempfindlichkeit, die mit Hilfe des Elektroretinogramms (ERG) gemessen wird. **c** Bei Säugern sind die obersten zirkadianen Schrittmacherneurone zwar noch nicht genau bekannt, aber ihr Sitz im sogenannten **s**upra**c**hiasmatischen **N**ucleus (**SCN**) sicher nachgewiesen. Ihre spontane Entladungsfrequenz ist hoch in der Nacht und niedrig am Tag. **a** nach [21], **b** nach [8] und **c** nach [35]

Mit Hilfe von zirkadianen Mutanten der Taufliege *Drosophila* mit Periodenlängen von z.B. 20 h (Mutante: *per short*) oder 27 h (Mutante: *per long*) konnte das sogenannte Perioden-Gen (**per**-Gen) genau untersucht werden. Als ein ca. 4,5 kb langer Abschnitt auf der DNS des X-Chromosoms ist es für die Ausprägung der zirkadianen Periodenlänge τ verantwortlich.

Man geht zur Zeit davon aus, daß dieses *per*-Gen mit Unterstützung durch ein Partnermolekül, das sich an die DNS binden kann, die *Transkription* seiner eigenen mRNS hemmt. Für die Regelung des *Translationsprozesses* des per-Proteins selbst nimmt man ebenso eine Rückkopplungsschleife an. Es erscheint vorstellbar, daß durch das Zusammenspiel mehrerer solcher Rückkopplungsmechanismen Zeitkonstanten entstehen, die zur Genese langzeitiger Rhythmen, z.B. des zirkadianen Rhythmus, geeignet wären [48, 50].

Die zirkadianen Schrittmacher der Vertebraten liegen im Pinealorgan und im suprachiasmatischen Nukleus (SCN)

Vertebraten. Bei den Vertebraten üben zwei Zentren die Funktion des obersten zirkadianen Schrittmachers aus: das **Pinealorgan** [49], eine photorezeptive Ausstülpung des Zwischenhirndaches, und der **suprachiasmatische Nukleus (SCN)** [35], ein Kerngebiet oberhalb der in das Zwischenhirn eintretenden und sich dabei überkreuzenden Sehnerven (optisches Chiasma) (Abb. 24-9). Im Verlauf der *Vertebratenphylogenie* verschiebt sich diese Aufgabe vom Pinealkomplex bei niederen Wirbeltieren zum SCN bei den Säugern.

Pinealorgan. Das Pineal (Abb. 24-9) ist zumindest bei einigen Vogelarten der Sitz des zirkadianen Schrittmachers. Es arbeitet als *photoneuroendokrines Organ*, indem es das äußere Lichtprogramm mit **Melatonin** in ein Hormonsignal umsetzt, das bei

Dunkelheit hoch ist und durch Licht gehemmt wird [23]. Das Melatonin, ein Derivat des Serotonins, ist also eine Art hormonelles „**internes Dunkelsignal**". Es übt bei der zirkadianen Kontrolle des Verhaltens und photoperiodisch gesteuerten Entwicklungsprozessen (z.B. Kurztags- und Langtagseffekte beim Gonadenwachstum) eine übergeordnete Funktion aus. Ursprüngliche *Photorezeptoren* des Pineals, die den Sehzellen in der Lateralaugenretina entsprechen (Außenglied, Innenglied und Synapsenkomplex), *werden im Verlauf der Phylogenie zu sekretorischen Pinealozyten*. Die direkte Lichtempfindlichkeit, die bei Vögeln noch von funktioneller Relevanz ist, haben die Pinealozyten der Säuger dann endgültig verloren.

In Kultur dispergierte Zellen des Hühnerpineals setzen auch im Dauerdunkel Melatonin im zirkadianen Rhythmus frei (hoch in der zirkadianen Nacht) und reagieren auf Licht (Abb. 24-9) [6, 49]. Mit dem phylogenetischen Schritt zu den Säugern verliert das Pineal seine Bedeutung als zirkadianer Schrittmacher an den SCN, während die *Funktion als dunkelaktive Melatonindrüse beibehalten* wird. Der photische Zeitgebereingang läuft jetzt bei den „pinealblinden" Säugern primär über die Lateralaugen durch den **retinohypothalamischen Trakt** (**RHT**) in den SCN und erst dann, indirekt vermittelt durch eine neue adrenerge Innervation, über das obere Zervikalganglion zum Pineal.

Suprachiasmatischer Nukleus. Im SCN der Säuger (z.B. Ratte und Hamster) sitzt ein selbständiger *zirkadianer Rhythmusgenerator* (Abb. 24-9), von dem zirkadiane Rhythmen der Nervenimpulse abgeleitet werden können, auch nachdem dieser Nukleus von seinem Nachbargewebe chirurgisch abgetrennt worden ist [33]. Inzwischen gelingt es auch, von Slice-Präparaten (isolierte ca. 0,5 mm dicke Gewebescheiben) *in vitro* zirkadiane Erregungsmuster abzuleiten. Es scheint, als wäre die Aktivität dieser Neurone *immer in der Tagphase höher als in der Nachtphase*, ungeachtet dessen, ob die Tierart tag- oder nachtaktiv ist. Die Phasenkopplung des vom Schrittmacher getriebenen Rhythmus geschieht also außerhalb der Oszillatoren.

Von den in jeder Hälfte des SCN enthaltenen ca. 10.000 Neuronen kann nur ein kleiner Bruchteil mit der zirkadianen Mustergenerierung befaßt sein. So ist noch offen, ob der Rhythmus in einzelnen Neuronen generiert wird wie bei den Mollusken, oder ob ein Netzwerk von Neuronen für die Musterbildung verantwortlich ist. Untergeordnete zirkadiane Oszillatoren konnten außerhalb des SCN und im Auge nachgewiesen werden.

24.3 Schlaf der Wirbeltiere

Die weitestgehenden neurobiologischen Erkenntnisse über den Schlaf beziehen sich auf den Menschen und andere Säuger (vor allem Katzen und Ratten) [4, 9, 10, 11]. Sie sollen hier im Vordergrund

stehen. Bei allen bisher untersuchten Wirbeltieren konnte Schlaf nachgewiesen werden, der aber durch ontogenetische Unterschiede in den Zeitstrukturen charakterisiert ist.

> **Der Schlaf der Säuger ist durch eine regelmäßige, rhythmische Abfolge bestimmter Stadien gekennzeichnet, die sich dem NREM- und dem REM-Schlaf zuordnen lassen**

Schlafstadien. Auf der Suche nach Kriterien, mit denen man den Schlaf quantitativ beurteilen und die verschiedenen Stadien klar auseinanderhalten kann, hat sich das *Elektroenzephalogramm* (*EEG*) (s. Kap. 25) bewährt. Es liefert noninvasiv quantifizierbare neurophysiologische Schlafparameter. In dem heute allgemein akzeptierten Schema von Dement und Kleitman [25] (Abb. 24-10) unterscheidet man mit Hilfe dieser EEG-Registrierung *vier Stadien zunehmender Schlaftiefe* (vom Einschlafstadium 1 bis zum Stadium 4, dem Tiefschlaf, auch Delta- oder slow-wave-sleep (SWS) genannt) und grenzt sie als sogenannten *Non-REM-Schlaf* (*NREM*) gegenüber

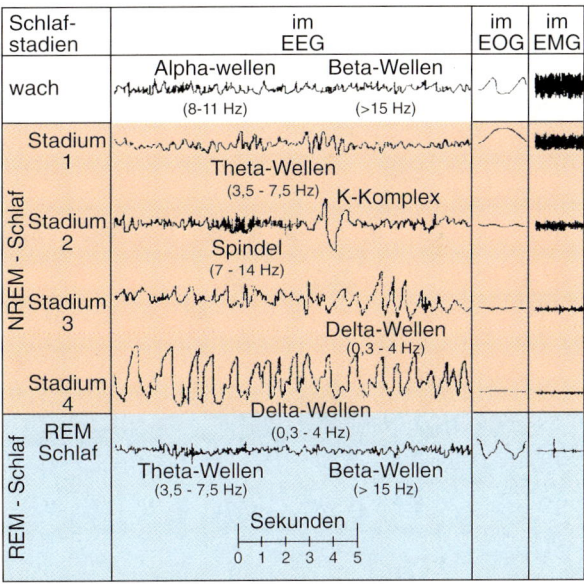

Abb. 24-10. Schlafstadien. Typische EEG- (Elektroenzephalogramm)-, EOG- (Elektrookulogramm)- und EMG- (Elektromyogramm)-Aufzeichnungen vom Menschen im Wachzustand (weiß) und in den verschiedenen Schlafstadien (rot und blau). Die markanten EEG-Wellen sind benannt mit Angabe der für sie charakteristischen Frequenzwerte (geändert nach [10]). Beachte die Zeitskala bei dieser Wiedergabe (ca. 2 s/cm). Diese Muster wechseln sich an derselben Ableitstelle vom Kopf im Verlauf des Schlafwachgeschehens ab (vgl. Abb. 24-11). Auch das EOG wie das EMG verändern sich in typischer Weise und gestatten vor allem, den REM-Schlaf (blau) sicher vom Wachzustand zu unterscheiden. EOG und EMG verändert nach [4]

dem *REM-Schlaf* ab, der durch die schnellen Augenbewegungen (*rapid eye movement, REM*) hinter den geschlossenen Lidern und weitestgehender Entspannung (Atonie) der gesamten Willkürmuskulatur charakterisiert ist. Wegen vieler Ähnlichkeiten zum Wachzustand wird der REM-Schlaf auch als *paradoxer Schlaf* und wegen seiner hohen Anteile an emotionalen Träumen als *Traumschlaf* bezeichnet.

Schlafprofil (Abb. 24-11). Der Schlafverlauf über eine Nacht zeigt, wie am Anfang die Schlafstadien 1–3 bis hinunter zum *Delta-Tiefschlaf* (Stadium 4) durchschritten werden, bis die erste noch relativ kurze REM-Episode erscheint. Der Rest der Schlafnacht ist durch einen rhythmischen Wechsel zwischen NREM- und REM-Schlaf charakterisiert.

Notwendigkeit und Funktion des Schlafes. Bei Wirbeltieren ist die regelmäßige Unterbrechung der Aktivitätsphasen durch Schlafverhalten lebensnotwendig. Deshalb wird verhinderter Schlaf (Schlafdeprivation) kompensiert. In erster Linie wird versucht, den versäumten Tiefschlaf (SWS) nachzuholen, der normalerweise nach Umfang und Tiefe sehr fein homöostatisch geregelt wird [24].

Systematischer Schlafentzug ist ein solch schwerwiegender Eingriff in die Regelmechanismen des Körpers, daß er z.B. bei Ratten in 5 bis 30 Tagen zum Tod führt [45].

Trotz dieser grundlegenden Bedeutung von Schlaf gibt es über seine Funktion nur Hypothesen [10], die man grob zwei Kategorien zuordnen kann und die sich nicht gegenseitig ausschließen: 1. adaptiver Wert des Schlafs durch Optimierung der Überlebensstrategien (z.B. Feindvermeidung, Effizienz der Resourcennutzung, Energiesparen durch zeitliche Steuerung der Thermoregulation); 2. restaurative Prozesse (z.B. durch Reparaturen, Wiederherstellung metabolischer Gleichgewichte, Pufferung von Aktivitätsspitzen, Erneuern innerer Resourcen).

> **Die neurobiologischen Zentren der Schlafregulation sind im Hirnstamm lokalisiert**

Neuroanatomische Komponenten der Schlafregulation. Als gesichert gilt, daß das Schlafmuster und seine tageszeitliche Einordnung *nicht von einem* Schlafzentrum sondern *von einer Vielzahl von Kernen* im Zwischenhirn und den hinteren drei Teilen des Hirnstammes (Mes-, Met- und Myelenzephalon) aus kontrolliert wird. Von besonderer Bedeutung ist einerseits der **Thalamus** andererseits die **retikuläre Formation** (netzartig aufgelockerte Zellformation, die sich vom Nachhirn bis ins Mittelhirn erstreckt

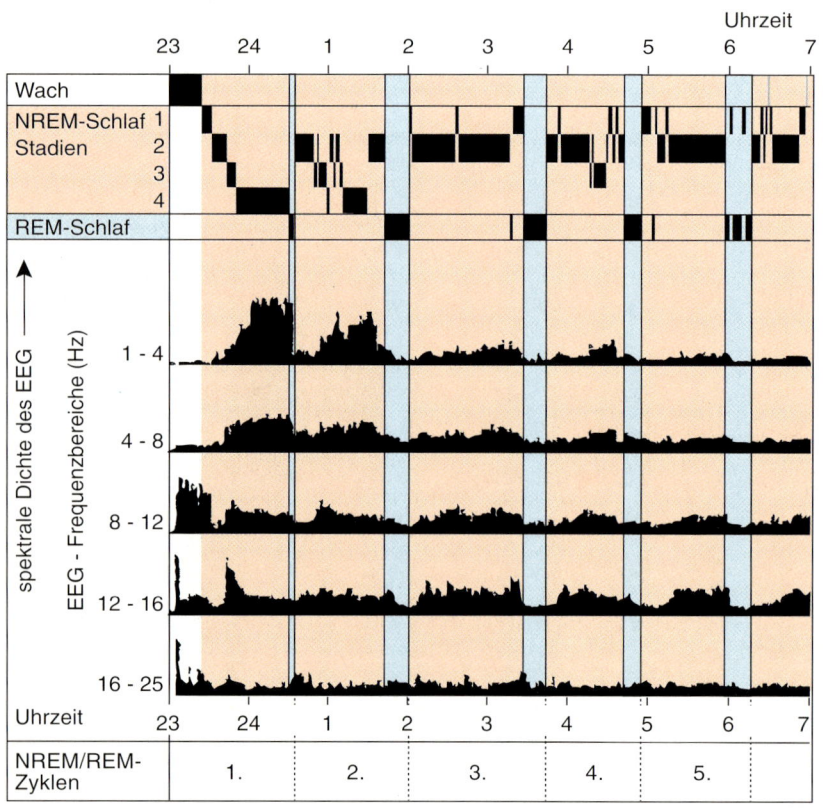

Abb. 24-11. Schlafprofil. Im Schlafprofil (oberer Teil) wird die Abfolge der Stadien des NREM-Schlafes (rot) und des REM-Schlafes (blau) über den Verlauf einer Nacht dargestellt. Die stufenförmige Unterscheidung basiert auf der Analyse des EEGs. Im unteren Teil der Abbildung kann man den Verlauf des Schlafes anhand der spektralen Analyse nach Frequenzbereichen wesentlich feiner ablesen und z.B. am „Powerspektrum" des Delta-Schlafs (1–4 Hz) sogar die Tiefe des Schlafs quantitativ beurteilen. Die Abschnitte des REM-Schlafs lassen erkennen, daß während dieser Zeit der Gehalt an höheren Frequenzen (besonders bei 12–16 Hz) im EEG niedrig ist. Zusammengestellt aus [4]

und anatomisch einem Teil der grauen Substanz im Rückenmark entspricht) für die REM/NREM-Zyklen. Die Kerngebiete besitzen jeweils weitgehende Autonomie für die von ihnen beigesteuerten Schlafkomponenten, so daß die *Interaktion* zwischen ihnen zum Schlüssel für das Gesamtgeschehen wird. Von ihnen aus ziehen auf- und absteigende Bahnen in den Kortex und andere Teile des ZNS, um den Grundtonus ganzer Kerngebiete zu modulieren.

> **Die einzelnen Abschnitte des Schlafverhaltens werden im Sinne einer Ablaufsteuerung nacheinander aktiviert**

Zeitsteuerung des Schlafs. Man kann den Schlaf als eine schrittweise Abfolge bestimmter Verhaltensweisen auffassen und z.B. mit einer Ablaufsteuerung in der Technik vergleichen.

Auf Schritt A folgt B, dann C usw. Die Fortschaltung der Einzelschritte kann rein zeitlich gesteuert werden, sie kann aber auch an die Erfüllung von Bedingungen geknüpft sein. Dadurch besteht innerhalb dieser Abfolge auch eine homöostatische Regelmöglichkeit. Wenn die vollständige Sequenz der Schritte abgearbeitet ist, kann ein neuer Zyklus durch Zurückkehren zum Anfangsschritt A begonnen werden (A → B → C → A). Auch innerhalb der Abfolge können bestimmte Schrittsequenzen zyklisch mehrfach durchlaufen werden (A → B → A → B → C → A). Aufgabe des Nervensystems ist es, die einzelnen Komponenten des Systems nach dem vorgegebenen Programm zu aktivieren und zu deaktivieren.

Grob vereinfacht umfaßt die Ablaufsteuerung des Schlafes **Zeitmodule** in drei Bereichen: eine *zirkadiane Komponente* im Bereich von 24 h; eine *Zeitsteuerung* für den *REM/NREM-Zyklus* im Bereich von 90 min; einen *Schrittmacher* für die *Delta-Wellen* des Tiefschlafstadiums im Bereich von Sekunden (0,5 bis 4 Hz). Außerdem sind **Schaltmodule** für das Ein- und Ausschalten bestimmter Funktionskreise verantwortlich: im *Thalamus* wird die Durchgängigkeit für den auf- und absteigenden Informationsfluß zum und vom Kortex kontrolliert. Die *Entspannung der Skelettmuskulatur in der REM-Schlafphase* wird durch Inhibition der α-Motoneurone ein- und ausgeschaltet.

> **Der zirkadiane Schrittmacher für den Schlaf liegt im SCN; er gewährleistet eine optimale zeitliche Einnischung des Schlafes in die Tagesperiodik der belebten und unbelebten Umwelt**

Zirkadianes Zeitmodul. Der zirkadiane Rhythmus wird durch einen Schrittmacher generiert, der bei den Säugern im **SCN** (**S**uprachiasmatischer **N**ukleus; s.

24.2) im Boden des Zwischenhirns liegt. Dieser Schrittmacher kontrolliert indirekt auf noch unbekannte Weise den Schlaf, indem er zu bestimmten Zeiten Schlaf erleichtert (z.B. den REM/NREM-Oszillator triggert) und zu anderen Zeiten erschwert. Er stellt Zeitsignale für den Schlafbeginn wie auch für das Ende des Schlafes zur Verfügung. Unter Bedingungen des Schlafentzugs kann ein klarer zirkadianer Rhythmus der Müdigkeit (Schlafbereitschaft) beobachtet werden. Die Einleitung des Schlafes selbst hängt von zusätzlichen Bedingungen ab. Schlafstoffe werden z.B. seit langem hierfür und für die Regulation der Schlafdauer diskutiert [22, 24].

> **Der REM/NREM-Rhythmus wird durch das Gegenspiel zwischen REM-on- und REM-off-Neuronen im Stammhirn erzeugt**

REM-NREM-Zeitmodule. Für den REM/NREM-Rhythmus gibt es offenbar keinen eigenen Oszillator. Vielmehr konnten zwei sich über den kaudalen Abschnitt des Hirnstammes (Mes-, Met- und Myelenzephalon) erstreckende und sich gegenseitig hemmende und fördernde Neuronengruppen (repräsentiert durch *REM-on-* und *REM-off-Neurone*) nachgewiesen werden, die durch ihre Interaktionen den Zyklus generieren.

Oszillatorkomponenten. Diese Neurone *liegen in der retikulären Formation des Tegmentums* (Unter Tegmentum, auch Haubenregion genannt, versteht man die von der retikulären Formation eingenommene Region in Mittel- bis Nachhirn.). Sie zeichnen sich allgemein durch sehr weitreichende Verbindungen im gesamten Hirnstamm aus und können teilweise (z.B. als gigantozelluläre Neurone) über 60 µm große Zellkörper haben. Als REM-on-Neurone gelten *cholinerge* Zellen hauptsächlich aus dem Tegmentum der Brücke (pons, Basis des Metenzephalon). Ihre Gegenspieler, die REM-off-Zellen, werden durch *aminerge* Neurone aus mehreren Bereichen der retikulären Formation im hinteren Mes- und im Metenzephalon gestellt (*Locus coeruleus, dorsaler Raphekern* u.a.). Sie benutzen Noradrenalin, Adrenalin und Serotonin als Transmitter.

Der REM/NREM-Rhythmus. REM-on-Neurone erregen sich und ihren Gegenspieler, die REM-off-Neurone, von denen sie selbst wiederum gehemmt werden. Durch diese negative Rückkopplung entsteht die Situation *eines schwingenden Regelkreises* (s. 24.1) (Abb. 24-12).
  Zunächst wird während des NREM-Schlafes, wahrscheinlich durch cholinerge Einflüsse, das Membranpotential der REM-on-Neurone im mittleren Brückenbereich um 7–10 mV depolarisiert und die Zellen dadurch zum Entladen gebracht. Dies

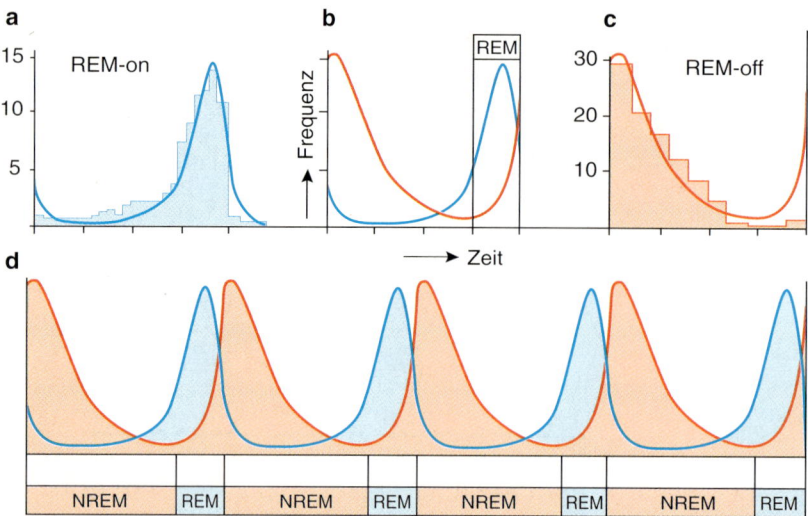

Abb. 24-12. REM/NREM-Zyklus. Halbschematische Rekonstruktion des Erregungsverlaufs in den REM-steuernden Neuronen. Dargestellt sind in **a** bis **c** die Entladungsfrequenzen der REM-on- (blau) und der REM-off-Neurone (rot) im Bereich bis 30 Hz über den Verlauf eines REM/NREM-Schlafzyklus hinweg. **a** Entladungsmuster eines REM-on-Neurons aus der medianen pontinretikulären Formation (mPRF) (treppenartige Kurve) mit überlagerter Simulationskurve aufgrund des erweiterten Modells von McCarley and Hobson (glatte Kurve); **b** Überlagerung der beiden Computerkurven aus **a** und **c**; **c** wie **a**, jedoch Ableitung von einem REM-off-Neuron aus dem dorsalen Raphe-Kern (DRN); **d** Aneinanderreihung der Kurvenzüge von **b**, um den REM/NREM-Zyklus und seine Beziehung zum REM- und NREM-Schlaf (unterste Leiste) zu veranschaulichen. Verändert nach [15]

geschieht ca. eine Minute vor der für die REM-Phase typischen Desynchronisation des EEG (Delta-Wellen verschwinden) und der Muskelentspannung. Aus diesem Grund gelten diese REM-on-Neurone z.Z. als beste Kandidaten für die *Auslöser der PGO-Wellen* (*pontogeniculooccipitale Wellen*), die von der Brücke (Pons) über den Kniehöcker (Geniculatum) bis zum okzipitalen Kortex aufsteigen und den Beginn des REM-Schlafs markieren.

Für die Ausbreitung der Depolarisierung innerhalb der REM-on-Neurone werden intraretikuläre exzitatorische Synapsen verantwortlich gemacht. Zwischen Untergruppen dieser Neurone wird nun eine sich stabilisierende wechselseitige Depolarisierung angenommen, die den gesamten Pool der REM-on-Neurone für die Dauer der REM-Episode auf einem hohen Erregungsniveau sozusagen festklemmt (Plateau-Potential, s. Kap. 23).

Die REM-Phase wird durch die REM-off-Neurone beendet, sobald diese durch die REM-on-Neurone soweit aktiviert worden sind, daß sie ihrerseits die REM-on-Zellen bis zum Abschalten gehemmt haben. Mit dem Erreichen ihres Erregungsmaximums beginnen die REM-off-Neurone sich durch Eigenhemmung schließlich selbst abzuschalten. Danach kann durch die daraus folgende Enthemmung der REM-on-Neurone deren Depolarisation von neuem wieder ansteigen und wie oben beschrieben eine neue REM-Episode auslösen. Dieser Schwingungszustand zwischen REM und NREM hält solange an, bis er durch den Aufwachvorgang abgestellt wird.

Thalamokortikale Neurone (TC) kontrollieren mit ihren hochsynchronen Delta-Wellen den Tiefschlaf

Delta-Wellen-Zeitmodul. Mit intrazellulären Ableitungen von *thalamokortikalen Neuronen* (*TC*) wurden in verschiedenen Teilen des Thalamus [47] und auch unter *in vitro*-Bedingungen an Slicepräparaten *SWS-ähnliche Wellen* beobachtet [37].

Diese Wellen besitzen so genau die von den Delta-Wellen her bekannten Eigenschaften hinsichtlich ihrer Modulation und Synchronisierbarkeit, daß sie als die zellulären Entsprechungen der Delta-Wellen im EEG gelten. Die Genese dieser Rhythmen ist intrinsisch für den Thalamus. Dabei können mehrere für die neuronale Schlafsteuerung typische Eigenarten beobachtet werden.

Man nimmt deshalb an, daß die *Delta-Wellen* ihren eigenen *autonomen Schrittmacher in den Thalamuskernen* des Zwischenhirns haben (s. Abschn. 24.1).

Modulation der Erregbarkeit und autonome Schrittmacher-Eigenschaft der TCs. An diesen TCs kann als ein allgemeines Konzept für die neuronale Schlafsteuerung beobachtet werden, wie sie durch Neuromodulation (s. Kap.23) ihr Verhalten grundlegend ändern: bei Depolarisation bilden sie „normal" Nervenimpulse, bei Hyperpolarisation beginnt ihr Membranpotential mit Delta-Wellen zu oszillieren (Abb. 24-13).

Im Experiment antworten die Zellen auf kortikale Reizungen zunächst mit *Spindelaktivitäten* von 7–14 Hz, wie sie zum Schlafbeginn aus dem Stadium 2 bekannt sind. Wird das Membranruhepotential der TCs von -60 mV auf -65 mV und darunter (-70 bis -90 mV) hyperpolarisiert, so tritt die Delta-Wellen-Oszillation auf. Es werden dabei die Mechanismen des sogenannten *„low threshold Ca^{2+} current"* (*It*) und eines unter Ca^{2+}-Einfluß stehenden *K$^+$-Na$^+$-Stromes* (*Ih*) in Gang gesetzt (vgl. auch Abb. 24-4). Sie sind gegen TTX unempfindlich. Sie arbeiten mit einer Zeitkonstante im Sekundenbereich gegeneinander und produzieren durch abwechselnde De- und Hyperpolarisation zwischen -75 und -50 mV die langsamen *„low threshold spikes"* (LTS), die zellulären Analoga der Delta-Wellen im Bereich von 0,5 bis 4 Hz mit einem intrazellulären Hub von 25 mV. Der depolarisierenden Spitze dieser Welle sitzen 2–5 schnelle TTX-empfindliche Aktionspotentiale (ca. 300 Hz) auf, die zu den Dendriten der *Pyramidenzellen* in den Kortex geleitet werden. Von dort kommen sie auf mehrere Neurone übertragen in kortikothalamischen Fasern wieder in den Thalamus zurück (feedback) und verstärken zum einen die bestehenden Delta-Wellen, zum anderen können sie die Phase der anfänglich asynchron entladenden TCs zu immer mehr synchroner Erregung hin verschieben (Abb. 24-14). Die jetzt vervielfältigten und phasenähnlicheren Aktionspotentiale gehen wieder in den Kortex und wiederholen diesen *Verstärkungs- und Synchronisierungseffekt* in der *Funktionseinheit aus Thalamus und Kortex.*

Die Schleife Thalamus-Kortex-Thalamus schaukelt sich zu einer sehr stabilen synchronen delta-rhythmischen Entladung auf wie ein System, das in Resonanz geraten ist. Diese *hochsynchrone Entladung* von sich über sehr große Neuronenpopulationen im ganzen Kortex ausbreitenden Aktionspotential-Bursts wird im EEG als Delta-Welle sichtbar. Das Gehirn befindet sich jetzt im *Tiefschlaf.* Der Zustand ist stabil, solange er nicht durch depolarisierende Einflüsse unterbrochen wird, die dieses „synchrone EEG" durch Blockade der Delta-Aktivität (s.o.) wieder „desynchronisieren".

Das *Einschlafen* käme demnach *durch zunehmende Hyperpolarisierung thalamokortikaler Zellen* zustande. Der potenzierende Einfluß der kortikothalamischen Eingänge wird zwei Klassen von *GABAergen* (hyperpolarisierenden) *Thalamusneuronen* (retikuläre und lokale Netze) zugeschrieben. So hat z.B. die experimentelle Reizung von *mesopontinen cholinergen* (*depolarisierenden*) *Neuronen* einen zu dem kortikalen Einfluß entgegengesetzten Effekt: Unterdrückung der „Delta"-bursts und der Spindelaktivitäten durch Depolarisation von thalamischen Neuronen. Danach würde das *Aufwachen oder der Übergang zum REM-Schlaf* durch thalamische *cholinerge Modulation* diffus auf das thalamokortikale System zu erklären sein.

Der Thalamus blockiert im Tiefschlaf den Informationsfluß zwischen Kortex und dem übrigem ZNS

Schaltmodul Thalamus. Der Thalamus verbindet, einer *Umschaltstation* gleich, alle afferenten, also

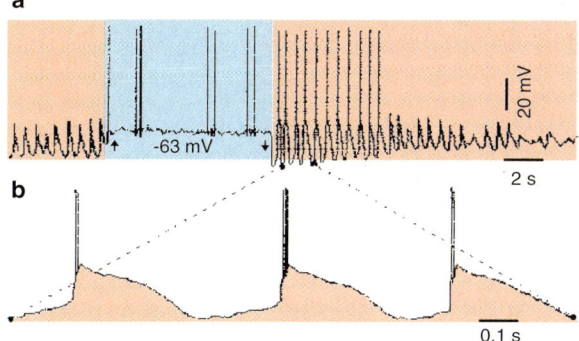

Abb. 24-13. Delta-Schrittmacher. Die Genese der rhythmischen Delta-Aktivität (rote Abschnitte) am Beispiel einer intrazellulären Ableitung aus einer thalamokortikalen Zelle in einem der intralaminären Thalamuskerne. Beachte, wie die Aktivität der Zelle von dem Grundwert des Membranpotentials abhängt. Depolarisierende Ströme (↑ in **a**, blauer Abschnitt) blockieren die langsamen Deltawellen und lassen sporadische schnelle Na-Aktionspotentiale zu. Hyperpolarisation (↓ in **a**) veranlaßt die Zelle zur Bildung der „low threshold"-Kalziumströme, die zu den typischen Delta-Wellen mit aufgesetzten schnellen Impulsen führen; **b** Ausschnitt von drei Deltawellenzügen aus **a**; vgl. auch (Abb. 24-4). Nach [47]

zum Kortex aufsteigenden sensorischen Fasern, mit dem Großhirn. Auch mit den aus der Großhirnrinde absteigenden Fasern steht er in Verbindung, so daß in ihm eine komplette Efferenzkopie des Kortex vorliegt.

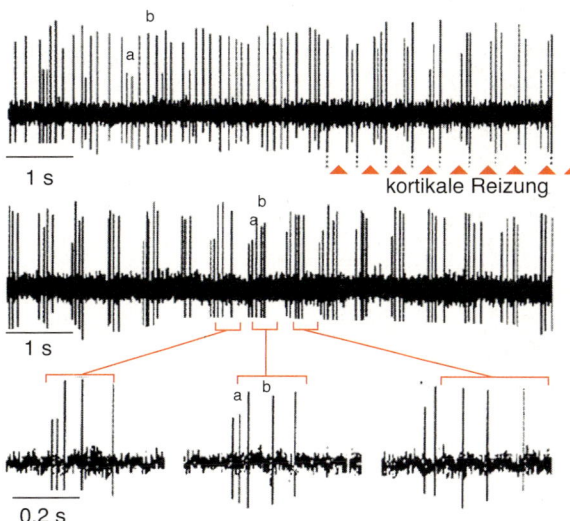

Abb. 24-14. Synchronisation der thalamo-kortiko-thalamischen Funktionseinheiten. Am Beispiel der extrazellulären Ableitung von einer thalamokortikalen Zelle (TC) aus einem intralaminären Thalamuskern wird der synchronisierende Einfluß des Neokortex auf den Thalamus deutlich. In der oberen Ableitung ist die desynchrone Entladung von Aktionspotentialen zweier TCs (a und b) zu sehen. Sie gruppieren sich nach kortikaler Reizung (oben rechts). Die dadurch erreichte Synchronisation hält auch nach der Kortexreizung noch an (mittlere Ableitung) und gilt sowohl für die a- wie auch für die b-Zellen (untere Ableitung). Nach [47]

Diese Verbindung des Kortex mit dem übrigen Nervensystem spielt eine zentrale Rolle für die Steuerung des Schlafes und aller Aufmerksamkeitsvorgänge [3]. In ihr kann der gesamte Datenverkehr zwischen Zentrale und Peripherie überwacht werden. Unter dem Einfluß vor allem der retikulären Formation des Mittelhirns (MRF) wird der Thalamus über seine intralaminären Kerne depolarisierend tonisiert. Dadurch bleiben die TCs in normaler Arbeitsverfassung, in der sie den Signalfluß zwischen dem Kortex und dem übrigen Gehirn zulassen. Wenn der Thalamus aber z.B. durch die inhibitorischen GABAergen Eingänge von seinem eigenen retikulären Kern so stark hyperpolarisiert wird, daß Delta-Schlaf eintritt (s.o.), dann können die TCs die afferenten Signale nicht mehr zum Kortex weiterleiten (Abb. 24-15). Erst durch hinreichend starke Depolarisa-

tion wird die Delta-Wellen-Aktivität wieder blockiert (s.o.) und der Thalamus wieder durchgängig.

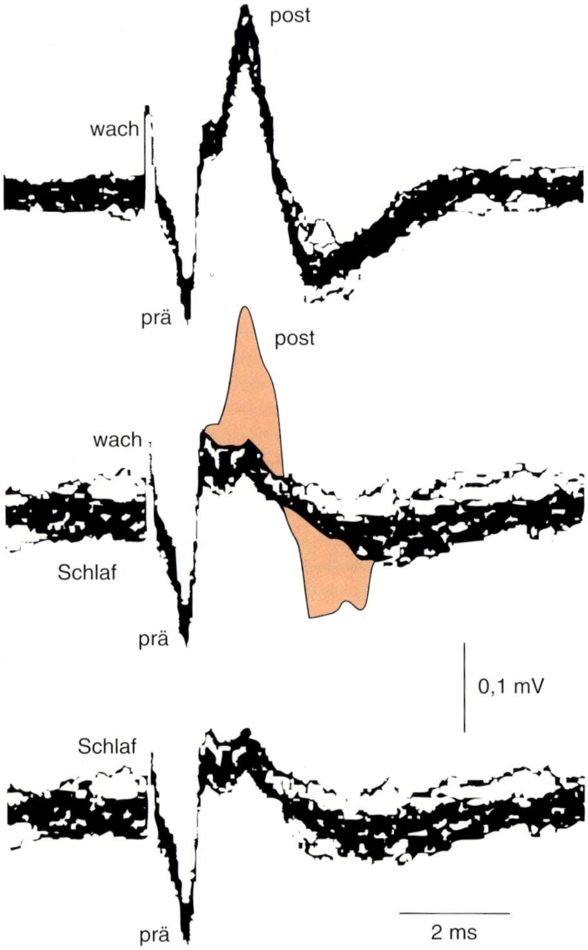

Die Muskelentspannung während des REM-Schlafs wird durch Hyperpolarisation der α-Motoneurone im Rückenmark bewirkt

Schaltmodul Muskelentspannung. Eines der auffälligsten Zeichen des REM-Schlafs ist der vollkommene Verlust des Muskeltonus in der Skelettmuskulatur. Diese *REM-Muskelentspannung* wird erreicht über die hyperpolarisierende Tonisierung der motorischen Alpha-Neurone im Rückenmark durch Zellen aus der retikulären Formation von sehr wahrscheinlich mehreren Stellen des Hirnstamms, die während des REM-Schlafes ständig hochaktiv sind. Zusammen mit den genannten Motoneuronen, die sie prä- und postsynaptisch inhibieren, stellen sie funktionell einen „Schalter" dar, der die motorischen Effektoren von ihrer übergeordneten Zentrale abkoppelt. In diesem Zustand kann sich die Muskulatur während vollkommener Erschlaffung erholen, weil efferente Erregungsprogramme des Gehirns nicht zu Muskelkontraktionen führen. Wird diese motorische Blockade aufgehoben, kontrahieren die Muskel während der REM-Phasen.

Säuger zeigen je nach Lebensweise sehr unterschiedliche Schlafprofile

Innerhalb der Wirbeltiere (z.B. auch bei Vögeln, Reptilien und Fischen) kann der EEG-definierte Schlaf ganz generell nachgewiesen werden, freilich mit artabhängig sehr verschiedenen Anteilen von REM- und NREM-Schlaf, die zeitlich auch sehr unterschiedlich organisiert sein können. Als Beispiel soll hier nur eine Schlafstrategie von Tieren besprochen werden, die eigentlich keine Zeit zum Schlafen haben, wie beispielsweise Delphine, die regelmäßig zum Luftholen auftauchen müssen, weil sie sonst ertrinken würden.

Abb. 24-15. Thalamustor. Ableitung von evozierten Potentialen aus einer TC im ventrolateralen Thalamuskern im Wachen und im Schlaf. Die Potentiale wurden evoziert durch Reizung von Fasern, die aus dem Kleinhirn in den Thalamus projizieren. Die Spitze nach unten (prä) stellt die präsynaptischen Komponenten dar, die Spitze nach oben (post) die postsynaptischen. Im Vergleich der beiden Abbildungen vom wachen (oben) und vom schlafenden Tier (unten) läßt sich gut erkennen, daß im Schlaf die postsynaptische Komponente fehlt (rote Fläche Mitte), obwohl die afferenten Eingänge unverändert anstehen: Der thalamische Schalter ist gesperrt und läßt keine Informationen mehr passieren. Nach [15]

Linke und rechte Hälfte des Gehirns schlafen beim Delphin zu verschiedenen Zeiten

Schlafstrategie von Meeressäugern. Als Säugetier im Meer zu leben, verlangt ein Leben lang in regelmäßigen Abständen zum Luftholen an der Wasseroberfläche aufzutauchen. Wie können Wale unter solchen Umständen schlafen? *Delphine* schlafen mit

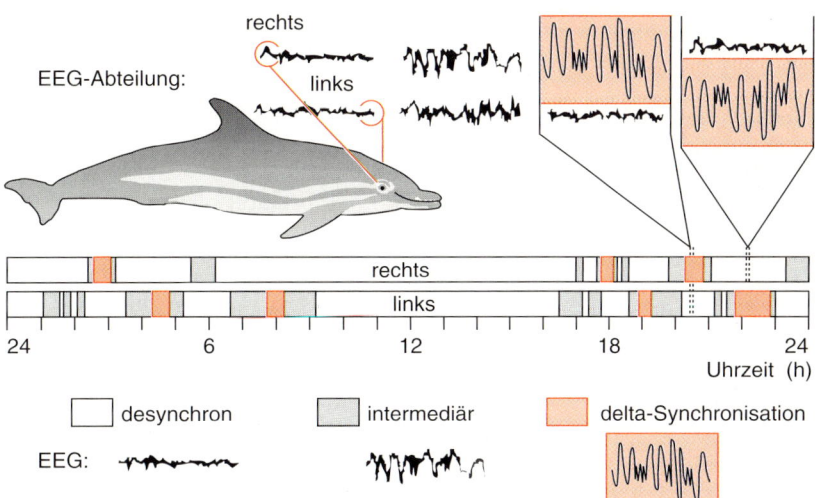

Abb. 24-16. Schlaf des Delphins. Nach den EEG-Ableitungen lassen sich drei Stadien in Bezug auf Schlaf und Wachsein voneinander unterscheiden (siehe Zeichenerklärung im Bild). Die mittleren Balken zeigen die zeitliche Abfolge dieser Stadien über 24 h. Sie lassen zusammen mit dem Ableitschema oben erkennen, daß der Delphin mit der linken und der rechten Hirnhälfte zu verschiedenen Zeiten schläft, und daß die Delta-Synchronisation (=Tiefschlaf) niemals in beiden Hirnhälften gleichzeitig vorkommt. Verändert nach [39]

der linken und der rechten Hirnhälfte nicht gleichzeitig, sondern nacheinander und haben *keinen REM-Schlaf* [39].

EEG-Stadien bei Delphinen. Im EEG des Delphins *Tursiops truncatus* lassen sich drei Typen klar voneinander unterscheiden (Abb. 24-16): 1. desynchrones EEG, 2. intermediäre Form, 3. synchrones EEG (Delta-Synchronisation, SWS). Die gleichzeitige EEG-Registrierung von beiden Gehirnhälften zeigt, daß die Schlafstadien 2 und 3 alternierend in der linken und rechten Gehirnhälfte auftreten. Während Stadium 2 kurzfristig links und rechts auch gleichzeitig auftreten kann, wird der slow-wave-sleep immer nur in einer Hälfte beobachtet. Dieser unilaterale SWS kann jeweils länger als 2 h anhalten. Ableitungen von thalamischen Kernen zeigen, daß schon auf subkorticaler Ebene des Zwischenhirns unilateraler SWS gleichzeitig mit dem im ipsilateralen Neokortex vorkommt. Die Gesamtschlafzeit in der linken Hälfte ist in der Regel verschieden von der in der rechten. Sie kann länger, aber auch kürzer sein. Der Schlafbedarf der beiden Hirnhälften ist unabhängig voneinander. Unilaterale Schlafdeprivation wirkt sich nur auf die deprivierte Seite aus.

Leben ohne REM-Schlaf. Das Fehlen des REM-Schlafs, in dem die Körpermotorik durch Muskelentspannung weitgehend blockiert wäre, ist für den Delphin überlebensnotwendig. Dadurch wird auf einfache Weise erreicht, daß das Gehirn zwar seinen notwendigen Schlaf erhält, die Gesamtkoordination des Verhaltens aber nie in einen Zustand gerät, in dem das Tier nicht mehr zum Atmen an die Wasseroberfläche auftauchen könnte. Es muß zunächst die Frage offen bleiben, ob diese Tiere nicht doch eine dem REM-Schlaf äquivalente, aber in den Details alternative Schlafform besitzen, die es erst noch zu entdecken gilt.

Wie beim Beispiel des Delphins muß man damit rechnen, daß auch bei anderen Tieren ähnliche Schlafstrategien verwendet werden. Vögel scheinen in diesem Zusammenhang besonders interessant zu sein, vor allem Zugvögel während tagelanger non-stop-Flüge über das offene Meer oder z.B.

Mauersegler, die sich wochenlang in großen Höhen ohne Unterbrechung im Dauerflug befinden.

24.4 Schlaf bei wirbellosen Tieren

> **Die Schlafähnlichkeit eines Ruheverhaltens wird bei wirbellosen Tieren u.a. nach Kriterien der Weckbarkeit und dem Umfang bewertet, in dem der Entzug dieses Verhaltens kompensiert wird**

Da der Schlaf zunächst in der Humanmedizin durch bestimmte EEG-Stadien definiert worden ist, kann bei den Wirbellosen, die kein vergleichbares EEG haben, nicht in diesem Sinne von Schlaf gesprochen werden. Andererseits kann kein Zweifel daran bestehen, daß viele Vertreter dieser Tiergruppen (bisher besonders an Arthropoden untersucht [51]) ihre Aktivitätsphasen ebenfalls durch „schlaf"-ähnliche Ruhephasen regelmäßig unterbrechen. Man prüft deshalb in der vergleichenden Schlafforschung andere Kriterien des Wirbeltier-Schlafverhaltens auf ihre Anwendbarkeit auf das Verhalten von Wirbellosen.

Dazu wird ein schon 1913 von Piéron aufgestellter Kriterienkatalog zugrunde gelegt [51]: 1. das Aufsuchen spezifischer Schlafplätze; 2. typische Körperhaltung; 3. physische Ruhe; 4. erhöhte Weckschwelle; 5. schnelle Umstellbarkeit zwischen Ruhe-Aktivität-Ruhe.

Ein neuerdings zunehmend wichtiges Kriterium stützt sich auf die Tatsache, daß der Schlaf nach Umfang und Tiefe eine geregelte Größe darstellt. Wird nicht lange und tief genug geschlafen, dann treten die Symptome des Schlafentzugs auf. Eines davon ist z.B. die Schlafkompensation. Sowie der

Organismus Gelegenheit dazu hat, dann versucht er, bestimmte Teile des Schlafes nachzuholen.

„Schlaf" bei Arthropoden. Wendet man das Kriterium der Schlafkompensation an, so kann man auch bei Wirbellosen wie z.B. Schabe, Biene und Skorpion Anzeichen dafür finden, daß diese Tiere *„Schlafdeprivation"* (d.h. sie wurden längere Zeit am Ruhen gehindert) mit einem nachfolgend erhöhten Ruhebedürfnis zu *kompensieren* versuchen [51]. Also erleben auch diese Tiere physiologische Zustände, die zumindest ihrer Funktion nach denen des Schlafes bei Wirbeltieren vergleichbar sind. Bei der tagaktiven Honigbiene findet man analog zum Schlafprofil der Säuger eine Regelhaftigkeit abgestufter Ruheintensitäten, die sich in abgestufter Weckbarkeit widerspiegeln. Als äußerlich meßbarer und quantifizierbarer Parameter für die „Schlaftiefe" läßt sich die Winkelstellung von Kopf und Antennen verwenden. Alle der o.g. Kriterien aus der Verhaltensliste von Piéron werden von der „schlafenden Biene" erfüllt [34]. Die Neurobiologie des Schlafes von Wirbellosen steht aber noch am Anfang und dürfte mit der Physiologie von Arousalprozessen wesentliche Fortschritte machen.

24.5 Literatur

Weiterführende Lehr- und Handbücher

1. Aschoff J (ed) (1981) Biological rhythms. Plenum, New York (Handbook of behavior and neurobiology, vol 4)
2. Berridge MJ, Rapp PE, Treherne JE (1979) Cellular oscillators. J Exp Biol 81
3. Birbaumer N, Schmidt RF (1991) Biologische Psychologie, 2. Aufl. Springer, Berlin
4. Borbely AA (1984) Das Geheimnis des Schlafs – Neue Wege und Erkenntnisse der Forschung. Deutsche Verlagsanstalt, Stuttgart
5. Bünning E (1973) The physiological clock, 3rd edn. Springer, Berlin
6. Edmunds LN (1988) Cellular and molecular bases of biological clocks. Springer, Berlin
7. Engelmann W, Klemke W (1983) Biorhythmen. Quelle und Meyer, Heidelberg (Biologische Arbeitsbücher 34)
8. Fleissner G, Fleissner G (1988) Efferent control of visual sensitivity in arthropod eyes: with emphasis on circadian rhythms. In: Lindauer M (ed) Information processing in animals. Fischer, Stuttgart
9. Hobson AJ (1990) Schlaf. Spektrum der Wissenschaft, Heidelberg
10. Horne JA (1988) Why we sleep – the function of sleep in humans and other mammals. Oxford University Press, Oxford
11. Montplaisir J, Godbout R (eds) (1990) Sleep and biological rhythms – basic mechanisms and applications to psychiatry. Oxford University Press, Oxford
12. Moore-Ede MC, Sulzman FM, Fuller CA (1982) The clocks that time us – physiology of the circadian timing system. Harvard University Press, Cambridge/Mass

13. Rensing L (1973) Biologische Rhythmen und Regulation – Grundbegriffe der modernen Biologie. Fischer, Stuttgart
14. Saunders DS (1982) Insect clocks. Pergamon, Oxford
15. Steriade M, McCarley RW (1990) Brainstem control of wakefulness and sleep. Plenum, New York
16. Winfree AT (1988) Biologische Uhren – Zeitstrukturen des Lebendigen. Spektrum der Wissenschaft, Heidelberg (Spektrum Bibliothek 17)

Einzel- und Übersichtsarbeiten

17. Aschoff J (1981) Freerunning and entrained circadian rhythms. In: Aschoff J (ed) Biological rhythms. Plenum, New York, pp 81–93 (Handbook of behavior and neurobiology, vol 4)
18. Aschoff J, Gerecke U, Wever R (1967) Desynchronization of human circadian rhythms. Jpn J Physiol 17:450–457
19. Aschoff J, von St Paul U, Wever R (1971) Die Lebensdauer von Fliegen unter dem Einfluß von Zeitverschiebungen. Naturwissenschaften 58:574
20. Block GD, Wallace SF (1982) Localization of a circadian pacemaker in the eye of a mollusc, Bulla. Science 217:155–157
21. Block GD, Khalsa SBS, McMahon DG, Michel S, Geusz M (1993) Biological clocks in the retina: cellular mechanisms of biological timekeeping. Int Rev Cytol 146:83–144
22. Borbely AA, Tobler I (1989) Endogenous sleep-promoting substances and sleep regulation. Physiol Rev 69:605–670
23. Cassone VM (1990) Melatonin: time in a bottle. Oxf Rev Reprod Biol 12:319–367
24. Daan S, Beersma DGM, Borbely AA (1984) The timing of human sleep: recovery process gated by a circadian pacemaker. Am J Physiol 246:R161-R178
25. Dement WC, Kleitman N (1957) Cyclic variations in EEG during sleep and their relations to eye movements, body motility and dreaming. Electroencephalogr Clin Neurophysiol 9:673–690
26. Enright JT (1980) The timing of sleep and wakefulness. Springer, Berlin
27. Fleissner G (1982) Isolation of an insect circadian clock. J Comp Physiol [A] 149:311–316
28. Fleissner G, Fleissner G (1986) Circadian rhythms in the compound eyes of the carabid beetle Pachymorpha (Anthia) sexguttata. I. Sensitivity rhythms and the bilateral circadian oscillator system. In: den Boer P et al. (eds) Adaptation, dynamics and evolution of the carabid beetles. Fischer, Stuttgart, pp 3–17
29. Fleissner G, Fleissner G (1993) Seeing time. In: Wiese K, Gribakin F, Popov AV, Renninger (eds) Sensory systems of arthropods. Birkhäuser, Basel, pp 288–306
30. Friesen WO, Block GD (1984) What is a biological oscillator? Am J Physiol 246:R847-R851
31. Hartline DK (1993) Multistable neurons: ionic mechanisms of bursting. In: Wiese K, Gribakin FG, Popov AV, Renninger G (eds) Sensory systems of arthropods. Birkhäuser, Basel, pp 557–566
32. Heinrichs S, Fleissner G (1987) Studies on neuronal components of the scorpion's circadian clock. I. Central anatomy of efferent neurosecretory fibers. Cell Tissue Res 250:277–285

33. Inouye ST, Kawamura H (1982) Characteristics of a circadian pacemaker in the suprachiasmatic nucleus. J Comp Physiol [A] 146:153–160
34. Kaiser W (1988) Busy bees need rest, too. Behavioural and electromyographical sleep signs in honeybees. J Comp Physiol [A] 163:565–584
35. Klein DC, Moore RY, Reppert SM (1991) Suprachiasmatic nucleus: the mind's clock. Oxford University Press, Oxford
36. Koehler WK, Fleissner G (1978) Internal desynchronisation of bilaterally organized circadian oscillators in the visual system of insects. Nature 274:708–710
37. Leresche N, Jassik-Gerschenfeld D, Haby M, Soltesz I, Crunelli V (1990) Pacemaker-like and other types of spontaneous membrane potential oscillations of thalamocortical cells. Neurosci Lett 113:72–77
38. Michel S, Geusz ME, Zaritsky JJ, Block GD (1993) Circadian rhythm in membrane conductance expressed in isolated neurons. Science 259:239–241
39. Mukhametov LM (1985) Unihemispheric slow wave sleep in the brain of dolphins and seals. In: Inoue S, Borbely AA (eds) Endogenous sleep substances and sleep regulation. Japanese Scientific Society Press, Tokyo/YNU Scientific Press, Utrecht, pp 67–75
40. Pavlidis T (1973) Biological oscillations – their mathematical analysis. Academic, New York
41. Pittendrigh CS (1974) Circadian oscillations in cells and the circadian organization in multicellular systems. In: Schmitt FO, Worden FG (eds) The neurosciences: the third study program. MIT Press, Cambridge/Mass, pp 437–458
42. Pittendrigh CS (1981) Circadian systems: entrainment. In: Aschoff J (ed) Biological rhythms. Plenum, New York, pp 57–80 (Handbook of behavior and neurobiology, vol 4)
43. Pittendrigh CS (1993) Temporal organization – reflections of a Darwinian clock-watcher. Annu Rev Physiol 55:17–54
44. Pittendrigh CS, Daan S (1976) A functional analysis of circadian pacemakers in nocturnal rodents. IV. Entrainment: pacemaker as clock. J Comp Physiol 106:291–331
45. Rechtschaffen A, Gilliland MA, Bergmann BM, Winter JB (1983) Physiological correlates of prolonged sleep deprivation in rats. Science 221:182–184
46. Selverston AI, Moulins M (eds) (1987) The crustacean stomatogastric system – a model for the study of central nervous systems. Springer, Berlin
47. Steriade M, Dossi R, Curro Nunez A (1991) Network modulation of a slow intrinsic oscillation of cat thalamocortical neurons implicated in sleep delta waves: cortically. J Neurosci 11:3200–3217
48. Takahashi JS (1992) Circadian clock genes are ticking. Science 258:238–240
49. Takahashi JS, Hamm H, Menaker M (1980) Circadian rhythms of melatonin release from individual superfused chicken pineal glands in vitro. Proc Natl Acad Sci USA 77:2319–2322
50. Takahashi JS, Kornhauser JM, Koumenis C, Eskin A (1993) Molecular approaches to understanding circadian oscillations. Annu Rev Physiol 55:729–753
51. Tobler I, Neuner-Jehle M (1992) 24-h variation of vigilance in the cockroach Blaberus giganteus. J Sleep Res 1:231–239

25 Neuronale Grundlagen kognitiver Leistungen

G. Roth und R. Menzel

25.1 Kognitive Leistungen und ihre Lokalisation im Gehirn

Zu kognitiven Leistungen gehören Wahrnehmen, Erkennen, Vorstellen, Wissen, Denken, Kommunikation und Handlungsplanung

Diese Leistungen umfassen (a) integrative, häufig multisensorische und auf Erfahrung beruhende Wahrnehmungsprozesse; (b) Prozesse, die das Erkennen individueller Ereignisse und das Kategorisieren bzw. Klassifizieren von Objekten, Personen und Geschehnissen beinhalten; (c) Prozesse, die bewußt oder unbewußt auf der Grundlage interner Repräsentationen (Modelle, Vorstellungen, Karten, Hypothesen) ablaufen; (d) Prozesse, die eine erfahrungsgesteuerte Veränderung von Wahrnehmungen beinhalten und deshalb zu veränderlichen Verarbeitungsstrategien führen; (e) Prozesse, die Aufmerksamkeit, Erwartungshaltungen und aktives Explorieren der Reizsituation voraussetzen oder beinhalten; und (f) „mentale Aktivitäten" wie Denken und Vorstellen [13].

Kognitive Leistungen sind von folgenden Vorgängen abzugrenzen: (1) rein physiologische Ereignisse, z.B. an Zellmembranen und Synapsen, die jedoch als Grundbausteine kognitiver Prozesse verstanden werden können; (2) neuronale Prozesse auf der Ebene einzelner Zellen, z.B. wellenlängen-, orientierungs- oder tonhöhenspezifische Antworten von Nervenzellen, ebenso einfache Reiz-Reaktionsbeziehungen wie mono- und oligosynaptische Reflexe, Habituation und Sensitisierung; (3) präkognitive Prozesse wie Konstanzleistungen (z.B. Farb- und Formkonstanz), einfache Wahrnehmungsprozesse wie Figur-Hintergrund-Unterscheidung oder das automatisierte Segmentieren komplexer Szenen nach „guten" Gestalten, das Erkennen von einfachen Ordnungszuständen, Mustern und Objekten. Derartige präkognitive Prozesse laufen grundsätzlich vorbewußt ab.

Kognitive Leistungen beruhen auf der adaptiven Aktivität von Neuronen und Neuronenensembles

Die neuronale Netzwerkaktivität ist eingebunden in die Gesamtfunktion des Nervensystems im Zusammenhang mit dem Überleben des Individuums und über die Fortpflanzung mit dem Überleben der Art. Diese Aussage ist nicht selbstverständlich, denn für den in den traditionellen Kognitionswissenschaften (Psychologie, Linguistik, Künstliche-Intelligenz-Forschung) immer noch verbreiteten **Funktionalismus** (siehe 25.7) sind kognitive Leistungen unabhängig von einer materiellen Grundlage (d.h. dem Gehirn) beschreibbar und verstehbar. In einer solchen Sicht ist die adaptive Netzwerkaktivität eine rein formale Voraussetzung ohne inhaltlichen Bezug zur Kognition.

Neuronale Prozesse, die kognitiven Leistungen zugrunde liegen, lassen sich im Gehirn messen, lokalisieren und bildlich darstellen

Zu den dabei angewandten Methoden gehören (1) Untersuchungen verletzungsbedingter oder experimentell induzierter Läsionen und ihrer Folgen für kognitive Leistungen, (2) Registrierung neuronaler Aktivität während kognitiver Leistungen durch Einzelzell- und Multielektrodenableitungen, (3) das Erfassen lokaler elektrischer oder korrespondierender magnetischer Aktivität von Neuronenverbänden mit Hilfe der Elektroenzephalographie (**EEG**) und der Registrierung ereigniskorrelierter Potentiale (**EKP**) sowie der Magnetenzephalographie (**MEG**), und (4) die bildliche Darstellung von Hirndurchblutungs- und Hirnstoffwechselprozessen, die mit kognitiven Leistungen korreliert sind. Zu letzteren gehören (a) die Desoxyglukose-Technik (**DOG**), (b)

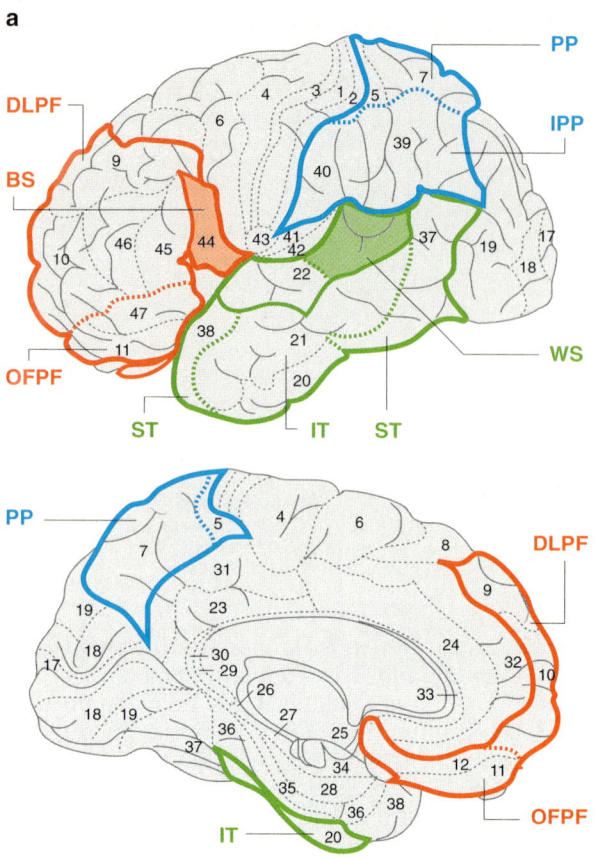

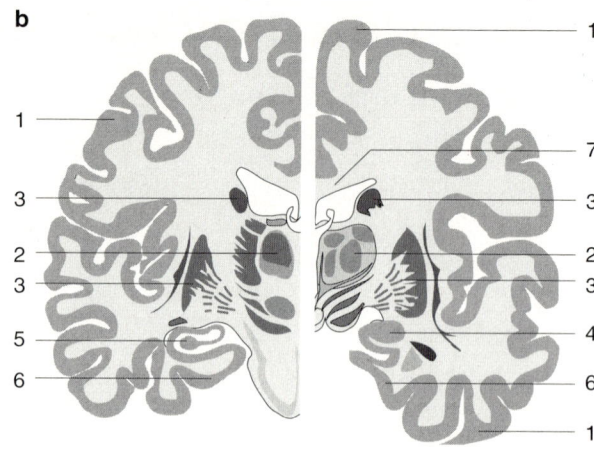

Abb. 25-1. a Assoziative Kortexareale. Oben: Laterale Ansicht des Kortex, unten: mediale Ansicht. Abkürzungen: BS = Broca-Sprachzentrum; DLPF = dorsolateraler präfrontaler Kortex; IPP = inferiorer posteriorer parietaler Kortex; IT = inferotemporaler Kortex; OFPF = orbitofrontaler präfrontaler Kortex; PP = posteriorer parietaler Kortex; ST = superiorer temporaler Kortex; WS = Wernicke-Sprachzentrum. Zahlen entsprechen den Brodmann-Arealen. **b** Querschnitt durch das Gehirn in Höhe der Amygdala (rechts) und des Hippokampus (links). Abkürzungen: 1 = Kortex; 2 = Thalamus; 3 = Striatum (Putamen, Pallidum, Kaudatum); 4 = Amygdala; 5 = Hippokampus; 6 = Gyrus parahippokampalis; 7 = Balken. (nach [10])

die Positronen-Emissions-Tomographie (**PET**), (c) die optische Abbildung erregungskorrelierter Gestalt- und Materialänderungen (sog. intrinsische Signale) und die funktionelle Kernresonanzspektroskopie (**fMNR**), (d) die Messung von spannungs- oder ionenabhängigen Fluoreszenzsignalen (sog. extrinsische Signale).

Beim **EEG** wird am Kopf mit Oberflächenelektroden die elektrische Aktivität von großen Ensembles kortikaler Neurone gemessen, und zwar diejenigen extrazellulären Ströme, die aufgrund synaptischer Potentiale senkrecht zur Kortexoberfläche vor allem entlang der Ausdehnung der Pyramidenzellen fließen. Je nach Position des Input sind diese Ströme negativ (Input in tiefen kortikalen Schichten) oder positiv (Input in oberflächlichen Schichten). Die Zeitauflösung des EEG liegt im Millisekundenbereich. Durch eine größere Anzahl von Elektroden (20 und mehr) wird eine räumliche Darstellung der lokalen kortikalen Aktivität erreicht. Diese kann durch rechnerunterstützte Interpolationsverfahren bis auf ca. 100 Aktivitätspunkte erhöht werden (**EEG-Mapping**). Mit Hilfe des EEG-Mapping können Erregungsverläufe im Kortex während kognitiver Leistungen zeitlich genau dargestellt werden. Beim **EKP** werden durch Mittelungsverfahren Veränderungen im laufenden EEG aufgrund sensorischer Stimulation dargestellt. Hierbei werden lokale negative und positive Potentialschwankungen sichtbar gemacht, die spezifisch sowohl von der Art der sensorischen Stimulation als auch vom Ort der Registrierung abhängen. Obwohl beim

EEG generell kortikale Prozesse in der Nähe der Elektrode registriert werden, gelingt es beim EKP, frühe subkortikale (z.B. im Hirnstamm ablaufende) von späteren thalamischen und rein kortikalen Verarbeitungsprozessen zu unterscheiden.

Im Gegensatz zum EEG werden beim **MEG** parallel zur Kortexoberfläche verlaufende magnetische Felder gemessen, und zwar mit Hilfe eines heliumgekühlten SQUID (superconducting quantum interference device)-Magnetometers. Das MEG hat bei gleicher sehr guter Zeitauflösung eine etwas bessere Ortsauflösung als das EEG, weil die magnetische Leitfähigkeit des Hirngewebes und damit die Ausbreitung des Signals geringer ist als die elektrische Leitfähigkeit. Zu beachten ist, daß MEG und EEG unterschiedliche Signalquellen (vertikal bzw. horizontal zur Kortexoberfläche) messen und daher verschiedene Aspekte lokaler Erregungszustände darstellen. MEG bietet vor allem die Möglichkeit, Ströme dreidimensional zu registrieren und damit auch tieferliegende Gehirnstrukturen zu analysieren.

Die **bildgebenden** Verfahren beruhen einerseits auf der Tatsache, daß neuronale Erregungen von einer lokalen Erhöhung der Hirndurchblutung und des Hirnstoffwechsels (vornehmlich hinsichtlich des Sauerstoff- und Zuckerverbrauchs) begleitet sind. Zum anderen kann die mit der Erregung einhergehende Änderung der Membranspannung durch membranständige Fluoreszenzfarbstoffe oder die Änderung der Ionenkonzentration im Innern der

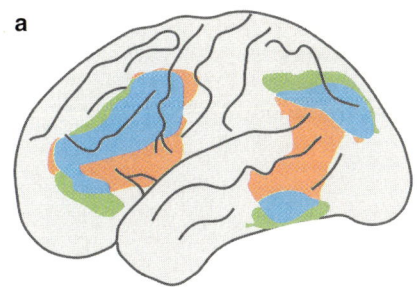 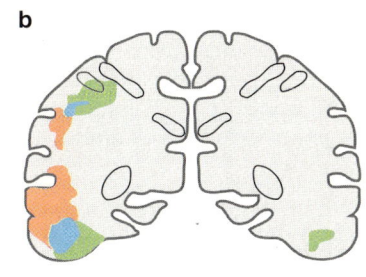

Abb. 25-2. Positronen-Emissions-Tomographie (PET) bei kognitiven Leistungen: **a** Linke Seitenansicht des Gehirns, **b** Querschnitt 50 mm hinter der Commissura posterior. Versuchspersonen wurden aufgefordert, einen Gegenstand (z.B. „Bleistift") zu benennen und ihm dann eine Farbe (z.B. „gelb") und eine Tätigkeit (z.B. „schreiben") verbal zuzuordnen. Eine erhöhte Hirndurchblutung tritt im Bereich des linken Frontallappens und Parietallappens sowie bilateral im ventralen Temporallappen bei der Farb-Assoziation (grüne Fläche) und im linken Frontal-, Temporal- und Parietallappen bei der Tätigkeits-Assoziation (rote Fläche) auf. Die blaue Fläche zeigt den Überlappungsbereich der Repräsentationsorte. Das PET zeigt, daß bei den unterschiedlichen, aber inhaltlich zusammenhängenden kognitiven Tätigkeiten in den verschiedenen Hirnregionen teils räumlich unterschiedliche, teils überlappende Netzwerke aktiv sind (nach [26])

Zelle durch ionenabhängige Fluoreszenzfarbstoffe (vor allem für Ca^{++}) direkt fluoreszenzoptisch gemessen werden.

Die Desoxyglukose-Technik (**DOG**) beruht auf dem autoradiographischen Nachweis radioaktiv markierten Zuckers (Desoxyglukose), der aufgrund der leistungsabhängigen Stoffwechselerhöhung in die Nervenzellen aufgenommen wird, dort aber nicht abgebaut werden kann. Die räumliche Nachweisgrenze der DOG reicht bis auf das zelluläre Niveau, sie ist aber wegen der notwendigen post-mortem-Autoradiographie nicht für die Darstellung dynamischer Prozesse geeignet.

Bei **PET** wird dem Blut ein Positronen-aussendendes Isotop (z.B. ^{18}F, ^{15}O, ^{13}N, ^{14}C) in Verbindung mit einer am Stoffwechsel beteiligten Substanz zugeführt. Die Positronen kollidieren im Gewebe mit Elektronen. Dabei werden zwei Gamma-Strahlen in entgegengesetzter Richtung ausgesandt, die mit Detektoren registriert werden. Die Dichte der Gamma-Strahlung hängt bei Untersuchungen der Hirndurchblutungsstärke mit Hilfe von ^{15}O vor allem von der Durchblutungsstärke ab, die mit der neuronalen Aktivität korreliert ist (Abb. 25-2). Hieraus läßt sich ein dreidimensionales Aktivitätsbild des Gehirns berechnen. Die räumliche Auflösung liegt im Millimeterbereich, jedoch benötigt das Erstellen eines aussagekräftigen PET-Bildes 40 bis 90 Sekunden. Hiermit können schnellere neuronale bzw. kognitive Prozesse nicht erfaßt werden. Die Empfindlichkeit von PET liegt zur Zeit bei maximal 5% relativer Hirndurchblutungsänderung. Zur Verbesserung der Nachweisgrenze wird in der Regel über mehrere Versuchsdurchgänge bei unterschiedlichen Versuchspersonen gemittelt. Dabei müssen natürlich die individuellen Unterschiede in der Gehirngröße verrechnet werden. PET-Bilder liefern keine Darstellung der Anatomie des untersuchten Gehirns und werden deshalb mit röntgentomographischen oder kernresonanzspektroskopischen 3D-Darstellungen kombiniert.

NMR nutzt die Tatsache aus, daß sich in einem starken Magnetfeld viele Atomkerne mit ihren Magnetachsen parallel zu den Feldlinien ausrichten. Sie senden nach Störung mit einem Radiowellensignal Hochfrequenzsignale aus, die Aufschluß über die Art und Position des Kerns sowie die physikalische und chemische Beschaffenheit seiner Umgebung liefern. Hiermit lassen sich z.B. mit Hilfe von Wasserstoffkernen – anders als beim EEG, MEG oder bei PET – genaue anatomische Darstellungen von Gehirnen *in vivo* und *in situ* erreichen. Beim **funktionellen** NMR werden zusätzlich Schwankungen im Sauerstoffgehalt des arteriellen oder des venösem Blutes in Abhängigkeit von der leistungsabhängigen Stoffwechselaktivität erfaßt und bildlich dargestellt, wobei die räumliche Auflösung des fNMR in etwa gleich gut ist wie die von PET. Mit bestimmten Techniken, z.B. der sog. **echoplanaren Bildgebung**, läßt sich die Geschwindigkeit, mit der sich der lokale Sauerstoffgehalt ändert, in weniger als einer Sekunde darstellen.

Um die Aktivitätsverteilung für spezifische kognitive Leistungen darzustellen, wird beim PET oder fNMR das sog. **kognitive Subtraktionsverfahren** angewandt. Hierbei wird die Differenz der Hirnaktivität während Tätigkeiten mit und ohne kognitive Leistungen gemessen (z.B. Lesen sinnloser und sinnvoller Texte).

Die Abbildung **intrinsischer Signale** beruht auf der Tatsache, daß die Erregung von Neuronen und Gliazellen zu einer geringfügigen Volumenänderung und somit der optischen Dichte der dicht gestapelten Membranen führt. Eingestrahltes Licht wird daher im erregten Gewebe anders gebrochen und gestreut als im nicht erregten Gewebe. Die Abbildung der intrinsisch (also ohne Zugabe von Farbstoffen oder dergl.) erzeugten optischen Signale führt zu einer zeitlich dynamischen Erregungskarte der oberflächlichen Gehirnstrukturen (s. Abb. 18-7). Da die Signale sehr klein sind (ΔL 10^{-4} Intensitätsänderung), muß über mehrere bis viele Versuchsdurchgänge gemittelt werden. Die Abbildung der **extrinsischen Fluoreszenzsignale** mit Spannungs- und Ionen-abhängigen Fluoreszenzfarbstoffen erlaubt zwar eine direkte Messung der Membranspannung und der Ionenkonzentration, diese Methoden sind aber bisher nur in Ausnahmefällen zur Registrierung im ungestörten Nervensystem einsetzbar.

Die Zusammenhänge zwischen lokaler Hirndurchblutung, lokalem Hirnstoffwechsel, lokaler neuronaler Aktivität und spezifischen kognitiven Leistungen sind keineswegs linear. Dies führt zu immer wieder auftretenden Inkonsistenzen sowohl zwischen den verschiedenen Meßmethoden als auch zwischen Versuchsergebnissen bei Anwendung derselben

Methode (vgl. [34]). An der Bedeutung dieser Verfahren für die Aufklärung der neuronalen Grundlagen kognitiver und mentaler Leistungen, insbesondere wenn sie in Kombination angewandt werden, ist jedoch nicht zu zweifeln.

25.2 Die Einheit der Wahrnehmung

Wahrnehmung ist konstruktiv und interpretativ

Sinnesorgane und Zentralnervensystem bilden die Umwelt nicht einfach ab, und zwar aus folgenden Gründen: (1) Umweltereignisse können nicht direkt auf das Nervensystem einwirken. Durch den Prozeß der **sensorischen Transduktion** werden sie in die neuroelektrisch-neurochemische „Einheitssprache des Nervensystems" umgewandelt. Sie werden dabei hinsichtlich ihrer Modalität und Qualität, ihres Ortes und ihrer Zeitstruktur in sehr unterschiedlicher Weise „**umkodiert**" (in Frequenz und Zeitstruktur der neuronalen Entladung, die Topologie des Verarbeitungsorts, Zeitdifferenzen bzw. Synchronitäten zwischen Entladungen unterschiedlicher Neurone usw.). Bei dieser Umkodierung werden die Umweltreize durch die Sinnesrezeptoren und die nachgeschalteten sensorischen Neurone nicht in ihrer ursprünglichen Komplexität repräsentiert, sondern in **Elementarereignisse** zerlegt (z.B. Lichtquantenmenge und dominante Wellenlängen im visuellen System, Schallfrequenz und -amplitude im auditorischen System). *Alle Wahrnehmungsinhalte, so einfach sie subjektiv erscheinen mögen, werden vom Gehirn aus diesen Elementarereignissen durch Kombination und Ergänzung erzeugt.* (2) Die meisten Umweltreize sind für das wahrnehmende Gehirn uneindeutig und räumlich-zeitlich stark veränderlich; sie müssen aufgrund gehirninterner Prinzipien interpretiert, stabilisiert und zu einer kohärenten Wahrnehmung so zusammengefügt werden, daß ein überlebensförderndes Verhalten möglich ist.

Konstanzleistungen gehören zu den wichtigsten Leistungen der Sinnessysteme. Dadurch wird die stark fluktuierende Welt der physikalischen und chemischen Reize innerhalb bestimmter Grenzen vereinfacht und geordnet.

Im visuellen System unterscheidet man u.a. (1) **Farb- und Helligkeitskonstanz**: Gegenstände werden unabhängig von ihrer augenblicklichen Beleuchtung mit relativ gleichbleibender Helligkeit und/oder Farbe wahrgenommen. (2) **Größenkonstanz**: Gegenstände werden ungefähr in ihrer absoluten Größe eingeschätzt, unabhängig von ihrer Sehwinkelgröße (bzw. ihrer Entfernung vom Beobachter). (3) **Formkonstanz**: Gegenstände werden in ihrer Form und Gestalt erkannt unabhängig vom Blickwinkel, unter dem

sie erscheinen. (4) **Bewegungs- und Richtungskonstanz**: Die uns umgebenden Gegenstände nehmen im Wahrnehmungsraum einen konstanten Ort ein oder bewegen sich eigendynamisch, unabhängig von der Augen-, Kopf- und Körperbewegung des Beobachters [8]. Einige dieser Konstanzleistungen, z.B. (1) und (4) beruhen auf völlig automatisierten Leistungen unseres Wahrnehmungssystems, bei anderen, z.B. (2) und (3), spielen Erfahrungen eine Rolle.

Wahrnehmung beruht auf parallelen, konvergenten und divergenten Verarbeitungsprozessen

Elementare Aspekte der Wahrnehmung werden bereits früh im Verarbeitungsprozeß räumlich und funktional getrennt verarbeitet. Diese **parallele, distributive Verarbeitung** setzt sich bis in die Zentren hochkomplexer Wahrnehmungsleistungen fort.

Ein Beispiel hierfür ist die zumindest teilweise getrennte Verarbeitung visueller Information über **Wellenlängen**, **Helligkeitskontraste** (Kanten, Linien) und **Bewegung**, die mit dem P- und M-System bereits auf der Ebene der Retinaganglienzellen in der Netzhaut beginnt und sich über den lateralen Kniehöcker, die primären, sekundären und tertiären visuellen kortikalen Felder bis hin zu temporalen und parietalen Kortexarealen fortsetzt, in denen bedeutungshafte Gestaltwahrnehmung (temporaler Kortex) einerseits und Raum- und Bewegungswahrnehmung (parietaler Kortex) andererseits stattfindet (s.u.) Im präfrontalen Kortex findet sich offenbar eine ähnliche Aufteilung in Gestaltwahrnehmung einerseits (orbitofrontaler Kortex) und Raumwahrnehmung andererseits (dorsolateraler Kortex), hier allerdings im Kontext von Handlungsbewertung und Handlungsplanung.

Diese **Parallelverarbeitung** ist kombiniert mit **Konvergenz- und Divergenz-Schaltungen**, indem die zur Zeit bekannten 30 bis 40 visuellen kortikalen Felder untereinander in meist reziproker Weise verbunden sind und sich gegenseitig beeinflussen [36]. Insgesamt ergibt sich damit eine Kombination hierarchischer und paralleler Informationsverarbeitung. An einer ganzen Reihe von visuellen Wahrnehmungsleistungen sind die Form-, Farbe- und Bewegungskanäle gemeinsam beteiligt, z.B. an der Formwahrnehmung (z.B. Formerkennung aufgrund Bewegung oder Farbkontrasten) oder an der Tiefenwahrnehmung (z.B. aufgrund von Bewegungsparallaxe, Helligkeits- und Farbschattierung und binokularer Disparitäten).

Lange Zeit nahm man an, bei der Wahrnehmung würden in rein konvergenter Weise Elementarereignisse auf jeder höheren anatomischen und funktionalen Ebene einer **Verarbeitungshierarchie** zu komplexeren Wahrnehmungsereignissen zusammengefügt: und zwar lokale Helligkeitsunterschiede zu orientierten Linien, Linien zu Umrissen, Umrisse zu bestimmten Gestalten und diese zu dreidimensionalen Szenen [7]. An der Spitze einer jeden von sehr vielen Verarbeitungshierarchien sollte ein „gnostisches Neuron" (scherzhaft auch „Großmutterneuron" genannt) als letztendlicher Konvergenzpunkt stehen, das genau dann aktiv ist, wenn eine bestimmte Gestalt oder ein bestimmtes Geschehen in der Umwelt auftritt. Die Aktivität eines solchen gnostischen Neurons sollte dann die Gestalt oder das Geschehnis repräsentieren [23]. In Fällen komplexerer Wahrnehmung wurde die Annahme einer rein konvergenten und hierarchischen Verarbeitung nicht bestätigt.

> ## Die Wahrnehmung komplexer Geschehnisse im Gehirn umfaßt die Aktivität von Neuronenensembles in einer große Zahl von Zentren und Arealen

In diesen Zentren und Subzentren, die über große Teile des Gehirns verteilt sind, werden die unterschiedlichen Aspekte des Wahrgenommenen, von den Details bis hin zu seiner Bedeutung, zumindest teilweise getrennt verarbeitet. *Es gibt keine eng lokalisierten „obersten Wahrnehmungs- oder Erkenntniszentren", auch keine gnostischen Neurone im oben angegebenen Sinne.* Selbst relativ einfache Wahrnehmungsinhalte wie eine orientierte Linie werden nicht von einzelnen „Detektorneuronen" repräsentiert, sondern von einer Gruppe, einem Ensemble von Neuronen, von denen jedes mit Nachbarneuronen überlappende Antworteigenschaften besitzt. In ihrer Gesamtheit können derartige Neuronenensembles hingegen präzise Antworteigenschaften aufweisen (s. z.B. Kap. 8, Populationskode für Armbewegungen, und Abb. 25-8).

Auf zwei Beispiele soll hier hingewiesen werden, die bei der Diskussion um die Bedeutung einzelner Neurone im Neuronenverband eine besondere Rolle spielen:
    (1) In **Invertebraten-Nervensystemen** können einzelne Neurone für die Erzeugung schneller und stereotyper Verhaltenssequenzen zuständig sein (sog. Kommandoneurone, s. Kap 7 und 23.1), aber auch bei flexiblen, vom Lernen abhängigen Verhaltensweisen. In Abb. 23.21 wird ein Neuron dargestellt, das VUMmx1, dessen Aktivität die Belohnungsfunktion beim appetitiven olfaktorischen Lernen der Biene repräsentiert. Da das VUM-Neuron selbst über assoziative Plastizität verfügt, kodiert es auch andere Eigenschaften eines assoziativen Verstärkers, die man aus Verhaltensexperimenten ableitet (Lernen höherer Ordnung, Blockierung von Lernen, Kap. 23.5). *Es repräsentiert also einen ganzen Satz von Eigenschaften, die für eine assoziative Verstärkerfunktion charakteristisch sind.*
    (2) Bei Affen findet man im Gebiet um den superioren temporalen Sulcus (Area STS) des Temporallappens, in der Amygdala, im vorderen Inferotemporallappen und im präfrontalen Kortex Neurone, die als „Gesichter-Neurone" bezeichnet wurden [32]. Die meisten dieser Neurone antworten generell auf Gesichter von Menschen oder von Affen, aber nicht auf andere komplexe Darstellungen oder einfache geometrische Formen. Ebenso sind sie relativ

„unempfindlich" gegen Veränderungen in Größe, Ort, Gestalt, Ansicht, Farbe und Beleuchtungsart von Gesichtern, zeigen also eine „Gesichterinvarianz". Etwa zehn Prozent aller in die Gesichtererkennung involvierten Neurone antworten präferentiell auf individuelle Gesichter.

Es handelt sich hierbei jedoch nicht um „gnostische" Neurone im Sinne Konorskis. Vielmehr entstehen ihre Antworten aufgrund einer **Populationskodierung**. Dies heißt, daß die Repräsentation einer bestimmten Information auf die Aktivität einzelner Neurone innerhalb einer Population *verteilt* ist; das einzelne Neuron trägt zu dieser Repräsentation arbeitsteilig bei und repräsentiert nur Teilaspekte der Information. Zweifellos kann ein einzelnes Neuron eine komplexe Bedeutung vermitteln, wie dies etwa beim VUM-Neuron der Fall ist (s. Abb. 23-21). Es wird aber aus der Vielfalt der Aspekte, die eine einheitliche Leistung, etwa die Belohnungseigenschaften eines Stimulus im Kontext des assoziativen Lernens, nur einen gewissen Anteil repräsentieren. Bei den Gesichterneuronen überlappen die Antworteigenschaften stark und ändern sich systematisch mit dem Ableitort [39]. Dies spricht für eine Populationskodierung, wobei aber die einzelnen Neurone einer Population nicht einfach gleichartige Wiederholungen eines Typs sein müssen, sondern individuelle, nur für ein Neuron charakteristische Eigenschaften haben können. Offenbar sind jeweils eine Reihe von Neuronen mit unterschiedlichen Antworteigenschaften an der Erkennung von Gesichtern oder eines bestimmten Gesichts beteiligt.

> ## Auch die Einheit der Wahrnehmung ist ein Konstrukt des Gehirns

Obwohl ein Objekt in seinen unterschiedlichen Aspekten und Bedeutungen vielfältig im Gehirn repräsentiert ist, nehmen wir es als Einheit wahr. Die Wahrnehmungspsychologie hat für die visuelle Wahrnehmung eine Reihe von **Gestaltgesetzen** formuliert, nach denen elementare Wahrnehmungsinhalte (Helligkeiten, Farben, Linien, Bewegungen) zu einer geordneten und bedeutungshaften Wahrnehmung zusammengefügt werden: (1) Gesetz der Gleichartigkeit (Gleichheit oder Ähnlichkeit); (2) Gesetz der Nähe; (3) Gesetz des „gemeinsamen Schicksals" (des übereinstimmenden Verhaltens, z.B. gemeinsame Bewegung, gleiche Farbe); (4) Gesetz des Aufgehens ohne Rest; (5) Gesetz des glatten Verlaufs (der durchgehenden Kurve); (6) Gesetz der Geschlossenheit [9].
    Ein eindrucksvolles Beispiel für gestalthaftes Sehen ist die **Kanizsa-Täuschung** (Abb. 25-3). Anstatt eine Anordnung eingeschnittener schwarzer Kreisscheiben zu sehen, interpretiert unser visuelles System die Darstellung als ein weißes Dreieck, das schwarze Scheiben überdeckt. Dabei glauben wir

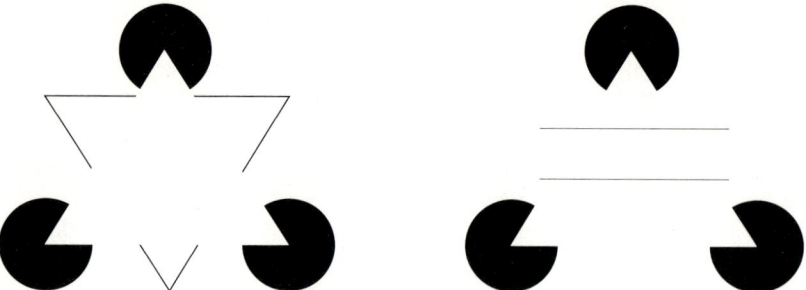

Abb. 25-3. Kanizsa-Täuschung: Aufgrund unserer Gestaltwahrnehmung nehmen wir die physikalisch nicht vorhandenen virtuellen Konturen eines Dreiecks, das drei schwarze Scheiben und ein darunterliegendes weißes Dreieck überdeckt, deutlich wahr (links). Zwei horizontale Striche zerstören diese Illusion (rechts), weil sie keine eindeutige Interpretation zulassen

die **virtuellen Konturen** des Dreiecks genau wahrzunehmen, obwohl diese reizseitig nicht vorhanden sind. Selbst die Umrisse eines Dreiecks mit konvexen oder konkaven Seitenlinien werden wahrgenommen. Die Wahrnehmung virtueller Konturen wird jedoch sofort durch das Hinzufügen zweier Linien zerstört. In Area V2 des Affen gibt es Neurone, die auf derartige virtuelle Konturen reagieren [29].

Die subjektiv empfundene **Einheit der Wahrnehmung** wird durch Fähigkeiten unseres Wahrnehmungssystems hergestellt, die entweder (1) phylogenetisch vorgegeben und damit lernunabhängig sind; (2) aus frühontogenetischen Lern- und Prägungsprozessen resultieren, oder (3) durch spätontogenetische und aktuell erworbene Erfahrung bestimmt werden. Prozesse, die von (1) und (2) bestimmt sind, laufen in aller Regel automatisiert ab und sind zu den **präkognitiven**, nicht bewußtseinsgesteuerten Leistungen des Gehirns zu rechnen.

Abbildung 25-4 gibt ein anschauliches Beispiel für das Durchdringen aller drei Anteile bei der Gestaltung unserer Wahrnehmung. Die Abbildung erscheint anfänglich als eine völlig ungeordnete Verteilung von

Schwarz-Weiß-Flecken. Unser Wahrnehmungssystem versucht in der präkognitiven Phase, eine „erprobte" Deutung zu finden, was mißlingt. Aufgrund von Versuch und Irrtum (teils unbewußt, teils bewußt) oder mit fremder Hilfe gestaltet unser Wahrnehmungssystem sie schließlich zu einem eindeutigen und stabilen Wahrnehmungsbild, nämlich einer Kuh, die uns anblickt. Dies geschieht jedoch nur unter der Voraussetzung, daß wir über bestimmte Vorerfahrungen verfügen (z.B. überhaupt wissen, wie eine Kuh aussieht). Diese als sinnvoll empfundene Interpretation verankert sich mit jedem Anblick zunehmend in unserem visuellen Gedächtnis, so daß wir schließlich „automatisch" eine Kuh erkennen.

Zahllose solcher **Gestaltungsprozesse** laufen besonders während der frühen Entwicklungsphase unseres Sehsystems ab. Sie führen dazu, daß Ordnungsbildung bei der Wahrnehmung zunehmend automatisiert und „zwanghaft" abläuft. Aufgrund derartig verfestigter visueller Erfahrung sehen wir alles durch die „Augen des Gedächtnisses", d.h. wir sehen die Zusammenfassungen von visuellen Details, *die unser Gehirn in der Vergangenheit als sinnvolle Einheit im Gedächtnis abgelegt hat.* Wenn wir jedoch plötzlich mit etwas völlig Ungewohntem konfrontiert werden, dann erleben wir, wie langsam die Suche unseres kognitiven Systems nach einer plausiblen und stabilen Wahrnehmung verläuft.

Abb. 25-4. Was anfänglich wie eine völlig ungeordnete Verteilung von Schwarz-Weiß-Flecken aussieht, gestaltet sich durch Versuch und Irrtum oder aufgrund fremder Hilfe zu einer Kuh in norddeutscher Landschaft. Der Körper der Kuh steht frontoparallel zum Beobachter, der Kopf ist ihm zugewandt. Diese Interpretation verankert sich mit jedem erneuten Anschauen fester in unserem visuellen Gedächtnis; entsprechend schneller tritt das Erkennen der Kuh auf

> **Die Synchronizität neuronaler Erregungen könnte die Grundlage einheitlicher bewußter Wahrnehmung sein**

Bei dieser Anschauung wird davon ausgegangen, daß alle Neurone, die verschiedene Aspekte desselben Gegenstandes kodieren, **synchron erregt** sind, und daß diese Synchronizität das Bindungselement zur einheitlichen Wahrnehmung darstellt [31, 37]. Bewegt sich zum Beispiel ein bestimmtes Objekt vor einem Hintergrund, dann haben alle Punkte dieses Objektes hinsichtlich der Bewegung, Bewegungsrichtung, Geschwindigkeit, Geschlossenheit der Kontur, der Farbe und Farbschattierungen, des

Kontrastes usw. ein *gemeinsames raumzeitliches Schicksal*. Dies kann nun dadurch repräsentiert werden, daß Nervenzellen in bestimmten Zentren in ihrer Aktivität ein distinktes raumzeitliches Muster bilden. Dieses Muster kann durch **synchrone Oszillationen** lokaler neuronaler Aktivität oder durch die „überzufällige" **zeitliche Koinzidenz** einzelner Aktionspotentiale von Neuronen (oder beides) entstehen.

Synchrone Oszillation von Zellgruppen wurde im Bereich von 35–90 Hz (im Gammawellen-Bereich) nachgewiesen, und zwar bei Einzelzellen und Zellgruppen in den Arealen A17 und A18 des visuellen Systems der Katze und dem Areal MT und V1 des Affen [21, 22]. Dabei handelte es sich z.B. um Zellen in A17 mit weit auseinanderliegenden rezeptiven Feldern, aber derselben Orientierungs- und Bewegungsrichtungsspezifität. Wurden zwei solche Zellen durch zwei Lichtbalken gereizt, die mit der für die Zellen optimalen Orientierung, jedoch in der nicht bevorzugten Richtung bewegt wurden, so zeigten die Zellen *keine synchrone Aktivität.* Bewegten sich die beiden Balken in derselben Richtung, so trat eine *schwache Synchronizität* auf. Wurde aber ein einziger Balken über beide rezeptive Felder bewegt, so trat eine *deutliche Synchronizität* auf. Auch zwischen verschiedenen Kortexarealen treten solche Synchronisationen auf.

Das Gedächtnis ist der Organisator der Einheit der Wahrnehmung. Das Zusammenfügen verteilter Information – nach welchen neuronalen Mechanismen dies auch erfolgen mag – steht, sofern es sich nicht um automatisierte, präkognitive Prozesse handelt, unter der Kontrolle des **Gedächtnisses**. Bereits während der frühesten Entwicklungsphase der sensorischen Systeme, in der das Gehirn des Säuglings und des Kleinkindes Sinneseindrücke als **Objekte** wahrzunehmen lernt, organisiert sich das Nervensystem auf der Basis **räumlicher** und **zeitlicher Koinzidenz**. *Ein Objekt ist danach die Zusammenfassung aller Einzelmerkmale, die innerhalb einer gewissen Schwankungsbreite ein gemeinsames raumzeitliches Schicksal haben.* Auf der Zellebene gelten die Regeln der prä-postsynaptischen Erregungskoinzidenz (Kap. 23.3). Welche Regeln auf der Netzwerkebene gelten, ist weniger gut bekannt (s.u.).

Es ergibt sich auf diese Weise ein enger Zusammenhang zwischen Wahrnehmung, Verhalten, Bewertung und Gedächtnis: Teilinformationen der Wahrnehmung werden vom Gehirn versuchsweise zu einer Einheit zusammengesetzt und im Verhalten getestet. Das Bewertungssystem des Gehirns stellt den Erfolg oder Mißerfolg dieser Hypothese fest. Im Erfolgsfall wird die als „richtig" bewertete Wahrnehmung im Gedächtnis verankert und dient als Grundlage für neue Wahrnehmungen und neues Verhalten.

25.3 Kognitive Aspekte des Lernens: Kontextabhängiges Lernen, Regellernen und Raumorientierung

Lernen erschöpft sich nicht in der assoziativen Verknüpfung von Reizen und Reaktionen, sondern führt zu Veränderungen der Repräsentation von Umweltreizen im Nervensystem (Kap. 23.4–6). Wahrnehmungsprozesse hängen von vorangegangem Lernen ab, und Reize führen aufgrund früherer Erfahrungen zu situationsgerechten Erwartungen. Die Regelhaftigkeit von Umweltereignissen wird im Verlaufe von vielen Lernvorgängen extrahiert. Ziel der Neurowissenschaften ist es, die neuronalen Vorgänge aufzuklären, die solchen **kognitiven Aspekten des Lernens** zugrunde liegen.

> **Neue Gedächtnisinhalte werden kontextrichtig dem vorhandenen Gedächtnis hinzugefügt; dies führt zu spezifischen Erwartungen**

Wird ein Tier an einem Ort auf einen Ton hin belohnt und an einem anderen Ort auf ein Farbsignal, dann lernt es rasch, an dem entsprechenden Ort auf das jeweilige Signal richtig zu reagieren. Dies drückt sich nicht nur in einer angemessenen Reaktion aus, sondern auch in einer höheren Aufmerksamkeit für Stimuli der entsprechenden Sinnesmodalität (niedrigere Schwelle, raschere Reaktion auf Ton bzw. Licht). Für ein Tier kann auch derselbe Stimulus in einem bestimmten **Kontext** eine andere Bedeutung haben (z.B. Belohnung) als in einem anderen Kontext (Bestrafung). Dann beobachtet man die kontextabhängig richtigen Vorbereitungen auf denselben Stimulus (Futtersuchverhalten, Schutzverhalten). Der Kontext kann auch die Tageszeit sein. Man schließt aus diesen Beobachtungen, daß die Lernvorgänge kontextabhängig zu spezifischen Erwartungen führen.

Bei Säugetieren ist der Hippokampus eine notwendige Struktur für kontextabhängiges Lernen. Tiere mit geschädigtem Hippokampus vermögen nicht zu lernen, daß im Kontext K1 von dem Stimuluspaar A und B der Stimulus A belohnt (A^+) und B nicht belohnt (B^-) ist, während dies im Kontext K2 umgekehrt ist (A^-, B^+). Da die Stimuli unabhängig vom Kontext nach wie vor gut gelernt werden, nimmt man an, daß der Hippokampus an der Bildung einer kontextabhängigen (**konfiguralen Repräsentation**) der jeweiligen Kontext-Stimulus-Kombinationen ($K1A^+$, $K1B^-$; $K2A^-$, $K2B^+$) beteiligt ist, und daß die Assoziationen mit diesen konfiguralen Repräsentationen hergestellt werden [34]. Auch bei der Raumorientierung und beim deklarativen Lernen (Kap. 23.7) ist der Hippokampus eine notwendige Struktur. *Diese Parallelen sprechen dafür, daß konfigurales Lernen, räumliches Lernen und deklaratives Lernen funktionelle Gemeinsamkeiten aufweisen.* Diese bestehen offensichtlich darin, daß für jeden neuen Lernschritt kontextrichtig Gedächtnisinhalte, die an verschiedenen anderen Stellen des Gehirns niedergelegt sind (z.B. im präfrontalen Neokortex), aktiviert werden müssen und der neue Lerninhalt in dieses Gedächtnis eingefügt wird. Die Folgen sind kontextrichtige Erwartungen, die als eigentliche Gedächtnisinhalte aufgefaßt werden können. Deren neuronales Substrat ist aber nicht der Hippokampus selbst, da der Hippokampus nur beim Lernvorgang selbst beteiligt ist, nicht aber beim späteren kontextrichtigen Abrufen.

> **Durch häufige Erfahrung mit regelhaften Abwandlungen von Reizkonstellationen erlernen Tiere Wahrnehmungskategorien und Gesetzmäßigkeiten; solche kategorialen Zuordnungen können als sprachfreie Abstraktionen verstanden werden**

In einer **verzögerten Vergleichsaufgabe** (s. S. 513) lernt z.B. ein Rhesusaffe dann zu reagieren, wenn zwei nacheinander gezeigte Objekte gleich sind. Da dem Affen immer wieder neue Objekte gezeigt werden, kann er nicht die Objekte als solche lernen, sondern muß das Gleichartige in den vielen aufeinander folgenden Erfahrungsschritten gelernt haben. In diesem Fall ist also die Kategorie „gleich".

Tauben lernen symmetrische von unsymmetrischen Formen zu unterscheiden, ebenso Bilder mit einer bestimmten Person, Bilder mit Bäumen, Bilder mit Tauben gegenüber anderen Vögeln, Bilder einer bestimmten Gegend unter unterschiedlichen Blickwinkeln, etc. Auch das Konzept „gleich" oder „verschieden" für simultan oder sukzessiv gebotene Bilder können sie lernen und auf neue Objekte übertragen [20]. Besonders eindrucksvoll ist auch der Dressurerfolg mit dem afrikanischen Papagei Alex, der Fragen nach „gleich" oder „verschieden" vokal zu beantworten lernte. Alex hatte zuvor 80 verschiedene Objekte in englischer Sprache zu benennen gelernt und war zudem auf die kategoriale Zuordnung „Form" und „Farbe" dressiert worden. Dann wurden ihm z.B. zwei Objekte mit der gleichen Farbe und verschiedener Form gezeigt. Auf die Frage „What is same?" antwortete er „Colour same". Auf zwei Objekte mit gleicher Form und verschiedener Farbe antwortete Alex „shape same". Da er auch beim Zeigen neuer Objekte richtig antwortete, läßt sich ausschließen, daß er stimulusspezifische Antworten gab. Alex hat damit gezeigt, daß er ein Konzept für gleich/verschieden entwickelt hat.

Um die **Regelhaftigkeit der Umwelt** wahrzunehmen und daraus generelle Regeln abzuleiten, muß dem Tier die frühere Erfahrung in einer Reichhaltigkeit im Gedächtnis zur Verfügung stehen, die der Komplexität des aktuell Wahrgenommenen sehr ähnlich ist. Da die Entwicklung genereller Regeln nicht an Sprache gebunden ist, liegt es nahe, sich das Gedächtnis wie ein Bild der früheren Wahrnehmung vorzustellen und nicht als eine **propositionale Repräsentation**.

Eine Proposition ist die üblicherweise in Sprache ausgedrückte kleinste Einheit einer Repräsentation, die eine wahre Aussage enthält („Gras ist grün" gegenüber „Gras ist violett"). Da Propositionen nicht notwendig in Sprache ausgedrückt sein müssen, aber die logische Struktur von Sprache haben müssen (siehe unten), wird mitunter argumentiert [5], daß sprachfreie, propositionale Repräsentationen bei Tieren zur Bildung von abstrakten Regeln führen. Für eine bildhafte Repräsentation in einem reichhaltigen Gedächtnis und gegen das Konzept der propositionalen Repräsentation beim Regellernen von Tieren spricht, daß internes Aufrufen von Gedächtnisinhalten zu weitgehend ähnlichen Erregungsmustern führt wie die tatsächliche Wahrnehmung (siehe 25.5).

> **Tiere navigieren im Raum mit Hilfe verschiedener Mechanismen; unter bestimmten Umständen ist das Raumgedächtnis wie eine geographische Karte organisiert**

Die zielsichere Orientierung im Raum auch über große Entfernungen ist für die meisten Tiere eine biologisch wichtige Leistung. Futterstellen müssen mit dem geringsten Aufwand und Risiko wiedergefunden werden; das Nest muß schnell und sicher lokalisiert werden, wobei bei der Rückorientierung auf dem kürzesten Weg die Landmarken und die zur Kompaßorientierung geeigneten Marken (Magnetfeld; Sonne, polarisiertes Himmelslicht, Mond, Sterne) in ganz anderer Lage relativ zur Körperachse erscheinen als auf den Suchwegen beim Auslauf.

Tiere setzen mindestens vier Orientierungsstrategien ein. In vielen Fällen werden alle vier Orientierungsstrategien verwendet. (1) **Wegintegration**: Aus der entfernungsgewichteten rotatorischen Komponente während eines gewundenen Auslaufs wird ein direkter Rücklaufvektor bestimmt (Abb. 25-5a). Die rotatorische Komponente wird mit Bezug auf eine Kompaßrichtung oder kinästhetisch (also als Körperdrehung, die mit Körperrezeptoren wahrgenommen wird) bestimmt. Die Entfernung wird über den Energieaufwand, das visuelle Flußfeld oder durch „Schrittezählen" gemessen. Im Unterschied zu den anderen Mechanismen ist die Wegintegration ein egozentrisches Orientierungssystem. (2) **Zielgerichtetes Pilotieren**: Markiert eine erkennbare Marke das Ziel aus der Entfernung, dann kann es

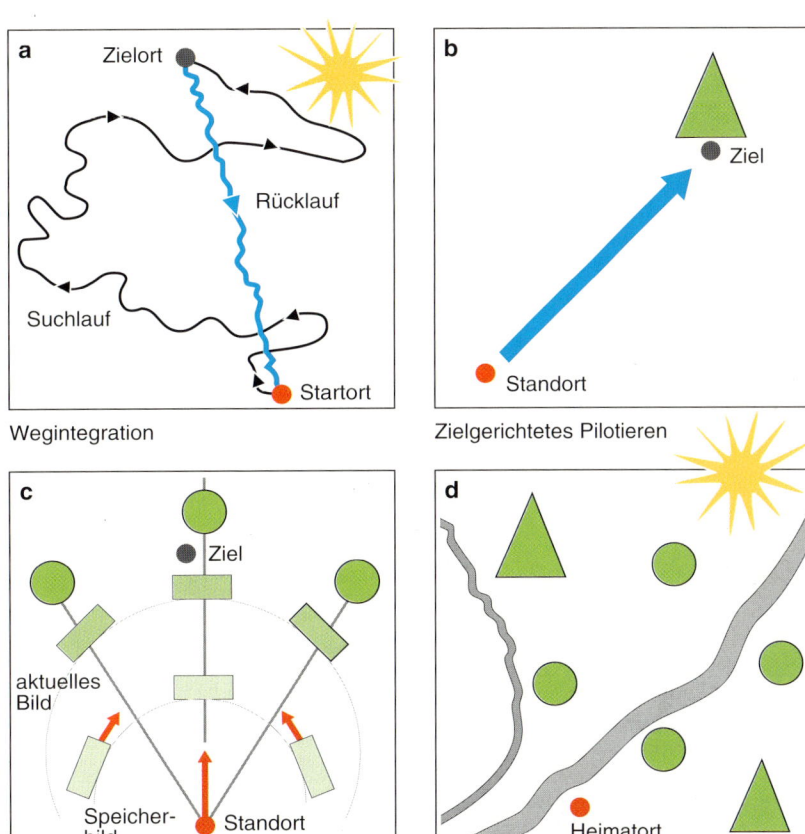

Abb. 25-5. Vier Mechanismen der Orientierung im Raum **a** *Wegintegration*: Auf einem Suchlauf integriert das Tier fortlaufend die Körperdrehung relativ zu einer fernen Marke (z.B. zur Sonne) und die Wegstrecke. Zu jedem Zeitpunkt des Suchlaufes ist das Tier in der Lage zum Startort auf direktem Weg zurückzulaufen. **b** *Zielgerichtetes Pilotieren* ist möglich, wenn das ferne Ziel durch eine große Landmarke gekennzeichnet ist. **c** Ein *Bildgedächtnis der Landmarken* um das Ziel wird im einfachsten Fall direkt am Ziel als Bildgedächtnis („Speicherbild") eingespeichert. Auf dem Weg zum Ziel vergleicht das Tier fortlaufend das aktuell wahrgenommene Bild der Landmarken mit dem Speicherbild. Der Weg zum Ziel erfolgt so, daß die Abweichung zwischen dem aktuellen Bild und dem Speicherbild fortlaufend minimiert wird. **d** *Kognitive Karte*: Haben die Tiere die Landschaft in Form einer topographischen Karte mit Bezug auf ein Kompaßsystem (z.B. Sonnenkompaß) gelernt, spricht man von einer kognitiven Karte. Das Tier kann sich von jedem Ort innerhalb der Karte zu jedem anderen auf direktem Weg bewegen

Wegintegration

Zielgerichtetes Pilotieren

Bildgedächtnis und sequentielle Passung

Kognitive Karte

direkt angesteuert werden. Über größere Entfernungen können auch auffällige Marken als Zwischenziele verwendet werden (Abb. 25-5b). (3) **Bildseriengedächtnis und sequentielle Bildpassung**: Am Ziel oder an Zwischenzielen wird jeweils ein Bildgedächtnis der Landmarken eingespeichert. Bei der Annäherung aus der Entfernung wird sukzessive die Abweichung zwischen der gerade wahrgenommen Verteilung der Landmarken und dem betreffenden Bildgedächtnis minimiert. Dies führt bei relativ geringem algorithmischen Aufwand zu einer Ansteuerung des Zieles [17] (Abb. 25-5c). Aus größeren Entfernungen kann z.B. auch das Horizontprofil vom Zielort gesehen herangezogen werden. In einem solchen Fall kann ein Bildseriengedächtnis auch zur Orientierung über große Entfernungen eingesetzt werden. Tiere, die mehrere Ziele regelmäßig besuchen (z.B. blumenbesuchende Hymenopteren), lernen eine Sequenz von Bildgedächtnissen. (4) **Kognitive Karte**: Ein Gedächtnis für die Lage der Landmarken zueinander unabhängig vom jeweiligen Standort des Tieres entspricht einer topographischen (kartenartigen) Repräsentation der Umwelt (Abb. 25-5d). Tolman hat dafür den Begriff „kognitive Karte" eingeführt [15].

Für die Annahme einer topographischen Repräsentation des Raumes bei Säugetieren sprechen folgende Befunde. (1)

Latentes Lernen: Wenn Ratten einen Irrgarten explorieren dürfen, so lernen sie anschließend den kürzesten Weg zu einer Futterstelle sehr viel schneller. Wird dann der direkte Weg an einer Stelle blockiert, wählen sie bevorzugt Umwege, die schneller zum Ziel führen. (2) Übertragungsverhalten: Am Beginn einer Dressur in einem Irrgarten zögern Ratten an Entscheidungspunkten und machen Intentionsbewegungen in Richtung auf das Ziel hin. (3) Strategielernen: Während des Erlernens eines Irrgartens verfolgen Ratten zeitweise bestimmte Strategien (nur Rechtswendungen; Rechts-links abwechselnd, usw.). (4) Direkter Weg: An jeder Stelle im Irrgarten wählt die Ratte den direkten Weg zum Ziel, wenn sie dies ausführen darf (z.B. auf einer Plattform oberhalb der Laufgänge). Schwimmende Ratten in milchigem Wasser finden die untergetauchte, unsichtbare Plattform auf dem direkten Weg, gleichgültig an welcher Stelle sie starten und ob sie zum erstem Mal an der betreffenden Stelle in den Wassertank gesetzt werden.

Orientierung im Raum ist ein spezieller Fall von **Problemlösungsverhalten**. Tiere und Menschen verwenden meist mehrere aufeinander bezogene Lösungsstrategien. Eine von ihnen ist die geozentrische, kartenartige Repräsentation in einem Raumgedächtnis. Eine kognitive Karte dieser Art ist aber nicht Voraussetzung für eine zielsichere und den wechselnden Umweltbedingungen angepaßte Navigation. So gibt es z.B. keine Befunde, die die Annahme einer kartenartigen Raumrepräsentation bei Insekten notwendig machen [16].

Im Hippokampus der Säugetiere repräsentiert ein Ensemblecode von Ortsneu-
ronen die Position des Tieres im Raum

Neurone der CA1-Region (Abb. 23-20) und des benachbarten Subiculum, einer Ausgangsregion des Hippokampus, verhalten sich ortsspezifisch: Sie sind immer dann erregt, wenn sich das Tier beim freien Umherlaufen an einer bestimmten Stelle im Raum aufhält (Abb. 25-6). Jedes dieser Ortsneurone hat sein bevorzugtes zweidimensionales Erregungsprofil. Daraus schließt man, daß der Hippokampus das neuronale Substrat für die kognitive Karte darstellt, mit der sich Säugetiere im Raum orientieren [27]. Dafür spricht, daß das zweidimensionale Erregungs-profil der Ortsneurone weitgehend unabhängig davon ist, in welcher Richtung das Tier läuft oder wohin es blickt. Außerdem ändert sich das Erregungsprofil in der erwarteten Weise, wenn die Landmarken verschoben werden, und zeigt damit an, daß es sich um einen Code für die relative Position im Raum handelt. Registriert man bei einer frei umherlaufenden Ratte viele Hippokampus-Neurone gleichzeitig (z. B. 80 in Abb. 25-3a), dann zeigt sich, daß der Raum vielfältig und in unterschiedlicher Weise kodiert ist. In diesem Ensemblecode gibt es Neurone mit präziser, diffuser oder ganz ohne Ortsinformation für das bestimmte Areal, in dem sich das Tier zu orientieren gelernt hat und gerade aufhält. Exploriert das Tier ein neues Areal, dann bilden sich neue Erregungsprofile bevorzugt in den Neuronen, die noch über keine Ortszuordnung verfügen, und

a Erregungsprofile von 80 gleichzeitig abgeleiteten Neuronen

Areal A

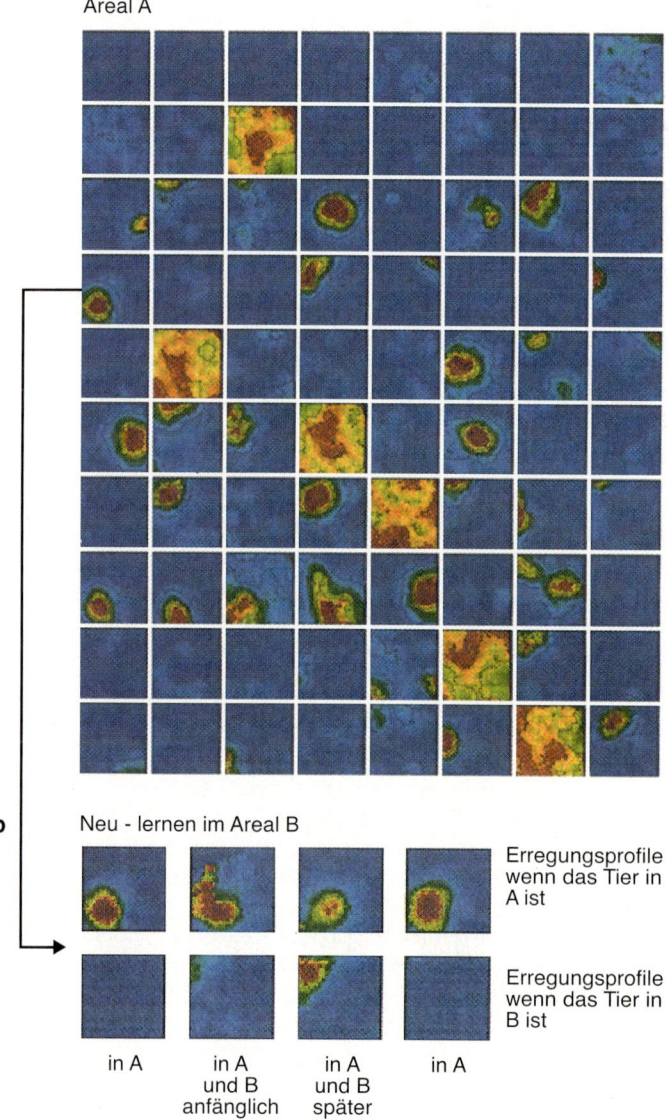

b Neu - lernen im Areal B

Erregungsprofile wenn das Tier in A ist

Erregungsprofile wenn das Tier in B ist

in A   in A und B anfänglich   in A und B später   in A

Abb. 25-6. a Zweidimensionales Erregungsprofil von 80 gleichzeitig abgeleiteten Pyramidenzellen und inhibitorischen Neuronen im Hippokampus einer frei umherlaufenden Ratte. Die Ratte exploriert 10 min lang ein ihr bereits bekanntes quadratisches Areal (Areal A). Jedes Teilbild gibt für ein Neuron die Aktionspotentialfrequenz an, wenn das Tier sich an einem Ort in dem quadratischen Areal befindet. Die Aktionspotentialfrequenz wird in Falschfarben angegeben (rot: hohe Frequenz, tief blau: keine Aktionspotentiale). Die inhibitorischen Neurone zeigen bevorzugt diffuse Erregungsprofile. Viele Pyramidenzellen, die in anderen Arealen aktiv sind, sind nicht erregt. Einige entwickeln Erregungsprofile, wenn das Tier ein neues Areal exploriert
b Für ein Neuron wird gezeigt, daß sich ein neues Erregungsprofil aufbaut, wenn das Tier ein neues Areal B exploriert, während das Erregungsprofil für das Areal A nicht verändert wird. Die beiden Areale A und B sind jeweils quadratisch. In der ersten und letzten Phase befindet sich eine Barriere zwischen A und B, und das Tier hält sich nur in A auf. In den beiden dazwischen liegenden Phasen kann das Tier frei zwischen A und B hin und her laufen. Die jeweiligen Teilbilder geben in Falschfarben die zweidimensionalen Erregungsprofile für Areal A (oben) und Areal B (unten) an [38]

die bereits vorhandenen Zuordnungen bleiben erhalten (Abb. 25-6b). Der Aufbau eines neuen zweidimensionalen Erregungsprofils ist ein langsamer Lernprozeß, der sich während ausgedehnter Explorationsphasen einstellt. Erst im Verlaufe dieses Prozesses werden die Ortscodes der Neurone immer stabiler [38].

Der Hippokampus erhält Eingänge über den perirhinalen und entorhinalen Kortex von vielen neokortikalen Regionen und sendet Erregung über das Subiculum, den entorhinalen und parahippokampalen Kortex in viele neokortikale und subkortikale Gebiete (Abb. 23-20). Daraus schließt man, daß den anderen Regionen des mediolateralen Lobus (peri- und entorhinaler Kortex, parahippokampaler Kortex) sowie den neokortikalen Arealen ortsbezogene Erregungen in einer kartenartigen Repräsentation des Raumes übermittelt werden. Diesen Regionen kommen unterschiedliche Funktionen bei der Gedächtnisbildung zu, dem präfrontalen Kortex z.B. das Aufrechterhalten eines visuellen Arbeitsgedächtnisses (s. S. 513f), dem perirhinalen Kortex die Bildung langzeitiger visueller und taktiler Gedächtnisse. Der Nucleus accumbens ist am instrumentellen motorischen Lernen beteiligt. Man nimmt an, daß die kartenartige Rauminformation, die diese Strukturen über das Subiculum aus dem Hippokampus erhalten, eine Zuordnung der jeweils spezifischen Gedächtnisinhalte zum Raum erlauben. Die Ortszuordnung anderer Gedächtnisse erlaubt zum einem das gemeinsame Aufrufen und das kontextrichtige Zuordnen von Gedächtnisinhalten. Zum anderen könnte diese gemeinsame Raumzuordnung auch die Grundlage für die Ich-Wahrnehmung bei Primaten sein.

Pathologische Fälle von Supergedächtnis beim Menschen entstehen durch zwanghaftes Einfügen von Gedächtnisinhalten in eidetische Raumvorstellungen

Der russische Neurologe Alexander Luria studierte über 20 Jahre die schier unbegrenzte Gedächtnisfähigkeit des Moskauer Reporters Schereschowskij. S. konnte sich nahezu alles merken, Zahlenkolonnen, Wortlisten, lange Serien von sinnlosen Silben, mathematische Formeln (auch wenn sie absurd waren), Texte und Gedichte in fremder Sprache, etc. Selbst nach Jahren erinnerte sich S. präzise und in allen Details an die Inhalte, auch wenn er nur wenige Minuten Zeit hatte, sie sich einzuprägen. Ein ähnliches Supergedächtnis ist von dem amerikanischen Restaurantbesitzer Jacques Scarella bekannt, der sich an alle Namen, Gesichter, Gespräche, Bestellungen etc. seiner Tausenden von Gästen über Jahre erinnerte. Luria fand heraus, daß das Supergedächtnis mit einer zwanghaften Verknüpfung von Sinnesmodalitäten und bildhaften Vorstellung auch von abstrakten Inhalten einhergeht. S. sagte von sich: „Ich kann nicht vermeiden, Farben zu sehen, wenn ich eine Stimme höre", und Luria beschreibt, was S. erlebte, wenn er sich eine lange Wortliste durchlas. „....jedes Wort rief ein anschauliches Bild hervor. Und da die Liste lang war, brachte er die Bilder in eine geistige Abfolge. Meist ,verteilte' er sie entlang einer Wegstrecke oder Straße, die er sich vorstellte.....Oft ging er vom Maja-

kovskiplatz im Geist die Gorkijstraße entlang und ,verteilte' seine Bilder auf Häuser, Tore und Schaufenster....Um sich zu erinnern, ging er dann einfach vorwärts oder rückwärts den selben Weg noch einmal und fand das Bild des in der Wortliste enthaltenen Gegenstandes".

Die Verknüpfung von Sinneseindrücken und die Einordnung in ein **Bildgedächtnis** ist ein Vorgang, der die Gedächtnisbildung fördert und den Gedächtnisabruf erleichtert, wenn dies im kontrollierten Rahmen anderer kognitiver Fähigkeiten geschieht. Der Umfang des bildhaften Gedächtnisses erweist sich auch dann als ganz außerordentlich groß. Noch ist unklar, wie Bildgedächtnisse im Gehirn gespeichert werden. **Autoassoziative Netzwerke**, wie sie von Informatikern theoretisch untersucht werden, haben Eigenschaften, die mit Bildgedächtnissen vergleichbar sind (Abb. 25-7) [11]. Die Struktur und die Eigenschaften der Neurone des Hippokampus und anderer kortikaler Felder legen nahe, daß die Gedächtnisspeicherung von Raumrepräsentation in der Art eines autoassoziativen Netzwerkes erfolgt [33].

Eine autoassoziative Gedächtnismatrix speichert Inhalte in den synaptischen Verknüpfungen einer Matrix von vielen parallelen „Neuronen", die auf sich selbst zurückwirken. Die Stärke der synaptischen Verknüpfungen verändert sich

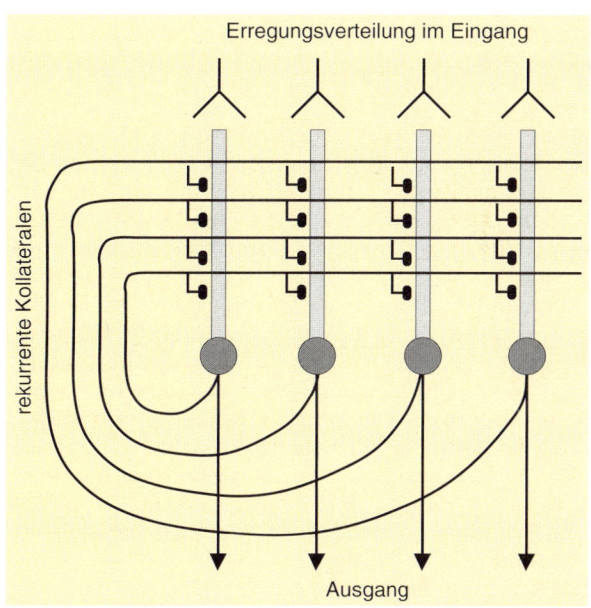

Abb. 25-7. Verschaltungsprinzip eines autoassoziativen Netzwerkes, wie es als Modellvorstellung für den Kortex entwickelt wurde. Rekurrente Kollateralen der parallel angeordneten „Neurone" wirken auf alle „Neurone" zurück. Ein Gedächtnisinhalt wird nach den Regeln der prä-postsynaptischen Erregungskoinzidenz (23.3) als Muster der synaptischen Gewichte im gesamten Netzwerk gespeichert. Eine Voraussetzung für die überlappende Speicherung von vielen Gedächtnisinhalten in einer „Neuronenmatrix" ist, daß die Erregungsverteilung am Eingang für jedes zu speichernde Muster sparsam ist, also nur jeweils wenige „Neurone" erregt

entsprechend den Regeln der prä-postsynaptischen Erregungskoinzidenz (23.3a, 23.5). Wenn die Matrix lernt, dann verstellen sich die synaptischen Gewichte entsprechend der Erregungskorrelation zwischen den parallelen „Neuronen", da alle „Neuron"-Ausgänge auf alle „Neuron"-Eingänge zurückwirken (Autokorrelation). Der Gedächtnisinhalt ist in der Verteilung der synaptischen Gewichte gespeichert. Viele Inhalte können gleichzeitig und überlappend gespeichert werden. Dies setzt voraus, daß für jeden Gedächtnisinhalt wenige ($\leq 1\%$) der Synapsen verändert werden, also auch jeweils nur wenige der Neurone erregt sind. Eine solche sparsame Kodierung wurde z.B. in den Pyramidenzellen des Hippokampus gefunden [27]. Wird der Gedächtnisinhalt an technischen assoziativen Netzen abgerufen, offenbaren sich einige Eigenschaften, die an biologische Bildgedächtnisse erinnern, nämlich (1) *Vervollständigung*: Ein vollständiger Gedächtnisinhalt wird auch dann aufgerufen, wenn nur ein Teil der Eingangserregung anliegt, der zur Einspeicherung geführt hat. (2) *Generalisierung*: Neue Eingangserregungen können ein Gedächtnis aktivieren, wenn Ähnlichkeiten mit dem Eingang bestehen, der zu einer Gedächtnisbildung geführt hat. (3) *Fehlertoleranz*: Auch wenn Neurone ausfallen oder Synapsen fehlerhaft verschaltet sind, kann der Gedächtnisinhalt relativ zuverlässig aufgerufen werden.

Emotionale und kognitive Gedächtnisse werden über verschiedene Gehirnstrukturen vermittelt und sind getrennt gespeichert

Die meisten Lernvorgänge sind mit einer emotionalen Komponente (Befriedigung, Sättigung, Ruhe, Erregung, Angst) verbunden. Wird ein Tier im Gegenwart eines Signals (z.B. eines Tons) bestraft, vermeidet es nicht nur die Bestrafung, sondern es zeigt auch Angstreaktionen: Es erstarrt, der Blutdruck und die Pulsrate steigen, harmlose Reize können panikartige Reaktionen auslösen. Werden die Verbindungen des zuständigen Zwischenhirnbereiches (z.B. auditorische Kerne des Thalamus) mit dem Neokortex durchtrennt, dann verschwinden zwar die erlernten Vermeidereaktionen (z.B. in eine Ecke des Käfigs zu laufen), aber die Angstreaktionen treten weiter auf. Wird dagegen die Amygdala zerstört, dann verschwinden die Angstreaktionen, während die erlernten Vermeidereaktionen nicht beeinträchtigt sind (siehe Kap. 22.7).

Die Amygdala ist eine subkortikale Struktur im dorsomedialen Bereich des Temporallobus. Gemeinsam mit dem Hypothalamus, den Mammillarkörpern, dem Gyrus cingularis und der hippokampalen Formation gehört die Amygdala zum limbischen System, Schaltkreis, der für die Steuerung emotionaler Verhaltensweisen und emotionalen Erlebens zuständig ist (Kap. 22). Die Amygdala erhält Eingänge vom olfaktorischen Kortex sowie von sensorischen thalamischen Systemen und ist reziprok verbunden mit dem Hypothalamus, der hippokampalen Formation und

dem Neokortex. Die Amygdala ist aus mehreren Kernen aufgebaut, dem lateralen Kern, dem basalen, mediobasalen und dem zentralen Kern. Im lateralen Kern konvergieren die Eingänge aus dem Thalamus (afferente Bahn), dem Neokortex (kortikal verarbeitete Afferenzen) und aus dem Hippokampus (kontextbezogene Afferenzen). Neurone des lateralen Kerns verstärken langzeitig ihre Reaktion auf Reize, wenn diese mit einem Strafreiz gepaart werden. Man spricht daher von einem „Angstgedächtnis", das im lateralen Kern lokalisiert ist [24].

Im Traum werden Gedächtnisinhalte aktiviert und zu neuen episodischen Erlebniseinheiten kombiniert

Träume treten mit großer Häufigkeit während der REM-Phasen des Schlafes auf (Kap. 24.3). Die Trauminhalte haben häufig nur einen entfernten Bezug zu den realen Erlebnissen und den damit verbundenen Gedächtnisinhalten. Man nimmt daher an, daß im Traum neue Inhalte durch Verknüpfungen von partiellen und getrennt gespeicherten Gedächtnissen entstehen. Daraus läßt sich schließen, daß die Verschmelzung eines einheitlichen Gedächtnisinhalts aus parallel angelegten Teilgedächtnissen ein aktiver Prozeß ist, bei dem unter dem Einfluß der Außenwelt und mit Hilfe der vielfältigen Kontextreize zuverlässig jenes einheitliche Gesamtgedächtnis aktiviert wird, das demjenigen beim Lernvorgang entspricht. Im Traum sind die Kontextreize teilweise oder ganz ausgeschaltet, so daß neue und der Außenwelt nicht korrespondierende Kombinationen möglich sind.

Ungestörte Traumphasen sind eine Voraussetzung für die Bildung komplexer Gedächtnisse. Werden Säugetiere oder der Mensch nach ausgedehntem Lernen am Schlafen gehindert oder während der REM-Phasen gestört, so ist die Bildung eines Langzeitgedächtnisses massiv beeinträchtigt. Daraus schließt man, daß dem Traum auch eine organisierende Aufgabe bei der Konsolidierung des Gedächtnisses zukommt.

25.4 Sprachliche Kommunikation

Im Tierreich haben sich viele Formen der nichtsprachlichen Kommunikation entwickelt

Soziale Kommunikation mit Hilfe chemischer, optischer, mechanischer und akustischer Signale ist im Tierreich weit verbreitet. Pheromone, Körper- und Gesichtsbewegungen, Berührungen und Laute werden eingesetzt, um auf Gefahren aufmerksam zu machen, auf Futterstellen hinzuweisen, die eigenen physiologischen und intentionalen Zustände zu signalisieren und den sozialen Kontakt aufrechtzuerhalten. Obwohl der Informationsgehalt dieser Kommunikationsmedien durchaus reichhaltig sein kann, unterscheidet sich die Sprache grundsätzlich von all diesen Kommunikationsweisen.

Nichtsprachliche Kommunikation, auch in ihren komplexen Formen (Vogel- und Walgesänge, akustische Zeichen von Primaten), besteht aus einer begrenzten Zahl von Elementen, deren Bedeutung angeboren oder erlernt ist, und die nicht zu völlig neuen Inhalten kombiniert werden. Vervet-Meerkatzen verwenden z.B. drei verschiedene Rufe, mit denen sie große Bodenfeinde, Raubvögel und Schlangen ankündigen. Die Bedeutung muß nicht gelernt werden, die Zuverlässigkeit von Gruppenmitgliedern bei der Benutzung dieser Laute wird aber gelernt. Reichhaltige Repertoirs von Lauten und Strophen werden von Vögeln und Walen bei der Kommunikation zwischen den Geschlechtern eingesetzt. Es gibt aber keinen Hinweis darauf, daß die Anordnung der Laute zu Strophen, dieser zu Gesängen oder die Variationsfreudigkeit und Ausdauer einen anderen Informationsgehalt hat als den, den Ort und die physiologische Potenz des Sängers zu signalisieren. Alle nichtsprachliche Kommunikation ist daher nur hinweisend und bildhaft.

Sprache besteht aus bedeutungsfreien Elementen, die zu bedeutungsvollen Einheiten (Morphemen) mannigfaltig kombiniert werden; Morpheme werden nach den Regeln der Syntax zu inhaltlichen Aussagen verbunden

Da die basalen **phonetischen Elemente** der Sprache (Laute, etwa den Buchstaben entsprechend) keine eigene Bedeutung haben, können sie zu Ketten frei kombiniert werden. Dies geschieht außerordentlich schnell (etwa 25 Elemente/s) und führt zu einer sehr großen Zahl von Worten, Pluralendigungen und Zeitformen von Verben. Solche **Morpheme** haben eine Bedeutung, die aber im Kontext, also in **Phrasen**, **Sätzen**, **Geschichten**, unterschiedlich sein kann. Da die Kombination von Morphemen nahezu unbegrenzt ist, kann die Sprache zu einer praktisch unbegrenzten Zahl von Aussagen verwendet werden. Die Regeln der **Syntax** strukturieren die logische Beziehung zwischen Morphemen und eliminieren weitgehend deren mögliche Mehrdeutigkeiten.

Die Syntax ist auch die Voraussetzung für das Erlernen der Sprache und das Verstehen. Der schnelle Fluß von Morphemen wird in **Zeitgruppen (chunks)** gegliedert, innerhalb derer syntaktische und grammatikalische Regeln die Sequenz der Wörter bestimmen. Man nimmt an, daß es genetisch fixierte Dispositionen für diese Regeln gibt (**Universalgrammatik**), die als Strukturvorgaben das Lernen von Sprache ermöglicht. Dafür spricht, daß Kinder die Sprache sehr schnell lernen, ebenso wie die Art

der Fehler, die sie dabei machen. Diese bestehen häufig in der Anwendung von Syntaxregeln auf Ausnahmefälle. Auch die **kritische Periode** (Alter 2–4 Jahre), innerhalb derer die Sprache schnell erlernt wird und in der auch vorangegangene massive Gehirnschädigungen (z.B. in der linken Schläfenregion, s.u.) kompensiert werden können, spricht für genetische Dispositionen. Der amerikanische Linguist Noam Chomsky hat den biologischen Rahmen, in den der Spracherwerb eingepaßt ist, mit dem Bild eines „Sprachorgans im Gehirn" beschrieben (s.u.).

Eine fundamentale Eigenschaft der Sprache ist ihre symbolische referentielle Beziehung zu ihren Inhalten

Die phonetischen Elemente und die Morpheme haben keinerlei Beziehung zu den Inhalten, die sie repräsentieren. Weiterhin kann sich Sprache auf Inhalte (Gegenstände, Begebenheiten) beziehen, die zum Zeitpunkt der Mitteilung nicht unmittelbar zugänglich sind, ja die nicht einmal anders existieren als in der Vorstellung des Sprechenden. Die **Bedeutung der Sprache (Semantik)** ist somit frei von ihrem akustischen Medium, entsteht aber als semantische Repräsentation im Gehirn, wenn Sprache verstanden und erzeugt wird. Das Sprachsystem besteht wahrscheinlich aus zwei unabhängigen kognitiven Ebenen. Die eine Ebene leistet die Erzeugung und Analyse der akustischen Signale (**phonetisches Repräsentationssystem**), während die andere für die begrifflich klassifizierende Verarbeitung aller Umwelterfahrung zuständig ist (**semantisches Repräsentationssystem**). Die genetisch disponierte Universalgrammatik beruht wahrscheinlich auf einem neuronalen Regelwerk, das zwischen diesen beiden Repräsentationsebenen vermittelt [1] und einmalig für die menschliche Sprache ist.

Da nicht-menschliche Primaten aufgrund eines anders gebauten Rachen-Nasen-Mund-Raumes nicht in der Lage sind, so reichhaltige akustische Signale wie der Mensch zu erzeugen, hat man Schimpansen die Zeichensprache der Taubstummen beigebracht und danach gesucht, ob sie diese zu einer Art sprachlichen Kommunikation einsetzen können. Tatsächlich lernen sie die Bewegungssymbolik und verwenden sie in vielfältigen Kombinationen, wenn ihnen diese jeweils andressiert wurden. Bisher spricht aber nichts eindeutig dafür, daß sie syntaktische Fähigkeiten entwickeln. So fanden sich keine Indizien dafür, daß sie neue Aussagen durch regelhafte Kombination der Bewegungselemente verstehen können oder selbst erzeugen. Andere Schimpansen wurden auf einen großen Satz von geometrischen und farbigen Gegenständen dressiert, die jeweils unterschiedliche Bedeutungen hatten. Dabei gab es auch Symbole für Verben oder für z.B. ich, du, ja, nein, usw. Auch hierbei ist die Zahl der erfolgreich gelernten Elemente und Kombinationen beeindruckend, aber sprachtypische Leistungen fand man nicht. Zu den gleichen

Schlüssen kommt man im Falle des oben beschriebenen Papageien Alex. Daraus läßt sich schließen, daß nur der Mensch über syntaktische Fähigkeiten verfügt.

Teilaspekte des Sprechens und des Sprachverständnisses sind in temporalen Arealen des Neokortex lokalisiert

Zwei Areale vor und hinter der sylvischen Fissur sind am deutlichsten mit Sprache verbunden (Abb. 25-8a), das Broca-Areal (A44) unmittelbar vor dem motorischen Kortex und das Wernicke-Areal direkt hinter und seitlich zur auditorischen Kortexregion (A22, siehe auch Abb. 25-1, 16-17 und 16–18). Läsionen in diesen Bereichen führen zu recht spezifischen Aphasien (Sprachverlust oder -einschränkung) (Abb. 25-8b). Die Broca-Aphasie ist gekennzeichnet durch einen weitgehenden Ausfall des Sprechens, vor allem von Sequenzen von Wörtern und Sätzen. Solche Personen können auch die grammatikalische Information nicht nutzen, obwohl sie einzelne Wörter problemlos verstehen. Nach Läsion des Wernicke-Areals ist das akustische und visuelle (Lesen) Sprachverständnis gestört. Wörter werden nicht verstanden oder mißverstanden. Solche Patienten sprechen häufig flüssig, aber Silben, Wörter und Bedeutungen werden derart verdreht, daß ihr Sprachfluß keinen Sinn ergibt. Die ursprüngliche Einteilung in ein Sprechzentrum (Broca) und ein Sprachverständniszentrum (Wernicke) trifft also nur teilweise zu.

Weitere aufschlußreiche Sprachstörungen sind: *Anomie*, d.h. die Unfähigkeit bestimmte Objekte zu benennen wie Früchte und Werkzeuge, obwohl die Objekte genau beschrieben werden können. Bisher ließ sich noch keine Zuordnung zu bestimmten Kortexarealen feststellen. Die

transkortikale sensorische Aphasie (sog. semantische Aphasie) führt zur Verwechslung der Wortbedeutung ohne Störung des Wortklanges. Sie ist mit einer Läsion in der Nähe der Wernicke-Region verbunden. Die *transkortikale motorische Aphasie* führt zu sehr einfachen Satzstrukturen und einer Abnahme des spontanen Sprechens. Verschiedene Läsionen (präfrontaler Kortex in der Nähe der Broca-Region, sog. supplementär motorischen Arealfrontal des Motokortex, Teil der Verbindung zwischen Basalganglien mit präfrontalem Kortex) können hierbei involviert sein. Die transkortikalen Aphasien werden mit der semantischen Struktur der Sprache in Verbindung gebracht, für die die Verbindung der temporalen Sprachzentren mit dem frontalen Kortex als essentiell angesehen werden.

Emotionale und affektive Aspekte. Die bewußten kognitiven Aspekte der Sprache sind bei 90% der Menschen in der linken Hemisphäre lokalisiert. Läsionen in den korrespondierenden Arealen der rechten Hemisphäre führen zu Ausfällen der Vermittlung bzw. Wahrnehmung der emotionalen affektiven Färbung von Sprache. Hierbei ist die dem Broca-Areal entsprechende Region vor allem für die Erzeugung und die dem Wernicke-Areal entsprechende Region für die Wahrnehmung dieser Sprachaspekte zuständig.

25.5 Komplexe kognitive Leistungen des menschlichen Gehirns und ihre Störungen

Komplexe kognitive Leistungen sind beim Menschen und anderen Primaten immer mit Aktivität in den assoziativen Kortexarealen verbunden (Abb. 25-1). Zum assoziativen Kortex gehört der posteriore **parietale** (PP; Brodmann-Areale A5, A7) und inferiore **parietale** Kortex (A39 = Gyrus angularis; A40 = Gyrus supramarginalis), der mittlere (A22,

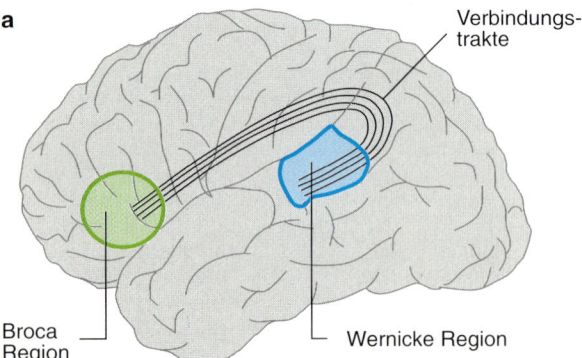

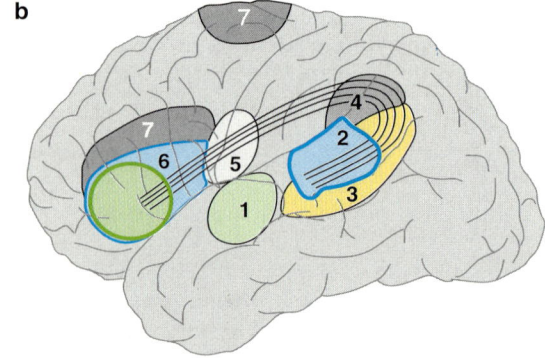

Abb. 25-8. a Lokalisation der Broca- und der Wernicke-Region im linken Temporallobus des menschlichen Gehirns. Die beiden Sprachzentren sind über Verbindungstrakte verschaltet. **b** Auswirkungen von Läsionen in verschiedenen Bereichen des temporalen Lobus auf Sprechvermögen und Sprachverständnis: 1. zentrale Taubheit (auditorischer Kortex), 2. phonetische Störungen

des Sprachverständnisses (überwiegend Wernicke-Region), 3. semantische Störungen des Sprachverständnisse, 4. Störungen bei der Benennung und Wiederholung von Namen und Bezeichnungen, 5. Paralyse der Sprechmuskulatur, 6. Störung der Artikulation und der Grammatik (Broca-Region), 7. Schwierigkeiten bei der Initiierung des Sprechens. (nach [6])

37, 38) und inferiore **temporale** Kortex (IT: A20, 21) und der **präfrontale** Kortex (PF; dorsolateraler PF: A9, 10, 45, 46; orbitofrontaler Kortex: A11–14, 47). Diese Areale gelten als die eigentlichen Integrationszentren der Wahrnehmung; sie erbringen jedoch ihre Leistungen nur in Zusammenarbeit mit subkortikalen Zentren wie dem limbischen System, den Basalkernen, verschiedenen thalamischen Kernen und der retikulären Formation (s.u. und Kap. 22).

Im posterioren parietalen Kortex (PP) finden Körper- und Raumwahrnehmung statt sowie das Erkennen und die Verarbeitung von Symbolen und Konzepten

Hierzu gehören die Konstruktion einer dreidimensionalen Welt und die Lokalisation der Sinnesreize, des eigenen Körpers und seiner Bewegungen in der Umwelt. Weiterhin betreffen die Leistungen des PP das Wissen über den eigenen Aufenthaltsort (d.h. die Lokalisation innerhalb „geographischer" Karten), das Erfassen räumlicher Perspektive, sowie das Umgehen mit abstrakten Raumkonzepten einschließlich des Erkennens, Deutens und Benutzens von Karten und Zeichnungen. Hierbei besteht eine enge Interaktion des PP mit dem Hippokampus (vgl. 25.3). Andere Funktionen des PP umfassen Lesen (auch das „Lesen" der Uhr), Rechnen und allgemein das Erkennen und den **Umgang mit Symbolen**. Verletzungen des PP führen zur Beeinträchtigung des abstrakten Denkens.

Der PP zeigt eine deutliche funktionale Hemisphären-Asymmetrie. Im linken PP (einschließlich des Gyrus angularis und des Gyrus supramarginalis) wird vornehmlich **symbolisch-analytische** Information verarbeitet, etwa Arithmetik und Sprache, die Bedeutung von Abbildungen und von Symbolen. Verletzungen des linken PP, besonders des Gyrus angularis (A39), führen zu Störungen beim Lesen und Schreiben und entsprechender Gedächtnisfunktionen. Im rechten PP dominiert die **räumliche Lokalisation,** die konkrete oder mentale Konstruktion des Raumes mit der Möglichkeit des Perspektivwechsels. Nach Verletzungen des rechten PP können Patienten ihre verschiedenen Aufenthaltsorte nicht mehr räumlich und zeitlich auseinanderhalten und behaupten zum Beispiel, an verschiedenen Orten gleichzeitig zu sein; sie selbst sehen darin jedoch nichts Eigenartiges (**Anosognosie**).

Der PP ermöglicht das Umlenken der Aufmerksamkeit im Zusammenhang mit räumlicher Orientierung und Erwartungshaltungen [30].

Im temporalen Kortex findet die Integration und Bewertung nichträumlicher auditorischer und visueller Aspekte von Objekten und Prozessen statt

Im oberen Bereich des temporalen Kortex wird auditorische und im unteren, inferotemporalen Bereich (IT) visuelle Information verarbeitet (Abb. 25-1). IT (A20, 21) ist am Erkennen bedeutungshafter visueller Reize und Situationen, z.B. von Körperteilen, insbesondere von Gesichtern beteiligt (s.o.), aber auch von anderen bedeutungsvollen Gegenständen, z.B. Nahrungsmitteln. Der medial gelegene Teil des Temporallappens repräsentiert mit dem Hippokampus, dem entorhinalen, perirhinalen und parahippokampalen Kortex das „Koordinationszentrum" des deklarativen Gedächtnisses (siehe 23.7, 25.3).

Bei elektrischer Reizung von IT im Zusammenhang mit chirurgischen Eingriffen kommt es zu den von Penfield und Roberts [12] beschriebenen **Erlebnishalluzinationen**. Epilepsiepatienten, die für eine Gehirnoperation vorbereitet wurden, haben bei Reizungen von IT polysensorische **„Rückblenden"** meist visueller und auditorischer Art. Sie fühlen sich in frühere Aufenthaltsorte und Geschehnisse zurückversetzt und können dieses detailliert beschreiben, wobei sie allerdings sich ihrer gegenwärtigen Situation im Operationssaal bewußt sind. Bei nichtepileptischen Personen konnten derartige „flashbacks" nicht ausgelöst werden. Auch haben sie nicht den Charakter einer Gedächtnisaktivierung, weil sie auch Inhalte betreffen, die nicht in der empfundenen Weise primär erlebt wurde. Vielmehr sind sie Traumerlebnissen vergleichbar.

Der präfrontale Kortex (PF) ist der Ort zeitlich-räumlicher Strukturierung von Sinneswahrnehmungen, der Kontrolle planvollen und kontextgerechten Handelns und Sprechens und allgemein von Verhaltensbewertung

Hierzu gehören auch die Fähigkeiten, den sozial-kommunikativen Kontext zu erfassen, z.B. die Bedeutung von Szenendarstellungen oder die Mimik von Gesichtern, Probleme zu lösen oder den Inhalt von Denken und Tun umzulenken. Bei Patienten mit präfrontalen Läsionen zeigt sich der Hang zur Perseveration, also zum hartnäckigen Verbleiben bei einer Sache, ein Verlust der Verhaltensspontaneität und Kreativität, sowie Einschränkungen des adaptiven Verhaltens, besonders im Sozialbereich. Allgemein verflacht die Persönlichkeit („Frontalhirn-Syndrom").

Eine wichtige Funktion des PF ist (neben dem parietalen Kortex) die Steuerung der Aufmerksamkeit. In diesem Zusammenhang wird im PF ein „**vor-**

deres Aufmerksamkeitssystem" angesiedelt, das sich bei visueller Wahrnehmung im Gegensatz zum parietalen „hinteren Aufmerksamkeitssystem" mit Aspekten der Form und der Farbe befaßt [30]. Der präfrontale Kortex wird als „überwachendes Aufmerksamkeitssystem" angesehen [14]. Die Annahme, der präfrontale Kortex sei das „höchste Hirnzentrum", ist jedoch nicht gerechtfertigt. Vielmehr arbeitet er arbeitsteilig mit den anderen sensorischen, motorischen und assoziativen Arealen zusammen. Wichtig ist in diesem Zusammenhang die enge Verbindung des PF mit dem zingulären Kortex, der Amygdala und dem Striatum (s. 25.3).

> **Eine wichtige Leistung der assoziativen Kortexareale ist kategoriale Wahrnehmung**

Dabei geht es im wesentlichen um das Zuordnen von Wahrnehmungsinhalten zu **Klassen von Entitäten**, die eine bestimmte Anzahl von Merkmalen besitzen, seien dies physikalische Eigenschaften, Tätigkeiten, Funktionen oder Werte, und in einem **Begriff** zusammengefaßt sind („Stuhl", „Melodie", „schreiben"). *Kategoriale Wahrnehmung ist eines der wesentlichen Hilfsmittel des kognitiven Systems bei der Herstellung einer geordneten, stabilen Wahrnehmung* (kategoriales Lernen: 25.3). Das Eingruppieren von Wahrnehmungsinhalten in Objekt- oder Prozeßklassen aufgrund des Gedächtnisses vereinfacht die Wahrnehmung und führt zur Möglichkeit der **Interpretation** des Wahrgenommenen [19].

> **Kategoriale Wahrnehmungsprozesse können nach bestimmten Hirnschäden selektiv, d.h. unabhängig voneinander ausfallen**

Dies wird als **Dissoziation** kognitiver Leistungen bezeichnet. So sind Patienten mit Sprachstörungen (Aphasien, s.o.) unfähig, die Bedeutung von Worten, z.T. sogar ihre akustische oder visuelle Struktur, zu erfassen. Gleichzeitig haben sie aber in der Regel keine Schwierigkeiten, Objekte, Aktionen usw. zu erkennen, auf die sich die Worte beziehen. *Die Bedeutung von gehörten oder gelesenen Worten wird also getrennt von der Bedeutung der direkt wahrgenommenen Objekte verarbeitet.*

Eine Dissoziierbarkeit besteht auch bei verschiedenen linguistischen Kategorien. So kann das Benennen von natürlichen Dingen schlechter sein als das von künstlichen, während das bildliche Erkennen solcher Dinge unbeeinträchtigt ist. Dies deutet auf die Trennung der neuronalen Prozesse hin, die einerseits dem **Erkennen** und andererseits der **Benennung** von Dingen zugrundeliegen. Beobachtet

wird auch eine Dissoziation zwischen dem Lesen und Schreiben von **Wörtern** und von **Zahlen**. Eine Patientin konnte kaum Wörter schreiben, dafür aber Zahlen und auch komplizierte Rechnungen durchführen. Ojemann [28] berichtet bei Patienten, die mehrere Sprachen beherrschen, von selektiven Ausfällen bestimmter Sprachen. Falls nur noch eine Sprache beherrscht wird, so muß dies nicht die Muttersprache sein. Offenbar werden die verschiedenen Sprachen räumlich unterschiedlich „gespeichert" und verarbeitet. Läsionen im linken vorderen temporalen Bereich stören allgemein das **Benennen**, nicht aber das **Erkennen** von Objekten. Ebenso können diese Objekte beschrieben werden, auch wenn ihr Name nicht erinnert wird. Läsionen in den Sprachzentren (Broca- und Wernicke-Region) führen bei Taubstummen ebenfalls zu Beeinträchtigungen. Diese entsprechen den Defiziten bei vokaler Sprache nach Broca- und Wernicke-Läsionen. Dies deutet darauf hin, daß diese Regionen Sprache im abstrakteren Sinn verarbeiten, d.h. unabhängig davon, wie sie signalmäßig vermittelt wird.

Andere Dissoziationen treten im Zusammenhang mit **Agnosien** auf (s.o.). Zum Beispiel findet sich eine Beeinträchtigung der Gesichtererkennung (**Prosopagnosie**) nach bilateraler Zerstörung des hinteren temporalen Assoziationskortex. Derartige Patienten haben aber oft weiterhin die Fähigkeit, den Gesichtsausdruck von Mitmenschen zu **interpretieren** oder sie an ihrer Bewegung oder ihrer Stimme zu erkennen. **Formsehen** und **Bewegungssehen** können unabhängig voneinander ausfallen. Es wird von einem Patienten berichtet, der unter Störungen des Bewegungssehens, aber nicht des Formsehens leidet, d.h. dieser Patient konnte Objekte nur dann erkennen, wenn diese sich nicht bewegten [40]. Ebenso gibt es Patienten, die nur Objekte sehen können, wenn diese sich bewegen [19]. Weiterhin gibt es Patienten, die eine Dissoziation zwischen dem Erkennen von **künstlichen**, d.h. von Menschenhand hergestellten Gegenständen und von **natürlichen** Gegenständen und Ereignissen zeigen. Dabei ist meist das Erkennen der natürlichen Gegenstände und Ereignisse beeinträchtigt. Umgekehrt werden einige künstliche Gegenstände wie Musikinstrumente visuell nur schwer erkannt, diese können jedoch ohne weiteres **akustisch** identifiziert werden.

25.6 Gehirn und Bewußtsein

> **Bewußtsein kann nur subjektiv erlebt werden; die Neurowissenschaften sind jedoch in der Lage, Hirnzentren und -prozesse anzugeben, die notwendig und hinreichend für das Auftreten von Bewußtsein sind**

Philosophen, Psychologen, Psychiater und Neurologen verwenden den Begriff „Bewußtsein" sehr verschieden. Wir verstehen hier unter Bewußtsein einen charakteristisch erlebten Begleitzustand von Wahrnehmen, Erkennen, Vorstellen, Erinnern und Handeln. Zum Bewußtsein gehört auch das Gefühl der Ich-Identität, daß **ich** es bin, der etwas tut und erlebt, und daß ich bei Bewußtsein bin. Neben dem

Bewußtsein der eigenen Identität und der willentlichen Kontrolle der eigenen Handlungen gibt es das Bewußtsein, das sich auf bestimmte innere oder äußere Geschehnisse im Zusammenhang mit Wahrnehmen, Denken, Fühlen, Erinnern oder Vorstellen richtet. *Hierbei ist Bewußtsein eng mit Aufmerksamkeit verbunden oder gar identisch mit ihr.* Je stärker die Aufmerksamkeit auf ein bestimmtes Geschehen gerichtet ist, desto bewußter ist es.

Vom Ich-Bewußtsein und dem Aufmerksamkeits-Bewußtsein ist der Zustand der **Wachheit** (Vigilität) zu unterscheiden. Man unterscheidet eine Reihe von Wachheits- und Bewußtseinszuständen bei schweren psychischen Erkrankungen und eine Reihe von Zuständen der Bewußtlosigkeit nach Unfällen oder in der Narkose. Bewußtsein kann global oder scharf umgrenzt (fokal) ausfallen. Beidseitige Schädigungen des Gehirns im Bereich der Formatio reticularis führen in aller Regel zur Bewußtlosigkeit, zum Koma. Läsionen im Bereich der assoziativen kortikalen Areale können hingegen zu fokalen Bewußtseinsausfällen führen. So kann die Fähigkeit zu bewußtem Sehen selektiv beeinträchtigt sein („Seelenblindheit"). Trotzdem ist der Patient wach und sich ansonsten seiner Tätigkeiten und Erlebnisse bewußt.

Viele Prozesse in unserem Körper und Gehirn sind nicht von Bewußtsein begleitet. Andere Prozesse können von Bewußtsein begleitet sein, ohne daß dies notwendig ist. Das gilt für alle Tätigkeiten, die **weitgehend automatisiert** ablaufen wie das Bedienen eines Autos, nachdem sie früher einmal bewußt erlernt werden mußten.

Dazu gehören die ersten Schritte beim Erlernen komplizierter motorischer Fertigkeiten, (z.B. Klavierspiel). *Diese motorischen Fähigkeiten schleichen sich um so mehr aus unserer Aufmerksamkeit und unserem Bewußtsein aus, je besser sie gelernt worden sind, bis sie schließlich „automatisch" ablaufen, also ohne sonderliche Aufmerksamkeit oder gar ohne Bewußtsein.* Lernen aufgrund gesprochener oder geschriebener sprachlicher Information, also das Aneignen von Inhalten des deklarativen Gedächtnisses, ist ohne Bewußtsein und Aufmerksamkeit unmöglich. Wir können den Sinn von Gesprochenem (oder Geschriebenem) nicht erfassen, ohne daß wir dies bewußt wahrnehmen. Ebenso ist Problemlösen ohne bewußte Aufmerksamkeit unmöglich.

Häufig wird Bewußtsein als ein **Scheinwerfer** beschrieben, der selektiv etwas beleuchtet oder hervorhebt. Wir richten unsere Aufmerksamkeit und das Bewußtsein auf etwas Bestimmtes. Unsere visuelle Aufmerksamkeit ist eng – wenn auch nicht notwendig – mit unseren willkürlichen Blickbewegungen verbunden, bei der wir die Stelle schärfsten Sehens (Fovea centralis) auf einen Gegenstand oder Vorgang richten, der uns besonders interessiert; es erfordert Mühe und Training, einen Vorgang aufmerksam „aus den Augenwinkeln", d.h. extrafoveal, zu verfolgen. *Der Scheinwerfercharakter von Aufmerksamkeit und Bewußtsein geht einher mit ihrer Begrenztheit und Enge.* Diese Begrenztheit ändert sich allerdings situationsbedingt. Wir können um so mehr Geschehnisse gleichzeitig bewußt verfolgen, je weniger Aufmerksamkeit wir auf sie verwenden; umgekehrt ist die Menge der erfaßbaren Geschehnisse umso kleiner, je aufmerksamer wir sind, d.h. je mehr wir uns auf sie „konzentrieren".

Bewußtsein setzt immer intakte kortikale Areale voraus. Dies gilt vor allem für den assoziativen Kortex. Sind spezifische assoziative Kortexareale zerstört, dann können in der Regel subkortikale Zentren zwar bestimmte perzeptive oder motorische Leistungen ausführen, aber diese sind dem Patienten nicht bewußt. Allerdings ist der Kortex keineswegs der alleinige „Produzent" von Bewußtsein. Vielmehr sind neben thalamischen Kernen (z.B. dem Nucleus reticularis thalami, intralaminare Kerne) die Formatio reticularis (FR) des Hirnstamms und ihre verschiedenen Subsysteme wesentlich am Entstehen von Bewußtsein beteiligt; Verletzungen der FR führen in aller Regel zur Bewußtlosigkeit.

Eines dieser Systeme ist die **mediale** FR, die mit ihren Fasern das **aufsteigende retikuläre aktivierende System**, ARAS, bildet. Es sendet Fasern zu den intralaminaren thalamischen Kernen und von dort zum gesamten Kortex. Seine Funktion besteht in der Kontrolle des allgemeinen Wachheits- und Bewußtheitszustandes. Das zweite System ist die **mediane** und **paramediane** Kerngruppe der **Raphe-Kerne** (serotonerg). Dieses System erhält Eingänge vom limbischen System und sendet massiv Fasern dorthin zurück, sowie zum Hippokampus und zum gesamten Neokortex. Es ist an der Steuerung kortikaler Prozesse bei der Verarbeitung von Sinnesreizen beteiligt, und zwar im Kontext der im Gedächtnis niedergelegten früherer Erfahrung (siehe 25.3). Ein drittes System ist die **laterale** FR mit dem **Locus coeruleus** (noradrenerg). Der Locus coeruleus erhält Eingänge vom präfrontalen Kortex sowie vom limbischen System und sendet Fasern zum limbischen System, Hippokampus und Neokortex zurück, insbesondere zum präfrontalen Kortex. Er ist an der „Überwachung" der externen und internen Umwelt des Gehirns und damit an der Steuerung der Aufmerksamkeit beteiligt [10].

Bewußtsein entsteht offenbar nur dann, wenn das ARAS-System den Kortex hinreichend „wachgemacht" hat und wenn das Raphe-System und das Locus coeruleus-System in Zusammenarbeit mit anderen subkortikalen Zentren (Hippokampus,

Neokortex, basales Vorderhirn, Thalamus, limbisches System) das unbewußt Wahrgenommene als **hinreichend** neu und/oder wichtig bewertet und dies über die aufsteigenden Fasern dem Kortex mitgeteilt haben. Der Kortex kann nicht ohne Beteiligung dieser Systeme Bewußtsein erzeugen.

Bewußtsein scheint ein Hirnzustand zu sein, der mit dem Anlegen von neuen Nervennetzen verbunden ist, und zwar im Zusammenhang mit Leistungen, die für das kognitive System neu und hinreichend wichtig sind. Umgekehrt gilt: Je mehr „vorgefertigte" Netzwerke für eine bestimmte kognitive oder motorische Aufgabe vorliegen, desto automatisierter und unbewußter erledigen wir diese Aufgabe. Einen deutlichen Hinweis für diesen Zusammenhang liefern die auf Hirndurchblutung- und Hirnstoffwechselmessung beruhenden bildgebenden Verfahren: Prozesse, die mit Aufmerksamkeit und Konzentration verbunden sind, weisen eine besonders hohe Hirndurchblutungs- und Stoffwechselrate auf (vgl. 25.1).

Werden Versuchspersonen aufgefordert, die Bedeutung von Worten zu erfassen, so zeigt sich, daß der anteriore Gyrus cinguli besonders aktiv ist, eine Struktur, die einen Übergang zwischen präfrontalem Kortex und limbischem System darstellt und mit Aufmerksamkeit in Verbindung gebracht wird. Nach einiger Vertrautheit mit den Worten verschwindet diese lokalisierte Aktivität, kehrt aber zurück, wenn der Sinn neuer Worte erfaßt werden soll. Gleichzeitig mit dem präfrontalen Areal sind – wie zu erwarten – die sprachspezifischen Areale in der linken Hemisphäre (Broca und Wernicke) aktiv.

25.7 Gehirn und Geist

Im Folgenden wollen wir unter „Geist" ausschließlich die Gesamtheit **individuell erlebbarer Zustände** verstehen, die Fühlen, Wahrnehmen, Denken, Wollen, Erinnern und Vorstellen umfassen, über die eine Person berichten kann, und die man auch „mentale Zustände" nennt. Alle weiteren philosophischen oder religiösen Bedeutungen von „Geist" sollen hier unberücksichtigt bleiben.

Philosophen und Erkenntnistheoretiker haben ein ganzes Spektrum von Möglichkeiten der Beziehung zwischen Geist und Gehirn aufgezeigt (vgl. dazu [2]). Traditionell werden geistige/mentale Zustände als **wesensverschieden** von materiellen, d.h. physikalischen und chemischen Zuständen einschließlich derjenigen unseres Körpers angesehen. Zwei hervorstechende Merkmale kennzeichnen danach mentale Zustände: (1) Das Gerichtetsein auf etwas (Dinge, Ereignisse, Sachverhalte) – d.h. mentale Zustände haben einen Inhalt. Dies wird als **Intentionalität** mentaler Zustände bezeichnet. (2) Die Innenperspektive (**Introspektion**): Mentale Zustände können nur von dem, der sie gerade hat, erfahren werden.

Weiterhin nimmt man an: Mentale Zustände sind nicht ortsgebunden, und sie unterliegen nicht dem Kausalgesetz. Physikalische Ereignisse dagegen sind nicht intentional, und sie haben keine Innenperspektive („ein Stein erlebt sich nicht"). Zumindest im makrophysikalischen Bereich haben sie einen Ort und unterliegen dem Kausalgesetz.

Hieraus folgerten manche Philosophen, die geistige und die physische Welt seien gegeneinander abgeschlossen (**ontologischer Dualismus**, wie ihn z.B. der Philosoph Leibniz vertrat). Innerhalb unseres Alltagslebens läßt sich aber eine Wechselwirkung zwischen Mentalem und Physischem nicht leugnen: Vorstellungen und Entschlüsse beeinflussen unser Verhalten, ebenso wie körperliche Prozesse, Drogen usw. unsere mentalen Zustände beeinflussen. Sofern eine solche Wechselwirkung nicht zur Illusion erklärt wird (Leibniz, Berkeley), sehen heutige Erkenntnistheoretiker, die im Sinne des Dualismus argumentieren, die Möglichkeit, daß der Geist auf Physisches einwirken kann (und umgekehrt), ohne daß die Abgeschlossenheit (die ontologische Eigenständigkeit) beider Welten verletzt wird (**interaktionistischer Dualismus**). Dieser Standpunkt wurde zuerst von R. Descartes formuliert. In dessen Nachfolge nimmt der Neurobiologe J. Eccles an, daß der selbständig vom Gehirn existierende Geist die Wahrscheinlichkeit beeinflußt, mit der in bestimmten Synapsen des assoziativen Kortex Transmittermoleküle freigesetzt werden [4].

Die Gegenposition wird durch den **Identismus (Materialismus, Naturalismus)** vertreten. Mentales ist danach eine Funktion oder ein Zustand des Gehirns; ihm kommt keine wesensmäßige Eigenständigkeit zu. Die alltagspsychologische Beschreibung des Mentalen („ich denke, hoffe, will, nehme wahr, stelle mir vor...") läßt sich angemessener in neurobiologischen Termini ausdrücken (**eliminativer Materialismus** [18]). Wie etwa die Neurobiologen Changeux und Crick argumentieren, kann letztlich alles Mentale auf die Aktivität von Nervenzellen rückgeführt werden (**neurobiologischer Reduktionismus**). Eine Variante des Identismus ist der **Epiphänomenalismus**. Dieser nimmt an, daß die Gehirnprozesse das Eigentliche sind und die mentalen Prozesse ein reines Epiphänomen, ein Beiwerk, das selbst nichts bewirkt. Gehirnprozesse laufen demnach in derselben Weise ab, gleichgültig ob sie von Geist/Bewußtsein begleitet sind oder nicht.

Eine mittlere Position ist der **Emergentismus**, wie ihn zum Beispiel der Wissenschaftsphilosoph K. Popper vertrat. Mentales entsteht danach ausschließlich aufgrund der Aktivität des Gehirns, ist aber nicht im kausalen Sinne hierauf zurückführbar, ist physikalisch-naturwissenschaftlich „unerklärbar"; Geist nimmt – einmal entstanden – ein eigenständiges Dasein mit eigenen Gesetzen an. In diesem Sinne kann Geistiges auch ohne Rücksicht auf Physisch-Neuronales beschrieben und erklärt werden, wie dies der in der Psychologie verbreitete **Funktionalismus** meint [5].

> **Die Hirnforschung legt eine enge Parallelität zwischen Mentalem und Neuronalem nahe**

Wie im Zusammenhang mit Bewußtsein bereits dargelegt, zeigen die verschiedenen neurophysiologischen und bildgebenden Verfahren, daß kognitive Leistungen bestimmten Strukturen und Prozessen des Gehirns zugeordnet werden können und umgekehrt. Dies gilt auch für Prozesse, die beim Menschen mit subjektivem Erleben, z.B. Aufmerksamkeit, Absicht und Erwartung, einhergehen. Aus der Kenntnis des Ortes und der Art von Hirnverletzungen zum Beispiel lassen sich unter bestimmten Bedingungen Voraussagen über kognitive Defizite machen und umgekehrt. *Bis zum Beweis des Gegenteils kann man heute davon ausgehen, daß in einem bestimmten Augenblick jedem mentalen Prozeß genau ein neuronaler Prozeß entspricht (natürlich nicht umgekehrt, denn die meisten Gehirnprozesse sind nicht von Erleben begleitet).* Es spricht sehr viel dafür, daß dabei einem bestimmten Typ von mentalen Prozessen stets ein bestimmter Typ von neuronalen Prozessen entspricht (Typ-Typ-Identität). Dies schließt die Möglichkeit aus, daß bei ein und demselben Individuum ein und derselbe mentale Prozeß von ganz unterschiedlichen neuronalen Prozessen begleitet ist und umgekehrt.

Was besagt eine solche enge Parallelität? *Zu allererst widerlegt sie die These des Funktionalismus von der Eigenständigkeit des Geistes gegenüber dem Gehirn.* Bestimmte neuroanatomische und neurophysiologische Bedingungen müssen erfüllt sein, damit bei einer Person (und eventuell bei einigen Tieren, s.u.) mentale Zustände auftreten. *Deshalb läßt Geist sich nicht unabhängig vom „neuronalen Substrat" beschreiben und erklären.* Die „mentalistische" Alltagssprache ist in diesem Sinne eine verkürzte, wenn auch praktikable Vorgehensweise.

Zweitens wird dadurch die Annahme einer ontologischen Verschiedenheit des Geistes vom materiellen Gehirn unplausibel: Prozesse, die derart eng miteinander verkoppelt sind, können nicht als ontologisch verschieden bezeichnet werden, ohne daß dieser Begriff jeden Sinn verliert. Vielmehr kann man im Sinne **eines nichtreduktionistischen Naturalismus** (oder **nichtreduktionistischen Physikalismus**) davon ausgehen, *daß mentale Prozesse eine Klasse natürlicher Prozesse sind, die unter angebbaren neuronalen Bedingungen auftreten.* Insofern widersprechen mentale Prozesse nicht dem Kausalitätsprinzip der Makrophysik. Was nicht erklärt werden muß, ist die „Wesenheit" (**Substanz**) des Geistes. Die modernen Naturwissenschaften sind **anti-substantialistisch**; sie erklären nicht das „Wesen der Dinge", sondern versuchen zu klären, unter welchen Bedingungen wann und wo bestimmte Phänomene auftreten. Dies ist bei geistigen Zuständen im Prinzip möglich.

Drittens stützt die von der Hirnforschung aufgewiesene enge Parallelität keineswegs notwendig einen Reduktionismus. Auch wenn unter bestimmten Umständen die Aktivität einzelner Nervenzellen mit kognitiven Leistungen (z.B. Aufmerksamkeit, Gesichtererkennung, Farbkonstanz) in Zusammenhang gebracht werden kann, so lassen sich diese Leistungen nicht auf „kognitive Neurone" oder gar „Bewußtseinsneurone" [3] reduzieren.

Inneres Erleben kennzeichnet Prozesse der Umverknüpfung kortikaler Nervennetze bei kognitiven Leistungen

Bestimmte Leistungen des Gehirns sind *notwendig* mit innerem Erleben verbunden. *Mentale Zustände unterscheiden sich von nichtmentalen in ihren neuronalen Grundlagen deutlich voneinander, und wir können bestimmte Leistungen nicht vollbringen, wenn wir sie nicht „mental" erleben.* Insofern ist der Standpunkt des **Epiphänomenalismus**, das Gehirn würde Leistungen auch ohne inneres Erleben genauso gut vollbringen, nicht überzeugend.

Wir können diesen geistbegleiteten Hirnprozessen eine Funktion zuschreiben: *Bewußtseins- und Aufmerksamkeitszustände charakterisieren für das Gehirn diejenigen Zustände, in denen sich neue kortikale Nervennetze im Zusammenhang mit der Bewältigung komplexer Probleme bilden.* Verhindert man pharmakologisch die Bildung neuer Nervennetze im Kortex, so tritt eine Bewußtseinstrübung bis hin zur Bewußtlosigkeit auf. Das Gehirn benutzt den Zustand subjektiven Erlebens als **Kennzeichnung** dieser Gehirnprozesse, um sie von anderen (z.B. automatisch ablaufenden) zu unterscheiden.

Man kann sich auch fragen, was „Willensakte" sollen, wenn sie – wie es nach den aufsehenerregenden Experimenten von B. Libet [25] scheint – gar nicht kausal auf das Verhalten einwirken. Das Gefühl, etwas zu wollen, tritt nur bei ganz bestimmten Handlungen **begleitend** auf, nämlich bei denen, die wir „willkürmotorisch" nennen. Das Gehirn kennzeichnet damit diejenigen motorischen Zustände, die ihren Ursprung in einer komplexen Interaktion zwischen assoziativen kortikalen Arealen und subkortikalen Zentren haben, im Gegensatz zu Reflexen und anderen unbewußten, weil automatisierten Reaktionen, die **nicht** den assoziativen Kortex und das Corpus striatum einbeziehen. Ebenso kennzeichnet das Gehirn Prozesse der Handlungsplanung, der Imagination, der Erinnerung, der Erwartung usw., um sie vom konkreten Handeln, vom Wahrnehmen und vom Erleben eindeutig zu unterscheiden. Geistzustände als subjektiv erlebte Zustände sind also **Kennzeichnungen** spezifischer Gehirnprozesse, die das Gehirn sich selber gibt, um sich in seiner ungeheueren Komplexität zurechtzufinden.

Es ist sehr wahrscheinlich, daß zumindest einige Tiere, z.B. Primaten, Geist und Bewußtsein auf einer der jeweiligen Spezies gemäßen Weise besitzen

Folgende Gründe sprechen für eine solche Annahme: (1) Alle Strukturen des menschlichen Gehirns, die am Auftreten geistiger Prozesse beteiligt sind (s.o.), und ihre spezifischen Verknüpfungen finden sich auch im Gehirn nichtmenschlicher

Affen, wenn auch in anderen absoluten und relativen Volumenverhältnissen; (2) diese Strukturen sind bei kognitiven Leistungen, die beim Menschen stets von Bewußtsein und Aufmerksamkeit begleitet sind (z.B. Problemlösen), bei Affen in vergleichbarer Weise aktiv wie beim Menschen; (3) das Verhalten von Affen in komplexen kognitiven Situationen (z.B. dem Erfassen der Mimik von Sozialpartnern) gleicht dem der Menschen, die in solchen Situationen charakteristische Erlebniszustände haben.

Die Frage, ob Säugetiere mit ähnlich großen oder noch größeren Gehirnen wie Delphine, Wale und Elefanten, die sich aber im Aufbau von den Gehirnen der Primaten unterscheiden und in stark unterschiedlichen Umwelten leben, Geist und Bewußtsein besitzen, ist aufgrund der mangelnden anatomischen, physiologischen und verhaltensbiologischen Vergleichbarkeit schwer zu beantworten. Dies gilt umso mehr für Vertreter anderer Wirbeltierklassen (z.B. Vögel) oder gar für Wirbellose mit großen und komplexen Gehirnen (z.B. Octopus). Auch ist unklar, ob das Auftreten von Geist und Bewußtsein überhaupt an das Vorhandensein eines großen und komplexen Gehirns und/oder ganz bestimmter neuronaler Verknüpfungsstrukturen gebunden ist.

25.8 Literatur

1. Bierwisch M (1992) Probleme der biologischen Erklärung natürlicher Sprache. In: Suchsland P (Hrsg) Soziale und biologische Bedingungen der natürlichen Sprache. Niemeyer, Tübingen, S 7–45
2. Carrier M, Mittelstraß J (1989) Geist, Gehirn, Verhalten. Das Leib-Seele-Problem und die Philosophie der Psychologie. de Gruyter, Berlin
3. Cartwright BA, Collett TS (1983) Landmark learning in bees – experiments and models. J Comp Physiol 151:521–543
4. Churchland PM (1985) Reduction, qualia, and the direct introspection of brain states. J Philos 82:8–28
5. Crick F (1994) Was die Seele wirklich ist. Die naturwissenschaftliche Erforschung des Bewußtseins. Artemis und Winkler, München
6. Damasio AR (1990) Category-related recognition defects as a clue to the neural substrates of knowledge. TINS 13:95–98
7. Delius JD (1986) Komplexe Wahrnehmungsleistungen bei Tauben. Spektrum der Wissenschaft, Heidelberg, S 46–58
8. Eccles JC (1994) Wie das Selbst sein Gehirn steuert. Piper, München
9. Eckhorn R, Bauer R, Jordan W, Brosch M, Kruse W, Munk M, Reitboeck HJ (1988) Coherent oscillations: a mechanism of feature linking in the visual cortex? Multiple electrode and correlation analyses in the cat. Biol Cybern 60:121–130
10. Fodor JA (1987) The language of thought. Crowell, New York
11. Gray CM, Singer W (1987) Stimulus-dependent neuronal oscillations in the cat visual cortex area 17. 2nd IBRO-Congress on Neuroscience Supplement 1301P
12. Jones S et al. (eds) (1992) The Cambridge encyclopedia of human evolution. Cambridge University Press, Cambridge
13. Hubel DH, Wiesel TN (1962) Receptive fields, binocular interaction and functional architecture in the cat's visual cortex. J Physiol (Lond) 160:106–154
14. Konorski J (1967) Integrative activity of the brain. University of Chicago Press, Chicago
15. LeDoux JE (1992) Brain mechanisms of emotion and emotional learning. Curr Opin Neurobiol 2:191–197
16. Libet B, Gleason CA, Wright EW, Pearl K (1983) Time of conscious intention to act in relation to onset of cerebral activity (readiness-potential). Brain 106:623–642
17. Metzger W (1975) Psychologie, 5. Aufl. Steinkopff, Darmstadt
18. Metzger W (1975) Gesetze des Sehens. Kramer, Frankfurt
19. Nieuwenhuys R, Voogd J, van Huijzen C (1991) Das Zentralnervensystem des Menschen. Springer, Berlin
20. O'Keefe J, Nadel J (1978) The hippocampus as a cognitive map. Oxford University Press, New York
21. Ojemann GA (1991) Cortical organization of language. J Neurosci 11:2281–2287
22. Palm G (1986) Associative networks and cell assemblies. In: Palm G, Aertsen A (eds) Brain theory. Springer, Berlin, pp 211–228
23. Penfield W, Roberts L (1959) Speech and brain-mechanisms. Princeton University Press, Princeton
24. Peterhans E, von der Heydt R (1991) Subjective contours – bridging the gap between psychophysics and physiology. TINS 14:112–119
25. Posner MI, Dehaene S (1994) Attentional networks. TINS 17:75–79
26. Reitboeck HJ (1983) A multi-electrode matrix for studies of temporal signal correlations within neural assemblies. In: Basar E, Flohr H, Haken H, Mandell AJ (eds) Synergetics of the brain. Springer, Berlin
27. Rolls ET (1984) Neurons in the cortex of the temporal lobe and in the amygdala of the monkey with responses selective for faces. Hum Neurobiol 3:209–222
28. Rolls ET (1990) Theoretical and neurophysiological analysis of the functions of the primate hippocampus in memory. Cold Spring Harbor Symp Quant Biol 55:995–1006
29. Roth G (1994) Das Gehirn und seine Wirklichkeit. Kognitive Neurobiologie und ihre philosophischen Konsequenzen. Suhrkamp, Frankfurt
30. Sergent S (1994) Brain-imaging studies of cognitive functions. TINS 17:221–227
31. Shallice T (1988) From neuropsychology to mental structure. Cambridge University Press, Cambridge /Mass
32. Sutherland RJ, Rudy JW (1989) Configural association theory: The role of the hippocampal formation in learning, memory, and amnesia. Psychobiology 17(2):129–144
33. Tolman EC (1948) Cognitive maps in rats and men. Psychol Rev 55:189–208
34. Van Essen DC, Anderson CH, Felleman DJ (1992) Information processing in the primate visual system: an integrated systems perspective. Science 255:419–423
35. Von der Malsburg C (1983) How are nervous structures organized? In: Basar E, Flohr H, Haken H,

Mandell AJ (eds) Synergetics of the brain. Springer, Berlin, pp 238–249

36. Wehner R (1992) Arthropods. In: Papi F (ed) Animal homing. Chapman and Hall, London, pp 45–144

37. Wilson MA, McNaughton BL (1993) Dynamics of the hippocampal ensemble code for space. Science 261:1055–1058

38. Young P, Yamane S (1993) Sparse population coding of faces in the inferotemporal cortex. Science 256:1327–1332

39. Zihl J, von Cramon D, Mai N (1983) Selective disturbance of movement vision after bilateral brain damage. Brain 106:313–340

Sachverzeichnis

Natriumgleichgewichtspotential
    ENa 94 f
Natriuminnenkonzentration 92
Natriumkanal, Inaktivierung 99
–, Reaktionsmodell 98 f
–, Reaktionsraten am und bm 99
–, Schaltverhalten 98
–, spannungsabhängiger 39, 45
–, Struktur 99
–, Torfunktion 99
–strom, Kinetik 98
Natriumstrom, iNa 94, 97
natriuretisches Peptid (BNP) 264, 270,
    276
Naturalismus 556, 557
Nautilus 9
–, Lochkameraauge 385
Navigation 546, 547
–, elektrische Felder 429
–, Magnetfeld 439
Navigationskarte, Magnetfeld 443, 444
Nebennierenmark 221
Negative Rückkopplung 197
–, Muskelspindel 196
Nemathelmintha 1, 2, 6, 26
Nematode, Freßverhalten 238 f
–, Markstränge 6
–, Motorik 188
–, Sinnesorgane 6
–, Zentralnervensystem 6
Nemertini 1, 2, 26
–, Nervensystem 7
–, Sinnesorgane 7
Neodarwinismus 1
Neokortex 24, 25, 26
–, auditorischer 374
–, Evolution 27
–, Hörbahn 371 f
Neopilina 7
Neostriatum 211
Nephridium, Innervation 237 f
Nernst-Gleichung 88 ff
Nerv, Anal- 257
–, Intestinal- 257
–, motorischer 145
–, Pallial- 257
Nerve growth factor (NGF) 75, 83
Nervenendigung 117
–, freie 340
–, primäre 194
Nervenfaser, Gruppe-Ia-Faser 194
–, Gruppe-Ib-Faser 195
–, Gruppe-II-Faser 194
–, myelinisierte 110
Nervenfasertyp, Säugetier 110
Nervennetz 26
Nervenrohr 27, 28
Nervensystem, enterisches 235,
    s. auch Darmnervensystem
–, stomatogastrisches 235 f, 254
Nervenverbindung, Entwicklung 76, 77,
    78, 83
Nervenzelle 93
Nervus arcuatus 271, 273
– dorsomedialis 271
– infundibularis dorsalis 271

– infundibularis ventralis 271
– lateralis tuberis 271
– olfactorius 297
– paraventricularis 271, 273
– präopticus 271
– splanchnicus pelvinus 219
– statoacusticus 348
– suprachiasmaticus 271, 273
– supraopticus 271
– trigeminus, Magnetfeldrezeption 445
– trigeminus, Nasenschleimhaut 304
– vagus 219, 225 f
– ventromedialis 271
Nesselzelle, Berührungsauswertung 342
Netzflügler, Hörorgan 355
Netzhaut, s. Retina
Netzwerkoszillator 521
Neunauge, fiktives Bewegungsmu-
    ster 198, s. auch Petromyzontida
–, Lokomotion 203
–, Mustergenerator 198, 200
–, Undulation 199
Neurales Emotionssystem 477
Neurallamelle 244
Neuralleiste (NL) 18, 63, 73, 74, 75
Neuralplatte 63, 65, 66
Neuralrohr 63, 73
Neurexin 58
neurobiologischer Reduktionismus 556
Neuroblast 66, 68
–, Identität bei Insekten 69, 78
Neuroektoderm, Insekten 66, 67
Neuroendokrinie 243
Neurofilament 52
neurogene Entzündung 456, 460
neurogene Region, Insekten 66
neurogenes Herz 236
Neurogenese, Insekten 66, s. auch On-
    togenie des Nervensystems
–, Insekten Sinnesorgane 67
Neurohämalorgan 235, 243, 261
–, Insekten 14
Neurohämalzone 243, 257
Neurohormon 243, 261
Neurohypophyse 233 f, 261 f
–, Eminentia mediana 262
Neurokinin A 460 f
Neurokinin-1-Rezeptor 461
Neurokinin-2-Rezeptor 461
Neuroleptikum 473
Neuromast 345
Neuromedin B 264, 269
Neuromere, Insekten 66
Neuromodulator 244, 461
–, Motorikmodulation 180 ff
–, periphere Wirkung 182
–, sekundärer Botenstoff 181 f
–, zentraler Effekt 181 f
neuromuskuläre Blockade 453
neuromuskuläre Endplatte, Entwick-
    lung 81, 82
neuromuskuläre Übertragung, Bahnung
    bei Invertebraten 170
–, Effizienz bei Invertebraten 170
–, Invertebraten 167 ff
Neuron 109

–, aminerges 531
–, basales retinales 527
–, dopaminerges 482 f
–, Entwicklung 75, 77
–, Faserdurchmesser 110
–, hemmendes 171 f
–, Interneuron 178 ff
–, Kommando- 174 f
–, kopulationskontrollierend 470
–, multipolares 193
–, noradrenerges 482 f
–, nozizeptiv spezifisches 449, 456 ff
–, NS- 456 ff
–, P-Neuron 174
–, peptiderges 243
–, Polarisierung 75, 78
–, präganglionäres 216, 231
–, prämotorisches Interneuron 176 f,
    178, 188
–, R15-Neuron 259
–, Schrittmacher- 199
–, Sensibilisierung 460
–, serotonerges 238, 482 f
–, T-Neuron 174
–, thalamokortikales 532 f
–, Übererregbarkeit 460
–, Vasokonstriktor- 232
–, Verhaltenskontextabhängigkeit 177
– wide dynamic range (WDR) 456 ff
neuronale Aktivität, Entwicklung 81, 82
neuronale Anlage 63
neuronale Erkennung 77, 83
neuronales Netz 177
Neuronenensemble 167
–, kognitive Leistungen 539, 543
–, prämotorisches 173
–, prämotorisches Interneuron 176 f
Neuronenmatrix 549
Neuropeptid 43, 245 f, 456
–, Aminosäuresequenzen 265
–, Eiablageauslösung bei Schnek-
    ken 182 f
–, Kolokalisation 223, 460 f
–, Kopulationsverhalten 471 f
–, Transmitterwirkung 223
–, Typ Y (NPY) 219, 264, 269, 273
Neurophysine 263, 266
Neuropil, auditorisches 370
Neurosekret 261
Neurosekretion 3
–, bimodale 252
–, cholaminerg 261
–, cholinerg 261
–, peptiderg 261
Neurotensin 248, 264, 270, 277
Neurotoxin 58
Neurotransmitter 45
Neurotropin 3 277
Neurulation 63
Nexus 161
NGF, Zelltod 86
Nicht-NMDA-Rezeptor 461
nichtneurale Spannungsquelle 332
nichtreduktionistischer Naturalis-
    mus 557

–, Wirkung auf Effektoren 218
–, zentrale Organisation 230 ff
Vektor 39
ventrale Wurzel 21
ventraler Temporallappen 421, 422
ventrales Horn, s. Vorderhorn
ventrales unpaares medianes Neuron, Biene, s. VUM-Neuron
Vergenz 417
Verhalten, appetitives 465
–, aversives 451
–, konsumatorisches 465, 469
–, pseudaffektives 451 ff
–, steroidale Kontrolle 470 f
Verhaltensanpassung 327
Verhaltensexperiment 288
Verhaltenskomplexität, Gehirngröße 27, 28
Verhaltenskontext 289
Versorgungszelle 309
Verstärkereffekt 132
Vertebraten 306, 318, s. auch Wirbeltier
–, Hörsystem 354
–, weibliches Kopulationsverhalten 476
–, zentrale Schallanalyse 371
–, zirkadianer Schrittmacher 528 f
Verwechslungswahrscheinlichkeit 285
Verzögerte Vergleichsaufgabe 546
Vesikel, intrazellulärer Transport 163 f
–, sekretorischer 33, 38
–, synaptischer 42, 53, 57 f, 117
Vesikelfreisetzung 100, 118
Vespakinin 270
Vestibularganglion 348
Vestibularkerne 415
Vestibularorgan, Wirbeltier 348
Vestibulo-okulärer Reflex (VOR) 414
Vibrationsrezeption, Wirbeltier 344
Vibrationssignal, arteigenes 342 f
Vigilität 555
Vinculin 51, 73
virtuelle Kontur 544
Viskoelastizität 160 f
visuelle Orientierungsreaktion 420
visuelle Verarbeitungsbahn, Kortex 412, 413
visueller Greifreflex 420
visueller Kortex, V1 410
visuelles Gedächtnis 422
visuelles Kortexareal 412, 413
visuelles System, Crustaceen 14
visuelles System, Insekten 15
viszerale Afferenz 219
Viszeralganglion 257
Viszero-viszeraler Reflexweg 228
Vögel, Brücke (Pons) 21
–, DVR 24
–, Ectostriatum 24, 25
Vogel, Frequenz- und Tonhöhenunterscheidung 374
Vogel, Gesang 353
–, Hörorgan 359, 360, 362, 363, 365
–, Hyperstriatum 24
–, Magnetkompaß 437, 438
–, Paleostriatum 25
–, Pinealorgan 528

–, Richtungshören 376, 377, 378
–, Riechorgan 298
–, Schlafprofil 535
–, Telencephalon 24
–, visuelle Bahn 421
–, Wulst 24, 25
–, zentrale Hörbahn 371, 372
Vogelgesang 551
Vokal, Höranalyse 375 f
Vokalisation 371
Voltage clamp 93
vomeronasales System 299, 472
VOR, s. vestibulo-okulärer Reflex
Vorderhirn, Östrogenwirkung 475
Vorderhorn 19
Vorderseitenstrangbahn 324
Vorläuferzelle 67, 68, 74, 75
–, Gliazellen 70, 71
–, Vertebraten Nervensystem 70, 71
Vorstellen 284, 539, 554, 555
Vorwärtsdynamik 192
VUM-Neuron 543

w-Ganglienzellen 407, 408, 409
Wachheit 555
Wachstumsfaktoren 43, 65
–, BDNF 75
–, CNTF 71
–, FGF 65
–, IGF-1 75
–, NGF 75, 83
–, PDGF 71
–, TGF 65
Wachstumskegel 72, 73, 78, 79, 84
Wärme 317
Wärmeabgabe 321
Wärmebildung 321, 327
Wärmehaushalt 154
Wärmeisolation 327
Wärmeortungssystem 328
Wärmepunkt 326
Wärmesensor 319
–, Adaptation 319
–, Arbeitsbereich 319
–, Struktur 320
Wahlentscheidung 287
Wahrnehmung 280, 539, 554, 555, 557
–, multidimensionale Struktur 284
–, Psychophysik 283
–, Umwelt 288
Wahrnehmungsgröße, mehrdimensionale 288
Wahrnehmungskategorie 546
Wahrnehmungsleistung 542
Wahrnehmungsmetrik 288
Wahrnehmungspsychologie 280, 283
Wahrnehmungsqualität 283
Wahrnehmungsraum 284, 288
Wahrnehmungsschwelle 284
Wahrscheinlichkeitstransformation 286
Wal 558
–, Magnetfeld 444
–, Telencephalon 27
Walgesang 551
Wallpapille 308

Wanderwelle 363, 365, 366, 367
Wanze, Hörorgan 355
Warnduft 305
Was-System, visueller Kortex 412
Wasserhaushalt 468 f
Weber-Gesetz 284 f
Weber-Knöchelchen 358 f
–, Fisch 358 f
Wegintegration 546, 547
Wegumkehr, Magnetfeldorientierung 439
Wegziehreaktion 452
Wegziehreflex 458
weiße Substanz 19, 21
Wellenleiter, Photorezeptoren 396
Wellenleitparameter V 397
Wernicke Areal 552, 554, 556
Wesenheit 557
white spotting Locus 75
Widerstandsreflex, Heuschrecke 180
Wiesel 82
Willensakt 557
Winkelbeschleunigung, Rezeption 348
Winkelsensor, Wirbeltier 342
Wirbelloser, viszerales Nervensystem 235 ff
Wirbeltier, Hörorgane 358, s. auch Chordaten
Wirkungsgrad, Muskelstoffwechsel 154
Wischreflex 198
Wissen 539, 554
Wo-und-wie-System, visueller Kortex 412, 413, 414
Wüstenskorpion, Spaltsinnesorgan 343 f
Wüstenspringmaus, Kopulationsverhalten 471
Wulst 24, 25, 421
–, visuelles System 418
Wurm, Riesennervenfaser 183

x-Ganglienzelle 407, 408, 409
X-Organ 253
X-Organ-Sinusdrüsen-System 253
Xanthopsin 390
Xenopus-Oozyte 101
Xiphosuren 12

y-Ganglienzelle 407, 408, 409
Young T. 424
Young-Helmholtz Theorie, Farbsehen 424, 425

Z-Scheibe 146 f
Zapfen 390, 392, 394, 397, 424
Zeitgeber 520, 523 ff, 525
Zeitgebereingang 523
Zeitkode, Hören 374
Zelladhäsion 36
Zelladhäsionsmolekül (CAMs), Entwicklung 84
Zelladhäsionsprotein, neurales (NCAM) 36
Zelldiversität, Entwicklung 63

Wie können wir unsere Lehrbücher noch besser machen?

Diese Frage können wir nun mit Ihrer Hilfe beantworten. Zu den unten angesprochenen Themen interessiert uns Ihre Meinung ganz besonders. Natürlich sind wir auch für weitergehende Kommentare und Anregungen dankbar.

Unter allen Einsendern der ausgefüllten Karten aus **Springer-Lehrbüchern** verlosen wir pro Semester Überraschungspreise im Wert von insgesamt **DM 2000,-**!

Springer-Verlag, Abt. Biologie Lehrbücher   (Der Rechtsweg ist ausgeschlossen)

Finden Sie, daß dieses Lehrbuch übersichtlich gegliedert ist?

☐ Ja, ich finde mich leicht zurecht

☐ Nein, weil _____

_____

Welche Kapitel gefallen Ihnen am wenigsten?

_____

_____

Welche Kapitel gefallen Ihnen am besten?

_____

_____

Wie beurteilen Sie die Abbildungen?

_____

_____

_____

Haben Sie Verbesserungsvorschläge für die nächste Auflage?

_____

_____

_____

_____

_____

„Studentenbefragung Biologie"

Absender:

_____

_____

_____

Ich bin

☐ Biologiestudent/in im _____ Semester
   an der Universität _____

☐ _____

Bitte
freimachen

ANTWORT

An
Springer-Verlag
z.Hd. Manuela C. Wolf
Abt. Biologie Lehrbücher
Tiergartenstraße 17

69121 Heidelberg

Studentenbefragung Biologie

Wenn Sie an der *ganz unten* stehenden Umfrage teilnehmen, verdoppeln Sie Ihre Gewinnchancen! Außerdem können Sie so direkt an der Verbesserung zukünftiger Lehrbücher mitwirken.

Dudel/Menzel/Schmidt

Neurowissenschaft

Absender:

_____

_____

_____

_____

(Ihre Angaben werden nicht gespeichert)

Ich bin

☐ Biologiestudent/in im _____ Semester
an der Universität _____

☐ _____

Bitte
freimachen

ANTWORT

An
Springer-Verlag
z.Hd. Frau Anne C. Repnow
Koordination Lehrbuch
Tiergartenstraße 17

69121 Heidelberg

Übrigens:
Sie können uns auch per e-mail erreichen:
med.lehrbuch@springer.de
Wir freuen uns über Ihre Nachricht!

Wie viele Lehrbücher für Ihr Studium haben Sie gekauft?

_____

Was ist Ihr Lieblingslehrbuch? (Warum?)

_____

Zu welchen Themen fehlen in der Biologie noch gute Lehrbücher?

_____

_____

_____

Bitte kreuzen Sie nur die Merkmale an, die ein gutes Lehrbuch unbedingt erfüllen sollte:

☐ Dezimalgliederung
☐ Viele Lernhilfen/didaktische Elemente
☐ Farbige Ausstattung
☐ Glossar
☐ Festeinband
☐ Ladenpreis unter DM 100,-
☐ _____

Wer hält an Ihrer Uni die besten Lehrveranstaltungen?
Name: Thema:

_____

_____

_____

_____

Würden Sie gerne mit Lernsoftware arbeiten?
☐ Ja, als Ersatz für ein Lehrbuch
☐ Ja, als Ergänzung zum Lehrbuch
☐ Eventuell
☐ Nein, auf keinen Fall

Hätten Sie Interesse, als studentischer Berater für das Biologie-Lehrbuchprogramm des Springer-Verlags tätig zu werden?
☐ Ja, ich würde gerne mehr erfahren
☐ Im Prinzip ja, aber gegenwärtig fehlt mir die Zeit
☐ Nein